总主编 李其维 赵国祥

皮亚杰文集
Collected Works of Jean Piaget

（第一卷）
Volume One

皮亚杰自传、访谈及皮亚杰理论自述
（下）

Jean Piaget's Autobiography, Interviews, and Theoretical Synopses
(Part III)

主　编　郭本禹
副主编　王云强　陈　巍　胡林成

河南大学出版社
HENAN UNIVERSITY PRESS
·郑州·

社会学研究

〔瑞士〕让·皮亚杰 著
刘振前 林琼磊 庄会彬 译
王云强 审校

社会学研究

法文版　*Etudes Sociologiques*，Genève，CH：Librairie Droz，1965.
作　者　Jean Piaget

英文版　*Sociological Studies*（introduction and ed. by L. Smith），London，UK：Routledge，1995.
英译者　Terrance Brown，Robert Campbell，Nick Emler，Michel Ferrair，Michael Gribetz，Richard Kitchener，Wolfe Mays，Angela Notari，Carol Sherrard and Leslie Smith

刘振前 林琼磊 庄会彬　译自英文
王云强　审校

内容提要

《社会学研究》一书是对皮亚杰9篇独立文章的汇总结集,其中体现了皮亚杰对社会学的思考及其不断深入的过程。其内容包括"序言""社会学解释""论静态(共时)社会学的质性价值理论""逻辑运算和社会生活""道德与法律的关系""发生逻辑与社会学""历史中的个性——个体与理性教育""儿童对祖国及外国关系观念的发展""自我中心思维与社会中心思维""儿童社会心理学的问题"。通过这些标题,其实已不难看出,皮亚杰在探求人类如何获得真理方面不遗余力,而编者史密斯的章节安排则很好地呈现了皮亚杰的思路历程:先对社会学做了界定(第一章),接着再展示静态("共时")社会学中质性价值理论(第二章),之后主要探究逻辑运算与社会生活、道德与法律、发生逻辑与社会学、个体与理性教育、儿童对祖国及外国关系观念的发展、自我中心思维与社会中心思维的关系,最后落脚在儿童的社会心理学问题之上。各个章节之间有机联系,紧密衔接,缺一不可。整部书要探讨的核心问题在于:人脑以何种方式获得真理,而皮亚杰通过逻辑分析对这一难题做了回答,当然,他并没有因此否认人类经验的价值,并投入大量的精力对其做了探究。

刘振前

目　录

资助声明/1181
出版者说明/1183
关于本书各章内容来源的说明/1185
致谢/1187
关于本书英语翻译的几点说明/1189
皮亚杰《社会学研究》简介/1191
序言/1213
  第一章　社会学解释/1221
  第二章　论静态（共时）社会学中的质性价值理论/1272
  第三章　逻辑运算和社会生活/1302
  第四章　道德与法律的关系/1321
  第五章　发生逻辑与社会学/1343
  第六章　历史中的个性——个体与理性教育/1372
  第七章　儿童对祖国及外国关系观念的发展/1399
  第八章　自我中心思维与社会中心思维/1427
  第九章　儿童社会心理学的问题/1436

资助声明

皮亚杰学会(美国)和让·皮亚杰文献档案馆基金会(日内瓦)鼓励翻译皮亚杰尚无译本的重要著作与无全译本的著作,促进术语翻译的统一,并为翻译人员提供专家咨询。其目标在于促进法语及英语世界更容易地获取与更好地理解皮亚杰思想。此次对《社会学研究》的翻译乃是这两家学术机构所做出之努力的结果。

出版者说明

让·皮亚杰　著（法文版）

莱斯利·史密斯　主编（英文版）

特伦斯·布朗、罗伯特·坎贝尔、尼克·埃姆勒、米歇尔·费拉里、迈克尔·格里比茨、理查德·基奇纳、沃尔夫·梅斯、安吉拉·诺特里、卡罗尔·谢拉德、莱斯利·史密斯　译者（英文版）

卢德里奇出版社
泰勒和弗朗西斯集团
伦敦和纽约

关于本书各章内容来源的说明

本书第 1—4 章以及序言原载本书法文版 *Etudes sociologiques*（日内瓦：德罗兹出版社，1965）第一版，第 5—9 章原载上述著作第二版（1977）。下面详细与"皮亚杰年表"(*Bibliographie Jean Piaget*)（日内瓦，1989）对照。

来源出版物

序　言　第一版序言

《社会学研究》(*Etudes sociologiques*)（日内瓦：德罗兹出版社，1965）

第二版序言

《社会学研究》(*Etudes sociologiques*)（日内瓦：德罗兹出版社，1977）

第一章　社会学解释

《发生认识论导论》(*Introduction a L'epistemologie genetique*)（第三卷）（巴黎：法兰西大学出版社，1950）。

第二章　论静态(共时)社会学中的质性价值理论

《经济与社会研究》(*Etudes economiques et sociale*)（日内瓦：格奥尔格出版社，1941，第 100—142 页）。日内瓦大学经济与社会科学学院建院 25 周年纪念文集，1941。

第三章　逻辑运算和社会生活

《经济与社会的综合研究——纪念埃杜阿尔德·福利厄特与利伯曼》(*Melange d'études économiques et sociales offerts a Edouard Folliet et Liebermann Hersch*)，（日内瓦：格奥尔格出版社，1945，第 143—171 页）。

第四章　道德与法律的关系

《经济与社会综合研究——纪念威廉·E. 拉帕尔德》(*Mélanges d'études économiques et sociales offerts á William E. Rappard*)，（日内瓦：格奥尔格出版社，1944，第 19—54 页）。

第五章　发生逻辑与社会学

《法国与外国哲学评论》(*Revue philosophique de la France et de l'Etranger*)，（1928，第 105 卷第 1—2 期，第 168—205 页）。

第六章　历史中的个性——个体与理性教育

《个性》(*L'individualité*) 国际综合中心第三次国际综合周 (Troisièe semaine internationale de synthèse, Centre international de synthèse)。考勒里先生等报告（巴

黎：阿尔康出版社，1933，第 67—121 页）。

第七章　儿童对祖国及外国关系观念的发展（与安妮-玛丽·威尔合作）《国际社会科学通报》(Bulletin international des sciences sociales)，(1951，第 3 卷第 3 期，第615—621 页）。

第八章　自我中心思维与社会中心思维
《国际社会学笔记》(Cahiers internationaux de Sociologie)，(1951，第 10 卷，第34—49 页）。

第九章　儿童社会心理学的问题
载 G. 古尔维奇(G. Gurvitch)编，《社会学通论》(Traite de Sociologie)。巴黎：法兰西大学出版社，1960。

译者注

特伦斯·布朗(Terrance Brown)，芝加哥。

罗伯特·坎贝尔(Robert Campbell)，美国克莱姆森大学心理学系。

尼克·埃姆勒(Nick Emler)，牛津大学实验心理学系。

米歇尔·费拉里(Michel Ferrari)，美国耶鲁大学心理学系。

迈克尔·格里比茨(Michael Gribetz)，芝加哥。

理查德·基奇纳(Richard Kitchener)，美国科罗拉多州立大学哲学系。

沃尔夫·梅斯(Wolfe Mays)，英国曼彻斯特大都会大学高级研究院。

安吉拉·诺特里(Angela Notari)，美国华盛顿大学西雅图分校实验教育系。

卡罗尔·谢拉德(Carol Sherrard)，英国利兹大学心理学系。

莱斯利·史密斯(Leslie Smith)，英国兰卡斯特大学教育系。

致　　谢

首先,向西尔维娅·帕拉特-戴安(Silvia Parrat Dayan)和阿纳斯塔西娅·特里丰(Anastasia Tryphon)(二人均供职于日内瓦让·皮亚杰基金会档案馆)表示衷心的感谢,感谢他们特别是在参考文献、文本遗漏和意思模糊的法语语言结构方面给予的急需的建议;其次,感谢珍妮·希尔斯(Jenny Hills)(兰卡斯特大学图书馆),在编写参考文献方面给予了急需的帮助;最后,还要感谢理查德·基奇纳(Richard Kitchener)和沃尔夫·梅斯(Wolfe Mays)对本书绪论初稿所提出的修改意见。当然,两人均不对此承担任何责任。

莱斯利·史密斯

关于本书英语翻译的几点说明

莱斯利·史密斯

此次翻译的主要目的是,向英语读者忠实地传达皮亚杰之原创思想。然而,因于其思想独特,对法语读者而言理解尚且困难重重,遑论英语读者,困难倍增,因此达到上述目的,实非易事,正如皮亚杰在其早期著作中提及此类困难时所言:"我当时撰写那些著作时,心中只装着法语读者,并未预见可能翻译成其他文字。此外,我没有将法国心理学中人们所熟悉的东西予以突出强调,因此在英语语境中,我可能用完全不同的方式来表达。"(皮亚杰,1931,第146页)但是,忠实于原作之思想,实为翻译之根本,因此英语版《社会学研究》力图将皮亚杰原作的思想原汁原味地呈现给读者。

本书翻译乃是译者通力合作的成果。全书九章内容以及序言的翻译,都需按照以下三个步骤进行:第一步是将每一章单独做出翻译,详情如下:

序　莱斯利·史密斯(Leslie Smith)
第一章　卡罗尔·谢拉德(Carol Sherrard)
第二章　沃尔夫·梅斯(Wolfe Mays)
第三章　特伦斯·布朗(Terrance Brown)、迈克尔·格里比茨(Michael Gribetz)
第四章　罗伯特·坎贝尔(Robert Campbell)
第五章　理查德·基奇纳(Richard Kitchener)
第六章　米歇尔·费拉里(Michel Ferrari)
第七章　安吉拉·诺特里(Angela Notari)
第八章　尼克·埃姆勒(Nick Emler)
第九章　特伦斯·布朗

第二步是由莱斯利·史密斯负责检查每个人译稿的准确性和一致性,并从"整体"上对全文提出建议,对共同商定的翻译和注释提出修正意见。沃尔夫·梅斯则在序言的翻译中扮演了同一角色。第三步是重复前两个步骤,对修订版再次进行检查,形成双方满意的最终版本。

文中凡是明显指代儿童和任一性别成年人的名词、代词、形容词,在翻译时统一使用阳性(见第七章译注)。其核心问题涉及任何人都能获取的普遍知识。正是在这一传统上并且为人们所充分理解的意义上,在翻译《社会学研究》时我们使用了阳性词语予以表达。

本次英译以多种方式对法语文本进行了补充：

· 若发现法语文本中的错讹和遗漏，则根据皮亚杰的原始论文进行更正。

· 本书九章内容原为独立发表的论文，其初次发表的出处以"皮亚杰年表"（*Bibliographie Jean Piaget*）（日内瓦让·皮亚杰基金会档案馆，日内瓦，1989）为准。

· 皮亚杰文中经常提到一些作者，但缺乏参考文献支持。我们在参考文献中尽力做出了补充，标明皮亚杰所指可能是哪一种文献。这些参考文献多数由莱斯利·史密斯提供（在此过程中得到前述西尔维娅·帕拉特-戴安、阿纳斯塔西娅·特里丰、珍妮·希尔斯的帮助）。

· 作者的脚注都是皮亚杰原始注释，本书中以方括号标注，如[1]。

· 文中还有译注和编辑注释，对法文文本予以补充，该类注释用无括号上标编号标注，例如 2。莱斯利·史密斯提供了许多注释（但不是全部），其中一些注释由沃尔夫·梅斯（第二章）、罗伯特·坎贝尔（第四章）、理查德·基奇纳（第五章）提供。

皮亚杰《社会学研究》简介

> 我们问别人数字"一"是什么时……我们很可能需要选择某种东西——所喜欢的任何东西——称之为"一"。然而，如果每个人都可以通过这个名称来理解他所喜欢的任何东西的话，那么关于"一"的相同命题对于不同的人来说就具有不同的意义——也就是说，这类命题将没有共同的内容。
>
> G. 弗雷格(G. Frege, 1888)

> 凡是可以在不改变真值的前提下相互替换的概念，即为相同的概念。
>
> G. W. 莱布尼茨，引自石黑(1972)

《社会学研究》是让·皮亚杰在1928—1960年间撰写的9篇论文，后来用法文结集出版(Piaget, 1977)的一部著作。关于这些论文，虽然有一些评论(Chapman, 1986; Kitchener, 1981; Mays, 1982; Smith, 1982; Moessinger, 1978, 1991)，但迄今尚没有一篇翻译成英文，也没有系统的解读和评价。

皮亚杰在《社会学研究》中回答的核心问题，在本书第5章一开始就提了出来：理性的头脑以何种方式来获得真理？这个显而易见的问题实则掩盖了从根本上讲问题的复杂性。皮亚杰所提出的问题，涉及有利于现有知识的获取与新知识的创造实现的发展机制。因此，这就预设存在制约这种发展机制运作的多个真理法则(laws of truth)。现在这个问题已有了一个显而易见的答案。儿童出生在一个社会的世界里，人们基于熟悉的社会实践，使用语言相互交换。因此，任何一代成年人都能够分享他们对真理在公认的社会实践语境中的理解，目的是让下一代儿童能够获得这种先在的理解。但是，这个答案根本没有什么用处。首先，它具有循环性，预设儿童已经理解了真理是什么以及它与虚假有何区别。成人的信念(信仰)并非都是真实的(试比较《创世纪》中关于生物创造的解释与达尔文对此的解释：两者都为真，还是其中一个为真，抑或两者都为假)，亦非所有的社会实践都通向真理(电视广告和儿童生日派对两者都对知识有直接贡献，还是其中之一对知识有直接贡献，抑或两者皆对知识没有直接贡献)。其次，在这一答案中，接受被认为等同于可接受性。但是，如果普遍接受等同于理性的可接受性，那么与公众认可的信念(信仰)不相符的新信念(信仰)就不能形成，下一代的儿童将只能拥有上一代成年人共享信念(信仰)的克隆。本该产生于对现有流行信念(信仰)的扬弃的新信念(信仰)也就根本无法形成。最后，在对真理缺乏理解的情况下，思维和动作也可能与真理相符。动物能够表现出符合真理的复杂行为模式，例如蜜蜂根据另一只蜜蜂的舞蹈语言正确地找到食物来源。我们可以教导儿童依据真理进行思考和行动，比如学龄前儿童玩跷跷板时，能够完全根据牛顿力学原理互动。但是，行为上的符合（真理）并非理性的理解。因此，皮亚杰提出的问题构成一个重大难题，因为成年人显然对真理与虚假的不同之处已有理解。电影《好家伙》（Goodfellas）的开头出现了"本电影基于真实故事"的字样。比阿特里克斯·波特的《彼得兔的故事》（The tale of Peter Rabbit）的开头是"很久以前，有四只小兔子，他们的名字是佛洛普西（Flopsy）、莫普西（Mopsy）、棉球尾巴（Cotton-tail）和彼得（Peter）"。我们何以能够从幼年时期起将真与假区分开来？

真理与现实外在的样子有关，也与我们对现实的认识或了解有关。然而，错误的信念（信仰）也必须加以考虑。虽然人的大脑充满了各种各样的信念（信仰），但并非所有的信念（信仰）都是真理。人类有一种具有歪曲作用的主观倾向性，并基于此将现实与个体或社会所共同坚持的信念（信仰）同化，但是，所有信念（信仰）同样必须顺化现实（第45页）。以对个人有意义的符号表达出来的痴心妄想、幻想的诱惑、丰富的表象和信念，都是普遍存在的心理现象，但是并非理性的思维。社会的正统观念（信仰）、封闭社会严格的顺从、意识形态的狂热和传统的力量都是人们所熟悉的社会现象，但没有一个人能够保证其真理性。那么，皮亚杰提出的问题是，发展中的大脑以何种方式逐渐明白某些信念（信仰）是真实的而非虚假的？一代人如何用真实的价值来取代虚假的价值？简而言之，人是如何通过对任何可能观点都保持开放的互通系统的发展来摆脱现有单一观点的限制的呢（第71页）？

某些哲学家坚持认为，关于真理法则的问题根本不是经验性问题。这一立场的基础是下述假设，心理-社会过程可能带来错误，并被用来反对心理主义。即使"发现真理是所有科学的任务"（Frege，1956，第18页），但是对逻辑法则的完全，甚至部分心理描述也无法消除错误出现的可能性，因此也就根本不能提供真理法则。如果弗雷格的观点被接受，那么心理社会进程就根本无法回答皮亚杰的问题。皮亚杰欣然接受心理学（真理法则是心理社会的）是不充分的观点，但他也拒绝弗雷格的逻辑主义（真理法则是逻辑的，根本不是心理的）。从这个意义上说，他持一个中间的立场（tertium quid）（Smith，1993，第7节）。皮亚杰回答了心理和逻辑因素在真实概念（true concepts）（第238页）、真实义务（true obligations）（第177页）和真实规则（true rules）（第303页）的发展中如何相互关联这一问题。尽管所有概念最初的传播都具有社会心理属性，但其理性合法化也需要逻辑因素的参与。这个问题的一个特例是必要知识的发展——"从动作到意识必然性的过渡"（第53页）——必要知识始终都是真实的，但在人类大脑中有一个时间起源（起点）（Piaget，1950，第23页；Smith，1993，第1页）。真理和必然性等基本概念对于具有文化特殊性概念的发展，以及成功的人际交换，均至关重要。因此，皮亚杰回答了个体、社会和理性知识之间的相互关系问题。这些问题涉及人类理性的逻辑究竟具有个体属性，还是具有社会属性，现有知识的代际传播何以使新知识的增长成为可能,以及儿童以何种方式获得保留了其父母、老师、同龄人所用系统基本特征的思维系统。

皮亚杰采取的策略既有消极成分,也有积极成分。消极成分是找出了两种不同但对应的因素,将对真理理性理解的机械传递排除在外。其中一种因素存在于人类大脑中。弗洛伊德(Freud)(1922)认为,有一种情感无意识对人的思想和行为具有巨大的操控力。皮亚杰意在表明存在一种类似但效果相反的智慧无意识(intellectual unconscious),他称之为自我中心(egocentrism)。第二类因素存在于社会中。根据马克思(Marx)(1867/1970)和帕累托(Pareto)(1923/1963)等社会学家的观点,人类社会的显著特点是理性与情感的混合、虚假价值对真实价值的腐蚀。皮亚杰旨在向人们表明,社会力量导致人类知识的僵化,而非导致人类创造力的僵化。皮亚杰称这一因素为社会中心(sociocentrism)。两种因素共同作用,制约着理性理解的发展。皮亚杰所采纳策略中的积极成分是,找出了理性发展理论解释必须满足的某些条件。他坚持认为,这些条件对人际交换的交互性与交换思想的双方是否能在理性的观点交换(包括理性的分歧和可以标新立异)中保持平等,都有影响。下面就对这一策略加以详述。

皮亚杰承认人类的经验具有而且必须具有社会和心理双重属性这一事实。他在其第一部著作(Piaget,1923/1959)第一章第一段中,显然承认了两者的重要性,因为儿童也有需求。皮亚杰关注的核心问题是,是否儿童的某些需求具有合理性,是否其所言与所思均以保真的理性、规则和价值为基础。然而,并非所有的需求都完全甚至曾经具有理性。需求是否具有情感心理基础(Freud,1922),或者说,需求是否因其与思维法则具有对应关系而带有智慧性(Boole,1854/1958)?是否如同康德哲学中的"时间、空间、阶层、原因或人格"等范畴"是由社会要素构成的",人类的需求起源于人类社会集体……"其(前者)社会起源使人们相信他们的基础乃是事物的本质"(Durkheim,1915:19)?或者说,人类需求是否是情感与理性的混合?

对逻辑的需求既可以通过严密的逻辑来满足,也可以通过伪逻辑来满足。从根本上讲,人类需要的是思维——至于思维是健全还是荒谬,则无足轻重。我们只需要反思一下曾经而且仍然在进行的纠缠不清的狂热讨论……就可以对通过苦思冥想来满足的需求的专横跋扈有一定的了解。

(Pareto,1963,第 972 节)

的确,马克思(1867/1970)曾肯定地指出,一些表现为对商品盲目崇拜的虚假价值在人类社会中,比真实价值更为普遍。因此,尽管人类智慧总是具有其心理-社会基础,但它本身并不足以确保基于证据而非个人好恶与错误信念(信仰)的演绎理性智慧(rational intelligence)的发展(参见 Piaget,1923/1959,第 47 页)。皮亚杰坚持认为,某种普遍存在的障碍阻碍大脑的理性运算或科学,对(婴儿期)自身行为的掌控或者(社会)实践和技巧进行机械替代。这种障碍一定程度上具有心理属性(因丰富的表象而产生的象征性思维),在一定程度上亦有社会属性(正统观念和意识形态)。两者的合谋在教育中尤其严重:将父母或老师所说的一切都视为真理,当然是错误的(第289页)。问题在于,理性运算和科学都不会以完全纯粹的形式出现,因为两者总是与象征性思维和意识形态纠缠在一起。关于这一点,从皮亚杰的早期相关论述中可以清楚地看出来,即儿童与成年人的差别是相对而非绝对的:儿童的思维相对于成人的思维,更倾向于以自我为中心(Piaget,1923/1959,第38页)。类似的主张也适用于社会信仰和实践:学校数学课堂上对毕达哥拉斯定理的理性接受,与因受到诱导、感染而接受希特勒青年团的某一信条,明显不同(第25、243页)。没错,这对理解证据和信念之间的差异者而言,显然也不同。但是,人们早期的经验完全依据信仰而非证据,他们是如何做出这种区分的呢?这个例子背后暗含的原则普遍适用于各个社会所有发展中的个体。正是由于这个原因,区分或鉴别(differentiation)始终处于以守恒[保真(truth-preservation)]和创新为旨归的发展之中心位置。

本书所收皮亚杰的文章也有类似的旨趣,其中一种主张认为,"分享他人的思想和交换与说服他人接受自己思想的社会需求,乃是人求得验证需求的基础。证据产生于讨论"(Piaget,1924/1928,第204页;译文经笔者修正),另外一种主张则认为"逻辑是思维的道德,正如道德是行为的逻辑"(Piaget,1932/1932,第404页)。皮亚杰继而明确指出,社会心理经验是智慧发展的必要条件(sine qua non)(Piaget,1947/1950;1969/1970)。问题的关键并不在于儿童是否有社会心理经验,因为他们当然都有(社会心理经验),而在于有助于这种经验从理性角度来讲成功的方方面面。为了解决上述问题,皮亚杰在《社会学研究》中提出,理性对保证社会经验的成功具有作用,但是必须满足书中所提出的某些条件。

众所周知,近十年来,有些人尚未弄清楚皮亚杰的具体观点,就对皮亚杰"整体"观点的适切性提出批评,认为它不够完善,甚至不够恰切,不足以解释知识形成的社会基础。通常情况下,从社会的角度对皮亚杰立场提出批评,依据并非其《社会学研究》。因此,对其中一些具有典型性的批评加以审视,了解其具体情况,则大有裨益。毕竟,皮亚杰的研究是一种社会现象,而且在公共领域广为人知。我们需要考察一下皮亚杰的一般立场在多大程度上经得起集体审视。

对皮亚杰理论的社会批评

皮亚杰在其理论中,未对儿童经历的社会方面给予充分关注,这是其同时代的人对他提出的批评之一。列夫·维果茨基(Lev Vygotsky)早在1934年去世,因此其近些年刚刚翻译过来(Vygotsky,1994)的著名论述(Vygotsky,1978,1986)仅仅是对皮亚杰出版于20世纪20年代两部著作的评论。苏珊·艾萨克斯(Susan Isaacs)(1930)的研究显然也仅仅局限于皮氏前四本著作。请注意,皮亚杰明确对两位评论家都做出了回应(分别为 Piaget，1962 和 1931)，否认其观点经受不起早期批评的考验(综述请参见 Parrat-Dayan，1993 a，b)。另外，值得注意的是，皮亚杰(1952)本人对其早期研究中的缺陷也持批评态度，因此人们期望《社会学研究》能够关注早期社会批评中提出的问题(关于皮亚杰理论中一些概念的一般介绍，请参见 Montangero，Maurice-Naville，1994)。

最近，这种社会角度的批评以多种不同的形式示人，下面所考察的四种包括：
(1) 物质世界孤独的知者。
(2) 社会经验缺乏实证验证。
(3) 认知规范的缺陷。
(4) 皮亚杰理论现有的替代方案。

各种社会批评林林总总，不一而足。但是归纳起来，无非都有如下几种：一是针对实证研究不足与理性缺乏而提出的批评；二是批评适用于皮亚杰理论的核心特征，即所涵盖的现象过于偏狭，实证验证不足，解释有缺陷；三是对皮亚杰理论的全面批评，因为人们认为皮亚杰关于智慧发展——不仅仅是皮亚杰关于智慧发展的社会基础——的观点是不恰切的。事实上，先前所有批评都可以用《社会学研究》中的观点，直接做出回应。此处应明确，这些批评本不应该发生，这从两个方面来讲很重要：首先，这些批评极为苛刻，其存在不利于对皮亚杰观点的理解，甚至造成误解；其次，批评适用于所有关于个体内部智慧发展的观点(Case，1991；Demetriou et al，1992；Karmiloff-Smith，1992)，因此对其评价关系到当代一些理论。

1. 物质世界孤独的知者

人类的学习往往被置于孤独的机体与自然斗争的范式中加以描写……在皮亚杰的理论模型中，孤独的儿童单枪匹马，在自己被世界同化或世界被自己同化之间寻找某种均衡。

(Bruner，1985，第 25 页)

此处批评的焦点是，皮亚杰信奉某种形式的笛卡尔式个体主义(Cartesian individualism)，从而导致其人类智慧发展理论中的某些重大缺憾，其标志是其理论中社会某些方面的缺失、由此产生的主体间某些方面以及主体与社会间的某些方面的缺失。与上述相关的批评是，皮亚杰的信仰导致了其智慧发展理论中社会因素的缺失，以及因此而产生的环境和文化因素的缺失。这种信仰在物理－数学概念上，比在社会－心理概念上，体现得更为明显。人们对皮亚杰大张挞伐，是因为他坚信物质世界上存在孤独的知者(solitary knower)这一假设。

这种责难所面临的是如下事实：皮亚杰所阐述出来的是一种完全不同的立场。皮亚杰认为，社会经验是智慧发展必要的——但并非充分的条件，而且社会经验从出生到死亡,不仅贯穿人的一生,而且始终发挥着强大的影响力(第278页)。而且,他还认为,社会适应与包括身体适应在内的其他类型的适应同等重要(第185、217、240页)。皮亚杰在其文章中提供了许多例子:成人传授给婴儿的饮食、着装、卫生规则;学校教育与智慧发展;老人统治社会的文化传统与顺从性倾向;原始社会的神秘信仰和当代的意识形态;寻求科学真理过程中发生的理论冲突。皮亚杰明确指出,个体和社会本身在理性的形成过程无论是独立运作还是联合运作,均不充分(第143、227页)。

但是,最后一个观点乃是问题的核心:个体只能够知道何谓真实。也就是说,理性意识所关注的是对真理的寻求,而从本质上讲,真理即使不等同于社会上的社会从众(或译"遵从",social conformity),仍然对社会所有成员开放。真理对所有的人在任何情况下,都是平等的,无论共识还是信仰皆非真理之保障。这是一个重要的区别,自柏拉图(未注明日期/1935)以来就广为人知。皮亚杰从没有明确指出或者暗示,个体能够在物质世界上独立获得真知识。相反,其问题是在寻求真知识的过程中,社会贡献和个体贡献之间的相互关系——这种知识为人们所自主接受且因其在标新立异的创造过程中不断扩展而呈现出多种不确定形式。借用皮亚杰的希特勒典故来说(第25页),在世界上,意识形态信念,如"艾因沃尔克、艾因帝国、艾因元首(Ein Volk, ein Reich, Ein Führer)",与冯诺伊曼(von Neumann)(Korner, 1969)"1+1=2"证明之间,有天壤之别。进而言之,若仅仅将这种差异看作是社会差异或个体差异,则难以揭示出知识的一个内在特征。皮亚杰的目的并非无视知识的社会基础,而是更加侧重强调知识的获取,同时给予理性合理化(rational legitimization)以适当关注。皮亚杰在其著述中对康德的一些思想大加褒扬,并暗示康德认为(Korner, 1969)人类的交换和理性约定(rational agreement)严格依赖普遍知识的应用,这种普遍知识构成了智慧(大脑)的认识结构。

2. 社会经验缺乏实证验证

这种批评认为,皮亚杰给予了社会和背景因素以一定的关注,但这种关注过于泛泛而论,不够具体。不管怎样,皮亚杰的实证研究未给予这类因素以足够的重视。这在单独采访儿童对物理-数学概念的理解的个案研究中体现出来。因此,人类理解的社会和背景方面在很大程度上被忽略了,因为从关于内化智慧过程的观点,到社会背景的映射并不充分,反之亦然(Doise & Mugny, 1984; Donaldson, 1992; Edwards & Mercer, 1986; Light & Butterworth, 1992; Perret-Clermont, 1988)。针对这种批评,有具体和一般两种回应。

具体的回应是,皮亚杰所提供的证据表明,儿童对社会有其思考。《社会学研究》中有一个实证研究,对儿童对祖国及外国关系的观念进行了探讨(见第七章)。此外,早期研究对这项研究也已有预期(Piaget, 1924/1928,第三章,第六节;1945/1951,观察,第

108页)。另外,皮亚杰(1954/1980)还明确对情感和社会、智慧的关系进行了对比,旗帜鲜明地指出,前者是对后者的反映,反之不然。本书第七章中的研究发现乃是对上述观点的肯定。一个极端的例子是,瑞士儿童虽然接受日内瓦位于瑞士的观念,并对此做出了合理的解释,但是他们否认任何人既可以成为日内瓦人,同时也是瑞士人,而且亦对此做出了合理的解释。在另一个极端,有些儿童尽管其自己的绘画表明各种选择之间是包含关系,但是却自认为它们具有排他性。关于情感问题,皮亚杰显然做出了类似的回应:丹尼斯(Danise)喜欢瑞士,因为它有漂亮的别墅和瑞士风格的农舍。赫伯特(Herbert)认为,美国人很愚蠢,因为他们不知道勃朗峰在日内瓦市中心什么地方。而在另一个极端,还有些儿童基于理性考量,做出回应:一个人当然既可以是瑞士人,又可以是日内瓦人,因为两者具有包含与被包含关系;瑞士因为是一个自由国家,因此令人钦佩;各国人民之间既有相同之处,也有某些差异。显然,仅仅有一个研究是远远不够的,因为社会现象包罗万象。但是,即便如此,这一研究足以表明,皮亚杰确实对社会经验有过探讨,并且坚持认为儿童的情感思维与其逻辑思维相似,而且前者是后者的附带现象。若儿童在其对自己社会经验的思维中表现出非理性,那么其对日内瓦之类国际城市的大都市经验则毫无价值可言。

对第二种批评背后的假设还有一种具有普遍意义的回应,即与社会现象相关的实证证据必须是有关社会现象的证据。但是,这一假设引发出下述问题,即究竟何谓社会现象。借用皮亚杰关于"智慧突变"(intellectual mutation)(第37页)的观点来说,知识巨人创造的新知识可以轻而易举地为学龄儿童以通常的方式获得。请注意爱因斯坦关于这一问题的观点,他认为西方科学的基础是逻辑思维和方法论的双重成就:"西方科学的发展,乃是建立在这两项伟大的成就基础之上的……在我看来,中国先哲没有取得这种进步,不必少见多怪。令人惊讶的倒是,竟然有这样的发现。"(引自Wolpert,1992:48)科学是文化不可分割的一部分,追踪伴随儿童重新发现逻辑和科学方法的"智慧突变"过程,是一种合理合法的社会研究。因此,可以说,皮亚杰实证研究所探讨的所有现象都可称为社会现象,但是,反之则不然。逻辑思维和实验方法是当代物理学的核心(Gleick,1992,第333页),而且两者亦为守恒的自然研究[请特别注意在皮亚杰和斯泽明斯卡(Szemińska)的邦氏研究方案(Bon's protocol)程序中处于核心位置的社会实践和学校物理问题研究(Inhelder & Piaget,1955/1958)的核心]。

3. 认知规范的缺陷

这一批评认为,社会元素(social elements)乃是知识的构成特征,但是在皮亚杰的理论中却被孤立地加以对待。其理论的依据可能有所不同,其中包括维果茨基(Cole & Cole,1989)和维特根斯坦的某些观点(Harré,1986)。这种批评可明确地表述为

然而,知识的获取实际上是进入他人共享或者原则上可能共享的知识体系……知

识、真理和客观性这些概念中暗含着某种共同的参照标准,由此判定何为已知、真实、客观,在这种意义上讲,它们(前述概念)具有社会属性……(而且皮亚杰的生物理论模型)必须证明(这一参照标准)不完全适用于当前的任务。

(Hamlyn,1978;Hamlyn,1982;Haroutunian,1983)

对皮亚杰的批评认为,构成认识概念(epistemic concepts)的一些元素具有社会属性,但皮亚杰的理论无法对此做出解释。但是,事实并非如此。针对这个批评,皮亚杰在本书第一章第一段就明确提出了自己的观点,而恰恰基于这一观点,有人提出了上述批评。显然,皮亚杰本人亦认为,社会元素对无论是前科学(pre-scientific)抑或是科学(scientific)知识的形成,确实至关重要,就其本身而言,是知识增长的构成或者基本要素。简而言之,批评中所阐述的观点,实际上已经在皮亚杰本人的观点中体现出来,而这一观点的提出先于对其著作提出的批评。

支撑皮亚杰观点的论据有两个可分离,但相互依赖的组成部分。其中一个组成部分具有社会心理性质:人的经验对知识的起源有何贡献?另一个组成部分具有认识论属性:人的经验以何种方式通过使其符合理性,来促进知识的合法化?根据皮亚杰(1950)的发生认识论——即以发展为重心的认知科学(Campbell & Bickhard,1986;Inhelder & Cellérier,1992;Kitchener,1986;Leiser & Gillièron,1990),两个问题都与经验密切相关,其解答需要综合加以考量,既不能(将第一个问题)还原为单纯的实证心理学问题,也不能(将第二个问题)还原为哲学的认识论问题。因此,根据皮亚杰的观点,发生认识论介于两者之间(Smith,1993,第7节)。理性上可接受的知识,从原则上讲,因其具有共同的构建模式,而为所有的人所共享,这是上述观点的严格要求。认识的统一或一致(agreement)之所以具有合理性,并非因为它为某个群体所普遍接受,并且以共识为标志,而是因为,即使在具体应用中有分歧的情况下,相对仍然为人所普遍接受的规范而言,它具有效度。

4. 皮亚杰理论现有的替代方案

最后一项批评是,皮亚杰理论已有替代方案。维果茨基在其研究中提供了这样一个替代方案,值得密切关注和详细阐述。事实的确如此。维果茨基的研究值得深入挖掘,但却没有得到充分阐述,从而导致对其不同的解读和应用(Adey & Shayer,1994;Brown et al.,1983;Cole & Cole,1989;Daniels,1993;Light & Butterworth,1992;Newman et al.,1989;van der Veer & Valsiner,1991;Wertsch,1985)。例如,有一种主张常为人们所引用,即"儿童文化发展的每一项功能都出现两次:首先是社会层面(的功能),然后是个体层面(的功能)……人类所有高级功能都源于个体之间的实际关系"(Vygotsky,1934/1978,第57页)。这一观点颇有见地,在维果茨基的著述中并非孤立,因为还有两种相互联系的观点,必须加以考察。第一个观点是"高、低级心理功能的统一,而非同一"的观点(Vygotsky,1994,第163页)。儿童在共享活动中可能和成人一起促成最终活动的成功[功能统一性(functional unity)],却不需要发挥相同的能力和理解[功能性非同一性(functional non-identity)]。这是因为维果茨基所坚持的发展观认为"同一事件发生在儿童不同年龄段,在其意识中的反映方式完全不同,而且对其具有完全不同的意义"(Vygotsky,1994,第344页)。如果功能具有统一性,那么此观点就既有启迪,又有意味。但是,若存在功能的非同一性,那么就存在必须加以关注和解释的明显功能差异。儿童虽然没有成人的理解力,但同样能为共享实践活动的成功做出其贡献(如去超市购物)。若只考虑实践活动成功与否,那么这种非同一性就无足轻重。但是,若考虑如何确保每个家庭成员的独立性(如孩子独立为全家购物),那么非同一性就至关重要了。第二个观点关涉个体间功能的发挥(inter-individual functioning),向个体内功能的发挥(intra-individual functioning)过渡发生的必备条件。维果茨基称这个过程为内化(internalization)——进而诚实地宣称,尽管内化"有其社会根源……但是,这一过程的基本路径已明确"(Vygotsky,1934/1978,第57页)。显然,承认了这一点,也就意味着维果茨基否认其理论对核心过程之一具有解释力。总之,维果茨基的研究具有深意,但是确实需要进一步阐释。

其他各种理论亦不可或缺,受到青睐。皮亚杰本人亦从多个理论视角,对自己的研究进行评价。但是,直到1987年,这一事实才为人们所熟知(转引自Smith,1992,第423—424页),而且多种理论的运用在其对自己研究的重新分析中显而易见(Piaget,1924/1928,第3章;Piaget et al.,1990/1992,第9章)。实际上,这意味着对维果茨基的观点与皮亚杰的观点进行宏观的比较,裨益远远少于对二者具体观点的审视。

但是,皮亚杰的理论至少在两个方面比维果茨基的观点先进。进步之一是皮亚杰的理论回答了社会经验何时成功的问题。社会经验的一个核心特征是,人际交换有助于思想的交换,但交换并非在所有情况下都是成功的。因此,必须借助于某种标准,来判断满足何种最低条件,才能确保交换成功。但是,首先,如前所述,维果茨基在前文所引段落中,并没有提出任何标准,以判断思想的交换何时带来内化的成功;其次,皮亚杰确实提出了思想交换发生的必备条件。关于这些条件,我们将在下一节中详述。

相对于维果茨基的研究,皮亚杰的研究的第二个进步是直接解决了"学习悖论"(learning paradox)(Bereiter,1985)问题,因为根据建构主义的观点,高级知识是从现有的低级知识发展来的。请注意,维果茨基的理论中包含着建构主义的思想。但是,即便如此,避免而非解决"学习悖论",乃是从维果茨基的观点引发出来策略。究其原因,请看纽曼等人(Newman et al.,1989,第66页)给出的理由。他们提醒我们,新知识可能总是由走在前列的人士——在他们的例子中由实验者,在社会层面传播出去!但是,这种解释并不充分,因为它将问题向深入推进了一步:实验者是以何种方式首先获得了这种新知识的呢? 艾萨克·牛顿(Isaac Newton)说他之所以取得了如此大的成就,是因为站在了巨人的肩膀上。的确如此,但是,牛顿的发现被称为"牛顿理论",而非"由于巨人的贡献而产生的理论",这并非偶然。请注意,理查德·费曼(Richard Feynman)在其博士论文答辩时,对根据标准教科书理论所提出的问题,做出了超乎寻常的回答,对此格莱克(Gleick)(1992,第130页)提出如下颇有说服力的观点,"费曼认识到,这是一个陷阱。他回答说,教科书肯定是错了……所以他才自己把问题解决了"。他对现有解决方案加以改进,提出了一种新颖的解决方案。这里有两点需要特别注意。其一是费曼自己向在教科书中体现出来的为社会接受的信念,提出了挑战;其二是其挑战带着某种情绪:教科书不仅仅是错误的,而且肯定是错误的。尽管所有的知识均起源于社会世界(如公开的教科书),但新颖的原创可能仍然源于个人的大脑(如理性思考的结果)。纽曼等人的阐释,无法解释由天才创造的真正新的知识。就这一点而言,这一观点也不能解释大量的知识重构的案例,在这些案例中,人类大脑在具有个性特点甚至是错误知识的创造过程中,或者仅仅是徒劳地重复别人,或者所创造的知识与物理、社会或者抽象的现实不相匹配。

皮亚杰的研究至少直接对这个问题进行了探索。教育进步,甚或简单的思想交换,都要求人首先根据自己所掌握,通过文化传递的价值、规则、概念和符号进行思考,然后运用其智慧资源(intellectual resources)对它们重新加以思考(第76、138页)。这是皮亚杰的《社会学研究》的核心。下面对皮亚杰理论的某些具体特征做一梳理。

皮亚杰理论的社会视角

有以下几个贯穿《社会学研究》相互重叠的主题,包括:
(1) 作为分析单位的动作(Action as unit of analysis)。
(2) 匹配问题(Problems of match)。
(3) 智慧自主(Intellectual autonomy)。
(4) 普遍知识的发展层次(Developmental Levels in the knowledge of universals)。
(5) 交换模型(Exchange model)。
(6) 规范性干预(Normative intervention)。

1. 作为分析单位的动作

皮亚杰在其研究中使用的分析单位既不是表征(representation)(如在认知科学中),亦非实践(practice)(如在社会学中),而是动作(action)。对客体(object)的认识,乃是借助于其对动作-格式的同化作用,对该客体施加动作(Piaget,1967/1971,第6—8页)。此外,还有一种动作协调逻辑,而且相同的逻辑对心理和社会两个层面动作都起着协调作用(第145页)。这一定义不仅适用于实物(physical objects),也适用于社会客体(social objects)(如群体和社会),还适用于抽象客体(abstract objects),如数量(number)和必然性(necessity)。动作可以是某个人的动作(第109、169页),也可以是某个社会群体的动作(第146页),抑或是一代人的动作(第134页)。工作在很大程度上是共享动作的范例,如同逻辑矛盾提供大脑运算的信息(参见第55-56,190-191页的例子)。若说知识是对客体的动作,而且客体包括实际客体(实物)和抽象客体的话,那么理论的一个任务就是,在充分考虑其社会-心理起源与理性合理性的前提下,找出心理结构中客体应具备的特征。经验的任务则是获取证据,证明实际客体和抽象客体的哪些属性,在个体发展中的大脑中有或者没有体现,哪些特征已经嵌入或者没有嵌入社会信仰(信念)和实践中。两个任务之所以有困难,主要是因为客体可能具有从逻辑上讲必然、从理性上讲普遍的内在属性。正是由于这个原因,皮亚杰才对上述问题从结构和意向两方面进行了解释。理性的理解要求儿童不仅要理解在一定语境中,以某种特定方式呈现出来的属性,而且要理解适用于各种情景的通用属性。此外,这种理解应在该儿童有能力完成的无限的动作中有其体现。理性理解是一种理想形式的理解,因此在发展初期并不存在,而是在发展的过程中建构出来的(建构此处是一个术语,而在下文中则不是术语)。总而言之,社会虽然确实作用于个体,而且个体之间也确实相互作用,但是并非所有的动作都是理性之源(第136页)。

2. 匹配问题

若说动作有协调逻辑的话,那么就产生两个与这种逻辑相匹配的问题。第一个问题是主体与客体之间的匹配(S-O匹配)。哪一种逻辑体系(或系统),与个人在对物理、社会和抽象客体的动作中所使用的逻辑相匹配呢?建构主义认为,产生于柏拉图主义的客体——例如波普尔(Poper)(1979)模态实在论(modal realism)的"第三种世界"(third world)或者"可能世界"(possible world)(Lewis,1986)——在任何情况下,都必须在允许主-客体循环程度变异的前提下构建出来(Piaget,1947/1950;关于柏拉图主义的讨论,请参阅Smith,1993,第20节)。这一问题的中心是自我与法律(son moi avec la loi)之间的调和,是人类愿望、情感和主张,与规范制度强加的纪律之间的调和(第241页)。请注意,逻辑系统有很多,而且由于没有进行过系统的比较研究,因此哪个系统符合行为协调的逻辑这一问题,尚未得到解决(Vonèche & Vidal,1985;关于逻辑系统综述,请参阅 Apostel,1982)。第二个问题是两个或多个主体间的匹配(S-S匹配)。一个人的个体行为逻辑,在多大程度上与另一个人的行为逻辑相匹配呢?请注意,由于文化向个体的跨代传递动作(社会化)以及个人对文化的作用(创造),这一匹配问题亦适用于教育。匹配必须是相互的,因为任何一方所采纳的视角,都可能与一系列不确定、开放的观点具有相关性。在何种程度上,某一具体逻辑可被相互、持久地用于交换,部分地是一个经验问题。在皮亚杰看来,S-S匹配是认同或非认同(同一或非同一),不仅可以做量化理解,亦可以做程度理解(Smith,1993,第166页)。这可以用产生于皮亚杰交换模型中等式Ⅰ和等式Ⅱ的形式同一(formal identities)来表示。然而,虽然非对等无以计数,但是总有一定范围。但是,皮亚杰的概念分析并不穷尽(第23页),没有充分的运算分析(operational analysis)。皮亚杰(1941,第5节)特别指出,有些从婴幼儿期产生于群集结构(groupment structure)的前期心理状态发展来的"实际运算"(practical operations)对手段-结果关系起着协调作用(Brown & Weiss, 1987; Inhelder & Cellérier, 1992; Leiser & Gillièron, 1990)。

3. 智慧自主

真实的交换有两个特点。其负面特征是,它不具有强制性。皮亚杰引证了几个(可能或实际上)强制过程(coercive processes)的例子,包括弗洛伊德的无意识、情感压力、家庭和学校教育,对传统、权威的过分尊重、意识形态。强制通过限制意志自由,从道德上讲可能难以抗拒(Aristotle,日期未注明/1953)。强制若以无意识、未被察觉的形式存在,就不可能从心理上也加以抗拒,结果导致意志的非自主性,而非自主性。因此,自杀禁令作为一种禁忌,可能有心理作用(Freud, 1938),恰如自杀率的高低在很大程度上可能与失范(anomie)等社会因素有关(Durkheim, 1915)。在皮亚杰看来,这类自杀与表现对绝对命令(categorical imperative)合理拒绝(Kant, 1791)的自杀有很大的不同。体现为一种社会心理原因的强迫,与强加于良知的道德责任不同(Wright, 1981)。亚里士多德(未标日期/1953,第6卷,第13章)指出"美德不仅仅是一种符合正确原则的性情,而且是一种与原则协作的性情",这一观点可以从道德领域推而广之到智慧领域。导致正确判断的信仰(符合真理的信仰)的形成是一回事,而理性地接受这些信仰(符合认知原则合作的信仰)则是另一回事。皮亚杰认为,若理解的非自主性过程发生于个体头脑内部,那么其一般特征是以自我为中心(第249页),如果是发生于社会互动中,则是以社会为中心(第280页)。儿童若无条件地认可父母所言(第289页)或学校教科书(第295页)中的任何内容为真——仅仅在这一点上——他们就是非自主信仰的受害者。真正思想的交换是对个体的解放,允许其将现有知识加以改造转化为适当形式的新知识(第76、138、169页),在不断适应全新环境中(第174页),与在其协调所需要的人类权力的增长中(第306页)表现出来。人都能够获取某种集体共有的概念、规则和符号系统,但每个个体对它们进行思考的能力不同(第218—219页)。但是,传播不是重构,复制亦非再评估。皮亚杰(1969/1970)认为,教育是一种双重关系,它在教育者的掌控下,将各种(智慧、道德、社会的)价值与儿童或者学习者个体的大脑联系起来。因此,一端是能够获得某一社会现有知识的教育者,在这一社会中,这种知识处于相互联系与影响的系统整体中,社会中的各种联系导致了智慧和教学方面的困难。这种知识同时还与信念(信仰)和意识形态系统纠缠不清。另一端则是作为个体的学习者,有着各种智慧与情感倾向和能力的人。合理成功的交换理应通达真理,而非从众和遵循传统。智慧活动要求个体对集体传播的概念加以彻底思考,并通过集体传播的概念进行重新思考,而不是成为过去几代人遗产的被动接受者。但是,这只有在下述前提下才有可能:人类大脑具有自主思考能力,即能够基于理性而非原因的存在去采取动作,能够基于形式因素而非仅仅是功能因素进行推理。若说童年是"理性的睡眠期"(the sleep of reason)(Rousseau,1762/1974,第71—72页),那么中间就有多个清醒状态。理性意识是发展过程中的一个阶段,而整个过程则是大脑通过在社会-心理世界的运作对其心理能力进行重构的过程。

4. 普遍知识的发展层次

皮亚杰认为,知识的社会-心理起源有三个发展层次(第56、280页)。尽管在不同年龄段实际表现有重合,但三者"整体"呈等级层次关系。值得注意的是,皮亚杰(1960:13—14)在对不同发展阶段的定义标准进行阐述时,并未将一般性(generality)作为阶段划分的标准(pace 英语翻译),而是将"structure d'ensemble"(对应于英语的"overarching structure",即整体结构)作为阶段划分的标准。无论在人群中是否具有概括性,这种结构都具有普遍性。若要知悉其中的原因,请注意皮亚杰关于两种个体性(individuality)的对比(第218、219页):一是作为智慧和情感倾向集合的自我;一是由于导致集体规范与概念原始守恒综合体(an original and conserving synthesis of collective norms and concepts)形成的各种能力而产生的人格(personality)。每一个人、每个群体或每个社会在这两种意义上,都是一个个体,在不同年龄段,具有上述倾向和能力的可能配置与组合。根据这种观点,儿童自我中心思维的逻辑结构,与原始社会部落心态的逻辑结构,有某种相似之处,即从某种程度上讲,两者的标志都是思维的僵化性和墨守成规性(第137页)。智慧的制约发生在所有文化中人的所有年龄段:发生变化的——这在某种程度上是一个经验问题——是自我中心思维和社会中心思维的比例(第119、148页)。任何发展层次的认识主体都具有普遍但并非因此而具有一般性的思维特征(第38、80、178页)。何谓认识普遍性,这是一个理论问题,应该与个体和群体的一般性经验问题区别开来。皮亚杰的理论所解决的是使普遍知识的获得成为可能的发展机制问题,而非在何种条件下这种知识可能推而广之赋予其一般意义的问题。

普遍知识是关于普遍事物的知识。从柏拉图(日期未标明/1935)到波普尔(1979),人类关于某一普遍事物的知识(human knowledge of a universal)是否存在这一问题,一直是哲学讨论的核心。事实上,皮亚杰(1918,第46页)曾有针对性地提出过"普遍知识可能存在吗?"这一问题,而且其发生(经验)认识论乃是将哲学认识论问题,转化为经验认识论问题的一次系统的尝试(Piaget,1950;参见 Smith,1993,第7节)。因此,根据皮亚杰的理论,整体结构(structure d'ensemble)之类的认知结构,在某种特定意义上具有普遍性,即它在特定主体动作中的运用,使关于某一普遍事物的知识成为可能。逻辑效力(logical validity)乃是这类普遍事物之一例;另一例是必然性的模态概念(modal concept of necessity)。两者均跨越所有可能的世界(possible worlds)来加以定义,而不仅仅局限于以现实世界(the actual world)真理为标准来定义。普遍性有程度的不同(强规范系统中包含弱规范系统),而且普遍事物类型多样(几何系统的扩散)。从这个意义上讲,普遍知识是否具有语境、个体、领域、文化一般意义这一问题,乃是一个合法的心理学问题(Case,1991;Fischer et al.,1993;Karmiloff-Smith,1992;Resnick,1990)。但是,上述问题从另一个方面来看,与个体以何种方式基于现实世界已有具体知识发展出这类知识这一问题,迥然而异。正是由于这个原因,皮亚杰尖锐地指出,普遍性(universality)和一般性(generality)并不相同(第178页)。

5. 交换模型

皮亚杰认为,互动的成功与否,取决于价值(规则、符号、概念)的交换。合乎理性的交换需要满足某些条件。皮亚杰认为,这类条件至少应是必要条件(第146页)——但有时同时也是充分条件(第91页)。值得注意的是,皮亚杰所说的条件不只适用于合乎理性的成功交换,也适用于独到有趣的社会-心理遭遇,可能是因为后者表明人的"基本"(first in)能力,而非其"完全"(fully in)能力(Flavell et al.,1993),或者表明人发挥其基本功能的能力,而非最佳能力水平(Fischer et al.,1993)。皮亚杰的核心观点是,符合理性的成功交换要求参与交换的任一方,都应该具有完成相同运算的智慧(第152页)。交换的各方只有具有共同价值尺度,并且在保持守恒与创新适度平衡的条件下使用这一价值尺度,交换才能取得合乎理性的成功。也就是说,互动的双方应该通过连续思维以完全同一的方式,使用完全相同的符号和意义系统——一种双方都保留、使用的系统(第91、146页)。皮亚杰的整体结构(structure d'ensemble)恰恰需要从这个意义上来理解(Smith,1993)。值得注意的是,皮亚杰在《社会学研究》中提出了类似的观点,例如某个社会已有的运算集合或系统(第114页)和客观上有效的宏大科学系统(第235页)。这一条件并不意味着只有一个规范集合,可以用以对某一命题做出评判,因为交换的双方都有其自己可供选择的规范系统。这种可供选择系统的存在可能引起合理的争端,例如科学中的情形(第230页)。这一条件也不意味着共识。皮亚杰所谓的普遍适用性(universalizability)是方法,而非本质。不同于那些将普遍适用性作为道德义务标准的哲学家(Kant,1791),皮亚杰的认识论观点具有方法属性:假如交换双方能够使用相同的系统,就可使用任何价值体系。

人们根据莱布尼茨提出的原则,对上述条件做出了一种解释:凡是可以在不改变真值的前提下相互替换的概念,即为相同的概念(eadem sunt quorum unum alteri substitui potest salva veritate),此处原则将"概念-同一性(concept-identity)与真值-条件(truth-condition)联系了起来"(Ishiguro,1972,第17页)。这里所表达出来的观点是,尽管两个非同义表达意义不同,如 trilateral(三边的)和 triangle(三角形),但所表达的概念可能相同,而且,两者在满足绝对真实(salva veritate)原则的条件下,确实是相同的。这一原则要求,用以表达这些概念的命题不仅外延相同(在现实世界中同为真或假),而且内涵一致(在各个可能世界中同为真或假)。根据莱布尼茨(1765/1981)的观点,必然真理在所有可能的世界里都是真实的。正因为如此,模态(modality)和概念同一(conceptual identity)才相互联系起来。虽然皮亚杰不接受莱布尼茨的天赋观念论和柏拉图主义(参见 Smith,1993,第3节),但他对内涵逻辑(intensional logic)的热衷却显而易见(Piaget & Garcia,1987/1991),而且其关于模态和概念-同一的观点,与莱布尼茨的观点相符。两种展示——无论是在同一个人大脑中,还是在不同个体的大脑中——在其外延相同的前提下,都是相同概念的展示,因此被用以生成符合真实世界并且在可能的世界里内涵一致的知识,因为个体所有者有能力将任意两种视角协调起来(第236-237页)。非自主性思维因自我-社会中心思维的存在而无法满足这一要求,因为两种不同的思维方式对认识一致性的搜索,设置了模态限制(modal limit)(第144、189页)。在这种情况下,从合理性角度来看,交换可能不会成功,因为双方的基本概念与具有系统差异的人类能力,具有对应关系(第314、315页)。值得注意的是,皮亚杰坚持认为,没有两种情况——没有两种沟通语境——是相同的(第174页)。因此,在两种情况下使用自我同一的概念需要使用者有能力处理不相关的转换,这些转换不影响概念呈现的正确性和逻辑模态。正因为如此,守恒在皮亚杰的理论中发挥重要的作用,成为使用同一命题,通过无关转换——亦即在理性守恒中,表达某一概念的能力(第147、153、175、236页)。

6. 规范性干预

皮亚杰的发生认识论认为,规范的形成有其特有的历史,其中包含社会元素和理性元素。这一历史源于人类社会或者人类的大脑。规范作为一种真理并非"成品",是通过其在行为中的建构来展示出来。即使具有理性的理解能够成功地构建出来,表现为具有与人类大脑的意向能力相映合的模态特征的能力,理性亦理所应当。现以模态作为抽象客体为例,来加以说明。必然性可定义为相关否定的不可能性(Piaget,1977/1986),因此不同于真值函数否定:若某事(物)是必然的,那它就不可能为假,然而,若某事(物)为真,那么它亦非假。这是一个普遍存在的根本差异,必须得到尊重。但是,这种差异独立于社会和个体。以这种方式来定义必然性,并不是因为某个社会群体通常会给出这样的定义,也不是因为某个逻辑学家给出了这样的定义。相反,这就是必然性的定义。而且,正由于这一原因,社会因素和个体因素皆不能独立地促成理性的发展。皮亚杰在《社会学研究》中所关注的焦点,是真理、必然性等规范的获得和合法化问题。

规范性干预的核心,既是像其他人一样,自觉地使用同一命题的能力,又是用任何系统中的运算来替换某一运算的能力。对可能性和必然性的模态理解既是理性的内在特征,又是皮亚杰理论的核心,这一点很重要(Smith,1993)。理性上可接受的知识,必须通过与这一基本范畴的匹配来合法化,因为——在这个意义上讲——必然性是人类思维必须匹配的抽象客体。此外,若说有真正的共识的话,那么一个人的思维也必须在这方面与他人的思维相匹配。守恒和创新是这种匹配的两种表现形式。守恒以同一性为基础,这是必然性的范例,因为任何事物都必须具有同一性。创新以转换为基础,这是可能性的范例。这两种普遍的模态形式通过人类的大脑建立起联系,因为人类的大脑能够在统一的知识体系中,将这些独立的模态形式隔离与整合。

结　　论

皮亚杰的研究确实对智慧发展的心理社会起源做出了解释,但他对建构主义的承诺要求对具体形式的经验,以理性规范为参照加以合法化。特别是,皮亚杰的理论对知识的最初起源问题的关注——尽管这些问题很重要——少于对理性规范干预即其获得、建构和整合的关注。理性规范涉及知识的普遍方面,这与知识的一般性问题不同。皮亚杰(1918:46)在《求索》(*Recherche*)中提出了普遍的事物是否可知这一问题,在此处,参照心理平衡,皮亚杰做出了一个程序化的答案,并在60年后出版的一部著作中做出概述:

> 事实是一种平衡——或不平衡——而理想是另一种平衡,在某种意义上,与前者同样真实,但通常是简要描述而非现实:正如数学家所言,理想是一种具有限制性的情形,甚至是现实世界趋向的虚假或不稳定平衡……只有整体和部分都处于和谐、相互守恒的状态时,理想的心理平衡才会发生。
>
> (Piaget,1918,第46、178页)

> 主体力求避免不一致性,因此总是趋向于某种形式的平衡,但总无法达到完全平衡,有时能达到临时平衡……(后者的达到)总是因可能使用现成运算来建构的虚拟运算而产生新的问题。因此,最精细的科学知识仍然处于持续的发展状态。
>
> (Piaget,1975/1985,第139页;翻译经本书编者修正)

皮亚杰在其理论中做出了积极、乐观的假设,在寻求一致性的过程中,客观真实的知识成为可能,尽管完整的真知系统(full system of true knowledge)的构建中存在易缪主义的局限[关于易缪主义(fallibilism)的讨论,参见 Haack,1978]。皮亚杰关于平衡的理论中具有社会成分,因为对一致性的寻求需要两种类型的匹配:一是个体大脑中的匹配,一是参与思想交换者大脑之间的匹配。匹配在满足相互替代(salva veritate①)原则的前提下,确实能够发生,而表达不同概念的命题,借助于在各种语境和转换中展示出来的人类力量和能力,被看作是外延等价、内涵一致。虽然发展主义者一如既往,仍然在独立地回答诸如智慧过程(intellectual processes)在多大程度上不受认知域的影响、在多大程度具有一般性符合所有个体、在多大程度上可迁移到所有情境中等一些有趣的问题,但这些并不是皮亚杰关注的核心问题。

简而言之,《社会学研究》是 20 世纪前半叶写成的,但其影响可能在下半叶。其理论有其独特性,值得进行理性与实证审视。

文献总汇

ADEY, P. and SHAYER, M. (1994). *Really raising standards: cognitive intervention and science achievement*, London: Routledge.

APOSTEL, L. (1982). "The future of Piagetian logic". *Revue internationale de philosophie*, 142-143, 567-611. Reprinted in L. Smith, (1992). *Jean Piaget: critical assessments*, vol. 4, London: Routledge.

ARISTOTLE. (nd/1953). *The ethics of Aristotle*, London: Allen & Unwin.

BEREITER, C. (1985). "Toward a solution of the learning paradox". *Review of educational research*, 55, 201-226.

BOOLE, G. (1854/1958). *The laws of thought*, New York: Dover.

BROWN, A., BRANSFORD, J., FERRARA, R. and CAMPIONE, J. (1983). "Learning, remembering and understanding", in P. Mussen (ed.) *Handbook of child psychology*, vol. 3, New York: Wiley.

BROWN, T. and WEISS, L. (1987). "Structures, procedures, heuristics and affectivity". *Archives de psychologie*, 55, 59-94. Reprinted in L. Smith, (1992). *Jean Piaget: critical assessments*, vol. 4, London: Routledge.

BRUNER, J. (1985). "Vygotsky: a historical and conceptual perspective", in J. V. Wertsch (ed.) *Culture, communication and cognition: Vygotskian perspectives*, Cambridge: Cambridge University Press.

CAMPBELL, R. and BICKHARD, M. (1986). *Knowing levels and developmental stages*, Basel: Karger.

---

① Salva veritate (或 intersubstitutivity)是一种逻辑条件,在此条件下,两种表达可以互换,而不改变包含这种表达的陈述的真值。

CASE, R. (1991). *The mind's stair-case*, Hillsdale, NJ: Erlbaum.

CHAPMAN, M. (1986). "The structure of exchange: Piaget's sociological theory". *Human development*, 29, 181-194.

COLE, M. and COLE, S. (1989). *The development of children*, New York: Freeman.

DANIELS, H. (1993). *Charting the agenda*, London: Routledge.

DEMETRIOU, A., SHAYER, M. and EFKLIDES, A. (1992). *Neo-Piagetian theories of cognitive development*, London: Routledge.

DOISE, W. and MUGNY, G. (1984). *The social development of the intellect*, Oxford: Pergamon Press.

DONALDSON, M. (1992). *Human minds*, London: Allen Lane Press.

DURKHEIM, E. (1915). *Suicide: a study in sociology*, New York: The Free Press.

EDWARDS, D. and MERCER, N. (1986). *Common knowledge*, London: Methuen.

FISCHER, K., BULLOCK, D., ROTENBERG, E. and RAYA, P. (1993). "The diagnosis of competence: how context contributes directly to skill", in R. Wozniak and K. Fischer (eds), *Development in context*, Hillsdale, NJ: Erlbaum.

FLAVELL, J., MILLER, P. and MILLER, S. (1993). *Cognitive development*, Third edition, Engelwood Cliffs, NJ: Prentice Hall.

FREGE, G. (1888/1980). *The foundations of arithmetic*, Oxford: Blackwell.

FREGE, G. (1956). "The thought: a logical inquiry", in P. Strawson (ed.) *Philosophical logic*, Oxford: Oxford University Press.

FREUD, S. (1922). *Introductory lectures on psycho-analysis*, London: George Allen & Unwin.

FREUD, S. (1938). *Totem and taboo*, Harmondsworth: Penguin Books.

GLEICK, J. (1992). *Genius: Richard Feynman and modern physics*, New York: Little, Brown & Co.

HAACK, S. (1978). *Philosophy of logics*, Cambridge: Cambridge University Press.

HAMLYN, D. W. (1978). *Experience and the growth of understanding*, London: Routledge & Kegan Paul.

HAMLYN, D. W. (1982). "What exactly is social about the origin of understanding?", in P. Light and G. Butterworth (eds) *Social cognition*, Brighton: Harvester Press.

HAROUTUNIAN, S. (1983). *Equilibrium in the balance*, New York: Springer.

HARRE, R. (1986) "The step to social constructionism", in M. Richards and P. Light (eds)*Children of social worlds*, Cambridge: Polity Press.

INHELDER, B. and CELLERIER, G. (1992). *Le cheminement des decouvertes de l'enfant*, Lausanne: Delachaux et Niestlé.

INHELDER, B. and PIAGET, J. (1955/1958). *Growth of logical thinking*, London: Routledge & Kegan Paul.

ISAACS, S. (1930). *Intellectual growth in young children*, London: George Routledge & Sons.

ISHIGURO, I. (1972). *Leibniz's philosophy of logic and language*, London: Duckworth.

KANT, I. (1791/1948). *The moral law*, London: Hutchinson.

KARMILOFF-SMITH, A. (1992). *Beyond modularity*, Cambridge, MA: MIT Press.

KITCHENER, R. F. (1986). *Piaget's theory of knowledge*, New Haven: Yale University Press.

KITCHENER, R. F. (1981). "Piaget's social psychology". *Journal for the theory of social behaviour*, 11, 258-277.

KORNER, S. (1969). *Fundamental questions in philosophy*, Harmondsworth: Penguin Books.

LEIBNIZ, G. W. (1765/1981). *New essays on human understanding*, Cambridge: Cambridge University Press.

LEISER, D. and GILLIERON, C. (1990). *Cognitive science and genetic epistemology*, New York: Plenum Press.

LEWIS, D. K. (1986). *On the plurality of possible worlds*, Oxford: Blackwell.

LIGHT, P. and BUTTERWORTH, G. (1992). *Context and cognition*, New York: Harvester.

MARX, K. (1867/1970). *Capital: a critique of political economy*, London: Lawrence & Wishart.

MAYS, W. (1982). "Piaget's sociological theory", in S. Modgil and C. Modgil (eds)*Jean Piaget: consensus and controversy*, London: Holt, Rinehart & Winston. Reprinted in L. Smith (1992) *Jean Piaget: critical assessments*, vol. 3, London: Routledge.

MOESSINGER, P. (1978). "Piaget et Homans, mëme balance?". *Canadian Psychological Review*, 19, 291-295.

MOESSINGER, P. (1991). *Les Fondements de l'organisation*, Paris: Presses Uni- versitaires de France.

MONTANGERO, J. and MAURICE-NAVILLE, D. (1994). *Piaget ou l'intelligence en marche*, Liège: Mardaga.

NEWMAN, D., GRIFFIN, P. and COLE, M. (1989). *The construction zone: working for cognitive change in school*, Cambridge: Cambridge University Press.

PARETO, V. (1923/1963) *A treatise on general sociology*, 4 vols, New York: Dover.

PARRAT-DAYAN, S. (1993a). "La Texte et ses voix: Piaget lu par ses pairs dans le milieu psychologique des années 1920-1930". *Archives de psychologies* 61, 127-152.

PARRAT-DAYAN, S. (1993b). "La Réception de l'œuvre de Piaget dans le milieu pédagogique dans les années 1920-1930". *Revue francaise de pédagogie*, 104, 73-83.

PERRET-CLERMONT, A-N. (1988). "Introduction pour l'édition en langue russe", *La Construction de l'intelligence dans l'interaction sociale*, Berne: Peter Lang.

PIAGET, J. (1918). *Recherche*, Lausanne: La Concorde.

PIAGET, J. (1923/1959). *Language and thought of the child*, third edition. London: Routledge & Kegan Paul.

PIAGET, J. (1924/1928). *Judgment and reasoning in the child*, London: Routledge & Kegan Paul.

PIAGET, J. (1931). "Le Développement intellectuel chez les jeunes enfants". *Mind*, 40, 137-160.

PIAGET, J. (1932/1932). *The moral judgment of the child*, London: Routledge & Kegan Paul.

PIAGET, J. (1941). "Le Mécanisme du développement mental et les lois du groupement des opérations: esquisse d'une théorie opératoire de l'intelligence". *Archives de psychologies* 28, 215-285.

PIAGET, J. (1945/1951). *Play, dreams and imitation in children*, London: Routledge & Kegan Paul.

PIAGET, J. (1947/1950). *The psychology of intelligence*, London: Routledge & Kegan Paul.

PIAGET, J. (1950). *Introduction à l'épistémologie génétique*, 3 vols. Paris: Presses Universitaires de France.

PIAGET, J. (1952). Autobiography, in E. Boring (ed.) *A history of psychology in autobiography*, vol. 4, Worcester, MA: Clark University Press/ Autobiographie. (Extended to 1976.) *Cahiers Vilfredo Pareto: revue europeenne d'histoire des sciences socials*, 14, 1-43.

PIAGET, J. (1954/1980). *Intelligence and affectivity*, Palo Alto, CA: Annual Reviews.

PIAGET, J. (1960). "The general problems of the psychobiological development of the child", in J. Tanner and B. Inhelder (eds) *Discussions on child development*, vol. 4. London: Tavistock.

PIAGET, J. (1962). *Comments on Vygotsky's critical remarks concerning the language and thought of the child* and *Judgment and reasoning in the child*, Cambridge, MA: MIT Press.

PIAGET, J. (1967/1971). *Biology and knowledge*, Edinburgh: Edinburgh University Press.

PIAGET, J. (1969/1970). *Science of education and psychology of the child*, London: Longman.

PIAGET, J. (1975/1985). *Equilibration of cognitive structures*, Chicago: University of Chicago Press.

PIAGET, J. (1977). *Etudes sociologiques*, Second edition, Geneva: Droz.

PIAGET, J. (1977/1986). "Essay on necessity". *Human development*, 29, 301-314.

PIAGET, J. and GARCIA, R. (1987/1991). *Toward a logic of meanings*, Hillsdale, NJ: Erlbaum.

PIAGET, J., HENRIQUES, G. and ASCHER, E. (1990/1992). *Morphisms and categories*, Hillsdale, NJ: Erlbaum.

PIAGET, J. and SZEMINSKA, A. (1941/1952). *The child's conception of number*, London: Routledge & Kegan Paul.

PLATO (nd/1935). "Theaetetus", in F. Cornford (ed.) *Plato's theory of knowledge*, London: Routledge & Kegan Paul.

POPPER, K. (1979). *Objective knowledge*, Second edition, Oxford: Oxford University Press.

RESNICK, L. (1990). *Perspectives on socially shared cognition*, New York: American Psychological Association.

ROUSSEAU, J-J. (1762/1974). *Emile*, London: Dent.

SMITH, L. (1982). "Piaget and the solitary knower". *Philosophy of the social sciences*, 12, 173-182.

SMITH, L. (1992). *Jean Piaget: critical assessments*, vol. 4, London: Routledge.

SMITH, L. (1993). *Necessary knowledge: Piagetian perspectives on constructivism*, Hove: Erlbaum.

VAN DER VEER, R. and VALSINER, J. (1991). *Understanding Vygotsky*, Oxford: Blackwell.

VONECHE, J-J. and VIDAL, F. (1985). "Jean Piaget and the child psychologist". *Synthèse*, 65, 121-138.

VYGOTSKY, L. (1934/1978). *Mind in society*, Cambridge, MA: Harvard University Press.

VYGOTSKY, L. (1934/1986). *Thought and language*, Second edition, Cambridge, MA: MIT Press.

VYGOTSKY, L. (1994). in R. van der Veer and J. Valsiner (eds), *The Vygotsky reader*, Oxford: Blackwell.

WERTSCH, J. (1985). *Culture, communication and cognition*, Cambridge: Cambridge University Press.

WOLPERT, L. (1992). *The unnatural nature of science*, London: Faber & Faber.

WRIGHT, D. (1981). "The psychology of moral obligation", reprinted in L. Smith (1992), *Jean Piaget: critical assessments*, vol. 1, London: Routledge.

序　言

德罗兹（Droz）版社会学著作出版的动态性与同事布西诺（Busino）和吉罗德（Girod）[1]1 对我的忠诚这两个因素，促使我最终同意（在这种情况下经常发生）将收入"日内瓦大学经济和社会科学学院集刊"的 3 篇独立的社会学论文，连同本人《发生认识论导论》（*Introduction à l'epistémologie génétique*）中的"社会学解释"一章（感谢法兰西大学出版社同意将已经绝版的第三卷中的这一章收入本书重版）结集出版。

这些论著撰写于 1941 年至 1950 年间。可以说，就其内容而言，这些论著本应参考其他许多事实和著作。关于经济领域"调节"（regulation）的简评，尚可以详加补充。目前，从调节到"运营"（operations①）的过渡作为"群集"（groupings）可以用更令人信服的控制论来证明其合理性。[2] 我目前认为，具有个体智慧运作特征的运算[3]，与参与个体间交换（"合作"）的运算[3]，两者基本区别的基础是宏观（既具有集体属性又与神经协调紧密联系的）动作协调的规律（the law of the general coordination of actions）。[4] 与列维-布留尔[5]（Lévy-Bruhl）有关的段落，应该根据列维-斯特劳斯（Lévi-Strauss）的重要著作加以修订。[6] 然而，就所考虑的问题而言，后者不能替代仍需进行的实验，单靠实验就能弄清楚不同部落文明社会中儿童和成人精确的运算水平。

然而，即便如此，就社会学与心理学之间的关系而言，本书下面各章所涵盖的内容，仍然对多个人文学科所涉及的各个领域内在机制的探讨，有其实用价值[7]。在我们看来赋予社会事实以特征的规则、价值和符号，是无数学科研究的题材，而对这些学科所引发出来的认识论问题的反思，时至今日，与 15 年或者 20 年前一样，仍然必要。

在这些文章产生的反应中，有种反应我们想在此先做出回应，因为我们认为，其现象学启迪使社会学和心理学陷入同样的困境。现象学既强调意义和意图的重要性，同时强调对蕴涵关系的因果"解释"与"理解"之间的差异，这确实很正确。但是，我们没有必要拘泥于某种哲学学说，就能认识到，这些概念具有坚实的基础，而且由于心理学和社会学中强烈的"自然主义"倾向，对其在现象分析中的作用，我们毫不怀疑。这从文中的论述，可以清楚地看出来。

相反，现象学对我们亦有着强烈的吸引力，而且恰恰在这一点上，我们分道扬镳，用"生活经验"（lived experience）来替代具有建构作用的现实（structuring reality），如同发

---

① 此处为经济学术语，故译作"运营"，但是在皮亚杰的发生认识论中译作"运算"。——译者注

生或者历史进化在其具有"生命体验"(Erlebnis)的意义上讲,对意识具有条件作用[8]。从认识论的观点来看,这似乎不可接受,而且似乎成为心理学和社会学等以现实中个体发生与历史起源的人为研究对象的学科中不可能被认可的一种方法。在心理学中,我们是在我们具有"自我身体"意识的意义上来谈论身体的:我们首先要了解其机制,然后才愿意知道大脑是否生成了所书写的内容——从直觉来看,这是一个几乎无法满足的条件,因此明智审慎的做法是,就此打住。诚然,这种诱惑在社会学中更大,因为凡是超越个体的东西,似乎都是值得加以考虑的"生命体验"。但是,将所有东西放在同一个面上,正如我们经常不可避免的做法,完全不留任何"解释"余地地"理解"一切事物,就是对以理解与解释为旨归的科学使命的粗暴践踏。一场对胡塞尔(Husserl)而言其初衷为恢复规范以反对经验主义心理学哲学运动,已经通过不断推翻对模糊性或非理性的主观崇拜,应运而生。梅洛-庞蒂[9](Merleau-Ponty)或萨特[10](Sartre)在某种程度上真诚地希望以对这种主观崇拜的贬抑,来替代科学心理学,这是此处不涉及的认识论问题:这一问题的解决,正如我们在其他论述中所努力表明的[2],取决于以在同一整体中寻找事实和规范的现象学"直觉"矛盾本质。这正是上述哲学思潮开始就反对的"心理主义"(或从事实到规范的过渡)的绝佳例子![3]但是,希冀将这种方法推而广之,应用于社会学——这将是各种形式的理想主义甚至政治社会中心主义的胜利。

然而,社会学的主要问题之一,是对社会生活与理性结构和极其缺乏统一性的意识形态起源之间可能存在的关系,做出解释(这正是本书后面各个章节所要着力解决的主要问题之一)。这一问题不能通过将所有社会产物置于同一个平面上来解决,因为我们会被引导将它们看作"生命体验"的变体,用此方法来解决问题。对此的回应是,社会学家没有现成的标准,而且从根本上讲,放弃"理性",才能把握生活经历,这是一个群众运动或科学家群体的问题。对此,我们从两个方面做出回应。

首先,在不要求社会学家越俎代庖,替代认识论者的条件下,只要采纳发生观,而不仅是历史尤其是共时观,所有的验证方法就都是可用的。我们必须牢记的是,新一代的教育与社会融入是人一生必须经历的重大社会现象,每一次革命运动(还有许多革命运动)首先关注新一代,对其采取动作、重新组织教学。既然如此,只要对事实加以分析就足以观察到,数学[11]的社会启蒙并不完全以相同的方式进行,例如希特勒青年团对"雅利安民族"至高无上教条的信奉。从这一方面来讲,我们已经能够区分 A 和 B 的结构,而不必对其原理的合理性做出评价。如果完全采用这种方法,人们就可以像列维-斯特劳斯那样,找到人种学层次上与我们完全不同的结构 A(或者逻辑数学结构)的蛛丝马迹的话,那么我们最终就必须从其一般性,尤其是发生建构(genetic construction)深度或模式的双重观点出发,赋予所观察到的结构以等级层次。

其次,而且更重要的是,社会学家在世界上并非孤立的,他们迟早必须将相关学科的成果融入其研究中。与精确的自然科学相比,人文科学最大的问题是学科间缺乏联系。例如,当今,如果没有足够的化学与物理学(从量子微物理学到热力学),甚至控制论(信息和规则)与普通代数结构理论等方面文化背景,就不可能从事严肃的生物学研究。相反,事实上若非个人付出高昂的代价,任何事物都不能够阻止语言学家将经济学置若罔闻,甚或没有任何事物能够阻止社会学家对实验心理学和发生心理学置之不顾,而后者实际上具有社会学和心理学双重属性。但是,人类科学所有领域中存在着共同的机制。而且,本书中看作是基本社会事实的规则、价值、符号中,预设着各种运算、调节和符号机制,而根据这些机制,与各种范畴或者各种范畴的结合或交叉有关的问题,随之产生。如果没有源自心理学、神经科学、语言学、经济学等方面的充分证据,同理,没有源自逻辑学及其法理学之类相关分支学科充分的证据[佩雷尔曼[12](Ch. Perelman)及其团队],尤其是若对作为纯粹规则理论的逻辑学和作为调节理论的控制论之间的本质联系一无所知,我们似乎不可能对上述问题做出回答。

但是,如果社会学与对人类的理解所倚重的各个学科之间的联系一旦建立起来,并得以巩固,那么显然,源自(相对于哲学史上某些伟大时期著名哲学家的科学训练而言)肤浅的哲学教育的一些具有概括性的观点,不能再以现象学的主体性之名,阻止我们将个体与群体大脑结构的等级层次做出区分。

另一种反思似乎对我们亦有价值。我们在前文中刚刚对现象学家提出的批评做出了回应,而辩证论者却提出了相反类型的批评(亦需做出回应),因为现象学和辩证法乃是当代两个主要的哲学思潮。发生建构主义与各种辩证法思潮显然有其相通之处,而我们从前者获取了灵感,却并没有促进两者之间在回归直接起源[与衍生运动(derivative movements)截然不同的]方向上的进一步融通。但是,此处必须再次加以澄清。如同其他各个哲学流派,辩证法是一种哲学,亦如同其他许多哲学流派,声言对科学思维具有指导作用,而且与事实问题和形式化关系密切。或者,恰恰相反,辩证法——对我们而言,恰恰是这一点赋予其力量——是所有关于发生与历史发展的学科中使用的有效方法自觉运用的结果,从而使我们仅仅看到了进化中预设程序(pre-established programming)或者缺乏结构与平衡的一系列偶然事件的结果。但是,如果第二种意义上所谓辩证法要保持[7]保证其合理存在与成功的理由,那么这一目标就不能通过加速或强制融通而是通过耐心细致的科学研究来实现,因为科学的研究将不同研究领域中独立发现的共同机制纳入了其考察的范围。

从这一方面来讲,社会学以及所有生物学和人文学科领域中,有两个基本事实展现在我们的面前,引导研究走向辩证的方向。首先,所有的因果解释的核心是各种形式的因果关系,一种非线性或非单向的关系,即一种若无调节和平衡系统干预就无法把握其"循环周期""螺旋式上升"的相互作用、相互依赖关系。但是,旧的"平衡"概念只有从自我调节的角度来看,才有其生物学和人文科学意义。[13]一般来说,后者诱发辩证过程,因为在后续事件超越前发事件螺旋式进步的失衡或者危机与再平衡的序列中,必然存在着一些最初对立最终被"超越"的各种趋势的冲突,而这种超越并非各种力量的物理平衡,而是构成平衡综合的重新组织。如果现在对本书内容进行改写的话,我们会将重点放在平衡的自我调节过程上,尤其是放到从调节到诸如"群集"(grouping)"格"(lattice)"群"(group)等运算结构过渡中的自我调节过程上。[14]

第二个基本事实是,凡是存在主体-客体关系的地方,包括社会学和其他学科中,尤其是主体是"我们"、客体是多个主体时,知识既不产生于主体,也不产生于客体,而是产生于二者之间相互依赖的互动,自此向客观的外化和反思的内化(an objectified exteriorization and a reflexive interiorization)两个方向推进。可以说,这种主体与客体的依赖关系乃是现象学的核心观点:确实如此,但是,从静态意义上讲,这仅仅是对"现象"的呈现或直觉。这从动态和建构的连续超越意义上讲,同样也是辩证法的核心观点。马克思[15]亦强调主体对客体动作基本作用的重要性,而且,如果后来的"反思"理论让人想到无视动作的核心作用,那么当代所有反思的追随者都可能通过各种手段,努力使我们认识到,这种反思并非纯粹的反思,坦率地说,这根本就不是反思。我们本无意成为哲学家,也不仅仅接受事实和业已得到验证的算法,但是仍然不可避免地发现,在生物和人类生活的各个研究领域中,都存在机体与环境之间关系的问题。如儿童征服外部客体与内部逻辑-数学结构过程中或者从技术到科学的社会过渡中所需要的智慧、主体与客体之间永恒的辩证关系,对这种关系的分析将我们同时从理想主义和经验主义下解放出来,代之以具有客观化作用和反思性的建构主义。这就是我们为什么认为社会学家既不应该从属于某一个流派,也不应努力将不论属于哪一个层面的所有社会经验放在一个平面上,也不应该接受先验强加的结构限制。相反,我们认为,对具体事实或者人所研究的共同机制的分析丰富充实,具有解放和指导双重作用,但前提是不忽视邻近的学科。[4]

J. P. 1965 年 4 月于日内瓦

第二版附有一个附录,内容为乔万尼·布西诺(Giovanni Busino)所收集刊载在《欧洲社会科学评论》(*Revue européenne des sciences sociales*)上的一些文字,标题为《社会学科学的先驱让·皮亚杰》(*Les Sciences sociales avant et après Jean Piaget*)第 14 卷,注释 38－39(日内瓦,德罗兹出版社,1976)。

1977 年 2 月

作者注释

[1] 后者是我的社会学课程学生,并接替我在日内瓦教授这门课:我认为,这门课我虽教授多年,但当时接手这门课时的情形,并非是我这样做的全部理由。

[2] 皮亚杰:《哲学的洞察与错觉》,巴黎:法兰西大学出版社,1965/伦敦:劳特利奇-科根保罗出版社,1972(J. Piaget, *Sagesse et illusions de la philosophic*, Paris: P. U. F., 1965/*Insight and illusions in philosophy*, London: Routledge & Kegan

Paul,1972)。

[3] 在最近一期《批评》(*Critique*)(1965年3月,第249－261页)上发表的一篇支持我们观点的有趣文章中,G. G. 格兰杰(G. G. Granger)写道:"现象学根本不要求我们相信,这种对客观性的系统化——尽管具有先验性('人类指向客体的经验的先验限定')——具有独特性与永恒性,它亦并不妨碍我们努力弄清在其发生过程中,事实上是否与如何取得合法的形式。其先验性特征仅仅意味着,一旦取得合法形式,就成为某种框架、某种规范,而非产物……在这种情况下,皮亚杰的观点虽然与某些现象学家的观点不相容,但是总的来说与现象学观点之间没有根本的对立。"(第251－252页)当然,如果格兰杰的现象学等同于胡塞尔的现象学,那么本人就是一位现象学家,因为我一直坚持认为,结构可能成为"必要的"规范,而且需要在最终达到平衡,发展完成条件下,才能成为规范。但是,即使在不受时间影响的最终规范值取决于其构建方式条件下,这种情况也是如此。只有对后者加以审视,一个人才能理解为什么数字的概念有其内在必然性(因此具有超越时空性),而产生于主观和生理混乱的"终极原因"的概念乃是一种没有说服力的解释。数学中"不证自明"概念足以证明前一种建构模式所起的作用。

顺便述及,我们用以解释心理-生理并行的蕴含与因果的同构,比格兰杰关于数学与现实世界之间匹配[16]之类事物的假设和解释,更为深刻。格兰杰声称从梅洛-庞蒂的研究中找到了这种理论:后者借自于格式塔理论,使我们回归科学心理学。

[4] 重读这些研究,笔者深感不安,发现本书收入的每一章都在重复,因为本书第一章实际上是后边三章的综合,而这三章之前已经发表。因此,可以看出,笔者对一位老教授的建议太过亦步亦趋:为了让别人理解自己,首先必须说出你将要说的话,然后必须将当下要说的话说出来,最后必须总结性地加以重复。出版商则没有这种不安。幸运的是,读者可以只选择阅读自己感兴趣的部分,从而避免这种危险(这是书籍超越讲座的巨大优势)。

英文版译注

1. 关于乔万尼·布西诺的著述,请参阅皮亚杰在本书第二版序言中给出的参考文献。另见吉罗德:《态度、集体和人类关系:美国社会科学的当前趋势》,巴黎:法兰西大学出版社,1953(Roger Girod, *Attitudes collectives et relations humaines : tendances actuelles des sciences sociales americaines*, Paris: Presses Universitaires de France, 1953)。

2. 参见皮亚杰:《运算结构与格》,《心理学年鉴》,1953,53,第379－388页(Jean Piaget, "Structures opérationnelles et cybernétique", *L'Année psychologique*, 1953, 53, 379-388)。

3. 法语"interviennent(参与)"。皮亚杰使用术语"interviennent"来指个体在知识发展中对规范(规则、价值、概念、符号)的特定使用。皮亚杰的《社会学研究》中所讨论的核心是,干预在儿童大脑或科学史中的起源问题。

4. 参见皮亚杰:《可逆操作中动作内化的神经问题》,《心理学档案》,1949,32,第241—258页(Jean Piaget, "Le problème neurologique de l'interiorisation des actions en opérations réversibles", *Archives de psychologie*, 1949, 32, 241-258)。皮亚杰:《智慧的运算结构与机体控制》,见卡兹马尔和埃克斯主编:《大脑与人类行为》,纽约:斯普林格-维拉格出版社,1972[Jean Piaget, "Operational structures of the intelligence and organic control", in A. Karczmar and J. Eccles (eds) *Brain and human behaviour*, New York: Springer Verlag, 1972]。

5. 参见列维-布留尔:《伦理与道德科学》,伦敦:康斯特布尔出版社,1905[L. Lévy-Bruhl, *Ethics and moral science*, London: Constable, 1905](1903年初版);列维-布留尔:《原始心态》,纽约:麦克米兰出版社,1923(L. Lévy-Bruhl, *Primitive mentality*, New York: Macmillan, 1923)(1922年初版)。

6. 参见列维-施特劳斯:《神话科学引论》,伦敦:海角出版社,1970(Claude Lévi-Strauss, *Introduction to a science of mythology*, London: Cape, 1970)(1964—1968年初版)。

7. 法语"conserver(保持)"。这个术语经常在日常环境中使用。例如,高速公路标志上写着 *Conservez votre distance de sécurité*(安全起见,请保持距离)或者报纸报道环法自行车赛的领先者 *a conservé son maillot jaune*(仍然穿着黄色领骑衫,即他仍然领先比赛,因此穿着领先者的黄色球衣)。相同的概念在逻辑学、物理学或者政治经济学中广为人知,在逻辑学中,有效的推论具有保真性[用莱布尼茨的话说,即"salva veritate(相互替代)"],物理学(参见理查德·费曼最近的传记)所关注的是确定哪些粒子的价值是守恒的,或者在政治经济学中,马克思主义的价值分析是核心问题。皮亚杰和斯泽明斯卡(Szeminska)(1941/1952,第16页,第3页)均明确肯定了守恒在知识发展中的中心地位。(我的修正译文是:"所有知识,无论是科学性知识,还是产生于常识的知识,都或隐或现地预设一个守恒原理系统。")

8. 参见胡塞尔:《逻辑研究》,伦敦:劳特利奇-科根保罗出版社,1970(Edmund Husserl, *Logical investigations*, London: Routledge & Kegan Paul, 1970)(1913年第二版)。

9. 参见梅洛-庞蒂:《知觉现象》,伦敦:劳特利奇-科根保罗出版社,1962(Maurice Merleau-Ponty, *Phenomenology of perception*, London: Routledge & Kegan Paul, 1962)。

10. 参见萨特:《存在与虚无》,伦敦:米苏恩出版社,1958(Jean-Paul Sartre, *Being and nothingness*, London: Methuen, 1958)(1943年初版);萨特:《辩证理性批判》(第

一卷),伦敦:新左出版社,1976(J-P. Sartre, *Critique of dialectical reason*, London: New Left Books, 1976)(1960 年初版)。

11. 参见皮亚杰:《对数学教育的评论》,见豪森主编《数学教育进展》,剑桥:剑桥大学出版社,1973[Jean Piaget, "Comments on mathematical education", in G. Howson (ed.) *Developments in mathematical education*, Cambridge: Cambridge University Press, 1973]。

12. 参见佩雷尔曼:《逻辑教程》,布鲁塞尔:布鲁塞尔大学出版社,1963(Ch. Perelman, *Cours de logique*, Bruxelles: Presses Universitaires de Bruxelles, 1963)。

13. 参见皮亚杰:《求索》,洛桑:拉康科德出版社,1918(Jean Piaget, *Recherche*, Lausanne: La Concorde, 1918)。

14. 参见皮亚杰:《认知结构的平衡》,芝加哥:芝加哥大学出版社,1985(Jean Piaget, *The equilibration of cognitive structures*, Chicago: University of Chicago Press, 1985);皮亚杰:《运算逻辑试论》,巴黎:杜诺德出版社,1972(Jean Piaget, *Essai de logique operatoire*, Paris: Dunod, 1972)。

15. 参考文献可能是马克思:《关于费尔巴哈的提纲》,见《马克思选集》(第五卷),伦敦:劳伦斯-威哈特出版社,1970(Karl Marx, *Theses on Feuerbach*, in *Karl Marx: Collected works*, London: Lawrence & Wishart, 1970)(1845 年初版);马克思:《资本论》,伦敦:劳伦斯-威哈特出版社,1970(Karl Marx, *Capital: a critique of political economy*, London: Lawrence & Wishart, 1970)(1867－1879 年初版)。

16. 法语"*adéquation*"也可以翻译为"match"。

第一章　社会学解释

如同生物学和心理学一样,社会学,从两个截然不同但互补的视角来看,具有认识论意义。首先,社会学,尤其是其与心理知识的关系(差异与相似),本身是一种值得研究的知识;其次,社会学知识的对象对于认识论至关重要,因为人类知识本质上具有集体性,社会生活是前科学和科学知识创造和发展的一个重要因素。

一、引言:社会学解释、生物学解释及心理学解释

从第一种观点来看,社会学知识显然有其价值,发生认识论或者比较认识论的任务是,应该对社会学知识与生物学知识特别是心理学知识之间的关系,进行分析。

社会学和生物学之间错综复杂的关系,昭示出社会学和心理学之间关系可能具有的复杂性。首先,与动物心理学相对应,有动物社会学(这两个学科密切相关,因为生活在社会中的动物,其心理技能自然地受到社会生活的条件作用)。动物社会学清楚地表明,生物组织与基本的社会组织之间,有密切的相互作用:众所周知,对于某些低等生物(腔肠动物等),人们不可能恰当地给出区分个体(individuals)、"群落"(colonies)(半个体、相互依存元素的集合)和社会的确切标准。但是,自动物社会学建立以来,社会学本身作为一种解释已经开始脱离生物学分析;关于社会组织的事实与关于微生物的事实区别开来,因此亟须一种特别的解释。恰当的本能行为(即与机体结构相关的遗传行为模式)乃是典型的动物行为,除此之外,在同一家族或社会群体成员之间,即社会动物之间,存在某种"外部"相互作用(所谓"外部"乃是与先天对照而言的),从而或多或少促使其行为的改变。这种相互作用包括冯·弗里希(von Frisch)所发现的蜜蜂动作(舞蹈)语言,高等脊椎动物(黑猩猩等)的哭泣语言,以及通过模仿(鸟鸣)和盛装舞步[郭(Kuo)所研究的猫的掠夺性行为]等进行的教育。这些真正的社会事实通过外部传播和相互作用取得合法地位,对个体的行为产生影响,因此需要有一种群体层面(被视为一种建构性互赖系统)的新分析方法,以补充对自然或本能结构的生物学解释。

其次,人类社会学本身与体质人类学有联系,后者乃是研究人类的身体结构、人类基因型(种族)和表现型人群的生物学分支。虽然某些政治意识形态中使用的种族概念,远非生物学意义上的种族,而且有时可能因此成为一个简单的情感象征而非客观概

念,但是即使在那些基因混杂极其活跃的社会中,人类基因型和集体心理之间的关系问题仍然存在。

此外,很自然,统计人类学与人口统计学具有联系,或者至少与人口统计学里人口的生物学方面有关。但是,与动物社会学的情形相比,人类社会学与人类学或人口统计学之间的联系,更加突出强调社会学解释与生物学解释之间的差异。生物学解释关注的是内部传承(遗传)和由此确定的特征,而社会学解释关注的是外部传播或者个体之间的外部相互作用,并构建出一系列概念,用以解释这种独特的传播类型。社会学解释正是通过这种方式,来揭示为什么一个民族的心态在很大程度上并不取决于其种族,而是经济史,即其技术和集体表征的历史发展,此处所谓"历史"相当于某种祖传遗产,的确是一种文化遗产,也就是说,是一系列世代传承但是受到社会群体"整体"修正的行为模式。此外,正是以这种方式,与生物学有关的人口统计现象(出生率、死亡率、寿命、疾病致死率等)严格受制于个体间相互作用的结果,即(特别是经济的)价值和规则系统。生物学与社会学之间的第三个交汇点是生理成熟与个体社会化过程中教育的压力之间关系的分析。儿童发展中内部或遗传性传承与外部(即社会和教育)传播之间的重叠区域,乃是人们最感兴趣的一个实验区。例如,除了对业已组织严密的语言或通过教育途径代代相传的共有符号系统的同化,语言的习得还预设存在一种先验(据我们所知人类特有)的生物状态,即学习有声语言(articulated language)的能力。现在,这种能力与神经系统的发展水平有关,是否提早或延迟发展,取决于个体差异,由遗传成熟的模式决定。智慧运算能力的获得亦复如是,而且某种集体性相互作用和一定程度的机体成熟是其发展所必需的前提条件。在此类情况下,生物学解释和社会学解释之间的联系和差异显而易见,结果许多作者干脆放弃心理学解释,并将心理学融于神经学和社会学中,虽然结合到了一起,但仍有差别。

但是,如果对类似事实加以充分的分析,而非以整体和理论的方式来对待,社会学解释和心理学解释之间关系的问题便尖锐地摆在人们面前。事实上,所有这些过程的显著特征是,在受制于成熟度和外部或教育传播的同时,都(无论其速度)遵循不变的发展顺序。因此,语言的获得并非一蹴而就,而是循序渐进的,这一点经常引起人们的注意:对名词性实词[表句词(holophrases)]的理解,早于对动词的理解,而对动词的理解远早于对表示关系与观点的副词和连词的理解,等等。问题系统的习得亦非一蹴而就,而总是以非常规则的形式分阶段进行。因此,致力于应用研究的临床医生或心理学家应该忽视这些事实,而重视其结果,特别是重视发展的高潮阶段,这是完全可以理解的。但是,从成熟与社会传播之间的关系来看,这些发展过程有很高的教育价值。学习阶段是否受到成熟水平的调节呢?并非完全如此,因为这些阶段的特征是相对于个体"外在"的集体现实而言的:这些是语言的语义或句法范畴,或者是前述过程定义标准的概念表征或前运算系统。如果这样的顺序仅仅是成熟的结果,那么,我们就不得不承认神经系统中有预先形成或者遗传预期的社会范畴,这是一个麻烦且无用的假设。习得阶段的顺序是否完全受社会相互作用的调节？这也不可能，因为即使学校教育根据历时秩序，有效地将集体表征的内容灌输给儿童，环境也会不加区别地将语言及习惯的推理模式传播给他们。如果儿童在每个阶段都根据自己的心理发展，选择某些元素，并按照特定顺序将其同化，这并不意味着儿童更多地作为整体被动承受"社会生活"而非"物理现实"（physical reality）的压力，相反，他积极地在众多可能性中做出选择，并以自己的方式加以重构、同化。

因此，心理存在于生物和社会之间，我们必须尝试对社会学解释和心理学解释之间的关系做初步的区分。目前，社会学与生物学之间乃是叠加或层级的关系，而社会学与心理学之间则是相互协调、渗透关系，这是两对关系之间的巨大差异。换句话说，三个术语并不构成连续关系：生物学→心理学→社会学，相反，生物学横跨心理学和社会学，将两者联系起来，两个学科具有相同的研究对象，但却从不同和互补的观点来看待相同的研究对象。其原因在于，世界上并不存在三种本质不同的人，即自然的人、心理的人和社会的人，不同于胎儿、儿童、成人，彼此或重叠或承继，一方面，机体不仅受个体发生而且受遗传特征的制约；另一方面，从出生起，人类的行为在不同程度上都具有心理和社会属性。因此，心理学和社会学相互依赖，堪比生物科学中紧密联系的两个学科，如描述胚胎学与比较解剖学，实验胚胎学与遗传理论（包括变异论或进化论），但与融合之前的物理学和化学迥异。然而，表象仍具有欺骗性，因为个体发生与种系发生的区分远大于人类个体与其行为的社会方面的区别：心理学和社会学的关系，几乎可与数字和空间的关系相比拟，相邻关系的介入足以使任何"集合"或代数、解析关系，成为空间关系。

因此，心理学解释涉及的所有问题，在社会学解释中也都存在，实际上，几乎唯一的区别是"我"（I）为"我们"（we）所取代，动作和"运算"在增加集体维度后，成为相互作用（interaction），也就是说，它们成为能够（在冲突和协同之间的所有中间等级上）相互影响并因此而改变的行为模式，或者能够进行各种形式的合作，即以集体或以相互对应方式完成的"运算"。确实，"我们"的出现带来了一个新的认识论问题：在心理学研究中，观察者只是作为旁观者对他人的行为模式进行研究，本身不受其影响（精神分析等某些特殊情况除外），但是在社会学研究中，观察者通常是所研究对象之一部分，或者是类似或相反的对象之一部分。这样的结果是，观察者和研究对象之间有许多"先入为主的观念"、感受、隐含假设（道德、法律、政治等）和社会偏见介入，而且对客观性至关重要的去观察者中心化，也比在其他情况下，更加困难。虽然"我们"是一个具体的社会学概念，但它所带来的与研究必需的公正和智慧勇气方面的困难，一定程度上也存在于心理学中，恰恰是因为人类是一个统一的整体，所有的心理功能都具有社会属性。

本书后边各个章节涉及与社会学解释有关的广泛问题，亦然，每个问题都在心理学中有对应的问题。涂尔干式的社会学家提出了一个核心概念，即整体性（totality），希望借助于这个概念，将社会学和心理学之间所有的联系切断。根据涂尔干（Durkheim）的观点，社会是一个整体，无法还原为各部分的总和，因此具有其组成部分不具有的新特性,如同分子是由原子组合而成,但却具有与原子不同的未知特性。涂尔干在一篇非常奇怪的短文(表达其对心理学看法为数不多的几篇短文之一)中,借助于某种类比等式,将与个体元素相关的集体意识,跟与其所依赖的机体元素有关的个体意识状态(也被设想为一个整体),进行了比较。正如个体表征(感知、形象等)并非孤立的有机元素简单联想的产物,而是从一开始就具有主体特征的统一体,因此集体表征不能还原为其构成的个体表征。这种比较的影响,远比涂尔干1898年所想象的要深远:[1]整体性这一概念不仅在社会学和心理学中均通用,而且在两个学科中,以相似的方式得以阐释,这完全正确。以"突现"(emergence)形成的整体,如涂尔干所设想,与心理学中的整体形式(total form)或"格式塔"的概念,紧密对应,适用于后一种概念的反对意见,也适用于涂尔干所谓的整体,而且在两个领域中都可以提出更多相对整体的概念。

相反,正如心理学中,应将与发展机制有关的发生解释,与对平衡状态的分析,做出区分,社会学中也存在(关于社会历史演变的)历时或动态解释与(关于社会平衡的)共时或静态解释之间的差异。同样,心理学和社会学里均有三种类型的主要结构,虽然不同的作者冠以不同的名称,但可以简化为节奏、调节和群集(grouping)三个概念。这两个领域既有公理化的分析,亦有实际或具体的解释,而且,这种分析在两个学科中的运用,尤其揭示出[规范体系(如层层嵌套的法律规范)特有的]蕴涵关系和因果关系的二元性。

集体表征中内在的蕴涵关系和社会行为模式中的因果关系,两者的二元性导致了一个根本阐释问题的产生,这一问题最初由马克思主义社会学家提出,并为不同流派的作者(如帕累托)以不同的形式所接受。这就是"基础结构"与"上层建筑"之间关系的问题。心理学家已经意识到,单独的意识内容不能对任何事物做出因果关系解释,唯一的因果关系解释必须从意识返回行为模式,即动作,因此社会学因为发现了基础结构与上层建筑关系的相对性,拒绝对其做出意识形态的解释,而且从动作(为了维护特定物质环境中社会群体生存而共同做出的动作;长久保存在集体表征中的具体、技术动作,而非派生于表征的"应用")方面,做出解释。因此,基础结构和上层建筑之间的关系问题,与行为模式的因果关系和表征中的蕴涵关系之间的关系问题紧密联系,不论这种蕴涵关系,如同在不同意识形态中,具有前逻辑性,甚或具有象征性,或者是否如同在理性的集体表征中,具有逻辑协调性,其中的真实产物是科学思维。

这引发出了社会学知识对发生认识论的第二种基本旨趣。不仅仅因为社会学知识同其他类型知识一样,是可以分析的一种知识类型,因此具有认识论的重要意义,而且因为社会学的研究对象包含集体知识的整体发展,特别是科学思维的整个历史。由于这个原因,发生认识论从其心理形成和历史演变双重观点,来研究知识的发展,既依赖社会学,又依赖心理学——各种形式知识的社会发生与心理发生同样重要,因为两者是任何现有结构(formation)不可分割的两个方面。这里有两个问题,具有特殊的意义,因为对这两问题的回答对于发生认识论的定义至关重要:一是儿童社会化过程中,概念形成的社会发生与心理发生之间的关系问题；一是上述概念在阐述科学和哲学概念中的本质问题，因为两种概念具有历史的承继性。

社会发生和心理发生的相互依赖性[1]在儿童心理领域尤为突出，笔者常诉诸这一领域来对概念的构建进行解释。儿童智慧的发展（intellectual development）被认为是一种心理胚胎发生，其重要性堪比生物胚胎学之于比较解剖学[2]，作者在研究中将其视为一种原则，予以倚重，这可能令一些读者感到不安。如果儿童可以被作为一个不受成人影响的独立实体进行研究，如果儿童思想的构建无须从社会环境中获取其基本元素（对此，有些读者可能会提出反对意见），无疑，儿童心理可能用以解释概念和运算形成的方式。但是，"自在的"儿童究竟为何，难道儿童不是生存于某种有明确界定的集体环境中吗？这是完全合理的，而且如果必须将个体心理发展的研究称为"儿童心理学"的话，那么这仅仅是根据该学科中使用的实验方法而言。实际上，同样因为具有解释性概念成为研究的对象，儿童心理学变成社会学的一个分支，同时，研究个体社会化的社会学也成为心理学的一个分支。在对这一点做出进一步解释之前，首先应该指出的是，在个体的概念发生过程中，社会因素、心理因素和机体因素之间的相互依赖性突出了个体发展尤其是常规发展阶段的重要性，这远非是对心理发生结果在比较认识论中运用的反对。[2]事实上，令人注目的是，为了能够构建逻辑与数字运算，能够构建欧几里得空间、时间、速度的表征等，儿童尽管面临试图将这些现成、可传播的概念强加给他们的各种社会压力，但是必须经过从直觉到运算的各个重建阶段。建立具体逻辑所必需的逻辑加法和序列化运算等的构建，数字发生所必需的集合守恒中一对一关系运算的构建，空间概念的建立所必需的拓扑直觉和排序运算等的构建，以及构成时间与速度的事件的序列化、持续时间的嵌套、超越的直觉，所有这一切都具有很大的认识论意义，因为在儿童沉浸的集体环境中，随时受到这些现成概念的浸润。然而，儿童并没有从表面上接受这些概念，而是根据精确的运算发展规律，从已有表征中选择（如前所述）可以同化的元素。

从这个角度来看，虽仍然小心谨慎，避免误用某种类型的比较解释，但心理胚胎学并没有因为个体发生某种程度上受限于社会环境，而失去其对比较认识论或发生认识论的意义，而且，由于心理发生在某种程度上也是社会发生，且胚胎发生很大程度上由基因或遗传因素决定，因此机体胚胎学至多会失去其对比较解剖学的意义。正如个体的机体发展部分地依赖于遗传，个体心理的发展也在一定程度上（除严格意义上的机体成熟度和心理形成因素之外）受到社会或教育传播的限制。这方面有一个过程同从社会学和心理学之间关系的角度看待发生认识论一样，非常有意思，这就是巴什拉（Bachelard）和柯瓦雷（Koyré）形象地比喻为"智慧突变"的过程。如柯瓦雷所说，科学观念的历史"向我们展示了人类大脑与现实的搏斗；揭示其胜利和失败；表明理解现实之路上的每一步都是超人努力的结果，其效果是有时会导致人类智慧的真正'突变'：将最伟大天才努力'发明'的思想，转变成小学生能够理解甚至是简单、显而易见的思想"。[3]这相当于说,20世纪7岁、9岁或12岁的儿童,与16世纪(即伽利略和笛卡尔之前)或10世纪的同龄儿童,对运动、速度、时间、空间等的看法,完全不同。这一点很明显,而且非常清楚地表明社会或教育传播的作用;但是,我们若充分认识到孩子的大脑并非被动的接收器,其意义就更大了:若说生活在20世纪的12岁小学生能够用笛卡尔模式来对运动进行思考,达到这种水平并非一蹴而就;相反,需要经过一系列前期的发展阶段,在这个过程中,儿童甚至没有任何疑问地恢复亚里士多德学派的"冷热交换机制"(anti-peristasis)³——这在当代的集体表征中已没有任何痕迹。换句话说,(当然,无须将个体发生、种系发生、历史社会发生准确地加以对应)"智慧突变"并非简单纯粹地以新思想取代旧思想的形式表现出来,而是体现为心理发生过程的加速,其水平前后承继有序,保持相对恒定,但是,可能根据社会环境略微加速发展。个体发展的缓与快,受到集体环境的影响,因此用具体的心理因素来做出必要解释,也就顺理成章:事实上,"智慧突变"作为一种加速的因素永远不能仅仅用机体的成熟(而无须借助于获取的特征或预期的结构)或者用社会传播,来做出解释(因为这是一个加速而非替代的问题)或者是用二者的任意组合(因为其中之一是不变的,而只有另一个变化)来解释。如果社会传播能够加速个体的心理发展,那它就必须以下面的方式进行(如前所述):机体成熟和社会传播之间存在着将神经系统提供的潜力转换成心理结构的运算结构,其中,前者提供心理潜力,但没有现成的心理结构,后者在并非以完整的形态予以强加的前提下,为可能的构建提供元素和模型。但是,这种转变只有在具有加速或延缓作用的各种社会相互作用施以影响的情况下,才因个体间的相互作用而发生。因此,(受制于遗传)不变的生物因素同时延续到心理发展和社会发展中,而且后两种因素的相互依赖性,足以解释不同集体环境中发展的加速或延缓。

但是,虽然概念的社会发生在发展的初期阶段位于心理发生的核心,但很明显,社会发生的影响在后期逐步甚至几何式增长。尽管没有在本质上改变前言语时期的智慧,但社会因素就先于语言通过感知-运动训练、模仿等介入发展中。就语言而言,社会因素的作用快速增强,因为思维一旦发展起来,就需要立即通过社会相互作用来进行交换。智慧运算的逐步构建预设心理因素和个体间相互作用的互赖性日益增强,关于这一点,详见本章第七节。运算一旦确立,心理和社会之间就达到某种平衡,因为此时个体业已成为成人社会的一员,不能脱离已经完成的社会化来思考问题了。这引出了发生认识论提出的第二个基本社会学问题:即社会从历史的角度来看,在哲学与各种科学概念的形成与完善中的作用问题。

社会学分析在此处发挥着至关重要的作用,其重要性不可低估。因为社会学与心理学一样,以最直接的方式将思维和动作联系起来,两者的唯一差异是,社会学关注的是集体表征与集体行为模式之间的关系,因此迟早要将思维模式纳入其中,用以解释与个体心理学领域中的自我中心或主观思维,与去中心或客观思维之间的区别相类似的某种区别。社会学承认在某些形式的思维中存在的对个体所属的狭隘群体执念的反映,无论是原始社会集体表征中所描述的社会形态,还是意识形态和形而上学系统里呈现的更微妙、伪装的国家或阶级社会中心主义。相反,社会学也承认其他形式的思维,即如同科学思维,真正意义上的普遍思维运算。

在关于哲学思维的社会学分析中,卢卡奇(Lukács)以其对文学符号的分析,迈出了决定性的一步,而戈德曼(Goldmann)则以其对康德(Kant)和帕斯卡(Pascal)等重要哲学体系的分析亦迈出了决定性的一步。另外,现在已经有可能把对哲学史的解释,视为国家和社会阶层中不同类型的社会分化的一种应变量。关于这一点,我们在讨论基础结构和上层建筑之间的关系时,再加以探讨(第六节)。从科学与技术的发展历史来看,对智慧运算本身进行社会学分析显然是可能的,这个问题我们将在本章结论部分加以讨论(第七节)。

二、社会整体概念的不同含义

17、18世纪各种著名的社会哲学学说的对比,乃是对19、20世纪社会学视角的转变所带来影响的最佳阐释。比如,卢梭(Rousseau)是如何着手基于自然和人类自然能力,来对社会做出解释,以此来取代对"世界史叙说"[4](Discours sur l'histoire universelle)的神学解释呢?他想象有这样一位高尚的野蛮人:先验具备所有的道德品质与智慧表征能力,从而使从未认识社会的孤立个体,能够在心理上预测他与他者联系起来的"社会契约"所带来的法律和经济优势。类似观点的基础是以下两个基本假设,两者很显然,是科学社会学过去而且将来都必须坚决抵制的根深蒂固的常识性偏见。第一个假设是,在社会相互作用之前存在一种"人性";它是个体天生的,并且预先拥有智慧、道德、法律、经济等方面的能力,相反,社会学则认为,这些都是典型的集体生活产物。第二个假设与第一个假设密切相关:社会制度乃是由前述人性所激发的个体意志经过深思熟虑的,因此是人为的衍生结果,是只有人作为个体才具有真正的"自然"特征(参见"自然"权利等)。

相反,标志着社会学问题发现的视角转变的结果是,将观察、经历中存在的唯一具体现实——作为社会整体——看作是出发点,并把个体行为模式和心理活动作为社会整体的函数来看待,而不是作为可孤立稳定状态里具备实现社会整体所必须预先存在特性的实体来看待。孔德(Comte)认为"人必须通过社会来解释,而不是通过人来解释社会",但是他所提出的三阶段定律[5]是社会学肇始时期普遍的介绍方案,将重点置于与各种类型行为模式相反的"集体表征"上,而且,他由此建立起了一种高度抽象的社会学传统,为涂尔干所发扬光大。相反,马克思[6]则认为,"人的意识不能决定人的存在方式,而是社会存在决定人的意识",由此产生了一种行为社会学,从其滥觞起就更容易地与未来以行为模式为研究重心的心理学联系起来。

因此，社会学解释所产生的问题首先是整体性概念的使用问题。个体是元素，而社会则是整体，整体是由个体元素构成的，同时在除了个体元素不使用其他任何材料的前提下，对个体元素具有修正作用，这如何可能呢？对这一问题的简单陈述就足以揭示出其与发生构建所有问题的高度类似性，发生构建只是社会学解释的一个特殊问题，具有特殊的意义，因此，认识论必须阐明根据社会学思维该如何回答这个问题。

在这种及所有类似情况下，思想的形成与发展史表明，可能的解决方案不止有两种，至少有三种，而且第三种有几种变体。第一种解决方案是原子论分析（the atomistic analysis），其中整体是由元素的属性相加构成的。事实上，社会学家都没有采纳过这种观点；它是由常识和社会学创立前的社会哲学构建而成的，从个体固有人性的属性角度对所有集体的特征做出了解释，却没有看到，这颠倒了因果顺序，用个体社会化结果来解释社会。这次旨在反对塔尔德（Tarde）和涂尔干对基本无理性问题的解决方案的辩论使人们相信，塔尔德确实是从个体的角度来解释社会。塔尔德诉诸模仿、对立等，实际上是在调用个体之间的关系（来对社会做出解释），但却没有看到这些关系本身会改变个体的心理结构；而涂尔干乞灵于社会制约（来对个体进行解释），坚持这种社会的制约会带来个体意识的转变，这无疑是正确的，但却没有认识到通过研究个体间的具体关系，去分析这一整体过程的必要性。

第二种解决方案是涂尔干提出的，以"突现"（emergence）的概念为特征，生物学和格式塔心理学中也有类似的概念：整体不是其"构成"元素组合的结果，而是在这些元素里增加了一系列新的特性，由它加以"结构"。附加的特性自然地从元素的结合中突现，而非简单的叠加组合，因为它们从根本上讲，存在于不同形式的组织或平衡中。这就是为什么涂尔干不接受任何针对社会特征的心理发生解释，社会学中的发生解释只有在社会"整体"的历史基础上才有可能，而社会整体在每个阶段都是一个不可分割的实体。

虽然社会整体的原子论解释将一系列能力归因于个体意识，以不曾被社会发生触碰过的"特定"思想形式存在，这种从人类个体思想到"集体意识"核心的简单迁移，也是一个治标不治本的解决方案，尽管它有其优势，如重构这种新现实历史的可能性，不再是先天不变的，而是随时间而变化。集体意识继当时被认为是先天或者先验的心理力量而形成、发展，其缺点是它仍然是一种意识，或意识产物的无意识来源，即集体意识继承了心理学被废弃社会学取而代之之后，实体论和精神因果所留下的一切。但是，这种观点的逆转虽然显而易见，但只是发生问题的替代，并没有提供任何实际的解决方案。

第三种解决方案直接源于上述困难，坚持相对主义和具体的社会学：社会整体既不是现有元素的组合，亦非新的实体，而是一个关系系统，其中的每一个关系本身都会转换与之相关的元素。事实上，诉诸一系列相互作用，仅仅是再次诉诸个体特征，而且许多"相互作用派"社会学的个体主义倾向，更多地源于不完善的心理学，而非由于对相互作用概念阐释的不充分造成的。塔尔德或帕累托用模仿或者"遗留物"(residues①)来解释社会生活,根据人的早期心理,将现成逻辑或一系列永久性本能赋予个体,却没有意识到这些他们认为理所当然的实体本身也依赖于更基本的相互作用。相反,鲍德温(Baldwin)作为社会学家和心理学家,非常清楚地看到了自我意识与模仿中相互作用的意识之间的密切联系,并首次提出了"发生逻辑"的基本问题。但是,绝大多数社会学解释的共同错误是试图从一开始就提出意识的社会学,甚至语言的社会学,而事实是,如同在个体生活中,社会生活中的思维也是动作的结果,而且社会本质上是一种活动系统,在这个系统中相互作用存在于根据某些组织法则或平衡法则相互修正的动作中:工具制造和使用的技术动作,生产与分配的经济动作,合作或制约及压迫的道德和法律动作,沟通、团队研究或相互批评的智慧动作——简而言之,即运算的集体建构与协调。对内嵌于行为中的相互作用的分析,肯定是对集体表征或改变个体意识相互作用进行探索的起点。

很明显,第三种解决方案并不蕴含社会学解释和心理学解释之间的冲突。相反,两者互为补充,揭示出人类社会中所有行为模式中的个体、个体间两个方面,不论行为模式是冲突、合作,抑或是中间的任何社会行为类型。事实上,除了从内部影响动作机制的机体因素之外,所有的行为都预设从外部改变行为且彼此不可分割的两种相互作用:主体与客体(对象)间的相互作用和主体间的相互作用。因此,主体和物质客体(对象)之间的关系是,通过主体对客体的同化和主体向客体的顺化,主体与客体同时做出改变。人类集体对自然所做的一切工作亦复如是:"工作首先是发生在人与自然之间的过程,即人类通过自己的活动实现、调节、控制其与自然的交换的过程。因此,面对物质的自然,人对自己而言似乎就是一种自然力量,运用其胳膊、腿、头、手等身体固有的自然力量,来获取确保自己生存的自然物质。他在作用于外部自然时,同时改变了自然和自己的本性。"[4]但是,如果主体与客体间的相互作用以这种方式改变主体和客体,那么显然更加不容置疑的是,主体个体之间的每次相互作用,改变与另一个此主体相关的任何彼主体。因此,每一种社会关系本身就构成一个具有新特征和有能力改变个体心理结构的整体。从两个个体之间的相互作用到同一个社会中个体之间的一系列关系所构成的整体关系之间存在着一种连续性,而且更确切地说,以这种方式产生的整体被视为存在于改变个体结构的相互作用系统中,而不是存在于个体的总和或者自上而下强加于个体的现实中。

如果将社会事实定义为个体间的相互作用,后天获得特性依靠外部传播(与固有遗传特性的内部传播相反),那么这些事实正好与心理事实平行,唯一的区别是"我们"(we)总是被"我(I)"替代,并通过简单运算进行合作。心理事实可以根据任何行为模式

---

① 20世纪侨居瑞士的社会学家帕累托所使用的一个术语,指相对持久影响人类行为,且多表现于情感或者心智而非逻辑论证的遗留物。——译者注

的三个不可分割的不同方面进行分类:构成认知方面(运算或前运算)的行为模式结构、构成其情感方面(价值)的能量或经济,以及作为运算结构和价值能指(signifier)的指示符号(indices)或符号(symbols)系统。同样,社会事实也可以还原为三种类型的个体间相互作用,或者说,可以还原为个体间在不同程度上总是存在的相互作用的三个方面。首先,这种相互作用的结构化将某种义务的成分,相加于简单的规则性——心理结构的一种属性:其表现是规则的存在;其次,集体价值与主、客体间简单关系上附加的价值不同,因为它们暗含个体间交换的元素;最后,集体相互作用的能指是由规约性符号构成的,而不是独立于社会生活的个体可及的纯粹指示符号或者规约符号。规则、交换价值和符号三个方面共同构成社会事实,因为任何共同的行为都需要用规范、价值和规约性的能指来表达。这既适用于冲突或压迫中的行为模式,亦适用于各种形式合作中的行为模式,因为即使在战争中或阶层间的斗争中,某些价值得以捍卫、某些规则得以征用、某些符号被使用,不论这些元素的客观或主观意义是什么,也不论它们可能在当时行为的上层建筑或基础结构中占据什么层次。

所有社会中都存在规则,由此便产生了一个关于一般规范性质的有趣问题。从某种意义上说,个体的动作已经具有规范性,与其效率和适应性平衡有关。但是,没有任何事情要求个体成功地做某件事情,动作的效率和均衡的规律性都不构成强制性规范。相反,对儿童心理事实的研究表明,义务意识至少预设了两个个体间的关系,一个通过发出命令或指示来施加义务,一个承担义务(单方面尊重),或者两个个体相互承担义务(相互尊重)。此外,很明显,施加义务的人反过来,也可能依据规则承担义务,作为一种社会遗产逐步向最遥远的世代延伸。这些规则适用于所有领域,因此对符号本身(语法规则等)、价值(道德和法律规则)及一般概念和集体表征(逻辑),均具有结构作用。思维规则本身具有二元性质:它们既是个体动作中的平衡形式——只要这些形式产生可逆构造,又被个体间的相互作用系统强制转换为规范(关于其原因,见本章第七节)。具体而言,这相当于说,如果个体被迫在做出连贯的动作,才能够产生效果,那么他们就有义务在与他人合作时,表现出动作的连贯性:个人动作的假言命令对应于集体动作的绝对命令。这里应该补充的是,从历史和发生的角度来看,两种命令最初合二为一;后来,由于个性化的动作只能逐渐与联合动作区分或感觉出来,假言命令也就被区分出来。

其次,社会事实被看作是价值交换的形式。孤立的个体能够注意到一般取决于兴趣、快乐、痛苦和情感的某些价值。这些价值情感调节系统的作用,会在个体内自然地系统化,而且这些调节作用有利于体现意志特征的可逆平衡(与其智慧运算并行)。另外,个体自己的活动足以导致一定价值的量化;从接下来的讨论可以看出,这是一种经济类型:"最省力法则"(the law of least effort)所表达的是最少的工作投入与最大结果之间的关系;因此,工作本身以及主体所消耗的能量,构成了对个体而言的价值,这种价值既与使用的对象(客体)相平衡,又对其起条件(制约)作用。稀有程度在选择机制中的作用,同样会导致个体价值的量化。但是,这些价值无论是质性的,还是部分量化的,只要不导致交换,就仍然具有可变性、流动性。因此,交换价值是一种从社会方面巩固、改变价值的新事实,这种价值的巩固与改变不再仅仅依赖于一个主体与多个客体之间的关系,而依赖于由两个或多个主体之间的关系以及两个或者多个主体与多个客体之间关系构成的总系统。

从根本上讲,交换价值包括可用于交换的所有东西,从实际动作中使用的物体,到引起智慧交换的观念和表征,以及个体间的情感价值。这些不同的价值仍然是质性的(即只受强化量化的影响),因为它们并非产生于量化的交换,而是产生于仅受相关动作——无论是利他还是利己的情感调节影响的交换。相反,当引起广泛或度量的量化时,这些价值就具有经济的属性[5],其中度量量化是基于对交换对象或服务的量度。例如,物理专业学生和哲学专业学生之间的思想交换不是经济交换,因为这是自由对话7(即使这里的交换对其中一个或另一个学生"有益"),但是一小时物理与一小时哲学的交换确实是经济交换,即使交换的思想可能与之前交换的思想相同;这是因为这里的交换被有意"计量"了,而且对话的持续时间也得到测量(无论这些想法的原因或重要性如何)。经济价值的量化可能只是粗放的,比如在物物交换中,估价是一个判断问题,或者可能变得可度量(以货币不同变体的形式,确立公共度量)。

规则和价值之间的关系非常复杂。涂尔干的追随者提出了这两个术语,但是承认,所有社会制约构成了形式上的义务(因此成为规则)、内容上的价值。确实,若没有规则框架,社会价值的"领域"就永远不会得到关注。因此,经济价值是由一系列道德和法律规则来调节的,虽然具有弹性,但禁止导致以最小的损失获取最大的利润的某些形式的盗窃[然而,终究是盗窃,正如萨格雷特(Sageret)恰如其分地指出];智慧的价值由逻辑规则调节,若完全形式化,这些规则的集合就成为真理与虚假价值的唯一来源。但是,依然正确的是,价值可以得到不同程度的调节,这一事实足以表明这两种社会事实具有二元性。在极端情况下,价值甚至可能暂时逃脱任何调节,比如反应不受任何制约的大脑的想法。在另一种极端情况下,有些价值可被称为规范,因为它们只是规则的一个功能,例如道德、法律或逻辑价值。规则的基本功能是保护价值,而保护价值的唯一社会手段就是使其具有强制性。因此,随时间推移而保存下来的任何价值都变得具有规范性;信用交换产生了安全和债务的概念,两者是法律调节的价值;科学假设导致由与之相关的推理所施加的逻辑守恒的产生;等等。

最后,社会事实的第三个方面是用于传递规则和价值的符号或表达方式。作为个体之个体,即独立于与他人所有相互作用的个体,能够通过所指和象征符号(signifier①)之间的相似性来创造"象征"(例如心理图像,虚拟游戏、梦境中的搞笑象征等)。相反,符号具有任意性,因此预设某种或显性与自由的或隐性与强制的规约(convention),前者如数学符号(signs)[通常称象征(symbols),但实际上是符号],后者

---

① 语言学界多译作"能指"。——译者注

如普通语言等。符号系统众多，在社会生活中不可或缺：言语符号、书写、情感表达和礼貌的姿态、（表明社会阶层、职业的）着装方式、（魔法、宗教、政治等）仪式等等。此外，许多符号都伴随着（上述定义意义上的）象征意义，并且这种趋势越强，社会就越"原始"，因此抽象性就越小，亦即集体表征系统的社会化程度越低。符号系统甚至包括一些更复杂、半概念化的集体象征，如神话、传奇等，它们（尽管本身是用于其表达的词语的所指）是象征符号（能指），而非所指：实际上，它们是大于故事本身的神秘、情感意义的载体，其中故事是象征符号。宗教神话发展成政治神话，因此，包括形而上学在内的所有社会意识形态，构成了超越理性集体表征的符号系统的一部分，而且，从这个角度构成一种象征性思维，这种思维的无意识意义在很大程度上超越了其所指，即理性概念。实际上，在任何客观的集体表征中，价值都源于概念，概念的恰当运用因此得以表达，而就意识形态的情形而言，概念只是以偶联方式附加在其上的价值象征。

因此，所有社会相互作用皆以规则、价值、符号的形式表现出来。而且，社会本身也是一个相互作用的系统，这种系统始于两个个体之间的关系，继而延伸到这些个体和其他个体组成的集体之间的相互作用，进一步延伸到所有之前存在的个体的动作，即延伸到历史上发生的所有相互作用对当下个体的动作。那么，问题由此产生，社会学思维究竟在何种意义上使用"整体"这一术语。由于个体因相互作用而改变，因此除"整体"可以还原为个体总和的观念和"突发进化"（emergent①）整体的观念之外，还有两个解决方案，两者无论是独立还是联合，均可接受。社会整体可以由发挥作用的所有社会相互作用相加构成。或者，它也可以存在于由复杂相互关系与多少可能产生特殊结果的相互作用组成的（这一术语概率意义上）"混合"中。最后，社会整体还可能部分由相互作用组成，部分地处于统计混合状态。

如何在这三种解决方案中做出选择，取决于单独对符号系统、价值系统和规则系统的考虑。我们所关注的无论是不同类型的国家、革命、战争、阶级斗争，还是实用社会学必须研究的任何现象，对抗与各种形式的相对平衡总是可以还原为规范、（质性的或经济的）价值和（包括意识形态在内的）符号，因为根据社会现实的三个方面，动作和力量的和谐产生的冲突必然两极分化。但是，无论这三个方面中的哪个方面重要，恢复平衡都不可能以同样的方式进行，因为区分它们的义务本身就表明了其不同的运作方式，而且虽然社会"整体"可能是理想化的，但为了清楚地对其概念特征加以描述，证明这一点就很重要。从这个角度来看，这个问题可以用下面的方式来表述：符号、价值、规则能够都还原为逻辑组合吗？正是从这个与结构相关的角度来看，这个关于整体的社会学问题才具有认识论意义。

首先以规范和规则为例，来加以阐述。我们注意到，虽然在某些特殊领域中，规则

---

① "emergent"的名词形式是"emergence"，是一哲学术语，意思是"突发进化（的）"或"倏忽进化（的）"。——译者注

确实以理性或逻辑的方式,构成系统,但在其他许多领域中,规则尚未达到这样一个逻辑的平衡状态,因为它们是从社会历史或史前的不同阶段继承来的非同质成分的混合。因此,对某一时代制约科学思维的智慧规范系统与同一时代发挥作用的道德规范加以比较,会很有教益。两者可能源自完全不同的历史时期和目前与整体不相容的历史背景。但是,目前理性规范的系统化既灵活又严格,也就是说,若旧原则与新原则相矛盾,旧原则毫不犹豫地被牺牲。相反,社会道德就像地质分层,连续时代的遗迹相叠加或者并置。某些人的心智或者社会的某些部分,可能达到一种相对的统一,堪与知识精英产生的逻辑系统化相媲美,但这种道德精英的创新努力会因为尊重固有传统而遭遇极大的阻力。法律是一种中间情况:从形式的角度来看,法律规范的等级——从国家的宪法到"个体化规范"是个前后统一的整体;但是,就其内容而言,这些法律可能有部分是矛盾的,或者至少是由不同来源和冲突内涵的元素拼凑而成。总之,规则系统本身在社会整体的两个方面之间,来回摇摆:逻辑组合或混合导致两个问题的产生,一是规范系统的历史发展对现有结构的影响,一是对典型平衡形式的影响。

就价值而言,问题要复杂得多。只要价值没有规范性,也就是说,它们并非由逻辑上可组合的规范来调节,而是在交换中相对自由,显然,自发的价值体系具有以统计混合、随机为特征的"整体"性倾向。非指导性经济体制中的经济价值,以及当前政治中依赖于政党命运且处在动荡不羁的文学与哲学时尚形势下的质性价值,都是随机的而非叠加组合的模型。只有价值受制于规范,才能确保其以逻辑整体的形式系统化。

从语言学家的研究可以看出,符号是由历史因素和语言系统平衡的相互作用产生的系统。特别是,智慧语言的规律性总是容易被情感语言的价值所颠覆。因此,语言永远不可能构成逻辑连贯,除非满足两个条件:象征信号(能指)与所指完全对应,而且价值完全服从于规范。其实,这种情况只有在传统语言所表达的概念本身就是极其严谨的概念(如逻辑和数学象征)的条件下,才会发生。除了这些严格受到限制的领域,所有的符号系统都在逻辑组合的整体和"混合"整体之间摇摆。神话和意识形态的象征意义虽然可能有理性的外表,但也是如此。

总之,社会整体在两种类型之间摇摆。一方面,相互作用相对规律,规范或永久义务使之走向两极,构成可组合的系统,并可与运算群相比拟,后者适用镶嵌于等级层次结构中的交换与个体间相互作用,以及个体内的运算;另一方面,社会整体是一个相互影响的相互作用的混合体,其组合方式类似于个体动作的调节或节奏。在这种情况下,社会整体不再是这些相互作用的代数总和,而是一种类似于心理或物理"格式塔"(Gestalts)的宏大结构,在这种结构中,由于其组成具有概率特征,新的力量可以添加到系统元素中。"社会"这个术语在本文中,意思是这两种整体之间的中间结构。社会学在解释与这些整体相关的社会事实时,会遇到两类问题,其认识论的旨趣具体存在于其与心理学解释所面临的两个主要问题的对应关系。这两类问题是:一是历史和平衡(历时观点和共时观点)之间的关系问题,一是平衡本身的机制(节奏、调节和群集)问题。

三、社会学解释:(一)历时和共时

从规则、价值、符号的角度来看,社会整体问题所特有的困难实质上可以还原为社会事实的历史与特定发展阶段社会的平衡之间的关系。这种平衡是依赖于相互作用的历史顺序,还是仅依赖于与当代关系的相互依赖?显然,就规则、价值、符号而言,同一问题提法不同,因为规则的首要功能是确保随时间的连续性,而非规范性价值本质上只能解释交换平衡的瞬间状态,符号与二者相类似。

历史与平衡之间关系的问题,肯定也存在于生物学和心理学中(一般来说,存在于随时间发展的任何方面,即存在于历史中);但是,这一问题在社会学中比在心理学上要微妙得多。在始于出生、终于成人状态或死亡的个体进化过程中,智慧和情感的平衡是发展的终点,其中这种最终平衡由与产生进化阶段顺序相关的机制来予以保证。在某个社会中,何人的死亡只具有隐喻性,何人的最佳状态只能以文学的方式与人类成年期相比,平衡与发展之间关系的问题以不同的方式提出,与一系列基本问题有关。不论有无先期的革命,社会进化是应该趋向于最终的平衡呢,还是平衡和不平衡阶段交替呢?在上述任何一种情况下,是否可能用相同的方式解释社会的未来以及各种共时现象之间的相互依赖?

社会学肇始,孔德就对静态社会学(static sociology)和动态社会学(dynamic sociology)做了对比,前者也称"顺序"理论,即社会平衡理论,而后者又称"进化"理论,而且,这种区别以许多不同的形式保存下来。马克思主义社会学中既包括与经济、政治历史紧密联系的进化理论,也包括与社会主义的最终到来相关的平衡理论——这种平衡的性质,与先前进化过程中发挥作用的机制有本质的不同(道德包括法律、彻底的民族化导致国家的消失等)。甚至像涂尔干和帕累托(前者强调发生或历史过程,后者强调平衡机制)之类倾向于牺牲其中一个方面的作者,也不得不对两种类型的关系,做出区分。其他规则除外,涂尔干假设社会结构的历史,并不能对其当下的功能做出解释(这条规则并未总是能够得到遵守,讨论见下文);并且,帕累托从统计学的角度,根据社会中的社会阶层对历史"类型"(types)的持久性和相同"类型"的不平等分布,做了区分。

但是,只有在语言学这门无疑最精确的社会科学中,才对这两种观点做出了系统的区分。正如索绪尔(de Saussure)[6]所指出的,语言不仅可以从"历时"的角度来进行研究,而且可以从"共时"角度来进行研究,前者关注语言的历史演变,后者侧重特定历史时期达到平衡状态的相互依赖的元素系统。重要的是,应该注意到,两种观点并不是一对一的对应关系,因为一个词的词源绝对不足以解释其在当用语言系统中的含义。这种意义依赖于特定时刻沟通和表达的需求,共时需求系统的特点是语义价值可以独立于词语的历史及其先前使用的含义而得到部分的改变。[例如,"毫无疑问"(without doubt)具有"有疑问"(with doubt);法语"puisque"来源于"puis",意思是时间的承继,但却用以表达逻辑或理性的非时间关系。]下面探讨一下索绪尔派语言学中提出的这个问题的一般特征。在生物学中,器官的功能可以改变,同一功能可以由不同的器官接续承担。比如,在一些鱼类中,鱼鳔发挥了肺的功能[8]等等。在心理学中,动机(或个体的内在价值)的发展可以导致完全的重新调整。比如,最初简单的补偿行为可以成为个体的主导动机等等。在社会学中,作为符号系统的神话和仪式,其历史富含意义的转换,如同一种新宗教逐渐吸纳其传播地区的传统。

那么,问题是,共时和历时的二元性在多大程度上支配社会生活的不同方面呢?如果我们将某一特定历史时期的社会事实整体,纳入一个综合视域内加以考察的话,那么,可以确定,每一种状态都依赖于前一种状态,从而构成连续的进化序列。但是,我们同样会看到,相互作用之间具有相互影响,这种"混合"导致某些结构功能(即价值及其含义)的改变,不受其前在历史的制约。由于最初需要对社会的不同方面进行独立的研究,而且不可能预知这些相互影响的重要性,因此我们必然要对与平衡相关的共时观点与历时或发展观点,加以系统的区分。正因为如此,社会学中会存在两种不同类型的解释,并且其相容性不能事先得到保证:发生的或历史的解释,以及与各种形式的平衡有关的功能解释。有两个例子,可以充分展示这种区分的必要性:一是涂尔干,他将其整个理论都建立于历史方法之上,却没有考虑共时问题;另一例是帕累托,他牺牲发展,而专注于对平衡的分析。

众所周知,涂尔干深信,精神的连续性可以将当代社会与其历史,甚至可以与其历史的初级阶段,即他苦苦追寻的所谓"原始"(此处"原始"用其人种学义,而非史前义),联系起来。这就是为什么他在试图解释我们的逻辑、道德、宗教与法律制度时,总是诉诸对原始或"最初"集体表征的系统分析。除了有基本社会现象的精确重建问题与从这些历史现象到现代现象的发生世系问题之外,这种社会发生方法还会产生各种不同的结果,因所研究关系的类型而异。这种方法确实能非常有效地解释理性、道德、法律等概念的结构。在任何所表达命题中,社会发生方法并非仅仅是派生自多种语言的孤立词语,而是最终与远古、原始的人类表达有契合的词语,而且还是语言所承载的概念本身,这些概念根植于远古的概念,或者说是与初始概念相区分的结果。但是,我们若要将关注点从某一概念的历史转移到概念的现代价值上,就会遇到一个普遍存在的困难,对此涂尔干虽然有情形的意识,但并非总是能够避免:结构的社会发生并不能解释其最终功能,因为它们与新的整体整合时,其意义就会发生变化。换句话说,虽然概念的结构可能依赖于其先在历史,但其价值却依赖于其在特定时期形成的系统(概念本身是系统的一部分)中的功能定位,并且只有在历史是由一系列不断趋向平衡的整体构成的情况下,其发生才能决定概念的当代价值。[7]一个很好的例子是近亲通婚禁忌,涂尔干将其追溯到图腾式的异族婚姻。假设我们接受这个假说,那么另一问题便接踵而至:图腾禁忌无数,为什么这个应该遵守呢? 显然,就其功能而言,其他所有禁忌都不是那么重要了,而近亲通婚禁忌则由于当代(或者仍然是当代的)(如弗洛伊德心理学所揭示的)因素,而在我们的社会中保持了其价值。

帕累托特别关注的恰恰是这种社会互动的共时方面。其社会平衡理论的基础是社会任一时期的各种因素相互依赖与平衡定律守恒的观点,独立于具体社会的历史。根据这种观点,社会可以与相互作用力的机械系统相媲美,这些力不是由规范、集体表征等构成,而是由潜在的现实(马克思主义的基础结构提出的假设)构成,即由类似于负责所有动物社会组织的本能的"遗留物"或一系列类似的恒定兴趣构成。帕累托将这些"遗留物"分成六个大的"门类"(classes),并将每个门类细分为不同的类型(type),试图说明各种类型虽然会根据社会发展水平而变化,但变异在"门类"保持不变的前提下,进行自我补偿(但下属情况除外,即在每个历史阶段,从社会金字塔中的一个门类变化为另一门类,或者从一个水平变化为另一水平)。然而,显然,这种"遗留物"守恒定律随着时间会完全与所采用的分类相适应:只要任意选中构成"门类"的元素来补偿相应的必要变异,分类便可能在"门类"保持不变的前提下,发生"类型"变化。因此,帕累托的分类恰好具有这种任意性质,因为其每个"门类"都具有异质性,其中好像恰好包含维持整体不变所必需但细节上有所不同的元素。若要避免这种错误,唯一方法是寻找(帕累托没有做到)情感或智慧驱力的真正发生起源,并相应地对它们进行分类。这需要使用涂尔干用于研究规范和集体表征的方法或马克思用于研究基本需求和技术的方法,来进行历史研究。

显然,所有社会学理论面临的基本困难都是对现象的历时解释(亦即其起源与发展),与共时解释(亦即平衡的)之间的调和或者妥协。两种解释都必不可少,因为一种解释不足以解释另一种领域的机制,但两者难以兼容。正是这种不兼容性使问题变得有趣,这与我们考察的具体理论无关。那么,我们需要找出原因,来对起源解释和平衡解释的二元性,做出解释,而不是被卷入社会学本身的辩论中,而要保持在社会学家所使用的知识结构层面上。

这种二元性有两个原因。第一个原因与社会学思想的具体内容有关,即社会整体(因其随机性和无序性成分而导致)的完全不可分析性质;第二个原因与社会学思维的形式结构有关:对起源的解释虽然随着人们越来越接近产生社会现实的实际动作,而更偏向因果解释,但是,历史与平衡之间的关系需要某种不同类型的解释,因为基于逻辑蕴涵域的规则、价值、符号都要求进行独立的分析。在平衡状态下,符号和价值的集合是统一的,服从于规范的必然性,因此平衡需要一种逻辑形式的解释。从根本上讲,正是这种从因果到逻辑的过渡,构成了社会学解释固有困难的第二个原因。

如果社会整体是一个完全可以通过对构成社会整体的相互作用进行逻辑分析来组合的系统,而且不涉及随机和无序元素,那么,很明显,其历史发展就足以解释当前的关系集合。也就是说,历时关系完全决定共时关系。然而,目前的相互作用中存在随机性元素,整体的历史并不决定任何现有平衡中元素的配置:每一种具体的状态都是一个新的统计整体,其细节无法从前的统计整体中推导出来。只有在以下两种情况下,统计系统(混合)的历史才能决定随后各种形式的平衡:第一个条件是,系统的宏大平衡形式可以预测,不受其构成元素间关系细节的制约;第二个条件是,演化变化本身很有可能发生(比如物理学中朝熵的方向演化),但这种情况总是发生偏差。然而,就系统内关系的细节而言,在一个既不存在于叠加或逻辑的组合中亦非完全随机,而只是(如同语言的历史)在两者间摇摆的系统中根本不存在从历时到共时的一对一进展。

从第一种观点来看,历时和共时融合的必要条件是社会事实遵循定向进化规律,即其逐渐平衡,如同个体发展的连续阶段。这当然是这些宏伟"发展规律"的构建者的目标,如斯宾塞(Spencer)或孔德的目标是接受社会事实的整体。但是,这种努力从一定程度上讲并没有一致性,部分地是因为所用概念[三个阶段(the three stages)、从同质到异质的过渡(the transition from the homogeneous to the heterogeneous)、日益强化的整合(growing integration)等]具有模糊性,部分地是因为这些人相当惊人地乐观。相反,马克思主义关于社会事实朝最终稳定状态展开的概念表明存在着持续的斗争和反抗,因此历史的概念成为有一定深度的不平衡序列,先于之后的平衡。这种情况下,确实存在对系统整体的宏大预测,而不是对细节的预测,因为构成系统的相互作用具有无序特征——这一点肯定了共时和历时的不相容性。

但是,历时和共时的问题大都处于社会学解释本身的结构中,如同心理学解释,在因果和蕴涵之间摇摆不定。规则、价值和符号——事实上,所有产生于动作的问题——对自然的联合动作,三者导致超越因果的蕴涵关系的产生。因果关系显然具有历时性,因为它涉及时间序列,而蕴涵关系具有共时性,因为它存在于永恒的必然性中。所以,历时与共时的融合取决于在对社会生活核心不同类型的规则、价值、符号的解释中,因果元素和蕴涵元素之间所设想的对应关系。

显然,这三种相互作用在融合中具有完全不同的作用。规则的显著特征是守恒,不因时移而易,而且发生转变时,必须加以调节。因此,规则具有因果属性,与其前面发生的动作及其发挥的制约作用密切相关,同时规则还具有蕴涵属性,与代表其特征的有意识义务相关。因此,纯粹规则系统的演化本身趋向平衡状态,其转换本身受规则的制约,平衡随着系统的发展而强化。在这种情况下,历时和共时因素汇聚或者趋同。而非规范性价值的情况,则另当别论。价值也产生于动作(需求、完成的工作等),不受调节时,取决于交换系统及其波动。因此,它们不仅是平衡过程的直接反映,而且是共时和历时之间分离极大化的标记,正如政治经济生活中充斥的突然货币贬值和升值。这就是为什么非规范性价值的历史与其现状无关,而规范的历史可以预测其当下不可替代的地位,结果本身已经成为调节系统的一部分。最后,符号系统需要历时和共时的解释;尽管不同于规范和规则的情形,没有任何融合的可能性,但两者不仅都不可或缺,而且在同一领域中互为补充。

若上述观点正确,那么显然,社会学解释比心理学解释更富有多样性。回想一下,心理学解释是根据与机体论类型和逻辑类型的距离摇摆于因果关系和蕴涵关系之间(运算解释寻求建立从动作到意识必要性的过渡)。社会学解释亦然,同样在对物质因素(人口、地理环境、经济生产)的依赖,与对"集体意识"的依赖之间摇摆,运算解释在因果关系中,将蕴涵的相互作用和动作本身联系了起来。但是,这种情况下增加了心理学中不存在的复杂性,每一种变体都可以归因于社会整体,因为社会整体被认为是产生所有规范、价值、象征性表达的唯一原因,或者熔炉,或者归因于个体或个体之间的相互作用。

就整体、个体或相互作用而言,可以用三个例子来说明社会学解释中将因果关系与蕴涵系统相联系的必要性。这三个例子是涂尔干、帕累托和马克思,换句话说,三种完全不同类型的科学思维。

涂尔干的解释模型同时关注规范和整体本身。一方面,所有的社会因果关系都可以还原为"制约"(constraint),即整体对其构成成分即个体的压力;另一方面,"集体意识"(collective consciousness)(或者社会生活产生的一系列表征)中固有的所有蕴涵都可以还原为规范之间的关系,而价值本身只是这些规范所包含的内容或不可分割的补充(如与责任有关的美德,与交易机构压力有关的经济价值等)。最后,社会整体中固有的因果关系和集体意识中的蕴涵系统被认为是合二为一的,因为社会制约既是一种可客观看待的物质力量或原因,又是可主观看待对意识产生影响的义务和吸引,即规范和价值。因此,涂尔干的解释既有因果属性,又有蕴涵属性(如同所有的社会学解释,具有二元性),但其原创性在于其整体性特征:高、低层次间没有分阶段的进化——在低层次上,因果关系将解释导向蕴涵,而在高层次上,方向正好相反。而且,这种解释可完全归因于社会整体本身,没有对任何特定具体的相互作用进行分析。如果对涂尔干的解释仔细审视的话,从众多类似的例子中选择出来的一个例子,从不同的观点来看,尤其引人注目,即他对劳动分工的解释:条块分割的社会规模、密度增大,社会的划分被进一步分解成一些大的单元;个体的区分与竞争导致经济工作的分工和"组织的"团结。首先应该注意的是,虽然这看似完全是因果解释,但是,由于涉及人口因素,因此实际上所涉及的蕴涵关系与因果关系数量相同。如果阶层划分的瓦解和社会的集中能够导致个体解放的话,那么,这实际上就意味着某些形式的义务和某些价值(如对老年人和传统等的尊重)由于新的内心交换量的增加而得到改变,亦即,转变为不同的价值和义务。相反,根据涂尔干的假设,这些规范和价值的作用——本身就是蕴涵关系——从最初就必不可少,因为它们最终都源于(不论是否有差异)与集体意识提升相关的神圣情感。事实上,这夸大了赋予集体意识的作用,却低估经济生产要素的作用,这恰恰是涂尔干解释的不足。虽然在某些情况下(例如在同一个国家的小城镇或村庄与在大城市中),社会密度对个人解放的影响很明显,但这本身并不足以解释心理和经济差异,比如东方大帝国,人口密度很大,但人口差异却很小。因此,不能忽视经济因果关系的作用。总的来说,涂尔干的解释,其不足之处恰恰在于,首先将规范、价值和物质原因置于同一层面,即将它们建立在具有统计性质的单一无差别整体基础之上,而不是对各种类型的相互作用进行分析,因为它们可能具有异质性,而且其因果元素和蕴涵元素之间关系多种多样。

社会学解释的第二个例子来自帕累托的分析。事实上,帕累托确实对相互作用给予了关注,但同时倾向于将本该看作是相互作用的结果的一些因素,看作是个体内先天因素:一是逻辑,一是(恒定性尚有待确立)情感常量或"遗留物"。乍一看,帕累托所给出的似乎主要是因果解释:社会平衡被同化为机械的平衡,即力量的安排。但是,这些力量本身被还原为一种本能倾向,以感觉甚至思想("衍生")——即各种蕴涵——的形式表现在个体意识中。根据帕累托的观点,除非是作为由此而得到强化的基本情感的载体,道德与法律规范、有些集体表征等高级蕴涵在社会平衡中不起作用。借助于马克思主义基础结构和上层建筑之间区别作为类比,帕累托其实认为,意识形态(对于他来说,指一切规范的事物)是现实利益的简单反映,包括现实利益系统内的"衍生",与构成基础结构的"遗留物"形成对照。然而,我们即使接受帕累托的假设,这些遗留物也只有在它们是情感动力或永久利益的情况下才发挥作用,也就是说,它们不仅代表原因,而且代表引导我们回到蕴涵系统的价值。此外,帕累托分析的不足乃是他将这些遗留物视为常量,即个体的本能驱力所致。因此,逻辑(他甚至没有怀疑可能是一种社会产物)与遗留物事先就被认为是已给定;而心理学分析,甚至广义的社会学分析,都使他相信,规范和价值是相互作用的结果,而不仅仅是其内部因素作用的结果。尽管涂尔干和帕累托有霄壤之别,但其系统中所包含的困难都源于下述事实,即原因和蕴涵从最初起就以固定的比例给定:对涂尔干来说,是在社会整体(制约)中,而对帕累托来说,是在个体中。因没有将构建的现实归因于相互作用,两种情况都扭曲了对相互作用的分析。

相反,在马克思的解释模型中,我们发现了一个分析实例,既关注相互作用,同时在因果元素和蕴涵元素之间达到较好的平衡。马克思主义解释的出发点是因果:是被视为人类工作与自然之间密切相互作用的生产要素。这些因素决定了社会群体的最初形式。但是,即使在最早的初期阶段,也会出现一个蕴涵因素,因为基本价值附属于工作,而价值体系是一个蕴涵系统;因为工作就是动作,集体动作的效力决定一个规范元素。所以,一般而言,马克思主义模式将自己置于运算解释的基础之上,其中社会中的人类行为决定表征,而不是相反,而且蕴涵将自己从预先存在与其部分重叠的因果系统中逐渐分离出来,但没有替代因果系统。由于社会划分为不同的阶级以及(阶级内部的)合作或斗争与制约之间关系的多样化,规范、价值、符号(包括意识形态)导致各种上层建筑的产生。有人可能会认为,马克思主义解释乃是对所有这些蕴涵因素价值的低估,无法体现基础结构的因果性特征。但是,对马克思解释社会平衡的方式做一思考,就足够了。根据马克思的观点,社会的平衡和社会主义的实现同步,他使我们看到了他所赋予(包含法律规则和国家的)道德规范、理性规范(科学本身也吸纳了形而上学的意识形态)和一般文化价值的重要作用,以及所赋予相互作用中意识蕴涵日益重要的作用。规范和价值通过服务于这种目的的因果和经济机制而成为可能,而且在平衡状态下,构成一种既不受经济因果性制约亦不为其所扭曲的蕴涵系统。

可以看出,涂尔干、帕累托和马克思三种迥异的解释模型在其社会学解释中,均涉及因果关系和蕴涵关系。由此事实产生了一个基本的认识论问题,与上面所考察的关于历时和共时的观点有关。假如历时解释主要是因果的,共时解释主要是蕴涵性的,那么涂尔干和帕累托的学说则吸收了历时中的共时性或共时中的历时性,将因果性和规范价值或价值论的价值融合在一起,也就不足为怪了。相反,马克思主义的解释不仅将历时和共时相区分,而且对不同类型的相互作用中的因果因素和蕴涵因素也做了区分。因此,认识论问题就是理解因果关系和蕴涵关系以何种方式,在不同层面的社会相互作用的典型结构中相联系。这个问题无论是从社会学解释的分析来看,还是从社会学在发生认识论中的应用来看,都同样重要。个体的心理发展是一种渐进的平衡过程,因此不涉及历时和共时因素间的基本二元性;在此过程中,从因果到蕴涵的过渡涉及三个在两种关系里占据不同比例的基本步骤:节奏、调节和群集。那么,在社会学中也是如此吗?

四、社会学解释:(二)节奏、调节和群集

实际上,我们在对各种形式社会平衡的分析中,发现了这三种相同的结构。然而,有一个不同之处,即这三种结构似乎无顺序之先后,因为社会的进化不存在丁规律的平衡过程中,唯一例外是单一理性规范,一个可能发生定向进化领域的情形。

正如在心理学中,节奏是心理和生理的边界,因此社会关注的物质事实和社会行为之间的有限地带,是基本社会节奏的位置和起源(与有一定规律性的交替现象,即具有周期性特征的某些次生节奏类型不同)。因此,极其简单形式的经济活动(狩猎和捕鱼、后来发展起来的农业)与季节的自然节奏和动植物的生长,紧密相关。这种自然节奏,通过工作和自然的相互作用,被融入生产节奏中,是多种恰当社会节奏的起点:季节性劳作和季节性迁徙、日历上日期固定的节日等。这些节奏源自技术层面的活动,但是与原始的集体表征一样影响深远,后者乃是莫斯(Mauss)和格兰特(Granet)所精确分析过的一个层面。

生物和社会的边界之间有一种永久且非常重要的,由世代传承的方式构成的社会学节奏。每一个新生代都要经历前几代的压力形成的同一教育过程,同时也为下一代制定规范和价值。这种周期性序列既是不断地重新开始,又是传播的重要工具,通过重复将发达社会和原始社会联系起来。这种节奏的重要性源自以下几个方面:可以肯定,如果这种节奏得以充分改变,世代承继的速度加快或减慢,整个社会也将发生深刻的转

变;因此,可以设想一下,有这样一个社会,其中几乎所有个体都是同时代的人,几乎不受影响前一代人的家庭和学校限制的制约,而且亦几乎不对下一代人产生影响,这样的人何以能够看到这些可能转变——特别是影响力日益削弱的"神圣"传统本质。但是,我们一旦离开物理或生物本性与社会事实之间的重叠区域,而去追踪社会事实发生的过程,节奏就会让位于多种调节,后者乃是许多不同节奏之间相互作用的结果,因此也是向更复杂结构转变的结果。与群集(讨论见下文)不同,这些是除了过去对当下的大多数制约之外,赋予交换的相互影响以结构的调节。调节的介入在基于混合的统计整体中起主导作用,关于这一问题的讨论见本章第二节。为了对各种不同类型的调节做出区分,我们需要对交换机制和制约机制分别加以考察。

两个个体 x 和 x' 间的任何交换本身显然就是调节的来源(无论这种交换从发生的角度来看是否是原始的)。极其普通的交换格式可以用下列方式来表示:x 对 x' 的每一个动作都构成了一种"服务",即 x 提供的价值 $r(x)$(时间、工作、物体或想法等)会给 x' 带来满足,亦即 $s(x')$(正面的或者负面的)。反之,x' 的动作施与 x,x' 提供某种价值 $r(x')$,从而使 x 得到满足 $s(x)$。但是,这些存在于当前服务或满足中的实际价值,并非简单交换所涉及的元素,因为 x 对 x' 的动作 $r(x)$ 不能(至少不能即刻)接续一个返回动作 $r(x')$。[9] 结果,有两种类型的潜在价值介入进来:x' 得到满足 $s(x')$,对 x 负有债务 $t(x')$,同时,这一债务构成一个对 x 的信用 $v(x)$[或者,反言之,x 对 x' 负有债务 $t(x)$、x' 赢得信用 $v(x')$]。这些虚拟价值具有完全一般的意义。价值 $t(x)$ 或 $t(x')$ 可能以感恩和认可的形式体现出来(此处所用乃是这个词的广泛义),从而在不同程度上使个体承担某种义务(从某种意义上,一个人对另一个人有"义务"),也可能体现为经济的债务。此外,价值 $v(x)$ 和 $v(x')$ 表示通过动作 (r) 获得的成功、权威、道德信用与经济信用。即使在实际的即时交换中,动作 $r(x)$ 对 $r(x')$ 而言和满足 $s(x)$ 对 $s(x')$ 而言,当前的服务和满足可能以认可形式,体现为虚拟价值 t 和 v,从而得以延迟,或者以同样的 t 和 v 形式,让位于对未来真实价值——即新的服务或满足的期望。交换的平衡是由以下相等条件所决定:$r(x) = s(x') = t(x') = v(x) = r(x') = s(x) = t(x) = v(x')$。但是,显然,这种平衡很少能达到;相反,[8] 根据一个人是否低估或高估所提供的服务,是否忘记它们或者在记忆里夸大其重要性,是否会歪曲记忆对伙伴做出高估或低估,所有不等式 $r(x) \lessgtr (x'); s(x') \lessgtr t(x'); t(x') \lessgtr v(x)$,都可能成立[10]。由于不存在交换价值(受道德规则或法律规则制约)的强制守恒,因此它们仅受简单调节——即近似但又无法完全达到平衡的直观评估的制约,而且仅仅认可近似的守恒。此外,每一种新环境由于不会带来由旧到新价值的逻辑组合,而是带来具有简单调节特征的近似补偿,因而会导致短暂实现的平衡的失衡。如果我们现在从对两个个体之间的关系,转向对相互作用关系系统的考量,如无数产生于社会群体中个体的成功或声誉的评价系统,那么马上就会看到,个体的 x 和集体的 B 或者 X 之间的关系并不是一个叠加的组合,而是构成一个混合;而且,这种已经受到调节(不受可逆运算)制约的相互作用的混合,构成了统计整体类型的宏大系统或者总体,即整体并非部分的代数总和,而是一个简单的概率组合。

这些在自由主义体制中,是经济价值波动中发现的系统调节,甚至独立于与生产、原材料的丰富或稀缺以及货币供应有关的客观因素。一旦脱离规范系统的制约,价格等产生于供求统计平衡的经济价值,就仅仅是调节运作的外在表现,类似于利率的自然机制或其他非经济交换的相互作用。经济交换只是前文所描述的一般交换形式的特例,其中存在真实的价值(用我们的象征符号表示是 r 和 s),这一点很容易加以验证;但是,对服务和满足的估价(帕累托的"ophelimities")取决于先在或预期的虚拟价值,仅这一点就证明调节的作用,否则就变成对当前需求或利益的简单解读。潜在价值的重要性在由于生产过剩导致的经济危机的机制中,尤为明显。生产和消费间差距小,两个过程围绕平衡点小幅震荡,但是,若两者差距过大,则导致周期性危机,从而导致平衡点本身的移动。小幅震荡是经济集体对预期错误自发修正的产物,是纯粹、简单的调节机制的运作(先预期,后修正)。相反,大幅度的摇摆表示调节失败,从而产生危机和失衡,以及通过补偿反应——即再次通过(但是对整个系统的)调节创造出暂时的新平衡。从周期性危机中,我们可以看出调节失败如何能够具有节奏性质,但是前述基本节奏更复杂、更没有规律性。[9]

至于两个个体、多个个体,乃至集体间交换的相互作用中发生的调节,其一般特征可能引发部分但没有完全可逆性的补偿,因此可能缓慢或突然破坏平衡。只有就规则系统赋予以规范性的价值或者规范本身而言,那种构成(that composition)才能超出简单调节的层次,达到运算群集的完全可逆和永久平衡。但是,任何规范系统都不因为具有规范性特征,就能达到这种可逆群集的水平,因为调节状态中有半规范性的相互作用系统。更具体地说,用以定义调节的部分补偿延伸到完全可逆结构的下限,而且它是逻辑上可组合、具有运算群集特征的完整规则系统。这一事实意味着两种结构之间存在一系列中间结构。

正是以这种方式,公众舆论或政治制约所施加的压力,超越简单自发评价,并且导致具有不同程度规范性特征命令的产生。这种命令一定程度上源自进入交换的利益,但同时强迫人们遵守各种规则,从简单使用的规则到道德和智慧制约的规则等。但是,这更多是外部、法律道德问题,以及与国家理性相关的合理性问题,而不是理性本身的问题。涂尔干准确地指出,公众舆论总是落后于社会中更深层次的潮流,因此构成了统计的整体模型,成为多重、随意互连的纽带,但一定程度上具有规范性,以各种方式使个体承担义务。由于具有简单概率性和相对无序性特征(与结构严密的智慧系统、道德系统、法律制度相反),公众舆论显然产生于简单的调节,而不是产生于运算群集。至于政治制约,它与利益和计算介入规范的程度相似,而且规范借助于各种压力来施加,而非单凭其内在的必要性征服人的思想。因此,这种有意识的或有意图的调节形式的存在,迥异于逻辑或道德运算。

各种形式的制约肯定亦然,其对规范的形成在历史上与在当下的重要性不应夸大,但是,尽管有理性构成成分(rational composition)的出现,其总体作用整体并没有超出调节的层面。它们是产生于子集体(sub-collectivities①)的制约,其中每个子集体都有其特殊的施压手段:社会阶层、教会、家庭和学校。我们将在本章第五节中专门探讨阶级的意识形态问题,因为由它引发出了基础结构和上层建筑之间的关系问题。相反,家庭和学校的制约以一种特别简单的方式,阐明了仍然处于调节和完全规范的构成成分间的道德或智慧规则机制。事实上,道德或理性真理——即使在其内容向当时社会中道德和科学精英的规范靠拢时——亦是由家庭或学校教育的制约来加以施加,而非通过自由参与的过程被重新体验或重新发现,它们因服从于由调节而非逻辑构成而产生的顺从或者权威因素,从而根据事实改变了自己的特性。父权制家庭或现代婚姻家庭中孩子童年期所奉行的道德顺从,在"原始"部落"启蒙"(initiation)间断期和(至少在那些没有被所谓的"积极"方法转变的学校中)当代学校生活[11]中永久存在的传统或者"大师"的智慧权威,这些实际上都利用了一个共同的传播因素,即单方面尊重。这种情感迫使真、善服从于追随模范的义务,从而导致调节系统而非运算系统的形成。事实上,顺从的问题总是简化为一种选择:推理是一种顺从行为,还是说顺从是一种理性行为?在第一种情况下,顺从驱动理性,因此只构成一种调节性而非运算性的不完整规范;在第二种情况下,理性驱动顺从,精神屈服的元素被消除,因此这一种完全的规范系统,是一种由理性规范所授权的单方面服从的规范。

这种冲突在法律规范问题上尤为明显。这是一个奇怪的问题,因为从形式上来看,法律规则系统显然是一系列已经具有运算群集结构的社会相互作用的典范;但是,从内容上来看,法律体系显然可以为任何事情提供依据,而且通过赋予法律形式使最严重的滥用行为合法化。因此,根据其内容,法律规范的群集可以同样赋予一系列本身已经具有(道德、理性等)规范性的行为或上文提到的仍然处于调节层次的相互作用以效力。但是,这并非法律所独有的问题,它似乎产生于形式和内容本身之间的区别,标志着与形式和内容不可分割的调节结构不同的运算结构的出现。我们在逻辑规则领域,也发现了形式上正确但内容上虚假的命题系统,因为它们产生于假前提。在将法律规范从低级到高级,置于节奏、调节和群集组成的平衡形式法典之前,首先要确定逻辑系统、道德规则系统的位置。

无疑,从调节向运算群集过渡的角度来看,智慧的相互作用是有说服力的例证。传统、观点、权力、社会阶层等制约因素参与集体表征系统的构建,思维受制于价值和义务的运动,而价值和义务并非思维本身的产物,也就是说,思维不存在于自主规范的系统中。在这种情况下,单就其他律性这一点就足以表明它依赖于前面讨论的调节。更具体地说,具有为特定社会群体中的观点提供依据功能的集体思维模式,乃是智慧调节系统的集合构成,其规律并非纯粹的运算规律,而且由于瞬时补偿机制的作用,只能达到

---

① 指社会中存在的不同群体。——译者注

不稳定平衡状态。正如本章第六节和第七节将再述,理性规则平衡的条件是它们表达纯粹合作的自主机制,即合作伙伴共同执行或合作伙伴之间相互执行的运算系统。合作作为理性运算"群集"之源,不是对强制传统系统的转换,而只是动作系统和技术系统的延续。

这是与从权威到交互,或者从制约到合作相同的过渡,标志着从半规范性道德的过渡,仍然依赖于单方面尊重所固有的调节与建立在相互尊重基础上的行为规则的自主群集。因此,在道德领域中,与在逻辑规范领域中相同,平衡与动作的直接交互所产生的合作联系起来,与上文所提到的制约相反。[10]

现在回到法律规则的群集问题上来,其形式与内容之间存在二元性的悖论,就容易理解了。从形式来看,法律体系确实构成以叠加和逻辑组合方式集合到一起的社会相互作用集合的范例。实际上,法律规则集合有其自身的结构,属于某一社会群体的每一个个体,都通过一系列有清楚界定的义务和权利与其他个体相联系,而且包含在集合中的所有个体都不能凌驾于相互关联关系的逻辑总和之上。但是,正如本章第二节所着重强调,这绝非意味着这样的整体存在于构成它的个体的简单联合中,似乎这些个体预先就拥有某些权利,或者预先通过系统构建前(如某些理论家所相信的自然权利)已存在的义务,相互联系起来;也不意味着任何孤立于系统的特定关系,可以在系统之外存在。但是,这确实意味着关系系统的整体可以被分解为基本的并列或从属关系,其叠加组合对系统进行完全重构。从这个意义上来说,这个系统是一个运算群集,这种关系赋予权利,同时施加由法律现实的建构运算所产生的义务。这类运算包括主权法令、上级命令、下院投票、全民投票等,它们本身具有其(宪法等定义的)组合规则效度。

只有在这样的系统真正具有群集形式的条件下,关于其内容,才会产生以下两个相互依存的问题:一是法律平衡的问题,一是法律规范与智慧规范或道德规范之间的关系问题,其解决方案使我们能够将某些法律结构的表面一致性和其他法律结构真实的一致性,区别开来。

关于平衡问题,显然,如果法律体系与社会中其他价值和规范的矛盾导致冲突和革命,那么无论其形式多么一致,它都不具备制约或守恒的力量。因此,法律规范系统中的平衡似乎是内容问题,而不是形式问题,也就是说,重要的是法律规则是价值分配的工具还是障碍。集体表征系统中肯定存在一个等价物,其中智慧平衡不仅通过形式上的一致性,而且通过与现实的充分契合,来得到保证。但是,法律和逻辑规范之间的这种类比恰恰表明,单独从形式的角度来看,问题就更加复杂了,因为确保逻辑一致性的规则意味着可能与任何内容相契合,而且不会因为错误内容被真实内容取代这一简单事实而改变。因此,在智慧领域,平衡中的形式结构特征,在于在不破坏系统连续性的条件下,确保原则本身具有转变的可能性。现在,将处于平衡状态的法律系统,与处于不平衡状态的法律系统加以比较,便不难看出,如果平衡确实取决于形式结构与其现实内容的契合程度,那么在法律领域中,如同在所有运算领域中,单靠形式就能够确保平衡,平衡的稳定性乃是动态性的一种功能(函数):在如同其他方面的平衡,法律中的某种平衡形式乃是确保其自身转换调节的一种形式(例如某种调节自身变化的构造等),而静态、封闭的形式存在于非稳定的平衡中,因此虽然有多种表象,但是呈现出来的是一种不完整的运算群集,因为它只在具备相对于更高形式的规范时才允准可能的转换。

由此我们联想到法律规则跟逻辑规则与道德规则的关系。如果前者的平衡与其转换和适应能力相联系的话,那么,显然,它们将会与另外两种类型的规范趋同,后两者对前者起平衡作用。否则,法律规范的内容无法适应社会生活的其他方面,从而导致形式与内容之间的矛盾。法律规范与逻辑规范之间的趋同显而易见:法律规范集内部的矛盾,实际上可能导致整个结构失去效力,因为低级规范可能在结构的不同细化程度上,与高级规范发生冲突,法律建构的这种必要逻辑结构足以表明其与特定社会中所展示的理性规范之间的对应关系。法律规范和道德规范之间唯一的区别在于,法律不考虑个体间的关系,而是仅仅考虑个体的职能(在社会群体中的地位),从而建立超越个体的规则。相反,道德只关注个人关系,如此,不同的人在现实中永远不会完全彼此替代。这就是为什么法律规则可以编纂成详细法典,而道德规则却基本上仍具有一般性:它们只有类似形式逻辑的纯粹形式,而不像法律条款那样,能够对自己的应用方式加以调节。这样一来,我们就能够理解,尽管两者在源头上相对没有差异,但却随着不平衡和社会冲突的产生,彼此分道扬镳,每次达到平衡状态时,重新调整其对应关系。在极点情况下,体现平衡社会中相互作用的足够灵活的法律形式,与道德规范系统趋同。[11]

总之,如上述所表明,如同心理学解释的宏观结构,社会学解释的宏观结构是节奏、调节和群集的结构。节奏是物质与精神之间的边界;调节和相互作用因素(价值和某些规则)的干扰是统计整体的特征;"群集"是法律、道德、理性建构中,即叠加式组合整体中,可逆运算结构的特征。

这个顺序对于社会学解释机制的理解至关重要。它引导我们将本章第三节末尾所讨论的因果和蕴涵之间的关系,理解为一种需要运算解释的发生关系,而不是理解为从一开始就给定的统计关系。只有规范性群集才能构成纯粹的蕴涵系统,例如借助于可表达为必要联系、相互叠套、相互生成的协调规则。调节中包含蕴涵的某个可变成分,能够预示可逆性,以及(以制约的形式等)维系有效的因果。但是,节奏被嵌入完全的物质性因果关系,这种因果环境包含第一个逻辑联络者(具有最小规范性元素的基本符号和价值)。群集是先前调节的限制状态,而后者依赖于节奏的复杂作用。因此,社会学解释和心理学解释,只有从物质和起因动作始,到集体意识的蕴涵系统终,才能够完成。我们正是通过这种独一无二的条件,在上层建筑中获得能够有效地扩展在基础结构中起作用的起因动作的某种东西,而不仅仅是具有反映和变形作用的象征性意识形态。

五、社会学解释：(三)实际解释和形式(或公理)重构

那么，社会学解释中(如同在心理学解释中)有三个而不是两个概念系统需要加以区分，包括起因动作、完成并使起因动作系统化的运算，以及(类似于心理学中内省自我中心现象的)意识形态因素，若正确的运算机制不能从这种社会中心象征意义中分离出来，后者会扭曲人观察判断事物的视角。与心理学解释的情况完全相同，社会学中的运算机制可用两种方法来进行研究，这两种方法都将这些机制从几乎总是伴随的意识形态要素分离开来，而且影响其在意识中的地位。其中一个方法是真实解释，将思维或集体道德的运算方面，与起因动作中发生的具体工作、合作技术和模式联系起来；而集体意识的其他方面，则与社会对自身冲突的象征性解释联系起来。另一种方法是对运算机制所涉及蕴涵的形式化甚至公理化重构。虽然乍看起来这种方法似乎与社会学解释几乎没有关系(逻辑学解释与心理学解释之间的关系，却显而易见)，但确实有其重要作用，因为它还导致了规则"群集"中意识形态和运算之间的严格分离。此外，这种方法提出的问题与"真实"解释提出的问题之间，有可能呈现出一对一的对应关系，这为后者增添了实质内容。

从公理系统与其相应的具体科学之间的关系这个一般问题来看，社会学解释和心理学解释都不可否认具有认识论的关切。如果认为社会科学中其实存在两种不同类型的公理化，那就更有教益了；与调节有关被迫简化的公理化，无疑超越真实数据；另一种类型的公理化涉及规范群集，完全足以解释所涉及的运算机制。

在调节领域，瓦尔拉斯(Walras)和帕累托的"纯经济学"以何种方式使用数学推导，用理性力学解释力的构成的方法，来试图解释经济交换的平衡和动态，这已广为人知。为了实现这一目标，作者们自然地被迫对真实现象加以简化和理想化，用借助于正式定义的概念进行的假设-演绎推理，来取代事实本身的归纳分析。换句话说，它们在走向公理化的道路上，虽然没有实现实际的公理化，但却提供了用以构建公理化的元素。另外，同量化经济价值一样，这种半公理化的构建从一开始就具有数学性质，因此超越我们下文探讨的法律模式无法超越的逻辑或定性水平。

但是，这种方法应用于经济事实，究竟有何意义呢？当然，我们应该认识到，这个问题不会预先判断通过它所表达的规律，也不依赖于帕累托提出的学说。作为用于分析现实本身的一种工具，此方法非常有用，是精确演绎推理应用于社会领域的一个很好的例子。然而，它有两个有教益的缺陷，当然不是因为详细分析的不足，而是因为公理演绎推理应用于调节而非运算或规范群集的不足。

第一个缺陷是，对瓦尔拉斯和帕累托的分析乃是对经济学的静态而非动态解释。其原因显而易见：调节达到平衡状态的点可通过暂时与可逆运算系统一致的简单等式

集来界定。调节和运算的唯一区别存在于下述事实中,即就群集的情形而言,平衡具有永恒性,而就调节而言,则不具有永恒性,因为在后一种情况下,会发生"移位"以及近似的代偿。但是,如果达到假设的平衡,该系统与运算系统就没有区别。因此,纯经济学教导我们,只要满足一定的条件,交换就会达到平衡:交换后拥有商品数量的"加权满足"(weighted ophelimities)(对交换各方)的平等、以数字表示的收入和支出(对交换各方)的平等,以及交换前后拥有的(商品)数量的平等。[12]这种平衡的交换只不过是一种替代系统,价值(满足)和对象(物体)完全守恒。因此,它所代表的是一个"群集":平衡交换 AB 相当于平衡交换 BC,进而相当于平衡交换 AC;交换间具有联想关系。交换 AB 反过来是 BA,并且 $AB \times BA$ 的乘积要么同一,要么为零。因此,尽管这样定义交换,虽是正确的运算,但却是一个"群集",这就是为什么平衡理论容易被公理化的原因。那么,经济学的动力究竟是什么呢?

此处,我们发现,第二个缺陷与第一个缺陷纠缠在一起:即使在静态领域中,"纯经济学"也过度简化了调节过程,更不用说在动态领域中了。交换的平衡实际上被定义为平衡的终止点。但是,假如真正的交换永远不会通过严格意义上的"满意"(ophelimities)[由于纯粹对言语的恐惧,用以取代"价值"(value)的一个概念]达到平等化状态,那么其暂时的补偿成就了脆弱平等的需求、欲望和估价,实际上就始终处于变化状态中,永远达不到持久的平衡。因此,真正的问题在于动态交换问题,其中调节应该用数学等式来表达。这并不是一个简单的逻辑公式,而是能最恰切地表达变异的微积分。但是,经济交换中发生的真正转变远非形式或公理分析,这也是为什么在调节领域中,后者并非现实准确的影像。

在存在规则系统的条件下,情形大不相同,因为规范从本质上讲,恰恰是价值守恒的保障,而且在这种情况下,公理化适用于永久平衡状态或预先得到调节的转换。在这种情况下,公理化具有纯粹的质性特征,也就是说,它是逻辑性的而非数学性的,但是,从我们的观点来看,仍然很有价值。由于公理化完全符合所考虑的规则运算结构,因此,它实际上引发了规则的形式建构机制,与集体意识、形而上学解释附丽于规则的所有意识形态因素之间,严格的分离。特别是从上述批判的观点来看,公理化方法将真正的运算解释的不同时刻与蕴涵演绎构建的不同时刻联系了起来,这样一来,就以一种富有成效的方式与因果性的社会学解释相对应起来。

从这个角度来看,法律中的"纯"理论特别具有暗示性。人们普遍认为,从本质上讲,法律是一种关涉规范的学科,其中的所有问题都被还原为效度问题,而非事实问题。这就是为什么法律不是科学,因此不是社会学关注的重点。但是,对法律的信仰与服从是社会事实,对其必须同其他社会事实一样加以解释,集体判断为"合法有效"的规则构成了基本的社会相互作用(交往),社会学必须同研究道德或逻辑的相互作用一样,对作为"规范性事实"的规则,即将规范作为事实,来进行研究。逻辑学家将逻辑规则公理化,与此相类似,法律研究者亦试图将规范规则公理化,而且试图同逻辑学家用逻辑公理化来对理性或科学的集体表征进行分析相同的方式,来(对法律作为事实或者规范规则)进行社会学的解释。事实上,尽管多数有关法律的宏大理论都试图将法律建立在对形而上执念的基础之上,或者(类似于社会学中相同的某种东西)建立在政治社会意识形态的基础之上,但是,许多作者根据罗甘(Roguin)对"法律规则"(the rule of law)的研究,已经努力将其分析限于法律的形式或规范结构。因此,凯尔森(Kelsen)[12]从康德认识论的角度,提出了以下问题:"法律如何可能?"凯尔森并没有像在社会学中那样,从历史方面开始展开论述,而是首先进行了先验分析,甚至维持了(对我们来说非常有意思,有利于我们的论证)"纯粹的"法律理论绝对不可以还原为社会学。事实上,虽然社会学乃是对因果关系的探究,而且将包括法律规则在内的社会现象视为简单的事实,但"纯粹的"法律方法却将法律规范直接相联系,因此取决于一种特定类型的、凯尔森称之为"归因"(imputation)的蕴涵。由于规范从根本上讲是"应该"(ought)"应然"(sollen)[13],而事实却是"有"(is)"存在"(sein)[14],而且因为它们之间都不能相互派生,因此根据凯尔森的观点,不可能存在什么法律社会学,而法律的科学(the science of law)只能是纯粹的规范构建的科学。这里我们就面临蕴涵和因果之间关系的整个问题,这一问题与公理系统跟与之相对应的具体科学之间的关系问题,同时出现。

从公理化的角度来看,法律"构建"的过程存在于何处?凯尔森认为,法律的本质特征是调节其适用的时代。实际上,法律规范是新规范的来源:议会立法,政府颁布法令,行政机关制定规章、法庭做出判决,所有这些法律、法令、规章和判决都在高级规范的框架内不间断地制定出来,高级规范通过立法、行政或法律机关的中间结构赋予这些规范以效用,所有规范都依据高级规范得以执行。从法律机构等级的顶层到底层,新的规范被不断地创造出来,但是,相同的过程逆向从底层到高层发生,先前规范持续得以应用。更确切地说,每一种规范都既是下级规范的创造产物,同时是在高级层次上各种规范的应用。因此,同时创造和应用是法律构建的两个基本特征。这里只有两个例外。这些相互赋予效力的规范形成了一个金字塔,其中每个层次都由确保其效用的"归因"环节予以支撑;但是,金字塔的上下两端具有不同的特征。用凯尔森的恰当用语来说,金字塔的基础是由无数的"个性化规范"组成的:法庭判决、行政命令、大学学历等——亦即规范,每一种规范归根结底是仅适用于单独的个体,因此由权利或具体义务决定。结果,个性化的规范代表纯粹的"应用",不再具有生成性,因为除个体之外,法律上没有进一步可归因的条款。金字塔顶端是纯粹生成无应用的独特的形式,因为在此之上已没有更高的层次。这个"基本规范"不应该与宪法本身相混淆,后者是所有国家法律规范的本源,因此宪法本身的效用首先必须得到确保。所以,基本规范就是宪法本身的本源,是整个法律秩序效用的必要先验条件。

因此,法律是一个层层嵌套的规范系统,所有的规范都依赖于一个基本的规范,逐步延伸到个性化的规范集。根据凯尔森的"纯"理论,法律只不过是以这种方式设想的规范系统——也就是说,法律现实(legal reality)乃是纯粹规范系统的一个组成部分,构成一个基本、必要层面。"法律主体"(subject of law)本身只不过是规范的"归因中心"(centre of imputation),除这一特征之外,它只是意识形态而非法律层面的纯粹虚构。因此,"主体法"(subjective law)是形而上学者的事情,被排除在纯理论之外。相反,"国家"(State)只是作为整体看待的法律秩序本身,任何将纯粹的规范性现实之外的东西强加于它的尝试都逾越法律界限,进入政治意识形态的领域。

此类概念与表达运算系统结构的任何形式理论之间,有着紧密的世系关系。如果法律体系只不过是由形式归因关系联系起来的嵌套规范层级的话,那么我们可以将归因看作蕴涵的一个特例,从而将这个系统,与一系列在蕴涵的金字塔中形式上相互制约的真实命题,联系起来。当然,法律命题是命令,而逻辑命题则是陈述。但是,就系统的形式结构而言,这种差异并不重要;命令可以转化为表达义务或法律存在的命题。此外,逻辑命题之间的关系也是规范,因此包含规范性元素。拉朗德(Lalande)指出 A"对于一个诚实的人来说"意味着 B,所表达出来的就是这个意思。法律同逻辑一样,可以以"群集"系统的形式构建,并且易于用逻辑公式,来表达整个规范层级,揭示出构成规范层级的不对称关系(嵌套归因)、对称关系(互反的共同归因或契约关系)和类别的群集。另外,法律命题不是彼此完全包含,而是相互构建,显示出法律构建和逻辑构建之间的平行关系,前者由不可分割的应用和创造组成,后者通过恰当的建构运算展开。

运算系统可以用两种方式进行研究:第一种是心理社会学方法,从因果方面分析其具体的构建;第二种是公理推论方法,只适合表达运算之间的蕴涵关系,或者表达对其进行转换的命题。从这个角度来看,纯粹的法学理论显然存在于公理化中,因为凯尔森明确反对对社会学因果关系做法律的"归因"。因此,公理结构与相应的具体科学之间的关系仍然需要进一步明确,前者是纯粹的法律科学,后者则是法律社会学,或者是将规范的因果解释看作"规范性事实"[彼得拉日茨基(Petrazycki)如是说]社会学分支,也就是说,起源于所有类型社会相互作用的命令性规则,而且反过来在个体相互作用的环境中发挥因果作用。

两者的交叉点立刻显示出来。形式化理论虽然以纯粹的演绎方式发展,但是一旦其公理最初就被固定下来,脱离了现实世界,那么初始公理就总是以某种伪装的形式对实际运算加以转换,前者是后者的抽象格式。这在凯尔森的法律形式化中显而易见:"基本规范"乃是整个法律秩序效用先验条件的形式表达,只不过是社会"承认"这个秩序的规范价值这一具体事实的抽象表达;因此,它对应于权力行使的社会现实,也对应于"承认"这种权力或其所表达的规则系统的社会现实。如果形式的法律构建能够以最纯粹的形式进行公理化,基本规范本身是否纯粹就值得怀疑,因为"真正的"承认是抽象的法律与社会之间不可或缺的中介。无疑,公理化者的作用是切断将形式建构与现实世界联系起来的脐带,但是提醒我们这种联系已经存在,并且在胚胎法的营养中起着至关重要的作用,乃是社会学家的职责。

如果说"纯粹"法学理论所处的就是这种情景的话,那么我们可以预见另一个虽然尚不存在但对其进行详细阐释很有意义的学科,这就是关于道德关系的"纯粹"理论。与凯尔森自己明确表达的观点相反,道德规范的构建类似于所描述的法律领域的过程,这是完全有可能的;但是,这个个人关系而非超个人关系的构建,同时也是更缓慢的详释过程,促成了代际延续(每一种被传播的规范都既是对先前规范的应用,又促成了新规范的产生),而且最重要的是,在没有创建规范的国家机关介入的情况下,赋予"个性化规范"更大的差异。无论这些差异可能产生什么结果,都值得在精确逻辑的形式化的支持下,做一比较。

最后,显然,调节理性集体表征的规则也导致精确公理化的产生,作为个体内和个体间运算机制的公共表达,它本身就是一种逻辑。关于这一问题,从另一角度的详细讨论,见本章第七节。因为逻辑不仅是社会学解释公理化的形式之一,而且是社会生活的产物,因此构成了社会学解释在对人类知识进行解释过程中的延伸领域之一。

总之,一旦达到灵活和相对永久的平衡状态,所有规范系统都能够以某种方式公理化,增加和补充具体社会学解释但并没有将其取代,因为公理化只是将蕴涵结构剥离,而没有剥离社会因果关系。一旦理解了这一点,理解了这种类型的形式化对于将适当的运算机制从共同意识中所附加的意识形态中分离出来的作用,我们就可以开始考虑社会化思维和集体思维的具体(而非形式的)社会学解释。这个问题将在本章结尾部分加以讨论,因为它不仅是从被视为一种特殊类型科学思维的社会学解释结构的角度,与认识论有关,而且从这一论题本身来考虑,亦对认识论具有重要意义,因为此处思维本身是社会学分析的对象。换句话说,社会学自然地延伸成为知识的社会学(同心理学自然地延伸成为知识的心理学一样),而这种知识社会学反过来也是发生认识论内容的一部分。

这里有两个基本问题:一是社会中心形式思维的社会学解释(从一般意义上的意识形态到具体的形而上学);一是集体思维运算形式的社会学解释(从技术到科学和逻辑)。

六、社会中心思维

对个体思维发展的分析自然得出下述观点,即思维运算源自动作和感知-运动机制,但其构成需要初始自我中心表征形式逐渐去中心化。换句话说,对个体运算思维的解释需要考虑三个认知系统,而不是两个:首先是现实世界到感知-运动活动格式的同化,以去中心化为开端,因为这些格式相互协调,而且动作与被施以动作的对象协调;其次,现实世界向最初思维格式的表征同化,因为并非由协调的运算组成,这些思维格式在孤立的内化动作中,仍然是自我中心的;最后是对运算本身的同化,通过自我和主观概念的系统去中心化,继续动作的协调。因此,个体知识的进步不仅存在于早期格式和后期格式的直接整合中,而且也存在于将各种关系剥离时方向的根本性逆转中,从最初的个人观点优先,到个人观点与包摄各种观点和运算群集固有的相对性的相互系统紧密联系。因此,实际动作、自我中心思维和运算思维是此类构建过程中的三个重要时刻。

对集体思维的社会学分析也产生了完全相同的结果。许多多样化的人类社会都存在与物质工作和人类对自然的动作相关联的技术,而且这些技术构成了主体与客体之间的第一种关系——因其有效而与客观的关系,但是只是部分地进入意识中,因为它们与所获得的结果相联系,而且与对联系本身的理解无关。人类社会中还存在科学或运算思维,在一定程度上是技术的扩展(反过来丰富技术),但是,因其将对关系的理解附加于动作,而且最重要的是,用内化的动作和技术——计算、演绎和解释运算——取代具体动作,从而使技术更加完善。但是,技术和科学之间还有有时起阻碍作用的中项(middle term):这就是既不是实际的又不是运算的,而是发端于简单臆想的集体思维形式的集合;它们是各种各样宇宙论的或神学的、政治的或形而上学的意识形态,处于最原始的集体表征和最精致的当代思维系统之间。对这种中间既非技术又非运算的中项所进行的社会学分析的重要结果表明,这种中间状态从根本上讲,乃是社会中心。虽然技术和科学构成了社会中的人类和宇宙之间的两种客观关系,但各种形式的意识形态都是将宇宙置于人类社会的愿望和冲突中心的事物的表征。正如个体运算思维的出现需要自我中心思维和自我的去中心化,这样才能保证产生运算的动作的延续,因此科学思维总是要求意识形态和社会本身的社会去中心化,一种对允许科学思维延续其深深植根的技术工作不可或缺的去中心化。

在对不平衡和社会冲突清晰认识的前提下,对集体发展(如孔德的三阶段法则[15],后来成为涂尔干的集体意识理论)的理想主义概念,与马克思主义技术基础结构和意识形态上层建筑的概念加以比较,这种基本去中心化的重要意义,便可清楚地显示出来。这三位学者对意识形态的社会中心性特征看法一致,但是,孔德和涂尔干认为,科学是社会形态思维(sociomorphic thought)的自然延伸,相反,马克思等人的运算社会学(operatory sociology)将科学与技术领域相联系,为分析意识形态提供了一种实用的批评工具,(这种分析)即使在当代形而上学思维最精制的产物中,亦能将社会中心因素分辨出来。因此,科学思维所追求的客观性就从属于一种先前存在的必要条件,即与上层建筑意识形态相关的概念的去中心化,以及前述概念与社会生活所依赖的具体动作之间的联系。

知识的社会学若忽视这种去中心化的必要性,那么迟早会将科学思维与原始的神秘、神学概念相联系;事实上,若将此概念的演变逐层向后追溯的话,就总会发现,若不舍弃上层建筑领域,这些概念的某些早期形式本质上就具有宗教性。因此,原因的观念首先具有神秘性、有灵性,自然法则的观念概念长期以来与服从超自然生命意志的观念相混淆,力的概念最初有几个神秘的方面,等等。那么,此处的问题是,需要探明这种类型的衍生(派生)是不是直接的,或者说,科学思维是否逐渐偏离这些社会中心概念,并根据实际情况进行了调整。若接受第一种观点,就意味着肯定集体意识的连续性,将其视为统一的整体;相反,若接受第二种方法,则意味着将意识形态与具体事物割裂开来,联系技术、意识形态和科学三个范畴来对相互作用进行分析,而且科学与意识形态分离。孔德,尤其是涂尔干,接受的是第一种观点,甚至可以说,涂尔干学说的中心思想是所有理性和科学概念都派生于宗教思想,而且这种派生被视为原始社会群体对个体所施与制约的象征性表达或意识形态表达。但是,唯有涂尔干执着地坚持这些原始集体表征的"社会形态"特征。如果说他能够坚持这样两个不相容的观点,显然并不是因为他持续对不同类型的社会相互作用进行了分析,而是因为他不断地诉诸"整体"这种通用语言。因此,为了展示理性的集体性,他轮换使用了两种事实上完全不同的论证,但以社会整体对个人施加制约的无差异概念为幌子对两者同时加以使用。第一种类型的论证具有共时属性,旨在表明,个体若没有收到整个群体调节的持续的思维交换,就永远不可能获得同质时空、形式逻辑规则等概念所特有的一般性和稳定性。第二种论证具有历时属性,旨在建立起当代集体表征与"原始"集体表征之间的连续性;那么,在涂尔干看来,这些原始表征的"社会形态"性质就是其社会起源的另一个证据,而且因为他未将实际工作或者联合智慧工作规则的合作性质与单方面传播或传统的强制性质区分开来,因此这种原始的社会中心主义并不妨碍涂尔干对理性集体表征做出解释,而且似乎也不需要任何去中心化,或者在与社会形态意识关系方面,向着科学思维方向上逆转。

  目前,这两种类型论证中,第一种完全有效,关于这一点,我们将在本章第七节中详论,但这仅仅在满足下述两个条件下才如此。条件之一是,承认导致理性概念和逻辑规则形成的集体工作,是先于共同思维形成的共同实施的动作。理性不仅是沟通、演讲和概念的集合的问题,它首先是一个运算系统,因此正是与他人的联合动作才导致运算的概括化。条件之二是,承认与传统的意识形态制约相比,这是一个异质的过程。当然,这里存在某些"神圣"的做法,例如由于尊重某种意见而强加的概念;但是,并不是这种做法的神圣性决定了其理性价值。除非通过物质或心理工作里的合作概念,亦即除非通过蕴含参与者自主的客观性和相互性因素,而且与整个群体或某些社会阶层施加的社会形态表征的智慧制约完全不同,将"普遍"同化于集体是不可能的。有人批评说,涂尔干主张理性应服从于公共舆论,对此,涂尔干做出如此回应,公共舆论并非是社会现实真实的反映,总是落后于深层次的潮流。上述断言表明,他事实上已认识到,无法将合作还原为制约,而且在具体的社会学中,将社会整体分析成多种不同的过程(即对活动、个体间关系、阶层制约和对立、代际间关系等进行的分析),是十分必要的。

  涂尔干的第二个论据是"社会形态"集体表征的发现。这一发现的价值不容低估,但其中并不蕴含涂尔干从中推论出来的结论。另外,社会中心主义并不局限于原始社会。实际上,休伯特(Hubert)和莫斯所描述可追溯到个体在部落和氏族族中分布"原始分类",建立在一系列节日或者社会领域地形之上的时空模型,从群体制约能量中解放出来的原因和力量概念等,都是社会学最重要的事实。但是,确切地说,这些事实究竟证明了什么呢?大脑中存在的主要范畴是由社会塑造的吗?或者它们为社会所扭曲了吗?或者说,是不是两种情况同时存在?它们是否表明社会形态形式的思维乃是理性的起源,或者只是集体意识形态的起源?

存在一种普遍的误解,使当下的讨论扑朔迷离:因为"原初的"集体表征是社会形态的,而且更重要的是,因为这种表征通过教育,在个体之间没有劳动分工、没有社会阶层分化或者没有智慧差异的社会中,以现成完整的形式代代相传,因此可以推测,它们在某种程度上比我们的集体表征社会化程度更高(例如,比自己发明概念的数学家的自主理性社会化程度更高),或者至少跟我们的表征社会化程度一样高。若要消除这种谬误,只要认识到下面这一点足矣:如果说个体间将其从最初的智慧自我中心中解放出来的合作,乃是理性运算发展的前提,那么社会中心的集体表征就是个体自我中心表征的社会等价物。[16]因此,处于直觉思维水平的儿童相信,星星跟着他走,他后退,星星也后退。如果原始人类认为,星星和季节的进程受社会事件的序列调节,而且在格兰特所研究的古代中国人中,天子(the Son of Heaven)围绕其王国和宫殿行走,以此来保证它们的正常运行路线,那么部落甚至帝国为中心就取代了自我中心,换句话说,社会中心取代了自我中心。但是,与理性的去中心化运算相反,这两种"中心"之间仍存在着不可否认的承继关系。儿童的自我中心中存在一种终极性、一种万物有灵论、一种人工主义、一种魔力、一种"参与",尽管这些动态不稳定的概念和在原始生命意识形态层面上构成相同态度特征的巨大集体结晶之间,有很多差异,在个体的智慧中心和"原始"表征的社会中心之间,也存在某种趋同。

我们现在可以回答之前提出的问题。并非是原始集体表征的社会形态性质,而是合作在实际动作中必不可少的作用(已如前所述,并将在本章第七节中详论)及其在有效的思维运算中的持续作用,才展示出理性的社会性质。社会形态的集体表征只是以下基本现实在意识形态层面的反映:它们表达了个体自己、共同表征社会群体和宇宙的方式,这是因为这种表征只是直觉甚至象征性的,而不是运算性的,是社会中心的,符合所有非运算思维的一般法则,仍然以其主体(个体或集体)为中心。此外,因其通过传统和教育制约传播和巩固,因此这种表征恰恰与理性运算的形成对立,蕴含基于动作的合作思维的自由发挥。那么,原始社会以社会为中心的集体表征并非科学理性的本源,尽管涂尔干揭示出了其明显的连续性,但却将自己的视野局限于上层建筑的不断产生,没有认识到思维的去中心化对于科学的发生和发展至关重要,正如布伦茨威格(Brunschvicg)所言,涂尔干将对"力量"概念的尊重强加于现代物理学家,因为它来源于美拉尼西亚人的"神力"(mana①)或苏族人魔法般的"奥伦达"(orenda②)![17] 事实上,原始社会形态最初不是理性而一直是社会中心意识形态的本源,唯一的区别在于,随着劳动分工,社会阶层的社会中心逐渐取代了全面的社会中心。实际上,使物理的时间服从于节日日历,是为了将社会群体表征为以宇宙为中心,如同崇信"自然法则"的理论家想象出一个赋予个体某些天生权力的世界秩序(使财产法合法化),或者如同神学家或形而上学家建构出恰好以人类自身中心的宇宙,也就是说,以社会的组织方式,或者在历史上特定时期的最佳社会组织方式。

下面首先谈一谈塔尔德的学说,然后再探讨马克思主义和新马克思主义解释当代意识形态的方式。这位社会学家具备一种危险的能力,使他忽视了历史重建、精确人种学,以及在其关于个体间相互作用(塔尔德用以取代涂尔干"整体"概念)的研究中理该使用的不可或缺的心理信息。然而,其著述中充斥着对事物细节的暗示言论。在塔尔德对相互作用("模仿""对立""适应"以及"介入")的一般分析中,逻辑有两个具体的作用,对个体的活动和相互作用本身都是如此。首先是"平衡"作用:逻辑是信仰的调和,旨在消除矛盾,并确保相容趋势的综合;其次是"优化"的作用:逻辑可能使我们走向更大的确定性。两种作用可能只有两种设定:被视为暂时封闭系统的个体意识,或被视为独特系统的整个社会。因此,存在两种逻辑,即"个体逻辑"(individual logic)和"社会逻辑"(social logic),前者是一致性和反映性信仰(信念)的来源(术语一般意义上的逻辑),而后者是社会中统一和加强信仰的手段。塔尔德经常瞥见个体意识与社会之间的相互依存关系,因此,在个体中,社会对立转变为内部冲突,对外在的思考转变为内部反思,社会适应转变为心理发明,等等,在内外两极之间和每一个成双成对的活动之间穿梭。然而,奇怪的是,他对逻辑本身的问题并没有详细界说,也没有提问过下述问题:"个体逻辑"是否源于"社会逻辑",还是恰好相反,或者两者是否是同时构建?他以一种暗示的方式,只关注两者之间的对立,但从未从发生的角度看待这个问题。在塔尔德所谓的"个体逻辑"中,平衡和优化并行:信仰或者信念只要构成一个统一系统的一部分,并且不会遇到任何矛盾,就会得到支持。"社会逻辑"的情形起初似乎也是如此:"优化"导致塔尔德所谓"信仰(信念)资本"(belief capital)的积累,由宗教、道德和法律制度、政治意识形态等组成,而"平衡"则倾向于通过消除异端邪说或特异的观点,来抑制冲突。但是,正是因为每个个体都受到引导,去思考、再思考集体概念系统,所以这两种社会优化和平衡的趋势从长远来看,不可协调,此消彼长,交替占据主导地位:若信仰从社会的角度来看过于统一(因平衡而产生正统),个体便对其失控;它们若试图强化个人的信仰或者信念(优化),便陷入异端邪说,从而威胁系统的统一。宗教等,甚至语言符号系统的历史(正确的言语和表达效果之间的冲突)为塔尔德提供了许多这种交替占据主导地

---

① 南太平洋岛屿神话中的物、地、人所体现的超自然力量。——译者注
② 即易洛魁人所谓精神之源的魔力、魔法。——译者注

位的例子,从而促使他得出如下结论:社会总是要么使"个体逻辑"服从于"社会逻辑"(如在所谓的原始社会、东方神治国家等等),要么使"社会逻辑"服从于"个体逻辑"(如在西方民主国家)。两种逻辑互不相容,而且实际上,其基础是对立的"范畴":在个体逻辑中是时空概念和物质对象,而法律-道德概念和上帝观念则是社会逻辑中价值的起源。

有趣的是,塔尔德一接触知识的社会学,便有些不情愿,并且几乎完全与其学说背道而驰,不得不承认,由社会群体和理性逻辑的制约产生的社会中心意识形态之间,存在着一种基本的二元性。事实上,塔尔德的"社会逻辑"显然只不过是用以表达所有集体精神制约的社会中心主义的意识形态上层建筑。作为其法则的平衡和优化只不过是涂尔干"社会制约"的直接转换,后者是强制性传播和"神圣"价值的源泉。至于塔尔德的"个体逻辑",其重大错误在于,没有认识到这比社会中心思维本身更具社会性,并且根本并非个体天生,而是预设一种持续的合作:由于缺乏在个体和社会两个层面相协调的运算(见第七节),个体思维(童年的自我中心主义)在社会化过程中,既没有信仰或信念的平衡,也没有信仰或信念的系统优化(参见本章第七节)。另一方面,只有在意识形态方面和在一定程度上充分分化的社会中,优化与平衡在社会层面的调和才不可能发生。如:集体关系作为科学与技术合作的特征表明,信仰或信念的平衡和优化在社会合作的层面上,并不矛盾。简而言之,塔尔德的"个体逻辑"本身就是社会逻辑,其"社会逻辑"则是社会中心的意识形态。

与涂尔干的理想现实主义和塔尔德的个体主义相反,马克思关于意识形态和逻辑问题的基本概念(撇开附加于业已成为某种象征被视为先知和诡辩者的名称之上的政治激情不谈)与心理学和社会学的实际情况非常吻合。其实,马克思的优点在,将社会现象里区分为在象征意义和完全的意识实现之间摇摆的基础结构和上层建筑,如同(马克思自己明确指出的)心理学必须将实际行为和意识区分开来。下层结构由实际动作或运算组成,即由将社会中的人与自然联系起来的工作和活动组成,或如马克思所称的"物质"关系。但是,我们必须清楚地认识到,即使在最具有物质性的生产行为中,人与物之间也存在着交换,即具有主观能动性的主体与客体之间存在不可割裂的相互作用。这种相互依存的主体的活动与对象反应恰恰是"辩证法"的基本特征,这与经典唯物主义相反[马克思在对费尔巴哈(Feuerbach)接受或被动的感觉概念提出的批评中,明确表达了这一点]。[18]因此,社会上层建筑与基础结构的关系和个体意识与行为的关系相同。正如意识可以是一种自我辩护、行为的象征性转换或不完全反映,或者可能体现为由实际动作产生的各种形式内化动作或运算的行为的持续,社会上层建筑也可能如此在意识形态和科学之间摇摆。虽然科学在集体思维的层面上追求和反映物质动作,但是,相反,意识形态从根本上讲,包含社会中心的象征,而这种社会中心象征并非以充满对立和斗争四分五裂的社会整体为中心,而是以具有特殊利益社会阶层中的子群体为中心。

一旦设法使社会学具有某种客观性,人们就会惊奇地发现,马克思主义理论最伟大的反对者之一也就基础结构和上层建筑做了区分,这本身就足以证明这个概念在对意识形态和形而上学进行的社会学分析中有其必要性。在其长达一千多页的皇皇巨著《普通社会学论集》(Treatise of general sociology)中,帕累托实际上坚持认为,若要对社会机制有深刻理解,就必须对"话语"、伪科学理论以及一般意义上的意识形态进行研究,因为这样才能从形而上学概念显然的合理性中,提取出隐藏的意图和受到威胁的现实利益。因此,马克思主义上层建筑和基础结构的概念在帕累托的著作中以下列形式呈现出来:一方面是一个可变元素,取决于当时的哲学思想或精神时尚,存在于概念和言语"衍生"中;另一方面是现实利益,以诗中存在的"遗留物"形式表现出来的集体观念的无意识来源。[19] 尽管帕累托把"遗留物"看作机械平衡的组成成分,很有价值,而且对平衡的震荡和置换的分析很客观,但是其不足之处在于,存在两个根本性错误。首先,他把"遗留物"看作是个体的一种天生本能,可以一劳永逸地加以范畴化,因此在个体发展的历史中不会改变,但没有认识到遗留物本身就是伴随社会中人们多种活动的相互作用的结果;其次,由于缺乏足够的哲学背景,他对意识形态"衍生"的分析极其简短,而且无法提炼出不断变化的上层建筑概念中包含的象征意义。

当代社会学领域中马克思的信徒致力于对这种意识形态象征主义进行系统的分析,这些新方法产生的结果被用以评判马克思主义假说的价值。但是,关于文学社会学可能会带来什么,而且最重要的是,关于认识论的视角和对形而上学思维的社会学批判会带来什么,卢卡奇和戈德曼在其著述中已经提出了自己的观点。

卢卡奇在数篇文章中阐明了"阶级意识"(class[①] consciousness)在所有哲学和文学创作中的作用,以及他认为归因于资产阶级思维的"物化"过程。尤其是,他揭示出在文学创作机制中作者所经历的社会冲突的理想化投射。他在其对文学值得称道的分析中,对法国热月(French Thermidor)对德国文化的影响,特别是对荷尔德林(Hölderlin)、歌德(Goethe)和黑格尔(Hegel)的影响,进行了探讨。

关于对形而上学的批评,戈德曼在其著述中延续了卢卡奇的观点,以康德和帕斯卡(Pascal)之类重要的人物为例,指出大型思辨系统的创设从本质上讲,是通过思维来满足国家社会历史特定时期社会阶层发展中的某些主要需求。因此,欧洲资产阶级反对封建主义的斗争及其随后个体的解放,蕴含着一定数量支配整个西方形而上学的思想的确立。首先,自由、个体主义等基本概念中蕴含着法律平等的意思,这就促进了理性主义的产生与发展,而理性主义从根本上讲,是关于自主和个人权利的哲学。但是,这种个体的解放虽然最终获得成功,但个体与人类社会之间关系破裂带来的悲惨情绪,以及随之而来的对整体理想的追求,亦接踵而至,后者被认为既有必要却又无法实现。此

---

① 本人认为,在这个语境下,这个词最好译作"阶层",而在国内多译作"阶级"。但是,"阶级"是一个具有强烈的政治倾向性的说法,而在西方此义似乎并不凸显。——译者注

外,不同国家的观点也各不相同:泛而言之,法国人的思想清晰明确,而英国经验主义则反映出社会妥协的精神:"妥协是在外部现实与起初就存在的欲望和希望的压力下被迫接受的某种限制。如果一个国家的经济和社会结构是两个对立阶层之间妥协的结果,那么哲学家和诗人的世界观,比那些具有长期反对统治阶级斗争传统的国家,更加现实,而且并不那么激进。在我们看来,这似乎是英国资产阶级哲学思想之所以成为经验主义和感觉主义,而不是法国的理性主义的主要原因之一。"[14]而在德国,自由主义出现相当晚,从而将作家和人本主义哲学家置于完全不同的境地,他们感到孤独,认为理性理想不可能快速实现。于是,有下面对康德哲学的解释:"一方面,康德的重要性首先在于,其思想以最清晰的方式表达了从先辈那里继承来并推向极限的个体主义和原子世界的概念,而且康德认为,这种极限也是人类存在的极限,亦所有人类思维和动作的极限;另一方面,其思维并未止于(像大多数新康德主义者那样)对这些限制的陈述,而是已经迈出了虽犹豫但仍然是坚定的第一步,将第二类范畴、整体、宇宙……整合入哲学之中。"[15]

社会学分析和认识论分析的重要性从下文可以清楚地看出来。从社会学的角度来看,这种分析使我们能够对意识形态及其真实外延有恰当的解读,同时避免将意识形态与科学思维置于同一层面或贬低、否定意识形态的任何功能作用(将它们视为简单的反映或"衍生")的双重错误。事实上,意识形态是某个群体所信仰价值的概念化表达,因此它具有与科学不同的积极作用:意识形态代表一种特定的立场,并捍卫和证明这种立场的正确性,而科学的作用是观察和解释。因此,小说家的心理学与心理学家的心理学大不相同,即使前者可以将心理分析推进到同等甚至更精妙的程度;即使是现实主义的小说家也总是表达对世界和社会的某种观点,而科学却只是寻求目标对象观点的了解。形而上学无论是神论还是对虚无的美化,皆是一种道歉或评价。因此,意识形态符合特殊概念化的规律,即广义的象征——集体象征而非个体象征性思维规律。通过思维,意识形态能够满足共同的需求,促使以理想世界体系的形式实现价值,对真实的世界加以修正。因此,其象征性必然具有社会中心性,因为它的作用是将源自社会冲突和道德冲突的愿望转化为思想,即将宇宙置于群体或社会群体内相互对立的子群体所坚持的价值的中心。

从认识论的角度来看,这种对形而上学思维的社会学解释为对知识的批判提供了一种最基本的工具。这种工具没有将人类知识分为社会中心思维和客观思维两种不同的范畴,而是使我们能够发现任何有意识形态染指的方面所包含的意识形态因素,甚至能够发现环绕着所有实证科学的形而上学光环中的意识形态因素,科学仅仅是逐渐地与意识形态区分开来。一方面,认识论分析揭示出证明价值正确的思维和反映人与自然关系的思维之间的二元性;另一方面,由于这些价值构成人类社会动作的目的,而且人与自然之间的客观关系只有通过这些动作的中间形态才能认识到,因此这对立的两极之间存在着所有可能的过渡状态。因此,即使科学难以脱离意识形态,但脱离社会中心思维和自我中心思维,是科学绝对需要的。

总之,对集体思维的社会学分析使人们看清了三个相互依赖的系统,而不是两个:构成社会基础结构的实际动作;源自这些动作的冲突和愿望的象征性概念化的意识形态;以智慧运算的形式延续动作的科学。后者允许人们对自然和人类进行解释,并将人类从其自我中解放出来,以便重新融入他们通过自身活动创造的客观关系中。因此,客观知识获取的过程需要社会和个体去中心化,这是一个极其具启发性的悖论;正如个体因对自己观点有清醒的意识,并将其置于他者观点之中,因而从智慧自我中心中解放出来,集体思维因发现了将其与社会联系在一起的关系,并将自身置于将其与自然联系起来的关系集合中,而从社会中心中解放出来。剩下的问题是弄清楚构成逻辑的这种去中心化的思维结构,是否也具有社会属性,或者只具有个体属性,以及以何种方式在不同意义上表现为集体而非社会中心象征。

七、逻辑与社会:形式运算与合作

由于我们既无法将理性建立在柏拉格式普遍性概念之上,也无法将其建立在超越主体性的先验结构之上,那么剩下的就是发现集体"普遍性"的可能性。理性无论是从经验中获取其形式,还是在主体与客体相互作用的过程中建构起来,只要不涉及外部或内部绝对,(无论实验的还是形式的)真理就只有一个标准,此所谓思想的一致性。确实,真理与集体认可的同化最初与理性相抵触,因为由个体独自完成的逻辑证明或实验验证的严谨性,相对于即使是一般的多重世俗舆论的价值,没有任何共同基础。但是,此类论证有两个问题,而且对这两个问题的回答确定逻辑的任何社会解释的意义:确保逻辑真理的思想一致性(与其他可能类型的一致性相反)的本质是什么?个体(即使被其他所有人孤立或暂时反对)用来证明逻辑真理或事实存在的思维工具的集体或者个体本质是什么?

第一个问题导致社会学逻辑概念的维护者和反对者都产生了最严重的误解。真理存在于思想的一致性中,从这一观念出发可以得出结论,任何思想的一致性都可能产生真理,似乎(过去和当代)历史上没有很多集体犯错误的例子。实际上,涂尔干关于"集体意识"统一性和连续性的概念导致真理与"普遍共识"(universal consensus)的同化:这样一来,如同对圣文森特·德莱林斯而言,无论何时、无所不在、普遍适用(quod ubique、quod semper、quod ab omnibus creditur)[20]就成为社会学家的真理标准。但是,这种类型准则的成立,要以意识形态和理性逻辑(即科学逻辑)相混淆为前提,因此将这两种思维形式加以区分,就足以避免任何模棱两可。为真理奠定基础的思想一致性并非舆论的静态一致性,而是由于使用共同的思维工具而产生的动态趋同;换句话说,许多个体使用类似运算达成一致。第二个问题直接产生于对第一个问题的清醒认识。

第二个也是唯一一个可以还原为下述表述的问题：逻辑运算（由一个或者几个个体完成无关紧要）是构成个体动作呢，还是构成社会性的动作，抑或说同时构成两者？一旦以这种方式将问题提出来，我们就可以将之同前述逻辑学与心理学之间的关系做类比，用运算"群集"的概念来做出简单的回答。尽管如此，为了更清楚地回答，必须将两个社会学中无法割舍观点加以区分，并分清先后顺序（已如本章第三节所述），即关于交换平衡的历时或发生观点与共时观点。

（一）历时观点

对理性发展的研究表明，逻辑运算的构成与某些形式的合作的构成密切相关。若要掌握理性与社会之间的真实关系，而非停留在宏观从根本上讲静态的描写方法上，例如"集体意识"所包含的概念，就必须对相关的细节加以详细描述。目前，有两种方法可用以对这种细节进行分析：一是相对为人熟知的个体的社会化方法，一是尚未充分发展的思维的运算结构跟各种形式的实际合作与智慧相互作用之间的历史、民族志关系方法。这两个领域都应该谨慎地加以考虑，因为两者之间的关系几乎等同于生物学中胚胎学和比较解剖学之间的关系，区别仅在于这里所涉及的传播因素在是外源性、社会性的，而非内源性或遗传性的。

儿童逻辑的发展表明了两个基本事实：逻辑运算从动作开始，从不可逆动作到可逆运算的发展过程，必然伴随着动作的社会化，而动作的社会化本身乃是从自我中心走向合作的过程。

首先，从个体的角度来看，逻辑从本质上看，似乎是一个运算系统，即根据各种"群集"可逆、可组合的动作；一旦内化，这些运算群集本身就构成了动作协调所达到的最终平衡形式。因此，这种运算（逻辑的加法或减法、通过序差进行的排序、对应、蕴涵等）的心理出发点，远远早于儿童能够进行所谓的逻辑推理。个体的思维只能在平均年龄7岁到11－12岁之间时进行具体运算（理解整体守恒不受其部分配置的影响等），取决于所涉及的具体概念，并且只有在11－12岁之后才能达到形式运算（对仅根据作为假设提供的命题进行推理）水平。因此，逻辑是一种动态的平衡形式（其可逆性证明了它的平衡特征），乃是发展到顶峰的标志，而且并非与生俱来的先天机制。确实，达到一定的发展水平之后，而且伴随着对必要性的意识，逻辑产生了，但是，这是实际和心理协调必然趋向的最终平衡的必要性，而不是先验的必要性。逻辑只有在逻辑形成之后，才开始具有先验性，而不是从一开始就具有先验性。毫无疑问，逻辑产生于动作和运动之间的协调，而这种协调本身在一定程度上依赖于遗传的协调（这是我们在其他著述中也坚持的观点），但是其中绝不包含逻辑：遗传性协调中包含某些功能关系（functional relations），后者一旦被从环境中抽象出来，便在后期的发展中以新的形式得以重构（没有对先前动作协调的抽象，也就没有这种表征任何先验结构的重建）。为了从心理学的角度理解逻辑的重构，我们必须密切关注最终平衡构成这种逻辑的过程；但是，达到最终平衡之前所有的阶段都具有前逻辑性。因为功能的发展具有连续性，是一个趋向平衡的渐进过程，但是连续的结构具有异质性，标志着平衡的不同水平；这是个体逻辑发展的两个基本方面。

关于连续的结构本身，如果回想一下四种主要结构的情形，便能够揭示出其与个体的社会化之间的密切关系。首先，在语言出现之前，感知-运动结构就已存在，这种结构来源于遗传反射组织，导致实用格式的建构，如对象、空间位移等。从语言和一般象征功能出现，一直到7—8岁，（第二阶段）前一阶段的有效动作都有针对对象表征而不再仅仅是对物质对象的心理动作——即想象的动作——相伴随。这种较高形式的形象化表征是一种"直觉"思维，在4—5岁和7—8岁之间出现，在这种思维中包罗万象相对精确的格式塔（序列化、对应等）被引出来，但只具有形象而没有运算可逆性。目前，虽然这种形象或直觉思维所实现的平衡，优于感知-运动智慧所取得的平衡，但是由于它借助于期待和表征的再配置来完善动作，因此与高一层次的平衡相比，这种平衡缺乏稳定性、完整性，因为它与形象的唤醒相关，而且没有完全的可逆性。相反，接近7—8岁时，（第三阶段）直觉判断的心理动作导致稳定平衡的产生，对应于逻辑运算本身的肇始，但形式仍然是具体运算。这种平衡有两个新的特征，作为表征性表达的最后阶段同时（并且经常是突然）出现：这些是可逆性和运算"群集"中的至关重要的成分。群集是一种运算系统，这样，系统中两个运算的结果仍然是同一系统的运算；每个运算都有一个逆运算；运算及其逆运算的结果相当于无效或相同的运算；基本的运算都具有相关性；最后，由自身组成的运算不会被修改。这些运算群集一旦在具体领域中被构建出来，它们最终但仅接近11—12岁时，可能被转换成命题，并产生（从第四个阶段）一个命题的逻辑，通过命题蕴涵或者命题排除的新运算，与具体运算联系起来，这构成了该术语当下意义下的形式逻辑。

这四种结构对应于动作和个体思维运算平衡的四个连续阶段，带着这个问题，我们可以考虑与其相关的知识的社会学问题，即：如果逻辑由作为可逆的内化动作的运算组织组成，那么我们必须承认是个体独立得出前述组织呢，还是说，社会因素的介入对解释前面描述的四种类型的结构形成的顺序不可或缺？这些社会因素是否可以还原为来自成人的简单教育压力，这种压力将构成各种可能关系的个体间概念和运算，自外而内传播，教育（以语言为媒介的家庭、学校教育等）传播只是一种类型？目前的现实情况是，运算发展的四个阶段中每一个阶段，都以相对简单的方式，与社会发展的阶段相对应。因此，可以通过分析儿童智慧的社会化来回答之前提出的两个问题——社会化是运算发展的原因，还是结果，或者说，之间是否存在更复杂的关系。

如果社会化始于出生，如此则对智慧几乎没有影响，因为这是在语言之前的感知-运动阶段。确实，婴儿先学习模仿，然后才能够说话，但是儿童只能模仿那些已经能够自发完成的或者已经有足够理解的身势动作。因此，感知-运动模仿对智慧没有影响，而是其表现形式之一。因此,这种前言语智慧从本质上讲,是个体知觉和运动的组织,仍然完全以自我为中心。相反,在第二个阶段,直觉和前运算结构社会化的开始的重要标志,具有介于前一阶段的个体性质和第三阶段应有的合作之间过渡状态的特征,一如直觉思维仍然处于感知-运动智慧和运算逻辑之间的状态。关于建立表征和交换思想所必需的表达手段,首先,的确,语言虽然向儿童提供了一个完整的集体"符号"系统,但这些符号并非从一开始就全部得到理解,而是得到富有个体特性的"象征"系统的补充,这种象征系统多见于想象游戏(games of imagination)[或象征性游戏(symbolic play)、表征性模仿(representational imitation)、延迟模仿(deferred imitation)]和支持思维的多个图像中。[21]从意义,即思维本身的角度来看,自我中心乃是2至7岁儿童个体间交换的特点,因为他们此时仍然处于个体与社会之间状态,可能被认为尚不能够区分自己的观点与他人的观点(因此,儿童不懂得如何以系统的方式讨论、阐述自己的思想,既为自己也为别人说话,甚至在集体游戏中缺乏与他人协调合作)。现在,同一年龄段儿童智慧交换的自我中心特征与思维的直觉或前运算特征关系密切:实际上,所有的直觉思维都是以一种与主体瞬时的观点或者其活动相对应,但是在其他可能的运算转换方面没有动态性,也就是说,没有充分"去中心化"。至于老年人和成年人所施与的制约,其内容被同化于自我中心格式,并且只是发生表面上的转换(这就是为什么严格来说,学校教育7岁时方才开始)。相反,以具体运算为特征的第三阶段(7—11岁)在社会化方面取得了明显进展:儿童能够与同龄人长时间合作,能够与他人进行观点的交换和协调,能够展开讨论,等等。因此,儿童对矛盾产生敏感,而且能够保留以前的数据,即动作和思维合作中的前几个阶段,跟关系与运算的可逆系统群集一致。由此产生对成人教学的可能理解:确切地说,后者并非逻辑的来源,因为对外部传播的概念的同化是以智慧和个体的结构化为条件的,这是思维形成的特征。在第四阶段,社会和逻辑之间的密切关系更为明显,因为在这一阶段,若形式运算超越直接动作时,简单"命题"的形式运算群集便与沟通和言语的必要性相对应。

总之,逻辑的每一个进步都以一种不可分离的方式,与思维社会化的进步相辅相成。这样一来,我们是否应该说,儿童能够进行理性运算,是因为社会发展使合作成为可能,或者相反,应该说,正是逻辑的获得才使儿童理解,并与他人合作吗?

这种动作发展或智慧运算与任何集体中个体的相互作用之间牢不可破的循环,亦见于技术的历史演变领域与前科学和科学思维的演变领域。尽管在每个合法的社会中,我们都可能看到思想交换的方式与思维本身的水平相对应,但是却无法分清这个循环过程中哪个是原因、哪个是影响,也无法看出何者为最重要的阶段:横跨可与类人猿相媲美的原始部落,和拥有集体技术和清晰语言的有组织社会的阶段。最具社会性的类人猿黑猩猩拥有一个新生的象征功能[16]和一定程度的协作动作,但是基本智慧行为仍然是感知-运动,既没有运算结构,也没有社会结构;尤其是,如同婴儿,模仿仍然存在,隶属于感知-运动智慧。我们应该在谢勒(Chelleen)"冲压"(punch)[22]和新石器时代人们的金属加工之间,寻找技术进步、语言符号沟通和智慧转换之间的相互作用,但是此处我们把事物简化为关于工具所产生效果的推断,我们虽然没有掌握三种因素的实际作用,但是一切尽知。

相反,"原始思维"(primitive mentality)的悖论仍然极其有教益,即使列维-布留尔忽略了技术与"原始"集体表征之间的关系,这也是他提出这个问题的巨大贡献。首先,仅仅关注这些表征,就可以发现,尽管列维-布留尔在其辞世后出版的《笔记》(Notebooks)中最终收回了这种观点,但"前逻辑"的假说中确实有从本质上讲正确的东西。毫无疑问,他确实走得太远,没有将思维的运作及其运算结构加以区分。从运作的角度来看,"原始"思维与我们的思维几乎相同:对一致性(连贯性)的需要(不受所实际达到程度的制约)、对经验的适应、解释等从功能来看是不变的,与发展无关。但是,从运算结构的角度来看,参与的概念似乎很好地经受住了批评。涂尔干回应说,原始逻辑与我们自己的逻辑相同,因为它们有分类,雷蒙(Reymond)和梅耶森(Meyerson)亦坚持认为,原始民族拥有矛盾原则和同一性原则(the principles of contradiction and of identity),但是其使用方式却与我们不同,此时他们在功能方面显然是正确的:原始人类对事物进行分类,并且因此采用预示非矛盾性和同一化的系统化与同化模式(方式)。但是,关于结构的问题仍然没有得到解决。那么,原始人类的智慧格式中包含逻辑分类和逻辑系统化吗?从原子论逻辑来看,[23]这个问题确实不可能有一个非常精确的答案,因为如果刻意地去寻找,人们可能在任何原始形式的思维中找到我们的逻辑的所有元素,即使其他元素有错误或不合逻辑。相反,从整体性逻辑的角度来看,也有一定的标准:原始分类是否可还原为运算群集?其一致规则和同化规则可否还原为形式或具体的运算原则?如此提出问题,本身就预设了解决的方案:假如原始的格式乃是非个体化的物质客体,与以非连续可嵌套类别形式存在的非普遍化集合之间的中间过渡的话,那么群集就无从谈起,当然形式运算也无从谈起,甚至具体运算都无法谈起。然后,参与可等同于儿童的直觉思维和前运算思维(第二阶段),但与第三阶段和第四阶段的结构截然不同。

然而,有两点尚不确定,由此可见列维-布留尔的研究仍然不完整。首先,有必要在原始前逻辑中对现成表征意义上的、强制代代传播的集体意识形态,与(对丢失的物体、走哪条道路等)做出具体推理的个体之间的相互作用,做一区分;其次,如果我们给予原始思维以正确的位置的话,那么此处,对第一个问题的研究最终导向下述本质问题,即如何理解原始思维和实际或技术智慧之间的关系。正如列维-布留尔本人所指出,原始人类智慧状况的悖论在于,虽然其表征处于前逻辑阶段,但是其动作智商却很高:其专业技术技能、对实际关系(包括空间方向)的理解,与其演绎或反思能力是很不相称的。显然,此处缺少一个环节:要么其运算智慧已经达到具体运算水平,但是受到强制性意识形态的遏制,要么这种动作智慧仍然处于直觉的前运算阶段,但是其实际直觉的表达,比其言语和神话表征,更接近于运算。在任何社会中,只有在掌握对技术动作、运算智慧和意识形态之间关系的条件下,才能够确定真正的水平。

至于逻辑与社会生活之间的关系,原始思维悖论的含义从一开始就已很明确,如同关于技术与逻辑之间关系的一般问题。恰当地说,思想的交换依赖于言语沟通和现有真理的传播,与思想交换相伴随的,是存在于运动与工作因流程的散播而相互调协中的动作的交换,但是这种传播即使就"神圣的"技术而言,亦预设有效的合作,而不是简单地顺从权威。与前述智慧层相互作用的每一个水平,都有一个智慧的直觉或运算结构相对应,而且正是这种对应关系构成了个体发展中可以观察到的相似性。

这样一来,问题就在于:一方面(无论是在个体思维的发展过程中,还是在思维的历史顺序中都)存在逻辑结构的连续层次,即实际智慧、直觉智慧以及运算智慧;而另一方面,每个层次(在任何一个社会中数个层次可以共存)都以某种特殊的社会合作或相互作用模式为特征,其顺序代表技术或智慧社会化的进步。那么,我们是否必须由此得出结论,认为某一层次的逻辑或前逻辑结构决定相应的社会协作模式,或者说,是相互作用的结构决定智慧运算的本质?此处,运算群集的概念有助于简化这个显然无法回答的问题:我们只要对某一层次上个体间交换的确切形式加以详细描述,就足以看出相互作用是由动作构成的,合作是存在于运算系统中,主体的活动作用于客体,而且主体间相互作用的活动实际上可以简化为一个同样的宏大系统,在此系统中,其社会方面和逻辑方面无论是在形式还是在内容上,都是不可分割的。

(二)共时观点

如果说逻辑现实不同于动作,无法超出思维领域的话,而且假如根据原子论,概念、判断和推理的定义特征可以还原为可分离元素的话,那么除了可能具有相互影响之外,逻辑交换和社会交换显然没有任何共同之处。但是,如果说逻辑存在于由动作所产生运算的话,而且如果说这些动作从本质上讲,构成了由必然相互整合的元素组成的整体的宏大系统的话,那么,这些运算群集也能够同样很好地表达相互与个体间运算的调整以及个体思维的内部运算。

接下来我们谈一谈技术问题。技术的平衡形式由动作中的合作与具体运算的群集共同构成,已如前述。现以两个人为例加以说明。两人提议分别在河的两边建造一根半拱形石柱,并用木板将其连接起来,形成一座桥。两人的协作包括哪些内容呢?有些动作需要相互调整:有些动作具有相似性,因为其性质相同(例如,建造的柱子形状、尺寸相同);有些动作是相互的或对称的(例如,根据溪流确定柱子的方向,这样一来,两根柱子相对,与河流垂直面,后面则是斜坡);有些动作互补(一边河岸较高,相应的柱子也细小,而河岸另一边的柱子则需要增加高度,才能保持两者处于同一水平)。但是,这种动作的调整是如何实现的呢?首先,是通过一系列质性运算;具有共同要素的动作的对应关系、对称动作的相互性、互补动作的增加或减少等等。因此,如果协作者的每一个动作都受可逆构成法则的调节,从而构成一个运算,那么合作中一方对另一方动作的调整(即协作本身)同样由运算构成;这些对应关系、相互关系或对称关系、互补关系同其他各类关系一样实际上就是运算,与协作者的每一个动作相同。其次,具体的测量运算将介入:为了使规格相同,合作伙伴各自测量自己的柱子,然后必须对测量结果加以调整,但这种调整仍然存在于性质相同的运算中,因为必须使用一个中间项或公用度量,才能使各自的测量结果相等。最后,他们必须通过调整两端,来确保木板的水平状态。为了做到这一点,每个合作伙伴都可以选择一个特殊的参照系,但是两个参照系必须协调成为一个系统,这等于以所谓运算手段,再次达成个体运算间的对应。

简而言之,动作中的合作就是共同的运算,即通过对应、互反或互补(定性或定量)的新运算进行调整。所有具体的协作皆如此:根据其特性,共同对客体做出选择;表面形态等格式的构建,是将每一方的运算协调为一个运算系统,每一个协作行为均构成整体运算。但是,此处何为社会因素,何为个体因素呢?以这种方法(即可能伴随或扭曲合作的意识形态或社会中心因素被排除)对合作进行分析,与对个体动作平衡状态中相同运算的分析相同。但是,一旦达到具体运算群集的平衡水平,个体运算从本质上讲,仍然具有个体属性吗?非也,并且是由于互反的原因造成的。个体是从不可逆动作而非逻辑上可组合的自我中心——即以自身及其结果为中心动作开始。因此,从动作到运算的过渡预设基本的个体去中心化乃是运算群集的条件,而这种去中心化存在于动作的相互调协中,直到它们可以统合到适用于所有转换的一般系统中;正是这些系统将个体的运算联系了起来。

显然,只有一个相同的宏大过程介入所有不同情景。一方面,合作构成了个体间运算的系统,即允许个体运算相互调整的运算群集;另一方面,个体运算构成了去中心化动作的系统,而这种去中心化的动作在包含他人运算和自己运算的群集中能够彼此相协调。因此,合作和群集运算是从两个不同角度看到的同一个现实。因此,再提出是具体运算群集的构成促成合作,还是合作促成具体运算群集的构成这一问题,也就没有什么道理了:"群集"是个体动作和个体间相互作用的常见平衡形式,因为不存在两种平衡动作的方式,而且针对他人的动作与针对客体的动作是不可分割的。

但是,具体运算领域中已经显而易见的东西,在形式运算——亦即在独立于任何直接动作的思维交换领域,更是如此。实际上,形式运算的群集构成了命题的逻辑:"命题"是一种沟通交换行为,正如维也纳学派(Vienna Circle)[24]从形式的观点所坚认,它将逻辑还原为一般的"句法"和"语义",进而还原为语言的协调,也如曼诺利(Mannoury)学派从心理学的观点所坚持,逻辑的概念乃是具体社会沟通行为的集合。因此,命题的逻辑本质上是一种交换/交换的系统,所交换命题是内部对话[25]的命题,还是不同人之间交换的命题,无关紧要。问题是,首先从社会学和具体的角度,确定这种交换存在于什么内容之中,然后对其规律与形式逻辑规律进行比较。命题的交换肯定比具体运算的交换复杂,因为后者可还原为指向共同目标动作的交替或同步,而前者预设更抽象的相互评估、定义和规范系统。然而,从下文可以看出,这种交换也存在于运算群集中,而且这些运算是这种群集特有的,将群集的基本规则施加于命题逻辑的强制守恒。

显然,思想——即命题的交换,必须在外部形式上与上文(第五节)描述的对交换的分析保持一致。但是,就命题这一具体例子而言,个体 x 和个体 x' 之间交换产生的真实价值 r 和 s 以及虚拟价值 t 和 v 有如下意义:$r(x)$ 表达出 x 提出某一命题这一事实,即把判断传达给 x';$s(x')$ 表示作为回馈 x' 同意(或不同意),即 x' 赋予源自 x 命题当前的有效性;$t(x')$ 表示 x' 对同意或不同意方式的守恒(或不守恒),即他承认或拒绝当前的有效性,但随后可能忽略这种有效性;最后是从 x 的观点,$v(x)$ 表示在 $r(x)$ 中所表达、在 $s(x')$ 中得到认可(或拒绝)的命题的未来有效性。也就是说,我们由上述可得出 $r(x) \to s(x') \to t(x') \to v(x)$ 等[26]。若 x' 将一个命题传达给 x,情况相反,可得出 $r(x') \to s(x) \to t(x) \to v(x')$;这两种序列具有次第赋予合作伙伴 x 和 x' 所表达命题的价值。换言之,命题的交换从一开始起就是一个同任何系统无差别的评价系统,而且若没有特殊的守恒规则的介入,就只接受简单的调节。因此,在任何对话中,即使先前已表示同意,每一个人也都有可能忘记另一个人所说的话;或者相反,可能记住所说的话,但是合作伙伴已经改变了立场。那么,思想的任意交换如何才能转换为有调节的交换,因此成为真正的思维的合作呢?

首先,我们必须具体确定虚拟价值 $v(x)$ 和 $t(x')$ 或 $v(x')$ 和 $t(x)$ 的最终状态:若 x' 认可 x 在 $r(x)$ 中表达的命题的有效性,并以 $t(x')$ 的形式坚持前述认可,那么 x 稍后可以以 $v(x)$ 的形式调用这个认可价值,以便对 x' 的命题施以作用。如此一来,就产生序列 $v(x) \to t(x') \to r(x') \to s(x)$;或者相反,[如果 x' 调用 $v(x')$ 对 x 施以作用]则产生 $v(x') \to t(x) \to r(x) \to s(x')$。换句话说,命令 t 和 v 的虚拟价值的作用是,促使合作伙伴一直尊重先前认可的命题,并将其应用于后边的命题。应该注意的是,根据社会相互作用的一般规律,最初针对另一个人的所有行为后来都被主体应用于自身,其应用的方式即 x 在陈述命题 $r(x)$ 时应使自己感到满意,因此有 $s(x)$,而且他自己也有义务再次认可其效度,因此有 $t(x)$ 和 $v(x)$。

这种格式化在两个方面具有教益:第一,我们能够寻找平衡和交换的条件,即对话者达成一致或智慧满足状态的性质;第二,我们能够表明正是这些平衡条件暗含着一个命题群集,即构成形式逻辑的规则集。此处,我们要强调的是第二点,因为这表明命题的交换作为社会行为,体现在其平衡规律中,即体现在与个体用来对其形式运算加以集群的逻辑相一致的逻辑。

显然,交换的平衡有三个充分必要条件。首先,x 和 x' 需要拥有共同的智慧价值量度,可用共同、明确的符号来表达。因此,这种共同的量度必须有三种互补性质:(1)与经济交换中的货币符号系统相当的语言;(2)有明确定义的概念系统,无论 x 和 x' 的定义是否完全趋同,还是部分偏离,但 x 和 x' 都有相同方法,将任何一方的概念转换为另一方的概念系统;(3)一定数量的基本命题,根据规约将这些概念相互联系起来,这样一来，x 和 x' 在讨论时可以加以参考。

第二个条件是序列 $r(x) \to s(x') \to t(x') \to v(x)$ 或 $r(x') \to s(x) \to t(x) \to v(x')$ 中的一般等值。换句话说，第二个条件是：(1)真实价值的一致，即 $r=s$；以及(2)保留先前认可命题（可能在交换序列中实现的虚拟价值 t 和 v）的义务。事实上，如果没达成有一致，无论是 $r(x)=s(x')$ 还是 $r(x')=s(x)$ 的，就不可能有平衡，讨论将继续。相反，如果所讨论的一致性不断受到质疑，也无法达到平衡。如果没有强制守恒之类规则的介入，先前承认的有效性将随每个新的交换而消失，会产生 $s(x')>t(x')$ 或 $s(x)>t(x)$ 等情况；或者相反，先前的否定会被遗忘，产生 $s(x')<t(x')$ 等情形。$s(x')=t(x')=v(x)$ 和 $s(x)=t(x)=v(x')$ 守恒证明了所有受调节的思维交换的规范性特征，这种交换与基于简单暂时兴趣的思想交换完全不同，只有通过这种守恒，讨论才有可能。

平衡的第三个必要条件是，t 和 v 等虚拟价值可随时得到实现，换言之，即可随时调用之前承认的有效性。这种可逆性形式是：$[r(x)=s(x')=t(x')=v(x)] \to [v(x)=t(x')=r(x')=s(x)]$，并且蕴含 $r(x)=r(x')$ 和 $s(x)=s(x')$ 等的互反性。

此处，我们需要首先指出的是，这三个条件只有在某些类型的交换中才能实现，我们称这种交换为合作，与通过自我中心或制约实现的异常交换不同，接着我们将论述这些平衡条件如何构成逻辑。事实上，如果由于智慧上的自我中心主义，合作伙伴不能成功地协调其观点，那么平衡就无法实现：在这种情况下，第一个条件（共同的价值度量）以及第三个条件（互反性）缺失，因此第二个（守恒）条件也不可能满足，因为任何一方都没有义务。每一方对这些词语意义的理解都不同，而且也因为主体认为没有必要坚持之前所言，因而也就不可能诉诸先前被认为是有效的命题。在有制约或权威因素介入的智慧关系中，前两个条件似乎都得到了满足。但是，共同的价值度量是由于受到传统和使用权威控制的某种"固定市场"而产生的，而且由于缺乏互反性，保持之前命题守恒的义务只能单向运作。例如，x 施加义务给 x'，但反之不成立。结果，以施加制约手段代代相传的集体表征系统无论其表面上多么固化、坚实，但由于缺少第三个条件，都不是处于真实或可逆的平衡状态，而是处于一种"虚假平衡"状态（如物理学中由于黏度等产生的表观平衡）。自由讨论的出现足以破坏这种平衡。因此，由前述三个条件所界定的平衡状态取决于自主合作的社会情景的存在，这种自主合作的基础是合作伙伴的平等和互反，同时脱离了自我中心的混乱和制约的他律。

然而，重要的是应该清楚，根据上文用平衡律及其与自我中心和制约的两种不平衡的对照所做出的界定，合作与简单的自主交换有根本的不同，自主交换即经典自由主义所谓的"放任主义"(laisser-faire)。显然，事实上，如果没有规章制度或纪律以互反性规则为手段，来确保观点的协调，"自由交换"就会不断受到（个体、国家，或由于社会阶层两极分化产生的）自我中心或（由于阶级斗争等产生的）制约的控制。因此，与自由交换的被动性相反，合作的概念包括智慧和道德自我中心两方面的去中心化的双重活动，以及从这种自我中心主义所导致或维持的社会制约中得到解放。因此，如同理论层面上的相对论,具体交换层面的合作需要不断克服自主化和不平衡因素的限制。与混乱和他律不同,自主其实是制约或自我制约的活动,与惯性或强制性活动的差别一样。正是由于具有这种特性,合作才暗含某种规范系统,而由于缺少这种规范,所谓自由交换中的自由被证明具有虚假性。这就是为什么在被特殊利益和控制分裂的社会情景中,真正的合作是如此脆弱和罕见,正如与主观幻想和厚重的传统相比,理性如此脆弱和罕见一样。

前述交换的平衡从本质上讲,是一个规范系统,而不是简单的调节系统。但是,显然,即使它们并没有在自己的创造中预设这种逻辑,这些规范仍然构成了与命题逻辑的规范相一致的群集。

首先,不受确定命题 x 初始条件的制约,无论是 $r(x)$ 与对 x' 的认可,还是 $s(x')$,抑或是相反,对得到认同的价值的强制守恒,亦即虚拟价值 $t(x')$ 和 $v(x)$ 的强制守恒或者相反,事实上蕴含着两个规则的构成,以交换或交换规则的形式呈现出来,而将个体运算的内部平衡撇在一边:同一性原则,即保持命题在之后的交换中不变;矛盾原则,在承认命题为真时,保存其真值,在命题为假时,保存其虚假值,不可能同时既肯定又否定。

其次,虚拟价值 v 和 t 始终可能的实现迫使合作双方不断地回顾前面提出的命题,以使先后提出的命题具有一致性。前述强制性守恒仍然保持静止,但是蕴含基本特征的发展,将逻辑与自主思维对立起来:运算可逆性,这是所有形式构建中连贯性的源泉。

最后,受到可逆性和强制守恒、后面提出的命题 $r(x)$ 或 $r(x')$ 以及合作伙伴之间可能达成的一致的调节,$s(x')$ 或 $s(x)$ 必须以下面三种形式之一呈现:(1)一方提出的命题简单地对应于另一方提出的命题,从而两组同构的命题形成一一对应形式的群集;(2)合作一方提出的命题可能与另一方提出的命题对称,预设证明关于某一共同价值(或一种类型)两种不同观点的一致性(如左-右空间关系,或者合作一方的兄弟是另一方的表兄弟这种亲属关系,反之亦然);(3)合作一方提出的命题可能只是通过互补集合之间的叠加,来完善另一方提出的命题。

因此,即使是命题的交换亦构成逻辑,因为它蕴含所交换命题的群集:一个与合作双方相关的群集,起一方与另一方交换的作用,而且是由于联合群集中的对应关系、互反关系或互补关系而产生的一般群集。这样一来,交换就构成了一种与个体命题的逻辑趋同的逻辑。

那么,问题又出现了:这种交换的逻辑是源自前在的个体群集呢,还是恰恰相反?但是,此处答案要比在具体运算的情形简单得多,因为从本质上讲,"命题"是一种交际(communication①)行为,同时意图中包含个体执行的运算:产生于个体运算平衡的群集和表达交换的群集共同构成,是同一现实仅有的两个方面。孤立的个体永远不可能具备完全守恒或可逆的能力,而且正是这种对互反性的迫切需求,通过定义使用的共同

---

① 此处亦可译作"交换",主要是指语言交换。——译者注

语言和共同量度之间的中介,来实现这种双重克服。但是,与此同时,互反性只有在具有平衡思维——即交换所施加的守恒和可逆性能力的主体之间才能实现。总之,无论以何种方式来回答这个问题,个体功能和集体功能都需要,这样才能对逻辑平衡所必须满足的条件做出解释。逻辑本身超越了两者,因为它是两者所趋向的理想平衡的一部分。这并不是说存在一种独立的逻辑,同时对个体动作和社会动作做出规定,因为逻辑只是动作发展过程中固有的一种平衡形式。但是,动作在逐渐具有可组合性和可逆性,并将自己提升到运算层面的过程中,获得了可互相替换的能力。因此,"群集"无论是在个体的思维(智慧运算)内部,还是在个体与个体之间(被理解为合作系统的社会合作),都只是一种可能替换系统。这两种类型的替换构成了既是集体又是个体的一般逻辑,乃是社会和个体动作共有的平衡的特征。正是这种共同平衡在形式逻辑中被公理化了。

作者注释

[1] 涂尔干:《个人表征与集体表征》,《论形而上学与民主》,1898(E. Durkheim,'Représentations individuelles et représentations collectives',*Revue de métaphysique et demorale*,1898)。

[2] 皮亚杰:《发生认识论导论》(第一卷),巴黎:法兰西大学出版社,"导言"第16页(J. Piaget,*Introduction à l'épistémologie génétique*,Vol. 1,Paris,Presses Universitaires de France,Introduction,p. 16)。

[3] 柯瓦雷:《古典科学的黎明》,巴黎:赫尔曼出版社,1898,第15页(A. Koyré,*A l'aube de la science classique*,Paris,Herman,1898,p.15)。

[4] 马克思:《资本论》,考茨基主编,第133页;引自戈德曼:《马克思主义与心理学》,《评论》,1947年6—7月,第119页(K. Marx,*Le Capital*,ed. Kautsky,p. 133. Cited by L. Goldmann,Marxisme et psychologie,*Critique*,June-July 1947,p. 119)。

[5] 本书第2章。

[6] 索绪尔:《普通语言学教程》,巴黎:帕约出版社,1916(F. de Saussure,*Cours de linguistique générale*,Paris,Payot,1916)。

[7] 个体心理发生就是这种情况。

[8] 请参阅上面引用的文章《静态社会学的质性价值论》("Theory of qualitative values in static sociology")。

[9] 关于经济调节,请参考纪尧姆(E. G. Guillaume)关于"理性经济学"(rational economics)的著述。

[10] 参见皮亚杰:《儿童的道德判断》,伦敦:劳特利奇-基根·保罗出版社,1932(J.

Piaget, *The moral judgment of the child*, London, Routledge & Kegan Paul, 1932)。

[11] 毫无疑问,从这个意义上讲,卡尔·马克思认为,在经济调节的社会中应将法律纳入道德范畴。

[12] 参见帕累托:《政治经济学教程》(第一卷),1896,第22页[V. Pareto, *Cours d'économie politique*, Vol. 1 (1896) p. 22];博宁塞尼:《政治经济基础手册》,1930,第27-29页(Boninsegni, *Manuel élémentaire d'économie politique*, 1930, pp. 27-29)。

[13] 布伦茨威格:《人类经验与物理因果关系》,巴黎:阿尔康出版社,1992,第106—107页(L. Brunschvicg, *L'Expérience humaine et la causalité physique*, Paris, Alcan, 1922, pp. 106-107)。

[14] 戈德曼:《人类社会与康德的宇宙观》,巴黎:巴黎大学出版社,1948,第10页(L. Goldmann, *La Communauté humaine et l'univers chez Kant*, Paris, P. U. F., 1948, p. 10)。

[15] 同上,第8页。

[16] 参见纪尧姆:《人猿心理学》,见杜马编:《心理学新论》[P. Guillaume, La psychologie des singes, in Dumas Ed., *Nouveau traité de psychologie*]。

英文版译注

1. 皮亚杰在《社会学研究》和其他著述[如《儿童的数概念》(*The child's conception of number*, London: Routledge & Kegan Paul, 1952)],直译为《数字的起源》(*The genesis of number*)中,使用了"心理发生"(法语是"psychogenèse",英语是"psychogenesis")、"社会发生"(法语是"sociogenèse",英语是"sociogenesis")和"发生心理学"(法语是"psychologie génétique",英语是"genetic psychology")等术语。在英语国家中,这三种法语表达对应的更为人熟知的术语是心理发展(mental development)、社会发展(social development)和发展心理学(developmental psychology)。但请注意,这些英语术语掩盖了关于什么是"发展的"(developmental)实质性争议。这种差异在下列著述中很明显:R. Campbell and M. Bickhard, *Knowing levels and developmental stages* (Basel: Karger, 1986); J. Flavell et al., *Cognitive development*, 3rd edition (Prentice Hall, 1993); B. Inhelder and G. Cellèrier, *Les Cheminements des découvertes de l'enfant* (Lausanne: Delachaux et Niestlé, 1992); A. Karmiloff-Smith, *The modularity of mind* (Cambridge, MA: MIT Press, 1992); R. Kitchener, *Piaget's theory of knowledge* (New Haven: Yale University Press, 1986); D. Leiser and C. Gillièron, *Cognitive science and genetic epistemology* (New

York：Plenum，1990）。

2. 皮亚杰在这里和下一句话中使用了"stade"和"étape"，分别译作阶段（stage）和层面（level）。这与第四章中将知识区分为一般知识-普遍知识（general-universal）有关。皮亚杰的解释解决了任何特定的发展机制是否有可能获得普遍知识的问题，无论这种知识是否在所有认知语境中由知者（knower）普遍、经常地使用。正如皮亚杰在其小说《求索》（*Recherche*）（1918）中所言：普遍是可知的吗？普遍的知识很重要，因为从柏拉图到波普尔的很多哲学家都对激进怀疑主义持否定态度。另见查普曼：《建构性进化》，剑桥：剑桥大学出版社，1988（M. Chapman，*Constructive evolution*，Cambridge：Cambridge University Press，1988）；史密斯：《必然性知识》，霍夫：埃尔鲍姆出版社，1993（L. Smith，*Necessary knowledge*，Hove：Erlbaum，1993）。

3. 皮亚杰使用的是希腊术语"ἀντιπερίστασις"。

4. 波舒哀（Bossuet）是本文的作者，而不是卢梭（Rousseau）。

5. 孔德使用的法语词是"état（英语 state）"，通常译作阶段。

6. 引用可能出自马克思：《德意志意识形态》。收入《马克思选集》，伦敦：劳伦斯-威哈特出版社，1970（初版于 1845）[Karl Marx：*Collected works*，London：Lawrence & Wishart，1970（original publication in 1845）]。

7. 法语文本有误，应为"conservation"，而非"conversation"。

8. 感谢特雷弗·皮尔斯（Trevor Pierce）对这一点做了澄清。

9. 法语文本有误，此处并非 $r(x)$。

10. 法语文本省略了第二个不等式的第一项，即 $s(x') \leqq t(x')$。

11. 参见刊载于皮亚杰在 1935 年的再版著作《教育科学与儿童心理学》（*Science of education and the psychology of the child*，London：Longman，1970）中有关文章关于"积极方法（active methods）"的讨论。

12. 汉斯·凯尔森（Hans Kelsen）于 1934 年发表了其《纯粹法理论》（*Pure theory of law*），并于 1936 年在日内瓦大学获得教职。

13. "Sollen"是德语动词，相当于英语的"should"。

14. "Sein"是德语动词，相当于英语的"to be"。

15. 尽管孔德使用了单词"état"，但习惯上将此短语译作"三阶段规律（the law of three stages）"。

16. 请与其早期的主张加以对比："儿童比成人更从自我的角度思考和行动"（Piaget，1923/1959，p.38）。如果成人的思维不像儿童的思维那样以自我为中心，那么皮亚杰提出的就是一个相对性的观点，暗含着自我中心思想是成人思维的持久性特征。关于人类社会的社会中心思维，皮亚杰在本节中阐述了类似的主张。另见本书第八章中的翻译注释 2。

17. 此处所参考文献可能是：涂尔干：《宗教生活的基本形式》，伦敦：艾伦-恩温出版社，1915，第 193 页（E. Durkheim, *The elementary forms of religious life*, London：Allen & Unwin, 1915, p. 193）。

18. 此处所参考文献可能是马克思：《费尔巴哈提纲》，《马克思选集》（第五卷），伦敦：劳伦斯-威哈特出版社（初版于 1845）[Karl Marx, *Theses on Feuerbach*. Reprinted in *Karl Marx: collected works*, Volume 5 (London：Lawrence & Wishart) (original publication in 1845)]。

19. 此处所参考文献可能是：帕累托：《普通社会学通论》或《心智与社会》，纽约：多弗出版社，1963，第 868 页后 [Vilfredo Pareto, *A treatise on general sociology* (or *The mind and society*, New York：Dover, 1963, Section 868ff)]。请注意，在这方面，帕累托对遗留物的看法正是其对逻辑发展的渴望："这种遗留物解释了为什么人们需要用逻辑来掩盖其非逻辑行为"（第 975 节）。这恰恰是皮亚杰在《社会学研究》中所坚持的一种主张，认为智慧发展由于思想和社会的逻辑与非逻辑因素的分化而发生。

20. "无论何时、无所不在、普遍适用（That which is believed everywhere，always and by everyone）"，圣文森特·德莱林斯，*Commonitorium*，ii。

21. 参见皮亚杰：《儿童的游戏、梦与模仿》，伦敦：劳特利奇-科根保罗出版社，1951（J. Piaget, *Play, dreams and imitation in children*, London：Routledge & Kegan Paul, 1951）。

22. 关于新石器时期人类的评论，参见鲍克：《人类进化论》，牛津：布莱克韦尔出版社，1986（P. Bowker, *Theories of human evolution*, Oxford：Blackwell, 1986）。

23. 此处所参考文献可能是：罗素：《数学哲学导论》，伦敦：艾伦-恩温出版社，1919（B. Russell, *Introduction to mathematical philosophy*, London：Allen & Unwin, 1919）。皮亚杰在《运算逻辑试论》（*Traité de logique opératoire*，Paris：Colin, 1949）中详细阐述了其对原子论逻辑的批评。

24. 此处所参考文献可能是卡纳尔普：《语言的逻辑语法》，伦敦：劳特利奇-科根保罗出版社，1937（Rudolf Carnap, *The logical syntax of language*, London：Routledge & Kegan Paul, 1937）。

25. 在《智者篇》（*The sophist*）中，柏拉图将思维定义为大脑与自己的对话。

26. 法语文本中有一个多余的括号：$t((x')$。

第二章　论静态(共时)社会学中的质性价值理论

似乎所有的"社会事实"都可以还原为个体之间的相互作用,更准确地说,可以还原为持续改变个体的相互作用。因此,社会学与心理学虽然互补,但却明显不同:心理学认为个体是由遗传影响(生物的、内部的)和适应物理环境塑造的,而社会学则认为个体是由外部影响(世代相互作用)和相互适应造就的。

从这个角度来看,三个最基本的社会现实是规则、价值和符号。每个社会都是一个义务(规则)、交换(价值)和用以表达规则和价值的规约象征系统(符号)。目前,对社会规则(制约、规范等)的研究和对符号(语言社会学、象征性用法、仪式等)的研究虽然相当广泛,但在我们看来,对社会价值的研究却没有达到同样的水平,这有两个原因,而且基本上可以简化为一个。

首先,与规范(规则)相关的价值的独立性尚未得到充分理解。因此,涂尔干的追随者认为,所有价值都是由单一的制约系统施加,并因此将之还原为规则。如果说某些价值——所谓"规范性价值"(道德价值、法律价值等),确实如此的话,但简单的交换价值并非如此。例如,经济价值可以表现出规律性,但它们并没有"强制性"(只是被"确定"),因此就不能认为是主要由规范或规则所施加。

其次,尽管奥古斯特·孔德已经预见到静态社会学和社会动力学之间有重要区别,但由于没有得到索绪尔学派语言学家充分的启发,社会学家还不能够像索绪尔那样,对"历时"问题或时间演化问题,与"共时"问题,即同步现象之间的平衡,做出区分。目前,这就是问题之关键,如果规范的有效性取决于其历史的话,那么交换价值只有从共时的角度来看才有意义,恰恰是平衡问题和发展问题之间的相对混淆,才导致价值与规则的联系被夸大。

在下面的简短说明中,我们首先提出社会交换价值的存在与经济交换价值的存在不同,前者是质性的,而后者则产生于量化,因此二者构成了一种特殊类别的一般社会价值。因此,政治家、科学家或某种事业的信徒的成功、同胞为其创造的声誉或表达的感激之情、其著述或作品、欠别人的人情债等,简言之,他所提供或从中获益的所有"服务"——所有这一切都构成交换的价值或者是交换的产物。其中有一些价值可以量化,也就是说,某些所发生的服务可以赋予一定货币价值;但是,无论经济价值多么重要,从其共时角度,即其在特定历史时刻平衡的角度来看,它们只是社会生活中广泛传播的各种价值的一部分。

现在,我们将以下述的方式,对关于这些价值的理论做一初步概述。面对需要考虑如此广阔的领域,而且最重要的是,不可能采用经济学家使用的统计方式(通过对交易量、生产和消费、预算、危机等进行评估),由于此处我们所关注的是质性价值,而不是那些因物质交换而量化的价值,因此,我们要质疑,从一开始起,就像瓦尔拉斯[1]和帕累托[2]在"纯经济学"(pure economics)中尝试使用数学表示交换平衡规律一样,以公理化方式来表达价值,是否有用。[3]毋庸怀疑,在经济学或社会学中,公理格式或"抽象模型"无法取代观察或实验,在化学(晶体学等)或物理学中,亦然。但同样,也没有这样的主张。其唯一功能是形成新的分析和比较工具,从这个角度来看,所有统一的公理系统都有用。最近,我们用逻辑代数的格式对思维心理学进行了研究,在一个完全不同的领域发现了这一点。同理,质性价值是社会交换的特征,不是经济交换的特征,因此不可能是数学格式的问题。因此,我们将采用逻辑公理系统,即一个处理"类别"和"关系"而非处理"数字"的系统,这样才能准确地表达质性价值交换的机制。

一、价值度量

任何一个社会都或多或少的有各种各样的价值度量(scales of values),下面我们就从这个基本事实入手。价值多种多样,可能有不同的起源(例如个人的兴趣和品味,时尚、声望、社会生活的诸多限制或道德、法律规则等所施加的集体价值等),这一点不重要,暂且按下不论。价值的度量可能具有可变性,或者在一定程度上具有恒定性,彼此混杂,或者能够产生平均价值,例如与社会存在、发展须臾不离的活动、安全、个体自由、相互信任等基本需求的价值,就是这种情况。即使这些度量具有多重性、不稳定性,但只要在某一确定的时刻具有价值,就可以对其进行分析,就像我们在经济学中可以推断出平均价格或一天中或者某一固定时刻的价格变化一样。

此处暂且不谈产生价值的基本运算,根据个体希望达到的目的以及达到目的所使用或准备使用的方式,我们可以验证,所有使个体感兴趣的客体或人(包括他自己的),以及所有的动作、任务与一般意义上真实或虚拟的"服务",都可以根据形成度量的某些价值关系,来加以评价和对比。

从形式上看,我们可以通过一个非对称关系(asymmetrical relations)系统来表示价值的度量。设 A、B、C…是价值不断增加的一系列条件。由此,我们得到下列关系 $O\uparrow aA=$ "A 的价值大于 O";$A\uparrow a'B=$ "B 的价值大于 A"等,以及以下两个运算(见图a):

Ⅰ 价值相加 $\uparrow a+\uparrow a'=\uparrow b$(或 $a+a'=b$);$b+b'=c$;等等。

Ⅱ 价值相减 $b-a'=a$;$c-b'=b$;等等。

但是，价值的度量未必以这种简单的形式出现。因此，价值 B_1 是可以通过 A_1，A_2 或 A_3 不同手段获得的目的；而 B_1 本身可能是获得价值 C_1 的一种手段，B_2，B_3 等其他手段同样可实现 C_1，如图 b 所示。在这种情况下若达到同一个目的的手段可替换，那么它们就具有相同的价值。因此，在经济学中，两个可相互交换商品（如两种奢侈品）的价格趋向一致。同理，如果一个雄心勃勃的人关注两种职业，且无法确定选择哪个职业，因为两者能够达到同样的目的，那么这两个职业就拥有相同的价值。

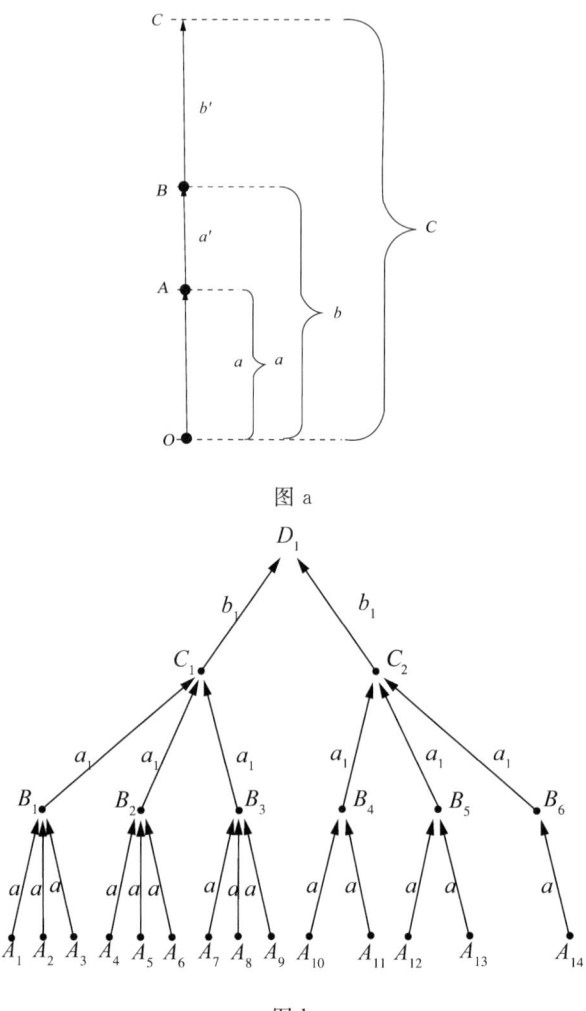

图 a

图 b

最后，我们注意到，根据个体不同的活动水平，同一个体可以同时掌握多种不同度量，但他可能在每一个度量的终极目的之间建立在一定程度上稳定的等级层次关系。这些具有等级层次的价值度量用三维立体方式来表征，更为方便，比如金字塔不同的表面。[1]但是，在下文中，为了简明起见，我们将仅限于图 a 所示格式。

二、个体间的价值交换

一般而言,凡是根据个人价值尺度来评价的每个动作或反应都必然会对其他个体产生影响:即对他人有用、有害或无关紧要,也就是说,会增加(+)其价值(=满足)、减少其价值(=损失)或对其价值无影响。[4]因此,每个动作都会对其他个体产生一个回馈动作。这些都可能存在于物质动作("实际价值")或虚拟动作中,前者如以实物换取服务等,后者如赞同或指责、鼓励坚持或要求停止、承诺等;接下来谈一谈"虚拟价值"。价值度量的存在通过动作或"服务"的不断相互定价(valorization)[5](正面或负面)来转换。

例如,假设个体 a 给 a' 提供某种服务(也就是说,a 动作的结果对 a' 具有某种价值)。那么,就有三种可能性:

(1) a' 向 a 回馈某种服务。例如,a 将自己的科学技术信息分享给 a',a' 亦将自己的科学技术信息分享给 a。

(2) a' 回馈任何东西给 a,而只是确定了 a 的价值。例如,a 把自己的著作借与 a',a' 对 a 心存感激,而且 a 知道类似的情况,他能够依靠 a'。或者,假设 a 是一位政治家,代表 a' 这个选民群体热情办事;他不要求实际回报,但他知道可以依靠他们的选票,他的"投资就会升值",等等。又或者,a 有了一个科学发现或出版了一本新小说:虽然可能是非自利的,但他的"成功""声誉"等本身就成为一种"投资",某些情况下可以产生"价值"。

(3) a' 既没有做任何事情作为回报,也没有估计出 a 的价值。在这种情况下,a 就会认为 a' 贬值:他会被视为不知感激、不公正、不稳定,或不安全等。

因此,这三种情况下,有价值的交换。那么,交换的本质是什么呢?在尝试回答这个问题之前,我们必须强调以下几点。

首先,a 提供服务给 a',对 a 来说是一种牺牲或实际放弃(actual renouncement),而对 a' 来说则是一个真实的满足(actual satisfaction)(或收获)。a 将著作借与 a',等同于暂时放弃这部著作,而 a' 则得到著作。政治家 a 冒着风险为 a' 做事,a' 从中获益。科学家或小说家 a 牺牲自己的时间和闲暇创作出著作或者作品,而 a' 则获得智慧的满足或审美的满足。

另一方面,a' 给 a 所定的价值,对 a 来说构成了某种虚拟满足。例如,如果 a' 对 a 心存感激,因为 a 将著作借与 a',那么 a 知道作为回报,自己需要时可以请求 a' 帮助。政治家 a 通过 a' 对他的感激而获得声望和道德地位。科学家 a 因为 a' 对其研究的欣赏获得了权威和声誉,这种声誉对他迟早会有用。

相反,a' 对 a 价值的确定,对 a' 来说构成了一个承诺、一种义务,总之就是虚拟放弃(virtual renouncement)。因此,a' 把借来的著作归还给 a 之后,仍然对 a 有"义务"。同理,领导者 a 的政治追随者 a' 若无正当理由也不能"切断"与 a 的关系。科学发现者 a 的同事,甚至著名小说作者 a 的读者"被迫认可"其成功,或者阅读其小说等。

简言之,a 给 a' 提供服务,对 a 来说是失去,对 a' 来说是获得,而由之而来的 a' 对 a 的价值估价对 a 来说是信用,对 a' 来说是债务(用普通语言来表述即个体的道德"信用""负债")。从另一方面来看,每一种价值都顺理成章地可以用否定形式表现出来。

为了用逻辑格式的形式来表述此类价值(使用数学格式是没用的,因为这些价值是"质性的",而且若没有一系列有争议的统计惯例,是不"可度量的"),[2] 那么基于个体 a 和 a' 拥有共同的价值尺度这一假设,将对应规则应用于交换价值,就完全可以了。

设 $r_a = a$ 对 a' 的动作(或反应)

$s_{a'}$ = 动作 r_a 产生的 a' 的满足

$t_{a'}$ = 由于满足 $s_{a'}$ 而产生的 a' 的负债

$v_a = a'$ 对 a 的价值的估价

此处用符号"="表示质性的相等。

因此,简单对等的情况下,有下述逻辑等式。

Eq. I $(r_a = s_{a'}) + (s_{a'} = t_{a'}) + (t_{a'} = v_a) = (v_a = r_a)$

由此,根据假设,个体 a 的价值就由 a' 根据 a 提供的服务,按比例加以估价。

在下文中,我们将删除一些符号,用粗略记法来表达,即得:

$(\downarrow r_a) + (\uparrow s_{a'}) + (\downarrow t_{a'}) + (\uparrow v_a) = 0$

这用图 c 来表示更加清楚,因此是对等式 I 的图示。

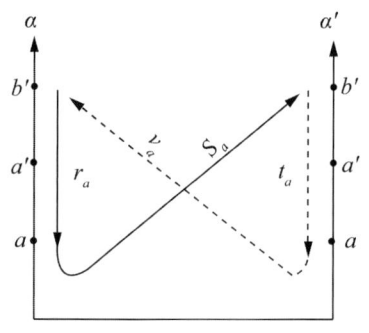

图 c

由此可以推论,制约个体 a、a' 遵守等式 $r_a = s_{a'} = t_{a'} = v_a$ 者,恰恰是本章第六节、第七节中所要探讨的道德和法律规范。只要仅有自发感情和个体间利益的动力发挥作用,那么除了一般的对等之外,还可以有下列一系列其他有意思的组合,如:

1. 若 $r_a > s_{a'}$(与 $s_{a'}$ 等价的其他条件),那么就得到 $(r_a > s_{a'}) + (s_{a'} = t_{a'}) + (t_{a'} = v_a) = (r_a > v_a)$

也就是说,a 的工作使其蒙受损失,他的社会行动失败。在这种情况下,有两种可能性。或者个体接受其作为对象的价值评估与停止作为,或改变其活动、矫正价值度量等。或者另一方面，个体继续其动作，但却也降低其判断的价值，希望能够扭转和说服公众舆论。

2. 若 $r_a < s_{a'}$（与 $s_{a'}$ 等价的其他条件），那么就有 $(r_a < s_{a'}) + (s_{a'} = t_{a'}) + (t_{a'} = v_a) = (r_a < v_a)$

这种情况下，a 很轻松地完成了工作，取得了比付出更大的成功，因此受益。在这种情况下，a 当然继续工作，其动作因受到社会的认可而纳入正道或者极端化，鼓励他继续所选择的道路。

3. 若 $s_{a'} > t_{a'}$，而 $r_a = s_{a'}$，而且 $t_{a'} = v_a$，那么就有 $(r_a = s_{a'}) + (s_{a'} > t_{a'}) + (t_{a'} = v_a) = (r_a > v_a)$

如在（1）中，个体 a 的工作再次使其蒙受损失，但这一次是因为 a' 不愿意承认或忘记他所得到的满足 $s_{a'}$。例如，若政治家虽获得成功，却不能及时善加利用，那么其信用还没有使用就已耗尽，只能因"对大众忘恩负义"而记录在案了。

4. 若 $s_{a'} < t_{a'}$，而 $r_a = s_{a'}$，而且 $t_{a'} = v_a$，那么就有 $(r_a = s_{a'}) + (s_{a'} < t_{a'}) + (t_{a'} = v_a) = (r_a < v_a)$

在这种情况下，a 就被 a' 高估。例如，某一庸碌之辈通过政治的裙带关系，获得了成功，对其实际所能提供的服务，没有人会抱有任何幻想。这样一来，其价值就会被高估，从而造成了暂时的价值膨胀以及伴随膨胀的急剧紧缩的风险。

有人会问，我们推导出这些等式和不等式有什么根据呢？此处，我们重申这些并非测量值，否则交换就不再是质性的而是可量化的，我们便进入经济学领域中：这仅是一个由每一个体意识直接感知到的质性关系的问题。我们每个人都会考虑自己行为的价值是高于还是低于所投入的成本，或者结果和所付出的努力是否相符。也许是这种主观评价并没有客观基础（心理-生理的），但这与我们的问题无关：无论有多么主观，这种评价都是社会相互作用的驱动力，是基本的社会事实，因此，我们就应该对它们进行分析，就像经济学家无条件地必须研究交换规律一样，例如莫问宝石的价格，是否与购买者赋予商品的真实心理-生理"效用"相对应。

虚拟价值的使用

迄今，我们探讨了 a 对 a' 的动作（r_a）以何种方式以 a' 对 a 价值（v_a）的估价而告终；也就是说，实际价值 r_a 以何种方式与虚拟价值 v_a 进行交换。我们仍然要说明 a 如何能够"实现"价值 v_a。

因此，假设 a 的事业获得了成功，也就是说，他实现了 $v_a = r_a$，甚至 $v_a > r_a$。因此，他获得了赞成、感恩、声誉、权威等价值。从他的角度来看，我们将这些虚拟价值称为"信用"，无论它们是否被认可，一旦被 a' 认可就可能成为"权利"（第七节）。相反，在 a'

看来，它们与 a' 对 a 所做的评价 $t_{a'}$ 相对应，我们从 a 的角度称之为"债务"，一旦被 a' 所认可，即成为"义务"。所以，a 在某个特定的时间，可能兑现其信用，也就是说，要求 a' 提供某种服务作为回报，或者"使用权威"胁迫 a' 完成动作 $r_{a'}$。在对等的情况下，就有下面的逻辑等式：

Eq. II $(v_a = t_{a'}) + (t_{a'} = r_{a'}) + (r_{a'} = s_a) = (s_a = v_a)$

此等式的意思：(1) 如果 a' 承认债务相当于 a 的信用，即 $v_a = t_{a'}$；(2) 如果他以对等的服务偿还其债务，即 $t_{a'} = r_{a'}$；以及 (3) 如果服务以对等的方式满足 a，即 $r_{a'} = s_a$；那么，(4) a 的满足就等于其信用，即 $s_a = v_a$。

此处，我们关注的是等式 I 的反向转换，因此符号的方向需要翻转过来：

$(\downarrow v_a) + (\uparrow t_{a'}) + (\downarrow r_{a'}) + (\uparrow s_a) = 0$

这种关系如图 d 所示。偿还债务是正向运算，因此是 $\uparrow t_{a'}$；消耗信用等于资本减少，因此是 $\downarrow v_a$，由于实际得到满足 s_a，a 失去了至此一直拥有的权利 v_a。

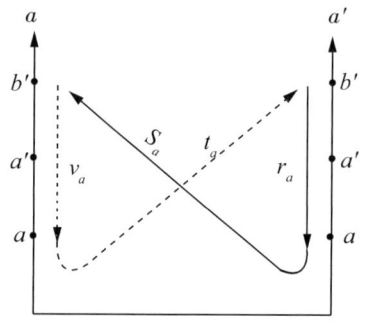

图 d

相反，由此可以做出逻辑推论，我们在此处能够发现与等式一相适应的所有不等式，据此 a' 不承认其所欠债务，或者承认其债务，但没有满足 a。实际上，所有组合都会发生，而且在社会平衡中发挥明确的作用（见本章第五节）。但从现在开始，我们需要注意的是，除了少量的经济交换（小商贩的）和［如严格礼貌形式的使用中、仪式性礼仪中（在后者中礼节与声誉问题与包含重要利益的象征意义关系密切）］一些特殊的质性交换，我们从来不索取自己的应得（v_a），也从来不偿还应还的债务（$t_{a'}$）。相反，社会价值的传播依赖于信用，这种信用不断得到维护，或者耗损与不断消解，但又不断得到重组，只有在发生革命或严重的社会危机时，也就是说，至所有的价值会完全贬值时，才会消失。

三、经济交换的平衡规律和质性价值交换的平衡规律

下面我们首先对经济交换的平衡规律，作为前述各种形式交换的一个具体的例子，

以何种方式只要将"实际的"质性价值量化,将"虚拟"价值仅定义为量化的一种函数,就能够推导出来,做一简要的说明,然后继续本章的讨论。

请设想有一种可以立即重复的交换,同时服从等式Ⅰ和Ⅱ。显然,如果这个双重运算作为一个运算来执行的话,虚拟价值 v 和 t 就被消除。于是,我们有下面的等式:

Eq. Ⅰ $\downarrow r_a + \uparrow s_{a'} + \downarrow t_{a'} + \uparrow v_a = 0$

Eq. Ⅱ $\downarrow v_a + \uparrow t_{a'} + \downarrow r_{a'} + \uparrow s_a = 0$

$\downarrow v_a$ 与 $\uparrow v_a$ 和 $\uparrow t_{a'}$ 与 $\downarrow t_{a'}$ 相抵消,得出 $\downarrow r_a + \uparrow s_{a'} + \downarrow t_{a'} + \uparrow v_a = 0$。

因此,得出 $(r_a = s_{a'}) = (r_{a'} = s_a)$。

换言之,作为 a 所提供给 a' 以满足其需求($s_{a'}$)的服务(r_a)的交换,a' 立即作为回报,提供服务 $r_{a'}$ 给 a,使他满足 s_a。例如,设 r_a 和 $r_{a'}$ 分别代表 a 送给 a' 酒,而 a' 作为回报送给 a 小麦,直至两人都得到满足。如果 $s_a = r_a$、$s_{a'} = r_{a'}$(满足和牺牲的价值对等),那么就会产生经济学家所谓的"终极效用的对等",或者用帕累托的话来说"基本满意(elementary ophelimities)"的对等,也就是说,最后收到的酒(或小麦)带来的满足,与最终送出的酒(或小麦)所给予的满足对等。人们就可以通过测量交换的对象来对 s_a 和 $s_{a'}$,或者 r_a 和 $r_{a'}$ 加以量化,例如 300 千克小麦与 2 升酒价值对等。从这一事实可以看出,价值之间的关系可以转换为价格,因此必须给出一定数量的某一商品,来获取一定量的另一商品。因此,我们能够弄明白何以去除虚拟价值的交换的量化,能将运算转变为经济运算。[3]另一方面,如果交换不能迅速交割,信用取代即时债务偿还,那么虚拟价值将以信用和债务的形式重现,但同样会被量化,因为它们在这种情况下,保存的是实际估价值(加上由于时差产生的利息)。只是从下文可以看出(第六节和第七节),此类价值的"守恒"预设法律规范的运算。

洛桑学派(Lausanne school)的"纯经济学"[4]确定了这种基本交换的平衡规律,也就是这种交换的终结点;这些规律已经简化为六个相等的条件:(1 和 2)交换完成之后,通过交换双方所拥有的商品来平衡的基本满足的相等(最大满足条件);(3 和 4)交换双方收入和支出数量相等(交换双方的平衡);(5 和 6)交换前后每种商品存货数量相等(商品的平衡)。令人惊奇的是,目前,恰恰是这些平衡条件制约纯粹质性价值的交换,如等式Ⅰ给出的公式。首先,基本满足的对等体现为价值 $s_a(= r_a) = v_a$ 的对等。[5]只要 $v_a > r_a$,个体 a 就会倾向于继续其动作 r_a,而如果 $v_a < r_a$,a 就会超越最佳满足点;相反,对 a' 来说,最大满足是 $s_{a'} = t_{a'}$。比方说,只要演讲者 a 所获得的成功 v_a,大于所付出的努力 r_a,他就会继续对听众 a' 演讲,而且只要演讲给听众带来的愉悦 $s_{a'}$ 大于义务 $t_{a'}$,听众也会继续听讲,那么 $r_a = v_a$ 和 $s_{a'} = t_{a'}$ 的平衡达到,唉,一个常常突破的极限!其次,交换双方之间的平衡当然是由 $\downarrow r_a + \uparrow v_a = 0$ 和 $\uparrow s_{a'} = \downarrow t_{a'} = 0$ 等式所决定,也就是说,努力和受益相互抵消,达到平衡。最后,质性交换中商品的均衡,与第六节和第七节中探讨的基本平衡条件,即"价值守恒",相对应,用共时表示,即 $r_a = s_{a'}$ 和 $t_{a'} = v_a$:如果交换的价值在转换过程中没有守恒,那么就会出现第二节中探讨的各种形式的失衡,关于这

一点本章第五节再谈。

至于价格或质性价值的确定方式,我们可以在著名的供求规律中,找到这两个领域之间的另一种相似。我们知道,如果市场供应量大于需求量,卖方之间的竞争导致价格降低;如果市场需求量大于供应量,买方之间的竞争产生相反的效果,拉高初始价格。很明显,这并非经济领域所特有的现象。比如,具有文学天赋的同一个体,在缺乏此类人、文学氛围浓厚的社会环境中,如在一个地方小镇上,就会被高估,相反,在有众多具有文学天赋者的大城市中,却有被低估的风险。从一般意义上公理的角度来看,这种经验规律可还原为一个产生于第 1 节中所描述的价值度量结构的非常简单的原则。假设有一种基于方式和目的之间的多对一对应关系的价值度量(见图 b):此处的多意味着多种手段 A 对应于每个目的 B,多种手段 B 对应于每个目的 C,多种手段 C 对应于每个目的 D……产生等级层次 $A \rightarrow B \rightarrow C \cdots (A \uparrow B \uparrow C \cdots)$。可见,手段越多,价值就越小,因为一种手段的使用导致其他手段的贬值。因此,正如瓦尔拉斯在经济学中所指出,价值似乎就是质性领域中的"稀缺性"。价值与数量之间呈反比关系,构成供求规律的基础,甚至在价值层面上,可以视为与概念的外延(与数量相对比)和内涵(与价值相对比)之间的反向关系相对应,后者在质性逻辑中很常见。

我们可以用一系列其他类比,将经济交换机制和质性价值机制联系起来。例如,每个产出价值的群体(如科学协会等)都相当于一个"企业",产生对内部交换(协作者之间)和外部交换(群体与公众之间)的研究。公共生活中的人们出租其权威(作为名誉领袖等),计算这种运作的优势和风险,这与贷款和利息相对等。因而,价值的资本化导致在很大程度上超越政治领域的贷款和利息技术的产生。最后,在价值的自由交换、对其中某些价值的垄断与受国家控制的"固定市场"[6]以及对应的经济现象之间,有很多"共同机制"。

四、个体间价值与集体价值

现在,我们先谈一谈两个或几个个体之间的价值交换,然后再探讨整个社会之间的价值交换。

假设两个个体之间产生双重质性交换,双方互有受益(reciprocal gain),即 $v_a > r_a$ 和 $v_{a'} > r_{a'}$

(1) $(r_a < s_{a'}) + (s_{a'} = t_{a'}) + (t_{a'} = v_a) = (r_a < v_a)$

(2) $(r_{a'} < s_a) + (s_a = t_a) + (t_a = v_{a'}) = (r_{a'} < v_{a'})$

(见图 e)

这种双重的估价关系从经验上讲,构成了所谓 a 和 a' 之间的"同情"[6]:首先,一人之所作为给予另一人之满足,大于其付出;其次自己亦得到满足。(相反,"反感"则是相

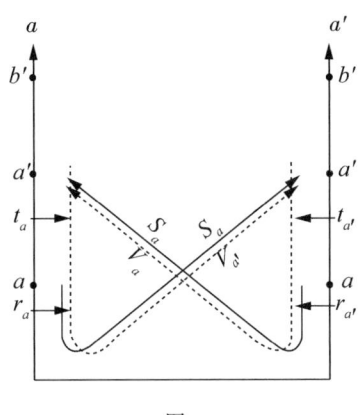

图 e

互的贬低)。当前,即使只有两个个体组成的集体之间相互估价存在的前提条件是,双方具有共同的价值尺度,若没有共同的价值尺度,交换就具有随机性,而且不可能发生。我们所谓说两个个体"相互理解""观点一致""品味相投"……即为此意。

上述前提条件并不为个体间交换所特有,而是每个集体存在的条件,包括国家、甚至国际社会。相反,可以说,每一个价值度量都对应于某个协同估价(co-valorization)由个体、交换各方根据这一价值尺度构成的集体。但是,实际上,当代社会上存在相当多的价值度量,导致它们之间缺乏一致性。例如,有多种政治尺度,而且每一种"意识形态"在这一点上,都可以视为一个概念系统,其真实功能是表达价值,从理性角度证明意识形态的合理性,但只是以象征的形式提供了某个尺度。因此,民主政权会认为人的尊严、思想自由、尊重民意等是基本的价值。如果价值评估和日常交换不符合这一尺度,那么最好的宪法也只是一纸空文,政权也无法"融入人民的生活"。还有各种各样的宗教度量,其象征性表达是其教条系统,但超越意识形态的框架。因此,教会长期占统治地位的社会能够有效地保存"基督教文明"的特征,在这种社会中人的行为一般根据源自基督教道德[7]的普遍评价尺度来做出评判。此外,还有大量的审美、文学等价值度量,它们以不同的方式快速跟进或相互干扰。

因此,我们将根据共同标准交换价值的个体集合,称为"共同价值取向类"(class of co-valorizants)。设 A 是由接受相同价值尺度的个体 a、a'、a'' 组成的类。那么,在考虑类 A 的所有个体之间——不再只是 a、a' 两个体之间——的交换时,就有以下各种可能性(根据关系代数原则交换的代数和,如 $v_A = v_a + v_{a'} + v_{a''} + \cdots$):

(1) 设存在相互收益 $v_A > r_A$,即
$$(r_A < s_A) + (s_A = t_A) + (t_A = v_A) = (v_A > r_A)$$

则集体自然具有稳定性,因为这是一种个体间相互丰富的状态。因此,在瑞士,尽管语言、文化和兴趣有巨大差异,但联邦的团结代表每一个人的道德和智慧丰富。在这种情况下,对构成集体的个体来说,集体 A 就成为正面价值。

(2) 设存在相互贬低 $v_A < r_A$,即

$(r_A > s_A) + (s_A = t_A) + (t_A = v_A) = (v_A < r_A)$

则集体就无法存活,只代表某种超过真实存在阶段的人为联系。自然,价值的交换不是唯一需要考虑的因素,法律和道德规范可以在没有任何相应的正面价值的前提下,强制保持集体关系。(因此,婚姻、政治联盟等可以在只有亏损交换时生存下去。)

(3) 设存在准确的平衡 $v_A = r_A$,即

$(r_A = s_A) + (s_A = t_A) + (t_A = v_A) = (v_A = r_A)$

则只要价值的竞争不打破平衡,集体就可以存续。

此外还有许多其他组合可以考虑,但为了对其进行分析,最好是在整个集体 B 中区分两个部分集体,即调节 B 平衡的 A 类和 A' 类。这是我们下一节将要探讨的问题。

五、价值和社会平衡的传播

众所周知,帕累托试图将社会平衡描述为共同发生的力量的机械组合,这些力量本身由个体的感觉或本能构成,并以不变"遗留物"(residues)和可变"衍生物"(derivations)的形式呈现出来。等式 I 和 II 所阐述的价值平衡原则上与帕累托的社会平衡一致,因为根据帕累托的观点,若选择"目的"——任何个体 a 的价值度量——作为参考系,那么遗留物 A,B,C 等产生的结果 X,Y 等就是对"社会"的最大效用。但是,帕累托的系统似乎给我们带来基于价值交换的格式可能逃脱的一些难题。第一,为了对平衡的力量加以界定,帕累托必须将动作的真实目的(由"遗留物"所体现出来的需求和感受)与虚假目的("遗留物"本身及其衍生物)区别开来。目前,这种区别总是具有任意性,取决于社会学家的主观解释。第二,"遗留物"是来自个体本能,还是相互作用,这一点一直都不清楚。第三,帕累托的平衡总是与总的"效用"(社会的或源自社会的)相联系,但他自己也承认,这种效用必然具有任意性,因为它与这种价值的内容相关(如作者所说,这样的"目的"是任意选择的)。相反,因为我们只研究交换,不研究价值的内容,因此没有必要对客观目的和主观目的做出区分。例如,具有致幻作用的药品可能具有与其医疗价值无关的实际交换价值,同理,相信魔法的非洲小部落的相互估价能够跟我们一样遵守相同的规律,但可能不像我们那样关心附加价值的客观意义是什么。因此,我们所研究的社会平衡只基于交换动力,与只构成交换内容或主观驱动力的共同发生的"力量(情感)"的性质无关。我们也没必要确定社会中普遍存在的某种感觉是"逻辑的"还是"非逻辑的":它只是通过价值发生社会转换,真正构成社会平衡的是这些价值,而不是感觉或"遗留物"。其实,这些价值取决于交换,即从本质上讲取决于集体机制,而不是虚无缥缈的"本能"或个体所谓"遗留物"。为了坚持使用"遗留物"这一概念,我们应该将其视为交换产生的结果而不是对交换的解释,因为它们的积极价值依赖于这些交换。

第四节的结论是,一个集体要维持下来,至少需要满足两个条件:(1)集体至少有一个共同的价值尺度;(2)交换导致相互收益或者平衡状态。很明显,一个基本事实是相互价值的估价:价值度量只不过是已经获得或尚未获得的满足的比较或排序。因此,我们认为,价值的低估 $r_A > s_A$ 构成了与共同度量的崩坏相同的现象,但如果第一个这种过程迟早会引发第二个过程的话,两者之间就可能发生转移或者转换,以及在度量没有崩坏前提下的重新估价。因此,我们将区分价值交换中不同形式的失衡,并表明它们与通过观察可以分析的主要社会危机形式相对应。

(1) $r_A > s_A$ 型危机,其发生的条件是在集体 B 中,类 A 提供给社会其他成员 A' 的服务比之前所提供的少:或者是类 A' 不再有相同的需求,或者是类 A 的数量大增,需求太大(知识分子太多等)。在这种情况下,共同的价值度量未必改变,但满足 s_A 会减少,而开展的工作与提供的 r_A 保持不变或增加。这种危机通常以供求平衡的简单调整告终。这是一种当代经济现象(参见生产过剩等),但它对质性价值具有制约作用,如同文学、文化运动危机中所观察到情形。

(2) $v_A > r_{A'}$ 型的危机。请读者回忆一下,简单的价值交换(等式Ⅰ)导致价值的资本化或质性信用的资本化($v_a > r_a$ 时),这种信用可以用于换取服务作为回报(等式Ⅱ)。如果信用和新工作之间的往复运行中断时间过长,也就是说,个体或群体过度依赖信用却又不使用和重构信用,那么资本就会贬值。因此,一个靠声誉生活多年的文人或科学家会贬值。这种无活力的资本会周期性贬值,从而可能对集体 B 中的整个类 A 产生影响。当代的例子是执政党的影响力的削弱:非常活跃的反对党 A 为集体 B 中其他成员 A' 提供服务,为其辩护,制衡执政党,于是有 $(r_A < s_{A'}) + (s_{A'} = t_{A'}) + (t_{A'} = v_A) = (v_A > r_A)$。$A$ 执政后首先会享受信用 v_A,从而不可避免地产生不满。如果该政党在随后的日子里不通过新的活动来增加其信用,那么信用就会耗尽,产生 $v_A < r_A$ 的情形。同样,这种现象并不一定意味着共同价值度量的崩溃,因为之前使 A 获得成功的价值贬值。但是,如果政党很快耗尽其信用却没有加以充实,那么政权就不可避免地会受到威胁,从而产生下面的情况。

(3) $r_B < s_B$、$v_B < r_B$ 类型的危机。无论是因为具有消极意图,还是因为先前喜爱的后来已不再喜爱(比如两个不再彼此相爱、过去记忆带来的满足不再有价值的个体之间),若 A 给 A' 的服务或 A' 给 A 的服务不能满足对方,这种危机就最终会发生。那么,以旧的价值度量进行的交换已经不可能,或者换句话说,这种价值度量已被打破。当然,这种危机涵盖了前两种形式的危机;但正是由于它结合了现实存在的不满(类型Ⅰ)和资本化价值的损失(类型Ⅱ),才导致更严重的破坏。

共同价值度量的崩塌似乎是政治或社会革命的特征,从价值定位的角度对其机制进行研究,是有益的。因此,革命极其重要的方面就是,新的价值尺度经常快速的构建,取代了那些与实际交换不再相对应的价值度量。这就是为什么,革命如果不能从一开始就用武力加以制止,那么只有用另一场革命才能阻止它。与导致两种共同发生的力量之间摇摆（价值的交替上升和下降）的轻度危机相反，革命总是因消灭了温和派和极端主义者的过高出价而愈发暴烈。两种价值度量的存在正好可以对这种现象做出解释，其中一种度量正在崩溃，不再给人以习惯性的满足（因此，可以这么说，以其自己的手段完成的支付不再能够满足正常利率），而另一种价值度量在自我构建的过程中允许所有的"投机"（speculations）和更高的出价。相反，迟早会出现一个与经济学里格雷欣（Gresham）的著名法则[8]所描述的相似过程：如同劣币驱逐良币，由于我们试图用劣币支付他人，而把良币隐藏起来，因此若两个质性度量相互对立，我们公开赞同所有符合存疑甚至虚构的规范（比如"权威"的"口号""命令"等）的定价动作，而私下保存失去交换能力的旧价值。这样，最终会产生夸大的价值（$t_B > s_B$），也就是说，声誉和承诺大于实际或可能的服务，"虚假的"自信超过真实经历的安全感等。之后，根据旧度量和危机中最前沿的量度之间的中间度量，以消除虚假的价值与回归平衡为手段进行清算。

这些是当前社会危机的一些例子，此处可能在不涉及细节的情况下提及。人们首先注意到的是，轻度的经济危机和导致政权更迭的"正常"或严重经济危机之间的相似之处。仅举一类例子予以说明，不可否认，大国军事失败后，所产生的社会行为会表现出下述各个方面所有的特征，其中不仅包括某些理想和某些个体的贬值，而且最重要的是整个价值度量的急剧崩溃，以及重建允许新的内部、外部交换的价值度量的多种努力。同样，我们必须对各种不同现象这种具有不同价值流通模式的秩序的干扰进行仔细分析，从自由竞争到垄断，从垄断到完全的国家控制。因此，人们会设想出一种价值社会学，由于可量化，可用经济规律作为其非常有趣的模型。当然，质性交换不仅由于其具有非定量属性，而且由于更加依赖于规范系统，因而比经济交换更复杂，关于这一点，对规范系统，我们已有概括性论述，现在明智的做法是将其作为价值的一般问题来加以考察。

六、价值的规范性协调：（一）道德协调

有一个普遍事实，掩盖了前面所考虑的一切：虽然用质性的同一性或对等条件来定义社会价值的平衡很容易，但是，事实上，这样的价值和平衡最具有不稳定性。各种满足并非因所完成的工作而变化，而且所获得的价值也在不断地消耗，并且或者某些细节或整体仍然以不可预见的方式贬值。这就是为什么除了交换机制之外，每个社会都有一套一般性运算（几乎可以说是某种装备或机制）来保持价值守恒，其作用是，不再通过自发交换的自动平衡来确保平衡，而是通过一系列日益精确的道德或法律义务来确保平衡。

重要的是，人们首先必须明白，这些道德和法律守恒的规则并非所强加的与价值交换无关的东西：这些正是在这些交换领域内部，以延伸早期的定价为手段自我构成，但

唯一不同之处在于,它们不再完全与个人的观点相联系,而是与个人观点完全分离,以达到各种观点的协调。下面我们将从简单的交换开始,来对这种过渡加以阐述,以便从中得出道德层规范的互反规律,然后再探讨从发生学来说更早的异源义务或道德责任;最后探讨导致整个社会平衡问题[9]的法律义务。

1. 规范性互反

为了理解规范的平衡何以与简单的价值交换不同,人们可以将两者间的关系与思维领域中将简单感知(=非规范性表征)系统与推理相联系的关系(=逻辑层规范运算系统),加以对比。例如,假设我们给一个孩子三个小标尺 A,B,C,置于桌上其视野内。在对比 $A=B$ 和 $B=C$ 的关系后,孩子自然会得出结论 $A=C$,但是,推理是没有必要的,因为主体能够直接对 A 和 C 进行比较,而且仅凭知觉或经验观察就足够了。现在,再假设主体并没有同时看到三个小标尺,但在其验证 $A=B$ 之后,将 A 藏在桌子下面;然后,再让他验证 $B=C$,但是仍未将 A 拿出来,问他是 $A=C$,还是 $A>C$? 很明显,在这种情况下,推理干预是必要的,但这种推理何在? 推理存在于将感知价值 $A=B$ 和 $B=C$ 作为已知条件的守恒中(即使感知已经不复存在),并且由此得出与先前的感知相一致——亦即与先前的感知不矛盾(逻辑规范)的可能新感知相对应的结论 $A=C$。价值交换的情况恰恰如此。人们能够将实际交换(actual exchange)与持久的交换(exchange in time)或永恒的交换(enduring exchange)做出区分,前者受到有关各方的直接控制,因此与对价值的直接感知相对应,而后者则突破了验证和实际感知的框架,因此需要具有稳定作用的规范即可逆运算的介入。

例如,在现金销售中,如果交换双方都在相互观察,那么只要不相互偷窃,就不存在所谓道德的功德。同样,若所提供服务以感谢的形式和感恩之情的即时表达来回报,那么这种质性交换仍然是相互同情的问题,实际上并不需要道德规范的介入。相反,在信用销售中,债务成为法律和道德义务的对象。(假如负债人不因任何偶然原因受到起诉,或者假如在交易期间破产,那么,若他仍具有偿还债务的意愿,其道德价值就会增加)同样,接受服务一段时间后对服务提供者给予感谢,尤其是如果服务提供者起初地位高,此后其地位"跌落",预设了一种道德态度。

简而言之,简单或自发的交换只暗含着体验的或直觉的互反,而如果交换具有延续性,不能即时完成(或交换双方有空间距离的阻隔,即没有直接接触),那么所有持久的平衡就需要有具体的规范,因此产生规范的互反性(相当于构成不可逆知觉稳定背后的运算互反性)。因此,从社会学的角度来看,人们可以将法律和道德规范视为趋于使Ⅰ和Ⅱ型交换价值守恒的运算集。

例如,请看等式Ⅰ:$(r_a=s_{a'})+(s_{a'}=t_{a'})+(t_{a'}=v_a)=(r_a=v_a)$。共现的价值可以以多种方式发生改变,而且这些变化会打破持久的平衡。比方说,动作 r_a 不能满足 a'

($s_{a'}$)或只能以虚幻的方式给予满足;或者a'不承认他欠$a(t_{a'})$任何东西;等等。总之,价值v_a、$t_{a'}$会非正常地增加,或被感情遗忘侵蚀。观察清楚地表明,若价值遭到破坏,就会产生倾向于守恒价值或谴责其破坏的个体间反应。例如,若$s_{a'} > t_{a'}$,也就是说,若a'不承认a给他带来的满足,就会被指责为有缺陷,从忘恩负义到欺骗等;若a的动作最终伤害了a'(负面价值),人们会根据动作的类型,给予各种形式的谴责。如果直接相互有收益,那么人们就不会认为其应受谴责(除非是以牺牲第三方的利益为代价),但只要是淡出同情的结果,就仍然处于道德范围之外。然而,即便如此,价值一旦确立,若有人破坏它,就会受到指责(失信等)。

那么,这种价值守恒何以得到保证呢?通过运算系统,将某些对等关系与条件,永久性地分配给共存的价值。这些形式层级的运算被称为规范,而我们将继续称这些形式的内容为价值,因此,所谓规范价值,即规范的应用产生的价值。(例如,根据相同的规范,若行为由a实施,或者得到a'的赞同,那么该行为就被赋予道德价值)因此,规范本身就是规则或义务。人们设想出两种可能的价值守恒方法。一种是法律规范,存在于作为"承认""制定(规定)"等运算的结果,从虚拟交换价值v_a和t_a到"权利"和"义务"(成文的或非成文的)的简单转换中,并且因此规范的自利或非自利特征得到稳固。另一种是确保激进守恒道德,即从非自利的角度协调方式和目的,或协调动作和满足的运算结果,也就是说,每个人皆以自己的伙伴为函数,而非从个人的角度,对自己做出评价。

因此,等式I的"道德"守恒条件如下。(1)a给a'的不确定满足。简单的交换行为从个人自己的角度来实施,而道德行为则是参照他人的观点。在简单的交换中,a的行为(r_a)以自己的成功(v_a)为旨归;相反,在道德层次的互反性中,a的行为旨在给a'带来满足,因而构成了一种目的,而不再是一种方式。a的动作r_a的极限既不再由自己的利益决定,亦非由"满意"(ophelimities)r_a和v_a享乐平等律决定,而只由a满足a'愿望中所包含的可能性来确定:a会尽最大努力去满足a',而非只是自己取得成功,来报偿自己所付出的努力。这就是我们所谓"(给)另一方的不确定满足"(不确定是因为$r_a \leftrightarrow v_a$的关系函数不确定)。(2)a'根据a的意图对r_a的评价。如果a以a'的价值尺度来行事,那么a'也会以a的价值尺度即其意图,对a的动作r_a做出评价(而不是根据a'的价值尺度评价动作的结果)。

这两个条件可以简化为一个,可称之为"度量的互反替代"或"方式和目的的互反替代",[7]这一来,对a来说,$s_{a'}$就成为目的,对a'来说,r_a就成为价值。这足以证明道德行为的非自利特征,与简单交换的功利性目的不同。由此可以推论,如果这一双重条件得到满足,就始终有$r_a = s_{a'}$,两个条件都根据伙伴的度量来进行评价。于是,$t_{a'}$、v_a这两个条件就有下面的意义。在v_a中,a'根据r_a评估a的价值,即$v_a = r_a$,迥异于简单交换,这不再意味着a有权作为回报获得a'的服务,而只是被"认同"。"道德认同"是a被a'承认的规范性价值度量与在a'眼中a这个人被赋予"道德价值"。另一方面,条件$t_{a'}$是a'

按照 a 的规范性度量行事的义务。

因此,合作双方都根据对方的价值度量使对方的价值守恒,道德互反的规范性平衡就在 I 型中达到了,其中 a 倾向于给予 a' 不确定满足,a' 承认 a 的道德价值。当然,这种规范性交换可以复制。

因此,可以推论,在道德层交换中,等式 II $(v_a = t_{a'}) + (t_{a'} = r_{a'}) + (r_{a'} = s_a) = (s_a = v_a)$ 只有在"方式和目的互反替代"这一特殊意义上才成立。人们没有在"道德感觉"中找到个体赋予自身的自利意义上的"权利"(例如,让别人以自己的私利为出发点来评估他的服务甚至之前信用的价值的"权利")。条件 v_a 只从 a' 的角度来看,代表 a 的道德价值($= a$ 被 a'"认同"的方式),因此对 a 来说,它只涉及让 a' 承认 a' 的道德价值度量非自利性的权利,也就是说承认他自己"有价值"的义务。如果 v_a 这一权利在 $t_{a'}$ 中施加给 a' 某一义务,那么这个义务就直接产生于 a'"认同"、尊重(esteems)[接下来会使用"respects"(尊敬)] a 这一事实。若 a' 因此依据义务 $t_{a'}$,并通过 $r_{a'}$ 行事,那么他就根据 $r_{a'}$ 的意图(这个意图依赖于 a' 对 a 的价值评价作为)回报给予 a"道德满足" s_a。于是,作为回报,a 也"认可" a',规范性互反的循环也就此结束。

因此,我们会立即看到,基于观点替代的道德守恒,与只考虑利益相关方的度量、忽略非自利互反条件的法律守恒在哪些方面有差异。因此,可以说,从这个意义上讲,道德是等式 I 中的价值以及等式 II 中的规律的强制守恒;另一方面,等式 II 源自道德,而等式 I 源自法律。

最后,在 I 型交换中,可能出现 a' 不接受互反规范的制约,但是依然忠实于互反规范的情况。在这种情况下,就存在不平等,而且不再对等的情形,但对尊重规范的人而言,义务保持不变,不受他人反应的影响。在这种情况下,a 会以"内在满足"(internal satisfaction)的形式,承认自己动作的价值,其"良知"(good conscience)构成一种"自我认可"(self-approval)。因此,道德交换对于社会学家来说就有一个有趣的特征:它构成了意识中的内在交换,这样一来,价值 v_a 就只取决于 a 的意图,而不再取决于 a' 的反应(或伙伴的价值评判)。这个新的交换特征该如何解释呢?

第一种解释往往部分正确,即我们遵守道德并不见得是真正的无私,而是通过别人的认可寻求愉悦;在没有得到伙伴认可的情况下,人们总是希望获得公众舆论的认可。但是,如果有些观察有效地表明,最明显的利他行为有时也涉及寻求认可的这种利己成分,但有些观察却强调利他义务与他人认可之间存在的良心冲突,那么诚实的人更喜欢依据自己的良心,而非同时代人的意见,即使是最亲近的人的意见,来做出价值判断。但是,这种判断的基础是不在场见证者的认可吗?毫无疑问是这样,但他们未必是其赞扬无论如何可以给自我带来满足的未来见证者:不在场的见证者的范例和过去所获得的益处,在当前仍然"施与义务"。

由于更有说服力的原因,我们不能把对常识不成熟的功利解释,视为对道德交换"内化"的解释。流行的观点认为,道德价值 v_a 通常被视为类似于自发交换价值的一种交换价值（v_a＝未来的满足$s_{a'}$的可能性及获得其他人$r_{a'}$补偿的权利），但如同不确定的交换价值被无限期延迟。那些具有某种共同道德理性的人，在谈到未来的补偿时，正是通过这种方式声言，无论是在当世还是在另一世界，每一个善行都有其价值。他们甚至认为，价值会随着补偿的延迟而增加，这使人们想起经济学里表示当前价值和未来价值之间差异的"利率"的概念（未来补偿的想法所带来的实际乐趣，其对人的满足程度，低于直接补偿）。但是，这种观念仅仅证明自发（或"自利"）交换和纯粹的规范性（或"非自利"）交换之间，存在很多中间过渡状态，因此并不能对后者做出解释。

其实，规范性交换的强制性和内在性特征，只有在非自利动作r_a产生于之前a对a'或a'之外的其他人承诺的义务t_a时，才能得到理解，因为先前的义务t_a把当下的a与需要尊重的某些价值紧密联系了起来。因此，人们能够看到，交换中规范的介入如何直接引入"历时"的概念，这不仅只因为规范保持了价值的长时效，而且还因为规范的强制性特征只能作为其一个历史函数才好解释。关于这一点，我们将在下文做一简要审视。

2. 两种形式的尊重和道德义务

因此，我们的首先假设，规范产生于历时平衡，是确保当下交换和所有早期交换之间平衡的义务。

我们认为，尊重（respect）是附在人（个体）正面的价值评价（不尊重的话就属于负面的价值固定）上的一种感觉，与对对象或服务的价值估计不同。因此，尊重一个人意味着赋予他一定的价值，但是人们可以将价值赋予他的一个动作和服务，而不对个体做出价值评价。所以，尊重一个人等同于认可其价值标准，但这并不意味着自己也接受这个价值尺度，而是从他本人的角度赋予其价值。首先，我们需要注意，尊重某个个体并非简单地意味着尊重他所体现的规则（康德和涂尔干认为，尊重是与道德或集体法有关的感觉，而不是与个体有关的感觉）。正如博维（P. Bovet）所表明，恰恰是对一个人的尊重产生义务，而不是相反（这一论点在幼儿身上很容易得到验证）。因此，将尊重作为一般规范性价值和义务的起源，并非是恶性循环，因为尊重最初只是所赋予个体价值的表达，而非物质或服务价值的表达。此外，显而易见，这种通过"尊重"对个体价值的评估必然产生而且只产生体现道德规范特征的非自利行为：说a'尊重a，等于说在其与a有关的行为中，a'从a的角度和标准行事。于是，"价值度量互反替代"或"方式和目的的互反替代"恰恰是相互尊重的表达。

第一种形式的尊重（所谓第一，此处意指心理发生的顺序）是单方面的尊重，或两个个体非互反的价值评价。下面我们首先谈一谈父母及其子女之间的不断交换。假如a是父母、a'是孩子，他们之间产生的双重交换始终处于失衡状态，因为a'认为a的动作价值高于a认为a'的动作价值。

(1) $(r_a < s_{a'}) + (s_{a'} = t_{a'}) + (t_{a'} = v_a) = (r_a < v_a)$

(2) $(r_{a'} > s_a) + (s_a = t_a) + (t_a = v_{a'}) = (r_{a'} > v_{a'})$

简单来说,这意味着对 a' 来说,a 要优于他(更强壮、更聪明、更有智慧等),反之亦然。当然,子女给予父母的满足多于父母回馈给孩子的满足,但是我们此处所关注的是情感的特殊价值,而子女所赋予父母的乃是一般性价值。因此,子女赋予父母的总价值产生了两种结果。当然,第一种结果是,(这与个体单方面的价值评估有关)子女会采纳值得尊重的人的价值度量,反之则不正确(或正确性较小)。因此,孩子会模仿其他人为其树立的榜样,拥护成人的观点等,而反过来则几乎不会发生。第二种结果是,价值 v_a 所表示的成人的尊重在子女身上,就被转换成对发号施令等永恒权利的承认 $t_{a'}$。所以,对子女而言,条件 $t_{a'}$ 就代表服从 a 的榜样和命令的义务,这也正是博维的心理学分析所表明的。良知义务在 a' 身上产生,向 a' 发号施令的 a 受到 a' 的尊重。鲍德温甚至说,义务 $t_{a'}$ 是作为 a' 的典范而构成[心理分析学家在其关于"超我"(super-ego)的理论中采纳了这个观点]。最后,起初无差异的义务 $t_{a'}$,a 的训令一达到非自利满足的条件,就变成"道德"。

相反,第二种形式的尊重是两个个体的相互尊重或互反价值评价,其结果是我们所探讨的规范性互反。单方面尊重源自两个个体之间价值评价的不平等,而相互尊重则源自评价的对等。假设 a 认为 a' 在某个领域超过他,而在另一个领域则相反。或者说,a 和 a' 在平等的基础上互相协作时,会认为他们具有相同的价值。无论是在哪一种情况下(当然,单方面尊重和相互尊重都有可能有变异)都可以逻辑地推论,要么 a 和 a' 接受共同的价值度量,要么在有分歧时,相互承认对方的观点(产生于更一般的公共价值,由此派生出不同的特殊价值)的合理性。从那时起,他们之间不再存在权威关系(服从指令、命令等),只有简单的互相赞同关系。

彼此(a 和 a')对对方的价值评估对等,承认($t_{a'}$ 和 t_a)仅表明各自从对方角度看问题的共同义务;但是,正因为这种义务产生于人与人之间互反的价值判断,因此价值判断便具有自发交换所没有的规范性特征,并使价值具有永恒性。义务作为规范性互反的一个特征,可以用这样一个事实来解释,即 a 和 a' 都不能毫无矛盾地评估对方的价值,同时又以一种贬低动作者的方式对待对方。例如,a 不能同时尊重并欺骗 a',因为随后 a' 会不再尊重他,那么在这种情况下,a 要么放弃尊重 a',要么不再尊重自己。既如此,即使 a' 忽略 a 的谎言,仍然保持对 a 的尊重,那么相同的规范性互反机制就会在意识中起作用,达到 a 对 a' 的价值做出评判,并承认其价值度量:就互反性而言,如同单方面服从,义务 t_a 在其一般化的过程中得到内化,而且结果可能适用于与规范首次出现的情形相似的所有情形。

简而言之,产生于单方面尊重的规范构成了责任的道德(morality of duty),而产生于相互尊重的规范则构成了互惠的道德(morality of reciprocity)。这种差异仅由义务或规范的形式产生,与其内容无关。显然,根据责任道德制定的规则,内容决定于互反道德。例如,每一代人都有其平等或公平分配的规范,自发地产生于 7 到 12 岁的儿童或青少年等同辈群体之间的互反关系,也可以由长者或父母以责任的名义予以施加。但是,即便如此,这一本质差异仍然存在,在由责任施加义务的情况下,规范被作为现成的东西加以接受,因此具有非自主性,而在规范由互反性构建的情况下,因规范而承担义务的个体在对规范进行阐述的过程中,以自主的方式合作。相反,由此可推论,责任的道德可以做出任何规定、发布各种指令,并且与互反规范没有关系。与社会制约的道德有关的"禁忌"和施加给儿童的相同形式的禁令(不说某些话,不接触某些家具、文件等),乃是其中可引证之一例。

那么,现在我们要问,在规范性交换的情况下,责任的道德是否构成一个类似于垄断或简单(非规范性)交换的"固定市场"的现象,以使互反性道德相当于自由贸易。有一种可能的情况是纯粹非自主的义务系统,如同垄断,可能导致价值的相对崩溃。从本质上讲,互反规范所预设的"不确定"动作 r_a 是没有限制的,因为以自己被满足的方式满足他人,从本质上讲,是一个不确定的"开放"程序;相反,若所承担责任中没有互反性内容,而仅仅是一个禁令,承担最大的责任则可能构成一个有限的"封闭"行为。相反,对互反规范的制裁仅仅是生产状态中的恢复期,而与他律紧密联系的、存在于用惩罚来补偿罪行的压制性制裁,可能存在于非生产性价值中。

总的来说,前述无论多么简要,人们总能清楚道德类型的规范性协调,以何种方式构成了确保价值守恒的运算系统。关于"对他者不确定的满足"条款,与根据意图做出价值评估条款,两者导致可逆替换"群集"[8]集合中价值的整合,其中有些具有非对称性(责任道德),而有些则具有对称性(互反性),但是从形式上讲,都与逻辑"群集"相似。

七、价值的规范性协调:(二)法律协调

众所周知,关于法律的基础或"起源"的本质,法理学家意见不一。对凯尔森之类的人来说,法律构成了一个源于国家的独特规范系统。而对其他人来说,法律独立于国家而存在,具有形而上学("自然法")或社会属性。(我们认为,彼得拉日茨基是非国家法律影响最深远、深刻的捍卫者,他甚至谈到法律的心理起源,即个体间起源)因此,我们将对国家或成文的法律,与因缺乏恰当的描述、我们暂且称之为"非成文"法或"道义论"(deontology)做一区分,对前者的形式与规范结构,凯尔森已有很翔实的分析,而后者的法律关系并非由成文的法律或法院审判先例承认的实践来固定下来。为了清楚地说明我们的想法,我们首先考虑一下 a' 在没有见证人的条件下,对 a 做出的纯粹口头承诺,可以说,a' 通过这个承诺给 a 一个非成文权利。但是,我们必须清楚,关于其起源的分类,我们并没有提出任何假设。许多法律理论家倾向于将这种权利划归于道德之下,将其排除在"法律"领域之外。这种情况对我们而言,并不重要,但是有必要对道德秩序的两个领域做出区分:一个领域是在上一节中所谓的"非自利"关系,其义务按照度量的

互反替代条件确定;在另一个领域中,义务由惯例或基于个人利益的个体间协议决定,其中存在第一个领域中没有的"权利"这一概念,即个体相对其伙伴可以拥有"权利"。例如,假设 a' 承诺将来为 a 的期刊提供一篇文章。然后考虑以下情况:(1)如果已经签订了协议,并且 a' 的违约对 a 造成了损害,那么后者可以召集他的律师,甚至可以通过法院传唤 a',因此,这种情况就牵涉到成文法,此处暂且按下不谈。如果承诺在法律上是非正式的,而且,a' 由于其他意外的任务无法按时完成文章,上述两种情况也可能发生。(2)a' 设身处地从 a 的角度着想,认为无论如何都要履行义务;而 a 则从 a' 的角度考虑问题,希望他从义务中解脱出来。(3)a 认为能够利用自己的权利,索要文章,而 a' 对 a 的态度感到惊讶,承认其权利(或者相反,不承认其权利,声称与当时做出承诺的情景已经改变等)。我们一直认为,案例1是一个法律层问题,案例2是一个道德层问题,但是案例3是什么问题呢?如果将其与道德联系在一起,那么我们就要承认,它因为涉及案例1中的"权利",与案例2不同,而且与案例2中的非自利义务无关。从价值交换的角度来看,它与案例1的关系近于与案例2的关系,这就是为什么我们用"非成文法律"或道义论来指称这种关系。相反,道义一旦得到法院的承认,就成为可依据的"成文法"。

因此,接下来我们将首先考察非成文法律价值交换的特征,然后尝试分析成文法关系的形式结构。[9]

1. 非成文或道义的法律关系

道德领域的规范性协调对我们来说是等式Ⅰ里价值的强制性守恒,因此法律层的规范性守恒就构成等式Ⅱ里价值的守恒,但没有对伙伴的不确定满足,并且价值度量从合法索赔人的角度来看,是统一的。

设等式Ⅱ:$(v_a = t_{a'}) + (t_{a'} = r_{a'}) + (r_{a'} = s_a) = (s_a = v_a)$。

在价值必然守恒的情况下,这些条件的含义如下:

$r_a = $ 为 a' 所承认的 a 的权利。

$t_{a'} = a'$ 的相关义务。

$r_{a'} = a'$ 为了履行其义务 $t_{a'}$ 所提供的服务。

$s_a = a'$ 的服务给 a 带来的满足。

例如,在 a' 承诺给 a 一篇期刊文章一例中,条件 v_a 指由此产生的 a 的权利;条件 $t_{a'}$ 代表 a' 写文章的义务;$r_{a'}$ 是写文章的行为;s_a 是 a 得到的满足。

我们一看就知道,这些法律关系假定的对等很容易受到干扰:(1)可能出现 $v_a > t_{a'}$ 或 $v_a < t_{a'}$,也就是说,a 和 a' 没能就其权利和义务达成一致意见;(2)若 $t_{a'} \gtreqless r_{a'}$,那么 a 和 a' 对 a' 履行义务的方式就有不同的看法;(3)$r_{a'} \gtreqless s_a$ 意味着 a 可能对收到的服务不满意;(4)$s_a \gtreqless v_a$ 的意思是 a 得到的服务和拥有的权利不对等。其实,在涉及私法合同的

法律行为中,法庭程序关注的正是这些不同点。

等式Ⅱ所表达的法律关系(包括成文的、非成文的)恰好存在于价值守恒中。这可以表述为,平衡的实现必须满足两个条件来表达。

条件 1:$v_a = s_a$,由此合法索赔人的等式就是:$(v_a = t_{a'}) + (t_{a'} = s_a) = (s_a = v_a)$

条件 2:$t_{a'} = r_{a'}$,由此责任主体的等式就是:$(r_{a'} = r_a) + (s_a = t_{a'}) = (r_{a'} = t_{a'})$。

关于权利 v_a 的来源,请回想一下,在自发交换中,价值 v_a 的来源是 a 的动作 r_a 给 a' 带来的满足 $s_{a'}$;但是,具有变异性易消耗的非规范价值不能构成这种权利。相反,在道德层的规范性交换中,义务 $t_{a'}$ 总是源自 a' 赋予 a 的价值,这个价值使得 a 的指令对 a' 成为某种义务(非自主性责任),或者 a' 和 a 之间相互的价值评估使 a' 对 a 的行为必须以相互尊重(自主互反)为基础;在这两种情况下,价值 v_a 只对 a 构成特殊意义上的权利,即让 a' 承认其道德价值标准,并按照其行事的"非自利"权利,而非为自己获取服务的权利(个人或"自利"满足)。v_a 和 $t_{a'}$ 首先必须得到承认,然后才有(非成文的)法律中的价值 v_a 和义务 $t_{a'}$,或者,a 给 a' 下达一个指令,并为 a' 所接受;或者,a' 对 a 做出一个承诺或与 a 达成某种约定;或者,双方做出某种共同安排;或者,最终,a' 在赋予自己对 a 的权利的同时,心照不宣地赋予 a 对自己同样的权力。因此,承认在法律或道义层的规范性协调中所起的作用与尊重在道德协调中所起的作用是相同的;而且,在道德行为中,显性或隐性的规约,与指令或者相互的约定相对应。

如下所述,这种非成文规范性法律正是著名哲学家彼得拉日茨基所分析的那种法律。他认为,需要满足四个必要、充分条件,法律的"规范性事实"(normative fact)才能存在。[10] (1)有权要求或接受服务的人(即 a);(2)承担义务的人(a');(3)权利所有人应该做什么的想法(v_a);(4)义务主体应该做什么的想法(即 t_a)。彼得拉日茨基从中得出结论,认为法律关系是一个双边的命令-属性关系(bilateral imperative-attributive relation),恰好对应于基于方程式Ⅱ的对等关系 $v_a = t_{a'}$。然而,彼得拉日茨基声称,以这种方式能够将法律和道德区分开来,因为后者只意味着"单边的命令关系"。因此,在索罗金(Sorokin)所引用的例子中,个体 a 为自己设立的"向穷人捐赠财产"的道德准则,绝不会给予穷人向他人索取财富的权利!目前,在对道德规范的解释上,我们必须与彼得拉日茨基分道扬镳:道德关系等同于法律关系,必须具有双边性。就责任的情形而言,a' 赋予 a 的价值(单方面尊重)是义务 $t_{a'}$ 的来源,而就道德互反的情形而言,这种双边关系甚至被复制。的确,如果 a 命令 a' 善待 a'',那么 a' 和 a'' 之间的关系不构成 a'' 的权利,但义务 $t_{a'}$ 却对应于一种权利,即 a 下达命令的权利,或者泛而言之,保证自己的道德价值标准得到尊重的权利。然而,由于道德义务的特征需要得到内化,而且独立于伙伴的反应而存在,因此,从另一方面来讲,它们就有可能在某种独一无二的意义上保持单边关系。例如,出于对 a 的尊重,a' 接受了 a 的命令,之后失去对 a 的尊重,但他可能仍然听从[10]其命令。或者,a 可能基于互反原则对 a' 行事,即使 a' 不会这样做,而且不配得到这样的待遇。这种关系虽然不再是事实上的,但"原则上"仍然是双边关系,如同法律关系中,即使 a' 拒绝履行义务提供服务,a 的权利依然存在。所以,道德关系与法律关系的区别不是道德关系的单向特征,而是其"非自利"特征,亦即基于意图的不确定满足和评价的双重条件(度量的互反替代)。

最后需要注意的是,我们可以根据前述格式模型,设想个体和其组成的集体之间存在一种非成文的法律关系,当然,其前提是通过协议,或者通过隐性或显性的约定,相互承认对方的权利。例如,可能发生下述情形:个体 a 承认集体 A 有权 v_A 施加给自己某个义务 t_a,迫使 a 接受他并不期望得到的公职,或者因其之前的贡献,集体 A 给予 a 某个权利 v_A,承担某个享有特权的职位。毫无疑问,狄骥(Duguit)"客观法"(objective law)或"连带责任"(joint responsibility)概念的基础就是这种事实。尽管这些事实似乎不足以解释成文法律的"来源",但无疑是非成文法律的某些关系中所包含的内容。

2. 成文法律的关系

尽管与非成文关系的非形式基本特征相比,成文法发展相当快,但二者实际上遵循相同的形式机制。所以,两者间的本质区别在于,成文法的价值度量或者权利与相关义务等级的价值度量,是由成文法或习惯法规定的,并最终建立在国家法律规范系统基础之上。

当代成文法领域中有一项研究,将法律极大地进行了公理化:凯尔森的"纯粹法理论"。因此,对其形式系统是否可以用前面的等式公理化地表达出来这一问题进行探讨,很有意义。

我们首先需要牢记,凯尔森[当然,凯尔森所谓"法律"(Law),专指成文法,但是,显然,他不接受自然法,甚至不接受任何自发的超法规法律]把纯粹法理论视为对规范简单效度的研究(与其因果解释相反)。在这方面,凯尔森对一种与因果关系不同但与逻辑蕴涵相当的关系进行了界定,称之为"归因"(imputation)。如果某种行为被归因于规范,就是"边缘"归因,比如行为不端;如果事态被归因于规范,就是"中心"归因。在这种意义上,现实中非常道德的"人"被视为归因的中心。另一方面,国家与法律秩序本身融为一体,而且国家与法律之间不存在二元性,独一无二系统中的每一个规范都蕴含着低层次的规范,而且这些规范本身又蕴含于高层次的规范中,最终所有的规范都蕴含于宪法中。

当前,在这个承认效度的义务构成其基本规范的完整体系中,规范的应用与新规范的制定相融合,因为法律本身对法律的制定具有调节作用。因此,议会使用宪法规范制定法律:"制定规则的同时在执行另一个规则。"唯一的例外是两个极端,即个体的最终执行行为(没有制定规则)和基本规范(没有执行规则)。这个过程具有绝对连续性。因此,法律、行政裁决和法院判决的实施之间没有本质上的差别,所有这些都同时在执行更高的规范,创建新的规范。私法与公法的不同之处在于:公法将现成的规范强加于个体,而在合同中,缔约方则与施加给他们义务的规范的制定密切相关;但另一方面,合同规范必须得到国家的批准。最终,规范制定过程中,受法律制约者的参与程度,从最低限度的参与(专制)到最大限度的参与(直接民主),将不同的宪法制度区别开来。

我们发现,纯粹法理论将公法简化为一个简单的规范系统,这样一来,由有权实施v_A的个体(或归因的中心)组成的任何群体A,和有义务完成$t_{A'}$的任何群体A'之间所存在的法律关系,就很容易表达了:其中A'可能完全不同于A,或者包含A,甚至与A融合(取决于我们关注的A的规范是只施加义务给A'呢,还是同时施加义务给A和A',或者只施加义务给A)。

于是,就产生平衡的一般条件:

等式Ⅱ $(v_A = t_{A'}) + (t_{A'} + r_{A'}) + (r_{A'} = s_A) = (s_A = v_A)$

其中,$v_A = A$"执行"规范(法律、规章、命令、判决等)的权利。

$t_{A'} = A'$"遵守"规范的义务。

$r_{A'} = A'$遵守A的规范的行为。

$s_A = $由于遵守规范而给$A$带来的满足。

如果存在不等式$r_{A'} < s_A$,那么$s_A - r_{A'} = (s_A - d)$,其中差异d构成了某种不端行为,通过同样由规范确定的处罚来予以纠正。这种处罚通常是剥夺A'的财产,即我们所谓的r'_A的价值。于是,平衡得以重建。

如果$r_{A'} < s_A$,那么$r_{A'} + r'_A = s_A$。

因此,将这种平衡条件应用于所有可能的成文法律关系,就容易了。例如,在类似君主专制政体的绝对等级制度中,君主S对其全部国民S'拥有任何权利,但对他们却没有任何义务,因而有$(S \downarrow v_s S')$。其直接代表R_1对他只有义务(因而有$R_1 \uparrow t_{R_1} S$)[11],但对其下级却拥有一系列权利,因此所有的关系为不对称的$\downarrow v$或$\uparrow t$、$\downarrow s$或$\uparrow r$类型。另一方面,在宪法规范由集体B中的政党A(成年男性或男女)投票决定的情况下,执行规范即构成A对B的权利(因此有$A \downarrow v_A \uparrow B$),从而对整个$B$($A$和$A'$)便产生了义务$B \uparrow t_B$。因此,可以设想在极端情况下,有一个任何时刻都有权让自己承担义务,或者用新规范来修改先前义务的集体$B:B \downarrow v \uparrow t_B$。最终,个体间的每一种合同关系都从$(a \xrightarrow{v} a') + (a \xleftarrow{v} a')$和$(a \xrightarrow{t} a') + (a \xleftarrow{t} a')$产生一种双对称关系$(a \xleftrightarrow{vt} a')$。这样一来,就很容易构成一个完整的法律价值逻辑,以这种方式构建出来的"群集"就在完全非对称(等级层次性)类型和完全对称(合约式平等)类型之间摇摆,但这并非本文探讨的目标。[11]

此处,我们所关注的,只是成文法律关系与非成文或道德秩序关系之间功能上的异同。显然,非成文道德关系和成文法律关系之间存在很大不同(程度的差异,而非种类的不同):在前者中,个体间的关系非常重要(承诺、协议等),而且个体和集体间的关系本身更加松散;而在后者中,个体与国家之间的关系最为重要,而个体间的关系则并非那么重要。原因不言自明:因为法律协调的作用是使价值守恒,在非成文道德的关系就可以充分确保价值守恒的情况下,成文法就不需要了,但是在平衡没有自发建立的地方发挥作用。

其次,值得注意的是,等级层次性法律关系的形式结构(↓和↑),以何种方式与他律和"纯粹"责任的道德关系的形式结构相对应,而合同性法律关系在形式上与互惠的道德关系相对应(不考虑我们所强调的估价模式的差异:度量的互反替代)。因此,我们认为,在法律与道德的关系问题上,凯尔森和彼得拉日茨基两人都夸大了两者关系的对立。根据前者的观点,道德规范通过其"内容"来评估,并且只能从一般到特殊进行推理,而法律推理则具有建构性,新规范只要按照高级规范规定的方法来实施,就有其效力。我们认为,道德义务由于其形式,无论是由受人尊重的人施加给尊重他们的人的责任,还是源自相互的价值评估,都同样有效。从另一方面来讲,道德义务同样都产生于渐进的构建,但是,显然发生在个体的一生中,而不是在被看作整体的社会的进程中。即使从后一种观点来看,我们用以解释世代传承中每一代人都为下一代人构建道德这一事实的尊重的等级层次,与在综合法律体系中情形相同,构成相互交叠规范的自发"发布"与"执行"之流程;而且,由于所接受的规范皆不够精确,从而不能适用于每一个具体的动作,因此,从长远来看,个体规范的应用总是既涉及道德领域,又涉及法律领域,因此凯尔森恰当地称之为"规范的个体化",规范形成过程中最终实施前的最后一个阶段。

目前,法律建构与道德建构之间不仅存在一般的形式相似,而且还在以下两个重要方面趋同。在这两个领域中,个体间对称的规范关系必须在(不对称的)等级层次关系的框架内形成。因此,在法律中,合约关系镶嵌于将个体与国家联系在一起的一系列义务中,而且在道德上,互反性只能在复杂的责任体系中发展起来(通过这种责任,个体作为单方面尊重动作的结果,得以塑造)。相反,在这两个领域中,对称关系一旦形成,就倾向于通过替换或确定规范的内容(只有其形式仍然保持不对称)来取代不对称关系。因此,在每个社会历史特定时刻的道德中,互反往往倾向于压倒非自主责任,或者为其提供内容,而在法律中,双边关系与民主共同趋于主导单方面的尊重,或者激发规范的产生。但是,由此在这两个领域中取得的平衡仍然易受干扰和逆转。这引出了我们将要探讨的最后一点。

八、规范性平衡和社会平衡

前文中的形式或公理分析应该解决两个问题:揭示出不同领域社会交换结构的异同;确定社会平衡中法律、道德、经济或简单质性交换的作用。

在这方面,法律协调引发出一个非常有趣的问题。很明显,从形式上来看,对任何法定组织而言,只要满足 $r_a = t_a$(a 对 a' 履行的义务)、$s_a = v_a$(a 的权利带给 a' 的满足)

以及 $r_{a'}=t_{a'}$、$s_{a'}=v_{a'}$ 等条件,那么,社会中任意两个个体 a、a' 之间就能达到平衡。这就意味着法律、行政裁决、判决等得到了应用。但是,这绝不意味着 $v_a=t_a$,即 a 对 a' 的权利与义务相等,或者一般来说,a 的义务系列相当于其全部权利。换句话说,(成文)法律的平衡,必定既与非成文法律的平衡不相符,亦与道德的平衡不相符,还与(经济和简单定性的)自发交换的平衡不相符。这就是为什么,从道义论或者伦理的角度来看,产生于这种相互依赖多种多样的协调的成文法,可能是公正的,也可能是不公正的。除了内在的法律平衡问题(=特定社会中法律等的应用或执行)之外,还存在外在的法律平衡问题,或成文法的价值(权利和义务)、非成文的规范性价值和自然价值之间的平衡问题。

我们需要从这种外在的观点出发,去追问宪法或法律是否稳定、是否受政治混乱的支配。从第二种观点来看,如果这些成文权利的微弱价值得到成文法律、道德互反或有益的经济、质性交换的补偿,那么即使绝大多数人的义务超过权利,在特定社会中也可能存在法律平衡。

谈到必然要讨论的道德平衡,我们需要对非自主规范和互反性做一区分。一般来说,道德平衡永远无法达到,因为它与理想追求不断提高的另一方不确定满足条件有关。但是,在非自主责任或者义务越来越强、超越相互性的情况下,道德与法律义务几乎没有区别,满足也成为可能(从而达到平衡)。从另一方面来看,就相互性而言,即使具体的道德平衡无法达到,道德因为具有非自利特征,亦是社会平衡的一个因素。

因此,总的来说,法律平衡与社会平衡的关系一般以下面的形式表现出来。任何个体作为"归因中心",其权利和义务只构成他所拥有的所有正面或负面价值中之一类。因此,这些权利或义务正是通过与其他价值[参照这些价值,法律价值发挥其方式(或障碍)作用]的关系,按照满意或不满意来进行转变。所以,外在的法律平衡将由其所有价值的均衡决定。下面的两种极端情况非常有意思。

第一种情况(专制或神权政权等)是,主体 A' 承担极大化的义务,却享受极小化的权利($t_{A'}>v_{A'}$)。此处,法律结构不允许任何自由的价值交换。但是,如果那些拥有权利和施加义务的人同时是道德价值的来源(如果尊重上级),或者说,如果社会等级导致下级价值的固化,那么平衡将得到保持[比如,司汤达(Stendhal)在《红与黑》(*Le Rouge et le noir*)[12] 谈到 1815 年后,复辟的君主制下雇佣工的"报酬分配"方式];最终,如果财富的分配仍然与等级秩序相适应,那么就会出现大人物仍"保持其地位"而大众却对其贫困一无所知的情形。

相反,若权利与义务对等($t_B=v_B$),而且履行义务的人参与规范的解释,那么这些规范往往就成为调节交换的简单工具,规章或规则为了适应新的情况而受到必要的修正。但是,在这种情况下,失衡很可能以权利逐渐超过义务,或更准确地说,满意逐渐超过义务的形式重新出现。只有道德规范才能维系相反力量的均衡,并通过各自独特的运算方式确保每个规范体系的一般职能:价值的守恒。

作者注释

[1] 因此,金字塔的每个面都由图 b 中所示类型的度量构成。

[2] 基于不对称关系倍增的序列对应或"质性相似"。

[3] 其他例子:"收买政客"a 即再次通过消除虚拟价值 t 和 v,来量化定性交换,此处一定数量的货币或其他服务对应于服务 r_a。外交"交易"同样体现出定性和定量交换的所有阶段。

[4] 参见帕累托:《政治经济学教程》(第一卷),1896,第 22 页(Pareto, *Cours d'économie politique*, vol. 1, 1896, p. 22);博宁塞尼:《政治经济学基本手册》,1930,第 27-29 页(Boninsegni, *Manuel élémentaire d'économie politique*, 1930, pp. 27-29)。

[5] r_a 是 a 对价值 s_a 的牺牲,如果 $r_a = v_a$,那么满意等于 v_a。

[6] 参见让内:《社交疲劳与反感》,《哲学评论》,1933(Pierre Janet, Les fatigues sociales et l'antipathie, *Revue philosophique*, 1933)。

[7] 正是这种情况对道德层"规范互反"做出了界定。

[8] 我们在其他著述中,将任何具有组合性、相关性、可逆性和同一性属性的运算系统,称为"逻辑群集",如同"数学群集",但是不同之处在于,每个运算相对于其自身或高级、低级关系都发挥"同一"的作用。参见《日内瓦物理学和自然历史学会会议纪要》(*Compte rendu des séances de la Société de Physique et d'Histoire naturelle de Genève*, 1941 年 3 月 20 日会议,第 58 卷,第 1 期)。

[9] 关于法律与价值之间的关系,请参阅德马代(de Maday)有趣的著作《论关于权利起源的社会学解释》(*Essai d'une explication sociologique de la origine de droit*, Paris: Giardet Briere, 1911)。但是,作者采用了我们没有使用的发生观点,而本文仅仅是共时的阐述。

[10] 参见索罗金:《当代社会学理论》,巴黎:帕约出版社,1938,第 518 页(P. Sorokin, *Les Théories sociologiques contemporaines*, Paris: Payot, 1938, p. 518)。

[11] 《法律与国家》,《巴黎大学比较法研究所年鉴》,第 32 页(*Droit et état, Annales de l'Institut de Droit comparé de l'Universite de Paris*, 1936, p. 32)。(出现在法语文本第 138 页末尾,文本中没有参考这条注解。——英译者注)

英文版译注

1. 马里-埃斯普利特·路易斯·瓦尔拉斯(Marie-Esprit Louis Walras)(1834-

1910),原籍法国,洛桑大学政治经济学教授。最初是工程师,以经济平衡的数学理论而闻名,边际效用理论的创始人之一。瓦尔拉斯的经济价值理论是建立在稀缺性(*rareté*)基础上的。正如他所说:"如果个体拥有一些稀缺的东西,就可以用它换取其他东西;如果没有稀缺的东西,就只能通过别的东西去交换;如果没有任何东西,必须不用任何东西去交换。这就是交换中价值的概念。"他认为价值在交换中是一个自然概念:"如果小麦和白银相对于彼此具有一定的价值,那是因为它们相对地或多或少都是稀缺物,也就是说有一定的用处。"[参见阿林厄姆:《价值》,麦克米伦出版公司,1983,第 100 页(Michael Allingham, *Value*, Macmillan, 1983, p. 100)]。瓦尔拉斯认为,商品的价值由某一时期的市场主导条件所决定,而且可以根据交换过程予以量化。因此,用皮亚杰的例子来说,我们可能愿意用 300 千克小麦换取 2 升酒。

皮亚杰的社会交换理论既包括经济交换,也包括质性价值,后者,正如他所指出,可能有不同的起源:个人兴趣和品味,由时尚、声望、社会制约,以及法律、道德规范所施加给的群体价值。如同在经济交换中的商品交换,人们也可以交换赞美、礼物、想法等。非规范类社会价值似乎有一个情感起源,而法律、道德价值或规范包含智慧因素,而且不因时间而变化。在这两种情况下,社会价值都是通过我们针对他人的动作表现出来。皮亚杰将社会视为一个巨大的价值循环,这种观点源自于其社会行为是建立在个体的相互作用之上的这一观点,认为这种相互作用基本上是交换性质的,未必像涂尔干所认为的那样,是从外部所施加的。有关进一步讨论,参见梅斯的《皮亚杰的社会学理论》(W. Mays, Piaget's sociological theory, in S. Modgil & C. Modgil, *Jean Piaget: consensus and controversy*, London: Holt, Rinehart & Winston, 1982)。

2. 维弗雷多·帕累托(Vilfredo Pareto)(1848—1923),意大利经济学家、社会学家,接替瓦尔拉斯担任洛桑大学政治经济学教授。如同瓦尔拉斯,他最初也是一名工程师,后来发展了瓦尔拉斯的一般经济平衡理论。在效用理论中,帕累托用"ophelimity"(满意)(*ophelimité*)取代了瓦尔拉斯稀缺的概念。"Ophelimity"对效用的意义做出了限定,因为它仅指经济原因带来的满足。此外,帕累托所谓满意,主要是指个体可能需要的事物的属性,有时可能是产生有害影响(如吸毒)的属性,不同于有益于社会的事物的属性。"Ophelimities"作为个人的满足从本质上讲是非自主的,因此将人与人之间的比较排除在外。换句话说,一个人的好恶未必为他人所共享。

3. 在各自的描述中,瓦尔拉斯和帕累托都把自己局限于经济交换中的平衡。在本章中,皮亚杰扩大了其研究范围,其中包括社会交换中的平衡,即本章标题所谓"静态(共时)社会学里的质性价值"之所指;亦即,包括道德和法律规范的社会价值或质性价值是历时交换过程的结果。但是,这并不意味着他们没有为皮亚杰提供经验基础。他将道德责任置于孩子对父母的尊重中。

从其早期著述起,皮亚杰就使用平衡的概念,来解释作为与环境的相互作用的结果,我们的行为活动以何种方式,呈现出一种不变的结构形式(以物理系统中达到的各种力量的静态均衡为类比)。但是,存在一个根本性区别,即生物和心理层面的行为活动因这种相互作用而得以重构。换句话用皮亚杰的术语来说,生物体会吸收环境的某些特征,以达到适应环境的目的。平衡的概念若应用于生物、心理和社会领域,似乎有不同层面的解释,但是皮亚杰声称,可以在这些层面之间建立起同构关系。皮亚杰的理论在生物领域可能被称为柏格森派(Bergsonian),因为其理论起点是构建行为和经验基本结构的一系列生物活动,称这种结构为平衡状态。因此,儿童将首先通过尝试与错误性运动,主动探索周围的环境,最终建构起用于操纵物体的明确格式。在规范层面,可以引用皮亚杰的说法来加以阐述,"我一直认为,结构可以成为必要的规范,而且只有达到最终的平衡,发展结束时,才能成为规范"(参见本书前言脚注3)。由此产生了一个解释问题:这种必然性是否已经被建立,或仅仅是可建立呢? 皮亚杰确实声称确实已建立:"任何一种认识论——主要是任何一种发生认识论——的主要问题事实上是理解大脑以何种方式成功地建立必然性,这表面看起来不'受时间的制约',前提是思维的工具仅仅是受演化的制约在时间中形成的心理运算。"[转引自史密斯,《必然性知识:皮亚杰的建构主义观》,霍夫-埃尔鲍姆出版社,1993,第 1 页(L. Smith, *Necessary knowledge: Piagetian perspectives on constructivism*, Hove: Erlbaum, 1993, p. 1)]即使这种必然性的建立有层次上的差异,但是较低层次模态的理解可能仍然相当于一种有效的理解形式。但是,如果必然性通过最终平衡得以获取,那么后者就是一个永远无法达到的理想极限。如果皮亚杰追求的必然性无法获取,或者至少其理想形式无法获取,那么其体系中必要知识的地位就会受到质疑,以及他是否像他声称的那样,已经摆脱了心理主义的桎梏。如果将规范看作历时交换过程的结果,那就很难理解以何种方式来避免这种情况。在后来的著述中,皮亚杰将其平衡概念与反馈活动(调节)联系了起来,可以说是在其内部嵌入一个学习要素。[参见让·皮亚杰:《认知结构的平衡》,芝加哥:芝加哥大学出版社,1985(*The equilibration of cognitive structures*, Chicago University Press, 1985)]。

4. 皮亚杰使用的短语是"différence nulle",译作零差异(null difference),亦可译为无差异(indifference)。此处,皮亚杰的意思是我们对某些事物的偏好。根据经济理论,偏好(preferences)的定义如下:给定两种商品 a 和 b,无论 a 是否比 b 更受喜爱,b 对 a 或者 a 和 b 都被认为彼此没有差异,其中一种可能性必须适用。因此,除了最喜爱和最不喜爱,必须没有差异,即上例中 a 或 b 同样会让我们满足。经院哲学家布里丹(Buridan)提供了一个无差异的经济概念的典型例子:一头驴子无法下定决心在同样多汁的两捆草中做出选择,最终死于饥饿。从经济选择的角度来看,驴无视其所处的状况,但从生理角度来看却并非如此。

5. 法语中这个词是"valorisation",此处是美式拼写"valorization",因为根据《牛津英语词典》(*Oxford English dictionary*),这个术语起源于美国。它被定义为"确定某些商业商品的价值或价格的行为或事实"。《钱伯斯英语词典》(*Chamber's English*

dictionary)将"valorize"定义为"固定或稳定价格,特别是政府或控制机构施加政策的价格"。《哈拉普标准法英词典》(Harrap's standard French and English dictionary)将"valorisation"译作"Valorization (of product, etc.)(即产品等的定价); stabilization (of price of commodity)(即商品价格的稳定)"。看来,皮亚杰此处所使用这个术语的含义是按照共同尺度评估价值,也可以说是固定我们使用的价值。这一用法与其经济意义相近,因为经济价值是通过价格来确定的。因此,皮亚杰谈到"共同定价者(the class of co-valorizers)",并将其定义为"根据共同的度量尺度进行价值交换的个体的集合"。这种共同的价值度量尺度可能具有审美标准、伦理标准、宗教标准或政治标准。

6. 法语短语是"cours forcé",可译作受控的市场(controlled market)。这指的是垄断者控制和确定市场上产品价格的方式。在道德领域,皮亚杰将其比作父母施加命令给幼儿的责任道德。

7. 法语的"morale"。请注意,道德(morality)一词意思模糊,既可指伦理体系,也可指取决于其内容的实际道德行为。因此,另一种翻译是基督教伦理(ethics of Christianity)。

8. 托马斯·格雷欣爵士(Sir Thomas Gresham)(1519—1579),英国金融家、慈善家,发现了著名的格雷欣法则,即"两种交换价值相同的货币同时流通时,实际价值较低的货币趋于驱逐实际价值较高的货币",或者用通俗的口语来说就是"劣币驱逐良币"。例如,纸币流通后,金币被囤积,因为它具有更大的内在价值。

9. 法语的"d'ensemble"。本卷其他章节中使用的另一种翻译"over-arching"与"structure d'ensemble"类似。请注意,尽管"structure d'ensemble"有时被解释为"general structure",但皮亚杰用此表达的意思是任何此类结构的逻辑普遍性,而不是其归纳的一般性。

10. 皮亚杰此处所使用的"conserver"是与"conservation"的专业概念联系在一起的。他关注的是我们的概念和规范保持不变或恒定的方式。只要皮亚杰拒绝将它们看作柏拉图格式的对象(或客体)、任意的约定或纯粹的名称,他就必须对逻辑、数学和道德等规范以何种方式超越我们情感和知觉获得普遍性和主体间性做出解释。他假设在智慧发展过程中,这些规范构建自更原始的经验结构,以此来对前述问题做出回答。

以这种方式,皮亚杰试图解释在道德层面上,孩子如何不再跟着基于感觉的直接冲动行动,而是根据责任道德或互惠的道德规则行事。遵守道德守恒的一个例子是,某个个体虽然可能已经不再尊重其父母,但是可能仍然继续听从他们的要求。

在认知层面上,皮亚杰向人们表明了儿童的概念标准(如类别、关系等)理解能力是以何种方式发展起来的,儿童根据其对这些标准的理解对事物进行排序。皮亚杰坚持认为,若没有此类标准,儿童的判断将受制于其直接知觉,从而可能导致其犯错误。他掌握了这种标准或概念框架后,就能够理解即使倒入不同形状的玻璃器皿中,特定量的液体仍保持不变。因此,他能够纠正知觉的错觉。有人对皮亚杰提出批评,认为儿童能够做出守恒判断的年龄早于皮亚杰所说的年龄,他们常常试图通过实验来证明其观点,而其实验设计情景中已包含所需要的恒定不变感知线索。这样一来,儿童不需要发展出必不可少的知觉结构,就能做出正确的反应。

11. 此处($S\downarrow v_S S'$)指君主(S)对其国民(S')的权利(v_S),($R_1 \uparrow t_{R_1} S$)指直接代表(R_1)对君主(S)的义务(t_{R_1})。

12 在其小说《红与黑》(*Le Rouge et lenoir*)中,司汤达(Stendhal)[亨利·马里·贝尔(Henri Marie Beyle)的笔名,法国小说家(1783—1842)]对后拿破仑时期君主制复辟时代法国的政治动乱,进行了具体细微的刻画,讲述了于连·索雷尔(Julien Sorel)的生活及其所处的时代。于连·索雷尔是一位才华横溢的年轻投机分子,最终受到绞刑,走到其人生的悲剧终点。标题中的红与黑两种颜色,似乎象征其内心挣扎的两种力量,成为自由、共和战士的愿望(以士兵的红色制服为象征)以及遵从保守主义、君主制力量的愿望(以牧师的黑色袍子为象征)。

第三章 逻辑运算和社会生活

撰写本篇短文的目的是对人们经常讨论的逻辑的社会本质或个体本质问题重新进行审视。但是,我们在审视这个问题的同时,加入了一个新的事实。具体来说,我们所指的是运算"群集"(groupements)[1]的存在,在理性发生心理学形成过程中,其作用是使我们具有辨别能力。

必须原谅我们又回过头来讨论逻辑和社会问题,因为这个问题已经在我们的两部著作[1]和对儿童智慧发展的研究中,占用大量的篇幅。然而,经过二十多年对儿童智慧发展的研究,我们已经开始对逻辑事实在被视为实验结果而非公理规则时是由什么构成的,有了粗浅的认识。因此,我们无法拒绝回到很久之前就已开始研究的这个问题。而且,这甚至更是如此,因为对事实的运算解释没有使理性、个体的智慧和社会生活之间的关系复杂化,而是似乎以一种重要的方式简化了争论的措辞。

一、社会学问题

此处没有必要详细地回顾涂尔干及无数前辈们〔如埃斯皮纳斯(Espinas)、伊苏莱(Izoulet)、德罗贝蒂(de Roberty)等〕为逻辑的社会本质观辩护的论据。涂尔干指出,个体的思维是由群体塑造的,而且由于语言和来自前一代人的压力,个体总是依赖通过"外部"教育途径传播的所有先前获得的东西。如果没有外部干预,个体自己只能发展实用智慧和意象。相反,概念、心理范畴和思维规则的相互影响存在于"集体表征"中。这些均产生于社会生活,而人的社会生活从人类起源一直延伸到由伟大的当代文明构成的精神创造温床。

为了支持上述观点,涂尔干引证了两种证据。第一种证据实际上只是说明思维和逻辑规则的主要概念如何超越个体活动的极限,而且预设某种大脑的协作。因此,空间和时间无限地超过个体感知的空间或时间经验,并且构成了所有这些感知共有的环境。另一方面,逻辑规则存在于思维交换所必需的规范性法则中。因此,它们是由社会必然性所施加,而且与个体自发表征的混乱状态相对立。受康德哲学的启示,涂尔干将先验理性与个体经验相对立,但他用优于和先于个体意识的"集体意识",来解释康德哲学先验中固有的"普遍性"。[2]

涂尔干的第二种证据本质上讲具有历史学或人种学的性质。实际上,与"衍生的"集体表征不同,"原始的"集体表征完全是"社会形态性的"。换句话说,它们源自社会群体结构的副本。因此,原始的分类并非根据其自然的异同来对物体进行划分,而是根据取自社会分类的任意类别,例如氏族、亚部落和部落,来进行划分。[这与我们用语言赋予事物性别的方式有一点相似,例如"le(阳性定冠词)sun"、"la(阴性定冠词) moon"。然而,我们并未将逻辑价值赋予这种语言分类,虽然"原始人"认为矿物、植物和动物是真正的社会单位]同样,人们认为,时间与通过节庆祝活动确保世间万物节奏的集体日历,相互依存,而且空间被按照部落领地的功能来组织。

由此,涂尔干得出结论:理性具有社会起源。然而,涂尔干远远没有由此推论出可能存在的集体"心理"的多元性,认为最初看到的社会形态只是预示着共同的思维。逻辑具有单一性、永恒性、普遍性,因为"单一的文明存在于多种文明之中"(beneath civilizations there is Civilization)。因此,真理[2]还原为所有人都接受的事物,而且"无论何时,无所不在,普遍适用"(quod ubique, quod semper, quod ab omnibus creditur)这一著名的程式化表达[3],涂尔干认为,可以作为真理的定义。

这种考虑将涂尔干带向一个极为重要的问题。奥古斯特·孔德认为,在社会学中,整体无法用部分来解释,但是必须用以解释部分。涂尔干非常严谨地运用了这一原则,认为个体思维皆由整个社会当下与历史各个方面所塑造。然而,由于整体对个体意识具有修正性制约这一简单原因,集体作为整体并非等同于组成整体的个体的总和。因此,对整体的不可分析性使人可能得不出任何结论。事实上,可能有三种,而不是两种类型的解释。第一种是原子论的个体主义,认为即使社会不存在,导致整体产生的个体活动仍然存在。由于涂尔干已经对这一观点做出详尽阐述,此处不再赘述。第二种是极权主义的现实主义,认为整体是一种"存在"(being),对个体施以制约、修正作用(例如施加逻辑给个体等),因此,因为不受其社会化的影响,仍然对个体意识保持其异质性。第三种解释是,整体被看作是个体之间关系的总和,但是不同于个体的总和。根据这种相对论或者"相互作用"的观点,每一种关系都按照自己的等级构成涂尔干所谓的"整体"。即使在有两个个体的情况下,带来持久变化的相互作用也可能被认为是社会事实。所以,社会成为 n 个个体之间相互作用集的表达,n 从 2 开始并无限延伸,在极限状态,包括远祖对其后人单向的动作。但必须明白的是,这绝非向个体主义的回归。从这个角度来讲,主要事实既不是个体,亦非个体的集合,而是个体之间的关系,这种关系不断地按照涂尔干所希望的方式改变个体的意识。

现在,如果有人同意第三种解释——可以表达第二种解释所包含的所有内容,同时使分析成为可能,而不再以大而化之宏观的方式来说话——那么,他将不再满足于说"社会"是逻辑的基础,而是问,准确地说,究竟所涉及的有哪些社会关系。实际上,显然,并非任何"社会"对个体的动作都是理性的来源。因为若如此,理性便与"国家理性"(reason of the state)混淆。当代发生的事件极其清楚地表明,产生于伟大民族的一代代人可能以何种方式,受到直到不加质疑地接受其固化的思维方式的集体的塑造,而且,毫无疑问,个体的一生都在如是行事。确实,与"种族"——很大程度上是一个社会神话!——这一简单化的概念相反,这一事实验证了涂尔干主义关于群体动作对个体意识作用的论点。但是,更重要的是,它证明远远无法包括所有社会关系的"社会制约"只构成各种社会关系中之一种关系,而且最终产生一种非常特殊且与其他可能的相互作用截然不同的智慧和道德效应。

实际上,存在两种极端类型的人际关系。一方面是暗含权威和顺从,并且导致他律的制约;另一方面是暗含法律制约下的平等或者自主与差异化个体之间互反性的合作。当然,在这两个极端之间存在各种各样种类的关系,而且如同社会"整体"对构成社会整体的个体的动作,群众动作中混杂着各种类型的动作,其中一种或另一种极端类型的动作具有简单统计优势。然而,当涂尔干将各种事物纳入构成理性的集体"普遍"(universal①)时,他仍然暗指合作。换句话说,他指的是客观性和互反性这一因素,通过将事物彼此相联系来消除主观性因素。相反,涂尔干乞灵于原始集体表征的社会形态,目的是使某种类型的智慧制约发挥其作用。因此,有趣的是,可以说,以这种方式形成的部落心态在逻辑结构上与儿童逻辑的"自我中心"心态几乎没有区别。也就是说,原始部落的逻辑,与未完全社会化个体的逻辑,几乎没有什么差别,其不同之处在于,自我中心延伸到一个小的社会群体,变成社会中心。因此,制约对个体的转化作用,远远小于合作对个体的转化作用,而且仅局限于用薄薄的一层结构与自我中心概念几乎相同的共同概念来对其加以包装。

列维-布留尔在其重要著述中提供了支持这种解释的决定性论据。他从更高形式思维的社会本质出发,提出了心理多元性假设。他将文明社会精英的逻辑思维,与以不同智慧结构为特征的原始心理的"前逻辑",对立了起来。如果有人——无疑是超过列维-布留尔所希望——将联系所谓原始思维和我们自己的思维的功能连续性重新加以确立的话,那么人种学让人们所熟知的老人统治小社会的逻辑结构,证明无法还原为理性运算的原始特征的存在,这似乎无可争辩。因此,人不能将"参与"(participations)转化成能够以相加或者相乘运算为手段组成"群集"的逻辑类别或关系的系统,如同我们所处社会中正常个体7、8岁时具体运算中使用的或者11、12岁时形式运算中使用的类别和关系。相反,我们可以将列维-布留尔所详细描述的"参与",比作社会中2岁到4、5岁儿童使用的"前概念"(preconcepts),这种"前概念"既表现出理解事物个体本质特征的系统困难,又表现出构建逻辑的层级包含关系的无能。⁴然后,人们必定再次想知道因原始社会制约而产生的前逻辑是否不存在于理性运算机制形成之前某一阶段出现的幼儿集体心理的结晶中。

塔尔德试图从相互作用的角度对社会整体进行分析,下面我们再来回顾一下他的

---

① 这个词在哲学中亦可译作"共相",若与文化有关,则可译作"普遍行为模式"。——译者注

学说。塔尔德不恰当地使用了一种危险的工具,从而使他既放弃了历史和人种重建的系统性努力,也摒弃了研究这种相互作用不可或缺的心理信息,而前者乃是涂尔干学派的一个专长。他的一般社会动作格式相当常见:"模仿"以物理波的方式传播例子,在人群中到处散播;随之,"社会对立"因对抗的模仿潮流的冲击而产生;"社会适应"或者"发明"通过调和不同或对立的冲动,来克服对立。逻辑的机制包罗万象,具有个体活动和集体相互作用共有的两种特殊功能。第一,它起到平衡作用。从这个角度来看,逻辑是一种信仰或者信念的协调,它有助于消弭矛盾,保证可调和冲动的融合。第二,逻辑还具有"优化"[5]的作用。从这个角度来看,它总是趋向于更大的确定性,寻求用更稳定的信仰或者信念取代脆弱的信仰或信念。然而,信仰的平衡和优化或者定位在被看作暂时封闭系统的个体意识内,或者定位在被看作高级系统的集体整体内。由此事实产生了两种逻辑:一曰"个体逻辑",一曰"社会逻辑",前者处于个人意识的中心(即古典意义上的逻辑)[6],乃是一致性和间接信仰或信念的来源,而后者则处于某一社会的中心,乃是信仰或信念的统一和强化。奇怪的是,塔尔德经常看到他所研究的许多领域中个体意识和社会的相互依赖性,但却没有看清楚这一点。他并没有追问,个体逻辑是源于社会逻辑,还是社会逻辑源于个体逻辑,抑或是两者互构。他局限于两者的对立,却没有从发生的角度做出详细的阐发。在个体逻辑中,平衡和优化结伴而生。若信仰或者信念成为连贯系统的一部分,而且没有遭遇与之相矛盾的信仰信念,那么它就变得更加牢固。在社会逻辑中,最初情形似乎也是如此。优化导致由宗教、道德与法律系统和政治意识形态等构成的多种"信仰资本"(belief capital)[7]的积累,平衡往往通过消除奇异观点或异端邪说来压制冲突。然而,最终,正是由于每个个体都需要从自己的角度、按照自己的逻辑思考、重新思考集体概念系统,这些趋向社会平衡和社会优化的冲动才变得不可调和,而且交替地占据主导地位。若信仰在社会上过于统一(因平衡而产生正统观念),人们便不再相信它们。若人们被迫强化其信仰(优化),信仰就变成异端邪说,从而给系统的统一带来威胁。宗教、语言等的发展历史为塔尔德提供了许多例子,他从中得出的结论,认为社会总是以个体服从社会逻辑("原始"社会、东方神权社会等)或者社会服从于个体逻辑(西方民主社会)而告终。所以,这两种逻辑不相兼容,而且实际上,建立在对立的"范畴"基础之上。例如,神学概念等基于社会逻辑,而客观的时空观念等则是基于个体逻辑。

    无论与先前的系统有很大的不同,塔尔德的系统是对我们提出的观点的支持,因为塔尔德违背其意愿而且几乎完全背离其最初的原则,以一种简化为制约与合作之间对立的二元论为终结。实际上,塔尔德所谓"社会逻辑"显然是群体制约的表达,尽管他从不希望对这一基本思想予以重视。相反,人们可能会疑问,其"个体逻辑"的发展是否未必以社会生活为前提,而且是否并非合作的产物。从一方面来看,儿童心理学表明,逻辑并非人类天生所具有,而是以互反关系为函数构建出来的;从另一方面来看,只有在制约类型的且足够密集和庞大的社会中,信仰的优化和平衡才不可能通过社会来调和。

在社会合作的层面上,信仰的平衡及其优化,与科学合作甚或正常运作的民主体制所涉及的集体信仰不同,两者之间根本没有矛盾。总之,在儿童个体思维正在社会化的自我中心阶段,既没有系统的平衡化,也不存在系统的优化。这些功能在既自主同时通过合作关系相互承担义务的个体层面上,导致心智的真正转变。这促使引导我们对发生心理数据加以考察。

二、心理学事实

接下来我们考虑一下逻辑以何方式在个体的活动中构建出来,这对我们在本章第三节中将个体思维运算与合作联系起来必不可少。

1. 个体因素

为了便于阐述,此处我们首先人为地将个体视为一个只与物理环境进行交换,人际关系在其中不发挥作用的封闭系统。根据第一种观点,逻辑只不过是动作的最终平衡形式——此处必须谈及运动或感知-运动过程——此时,动作已经完全相互协调,构成一个可逆的组合系统。简而言之,可以说,逻辑从动作既可组合又可逆的意义上讲,是一个运算系统。实际上,推理就是根据简单的(加法或减法)或者复杂的(乘法或除法)包含关系来联合或分离的过程。无论是类属问题(客体依据其相似性的联合),还是不对称关系问题(客体依据有序差的顺序化),抑或是数字问题(一般化的相似性和差异性),情形皆如此。因此,推理就是以物质的或者心理的方式,对客体施加高度抽象的一般动作,同时根据可逆组合原则,对这些动作加以"群集"化。

这种运算的心理起点应在儿童具有逻辑能力那一刻的感知-运动方面来寻得。平均而言,儿童只有到 7 岁至 11、12 岁才能够进行具体运算(认识到整体的守恒与客体各个部分的排列、顺序无关),因所争论的观点而异,而且只有到 11、12 岁之后才能够进行形式运算(根据三段论、传递性关系假设进行推理等)。因此,逻辑从本质上讲,是一种"可移动"、可逆的平衡形式,是发展中止的特征,而非先在的天生机制。可以肯定,逻辑将必然性施与自身,但是其方式是通过实际的与心理的协调必然趋向的最终平衡来实现,而非通过原初就存在的必然性来实现。所以,为了从心理学角度去理解逻辑的构建,有必要从根源追踪构成逻辑的最终平衡的过程,虽然最终平衡之前的所有阶段都属于"前逻辑"层。此外,要从心理学角度解释逻辑的构建,还必须掌握两个基本概念:一是发展的功能连续性,一是连续结构的异质性。前者被视为朝向平衡的循序渐进,后者指平衡中的不同阶段。

因此,我们必须努力从最初的感知-运动功能中,离析出其后期平衡产生逻辑的过程。从原始的知觉与运动结构开始,而且在任何语言发展之前,婴儿成功地构造出了一种"感知-运动智慧(sensory-motor intelligence)",足以使其发现现实中存在的恒定客体、亲身所处环境中空间位移组织(绕行并返回起点)、因果关系和基本时间等方面的格式。当然,虽然从结构来看无法与属于高级思维的概念媲美,但是感知-运动"格式"的组织从功能上预示了这种思维的产生。因此,它构成了一种运动和知觉的逻辑。[3]

随后,从2岁到7岁,前一时期的有效动作与心理执行的动作相匹配,或者换句话说,与作用于事物的表征而不再仅仅作用于实际存在事物的想象的运算相匹配。实际上,表征存在于借助于起"能指"作用的"象征"来唤起"所指"现实的能力。在基本的表征性思维中,所谓现实并非事物本身之间的客观关系,而是主体能够对事物执行的动作。所以,思维最初只是一种"心理实验",或者从可能的动作到象征或者意象的转变,而这种可能的动作乃是过去或现在依然真正在感知-运动层面执行的动作延长。我们称高级形式的想象思维为"直觉"。在4、5岁到7、8岁之间,这种思维可能唤起一些相对精确的抽象完形(序列化、对应等),但仅仅是比喻性的,而且不具有运算可逆性。[4]

无疑,形象或者直觉思维所达到的平衡,高于比感知-运动智慧达到的平衡。事实上,直觉思维借助于表征性预期和重构超越了现实,而非局限于通过知觉和运动所获得的东西。然而,与下一阶段的思维相比,直觉思维所达到的平衡仍然不稳定、不完整,因为它与恰切地说所谓无可逆性的形象性再现相联系。因此,自5岁至6岁开始,儿童能够将6个红色计数器与6个蓝色计数器对应起来,并且在能够看到它们时,认为两集合相等,但若将计数器一字排开,他就不再相信它们是相等的。因此,由于缺乏使主体理解如何通过与一字排开计数器相反的运算,返回到最初完形的基本可逆性,整体守恒就不存在。[5]

相比之下,至7、8岁,心理执行动作形式体现出来的"直觉"判断最终达到具有可逆性的稳定平衡,从而构成逻辑运算的开始。于是,联合或分离、以一个或另一方向排序、建立对应关系等等,就达到了允许预期和重构的可组合、可逆动作层次,而且这种动作不再依赖形象和直觉,而是必不可少的演绎。标志着儿童运算思维肇始的任何伟大发现——即整体(一组元素、一定量的液体、模型黏土等)的守恒——可能是作用于其组成部分的内部转变。[6]

那么,如何对从不可逆的感知-运动或直觉动作,到可逆运算的这种过渡做出解释呢?一个基本的事实是,运算永远不会以孤立的状态存在。运算并非在某一特定时刻可逆的具体动作。运算的发展是与一种发生在直觉预期与重构的渐进性平衡终结后,而且相当于系统"整体"结构化的宏大改造相联系。但是,我们必须认识到,这是一个灵活多变的结构,以使其接受所有可能转化为手段,来消解严格的意象完形问题。因此,从直觉的角度来说,只有在慢慢地构建起数字序列1,2,3,4或1,2,3,4,5后,儿童才会突然明白数字$n+1$的无限序列。同理,只有在理解了某些关系$A<B$或$B<C$(但是尚未将其联系起来)之后,主体才能发现序列$A<B<C<D$…

此类宏大系统互为倚重,引发运算的产生9,总是以数学家所谓"群"(groups)(如果是数字之类的数学实体)或者我们所谓群集(groupements)(若是质性关系或简单的逻辑关系问题)的形式呈现出来。[7] 此类系统成立的条件是四个群,外加第五个群集:

(1) 集合里相互组成的两个运算产生集合中的另一个运算。例如,两个类相加 $A+A'$ 产生一个新的类 B(即 $A+A'=B$)。从心理学的来看,这个组合只是两个动作联合或序列化相协调可能性的表达。

(2) 直接运算 $+A$ 有一个相对应的逆运算 $-A$。这表示心理可逆性,其发展轨迹可以从感知-运动层面,持续到语言表述的直觉终止。

(3) 只要是不同元素的问题,运算都是联想性的: $+A+(A'+B')=(A+A')+B'$。这是人类智慧的基本特征,能够"迂回"与采用不同的路径,得到相同的结果。

(4) 直接运算及其逆运算的结果产生了一般的"同一性"运算(identity operation): $+A-A=0$,保证思维对象的统一。

(5) 此外,逻辑的群集(与数学的群相对)预设由其自身构成的运算仍然是同一个运算["特殊同一性"(special identity)或者"同义反复"(tautology①)]:[8] $A+A=A$。

如果儿童以演绎方式发现了整体的守恒,那么就显然说明他确实执行了这些运算。因此,它们不仅仅构成数学或逻辑可能性。相反,它们在心理上表达了思维的有效终点,此时前逻辑阶段的各种意象直觉被"群集"化,从而构成所谓的逻辑运算系统。

但是,在 7 岁到 11 岁之间,儿童只能理解具体领域中的逻辑运算,因为在这一领域中,演绎(推理)往往伴随着实际的或者想象的操控。很明显,由于仍然依赖于真实或可能的移动,这一阶段的运算构成了直觉思维的最终平衡形式。相反,到 11 岁至 12 岁,主体已经能够基于语言假设完成运算,从这个意义上讲,运算的象征化已经完成了。换言之,命题的逻辑最终取代了具体动作的逻辑。然而,这种形式的逻辑,从其心理本质上讲,理所当然,仍然是一个虚拟动作系统。那么,语言要么仅仅是纯粹的鹦鹉学舌,要么表达现实可能的转化,而且,所有的逻辑和基础数学所反映出来的恰恰是这一可组合、可逆、相关联的转化系统。

总之,如果有人将个体及其与物理环境的关系想象为一个封闭的系统,那么就必须视逻辑的发展为从不可逆的实际动作到可逆虚拟动作,即运算的渐进过渡。因此,我们可以将逻辑解释为所有感知-运动和心理演化所趋向的最终动作平衡形式。这是因为平衡只存在于可逆性中。群集似乎是体现平衡的结构,这就是为什么要理解下面的内容,必须将群集公式化。

2. 人际因素

现在,我们放弃认为把个体及其与物理环境的关系看作一个封闭系统的做法,并且

---

① 在逻辑学中,这个术语可译作:重言式。——译者注

自问,某一个体与另一个体智慧上有何种关系。这一问题具体变成以下几个具体问题:如果逻辑最终是内化逆动作运算的组织的话,那么个体是自己得出这一组织的吗?或者说,必须用人际因素的介入,来解释我们前面刚刚描述的发展吗?

为了回答这个问题,我们首先必须用前面用以分析个体逻辑发展步骤的方法,来对个体智慧社会化(intellectual socialization)的步骤做出分析。只有完成了上述分析之后,我们才能够问,社会化是否会直接导致逻辑发展,社会化是否是逻辑发展的结果,或者说,二者是否有更复杂的关系。

目前来看,逻辑运算发展中的几个主要步骤,与社会发展的相关阶段,有简单的对应关系。两者皆以自我关注为起点。实际上,在语言发展之前的感知-运动时期,智慧的社会化尚无从谈起。其实,只有在这个时期才有可能谈及纯粹的个体智慧之类的事情。确实,儿童在会说话之前就已学会了模仿。但是,他只是模仿自己已经会做或者自己有足够的理解的肢体动作。因此,感知-运动模仿对智慧没有影响,而是智慧的一种表现。关于婴儿与周围环境的情感联系(微笑等),没有发生对智慧重要的交换。

此处,我们将从语言出现到7、8岁间这一时期界定为前运算(形象思维和直觉思维)阶段。这是社会化的重要开端,但是具有介于感知-运动阶段的纯个性化特征和随后运算阶段的合作特征之间的某些特征。这与仍然介于感知-运动智慧和运算逻辑之间的直觉思维颇为相似。从构成表征和思维交换所必需的表达方式来看,我们首先要明确,如果从周围环境中所学习的语言给予儿童一个完整的集体"符号"系统,那么这些符号并未全部立即得到理解。事实上,他们是通过同样丰富的个体"象征"系统完成的,而这些则在想象或象征性游戏中、表征性模仿中以及儿童尽可能表达的多重意象中激增。相反,从意义即思维本身的角度来看,我们应该明确,2岁到7岁儿童的人际相互作用仍然以介于个体和社会之间,并且可以以个体和他人观点差异的程度来定义的"自我中心"为特征。因此,儿童既为自己说话,也为别人说话,而且不懂得如何讨论事情,也不能系统地阐述其想法,等等。在儿童的集体游戏中,我们也同样看到,每个人在一定程度上都在自娱自乐,之间缺乏宏观的协调。[9]

有趣的是,这一时期人际相互作用中的自我中心特征与同一年龄段思维的意象、直觉、前运算特征之间,存在着密切的关系。一方面,所有的直觉思维都以具体的静态完形为"中心",如两排重叠的物体之间的光学对应,而且对可能运算转换的动态性一无所知。换句话说,直觉思维永远不会达到完全的"去中心化"。因此,可以看出,直觉的"中心化"(centration)从直接主观(知觉)观点超越去中心关系的意义上讲,暗含着自我中心。另一方面,所有的自我中心思维都以自己的直接动作为函数,来聚焦客体,具体而言,这暗示形象思维或者直觉思维,与运算层的客观关系具有对立性。

成人或者大龄儿童在同一时期践行的智慧制约(施加的知识、例子等)被同化到同一自我中心心理,因此只是从表面上对这种心理予以转化。

相反,所谓的运算期(7岁到11岁或12岁)伴随着社会化的明显进展。儿童此阶段已具备合作的能力，也就是说，他思考问题不再仅仅以自己为中心，而且还考虑不同观点的真正或可能协调。因此，他已具备讨论（与自己内化的具有反思性的讨论）、协作以及听者能够理解的有条理论述等方面的能力。儿童的集体游戏证明其共同规则的存在。最后，他对互反关系的理解（例如，与其面对的个体的左右位置颠倒、空间视角的协调等）表明了这种新态度的一般性及其与思维的联系。

正如思维的自我中心与其直觉特征之间存在密切联系，合作与逻辑运算的发展之间也存在着密切的联系。运算群集是一个构成没有矛盾、可逆，且导致"整体"守恒的运算系统。很明显，与他人共同思考有助于矛盾的化解。一个人只为自己（自我中心）着想时，比伙伴在场时回忆之前所说过的话和所达成的共识，更容易产生自相矛盾。另一方面，可逆性和守恒与事物的外在表现方式相反，而且只有在符号——即用集体表达系统——替换客体的条件下，才变得严谨。在更一般的意义上，群集是一种暗含多种观点和多种思维协调的概念（类别或关系）系统。这在11、12岁后开始的形式运算阶段更加清楚，因为假设-演绎思维首先是基于语言（共同或数学）的，因此也是基于集体思维的一种思维类型。

本节开头所预期的问题以这种方式但更准确地再次出现。如果逻辑的进步与社会化进步两者齐头并进的话，那么，是否是因为社会发展使儿童培养起了合作的能力，进而能够进行理性运算？或者相反，是否是因为儿童个体逻辑的获得使他能够理解其他人，进而培养起了合作的能力？由于这两种类型发展完全并行，这个问题似乎无解，充其量可以说，它们构成了一个既有社会属性，又具个体属性的单一现实不可分割的两个方面。人们必须以这种方式做出回应，但前提是，完全适用群集概念所提供的分析手段。

三、逻辑群集、个体和社会

从心理发展的角度来考虑，逻辑运算构成被"群集化"为既具有无限可组合性又具有严格的可逆性的动态系统时所达到的动作最终平衡形式。当前，社会合作也是一种动作系统，但是人与人之间而非简单的个体的动作，而且既然同为动作，就有其共性，必须服从动作的规律。因此，可以说，以合作方式结束的社会动作本身就是由平衡规律所控制，而且如同个体动作，只有在被组织成可组合、可逆系统的条件下，才能达到平衡。那么，群集规律是否同时是合作规律和个体作用于物质世界的动作的规律？合作是否根据其原始词源意义最终被认为是共同的运算（co-operation）的集合？

个体主义的观点认为，逻辑是在个体活动的中心构建起来的，而且逻辑一旦构建成功，就允许展开合作。这一观点的问题在于，逻辑是在与他人的合作中构建起来的，而非个体事先阐发其逻辑。当下流行的社会学观点反对对个体主义论点的宏观阐释，亦即,社会关系制约个体对某种逻辑的认可。我们虽然同意这一观点,但前提条件是,这些关系本身就具有这样的逻辑。独裁者的法令不一定产生逻辑,而自由的合作会导致知觉判断和表征的互反性,而这种互反性自身就足以使客观运算成为可能。那么,接下来的就是,怎样理解社会关系如何以逻辑告终这一问题。我们所找到的答案,与我们在心理学层面上找到的答案相同。个体间相互施与的动作乃是任何一个社会的基础,它们只有在自身达到某种其结构规律可能在个体行动发展终点才能界定的平衡形式前提下,才能够创造出逻辑。这是理所当然的,因为个体的动作越来越社会化,而且合作是一个动作系统,同其他任何系统一样。总之,经过平衡形成的社会合作关系恰恰如同个体对外部物理世界的逻辑动作,构成运算的群集,而且群集的规律规定了社会动作和个体动作共同的理想平衡形式。

1. 智慧交换的机制

首先,有必要简要做一解释,说明思维交换与所有其他类型的交换相似,因此符合一般质性交换的格式[10]。换句话说,它们符合未必与物质对象有关的交换格式。[10]在任意两个个体 a 和 a' 间的交换中,都有必要对可以用质性价值的语言来表达的四个重要环节做出区分。(1) a 对 a' 施加一个动作,称之为 r_a(或者 a' 对 a 施加一个动作 $r_{a'}$);(2)这给 a'(或者 a)带来一种积极、消极或中性的满足感,我们称之为 $s_{a'}$;(3)这种感觉使 a' 对 a 负有某种义务(或相反),或换句话说,构成某种债务 $t_{a'}$;(4)这种债务或义务对 a 构成某种虚拟价值 v_a(或对 a' 构成某种虚拟价值 $v_{a'}$)。

因此,平衡的条件(仍然是任意的定性交换)如下:

(1) 首先 a 和 a' 之间必须存在一个共同的价值度量尺度,从而使 a 对 r_a、v_a 的评价与 a' 对 $r_{a'}$、$v_{a'}$ 的评价相当。

(2) 如果有等式Ⅰ及互反的等式Ⅱ,而且虚拟价值 $t_{a'}$、v_a[11] 迟早产生实际价值 $r_{a'}$、$s_{a'}$,那么就能达到平衡:

等式Ⅰ:$(r_a = s_{a'}) + (s_{a'} = t_{a'}) + (t_{a'} = v_a) = (r_a = v_a)$

等式Ⅱ:$(v_{a'} = t_{a'}) + (t_{a'} = r_{a'}) + (r_{a'} = s_a) = (v_{a'} = s_a)$

(3) 最后,平衡预设两个序列的顺序可以颠倒过来:

等式Ⅰ′:$(r_a = s_a = t_a = v_{a'})$[12]

等式Ⅱ′:$v_{a'} = t_a = r_a = s_{a'}$

就我们的唯一关注点——思维的交换而言,这些不同的术语和关系具有以下含义:(1)个体 a 陈述出某个(在不同程度上或真或假的)命题 r_a;(2)伙伴 a' 同意(或在不同程度上不同意)此命题,表示为 $s_{a'}$;(3) a' 同意(或者不同意)与 a 和 a' 之间的一系列交换绑定,即 $t_{a'}$;(4) a' 的这一约言赋予命题 r_a(正面或负面)价值或效度 v_a,换言之,即使个体间未来的交换或者有效或者无效。

然后,可以再次找到三个相同但转换到智慧交换层面上的平衡条件:

(1) 首先,a 和 a' 拥有共同的价值度量,或者,换句话说,他们对其所使用词语的含义与构成这些词义的思想的定义有相同的理解,这一点很重要。因此,共同的度量标准必须包括两个互补的方面:

① 一种与用于经济交换的货币(信托)符号系统相当,而且亦与非智慧性非经济交换——如政治交换、社会交换、情感交换——中用于表达定性价值的符号和象征系统相当的语言。

② 一个有明确定义的思想体系,从而使 a 和 a' 的定义完全趋同,或虽然在某种程度上有差异,但 a 和 a' 均拥有一些允许将一个人的思想转化到另一个人的系统中的关键元素。

(2) 满足第一个(或双重)条件后,等式Ⅰ确定了平衡的第二个条件,但具有以下含义:

① 等式$(r_a = s_{a'})$的意思是,或者 a 和 a' 就同一命题达成一致,或者就证明其观点不同的共同真理达成一致[例如,使一人从左边所见与另一人从右边所见之事实均合理化的视角定律(a law of perspective)]。

② 等式$(s_{a'} = t_{a'})$意为,a' 感觉自己此后有义务承认他认为成立的命题,或者,换句话说,他不能自相矛盾。

③ 等式$(t_{a'} = v_a)$赋予命题 r_a 能够守恒的效度,也就是说,a 能够保持命题 r_a 作为永久价值的自我同一性。

但是,如果作为回报,等式Ⅰ使等式Ⅱ表示的下列等式成为可能,那么被赋予上述意义的等式Ⅰ只能导致智慧交换的平衡:

④ $(v_a = t_{a'})$的意思是,a' 仍然认可命题 r_a 的守恒价值。

⑤ $(t_{a'} = r_{a'})$的意思是,a' 使自己保持的义务适用于他反向表述的命题 $r_{a'}$,并且这从效度上讲,同样适用于 r_a[13],因此亦适用于 t_a。

⑥ $(r_{a'} = s_a)$暗含的意思是,a 认同 $r_{a'}$ 与 r_a、$t_{a'}$ 的相等,于是就有等式 $v_a = s_a$。[14]

(3) 最后,还有一种只有在互反情况下才能达到的平衡,或者,换句话说,是前在关系适用于 a' 的与 a 有关的命题时,才能达到的平衡。实际上,等式Ⅰ和Ⅱ理所当然必须能够通过 a 和 a' 的所有指数的置换来表达,或者说,主动动作可以从 a' 以命题 $r_{a'}$ 开始(等式Ⅰ'和Ⅱ')。

总而言之,思维交换的平衡是以下述预设为前提的:(1)一个共同的符号和定义系统;(2)赋予任何认可这些命题者以某种义务的有效命题之守恒;(3)伙伴之间思维的互反性。

现在的问题是确定这些平衡条件是否在任何类型的人际交换中都能得到满足,或者它们是否以某种特定类型的关系为预设。其实,我们将要尝试表明,发挥作用的共同价值度量、守恒或者义务以及互反,因交换的类型而异。只有在交换达到平衡的前提下,交换过程的结构才由一个可逆运算系统构成。因此,只有平衡的交换因其本身已经符合群集规律,才会导致运算思维的形成。归根结底,从对两者具有制约作用的平衡规律的角度来看,个体运算和合作具有根本的同一性。

2. 自我中心造成的失衡

造成失衡的第一个原因可能只是合作伙伴没能成功地协调其观点。这种情况系统地发生在根据自己的活动看待事物和其他个体的年幼儿童身上。自然,若利益或者获得的惯性具有主观性,那么这种情况可能发生于所有的年龄段。由于以下原因,智慧交换中平衡所必需的三个条件得不到满足:

第一,目前尚没有或者以前有现在不再有共同的参考尺度,因为合作伙伴使用的词语意义不同,或者隐含地指代个体意象或象征,或者具有私人含义。如果没有共同或者足够同质的概念,持久的交换是不可能的。

第二,由于伙伴缺乏义务意识,先前的命题没有完全保持守恒。最能说明智慧义务和守恒在交换平衡中作用的例子是,与年幼的孩子或者有心理缺陷的人讨论问题时,你不得不一定程度上隐含地用意象或者不可言表的象征系统来对问题加以系统化。因为在这种讨论的过程中,主体可能忘记其暂时认可为有效的事情,并因此在不自知的情况下,不断地自我否定。所有的一切似乎都缺乏对推理至关重要的某种调节,这种调节要求其不要忘记已经同意的事情或说过的话,并在随后的建构中保持其价值守恒。

第三,因此,不存在受管制的互反性。每一个伙伴均从其观点为唯一可能这一默认的假设出发,在与他者的讨论中提及互反性,而不是最终提出共同的命题或者提出不同但具有互反性彼此协调的命题。

3. 制约造成的失衡

与此完全不同的是,基于通过传统观点或长者、祖先的制约,从外部施加的集体统一思维的交换系统。在当代人类生活中,凡是没有对真理的自主探寻的地方,就会发生这种情况。这种情况也发生于所谓的"原始"社会中,以及在自我中心思维和模仿成人周围环境之间摇摆的年龄段的幼儿身上(在后一种情况下,两种现象具有互补性,而且都是由于自我和他者区别缺位造成的)。

乍看起来,由社会制约形成的思维似乎达到了最大的平衡,因为这种思维能够持久存在,而且甚至能够呈现多种世俗形态。此外,思想在毫无根基的自主研究领域所达成的一致性似乎非常脆弱。例如,在科学合作期间,公认的原则和真理似乎不断受到质疑。但是,集体思维、社会平衡皆如此。极其坚固的极权主义大厦并非总是坚不可摧;自由的合作导致流动性,其柔韧性往往是衡量极大阻力的标准。因此,有必要对真正或者稳定的平衡和"虚假的平衡"做出区分,前者可以通过其流动性和可逆性来加以识别,而后者如同在物理学中,靠黏度、多重依附性和摩擦来确保无内在稳定性系统的所谓外部稳固性。

(1) 从这一观点来看,不可否认,由于前辈几代人对后人的制约而形成的集体思维,其最终结果是某种共同的智慧价值度量,其外在表现形式是统一的语言和具有固定定义的一般概念体系。但是,也存在一种类似于政治经济学中所谓的"固定市场"现象。[15] 在这一市场上,价值的度量并非产生于以价格和市场的自由确定为终结的自发交换,而是通过制约手段得以稳固下来。在这种情况下,作为交换出发点与交换价值度量尺度的概念系统,在先前自由、相互控制的交换过程中,并没有建构起来。相反,这是一种由习惯和传统权威简单施加的系统。

(2) 关于等式Ⅱ所表达的各种平衡条件,若一个人同意将 a 称为对 a' 行使权威的一方(例如,老者将收到的真相传递给年轻人时),那么就会产生以下问题:

① a 所陈述的命题 r_a 以何种方式得到 a' 的同意?只有三种可能性。第一种可能是,a 和 a' 可能都以自己的方式思考问题,在这种情况下,意见的统一既不必要,也不可能。(这可以用前面第二节所考察的自我中心来加以阐明)第二种可能是,a' 可能为 a 的证据所说服。例如,a' 可能在不受 a 权威控制的前提下,表明相同的事实,或者执行相同的运算。这种情况乃是合作,而不再是制约。第三种可能是,由于 a 的权威或声望,a' 可能采纳 a 的观点。在这种情况下,智慧的制约就产生了,而且有两种情况对平衡具有限制作用。第一,这种关系没有互反性,即 a 不会由于 a' 同意其命题而同意 a' 的命题(等式Ⅰ′和Ⅱ′)。第二,a 和 a' 的意见的统一,只要后者顺从前者,就一直存续,a' 一旦开始为自己而思考,即社会分化一发生,即告终止。

② 义务($s_{a'}=t_{a'}$)只是作为 a 对 a' 制约的函数而持续存在,但因为等式Ⅰ′和Ⅱ′(即 $r_{a'}=s_a=t_a$)缺位,因此不构成共同的义务。

③ 因此,价值或所认同命题的效度($t_a=v_a$)的守恒仅仅由外部制约因素所决定。这是一种"虚假的平衡"。虽然社会结构能够保证其无限延续性,但它并非稳定的内部平衡。

(3) 由于互反性缺位,因此等式Ⅰ′和Ⅱ′的可能性所暗含的平衡条件无法得到满足。由于 a 从未因 a' 的"命题"而承担某种义务,因此这种义务仅仅具有单向作用,而没有等式Ⅰ′和Ⅱ′相互意义上的双向作用。

总而言之,在制约造成失衡的情况下,内部平衡的缺位并非因为上述条件(1)没有得到满足(固定市场取代了先前交换中自发确立的价值度量尺度)而造成的,而是因为义务系统没有互反性而造成的。由于互反性缺位,制约过程具有不可逆性,从而不能导向运算层级的真理。实际上,制约系统中命题的守恒并非存在于产生于一系列动态、可逆转换的恒常变量。相反,它存在于因其僵化性而具有稳固性的大量的现成真理中(如直觉结构而非运算结构所显示),而且这种真理的传播具有单向性,例如大龄儿童对低龄儿童施加的动作。

4. 合作式平衡

此处有待论证者,并非只有在合作才能保证平衡(在某种程度上从前面的讨论中可以明显看出),而是论证这种通过合作的思维交换所获得的平衡,必然以互反运算系统,而且因此以群集系统的形式,呈现出来。

(1) 首先,显然,一个概念界定清楚的共同价值度量尺度——如果这一尺度确实为多数人所共有(与产生于自我中心的失调不同),而且并非产生于事先施加现成概念的固定市场的话——只能存在于一个不会使可能的构建具有偏见的惯例或"假设"系统中。

(2) 关于交换本身,必须问,何种真实条件与等式Ⅰ和Ⅱ所预期的理想平衡条件相对应:

① a 所表达的命题 r_a 如何才能得到 a' 的赞同,如果说其赞同并非产生于外部权威因素? 这种情形产生唯一的途径是,a 和 a' 在 a 所援引并为 a' 所认可的事实上趋同。但是,如何才能达到这种趋同呢? a 和 a' 两个主体对事物的感知肯定不同,不可相互交换。人们可以交换思想,或者,换言之,人可以交换对感知有影响的语言判断,但是却永远不能交换感知本身。a 和 a' 能够相对客体的运作如此,其心理意象,其记忆亦如此,总之,凡是尚未转化为概念化想法的私人象征实施的一切,皆如此。然而,一旦定格词语含义和概念的名词性定义的规约为人们所广泛认可,被概念化的观念就只能引发判断或者推理形式的沟通。如果这类判断不能以运算的形式做出,而是仍然停留在直觉命题的层面上,那么伙伴之间的意见统一就具有不确定性,因为所有的感知或意象直觉都包含某种自我中心的遗留物。因此,某种一致将呈现出双重运算形式。此处,我们必须认识到,a 在其命题 r_a 中执行的运算虽然显而易见,但是因为外部权威缺位,a' 只能在自己能够执行同样运算这唯一情况下,证实与 a 思维的一致,甚至把握 a 的思维。

一方面,初始的等式($r_a = s_{a'}$)预设了两个个体的运算(a 的运算和 a' 的运算);另一方面,它还必然预设两个运算之间的对应关系。这种对应关系呈现两种形态。第一种形态是,a 和 a' 执行了相同的运算,即两人的运算具有直接等价的简单对应关系;第二种形态是互反运算(如上文引证的例子所表明,个体甲从左边所见与个体乙从右边所见之事实,均有其合理性,反之亦然),是反向的等价对应关系。因此,在这两种情况下,对应关系本身就是一种运算,它使合作过程从一开始起就是一种运算。简而言之,命题 r_a[16] 是 a 施行的一个运算,与 $s_{a'}$ 相一致是由于第二个个体的运算产生的结果,等式 $r_a = s_{a'}$ 是由于第三个运算——亦即促成交换并且从一开始就由它所构成的对应关系所产生的结果。

② a' 有义务继续承认 r_a 的有效性,[17] 亦即($s_{a'} = t_{a'}$)。如果这一义务并非因 a 的权

威所致,那么它存在于何处? 目前看来,它因"矛盾原则"(principle of contradiction)而产生。但是,正如我们很久以前就已试图表明,人们不会以应用法律的方式应用逻辑原则,似乎原则与原则的应用两相分离。[18] 非矛盾(non-contradiction)是可逆思维的直接结果,因为没有矛盾的思维就是运用可逆运算进行的思维。因此,如果 a' 因 r_a 仍然负有义务,[19] 这不仅意味着 a' 本人以可逆运算的方式来进行思维,而且意味着其自己的运算与 a 运算之间的对应关系,作为一种借由交换来保证的对应关系系统,构成一个可逆运算序列。

而且,正是因为交换本身具有对应关系的运算性和可逆性特征,非矛盾才在这种情况下变成一种"规则",或者换言之,变成一种交换的社会规范,而不再仅仅是个体内在平衡的一种形式。这就是为什么与非矛盾相伴随的是一种义务感,而不仅仅是内部的和谐感。但是,这种义务源自于互反性,而非一方凌驾于另一方之上的权威,因此有别于强制性义务。同样,这相当于说合作式的交换具备运算层规范特征,而不再仅仅具有直觉层规范特征。

③ 命题 r_a 效度的守恒,在随后 a 的运算与 a' 的运算之间对应关系中,因此在整个交换中,得以保证($t_{a'}=v_a$)。这种"同一性"引发了跟非矛盾一样的反映。"同一原则"只是通过交换构成了规则。在个体思维中,同一性是直接运算与逆运算组合的产物。如果有随后所交换有效命题的同一性,这是因为这种情况下,运算机制是由交换本身构成的,而不仅仅是由个体思维构成的。

④ a' 将命题 r_a 应用于自己的命题($v_a=t_{a'}=r_{a'}$)。如果说这里不仅仅有受到制约的简单重复的话,这同样是因为一个新的运算构建在发挥作用。

⑤ 这一新命题 $r_{a'}$[20] 得到 a 的赞同($r_{a'}=s_a$),其中预设与前述(a)中的对应关系相似的新的对应关系。

(3)等式Ⅰ′和Ⅱ′所暗示的互反性仅仅是前文所探讨的对应关系和互反性的逆转,或者,换句话说,最初的命题以主体 a' 为出发点,而此处的互反性则是对前述对应关系和互反关系的一般化。这样一来,群集就得到双向的保证。

因此,可以看出,思维的交换,一旦达到平衡,便由此走向运算结构的建构。换句话说,通过交换取得的平衡只是一个简单的对应关系或互反关系的系统,只是一个包含合作双方自己精心构建的多个子群集的大群集。

结　　论

如前所述,个体对外部世界的动作遵循某种发展规律,最终达到以动态、可逆群集形态呈现的平衡。社会关系存在于个体对其他个体的动作中。在思维交换中,这种关系也往往以互反形式呈现出来,其中暗含着属于群集的可逆动态性。也就是说,合作只是一个共同执行的运算系统,只是一个共同运算(co-operation)的问题。

那么,我们是否必须承认,由个体所"群集"化的运算使合作成为可能,或者合作中暗含的运算群集作为社会事实确定个体的群集?若以此方式来提问,问题就失去其所有意义了,因为作为一种逻辑结构,群集是平衡的一种形式,而且这种平衡形式必然适用于整个过程。

因此,问题就单纯地变成:个体是靠自己达到群集形式的平衡,还是必须通过与他人的合作来达到这种平衡?或者相反,社会是不是在没有个体动作特有的内部结构化的前提下,达到了智慧平衡?

就个体而言,这个问题以两种形式呈现出来。个体可以为自己构建起一个构成所谓自我规约集合的稳定定义的系统吗?而且,一旦拥有了这一系统,他们是否会通过暗含可逆性与活跃的"整体"的严格守恒的群集化运算来使用它?因此,这就意味着人们赋予个体自己制定规约的权力,或者,换句话说,将其当下的思维与其未来的思维联系起来,似乎这是一个不同的人的问题。现在,如果弄明白,个体在社会化的过程中,在多大程度上不断地改变其所使用概念的含义,那么无以避免就要假设,与自己达成的一致乃是一种内化的社会行为。另一方面,个体以何种方式保证受其运算影响的"整体"的守恒?他以何种方式实现完全的可逆性?实际上,感知-运动过程因其从本质上讲不可逆,而且无疑只有在高阶因素动作的作用条件下,才在一定程度上可逆,因此不足以对可逆性做出解释。完全可逆性是以象征意义为预设的,因为只有通过唤起缺位的客体,动作格式对事物的同化和事物对动作格式的顺化,才能达到永久性平衡,并因此而构成一个可逆机制。个体意象的象征意义过于飘忽不定,因此无法产生这种结果。所以,语言是必要的,而且由此又回到社会因素上来。另外,运算系统所不可或缺的客观性和连贯性亦以合作为前提条件。总之,为了使个体有构建群集的能力,首先必须赋予他社会化的人应具备的所有品质。

相反,因为运算的逻辑并非语言逻辑,因此合作显然不仅可以借助于语言形成群集,而且可以通过精确的个体心理动作形成群集,而运算在其中是一个动作系统。

总之,无论以何种方式提出前述问题,个体的功能和集体的功能互为依傍,才能对逻辑平衡所必需的条件做出解释。因其产生于个体和集体都必然趋向达到的理想平衡,因此逻辑本身超越了个体功能和集体功能。这并不是说存在一种同时对个体动作和社会动作施与控制的自在逻辑(logic in itself),因为逻辑只是这些动作发展过程中内在的平衡形式。但是,动作因为提升到了运算层面,从而变得可自组合、可逆,进而获得了彼此替代的能力。因此,群集只是某一个体思维内部由可能的替换构成的系统(智慧运算),或者个体间思维交换中由可能的替换构成的系统(合作)。因此,前述两种替换构成了一个既是集体又是个体的一般逻辑,此乃合作动作和个体化动作共同平衡形式的特点。

如果说逻辑学家能够将逻辑学公理化,而不需要对社会学甚至心理学予以考虑的话,这是因为他在"理想"中运算。逻辑学家有权利在理想王国中处理现实中不可能完全实现的平衡形式。相反,社会学家和心理学家必须彼此扶持,才能理解公理化以何种方式得以实现。我们或许可以说,其他公理系统,如群集的概念亦同样适用的道德价值和法律价值,亦复如是。在前文中,我们运用完全意义上的运算概念,对心理学和社会学两个领域中共同的某些平衡形式,进行了分析,同时又保证了逻辑在既与心理学和社会学平等又高于后二者的平面上的权利。此处所说的平面乃是这种平衡被"投射(projected)"(此处所用乃是其几何学意义)的平面,似乎平衡在现实中得到实现。

作者注释

[1] 第五章:发生逻辑与社会学;第六章:历史的个性:个体与理性教育。

[2] 最近,在一篇著名的论文"国际社会理论"(*Théorie de la société Internationale*,日内瓦,1941年)中,年轻的天才法学家帕帕利古拉斯(M. Papaligouras)试图反对涂尔干所谓的社会,认为它是先验灵感的"存在"社会,却不怀疑涂尔干走的是类似的路子。更有趣的是,他重新发现了涂尔干关于"社会时间""社会空间"和集体逻辑规范体系的假设,这些皆为社会学的基本假设。

[3] 参见皮亚杰:《儿童智慧的发生》(*La Naissance de l'intelligence chez l'enfant*,1936);《儿童"现实"的建构》(*La Construction du réel chez l'enfant*,1937)。英文版分别为:*The origins of intelligence in the child*(trans. M. Cook)(London:Routledge & Kegan Paul,1953);*The construction of reality in the child*(trans. M. Cook)(London:Routledge & Kegan Paul,1954)。

[4] 参见:《儿童符号的形成》,纳沙泰尔:德拉绍和尼斯特尔出版社,1945(*La Formation du symbole chez l'enfant*,Neuchâtel:Delachaux et Niestlé,1945)。英文版:*Play, dreams, and imitation in childhood*(与法文标题不对应,可译作《儿童的游戏、梦与模仿》)(trans. C. Gattegno & F. M. Hodgson,London:Routledge & Kegan Paul,1951)。

[5] 参见皮亚杰、斯泽明斯卡:《儿童数的发生》,纳沙泰尔:德拉绍和尼斯特尔出版社,1941(*La Genèse du nombre chez l'enfant*,Neuchâtel:Delachaux et Niestlé,1941)。英文版:*The child's conception of number*(与法文标题不对应,可译作《儿童的数概念》)(London:Routledge & Kegan Paul,1952)。

[6] 皮亚杰、英海尔德:《儿童数量的发展》,纳沙泰尔:德拉绍和尼斯特尔出版社,1941(*Le Développement des quantités chez l'enfant*,Neuchâtel:Delachaux et Niestlé,1941)。英文版:*The child's construction of quantities*(与法文标题不对应,可译作《儿童数量的构建》)(London:Routledge & Kegan Paul,1974)。

[7] 参见《类别、关系和数字:论逻辑群集》,巴黎:弗林出版社,1942(*Classes*,

relations, et nombres: Essai sur les 'groupements' de la logistique, Paris: Vrin, 1942)。

[8] 由此(产生)特殊的联想运算规则。同时参见[7]。

[9] 参见《儿童的语言与思维》(第2版),纳沙泰尔:德拉绍和尼斯特尔出版社,1930(*Le Langage et la pensée de l'enfant*, Neuchâtel: Delachaux et Niestlé, 1930);《儿童的道德判断》,巴黎:阿尔康出版社,1932(*Le Jugement moral chez l'enfant*, Paris: Alcan, 1932)。英文版:*The language and thought of the child*, trans. M. Gabain, London: Routledge & Kegan Paul, 1959; *The moral judgment of the child*, trans. M. Gabain, London: Routledge & Kegan Paul, 1932)。

[10] 参见本书第二章。

英文版译注

1. 群集[*groupement*(grouping)]是一个逻辑结构,可逆性是其定义属性之一,"构成逻辑思维的主要特征……笔者借助于可逆性的概念对逻辑智慧进行了行之有效的定义"[J. Piaget (1939). Les groupes de la logistique et la réversibilité de la pensée. *Revue de théologie et philosophie*, 27, pp. 291-295]。皮亚杰对这一结构的持续关注是完全有道理的,但是从最近的研究来看(J. Piaget and R. Garcia, *Towards a logic of meanings*, Hillsdale, NJ: Erlbaum, 1991, pp. 3, 121),显然是因为它是内涵模型(intensional model)必要但非充分元素。关于皮亚杰的逻辑,详论参见阿波斯特尔:《皮亚杰逻辑之未来》,见史密斯主编:《皮亚杰:批判性评价》(第四卷),伦敦:劳特利奇出版社,1992(L. Apostel, The future of Piagetian logic in L. Smith Ed., *Jean Piaget: critical assessments* vol. 4, London: Routledge, 1992);梅斯:《皮亚杰的逻辑》,《心理学档案》,1992,60,45—70(W. Mays, Piaget's logic, *Archives de psychologie*, 1992, 60, pp. 45-70);巴贝尔:《关于皮亚杰的逻辑》,见阿波斯特尔主编,《结构的起源》,巴黎:法兰西大学出版社,1963(S. Papert, Sur la logique Piagetienne in L. Apostel et al. Eds., *La Filiation des structures*, Paris: Presses Universitaires de France, 1963)。

2. "*Le vrai*(真理)"一词的翻译有诸多问题,其中包括第五章第一段中的实质性问题。

3. 莱兰的圣文森特的"That which is believed everywhere, always, and by everyone(*quod ubique, quod semper, quod ab omnibus creditur*)"(无论何时、无所不在、普遍适用),*Commonitorium*, ii。

4. 关于社会领域的等级分类,请参阅本书第七章的实证研究。

5. 此处为法语单词"*majoration*(优化)"。显然,这涉及皮亚杰的平衡优化

(équilibration majorante)理论,布朗(Brown)在其他地方也亦译作"optimizing equilibration"(具有优化作用的平衡)。关于他这样做的理由,请参阅皮亚杰著《认知结构的平衡》(*The equilibration of cognitive structures*,Chicago:University of Chicago Press,1985)第 xvii 页脚注。

6. 此处"经典意义上的逻辑"指一般语言中的用法,而非其三段论或者演绎意义。

7. 法语文本中是:*capitaux de croyances*(信仰资本)。

8. 请查阅皮亚杰著《儿童智慧的发生》第五章第 1－2 节(*La Naissance de l'intelligence chez l'enfant*,Neuchâtel:Delachaux et Niestlé,1936)。英文版:*The origins of intelligence in children*,trans. M. Cook,London:Routledge & Kegan Paul,1953)。

9. 法语文本中是:*engendre les operations en les appuyant les unes sur lesautres*(通过相互融通来生成运算)。

10. 本文中所使用的"*schéma*"一词的含义,与皮亚杰在为西格里姆(G. Seagrim)所译《知觉的机制》(*Les Mechanismes perceptifs*,英译本:*The mechanisms of perception*,New York:Basic Books,1969)写的序言中对"*schéma*"和"*schème*"所做的区分不同。在前面所提到的文本中,皮亚杰写道:"在我们的用法中,(*schéma* 和 *schème*)对应完全不同的现实,一个是运算性的……一个是比喻性的。"

11. 在法语文本中,记法似乎有几处错误。此处的法语文本是"*si les valeurs virtuelles t_a et $v_{a'}$, entraînent tôt ou tard en retour les valeurs réelles $r_{a'}$ et s_a*"。为了与后边的等式保持一致,我们对换了 t 和 v 的下标。

12. 在本文的法语文本中,该等式为"$(r_a = s_a = t_a = v_{a'}$"(最后的括号缺失)。因为一般要颠倒下标来表示合作伙伴,所以我们就用 r 表示 a' 的动作。

13. 法语文本是"$r_{a'}$"。那么,这个陈述就完全是重复的:a' 表达出与 $r_{a'}$ 同等效度的 $r_{a'}$。因此,要使 $t_{a'}$ 等于 $v_{a'}$,就必须使 $r_{a'}$ 的效度与 r_a 的效度相等,这似乎显而易见。所以,我们将 $r_{a'}$ 改为 r_a。

14. 法语文本是"$r_a = s_a$ *implique que a soit d'accord avec* $r_{a'}$ *de* r_a *donc de* t_a' *d'où l'équilibre* $v_a = s_{a'}$"。这个句子语法不正确、无法理解。因此,为使译文统一,我们做了修改。

15. 法语文本中使用的术语是 *cours forcé*(强制流通)。

16. 法语文本是"r'_a"。这个记号从来没有在前面的公式中出现过,而且意思不通。因此,它被改为"r_a"。

17. 为了统一起见,记法中的"$r_{a'}$"修正为"r_a"。

18. 关于矛盾原则心理逻辑的讨论,请参见本书第五章。

19. 同样为了保持一致起见,记法中的"$r_{a'}$"修正为"r_a"。

20. 法语文本是"r'_a"。由于上面的注解 16 中提到的原因,它修正为"$r_{a'}$"。

第四章　道德与法律的关系

在本文中,我们建议将道德事实和法律事实所共有的某些机制及其之间的某些区别或差异,加以提取,展开探讨。法律和道德之间的关系问题,或者是从实际界定(特别是对界限问题每天都出现的法学家而言)的角度,或者是从法律哲学或道德哲学的角度,总是反反复复被触及。但是,毫无疑问,这一问题对纯粹的社会学也很有价值。我们恰恰是将自己局限于这一社会学领域,但是因为法学家、道德家或哲学家的思维习惯,会使读者偏离社会学家独有的思维习惯,因此可能有必要向读者对关于这些问题特殊、明确限定的表达方式,做一初步的解释。社会学家必须把社会学事实解释为事实,同时又不断约束自己,不去做评价,即使是从自己形而上学体系的观点,亦不做评价。

一

法律社会学是一门与法学或法律哲学截然不同的学科。法学和法律哲学必须从规范的角度对事物进行探讨:它们将法律规则知识还原为对其有效性的分析,而又不寻求用法律之外的心理或历史事实来对它们进行解释。相反,法律社会学则将规则视为纯粹的事实,而且将其作为其他社会事实集合的函数,来加以解释。理论法学家研究的是什么是合法的,而法律社会学家则只考虑社会中的人如何诠释权利或义务,认为它们是有效的。法律哲学在一个宏大的思辨体系中提出这些问题,而法律社会学则停留在观察和实验的范围内。同样,道德社会学也不会像道德家一样,问什么是善、什么是恶,将其好奇心限制在研究社会中的人类根据什么因果过程而非根据什么原则,认为某些思想和行动是好或者是坏(它自己不对这些思想和动作做评价)以及人类根据什么机制对这种思维和行动予以制裁。简而言之,正如社会学和思维心理学研究理性发展的方式,逻辑学研究的是何为真、何为假,道德和法律社会学研究的重心是制约社会行为的规则的逐步建构,[1] 伦理学和法律则决定了规则的有效性。更简单地说,社会学重在解释,却不刨根问底,而法律、道德和逻辑旨在建立基础,却不求因果解释。[2]

以经验事实和"真实"因果关系为研究重心的科学,如社会学和心理学,与以处理"理想"蕴含关系(在法律领域中,即凯尔森所谓的"归因"关系)为旨归的规范性学科之间的差异,可以以下述方式得到更好的理解。下面以逻辑学与思维心理学共享的推理研究——重心在规范的学科与重心在因果关系的学科之间几乎没有任何矛盾的一个研究领域——为例,来加以阐述。请看下述命题:因为 $A=B$;$B=C$;所以 $A=C$。逻辑学家只关注为什么这个命题为真,或者说从逻辑上讲是有效的,而命题因为 $A=B$,且 $B=C$,所以 $A<C$ 为假,从逻辑上讲是无效的,但他对上述命题在真实鲜活具体思维中是如何构成的,却不闻不问。他会探寻证明第一个命题为真、第二个命题为假的原则,但往往从经验因素中抽象出这种原则或基础,并将其公理化为纯粹理想的先验联系,以使其更加确信无疑。相反,心理学家则要问:这些命题为什么会出现在头脑中?它们是以何种方式被构建出来的?他会注意到,处理第一个命题的能力并非天生,而是后天发展出来的[1]3。他还会特别注意到,这种能力需要与某些心理状态相联系,才能得到发挥和解释(但是,这未必意味着这些心理状态是这种能力的基础),比如思维中数字与数量守恒和可逆性。总之,逻辑学和思维心理学之类两个完全不同的学科之间,不会有任何冲突。相反,两者相辅相成,相互启迪,因为一方是公理化的学科,而另一方则是相对应的经验学科。法律与法律社会学之间的关系也以这种方式相互作用。"法学"旨在为法律规范提供基础,需要诉诸原则,即现实中的公理;从罗甘到凯尔森,这种渐进性的公理化一直存在。但是,提供基础的科学不能同时提供因果解释。因此,问题仍然是如何理解人类社会以何种方式制定和认可法律,也就是说,人类以何种方式制定出社会群体认为有效且必须遵守的规则。

确实,有一种学说(法律哲学而不是理论法学产生的许多学说之一)坚称,它既能为法律奠定基础,同时又能从人性角度对法律加以解释。这就是在不同的历史时期以不同面目示人的"自然法"理论。但是,对"纯粹的"法学家来说,自然法原则似乎是同义反复的赘言[2],无法满足法律社会学的要求。非常有趣的是,问题恰恰相反。自然法的原则主张太多,有些观点无法得到科学的验证。毫无疑问,所有的社会学家都同意,在所有的人类社会中,都存在一种信念,认为正义高于制定法(positive law①),而且这种愿望能够发挥其重要作用,改造法律。甚至对查士丁尼(Justinian,东罗马帝国皇帝)赋予蚯蚓和跳蚤结婚的"自然权利"冷嘲热讽的帕累托,也必须对基本"残留物"中的正义和非正义情绪进行分类,而且因此承认其对社会的因果作用。但是,这一事实一旦得到承认,就需要加以解释。本文的讨论就从这一点开始,但是未必优先考虑自然法的解释。一种可能的解决方案是:这种对正义不断的渴求产生于上帝所创造而且为其意志所驱使的人类的本性。因此,新托马斯主义者(neo-Thomists)和与我们同时代的吉森(F. Guisan),都将法律视为一种包罗万象的形而上学体系。很明显,社会学家既无法赞同也无法批评这种观点,因为这超出了他们的领地。同样,他们会评论说,自然法已经奇怪地变形为超自然法,而且这种立场对具体解释社会学事实,亦毫无帮助。用神圣意志来解释法律,与说因果关系是神的意志产物,以此来描述物理定律的特点,有点相似之

---

① 亦可译作"实在法"或"实定法"。——译者注

处——我们仍然需要了解有关现象的细节。社会学关注的是继发原因(secondary causes),而非第一原因(First Cause①)。

第二种解决方案是:自然法是天生的,是人性的遗传表达,人性具有独立性,无须联系任何形而上学的假设来加以思考。此处,我们肯定处于事实和经验验证的王国,但仍然需要完整的证明。的确,如同逻辑现实,道德现实似乎不受遗传传递的影响,它们随着个体之间的相互作用或联系而构建起来。而且,没有任何理由认为法律现实是不同于人类其他规范且具有先天基础的另一类规范。此外,法律原则是天生的这一观点得到了有些学者的支持,他们希望从中得出支持前述神学假设的论据。但是,我们为什么希望神的意志通过遗传传递表达出来,而不是通过个体之外的社会规律表达出来呢?遗传传递似乎比社会学规律更具有确定性,但也许只有在我们没有密切关注二者的情况下,方才如此。根据社会学家与法理哲学家争论时所采用的真正"自然主义"理论,一群人能够接受与适用于一组基因的规律(laws②)一样稳定的(科学意义上的)法律(laws)的辖制。法律研究⁴若将一种法律置于另一种法律之上,便一无所获。

第三种解决方案是:所有人类社会所特有的对正义的渴求,乃是社会内在平衡规律的表达,而非社会进化之前各种因素(个体固有"人性")的表达。实际上,无论在某个社会中可能实施的制定法规则是什么,它们都永远不可能成功地使当前所有的利益或价值达到平衡。我们可能总是在假设,在已接受的规则之外,在某些新规则的源头,有一种向着更平等、更具互反性、更正义的永久发展趋势,因为这些才是完整或高级的平衡状态⁵。在这种情况下,所谓的自然法的原则产生于目标(terminus ad quem)而非起点(terminus a quo)⁶,产生于社会关系所趋向的必然平衡状态而非所有社会先前的结构。因此,相信自然法的实际价值就得以保证,而且学说面临的理论困境也得以消除。但是,我们必须认识到,此时我们已经脱离了经典"自然法"假说的领域。我们一旦将社会看作一种"自然"现象,便借助于一个抛给语言学家去思考的语言悖论,断然与那些当今被称为"自然主义者"的法学家们分道扬镳。在普芬多夫(Pufendorf)和格罗蒂乌斯(Grotius)所处的时代,只有人性是"自然的"——而社会则是人为的。当今的社会学家坚持认为,真正的"人性"是社会化的人的人性,而非前社会的个体(婴儿)的人性,除此之外,他们会将前述两个断言颠倒过来。

简而言之,第三种基于平衡的解决方案⁷相当于说,有两三个人,在荒岛上度过其一生,最终必然会提出正义的想法,但是这并不意味着他们从一开始就有这种观点。因此,作为社会相互作用的必然结果,法律——"自然"法及制定法——不可避免地需要社

---

① 此处亦可译作"造物主"或者"上帝",因为根据西方的神学观点,上帝创造了一切,乃是世间万物的动因。——译者注

② "law"一词既可作"法律",亦可译作"规律",多数情况下,在不同的语境中,两者可以清楚地区分开来,但是在这里似乎比较困难。——译者注

会学解释。但是,我们重申,社会学解释比法律哲学的解释,要谨慎、克制得多。法律社会学拘囿于通过观察和实验获得的事实,而非旨在基于任何先验原则为法律提供基础。因此,它要求构建一个类似"纯粹"法学这样的互补公理系统,而且仅仅是对其做出补充。也许某一天,公理化的法律理论将被视为对法律社会学的补充。但是,互补关系是相互的或对称的,不是单边的或不对称的,因此在这个方面上不会产生任何争议。在有足够的法律社会学内行向"纯粹的"法学家发起挑战之前,尚需要进行大量有价值的研究,才能突破目前的初级水平。

二

在所提出的这些引导性问题中,有一个问题尤其棘手,需要首先将它解决了,才能继续我们的研究。确切地说,这就是一个法律和道德之间界限的问题。就对现代西方社会加以约束的规则而言,[8]这一界限在实践中很容易划清。法律等同于国家颁布的成文法[3]9,而非成文的义务则属于道德领域。法学只有在对公平、减罪条件以及严格意义上的失德中存在的细微差异具有敏感性的情况下,才会产生界限问题。相反,如果有人试图将具有根本没有(或者实际上没有)成文法的所谓原始社会特征的用法,划分为道德范畴和法律范畴,那么问题就变得难以掌控。以印第安人炫财冬宴互赠送礼物(potlatch①,为获取声望而非物质利益而进行的交换)[10]的习俗或者近乎仪式化的习俗规定的礼物与礼品赠送为例。这些符合道德,还是符合法律?抑或是不同类型的报复和复仇?有关性行为的规则呢?中间还有各种过渡情况,将有明确界定的两个极端联结起来,形成一个连续体。因此,法律社会学马上面临一个基本理论问题,即如何区分法律与道德。即使在涉及当代西方社会的事情上,两者的区分在实践中虽然很容易做出,但是这绝不能抵消其理论阐释的巨大困难。

这一困难为许多优秀的学者提出的纷繁复杂的概念所证明。下面我们将其中的一些概念做一详细的阐述,因为即使这种概括式的讨论也能够揭示出这个令人望而生畏的问题的几个基本方面。

第一类学说认为,法律与道德之间从本性上讲有共同之处:两者之间的唯一区别在于集体或者公共协调程度的高低。概而言之,这是狄骥的看法,也是涂尔干及其学派的观点。根据涂尔干的观点,与道德一样,法律的特点是,存在集体认可的强制性规则。但是,法律约束被写入规则系统(rule systems)[11],而用以定义道德的约束却具有"弥散性"——也就是说,没有编纂成典。除了道德和法律共有的禁止性约束之外,需要补充

---

① 北太平洋沿岸某些美洲印第安人举办的活动,宴席上,主人有意损毁个人财产,并向客人大量赠送礼物,客人随后也要做出回赠。——译者注

的是,法律中也有道德中所没有的"补偿性"约束。(补偿性约束没有附加任何责任,而仅仅是对物质损失的补偿,比如在民事案件中)但是,法律在多大程度上被编纂为文字法,只是规则的外部形式问题,而从根本上讲,道德和法律现实相同,两者的出发点都是群体施与个体的约束。新托马斯主义者从一个完全不同——即个人的"人类本性"超越社会群体的角度,为类似的观点提供支持。法律完全包含在道德中,因为它需要得到道德的认可。但是,道德的辖域超越法律。法律受到证据法(rules of evidence)实施的制约,但是,有些道德行为只与个人的良知有关,而其他人却一概不知。因此,法律和道德之间的区别仅仅是程度上的差异,并非内在本质的对立。

但是,就我们所处的社会而言,这种道德与法律本质相同的假设似乎难以维系,至少有两种反对意见。首先,法律和道德之间经常发生冲突。比如,一个有良知的人出于完全符合道德的动机,拒绝服兵役,但是他这样做,却违反了所熟知的制定法。行使某些公共职能也可能引发冲突:是遵守法律有效性不容置疑的法令,还是凭着良心行事。其次,社会的法律生活与道德生活之间存在相互影响。因此,里佩特(Ripert)写了一本关于"民事义务的道德规则"的有趣的书,在书中对集体道德良知[12]对法国法律的影响方式进行了阐述。然而,由于公众舆论的周期性变化及冲突本身,相互影响最有效地证明了这两种社会现实之间在内容与形式上的二元性。我们目前所探讨的就是这两种社会现实的关系。

相反,某些自然法支持者认为,道德规则和法律规则原本就是在内容和形式上两种不同的范畴,似乎在所有发展阶段,道德和法律之间都存在本质差异。但是,我们必须抛弃这一极端观点,因为似乎无可争辩的是两种社会现实在社会群体的演化过程中,越来越分化,而且两者之间的差异在现代社会中比在"原始"中更显著。

因此,我们的出发点既不是两者本质的同一性亦非极端的对立性。我们需要找到一个一个概念,既要充分兼顾法律和道德的异同,同时又不否定两者的共同机制或从共同起源开始的逐步分化过程。在这一方面,我们需要对一些著名的观点加以考察,比如罗甘、彼得拉日茨基、凯尔森以及最近的古尔维奇(Gurvitch)、蒂玛奇福(Timacheff)等人的观点。无独有偶,这些学者原本是要强调法律和道德之间的差异,最终却向我们表明,情况恰恰相反。在对其具体假设进行讨论的过程中,我们即使不对社会行为的起源做心理-社会学分析,都会看到,道德和法律功能的同源性程度之强,远远超出我们的想象。

罗甘[4]正确地坚持认为,法律和道德之间的区别,对社会学家的重要性,等同于脊椎动物和无脊椎动物之间的区别,对动物学家的重要性。我们希望有一个与是否有脊柱一样清晰的标准,对法律和道德进行分类。但是,这位来自沃州(Vaud)的伟大法学家提出的标准,清晰度仍然与理想相距甚远。对罗甘来说,法律现实和道德现实相当于两个交叠的平面——两者有交叉,但各自超越对方延伸。一方面,有相当多的法律规则体系与道德无涉;另一方面,制约所有个体动作的道德通过立法来规范某些与法律无关的动作——准确地说,这些动作得到"法律的认可,但又不受法律的进一步制约"。[5]那么,法律和道德之间的对立存在于何处?罗甘认为,这从根本上讲,取决于约束的性质。在法律领域,约束源于外部集体权威,具有强制性。而在道德领域,约束变成"内部惩罚"(懊悔、折磨和对未来的恐惧)。然而,无论这种区别表面看起来多么清晰,它也经受不住实证,特别是从发展心理学角度的审视。[13]首先,如果只受"内部惩罚"的约束,而且来自他人的责备和压力不能强化某些人良知的内部声音的话,那么成人的道德无疑会比现在更加脆弱。更为切题的是,我们所关注的一个社会学问题是,与道德相伴的内在声音或者"内部惩罚"是与生俱来的呢,还是相反,是外部影响逐渐内化的结果,因此是通过家庭与教育社会化的影响。我们目前所了解的关于良知义务[6]的起源似乎表明,低龄儿童所接收的指令[14]及其对发出指令的人的尊重,是这种训练中的决定性因素。由此可推论,在道德生活伊始,制约来自外部(来自父母的责备和惩罚),具有强制性,与在法律领域中的情形相同。尤其是,道德义务如同法律义务,首先源于上级的权威:这种情况下是父母。为了不改变罗甘提出的解决方案的基本意思,人们可能会回应,这种权威只是家庭的,而法律权威涉及整个社会,并且固化在国家的概念里。无疑,在充分分化的现代社会中,这确实如此。但是,如果将此标准应用于家庭和氏族几乎相同的波利尼西亚(Polynesia)部落社会,那么我们就必须说,氏族的规则是道德,而部落的规则则是法律吗?这头脑未免太简单了。总之,有法律权威,也有道德权威;法律中有"外部"约束,道德中也有"外部"约束;就此而言,法律义务无疑同伦理义务一样被内化。果真如此?

伟大的法哲学家彼得拉日茨基力求使事物精确,但在我们感兴趣的问题上,其理论基本上跟罗甘的方法相似。彼得拉日茨基认为,法律关系(以及无限大于成文法所辖范围内存在的关系)具有"双边"性,是"命令-赋予"关系。也就是说,它总是预设至少两个合作伙伴,其中一方对另一方负有义务,而由于同样的义务,另一方被赋予某种权利。因此,A和B之间的任何法律任何关系对A是命令,因为它使A负有义务,对B来说就是赋予,因为A的义务与B的权利相当。相反,道德事实具有"单边"性,并且只有"命令",因为A的道德义务仍然存在于A的内部,没有赋予B权利。比如,如果A是托尔斯泰(Tolstoy)的粉丝,并且感觉把自己的财富分给穷人是其道德义务,那么即使如此,穷人B也没有权利向A索要财富。但是,尽管这种解决方案干净利落,但像罗甘的解决方案一样,仍然不能使我们满意。反对意见与上述相同。正如我们在其他著述中所指出[7],一旦承认道德义务并非源自天生或遗传过程,而是产生于受人尊重的人发出的指令或榜样,道德事实自身也就构成了双边关系——尊重具有相互性时,甚至是双重关系。彼得拉日茨基所引证的有趣例子尤其清楚地说明了这一点。到底为什么托尔斯泰的粉丝A认为将财富分给穷人是其责任呢?这是社会学家必然要考虑的问题,而法律哲学家只关心[8]A的义务对B是否构成某种权利(我们争论的焦点就是这个观点)。答案在任何情况下都很容易给出。因为A尊重托尔斯泰,接受了其的戒律,并将之内化为义务。(反之,托尔斯泰接受并内化了耶稣的戒律)结果,在这种道德关系中,A 和 B 之间的关系,比 A 和 T 之间的关系疏远:正是因为 T 的戒律,从而使 A 负有义务,因此关系就变成双边关系。这种道德关系甚至可能变得更具命令-归属性,因为与 A 对 T 的尊重和 A 对 T 的戒律的顺从相对应着,乃是 T 制定戒律的(道德)与迫使他人尊重其所传递的价值的权利。这一点在父子的关系中很明显,但我们认为父亲对儿子行使道德权威的权利,并非严格意义上的法律权利。至于 A 和 B 之间的关系(仍以托尔斯泰为例),如果 A 将其财富给与 B,那么 B 现在就对 A 有义务。即使我们仅仅考虑相互尊重的情形,B 亦有义务向 A 表示感谢、敬意等,与之相对应者至少有 A 尊重他所代表的价值的(道德)权利。简言之,无论彼得拉日茨基区分道德和法律的标准看似多么透明,都不足以揭示出法律和道德之间的根本差异。相反,它只是通过分析揭示出了一个共同的机制。

  凯尔森在其著名的纯粹法律理论体系中所做出的区别亦如此。这位知识渊博的作者认为,法律规则的效度来自其以不断创新构建为特征的"形式",而道德规则的效度来自其静态、非构建性的"内容"。凯尔森法律形式构建的意思很好理解,因为其公理论的基本假设是法律调节自身的创造。从凯尔森的立场来看,法律是一个规范组成的等级,等级中的每一个规范都在应用高层次的规范,同时在创造较低层次的规范。只有构成金字塔基础(行政命令、法院判决等)的"个性化规范"才是纯粹的应用,不再创造新的规范;而且,只有金字塔顶部的"基本规范"才具有纯粹的创造性,不衍生自其他任何规范。这种基本规范不仅是任何政府体制中宪法有效性的保证,而且是从宪法到个体规范的整套等级嵌套规范的效度保证。人们很容易理解凯尔森为什么提出了这个不可或缺的公理,因为它是对整个法律秩序效度的肯定。从社会学的立场来看(这是我们自己的阐释;尽管凯尔森对关于原始民族的社会学做出了卓越的贡献,但他总是拒不将法律和社会学联系起来),这是任何公理系统最终必须与现实世界相联系的一个点。基本规范不仅是对制定法体系进行规范性研究的社会学对法律效力的认定方式,而且是对确保其规范性特征的特殊义务感[15]的经验。凯尔森很容易地将道德与法律区分开来,因为道德不涉及形式的不断构建,而且其效力只是基于其规则的内容。道德通过从一般到特殊的演绎方式推理来发展,但没有以法律推理的方式创造新的规范。

  凯尔森和彼得拉日茨基对法律的起源,甚至其动态特征进行了深入的分析——凯尔森将自己局限于严格的政府规则的范围内,而彼得拉日茨基则在社会群体中遍布的"法律信念"的社会心理领地里驰骋。[16]但是,他们却满足于在道德领域里对发展的产物加以描述,而不是用比较方式重构其构建过程。这种差异很容易解释。法律从本质上讲乃是特定社会中成人良知的问题,法学家无须从工作台边站起来或离开图书馆,就能够对其特征加以描述。相反,道德却回到了摇篮。为研究其起源和动态特征,我们必须求助于儿童心理学家使用的方法。我们不能简单地对那些也曾经是儿童的"原始"人进行观察;若不借助于发展心理学,人种志学无法告诉我们根据道德社会学需要知道什么。

我们若像凯尔森发掘法律构建机制那样关注道德现实,就会发现,凯尔森的格式亦以高度暗示的方式适用于道德规则,而肯定不会产生两种规范系统之间的根本对立。关于这一点,我们在其他著述中已有论述,[9]因此这里仅做几点说明。首先,即使在成年人中,道德生活也绝非应用现成的一般规则的过程,尽管某些哲学家,特别是康德,无意间鼓励了这种幻想。道德生活是一个不断建构的过程:一个人履行义务,要比洞察自己的义务是什么容易得多,这种洞察有时是在内心中自我辩论的结果,在此过程中不识别构建性阐释的信号是不可能的。值得赞扬的是,弗里德里克·劳赫(Frèdèric Rauh)曾撰写过一整本书——多么令人崇拜——来探讨"道德经验"。其目的是准确地向人们表明,从命题是否具有概括性适用于所有人所有情景这一意义上讲,伦理规范中没有任何"普遍性"可言。相反,道德规范源自一种特殊的[17]预设归纳或演绎的构建(如科学实验)和实证验证的[18]"经验"。凯尔森认为,现成规则是道德不同于法律的特征,而劳赫的立场使我们远离现成规则。

但最重要的是,如果在单独考虑成年人时,规范性构建就已经是这种情况,那么在考察儿童的心理发展或整个社会习俗的演变时,这种情况又会有多严重呢?儿童认识的第一类职责是父母传递的指令。但是,儿童会从这些非自主的外源性规范,通过概括、应用于其他个体、分化、重新解释等,引申出新的规范。前述过程的最终结果是,儿童不断地对这套规则进行改造,自主地将其内化,融入其精神。现在,让我们将这些过程置于被看作每一代人采用相同的机制,对下一代人进行教育和训练的无限叠套结构的社会整体中。请考虑一下,从"霍屯督人(Hottentots)的道德"(或对固有习惯纯粹非自主的外在顺从)到基督教道德,从当代基督教道德到圣人和高度进化的内在良知的道德,人们集体所做出的巨大努力。我们不可避免地注意到,每一代人都在应用上一代人传递下来的规范的同时,以他们的名义传播新的规范。我们从对成人决策中所预设的"个性化规范"的原始服从中,不断地发现与法律解释相同的构建过程——但是必须明白,两者形式不同,但具有相同的共同机制。另外,我们发现,根据服从和单向尊重,或者互反和相互尊重,是否影响对规范的解释,凯尔森对法律中的两种(等级层次与合约)不同的规范形式,进行了精密区分与分析。若是等级规范,服从法律者应履行已被认可的规范所施加的义务;若是合约规范,参与制定或解释规范者施加某种义务于自身。

谈到凯尔森关于法律和道德之间的区别,我们需要简要地介绍一下另一位作者古尔维奇的观点。因受到德国现象学的启发,他所采用的方法完全不同。他支持直觉和法律多元论,反对凯尔森的形式主义,认为道德关系是"纯精神的",而法律关系既是"可感知的"[19](若以制约的形式呈现出来),又是"精神的"。此外,成文法被以逻辑的方式加以形式化,而道德却并非如此。但是,关于这个问题,古尔维奇的第二个标准亦非绝对;即使在自发的"道德经验",理性元素仍然发挥不可或缺的作用。关于第一个标准,即直觉主义现象学哲学家认为道德是纯精神的这一观点,我们并不怀疑。但是,我们担心,古尔维奇从没有对儿童做过观察,也从来没有思考过所谓原始部落。除非对儿童施以巨大影响的教育制约和源自作为原始部落道德基本组成部分的禁忌的制约,都无一例外地被视为法律……

最后,让我们来谈一谈《法律社会学导论》(Introduction to the sociology of law)的作者蒂玛奇福有趣的观点。在我们目前所拥有的关于这个年轻学科的著述中,其著作对语言文字的依赖最小,而是更多地依赖于实证证据。[20]蒂玛奇福认为,社会上的权力多种多样。其中有些种类的权力能够为社会的良知所认可,而其他类型的权力(比如纯粹的专制主义)本身就缺乏合法性[21]。相反,有些"伦理信念"(ethical convictions)源自个体良知,其中必然包含作为不可简化现实的责任。法律在蒂玛奇福概念中,处于这两种现实的交汇点,是道德认可的,亦即得到群体伦理信念许可的权力体系。那么,法律和道德之间的本质区别是,道德与权力相伴随。蒂玛奇福的详析无论多么坚实(其著述中充斥着分析),其核心论点似乎很难得到支持。此处,我们不纠缠于其道德认可的权力与因符合群体伦理信念而具有合法性的权力之间区别的任意性——这一区别要求蒂玛奇福首先取消东方专制政治和某些现代革命的合法地位。这里,我们限于指出——从罗甘到蒂玛奇福,我们带有令人有困惑的规律性地一直在寻找的——一种错误观点,即道德义务独立于所有外部权威或"权力"。我们重申,自主的成人良知是最近产生的一种特殊社会产物。在基于婚姻的现代家庭中,父亲对年幼子女的权威,家长制下家长(pater familias)[22]对所有年龄段儿子的权威,长辈对氏族成员的权威等等,一概不能认为具有纯粹的法律性质。当然,这些不同类型的权威肯定在某种程度上涉及法律,但是它们同样是真正道德义务的来源。因此,整个问题仍然是:在人既能够行使道德权威和法律权力的他律阶段,如何将道德权威与法律权力不分开来,而不像国家的宪法一样,逐渐清楚地加以区分?

总之,我们发现,有些作者基于自己有时相当有价值的理论体系,对很多细微的差异进行了阐述,但是实际上却掩盖了道德机制和法律机制本源的根本共同性。远非给出一个区分二者的精确标准,上述关于各种学说的讨论的结果却恰恰相反,揭示出道德事实和法律事实细节上的惊人相似之处。如同法律,道德中也预设最初的权力或权威,以及从他治到自治的可能过渡,而后者在任何情况下始终是相对的。道德和法律都建立在一种包括不断应用与传播的创造性建构上。两者都暗含命令-归属的关系,都在不对称(或等级)关系和对称(或互反)关系之间摇摆。那么,从发展的角度[23]所做的分析是否能使此争论明晰化?

三

从发展的角度来看,合适的起始点应该横亘于道德和法律之间的基本情感关系。

彼得拉日茨基所谓"法律情感"(legal emotions)"法律信念"(legal convictions)或者"规范性事实"(normative facts),指个体间共享的感情或者情绪。在这一方面,古尔维奇是彼得拉日茨基的拥趸。我们首先必须对这些情感关系自身进行分析;然后,我们将超越这一有限的领域,将道德和法律问题置于一般的社会关系问题的大语境下加以考察。

首先,就道德事实而言,各种学术流派的学者在一点上达成一致——而且对其观点的一致性应予以充分重视。他们一致认为,最能代表道德生活特征的个体间是情感"尊重"。但是,若问及尊重和道德法[24]之间有何关系,他们便众说纷纭,莫衷一是了。康德认为,尊重是道德法产生的结果,而非原因。我们尊重一个人,是因为这个人乃是这种道德法的体现。我们对此人的感情并不在于其个体,而是在于其遵守道德法的品质。由于康德的绝对命令与任何可以感知到的东西无关,因此尽管它能够引发一种独一无二——即不同于其他任何感觉的尊重情感,但是正如这位伟大的哲学家宣称,这一事实仍然"不可言说"。从心理社会学的观点来看,尊重的无法言说性迫使我们放弃了康德的解释。众所周知,涂尔干的最初灵感源自康德哲学,但是,却将先验转换为超越个体的集体良知。涂尔干接受尊重来自道德法的观点。但是,他认为,道德法是群体对个体良知行为的表达,由此可推理,涂尔干所谓尊重就是个体对体现纪律和集体价值者的典型情感。假如我们仅仅是对"个体""群体"等抽象概念加以具体化,就会发现自己仍然处于尊重情感和有效道德义务的共同起点——施教于儿童的成人与接受教育的儿童之间的明确关系。只有在这个领域,我们才能希望将尊重与道德法之间的初始关系分离开来。

皮埃尔·博维发现的价值恰恰在这里显示了出来(参见作者的注释[6])。与康德相反,博维从发展的角度认为,尊重先于道德法。尊重是一种复杂的情感,是地位低的个体所体验的对地位高的个体的恐惧和喜爱的结合。正是因为有了尊重成人的体验,儿童才接受其命令、指令和示范,这些成为强制性——道德规范或者道德法,换言之,道德规范源自尊重,却不能对尊重做出解释。我们后来曾尝试在这种单向尊重形成的框架内表明相互尊重的可能性。单向的尊重可以对顺从与责任这种外源性规范做出因果解释,而相互尊重则可以对互反性自主规范做出解释。[25]

现在,我们用法律社会学领域中使用的术语提出问题。这里,我们所关注的是法律权利或义务的起源,而不是道德权利或义务的起源。这里也有尊重可言吗?如果有,是什么样的尊重?如果没有,其他有什么基本情感?

我们常说"尊重法律""尊重他人的权利",甚至说"尊重他人的义务",但是,所有人都会立刻认识到,这种尊重与对个人或行为的道德尊重完全不同。首先,若说一个人尊重法律,他就不是在同样的意义上尊重立法者。一个人对其决策的尊重则是另外一回事儿。同样,如果一个人尊重地方法官,那是通过与法律没有具体关系的集体象征,而对地方法官裁决的尊重,则是对个人的尊重和对法律义务的尊重两者兼有之。简而言之,谈及法律领域的尊重,必定涉及这一概念的引申义。它与另一种,无疑与道德尊重相关的情感有关。重要的是，应该对"法律尊重"与道德尊重之间有何相似性、有什么不同，进行准确的分析。

目前，两个不同的学者群体对权利的"认可"达成一致，似乎"认可"权利合法性就是对法律的尊重。无论是力图从心理学的角度或者从社会学的角度，来对法律的渊源做出描述，或者做出纯规范的解释，无论是从（个体或集体的）主观数据出发，还是拒绝整个"主体法"（subjective law）的概念，这尽皆如此。这两个群体之间的分歧只存在于法律的起源问题上，这与我们在道德领域所看到的情形完全相同。对于那些接受心理学或者社会学理论的人来说，正是这种认可蕴涵着规范的合法性，并因此蕴涵着其规范性、强制性特征。对规范主义者而言，正是本身被看作已知前提的规范，才激发了人们良知中的认可情感。（在这一点上，第一个阵营中的学者，如彼得拉日茨基、古尔维奇等，在这场论战中所扮演的角色，与皮埃尔·博维相同；凯尔森扮演康德的角色！）

下面我们从彼得拉日茨基在其对法律事实的心理学解释中所定义的关系开始，展开讨论：A 承认他对 B 负有一个义务，对 B 来说，就是他对 A 拥有一个权利。由此可直接推论，如果法律关系，如同这位伟大的波兰哲学家所希望，是现实生活中的真实关系——或者是一种法律"情感"，如其译者所言，即所有法典出现之前的"规范性事实"的源泉，那么就有必要将 A 对 B 的义务解释为 A 认可 B 的权利的结果。若没有这种先前对权利的认可，义务也就不可理解；具体而言，义务与对另一方权利的认可糅合在一起，而且只能通过二次投射相互区别开来。[26] 的确，追随彼得拉日茨基，古尔维奇试图深入理解"特殊的法律体验"，亦即直接亲身体验，而非任何构建，在此过程中，他一直追寻的就是这种认可他人权利的基本情绪。古尔维奇与其老师唯一不同的一点是，他没有用个体主义的语言，而是从公共关系的角度，去解释直接法律体验。[27] 但是，在他选择的领域内，古尔维奇仍然发现，法律体验还原为"所有认可行为的集合"。[10] 在任何法典出现或智慧协调发生之前，情况仍然是不"认可"他人的权利，就不能与他人共同生活。因此，社会的每一个成员都"直觉地认可"自己所追随的新联盟，并承担不破坏或抛弃这一联盟的义务，但却不受任何形式规则的影响。[11] 所以，认可是一种基本的法律情感，是一种"直觉行为"，而非"反思"行为；是给定的前提，而非事后构建的某种事物。

用社会制约来解释法律的学说同样要诉诸"认可"，唯一将法律和武力区分开来的因素。正如图恩瓦尔德（Thurnwald）在其对原始社会法律组织的著名研究中所深刻地指出，"制约一旦得到认可，就将习惯转换为法律"。换句话说，野蛮的制约或纯粹的武力本身没有任何法律价值。因此，被征服者只要不承认其失败，征服者的意志就不能被认为是合法的。但是，制约一旦得到"认可"，就将事实上的义务转变为法理上的（法律）义务。

对规范主义者的学说，我们绝不能置若罔闻。他们认为，对他人权利的认可源自规范的存在，但不能对权利做出解释。凯尔森非常简明、精确地为这种观点做出了辩护。他表明，在国际法中，国家只有认可共同的规范，才可能被认为是因共同规范，而承担义务。而且，不言而喻，在国家制定的成文法领域中，主观认可对合法性的确定没有作用。然而，虽然这种规范主义的立场与我们作为法律公理体系赋予它的地位完全一致，但人们可能会质疑，关于"基本规范"，相同的主张，即在某一点上必须将公理系统和现实世界相联系，是否仍然成立。如果不恰好是对社会"认可"既定法律秩序的合理性这一事实的抽象表达，那么首先保证国家最高规范（宪法）合法性的基本规范究竟是什么呢？因此，基本规范一旦确立，凯尔森将纯粹的法律理论与社会学、公理系统与现实世界，彻底割裂开来的做法，也就不难理解了。而且，我们承认，就其他所有规范而言，法律的"应用"和"颁布"等纯粹的法律构建完全依赖于认可在其中不发挥作用的蕴含（或"归因"）系统。但是，我们仍然怀疑基本规范自身是否能够保持其"纯粹"。这里，我们诉诸认可，将其视为社会和抽象的法律（Law）之间唯一可能的中介。毫无疑问，公理系统的制定者有责任切断这条脐带，将理性构建从经验的附庸中解放出来。但是，社会学家应当记住，存在这样一种脐带，而且它在法律形成的胚胎期发挥着极其重要的作用。

因此，我们可以从发展的角度，得出结论：法律依赖于认可，如同道德中的尊重先于义务。从个体发展的角度来看，儿童在形成规则概念之前，就认可成人权威的有效性，如同他在被迫承担确切的职责之前尊重其父母。从社会学的角度来看，社会首先必须承认长者的权力和长辈对年轻一辈的权威，才能建构起明确的法律和道德体系。因此，认可是法律社会学中凸显的一个基本事实，与道德社会学中的尊重颇为相似。那么，是否可以通过分析尊重与认可之间的关系，来简化道德与法律之间的关系呢？这就是我们接下来要探讨的问题。

首先，对被认为具有合理性的权力的认可在发展过程中，显然不能先于尊重，因为它是比尊重更智慧化、更抽象的一种感情。相反，认可必须在尊重之后，或者与之同时发展；然后，认可从尊重中分化出来，或者二者从共同的原点起步发展。但是，尊重是一个人对另一个人的情感，代表了认为自己地位低的人赋予他认为地位高的人的价值（单向尊重），或两个人相互赋予对方的价值（相互尊重）。所以，尊重本质上是一种个人情感；也就是说，它对某人作为独一无二的整体做出某种评价，从而将其与其他个体清楚地区分开来。相反，对权威、权利、法律等的认可，是一种非个人情感，不把人作为与其他个体不同的个体来评价，而是作为一种"职能"或"服务"，亦即这个人特别抽象的一面。这就是为什么对权利的认可，无论是否直接衍生于尊重，抑或是否初期与尊重的区别小于后期，都必须与对一个人的尊重区分开来，加以考虑。

比方说，人们可能因某个人的个人权威而服从他，这种情况下有道德层的尊重和义务。但是，如果人们因为他是领导，才服从其命令，那只是对其职能的认可，而且义务在这种情况下，应与对道德权威的服从区别开来；此处，这种认可是否也伴随着道德义务，则无关紧要。人们可能因所提供的服务而生感激，并回报一个服务以表达感谢。不管人在这方面可能有什么感受，也可能根据约定认可伙伴的权利。在前一种情况下，这种关系是个人的，源于相互尊重；在第二种情况下，这种关系仅预设对债务的认可（不同于个人意义上的认可,即感激)。人可能因为是邻居而不忍心伤害另一个人,因为人在这方面所感受到的个人对个人的感情。人们也可能以同样的方式行事,同时将自己限制于认可类似于自己作为同一社区成员的权利,在这种情况下,对权利的认可是相对于人的一项职能而言的,与对人本身的尊重有相当大的不同。

简而言之,在上述所有这些情况下和相似例子中,从个体间价值的角度,很容易将两极区分出来。要么是一个人被以某种方式估价,在这种情况下,有争议的情感是(单向或相互的)尊重,要么是职能或服务被评价,在这种情况下,有争议的情感是对(基于权威或互反性的)权利的认可。此处的"职能"和"服务"两个术语必须从广义上来理解,而且负面案例(如对法律的破坏和违反)和正面案例都需要考虑。我们所理解的"职能"或"服务",是指个体层面的任何活动,如个体在群体中的地位(职能)或在个体间交换中的地位(服务),因此只涉及个体人格的一面,[28]不涉及其作为整体的价值。从这个角度来看,道德事实应该用人与人之间的关系和法律事实来加以描述,甚至早于成文法,用职能和服务等关系来加以描述。道德尊重是个人层的一种情感,而对权利的认可则是一种倾向于超越个人领域进入非个人领域的情感。

但是,当我们如适合于公理系统的形式定义那样,精确地对所涉及的元素进行区分时,却发现心理标准绝对不能满足我们的要求,更不用说情感标准了。情感分析只能满足初步需求。目前的问题是探索如何进一步将道德"人格"与法律"职能"和"服务"做一区分。因此,重要的是,应对道德家认为是个人的东西,与相信主体法的法学家——与规范主义毫无疑问权威的分析相反——称为法律人格的东西,做一区分。若说道德人格包含个体自我的"整体",而看似表达法律人格的职能或服务只包括整个个体的一个方面,那就非常不恰当了。在这个领域中,举足轻重的比较仅仅是一个隐喻,因此需要确立区分整体和部分的标准。

然而,在看似无法克服的困难面前,或许密切关注这些障碍可以使我们能够提出积极的论据。法律已经高度文字化,被编纂成法典,从而使法律实证主义者将自己局限于已转化为形式规则的部分,这是一个有趣的事实,但可能并没有引起足够的重视。相反,道德并没有产生任何与法律体系甚至有那么一点儿相似性的法典。这不是因为道德不够复杂,正如罗甘所言说,任何事物都与道德有关。也不是因为没有人尝试将道德编纂成法典——道德准则数量众多。所有道德准则的问题在于,它们要么一直停留在抽象的一般性层面上,与法律的精确性形成鲜明对比,要么自身陷入诡辩的泥潭。基督教道德的真正系统阐述[29]是耶稣用极其简明的语言,对所有可能的具体义务所做出的综合:爱邻居如同爱自己,爱上帝如同爱父亲。这就是法律和先知(Such are the Law and the Prophets)。如果准确地说,不是存在于人的简单统一与职能和服务的多样性之间的对立中,那么道德规则的相对不可公式化特征,与法律规则的无限法典化之间的对比,究竟源自何处?为了从形式的角度来回答这一问题,我们必须以为什么道德的法典化程度极其有限,而法律法典化的可能却无限的原因为重心,将道德的个人特征与非个人特征,或者从下文可以看出,更准确地说,与法律的超个人特征分离开来。

下面从一个具体的例子入手来加以阐述。一个特定的孩子 A 尊重其父亲 B。每个人个性的细微差别与父母-子女关系相互作用,产生某种习惯性结果——A 尊重并服从 B 的指令——但是,无论是尊重,还是指令,抑或是服从,皆会因父母、子女的不同而有所不同。即使在基本的道德生活层面上,同一个孩子也会依据其父亲的价值,规定完全不同的职责,完成同样的动作。对于同样的失败,他会根据自己的教育背景以不同的方式予以自责。从道德的角度来看,同一谎言说给专断的父亲或者无权威的父亲,说给不真诚的父亲或者信任孩子的诚实的父亲,就变成不同的谎言。相反,对同一个父亲来说,同一行为,由性格、禀赋不同的孩子做出,从道德的角度来讲,亦不相同。总之,有多少种具体情景,就有多少种道德关系[12],而且若要对其有客观的理解,借用圣经里的话来说,我们就必须能够"验人肺腑心肠"(test the heart and the mind)。[30]现在我们假设,前述儿子 A 和父亲 B 经过一段时间后,改变了其道德关系,变成以下的情况:A 由于某种原因,改变了对 B 的看法,感到对其父亲不再有过去迫使他服从父亲指令的道德尊重。尽管思想有这种改变,但是仅仅因为他认为父亲有权发出指令,因此他对其父亲唯命是从。而他在内心深处则是从一个超然视角,来对其父亲做出判断,而且不再因现在已经不存在的尊重而负有道德义务。但是,他认为(并非出于恐惧,而是出于某种非个人的判断),因为他是儿子,B 是父亲,因此父亲有权做出决定,而他则有义务(不再是道德义务,而是处于向法律转变的途中)服从。当然,不言而喻,在一般情况下,认可父亲的权利未必意味着道德尊重的减少。我们选择这个尊重和认可分离的例子,旨在更好地阐明二者之间的差异。

那么,只要父亲 B 行使了其作为父亲的"职能",如何定义儿子 A 与父亲 B 之间的道德、"私人"关系,与儿子 A 对父亲 B 所拥有权利的单纯认可之间的差异呢?简单来说,在道德关系中,A 和 B 项不能互相替代。也就是说,A 和 B 总有其个性,二者都被赋予独特的品质和独一无二的价值。而在法律关系中,由同样职能定义的任何其他项都可以替换 A 和 B,因此,任何一个儿子都可以替换 A,任何一个父亲都可以替换 B。请注意,这种对立绝不意味着实际中没有一般性职责(例如,孩子总要服从其父母)。我们要说的是,有相同规范干预的道德关系彼此从来都相同,因为在现实中,规范因参与关系的个体而构成不同。这一规范其实等同于某一类相似的规范,之间毫无疑问具有差异。[31]相反,儿童必须服从父母的法律义务可以以某种特殊的方式来定义,规范在其中无数情况下都保持不变。所以,我们说,即使从外部看来,情况等同时,不同关系中的道德价值不能彼此替代。由于缺乏内省,同一行为有与之相对应的从外部来看,无限多样化不可分析的优、缺点。最后,道德义务似乎永远不可能得到彻底履行;良知越脆弱,实际行为和理想职责之间的差距就越大,正是因为这些职责具有多样性,而且其内部构建永远无法完成。相反,法律规范可能得到彻底履行,而且即使对违反规范的评价,在某种程度上同对道德判断的评价一样,多种多样,不做出违反规范的行为,就相当于完全履行了规范。所以,法律规范的践行本身就带有一个可以客观评价、等值替换的恒定积极价值。

简而言之,道德领域与法律领域之间的界限,而且因此人与职能或服务之间的界限在于作为关系项的个体的可替代性或不可替代性。这等同于说,法律人格总是指定一个可以被 y 取代的 x,而从道德来讲,x 和 y 仍然不还原。因此,为什么法律可以无限地以文字的形式记录下来编纂为法典,而爱邻居等道德原则不能提前确定其应用范围,也就马上容易理解了。然而,尽管这标准从经验的角度来看,可能是奏效的,但是其意义[32]仍然需要提取,亦即需要被置于一种宏观的阐释中。

为此,下面我们借用俄罗斯社会学家(S. Franck,引自蒂玛奇福)的超个人(transpersonal)关系的基本概念,来加以阐明。比方说,有一个由 A、B、C 三个个体构成的群体。A 和 B,B 和 C,或者 A 和 C 之间,可能同样存在私人关系,因为 $A-B$ 关系直接涉及 A 的意愿和 B 的意愿,$B-C$ 关系涉及 B 的意愿和 C 的意愿,$A-C$ 关系涉及 A 的意愿和 C 的意愿。但是,从 A 的角度来看,$B-C$ 关系是"超个人的",因为它与 A 自己的意愿无关;从 C 的角度来看,$A-B$ 关系,从 B 的角度看 $A-C$ 关系亦复如此。这样一来,对三个个体而言,有必要对三种可能的私人关系和三种超个人关系做出区分。一般来说,可以根据公式 $N(N-1)-(N-1)$ 为每个个体生成超个人关系,在包含 100 个个体的群体中有 4851 种超个人关系。[33]

由此可见,在评价机制和规范建构中,超个人关系与个人关系起着同样重要的作用。A 借由私人关系,跟 B 和 C 密切联系起来,A 必须关注超个人关系 $B-C$,如同关注自身的价值。正如蒂玛奇福所清楚地表明,这就是为什么在特定的社会群体中,即使某个个体个人不服从其领导者,但是他仍然必须向从他的角度看超个人的一系列关系低头,这种关系将群体中其他个体与领导者联系了起来。因此,在公众舆论的形成过程中,超个人关系要比个人关系(对每个个体只有 $N-1$ 种个人关系)更重要。

于是,我们的假设是承认,道德评价是与个人关系联系在一起的,而法律评价则由超个人关系机制确定。"对权利的认可"只不过是超个人的一般化尊重,从这种一般化派生出了法律关系中人的"可替代性"。下面,我们直接用条件可替代性来对"超个人"关系、用不可替代性定义来对"个人"关系,做一界定。

下面,我们再次从这个角度,对同一群体中个体 A、B 之间的道德关系,与类似形式的法律关系,如 C 和 D 之间的合约关系,加以审视。由此可直接推论,除了 A 和 B、C 和 D 可能对其所感兴趣的关系的熟知之外,这些关系可以产生无限的超个人判断。若 A、B 之间的关系和 C、D 之间的合约关系具有相同的对象,甚至可以用相同的条款加以陈述,那么我们根据什么标准,将前者定义为纯粹的道德关系,却将后者定义为纯粹的法律关系呢?标准就是:在合约关系中,即使缔约方不为社会群体中其他成员所知,不管从何人的角度来看,其义务都是相同的。"如果有适当形式的书面承诺……如果没有欺骗……如果承诺与任何既有法律不相矛盾……如果有效合约的所有条件都能得到满足"，那么合约双方 C 和 D 就应各自承担所承诺的义务，其合法性为签约双方所认可，或者得到双方"认可"的政府机构的批准。因此，合约即使因缔约双方确立的"个性化规范"而合法化，仍然属于超个人的秩序。使其成为个性化规范的，是它在以同样方式吸引双方的其他规范系列中的地位（如民事义务法）。由此可以看出，合同的超个人特征恰好相当于关系项的可替代性：C 和 D 的相互义务之所以能得到所有人的认可，是因为这对 X 和 Y 也是如此。下面我们对 A 和 B 之间的承诺做一考察——它是一回事儿吗？毫无疑问，如果 A 不信守诺言，而且 B 对此表示愤怒，那么整个群体或群体的一部分都可能介入进来，对其予以责备、批评或者其他形式的"散射性制裁"（diffuse sanction）。但是，真理在他们一边吗？熟悉内情的 A 和 B 没有机会蒙蔽其他人的看法，他们会像其他人一样看待此事吗？或者沦为此事的受害者？没错，确实有一个一般的道德规范，"你应该信守诺言"，但是，我们确信 A 没有信守其诺言吗？A 和 B 的这种具体情况与前述一般规范之间有什么关系？在真实情景中，A 和 B 应负有怎样的道德义务，只有他们自己才清楚。或者，不管怎样，他们对义务的判断不同于超个人回声。这里所涉及的是"个人"关系，这等同于说，是"条件不能由其他替代的关系"。最后，A 和 B 的道德规范无疑如同法律规范那样，进入一无限系列更高级的规范。这些更高级的规范都是 A 和 B 通过教育所获得的。但是，即使这种高级规范对原本属于该群体共同祖先的道德规范的依赖越来越强，但是仍然属于个人层规范。因为当下群体中的每一个成员都借用了这些原始规范的部分内容，并以自己的方式对其进行了改造。

总之，法律关系条件的可替代性和道德关系的不可替代性，作为一种标准，必须加以解释，这样才能指导我们对这一本质区别做出解释，或者找出其原因。法律乃是社会中超个人规范关系的总和；而道德则是个人规范的关系集合。[13] 这种观点还有一个附加的价值，即它使我们充分认识国家颁布的法律（"制定法"）与职责或成文规则系统之间的明显区别。前者可定义为"所有超个人"关系，而后者则可定义为社会中一些小的集体所关注的"部分超个人"关系。然而，在道德领域中，我们与之前已经遇到的康德的"普世性"问题邂逅。现在是应该面对这个问题的时候了。

我们对具有不可替代条件的个人关系和具有可替代条件的超个人关系做了对比，以此方式来区分道德和法律，我们这样做是否为了法律而牺牲了道德？而且，我们是否在造成最伟大的道德哲学家用以定义的绝对命令的"普世性"的理解困难？我们首先应注意，并非其所有的继承者都在这个问题上同意康德的观点。重要的是，康德在这一点上经常被指责为"法律主义者"，似乎他受误导，将法律和道德混为一谈了。劳赫的批评概括起来就是，将具体化（particularization）的"道德体验"与一般规则对立了起来。但是，康德的观点中仍有一个基本的事实，即一个人所采纳的关于另一个人的道德规范，不能与他用于跟第三个人交往的道德规范相矛盾，也不能与他希望别人适用于他本人的道德规范相矛盾。这是道德普世性的本质含义——未必是"一般"规则[此外，众所周知,在逻辑中,"universal"(普世的)和"general"(一般的)意思不同],而是动作(action①)的内部一致性或互反性。道德判断能够群集化,就此而言,这目前对我们来说足矣。关于这一点,正如我们在其他著述中所努力表明,[14]道德价值的群集既确保了价值的非矛盾性,同时确保了互反性的无限延伸,前提条件总是从积极意义上去理解群集,即意为道德价值的群集化具有守恒的属性。所指并非塔利安定律(Law of Talion②)的消极互反性。[34]

这一点让我们还注意到,我们在这里所提出的区分法律和道德的标准,与本文中所引用我们感到满意的标准有一点相似(参见本书第二章)。文中,我们坚持认为,道德关系包括非自利价值的交换,因为每一个伙伴都从对方的角度接受其价值度量标准。我们指出,从共同的或一般的价值度量标准(即共同法或法典)来看,法律关系基于(后天所)获得价值的简单守恒。由此可以立即看出这些是相同的命题,只不过是用另一种语言来陈述出来而已。赋予道德关系非自利特征的互反性暗含在个人尊重中,而从一般价值尺度的角度来看,超个人的认可足以使价值守恒。因此,在两种情况下都有群集,但价值不同。

既然我们已经提出了自己不可替代的个人标准和可替代的超个人标准,接下来就应该对第二节中所讨论的各位学者的观点重新加以审视,取其合理的成分,并对道德价值和法律价值之间的本质差异做进一步界定(前人关于两者差异的观点都有其不足,必须予以扬弃)。罗甘将道德的"内部惩罚"和法律的外部权威对立起来,但是需要对其内在性的概念重新定义;然后,我们能够认识到自责和忏悔是道德领域里固有的个人情感,必须与超个人的制约区别开来。凯尔森将内容和形式做了区分,此时他所想到的,可能是法典由于具有替代性而具有无限的繁殖力。因此他将超个人的规则系统,与个人关系的体验特征,对立了起来(但是,这种体验特征并没有妨碍个人关系具有规范性形式)。同样,如果彼得拉日茨基不提及法律关系的"归属"特征和道德关系的非归属特征,而是突出强调与尊重对立的法律关系中固有的纯粹认可,那么我们也会同意他的观点。只要古尔维奇所理解的法律逻辑,是一个不断超越个人领域的替代所产生的一般化过程,那么法律的逻辑形式化作为规则系统,就是与道德逻辑相对立的,对此观点,我们表示赞同。最后,如果蒂玛奇福将法律权威局限于他描述的很到位的超个人关系,并且承认特殊道德权威的存在,那么我们的观点就同他的观点很接近。总之,我们所最终提出的标准允许我们将多个解决方案中分散的合理元素重新组合起来,而不是丢弃或者置之不理。

但有一点极其重要,仍需注意。虽然不可替代的个人关系和可替代的超个人关系之间的对立可能构成一个明确的标准,但是却绝不排除法律和道德之间可能的相互影

---

① 其实这个术语,在此处,似乎译作"行为"或者"动作"更确切。——译者注
② 其原则是,对待他人所给予的伤害,要"以眼还眼以牙还牙"。——译者注

响。法律影响道德的例子已很清楚：这在"法律主义"的倾向上有明确体现，关于这一点，康德早已注意到，并且在道德家尝试将其（必要的内部一致性含义上理解的）普世经验，拓展到更广泛意义的框架内时，法律主义倾向再次显现出来。而道德生活对法律的影响在量刑方面尤其明显，主要体现是个性化量刑和减罪条件认可方面（尽管是最近社会制裁历史上）的系统趋势。然而，我们必须再次谨慎地指出，无论量刑的考量和道德考量有时看起来多么相似，二者总是有本质的区别，道德价值无可替代。在审判一个杀害父母的案子中，法官先从有一个父亲和一个儿子这个事实入手，接着才调查有什么情况可以减轻这个弥天大罪。而道德家在审判前首先问哪一个是父亲、哪一个是儿子，并且也许是由于无法透辟地理解介于正常和病态之间令人费解的心理状态，他可能觉得无法深入地对案件做出判决。

最后，不言而喻，在文明社会中，法律和道德根据我们所选择的标准被区分开来，但在所谓的"原始"社会中，这两套规范系统比在我们所处的社会中，情况接近得多。这是因为个人关系和超个人关系间的区分，在人口密度小且切割成许多小团体的社会中，比在人口众多、密集的社会中，要小得多。其实，"原始的"道德比我们的道德更具有法律的属性，而且相反，原始的法律，比用其独立的技术与道德分道扬镳后的法律，具有更多的神秘主义和道德尊重元素。那么，造成这种差异的原因是什么呢？

首先必须说明的是，由于基本的道德关系是长辈和晚辈之间的关系，而且由于氏族或原始家庭的社会组织是完全基于年龄组的等级结构的，因此，道德所独有的"个人关系"，在原始社会中比在现代社会中，多元化程度更低，同质化程度更高。个体间的相互尊重与自主处于次要地位，甚至在某种程度上为单向尊重和他律所消解。因此，原始道德比现代社会的道德，统一性和一般性程度更高，从而更接近法律主义和法律。另外，由于缺乏个体间的心理分化（经济上的劳动分工等）及个人的行动自由，如福科内（Fauconnet）所表明，道德责任保留了某种集体和外部或"客观"特征，从而禁忌具有处于道德规则和法律规则之间的地位。

相反，超个人关系从心理的角度来说，在人口密度低、氏族成员彼此认识且组成大家庭的社会中，比在人口稠密、分化程度高的社会中，与个人关系的分离程度高。由此可推理，法律规则与道德规则区分度低，法律层次上的"认可"也没有完全与对祖先、长辈、酋长等代理者的个人"尊重"分离开来。这就是为什么最初道德、法律和宗教都是一个复杂"整体"的一部分，之间只有细微的差别。[15]

相反，随着社会规模的增大，密度增加，个体间经济上的劳动分工和心理的差异必然产生，个人关系和超个人关系的对照也越来越明显。正是在这种程度上，法律认可或者转变成超个人关系的尊重，从道德尊重中分离了出来。因此，法律与道德相分离，并且二者与其共同主干——宗教，亦即最基本的个人关系在超自然层面上的一般化，相脱离。

作者注释

[1] 正常儿童从6、7岁开始。

[2] 比如,"Pacta sunt servanda(agreements must be kept,有约必守)"。那么,什么样的约定不需要遵守呢?

[3] 或者,根据习惯,如同英国的情形,由政府法院的判例得到认可的习惯来确定。

[4] E.罗吉恩:《纯法律科学》,巴黎、洛桑,1923,第134页(E. Roguin La Science juridique pure, Paris-Lausanne, 1923, p.134)。

[5] 同上,第138页。

[6] 尤其参见皮埃尔·博维:《良心与义务的起源》,《心理年龄》,1912(Pierre Bovet La genèse de l'obligation de conscience, L'Année psychologique,1912);皮亚杰:《儿童的道德判断》(Le Jugement moral chez l'enfant, Paris:Alcan, 1932;英译本:The moral judgment of the child, London:Routledge & Kegan Paul, 1932)。

[7] 参见本书第二章"论静态(共时)社会学中的质性价值理论"。

[8] 实际上,我们没有阅读俄语或者波兰著作,此处引用索罗金的例子,因为其权威性:P. A. 索罗金:《当代社会学理论》,维内尔泽,巴黎:帕约出版社,1938(Les Théories sociologiques contemporaines, Verrier trans., Paris:Payot, 1938)。

[9] 参见本书第二章"论静态(共时)社会学中的质性价值理论"。

[10]《司法经验》(Expérience juridique),第172页。

[11] 同上,第68页。

[12] 不知疲倦、耐心的精神分析师在每个新的个案中都发现了同样的父母情结和家庭关系问题,并且清楚地知道没有两种情况是完全相同的。

[13] 我们建议使用个人"关系",因为这并没有把我们带出个体间的领域,也不会让我们进入古典心理学系统的纯粹的内部"人性"。

[14] 见本书第二章"论静态(共时)社会学中的质性价值理论"。

[15] 甚至有观点坚持认为,只有在某些古代社会中现行的"法律"才是由道德与法律合二为一的十诫(Ten Commandments)和其他神圣法典组成的。

英文版译注

1. 法语"mœurs"(习俗、习惯)。
2. 在这里,一些哲学家可能使用短语"strictly causal"(严格因果的),但是逻辑上独立的事物状态之间的直接原因(efficient-causal)关系是否构成严格的因果关系,本身是有争议的。

3. 皮亚杰此处指的是,根据其认知发展理论,儿童只有到具体的运算阶段,才能理解相等的传递性。当然,皮亚杰并不否认童年早期阶段中对相等传递性的实际掌握(*réussir or success*)。但是,这种实际掌握并非理解(*comprendre*)——参见皮亚杰:《成功与理解》(*Success and understanding*, London:Routledge & Kegan Paul,1978)。关于皮亚杰对运算的解释,参见《智慧心理学》(*The psychology of intelligence*, London:Routledge & Kegan Paul,1950,Chapter 5)及本书第三章的翻译注释1。

4. 法语"*droit*"。本译本将"*loi*"和"*droit*"统一译为"*law*"(法律)。

5. 字面意思是"*meilleur*(better,更好的)"。

6. "Limit toward which versus limit from which(对什么的限制与产生于什么的限制)"。

7. 即向社会更完整或更高级形式的平衡发展的解决方案。平衡在皮亚杰的认识论、发展心理学和社会学中,均至关重要。

8. 皮亚杰习惯性地书写为"*nos societes*"或者"our societies"(我们的社会)。

9. 根据语境,把皮亚杰使用的"*l'État*"翻译为"the State"(国家)或"government"(政府)。

10. 在美国西北部的印第安部落中,"potlatch"是一种仪式,在这个仪式中,一个人分发皮毛、铜板和其他代表财富的东西(有时还会销毁无法赠送的物品),以提高其在部落中的地位。

11. 皮亚杰频繁使用术语"*réglements*(*réglementé*、*réglementation*)",可以翻译为法律意义上的"regulations"(调节)。但由于"*régulation*"是皮亚杰认知发展理论中的一个专业术语,而且经常翻译为"regulation"(调节),因此这里译作"rule systems"(规则系统),以避免混淆。皮亚杰有时也使用"*codifié*",译作"codified"(汉语可根据语境来处理——译注)。

12. 此处法文是"*les effets de la conscience morale collective*"[其字面意思是"*the effects of the collective moral conscience*(集体道德良知的影响)"],不是"*les effets et la conscience morale collective*"。

13. 字面意思是"*psychogénétique*(*psychogenetic*,心理发生的)"。参见第一章翻译注释1。皮亚杰还在许多场合使用 *psychogénétique*(*psychogenetic*,心理发生的)和 *psychologie*(*genetic psychology*,发生心理学)。"Development"(发展)和"developmental psychology"(发展心理学)意义相当。

14. 皮亚杰使用的术语是"*consignes*",在法语中用于表示军事命令等,通常被翻译为"commands"(指令),但时间、空间上比父母和老师距离我们更远的道德权威人物使用"commandments"(诫命)。

15. 文本是"*ce sollen sui generis*"[字面意思：*that ought of its own kind*（应该是自成一类）]。这个包含三种语言的短语组在这个复杂的句子最后添上了润色的一笔。

16. 尽管皮亚杰认为凯尔森的分析和彼得拉日茨基的分析相兼容，但凯尔森会否认彼得拉日茨基的研究。关于这一点，要感谢丹尼尔·伍斯特(Daniel Wueste)。

17. 字面意思是"*sui generis or of its own kind*"（自成一类）。

18. 字面意思是"*a verification as a function of results*"（验证作为结果的作用）。皮亚杰一般将实证检验称为验证。

19. 其字面意思是"*sensible*"（明智的），在传统的哲学意义上"knowable through sense perception"（通过感官知觉可知的）。

20. 字面意思是"*is the least verbal and and the most positive*"（语言是最经济、实证的）。皮亚杰常用"positive"（汉语中常译作：积极的）表示实证的和非形而上学的。

21. 在凯尔森的法律哲学中，"*Validité*"常被恰当地翻译为"validity"（汉语中根据语境可译作：效度、有效性，或者合理性、合法性）。但是，不能和作为推理形式的逻辑属性的"validity"（效度）相混淆；实际上，在法律实证主义传统中，只要有适当的谱系，相互矛盾的法律也可能是有效的。虽然"legitimacy"（合法性）可以避免与演绎逻辑相混淆，但是亦令人不满意，因为它具有凯尔森及其追随者希望避免的道德寓意。此外，还应该指出的是，凯尔森方案中的"个性化规范"并非从更基本的规范推理出来，而是通过实践三段论推导出来的，但是由于涉及规范，不涉及事实命题，凯尔森认为实践三段论不构成严格意义上的演绎。这些方面要感谢丹尼尔·伍斯特给出的建议。

22. （男性）家长。

23. 法语"*génétique*(genetic，发生的)"被译为*developmental*（发展的）。这个法语词汇是形容词，对应于名词"*genèse*(genesis，发生、起源)"。皮亚杰频繁使用这些同源词汇：参见第一章翻译注释1。

24. 本文中，皮亚杰用康德的方式谈论与这类法律不混淆的"the moral law"[道德法，有时是 *la loi normative* 或 the normative law（规范性法律），有时则是 *la loi morale*]。"Moral rules"（道德规则）可能是皮亚杰心目中更易懂的翻译，但这就没有康德的风格了。

25. 参见皮亚杰的著作《儿童的道德判断》(*The moral judgment of the child*, London: Routledge & Kegan Paul, 1932)及本书其他章节，尤其是第五章、第六章。

26. 参见本书第二章中皮亚杰关于认可和义务模型。

27. 这个术语在法语中是"*rapports communautaires*"。皮亚杰补充指出，需要从个体间的"公共"（communion）方面去理解，而不是从通常意义上的共同体（community）去理解。

28. 参见本书第六章第五节。

29. 参见皮亚杰早期著述，包括《求索》(*Recherche*, Lausanne: La Concorde,

1918)及《心理与宗教价值》[La Psychologie et les valeurs religieuses,载瑞士法语基督徒学生联合会(Association Chrétienne d'Etudiants de la Suisse Romande)编《圣十字1922(Sainte-Croix,1922)》1923,第38—82页]。

30. 字面意思是"*sonder les reins et les cceurs*"或"test the kidneys and the hearts",但习惯翻译为"test the hearts and minds"(察验人肺腑心肠)。使问题更为复杂的是,皮亚杰在这里使用"*sonder*(unite,统一)"代替"*sonder*(examine,考察)"——显然是印刷错误。引文出自耶利米书11:20,"按公义判断,察验人肺腑心肠的万军之耶和华啊,我却要见你在他们身上报仇,因我将我的案件向你禀明了(O Lord of Hosts who art a righteous judge, testing the heart and the mind, I have committed my cause to thee.)"。

31. 这段文字的另一种翻译是"because this very norm is in reality differently understood by the individuals who participate in the relationship and so constitutes a class of analogous norms which are unboundedly differentiated(因为在现实中,参与关系的个体对这个规范的理解是不同的,因此,此规范构成无限分化的一类相似规范)"。

32. 法语"*signification*"(意义、表示)。

33. 这是一处错误。根据皮亚杰的公式,应该有$100(99)-99=9801$种超个人关系。但是,这个公式也在3个人中产生了4种超个人关系(参见皮亚杰前面的例子),表明公式本身可能不正确。

34. "*Lex talionis*"或者"An eye for an eye, a tooth for a tooth(以眼还眼、以牙还牙)"。本文中,皮亚杰指的是其具体运算的结构理论。动作的相互适应——比如以眼还眼——不需要共同接受在动作中实现并且因其缘故而实施动作的规范。

第五章　发生逻辑与社会学[1][2]

　　本文要考察的问题,可以用下述方式来表述:运算作为获取理性意识所谓真理的手段,是否依赖于社会？如果说是,又是在何种意义上依赖于社会？

　　这是一个永恒的问题。首先是泰勒斯(Thalès①)在对哲学反思和宗教盲从做对比时,提出过这个问题,而且埃里亚(Elea)的巴门尼德(Parmenides②)在对人类观点和真正的知识进行区分时,也意识到了这个问题。目前,这个问题比以往任何时候,都具有现实性。涂尔干[1]和列维-布留尔[2]所积极推动的对知识的社会学研究,其势头已经传递给一群杰出的研究者。即使精神上与涂尔干的社会学完全不同的社会学——帕累托的社会学——也无法避免这一问题,而且《普通社会学通论》(*Traité de sociologie générate*)[3]的作者提出的"遗留物"(residues)和"衍生物"(derivations)理论也试图找到一个解决方案(无论他是否意识到)。德国社会学,如马克斯·舍勒(Max Scheler)[4]的社会学,自然也在讨论同一主题。其次,逻辑学家和认识论者对这些社会学家做出了回应。1899年,拉朗德(Lalande,在一部经常被引用的著作中)[5]对逻辑学和社会学之间的关系,进行了相当详细的研究。戈布洛(Goblot)[7]也持相似的立场。布伦茨威格[8]在其后期著作的几个颇有见地的章节中,对社会学理论、方法的多样性进行了深刻的研究。[9]最后,心理学家讨论的重心是个体的发展。鲍德温[10](尤其是让内)[11]把我们的视角带回到思维的社会化;查尔斯·布隆德尔(Charles Blondel)[12]将涂尔干主义转换为心理学,而德拉克洛瓦(Delacroix)[13]则持强烈的古典理性主义立场。

　　因此,这些伟大思想家(从其不同的观点)对这一问题都有阐述,试图对其观点进行补充,似乎并不理智。但是,如果这一问题没有以不同形式出现的话,今日之心理学或社会学也就无须做什么研究。由于经验领域的局限性,人们总是会产生令人意想不到的观点,值得置于其他视角下加以审视;这对我们完成对社会世界的智慧探索是有价值的,因为没有人能够将这个世界纳入一个总体观点中;事实上,正如涂尔干所言,社会远远超出了其所有的方面……

---

　　①　古希腊哲学家和自然科学家,第一个提出"世界的本原是什么"这个本体论问题,被认为是"科学和哲学之祖"。——译者注

　　②　古希腊哲学家(约公元前515年—前5世纪中叶以后),诞生在南部意大利的希腊城市埃利亚。——译者注

本文拟从儿童社会化的角度，来对这些问题进行探讨。婴儿的发展是其心智对社会和物理环境的适应。因此，如果追问逻辑是否是某种社会现象，如果说是，在何种意义上说它是一种社会现象，就无法奢谈儿童。笔者一直受到这个问题的困扰，百思不得，曾试图置之不理，但总是一而再再而三地复现。因此，对此笔者对儿童思维进行了广泛的研究，此处不想故弄玄虚，说自己的研究有多大的原创性，而是想表明对研究结果的反思将作者引向何处。读者从文字中几乎找不到什么事实，而是能够找到一种理论取向。作者希望这个立场从一开始就被理解为通过大量的经验摸索和探究逐渐得出结论，而非先验反思的结果。正是因为这些事实很容易被遗忘，人们才可能会对这篇文章产生兴趣。

一

首先澄清一种模糊的认识。如果有人问真正的推理是否依赖于社会生活，人们可能会采用两种观点：一是实践的观点——即评价观，一是关于推理的发生和机制的理论观点。我们采纳的恰恰是第二种观点。然而，关于第一种观点，此处亦有必要做一赘述，这样才能反驳反复出现的反对意见，即诉诸社会来对真正的理性做出解释，恰恰是对理性主义毁灭性的重击。

从实践的角度来看，何为真的观念（the true①）因个人内在不可还原的经验而发展，这一经验依赖于在特定的信息和反思条件下，必须认可的价值判断的总和。所以，存在一种与"道德经验"完全对应的"逻辑经验"，关于前者的自主性与建构性特征，弗里德里克·劳赫（Frédéric Rauh）已有很精辟的阐述。[14]

社会学的观点并没有对此有任何改变。如果有人说这种内在经验的形成和丰富依赖于其社会生活的话，那么，从实践的角度，也就是从对真实的评价角度来看，这（内在经验）仍然是最终的标准。即使它（内在经验）与信仰或集体规范相联系，所指仍然是同一经验。人们正是借助于这种经验，经常将自己的信仰与他人的信仰或公众舆论对立起来，而且，意识也总是将宇宙与集体，亦即将"真理"与"观点"相对立。

然而，尽管人们承认这种逻辑经验具有规范自主性，但是必须对其机制进行分析。重要的是需要牢记，我们不能从这种分析中获取任何新的价值。劳赫为了使道德经验脱离"道德理论"（moral theory）所得出的全部定论，此处亦适用，而且允许人们将描述性或分析性观点，与规范性或实践性观点区分开来。心理学或社会学分析没有对任何事物做出规定；它探寻逻辑意识以何种方式选择其规范。但是，对这一过程未来的发展

---

① 此处译作"真理"也未尝不可，但是可能引起误解，与哲学中所谓的真理相混淆，故此处译作"何为真的观念"，后边根据语境也译作"真实"。——译者注

进程,无置喙之必要。从人们总是以某种方式做出选择这一事实出发,无法推断出人们应该在情况发生改变时,继续这样做。因为决定这是否重要的,总是逻辑意识,而非社会学。所以,从实际的角度来看,社会学分析没有改变任何东西。

当然,事实很难变成规范;因此,"心理主义"和"社会学主义",或者相反,"逻辑主义",[15]都打着描述的幌子,制定规则(前两者打着对逻辑经验实际机制描述的幌子,后者则打着既是创造性又是规范性的形式描述的幌子)。针对心理主义和社会学主义,人们应该总是确信,真实是一种理想,因此不能还原为经验法则。至于逻辑主义,有必要补充指出,这种理想并非一劳永逸一次性确定的,而是总是处于发展状态。人们可以问这种发展以何种方式发生。因此,我们必须将自己局限于对这种发展机制的研究,这是我们下面马上要探讨的问题。

二

涂尔干和列维-布留尔的知识社会学所提出的问题很难回答。若不采用其新型人种志数据收集方法,就无法对其观点展开讨论。因此,我们建议不要对这些众所周知的观点进行考察,除非它们与理性的不变性或可变性问题直接相关或者相反——研究逻辑和社会生活之间的关系时无法回避。实际上,即使我们将重心放在儿童的社会化上,也会遇到这个问题。儿童思维与成人思维是具有程度上的差异,还是具有质的差异?如果人们发现儿童有自成一体的智慧联系的话,那么这种联系是因为未社会化造成的呢,还是因为欠发达、从众的社会中从社会角度来看类似关系的存在造成的呢?因此,儿童的思维也存在理性的转化问题,而且在这个层面上与人种志社会学的层面上,与基本类型的社会关系问题相联系。

人们对涂尔干在这个问题上的立场很熟悉:理性是一种社会产物,真理如同善良和正义构成一种集体规范;但是,理性具有统一性、不变性。

许多事实,其中有些是当代的,有些则是发生学的,都证明,理性是集体的。首先,有必要指出的是,语言并非仅仅是一个习俗系统;它赋予个体某种分类系统、某种关系系统,简言之,就是逻辑。自然,语言预设的前提是社会。其次,正如社会规则与任意的个体规则相反,概念是不同于具有一般性的固定的交换手段,它不同于变化不居的具体心理意象,恰如社会规则不同于任意的个体的规则。最后,逻辑原则乃是对意识具有约束作用但没有决定作用的道德原则,从而验证了其集体命令的特征。涂尔干从发生学的角度,向我们展示了科学理性以何种方式,从欠发达社会的集体神秘中发展出来。原因、力量、时空、属和种的概念,都源于宗教观念,而这些宗教观念的结构在物质和精神方面都以群体的结构为模型。

此外,涂尔干从未根据这些前提,推断出一种严格、具有意向性的理性主义,人们总是乐于承认这一点。尽管表面上的变异性反映了意识实现的多样性，而非真正的演化，但理性具有单一性。与列维-布留尔相反，涂尔干认为原始的神秘猜测具有理性；同意奥古斯特·孔德[16]的观点，坚持认为逻辑在所有的社会中皆相同。

但是，如果理性具有唯一性（虽然具有社会性），那么它因为具有社会性，而具有单一性。无论社会组织为何种类型，所有社会都有一个共同的核心，这一事实确保了我们智慧的稳定性。福柯内曾经对法律事实的演化做过非常详尽的描述，关于其背后的统一性，他曾如是说，"正如（世界上的）文明（civilizations）可能多种多样，但（背后）总有某种东西可称之为（某种）文明（civilization）①"。[3] 人类不变理性的基础是某种文明，而非多样化的多种文明。

但是，此处有两种解释，并且对文本的考察似乎表明，涂尔干一直无法在二者之间做出选择。尽管可能具有明显的先验格式性，但是我们可以用某种困境来表述这种困难；正是这种困境的存在，似乎构成了我们接受正统涂尔干主义的主要障碍。第一种解释是，理性具有单一性，是因为其基础是社会事实的统一性，因此真理的唯一保证是普遍同意；第二种解释是，真理有其自身的内在保证，因此不能从社会学的角度来解释意识成功获得真理的方式，因为存在多种社会过程，这相当于否认社会事实的统一性。

涂尔干在这一点上表述含糊其辞。他既谈到了普遍的语言，又提及理性理想。即使涂尔干主义的精神更倾向于第二种解释，人们也只有在抛弃趋向第一种解释的程式的前提下，才能出于对他的尊重，而保留这种精神。

下面再来看一看普遍同意问题。涂尔干经常在其相关论述中提到普遍同意，似乎理性不包含真理的内在标准。无论如何，这是布伦茨威格对涂尔干观点的解释，他言之有理地强调，《宗教生活的基本形式》（*Formes élémentaires de la vie religeuse*）的某些章节，与波纳德（Bonald）[17]、约瑟夫·德·迈斯特尔（Joseph de Maistre）的社会学之间，存在直接联系[18]。因此，普遍的事物变成了集体的事物。此处经常引用的是布伦茨威格用过的例子：力的概念。[4] 为了说明我们的理性理想发展自原始神秘的概念，涂尔干非常恰当地使用了"超自然力量"（mana②）的动态因果性理念。但是，这个论证可能自我否定，因为自笛卡尔［Descartes 以来，力这一概念的效度一直是物理学的丑闻，而且等待着爱因斯坦（Einstein）到来］力学一直都在努力对否定远距离作用非理性的万有引力，做出解释。然而，涂尔干早就预测到有人会提出反对，他给出的骇人听闻的理由是，由于得到当代社会的广泛认可和接受，因此力的概念是存在的。[5] 因此，这一普遍认同的观点打败了物理学家。

但是，这并不总是涂尔干使用的语言，而且正是因为这位富有洞察力、思维缜密、精

---

① 这句话中两次使用"civilization"一词，一为复数，一为单数，前者强调各种文明的多样性，后者则突出其统一性，理性不变性的基础应是后者。——译者注

② 亦可译作"魔力"或者"神力"。——译者注

力充沛的思想家曾经说过,科学不依赖普遍同意,人们才不能以此来反驳其知识社会学。事实上,涂尔干在大多数时候,将真实("the true"此处似亦可译作"真理")看作是与集体意识相关的理想。因此,关于道德的下述说法,亦适用于逻辑:"……由道德所规定的理想社会①并非自发呈现出来的社会,而是真实的社会或倾向于成为的社会。"[6]20 换句话说,真理并非事实上的社会法则,而是社会试图达到但又不能完全达到的平衡法则。用略有不同的话来说,由于"社会体现于观点中与借助于观点形成的自我意识可能不足以反映其潜在的现实",因此真理与观点没有任何共同之处。[7]下面是一个与力和"超自然力量"相对立的例子:苏格拉底(Socrates)有充分的理由反对代表主流意见的法官,因为他熟知当时的社会所倾向接受的理想平衡。[8]

从涂尔干主义的第二个方面来看,这种以社会学为根据的论证往往将人们导向下述观念:我们使理想介入其中,一种自主理性才能孕育的理想,而非社会的理想。这种看法经常出现,因为人们很难看出社会以何方式对这种理想的意识产生制约。但是,此处我们必须坚持(这是我们困境的第二面),观点和真理之间的任何区别也预设了多种社会进程之间的区别。于是,说话严谨的人就不再提"社会"(Society)二字了。每次提到社会二字,总是必须界定清楚所谈论的是什么样的社会,而且问题是用基本的、定义清晰的社会关系替代涂尔干反复使用的神秘"整体"(whole)("整体"不能还原为其"组成部分")。当然,这并不意味着社会生活不能改变个体的本性,也不是说它在这种意义上具有创造性;这仅仅意味着基于个体间或群体中个体之间关系的语言,应该取代整体和部分的实体论语言。

从逻辑与社会学的关系来看,我们倾向于将某些社会过程,视为理想的构成要素,而其他人则强制性地与传统观点保持一致。

这将我们引向列维-布留尔[21]的著名观点。虽然他没有试图对这些基本的社会进程进行分析,但却研究了各自的结果。每一种类型的社会组织都对应一种"心态",墨守成规或者条块分割的社会称其为原始心理,我们所处高度分化的社会称之为理性心理。被看作多种文明背后之文明(conceived as civilization underlying all civilizations)的社会的统一,因此被割裂。但是,同时,理性主义被定义为关于理性永恒性的学说,也被否定。理性具有可塑性,而且多种类型的逻辑系统化都具有可能性。另外,各种类型之间无法相互还原,因此,理性的演化具有偶发性(contingent②)。发展没有必然之规律,不存在所谓"定向进化"(orthogenesis):我们的逻辑产生于原始人的前逻辑之后,但是,如果文明社会朝不同的方向发展,那么就会产生第三种类型的逻辑。

---

① 此处英文"the society which prescribes morality for us to will is not society"似乎翻译有误,其法语原文是"la société que la morale nous prescript de vouloir",译成英语似乎应该为"the Society that morality prescribes for us to want"。——译者注

② 其名词形式是"contingency",哲学上多译作"偶然性"或者"偶发事件";此处所用为形容词,可译作"偶发性(的)"。

我们如果将反思限定于发生心理学的事实的话，那么就有必要对两个问题做一区分——一是心态或心理的多样性问题，一是智慧演化的方向问题。

关于第一个问题，我们只能采纳不同类型的逻辑系统化之间存在质的差异的观点，这从其启发性和理论性的角度来看，均富有成效。理性并非一劳永逸地赋予个体意识，而是逐渐自我建构起来。心理生活分为多个阶段，一旦克服（鲍德温提醒人们需要警惕的）"内隐诡辩"（sophism of the implicit），人们就能直接认识到，逻辑原则的存在预设了先前集体生活在其中发挥重要作用且极其复杂的详细阐述过程。

可惜的是，在本文中，如同在其他著述中，我们无法用语言来捕捉心理上的细微差别，因此人们可能以不同方式去解读列维-布留尔的论点。如果不对所使用隐喻的含义加以仔细的审视，就可能引发争议——是否所有思维都应用了逻辑原则——进而产生不可消除的误解。因此，此处有必要暂做停留，考虑一下这一问题，这对实现我们的目标至关重要，因为这个总是挥之不去的问题，涉及儿童心理的演化。

逻辑学家经常谈及矛盾原则，似乎它是能够预知自身含义及其应用范围的法定规律。但是，显然，矛盾原则并非以这种方式自动应用，因为它自身不表明某件事情是否有矛盾。我们预知，若 A 和 B 有矛盾，就必须在二者之间做出选择，但是，我们开始并不知道它们是否有矛盾。矛盾原则对此没有任何说明；事实上，我们可能把两个术语纳入同一个概念之下，却又不怀疑此概念可能有矛盾。因此，我们再次重申，不仅形式逻辑以独特的方式调节思维的进程，却不创造任何新知识，而且这种调节中已经预设了两个条件和这些概念的先验组织，唯其如此，才有这些原则的形式应用。总之，从一开始起这个过程就引导我们从内在平衡的角度进行思考，这种平衡随着其辖域为外部所逐渐确定，一点点地达到自我实现。

如果我们尝试用心理学或生物学的术语对思维生活进行描述——这样可能会比用法律隐喻来描述更为适当，就能将矛盾原则的两个元素——其功能和结构或器官，区分出来。[9]这种区分有无数优点，因为某一进化系列中所有的成员可能有共同的功能，而其结构或器官可能不同。例如，所有生物都具有同化功能，这一功能对生物的生存至关重要。但是，有些动物有胃，有些则没有，而且同化的器官（结构）千变万化。同理，矛盾原则的功能在心理演化过程中可能保持不变，而保持逻辑连贯的器官发生改变。至少，情况就是如此。

矛盾原则的功能可能是我们所谓对思维的连贯性或统一性的追寻。这个功能在我们看来是不变的。只要有思维，就有组织，而且这个组织的功能就是建立统一性。但是，为了进一步表明这一功能何以不同于逻辑学家所谓的逻辑原则，我们可以以一个极端的例子来加以说明：即使在梦境和幻想中，这种功能仍然与在逻辑思维中一样保持不变。其实，梦乃是对攻入人意识中的纷繁复杂印象——如运动或外部知觉、情感等的系统化。假设有人做了这样一个梦："我死了，但又没死。我的朋友 X 站在我的前面，X 是他自己，又是别人。是他杀了我，但我没有死……"尽管语言表述和概念上有矛盾，但这是一种系统化的尝试。这个具有双重身份的朋友,有效地将两个人能够结合在一起的特征浓缩到了一起。没有死亡的死亡概念乃是对印象的二元性进行系统化的一种尝试,意识试图证明印象的合理性,并将其统一成一个整体。无论结果多么混乱,功能确实依然存在。幻想的情形亦复如是。查尔斯·布隆德尔曾尝试以变态意识中不可还原、自成一体的实体为例,对前述现象进行过阐述,认为这是人对未完全"辨析"运动感觉系统化的一种尝试。[22] 总之,只要有思维,就有对连贯的寻求。

然而,这种连贯纯粹是功能性的,而且人们从其不变性不能分析推断出思维结构的内在不变性。所寻求的连贯可能只限于运动层面:即有机过程或动作的连贯。它可能在不触及作为思维行动的判断的前提下,延伸到人的情感。因此,儿童在其言语中可能一直自相矛盾,这样才能使其情感达到某种一致。同样,连贯在信仰或信念层面上也可能找到,此处信仰或信念的意思是皮亚杰及其他人所谓"行动之承诺"。总之,即使功能保持不变,组织的类型亦多种多样;而且,即使这些不同类型的组织遵循某一独一无二的演化规律——纵然需要诉诸其逻辑组织,将它们与前逻辑做出区分——对与各个连续阶段相对应的结构之间质的差异做出区分,亦有必要。

从这一角度来说,原始人同我们一样,也在寻求连贯;另外,一旦某些障碍被移除,这种尝试必然导向我们的逻辑。然而,从结构的角度来看,列维-布留尔在谈及前逻辑时,提出从某种意义上来说,原始人认为连贯者,对我们而言,可能不连贯,反之亦然。

那么,逻辑中所谓矛盾原则的应用,其条件究竟是什么呢?这种应用的必要条件是对概念固定、明确的定义。因此,形式逻辑的应用,其预设的前提就是知识的公理化。但是,一旦离开唯名论定义的概念领域,矛盾原则就失去其作用,变成我们所倚重的基于内部感觉或动作的连贯。关于这一点,日常对话足以证明。例如,有两位社会学家,一个爱国者,另一个则不是,两人就各自的立场展开了讨论。一人批评另一人说话缺乏逻辑一致性:"人不可能既爱国又是社会主义者,必须二选一。"目前,就这两件事而言,人们谈论的或者是概念,或者是态度。如果所讨论的是概念,那么就需要说明虽然社会主义的某一具体定义蕴含着对爱国主义的否定,但是,其他定义中却无此蕴含,而且对"社会主义"和"爱国主义"两个术语的定义,需要从形式上应用矛盾原则。因此,在这种情况下,矛盾原则只具有调节作用,仅仅是将产生形式矛盾的定义排除在外。因此,若缺乏形式的连贯,就没有可以判断是否连贯的属性,也无法对某一具体定义而非其他定义做出规定。相反,若所讨论的是态度(而且所有定义均涉及态度),那么矛盾原则作为与思维的形式组织相关的结构,就不可能发挥作用:其中一方具有社会主义行为和爱国主义行为和谐共融的"道德经验",而另一方则具有相反的经验。而且,如果其中一种经验最终碾压另外一种经验,这是由于行动(action)渐进组织化而非矛盾原则应用的结果。正如弗卢努瓦(Flournoy)[23]所言:步行并非"行走这个概念"的应用,而只是一只脚迈步,放在另一只脚前面。

传统语言不区分功能和结构,因此将我们围入一个怪圈里:必须有明确公理化的概念,才能应用矛盾原则;但是,若要对概念进行正确的定义,就必须运用矛盾原则。一旦承认思维和行动(或动作)随时随地在努力寻求连贯(当然是以不同的速度达到的不同程度的连贯),这一困难随之产生,但是存在不同类型的连续系统化。

因此,就原始人和儿童而言,问题如下。大家都承认,无论是对他们而言,还是对我们而言,都存在连贯的思维和不连贯的思维,他们与我们的思维功能相同,就是寻求连贯。但是,他们对其概念是否有适当定义,来保证矛盾原则的形式化应用?或者说,他们的思维结构是否与我们的思维结构,具有不同类型的连贯?

我们认为,以这种方式提出这一问题,说明列维-布留尔已经取得了实质性进步,认为原始思维的系统化操作的平面与我们的逻辑不同。原始思维追求的在更大程度上是情感或行为层面上的连贯,不是智慧层面上的连贯。如果将矛盾原则看作一种结构而不仅仅是一种功能——为详细阐释非矛盾推理而充分定义的概念结构——那么,就有理由怀疑原始人或婴幼儿是否具备这种原则。A. 雷蒙(Reymond)在其对列维-布留尔的观点颇有见地的讨论中,坚持认为,原始人之所以会在物理层面上自相矛盾,只是因为他对客观秩序没有兴趣。然而,在神秘主义的层面上,神圣的事物和非神圣的事物的巨大分野,确实为矛盾原则的应用创造了条件:对原始人而言,现实中的一个物体事实上,不可能既是神圣的,又是非神圣的。[10]但是,神圣的观念有明确定义的概念吗?它不涉及某种矛盾吗?神圣是既吸引人,又是排斥人的某种事物,是一切善恶之源;神圣的事物有时聚集,有时分散;等等。涂尔干认为,这个概念非常重要,他甚至在不理解其内在属性的情况下,将其定义为亵渎事物的反面。从功能的角度来看,这种分类显然会产生某种对事物和情感的组织,但是从结构的角度来看,逻辑原则应用的必要条件缺失。正如列维-布留尔所言,严格来说,原始人没有概念;他们只有前概念,判断并非根据他们所肯定东西的智慧内容,而是根据他们无法摆脱的运动和情感的基础,相联系起来。但是,如果由此得出结论说,在思维层面上不存在参与,思维仅仅是一种情感现象,就大错特错了,因为若如此,思维始于何处呢?科学家的思维中甚至充满了一种不同类型的价值判断,这确实是事实,但是,这使将心智绝对地划分为纯粹的智慧与情感,成为虚幻。即使在我们身上,也是如此。

简而言之,由此得出所谓的原始意识和我们的意识之间的区别只是程度问题的结论,是不对的。此处有必要对两个问题做一区分,而且假设我们没有违反生物学用法,此处我们可以称之为渐成说(epigenesis)的问题和定向进化说(orthogenesis)的问题。

胚胎学始于对卵子中器官的集合与成体形态特征的研究。卵源论者和精源论者一致赞成预成说(preformism),并且认为若有适当的研究方法,人们[24]能够在胚胎物质中找到微型成体。但是,胚胎学若要进步,首先要否定这种观点,同时接受渐成说——主张真实器官渐进形成的学说。然而,预成说当然并没有销声匿迹,魏斯曼(Weismann)"表现粒子"(representative particles)的概念,在当代生物学家中打着"基因"的幌子继续存在,结果也只是改进了,而非放弃预成说。遗传学很可能如同胚胎学,只有在用建构的概念取代同一性概念时,才会取得进展。无论怎样,列维-布留尔的工作假设已经用渐成说取代了古典逻辑主义的预成说。如果坚持认为心理发展具有功能上的连续性,那么结构的逐步构建观似乎就特别令人满意了。

但是,我们认为,心理的演化从原始人到科学家并无相依性。我们虽然担心过度解读列维-布留尔,但是仍建议对其学说的一个隐含方面,即产生于其观点、他本人可能会否认的一个命题,加以讨论。阅读列维-布留尔的著作给人一种感觉,逻辑似乎与我们所处的社会状况有关,正如原始心理与条块分割的社会中墨守成规的神学组织有关。如果确实是这样,那么一个不同的社会组织就会导致产生一个第三种不同的逻辑,等等。因此,从原始心理到我们的心理的过渡,尽管实际上(de facto)是一个必然的过程[11],但在法理上(de jure)却并非如此。25

即使有人赞同列维-布留尔对这些事实所做的描述,仍有两个原因使我们不赞同其观点。第一个原因是,如下文所表明,由强制性墨守成规强加于个人的心理仅仅是事实的存在:尽管群体专横地规定人的信仰或信念,但是这种信仰或信念或者为人所接受,或者为人所拒绝,而且其中只包含他们明确坚持的内容。相反,我们所谓社会所特有的智慧性合作并非强加的信仰或观点;相反,它首先是给予所有个体的一种方法,而且从其内容来看,包含理想与事实之间的区别。同样,心理和社会环境之间的联系,在充分分化的社会中和墨守成规的社会中,也不相同。

那么,理性偶发演化的概念是什么呢?正如个体的理性与大脑的正常运作相关,文明的发展与相对脆弱的制度系统相关,从这种意义上讲,从原始的心理到我们的心理的过渡,具有偶发性。文明可能不会出现,也可能一出现就消亡;的确,如果我们的社会退回到没人愿意回去的另一个中世纪,那么文明就随时随刻都可能消亡。但是,谈到理性规范的演化,若规范在各种意义上都具有无限灵活性,那么还有真正的理性可言吗?即使从纯粹实验的观点来看,是否可能存在某种功能性平衡规律,决定着个体或集体意识演化的方向,这样才能免于崩溃?当然,由于具有功能性,人们不能先验地确定这种平衡。但是,重要的是,应该将这种理想平衡的存在,与作为实现平衡手段的连续结构的存在区别开来,如同从生物学的观点来看,必须将永远不可能完全实现的同化与实现同化的器官区分开来。知识社会学乃是对这种器官形成的分析。关于理性的功能性平衡,人们可能承认,宇宙中的万事万物,其演化均没有方向,但是没有定向进化说的理性演化是不可能的,因为它总是以更加纯粹的理性理想为途径,从一个阶段过渡到另一个阶段。

三

那么,我们是否必须回归经典观点,而且承认作为逻辑规律并受逻辑规律制约的个体内在心理结构不变的假说？换句话说，我们所暗指的功能性平衡是否其个体性特征多于其社会性特征？

我们认为，心理本身不允许我们倒退，而且如果在某些方面，思维的平衡源于对周围环境的顺化与对外部世界的同化之间的妥协这一生物现实，那么，这种妥协只有在社会化的意识中才能达到平衡，进而构成有效的规范。

究竟何谓纯粹的个体思维？根据唯灵论心理学，人格是个性的自发延伸。里博（Ribot）[26]将这种观点转化为生理学语言，将自我视为有机体的意识。如今，我们知道人身上也含有某些社会元素，而纯粹的个性则必须在较低的层面上寻得。如果社会不存在，个体思维会是什么呢？从发生的角度来看，这一问题并不荒谬，因为尽管试图将成人分裂为个体元素和社会元素毫无意义，但是同时，若要弄清婴儿何时得到社会化，这必不可少。关于这一点已有许多心理学和逻辑学著作，丰富了我们对智慧的认识。

弗卢努瓦的研究和精神分析［虽然弗洛伊德学说（Freudianism）在情绪心理学中已被彻底否定，但在这一点上，仍然很有见地］表明，存在一种与概念思维或者言语思维不同的思维。这种思维之所以被称为象征性思维，是因为它不仅由智慧符号组成，而且由构成象征的图画意象组成。这种出现于游戏、梦境、想象、某些种类的精神错乱等中的思维，呈现出一系列与理性完全不同的特征集合，而且这种差异对思维的社会化非常重要。首先，智慧只使用语言符号——亦即有固定普遍意义的符号，而象征性思维却借助于通过压缩和置换的作用无限可塑的私人意象展开，这一不争的事实表明，两种不同类型的思维在社会与个体之间的联系方面，形成鲜明有趣的对比。其次，象征性思维作为其唯一功能，借助于梦来实现个人的愿望。因此，它由个体无政府的快乐所控制，而理性则必须适应现实和他人。最后，象征性思维是结构过程的集合，其与智慧集合的对立再次凸显了个体和社会的问题。总之，可以说，没有社会化，个体思维就不能完成那些类似象征性思维完成的事情。当然，还有行动和事实验证。但是，众所周知，当欲望之类的某种东西掩盖思维时，这种验证就微不足道了，而象征性思维确实是仅仅由个人的欲望所决定的思维。

有人可能否认个体意识具有系统化能力，这样才能与布隆德尔一道重新确立纯粹、简单运动的首要地位。但是，对儿童出生后第一年的生活与尤其是游戏的出现的考察表明，存在一种符合前述规律的自发象征主义体验。如果将关注焦点放在病理层面上的话，我们就会发现，个体和社会之间的差异，应该具有布洛伊勒（Bleuler）[27]对自闭症（autism）和他所谓现实主义思维之间的富有启发性差异的某些特征。轻微的精神分裂症病例非常有启发性地表明，这种疾病自动地使人变得内向，与外部一切事物相隔绝，曾经的理性思维逐渐进入我们所谓象征性的状态。如果承认我们所有人都有自闭症倾向，而且只有在完全排他与外界隔绝时才是一种病态的话，那么可以说，这种个体思维就是自闭症。

如果刚才提及的研究倾向于确定什么是纯粹的个性的话，那么其他人的研究则表明了社会化的效果。此处引证让内[28]在其后期著述中所做的旨在表明社会行为乃是高级"行为"根源的相关理论总结,很有必要。所有人都了解其关于思维与言语的联系、叙事记忆、约定信仰等方面的观点。在这方面,让内对反思的分析尤其重要。反思是一种内部讨论。但是,在反思阶段之前,个体经历了一个智慧冲动阶段,个体在这一阶段不加证实或者不关心是否具有逻辑连贯性,便不假思索地立刻相信一切。这就是让内所谓的信仰阶段,即说服治疗阶段,其特征与自闭症的特征相似。讨论由于社会冲击而产生,首先有简单的争议,随后是讨论得出结论。[29]一旦得到内化并应用于自身,讨论就成为反思。

逻辑学家和心理学家也坚持认为,客观性的前提是社会,因为客观性并非不同于思想一致性标准的一种标准。另一方面,从发生的角度很容易看出,对证明的需求是一种社会需求:首先找到一致性,然后予以确认。[30]

此外,在这里应该回顾一下涂尔干关于逻辑原则和道德原则之间类比的精辟论述。这种类比已经得到了所有人,尤其是鲍德温的认可,这反映在其对分析(syndoxic)和综合(synnomic)之间区别的有趣论述中。

总之,逻辑认识(knowledge①)中存在着社会元素。那么,这些元素与思维结构之间有何联系呢?这里有两种众所周知的观点,此处仅做一简单的介绍,然后继续讨论涉及儿童心理学的相关数据。

在其《逻辑通论》(Traité de logique)[31]中,戈布洛对批判性思维的产生方式与公平的个人判断的形成方式,进行了研究。他的回答是:"真理的理念只有通过社会生活来体验与解释。"[12]我们此处必须在社会学和柏拉图主义之间做出选择。所谓普世者即可传播者。但是,如何将纯粹一致与理性的一致区分开来呢?②历史表明,欠发达的社会只产生感觉占主导地位的共同信仰或信念,而讨论产生于与其他信仰或信念的碰撞。因此,辩证产生于对话。"因此,正常的逻辑乃是社会关系的无限延伸,因为辩证可还原为只是对话者的辩证"。[13]因此,为了对正确的统一和普通的共同信仰或信念做出区分,只要将这种主张与被这些不同的主张统一起来的人的共同感觉区分开来,就够了。讨论特有的只有这种区分的运算。因此,人们可能认为,即使个体的独立是一个社会事实,是文明的结果,正是个体在坚持真理,对抗社会。

遗憾的是,戈布洛没有在其《逻辑通论》中对这些明确陈述的观点,做进一步探讨。戈布洛(合理地)坚持认为,在柏拉图主义和社会学之间做出选择,是有必要的。因此,这就促使人们期望用社会的结构来解释思维的结构,不仅是一般的解释,而且是细节的解释。但是,他似乎认为,社会的作用只是以某种方式提供思维的道德——一种理想的

---

① 此处似乎译作"知识"亦无不妥。——译者注

② 此处原文是"But how can one distinguish mere agreement, the syndoxical, from rational agreement?",其中单词"syndoxical"似乎并非英语词汇。——译者注

客观性和讨论。但是，如果他提出演绎是建构这样一个有趣的观点，那么这就不再是社会生活的问题。既然如此，我们可否将分析再后推一步，提出下述问题：假设将关系的逻辑置于演绎结构的首要层面上，这样一来，与戈布洛相比，就将三段论置于了次要位置，那么这种关系的逻辑是否就跟产生于讨论的互反性实践没有紧密联系了呢？下面马上来讨论这个问题。

拉朗德所提出的理论很宏大，是逻辑学和社会学中最强大的综合理论之一，但是人们对其所提出的批评是，在对思维运算细节的解释中没有涉及社会生活。

拉朗德的社会学非常著名。与面向分化和社会组织的动力——面向演化的动力——相反，对抑制差异趋向平等的动力与分解的动力，做出区分是有必要的。因此，有两种社会：一种是其组织延长一般的生命过程的社会，另一种是正好相反的思想（minds①）的共同体或同化。由此，我们便有了界定很明确的社会过程，而且涂尔干留下来没有回答的问题，也可能得到解答，因为如果真理是某种具有社会属性的事物，那么，如何对合法的共同表征与缺乏理性基础的集体信仰做出区分呢？

拉朗德提出的解决方案因缺乏清晰度，可以说一无是处。社会组织本身不是一种智慧因素，它因要求专业化，从而对个人具有限制作用。社会组织因给予差异化自我的优势与其所引发的群体之间的冲突，而成为纷争之源。另外，它还是约束而非理性之源。相反，思想的同化产生了客观性，因此构成逻辑的基础。知识发展的方式与社会同化相同。知识抵消了经验的差异，创造出一个可理解同质化的宇宙。如同道德压倒生物界，知识亦压倒外部世界。因此，共同体的逻辑表达就是同一性。[14]

此外，异质社会过程之间的这种区别，为理性转变的假说开辟了道路。人们在这里发现了构成性理性（constituting reason）和被构成性理性（constituted reason）之间微妙而深刻的区别。理性时刻在演进；在特定历史时期得到广泛承认的理性，在另一个历史时期却被否认或者推翻。因此，存在一个由波动原则组成的集合（an ensemble of fluctuating principles），它既依赖于社会的演化和知识的进步，又依赖于其组织和约束在不同时代社会同化优势的大小。[32] 这种具有可变成分的理性就是被构成性理性。但是，这种演化也必须遵循一定的规律，而非偶然。观察表明，思维的演化存在于渐进的同一化（a progressive identification②）中，这一点也得到了反思结果的印证。被构成性理性的基础是构成性理性，后者只能通过一系列只在一个向量方向中呈现出来的固定原则解释。因此，同一化是逻辑世界和道德世界的最高法则。[15]

我们认为，出于对这种观点的宽容和尊重，应该将其本质精神与其字面表达区分开来。其字面表达似乎有自相矛盾之处，但是其本质精神仍在，并且应该生动地反映出对这些重大问题的所有反思。这种精神有两个方面：一是理性演化的方向，一是处于生成

---

① 有人亦译作"心智"，当然，根据语境也有其他译法。——译者注
② "identification"在心理学中多译作"自居作用"。——译者注

思维的社会过程核心的必要区别。

　　话说到这里,我们必须承认,我们在得益良多的某个个体的观点的细节方面还存在一些困难,而且如果将拉朗德的观点更加中肯地加以系统化阐述的话,困难大大增多,从而失去对其观点的灵活、精巧的应用。我们面临的困难如下:在我们看来,构成性理性似乎超越同一化,而且产生理性的社会过程似乎超越单纯的同化。我们重申,我们坚持这一点,这是为了表明如何才能不丢失这种学说的本质精神,即使拉朗德所采纳的阐释被否定。

　　我们认为,说理性超越同一性,等于说理性的功能和结构之间有区别,关于这一点,前文中已有简要论述。以数学为例加以阐述。拉朗德非常清楚,数学演绎中有创造的成分,而且其对《逻辑通论》精细入微富有思想的解释表明,他与戈布洛观点一致,都认为演绎就是建构。那么,为什么我们可以将同一化称为运算的集成,通过运算我们可以从内容贫乏极少的公理出发,抵达现实的世界呢?同在完全构成同一化的对应关系中的地位一道[33],数学思维中还包含一个完全多样化并且创造可理解实体的运算的集成;除非一个人是柏拉图主义者,否则最好将这些实体看作理性的产物。那么,我们是否可以说,数字本身包含不可还原为逻辑公式的直觉,而且同一化仍然是在发挥作用的、与直觉的数据发生联系的唯一理性过程呢?在此情况下,逻辑对理性就并非不可或缺了。目前,若有人试图解决形式逻辑和数字之间的关系问题,就会发现,自己陷入了前述与矛盾原则相联系的困境中。最近对排中原则(the principle of excluded middle)适用范围的讨论[16]表明,逻辑原则只适用于公理化的现实。但是,公理体系中总是存在远远超越单纯逻辑形式主义的有效思维建构。那么,人能够决定这种建构的规律吗?我们认为,即使在同一化方面,从结构的角度来解决这一问题,仍是虚妄。也就是说,规律具有功能性,也就是说,可以旋转《死亡》(The dissolution)[34]中借用的一个图像,但是思维行动的统一更像是一张图片或一个有机体,而不是铸造的硬币的n个副本。

　　那么,从社会学的角度来看,对真理的阐释是否产生于思想的趋同(convergence),可以被看作逐步抑制个体差异的结果?无疑,这种思想的融合(fusion)起着关键的作用。但是,这是唯一起作用的因素吗?此处暂且略说几句,拉朗德恰恰是乞灵于平等主义倾向,以此作为个体平等化的标志,这一平等主义的倾向总是与社会分化一同发展,尤其是与劳动分工携手并进。正如涂尔干和布吉(Bougié)[35]所指出,这种倾向与分化并非对立关系,而是互补关系:平等主义追求的不是绝对的平等化,而是简单的流动性(mobility),亦即个体能够人尽其才超越目前状况的能力。那些限制思维的社会关系也是如此:思想的趋同只是预设分化的包罗万象过程的一个特殊方面。因此,特别是在涉及价值判断的情况下(价值判断的介入,始于数学推理,之后,其重要性随科学的复杂化而增加;形而上学总是与价值判断有着千丝万缕的关系),理性需要思想的趋同,但是并非以牺牲差异为代价,而是仅仅需要互反性:每个人都应该从自己看待事物的角度,给对方提供法则,以达到相互理解。可以将此称为趋同,但是此处必须赋予它不同的意思。另外,价值逻辑之外,在我们看来,从社会学的角度来看,关系逻辑是因为思想的互反性,而非纯粹、简单的同化,才成为可能。重要的是应该注意到,正是这种关系逻辑,通过其无限多产的运算(关系的倍增导致新的关系、数学运算等的创造)远远超越了同一化。

只要讨论仍然处于"认识论悖论"(epistemological paradox)的层面上,关注的焦点就仍然是逻辑的同一性与现实的多样性之间——拉朗德和梅耶森凭着其"哲学勇气"所强调的,而且我们此处没有研究的差距,那么,我们所提出的建议就更多地涉及词语的意义,而非不可简化的对立性。因此,我们重申,理性不会以极端偶发的方式演化,而是因社会机制而进步,每一种机制都是以个体间的相互理解为前提的。

四

现在,我们需要站得远一点,对前述不同的观点,与从婴儿到成年的社会发展数据,做一比较。

所得出的第一个结论是,只要有提出对个体和社会进行比较,问题就仍然无法阐述清楚。这两个术语意思极其含混不清,模棱两可。其实,社会不存在,存在的是社会过程,其中有一些过程生成理性,其他则产生错误("社会"可能像个体一样,被错误看待了……)。同样,个体也不存在,存在的是个体的思维机制,其中有些生成逻辑,其他机制则产生混乱。但是,布洛伊勒所谓自闭症患者与社会化的人之间,根本没有实质性共同点[36],其中,德拉克洛瓦对后者的运作方式,进行过研究。

如果有人试图从逻辑和社会生活之间关系的角度,对这些术语的不同意义进行分类,就会发现可以分为三组,不是两组:自闭症、社会约束和合作。

我们称自闭症为纯粹的个体主义,是由感觉控制的混乱思维,这种思维来源于幻想、梦境、儿童思维的某些状态、精神分裂症患者思维的内化部分等等。另外,我们回想一下,我们曾试图将婴儿的思维解读为介于自闭思维和成人逻辑思维之间的中间状态,并称之为"自我中心"状态。

我们所谓的社会约束(social constraints),比涂尔干的定义狭隘一点,指与权威或声望有关的两个或多个个体之间的所有关系。所以,儿童对成人意见或指令的尊重就是一种教育性的约束,是社会约束的一种。传统或共同强制信仰对个体意识的掌控,构成了这一大类中的另一小类。我们的定义与涂尔干的定义有双重区别。首先,我们承认约束总是导致从众或者墨守成规(但并非所有的从众行为都是因约束而起。比如,通过推理,整个世界都赞同地球的转动与权威没有关系)。我们认为,对这个术语的意义加以限制是合理的,因为不管涂尔干怎么认为,我们都承认社会不是一个孤立的事物。"约束"(constraint)这个术语有时指强制的遵从,有时指产生于合作和自由讨论的压力,因此,消除其意义的模棱两可,是有必要的。这是一个纯粹的语言问题,而且如果有人将这一区别加以考虑,非要换一个术语的话,其实也无关宏旨。其次,我们的概念采用一个纯粹的心理学标准,因为约束可能始于两个个体之间,终于传统对群体中所有个体的包罗万象的压力。但是,这并不是重点,因为人们可能使用意识的语言或事物的语言来书写心理学。尽管涂尔干更倾向于采用第二种方法,但是,正如拉孔贝(Lacombe)[37]最近所指出的,他其实经常采用第一种方法。因此,为帮助我们理解劳动分工对感觉的影响,涂尔干研究了友谊或爱情。我们将尊重或声望两种情感,看作约束的标准,就是两个平行概念之一的合理运用。

我们将两个或多个平等的或者被认为是平等的个体之间的所有关系,亦即不涉及权威或声望的所有社会关系,统称为合作(cooperation)。当然,除了程度之外,很难将胁迫或合作所涉及的行为标准化,比如合作的结果可能是制约所强加。但这种区别不仅原则上是可理解的,而且实际上为了讨论方便,人们可以确定一个非常满意的估计。

既然话已至此,我们坚持认为,只有合作才构成可以产生理性的过程,自闭和社会约束只能产生各种形式的前逻辑。

为了理解这个命题,而且为了看到除了真理或无法验证的假说之外的某种东西,有必要以一个经常被忘记的基本说法为起点,展开讨论:自闭症和社会约束并非对立,相反,两者可以很容易地结合到一起。在许多情况下,约束本身对产生于自闭症的心理习惯起着"巩固"作用。而在另外一些情况下,约束所专门起的压制[38]作用,似乎要比自闭症思想看问题的视角所起的压制作用小,因为在三个条件都得到满足的情况下,两个极端之间经常达成某种妥协,甚至取得和谐。正是由于没有认识到这一事实,才产生了体现在涉及个体和社会之间关系的强烈肯定上的困难。因此,涂尔干经常做出推断,群体的从众本身就足以诱发个体无论是自发的、实际的,还是智慧的思维习惯的形成。相反,我们认为,(狭义的)社会约束不足以真正压制智慧的自我中心,但是它确实紧密但又自相矛盾地与自闭症元素结成了联盟。人们可以直接论证,即诉诸儿童心理学,证明这些说法。但是,还是让我们先就一个总是发生无法回避的问题,谈一谈我们的看法,即原始人与儿童之间究竟有何联系?然后,再回头探讨前面的问题。

原始心理肯定是社会约束最重要的产物。然而,即使不能完全用社会化缺位来解释,儿童的心理也与其思维的自我中心密切相关。这两种心理在某些方面有相似之处,而且如果这些相似性确实存在,那么它们对理解与解释社会约束与自闭症之间的关系就会很有帮助。这就是为什么需要在这里提到这个问题。

原始人与儿童之间的类比经常被夸大。在社会学滥觞前,心理学毫不犹豫地将原始人看作单纯的儿童,甚至看作没有父母的儿童。另外,由于对进化论思想的迷恋,人们很想在这种和睦关系中看到对重演法则(the law of recapitulation)的肯定。例如,斯坦利·霍尔(Stanley Hall)[39]曾经试图在童年活动中找到原始行为(通过生物遗传)的遗留。尽管目前所有这一切似乎都还很没有说服力,但是,很明显,只要人们坚持认为,儿童和原始人之间有直接关系,那么鲍德温就需要通过儿童来解释原始人,而不是通过原始人来解释当代的儿童。

但是,如果仅限于此,就不要回避这种对比。当然,这种对比不应该统治实际研究,因为找到人们正在寻找的任何东西,并非难事。但是,一旦获得到某些结果,进行反思时,就必然会进行对比。因此,让内在其最后的著作中对这个问题进行了研究;[17]而且,本着其著名的综合精神,对病态期、原始期和童年期进行了宏观比较。

当前,在原始人和儿童之间进行类比,其主要障碍恰恰源自构成原始人心理基础的,儿童所缺失的社会传统因素。因此,让我们首先对这一障碍进行审视,并尝试使社会约束和自我中心之间的关系,更加明晰化。

首先,原始的集体表征显然不可能是由于模仿,或者由于对所传播的内容与类似儿童表征的个体表征内容没有影响的其他因素,而产生的简单概括。阿拉拉斯人(Araras)和波罗罗斯人(Bororos)之间的分享并非由任何人所独创,正如词语或短语亦非由任何人所杜撰;如果集体表征元素或语言元素的连续进化源于个体的大脑的话,那么它只是根据使用中的结构类推的结果,而且受这种用法的控制。因此,所有广义上的传统、集体约束的所有内容,都遵循共识所特有的法则。

但是,是否有必要对最广义的符号(signs)与规范(norms)做出区分——而且,对我们来说,是社会学中最重要的一种区分?前者包括语言、神秘或宗教仪式、用法、叙事、仅仅给予集体情感以支撑的信仰(信念)或表征、列维-布留尔[18]等人所谓的神话等等;后者包含诸如逻辑规范、道德规范、法律原则等等,从所有符号都具有"任意性"且所有规范都具有"理据性"的意义上讲,包含独立于符号的各种规范。因此,社会学自身就会分为普通符号学(索绪尔所梦想的科学)40和价值论。我们刚才所谈及的属于所有传统所具有的特征,如风格、句法、语义等,也适用于符号学方面。但是,谈到规范,情况就完全不同了。

实际上,即使任何原始集体表征都不可被视为广义的个体表征,而且,即使原始信仰和儿童思想之间没有一一的对应关系,但是,双方所接受的逻辑规范和道德规范之间仍然存在着惊人的功能性相似。这种相似性乃是社会或教育约束与自我中心相结合的结果。关于这一点,容我们稍后讨论。

人具有在缺乏证据的情况下对事物任意肯定的倾向性,此类例子不胜枚举,如思维的情感特征、其非分析性整体(合一性)特征、(作为形式结构的矛盾原则和同一性原则的)逻辑连贯性的缺失、演绎推理的困难与即时自居(分享)性推理的频率、神秘的因果性、心理和生理之间区分的缺失、征兆(sign)与原因以及符号(sign)①与所指事物的混淆等。不言而喻,我们强调思维的功能方面,但是并没有故意认为这些特征在婴儿和儿

---

① 这里虽然使用的都是"sign",但是意义不同,前者意思是事物的外在现象,而后者即语言学中所谓的符合,即能指。——译者注

童身上,都以相同的方式表现出来,这样一来,就可避免了将之等同之虞。确实需要很多的篇幅,才能将其细微的差异阐述清楚。但是,大概说来,我们确实认为存在这些相似之处。

如果这些相似之处是合理的,那么它们是如何产生的呢?我们重申:这些共同的机制在原始人身上是由于社会约束,而在儿童身上则是由于自我中心而产生的。这两种解释尽管看起来似乎自相矛盾,但是本身并不对立,社会约束和自我中心的结合,从其对原始心理和儿童心理具有制约作用这一基本事实中,极其清楚地显示出来:教育约束的事实,以及尚未社会化的思想与通过年龄或权力但不通过其确认的内在真理施加影响的思想之间的关系。

那么,这种教育约束对儿童思想有什么影响呢?(我们此处所言,可以由此及彼,推广到社会约束对个体思想的影响上)影响具有双重性。首先,教育约束强化了儿童的自我中心的心理习惯[在某种意义上,耶路撒冷(W. Jerusalem)认为约束是一种"强化"因素,不是创造因素];其次,自我中心心理所折射出来的约束导致奇特道德现象的产生,说它新奇,是因为这种现象并非产生于个体本身,而是产生于个体之间的关系,而且与自我中心心理相协和,没有自我中心心理,这种现象也就不会存在(因此,这第二种因素没有改变自我中心的智慧习惯)。

在第一种情况下,教育约束只是对思维的自我中心习惯的强化,不产生任何新东西。以相信太阳、月亮自转的孩子为例。在他看来,星星是陪伴我们的生物,它们并非绕着地球运动,而是在我们头顶的云层中运动。有人教孩子说,太阳相对我们是不动的,地球围绕太阳转。孩子过于顺从、尊重他人,无论教育者怎么想,他只是自由地重复其思维而已。但是,其心理改变了吗?是否可以说其正确的[41]想法取代了错误的想法?作者经常发现无法有效地向儿童提问,因为他们的大脑中充满了所谓"正确"的[42]知识。有人问云层怎么运动,他们便答说:"云不动,是地球在动。"显然,由于太阳跟云层处于同一平面上,由此推理,云层明显也不动。但是,我们不应强调这样一个过于简单的例子,而应该尽量从无数的事实中学习有用的知识。

智慧的自我中心迫使儿童不断地不经验证就肯定地认为不需要验证就相信进入大脑的任何东西,而验证产生于讨论。然而,单从儿童想当然地认为自己的观点绝对正确、具有一般意义而言,这种自我中心并不自知。儿童总是认为整个世界都跟他一样思考,从不考虑个体差异。这种观点——即使是源自成人的正确观点——会在其头脑中产生什么呢?一个来自大师而非普通人给予的教训——即使是非常合理的教训,会产生什么结果呢?儿童马上会放弃自己的观点,转而接受那些呈现给他的观点,这样一来,其明确表述只是通过心理定向存在的观点,就不能与成年人的观点相提并论。当然,如同在感觉心理中,这里产生的是压制下的"失败",[43]也就是说,儿童的某些驱力在某一点受到阻碍,而在另一点却得到加强。但总的来说,成人的意见获得胜利。但改变的是什么呢?儿童依旧在没有证据的情况下做出断言;他只是把成人权威作为真理的最终标准,据此做出决策,无须加以验证。那么,儿童思维的逻辑结构改变了吗?知识的积累是否足以形成理性?是否只有在青少年学会与同龄人和老师平等地讨论时,其内部的自由受到核查时,机械存储的知识的模糊残余才会出现,变成完全不同的东西呢?当代教育学、"活跃的学校"(active school)[44]以及关于这一主题的无数经验告诉我们,如果某种东西并非通过经验和个人反思来获得,那么所获得的只是表面知识,不会改变我们的思维。婴儿既不会因为成人的权威而学习,在学习中也不会考虑成人的权威。因此,从这个意义上来说,聪明的老师知道什么时候放下身价,俯下身来,与学生平等,知道什么时候参与讨论,要求学生提供证据,而不是仅仅陈述观点,按照传统学校的教学模式,从道德上胁迫学生。

童年期自我中心独有的倾向和成人权威造成的结果之间,存在一种灾难性的前定和谐,其典型例子之一是咬文嚼字。自我中心心理的主要特征之一是合一性,亦即宏观地感知和看待所有事物,并随心所欲地将所有事物相联系的倾向性,儿童所做的这一切皆是出于心血来潮的主观类比。在言语方面,这种趋势导致他们不是通过反思分析,而是根据表达的整体格式来理解语言,而这种格式的形成乃是完全个人的即时视角的产物。因此,儿童会以下面的方式理解"men of small stature may be of great merit"(身材矮小的人可能是一个巨大的长处)一句话中的"merit"(长处、有点)一词:"That means that they become larger later(意思是,他们以后会变得高大)。"同样,言语指示或单纯的成人命令或指令的集成不包含任何内容,它本身会引导儿童摆脱这种合一性的咬文嚼字。相反,人们只要尝试稍微认识儿童对成人话语的理解,就会对积累和歪曲的东西所陷入的混乱、混淆状态感到沮丧。

总之,尽管在我们所处的社会中,成人将逻辑推理和积极知识的集成强加于儿童,但是即便如此,成人的权威也没有对儿童的自我中心心理做出任何改变。我们甚至可以说,成人的权威强化了这种思维过程。实际上,儿童能够用类似方式重复去欺骗同辈和考官的东西,几乎没有任何价值。我们此处所考虑的是,要弄清楚儿童以何种方式获得逻辑推理,而且对经验的客观性加以考虑。就这两点而言,约束不能矫正自我中心:它只是强化了合一性逻辑与没有证据的主张。儿童如果获得了成人的智慧自主(极少有成人具有真正自主性。因此,如果把现实生活作为标准,而不是仅仅把学术的认可作为标准,我们的教育就是有缺陷的),就能在与同辈的讨论中成为真正独立的人,而且成人将学会在不施加约束的情况下进行合作。

此外,约束不仅局限于对自闭症具有强化作用,它还促成了某些通过实践对智慧产生影响的道德机制的形成。但是,只要合作不取代约束,这些结果就会为自我中心所抵消,而且由此形成的组合并非总是产生理性。

下面我们谈一谈义务感的发生问题。涂尔干认为,道德义务因社会整体对个体的约束而生发。博维在一项很少被引用的研究[19]中发现,这种良知义务的心理起源是个体对地位高于他的另一个体的尊重,尤其是儿童对成人的尊重。两种观点之间的差异难免不被看作是术语使用上的差异,前者使用的语言具有客观性,而后者使用的语言是对人们内部生活的描述。不论是哪一种情况,我们还是回到我们定义为义务之源的约束的事实上来。

那么,目前有争议的是哪种义务呢?正如涂尔干所承认,而且他巧妙地弱化了其二元论,道德分为两种,即纯粹的义务(责任)道德和基于善良的道德。博维早已清楚地看到了这一点。在我们的社会中和在表达我们集体良知的哲学中(如同在康德的道德哲学中),这种对立消失了,因为责任所规定者乃是善之所为。但是,在原始社会中,这种对立几乎涵盖了各个方面:(构成)传统所强加的各种义务和荒诞的禁忌,以及构成各种合作前提条件的正义和善良原则的大集成。

从儿童的生活中,我们能够非常自然看到这种冲突的某些方面。我们坚持认为,成人的权威(撇开其可能的粗暴不谈,即父母单纯的道德声望)当然是义务的源泉,而且与所规定的内容无关。随之生发的顺从则产生严格的道德,亦即纯粹义务(责任)和禁忌的道德。但是,只有相互的情感,即完全顺从缺位的合作中的情感方面,才将思想引向善良。

比如,说谎。[20]源自成人权威的指令是人不能说谎。这以指令强加于自我中心的思想是一种由感觉管辖的幻想之一方面,正如我们的研究所表明,说谎是一种自然形式的思维。但是,另一方面,自我中心心理具有现实性:它没有将精神和身体区分开来,因为这些既具有意图性,又具有身体性。自我中心主义的这两个方面使得指令以下面的方式被曲解:所有的谎言都表现为与说谎者意图无关的"调皮",评价采用的完全是身体标准。事情往往是,正如孩子向我们报告,说自己看到一只如牛一样大的狗,比假装脚疼来逃避做家务,更应受到责备。因为,现实中根本不存在牛一样大的狗,但是脚却非常有可能疼痛!因此,意图不起任何作用;断言的虚假程度是惩戒的唯一衡量标准。

所以,如同在逻辑中,道德中的约束与自我中心心理联系紧密。禁忌规则与做出断言的规则紧密相关。正如福科内所言,"客观责任"乃是智慧实在论(the realism of intelligence)的近亲。

现在回过头来谈一谈思维结构问题:这种服从(或纯粹责任)的道德所产生的结果仅仅是神秘的因果关系和人为性(artificialism):这是儿童源于对成人智慧信仰的对世界表征的两个特征。这些事实再次表明,思维的自我中心习性与约束的结果之间具有亲密、自然的关系。因此,约束强化了自我中心逻辑的过程,或者将它们联合到一个有限的综合中。

我们目前正在进行的一项研究结果[45]清楚地展示了自我中心主义、对成人的尊重以及合作积极结果的复杂性。我们目前正在研究社会规则应用能力的发展及其内部意识。为了达到这一目的,我们与儿童一起玩弹珠游戏,然后在确定他们对规则的了解程度以及如何应用规则之后,询问他们是否有可能改变规则,以及为什么能或者为什么不能。结果自相矛盾。系统而言(此处所谈及的是6岁到12岁的儿童),可以说,年幼的儿童（6—8岁）对规则有一种神秘的尊重，结果其实践仍然是以自我为中心，而对于年龄较大的儿童（10—12岁），由于游戏参与者之间合作的更为紧密，规则也变得有理性了。

低龄儿童几乎按照他们对事物的认识玩游戏：他们专注于因游戏玩耍方式的习惯而形成的概念。但是，每个人都保留并非模仿大龄儿童的某种东西。他们一起玩游戏时，彼此并不相互协作[46]。每个人都根据自己对事物的认识，各玩各的。任何人都不会通过战胜别人来赢得游戏。"赢"意味着在自己所做的事情上取得成功。换句话说，人人都赢。这相当于我们所谓的儿童之间对话的"集体独白"。[47]相反，大龄儿童则遵守极其复杂、详细的规则，预设有准则和法则应用的先例。如果产生分歧，他们能够相互理解，并认可这样那样的惯例。因此，游戏具有社会性，赢就意味着在某方面超越他人。

然而，奇怪的是，只有大龄儿童承认，人们可以改变规则。对他们而言，规则是大家采纳的某种东西，有其必然的逻辑后果。如果所有人都同意，可以改变某个规则。相反，低龄儿童却认为，万物都是永恒、不可改变的。虽然各自的经历不同，但是他们都肯定，人们都像其他人那样玩游戏，因此他们也总是像其他人一样玩游戏："我爸爸这样玩。我爷爷也这样玩。"威廉·泰尔（William Tell）、诺亚以及亚当和夏娃的孩子都遵守这种同样的习俗。此外，大龄儿童承认规则是由他们制定的，而低龄儿童却认为规则由成人来制定。当问及事物的起源问题时，一个儿童认为是他的父亲，另一个儿童认为是最早的人类，第三个儿童认为是上帝，第四个儿童认为是"社区中的圣人"，才是创造者和弹子游戏规则的制定者。

当然，这只是一个很重要的证据。它表明童年的自我中心并非反社会行为，而是介于自闭症和社会化之间的一种行为。这清楚地表明，在社会性的幌子下，自闭症心理可能仍然存续。这就是将成人约束与儿童自我中心轻易地结合起来的某种东西。至于儿童，每个人异想天开的想法都被认为具有普遍价值，每个外部命令都是根据自我解读的。但是，合作使人们摆脱自我中心和父母或社会约束的神秘。

因此，虽然人们逐渐认识到原始心理和儿童思维之间有某种类似，但这不十分好理解。低级文明中最重要的社会事实可能是人们对老年人或老人政治的尊重。列维-布留尔在其著作中一再坚持这一观点，非常有效地重复描述了涉及原始心理的数据。[21][48]这种尊重是天生的，还是社会传播的，是否有程度上的差异，并不十分重要。儿童的教育，是由父母实施，还是由教育者（担任启蒙责任的长者）实施，也不重要。在世世代代相互影响的社会中，消除童年心理的必要条件不可能出现。在这样的社会中没有讨论，也没有观点的交换，只有由个体组成的集合，其自闭症式的观点永远无法传达出去，而且其共同性依靠与外部传统的联系来保证。因此，只有没有自知之明的个体的人和无所不能的一个群体。这种情况下，个体不能创造任何东西，任何事物都无法超越儿童思维的层次。个体在听任集体表征影响的过程中，并没有用另一种不同的逻辑替代，来代替自己的逻辑；只有在前后矛盾的梦或游戏中，他才改变自己的信仰（准确地说是接受某个可靠、坚定的信仰)。但是,这种信仰仍保留了[49]童年逻辑的特征。因此,从理性的角度来看,信仰的强度和持久性并没有在其逻辑结构上增加任何东西。当然,可以认为,这种源自于集体的持久性,对个体而言,代表了一种客观性,但是,就理性而言,这仅仅在儿童主观地相信某一事物的意义上,是如此。对低龄儿童来说,个人的观点是最客观的。主观和客观之间的区分是合作的产物。在合作出现之前,最强大的社会约束也无法将最小的理性因素塞入其自闭的大脑。

因此,接下来我们谈一谈合作问题。所有的人都承认,在原始人和儿童身上可以找到合作的萌芽,进而找到理性的萌芽,因此社会过程之间性质的差异并不排除它们之间事实上的连续性。话说到此,我们想坚定表达自己的观点,合作既与自闭症相对立,也与约束相对立。由于前面刚刚提到的各种过程,合作逐步消除了自闭或自我中心的思维。讨论产生内部反思;相互验证产生对证据和客观性的需求。思维交换的前提是把矛盾原则和同一性原则看做对话语的调节等。至于约束,若个体和自由讨论之间产生龃龉,合作就会废掉约束。

因此,只有合作才能为大脑提供获得真理所必需的心理条件。但是,所出现的问题是,对基于刚才提到的约束的理论的反对意见,是否也不适用于合作。合作,仅仅作为约束,不会有助于确立信仰的首要地位吗?规约——平等的个体之间的默契——不会对理性和权威都具有摧毁力吗?即使在分化、个体主义的社会方面,涂尔干在这两种情况下都没有理由谈及约束吗?

我们并不这么认为,因为平等个体之间一旦产生规约或者公认的真理,人们就会看到有心理的约束存在。此类个体的声望或者意见的权威性确实起着一定的作用。但是,似乎将合作与约束区分开来者,同时又保证合作与约束相比应具有的逻辑价值者,似乎是前者提供了一种方法,而后者只是强加信仰。实际上,约束呈现给个体的是完全集成确认的规则和信仰系统:人们只有两个选择,或者接受它们,或者不接受它们。所有更正都与约束背道而驰,而且如果约束如同在古典教育中其意图是提出某种方法规则,那么它还是在强加另外一些信仰。相反,合作仅仅是一种方法,别无其他。我在谈论而且真诚地尝试理解某个人时,我不仅承诺决不自相矛盾、不玩文字游戏等,而且对与自己不同的观点持开放态度。因此,约束是静态平衡中的系统,而合作并非静态平衡中的系统;合作是一种动态的平衡。虽然我在约束方面所做出的努力可能很费心血,但是知道它们涉及什么;在合作方面的努力不知道会将我引向何处。因为,这些努力是形式性的而非实质性的。①

因此,合作提供了理性所必需的事实与理想之间的区别。约束仅仅是一种事实性状态,是静态的,是由他人一次性施加的。相反,合作因为仅仅构成一种方法,从而迫使

---

① 原文是"These commitments are thus formal and not material",其确切含义不明确。——译者注

我们不断地对体现于观点与视角的统一中的事实状态、普遍认可与分类的真理与法律状态，一并加以考虑。[50]因此，以合作为特征的平衡不仅是动态的，而且是理想的。

当然，合作中预设一种压力，单独就可以使个人脱离自闭状态，获得理性。但是，如果人们认为这种压力与刚定义的狭义上的约束相似，就会使一种严重误解永远无法消除。当然，人们可以自由地将这两种压力合并成一个更具有一般意义的概念，可称为（涂尔干所谓）"社会约束"。但是，除非我们必须重新陷入之前所讨论过的窘境，否则就不能在没有进一步限制的情况下断言，广义上的约束是理性的源泉。因此，对合作特有方法的元素，与社会关系另一方面特有的强制性信仰元素，总是有必要做一区分。

当然，有人可能会问，这种方法性构成部分是否外在于理性结构，因此只能对逻辑发展的次要方面做出解释。但是，我们认为，从某种意义上讲，方法就等于一切，而且此处所讨论的方法是理性运作的核心。假如将拉朗德关于思想的同化与逻辑同一性之间对应的深刻见解在某种程度上加以放大，那么就可以说，合作作为方法可能在逻辑中为互反性的概念所转化。

目前，正如我们关于儿童推理发展的具体研究所表明，只有将其他个体的观点置于一种互反关系中，智慧才能构建出对他人发号施令可称为关系逻辑的逻辑工具。当然，关系逻辑具有比社会生活重要的生物基础。幼儿前两年完成的这些基本概念的构建，即使不能预设其基于这些关系的思维，也预设了其行为模式。动物心理学（特别是格式塔心理学）已经表明，知觉通常是对关系的感知，不是对绝对属性的感知。啄食浅灰色而非白色背景上的谷粒养大的小鸡，若要其在深灰色和浅灰色之间做出选择的话，会选择啄深灰色。埃利亚斯贝格（Eliasberg）的研究表明，儿童也有类似的现象。但是，谈到动作或者动作意识[51]的出现，情况就改变了：正如我们所坚持的那样，动作意识的出现预设了在语言层面上运算的转变[52]，实际上是完全的重构。自我就是在这里介入进来。实验表明，低龄儿童使用的一些概念，如轻重、（颜色的）深浅、左右等，往往都具有绝对的自我中心意义。儿童既不考虑重（heaviness）本身是什么，也不考虑它在别人看来是什么，还不考虑参考系不同，"重"（heavy）的含义有什么不同。一个小男孩儿肯定知道他有一个兄弟，但是却不明白他的兄弟也有一个兄弟。[53]有人认为月亮跟着他走，但他从不会想月亮是否也跟着他的朋友走。另一方面，恰好在儿童的社会生活开始发展的时候，考虑他人观点的可能性大大增加了。因此，他将互反性付诸实践，并探索使用关系逻辑。那么，我们是否必须问是关系逻辑产生了互反性，还是互反性产生了关系逻辑？这是河岸与河流的问题：它们是同一个过程的两个方面——合作是经验事实，而互反性是其逻辑理想。

布伦茨威格无与伦比的研究很有说服力地表明，人们可以从思维的历史所提供的事实中提炼出关于合作的社会学，从而超越我们自我限制的心理学观点。众所周知，他在其《西方哲学中意识进步》（*Le Progrès de la conscience dans la philosophic occidentale*）一书中，赋予互反性概念以重要地位。[54]

总之，我们认为，社会生活是逻辑发展的一个必要条件。因此，社会生活改变了个体的本性，使其从自闭状态进入具有独立人格的状态。因此，谈到合作，我们认识到它不是成熟个体之间简单的交换，而是一个产生新现实的过程。在规范方面相对于指向外部的客观术语，我们更青睐的关于社会事实的心理学术语似乎使我们又回到了塔尔德那里。[55] 尽管有许多独特的见解，塔尔德却犯了一个严重的错误，将仅仅延续已得到详细阐述的事物的机制而非创造性机制，看作是基本的社会过程。结果，他误入歧途，用个体来解释社会，这与涂尔干所为恰好背道而驰。因此，这一给社会学带来灭顶之灾的争端，其基础乃是一个伪问题：既没有此类个体，也没有此类社会，而只有个体间的关系。其中有一些关系并不改变个体的心理结构，而另外一些关系则改变个体的思想和群体。后者中某些关系导致理性的产生，而另外一些关系则不会导致理性的产生。涂尔干的语言表述就是在这一点上出现了问题。至于列维-布留尔，我们倾向于根据在特定集体环境中占主导地位的社会过程，来对前逻辑和逻辑，做出区分。尽管看起来似乎有些矛盾，但在我们看来，原始人心理的社会化程度低于我们。社会约束只是迈向社会化的一步。只有合作才能保证心理平衡，从而使我们能够将心理运算的实际状态与理性理想的法律状态，区分开来。

作者注释

[1] 最初发表于《法国与国外哲学评论》(*Revue philosophique de la France et de l'étranger*) 第 53 卷，1928 年第 3—4 期，第 161—205 页。

[2] 接下来这几页基本上是 1927 年 6 月在罗尔（Rolle）法国-瑞士哲学学会（Franco-Swiss Society of Philosophy）年会上所作讲座的文字版。本文论述旨在引发讨论，因此并没有展开详细论证，这就解释了其简明扼要性特征。作者原本没有期望发表它。然而，本人无法抵抗热心朋友的压力，他们建议，尝试提出综合理论时，折中很有价值。本文并不佯称能够准确地增进知识，而是旨在形成一种一般的态度，因此可能产生一些启发性价值。此外，冒险抛出自己的观点，总是给人带来快乐……

[3] 福康内：《责任》，巴黎：阿尔康出版社，1920，第 20 页（P. Fauconnet, *La Responsabilité*, Paris：Alcan, 1920, p. 20）。

[4]《宗教生活的初级形式》(*Formes élémentaires de la vie religieuse*) 第 515 页。[19]

[5] 涂尔干在这篇文章中称，他关注力的概念，并非因其逻辑价值，而是因其解释价值。但是如果尝试证实理性的统一性，那么有问题的恰恰是其逻辑价值；其他语境表明，涂尔干相信力的概念，恰恰是因为它具有社会性。

[6][7]《社会学与哲学》(*Sociologie et philosophie*) 第 54 页。[20]

[8]《社会与哲学》(Sociologie et philosophie),第 93 页。

[9] 列维-布留尔已经清楚地指出了器官和功能的区别(及其对研究心理生活的重要性)[参见《低等社会的心理机能》(Fonct. ment. soc. infér)第 3 版,第 19—20 页]。[21] 但是,我不知道它是否已经应用于涉及思维形式原则的特殊问题。在我们看来,任何情况下,列维-布留尔都把这些原则看作结构,而不是功能。

[10] 雷蒙:《当代法国哲学与真理问题》,《神学与哲学评论》,1923,第 250—251 页(A. Reymond, La Philosophie française contemporaine et le problème de verité, Revue de théol. et de phil., 1923, pp. 250-251)。

[11] 这里需要注意的是,列维-布留尔从来没有认为心理有基本的异质性,因为他肯定,不同社会之间存在一个功能连续性(注释 1 中第 175 页)。因此,他不赞同反理性主义者的观点,承认理性的完全偶发演化,也就是传统主义。然而,目前的问题不仅仅是所谓的原始心理和我们的心理之间是否存在功能连续性,而是我们的理性的结构是否比所谓的原始理性的结构,更能适应理性的不变功能,换句话说,这种结构里是否存在定向进化。

[12]《普通社会学通论》(Traité),第 31 页。

[13]《普通社会学通论》(Traité),第 38 页。

[14] 尤其参见拉朗德:《何谓真相》,《神学与哲学评论》,1927,第 1—27(A. Lalande, Qu'est-ce que la vérité? Rev. de théol. et de phil., 1927, pp. 1-27)。

[15] 参见拉朗德:《构成性理性与被构成性理性》,《课程与会议评论》,1925,第 9—10 期[A. Lalande, Raison constituante et raison constituée, Revue des cours et conférences, 1925(9-10)]。

[16] 参见瓦夫尔:《形式逻辑与经验逻辑》,《形而上学与道德评论》,1926,第 33 卷,第 65 页[R. Wavre, Logique formelle et logique empiriste, Rev. de Mét. et de Mor., XXXIII (1926), p. 65];贡塞斯:《基础数学》,巴黎:布朗夏尔出版社,1926(F. Gonseth, Les Fondements des mathématiques, Paris: Blanchard, 1926)。

[17] 让内:《从痛苦到狂喜》,巴黎:阿尔康出版社,1927(P. Janet, De l'Angoisse à l'extase, Paris, Alcan, 1927)。

[18]《心理机能》(Fonctions mentales),第 434 页。

[19] 博维:《良知义务的条件》,《心理学年鉴》,第 18 卷,第 55 页(P. Bovet, Les conditions de l'obligation de conscience, Année psychologique, vol. XVIII, p. 55)。

[20] 我们建议以后再回过头来讨论并汇报这些事实。[45]

[21]《原始灵魂》(L'Âme primitive),第 268 页及以后各页。[48]

英文版译注

参考皮亚杰 1928 年以前读到的著作,将其在文中提到的作者的信息做了补充。

1. 埃米尔·涂尔干(Emile Durkheim,1858—1917),法国最著名的社会学家,著有《宗教生活的初级形式》[*Les Formes élémentaires de la vie religieuse* (1912),英译本:*Elementary forms of the religious life* (1915)]、《社会学与哲学》[*Sociologie et philosophie* (1924),英译本:*Sociology and philosophy* (1953)]、《社会学方法之规范》[*Les Règies de la méthode sociologique* (1894),英译本:*The rules of sociological method* (1938)]。

2. 列维-布留尔(Lucien Lévy-Bruhl,1857-1939),哲学家、人类学家,著有《低级社会中的心理机能》[*Les Fonctions mentales dans les sociétés inférieures* (1910),英译本:*How natives think* (1926)]、《原始思维》[*La Mentalité primitive* (1922),英译本:*Primitive mentality* (1923)]、《原始灵魂》[*L'Àme primitive* (1927),英译本:*The soul of the primitive* (1929)]。

3. 帕累托,《普通社会学通论》(V. Pareto, *Traité de sociologie générate*,2 vols., trans. Boven, Paris:Payot, 1917, 1919)。这是 *Trattato di sociologia generate*, 2 vols. (Florence: G. Barabera, 1916)的法语译本。英译本:*A treatise of general sociology*: *The mind and society*, trans. A. Bongiorno and A. Livingston, 4 vols., New York:Dover, 1935)。

4. 马克斯·舍勒(Max Scheler,1874—1928),现象学哲学家,著有《知识社会学导论》[*Versuche zu einer Sociologie des Wissens* (1924)]、《知识的形式与社会》[*Die Wissensformen und die Gesellschaft*(1926)]。

5. 安德列·拉朗德(André Lalande,1867—1964),法国科学哲学家,著作等身,包括《与进化对立的消解概念》[*L'Idée directrice de la dissolution opposée à celle d l'evolution* (1899)]、《归纳和实验理论》[*Les Théories de l'induction et de l'expérimentation*)(1929)]。

6.《与进化对立的消解概念》(*L'Idée directrice de la dissolution opposée à celle d l'evolution*, Paris, Payot, 1898)。

7. 埃德蒙·戈布洛(Edmond Goblot)(1858—1925),法国哲学家、逻辑学家,著有《论科学的分类》[*Essai sur la classification des sciences*(1898)]、《逻辑通论》[*Traité de logique*(1918)]。

8. 莱昂·布伦茨威格(Léon Brunschvicg,1869—1944),法国唯心主义哲学家、科学哲学家,著作等身,包括《判断模式》[*La Modalité du jugement*(1897)]、《数学哲学》

[Les Étapes de la philosophie mathématique(1912)]、《人类经验和物理因果关系》[L'Experience humaine et la causalité physique(1922)]。

9. 布伦茨威格:《西方哲学中良知的进步》,巴黎:阿尔康出版社,1927,第489—584页(L. Brunschvicg, Le Progrès de la conscience dans la philosophie occidentale, Paris, Alcan, 1927, pp. 489-584)。

10. 詹姆斯·马克·鲍德温(James Mark Baldwin,1861—1934),美国哲学家、心理学家,著有《儿童与种族的心理发展》[Mental development in the child and the race(1900)]、《发展与演化》[Development and evolution(1902)]、《思维与事物》[Thoughts and things(3卷本)(1906,1908,1910)]。

11. 这里指的大概是皮埃尔·让内(Pierre Janet),不是保罗·让内(Paul Janet)。

12. 查尔斯·布隆德尔(Charles Blondel,1876—1939),法国心理学家,著有《病态意识》[La conscience morbide(1914)]、《原始思维》[La Mentalité primitive(1926)]、《集体心理学导论》[Introduction à la psychologie collective(1928)]。

13. 亨利·德拉克洛瓦(Henri Delacroix,1873—1937),著有《心理学和神秘主义》[Psychologie et mysticisme(1908)]、《心理分析》[La Psychoanalyse(1924)]。

14. 弗里德里克·劳赫(Frédéric Rauh,1861—1907),法国哲学家,著有《道德经验》[L'Expérience morale(1890)]、《论道德的形而上学基础》[Essai sur le fondement métaphysique de la morale(1903)]。

15. 心理学主义是从心理事实推导出规范性结论的谬误;社会学主义是从社会事实推导出规范性结论的谬误;逻辑主义可能是从逻辑规范推导出心理学或社会学结论的谬误。逻辑主义不能与把数学简化成逻辑加集合理论的弗雷格-罗素-卡尔纳普方案(Frege-Russell-Carnap programme)相混淆。关于逻辑主义和心理学主义的讨论,参见贝丝和皮亚杰著《数学认识论与心理学》(E. Beth, J. Piaget, Mathematical epistemology and psychology, Dordrecht: Reidel, 1966, p. 132)。

16. 奥古斯特·孔德(August Comte,1798—1857),法国实证主义哲学家,著有《实证哲学教程》[Cours de philosophie positive(1830—1842)][英译本:System of positive polity①(1875—1877)]。

17. 路易斯·加布里埃尔·安布鲁瓦兹·德·波纳德(Louis Gabriel Ambroise de Bonald,1754—1840),法国哲学家,著有《政治和宗教权力理论》[Théorie du pouvoir politique et religieux(1796)]、《以道德知识为主要对象的哲学研究》[Recherches philosophiques sur les premiers objets des connaissances morales(1818)]、《社会构成原则的哲学论证》[Démonstrations philosophique du principe constitutif de la société(1827)]。

---

① 该英译本书名与原著距离甚远,可以译作《实证体制的系统》。——译者注

18. 德·迈斯特尔(de Maistre,1753—1821),著有《论宪政生成原理》[*Essai sur le principe générateur des constitutions politiques*(1814)]。

19. 涂尔干,《宗教生活的初级形式》(E. Durkheim, *Les Formes élémentaires de la vie religieuse*, Paris, Alcan, 1912)(J. W. Swain 译英译本:*The elementary forms of the religious life*, New York:Free Press, 1915)。

20. 涂尔干:《社会学与哲学》(E. Durkheim, *Sociologie et philosophie*, Paris, Alcan, 1924)(D. F. Pocock 译英译本:*Sociology and philosophy*, New York:Free Press, 1913)。

21. 列维-布留尔:《低等社会的心理机能》(L. Lévy-Bruhl, *Les Fonctions mentales dans les sociétés inférieures*, Paris, Alcan, 1910)(L. A. Clare 译英译本:*How natives think* ①,New York:Alfred A. Knopf, 1926)。

22. 这里所要表达的意思大致是"在不破坏下面沉淀物的基础上去除"。

23. 西奥多·弗卢努瓦(Theodore Flournoy,1854—1920),瑞典科学心理学的创始人,《心理学档案》(*Archives de psychologie*)创始人。

24. "*on*"法语中读作"*ou*"。

25. 法语"*en fait…… en droit as de facto…… dejure*"的翻译。这里是事实的(is)与规范的(ought)之间的对比。

26. 泰奥杜勒·阿尔曼德·里博(Théodule Armand Ribot,1839—1916),法国心理学家、法国心理学创始人之一,著有《记忆性疾病》[*Les Maladies de la mémoire*(1881)]、《意识性疾病》[*Les Maladies de la volonté*(1883)]、《人格疾病》[*Les Maladies de la personalité*(1885)]、《情感心理学》[*La Psychologie des sentiments*(1896)]、《情感逻辑》[*Logique des sentiments*(1905)]、《论激情》[*Essais sur les passions*(1907)]、《科学方法》[*De la Méthode dans la sciences*(1909)]、《情感心理问题》[*Problèmes de psychologie affective*(1910)]、《无意识的生活和运动》[*La Vie inconsciente et les mouvements*(1914)]。

27. 保罗·厄根·布洛伊勒(Paul Eugen Bleuler,1857—1939),瑞士精神病学家,最著名的著作是《老年痴呆症或者精神分裂症》[*Dementia precox, oder Gruppe der Schizophrenien*(1911)]。

28. 皮埃尔·让内(Pierre Janet,1859—1947),法国心理学家,出版著作超过 15 部,其中最著名的是《癔症的心理状态》[*L'État mental des hystériques*(1892)][英译本:*The mental state of hysteria* (1901)、*The major symptoms of hysteria*②(1907)]。

---

① 该英译本书名与原著距离也比较远,可译作《土著如何思维》或者《土著的思维方式》。——译者注

② 标题与原著有差距,可译作《癔症的主要症状》。——译者注

29. 这一主题在下面的著述中亦有讨论:《儿童的判断与推理》(J. Piaget, *Le Jugement et le raisonnement chez l'enfant*, Neuchâtel/Paris: Delachaux et Niestlé, 1924)(M. Warden 译英译本: *Judgment and reasoning in the child*, London: Routledge & Kegan Paul, 1928)。

30. 法语"*vérification*"。

31. 戈布洛:《逻辑通论》(第四版),巴黎:科林出版社,1925[Edmond Goblot, *Traité de logique* (4th edition), Paris: Colin, 1925]。

32. 皮亚杰在 1924 年的《儿童的判断与推理》(*Judgment and reasoning in the child*, London: Routledge & Kegan Paul, 1928)中同化-约束(assimilation-constraint)的对比,在 1936 年的《儿童智慧的起源》(*The origins of intelligence in the child*, London: Routledge & Kegan Paul, 1953)中换成了同化-顺化(assimilation-accommodation)的对比。

33. 法语"*la mise en correspondance*"。关于对作为转换先导的对应关系的重新分析,参见皮亚杰等著《态射与范畴:比较与转换》(J. Piaget, G. Henriques & E. Ascher, *Morphisms and categories*, Hillsdale, NJ: Erlbaum, 1992)。

34. 参考文献是拉朗德的《与进化对立的消解概念》(*L'Idée directrice de la dissolution opposée à celle de l'évolution*)。

35. 塞莱斯廷·布吉(Célestin Bougié,1870—1940),法国社会学家,涂尔干的友好评论家,著有《平等的观念》[*Les Ideés égalitaires* (1899)]、《关于价值观演变的社会学课程》[*Leçons de sociologie sur l'évolution des valeurs* (1892)][英译本 *The evolution of values* (1926)]、《何谓社会学》[*Qu'est que la sociologie* (1907)]。

36. 法语"*grand chose de commun*"。

37. 参考文献大概是来自保罗·拉孔贝(Paul Lacombe,1834—1919),他是法国历史学家,著有《作为科学的历史》[*History regarded as a science* (1894)]。

38. 法语"*refoule*"。关于认知无意识的讨论,参见皮亚杰著《意识的把握》(*The grasp of consciousness*, London: Routledge & Kegan Paul, 1977)及《成功与理解》(*Success and understanding*, London: Routledge & Kegan Paul, 1978)。

39. 参考文献大概是斯坦斯·霍尔的《青少年》(两卷本)(G. Stanley Hall, *Adolescence*, 2 vols., New York: Appleton, 1904)。

40. 弗迪南·德·索绪尔(Ferdinand de Saussure,1857—1913),瑞士语言学家,著《普通语言学教程》[*Cours de linguistique générale* (1916)][英译本: *Course in general linguistics* (1959)]。

41. 法语"*juste*"。

42. 法语"*exactes*"。

43. 法语"*refoulement*"。

44. 参考文献可能来自约翰·裴斯泰洛齐(Johann Pestalozzi,1746－1827)、他的追随者以及皮亚杰 1935 年的著作(再版为:*The science of education and the psychology of the child*①,Longman,1970)。

45. 参见皮亚杰著《儿童的道德判断》(*Le Jugement moral chez l'enfant*,Paris,Alcan,1932)(M. Gabain 译英文版:*The moral judgment of the child*,London:Routledge & Kegan Paul,1932)。

46. 法语"*ne se contrôlent pas*"。

47. 参见皮亚杰著《儿童的语言与思维》(*Le Langage et la pensée chez l'enfant*,Neuchâtel/Paris:Delachaux et Niestlé,1923)(M. & R. Gabain 译英文版:*The language and thought of the child*,London,Routledge & Kegan Paul,1926)。

48. 列维-布留尔:《原始灵魂》(*L'Âme primitive*,Paris:Alcan,1927)(L. A. Clare 译英文版:*The 'soul' of the primitive*,New York,Macmillan,1928)。

49. 法语"*conserve*"。

50. 参见注释 25。

51. 法语"*la Prise de conscience*"。

52. 法语"*décalage*"。皮亚杰认为,垂直的转变是阶段间的转变,因此应被视为智慧构建的中心过程。这种过程与阶段内转变或水平转变不同。参见皮亚杰著《心理发展的机制与运算群集化的规律:智慧运算理论纲要》(Le mécanisme du développement mental et les lois du groupement des opérations:esquisse d'une théorie opératoire de l'intelligence,*Archives de psychologie*,vol. 28,pp.215-285)。

53. 参见注释 29。

54. 巴黎:阿尔康出版社,1927。

55. 加布里埃尔·塔尔德(Gabriel Tarde,1843－1904),著有十几部社会学、社会心理学著作,最著名的是《模仿的法则》(Les Lois de L'imitation(1890)](英译本 *The laws of imitation*,1903)。

---

① 可译作《教育科学与儿童心理学》。——译者注

第六章 历史中的个性
——个体与理性教育[1]

任何一个主题,都没有 1931 年的《综合周刊》(*la Semaine de synthèse*)[1]委托给单纯的儿童心理学家讨论的这个主题,更复杂而且更容易引起人误解。解决这一问题,需要将社会学和心理学知识结合起来[2],同时要对科学史、认识论有深入的了解[3]。目前,笔者既非社会学专家,亦非科学哲学家,而且,就个体心理学而言,笔者也只关注年龄不超过十二三岁的儿童。然而,一旦注意到这些局限性,也许尝试将对儿童的分析所提供的几缕光亮,投射到理性的社会学历史中,亦非完全没有意义。奥古斯特·孔德恰正确地指出,社会生活中最重要的现象是世世代代相互施加的压力。现在,儿童心理学的主要目标之一正是对这一现象的研究。因此,若要确定理性在多大程度上是个体发展的问题,以及在多大程度上具有社会性,观察儿童是一种很不错的方法。在本章中,我们将专注于完成这项任务,至于如何将这种视角置于其他众多可能视角中这一问题,则是留与他人的任务。

首先,我们要关照的这个问题究竟是什么意思呢?乍看之下,其意思似乎很清楚:是个体本身,还是社会群体,构成智慧演化的引擎或"背景"(如果你想这样表达的话)?但是,在分析了这些仍在进行的数量浩繁的研究之后,人们立即意识到,本质上认识论性质的争议已经与心理学-社会学讨论挂起钩来,并且一种合理成熟的方法是首先把争议的两个方面加以分离,然后再展开讨论。除了它们似乎会削弱理性本身的价值之外,为什么确实有那么多优秀的学者会对社会学观点几乎不假思索地直接给予新人呢?许多人情绪激烈、固执地坚持认为,理性只属于个体意识领域,产生于对激进自主和智慧价值至高无上的理性信仰。但是,对我们而言,这似乎是需要消除的第一个歧义。首先,历史表明,数种"个体主义"心理学已经昭示,其本身如同极端狭隘的社会学主义,对理性主义具有破坏性,例如联想主义心理学就是如此。但是,我们认为,"原则"或逻辑问题与"事实"或心理社会问题之间,不存在直接的联系:前者旨在发现合理运用理性的内在条件,而后者则是为了了解理性内在发展中是否预设某种作为外部条件的社会组织,或者仅仅预设个体意识所独一无二的遗传或后天获得的特征。

为避免任何误解,我们现在就旗帜鲜明地亮明自己的观点,我们相信理性不可还原自成一体的(sui generis)[4]价值,而且认为由经验产生的任何论据都不能使我们怀疑理性活动所特有的这种价值,因为所有经验都与这种活动相关。但是,正是由于真理是自动进入意识的一种理想,不同于物质事实,是强加的一个数据,因此将理性看作已经构建的诸如遗传反射、个体习惯或集体习俗之类的运作机制,是毫无意义的,而且探究这种机制是生物的,还是纯粹心理的,抑或是社会的,也毫无价值。理性是一种理想,在理性深化的过程中,反思变成一种对理想的自觉意识,而且对理性规范的阐释因其具有反思性,从而既非生物性的,亦非个体性或者社会性的。从另一方面,此处也是事实问题合理地发生的地方,人们有质问这种反思的外部条件是什么。即使真理的标准仍然需要在个人意识的反思中而不是在遗传、习惯或习俗的约束中去寻找,我们也能够而且必须追问新生儿(所有人都是从新生儿开始成长起来的)是如何获得这种反省能力的。其遗传的禀赋,加纯粹个人的后天习得,是否足以使其应对这项任务,或者说,个体间的社会相互作用是否是塑造其智慧工具所必需的?这是我们尝试在此处讨论的唯一问题。

但是,可惜的是,这个问题归根结底仍然模棱两可,而且某种程度上是微不足道的。确实,显然,个体的任何方面都同时具有生物性、心理性和社会性。如果我们认为"社会的"(social)这一术语的意思既包含推动我们趋向集体生活和模仿的遗传驱力,也包含个体间"外部"关系[此处"外部"(external)应按照涂尔干所赋予这个术语意义来理解],那么任何人都不能否认智慧的发展从出生起,就既是社会的也是个体的事情。然而,目前有两种彼此对立的论点:有些认为,理性是个体的产物,高于任何集体传统或者观点,而其他人则认为,理性是集体的产物,高于个体的感觉和奇思异想。

如果儿童心理学在此处会助我们一臂之力的话,那么肯定不会是重新挑起塔尔德和涂尔干已经深陷其中的无聊的口舌官司。也不是靠重复说一句一切都既是个体的,又是社会的,让对手各自偃旗息鼓,就足够了。我们必须对这些术语本身进行分析,而且必须从发生的角度进行分析。的确,普通人在 6 个月和 20 岁时其社会属性迥异,因此在这两个不同年龄,其"个性"的性质也不同。构成个性的内在关系和构成社会生活的相关关系是逐步构建起来的,而且必须切入其中才能把握其构建机制和方向。这是我们首先必须处理的问题,然后才能将这些已经确认的区别,应用于个性和理性之间的关系。

一、区别和定义

"个体"(individual)和"社会"(society)两个术语不仅意思模棱两可,而且几乎涵盖所有的矛盾概念。至于其与理性的关系,其实,既没有单一类型的个性,也没有单一类型的社会关系:至少有两种类型。以自己为中心时,个体是自我(self),自觉遵循互反性和普遍性时,个体就是人格(personality)。若群体或社会传统的权威得以行使,社会就是约束,若自主的人基于互反性对关系系统进行阐释,社会就是合作。

为了对前述区分有更好的理解,我们将以下述重要的观察为起点,展开论述。这仍然是涂尔干的巨大功劳,即人类社会中预设外在于个体的"外部"关系越来越多。动物是具有社会属性的,但是尤其具有"内在性"的;也就是说,其集体生活在很大程度上,靠遗传的生物驱力来调节。当然,高等动物的某些行为模式,是通过对年幼动物的教育来学习的,而且类人猿个体间的模仿,甚至相互理解,在其行为中发挥着至关重要的作用。但是,其通过"外部传播"所交换的东西,与人通过语言、家庭与学校教育,以及在其一生中皆对个体施以压力的各种"制度"的作用,根本无法相提并论。因此,如果说儿童在其人生第一年里只是在生物或"外部"的意义上具有社会性,那么接下来一生的岁月里,他会在"外在于"个体的社会的意义上,社会化程度越来越高。毫无疑问,家庭圈从摇篮时期起所施加于他的情感交换、模仿、卫生规则等,已经构成"外部"关系。但是,由于为先入的思维系统[5]所蒙蔽,人们不承认这种相互作用不仅随着年龄的增大,其数量增多,而且相对于纯粹遗传的社会驱力,其重要性亦增加。恰恰是从这种意义上讲,儿童逐渐被社会化。这并不是说婴儿刚出生时不具有社会性,而只是意味着他服从的外部关系,亦即其内容并非由生物遗传决定的关系,越来越多。因此,其社会化的方式,与其适应外部物理环境的方式相同:即将越来越多后天获得的机制添加到其遗传禀赋中,唯一的区别是,在社会领域中,这些机制的获得乃是出于其他人的压力,而非仅仅是事物的约束。

既然如此,个性可以用两种非常不同的方式来理解。第一种是自我,即以自己为中心的个体。其实,不言而喻,社会从外部渗透于个体,但他却没有做好接受这一切的准备:人的心理-生物构造和集体生活所提供的一系列智慧、道德价值之间,没有先定的和谐,而且如果二者之间存在一种自然的契合的话,那么这种契合中预设着一种化虚拟为现实的艰难调整(所有皆为"教育")。正如2、3岁的儿童不能仅仅通过观察天上的星星及其目之所及之地平线,去设想太阳系的法则,同理,同一儿童也不能只通过与其家庭圈的联系,就一劳永逸地发现智慧和道德互反性的不同方面。在这两种情况下,都需要不仅仅是在对外部事实的被动记录中,而且在对新关系的结构阐释中,完成一个心理转化。结果,个体中显然存在一系列积极、智慧、非社会化的动力,或者是因为这些驱力尚未被社会化,或者是因为它们抗拒社会化。这是"个体"的第一种意义:"这是自我(self)"与其他"多个自我"(selves)的对立,亦即先于或者抵抗社会化的自我。

我们的每一种个性所特有的这种自我中心性,在成人中亦非常普遍的存在,而且很大程度上为社会意识[6]所熟知与容忍。但是,在心理演化伊始,这种自我中心却呈现出另外一种特征。儿童的个性同我们一样,部分地抵抗社会化:它首先是先于社会化而存在,社会只是逐渐地由外而内地征服个体。因此,儿童的自我中心是没有自我意识的:它不仅是"眼睛的"而且是整个思想的一种"天真"(innocence),这样一来,直接看到的人物和事物似乎就是唯一可能的存在,而没有与其他观点相联系。既如此,幼儿总的来说,以自己为中心,却不自知,而且将其自己的主观性(subjectivity)投射到事物上和他人身上:他只感知到人和物,却感知不到自己,但是,只是通过自己来看他们。当然,由于社会化与成长同步,因此这种无意识的智慧自我中心只构成思想的一部分,但是儿童的年龄越小,这一部分相对真正社会化了的区域,重要性就越大。

在某些方面,"个性"的第二种意义正好相反:其实,人格并非不同于其他"自我"、抵抗社会化的单一的"自我",而是自愿遵守互反性和普遍性规范的个体。同样,远非处于社会的边缘,人格是社会化最精致的产物。实际上,只有"自我"自愿摒弃自己,将自己的观点纳入他人的观点中,遵守互反性规则,个体才能成为人格。无疑,人格不会废除自我,但需要将它加以转变,并对其自我中心给予挞伐。因此,人格是我们所特有的东西与合作规范自成一体的综合。不同于认为自己的观点是绝对正确且对其独有特征视而不见的最初的自我中心,人格能够有意识地认识到包含其个人视角的相对性,并能够将其与其他人所有的视角联系起来:因此,人格意味着个体与普遍的协调。

另一方面,与个性的双重性相对应的,是我们从宏观的角度所称为社会的显而易见的二元性:社会或者是约束,或者是合作,而且一种严密的关系将这两个术语与个体的两极相统一。

社会是个体意识他律的源泉,从这个意义上讲社会是约束。实际上,由于"外在于"个体,社会现实能够借助于其权威,在没有受其约束的个体参与其阐释的条件下,自我施加影响。儿童接受作为已知事实和源自成人的定型观点和规则时,或者只是因为传统乃是人为所强加,甚至成人亦受到约束,必须尊重其社会群体的传统时,情况亦然。这样一来,教育和社会约束就暗含着个体间的不平等:有些人披着权威或声望伪装,因为他们年长,或者因为他们是传统的监护人,而其他一些人则受这种权威的约束。

相反,如果社会意味着平等或者被认为是平等的个体之间的关系与建立在自由基础上的关系,那么它就是合作。实际上,当个体在不受长者或传统约束的前提下采取合作行动时,他们亲自对社会现实进行详细阐述,然后完全自愿[7]地服从。顺便提及,这并不是说所有社会联系都源自合作,也不是说约束预设存在一个已经定型的社会,因为个体甚至是社会群体本身年轻时都受到极大的约束。因此,至少在纯粹或者精致的状态下,合作似乎是社会精神[8]的逐步胜利,而不是主要的既定事实:平等并非为个体所自然拥有,而是一点点争取得到的。更确切地说,社会关系只有(通过约束与合作的结合)从全局角度得到组织,合作才能以假托这样创造的社会,与约束分离,而之后,约束则假托一个具体化的社会,将其传统力量施加给个体。同样,合作是个体内化社会的标志,但是,这种内在性并非直接源自个体,只是在这个词的遗传、生物-心理学意义上,才与社会具有相似之处。事实上,构成合作的互反性规则(在智慧和道德层面上)跟所有后天获得的社会行为一样,"外在于"个体,而且,如前所述,如果说它们比由约束施加的规则更符合个体的心理本质的话,这是因为它们允许人格自由成长,而不是保持固化和"他律"。

最后一点允许我们从个性与理性发展之间关系的角度,去理解一个基本的双重关系:自我中心与约束携手,人格与合作密切联系。自我中心与约束相关,这很容易理解,即使乍看起来自我和社会权威似乎相互矛盾。的确,一方面,自我中心的个体只能受外部约束的引导；这就解释了社会生活早期阶段这一过程的一般性；另一方面，反言之，对个体所施加的约束强化了其自我中心性：与合作不同，约束不能将个体引向人格的状态，而只是在表面上将其社会化，而自我中心特有的深层习惯则保持不变。总之，约束和个性构成社会性和个性的初始、相关形式。至于人格与合作，两者只是同一现象的两个方面：如果个性放弃其自我中心，变成人格，那么个性所被卷入的社会联系就不再具有强制性，而是具有合作性，而且如果合作压倒约束，那么人格就可能出现。

最后再谈一点。人们普遍会提出一个异议说，每一个社会事实都是合作与约束的结合，而且有人可能会补充说，每一个个体都总是既是自我，又同时是人格。这样说也没错，但是，人们需要承认，在每一对概念中这两种元素都有一定的可能比例，或者更准确地说，每个系统的两极所独有的吸引力之间的可能比例，这样一来，原则上讲，将这两个元素或两极区别开来，才具有合理性。那么，显然，合作事实上是无法与约束割裂开来的，但是其各自的动作仍然是相对立的。同样，人格显然覆盖了自我，但是其前提是，两者意义颠倒过来。

有了上述区分，我们现在就能够考虑个性与理性发展之间的关系了。我们从儿童心理学领域中选取了一些例子，以此来说明理性以何种方式逃避了自我中心的个体和强制性社会，以及人们以何种方式将理性建立在了个人意识与合作性社会关系的双重构建的基础上。

二、自我与个体的智慧

一个具备遗传能力，并且具有通过与物理环境的接触丰富自己的个体，是否能够在不受逐步获得的外部社会关系影响的前提下，获得理性？我们认为，答案是否定的：如此定义的个体能够满足获得理性的必要条件，但这些条件不够充分，不足以使其真正获得理性。

可用三个例子，来说明个体的丰富性和无能为力：实践智慧、直接经验和象征思维。

个体自身拥有实践智慧或者感知-运动智慧。比如，一条表链从一个小缝隙掉下去，一个一岁的小孩正好看到，立即试图将它放回盒子里。为了达到上述目的，他将表链的一端塞进缝隙，表链脱落。他把另一端塞进缝隙，也失败了。数度尝试之后，他停下来，仔细观察，然后突然把表链放到地上，盘成一团，之后成功地把它放进缝隙里。这是一种显示其智慧的行为，与社会没有任何关系。当然，先前手的使用可能与模仿有关，多种操作中都蕴含抓取（握）图式（schéma）[9]，而且往往可能需要社会刺激来唤起婴儿的兴趣。但是，不难想象，个体需要花费数月或者数年去解决这类问题，而且是在没有类似辅助的情况下解决问题。由社会因素可能相伴随，或者可能总是伴随，但并非由社会因素产生的行为模式，情况肯定如此。

现在,我们是否可能将对贯穿整个童年期都发挥重要作用的实践智慧(practical intelligence),比作以语言为必不可少的工具肯定被社会化了的反思性智慧?从纯粹功能的角度来看,毫无疑问是可以的。主体按照应用的要求所协调与区分的感知-运动格式(sensory-motor schèmes)与概念有相似之处[9]。这些格式对事物的实际同化乃是判断和方式与目的合并亦即推理的先兆。但是,从结构的角度来看,这些运算和反思性智慧的运算之间,存在一个重要区别。实际上,必须明白的是,它们倾向于成功,而不是真理:它们寻求实现一个目标,而不是为自己去关注关系的存在,而这种关系对达到目的的适当方式具有制约作用。因此,实践智慧没有反思相伴随:意识具有朝向运算本身的外向性,不关注所遵循的方法。

实践和反省之间对立的一个非常典型的例子是关系逻辑的对立。"格式塔心理学"(Gestalt psychology)对高等动物对颜色知觉的研究已经验证了相对性的重要性。小鸡接受训练,啄食浅灰色背景上的谷粒,但是面对白色背景上的同一种灰色时,它已不再能看出这种所谓的新颜色就是它已经习惯了的颜色,因而就会啄食深灰色:这足以证明,小鸡所感知到的是关系,而不是绝对的颜色。因此,关系的使用进入所有的实践智慧行为中,尤其是进入我们刚才提到的表链的例子中。然而,如果提供三个相似的盒子,并告知"盒子A比盒子B重、比盒子C轻",5岁到7岁的儿童仍然不能确定哪个盒子较重:他们答道,盒子B重,盒子C轻,盒子A半轻半重。换句话说,对关系的反思与对关系的感知,有很大的不同,在实际构建中首先出现的情况,可能在反思中最后出现。因此,在言语层面上,情况也是这样,儿童在其感知-运动活动中从关系开始的地方,根据绝对性质做出推理(这个盒子重、那个盒子轻等)。这是因为反思作为"意识的实现"(conscious realization)预设了观点的系统化阐述或汇合,或者是多种暗含可逆价值且社会生活在其中起着显著作用的运算的汇合。

个体智慧的第二个特征使我们能够做出进一步分析。个体因拥有实践智慧,当然可能从其与物理现实的亲身联系中获益。只是个体经验就是我们所谓的直接经验(immediate experience),不同于以不同观点和合作的汇合为前提的科学或修正过的经验。直接经验是经验主义,将能感觉到的现实看作客观事实。在许多情况下,而且确切说是有实际需求的时候,这种经验完全可以产生真理。这样一来,直接观察就允许儿童获得某些相当深奥的知识,比如正确理解自行车的工作原理(有天赋的儿童5、6岁时就能够发现,而普通男孩儿平均8岁才能具备这种知识)。只有两类状况可能会使问题复杂化,此时纯粹的个体经验的不足格外引人注意。首先,外观需要不断修正,并且这种修正是以许多不同观点之间联系的建立为前提的。比如,必须构建略微有些复杂的"位移群"(displacement groups)时:即认识到,山在我们靠近它时并不移动,星星不是位于屋顶上空的小球,我们动它们才动,船行进时,海岸不动等等,在所有类似情况下,情形即如此。无疑,婴儿在出生后头两年构建其空间、物体守恒概念的过程中,已经形成了类似的"群"。但是,这些群仍然有限,而且人们可能疑惑,儿童据最初以客体化自我的模仿别人的行为,是否不是他客体化其世界的重要因素。一般而言,在所有情况下,人到用语言思维的年龄,就能很容易看到有多少个体经验仍然是"现实的":没有由其他个体的观点构成的参照系,儿童仍然认为自己的经验是绝对的。因此,由于观点之间没有互反性,他没有将主观现象(subjective appearance)与客观现实割裂开来。这就是"直接经验"(immediate experience)的第一个特征。无疑,可以设想,一个人若寿命足够长,而且足够有才华,便可以对自己不同历史时期的观点进行比较:他可以对它们提出批评,构建起一个自己的社会。但事实上,从心理学的角度来讲,这种运算总是源于通过社会获得的将事物联系起来的习惯。

"直接经验"的第二个特征由第一个特征派生而来:它是"非二元论的",也就是说,它单独将主观依存性投射到产生于自我的事物上。儿童就是以这种方式将意向性赋予宇宙的运动,其前提是人们认为这种运动保持与其外在表现相同,而且不被编入客观的位移群序列。儿童是现实主义者,也是万物有灵论者:他赋予晃动的山或移动的月亮以生命和意志。因此,人们可能再次想象一个个体坚持不懈地进行自我批评,慢慢地将自我与外部现实割裂开来,而且使之与所有主观依存性脱钩。但是,实际上,社会接触促生了自我意识,而且意识的实现导致心理与肉体的逐渐分界。

迄今为止,在我们看来,个体基本上是以实践智慧和直接经验为取向,并且因此抵制反思以及对事物表征的隐含修正。但是,这并不是说个体没有思维的能力。但是,一旦儿童的思维与动作相合并到一起,即一旦对不在场的物体的系统召唤完成了对直接事实的感知,我们就会观察到思想的社会极和个体极之间新的割裂。个体通过有理据的具体象征,自发地向象征思维(symbolic thought)靠拢,而群体则通过任意的抽象符号发展出"义素"(semic①)思维。

所有的思维都是一个意义系统[10]。这样说没错,知觉和感知-运动智慧也可以而且必须这样来看待:感知到的性质只是智慧构建的具体物体的符号(sign②),或者构建过程中固有的动作。因此,最基本的实践格式赋予所有感知数据一系列复杂的意义。除此之外,在纯粹的动作层面上,象征信号(signifier③)与所指(signified)统一为一体,也就是说,符号是事物本身的一个客观方面。人们可能称这种具体符号为"指示符号"(index)[11],而且即使从主试的角度来看,这个指示符号仍然具有任意性〔动物训练试验中触发动作的"信号"(signal)就是如此〕,但对个体而言,它只是事物本身的延伸。(如果主体从他的角度怀疑信号的虚构特征,那么信号就成为主试和自己之间惯用的社会

---

① 这个词源自法文词"sémique",意思是"pertaining to a seme",可译作"与义素有关的"。——译者注

② 这是一个多义词,此处意思是人所感知到的事物的属性,乃是一种"标记"或"标志",与语言符号有相似之处,故译作"符号"。由此可以看出,索绪尔的语言学理论对皮亚杰的影响之大。——译者注

③ 在语言学中,一律译作"能指"。——译者注

符号)相反,只要有思维(这恰好是我们认为思维和纯粹的实践智慧之间的区别),象征信号就与所指分离开来,符号系统便具有其独立的生命。

此类符号与具体的"指示符号"有别,可以分为两类。根据索绪尔语言学的经典区分,有两种类型的符号:象征(symbol),即"合理化"的符号(比如,蒙着双眼的妇女象征正义),以及所谓真正的符号,后者即"任意的"象征(比如结构与其所指无关的词语或数学符号)。这一表面看起来微不足道的区别极大地加剧了社会化思维与个体思维之间的对立。的确,"符号"具有任意性,因此从本质上讲,也具有社会性。某一符号不仅通过明确的规约或者隐含的协议,被赋予了某种意义,而且符号系统,甚至与概念系统,亦即与其定义的一般性、抽象性及固定性以共同的思维为前提的格式系统,外延相同。索绪尔语言学与涂尔干社会学在这一点上因具有高度的一致性,而非常引人注目,前提自然是人们认为"义素"意义[10]的社会方面并非为个人智慧的心理活动所独有。

但是,如果"符号"必然以社会为前提,那么,正好相反,能够呈现各种程度的社会化的"象征",其构成就只需要个体思维发展到一定水平即可。一方面,象征因为被"合理化",因此始终以图像或者意象(image)形式呈示出来:一个充当图像的具体物体,或者心理意象;另一方面,不同于在符号中,在象征中,"所指"根本不需要具有相对的固定性或系统性。象征可以表示某个概念(比如社会化的象征),也完全可以表示任何个体的格式,无论是实际的还是情感的,与明确确定的具体事物有关,或者与在一定程度上整体分类的一组事物有关。这样一来,象征就只是感知-运动智慧的拓展。幼儿假装睡觉时,微笑着模仿他所习惯的姿势(闭上眼睛、吮吸拇指、手里拿着一块布当枕头),在思考之前就把象征表演了出来,而且这一象征仅仅是脱离语境提升为意象的动作格式。如果同一个幼儿在将一块鹅卵石滑入盒子的同时,模仿猫叫"喵",那么他就赋予了物体某种相似性联系,将不再出现的物体与已有数据同化,从而创造出完整的象征。

因此,象征是个体思维最有效的工具。儿童游戏和情感思维是这种象征性思维对个体的心理发展至关重要的两种表现形式:一是儿童的游戏,一是情感思维(affective thought)。

游戏的类型有很多,其中主要有三种:涉及感知-运动练习的游戏、象征性游戏和规则游戏。规则游戏具有社会性,并非本章关注的重心,此处不赘述。运动游戏出现在生命的最初几个月,幼小动物和儿童都有,与格鲁斯(K. Groos)所谓主要心理-生物活动的功能性运动的概念非常吻合。象征性游戏不仅从表面来看,似乎特别稚气,而且构成一个尚未完全解决的问题。的确,人们注意到,从两岁到童年期结束,儿童在独自一人玩耍时,在大多数情况下,能够对进入其活动范围的现实和事物加以利用,未必使自己适应它们,而是将它们同化到自己中,以便用它们来表征内部现实、过去经历的场景或者他所想象的世界。因此,鹅卵石、木棍或草叶成为任意事物的象征,而且虚构的世界全面碾压了现实。为什么会这样呢?

虽然几乎所有的游戏理论都在尝试对这种象征意义的功能进行解释[前运动、补偿、移情(catharsis)等]，[2]但是很少[除了过时的斯坦利·霍尔业已过时的概念]提出为什么存在象征性游戏而非其他类型的游戏这样一个结构问题。格鲁斯实际上以虚构世界(fiction)问题为起点，认为他的前运动假说解决了这个问题：儿童坚持以虚拟的方式参加他不能很好地适应的活动。但是，用其题材，亦即虚构的象征和简单运动之间建立的内容的派生关系，来解释象征，似乎不足以解决该问题。一方面，前运动的确根本没有象征性暗指：感知-运动练习、好奇心等都是前运动没有虚构的典型案例。[3]为什么不是所有的情况都是如此呢？例如，如果在吃晚餐时玩耍是一个小女孩儿的预备运动的话，那么，人们就不明白为什么她不花时间观察、询问厨师，而是花数小时把草叶放到鹅卵石上，虚构出晚餐的场景。另一方面，而且最重要的是，象征无限地扩展，超越任何预备运动。下面是笔者本人观察到的自己女儿的三个例子。笔者发现一个女儿躺在沙发上，闭着眼睛，环抱双臂，双腿蜷在下巴下，说："我是一只死鸭子，"并解释说，她所指的是她在厨房看到的一只给她留下深刻印象的鸭子。另一个女儿在办公室里走近我，身体笔直、僵硬，一动不动，发出难以忍受的类似"叮咚叮咚"的喧嚣声。我转过身来，打趣地把手放到她嘴边说道："不要这样，我是一个教徒。"或者在山里散步时，我提醒前面提到的躺沙发上的那个女儿，注意滑溜的岩石，她直接就虚构一个故事游戏，一个想象中的朋友滑倒，跌落到谷底、河里等等。那么，这些象征或虚构故事究竟表达出什么意义呢？

这里不存在前运动问题，除非说像克拉帕雷德[4]那样认为，儿童只是在单纯地训练其观察力、想象力等。但是，如果是这样的话，游戏为什么具有象征性呢？对我们而言，此问题的答案涉及结构性和功能性两个方面：功能性游戏扩展了运动游戏，并非如格鲁斯所认为，因为其内容，而是因为儿童思维的结构。象征仅仅是个体思维的自然工具，即在表征层面上超越动作所特有的感知-运动格式的工具；它在个体思维中的作用，与词汇和概念在社会化思维中的作用相同。因此，为了使这种思维具有象征性，只需追求个体的目的，也就是满足愿望、补偿或消除惨痛的现实、想象无法实现的现实等等，总之，必须将现实同化到自我中，而不是让自我顺化现实：这是儿童游戏的源泉，是对各种形式自我的肯定，因此使不同学者提出的不同功能得以实现。此外，若要将儿童的思维转换为象征，她只需密切关注某些实践性或智慧性主题，或者某些生动真实的兴趣（她看到一只死鸭子或乡村教堂，或者她可能滑倒）：内部思维允许我们回到对我们印象深刻的主题上，而由于儿童思维社会化、概念化和话语性的程度，低于我们的思维，因此，才需要象征性表征和象征性游戏。

象征性游戏就是如此：思维一方面从其功能来看，具有双重个体性，即将现实同化于自我，而非将自我同化于集体或共同真理；另一方面，其结构以具体的象征而非概念、集体符号为基础。

梦是现在必须讨论的第二个例子，是一种更具体的情感思维，弗洛伊德称之为"无意识"(the unconscious)，布洛伊勒称之为"自闭症"(autistic)思维。但是，我们此处仅就两种观点展开讨论。第一,这种思维仅仅是象征思维的延伸:儿童最初所做的梦乃是其愿望的实现,其象征性并不比其清醒时的游戏更复杂;第二,与集体的逻辑"符号"不同,作为广义的个体思维"象征"具有严格的索绪尔关于这个术语意义上的"象征性",从而再次验证了此类现象的统一性。心理分析已经表明,这种思维的存在有其优点与价值。

总之,目前思维的个体方面似乎具有三个主要特征:实践智慧、直接经验和象征意义。这就是为什么在最近关于儿童逻辑及其对世界表征的研究中,我们主要受两种情况的影响。首先,儿童的逻辑因为其社会化程度低,因此不如我们的逻辑有理性:实际上,它仍然是象征思维与严密的演绎思维之间的中间过渡。儿童概念的合一、并置以及处理逻辑运算(关系逻辑、类的相加和相乘等)的困难等等,都属于这种情况。另一方面,在其对事物和因果性的表征中,直接经验特有的自我中心与实践智慧特有的非反思性解释了大量万物有灵论的、虚构的或具有双态动力的概念,这需要很大篇幅才能阐释清楚。

无疑,在前面的论述中,我们考察了幼儿心理的一些极端方面。可以说,为了对个体有更好的了解,我们将个体方面与其互补的社会方面割裂开来,以这种方式将儿童的智慧分离出来。游戏,尤其是象征性,虽然是个体方面最典型的一点,但是并不能涵盖儿童思维的全部。但如果一个人想要成为我们这样的个体,那么这种分离就是合理的。个体永远不会以一种纯粹的状态呈现出来,儿童亦具有双重性,其程度甚至甚于我们,始终在社会和自我中心之间不断摇摆。但是,我们理解这种人为分离的意义:我们试图强调的是儿童的自我中心中的深层次认知态度。在这点上,思维当然有一个个体方面:是天真、直觉、前批评思维的个体方面。

三、社会约束

目前,重要的是说明个体如何摆脱了这种自我中心,成为具有理性的人格。此处,我们应抵制住诱惑,不能用社会来做出独一无二的简单解释,来敷衍塞责。社会并不比个体本身高明,更懂得如何创造理性。理性是内在于所有实际运算与一切思维活动中的理想。如此一来,将其从感知-运动智慧,甚至从直接经验或象征性思维中排除的企图,就毫无意义了:不论它们多么低级,这些活动所特有的格式和意义系统均蕴涵着理性,正如所有的生物体,无论它们是原始的生命体还是畸形的生命体,都预设了生命最一般的法则。如果我们坚持认为此类个体不具有理性的话,那只是在下述意义上理解理性。尽管理性作为一种理想永远不可能完全实现,但却是所有认知系统都旨在达到的一种平衡形式,不论这样的平衡多么微乎其微。请注意,这种说法没有任何神秘性:由于同化永远不会绝对地达到,因此生物现象本身,如同化、顺化、组织等,暗含着不同形式的,仍然是可望而不可即的理想的平衡,但是所有组织的目标都是达到这种理想的平衡。基于这一点,有人可能会说,个体思维是一个旨在达到平衡(此处具有合理性),但又永远无法达到平衡(此处不具有合理性)的系统。因此,问题并不是弄清楚是何种具有创造性的因果关系导致理性从外部渗透个体,而仅仅是个体内在的理性平衡在什么情况下能够进一步得到自我实现。在这一方面,若说社会是一个原因,就是一个文字游戏:个体间的相互作用只能使个体有意识更好地实现理性平衡的条件,但严格说来,社会或个体都不能创造平衡的法则。正如我们在讨论开始时所述,理性通过反思得以详细阐释,因此,唯一的问题是弄清楚为了达到理性平衡,个体以何方式对内在于一切思维活动的东西,进行反思。

种种迹象足以证明为什么笼统地谈"社会"是不负责任的,似乎任何一种社会接触都能使人更具有理性,从而使之更为丰富。因此,现在需要回到我们对约束与合作的区别上来,看一看这两个过程是如何改造个性的。

关于社会制约,我们认为,人们可以有说服力地坚持,社会约束并不能深刻地改变个体思维。确实,即使群体只是从外部将权威施加于个体,它仍对自我中心具有限制作用,只是自发思维所特有的自我形态转变成了社会形态而已。这种类型的修正肯定改变了表征的内容,但绝不可能改变其结构。"自我"亦然故我。[5]

鉴于以上所述,让我们回过头来,再谈一谈个体思维的一些主要方面。首先,实践智慧在社会层面上促生了技艺(technique)。目前,人们通常不仅将技艺作为集体意识的必然产物(工具本身对通过传统传播的内隐知识的定型具有促进作用),而且也作为理性知识的起始点之一展示出来。关于第一种主张,此处必须做出两种区分。无疑,个体之间的合作在从实践智慧到真正技艺的转变过程中,不可或缺。在这方面,技艺的进步可能与科学的进步同化:二者都以共同的自由研究为前提。但是,技术只有在是合作的工作时,而且只有在技术工作完全自主地完成时,才是如此。当前,技术(technology)史非常清楚地表明,这种合作与传统的强制潮流,一直在不断地以对立方式相互作用,而且技艺在其形成过程中在不断地与"已得到认可的技艺(sanctioned technique)"角逐。在这类领域中,群体的权威纯粹是一种障碍:与本身可被看作进步的源动力的合作相比,约束仅仅是一种阻碍因素,甚至是导致误解的因素。

第二个问题与第一个问题紧密相关。从柏格森(Bergson)到马林诺夫斯基(Malinowski),在某些社会学家看来,技艺是理性的源泉。而在其他一些社会学家埃瑟蒂尔(Essertier)看来,技艺本身根本不会导致科学的产生,除非产生于其他来源的科学观反映了技艺产生的结果。正如这位学者所明确指出,人们长期以来一直都是"对机械一无所知的机械工"。这最后一个观点与儿童发展所呈现给我们的东西相对应:感知-运动智慧独自不能产生反思,需要"意识的实现"(conscious realization)来将在动作层面上所获得的东西,迁移到思维层面上。此外,思维产生后,会自发地向象征性满足和事物与原因的自我中心表征转化。这就是为什么在其发展伊始,儿童动作似乎比其思维更聪明(到能够解决深奥的几何与机械问题的年龄时,他对世界的表征实际上仍然具有万物有灵论、拟人论性质),而且,同样,这就是为什么技艺性技能在非文明民族中,与其他集体表征,具有如此鲜明的对比。此外,如果对儿童与社会群体的生活做一比较,那么,人们可能会问,为什么科学的反省在人类的发展过程中并没有过早成熟。如果说自我中心思维与实践智慧之间最初存在裂痕的话,那么其连续性很快就在个体中得以重建。最终,儿童会将其实践研究的结果转化成准确、适宜的因果联系。正是在这里,第一种观点重申了其主张,而且一旦摆脱约束,这种技艺似乎便自行进入恰当意义上所谓的科学。

真理也许可以在以下各个方面找到。从反思的角度来看,只要社会约束不仅减缓技术的进步,而且尤其是强化思维的自我中心态度,实践就仍然无生命力。但是,约束一旦被合作的作用所破除,实践智慧就立即延伸至反思智慧,同时自我中心被削弱。我们将在下文考察合作时,再讨论最后一点。下面我们先研究一下直接经验与象征性思维在集体约束的影响下,发生了什么变化,以这种方式,来展开对第一点的探讨。

直接经验绝对不会为社会约束所转化或影响:所改变者仅仅表征内容的表面,而且自我中心具有社会形态(sociomorphic)。首先,人们可观察到儿童受成人约束的影响而发生的这种类型转变所产生的效果。他们学会尊重和顺从父母,在这个意义上,他把许多最初赋予自己的权力赋予父母。结果,初级魔幻-现象因果性(an initial magico-phenominist causality)取代了虚假性。但是,若将儿童表征与低级社会中集体表征的数量做一比较,即使前者具有自我中心性,而后者完全与社会性相互交融,人们仍然会对两者的相似性感到惊讶。这是因为从一方到另一方的过渡可以用刚才提到的同样方式来解释:不同于儿童,"原始的"成年人不是将自己,或更谨慎地说,将父母置于万物的中心,而是将其所处社会群体置于万物的中心。这真的是一个巨大的进步吗?在科学层面上,在田野上奔跑,以此方式来控制太阳或月亮的儿童,与边巡视其王国或皇宫,边控制星星运动的天子之间,是否真的存在巨大的差异,两者不可同日而语呢?还可以做其他许多此类类比,但是此处不适宜对其做更细致的考察。笔者在这里仅仅提及世界秩序的概念(道德因果性施加与所有事物的人类中心论),既是精神又是物理的"超自然"(mana)的概念,现象论与魔幻动态论的结合,并非就是根据事物的客观本质而是根据事物与人类关系做出的分类,等等。尽管从社会的角度来看被神秘组织起来的成人,其信仰与儿童作为个体脆弱、模糊的信仰之间,有无数心理上的差异,但从理性发展的角度来看,它们仍然具有共同的认知态度。根据这种态度,世界就是在直接经验中所显示出来的样子,而非借助于理性构建所阐释的世界;而且,这种直接经验在两种情况下,都涉及主体和客体之间的无差异性,无论主体是个体还是集体的人类。显然,这种宏观的直接经验中已经具有一些理性的成分:这可以通过"参与"的同一性和"神秘因果性"中守恒概念的同一性[6]显示出来。[7]这是因为在心智(mind)与现实的最基本接触中,心智根据其自己的功能性驱力,对事物进行同化。但是,仍然存在的问题是,这种同化为什么有时产生客观的科学,有时产生主观化的视觉现实。这是因为,在第一种情况下,这准确地说是心智对事物的同化,剔除了所有源自"自我"的成分,而在第二种情况下,"自我"的同化覆盖且遮蔽了心智对事物的同化。因此,"自我"无论是作为个体的儿童,还是由于受到约束而淹没在社会群体中的个体,皆无关紧要:在两种情况下,理性的同化均被扭曲,而且由于其自我中心或人类中心特征,对现实的经验仍然具有直觉性。

关于第三点象征性(symbolism),情形亦完全如此:社会约束绝不会消除象征性思维,而是使其定型与强化。的确,若从约束与合作交替的角度,来对"文明"社会群体与"低级"社会群体生活中的这种象征性的起伏波动现象加以分析,就会发现,这的确是一件引人注目的事情。一般情况下,有人可能确实会说,社会象征有助于自我中心思维与集体表征的融合。集体象征虽然是自外而内被强加于所有的人,并因此促进了完全共享的实现(即群体所有成员所共享),但是诸如神话、宗教仪式、教条,甚或是政治象征(如部落象征、爱国象征等等)之类象征的生命力源自下述事实:每个人都能够将它们融入其亲密的情感中,并因此充实以个性化的内容。因此,象征所许可的共识与科学所谓的"思想的一致"[12]南辕北辙,相去甚远。纯粹科学中存在的或者道德、社会、技术以及类似讨论的之后产生的思想一致。涉及经过不同观点的讨论与碰撞之后,对特定的实验或单纯逻辑真理的接受。因此,它不仅预设对个人差异的意识的实现,而且预设各种视角的协调,转化成能够对之进行验证的不变量或协变量。相反,社会约束特有的共识是借助于权威达到的统一,而且在多数基本情况下,是独立达到的统一,没有自由的人对个体视角的意识的实现或者经过缜密推理的阐释。这就是为什么权威式的共识几乎必然具有象征性:凡是以概念形式出现时,比如在神学中和几乎所有政治意识形态中,权威式共识仍然紧密参与象征性逻辑。

话说至此,人们若将文明社会的精英与所谓基层社会的精英加以比较的话,就不禁会因象征性程度之低,而感到惊讶。在前一种社会中,至少有少量的合作起着支配作用,而在后一种社会中至少从纯粹智慧的角度来看,有大量的社会约束。凡是神秘表征是唯一的反映的地方,既是魔法取代科学的地方,也是强制性的宗教仪式与司法和商业关系相随相伴的地方,还是技艺浸透着传统压制的地方,因此象征性构成社会沟通的本质。相反,只要具有自主性的人之间的合作独立于权威构成科学、技术、道德等,象征性就不再有利于思想的交流。

与上述类似的情形再次发生。人们不得不再次诉诸个体心理学,来寻求对这些事实的解释。如前所述,象征是一种具体、"合理化"的符号或图像(意象),它们借助于纯粹主观的类比来表达其内容,无论图像具有可塑性、心理性,还是存在于神秘、伪概念性寓言中。这就是为甚在游戏中,在个体的情感思维中,甚至在逻辑思维的层面上,任何事情都具有可能性,在这种情况下,个体仍然是以自我为中心。在这一方面,儿童语言和概念的合一性向我们表明,有多少象征所特有的主观同化,可以在社会所强加的概念核心中,得到扩展。[8] 在约束体系内得到阐释的集体表征只是一种基本思考方式的集体结晶,而且部分逃脱了理性的阐释。

总之,渗透于老人统治社会所特有的社会性(sociality)思维的"机械"相互依赖,与儿童自我中心思维,无论起初看起来多么对立,分析后人们会注意到,两者拥有重要的共同机制。技术在科学中的地位,与感知-运动智慧在反省思维中的地位相当;"原始"人类的社会形态性思维所特有的对世界的表征,与儿童对世界的表征,两者具有相同的核心态度,直接和未经修正经验的态度;最后,人们发现,思维的象征极和概念极之间的对立,不仅存在于几乎没有进化的集体表征中,而且存在于正在经历社会化过程的个体中。

遗憾的是,最后一点甚至比前述观点更为简明概括,旨在通过对社会约束性质的阐述,来对这种相似性加以澄清。如果所谓的原始人和儿童之间存在某些相似性,这肯定不是由于某个"生物发生"的法则,因为"生物发生"法则的运用已被证明在生物学中是危险的,在心理-社会学中则是完全有害的。有一种更简单的解释:老人统治社会的约束延缓受其制约者智慧发展的速度。现在,有人可能辩解说,低级社会中的个体会受到越来越多传统的约束:成人比儿童更缺少自由。的确,在我们所熟悉的极其欠发达的社会中,儿童的教育非常自由、开明。然而,严苛的教育约束从青春期开始,启蒙之后即告终止。年轻人必须听从长者的教导,而长者必须如同宗教显贵必须严格遵守教会教义一般,遵循征服他们的传统。相反,对我们来说,童年是智慧和道德约束的极限。青春期是一种解放,从对成人的顺从为主,转变到以与同龄人的交流为主,情形如同一代人对老一代人的智慧的反抗。最终,至少在其智慧意识和道德良知[6]的专业区内,正常的成人都具有自主性。个体不同的发展路线似乎足以解释老人统治社会中为什么仍然存在某些幼稚的东西:社会约束固化了儿童的心理,而合作与自主人格的发展乃是削弱社会约束所必需的。至于为什么低级社会比我们所处的社会老人统治程度更严重、更具有强制性,难道不恰恰是因为老人社会中个体的心理仍然幼稚,即自我中心,又受对成人智慧和道德尊重的支配吗?的确,群体结构与个体心理态度之间并不存在什么恶性循环;这是我们不断观察的结果。但是,由于个体都需要经历儿童期,才能进入成年期,因此人类社会以这种幼稚的固化为开端,也就很自然了。

此处请允许我们提醒读者,这些与社会约束有关的观点,尤其最后一种观点,是儿童心理学家对其一无所知的主题所做出的猜测。只有通过一周的演绎推理训练,才获得这种自由[1]……

---

[1] 这句话的原文是"Only the training due to a week of synthesis excuses such licence",其意思不是很明确,从上下文来看,似乎是想说文中所提出的观点,乃是思辨的结果,作者作为儿童心理学家,对所探讨的主题,几乎一无所知。——译者注

四、合　作

现在，我们来分析一下合作的作用。合作这种类型的社会融洽关系可以定义为自主个体之间的互反性。合作的介入似乎能够解释从"自我"到人格的过渡，并最终导致理性价值的出现。请回忆一下，前文中我们曾说过，合作只是任一社会过程中的两极之一，当然是与约束相对但实际上可能是不可分割的一极。原则上，如果我们根据合作所暗示的理想状态，而不仅仅根据如何将合作应用于实践，来对合作做出评判，那么合作的作用方式就与约束正好相反。目前，原则和事实之间的这种区别，在合作中就是非常合理的，而对于权威本身则没有任何意义。的确，约束将现成的信仰或规则施加于人，而受其制约的个体在其阐释中，无足轻重。相反，合作只是提出一种方法——相互协调与验证的方法——这种方法的完全应用是永远无法达到的理想（即使在声望和权威问题至少扮演次要角色的科学中）。

因此，合作从社会生活开始，或者从最基本的社会相互作用起，就已存在，但最初与约束融为一体，并受其控制。然而，之后，合作部分地与约束分离，并因此表现出相反的行为，甚至形成一种特殊的智慧合作技艺，趋于在实证科学中占主流地位。这种分离应如何做出解释呢？在社会领域，涂尔干已经非常清楚地表明了个体以何种方式，在社会密度增加、相互渗透效应抵消不同群体特有的约束时，设法摆脱老人统治社会的桎梏。在这一问题上，各种文明或社会潮流的奇特混合，使苏格拉底之前的古希腊哲学摆脱了神学权威的束缚，建立起自由的反思，从而证明了涂尔干的观点。但是，对集体环境转变的解释，必须辅助于心理观察。对儿童而言，合作从人生的前几年开始，就似乎以自发驱力的形态表现出来。在童年初期，如果成人的约束压倒了儿童之间或者儿童与成人之间的合作，那么这种驱力仅仅受到作为自我中心特征的幻觉视点的阻碍，并且受到所有权威教育的阻挠。老人统治社会与合作驱力的对立，似乎解释了人口稀疏、条块分割、约束占主导地位的社会中个体的心理。但是，若社会密度增大，这种对立就转变成新生代的胜利。若青少年至少从内心摆脱了成人的权威，那么我们就可以在其与同龄人的关系中，找到未来活动的原始来源。这种情况给教师深刻的启迪是，所有的新式教育都应该善加应用儿童间与青少年间在学校的合作，这被视为智慧和道德教育的一个基本因素。

那么，这种合作会产生什么样的效果呢？带着这个问题，及为了达到简化讨论的目的，让我们回过头来看一看前面提出的关于个体思维与社会约束的三类问题。

首先，在个体间自由相互作用的影响下，感知-运动智慧自动地向反思性智慧发展。在这一方面，一个值得再次强调的事实是，反思对个人来说并不是自发的。初级意识趋向于事物，而且只要感知-运动运算达到其目标，这一目标本身就可以吸引主体的注意。

如果运算失败,那么对困难的有意识认识产生,而且个体就会对其使用的方法而非仅仅是方法的应用,进行反思。在上述所引用的例子中,表链需要放到盒子里,儿童发现第一种方法无济于事,然后发明了一种程序,将表链盘成一团,然后一次性放入盒子。如果个体的动作未通过他人的动作得到反思,即合作未使纯粹的个性完善起来,那么这种对方法和程序的有意识认识,就可能不会很有成效。确实,若让个体自己去解决问题,他便会把自己的运算看作是外部数据,将其置于与物质事物同一的层面上;他没有将自己作为主体亲自去发现。凯勒(Koehler)在其以猿类为研究对象设计的巧妙实验研究中,忽略了智慧活动,将新程序的发明解释为对知觉场的自发重组,其原因就在于此。"技艺"若不经过反思,也不能简单地发展为科学,原因亦在于此。其实,若不理解人的自我也是一个思考的主体,而且对自己的智慧活动没有自觉的认识,那么个体就局限于观察自己的运算,甚至能够对其进行修正,但是,却不能回归运算的本源,也就是说,不能回归其思想所蕴含或阐释的关系。联想到之前所讨论的例子,可以说,这就是为什么知觉和感知-运动智慧能够运用言语思维始终无法掌握的关系系统与关系组合的原因。同样,空间关系的运用未必能促生几何知识。

那么,反省是如何发展的呢?借助于超越由接触事物所产生的直接经验的自觉认识,亦即通过与其他个体接触而得到的丰富的自觉认识。请回忆一下前面所提到的小孩试图将表链放进一个窄缝隙的例子。独立于整个社会,其反复的尝试与失败不仅将其注意力引向意欲达到的目标,而且引向所需要的运算及其修正;因此,从某种意义上来说,他已经开始意识到自己的活动,只是既不知道如何从这些运算中抽象出发挥作用的关系(尺寸、体积等关系),也不知道如何将它们在心理中结合起来。他没有对其动作专门进行思考。那么,他是否能够通过完善其动作,亦即借助于其新的经历将各种程序区分开来,以达到对类似活动总是有很好的把握?理论上似乎可以,除非由于缺乏参照系而导致的"系统性错误"或视角的幻觉导致其对事物视觉的缺陷。遗憾的是,这种情况在"直接经验"(immediate experience)中经常出现,而且人们如果总是对自己的运算进行比较,就不知道如何避免这种危险。但是,实际经常发生的情形是,个体通过他者反思自己,最终对自己的运算与他人的运算进行比较。这一点是我们现在必须聚焦的问题。

在探寻个体如何逐渐有意识地认识自我的过程中,鲍德温非常明确地指出,发展的根本动力是相互模仿,或者具体而言,(恰当地说)自我在他者中的反映以及他者在自我中的反映。婴儿只是通过不断地与他人的身体比较,来探索与发现自己的身体:通过模仿别人的面部动作,婴儿能够将自己可视觉表征的[9]面部赋予自己。同样,通过将自己与他人相对立或者同化,我们发现了自己的心灵、自己的智慧和道德品质,总之,发现我们的自我与他人的自我,在什么程度上具有差异性、在什么程度上具有相同之处。这种日常观察向我们准确地表明他人以何种方式发挥其有益的作用,而且说明自我中心所特有的"系统性错误"存在于哪里:所有人都知道对自己做出评价是多么困难,并且我们都倾向于将自己的视角绝对化。

无疑,这一过程亦存在于智慧领域中。换句话说,我们不仅对自己心智的运算进行内部比较,而且与他人心智的运算进行比较,以此方式对自己心智的运算进行反思。这种交换所必需的系统阐述不仅成为一种反省工具,而且由这种对立而引发的讨论,也以内部对话或辩论的形式,被每一个人所内化。另外,最重要的是,每一个运算和断言都被置于整个集合中,这样一来,它们就具有相对于其他运算和断言的适当价值。因此,互反性不仅成为清晰思维的来源,而且成为理性协调的一个因素。

既然已选择关系逻辑为例,来说明感知-运动智慧的非反思性特征,让我们也用同样的例子来阐明互反性何以成为调节之本源。轻与重,是个体最初视为绝对的两个概念,但是在试图对其动作进行反思时,两者便具有相对性,将事物置于不同的参照系同时进行评价:儿童认识到,一艘大船从他自身的角度来看很重,但因为它轻,所以能够漂浮起来,"因为船相对于湖并不重",此时他便做出了一个重大的发现。那么,如果不是因为儿童的评估被逐渐地与他人的评估进行了对比,儿童何以能做出这种区分呢?是因为矮小的人认为重的东西,高大的人认为是轻的吗[10]?因此,概念的相对性仅作为合作的一个函数得以反思。

这自然将我们引向对经验这个概念的考量。由于合作性反思,个体特有的"直接"经验经历了一个重要的转变:经过扩展与修正,变成客观经验,或者也可以称为科学经验。直接经验本身并不是错误的,感知-运动智慧也不荒谬。月亮跟着我们走,山脉根据我们的移动变大、变小、改变形状,我是世界的中心,宇宙围绕着我转,所有这一切都完全正确。不论表面看起来多么无可争辩,只有这种经验,才将其不能满足智慧需求带来的不便,呈现出来:以"自我"为中心的世界缺乏连贯性,尽管似乎受到"自我"活动的管制,但是却不对其提供任何支撑。相反,智慧需要一定的恒定性,同时需要一个永恒的宇宙。这种恒定性和客观性恰恰是科学经验的特征。从科学的角度断言,月亮并非大气层中一个周期性消失或改变形状,而且不受我们运动的控制的小球,而是具有恒定维度的物体,其轨迹可以根据一个宏大系统来解释,这从两方面满足了思想的需求:确保了事物的理性守恒,并且允许每个人将其视角置于一个连贯、恒定的整体中,从而抛开自己。因此,从直接经验到科学经验的这种过渡并非抛弃前者,只是将其与其他参照系联系起来,而且这种联系并非存在于直接经验的累积中,而是存在于改变其意义的协调中。这样一来,科学经验就成为外表之下现实的构建,但是前者将不同的"现象"互相联系起来,以对后者加以解释。因此,科学的作用就既具有批判性,又具有建设性。说它具有批判性,是因为它将主观表象从现实中分离出来;说它具有建设性,是因为如此理解的现实依赖于智慧的阐释,而非仅仅靠被动经验的累积。

那么,从自我中心的现象论到客观性的过渡是如何实现的呢?此处需要再次谨防将合作中协调智慧的延伸看作别的什么东西。如上文关于反思的论述,与他人的接触转化了感知-运动智慧,但只是允许个体通过与别人的比较更好地认识自己,而不是简单地对自己的运算进行比较,而且,虽然仍然受到系统错觉的掌控,但是他现在使自己的运算直面他人的运算,从而能够对自己的运算进行"反思"。

同样,个体首先对自己的直接经验进行比较,而且这种协调足以开始对空间、客体的概念、因果性以及固化宇宙的所有工具,进行阐释;然后,通过将自己的经验和他人的经验进行比较,个体简单地扩展其正在进行的协调。只是此处扩展表示意义上的颠倒,结果,不断增加的对直接经验的修正使向自我的回归、与周而复始的重构成为必要[13]。此处的发展同样处于反射性层,这就是为什么客观性绝非不同经验的简单相加。

为了理解出发点与终点之间的这种对立,我们可以大胆地将儿童的发展,与科学发展的最重要阶段,做一比较。显然,牛顿之所以能够将与人类视角有关时间和空间提升到绝对(absolutes)的高度,将感觉中枢(sensorium Dei)毫无保留地[14]呈现出来,是因为他仍然是"直接经验"的牺牲品,这种直接经验是我们每个人从童年开始就自发地坚持的,并且需要不断地加以更新、修正,并且与知识整体相协调。那么,爱因斯坦怎样获得精确的理性呢?是将所累积的不同经验加以调和,使之成为绝对吗?但是,有些人可能就是这样做的,他们否认速度相对性的理性原则,用绝对的空间和时间,将迈克尔森-莫雷(Michelson-Morley)的实验加以调和:这是质对数学连贯性的胜利。或者说,是否首先否认直接观点,以此为手段将自己置于其他所有可能的视角中?第二种方法所产生的结果,使我们能更好地理解科学的本质,而且布伦茨威格对哲学反思的一个最伟大贡献依然是得出了这样一个"教训":一方面,最严密的客观性源自这种协调,并且相对性根本不意味着现象受人的支配,而是已经成为理性的同义词;另一方面,具有思考能力的主体并没有将其自我神化,也没有将其投射到现象之外虚幻的绝对上,而是被赋予真实活动的属性,再将身体和测量工具重新置于其独特的视角,并将其心智置于内在协调原则之中。

现在,如何可以以小比大(si parva licet componere magnis)[15],前苏格拉底哲学试图纠正感觉错误,以实现现代分析数学的最伟大胜利,从那时起,协调的激增(surge)[16]乃是科学的特征。也正是这种协调的激增在儿童设法协调其个人的经验与他人的经验,也就是在协调其特殊观点与其他所有可能的观点时,给予他极大的动力。我的一个女儿五岁半时,为了看到眩晕树木、房子的舞动,正在翩翩旋转,她问我是否也看到了树木、房子在移动。她问我那个问题这一简单事实引导她得出否定的答案,为解释我们之间的差异,她提出了下面的理论:有两种类型的"by hand"(手动)[17](她如此命名快速移动手掌、扇子、树枝等引起的空气流动),白色的"by hand"和蓝色的"by hand",前者透明、接近地面,处于儿童的高度,并且根据儿童的运动而不断移动,后者更高级,并且是静止的。现在,她增加了实质内容,"我转身时,是白色的'by hand',而你是蓝色的'by hand',因此我看到(或者我使)(*sic*)一切事物转动,而你什么也看不到"。很难找到一个更好的例子,来说明从直接和自我中心主义的概念开始的过渡("by hand"是一种虚幻现象,依赖于我们自己的移动),而且,协调尽管很幼稚,但其结构却具有科学性(假如说儿童生活在水中,而不是在空气中,那么这里的解释就更加准确了)。其实,无论是儿童,还是因自问星星是否跟随所有人而不再相信月亮、太阳貌似运动的人;或者,无论是意识到每个人的梦都不同,不再对梦想抱有希望的人,还是假设大船虽重但是相对湖来说却是轻的,以此来解释为什么它能够漂浮的人,在所有这些情况下——也就是说,只要存在特殊的空间视角、具体个体的感觉评价,或者一般来说自我的限制——从直接经验到修正或科学经验的过渡就均以观点的协调,亦即实际上的合作为前提。

直接经验与其第一个方面不可分割的第二个方面亦如此:即直接经验的二元性。若宇宙仍然与自我相关,如何将心理与身体、有意与机械、生命力与无生命力相分离呢?如前所述,社会约束在这里没有任何作用。相反,它强化了万物有灵论以及宇宙与人类之间的参与。但是,个体之间一旦出现智慧互反性特有的批判性、协调性反思,主观因素就会进入内在的思想,外部世界则被自己组织成为一个独立于我们的总体。

现在需要回顾的是合作的第三个也是最后一个方面:符号系统的详释。但毫无疑问,在这一点上很容易达成一致,因为涂尔干的社会学遭遇索绪尔和巴利的语言学,引发了不尽的思考。后者向我们表明,符号系统与意义(meanings)[10]系统是同时建构起来的,德拉克洛瓦则从事物本身的智慧的角度深入探讨了这种双重建构包含什么。在没有受到语言学家影响的前提下,涂尔干通过一个经典分析表明,词语与概念这两个世界是以个体之间的协作为前提的。在我们看来,抛开这一系列概念,就不可能对儿童心理做出解释。个体象征的对立极是用词语命名被社会化了的概念,其内容是由动态、富有情感的主观事实组成。通过演化,儿童最原始的概念,或者介于无法明确界定的象征与有清楚界定的概念之间的假概念,准确地表明了纯粹的个性为什么难以想象,以及合作以何种方式将思维加以组织。假概念[18],比如我女儿用拟声手段象征性地表示的"vouvou"(呜呜)(正好是她说出的第一个词),先后指狗、猫、地毯上的图案、花园里做工的人(从阳台上看到像狗一样),以及从阳台上看到的任何东西。因此,这种假概念是介于个体象征和真正的概念之间的中间态。相反,社会化思维中使用的"狗"概念的内涵与外延两者均指一类具有明确定义的物体,用符号来命名的这类物体,便从语言群体的个体那里,获得了具体、相对固定的意义。

如今,这些都是很平常的常识,但是此处回溯这些内容,只是为了说明涂尔干支撑理性的社会学理论的无数论证的价值方面的差异。实际上,其论证分为两类,其中一些重心在功能、结构,而其他重点是发生。目前,第一类具有扎实的基础:概念的定义或者限定乃是社会的产物,这完全正确;同质的时间和空间是由于个体间的相互作用的结果,从而消除了主观的时间长度和定性的空间;总之,主要的范畴,而且尤其是科学的概念,皆以共同的思维为前提。但是,请注意,这种论证通常都付诸合作,这也是为什么说前面刚提到的社会产物具有理性。另一方面,涂尔干给出的关于所谓范畴起源的理由,极其经不起推敲:一般的思想来源于部落和氏族的社会形态分类,因果性源自"超自然"的概念,时间产生于周期性的庆祝活动,空间源于首先出现的村庄的地形,尚若没有儿童,类似的事情可能是真实的。但是,既然儿童确实存在,而且与涂尔干所描述的概念相类似的概念形成过程很容易观察到,因此,我们认识到,第二种论证所谓的群体对个体的智慧约束,实际上并没有创造性,仅仅是具体化了儿童的心理。另外,后来的概念是通过最初的群体约束具体化而形成,可能仍然具有神秘性、拟人化特征,而相反,简单的合作思想具有理性。因此,在这里我们发现一种新迹象,体现出约束与合作之间的对立。

总之,合作是个体思想中三种转变的源泉,三者从本质上讲都使个体对内在于所有智慧活动的理性,有更清楚的意识。

第一,合作是反思和自我意识的源泉。在这一点上,合作标志着与具体的个体感知-运动智慧与社会权威有关的意义的颠倒,所产生的是强制性的信仰,而非真正的思考。

第二,合作将主观与客观分离开来。因此,它是客观性的来源,而且将直接经验修正为科学经验,而约束只能简单地将自我中心义提升到社会形态层次,以此来强化直接经验。

第三,合作是调节的源泉。在个体所感知到的简单规律以及知识、道德领域中约束所强加的非自主规则之上,合作还设置了自主规则或者纯粹的互反性规则,后者是逻辑思维中的一个因素,支撑概念系统和符号的原则。

因此,由于具有反思性、批判性、调节性这三重属性,合作似乎比约束具有更多真正意义上的社会性。社会约束只是社会的外在表象。真正的智慧社会化产生于合作:我们比"非文明的人"具有更多的社会属性。集体思维的胜利出现在科学中,而不是出现在由于社会约束而产生的"原始"社会形态的思维中,"原始"社会形态的思维只是社会化程度仍然较低的个体所共有的自我中心思维的转换及强化。

所以,只有合作才具有创造性。但是,正如所反复指出,这并不意味着合作赋予个体一种无中生有(ex nihilo)[19]的理性能力。合作的真正创造在于,互反性的作用允许个体修正自己不平衡的东西,并展示出内在于所有意识活动的平衡。的确,互反性乃是约束所缺少个体自我所不知的理想,恰恰是互反性才能反映出人格。

五、结论:人格

目前,关于人格以何种方式随着合作而形成,仍然需要加以说明,从而在对理性的阐释中再次对个体进行讨论。

但是,由于合作与人格等同,而非异质系统对立的两极,因此论证极其简明扼要。所以,问是合作产生人格,还是人格产生合作这样的问题,就毫无意义,倒不如去努力发现某种关系的条件是否是这种关系的源泉,或者说,某种关系本身是否使其条件相互联系了起来。另一方面需要分析的是，最初的"自我"如何因合作而发展为人格，以及社会因素如何加入而非对抗个体内心最深处的各种因素。或许，理性平衡的创立就在这种一致性的秘密中。

个体天生就被赋予一定数量的遗传驱力，其中一部分蕴涵其未来的智慧，另一部分则蕴涵其社会能力。因此，从某种意义上说，个体从生命的第一天开始就具有聪明才智、具有社会性。然而，如前所述，一种双重约束立即从外部施加给他：一方面，物质世界对其大脑施加影响，而且在理性同化之前，引发出其直接经验；另一方面，正如个体因遗传组织而受到经验的吸引，个体因本能而靠拢社会群体对其个性施加压力，而且给他打上一定数量"外部"特征的烙印。目前，这种状况本身导致一种双重对立的产生：一是依然不能被同化的宇宙与未完全形成的思维之间的对立，一是超出自我的社会约束与尚未完全社会化的自我之间的对立。由此产生一种折中或"虚假平衡"的初始状态：一方面是智慧现象论和自我中心主义，另一方面是集体约束和社会自我中心，两方面结合形成一种社会或个体都无法在其中找到其价值的混沌状态，理性在这种状态中亦然。这种潜伏的失衡状态，因合作而终止，真正的平衡取代了因约束而产生的虚假平衡。

这是如何发生的呢？通过使个体和社会相互依存，智慧活动和经验由于相同的过程而互相联系起来。换言之，从某种意义上讲，正如知识是经验的内化，合作是"外部"社会内化的产物。的确，正如理性为了客观现实的形成而压制主观性，合作则为了互反性而压制（以自我为中心的）自我。只是人们不能像涂尔干学说的追随者那样得出结论，认为合作只是在不颠覆约束的意义上的前提下对约束的扩展，正如人们也不能像经验主义追随者那样认为，理性只是产生于经验，并没有对经验数据进行永久性重组。这是个体人格存在的不可简化的标志，正如它同时肯定智慧活动的价值不可简化一样。事实上，通过合作来实现的社会因素的内化，并非约束通过个体的习惯所施加的规则和信仰的简单自动化。相反，它是所有他律的消除，因为个体将自己与他人区分开来，不再认为自己的观点是绝对的，而是接受互反性方法，并由此否认从外部施与其束缚的共同无差异规则。因此，外部"社会"就被简化为纯粹的互反性：它在一种超越自我中心和压制的新综合中，满足了内在社会与个体的要求。

人们理解合作以何方式来标志着人格的诞生。从理论理性与实践或道德理性的角度来看，约束与合作之间的差异，是简单的一般法则或共同法则，与关系系统或透视法则（laws of perspective）（或者如物理学中"协变量"与"恒定量"的结合律）的对立。约束所施加的是内容固定的共同法则或者一系列信仰、象征、规则等。个体只需要接受它们，从而使他服从或反抗他人，由此强化其自我中心。在实践中，服从与反抗结合成一种妥协，从中演化出最严格的规则，而且个体逐渐能够使自我与法则相协调。但是，这种系统中没有人格的空间，也就是说，没有个体的自主调节。相反，合作则暗含着一系列规则和关系，这样一来，每个人都对自己的观点有清楚的意识，同时仍将其置于一个连贯的整体中。个体与社会相互依赖，也就是说，个体完全自主地遵循互反性的方法，这样一来,就将自我特有的原创性与规则的约束统一起来。正是这种统一性构成了人格。因此,从理性的观点来看,这种差异至关重要:约束是错误地概括出来的阻碍智慧与经验之间相互作用的言语逻辑,而合作是关系逻辑,它(关系逻辑)通过协调作为每个人不同观点特征的视角,来保证智慧与经验之间的相互作用。

因此,我们再次发现了约束与合作之间的对立,尽管实际上,在所有的社会中,这两个过程总是相互纠缠,正如在个体思想中,教条式的断言总是与理性验证的尝试难解难分。但是——而且我们坚持认为——对这种区别的认识一方面导致解释人格作用的不可能性,另一方面也导致主观价值与理性价值的混淆。这就是涂尔干所引例证在这两点上所表明的。

查尔斯·布隆德尔所有设计精巧的研究的成果虽然在许多专题研究中都备受推崇,但仍不足以解决正统社会学在处理人格问题上所遇到的困难。在其对病态意识(conscience morbide)的分析中[20],"自我"具有天生的原罪:自我将理性与集体等同,发现自己被简化为一种共同感觉的表达,意识正常情况下与这种共同感觉相"适应",若适应不良,就仍然是一种病态。但是,在讨论杜马斯(Dumas)在专著中提到的意志时[11],布隆德尔试图对为什么有些人具有与个体唯唯诺诺羔羊精神相去甚远的刚强人格,做出解释。后一种人对社会约束逆来顺受,而不像有些人不受任何纪律的约束,我行我素。前者的性格迫使他以集体的规训为中心,固化相同的共同感觉。但是,如果必须同时满足被压制和被"根据理想固化"两个条件,人如何表现"自我"呢?布隆德尔深切感受到的"自我"与"人格"之间的对立当然具有真实性,但是我们认为,若从一开始就将其自己的活动归属于自我,将其局限理解为一种简单观点的错觉,而非一种原始、无法弥补的缺憾,这样一来,这种对立才好解释。因此,自我的局限乃是因其自我中心而产生,一旦被超越,自我就被"转化"变成人格。如今,如果自我中心的牺牲正好意[10]味着这种理想状态的形成,而且自我根据集体理想固化,如果这种理想不是从外部回归自我,而是产生于个体观点的简单协调,那么这就没有什么神秘可言。

但是,这种解决方案是以社会生活的两个基本过程之间涂尔干主义者从来都不接受的本质对立为前提的。但是,在其学术生涯的早期,涂尔干就对机械性相互依存与有机性相互依存,做出了更清楚的区分,前者是约束之源,后者涉及合作。此外,他旗帜鲜明地反对将已经完结、过时的社会固化为某种意见,以这种形式来加以重复。这种区别未必与合作、约束之间的区别有重叠,但至少将他们引向文明社会智慧和道德的方方面面。然而,尽管有这种暗示,涂尔干还是将所有努力都放在对两种驱力的调和与统一上。不论是道德问题,还是纯粹的理论理性问题,涂尔干都倾向于将群体权威特有的他律与合作互反性特有的个人意识的自主性,联系起来。这种同化会产生什么结果呢?我们从前文的论述中已经窥见其结果。大师的门徒甚至会说:"赋予毕达哥拉斯定理(Pythagoras theorem)的必然性特征,与赋予班图人(Bantu)或阿兰达人(Arunta)神秘信仰的特征,没有本质区别。"[12]此文之严肃超过目前使用过的任何论证,使我们认识到这种区分的必要性。可悲的是,受到老师精神约束的学生经常如同班图族年轻人从启蒙起就接受其部落的集体表征一样,接受毕达哥拉斯定理的真理,这是现代教育所恐惧的——言语至上(verbalism)与教育约束之敌。但是,如果任何一个时代的数学家仅仅将自己的诉求局限于内在于其个人意识的自主理性,那么就会发现自己必须以模仿权威的方式,发自内部地得出以下结论:儿童如果得到的是思想合作方面而非语言方面的培养,很快就会发现这一点。

因此,我们所得出的结论是,理性本身既非完全是个体的,亦非完全是社会的,但是其阐释需要人格与合作。理性是一种内在于所有意识活动中的理想平衡。所以,正确的说法应该是,理性在个体思维与共同思维中,来自我实现。如同社会,只有个体才可能产生不平衡,即完全受自己观点监禁的个体,用纯粹的实际权威替代自由合作的社会,才可能失去平衡。然而,两种略有对立的不平衡相互蕴涵,而且从理性发展的角度来看,得到同样的结果:这是用非理性的两种类似形式——失范或他律,来代替自主。然而,如果个体归向互反性,来进行自我修正,或者群体在尊重个体自主的前提下,进行自我组织,那么任何不平衡往往都会被消除,而且意识会重新寻求理性平衡:这样一来,人格与合作就达成一致,而且两者均倾向于反映理想。

讨　　论

贝拉(BERR):感谢皮亚杰的论文,观点展示出色,表述清晰、逻辑结构严谨、思想与事实丰富。我完全同意皮亚杰的观点。

布隆德尔:我对皮亚杰所讨论的问题也非常感兴趣,很佩服其表达的清晰。皮亚杰所提到的本人的著作《病态意识》(La Conscience morbide),里面所讨论的是一个截然不同的主题:它所探讨的是被异化的个体如何失去对社会环境的适应,如何变得与社会格格不入。由于罹患大脑疾病,他不再相信那些允许我们与社会群体相联系来考虑自己的最基本的概念。他不能再像看待世界那样,来看待自己。

皮亚杰认为,儿童的思维与原始心理之间存在某种相似性。他在两者中都发现了自我中心性、象征性及参与性三种特征。成人思维与发达社会的形成之间也存在类似相似之处。但是,问题仍然在于,是个体的进步促进了社会的进步呢,或者相反,是社会演化推动了个体的发展。两个条件孰先孰后?

儿童思维与原始人的概念之间存在一个重要的区别。儿童在白日梦中自言自语时构建的系统并非集体表征;他们不能将这些表征用于其朋友,因为它们没有可操作性。相反,我们在原始人中观察到的却是集体表征,它们被施加于群体所有的成员。根据皮亚杰的观点,社会发展时,合作取代了约束。但是,合作仅仅是另一种形式的约束;认为个体由于合作而不再受约束的观点,乃是一种自欺欺人的虚幻。他只是以另一种方式受到约束。

皮亚杰：若问个体与社会孰先孰后，如同问先有鸡还是先有蛋。我们发现了一种相关性，无法明确确定其先后顺序。社会与个体之间存在协变与相似；这种现象必须用心理学和社会学方法来进行研究，而不是将二者置于不可调和的对立位置。我在阐述儿童思维与原始人思维之间的类似之处时，绝没有故弄玄虚，在两者之间建立起点对点的一一对应关系，两者之间只是存在不可否认的一般性相似性而已。我认为自闭症的概念在儿童中具有个体性，而在原始社会中则具有集体性，这是犯了主观武断的错误。

莫斯（MAUSS）：皮亚杰使用的术语，与我自己使用的术语不一样，这使我们之间观点的比较有困难。我目前正在教授古代人口集体心理学的观察法课程；我认为系统化在集体心理学中尚不可能；我们目前所确知的事情太少了，数据的收集至关重要。但是，用于收集事实的研究方法至关重要。这使我得出一些与皮亚杰不同，而且相对立的观点。我认为，皮亚杰所研究的不是一般意义上的儿童心理学，而是极其文明的儿童的心理学。重要的是，应对其他类型的心理学，如在不同环境中成长的儿童的心理学，加以考虑。在摩洛哥，我看到贫穷的当地儿童从 5 岁就开始非常灵巧地做某一行当的活计，包括制作和缝制辫子，这活儿很精细，需要非常清楚地掌握几何与算术。摩洛哥的儿童是技术员，比这里的儿童开始工作的时间要早很多。因此，在很多方面，他与来自良好的中产阶级家庭的儿童相比，做出推理判断的年龄更小，速度更快，而且方式亦不同——用手工来完成。即使在我们的幼儿园中，学生也不做"手工活儿"，而只是玩游戏。因此，在得出任何一般结论之前，我们显然首先需要在非洲等地方进行严谨、长期的人类学观察。

皮亚杰使用的方法与我们使用的方法还有另一个不同之处。包括我本人在内的涂尔干主义者的研究集中在构成理性的元素上，按照范畴一个个地来进行探索。而皮亚杰则认为，掌握一般意义上的整个经验系统是可能的，这就是为什么我们的研究结果截然不同。另外，我们认为象征的概念很重要，而皮亚杰在集体心理学与儿童心理学中均未给予这个概念以足够的重视。

法国心理学家，尤其是杜马斯和梅耶森，坚持符号和象征之间有区别。我承认自己搞不懂。人类总是发现自己面临同样的问题；它必须发明、制造一些东西，并将制作程序加以交流。发明的方法总是经验，而交流的方法就是符号或象征（两者是同一种东西）。社会在这个过程中的作用既是提供仿制的工具与使用这种工具的传统，也是承认或拒绝承认个体提供的发明。即便是在当今，《航空服务技术》（*Service technique de l'air*）也几乎并不鼓励所有的发明者［如，空气动力学家康斯坦丁（Constantin）］。发明通常以在其他地方被采纳而告终。在这方面，我记得列维-布留尔给出的定义（综合中心 Centre de Synthèse）："我们把具有社会性的现象称为历史现象。"

从道德的角度来看，同样的保留观点亦适用。原始人类和我们之间的差异并不像皮亚杰所认为的那么大。他将互反性这个概念转化为成人或文明社会的特权。但是，火地岛印第安人（Fuegians）、澳大利亚土著居民、其他原始人类，以及伟大的新时期文明的所谓的原始人类，也拥有互反性这一概念。不同之处在于，这种互反性并不总是具有平等的意思。从第一代到第二代，从第二代到第三代，都存在互反性，但没有平等；男女之间亦如此。在这一方面，我建议参考法国社会学家对各种形式定居点的研究。

我们或许能够在人类的统一概念上，达成一致。但关于个体在理性形成中作用的一般问题，是否能达成一致，尚不得而知，让我们耐心等待所观察到的数据吧。

皮亚杰：如果我对莫斯所言理解正确的话，那么采用心理观察来研究的个体，与适用统计方法来进行研究的社会之间，可能存在相似性，在这方面我们可能达成一致。只是社会学家在社会中只看到了统计与历史现象。而本人认为，我们必须用心理学方法，来研究社会生活的一个重要方面：一代人对另一代人的压力。

莫斯：同意，但是，我们可以用统计和比较史学方法去研究一个社会中不同性别、不同年龄段以及代与代之间的对立。这是一个尚待确定的平衡。总之，你从个体开始研究，我们从社会开始研究，但是，我们也从望远镜相反的两端，对同一个对象进行考察。

贝拉：理想的状态恰恰是要把心理学家和社会学家团结起来，同时又让他们以自己特殊的方法，继续各自的研究。

莫斯：更重要的是，我们夸大了自己与心理学程序的对立。涂尔干本人学习了两门心理学课程，但是他在这方面并没有走太远。我们只是延续了这一传统而已。

皮亚杰：下面是雷内·休伯特（René Hubert）在最近的一篇文章中提出的问题：毕达哥拉斯定理对第一批思考这一定理的人而言必不可少，你认为这在我们的表征中也同样必不可少吗？

莫斯：不。有很大差异，而且很容易描述。人类思维已经从完全的象征性与经验性表征发展到验证、几何与推理性经验。所有的知识最初都是建立在象征的权威基础之上，如果加入理性权威，那就是一个很大的进步。

作者注释

［1］"科学"基金会、国际综合中心（"For Science" Foundation. International Synthesis Centre），第三届国际综合周（third international synthesis week）：个性（Individuality）。科莱里（M. Caullery）、让内（P. Janet）、布吉（C. Bougié）、皮亚杰（J. Piaget）与费布尔（L. Febvre）等人所做的讲座、讨论，第 67－121 页（Michel Ferrari 译）。

［2］关于这个主题，参见克拉帕雷德著《儿童心理学》（*Psychologie de l'enfant*）（第 8 版）中关于游戏的精彩章节。英译本参见：E. Claparède, *Experimental pedagogy and the psychology of the child*, trans. M. Louch & H. Holman,

London: E. Arnold; New York: Longman, Green & Co., 1911).

[3] 请注意,在这方面,动物意识的"似乎(as if)"是有问题的:追赶移动物体的小猫和具有象征思维的儿童之间,没有任何共同之处。

[4] 克拉帕雷德:《儿童心理学》。

[5] 比如,巴雷斯(Barrès)第一个阶段的浪漫主义和第二个阶段的民族浪漫主义的"自我崇拜",与秩序和传统的所有捍卫者的"自我崇拜"之间有什么差别?

[6] 梅耶森:《思维的路径》,巴黎:阿尔康出版社,1931(E. Meyerson, *Le Cheminement de la pensée*, Paris, Alcan, 1931)。

[7] 梅耶森:《原始思维之机制》,《心理学年鉴》,第 23 卷(I. Meyerson, La Mentalité primitive, étude critique, *Année psychologique*, Vol. 23)。

[8] 皮亚杰:《儿童的语言与思维》,第 4 章(J. Piaget, *Le Langage et la pensée de l'enfant*, Neuchâtel: Delachaux et Niestlé, 2th, edtion 1931。英文版参见:Piaget, *The language and thought of the child*, 3rd edtion London: Routledge & Kegan Paul, 1955/1959)。

[9] 参见纪尧姆:《儿童的模仿》(P. Guillaume, *L'Imitation chez l'enfant*, Paris, Alcan, 1926)。英译本参见:P. Guillaume, *Imitation in children*, trans. E. P. Halperin, Chicago: University of Chicago Press, 1971。

[10] 参见皮亚杰:《儿童的身体因果关系》,(J. Piaget, *La Causalité physique chez l'enfant*, Paris, Alcan, 1927)。英译本参见:J. Piaget, *The child's conception of physical causality*, trans. M. Gabain, London: Routledge & Kegan Paul, 1928。

[11] 杜马斯:《心理学通论》(第二卷)(第一版),巴黎:阿尔康出版社,1923-1924,第 395 页[G. Dumas, *Traité de psychologie*, vol. 2, (1st edition), Paris: Alcan, 1923-1924, p.395]。

[12] 休伯特:《心理社会学与良知问题》,《哲学评论》,1928(1),第 233 页[R. Hubert, La Psychosociologie et le probleme de la conscience, *Revue Philosophique*, 1928(1), p.233]。

英文版译注

1. 综合周刊。
2. 法语"*savoir*",即形式知识或专业知识。
3. 法语"*connaissance*",即积极的知识或理解。
4. 就其自身而言。
5. 法语"*l'esprit de système*"。

6. 法语"*conscience*"有两个含义,对应于英语中的"*consciousness*"(意识)和"*conscience*"(良知)。尽管意义有区别,但是皮亚杰声称,认知(意识)和道义(良知)模态之间存在潜在的联系:"逻辑是思维的道德,而道德则是行动的逻辑。"(《儿童的道德判断》*The moral judgment of the child*,London:Routledge & Kegan Paul,1932)关于这种共同性的讨论,参见史密斯著《必然性知识》[L. Smith,*Necessary knowledge*,Hove:Erlbaum,1993,sections (21) and (25.2)]。

7. 法语"*autonomic*"。

8. 法语"*l'esprit social*"。

9. 法语"*schéma*"(英语"*schema*")。在再版于马森(P. Mussen)主编的《儿童心理学手册》第1卷(*Handbook of child psychology*,New York:Wiley,1983)中的论文的脚注中,皮亚杰用"*schème*"(复数"*schèmes*")表示运算活动,而用"*schéma*"(复数"*schemata*")表示思维的比喻方面,也就是试图在不转变现实的情况下表征现实(意象、知觉、记忆等)。在皮亚杰最初出版于19世纪30年代的著名的关于婴儿期的著作中,这种差异很明显。

10. 法语"*significations*"。

11. 法语"*indice*"。术语"index"(指号)在皮亚杰(1970)之后开始使用,参见作者注释9。

12. 法语"*l'accord des esprits*"。

13. 从一开始。

14. 上帝的感觉器官。

15. 引自维吉尔(Virgilio)的《农事诗》(*Georgics*)第4卷,"if one may compare small things with great"(如果可以以小比大的话)。感谢乌塔·弗里思(Uta Frith)提供此条文献。

16. 法语"*élan*(势头)"。

17. 法语"*amains*"。

18. 在其早期论文中,皮亚杰使用术语"假概念"(pseudo-concept)(《论儿童乘法逻辑与形式逻辑的发端》,《正常与病态心理学杂志》,第19卷,第222－261页,1922)(Essai sur la multiplication logique et les débuts de la pensée formelle chez l'enfant,*Journal de psychologie normale et pathologique*,vol.19,pp.222-261,1922)。关于斯特恩(Sterns)著作中的先例,参见范德维尔、瓦尔西约:《维果茨基读本》,牛津:布莱克韦尔出版社,1994,第263页(R. van de Veer & J. Valsiner,*The Vygotsky reader*,Oxford:Blackwell,1994,p. 263)。

19. 无中生有。

20. 字面意思是病态意识(morbid consciousness)。

第七章　儿童对祖国[1]及外国关系观念的发展

从心理学和社会学的角度,对压力进行研究,前提是对儿童心理的某些事实有所了解。第一个需要解决的问题是,是否由于其独特的形成方式,以对自己祖国的依恋为特征的智慧与情感行为以及初次与国外的关系中,包含后期国际不适应的初期痕迹呢? 那么,即使前面的观点最初似乎与事实相矛盾,人们之后也应该考察为什么儿童在其发展过程中没有获得充分的客观性和互反性意识,从而使他能够抵抗在青少年或成人阶段对其产生影响的压力与不适应。

下面我们基于一种双重视角,对此进行分析。儿童在发展的初级阶段,似乎并没有表现出任何特殊的国家主义倾向,我们从研究伊始,就一直对这一事实感到震惊;相反,自己国家和他人国家的逐渐发现,是以智慧和情感协调工具的艰难建构为前提的,而且,这种工具比最初看起来更为复杂,因此很脆弱,随后容易发生偏差。因此,在对一般的社会和国际压力进行研究的过程中,尝试对这种协调工具的构建方式进行详细描述与密切跟踪,大有裨益,因为后期发生的偏差最终取决于其坚固性或者阻力大小。

我们不仅承认,研究仅局限于居住在日内瓦的外国儿童和瑞士儿童,而且承认,对研究发现的解释始终可以将成人环境的贡献考虑在内。虽然具有这些限制条件,而且缺乏在其他环境中进行的研究的验证,但是我们仍然发现,研究虽然局限于欧洲某个特定的地区,结果却颇有启发性,这是一个悖论。

这个悖论包括以下几点:正常发展中的儿童对祖国的感觉与概念出现的相对较晚,远非构成一个基本甚至早熟的起点,也没有任何必要的爱国社会中心倾向。相反,为了获得对祖国的智慧和情感意识,儿童必须经历一个去中心化[相对于儿童居住的城市、州(canton)[2]等]和(与他人观点)协调的过程——这一过程使儿童对其他国家及与自己观点不同的其他观点,有了更深入的理解。人们必须承认,要么外在于儿童发展过程中呈现出来的各种驱力的影响,在某个特定的时间点上会产生干预作用(但是,若如此,为什么这些影响会被接受呢?),要么早期去中心化和协调(从祖国的概念形成之初)过程中遇到的相同障碍,在后期高级发展阶段再次出现,而且构成所有偏差和压力产生的一般原因,这样才能解释为什么不同形式的国家社会中心观念会自发地产生。

我们的解释符合第二种思路。起初,儿童认为只有与自己的状况和活动直接相关的观点,才是唯一可能的:这种思想状态,我们称为儿童无意识(包括智慧和情感)的自我中心，最初既与对祖国概念的理解相对立，又与跟外国的客观关系相对立。而从另一方面来讲，战胜自我中心，主要由"互反性"运算组成的智慧与情感协调工具的精心构建，而这种工具的掌握困难，且缓慢。在构建过程中的每一个阶段，自我中心都以一种越来越远离早期婴儿情景（context）[3]的新形式重现。这些是产生于原发自我中心与后期偏离或压力根源的不同形式的社会中心观，但是，若要对其有深入的理解，需要对自我中心与互反性之间的初期发展阶段与早期冲突，进行详细的分析。

下面，我们将在三个标题下展示我们所收集到的信息：在第一部分中，我们将对儿童祖国概念的智慧和情感建构进行研究（在 4—5 岁和 12 岁之间）；第二部分将分析儿童对除自己国家之外的其他国家的反应；第三部分研究智慧和情感的互反性所面临的问题。

200 名 4、5 岁到 14、15 岁之间的儿童接受了我们的采访。

一、祖国观念的发展

儿童对其祖国归属感的发现是一个渐进的过程，是建立在智慧的精心阐释与情感构建之间紧密联系基础之上的。这一事实并不令人意外，因为所有的心理行为都总是认知与情感的结合（认知功能确定行为模式的"结构"，而情感功能则确保"动态"或高能特征，亦即行为模式的终结性和"价值"元素）。但是，在这种情况下，我们不仅仅发现了相互依赖性，认知与情感两个方面形成某种形式的同构相似性，因为最初，儿童若超越直接体验到的关系，其对互反性的智慧理解就与对情感互反性的理解一样困难。

智慧方面

我们发现，正常发展中的 7—8 岁儿童缺少理解国家（country）[4]概念的先在知识。例如，一个 7 岁的男孩告诉我们，巴黎属于瑞士，因为瑞士人讲法语，而伯尔尼（Berne，瑞士首都）却不属于瑞士。平均年龄 5—6 岁的大部分儿童似乎都不知道日内瓦在瑞士。因此，最初，儿童对城镇等他们所居住的地域只有一个简单的概念，包含或多或少直接经历的一些方面（大致面积、优势语言等），但这些方面与尚未被理解的"州""瑞士"等言语表达结合起来，没有整合于一个宏观的系统。在因受到大龄同辈或成人的影响而产生的一些言语性断言中，有一个特别在 5—6 岁时占主导地位：即"日内瓦在瑞士"。然而，问题在于，这种知识的学习是否对主体的态度有直接影响。

虽然儿童确定日内瓦属于瑞士，但直到平均 7—8 岁时，儿童仍然将两者并立，以此方式来思考：若要求其用圆圈或封闭图形来表示日内瓦和瑞士之间的关系，儿童不能描绘出部分和整体之间的关系，而是绘制了一系列并列的单位。

阿莱特 C（Arlette C.），7 岁 6 个月[1]

你听说过瑞士吗？

听说过,是一个国家。

这个国家在哪里？

我不知道,它很大。

它离这里是近还是远？

我想,就在附近。

日内瓦²是什么？

一座城市。

日内瓦在哪里？

在瑞士。（孩子画出两个并列的圆圈,表示日内瓦和瑞士。）

玛蒂尔德 B（MATHILDE B.），6 岁 8 个月

你听说过瑞士吗？

听说过。

它是什么？

一个州。

日内瓦是什么呢？

一座城市。

日内瓦在哪里？

在瑞士。（孩子画两个并列的圆圈。）

你是瑞士人吗？

不,我是日内瓦人⁵。

克劳德 M（CLAUDE M.），6 岁 9 个月

瑞士是什么？

一个国家。

日内瓦呢？

一座城市。

日内瓦在哪里？

在瑞士。（孩子画两个并列的圆圈,但代表日内瓦的圆圈较小。）

我画的日内瓦的圆圈较小,表示日内瓦小,瑞士很大。

非常好,但日内瓦在哪儿呢？

在瑞士。

你是瑞士人吗？

是。

你是日内瓦人吗？

哦，不，我已经是瑞士人了。

显然，这些被试认为，瑞士与日内瓦处于同一层面，但位于日内瓦之外。无疑，瑞士"靠近"日内瓦，而且"更大"。但是，日内瓦在瑞士这一断言既非从空间角度来理解，亦非从逻辑角度来理解。从空间上来讲，日内瓦与瑞士毗邻。从逻辑上来讲，一个人是日内瓦人但不是瑞士人，或者既然"已经是瑞士人"（如克劳德所说），就不再是日内瓦人，这两种情况都缺少对整体与部分包含关系的理解。

在第二阶段（7—8岁到10—11岁），儿童能够理解日内瓦在瑞士这种空间嵌套关系，也就是说，其图画所描绘的不再是简单的并列，而是真正的嵌入。但是，这种空间与时间的嵌套与逻辑类别间的包含关系不相对应，[2]因为日内瓦人作为一个类别，相对较具体，而瑞士人作为一个类别，仍然比较独立，而且更加抽象：一个人仍然不能"同时"既是瑞士人，又是日内瓦人。

弗洛伦斯 N（FLORENCE N.），7岁3个月

瑞士是什么？

是一个国家。

日内瓦呢？

一座城市。

日内瓦在哪里？

在瑞士。（图示正确。）

你是什么国籍？

我来自沃州[2,5]。

沃州在哪里？

在瑞士，离这儿不远。（我们叫他重新画图描绘瑞士和沃州：结果正确。）

你也是瑞士人吗？

不。

怎么不是呢，你说过沃州在瑞士啊？

你不能既是沃州人又是瑞士人，你只能选一个。你可以像我一样来自沃州，但不能同时既来自沃州，又来自瑞士。

皮埃尔 G（PIERRE G.），9岁（皮埃尔对前几个问题回答正确，绘画也正确。）

你是什么国籍？

我是瑞士籍。

为什么？

因为我住在瑞士。

你也是日内瓦人吗？

不，那是不可能的。

为什么呢？

我已经是瑞士人了，不可能也是日内瓦人。

但是，如果你因为住在瑞士，就是瑞士人，那么你不能因为住在日内瓦，就是日内瓦人吗？……

让-克劳德 B(JEAN-CLAUDE B.)，9岁3个月

你听说过瑞士吗？

听说过，是一个国家。

日内瓦是什么呢？

一座城市。

这个城市在哪儿呢？

在瑞士。（图画正确。）

你是什么国籍？

我来自伯尔尼[2、5]。

你是瑞士人吗？

是的。

为什么呢？

因为伯尔尼在瑞士。

所以，一个人可以同时既来自伯尔尼，又来自瑞士，对吗？

不，不对。

为什么呢？

额，因为这个人已经来自伯尔尼了。

被试明显迟疑不决：有的被试，如弗洛伦斯，在肯定并且用图画表示日内瓦和沃州在瑞士之后，否认一个人可以"同时是两个地方的人"；其他被试，因受到在家里或学校不断听到的言论的影响(influence)[6]，不情愿承认城市（或州）和国家的双重隶属，而且最终认为这是不可能的[7]；让-克劳德先是暂时承认存在这种双重隶属关系，但是在听到"同时"这个词后，马上就宣布，这种关系是不可能的；皮埃尔说自己是瑞士人，不是日内瓦人，为证明此说法的合理性，他只能找到一个也适用于日内瓦的理由（"因为我住在瑞士"）。那么，是否可以说，这些儿童真正的爱国主义是针对州，而不是针对国家呢？但是，也有很多被试不住在自己所属的州或者对其没有意识，正如有一些日内瓦人只在家里知道自己是日内瓦人。我们知道，有些儿童对他们所来自的州知之甚少，但却由于家庭归属关系，坚决地宣称自己是这个州的人。实际上，在这个阶段，国家仍然只是一种抽象：唯一重要的是家庭、所处的城市等。关于它们，儿童可能做出断言，但是，对所接受断言的综合尚未让位于一个连贯的系统。

第三个阶段始于10—11岁，在这一阶段，思维的正确系统化发生：

米舍利娜 P.(MICHELINE P.)，10岁3个月（她对前面问题回答正确，

图画也正确）

你是什么国籍？

我是瑞士籍。

为什么？

因为我的父母是瑞士人。

你也是日内瓦人吗？

当然,日内瓦在瑞士。

那么,你可以同时是两个地方的人,是吗？

是的,因为日内瓦在瑞士。

如果我问来自沃州的人,他是否也是瑞士人,又会怎样？

他当然也是瑞士人,沃州在瑞士。来自沃州的人像我们一样都是瑞士人。所有住在瑞士的人都是瑞士人,也属于一个州。

让-卢克 L(JEAN-LUC L.),11 岁 1 个月（他对前面问题回答正确,绘制的图画也没有错误。）

你是什么国籍？

我来自圣加仑州[2,5]。

为什么？

我的父亲来自圣加仑州。

你也是瑞士人吗？

是的,圣加仑州在瑞士,尽管那里的人说德语。

那么,你同时既是圣加仑州人,又是瑞士人吗？

是的,这是一回事儿,因为圣加仑在瑞士。来自瑞士各州的所有人都是瑞士人。我来自圣加仑州,也来自瑞士;还有其他人既是日内瓦人又是瑞士人,或者来自伯尔尼的瑞士人。

只有在这个阶段,国家的概念才能变成现实,而且对儿童来说,等同于对祖国的观念。那么,问题就变成了确定这一成就是否仅仅受到智慧关系（整体包含部分）的制约,对这些关系或早或晚产生的理解是否从属于情感因素,或者两种因素是否紧密地平行发展。

情感方面

显然,仅仅通过与儿童交谈,无法按照识别以智慧思维为特征的逻辑结构相同的方式,去分析情感。但是,即使不赋予儿童带来[8]的价值判断内容以绝对的意义,或者,更重要的是,忘记儿童无法表达的情感反应的重要性,但是,通过对不同年龄段儿童对某些甚至极其微不足道问题（如"你更喜欢哪个国家？"等等）的回答,进行比较,仍然可能获得其动机或者未表达的真实意图(motives)[9]的某种征兆。因此,令人惊讶的是,就情感判断而言,前文中刚刚简要描述的三个阶段,与以明显偏离从本质上讲与主观或者个体(瞬间即逝甚或偶然)的印象相关的意图,屈从于首先是家庭然后是更大的社会群体的去中心化为特征的三个阶段相对应。

其实,在第一阶段,我们要求儿童做出价值判断时,他们根本不会刻意表现出对瑞士的偏好。儿童喜欢任何国家,受其暂时兴趣的支配,如果选择瑞士,也是出于类似的原因。以下是三位年幼的正宗瑞士儿童的偏好:

埃弗利娜 M.(EVELYNE M.),5岁9个月

我喜欢意大利。它比瑞士美。

为什么?

我假期时在意大利。那里有非常好的蛋糕,不像在瑞士,蛋糕里的东西会让你哭。

丹尼斯 S.(DENISE S.),6岁

我喜欢瑞士,因为那里的房子很漂亮。我在山上看到有许多小屋。很漂亮,还有牛奶。

雅克 G.(JACQUES G.),6岁3个月

我更喜欢德国,因为我妈妈今晚要从那里回来。德国离得很远,德国很大,我妈妈住在那里。

在将自己的国家、州或城市协调成完全同一个概念时,这些童稚气的情感反应可以与第一阶段的特征——智慧困难相提并论。此时的问题是要弄明白,是否这是因为国家尚没有构成一种情感现实,因为国家仅仅是与州或城市并列,而不是如同整体包含部分那样包含它们,或者是否这是因为缺乏逻辑包含关系,国家尚不构成情感的真正对象。显然,第三种解决方案也是可能的:由于儿童把自己的行为和直接兴趣看作现实的中心,因此,儿童在这一阶段尚不能在智慧方面充分去中心化,将其所居住的城市或州置于与其有包含关系的更大整体中,而且,在情感方面也不能充分去中心化,赋予超越严格意义上的个体或个体间圈子的集体现实某种价值:对国家或祖国概念不充分的智慧和情感阐释,在这一方面,乃是同一个自发、无意识的自我中心的两个相互依赖的相似方面,而这种自我中心则构成逻辑关系与情感价值之间协调的同时产生的原始障碍。

以下是第二阶段的反应特征,是对相同的偏好或选择问题的回答:

丹尼斯 K.(DENIS K.),8岁3个月

我喜欢瑞士,因为我出生在瑞士。

皮尔丽特 J.(PIERRETTE J.),8岁9个月

我喜欢瑞士,因为这是我的国家。我的父亲、母亲都是瑞士人,所以我们喜欢瑞士。

杰奎琳 M.(JACQUELINE M.),9岁3个月

我喜欢瑞士。对我来说,瑞士是最美丽的国家,是我的国家。

人们立即感觉到,在保留与第一阶段相同的自我中心言语表达的同时,孩子们所表达出来的动机(motivations)[10]呈现出完全不同的基调:家庭依附和父系传统压倒严格意义上的个体意图。国家成为祖国(homeland)[11],而且儿童在构建城市、州和国家之间的确切等级关系方面仍然存在困难,这无关紧要:其共同的情感及因此没有区别的价值源于家庭的价值。我们发现逻辑的无差异(已经允许空间或空间-时间上的包含关系,但仍然排斥概念上的包含关系)和情感的无差异之间,有着很大的相似性。后者将不同的条件简化为同一个家庭传统的价值。更准确地说,在这两种情况下,两个主要的成就是同时取得的:智慧去中心化的发端与情感去中心化的发端,前者允许主体在空间上使其(城市或区域的)领地从属于包含它的更大现实,而后者允许自我中心的动机从属于更广泛的集体价值。但在这两种情况下,去中心化仍然处于初级阶段,并且受到我们前面提到的无差异的限制(这是由于自我中心的遗留物延续到最近达到的新水平造成)。

最后,在第三阶段中,动机发生变化,并在一定程度上与社会和国家群体的某些集体理想相适应:

朱丽叶 N.(JULIETTE N.),10 岁 3 个月

我喜欢瑞士,因为瑞士从来没有任何战争。

吕西安 O.(LUCIEN O.),11 岁 2 个月

我喜欢瑞士,因为它是一个自由的国度。

米歇尔 G.(MICHELLE G.),11 岁 5 个月

我喜欢瑞士,因为它是红十字会所在国。在瑞士,由于是中立国,我们有义务做慈善事业。

中立、自由、免于战火的国家、红十字会、官方慈善等给人的感觉是,正在阅读流行爱国言说的幼稚总结。但是,其动机的这些特征虽微不足道,但本身却发人深思:儿童对一般意义上的集体理想产生了敏感。将自己局限于观察儿童重复在学校里所学到的东西,不足以解释是什么促使儿童重复这些东西,而且重要的是,不足以解释为什么他理解所学到的东西:儿童给出的理由是,除了与家庭孝道相关的个人情感和目的之外,他最终发现存在一个更广泛的集体,其价值与自我、家庭、城市以及具体可见现实的价值不同。简而言之,儿童达到了某个层次等级,其最高点具有相对抽象的价值。同时,儿童能够在民族或国家构成的无形的总体框架(framework)[12]内,协调空间-时间及逻辑关系。在这里,我们再次发现,认知与情感或道德去中心化或协调之间的密切相似关系。

二、其他国家

我们将从两个角度,简要地介绍研究第二部分的结果。研究的第一个目的是弄清

楚有关其他国家或其他国籍的人(假设儿童知道任何国家)的概念或感觉是否按照研究第一部分中讨论的相同格式(schémas)[13]发展,或者说,两种类型的心理建构之间是否存在显著的差异。更重要的是,研究的第二个目的是为第三部分以互反性为核心的分析做准备:不论儿童对祖国的与对外国的看法和情感反应,是以相似的方式,还是不同的方式发展,对儿童如何依据这些不同的态度,获得构成社会与国际理解有力工具的智慧和道德互反性进行考察,都很有裨益。事实上,在这三个阶段中,前文联系儿童最初的自我中心所描述的去中心化,部分地可能是主体所建立的积极关系产生的结果,而且在这种情况下必然会产生一定的互反性:更确切地说,去中心化与互反性合二为一,互反性既是结果,又是原因。[14]但是,去中心化在一定程度上也可能产生于社会环境的压力:在这种情况下,去中心化不会自动地发展成为一种互反性态度,而是将自我中心转化为社会中心及实际的理解。由于这一原因,在向儿童提问关于互反性的问题之前,有必要采用与研究第一部分中采用的类似访谈程序,对儿童对其他国家的反应加以考察。但是,由于从智慧的观点来看,新的反应与刚描述的反应之间存在某种相似,因此没有必要从情感方面对这些反应的逻辑结构,分别加以考察,因为后者只是提供了一个新的兴趣点而已。

在第一阶段,我们发现儿童对其他国家整体与部分的包含关系,与基于主观和暂时意图的相同价值判断,具有同样的智慧困难。[3]

阿莱特(ARLETTE),7岁6个月(日内瓦人)
你知道其他国家,也就是外国吗?
知道,洛桑(Lausanne)[2]。
洛桑在哪里?
在日内瓦。(并列的圆圈)

皮埃尔 G.(PIERRE G.),9岁10个月(参见第1部分第二阶段)
你知道国外任何国家吗?
是的,法国、非洲、美洲。
你知道法国的首都是哪里吗?
我认为是里昂,我和父亲一起去过那里,在法国。(图画并置,里昂挨着法国,因为"里昂市与法国接壤"。)
住在里昂的是什么人?
法国人。
他们也来自里昂[5]吗?
是的……不,这不可能。他们不能同时拥有两个国籍。

莫妮卡 C.(MONIQUE C.),5岁5个月
有不住在日内瓦的人吗?
有,他们住在迪亚布烈斯(Les Diablerets)[2]。

你怎么知道的?

我在那里度过假。

有既不住在日内瓦也不住在迪亚布烈斯的人吗?

有,在洛桑。我阿姨住在那里。

住在日内瓦的人与其他人之间有差异吗?

有,其他人更友好。

为什么? 不住在日内瓦的人比住在日内瓦的人更友好吗?

哦,是的,在迪亚布烈斯,我总能得到巧克力。

伯纳德 D.(BERNARD D.),6 岁 3 个月

你听说过不是瑞士人的人吗?

听说过,来自瓦莱州(Valais)[2,5]的人。(众所周知,瓦莱州是瑞士二十二个州[2]之一,这个孩子本人就来自瓦莱州。)

你听说过其他国家吗? 国家之间有差异吗?

哦,听说过,并不是到处都有湖[2]。

那里的人呢,他们都一样吗?

不,不是每个人都有相同的声音。他们的套衫也不一样。在纳克斯(Nax)[2],我看到一些漂亮的套衫前面都有刺绣。

赫伯特 S.(HERBERT S.),7 岁 2 个月

你所熟悉的不同国家之间有差异吗?住在这些国家的人之间有差异吗?

哦! 有。

能给我举个例子吗?

好的,美国人很笨。我问他们勃朗峰街(rue du Mont-Blanc)[2]在哪里,他们都不知道。

儿童在当前这一阶段所做出的反应,与在第一部分中所描述的反应之间有相似之处,这无须突出强调。甚至,两者之间的趋同亦不令人惊讶,因为一般来说儿童甚至根本意识不到自己属于其所在的国家(参见伯纳德)。

相反,第二阶段的反应虽然凸显出外国概念的形成与儿童自己所属国家概念的形成之间,存在相同性,但是两种类型的观念或者情感反应之间也经常存在对立。首先是概念形成中的相同性:两个例子中,都发现存在从最初的自我中心视角,到儿童对直接环境尤其是家庭概念或传统顺从的去中心化。但是——可能的对立由此开始——根据儿童所处的社会环境对外国人是否宽容,是否持批判甚至敌对态度,其对其他民族的反应可能在很多方面有所不同。以下是通过访谈所获得的一些有关态度的例子,可根据最后一例来确定逻辑结构水平:

米里耶勒 D.(MURIELLE D.),8 岁 2 个月

你听说过外国人吗?

听说过,德国人、法国人。

这些外国人之间有差异吗?

有,德国人很讨人厌,他们总是在打仗。法国人很穷,那里一切都很脏。哦!我还听说过俄罗斯人,他们不善良。

你自己认识任何法国人、德国人或俄罗斯人吗?或者你读过有关他们的东西吗?

没有。

那你怎么知道这些事情呢?

大家都这么说。

弗朗索瓦 D. (FRANCOIS D.) 9 岁

你听说过外国人吗?

听说过,意大利人、来自德国、来自法国、来自英国①。

所有这些来自不同国家的不同人之间有差异吗?

哦!有差异。

有什么差异?

语言,在英国,所有的人都有病。

你怎么知道的?

爸爸告诉妈妈的。

你觉得法国人怎么样?

他们打过一场战争,他们没有多少吃的,只有面包。

你觉得德国人怎么样?

他们很讨人厌。他们总是在和所有人打仗。

可是,你是怎么知道的呢?你去过法国或德国吗?

是的,我去过萨雷布山(Salève)²。

你就是在那里看到法国人几乎没有什么吃的吗?

不,我们是自己带着午餐的。

但你跟我说的这些事情,你是怎么知道的呢?

我不知道。

米歇尔 M. (MICHEL M.), 9 岁 6 个月

你听说过外国人吗?

听说过,法国人、美国人、俄国人、英国人……

非常好。所有这些人之间有差异吗?

哦!有。他们说的语言不一样。

还有呢?

---

① 原文如此,指德国人、法国人、英国人,可能是受访者语言表达问题。——译者注

我不知道。

你怎么看法国人，例如，他们善良吗？知道什么就都尽量说说吧。

法国人不是很认真，他们很冷漠，他们的国家很脏。

你怎么看美国人？

他们很有钱、很聪明。他们发现了原子弹。

那俄罗斯人呢，你怎么看待他们？

他们很讨厌，总是想打仗。

你怎么看待英国人？

我不知道……他们很善良……

说说看，你是怎么知道你所说的这一切？

我不知道……我只是听说……人们说到这些事情。

克劳丁 B.（CLAUDINE B.），9 岁 11 月

除瑞士以外，你还知道任何国家吗？

知道，意大利、法国、英国。我很了解意大利，假期时，我和爸妈一起在那里。

在哪里，哪个城市？

佛罗伦萨（图画正确）。

住在佛罗伦萨的儿童是什么国籍？

意大利籍。

也是佛罗伦萨人吗？

哦！是的，佛罗伦萨在意大利……

你知道一个在法国的城市吗？

知道，巴黎、里昂……（图画正确）。

住在巴黎的人，是什么人？

法国人。

也是巴黎人吗？

是；哦！不，你不可能同时属于两个国家。

巴黎是一个国家吗？

不，巴黎是一座城市。

所以，你可以同时是巴黎人和法国人吗？

不，不能，你不能有两个名字……啊！但，是的，巴黎在法国。

这些反应背后的机制并不难理解。虽然以家庭传统为核心的态度的去中心化，可以发展成为一种健全爱国主义的雏形，但也可能产生以贬低其他社会群体的价值为特征的部落思维。儿童的思维只要被整合到一个可以扩展的灵活关系系统中，那么放弃自己的主观、暂时判断，支持周围环境中的观点，这从某种意义上讲，就是进步。但是，这开辟了两个可能的方向：一曰顺从（有积极和消极两个方面），一曰互反性，后者需要对合作伙伴判断的自主性。目前,上述各种论点均没有述及这种自主性或者互反性;主体借助于与直接环境相关价值的发现,开始对自己施加某种义务,去接受这些关于其他国家群体的观点,所有事情似乎都是如此。

严厉的评判并非常规,而且有利的观点也被接受,这一点也显而易见。但是,在这种情况下,人们必须提出某个社会群体的所有动作,甚至所有的一般意义上的教育都会提出的一个心理学问题:理解的精神是思想内容灌输的结果,还是交换过程本身的结果?也就是说,儿童接受现成甚至是最好的判断后,能否学会自己做出判断?而且,如果失败,他能否开发协调的工具,去纠正偏差、控制压力呢?

下面我们考察一下第三个阶段的典型反应。在这一阶段,知识和情感的进步似乎使儿童更接近逻辑判断和评价的自主性,以及与这种自主性不可分割的互反态度:

让·吕克 L.(JEAN LUC L.),11 岁 1 个月(参见第一部分,第三阶段)

你知道其他任何国家吗?

是的,知道很多,法国、德国……

外国城市呢?

巴黎。

巴黎在哪里?

在法国,是法国的首都(图画正确)。

住在巴黎的人,是什么国籍?

他们是法国籍。

还知道其他什么吗?

他们也是巴黎人,因为巴黎在法国。

马丁 A.(MARTIN A.),11 岁 9 个月(他列出了外国国名。)

所有这些国家的人之间存在差异吗?

是的,他们说的不是同一种语言。

还有其他差异吗?有些人更优秀、更聪明、更善良吗?

不知道。他们有点儿相似,但每个人都有自己的心理。

你说的心理是什么意思?

有些人喜欢战争,其他人希望保持中立。这取决于每个国家。

你是怎么知道的呢?

我听别人这么说,在广播里也听到过,老师在学校里也解释说,瑞士是一个中立国。

雅克 W.(JACQUES W.),13 岁 9 个月(他列出了很多外国国名。)

所有这些国家的人之间存在差异吗?

是的,有不同的种族,不同的语言。而且任何地方,他们的面孔、特性、道德和宗教都不同。

这些差异对人们有影响吗?

哦！是的，他们的想法不一样。每个人都有自己的记忆。

让 B.(JEAN B.)，13岁3个月（他列出了很多外国国名。）

所有这些国家的人之间存在差异吗？

这些国家的唯一差异是大小和位置。重要的不是国家，而是人。而且到处都是不同的人。

但是，此处，我们遇到了与第二阶段所遇到相同的问题：由于主体与其环境之间判断的一致性不断增强而带来的进步，是否具有消除极端观点，代之以中庸与温和观点的趋势？或者说，这种进步是否是与直接环境脱离而采纳更宏观的视角产生的结果？关于第三个阶段，我们在前文中（第一部分）对主体思维以何种方式在获得总体的逻辑结构的同时，从情感上发现了存在于跟家庭与城市等多种直接社群相联系的更宏大的整体，进行了描述。与很容易将自己的祖国与外国相对立的第二阶段不同，这些反应似乎具有向互反态度转变的倾向。但它能够延伸多远呢？

与第一部分相比，第二部分得出的一般结论是：

对祖国观念的掌握可以被解释为去中心化渐进过程的成就，这一过程与协调的拓展包含越来越大的总体有关。但是，对其他国家反应的研究表明，这种去中心化在两种可能性之间摇摆：或者自我中心在一个水平上已被克服，而在另一个水平上却以幼稚或复杂的社会中心的形式出现，或者相反，对自我中心的把握表明互反性发展的进步。现在需要考察的是，是否有可能对后者的重要性做出评估。

三、互 反 性

为了在不偏离祖国与其他国家之间的关系这一主题的前提下，对互反性本身的理解进行研究，我们对4—5岁到11—12岁的儿童提问了两种类型的问题。从我们认为能够很好地反映儿童祖国观念的逻辑关系构建的角度来讲，我们要求每一个被试给出外国人的定义，问他自己是否可以在某些情况（旅行等）下变成外国人。从动机和情感态度的角度，我们提问了以下两个相比较而言产出丰硕的问题："如果你没有国籍，你会选择哪一个国家，为什么？"以及"如果我问一个法国小男孩儿同一问题，他会选择哪一个国家，为什么？"

至于上面研究的各个方面，在互反性这一重要方面，智慧阐释与情感理解之间存在一种完全的相似。从逻辑结构的角度来看，儿童在第一阶段给出的答案显示，外国人的概念武断绝对，对互反性毫无理解，此乃关系的相对性：外国人是来自外国的人，自己即使出了国，瑞士人（或者日内瓦人等）也不可能成为外国人。从情感动机的观点来看，处于同一阶段的被试认为，如果没有国籍，他们就会选择自己已经拥有的国家，但他们不理解法国或英国儿童也会选择自己已经拥有的国家。在第二阶段，两个问题产生了中间反应,表明互反性开始和自我中心仍有遗留,而在第三阶段,对两个问题的回答均以互反性为主体。

智慧方面:外国人的概念

如同在第一部分中,对于同一阶段关于国家的概念,对被试而言,所获得的某些类型的知识对理解所提出的问题,不可或缺。被试若对"外国人"的确切含义不理解,提问关于互反性的问题毫无用处;否则,就会得到像如下答案:

乔治斯 G.(GEORGES G.),6 岁 10 个月

什么是外国人?

我不知道。

你见过外国人吗?

哦!见过。

你怎么知道他们是外国人呢?

主要是看他们穿的衣服。他们穿旧衣服,而且总是去乡下。

科琳 M.(CORINNE M.),6 岁 11 个月

你知道什么是外国人吗?

不知道,但我见过一些外国人。他们是士兵。

然而,一旦理解了"外国人"这个词,就可以提问关于互反性的问题了,而且在第一阶段,我们一般会发现否定结果。

乔治斯 B.(GEORGES B.),7 岁 5 个月

你是什么国籍?

我是瑞士籍。

你是外国人吗?

不是。

你认识外国人吗?

认识。

谁?例如,

那些住得很远的人。

例如,如果去法国旅行,你也可以在某些情况下成为外国人吗?

不,我是瑞士人。

在法国,一个法国人可以是外国人吗?

哦!可以,法国人是外国人。

在法国,法国人是外国人吗?

哦,是的。

伊凡 M.（IVAN M.），8 岁 9 个月

你是什么国籍？

我是瑞士籍。

你在瑞士是外国人吗？

不，我是瑞士人。

如果你去法国呢？

跟以前一样（same）[15]，我仍然是瑞士人。

你认识外国人吗？

认识，法国人。

法国人来到瑞士，是外国人吗？

是的，他是外国人。

法国人待在法国呢？

和以前一样，他仍然是外国人。

玛丽 B.（MARIE B.），8 岁 10 个月

你是什么国籍？

我是日内瓦籍。

你是外国人吗？

不是。

你认识外国人吗？

认识，来自洛桑[5]的人。

如果去洛桑，你会成为外国人吗？

不会，我是日内瓦人。

来自洛桑的人是外国人吗？

是的，他住在洛桑。

那么，如果来到日内瓦，他还会是外国人吗？

他仍然（still）[15]来自洛桑，是外国人。

若要得出上述反应乃是由于对互反性缺少理解这一结论，必须首先处理两种可能的反对意见。首先，有人可能认为，只是存在一种言语上的误解：在这种情况下，混淆产生于缺少的是对"外国人"这一语言表达本身的理解，而不是对概念的错误理解。也就是说，"外国人"一词具有一种错误的含义，例如"外国人＝非瑞士人"或者＝"非日内瓦人"等，这蕴涵着一种非互反性，虽然被试能够做到真正的互反。我们的观察使我们能够轻松对这一反对意见做出回应。上述所呈现的反应属于 7－8 岁之前一组很常见的反应，其持续时间因认知领域的不同而略有变化。例如，在这一阶段，儿童经常说自己有一个兄弟，但他的兄弟却没有兄弟；他能正确区分自己的左右手，但却不能区分坐在对面的采访者的左右手；[4] 他有邻居，但是他不是其邻居的邻居[5]；等等。因此，相对性的名字转变成绝对,就不是一个概率问题了,而是由于儿童没有逻辑相对性或者运算互反性。[16]

然后,有人可能提出第二种反对意见:是否可能仅仅存在一种简单的默认逻辑,从心理态度来看,对相对性的方向施以影响,而对互反性丝毫没有影响?关于这一对立意见,可以用以下两点来做出回应。首先,相对性(具体到目前的情况,是所涉及关系的"对称"方面)源自一种运算活动:将 $A=B$ 转换为 $B=A$,相当于执行转换运算,而且从心理学的观点来看,这个运算是原因,由此所构建的关系是结果。如果说对概念的相对性缺乏理解,这是因为运算机制不健全造成的。负责相对性的运算恰恰存在于互反性系统中。其次,如下所述,支持某种基本心理态度而非某个简单逻辑问题的主要论点是,对互反性的智慧理解的缺位,与价值中的自我中心动机之间,存在对应关系。

在第二阶段,我们发现了一系列处于前一阶段和互反性之间的过渡性反应。请看下述例子:

雅克 D. (JACQUES D.),8岁3个月
你知道什么叫外国人吗?
知道,是来自瓦莱州的人。我姑姑来自瓦莱州,她来到日内瓦时,就是外国人。

伊莱恩 K. (ELIANE K.),8岁9个月
你是什么国籍?
我是瑞士籍。
在瑞士,你是什么人?
瑞士人。
你是外国人吗?
不是。
法国人是外国人吗?
是。
法国人在瑞士是什么人?
法国人,但如果在这儿的话,也有点儿是瑞士人。
法国人在法国呢?
他是法国人。

让-雅克 R. (JEAN-JACQUES R.),8岁8个月
你是什么国籍?
我是瑞士籍。
瑞士人住在瑞士,是什么国籍?
瑞士籍。
他是外国人吗?
不是。

瑞士人去法国,是什么人?

是外国人,也是瑞士的人,因为他是瑞士人。

法国人是什么人?

外国人。

如果一个法国人来到瑞士,他是什么人?

他会是瑞士人,因为他来到了日内瓦。

如果他待在法国呢?

他会是法国人。

他也会是外国人吗?

会的。

法国人在瑞士,也是外国人吗?

不,他在瑞士。

朱尔斯 M.(JULES M.),8 岁 9 个月

你知道什么叫外国人吗?

知道,是来自其他国家的人。我们班里有一个外国人,他来自法国。

瑞士的人可以成为外国人吗?

哦!不可以。

莫妮卡 B.(MONIQUE B.),9 岁 4 个月

你是什么国籍?

我来自沃州。

瑞士人住在瑞士,是什么国籍?

瑞士籍。

他是外国人吗?

不是。

瑞士人去法国,是什么人?

既是外国人,又是来自沃州的人。

为什么?

因为法国人不太了解我们,他们把我们看作外国人。

法国人是什么人?

外国人。

来到瑞士的法国人是什么人?

是法国人,但也有点儿是瑞士人。

为什么?

嗯,因为他来到了瑞士。

法国人留在法国,是什么人呢?

法国人,也是外国人。

如果我问法国儿童同样的问题,他会怎么回答?

他是法国人。

他会跟我说他也是外国人吗?

不会,他是法国人。

与第一部分、第二部分中所描述的第二阶段的反应相比,这些反应很有趣。关于对自己国家的判断,我们看到,这些被试表现出一种虽非模棱两可,但是有点儿双向性的态度:一方面展示出从第一个阶段中的自我中心,向去中心化和协调的方向发展的进步;另一方面仍然缺乏自主性,体现为对家庭意见的服从,而且因此产生从最初的自我中心到社会中心的转变,这与去中心化相去甚远。此处,关于互反性,我们发现了同样的双相性,而且我们必须在这个新的层面上探寻对上述发现的解释。儿童实际上已经完全摆脱了自己的直接观点,从而能够不再肯定说住在另一个国家的瑞士人永远不是外国人,表明其趋向互反性的进步。但是,可以说,这种互反性一直途中停停进进,因为社会中心的痕迹依然存在,一个例证是,肯定瑞士人(或日内瓦人)与其他人不处于平等地位。无疑,人们应当用协调工具的脆弱性,来对这类振荡做出解释。

但是,在第三阶段,问题似乎完全都在掌握之中:

米里耶勒 F.(MURPHYLLE F.),10 岁 6 个月

你知道外国人是什么人吗?

一个离开自己的国家在另一国家的人。

你可能是外国人吗?

瑞士人不可能,但如果我不在自己国家的话,对其他国家的人来说就是外国人。

罗伯特 N.(ROBERT N.),11 岁

你知道外国人是什么人吗?

知道,所有与我们不属于同一个国家的人。

你能成为外国人吗?

能,只要不是瑞士人,就能,我出生在跟他们不同的国家,所以我是外国人。

马里恩 B.(MARION B.),12 岁 4 个月

你的国籍是什么?

我是瑞士籍[5]。

瑞士人住在瑞士,是什么国籍?

瑞士籍。

他是外国人吗?

不,对瑞士人来说不是。

如果他去法国,他是什么人?

仍然是瑞士人,但对法国人来说,他是外国人。

法国人在法国,是什么人?

法国人。

如果他来瑞士,他是什么人?

法国人,但对我们来说,他是外国人。

皮埃尔 J.(PIERRE J.),12 岁 6 个月

你是什么国籍?

我是瑞士籍。

瑞士人住在瑞士,是什么国籍?

瑞士籍。

他是外国人吗?

不。也许对外国人来说,他是外国人。

你这是什么意思?

例如,对法国人、德国人来说,瑞士人也是外国人。

很好。瑞士人去了法国,是什么人?

对法国人来说,他是外国人,但对我们来说不是(外国人),他还是[15]瑞士人。

法国人住在法国,是什么人?

是法国人,而且对其他法国人来说他不是外国人。对我们来说,他是外国人。

法国人来到瑞士,是什么人?

外国人。

为什么?

因为他不是瑞士人;对我们来说,所有非瑞士人都是外国人。

从智慧结构的角度来看,互反性在这个层面上,似乎就没有障碍。那么,从情感的角度来看,情况是否也是如此呢?

情感动机

虽然知道如何在没有国籍的情况下选择自己的国籍,与知道因为对任何人而言,外国人总是存在,因此自己对别人来说是否总是外国人,两者之间似乎没有直接联系,但我们发现,在所考察的三个阶段中,相对反应之间有着惊人的相似性。

在第一阶段,儿童不仅选择自己的国家,而且还想象另一个国家的国民也会选择瑞士,似乎人们都得承认这一客观优势!以下是从第一阶段末期选择的一些例子(由于还没有意识到自己的国籍,这个问题对小于这个年龄的儿童没有任何意义)。

克里斯汀 K.(CHRISTIAN K.),6 岁 5 个月

如果你出生时没有国籍,你会选择哪一个国家?

我想成为瑞士人。(这个孩子是瑞士人。)

为什么?

因为……

如果在法国和瑞士之间选择,你会选择瑞士吗?

会的。

为什么?

因为法国人很讨厌。瑞士人更友好。

为什么?

因为瑞士人不打仗。

如果我问法国人同样的问题,如果我说:"说说看,想象一下,你出生时没有国籍,现在你可以选择任何国家",你觉得这个孩子会选择哪里?

选择成为瑞士人。

为什么?

因为他想成为瑞士人。

如果我问瑞士人和法国人谁更友好,或他们是否一样友好,他会怎么说?

他会说,瑞士人比法国人更友好。

他为什么这么说?

因为……他们知道瑞士人更友好。

查尔斯 K.(CHARLES K),6 岁 11 个月

如果你出生时没有国籍,现在可以选择任何国家,你会选择哪一个国家?

我会选择成为瑞士人。

为什么?

因为瑞士有更多的食物。

你觉得法国人比瑞士人更友好,跟瑞士人一样友好,还是没有瑞士人友好?

瑞士人更友好。

为什么?

不知道。

如果我问一个德国孩子:"说说看,你出生时没有国籍,现在可以选择任何国家",你认为他会选择哪一个国家?

他会说:"我想成为瑞士人。"

为什么?

因为在瑞士会更好。

如果我问他谁更友好呢?

他会说瑞士人更友好。

为什么?

因为他们不打仗。

布莱恩 S.（BRIAN S.），6 岁 2 个月（英国人）

如果你出生时没有国籍，现在你可以选择任何一个国家，你会选择哪个国家？

英国人，因为我认识很多英国的人。

你觉得英国人比瑞士人更友好，跟瑞士人一样友好，还是没有瑞士人友好？

英国人更友好。

为什么？

瑞士人总是在吵架。

如果我们让一个瑞士儿童自由选择国籍，他会选择哪里？你觉得呢？

他会选择英国。

为什么？

因为我出生在那里。

他可以选择其他国家吗？

可以，也许是法国。

为何选择法国？

法国很美。我在法国的海边度过假。

对瑞士儿童来说，哪里的人更友好呢？瑞士人，还是英国人？

英国人。

为什么？

因为……

为什么？

因为就应该这样。

人们惊讶地观察到，儿童一旦理解了这个问题，他就会表现出一种处于第一阶段参与第一部分研究似乎并不具备的狭隘爱国主义。但是，被试从第一阶段末期开始依赖他所听到的一些陈述（在第二阶段，愈发如此），除了这一事实之外，我们还必须考虑与访谈自身直接相关的一个因素。事实上，访谈始于儿童的国籍问题，人为制造出一种偏见，而开始的第一部分，这一点并未得到关注。

在第二阶段，互反性问题以对称选择的形式呈现，由被试替其他国籍的儿童做出回答。

玛丽娜 T.（MARINA T.），7 岁 9 个月（意大利人）[5]

如果你出生时没有国籍，现在可以自由选择，你会选择哪一个国家？

意大利籍。

为什么？

嗯，这是我的国家。与我父亲工作的阿根廷相比，我更喜欢意大利，因为阿根廷不是我的国家。

意大利人比阿根廷人更聪明，没有阿根廷人聪明，还是一样聪明呢？你觉得呢？

意大利人更聪明。

为什么？

我知道跟我生活在一起的人，他们是意大利人。

如果让阿根廷儿童自由选择国籍，你觉得他会选择哪里？

他仍然会选择阿根廷籍。

为什么？

因为阿根廷是他的国家。

如果我问他谁更聪明，阿根廷人还是意大利人，你觉得他会怎么回答？

他会说阿根廷人。

为什么？

因为他们不打仗。

有道理。实际上，关于他的选择和他所说的，你和阿根廷儿童，谁说的对？你对，阿根廷儿童对，还是你跟阿根廷儿童都对？

我说得对。

为什么？

因为我选择了意大利。

雅诺 P. (JEANNOT P.), 8 岁 (威尔士人[2], 天才儿童)

如果你没有国籍，可以自由选择任何想要的国籍，你会选择哪一个国籍？

我选择威尔士籍。

为什么？

不知道。

意大利人和威尔士人谁更友好，还是他们一样友好？你觉得呢？

威尔士人更友好。

为什么？

因为我知道威尔士人更友好。

谁更聪明呢？

威尔士人更聪明。

为什么？

因为我父亲是威尔士人。

如果让意大利人自由选择国籍，你觉得他会选择哪个？

意大利。

为什么？

因为我在学校认识一个意大利男孩，他想成为意大利人。

如果我们问这个男孩，威尔士人和意大利人谁更友好，他会怎么说？

我不知道他会怎么想。但可能他会说意大利人更友好。

为什么？

我不知道。

那如果我问他谁更聪明呢？

他会说意大利人更聪明。

为什么？

因为他也有父亲。

你到底怎么想的？你和意大利男孩，谁对？你们给出的答案不一样，你认为谁的答案最好？

我的。

为什么你的最好？

因为威尔士人更聪明。

莫里斯 D.（MAURICE D.），8 岁 3 个月（瑞士人）

如果你没有国籍，可以自由选择任何想要的国籍，你会选择哪一个国籍？

瑞士国籍。

为什么？

因为我出生在瑞士。

说说看，关于法国人和瑞士人，你觉得他们谁更友好，还是一样友好？

瑞士人更友好。

为什么？

法国人总是很讨厌。

谁更聪明，瑞士人还是法国人？或者你觉得他们一样聪明？

瑞士人更聪明。

为什么？

因为他们学法语很快。

如果让法国儿童自由选择国籍，你觉得他选择哪个国家？

他会选择法国。

为什么？

因为他住在法国。

那么，关于谁更友好，他会怎么说？他会认为瑞士人更友好、法国人更友好，还是他们一样友好呢？

他会说法国人更友好。

为什么？

因为他出生在法国。

他会认为谁更聪明？

法国人。

为什么？

他会说法国人比瑞士人学得更快。

说实话，你和法国男孩给出的答案不一样。你觉得谁的答案最好？

我的。

为什么？

因为瑞士总是更好。

我们观察到，从被试诱发出国籍选择之后（如在第一阶段），儿童的观点很容易发生逆转，转而支持对他而言的外国儿童。关于第二阶段的智慧结构存在一种我们所观察到的相对相似性。但是，（这甚至强化了这种相似）人们需要做的只是在对话末尾补充说"可是，说真的，谁对？"以打破这种呈现的互反性，并使被试回到与第一阶段类似的态度。

最后，第三阶段的特征是，对互反性的观点的真正理解和对最终建议的抵制。

阿莱特 R.（ARLEETTE R.），12 岁 6 个月（瑞士人）

如果你没有国籍，并且可以自由选择任何想要的国籍，你会选择哪一个国籍？

瑞士国籍。

为什么？

因为我出生在瑞士，而且来自瑞士。

很好。你觉得谁更友好，法国人还是瑞士人，或者你觉得他们都友好吗？

哦！一般来说，他们同样友好。有些瑞士人很友好，有些法国人也很友好，与国家无关。

瑞士人和法国人，谁更聪明呢？

他们都有各自的特征。瑞士人唱歌好，法国有伟大的作曲家。

如果让法国人自由选择想要的任何国籍，你觉得他会选择哪一个？

法国籍。

为什么？

因为他出生在法国，法国是他的国家。

对法国女人来说，法国男人与瑞士男人，哪个更好？

我不知道。或许对她来说，法国人更友好，但我不确定。

你们俩之间谁是对的？

这可说不准。从自己的角度来看，每个人都是对的。每个人都有自己的看法。

亚尼内 C.（JANINE C.），13 岁 4 个月

国籍选择：我会选择瑞士籍。

为什么？

因为瑞士是我的国家，我喜欢它。

你觉得谁更友好，瑞士人还是法国人？

他们一样友好。与国家无关,与人有关。

那么,谁更聪明,瑞士人还是法国人?

他们还是一样聪明。法国更大,因此有更多善于思考的人,但瑞士也有科学家和教授。

法国人会怎么选择呢?

他会选择法国籍。

为什么?

法国是他的故乡,他对法国有感情。

对他来说,谁更聪明,瑞士人还是法国人?

这很难说。也许他会说他们一样聪明,也许他会说法国人更聪明,因为他认为法国有更多善于思考的人。

讲真的,谁是对的?你觉得谁给出的答案最好?

说不准,这取决于每个人的思考方式。到处都可以找到各种各样的人,有些人更聪明,有些人不太聪明,有些人更友好,有些则不那么友好。

尽管这些问题存在不可避免的表面性,但我们看到,发展的总体方向一直保持清晰。我们的结论可以概括为两个要点。第一,儿童对自己祖国的发现与对别人的理解,从自我中心到互反性关系的建立,是一个逐步的发展过程;第二,这种逐步的发展过程经常出现偏离,其一般格式是自我中心在发展的每一个新的水平上,都以更宏观或者社会中心的形式,或作为每一个新冲突的结果反复出现。因此,主要的问题并不是确定必须把什么或者不把什么灌输给儿童;问题存在于客观性思维与情感理解不可或缺的工具的形成方式中,亦即存在于思维与现实生活的互反性中。

作者注释

[1] 这两个数字表示儿童的年龄:7 岁 6 个月。

[2] 代表日内瓦的是一个小圆圈,位于代表瑞士的大圆圈内,但瑞士经常被认为是大圆圈和小圆圈之间的那部分。

[3] 我们遇到了一些 7 岁的新生,他们在日内瓦从未听说过法国("不,我不知道那是什么地方"),只听说过萨沃(Savoy)²等。

[4] 皮亚杰:《儿童的判断与推理》,德拉绍与尼斯特尔出版社,1924(J. Piaget, *Le Jugement et le raisonnement chez l'enfant*, Delachaux et Niestlé, 1924)(英文版:*Judgment and reasoning in the child*, London: Routledge & Kegan Paul, 1928)。

[5] 尼克莱斯库,《儿童关于家族与村庄的观念——一项对罗马尼亚儿童的研究》,论文,日内瓦,1936 [Nicolescu, *Les Idées des enfants sur la famille et le village*

(*étude sur les enfants roumains*),Thèse de Gèneve,1936][英语版:*Children's ideas about the family and the village* (*a study of Rumanian children*), Thesis, Geneva, 1936]。

英文版译注

1. 法语"*patrie*"。

2. 州(canton)是瑞士的半自治政治区域。瑞士是一个由 23 个州组成的联邦。本部分发表时的 1977 年,瑞士只有 22 个州。第 23 个州是侏罗(Jura),成立于 1978 年。每个州都使用瑞士四种民族语言之一:德语、法语、意大利语或罗曼什语(Romansch)(瑞士东南部少数人使用的以拉丁字母为基础的一种语言)。

在整章中,尤其是与儿童的对话部分,提到瑞士、周围地区及其他国家的不同的州、城镇和其他一些地理标志。所提到的瑞士的五个州包括:讲法语的日内瓦、瓦莱州和沃州,以及讲德语的伯尔尼和圣加仑。

日内瓦既是城市名,又是日内瓦市所在州的名字。日内瓦市位于日内瓦湖(Lac Léman,英语 Lake Geneva)畔,其主要街道之一是勃朗峰街(Rue du Mont Blanc)。萨利夫山(Salève)是法国的一座山,位于瑞士边境,俯瞰日内瓦。

沃州是紧邻日内瓦的一个州。洛桑和迪亚布烈斯是位于沃州的城镇。纳克斯是瓦莱州的一个小镇。

里昂是法国的一座城市,离日内瓦不远。萨沃伊(见作者注解 3)是法国与日内瓦接壤的地区。

威尔士是大不列颠的三个国家(英格兰、苏格兰、威尔士)之一。

3. 法语"*cercle*"。

4. 法语"*pays*"。

5. 法语中经常使用形容词指代州或城市的起源。英语中不一定都存在对等的术语(如"Genevan"代" Genevois")。在这些情况下,"from(来自)"被用来对译法语的"ois"(如"*Vaudois*"被译为"from Vaud")。

在法语中,标记词与形容词一起指代性别(如"*Vaudois*"和"*Vaudoise*"分别表示沃州的男性居民和女性居民;"*Suisse*"和"*Suissesse*"分别表示瑞士的男性国民和女性国民)。英语译本不区分儿童的性别。

6. 法语"*pression*"。

7. 社会中心思维与自我中心思维一样具有约束力,在这种情况下,表现为一种模态误差,去除这种误差,对于构建国家和国际关系的真实知识,非常必要。

8. 儿童也有其(法语 *portera*)规范,但规范的使用不统一,即规范不会自主地干预儿童的思考。

9. 法语"*mobiles*"。

10. 法语"*motivations*"。

11. 皮亚杰使用了拉丁文表达"*terra patria*"。

12. 法语"*cadre*"。

13. 法语"*schémas*"。

14. 法语"*ne fera qu'un avec cette réciprocité, dont elle résultera autant qu'elle la provoquera*"。

15. 法语"*toujours*"。

16. 请注意,皮亚杰在其《儿童的判断与推理》一书中,既研究了儿童对国籍的理解,也研究了儿童对亲属关系的理解。有关后者的重新分析,请参阅最近关于儿童对亲属关系逻辑理解的一项研究:皮亚杰、享里克斯与阿什尔:《态射与范畴:比较与转换》,新泽西州希尔斯代尔:厄尔鲍姆出版社,1992(J. Piaget, G. Henriques & E. Ascher, *Morphisms and categories*, Hillsdale, NJ: Erlbaum, 1992)。

第八章　自我中心思维与社会中心思维

社会学对儿童心理发展研究之所以关注,不仅仅是因为儿童的发展乃是个体各个层面的社会化,而且是因为发展乃是个体对物理世界的适应。它主要产生于以下事实,即社会化根本不是某种单向原因——如成人社会通过家庭教育和学校教育等手段对儿童施加的压力——的结果。相反,分析表明,它涉及不同类型而且有时会产生相反效果的多种相互作用的介入。涂尔干学派有点学究的社会学,将社会简化为一个单独的整体,即集体意识,并将其动作简化为物理或精神约束的单向过程,与此相反,儿童个人与社会发展要求我们义不容辞建构的具体社会学,若要对所涉及的各种关系与相互依存关系做出解释,就必须避免大而化之的泛泛而谈。

一

关于智慧与思维的发展(为了简洁起见,此处只考虑这一领域),重要的是必须记住——因为下述事实贯穿所有关于这些功能社会化的讨论——儿童的认知机制包含三个而非两个不同的系统。这不仅仅是将主要由神经和心理因素决定的感知-运动过程的发展,与一旦达到一定成熟水平后吸收源于社会生活的物质的言语和概念思维,加以区分的问题。相反,还必须做出如下区分:

1. 感知-运动功能(知觉和各种感知活动、感知-运动学习、感知-运动与实际智慧),其构成先于语言的出现,但其作用在整个发展过程中至关重要,是各种动作的底层结构或根源。

2. 严格局限于定义明确的结构中的内化、可逆、协调动作的智慧运算,如具体逻辑(从7—8岁起对可操纵物体产生影响的类、关系与数字)的"群集"或形式逻辑(从11—12岁起对最初的具体运算产生影响的二阶运算)的格与群。

3. 由通过象征(表征性意象、游戏式象征)或符号(语言)唤起的场景或提供的解释组成的表征性思维,而这种唤起或表征未必需要转换运算的干预。

这种表征性思维在一岁半到两岁之间与象征性功能一起出现,而且一直在"前运算"状态下运作,直至7—8岁,处于运算的边缘,但是,从该年龄开始运算逐渐占据上风,从11—12岁起运算越来越完善。

认知机制有三个而非两个不同的系统组成，其显而易见的证据是，有待构建的第三个系统，即运算系统，虽然是作为感知-运动系统与表征系统之间的过渡介入认知过程，但在某些方面更接近前者（第一个系统），而非后者（第二个系统）。实际上，运算应该被恰当地称为动作，因此运算的协调最终以多种方式扩展了在感知-运动阶段草就的协调。因此，各种运算形式的守恒早在感知-运动阶段就已通过物体守恒被准备好，而且欧几里得几何的运算协调被移植到位移的感知-运动协调（有人可能说，儿童两岁时就已经获得的经验位移"群集"预示着后来几何运算的可逆性）。

从这种观点来看，表征性思维对运算的形成，既是必要的准备，也构成其障碍。说它是必要准备，是因为为了完成从有效或者感知-运动的动作到内化或者纯粹心理动作的转化，象征或符号系统必须介入进来。但是，言语符号的作用不应该夸大。目前关于聋哑人的研究似乎表明，尽管没有语言的参与，但对象征功能[1]未受损的个体（相对于失语症者而言）来说，其排序、分类等具体运算能力发展正常。但是，表征性思维由于以（静态）状况而非以转换为重心，以完形而非以从任一物到另一物的移动为重心，因此就成为一种障碍。这是因为表征性思维抑制思维运作所必需的移动性、可逆性（或者互反性）思维所获得的成就，以发挥优先表征的优势，这种表征的优先程度恰恰是其扭曲的程度：与运算的相对性特征相反，这就是表征迟早墨守的虚假绝对。因此，大小、轻重、左右等具有非法的意义，这些概念导致了前运算表征的形成，而且直到根据排序、对应关系或互反关系等宏大结构构成逻辑关系时，才能成为思维的恰当工具。

二

社会学之所以关注上述所区分的三个层面，是因为三者参与了彼此显然不同的社会化各个过程。

我们首先强调的一个事实是，三个层面都是智慧或思维社会化的场合，因为人的智慧，在从生命诞生的第一天到终结的所有发展阶段上，都受到社会生活活动的制约。此处应该强调的是，我们从来没有相反的想法，而且指责我们坚持个体主义，如瓦隆（Wallon）因为我们将思维的自我中心与"自闭症"（依据下问所阐明的意义）等同，他们认为我们具有的观点，与我们的真实观点恰恰相反。我们只是拒绝承认"社会"（society）或"社会生活"（social life）是可以在心理学中使用的准确概念。坚持社会生活在发展的各个阶段都发挥作用的观点，等于说了不言自明的道理，如同说外部物理环境有持续影响一样模棱两可。实际上，物理环境对新生儿、2岁到5岁的儿童、少年以及熟悉科学方法的成人以完全不同的方式产生影响，同样，"社会生活"在儿童发展的不同阶段，其影响也完全不同，发生心理学对社会学的贡献，是对施加给个体的不同类型的社会相互作用，借助于对社会化过程的分析和对每种类型在发展中出现顺序的考察，做出区分。

在这一方面,至少在独立运行及语言和概念思维出现之前这一阶段,感知-运动智慧与完全建立在动作相互依赖性基础上的一种基本类型的社会化相对应。此时,思维的社会化尚未发生(因为思维此时与动作尚未分离,还没有作为思维独立存在),而且婴儿周围的成人只是被看作活动的身体,尤其是激烈的快乐与痛苦之源,特别是被看成一种其表现与自己身体表现相一致的身体。这种累积而成的社会化的主要工具是模仿。关于模仿在征服他者与发现自己的身体所依附的自我中所同时发挥的作用,鲍德温曾有过深刻的揭示。

而在另一个极端,亦即在具体尤其是形式运算的层面上,思维的社会化主要是建立在交换与合作的基础上,亦即建立在隐含互反性与合作伙伴平等的工具基础之上。实际上,所有基于权威的论证都与理性思维相矛盾,在有明显逻辑必然性约束介入的层面上,思维只要在迟早被证明具有社会中心性质的方向上(我们将在稍后回到这一点)产生背离,就不再能够恰当地运作。

但是,在二者之间,纯粹的表征性的思维导致更为复杂的社会化过程的发生。实际上,它联合象征功能,构成在个体象征(比如游戏性象征的开头,或者具有半真实半虚构意义的手势;比如心理意象或对形状的内化模仿等)与集体符号(语言)之间摇摆不定的完整能指系列。其结果是,思维最初处于介于个体表征(意象表征、象征思维[2]等)与集体表征(概念等)之间的一种中间状态。而且,由于运算性合作不可能产生,并且社会化的唯一工具仍然是对婴儿周围成人的模仿以及由成人施加的教育约束,因此,这种中间状态不能达到反映逻辑思维的社会化水平,也就是说,不能达到同时蕴涵对运算产生影响的运算思维的自主性和交换的合作性的水平。

我们建议,由于没有更好的术语,可以用"自我中心"(egocentrism)这个术语来命名这种中间状态,但是,可以对其做进一步定义,以弥补其意思模糊不清的缺陷:童年早期的自我中心是个人自己观点与他人观点的无意识混淆。事实上,2岁到7—8岁的儿童已经受到外部社会的影响,却又没有能力通过自己的控制运算机制来同化这些社会影响,因此,他没有达到个人的自主,或者没有掌握适合自主个体之间交换的互反性;他只是简单地将其从外部获得的任何东西,同化到自己的活动中,却没有在其思维中将哪些思想是自己的、哪些思想是他人的区分开来。极其个性化的自我中心思维,融入其实是依据儿童自己愿望或兴趣对现实加以置换的象征性游戏或想象游戏。极其社会化的自我中心思维是成人思维的一种复制,但是在所接受的模型与将这些模型同化到结构中的儿童有限的智慧结构之间不平等的情况下,这种复制本身也是一种置换。

简而言之,思维的社会化是逐步发生的过程。个体的智慧运算伴随着个体间的合作而产生,而且合作作为个体执行的运算之间的简单对应而出现,思维的社会化就是在这个层面上实现的:在这种社会化水平上,在思维的核心将个体与社会分离是不可能的,这不是因为两者被个体所混淆,而是因为它们构成同一个体和个体间协调工具的两个不可割裂的方面。但是,在达到这种运算平衡的状态之前,由于儿童受自发活动及群体约束(家庭、学校等)的影响,思维常被相反的趋势所支配。此时,思维的社会化呈现为某种形式的妥协,表面看来是服从于约束,但实际上,仍然由以前运算阶段表征产出为特征的无意识的智慧自我中心所决定。因此,社会与个体不可割裂,但只是在将它们相混淆的个体的意识中没有分化出来。

三

如果注定只能解释社会化道路上的儿童思维的话,那么这种分析似乎太复杂,而且很难自圆其说。但是,我们认为,其客观性的保证源自下述一个基本事实:对进化中社会核心的各种集体思维的研究,需要重新引入一种三方分析法(如果可以这样说的话),以取代直面"个体"与"社会"之间或者个体意识与集体意识之间冲突的社会学常识。

实际上,对集体思维主要表现形式的考察揭示出三种形式,三者彼此不能相互还原,而且是异质的社会化过程的反映,也就是说,它们反映出个体活动与群体协调间不同的关系。这三种形式是技术、科学思维与社会中心意识形态。

技术不能还原为科学思维,因为前者起源于原始社会与史前社会,而后者则是相对较新发展的产物。类人猿甚至能够使用基本的工具,但其思维并不为人们所知,而且其智慧停留在感知-运动水平,几乎没有智慧社会化。

相反,我们所熟悉的所有人类社会有多种类型复杂的意识形态:如宗教、神话[1]、政治等。所有类型的意识形态都在不同程度上具有社会中心性。相反,科学思维的特征是借助于客观性保障的某种运算协调,从这种社会中心中解放出来,并且与作用于已经由技术来保障的现实的动作建立起联系。

因此,人们可以看到三种类型社会化智慧或思维之间的三种相似性和关于个体社会化的三种结构。首先,意识形态介于技术与科学思维之间,表征性思维介于实际或感知-运动智慧与运算智慧之间。其次,科学思维在形成之后,便与技术联系起来,正如运算思维在形成之后,便将其部分基础性东西反哺给感知-运动智慧。最后,如同与运算思维相关的表征性思维,意识形态既是科学思维的准备,也是科学思维的障碍:一方面,意识形态导致对一般概念(因果关系、合法性、物质等)的阐释,这些概念在科学思维中以各种形式复现,从这个意义上看,某些方面就预示着科学思维的出现;但是,另一方面,正如前运算表征性思维具有自我中心性,意识形态思维则具有社会中心性,而且这种被扭曲的中心化阻碍了科学思维的发展,因为后者必须克服前者产生的消极影响,正如自我中心对运算的形成产生障碍,因为运算必须借助于其互反性与去中心化等机制,逐步消除自我中心的影响。

从集体表征理论的角度来看,通过前两种相似之处来阐明的第三个相似之处,无疑最重要,因为它除了其一般意义之外,还允许将客观真理部分与共同的集体主观性或社会化思维部分分离开来。

我们可以假设所有意识形态都具有社会中心性,因为涂尔干学派的研究表明原始集体表征具有"社会形态"特征,从而预见到了这一点。但是,涂尔干的意图是保证集体意识统一性,从宗教思维推衍出科学思维,这使他根本没有认识到社会思维的"社会形态"形式与共同思维的客观或科学形式之间,从根本上讲存在二元性,而且重要的是,这使他并没有意识到这种二元性也存在于极其发达、文明社会的集体意识中。除科学的社会人(the sociological man of science)之外,涂尔干和孔德都认为,还存在某种集体意识的唯心主义神学家(a kind of idealistic theologian of the collective consciousness),是他们对科学家隐藏了对立与斗争,代之以一种由系统而非事实决定的统一。相反,马克思显然更强调斗争与冲突,从而揭示出事物的对立性,而且这一教训仍然具有教益,不受人们对其政治观点的任何看法的影响。在技术或者人对自然的生产行动,与科学或者允许在强化技术的同时客观理解人与自然的智慧关系系统之间,是构成并非对社会整体而是对具有各自的利益、冲突与愿望的社会子群体反思的各种意识形态——因为社会从社会分化阶段的初期就分为不平等和对立的阶级。当代的新马克思主义者已揭示出在一定程度上与早期科学密切相关的文学、形而上学,甚至哲学氛围,以何种方式无意识地反映社会关注,或者更准确地说,以何种方式反映社会中心性的关注。因此,意识形态之于社会,等同于象征性思维之于个体[2]。更确切地说,意识形态是一种形式的象征性思维,但这种象征性思维比以原始社会形态为特征的神话思维特征,概念化程度更高。

因此,人们可能得出结论,加以必要的改变(mutatis mutandis)[3],某些一般性的结构既可以在历史的层次上,很容易地在集体观念形成过程中找到,亦可以在心理发生层次上,在社会化过程中找到。无论何处,情况都总是这样,即智慧的基本形式产生于动作(行动),首先是在感知-运动动作中,然后是在实践和技术智慧中,而高级形式的思维在运算的构成过程中重新发现了这种行动本性(active nature),从而在运算间形成了有效、客观的结构。但是,同样,动词(语言)介于动作与真正的运算之间,而语言一方面是独立表征之源,但另一方面从受制于思考主体这一意义上讲,也是变异之源:低龄儿童多从自己暂时利益的角度,来对事物加以想象,却不理解可能观点间的互反性,其自我中心性,与部落的社会形态性或者作为阶层意识或民族意识特征的精致社会中心性,在程度与内容上有相当大的差异,但是,人们在理性的逻辑规范方面,也发现了同样导致扭曲的因素,即思维围绕个体主体或集体主体的中心化,与作为客观或运算思维特征的去中心化不同。

四

前面我们对在其他著述中详述的理论解释框架进行了简要的概述,[3]现在我们来考察一下它所受到的一两种批评,同时考察一下某些对比概念的优缺点。我们首先在本书的大背景下,考察一下瓦隆公开提出的批评,及其作为替代方案所处的观点。[4]

我们此处准备回应的著名反对者表现出一种独有的特征,促使我们做出一种不同的选择。正如我们在其他场合所言,我们在很多情况下赞同其观点(如关于神经成熟的作用),但是读其对我们的友好批评,似乎从来没有从中得到他真正理解我们的印象,即使我们并没有真正努力去理解为什么他坚持认为我们观点一致。但是,如果说瓦隆作为伟大的儿童心理学家,似乎也不完全理解我的观点的话,那么这肯定有更深层次的原因,正是这一点也促使我要更准确地做出解释。

如果我的理解正确的话,根据瓦隆的说法,在所引用的文章中,他所认识到的我们之间的基本矛盾是,儿童逐渐自我个性化的过程始于社会(在群体与自我之间无分别意义上),而本人却认为(也就是根据瓦隆解读的皮亚杰的看法,保留我们刚才的讨论),儿童从自我开始逐步社会化(这也是瓦隆所谓的"皮亚杰的个体主义")。

若不仔细考虑所使用词语的含义的话,我们之间肯定存在某个重大分歧。但是,在笔者看来,这一微不足道的严肃论证正好甚至只与这一事实有关,即20世纪中叶,倾心于具体现实的两位心理学家使用了相同却具有不同含义的术语,甚至也没有为了客观、有效地交流观点,而暂时采用反对者赋予相关术语的含义。

即便如此,我们仍然尝试去加以理解。瓦隆认为,儿童没有设法将自我与周围环境所施加的动作区分开来,从这个意义上讲,他以社会为起点开始发展。也就是说,他以某种"混沌主义"(confusionism)(第22页)为起点开始发展。本人认为,思维的发展始于一种自我中心状态,将其明确定义为自己的观点与他人的观点无区别,或者换言之,即对自我没有任何清醒意识的状态。瓦隆所谓的社会"混沌"果真与皮亚杰的自我中心格格不入吗?其次,瓦隆揭示出儿童如何通过逐步"分化"来实现自我个性化:这种分化始于情感方面,"乃是数年的追求。所有自我意识的发展都伴随着社会想象能力的发展(第22页)"。至于智慧(智慧的分化发生明显较晚),本人从自己的角度表明,个人自主性的征服乃是同时包含观点的分化与协调的互反性的应变量。那么,瓦隆所谓通过分化获得的自我真的与皮亚杰的人格和互反性不兼容吗?本人对此不做判断与判决。

另一方面,在本人看来,瓦隆犯了两个错误。瓦隆拒绝接受本人对自我中心的定义,在其中发现了"个体主义",此处所指的是本人尝试对儿童的最初思维与布洛伊勒的"自闭症"所做的比较。他将自闭症视为精神分裂症病理特有的一种状态,强烈反对做这种"不可接受"的比较(第46页)。但是,如果从瓦隆回到提出自闭症概念的布洛伊勒

(本人在苏黎世时是其学生),人们就会认识到,布洛伊勒的自闭症中包含弗洛伊德的象征性思维;但是,其中仅仅加入了其最基本的思想,即如果象征思维遵循快乐原则(Lustprinzip)[4]的话,这是因为自闭症无视现实与社会生活规则,而且因为是"自闭症"才无视这种规则。因此,从布洛伊勒的角度来看,将低龄儿童的象征性游戏看作他所谓"未定向的自闭症"类似类型思维的一部分,也就没有什么不可接受的。为避免模棱两可,本人此后不再使用"自闭症"这个术语,只讨论象征思维。但是,不论使用哪个术语,本人仍然认为,游戏思维和象征思维不符合任何逻辑,这恰恰是因为对充分社会化(产生于合作与互反性,以及观点的分化和协调)的需求,与"个体主义"完全相反。

最后,瓦隆坚持的最关键的一点[已经在《性格的起源》(Les Origines du caractère)中提及]是:从自我中心主义到合作的过渡是对卢梭个体主义的反驳;它把我们从《爱弥儿》(Emile)带向了《社会契约论》(The social contract)！反卢梭主义者,欧内斯特·塞耶(Ernest Seillère)是这方面的专家,在本人第一部著作出版时,就写了一篇文章论述了"卢梭研究所"(Institute J-J. Rousseau)当时的研究在哪些方面,与卢梭的个体主义完全矛盾冲突。[5] 相反,瓦隆在皮亚杰的研究中重新发现了卢梭,并且在这种结合中看到了"高度顽强的意识形态态度的力量"(第19页)。人们可能理解本人所遭遇的这种尴尬。如同马克思,本人一向认为,意识形态在个体思维中导致了某种无意识偏离的产生,此处只能冒昧地断言自己没有偏离,而且鉴于本人所有的信念均与卢梭的社会学背道而驰,也没有不由自主地信奉这一点。但是,意识形态方面的争论可以逆转。人们也可以质问瓦隆受到了何种意识形态的影响,认为本人的观点与卢梭的观点一致。而且,在发现某些波兰评论家不假思索地接受了相同的解释时,人们就会相信,要解决这个问题,还有很长的路要走。

下面我们从想象的对比回到真实的对比。瓦隆与本人之间真正的差异——而且这种差异确实存在——涉及感知-运动智慧与运算思维之间的关系。瓦隆称感知-运动智慧为情景智慧,认为它与思维本身没有直接关系。思维与表征,亦即模仿(与感知-运动模仿没有关系)一起出现,最重要的是与语言一起出现。这样,始于一个合一阶段(我们所谓的自我中心和以自我为中心的合一之间,已经存在一种亲密关系)的思维只能(通过"结对""分子"等)逐渐地明晰化,并最终在运算中得以组织。毫无疑问,这最后一点是瓦隆明确宣称与本人一致的观点。

因此,这里有两个彼此没有任何关系的系统,而不是三个:"情景智慧"及思维。结果,由于不承认任何的自我中心的存在,运算思维便完全产生于表征性思维,而且由于感知-运动功能与思维之间也没有任何关系,运算功能的形成就不依赖于任何运动或动作。

关于这个观点,目前,我们遇到了两个困难。我们对第一个困难不会给予过多关注,因为它与社会学只有间接关系:既然(我们再次强调)运算是内化的动作,而非没有某种形式运动做参照的表征,那么运算应如何解释?语言思维与运算之间没有连续性,而只有重组之必要性,这种连续性的根源在于感知-运动机制。相反,从思维的社会学角度来看,我们认为第二个困难更为重要。

瓦隆坚信思维起源于语言,用不到4年的时间撰写了一部非常优秀的著作《儿童思维的起源》(*Les Origines de la pensée chez l'enfant*),在书中,瓦隆满足于摘录自然语言对话,而不诉诸儿童施加动作的任何物质,然后才对他们进行提问。[6]那么,这里所涉及的是何种思维呢?如果不用人工手段,如何解释从最初不连贯的喋喋不休到有结构的逻辑运算的过渡呢?

此处,正是这第三种因素,即自我中心思维(周围人类环境语言约束与人类自身活动之间的妥协)的缺失,才使人们清晰地感受到它的存在,而且也没有通过这种自我中心的一种产物——亦即前逻辑思维的合一——去弥补这种缺失。在上文中已经提问过,瓦隆在这一点上是否在某种程度上,成为涂尔干社会学的受害者,将社会生活看作一个单一的实体,不加区分地解释逻辑的构成与社会形态或社会中心思维。相反,如果受马克思主义对技术、意识形态和科学区分的启发,具体的思维与动作(即具有运动的理性运算)重新结合起来,那么语言思维或纯粹表征性思维就不能发挥瓦隆所赋予它的作用。语言思维因为介于感知-运动动作与运算动作之间,因此当然部分地为运算行为做准备;而在其他方面,它成为一个障碍,将思维引到想象、表愿望的方向上,总之,即与动态客观性相反的主观方向上;正是从这一方面来讲,纯粹的语言或表征性思维具有自我中心性,与之类似的是与集体科学思维有关的社会中心意识形态。

作者注释

[1] 表征模仿、手势语言、象征游戏等。
[2] 这个词的严格意义,即保留有理据象征与任意或规约性符号之间的差异。
[3] 参见本书第1章《社会学解释》。
[4] 瓦隆:《儿童的心理学与社会学研究》,《国际社会学札记》,第3卷,1947,第3—23页(H. Wallon, L'Etude psychologique et sociologique de l'enfant, *Cahiers internationaux de sociologie*, vol. 3, 1947, pp. 3-23)。

英文版译注

1. 皮亚杰使用了"cosmogoniques"这一术语,英语中没有直接对应的词来翻译。这个法语词包含宇宙起源的科学理论和神话理论,但由于皮亚杰在此强调的是非科学的意义,因此翻译中保留神话理论一义。

2. 请注意,根据皮亚杰的表述,婴儿期的自我中心是无意识的,也是完整的[《儿童"现实"的建构》(*The child's construction of reality*, London: Routledge & Kegan Paul, 1954)第 92 页],而且即使到成年期,由于各种形式的自我中无法消除,完全的逻辑思维永远无法实现[《儿童的语言与思维》(*The language and thought of the child*, London: Routledge & Kegan Paul, 1959)]。以此类推,在任何具有潜在等级结构的完整社会的早期发展阶段,各种类型的社会共有知识都具有与社会中心相似的特征,完全理性的知识即使在科学中也无法获得。

3. 拉丁语表达,意思是"加上必要的改变(with necessary changes)"。

4. 皮亚杰使用的德语术语,可以翻译为"快乐原则(pleasure principle)"。

5. 皮亚杰的第一个职位就是在日内瓦的卢梭研究所,他的第一本书《儿童的语言与思维》(*The language and thought of the child*, 3rd edition, London: Routledge & Kegan Paul, 1959)初版 1923 年。

6. 关于对语言方法的批评,参见皮亚杰的《自传》[载波林主编《自传体心理学史》(E. Boring, *A history of psychology in autobiography*, vol. 4, Worcester, MA: Clark University Press, 1952)]。关于皮亚杰的"批评方法",参见《儿童的判断与推理》第三版前言(*Le Jugement et la raisonnement chez l'enfant*, Avant-Propos de la Troisième Edition, Neuchâtel: Delachaux et Niestlé, 1947),或者参见史密斯著《必然性知识:皮亚杰的建构主义观》(L. Smith, *Necessary knowledge: Piagetian perspectives on constructivism*, Hove: Erlbaum, 1993)第 11 章。

第九章　儿童社会心理学的问题[1]

童年期提出的社会学问题有两大类:儿童与成人之间的社会关系问题以及儿童自身之间的社会关系问题。但是,在探讨这两个问题之前,有必要将其置于一般社会学的框架内。之所以必须这样做,是因为从某个角度来看,它们是众多问题中的两个特殊的社会学问题,而从另一个角度来看,它们涉及一些比人们想象的更为普遍的问题。儿童之间的社会关系源于以下事实:教育是社会凝聚力的基本因素之一,而且教育恰好产生于儿童与成人之间的社会关系。

一、代际问题与社会化过程

人们往往坚持认为,在动物社会里,社会特征主要是通过生物遗传来传播,相反,在人类社会中,却几乎完全依赖教育来传播和发展。[2]换句话说,人类社会中社会特征的传播被认为是通过个体彼此间"外部"动作来实现。在这里,我们的任务并非是联系动物社会(遗传在动物社会中的作用可能被夸大了)来对这种观点进行讨论,而是从童年期的角度,对其进行考察。

社会本能与"外部"传播

从出生起,儿童就完全处于一种社会氛围中。可以说,从出生后第二个月末的首次微笑,从初级形式的模仿开始,儿童都在与其周围环境积极地进行交流。有些人[如夏洛特·布勒(Charlotte Bühler)]认为,对他者而言,微笑具有选择性,因此这是种社会本能存在的证据。人们也常常谈到模仿本能。因此,内部社会传播(社会本能)与外部社会传播(广义上的教育)的问题必须从儿童开始说话之前的童年早期的角度来提出。

本能这个术语可以从两种意义上去理解,一是遗传"驱力"(drive,德语 *Trieb*,不是 *Instinkt*),一是遗传行为[如一个反射或一系列反射。自纪尧姆(P. Guillaume)以来]。人们普遍认为,模仿乃是后天学习到的(尽管是自发意义上的"学习",而非教育意义上的学习,尽管后者在这类学习中发挥不可忽视的作用)。[3]因此,遗传的动作结构并不意味着一种遗传技术。于是,如果有人要谈一谈模仿的本能(或者像克拉帕雷德那样谈论

"从众的本能"),那么就只能是本能驱力的问题。但是,我们认为,如果本能一词只用来指代一种单纯的驱力,那就贬低了这个词的价值。这是因为没有任何证据表明驱力是一种孤立的倾向遗传。所遗传的是存在的整个原发结构的系统(出现在学习之前)。某一具体的驱力乃是在某种场合下这些结构与环境之间相互作用产生的结果。[4]因此,在我们看来,模仿本能这一概念毫无意义。

至于微笑是否是社会本能的表现,这是一个更为复杂的问题。如今,通过廷伯根(Tinbergen)及劳伦兹(K. Lorenz)的著述,我们了解到本能反应一般是与非常具体、特征鲜明、动物只在其生命短暂时期内敏感的知觉刺激联系在一起,而且这种刺激会产生特异性反应。在这种情况下,因为具有某种"遗传"结构(而且并非仅仅是一种"驱力"),人们就可以明确地谈论本能了。问题是要确定,婴儿的微笑是否与涉及人的刺激紧密相关。若如此,这就表明了恰当地所谓社会本能的存在。斯皮茨(R. Spitz)与沃尔夫(K. Wolf)、阿伦斯(Ahrens)、凯拉(Kaila)等人的著述都明确表明,存在某些(特别是与脸的上部、眼睛、鼻子有关的,而与口腔没有任何关系的)完形指示符号(index)或者符号格式塔(sign gestalts)[5]。例如,如果用略微图谱化的面具代替活生生的面孔,这些指示符号就会发挥作用。但是,这些刺激只能引发微笑。之后,移动的物体而不是更复杂的反应也触发微笑。因此,人们不能在这种情形中找到真正意义上的社会本能的表现。换句话说,即使这种微笑中包含某种本能成分,但是这种本能也只能将情感接触的工具代代相传,却不能传递已经实现的社会特征。

另一个非常有说服力的例子是语言这种显著社会特征的获得。机制的遗传传播使得语言的获得成为可能,这一点极其重要。[1]然而,语言本身则是通过外部传播学习的。自人类开始说话以后,从来就没有发现现成语言结构遗传的例子。

另外,诸如"群居本能"、上下位驱力(drives of sub-and super-ordination),或"教育本能"等一些没有明确定义的本能,通过与某些动物物种对其后代的照顾加以类比,被赋予了人类父母。但是,这些是没有遗传结构的纯粹驱力,因此,虽然具有一般性,但是根本无法保证通过生物手段来传播社会特征。

简而言之,人类社会中社会特征的传播,从根本上讲,确实是以一种外部方式来实现的,也就是说,借助于广义的教育过程这一机制,对后代施加直接动作来实现。这个过程带来了儿童社会学核心的第一个重要问题,因为在教育中,教育者的行动,甚至(这里关注的焦点)被教育者的反应,都必须考虑在内。

代际问题

假设人类社会不存在代际差异,而且只是由从不知道其父母、无限长寿的同时代人组成,那么,显然,其智慧、情感(甚至宗教)及道德特征就与真实社会中的情形完全不同。如果平均寿命或代际平均年龄差异发生明显变化,那么我们整个"集体表征"也会发生相当大量、明显的变化。

仅举一例,加以说明。请回想一下,儿童中存在一种普遍态度,认为父母或对他们施以教育的成人所言,都是真实的,而且其指令也是合理的(即使儿童不遵循这些指令)。[6] 无疑,这种内在的服从在领导者方面亦然(比如英雄对人的吸引)。但是,在这种情况下,我们仍然需要确定源于更基本家庭态度的传递起了什么作用。同样重要的是,我们仍然需要确定对这些原始态度的反应究竟有什么作用,这将再次证明这些态度的影响。后一代人最初对上一代人的自发顺从既产生了积极结果,也产生了消极后果。从下文可以看出,它在智慧、情感及道德领域都产生了特殊的结果;而且,需要特别指出的是,它产生了异常严格的社会从众现象。后一种影响从青少年的启蒙中可以看到,这种启蒙乃是原始社会给予儿童的教育的本质。相反,在那些儿童精神受到极大约束(以家庭或学校纪律的形式),而青少年往往摆脱这种约束的社会中,最初的自发顺从最终引发代际之间的冲突。这是其重要性的另一个标志。但是,在所有的情况下,一系列特征引入代与代的存在而进入社会演化中,这些特征不仅仅对信仰与价值的传播具有制约,而且它们本身就构成发挥重要作用的信仰与习俗。另外,不言而喻,代际冲突往往是社会进步的源泉。

人类社会的基本教育特征(之所以说是基本的,是因这是一种教育传播,由于没有足够的本能或者遗传传播,由实施社会化的个体来承担)导致产生了一系列具体的附带结构(epiformations),这种结构有别于生物学意义上的遗传过程,它仅限于传播而非创造任何事物,除非通过杂交。目前,发生社会学是否已经提取出了这些事实中所包含的所有内容,尚不确定。儿童心理学似乎是一个无尽的宝藏,有许多东西可供历时社会学现在甚至将来永远去挖掘、研究。孔德非常强调代际问题的重要性,如果说他是正确的话,那么,只有发生心理实验才能导向其相互作用的根源。

个体的社会化

如果前面所述正确,由此可推理,个体就并非生来具有社会性,而是逐渐具有社会性。然而,要理解这种观点,必须澄清两个误解。第一个误解与预先构成(preformist)的幻想有关。从成人、少年、甚至 7 岁到 12 岁儿童被高度社会化的那一刻开始,人们就受到误导,相信新生儿具有"潜在"社会特征。如果存在可靠的社会本能的话,那这就是正确的。但是,由于我们为这些人类物种的本能设定了限制,因此此处如同在其他著述中,预先构成只是被亚里士多德的权力与行为理论强化的常识幻觉。另一个可能的误解更加难以捉摸。儿童生于社会环境中,因此,从第一次哺乳、第一次换尿布开始,就必须服从于家庭人为规定的纪律与规则的约束。如瓦隆所述,婴儿与其母亲共生。从一开始,其行为就受到社会因素的制约。因此,人们可能坚持认为(人们已经这样认为),从人生的第一天起,人类就以与成人被社会化的相同方式被社会化,而且其发展最终以重获个性和适度与集体规则脱离而告终。但是,除了术语使用有差异之外,这一主张与我们的观点之间不存在丝毫矛盾。那么,这些术语是被用于从观察者的角度对外部情况进行描述呢,还是被用于从被观察主体的角度对发生性、形成性相互作用进行描述呢?

对观察者而言,从外部的角度来看,摇篮中的婴儿是一个社会存在,若有意愿,人们可以根据其出生的城市,分配给他一个社会阶层。那么,从主体的角度来看,问题就只是弄清楚其本能反应、条件反射作用、知觉等方面的结构,是否会以后来其智慧为语言与所获得概念改变的相同方式,为社会生活所改变。碰巧,这个问题从每一种心理功能的角度,都有可能做出详尽而准确回答。刚出生时,社会没有由于新生儿做出任何改变,不论是由机器人还是由人类来养育,婴儿的行为结构都是一样的。但是,随着时间的推移,通过与周围环境的相互作用,这些初始结构越来越多地发生变化。相互作用始于感知-运动阶段(微笑、声音与面部游戏、模仿等),而且作为一个整体随着心理演化而得到强化。例如,在发现物体守恒(即导致发现离开知觉域物体的行为)格式的同一发展阶段,人从情感的角度见证了心理分析家所谓的"对象选择"(object choice)。换句话说,人看到了情感对人,尤其是对母亲的固化。(此外,能迅速地将人与物理对象区分开来,因为物理对象反过来会做出反应,并适应儿童)随着儿童的发展,这些相互作用越来越多,尽管所有情况下,都需要仔细甄别,将真正与非真正的社会相互作用区分开来。例如,即使是母亲以某种方式打开房门,诱发幼儿期待哺乳的无用吮吸反射,条件作用亦非一种社会产物,但是,若没有群体合作,甚至简单的社会传播,个体就不能成功地构建与语言及集体教育相关联的某个概念,从这种意义上讲,概念是社会化的产物。

在这一方面,儿童社会学在关于社会化过程的研究中再次占据关键位置,而且人们甚至发现这是回应某些涉及个体与社会对心理结构的贡献这一棘手问题的最佳方式。(在塔尔德和涂尔干之间的讨论中,这些问题的答案仍然停留在言语层面上)或者用更准确的语言来表述就是,儿童社会学是区分生物和社会对结构构建所做贡献的最好方法。但是,这并不意味着可以忽略心理因素,因为不可否认的是,存在一种综合因素,尽管此处尚无法证明其必要性。

社会化呈现出多种形式,常与我们所谓广义的教育过程相混淆。前辈对后辈施以的动作以无限多种方式呈现出来,但也仅仅是社会化的一个方面。儿童还通过与其同龄人的相互作用被社会化、被"教育"。这也是儿童发展的一个真正来源,虽然能产生具体、重要的结果,但其重要性却并不总是被人们所充分认可。儿童甚至也可以通过其与低龄儿童的关系得到教育。许多不适应社会的年轻人因履行对年幼儿童的责任,恢复了其平衡(更不用说作为社会群体中的领导者在9岁或10岁到15岁期间扮演的形成性角色)。简而言之,虽然儿童社会学的研究对象是儿童参与的多种社会关系,但我们也应该看到这种研究也是对个体社会化的研究,亦即对人类社会至关重要的形成性过程的研究。

二、儿童与成人之间的关系

儿童和成人之间的社会关系可以分为三种大多数时候不可分割的不同类别,其中包括:(1)与"集体表征"的传播(及其最终形成)有关的智慧关系,(2)一般的情感关系,(3)道德关系。

1. 智慧关系

显然,儿童与成人之间的智慧关系在社会学中的重要性首先源于以下简单事实:这种关系确保了语言(其习得早在出生后第二年就开始了)及语言作为符号系统和意义系统所表征的意义的传播。具体而言,语言涉及一系列思想(比如类别、关系、数字)、一系列运算[例如逻辑连接符 and(与、和)、or(或者)、if……then(如果……那么)]以及一系列思维规范。在这方面所遇到的一个问题是,逻辑作为被传播的运算与规范系统,具有社会属性(部分或者整体),是成人在智慧交换过程中以某种方式强加于儿童的系统。所谓智慧交换,是指所有一般意义上的认知交换。

逻辑

从社会学肇始前的理性主义和古典经验主义观点来看,逻辑既非天生,亦非通过个体经验获得,而且成人对儿童的教育活动应该只涉及与社会生活无关结构的运用或强化。

在分析社会学和某些逻辑学派反思性研究的双重影响下,提出了第二个假设。社会学家,如涂尔干,认为逻辑在本质上完全具有社会性。他认为,它(逻辑)是一个对思维的沟通与交换具有调节作用的规范系统。但是,就其本质而言,规范系统从集体生活开始,并且被镌刻于语言中。个体本身仍然不能进行这种规范性调节。在接受训练与教育的过程中以及在群体的压力下,逻辑被传递给个体。所有这一切等于说,儿童通过成人首先是语言系统,然后是一般的家庭和学校教育的传播来获得逻辑。从一个完全不同的角度来看,维也纳学派的逻辑学家——主要是卡尔纳普(Carnap)——首先将逻辑视为一般意义上的句法,然后由理论语义来加以完善。(最近的趋势是通过语用学来进一步完善这一系统。我们对此并不感兴趣,但这显然削弱了系统的严谨性)由于远离主体的心理,逻辑只依赖语言。由此可见,儿童逻辑的获得并非从其自发活动开始,而是从教育尤其是语言传播开始。(逻辑学家对此不感兴趣,但也有某些逻辑学家私下关注这一问题,并推断如何对其加以阐述)因此,涂尔干的观点与"逻辑经验主义者"的观点之间存在部分的交汇。

如果现在查阅事实,我们马上就会看到,儿童的逻辑绝不是天生的。尽管这并不能证明社会影响的必要性,但却使这一假设具有一定的合理性。逻辑运算的一般特征,如可逆性、可传递性、集合的守恒性等,只有到 7、8 岁左右的具体运算阶段(受理性影响对物体的操控)及 13 岁到 15 岁的形式或假设演绎阶段,才能获得。同样,大型运算系统[例如基于包含关系的等级层次分类、非对称传递关系的序列化、复式分录表、等价守恒的单向(双向)对应关系等等]是逐步构建起来的,并且只有到 7、8 岁左右的具体运算阶段才能完成。因此,逻辑结构是逐步构建起来的,而不是先验的需要或者由简单的内部成熟控制的层创(emergence)。

下面我们首先谈一谈语言的作用,然后再探讨一般的社会因素。根据第二个假设,语言并不像人们设想的那么简单。首先,如前所述,(从 2、3 岁起)开始说话的儿童未必都掌握逻辑。实际上,与言语结构相关的运算(形式运算或命题逻辑)恰恰发展最滞后(12 岁到 15 岁)。这种运算之前是比恰当所谓的语言结构更接近动作协调的具体运算。因此(而且这前面的论述完全不矛盾),儿童逻辑的建构先于语言发生,是一个缓慢渐进的过程。在婴儿前语言智慧中发挥作用的感知-运动结构已经表明,其智慧发展已在运算方向上迈出了重要的一步,接下来则是在语言层面进行重构。所以,存在一种动作逻辑,而且其根源在于动作的协调,而不是语言。虽然逻辑结构的完善,尤其是其形式方面的完善,离不开语言,但情况确实如此。此外,对正常儿童发展的研究所得出的解释在奥莱龙(P. Oléron)对聋哑儿童的研究中得到了验证。所有这一切虽然都绝对没有排除一般社会因素的干预,但它确实降低了成人对儿童的语言约束所构成的有明确定义的特殊因素的重要性。如果语言只是完善逻辑结构的一个显然必要的条件,而不构成逻辑结构形成的充分条件,而且如果逻辑结构不是天生的,那么就仍然只有两种解决方案。逻辑要么仅仅产生于个体主体的活动,要么产生于个体活动之间的相互作用,或者是这些活动内部协调的结果。非常有趣的是,前述第一个解决方案似乎又返回到了经典的经验主义。但是,必须特别谨慎注意的是,在其逻辑或逻辑-数学经验中,儿童并非从事物的属性中,而是从其对这些事物的动作的协调中,抽象出逻辑。后者完全是另外一回事儿。

但是,有两个事实似乎更偏向于第二个解决方案。首先,儿童的行为显然随着发展变得越来越社会化。早在感知-运动阶段,对新榜样的模仿,主体所熟悉大约始于一岁的第一个姿势,就已经创造了行为的共性。而且,这种共性因动作与语言相伴随而增加。其次,沟通与交换是以运算为前提的。[7] 如果我们从逻辑的角度对运算进行分析,同时密切关注其发生发展(参见下面的第三节),就会意识到它们与对应、分组或分离事物、交叉等个人内部层面动作的协调中发挥作用的运算完全相同。所以,"合作"(cooperation)这个术语必须按照其准确的词源意义,即共同运算(co-operations)来理解。在那个层面上,若问是个人内部运算产生个人间共同运算,还是个人间共同运算产生个人内运算,就等同于问鸡和蛋孰先孰后了。

思想的传播

因此，逻辑跟个人间与个人内动作协调的一般结构相对应。所以，在儿童与其周围环境（包括自己与成人）存在真实的交换时，逻辑显然得到提倡与实践。同样，很显然，尽管儿童与成人之间的智慧关系包含从单纯压制性传播到交换许多其他种类的交换，但是逻辑的运用乃是以所谓真正的合作交换为前提的。（因此，后者仅仅构成一个连续体的两极之一）

从理论的角度来看，这种区别很重要，而且就教育实践而言，也是最基本的。若从克分子的社会学的全局观点来对事物加以考虑，同时忽视古尔维奇的微观社会学，从成人与儿童之间存在关系那一刻起，上一代人就开始将自己所获得的全部知识，传播给下一代人。这其中包括概念结构和方法，继而导致知识的自然增长，这样一来，整个人类便成为一个不断学习的人。但是，由于传播会产生偏差，因此，现实与理想图景有很大的不同。人们甚至会说，纯粹的传播总是具有扭曲作用，概念要得到充分的传播，传播的人就必须对其进行重构。实际上，没有经过重新创造的真理就不再是真理，而（因为逻辑是以交换的协调为前提的）仅仅是借助于超逻辑因素稳定化的观点。

"集体表征"的整个历史无疑以与成人和儿童之间关系相关的微观社会学事实为主导。这种共同表征系统的其中一极由技术与科学思维构成，是智慧合作的特殊领域，在这一领域中，传播显然意味着重构。正如人不能靠通过考试来获得科学思想，也不能仅仅通过观察学习技术。在这一方面，有一点非常值得注意，即从小学低年级开始，儿童只吸纳与其通过其他方式所掌握的运算结构相对应的思想，抵制不以某种方式与其（在逻辑强调的个人间和个人内双重意义上）"自发"的结构相关联的概念。

"集体表征"的另一极由其形成应该与其传播方式相关的一整套不受控制的观点、强制性信仰、神话以及意识形态组成。也就是说，大龄儿童与成人的声望在接受概念传播的年幼儿童引发的概念形成中发挥作用。这样一来，这种传播的产物就构成一种象征性多于客观性的思维形式。

前述连续体的两极之间存在各种各样的过渡状态。因此，结果往往如此，以教师权威和语言传播为主导组织形式的学校最终偏离科学精神，转向单纯的强制性集体信仰。有一位涂尔干学派社会学家这样写道，小学生赋予毕达哥拉斯定理的真理，与"原始社会"青年赋予其进入氏族部落成年生活时被灌输的信仰的真理，没有本质区别，遗憾的是，他这样说时，只是在表达了一种相对频繁发生的状况。但是，虽然出于无心，他仍然对某些教学方法或从成人到儿童的知识传播方式，给予极其严厉的挞伐。

简而言之，如果能够以心理分析学家解释某些神话的方式（而且这样做，并没有证明这种解释模式的一般性），详细地重构一定数量的"集体表征"的社会起源，那么就思维的机制而言，人们无疑会重新发现一个重要的核心，它依赖于成人与儿童之间——就思维的机制而言——与情感层面上最终形成的"超我"（superego）相对应的智慧关系。

2. 情感关系

情感与动作的能量(energetics)相对应,认知功能与其结构相对应,这样一来,动作的两个方面就必然彼此联系起来。我们的分析始于其中一个方面而非另一个方面,所考虑的只是其难易度,而非等级层次。这里既有个人内部情感(需求、兴趣、努力等),也有个人间感觉(吸引等)。社会学所关注的是后者。

发展阶段和社会环境

首先需要注意的是,情感的发展具有阶段性。虽然其阶段性不如智慧的阶段性那样具有鲜明的特性,但是从主要发展周期来看,这两种类型的演化之间存在对应关系,因为两者在某种程度上相互依赖。因此,在感知-运动阶段,情感,甚至个人间情感,如同认知结构,与所感知的当下相联系。情感"对象"与守恒物体的认知格式均为共时渐进构建的结果。

如同表征比单独的知觉更持久,在前运算阶段,以自发的好恶呈现出来的前运算价值也更具有持久性,但是仍然不稳定。从下文的论述可以看出,具体运算得到组织时(在我们所处的社会中,是7、8岁),价值被结构化,成为自主的规范系统。因此,人们发现了对价值的可逆运算以及与针对命题的运算相适应的动作(意志行为)的积极调节。[2]最终,青春期的情感转变便与形式运算相适应。

我们之所以会想到这些有关心理发生的事实,是因为从发展阶段决不仅仅是机体内在成熟的一种表现这一意义上讲,它们显然与社会学有关。同样地,它们在很大程度上依赖于儿童的社会环境,尤其是儿童与成人环境(家庭、学校等)的关系。这些阶段具有固定的前后承继顺序(否则,阶段就无从谈起),而且在这方面,它们在一定程度上确实依赖于个体的生物成熟。但是,它们没有一个固定的时间顺序,因为每一个阶段出现的平均年龄可能因直接的社会环境与儿童所接受的教育,往往有很大的差异。

因此,在认知结构方面,有些概念与学校所教授内容没有直接关系,是儿童依据环境在不同年龄段获得的。比如,对物质守恒或形状改变的黏土体积守恒等概念,城市儿童比乡村儿童更早获得。(这些概念并非学校所教授,因为成人认为这些概念显而易见,不会让儿童对其以任何方式进行测量)在我们所处的社会中,形式运算[即依赖四种转换组的结构及命题逻辑格(lattice)[8]的运算]始于11、12岁,在14、15岁时达到平衡。但是,无疑,有些社会环境,甚至整个社会,根本没有发展,仍然需要从这种比较的观点进行大量有针对性的心理-社会学研究。

关于情感发展的阶段性,内在因素和家庭与社会环境行动之间的关系问题也同样存在。这是因为,众所周知,家庭结构对整个共时社会结构的依赖性大于其生物根源,而后者的重要性仅限于历史方面。但是,弗洛伊德及其门徒却描绘了另外一幅关于家庭感情演化的有趣图景,从口唇期的反应与原始的"自恋"开始,经过"恋母情结"阶段,到超我的形成为止。根据这一观点,发展似乎是一系列本能的内部变形,是影响但不依赖于社会现象的普遍心理-生物机制[参见弗洛伊德著《图腾与禁忌》(Totem and taboo)]。有趣的是(更多根据社会学,而非心理学),欧洲大陆的心理分析学派在很大程度上仍然完全忠于正统的弗洛伊德主义,而美国学派,亦即所谓的文化主义者则正确地坚持认为,这些阶段对应的年龄段及其重要性(尤其是就其恋母的反应而言),因家庭结构与文化而差异悬殊。在这一方面,人们所熟知的就有弗洛姆(Fromm)、埃里克森(Erikson)、沙利文(Sullivan)等人在其著述中提出的认为基本情感反应因父母的文化模式而异的观点,以及怀廷(Whiting)在其著作中提出的不同类型的教育产生不同结果的观点。人种学者,如马林诺夫斯基(Malinowski)、鲁思·本尼迪克特(Ruth Benedict)或玛格丽特·米德(Margaret Mead)等,坚持认为性压抑因文化的不同而有很大的差异。

儿童与青春期少年的超我

从社会学的角度来看,儿童与成人之间的情感关系有两个特别重要的方面:"超我"的形成(弗洛伊德语)和青春期的危机。超我的形成标志着儿童对成人情感的屈服;青春期危机反映出个体进入成人生活,其超我处于或短暂或持久的混乱,或者在人格最终构建过程中重新整合。[9]

关于"超我",弗洛伊德有两位先驱:J. M. 鲍德温提出了"理想自我"(ideal self)的概念,而博维则对儿童的父母的尊重进行了分析。(关于这一点,我们将在本章第二节中再述)至于超我的特殊问题,心理分析的创始人只是说明在恋母情结阶段危机之后,儿童如何通过无意识的认同系统,将其父母的意志与人格[10]整合起来,并以这种方式迫使自己屈从于他认为具有内在起源,但是实际上产生于外部的家庭状况的纪律约束(有时甚至惩罚自己)。因此,这个过程构成从众与社会强化的一个强大因素,正好与源自强制性智慧传播的信仰的强化相类似(参见本章第二节第一部分)。实际上,两者相似性非常之大,甚至有人有时会谈到一种智慧超我和情感的超我,这是正统的弗洛伊德信徒忠实于弗洛伊德学说最好的例证。

但是,超我的形成所证实的情感顺从,要经历早在前青春期就开始的短暂或明确危机,但在青春期尤为明显。在这方面,人们必须坚持认为很长一段时间内,对青春期的大部分研究混淆了有时相互联系,但又经常相互独立的两种现象。这两种现象是青春发育期(puberty)的生理现象与个体进入成人集体生活的社会现象。

从融入社会的观点(其心理-社会学重要性远远大于其生物学重要性)来看,青春期的基本特征是个体不再认为自己是儿童。他不再认为自己不如成人,而是开始认为自己与成人是平等的,自己跟他人一样也是社会的一分子,希望在社会中发挥作用,有自己的事业。因此,人们会立即看到,以这种方式看待的青春期(adolescence)未必与青春发育期(puberty)相对应。从本质上讲,青春期的平均年龄将取决于周围的社会结构。在老人统治社会中,成人要像儿童一样顺从老年人,婴儿心态持续时间更长,青春期过程也非常模糊。[3]

如同所有发展现象,青春期危机也同时涉及智慧和情感因素。从智慧的方面来看,形式或假设演绎运算的出现使个体可以脱离在一定程度上受局限的直接或局部感知情景,进入可能但尚不存在的领域。结果,个体变得能够规划项目、制订人生计划,并且构建可以让他评价、完善周围社会的理论。在情感方面,儿童构建了一个超越其直接环境限制并且构成其"人格"中轴线的价值标准。后者被认为是一种与"自我"(self)非常不同的后期综合,并且最重要的是,其特征是自我顺从对儿童赋予自己在社会中的角色。因为具有形式运算和"个人的"价值等级这两种工具,青少年在我们的社会中扮演着将后代人从前代人的约束中解放出来的重要角色。这导致个体对儿童发展过程中所获得的新事物做进一步阐释,而且,与此同时,至少在某种程度上使其摆脱成人约束的障碍。

家庭外感情

儿童与成人之间的情感关系导致感情的形成或者强化,这种感情从青春期起,就注定会超越家庭的框架,但是,在童年期服从于家庭框架。因为社会学很关注这个问题,所以有两个例子必须引证。

首先,应该提及(由于篇幅与能力限制,此处只能简要提及)宗教感情的形成这一重大问题。[11]许多学者都尝试过把这种感情与儿童和成人之间的情感纽带联系起来,但是,这种纽带是否构成宗教感情的源泉,或者只是强化宗教感情的工具,目前尚不清楚。弗洛伊德的《图腾与禁忌》大家都很熟悉,他在书中将图腾崇拜追溯到恋母情结的反应。但是,几乎没有人熟悉皮埃尔·博维关于这一主题短小但发人深思的著作。博维在书中梳理了孝顺与宗教感情之间的渊源。其论证在于证明,在发现父母的不完美之前,幼儿如何将神圣的道德与智慧品质赋予其父母(全知、全能、调节善良与公平的权威等)。由此可推论,在对现实失望时,儿童会将这种得自父亲的理想投射到超越家庭圈的其他层面上。

对爱国感情(此名称自然会让人联想起其与家庭感情的亲密关系)的分析没有那么困难,很久之前我就与韦伊(A. M. Weil)(1951)一起进行一项小规模调查。[12]日内瓦极其低龄的小学生一般说他们是"日内瓦人",但不是"瑞士人",因为"一个人不可能同时是两个地方的人"(即使他承认日内瓦在瑞士),这一事实给我们极其深刻的印象,试图弄清楚究竟这是由于语言理解问题造成的呢,还是一般意义上的演化阶段的问题。我们确信,这种类型的演化确实存在。从认知的角度来看,前面刚刚引用的评论表明儿童理解类包含(class inclusions)的困难。对儿童而言,从 A 类(日内瓦人)包含于 B 类(瑞士人),并不能推论出一个人可以同时属于两个类别的结论。除此之外,还有互反性方面的诸多困难。对一个年轻的日内瓦人来说,法国人在任何地方都是"外国人",即使是对他们自己而言,甚至是在法国,而他们自己,即使是对他人而言,从来都不是外国人。从情感的角度来看,儿童最初没有表现出对自己国家的喜爱(其感情仍然依附于其直接环境)。但是,一旦认识到自己有祖国,情况就改变了。然后,他想象如果有选择自由的话,出生在其他地方的任何个体都会选择自己归属于的国家。儿童只是接近达到形式(或假设演绎)运算阶段、成为青少年之前,才会在出生和家庭的驱动下,体验到真正的爱国感情。这时,他才会明白,每个国家的每一个人都会出于同样的原因喜欢自己的祖国。这样,既具有认知性又是情感性的互反性使意识的实现本身完善起来。

3. 道德关系

虽然道德反应自然既具有智慧性亦具有情感性,但是我们仍将其分别加以考虑。我们之所以这样做,是因为从社会学的角度来看,人们能够非常清楚地看到,在这个领域中,代际间或从成人到儿童的教育传播绝非简单的传播,而是对当代社会中不存在的新现实的创造。

责任的起源

在其对儿童模仿的研究中,J. M. 鲍德温不得不承认,一旦儿童开始模仿成人举止,他们就会发现并不是所有的模范都可以直接模仿。这是因为成人处于优势地位,能够发号施令。另一方面,知识或自我意识(也就是意识的形成)并非天生,而是源自通过改变(alter)与本我(ego)的同时构建的社会或模仿交换。既然如此,儿童就不会将与父母的自我完全相同的自我赋予自己,因为模仿中依然存在一个与此空白相对应的更高层次的区域。因此,与产生自我的模仿过程直接接续者,乃是前述更高层次区域的一种整合(但没有互反性)。这就产生了鲍德温所谓的"理想自我"(ideal self)与弗洛伊德后来所谓的"超我"(superego)。

在对良知义务起源的研究中,博维用更具体的表述,对问题进行了阐述。弗洛伊德的追随者亚伯拉罕(K. Abraham)希望弄清楚儿童为何要顺从其父母。博维回应道:解释这种顺从有两个必要条件,但只有二者相结合才充分。另外,他声称他所描述的过程乃是对所有良知义务形成的解释。博维的第一个条件是,一个体给另一个体一个持续时间不确定的指令。第二个条件是,收到指令的人接受指令,并对下达指令的人产生一种特殊的感情,即"尊重"。实际上,儿童不是任何指令都能接受。例如,他不接受年龄小于他的人的指令。凡是意欲接受的命令,儿童必须与发出命令的人有情感联系。那么,问题就与这种联系的本质有关。

尊重

关于这种联系,无论是面对康德,还是面对涂尔干(众所周知,在许多问题上,涂尔干都重申了康德集体意识先验的观点),博维都采取了最初的立场。康德认为,尊重不同于爱或害怕,并非个人间的感情,而是一种产生于道德法则对情感的直接作用的感情。[康德本人指出,这种结果不可理解,因为它与他所看到的"绝对命令"(categorical imperatives)和"感性"(sensibility)之间的绝对差异相矛盾。]康德指出,"我尊重一个人,是因为他运用或体现了道德法则,而不是尊重作为一个个体的他"。博维则完全颠倒了这个立场。一方面,尊重像其他感情一样是个人间的感情。但是,这种感情由爱的元素(人们无论如何也不会尊重一个不吸引人的人,若非尊重其职能——关于这一点,下文另论)和害怕元素(源于受尊重个体的优越性——害怕引起不愉快等)组成。这两种元素都必不可少;任何一种元素独自均不充分。另一方面,从发生方面来看,以如此方式理解的尊重是道德法则的根源,而非结果。这是因为儿童出于对父母的尊重,而顺从他们。其尊重并非始于与其父母无关的道德法则意识,然后由于他们体现并施加道德法则而受到尊重。

对涂尔干和康德而言,尊重不是一种个人间的感情,而是集体责任在情感意识中产生的独特感情。因此,人们只尊重代表集体纪律的个体,在这种极端情况下,就是对职能的尊重,而不再是对人的尊重(例如,对地方法官的尊重就是这种情况)。对儿童而言,他尊重其父亲或母亲,是因为他们是家长,而不是一般意义上的人。这种区别可能在某一特定年龄就出现,但在一岁半或两岁语言开始出现时,就接受第一批指令就不可能了。因此,博维对开始阶段的看法,似乎是正确的。康德和涂尔干都没有对幼儿在任何道德法则或集体纪律的概念出现之前,对父母的自发尊重做出解释。

博维对其他可能因素逐一进行了考察,要么表明这些因素不够充分,要么隐含地表明这些因素可以简化为尊重。例如,模仿可能起一定的作用,但接下来的问题是,要弄明白儿童在模仿谁、为什么模仿。他不模仿年龄小于他的儿童,而是模仿年龄大于他的人或成人。另外,模仿似乎是责任的源泉,这是因为所选择的模范受到尊重,而且也正是出于这个原因才选择这个模范。同样,可以将责任与习惯[齐美尔(Simmel)]做一比较,因为二者具有共同的规律性和强制性特征。但是,有一个重要的区别。"坏习惯"(例如嗜烟、咬指甲)具有规律性、强制性,却没有任何义务感,而"良好的习惯"(例如早起)可能涉及义务意识。这种意识是在受尊重的例子的影响下,产生于被遗忘的指令,或者是因为被无意识地同化到在指令和尊重的双重作用下构建的类似格式中而产生的。尤其是,这种无意识的同化可能在第三种因素出现的前提下,亦即在向自己发出指令与做出使自己自愿承担义务决策的前提下,发挥作用。

单向尊重的局限性

博维的解释似乎没有质疑地表明了作为童年期特征的顺从和义务道德的源泉,这种顺从和义务在所有社会的成人中都发挥相当大的作用,而且在基于年龄和老人统治的特殊社会中也发挥着类似的独特作用。但是,博维本人并没有声称自己对"良好"的感觉做过解释。我们认为,单纯的指令的内化,而且之后由于干预的影响随年龄增长而需要在矛盾的指令中做出选择这一过程,无法解释7岁或8岁到青春期之间发展出来的道德意识的自主性。

我们认为,没有必要以任何方式修正博维的格式,只需要做一补充即可,因为他只对一种类型的尊重进行了分析,而在现实中,尊重有两种可能的变体(或两极)。博维没有分析的是大众所谓的"相互尊重"。儿童尊重父母,却得不到父母的尊重,或者至少不以儿童尊重他们的方式尊重儿童,从这种意义上来说,博维所分析的尊重可以称为"单向"尊重。这从父母并不认为"有义务"服从儿童最终发布他们的指令这一事实来看,可以很清楚地看出来。相反,相互尊重涉及互反性。

为了揭示出这两种类型尊重的性质与所产生的结果之间的区别,我们对遵守规则的不同方式进行了分析,尤其是对当前不受成人控制的集体纪律系统中的顺从意识,进行了分析。我们所研究的规则系统是瑞士法语区男孩儿玩的小学之后不再玩的一种弹子游戏。可能会有人提出反对意见认为,这个例子不涉及成人与儿童之间的道德关系,并且应该留待后面讨论(第三节)。但是,我们将认识到,情况并非如此。关于规则的遵守,我们注意到,对规则的遵守自然随着年龄的增长而加强。5岁到7岁的年幼儿童玩弹子游戏时,并不关心规则的确切应用,同时在想象他们是在模仿年长的儿童在玩。但是,谈到规则意识,我们发现了一种完全不同的景象。我们将研究局限于追问,规则是否可以改变以及个体的能动性能否成为形成一个有效、合理新规则的起点。在实践中,大龄儿童非常尊重这种集体游戏的规则与道德。他们认为,规则产生于共同的意志,并且只要玩家集体决定,规则可以做任意改变。相反,低龄儿童却根据其理解玩游戏,将规则看作是无形的、"神圣的"。以与成人影响相联系并回归成人影响的方式,他们认为,规则起源于比玩家更高的社会层次。例如,是上帝或者政府,激励父母将弹子游戏规则强加于儿童。一般来说,父母理应是规则的制定者。因此,即使儿童提出的新规则被玩家一致接受,也不是"真正的规则"。

此类事实促使人们认为,只要说道德源于道德的形成机制,而非其内容,那么儿童的道德和成人的道德就都有两极。(我们之所以这样说,是因为,对个体的作用在很大程度上是通过儿童的社会化为中介来传递的)其中一极是相互尊重。我们将在下文(第三节)中阐述这种尊重如何在互反性的影响下导致自主道德和规范的阐释。另一极是导致非自主道德产生的单向尊重。通过对前面反应的考察,我们怀疑这种道德涉及一种更纯粹的顺从,与完整的人关系不大,因为此人根本不会对他必须遵守的规范的阐释有任何贡献。这一点我们依然需要做一简要阐述。

他律、道德现实主义及客观责任

由于产生顺从道德的结构(例如单向尊重导致指令的接受行为),命令的价值就更多地归因于其命令式特征和命令发出者的权威,而不是所施加的内容。由此可见,如果分配正义与成人权威发生冲突(比如给儿童讲小故事,分析其道德判断),最年幼的被试仍然会认为权威是正确的,正义是错误的。同样,如果是报应性正义,年幼的被试就会接受任何惩罚,并且从理论上讲倾向于选择最严厉的惩罚,不考虑背景或公平。

这种产生于最初态度的基本现象可以被称为"道德现实主义"。换句话说,产生的是一种不考虑环境或心理背景赋予规则一定价值的倾向。这种道德现实主义的最明显表现是在儿童及法则演化的所有原始形式中遇到的客观责任。与根据行为背后的意图评价行为的主观责任不同,所谓客观责任是从行为的物质性结果的角度评价行为,尤其是，客观责任是从规则的执行与规定之间偏差的大小来评价行为。正是因为有道德现实主义，客观责任才有其独立的存在。儿童由于缺乏社会经验，不能理解真理是相互信任的必要条件，因此人们才有可能在儿童清楚地知道谎言是什么之前，规定某种真理规则。由于单向尊重，儿童接受说谎是错误的，应该接受惩罚这一观点，并且坚持这一被道德现实主义从所有情景中分离出来的规则。结果是，若背离现实，谎言就被看作是"顽皮"。例如，你即使从来没有参加考试，却被告知在学校获得好成绩，这被认为是一个微不足道的谎言，"因为妈妈相信它"。这证明谎言似乎也有其道理。但是，夸张地告诉某人你被一条"像牛一样大"的狗吓到了，就是顽皮的谎言，因为没有人见过那么大的狗，也没有人会相信。因此，客观责任就根据获得所需规则的方式产生了。

三、儿童之间的关系

与儿童的发展相匹配，儿童与其同时代人之间的关系（首先是与家庭，尤其是在学校中）变得越来越复杂，并且其发生学的重要性亦越来越不同于跟成人的关系，关于这一点，已用图示化表格表示出来。现在，我们再次讨论这三个相同的细分部分，但是这次将智慧关系与一般的社会关系联系起来。

1. 一般关系与智慧关系

在第一节中，我们提出，儿童的社会化具有渐进性，并且是逐步来实现的。上述观点的基础是下述事实：社会特征不是通过遗传或内部传播获得的，而是从外部获得。由此可推论，如果前述缓慢渐进假设正确的话，那么在对儿童之间的社会关系（一切完全由儿童自己把控，不受成人的约束与指导）进行研究时，我们就应该回到儿童之间还没有协作的开始阶段，因为此时尚不具备协调必需的工具。

最初几年的社会自我中心与智慧自我中心

在儿童间关系的研究中，需要做出三种可能性的区分，而且在观察和实验中必须做出选择。第一种可能性是将儿童视为一个白板（tabula rasa），社会环境一点一点地在白板上留下其贡献。语言交换和表征发端后，行为的复杂感知-运动构建已完成，此时这种假设就难以成立了。相反，第二种假设将儿童视为独立的个体，其形成受内部成熟和具体经验的调节，并且在与同代人接触之后，形成一定数量新的联系，并叠加到其个体特征上，构成其社会生活。这是对常识的诠释，也是对卢梭的《爱弥儿》（*Emile*）和《社会契约论》（*Social contract*）所阐发的学说的解释。但是，它忽视了社会学所教我们的关于集体影响在心理功能形成中的作用。第三种假设是心理生活与群体共同构建出来的。因为根据这一观点，交换工具与内部表征联系的构建，必须从已知的或者从感知-

运动所获得的东西开始,社会的贡献与个体的贡献起初并没有区分。协调的产生之后才会出现。这意味着,观点最初相互混淆,之后才被区分开来,并以有序的方式相联系。

那么,我们怎样命名观点混淆阶段呢?称之为主观阶段,会使人们以为个体主体乃是先前构建起来,后来才因事实而被社会化。强调群体对个体的吸纳,会引发相反的解释。因此,我们采用了自我中心这一术语,将其定义为自我与其周围环境的未分化状态。更准确地说,从认识论的角度看,观点协调方面的进步总是与对最初观点的去中心化相关。因此,我们最为强调的是最初就存在的具有扭曲作用的中心化,并且通过与人类中心主义的类比来讨论个体的自我中心主义。可惜的是,在心理学中文字比定义更有力量,人们经常按照日常与情感意义来理解自我中心这一术语,从而使我们所说的一切都变得虚假。由此出现了一些徒劳无益的讨论。但是,如果人们认可这些事实,这就不重要了。例如,瓦隆所谓的儿童早期的合一(借自克拉帕雷德的术语)与我们所说的自我中心非常接近,并且反对我们所提出概念的一些学者也接受相当于同一现象的去中心化。

带着这一问题,下面联系三个假设来对事实做一考察。可能需要运用三类数据:与暗含互反性的概念有关的数据、与行为本身有关的数据以及与语言有关的数据。

就涉及暗含互反性的概念而言,只要这些概念暗含观点的协调,主体的观点最初就会占主导地位,这很令人惊讶。以幼儿为例,加以说明:向幼儿呈现一个代表三座山或三座建筑的比例模型(从模型的四个不同的侧面来看所形成的物体的相对位置显然会改变)。儿童占据视角1;主试占据视角3;要求儿童选择出最能描述主试所看到的场景的图像。在这种情况下,年幼儿童所展示出来的是从视角1看到的图片,因为他们就是从这个视角来看事物。如果儿童与主试交换视角,即儿童占据视角3,主试占据视角1,那么儿童就会展示从视角3看到的图片,认为这图片与主试所看到的相对应。再举一个与空间有关的例子。(平均)4岁的儿童通常能按要求伸出左右手。但是,他直到7岁,才能指出面对他的人的左右手。这同样是因为他仍然固守自己的观点,认为自己的观点绝对正确。还有另外一个事实是,若低龄儿童有一个兄弟,他会认为其兄弟没有兄弟,因为家里只有他们兄弟两人。从上述情况显然可以看出,智慧或认知自我中心与自我的过度膨胀没有任何关系。在关于兄弟的例子中,被试儿童甚至忘记了他自己!相反,它只与儿童自己观点的无意识主导地位有关,没有发现观点的多样性,甚至也没有能力去协调它们。[4]

或许可以说,这种协调并非因需要必要的智慧运算而产生,因为它出现在7到12岁之间,与"具体的"逻辑运算相对应。但是,我们已经看到,尽管(或者因为)这些运算是以(早在感知-运动结算就已开始的)动作的协调为准备,但它们根本不能独立于社会生活而形成。个体的内部运算与个人间观点的协调构成了同一个既是智慧又是社会的现实。前运算阶段的智慧自我中心与社会自我中心也是如此。

实际上,上文举例说明的认识自我中心只是行为层面上相应过程的表达。在这方面,人们可以引用直接观察到的事实或者实验得出的事实。前者中最方便研究的是儿童在集体游戏中的行为,尤其是有规则的游戏,例如之前提到的弹子游戏。7岁之后,玩家能够正确地协调其游戏,并努力在游戏中遵守相同的规则(尽管是可变的)。相反,低龄儿童都是自己玩,不考虑他人的规则。因此,要问他们谁赢了,他们一般就会很震惊,似乎每个人都赢了(意思是根据自己的观点,每个人都成功了,而不是屈从于有规则的竞争)。

至于实验,也可以像鲁斯·尼尔森(Ruth Nielsen)那样,研究既能单独行动又能协作(搭积木、图画等)的情景中儿童的行为,并诱发本质上应该采取合作的场景。例如,可以用一张小桌子,其面积不足以让每个成员独立搭建某种东西,或者用一个小黑板,因太小不允许每个人都在上面画画,或者尤其是用一个可以两个人画画的黑板,但他们的铅笔通过一根固定在桌子上的线相绑在一起。所有这些手段所产生的结果都相同。在每一种情况下,都有从以自我为中心的不协调,到逐渐协作的逐步过渡,一般在六岁半到八岁之间发展相对较快。("独自"建造在五岁半到六岁半儿童中所占百分比是70%,而在六岁半到八岁半的儿童中所占百分比只有1.7%到3.2%;单独画画的比例在六岁半到七岁半儿童中所占百分比是63%,在七岁半到八岁半的儿童中是26%。)

语言

如果自发和激发行为的演化就是这样的话,那么人们就可以预期语言层面上的发展亦类似。我们很久之前就对此做过三项研究。在研究中,我们将儿童的陈述分为社会化语言(问题与答案、信息等)和自我中心语言(独白以及"集体独白",在后者中,尽管受到其他人在场的激发,但每个人都在自说自话,不为他人的回应所困扰)。首先,在一个单一的学校环境[日内瓦的小房子(Maison des Petits)]中,我们发现社会化语言明显随年龄增长而发展。其次,对儿童之间对话的研究也得出了类似的结论。尤其是,我们看到了从所谓的原始讨论(没有正当理由的矛盾主张)到真正讨论(有正当理由及初始证据)的过渡。最后,对儿童给予另一个儿童解释的分析(涉及通过图画对某个机制的理解)说明,儿童最初不能将自己置于伙伴的立场上,对机制做出解释;适应性的交流只能逐步发展成熟。第一项研究在许多国家得到无数次验证,但是也产生了很多相反的结果,目前很容易从中吸取两个教训。

第一个教训无关紧要,是术语"自我中心"经常使用的含义,与我们单纯谈论自己时的含义不同(可以以社会化的方式来完成)。[5]

第二个也是唯一一个重要教训是,儿童自我中心语言与社会化语言的区分,根据成人干预的程度,因社会环境的不同,而有很大的差异。自然,自我中心语言随(物体暂时与主观兴趣同化的)象征性游戏而增加,随工作等而减少。苏联的维果茨基[13]和鲁利亚(Luria)认为儿童的自我中心独白,乃是成人内部语言(internal language)的起点,这似乎很正确,但仍然没有对原始的社会失调做出解释。但是,最重要的是,虽然自我中心语言所占的比例并非如我们所希望,成为一个稳定指数,但对儿童之间讨论及解释的分析,却得到了更加肯定的结果。鲁斯·尼尔森为验证关于语言的假设在动作层面上所做的验证表明,不同环境中语言的趋同,远远重要于语言的比较。

社会化的步骤及其与运算可逆性的关系

在之前的一系列预兆(从语言出现时起,所有阶段都在一定程度上社会化行为)中,尤其是从平均7—8岁开始,儿童在合作方面取得了全面进步。这得到了有规则的游戏的自发进化、要求以小组完成任务的心理学实验以及由学校团队完成的教学实验的验证。

从瓦伦恩托克(Varendonck)早期对儿童社会的研究到最近的研究,"领导者"(leaders)问题一直都是学界频繁关注的一个问题(关于这一点,我们将在第三节中继续讨论)。英海尔德(B. Inhelder)与诺尔丁(G. Noelting)最近未发表的研究表明,如果领导者的个人气质肯定发挥作用的话,那么这种作用就越来越服从于某种职能。事实上,至11、12岁,如果个性专断的人只履行事实上从属于宏大组织的专业职能,那么他只是为某个群体所完全利用。

从社会学的角度来看,儿童间合作发展的一个最有意思的方面是其与逻辑运算的逐步出现之间的相互依存。这些运算中包括具体运算和形式运算。具体运算始于7、8岁(而且对儿童所操作或者能够操作的对象产生影响)。形式运算出现在11、12岁,与命题逻辑相对应。这种逻辑的基础是网格结构,因此其基础是组合和倒置与互反组成的群集。智慧运算构成内化的可逆动作。(在具体运算层,这种可逆性是通过倒置或互反来实现的;在形式运算层,则是同时通过倒置与互反共同来实现)另外,运算在宏大结构中得以协调。(这是7岁到12岁之间出现的基本群集,也是11、12岁之后出现的四种转变的格与群)记住了这一切,合作或者个人间的动作,与动作、运算的个人内协调之间必须存在一种紧密联系,就很容易理解了。

从这个角度来看,以去中心化困难为特征的智慧自我中心,一般可以被看作幼儿思维前运算结构的表达。尤其是,去中心化显示出那种思维形式的不可逆性(我们早在1923年就已注意到了这一点)[14],而合作的进步,伴随着去中心化及合作所暗含的互反性,则与运算可逆性相联系,而且因此与这些运算的构成相联系。

这又引出了已经在第二节中提出的问题,即运算的智慧发展是否使合作的社会发展成为可能,并对其做出解释,或者情况恰好相反。目前,合作自身构成一个共同运算的系统,即将一方的运算与他人的运算对应起来(本身也是一个运算),形成一个一方的智慧获得与他人的智慧获得的联合(另一个运算)。此外,在发生冲突的情况下,冲突解决包含矛盾的消除(其中预设另一个运算过程),而且极其重要的是,包含不同观点的区分,建立起之间的互反性(此乃是一个运算转换)。

因此,上述问题就还原为弄清楚是否是合作的个人间运算产生了适合动作(继而逻辑)协调的个人内运算,或说情况恰好相反,这被理解为相同运算的问题。之后,这种同一性消解了这一问题。它是一个同一的演化过程,既有社会属性,又有个体属性;它是同一个动作的一般协调,既有个体之间的外部交换,也有事物与动作展开过程中的个体内部交换,而且个体的动作同时涉及个人之间与个人内部两个不可分割的方面。如果人一方面只考虑具有压制作用的"集体意识",另一方面仅仅将儿童看作一个需要社会化的白板,并且认为感知-运动结构与逻辑结构之间没有任何联系,从这一角度提出逻辑与社会之间关系的问题的话,那么这一问题仍然无限复杂。然而,如果从感知-运动和社会两方面对发展中的儿童加以考察(不只是从成人到儿童的强制性传播的角度,而且还从合作的角度),那问题就极大地得到简化,容易解决了。

2. 情感关系

近年来,首先受到勒温(K. Lewin)的启发,而且受到随后莫雷诺(J. L. Moreno)的研究的影响,出现了大量对儿童之间情感关系的研究。在各种泛泛而论奇异的思想纷呈这样的背景下,莫里诺提供了适用于实验验证的技术,或者换句话说,独立于各种先验解读的适用技术(采取各种预防措施,使实验不受作者先验想法的影响)。另一个关于遗传结构与社会获得之间关系的重要信息源是双胞胎研究,据此扎泽(R. Zazzo)提出了其著名的理论模型。

众所周知,勒温受到格式塔理论的影响,并从中借用了"场"(field)的概念,但是将其扩展到情感现象。这样,"总场"(total field)就包含了具有[6]既依赖场本身又依赖主体这一理想特征的对象。总场也包含下述类型的主体:其积极驱力是由场中对象的诱人程度所决定,其消极驱力是由群体通过规则和禁忌在主体和对象之间设置的各种心理障碍所决定。酷爱数学的勒温试图用拓扑学的术语,来描述场的结构,但主观的拓扑学与纯粹的几何学相去甚远。或许更有效的是,他尝试用图论(theory of graphs)语言来对总场进行了分析。毫无疑问,这种尝试是社会人际学后来所使用的"社会关系网图"(sociograms)的起源。在下面的第三节中,我们将用利比特(R. Lippitt)所做的勒温学派关于道德结构研究的一个实例,来加以阐述。

在定居美国之前,美籍罗马尼亚人莫里诺曾在维也纳学习医学,受到了与自发创造力有关的形而上学考量的启发(正如可以在保留开普勒定律的前提下,忘记其神秘信仰,通过将微不足道的事物与伟大的事物相比较,人们能够很容易地抽象出莫里诺关于形而上学的考量),无论如何,莫里诺提供了两种越来越成功的技术,两种技术均适用于儿童之间社会关系(也适用于成人与儿童之间社会关系)的研究。这些技术包括旨在测量群体凝聚力的心理剧或集体象征游戏与社会计量测验。

莫里诺从社会计量测验开始,着手开发用于社会心理学测量的新工具,因为个体心理学中使用的数据在社会心理学领域无法应用。另外,他甚至提出要对处于自发状态的群体进行研究,或者换句话说,在其发展进程不受任何制约障碍或者研究者强加的指令限制的前提下,对其进行研究。这种方法从根本上讲,就是主体向群体中的每一个成员学习,之间可以在某种情景中建立联系。这根据情景标准,建立起一种吸引等级。人也可以向主体不愿与之建立联系的成员学习,根据同样的标准建立起一种厌恶等级。一般而言,可以在群体生活功能(生活知识)中自由选择三四种不同的标准,而且可以尽可能排除非群体生活之外所有的文化影响。之后,将结果转录成一个社会关系网图。每一个个体用一个具有单向或者非互反联系的圆圈来表示,并根据其所标明的选择,与其他每个圆圈联系起来。这种联系构成使个体"社会原子"(social atoms)彼此依附的"网格"。因此,它们表达了在群体中发挥作用的积极或消极感情[莫里诺称之为远程感情(tele)]。当然,它们在真正遭遇前,可以是真实的,也可以是潜在的。

这样看来,一方面,社会计量测验当然可以通过成倍增加需要解决的问题,并使其更加具体化(标准选择和联系模式),来从大的方面进行开发。另一方面,这种测验也可以通过完善对社会关系网图的逻辑-数学分析(使用基于普通代数学[7]和拓扑学的定性方法与定量方法,两种方法在图论中都得到使用)来加以扩展。这就是为什么,目前大量的研究项目在朝这个方向发展。可喜的是,这些研究谨慎地将莫里诺希望将之作为其社会计量直觉的必要补充的许多虚假理论概念,搁置一边。

就目前的状况而言,社会计量测验在等待重构其理论基础的同时,也引起了两种批评。一种来自普通社会学[古尔维奇、兹纳涅茨基(Znaniecki)、冯维瑞(von Wiese)等];另一种源自实验分析[扎泽和雷蒙-里维耶(B. Reymond-Rivier)]。一般来说,人们有理由对莫里诺提出批评,因为他只考虑个体(似乎其吸引与厌恶都有一个独特的内在起源),忽视群体及其总体性法则。在这方面,值得关注的是,应弄清楚为什么莫里诺忽视"群体动力学"(group dynamics),亦即忽视源于群体生活而非个体"本能"的一系列极化与趋势。这方面的例子是头领或领导、对领导的抵抗、性格到特定群体职能的引流等的确定,换句话说,就是由群体和个体性格决定的反应的确定。另一方面,社会反应虽然有很大的区别性,但莫里诺却只承认吸引与厌恶,在喋喋不休地谈论动作是拘泥于情感,因此受到责难。后者在各自的总体中,被看作是真实的统一体,促使所谓的社会"原子"之间许多其他类型联系的产生。正如扎泽所指出,人也不能将产生于文化的自发性分离。人们也必须问,主体在社会计量测验中所做出的选择,在什么意义上具有真正的"自发性",以及他们在什么意义上受到儿童环境中发挥作用的价值度量的启发。

在一项实验研究中,詹宁斯(H. H. Jennings)采用社会计量测验,对493名女童进行了测试,每八周一次,持续两年零七个月。他观察到领导者与孤独者之间的多种组合排列。尤其重要的是雷蒙-里维耶的研究,她采用个体测验和选择动机分析,进行一项控制研究。结果表明,选择的做出并非总是依赖于吸引。依据某种特殊价值为某种群体活动选择被试,仍然不为其伙伴所喜爱。另外,雷蒙女士从他律到自主以及日趋强化内化的动机中,发现了一种演化法则。

心理剧与社会剧是治疗技术,我们对此并无兴趣。但是,作为与任何类型的情感"复合体"或者个人间冲突相关的群体即兴场景表演,它们确实提供了一种在可能非常多产的领域中有益的新型分析工具。实际上,我们知道,儿童想象游戏或梦中使用的象征性思维,最初所起的作用是,通过对现实的转换表达主观同化与满足利益需求。[15]个体象征首先在感知-运动阶段末期出现于儿童的象征性游戏中,并且在有言语相伴随之前,单纯地通过手势来表现。[8]在这种象征和与语言的集体符号相联系的意义系统之间,有许多中间状态,其发展的步骤可以在游戏的演化中发现。象征性游戏最初与社会群体毫不相关,相反规则性游戏则是通过社会来传播的,但是确实存在两人或多人一起玩耍的象征性游戏。在这种游戏中,角色在游戏过程中分化出来,并且经常有细微的自发性暂时调整。这些就是莫里诺在维也纳的公园中所观察到的,给他首次尝试采用心理剧灵感的集体象征游戏。由于构成了主体生活的最亲密情感方面的社会化,这种游戏很有价值。同时,它们也构成象征思维的社会化,这是一个尚需进一步深入研究的前沿领域。另外,心理剧的治疗作用或许会教给我们一些社会学的知识。对那些并非弗洛伊德的拥趸者,但对心理分析感兴趣的人而言,由心理治疗进步所带来的问题其实是,弄清楚"精神宣泄"的益处,是否并非是隐藏情感的社会化所产生的结果。这是因为对所谓无意识领域里的意识的实现,可能必然伴随着"沟通"或者是其产生的结果。在这方面,莫里诺的心理剧提供了宝贵的数据,而且之所以如此,在一定程度上正是因为其理论装备有缺憾(发出单纯支持"自发性"的呼吁)。实际上,个体冲突的社会化在治疗中的作用,构成一种赞同从社会与合作角度解释人格的重要观点。

长期以来,人们一直认为人格仅仅取决于心理生理因素。而事实上,它还涉及多种社会因素,而且需要经历只有到青春期才能完成的复杂演化。特别是查尔斯·布隆德尔坚持认为,人格是由社会成分构成的。他向人们表明了人格特征在多大程度上与个体在社会中扮演的角色或他赋予自己的角色及他希望扮演的角色相关。[在这方面,请回忆一下希腊戏剧中人物角色选定的人格面具(persona)]至少可以肯定的是,人格并不构成"本我"发展的简单终结点,而且在一定程度上,它是趋向于相反方向:它以服从于某种社会职能或社会价值等级的本我的去中心化为前提。[16]因此,"人"的形成引发出一个远未理解的问题。在或许有助于离析出生物所扮演角色和社会经验所扮演角色的可能分析方法中,对同卵双胞胎的研究非常有价值。但是,人们必须把认为双胞胎所有方面都完全"相同"这一有偏颇的观点搁置一边。在为数不多质疑双胞胎具有同一性的研究[尤其是 J. 冯·阿莱施(J. von Allesch)的研究]之后,泽拉为了寻找出人格的根源,提出了一种"双生儿法"(twin method),不仅对双胞胎的相同之处,同时对其差异,进行了研究。人们不仅目睹了双胞胎很早就表现出来的极化现象(显性优势等),同时也看到了那对他们与其周围环境的对立或分化,从这种意义上来说,人格的根源显然具有社会性。

3. 道德关系

前面的讨论最终指向儿童之间道德生活的问题(参见上文第二节),由于其结果具有显著独特性,我们现在将再次单独对这一问题进行考察。

儿童有其特有社会制度,仅仅这一事实就足以说明在何种程度上集体纪律只能通过儿童间的传播方式强加于儿童。这种制度的一个例证是弹子游戏,在某些国家中,这种游戏到小学结束时就终止了,并且也不涉及最少地控制成人或超过十二三岁的儿童。当前,由于关系到对规则的遵守、对欺骗的谴责等,集体纪律自然也涉及某种道德。同时,社会学家蒂玛奇福(Timacheff)[9]批评我们没有从这一游戏中得出法律社会学的分析,这很正确。但是,这个空白很容易填补上。

相互尊重

下面接着探讨儿童的道德生活。儿童间道德的具体来源是情感和认知的互反性或逐渐脱离单向尊重的"相互尊重"。这早在具体智慧运算与合作阶段就已开始(参见第三节第一部分)。

相互尊重产生于彼此认为平等的个体之间的交换。首先,这种交换中预设了对共同价值,尤其是与交换本身有关的价值的接受。每一个合作伙伴都从这些价值的角度来评价其他合作伙伴,而且坚持其评价,这样一来,就在相互尊重中再次发现了各种类型尊重中共有的同情与恐惧的组合。但是,在这种情况下,恐惧并非对强大权力的恐惧,而是还原为害怕失去主体自己所尊重的人对他的尊重。

但是,这种关系也产生了两个问题。第一,它们可以简化为单向尊重吗?第二,它们在哪些方面不同于单纯的互助或者以恶还恶、以善报善式的互反性?首先,人们可能认为,相互尊重就是双重的单向尊重,每个伙伴都认为另一方在某个不重叠的领域优于自己,给予高度评价。然而,即使这是相互尊重的起源,互反性本身就携带着新价值与迥然而异于合作双方彼此的双重顺从的新行为。这样一来,顺从就消失了,但实际上是被对规范的自主遵守所取代。另一方面,相互尊重与互助之间的差异[10]恰恰在于存在新义务意义上的规范,而且并非单纯的互补的利益或趋向于非规范性互反的趋势(以其人之道还治其人之身),这一点我们将在下文探讨。

规范的互反性与自律义务

相互尊重为什么与以何种方式会产生义务,这是前述问题的重心。其原因在于,由于他们接受互反尊重所依据的交换价值,因此参与交换的双方不可顺利地对其加以应用,而不产生矛盾冲突。规范的互反性由此而产生。因此,由此产生的义务与对他人指令的单向屈从有很大的差异,而且在情感方面而非认知方面,与所谓逻辑必然性的特殊义务或者统一无矛盾冲突的义务更接近。这种义务从本质讲,与对权威或强制性信仰的智慧屈从不同。

如同逻辑义务,这种类型的道德义务的主要特征是自律。这意味着主体参与了使其承担义务的规范的解释,而不同于他律道德背后的单向尊重规范,是对现成规范的接受。这种自律的发展在社会游戏规则的演化中尤其明显。虽然低龄儿童认为规则具有神圣性,不可触碰,但只要相互达成一致,大龄儿童就能够毫不费力地修改规则。后者是对共同意志的民主规范和程序的尊重。

但是,日益强化的义务的自律目前仅仅体现在青少年社会生活这一非常有限的领域内。成人在其发展早期阶段所施加的责任与义务,也从规范的互反性和自律的角度,得以重新解释。如前所述(参见上文第二节第三部分),儿童在对其有理解之前,就已经接受了真理规则。这是单向尊重的效应。因此,在这个初始阶段,儿童得出结论,认为说谎是一种道德错误,但只是对成人而言如此,因为不说谎的禁令源自成人。因此,对朋友说谎并非是冒犯。相反,在相互尊重层面上,若问儿童这一点,他们都会说,对朋友说谎"更顽皮",因为现实情况永远不会强迫人对朋友说谎,而对大人来说则不同……

从根据互反性与相互尊重,对真理规则进行的重新解释,自然地产生责任形式的转换。作为产生于单向尊重的他律的最直接产物,客观责任让位于仅仅以意图为基础的主观责任。因此,谎言仅仅以其背后的动机为标准来评价。因此,我们认为,这是道德良知产生的自律的自然结果。

正义

互反道德产生的最真实产物是,分配正义的构建与以公平名义缓和抱负性正义的趋势。

自很早以前,公平的父母就为孩子树立了分配正义的榜样,而且通过适当的指令予以执行。尽管如此,基于平等思想的正义,与最终代表正义的权威之间,也存在潜在的冲突。此处我们所指的并不是每个父母非自愿地实行的,且儿童对之非常敏感的不公正。权威导致顺从,但却不能带来相关的权利,而正义则导致更确切的义务和权利之间的均衡,因为合作一方的权利与另一方的义务完全对等。由此可见,在所有平等关系中,儿童首先发现了正义感。另外,如果儿童是不公正的受害者或目击者,就经常以牺牲成人为代价,而不是在成人的压力下,去揭露这种不公正。

通过对儿童自发社会生活的观察,或者通过对与正义观念相关的道德判断的直接分析,这一假设很容易得到验证。第一种方法可用以验证正义感在参与游戏群体中延伸的程度:低龄与大龄儿童玩耍时,在具体规则面前人人平等,但对低龄儿童有特别规定,例如弹珠必须"弹射"距离的不同、奖励分配的规则、冲突中的仲裁等等。第二种方法表明,如产生分配正义与成人权威之间的冲突,分配正义在7、8岁之后总是处于优先地位,即使儿童可能从表面上看服从成人权威。此外,对报应性正义的判断越来越细致入微,人们常常对惩罚的价值产生怀疑,而且在所有情况下,都从公平的角度,来对直接观察的结果加以考量。

合作与权威

由前述各种事实得出下述结论:儿童之间的合作构成了道德现实相对丰富的来源,而且成人权威根本不是这一领域产生价值和规范的唯一因素。

我们可以引用两种类型的实验,来验证上述结论。第一种是利比特所做的实验。他在成为勒温的信徒之前,曾经在日内瓦的研究所工作过一年。利比特做了一项研究,对三组 11 岁的小学学生进行了对比。一组是以"独断专制"的形式组织的,教师施加纪律。另一组是以"民主"的方式组织的,允许儿童自由地与老师磋商。第三组纯粹"放任自流"。研究结果表明,第二组被试作业成绩优于其他组被试,尤其是在实验结束很长时间后,第二组被试攻击性降低,协作习惯得以保持。

第二种类型的实验由多个教育工作者,在不同国家、不同条件下完成(正常情况下、教养院中年轻失足者的再教育、难民营或战争孤儿等),对儿童社会生活的某些方面甚至整体具有影响的自我管理(self-government)[17]进行了研究。这些应用的教育意义已经有深入的研究,此处不赘述。但是,由于它们展示出了儿童社会生活和道德的可能性与局限性,因此具有极大的心理社会学意义。

作者注释

[1] 这种东西的获得似乎与某个最佳年龄相关。

[2] 关于这种相似性与对作为可逆情感运算的意志的分析,参见皮亚杰著《智慧与情感:儿童发展过程中两者的关系》(*Intelligence and affectivity: their relationship during child development*, trans. T. Brown, ed. E. Kaegi, Palo Alto: Annual Review of Psychology Monograph, 1981)。

[3] 例如,根据玛格丽特·米德(Margaret Mead)的观点,萨摩亚几乎没有青少年。

[4] 人们也可能会引用智慧自我中心的例子,而非涉及非协调观点的例子。婴儿的万物有灵论、认为造作性以及"道德因果性"物理法则与义务相混淆等也是观点混淆的例子。它们出现在动作格式对外部数据进行同化的过程之中。

[5] 相反,扎泽在其《双胞胎、夫妻与个人》(*Les Jumeaux, le couple, et la personne*, Paris, 1960, 第 399 页)一书中,拒绝将自我中心语言的两种含义相提并论,亦即无理性互反的语言与非用于他人的语言。他的观点是,必须将儿童"为自己说话(*pour*)(speaks for himself)"的情形,与儿童"根据自己说话(*selon*)(speaks according to himself)"的情形,区分开来。根据我们的定义,忘记从公众角度出发的演讲者就恰恰是为自己说话。

[6] "desirable characte"(理想特征)是我们对"*Aufforderungscharakter*"或"character of solicitation"(诱发特征)的翻译。

[7] 特别是代数意义上的网络理论[参见格利文科(Glivenko)、伯克霍夫(G. Birkhoff)等]。

[8] 例如,我们自己的一个孩子做的第一个象征游戏是假装睡觉(同时微笑着,自娱自乐),然后让她的泰迪熊睡觉等等。

[9] 蒂玛奇福似乎只是通过卡鲁索(I. Caruso)的控制实验,了解了我们的研究,因

此不知道除了一些时间方面可以忽略不计的细节（阶段的连续顺序是它们唯一的本质特征），卡鲁索的数据在所有点上都验证了我们的研究数据。

[10] 在其关于杜马斯（Dumas）《心理学通论》（Traité de psychologies）一书中道德感情的章节中，戴卫（M. Davy）认为，由于缺乏"社会约束"框架的介入，我们对相互尊重的解释将其简化为简单的互助论。根据涂尔干主义的传统，戴卫认为，对这种框架的内化足以解释自主性的形成。

英文版译注

1. 本章首次以《儿童心理社会学问题》（Problèmes de la psycho-sociologie de l'enfance）为标题，刊载于古尔维奇主编的《社会学通论》（G. Gurvitch, *Traité de sociologie*, Paris: Presses Universitaires de France, 1960, pp. 229-254），不是1963年的法语版。

2. 法语文本是（第320页）："*les sociétés humaines reposent presque exclusivement sur une transmission et une formation éducatives*。"

3. 此处法语文本有瑕疵，因此，翻译时参考皮亚杰的原始文本，修改为："*Le terme d'instinct peut être pris en deux sens: celui d'une 'tendance' héréditaire (en allemand Trieb opposé à Instinktj et celui d'une structure d'action héréditaire) (par P. Guillaume) que l'imitation s'apprend (au sens d'ailleurs d'un 'apprentissage' spontané et non pas d'une éducation, encore que celle-ci joue souvent un rôle non négligeable dans cet apprentissage)*。"

4. 这一主张有效地削弱了对皮亚杰建构主义的成熟解释。

5. 法语文本是（第321页）"*signegestalts*"。

6. 法语文本是（第323页）："*Pour ne prendre qu'un exemple, il existe chez l'enfant une attitude dominante à l'égard de ses parents ou des adults qui l'éduquent, et qui consiste à considérer comme vrai ce qu'ils disent ainsi que comme juste ce qu'ils prescrivent (même s'il n'y a pas obéissance effective)*。"

7. 关于沟通交换的结构模型，参见本书第二章、第三章。

8. 法语"*réseau*"（网格）。这个术语的标准意思是网络（network），此处翻译为"*lattice*"（网格）。在讨论他的逻辑模型时，皮亚杰通常用"*groupements*"（群集）或"*semi-treillis*"（半格子）（*lattice*）结构去描述具体运算。由于"*treillis*"（格子）是一种特殊的网格（*réseau*），因此使用"*lattice*"（网格）是合适的。但是，皮亚杰有时指的是具有亲密关系的网格（*réseau*），此时"*lattice*"就不如"*network*"（网络）合适了。参见皮亚杰等著《态射与范畴》（*Morphisms and categories*, Hillsdale, NJ: Erlbaum, 1992）。

9. 参见本书第六章。

10. 参见皮亚杰:《智慧与情感》(J. Piaget, *Intelligence and affectivity*, Palo Alto, CA: Annual Reviews, 1980)。

11. 参见皮亚杰:《求索》(J. Piaget, *Recherche*, Lausanne: Édition La Concorde, 1918)。

12. 参见本书第七章。

13. 关于皮亚杰对维果茨基对自己著作解释的回应,参见皮亚杰于1962年所发表的"对维果茨基对《儿童的语言与思维》和《儿童的判断与推理》批评的回应"(Comments on Vygotsky's critical remarks concerning "The language and thought of the child" and "Judgment and reasoning in the child", Cambridge, MA: MIT Press)。部分内容在维果茨基的《思维与语言》(L. S. Vygotsky, *Thought and language*, trans. E. Hanfmann, ed. G. Vakar, Cambridge MA: MIT Press)一书中再版。

14. 此处皮亚杰未提供参考文献。毫无疑问,他指的是《儿童的语言与思维》(*Le Langage et la pensée chez l'enfant*, Neuchâtel: Delachaux et Niestlé, 1923),英译本是: *The language and thought of the child*, trans. M. Gabain, New York: World Publishing, 1955)。

15. 在重新解决这个问题时,皮亚杰使用了"*réel*"一词,出现在最早出版于1923年的著作《儿童的语言与思维》(*The language and thought of the child*, London: Routledge & Kegan Paul, 1959)的第一章第一段。

16. 参见本书第二章、第三章。

17. 此处皮亚杰使用的英语术语。

心理学研究的主要趋势

〔瑞士〕让·皮亚杰 著
郭本禹 译
王云强 审校

心理学研究的主要趋势

英文版　*Main Trends in Psychology*, New York, NY: Harper & Row, 1973.
作　者　Jean Piaget

郭本禹　译自英文
王云强　审校

内容提要

该书是联合国教科文组织主持出版的"社会科学的主要趋势"系列中的一本。皮亚杰基于其广博的科学视野、精深的专业研究和敏锐的洞察力,以人类心理与生物和社会的关系、心理发展的静态性与建构性为主线,先对心理学独立于哲学的原因进行剖析,并简要回顾早期的经验主义研究,继而着重论述了心理学研究中的多个趋势:机体论、物理趋势、心理社会趋势、精神分析、记忆研究、心理发生结构主义和抽象模型;随后,对心理学与逻辑学、数学和物理学等学科的关系进行了考察;最后,皮亚杰分析了基础研究与应用心理学的关系以及心理学在教育、精神病学和组织行为等多个领域的广泛应用。

郭本禹

目　录

导言/1467

　一、科学心理学与哲学/1468

　二、无结构主义的经验主义与心理学的解释需要/1471

　三、机体论趋势与心理学和生物学的关系/1475

　四、物理趋势与知觉的多种水平/1478

　五、心理-社会趋势与一般和社会的相互作用/1480

　六、关注心理特殊性的精神分析研究/1485

　七、行为特殊性与记忆结构/1487

　八、关于动物和儿童发展的心理发生结构主义与智慧理论/1492

　九、抽象模型/1496

　十、心理学和其他科学的关系/1500

　十一、心理学的应用：基础研究和"应用"心理学/1504

导　言

在联合国教科文组织开展的"社会科学的主要趋势"研究中,将心理学卷委托给我。当然,这一任务存在某些困难,因为可以从多个角度讨论"研究趋势",尤其是根据研究方法角度,以及不同学者或不同学派采用的控制或证明的程序角度。毫无疑问,这是最被经常考虑的因素。例如,纯实验主义者与精神分析学者在方法上的共同之处是什么? 前者力图通过收集大量的测量资料并对之进行详细的统计分析来验证每一单个假设,尽管这些假设可能是有局限或显然正确;后者常常依据单一的临床案例来构建整个理论或者把弗洛伊德的每一论点看作既不需要又不允许任何控制的无形真理。因此,我们在讨论这些主题时不采用方法取向。有人可能逐个主题(知觉、动机、记忆、智慧等)展开论述,我们在一定程度上应该如此。然而,如果严格遵循这一计划,最后只能写出心理学的一本小手册,太短而不能深入。另一方面,根据对其研究的现象尝试提出的各种解释的角度对不同学者或学派进行比较似乎是可行、甚至是有益的。在仅限于描述而不进行解释的纯实证主义者看来,对于一般抽象模型的建构者而言,整体趋势是简要比较与分析,这是很有趣的。那么,我们提出,存在两个不变的问题:心理是否保持其独立于生物起源和社会卷入的自我身份,或者说其现实存在是否不可避免地受限于这两个相关方面? 表现为多种特征的心理在某种程度上是否永远处于静态,或者在持续建构性发展过程中其基本性质是否首先在于新结构和新行为的不断精进? 这是我们在所有观点中发现的两个问题,我很荣幸将之呈现给那些对科学心理学发展做出巨大贡献的国家的读者们。

虽然心理科学完全可以使用实验法，这些方法几乎不能（或极少）应用于诸如语言学和经济学等学科，但在确定具体研究目的应该是什么时花费了太多时间。为此，有两个互为补充的原因。第一，由于心理学主要关注人类，它在很长一段时间内附属于哲学，因此认识到内省的局限以及需要在"行为"的基本框架内确立意识的地位是一个极其漫长而艰辛的过程；第二，一旦它不再单单专注于内省，在当前的结构主义运动重新发现比意识更为广阔和深入的心理特性之前，心理科学先是认为人类不过是生物元素和社会元素的结合体，尽管同时吸取了结构主义运动的观点，但依然保持着同机体和社会生活的联系。

因此，描述当代心理科学发展趋势的任务首先是分析其脱离哲学的原因（鉴于心理科学和认识论的持续发展关联，这里会存在例外情况）。接下来的问题便是回顾心理科学发展史早期的经验主义——即便现在，每当学者们怀疑解释性理论并且只局限于描述现象或规律时，它就会再次出现。下一步要说明对某一解释的探寻是如何经常导致这样的尝试：还原为有机生命体、甚或超越于此的一般物理机制或社会生命。最后一步将区分各类研究，旨在从如下方面明确特定心理活动或行为的具体特性：内在的质性事实（精神分析）、普遍的量化现象（行为）、发生结构主义或抽象模型。这样的探究显然会为心理学的跨学科趋势以及这一人类科学分支的广泛应用提供更多的信息。

一、科学心理学与哲学

对现状和趋势的客观回顾可以得出两点：第一，各个国家心理学会从属的国际心理科学联合会有将近40000名成员，可它从未想要加入国际哲学与人文科学理事会。当然，并不是因为缺乏兴趣，而是因为考虑到哲学式推测，国际心理科学联合会想要保持一种保守态度，而这种推测不会以任何方式威胁语言学或人口学。第二，有些人认为单凭心理科学不足以完全了解人类，还需要一种"哲学心理学"（也称作哲学人类学）的支持。因此，想要了解当代心理科学的发展趋势，我们必须首先找出这两种趋势的差异，并明确心理学作为一门科学的特有要求。

对许多学者、特别是那些实证倾向的学者而言，心理科学与哲学心理学的不同（并且他们一般会怀疑后者不具任何意义）在于他们所关心问题的性质，心理科学像其他科学一样，应该只关注"可观察到的现象"，而哲学应该力求探究事物的性质和"本质"。

乍一看好像的确如此。比如，每人都赞同自由问题或人类意志自由的缺失属于哲学问题而非心理科学问题（即使论及此现象时，心理学家在方法上认可了方法决定论），而每个人也承认与记忆或知觉相关的规律属于科学研究的问题。然而，心理学历史同时表明，哲学问题和科学问题之间的界限经常变幻莫测。例如，19世纪末心理学家不太关心与智慧相关的判断的作用，或者忽视其同观念联想的关联，而让逻辑学家来拓展这一问题。当马尔比(Marbe)开展对判断的研究时,他也仅认为除了联想因素外,还存在着一种"额外的心理学因素"或逻辑因素,这同样与心理学家无关。然而,在如今众多的智慧理论中,没有一个理论会考虑到把判断从心理学的范围中排除。因此,在当下把心理学问题分为科学问题和哲学问题将会极其冒险,最普遍的趋势是将科学视为无限开放的,并随时确定其所关注的问题。[1]

那么,为何在历史上的特定时期有些问题被认为属于心理科学范畴,而另一些则不属于,可能将这些问题留给哲学来处理?很简单,因为有的问题足以通过实验和计算的方法来解决,并且这些解决方法能够获得研究者的普遍接受(或者在出现短暂分歧时,能够被检验或验证以达成最终的一致意见)。如果科学不关心(或者当前不关心)自由问题,那么并不是由于问题的性质("本质"的现象等),而是因为就实验或算法验证而言,没有具体的方法——至少目前没有——来明确描述它;并且就目前来看,因为提出的解决方法是基于价值判断和信念等,这些均是相当好的,但互不可约,这在哲学上是一种可接受的情况。

接下来,我们要再次强调科学心理学和哲学心理学之间的界限是方法问题,一方面是客观方法,另一方面是简单的反思、直觉或推断的方法。但在这样一个人人都关注的研究心理事实的学科中,客观和主观直觉的界限又在哪里?我们常常倾向于认为这条界限同内省有关。也一度存在着一个心理学派别(行为主义,如今得到很大程度的修正[2])否认意识,仅局限于行为。但是也存在一些为教条化的唯物主义辩护的哲学,因而认定科学心理学忽视意识是绝对错误的,因为哲学心理学将其作为自己的分析主题。甚至在20世纪初比奈(A. Binet)在巴黎研究同样问题的时候,德国的一个心理学流派(符茨堡的思维心理学)试图通过采用诱导内省的方法并将内省聚焦于表象在思维中的作用、判断与观念联想的区别等明确判定的问题,来使内省产生最大量的信息。正如我们目前看到的,尽管这些研究明确揭示了内省的局限,但是它们绝不表明内省没有任何意义。

认为只有哲学心理学将人类视为主体(例如,从认识论的角度看作知识的主体),而科学心理学将人类作为客体,这一观点是错误的。这只是一种无意识的(若非故意)文字游戏,旨在混淆对主体的客观研究以及对主体的无知或忽视。甚至动物心理学或习性学的当前总趋势都是将生命体作为主体,并且习性学"客观主义"(在真实情境下而非只在实验室中对动物进行客观研究的方法)的奠基者之一的劳伦兹(K. Lorenz)刚刚撰写了一篇十分令人振奋的研究,论述了其自己有关习性或习得知识的观点与康德认识论之间的相似性。在智慧心理学领域,日内瓦学派关于儿童心理概念及运算发展的所有研究也成功揭示了主体的活动在知识构建中的重要性,绝非经验主义意义上的被动经验的不可替代作用。

如果科学心理学和哲学心理学之间的差异既不在于内省也不在于对主体的认识,那么它一定在于更为具体的方面,这仍然是方法方面,但这只关系到研究者自己的自我角色。正如当前的心理科学运动所表明的,客观性完全不是对意识或主体的忽视或抽象,而是与观察者的自我相关的"去中心"。当前心理学的最普遍趋势是存在三大研究主线或三大主要观点特征。第一是行为,包括意识或认识。仅有内省是不够的,因为它不够完整(它只意识到心理过程的结果,而非其内在机制)且容易歪曲(因为内省的主体既是判断者又是参与者,这会影响情感状态,甚至影响认知过程,自我想法会融入内省)。然而,在整个行为背景来看,意识依然是一种基本现象,基于此我们需要研究认识过程。克拉帕雷德(Claparède)已经提出,处于过度泛化年龄的儿童,更加难以区分两个物体的相似之处(如苍蝇和蜜蜂),而非其差异。这在认识上颠倒了真实的发展顺序,从外周(行为适应不良)向中心(内部机制)发展,而非相反。第二是发生观点。在个体发生意义上,对成年人而言,只有其已经形成的机制才能够被观测,而如果我们探究其发展,我们就会理解其形成过程,这只是解释性的。第三是结构主义的观点。虽然它尚未得到普遍认可,但我们应该看到它是一种日益深刻且令人信服的取向。它探寻源于动作的逐步内化的行为结构或思维结构,而结构的效应能够通过实验来建立,同时尽管主体通过自己的活动来形成这些结构,但他本身并未意识到结构的存在。格式塔心理学为这种研究铺平了道路,如今这种研究也在各种学科中得到运用:心理语言学和社会心理结构,与智慧运算有关的结构,等等。

既然如此,我们对科学心理学和哲学心理学之间的区别便有了更好的了解。区分它们的既不是问题也不是研究主体,任何哲学心理学解决的问题都能或有可能归于科学心理学的范畴,正如我们看到的哲学也研究行为、发展和结构。唯一的区别在于自我的"去中心":只有假设被每人以精心设计的不同技术即控制手段得以验证,才是心理学家认为的进展,而哲学家通过一系列先于所有心理学知识存在的所谓最初直觉来研究观念来了解自己,并且其所采用的内省也是以自我为中心的内省。正是基于此,曼恩·德·比朗(Maine de Biran)认为自己已经把握了努力的原因及动力,而让内(P. Janet)等人随后表明努力的定向(并非努力的意识)是行为激活的调节变量,它能分配但不能产生可利用的能量。从同一观点出发,柏格森(Bergson)将他认为可以通过直接直觉获得的纯粹记忆与动力机制或习惯相对照,而当前研究发现从符号识别(与先天行为方式和习惯有关的一种记忆形式,不同于这些先天行为方式和习惯,并以之为基础)到与重组有关的行为和唤起之间,存在着至少十个水平。同样基于这一观点,梅洛-庞蒂(Merleau-Ponty)将所有行为看作一种"具体化的意识",并试图兼顾对原始意识的找寻和对持续的"超越"活动的探究,但他不能确定:个体是否是由不同的行为模式、过去经历以及整个复杂的结构所决定的(只在意识到它们的情况下),或者只有整个发展研究置于真实情境,意识才算完成。

但是,如果心理科学同哲学间的区别看似变得清晰,显然这些区别很大程度上与取向有关。实际上,每一位心理学家都在某种程度上固执己见,纳格尔(E. Nagel)也将心理学不同"学派"的存在归因于此[3]。此外,即便与他人存在些许差异,该学科的任何一位作者都需要对自我进行观察。诸如卡尔纳普（R. Carnap）和冯·米塞斯（L. von Mises）等纯粹的实证主义者，现在也认为内部观察"原则上"与外部观察没有差别[4]，尽管内部观察可能同时关注与物理学甚至生理学不同的可观察事物[5]。然而，差异依然存在，尽管心理科学对所有问题和所有具体现象保持开放，但是在遵循与实验验证、甚至是规范化相关的一般原则的同时，总是存在一种在当前可能范围内进行客观解释的观点。假设的可能性与观念的一致性对哲学推理是足够的，而心理学源于哲学的这一重要继承只有在受到此类控制的情况下才有效。尤其是自行为主义革命以来，内省不再提供主体言语所表达的"在其中"（in se），而是成为其中的一种行为，受制于认知规律并融入整个行为背景——以至于运用斯蒂文斯的心理物理方法，它可以采用主观量表，并且我们现在看到许多质性资料、态度和观点的评定方法正得以发展。

二、无结构主义的经验主义与心理学的解释需要

当一门年轻的科学逐步形成并又必须从哲学中艰难地脱离出来，通常要花费大量时间去发现其主要趋势，因为这在一开始根本没有被意识到（认知困难的又一例证），只有通过尝试错误、甚至常常是通过夸大原初理论来发现的。

（一）在这一方面，标志着19世纪心理学肇端的联想主义试图根据由感觉和想象构成的先验原子元素之间的机制联想来解释一切，经由夸大和最初的扩张，它比原先作为众多假设之一的温和形式的影响更大。结果，它导致了行为心理学的源头——美国的机能主义心理学、德国的思维心理学、特别是格式塔理论的产生，这些理论至少是当代结构主义的部分起源，不是说精神分析，而是比奈（他开始以联想主义进行研究，1903年转向其他）、让内以及指引发生心理学的许多其他研究者的工作。

但是，在这一具有辩证说服力却又危险的理论和弥补先前缺陷的更为深刻的学说中，存在着本书开始时提及的一种周期性趋势，因为这一趋势不断涌现并且同时具有当前意义和历史意义。这就是实证主义趋势，它只关心可观察事物并在这些事物之间建立可重复关系，而不考虑通过寻求解释或构建解释性理论来超越一般事实或规律。

鉴于我们关心的是当代心理学的主要趋势而非历史，就过去而言，注意到在翻阅首届国际心理学大会的会议记录并同今天的大会进行比较时意识到的某些明显的对比，或是将当今美国心理学的现状与40年前进行对比，这就足够了。当前的研究在很大程度上基于问题解决角度，其结果经常以多少有些概括或抽象的模型来表述，而长久以来采用的程序是收集事实资料，好像问题或方法会随之而来一样。例如，甚至在1929年，有可能会在实验室中找到年复一年积累的、关于同一批学生的、令人叹服的文档资料，展现了这些学生在所有已知测试上的表现的纵向发展，尽管从事这项艰辛活动的学者并不知道他们想要从中获得什么。如今，纵向研究只用来检验连续性阶段的必然顺序

或发展速率的变化等,并且只有当问题得以精确时,才能运用为此目的选择的事实资料。

当前的实证主义不再如此简单了。例如,实证主义最负盛名且最具代表性的代表人物之一的斯金纳(F. Skinner),已经在动物和人类心理学中提出了一系列关于学习过程的精确问题。但是,由于仅想要提供确切事实,斯金纳把自己的分析慎重而方法性地限制在两类可观察变量上:呈现给主体的刺激或输入以及输出或产生的可观察和可测量的反应。当然,这二者之间的机体具有所有的心理中介变量,而斯金纳选择系统地忽视它们,并把机体看作输入和输出之间的"黑箱",在不知晓黑箱内容的情况下也可以在两者之间建立关联。尽管存在这些局限,这一研究依然富有成效,并且其中有两点值得注意。

首先是科诺尔斯基(Konorski)发现的对"工具学习"的利用。先前人们认为,学习是实验或实验者所提供的"外部强化"的结果,即被试的反应是对成功、失败或惩罚的回应。与之相反,科诺尔斯基表明,有些学习形式与自发使用实验装置中设备有关。因此,斯金纳在其实验箱中设计了多种杠杆,如果动物偶尔并随后故意按压杠杆,便会出现食物。根据对鸽子和老鼠等动物的观察,他发现动物的探索能够让它最终学会操作杠杆,让其成为获得食物的工具。在这一点上,人们看到学者系统性地忽视"黑箱"中的内容、系统性地利用被试的功能性活动和几乎工具性的活动(虽然没有排除各种强化),我们可以说这简直再清晰不过了。接下来,斯金纳得出了最为重要的发现:与主试关注每一反应的细节时相比,当根据每一反应结果的分布对整个装置进行机械调整时,鸽子在实验的多种变化中的学习更为迅速。鉴于斯金纳本人是一名教师,他产生了一个大胆的想法:尝试通过分配者为每一问题提供多个备选答案,为他的学生们系统地分配心理食物。学生通过按压合适的按钮来知道他们的选择正确与否,若选择正确,操作继续;若选择错误,问题就会再问一次。人们都知道,这项心理教育实验的结果让斯金纳及其继承者将这一程序教学方法逐步运用到语言、算术等方面的学习中,并且目前这一方法在有些领域十分流行,但在其他领域备受争议。当然,包括著名语言学家 N. 乔姆斯基(N. Chomsky)在内的反对者认为,语言的自发学习绝对不能简化成斯金纳的模式[6]。

因此,从实验的甚至理论的观点来看,我们刚才列举的严格的实证主义绝对是富有成果的。由于本研究的目的不是批判性分析不同的观点,而是研究不同的趋势,因此我无须就第一类趋势发表意见,只需要说明为何它没有被大多数研究人员所追随,以及它是如何被其他观点所补充或替代。

(二)这里要指出的一点是,一般来说(正如我们下面看到的,尽管斯金纳不属于这种情况)纯经验主义导致对各种行为的原子式拆分,排除任何结构主义,不是通过归纳或演绎进行推理,而是笼统地对问题进行划分。这种想法自然地倾向于根据简单来解释复杂,并且把简单只看作似乎是复杂的直接分离。现在(相当于一回事)最基本的心理运算是加法,这就让人们倾向认为任何复杂结构都只是简单元素相加的结果。因此,不成熟的经验主义常会把心理现实简化为人工"原子"而歪曲它,而不触及整体结构。这正是古典联想主义的问题:先是把知觉简单地分解为感觉(没有看到任何问题或任何证明的需要),并假设之前的感觉是以表象形式保存的,然后继续把主体的活动简化为联想系统,尝试将感觉同表象或表象与表象联系起来,从而获得知觉、概念和判断等的具体而有效的整体本质。

许多学者将过去的人工"联想"代之以当今的刺激-反应(或 S→R)模式,这一模式是否可能导致同样的原子论缺陷需视情况而定。这一点就足以表明,研究工作者在设计实验时提出一系列问题,而这些问题的存在直指严格坚持实证主义的困难。如果实验被分割成小而不连续的独立刺激,S→R 模式就又将我们带回到严格的联想主义(不过当然是知觉与运动之间的,而不会进一步涉及问题表象)。另一方面,如果我们具备斯金纳的才能,选择一个引入整体因果关系的复杂情境作为刺激——简而言之,鸽子活动更自由发展的情境——那么,S→R 模式所揭示的工具性行为就与简单的联想无关了。

因此,当前的一般趋势是认为 S→R 模式在根本上是复杂的,同时也是模糊的。一开始,动物心理学和脑电图检查揭示了一个重要事实,即存在神经系统(波)和机体的(阿德里安等人的研究)自发活动,这些活动不是对刺激的反应。人们越来越强调,当发生 S→R 反应时,如果机体做出反应,那是因为它对刺激敏感。如果我们在其发展过程中对被试进行追踪,并且对其先前不关心的某一刺激的第一个敏感性标志进行观察,就会发现对刺激敏感的前提条件在本能反应(只有存在"欲求"时,刺激才起作用)和学习中表现得非常明显。这种敏感预示新倾向的出现,并实际上引发最终的反应。所以,这使我们越来越认为 S→R 模式不是线性的(→),而是循环的(S⇆R),使我们无法忽视生命机体(Or)。由此,S(Or)R 这种复杂的关系在理论上是不可能忽略中介变量的。

此外,即使坚持最严格的实证主义模式,也必须承认只用来描述输入与输出(通过可重复的关系或规律,而非因果性解释)的实验是某种意义上任意划分的产物。我们早就意识到输入的选择假定存在观察者对经验领域的一种划分。然而,正如我们刚才看到的,输出的产生或出现依然与机体或被研究对象的生命中的特定时刻有关,这就意味着时间上的划分。即使从实证主义观点出发,一个完整的实验需要逐个尝试所有可能的输入,并且对他们进行从出生(或从胎儿期)到死亡的持续研究。与传统取向相比(见后面第七章),工具学习的巨大进步在于它拓展了输入的范围,并能在输出中观测到被试生命的某个截面。但是,即使根据实证主义观点,我们必须追寻两方面的研究,这不可避免意味着在整体上采用发展的发生取向或相对取向。

(三)如果接下来对有关心理发展的许多研究(在第八章也会谈到)进行考察,我们会发现它们或者是列举事实——记录事实的目的是为了解释,或者是在事实基础上的更为一般的学说,但都试图解释而不仅仅是描述,换言之,它们都超越了实证主义模式。

这些学说都曾无一例外不可避免地必然处理发展"因素"(机体的成熟过程、经验、社会生活等),包括寻求因果解释,以及填补严格经验主义的"黑箱"或"空箱"的一类基本倾向——只有通过假设。

至于学习,解释性理论方面的基本趋势也是明显的。例如,只要学习过程是渐进的且观察到的规律可证实,我们就可以坚持只做简单描述;但是,如果新习得的知识与先前知识太相似以至于部分干扰了先前知识,即出现所谓的"倒摄抑制",那么每个人必然会想要知道原因。当然,新发现的内容又构成了规律,但所有部分适用的规律必须要同更一般的规律一致,他们的协调就不再仅仅是描述的问题,因为此时演绎推理是必需的,这正是因果解释的一个方面。

在关于知觉、记忆和心理过程等的实验研究中,我们会不断发现这种情况。例如,不可能采用一架以 1/10 秒或 5/100 秒时间曝光的视速仪来考察一个已知的感知效应(诸如几何光学错觉),并且我们会发现一个新的规律性修正[7],而不知道这一变化的原因,这再次意味着要寻求因果解释。

因此,在各种情况下(此处所使用的词汇可能不适用于每个人,但这也许只是表述问题[8]),基本趋势已经超越描述而趋向解释,包含三个研究阶段[9]:

(1) 首先是对一般事实或可重复关系的描述,例如建立规律。

(2) 接下来是对规律的演绎或协调。最好的例子是赫尔(Hull),他在发现了关于学习过程、强化的作用、目标梯度、习惯族系层级(见第七章)等的一系列规律后,在逻辑学家菲奇(Fitsch)的帮助下,对这些规律进行形式化描述,这些描述始于许多可视为其原因的假设,因为这些假设是演绎的充要条件。其他学者不关注以逻辑形式进行的演绎,但是,无论他们的演绎是直觉的还是有些形式化的,无论是显性的还是隐性的,一旦涉及许多规律尤其是涉及不同程度时(整体性或逐步细化和特殊化),不可能不把它们纳入一个系统,该系统中有些部分彼此独立,有些部分源于其他部分。

(3) 但是,规律的演绎依然只是一种逻辑性运算,不能经由自身充分解释。如果充分展开这些规律的演绎,当然能够证明初始假设的必要性和充分性,对"推理"的说明有助于我们的解释之路。坚持演绎的形式过程,就有可能出现一些演绎系统,有些被看作假设的系统是其他系统的结果,反之亦然。为了得出一个解释,有必要采用模型的形式将规律的演绎具体化,这既能表征真正的过程,又能以演绎运算的形式来表示,当演绎运算与发生的真实变化相匹配时,目的也就达成(见第九章)。

当规律(1)与可能的演绎(2)相匹配,并具体化为模型(3)时,我们就获得了解释。但是众所周知,心理学的解释性假设比其他学科更为多样。而且,尽管目前的趋势无可置疑地在趋向统一,我们已经看到一些例子,但是事实是,这种统一更多是未来计划而非目前的现实,并且心理学研究依然包含着相当宽泛的解释取向。原因不在于规律,它在多个实验领域以及引发多个临床或心理-社会研究领域的大量努力的验证上,或多或少容易达成一致。原因也不在于规律的协调或推论,因为如果有些人更加强调逻辑而其他人满足于更为直觉的取向,那么结果基本上是一致的。真正需要寻找的原因在于可能模型的多样化,因为心理生活根植于有机生命,发展于社会生活,并通过许多结构表现出来(逻辑、心理语言等)。因此,模型的多样性依据主导取向而变化:机体论的还原论尝试(见第三章)、唯物主义(见第四章)或社会性(见第五章)、尝试达成转换中的心理特殊性或自我辩证状态中的本能(见第六章)、行为表现(见第七章),或普遍发展(见第八章),所有这些多少都带有具体形式或转向抽象模型(见第九章)。所有这些多样解释的考察会极好地帮助我们明确除实证主义外当前心理学的趋势,以及该学科与其他科学之间日益密切的联系。

三、机体论趋势与心理学和生物学的关系

没有机体活动就没有心理活动,反之就不一定正确;没有神经系统的功能就没有行为(始于腔肠动物),行为比神经系统更进一步。总之,任何机体均易于确证,并且比行为和意识展现出更多可观察和可测量的表现。这些都是将有关心理过程和行为的心理学解释指向生理过程的原因。

(一)这无疑是心理学中的永恒趋势,并且除了已经取得的成果外,它还不断预示着一个光明的未来。但在开始时应该澄清,它具有两种不同形式,而当前趋势并非总是与过去的某些特定学派相一致。存在的还原论趋势的目的是对心理过程进行纯粹简单的识别,它将心理过程看作有机体伴随的简单的现象表现,看作构成其本性或者至少是对其的直接解释。当前还存在着可称作关系的或辩证的趋势,涉及对多等级现象区分,包括机体或神经系统以及行为,并对不同等级过程之间的相互作用或反馈进行辨别,这样就不存在任何从高级到低级的还原,而是越来越密切的连续。

为了避免误解,我们需要立刻注意到,心理学与生理学或生物学之间的关系问题从本质上说不单单是意识(因此不是整体上的反应或行为)与神经伴随物之间关系的特定问题。当前的一般趋势是承认意识形式和伴随物形式之间的同构性(我们所说的同构性存在于意识特有的"内涵"与神经过程特有的因果关系之间),而非相互作用,当然这不意味着与意识相伴随的神经过程与其他的不同,正如脑电图对"警觉"状态的记录。但是,否认意识与其神经伴随物之间的相互作用绝不代表怀疑行为(包含但不仅限于意识)和生理过程之间的相互作用。整个心身(或皮质内脏的)医学表明了这种相互作用,没有证明也没有否认意识对高级神经活动的作用,但明确揭示了这种心理-生理活动对低级调节的影响。当然根据这一观点,心身研究和所有生物取向心理疗法一样,具有重要的理论价值。为此,应当特别提及医药心理研究的快速发展。

现在让我们回到关注心理活动或行为与生理或生物活动之间关系的还原论或互动论趋势。心理科学总是存在某些本质上的还原趋势,人们曾经依据联想来解释心理过

程,并试图证明联想是神经联结(这一说法已经保留在皮质的"联结纤维"中)或易化的直接反映等。当巴甫洛夫(Pavlov)发现条件反射时,他毫不犹豫地认为它们与"心理学家的""联想""完全一致",人们开始自然地将条件反射视为一种通用解释,由此所有的心理活动都被简化为神经的条件作用。就在前几年,一名瑞士医生和心理学家试图证明条件反射不仅是习惯、语言、绘画设计等的唯一原因,而且也是整体智慧和意志的唯一原因。虽然没有达到这种程度的还原,但是依然有一些学派在缺乏讨论的情况下假定高级行为可以还原为老鼠或鸽子的行为。尽管自然而然应当假定存在一些共同机制,但是一旦不考虑把人类"动物化"的风险整合入更为复杂和进化的行为后,不能够提前决定它们的前景如何,特别是它们会成为什么。

(二)为了理解目前互动论或关系论趋势是如何倾向于代替这种还原论,对生理学和心理学中条件反射的简史进行回顾再好不过了。这两个学科是平行的,并在根本上互相依存。

在心理学上,巴甫洛夫的伟大发现引发了对现象等级的界定,并承认高级行为对低级行为的影响,而非相反。"心理学家的联想"到条件作用的同化是从高级到低级的还原,但巴甫洛夫随即阐释了高级神经活动(例如条件反射)对内脏机制的影响,这是高级对低级现象的影响。然后他发现了两类信号系统,一类是纯粹的感知-运动系统,另一类系统同语言有关。关于语言信号对低级条件作用,甚至是对边缘水平生理反应的影响,苏联心理学家发现了越来越多的例子。

电生理技术已经证明了条件反射不仅是皮质的,还关系到网状结构,因而涉及间脑的整合,从而假定存在皮质联合系统与低级系统之间的相互作用。此外,苏联的生理学家和心理学家不再将条件作用仅仅看作一系列联想,并且现在提出了其控制反馈模型。其最大优势在于低水平机制模式被与尝试错误行为或认知知觉相当的模式所取代,这无论如何不会妨碍这些调节模式在生理水平上很常见,因而也不会阻碍不同于还原论的多个等级之间的关系模拟。

为了了解真正的条件作用过程,我们与费萨德(Fessard)一起寻求概率的和算术的抽象模型。费萨德首先注意到,学习(至少对成人而言)不依赖于新的神经末梢或突触的生长,因此仅仅代表已经形成的联结的一种新功能。然后,他建立了一个网格模型,其所有成分具有相同特性(因此历史决定在优先通路的选择中发挥作用),尽管通路可以替代,但仍可能引入某种特定的动态平衡稳定性。这一替代是由于系统的随机性,其中的网格表现为一种"次级随机网格"。我们说"随机"是因为系统的每种元素都具有放电的可能性,"次级"是因为它与影响它的其他相似神经领域相关联。

因此,我们认识到,生理学上的条件作用早已不再与单一等级的现象有关,这就使得在比该等级更高等级上的还原成为可能,而该等级被认为是较低等级。首先,它在取决于皮质下系统的同时控制了所有低等级的机制;其次,它引发的愈加精练的理论阐述使其能够与这些相媲美:许多更高级的调节系统及在每种智慧水平都会发现的代数结构和概率结构。

依据心理行为观点,条件作用产生了相似的辩证观。要注意的是条件反射本身并不稳定,只有在能够抵消它的更为广泛的行为中才是稳定的:如果代表习得刺激的铃声响起后不再提供食物,那么巴甫洛夫的狗就不再分泌唾液。所以,这种联结不是天生可持续的统一体,只会在包含最初需要及其最终满足的更为广阔的框架下运行。因此,这种联结是一种同化,只有在听到的声音被食物模式同化情况下才具有意义。尽管如此,它是一种预期同化,因为信号预示着即将到来,而非已经存在。同样,出现于言语学习中的条件作用只有在模仿、重大交换等情景下才获得意义和稳定性。

简言之,作为一个典型例子,条件反射的思想史详细展现了还原论观点为何以及如何逐渐让位于这一趋势的:涉及辩证水平和从高级到低级及从低级到高级的关系同化。

(三)现在从这一特殊例子转向更为一般的情况,为了了解在其与生物学的关系中看到的心理学的最新趋势[10],我们应当对关于行为,尤其是认知功能及机体调节之间关系的研究进行探讨。

长期以来,生物学家将基因组视为一个由完全与体细胞分离的独立基因所组成的原子单元,并且每个基因带有仅可传递的遗传或基因型特性,一般容易发生令人不安的突变,以及交配导致的基因结合。根据其观点,从变异和进化的角度来看似乎只有生殖腺是重要的,而组成的表现型只是没有进化作用的易变的个体赘生物,并且进化可以通过被看作分类过程的突变及其选择来解释。本能、学习和智慧本身对于机体在选择过程中为生命而斗争的生存上只起到微弱的补充作用,而行为似乎更加微不足道。

当然,我们现在知道,基因组是一个由相互依存的元素组成的控制系统,基因组合比突变发挥着更为重要的作用,并且其本身受到人类基因库内平衡原则的影响。总之,我们知道基因型应当被视为基因组对环境张力的反应,选择也不直接涉及基因,但是基因型多少是一种适应性反应。就其本身而言,行为不再是次要的或微不足道的,因为它代表了基因型的重要活动。而且由于行为的存在,机体和环境之间的关系成为循环关系:机体选择并改造环境,同时也依赖环境,并且行为因而成为进化本身的重要因素。

因此,我们不应惊讶于当代习性学的伟大奠基人之一劳伦兹(动物学家而非心理学家)最近所言:"作为了解进化事实的自然主义者,我们必须认为人类智慧器官的成就与其他机体功能类似——系统发育形成的某种功能,其特定特征归因于机体和环境之间的对抗……即使我们对知识的真实过程不感兴趣,只对其'客观的'和主观之外的内容感兴趣,我们也必须研究认知理论,来作为生物系统科学的一个特例。"[11]劳伦兹认为人类认识本质上由某种先验形式所导致,即它们先于经验存在,尽管它们不必然被看作本能模块之上的遗传假设。

生物结构与知识结构之间的可能联系,特别是机体控制机制和认知控制系统之间的联系以及二者之间逐步平衡,并不能为还原论取向和发展心理学观点下的明显原因提供任何正当性。这就是说,智慧的产生并不是完全配备的,仿佛已经包含在机体中,智慧的发展也不是以始自神经和基因系统已经形成的初级机制的直线形式,而是一个阶段一个阶段逐步建立的,每个阶段始于对现有水平获得的知识的重建。例如,我们不能仅仅因为麦卡洛克(W. McCulloch)和皮茨(W. Pitts)发现突触连接上发生的各种变化与命题的逻辑函数结构一致,就认为逻辑是先天的和已经存在于脑中。这种神经结构必须首先表现为感知-运动结构,它们并不只是来自遗传形式,还假定存在以下过程中的真正建构:刺激当然是从大脑功能中获得的,但是在功能框架下而非任何先天观念中。接下来,感知-运动水平建构的知识必须在概念或思维水平上(因为知道如何执行一个行为和能够在头脑中重复它是完全不同的事情)重构和深化,而且在真正的思维方面,始于直接关注客体的具体运算形式的内容稍后转换到抽象思维水平,等等。

简言之,如果一般神经或生理结构和认知结构之间存在密切关联,那么这些就代表涉及不同层级且不是简单还原的过程之间的多种相互作用。动机、冲动和情绪等核心机制也是这样,但由于相关研究发展十分迅速,在本章不能对此详细展开。[12]

四、物理趋势与知觉的多种水平

可能引发还原论的第二种解释形式表现了心理学的一种相当永久的趋势,与过去的趋势相比,也已经导致了心理学当前趋势的一种有些引人注目的、重大的意义逆转。由于情感、习惯形成以及智慧本身的某些方面显然依赖于机体,其他方面、特别是知觉和认知的客观(也可以说是去个性化)形式似乎直接与物理世界紧密相连,因此人们不断尝试将这些心理过程同物理过程相联系。自从先作为物理学家后转向心理学家的学者,例如19世纪的费希纳(Fechner)和当今苛勒(W. Köhler),有时代表这种趋势后,它自然变得更加明显。

(一)如果我提到费希纳,尽管现在他成为历史,那么再次强调在转向结构主义解释之前,心理学的多种趋势开始于原子论观点的发展。我们已经指出了第一种联想观点深刻的原子论本质,正如我们看到的,控制论甚或代数的概率结构主义对条件作用的当前思考是显而易见的。就物理主义趋势而言,韦伯(Weber)和法国人布盖(Bouguer)之后的费希纳也想简单表述被独立考察的感觉与其主观表达的物理量之间的恒常关系,因此产生了关联刺激与感觉的著名的对数定律。尽管只是近似的[斯蒂文斯(Stevens)甚至用幂函数来代替],但还是在许多生物背景下被重复验证;它甚至决定了光的强度与照片底板上图像的关系(这显示了其纯概率论本质,光子和银盐颗粒在底板上接触的概率可以解释这一物理现象)。

同时,我们将格式塔心理学看作一种明确的结构物理主义,解释了这一学派思想曾经具有且现在依然间接具有的巨大影响,仅仅因为它是当代结构主义的来源之一。格式塔心理学的主要理论概念是场,即电磁场。格式塔理论完全颠覆了联想主义观点,首先存在独立的元素或感觉,然后它们彼此以联想形式相互联系,它首先将知觉视为一个统一的整体(一段旋律、一张脸、一个几何图形)。甚至当这个图案似乎包含一个元素时,诸如一张白纸上的一个黑点,也依然会出现整体,因为这个黑点是从"背景"中凸显出来的"图形"。随后,格式塔心理学家提出了这些整体性的规律,诸如图形分离规律、背景边界规律、"良好形状"或"完整倾向"规律(好的图形是完整的,因为它们是简单的、整齐的、匀称的等)、连续效应规律(时间上的整体性)等。

格式塔心理学提出的解释完美且简单:知觉形式是接触物体时形成的瞬时神经模式的表达,并且由于多突触场与脑电图分析提出神经场的概念,这些模式可被看作非常一般性的物理场规律的结果(平衡原则、最少行动原则等)。鉴于格式塔(根据这一学派的界定)是一种非累加整体,即整体不等于部分之和,苛勒试图表明在场作用的领域中存在的是"物理的格式塔"(力的平行四边形法则不是格式塔,因为它是累加成分的结果)。

由于格式塔规律[13]十分普遍,该学派的心理学家也试图用它们解释运动反应和智慧本身,同时他们认为逻辑规律尤其反映了他们所发现的整体系统。甚至最近,米肖特(A. Michotte)想要以这种方式解释因果性知觉及原因这一概念。

(二)然而,尽管格式塔心理学家取得的巨大进步无疑坚定地为结构主义解释铺平了道路,后续研究却表明更先进的结构主义不一定是物理主义。相反,从更具体的生物或心理结构出发,最终我们在某些方面完善了我们的物理知识。

最初,讨论集中在知觉的本质上。这符合物理学的逻辑,因为其宣称要获得物理世界、神经系统以及心理反应的共同规律,并且只诉诸不考虑主体活动的解释——因为主体的活动只是提前写好的戏剧(他并非作者)的场景或演员——还排除了任何有关发展的意义深刻的转换,因为平衡规律指的是那些既成的领域,而非逐渐形成的生物平衡。这也是为何在知觉问题上格式塔心理学家先要竭力证明主要结构不随年龄而发展,尤其是著名的大小"恒常性"(在远处判断真实大小)或形状"恒常性"等。

对于这些基础性问题,当前的研究并未证实格式塔心理学的解释,但已证明涉及的平衡形式更接近生物性动态平衡(带有逐步的甚至是预期调整的控制系统),而非力的物理平衡。在动物心理学中,冯·霍尔斯特(von Holst)建立了大小恒常性的一个能够自动控制的控制模型,其中假定这一恒常性是先天的。对其从婴儿期到成年期的发展,许多研究揭示了两点:第一,是一个从初始的亚恒常性,到7岁左右达到正确恒常性,然后继续达到超恒常性的逐步发展过程;第二,成人会频繁出现超恒常性,例如当距离一个8厘米或9厘米的直杆4米时,会将它看成10厘米。物理主义假设无法解释这一超恒常性,它显然来自一种对错误的无意识防备,因而源于博弈理论中的"决策",并且根据最小标准(风险的极大最小化),不再具有物理平衡的性质,与之相反,它与某些生物的动态平衡形式相同,即对偶发事件的过度补偿而非准确补偿。

一般而言,当前知觉的研究趋势绝不是遵循场理论这条狭窄的物理路线,而是走向更广阔的物理主义,可以说是受到生物学的启发。戏称自己开创知觉研究"新局面"的美国学派的研究尤其强调功能主义取向(情感因素甚至社会因素的作用),而苏联的研究在巴甫洛夫反射论和条件作用的新控制论解释的背景下来考虑相同的问题。这里应该注意到,巴甫洛夫早已清楚认识到条件作用在知觉中的作用,进而总结到"伟大的赫尔姆霍兹(Helmholtz)通过著名的无意识推论所描述的内容"是正确的,即的确存在知觉推理或预推理。但是,从概率论角度,知觉理论可被视为近乎物理主义的一种拓展。[14]

就智慧而言,日益增强的趋势是不再试图将其简化为"格式塔"模型。由于这些整体的组成成分是概率性的、因而是不可加的,而智慧的运算结构(序列、分类、整体数字排序等)是严格相加的,尽管它们涉及明确界定的关于整体的规律(群结构、格结构等)。换句话说,智慧运算在逻辑上(对合的反演、互反以及相关转换或双转换)和物理上(以相反顺序经由同一状态回到起点)均是可逆的,而知觉过程是不可逆的,因为它们是概率论的,没有任何内在的或逻辑上的"必然性"。接下来,有趣的是考察认知功能的这一重要的两极性(两个极点之间还存在多种个体发育的中间阶段)是否对应于可能构成物理现象的最重要的二分法相一致,其中物理现象被分为可逆过程(力学的和运动学的)和不可逆过程(如热力学的)。

因此这使我们认为,就心理学而言,最有趣的对物理学的参照也许不是假设将心理结构(甚至是知觉)还原为一个物理结构(场等),而是心理结构中产生的组成模式与物理学家在认识物理结构中所用的组成模式之间的类比。在这一点上,不可逆现象与可逆现象之间的区分同时也是大多概率论解释与简单演绎之间的差异,正如力学既可以是理性的数学学科,又可以是一门实验科学。

从心理学最新趋势来看,传统物理主义已经发生了巨大转变:本质上产生于人文关怀的信息理论已经部分地——特别是通过其形式的或数学的工具——与有关熵(可能将信息定义为反熵)的重要热力学方程式进行对话交流;经济学的具体领域——决策或博弈理论已经有了物理学的应用[如麦克斯韦(Maxwell)提出的与熵相互作用的小妖]。当然,心理学许多领域的努力都在使用这些物理-人类模型,尤其是信息博弈。根据这一观点,坦纳(W. P. Tanner)已经提出了一个知觉阈值的精确理论。伯莱因将同样的原理应用于利率问题,布鲁纳(J. Brunner)和我自己将其应用到思维策略上等。

五、心理-社会趋势与一般和社会的相互作用

心理活动可被看作社会化的机体活动,通过可分析为机体根源及其社会投射的心理融合,甚至在某种情况上会导致两类还原论:机体论的和社会学的。或者,我们可以采取辩证的或关系的观点,把还原论思想替换为一系列层级形式的相互作用。如今在

讨论机体论和物理主义趋势时,我们明显看到前者让位于后者,尽管前者在解释中强调结构主义方面。在个体与社会群体的关系上,我们注意到一个相似的趋势:第一个强调心理机制和行为的社会维度的学说倾向于将个体高级心理中的一切还原为这一社会学方面;然而,正如人们在区分对所有个体来说一般的和共同的事物——事实上就是"结构"——与每一个体可以创造或区分为个体特殊性运行的事物上的巨大进展,问题的术语也得到了极大修正。当前的趋势不再过多涉及确定个体作为社会化实体的程度(从出生到思维一直是社会化实体,只是状态不同),而是要探明在机体结构和社会结构之间是否存在对所有社会个体成员来说"一般的"或共同的结构(但不专指或特指社会结构),以及三类实体之间存在什么相互作用。

(一)老调重弹的确没有意义。比如是否是社会构成了个体,这对言语来说很明显,而且涂尔干(Durkheim)在自然逻辑和道德感等方面也这样认为;或者是否是个体通过其"自然的"或机体的倾向而影响了社会,正如在社会学建立之前卢梭和常识所认为的那样,以及不属于所谓文化主义亚学派的精神分析学家和其他对很少受特定社会影响的行为倾向感兴趣的学者所认为的那样。只根据成人心理学来考虑问题,看起来很像一个同样经典的问题:先有鸡还是先有蛋。

但是,如同生物学通过研究小鸡并同时将鸡和蛋还原为基因、个体发育和本能特征的动态结构来研究这一问题,假定了一种遗传、发展和行为的协调研究而不是单单研究行为,个体心理和社会生活之间关系的研究同样不能归结为对成熟的或成人的行为的研究。正如涂尔干认识到的,最特殊的人类社会现象是上一代对下一代的抚养——该过程涉及广义的外部传递或教育传递(从言语到经济以及政治等方面),并不像许多家族的遗传或动物的社会本能。毫无疑问,新一代的到来已经携带有遗传特征,包括不能社会传递的神经系统,并且社会化过程显然不能归结为空白表面上的划痕。那么为了了解社会对个体的影响,注意到这一点是不够的:除了一些反射(甚至有些也是训练的)、一些知觉结构(甚至语言和建议等也会影响它们)、一些梦(甚至……)等之外,几乎成人的所有内容都是社会化的。与之相反,确切地了解一下这些十分重要。

(1)我们物种的心理遗传。这点并不简单,因为精神分析在"俄狄浦斯"倾向等究竟是"本能"还是受到文化因素影响的问题上观点不一致——即使在他们内部,他们依然坚持认为天性在犯罪倾向等中具有部分作用,特别是因为我们对神经成熟的因素还知之甚少,而这些因素无疑部分参与了心理过程的发展。

(2)儿童和青少年的发展,尤其是关于改变了他们大部分心理特征的社会化过程的详细信息。在这一方面,有研究已经表明,社会化不仅包含源于家庭或学校的心理压力或物质压力,而且同龄人之间的"合作"可能也具有重要作用,尤其是在道德感的发展上。就与传递有关的因素而言,存在着许多完全不同的过程。例如,儿童当然不会以相同方式遵守拼写规则,或者构成部分当前意识形态的社会信仰,逻辑规则或数学规则也是如此,意味着他们只会部分通过重塑的方式(并且通过忘记未被主动重构的部分)来理解。

（3）总体而言，成人在群体动力或群体生活中的社会行为，包含内化并应用于自身以与众所周知的过程相一致的不计其数的社会行为（如内部言语）。

因此，我们看到上述（2）实际上是最重要的，首先因为它考虑到个体的培养，并且只有培养是解释性的且是可验证信息的来源；其次因为它包含其他两点并为之提供线索，遗传因素只有通过发展过程中的作用才能辨别出来，且成人的行为模式取决于先前的行为模式。

很奇怪的是，很久之后人们才意识到发展的心理学是其中的关键因素，其作用对于社会学家和心理学家来说均十分重要。鲍德温（J. M. Baldwin）或许是第一位清楚认识到这一点的学者，遗憾的是他没有通过实验系统地进行证明。然而，他为我们留下了已常被证实的启发性观念，即"自我"本身的感觉断然不是意识的先天的或自发的产物，它始于一个激进的"非二分的"阶段，并归因于始自模仿的个体之间的交换。随后，医生和心理学家 P. 让内（有人曾风趣地称其为"法国杰出的社会学家"）在他的发展构想和行为层级中反复强调（受到病理学启发），一系列显然完全是内部功能的社会形成：反射是深思熟虑的结果，回忆与叙事的展开有关，信念是一种承诺或保证，等等。但是，儿童心理学家当然为社会化的具体运行提供了最多的信息；这一素材能够得以实验验证，因为对每一年龄都能够依靠可任意重复的事实来证实假设。在此，我们可以引用来自苏联、英语国家、巴黎和日内瓦等地的大量研究，而这些研究并不完全与所提出的所有假设一致。

（二）在对该研究所体现的两个主要理论趋势进行客观概括之前，我将进一步参考严格来说可以称之为社会心理学和比较研究中的研究趋势，这实际上也与心理-社会问题直接相关。

社会心理学涉及所有与心理学有关的一般性问题（差异心理学、人格等），因为人本质上是社会化存在。这也是为何存在大量关于社会影响的本质和程度、沟通和冲突等的研究。为此，我们要增加两个具体且互补的目标，它们互补性比单方面的还原能更多指向心理学与社会学的互动。

目标之一是对个体之间的关系以及群体动力进行研究。我应先提及勒温（Lewin）及其同事们进行的关于知觉的和情感的"场"（在广义的格式塔意义上使用这个词，涵盖了主体及其反应）的研究，尤其是对这些场的整体动力的研究。勒温试图表明，愿望特征、冲突或抑制以及"心理障碍"取决于场的整体结构以及更为持久的个体需要。海德和费斯廷格等学者提出了其他模型并引发了相似的兴趣。为了评定群体内的个体成员互相的价值判断，莫雷诺设计了一种名为"社会测量学"的技术，之后人们努力通过为其确定极化规律和领导因素等，将小群体看作不同类型的动力格式塔。

有些社会心理学家的另一个坚定的目标是，通过严密实验条件下多样研究来证明：社会群体的大多独立的心理机能实际上显然受到集体环境的影响，并且在不同的社会或不同社会阶层中呈现出不同变化。不用说,在概念范畴及情感范畴上如此,在知觉水平等问题上也进行了分析。

因此,可以看到这两种研究实际上更接近相互依存的模式,而不是简单还原模式。第二个目标背后的启示常常是希望将心理学还原为社会学,而另一方面,群体动力研究强调个体之间的关系,除塔尔德(G. Tarde)以外的心理学家普遍尝试将这一关系从社会情境压力中明确区分出来,并把该关系置于这一情境,这在心理学上被认为是无法解释的。由于社会心理学关注小群体研究,将之视为动力格式塔——由 2 个、3 个到 n 个个体逐渐形成的群体,社会与个体之间不再有社会界限,而这一界限只存在于被看作已经成为一体的个体之间与纯个体甚或是机体之间。通过与当前的微观社会学相关联,社会心理学正在转向互相依存关系,而不再是简单还原。

并非全部如此。我刚刚论及的对不同社会环境的比较研究仅是表现之一,当前的普遍趋势是将比较维度增加到成人以及儿童和青少年真实发展的所有心理学研究中。这一趋势十分重要,以至于国际心理科学联合会执委会最近决定系统地推广这类研究,并为比较研究设立专门的国际期刊。我们看到[在(一)部分]分析社会如何作用于个体的理想方法是将发展作为社会化过程来研究。那么不用说,如果在社会 S_1 中已经能够分辨出什么是内在于个体机体的,以及什么是从社会群体 S_1 中获得的,那么就能够在 S_2、S_3 等社会中实施相同的研究来进行交叉检验。这也就有可能在某种程度上认为这些不同环境中的恒定因素取决于:(1)机体的和心理的因素,而非群体;(2)社会化的一般过程,是个体之间的一种相互作用或共同作用,而不是 S_1、S_2 等社会各自特有的文化传统和教育形式。同时,可变的元素会归因于后面这些因素。[15]

(三)上述两种解释的第一种所提出的假设是,最广义上的心理运算和逻辑数学结构与动作的一般协调(组合、排序、对应等)有关,而与言语和社会习得特征无关。这种协调本身基于神经的和机体的协调,而非由社会决定。然而,鉴于人类动作几乎总是兼具集体性和个体性,控制其一般协调的规律同样适应于个体之间的关系和个人的动作,尤其是内化的动作。所以,不免会产生社会相互作用以及个体动作协调的最为"普遍"的形式。更好的处理方式是认为它们是同一种事物不可分割的两方面:运算和协调(在该词的词源意义上)。因此,使社会逻辑和个体逻辑相互对立似乎没有意义。我们正在探讨的是描述所有人类动作特征的同一一般结构,没有集体和个体的层次区分,这两者同样反映了共同规范及或多或少近似病理的易变偏差。

如果真的如此,人们甚至在语言上都会发现这种融合。广义的社会心理学[特别是布朗(R. Brown)最近的好书中所阐述的]包括心理语言学和认知运算发展的研究。语言结构主义的规则,特别是乔姆斯基的生成语法规则在儿童身上是以各种部分自发产物的形式表现出来的,布朗本人也是研究者之一。因此,人们也许想要知道儿童逻辑运算的发展与其语言发展之间存在什么关系。在最近出版的著作中,心理语言学家辛克莱(H. Sinclair)能够证明两者存在着密切关系。特别是在伴随序列化的阶段或构成保持概念的阶段与根据"矢量"和"标量"(在布尔代数意义上)进行分析的言语之间存在的显著相关表明,运算和语言这两个系统相互依存。但是言语学习仅对运算过程有微小影响,除非使用的语言要求个体必须建立新的概念关系,而运算模式的顺序源于主体动作导致的自发平衡。

个体之间的情感价值也可以做类似考虑:其内容会通过源于两个个体的交流和群体动力而不断调整。然而,交流的形式特别是受伴随序列化的同构等级和逻辑特性的树或图影响的价值的结构化再次证实了一般协调,用 P. 让内的术语来说,这是个体之间情感调节过程的结果。

继之以曾经是某些人梦想的直接心理-社会还原主义的相互依存取向,甚至在意志研究中也存在,而意志是"决策"的特例,博弈理论已经对其进行详细的心理学和经济-社会研究。众所周知,意志长期以来一直被看作不能还原为社会因素的个体行为的典型例证,因为个体自己的愿望与个体的意志常常是冲突的,且常常遇到群体压力。可是 50 多年以前,詹姆斯(W. James)的研究表明意志与单纯的意图或单纯的努力是不同的,它只有在具有冲突倾向的事件中才会出现。当一个低级但暂时强烈的倾向与一个高级但暂时微弱的倾向冲突时,意志行动就会强化后一倾向,直到战胜前一倾向,而缺乏意志表现为前一倾向的胜出。这里隐性提到社会因素,因为初始微弱但随后增强的倾向常常容易和责任相混淆。此外,这种解释的错误在于它指的是一种看不清来源的"附加力量"。法国心理社会学家查尔斯·布隆德尔(Charles Blondel)认为他已经解决了这个问题,他把这一附加力量仅仅看作集体强制力量;还原论者的解决方式是不充分的,因为如果这些强制足够有力,就不会再需要意志,而如果强制力不够有力,那么问题依然存在。可以假设意志作用之前的强弱两种冲突的倾向对任何时刻的直觉情境来说不是绝对的,而是相对的(所有社会的并与情感评价有关的纯认知知觉都表现为暂时的评价过高或过低)。那么,足可以在可逆运算模型中来考虑意志,可逆运算通过让意志服从于转换规则来校正知觉,这种情况下意志成为情感运算(让内与结构调节过程相对比的能量调节过程的末项),把暂时的价值还原为或多或少永久的价值,即从最弱到最强的一个明显的转变,从而对评价进行校正。

总之,心理-社会学的每一分支开始都试图把心理简单还原为社会,我们现在发现存在着机体、心理和社会三种水平,而不是两种。但是这三种水平导致了两种相应的二分。一方面,机体和心理产生使个体彼此区分的差异性特征(根据遗传、天赋和历史的结合);而另一方面,个体又具有某些共同的一般结构(心理运算等),这些结构的形成和发展遵循非常一致的方式。至于心理与社会的关系,我们必须要区分依据其意识形态和历史等使各个社会彼此对立的社会多样性以及社会协调的一般结构。与研究伊始建立的各种形式的还原论相比,关系分析的教训在于一般心理结构和一般社会结构在形式上是一样的,因此表明它们之间存在天然联系,其来源无疑部分是生物的(第三和第四章提到的最广义的相互作用意义上)。当列维-斯特劳斯(Lévi-Strauss)想要描述关系结构的特征并充分展现其人类学结构主义时,他借助了一般代数的较大结构(群、点阵等),因此社会学解释与质性数学化相一致,似乎出现于逻辑结构的建立过程,该过程可发生在儿童及青少年的自发思维中,但在学校学习中不存在。所以,一般结构和社会之间相互作用的发现比简单还原观念引发了更为深刻的解释倾向,这和我们在机体论和物理主义中的发现同样重要。

六、关注心理特殊性的精神分析研究

尽管心理过程不能还原为机体活动或社会活动,但当前许多心理学趋势都旨在通过具体方法对之进行解读:精神分析通过直接研究表征和情感的内容,行为心理学通过建立控制行为或其内化的规律,发生心理学通过对发展的连续结构进行一般分析。我们会按照这个顺序进行展开,尽管各种形式的精神分析都声称是发生的,但我们还要按这个顺序,以展示结构倾向的过程(前面我们已经论及发展),尤其是为了表明这一过程是怎样和与还原论相反的所谓建构主义相关联的。

(一)为了理解当前趋势,理应简单回顾一下精神分析所经历的不同历史阶段。最初弗洛伊德形式的精神分析提供了该学说的一个典型例证,用个体的过去来解释其现在,即用儿童解释成人,在这个意义上,其背后带有明确的发生意图,但并不是把发生设想为一个持续建构的过程,而仅仅是某种最初倾向的发展,这样现在就被还原为过去,并且发展的不同阶段只被还原为初始冲动能量作用点的转换。简言之,弗洛伊德最初学说特点的独特性在于,他根据还原论思想提出这一观点,尽管不是把心理还原为机体或社会,而是把高级心理形式还原为一生隐匿于前者之下和潜意识中的初级形式。这是用认同进行解释的一个很好例子:口唇的、肛门的、初级自恋的、客体指向的、俄狄浦斯的以及其他阶段都只是同一力比多的持续表现,将其能量的"电荷"从一个客体转移到另一个,从身体开始并指向身体以外的人,最终到达各种升华;通过幻想实现欲望或在潜意识中保存对满足了的欲望、失败以及冲突的记忆,意象本身也遵从这一整体过程。

然而,由于以同一原则对不同事情进行认同,不同于从一开始的认同,必然会遇到阻力;因而阻碍认同的最初二元论即个体的二元论承载着力比多和阻碍其欲望的社会,这导致压抑、对欲望的抑制、潜意识抑制、用于伪装的象征等。沿着二元论取向,弗洛伊德又引入了两种新元素:"超我"形式的对社会禁忌的内化[在弗洛伊德之前,鲍德温和博维(P. Bovet)曾提出过这一观念],因之与精神结构相融合,但"自我"没有从与力比多的关系中独立出来;在荣格的影响下,把象征性思维提升为一种部分独立于潜意识抑制的主要思维或语言。

(二)随后结束这一整体还原的下一个重要阶段是哈特曼(Hartmann)提出的自我

自主性，认为这是对性冲突的一系列自由适应。拉帕波特（D. Rapaport）认为，思维成为一个可能明确冲突范围并只能参与认知控制的机制系统：心理的工作不再是升华或防御机制，因此为涉及自我的真正发生提供了空间。[16]然而，因为我们关注的是趋势而不仅仅是事物的现状，所以重要问题是：为发生建构主义和结构主义打开的窗子是否会指向情感本身（力比多的不同阶段），或者当前的精神分析是否依然存在灵感的二元论：一种趋势关注性活动并忠实于弗洛伊德的认同还原论，另一种趋势关注本我和意识思维并导致建构主义和结构主义。

实际上，在当前的分析思维中是有可能对六种不同趋势进行区分的，并且对之进行回顾是值得的，因为学说的分歧让人非常有兴趣了解心理学解释的复杂性，以及建构结构主义得到普遍认可的困难之处，尽管这可能与当今最普遍的趋势相一致。

（三）1. 第一种趋势在某些方面是倒退的，实际上更强调弗洛伊德学说的还原论特征。这是梅兰妮·克莱因（Mélanie Klein）学派的方法，把意象作为欲望的近乎幻觉性实现、记忆表象形式的记忆以及比之前更为深入的各种弗洛伊德主义情节。但不属于克莱因思想学派的学者发现，婴儿会好奇地同化"微型成人"，非精神分析儿童心理学一向谴责其如同胚胎学中的先成说的产物。

2. 像下面的有些倾向一样，第二种趋势被不满足于基于少量临床观察（或者像弗洛伊德本人，通过接受治疗的成人而得到的童年记忆）重构发展阶段的学者所采纳，他们实际上进行所谓的实验研究，这是精神分析的新动向。这些人包括克里斯（E. Kris）、斯皮茨（Spitz）和沃尔夫（K. Wolf）、贝内德克（Th. Benedek）和Th.古安-德卡里（Th. Gouin-Décarie）。他们的基本观点是，发展包含影响自我的建构，力比多的表现阶段与自我的发展阶段之间存在关联。例如，在婴儿的发展中，第一个阶段的划分是在婴儿关注自己，但还不能对自我与他人和自我进行区分，只有通过主体的活动，婴儿才能够认识环境；在第二阶段，预期反应和某些特定的知觉（微笑）作为界限的开始，尽管会在恰当的活动和类似"微笑的人脸"等"过渡客体"之间存在转换（斯皮茨）；在第三阶段，能够明确区分主体和客体，随之形成自我意识以及"对真正性欲客体的贯注"，或者对母亲情感的客体指向的固着等。当Th.古安-德卡里采纳了我们关于永久性客体（在物体从视线中消失后，从屏幕后面寻找，这显然不是先天的）的认知形成的发现时，作为对90名婴儿进行实验研究的结果，她能够证明我们的阶段与前客体情感及随后的客体情感的阶段之间存在显著相关（尽管是相对的，虽然已经证实认知阶段遵循固定顺序，但是"力比多"阶段并非如此按照顺序，而且常常出现逆转）。因此，我们走上了建构主义道路。

然而，很快表明，表现出真正新颖性的阶段是那些涉及自我的阶段，尽管贯注被简单地认为是从一个客体转向另一个客体。换句话说，由于对价值的再次阐述等，新的感受并非真是新的。只有新的客体才会带来新的感受，仅有的是"存在于先前阶段的种子的所有元素的发展"（古安）。

3. 另一方面，真正的建构主义是第三种趋势，也就是"文化主义精神分析"，但它涉及心理-社会建构，不以适用于所有社会所有个体的一般化方式来理解心理发展。最大的创新是，作为刚刚界定的意义上的一般本能的力比多，不再是任何解释唯一原则，不仅是对于自我和认知功能而言，因为自哈特曼后它们已经成为自主的，甚至对各个阶段的情感来说也是如此。弗洛姆（E. Fromm）、霍妮（K. Horney）、卡尔迪纳（Kardiner）和格洛弗（Glover）等精神分析学家以及本尼迪克特（R. Benedict）和米德（M. Mead）等人类学家，在此意义上已经证明了弗洛伊德的情结，特别是俄狄浦斯情结，因而力比多表现的阶段并非在每一社会下都能发现，因此，它们既是文化的又是心理的产物。前已述及，这一发现代表了心理-社会相互作用研究的重大贡献。

4. 尽管文化主义取向引入社会人类学来解释迄今被认为只受性本能驱使的事实，但另一方面，鲍尔比（Bowlby）倾向于习性学及其先天释放机制（IRM）理论。如果我们考虑到面部指数等，这是一种合理的比较。但是终究实验验证的是一个非常有用的刺激，这会让我们想到荣格（C. G. Jung）建立的被视为遗传的一整套"原型"理论，而假定这一假设首先要解决的问题是区分"普遍"（在确保融合的同一恒定形成意义上）和遗传。

5. 埃里克森（Erikson）的观点很特别，处于上述两种之间，但他对弗洛伊德的精神分析引入了一个重要观念，这一观念也曾见于阿德勒（Adler）的研究（指导某些职业的著名的"自卑情结"及过度补偿观念归功于他）。这里的假设是，为了适应现在，我们不断以现在同化过去，正如我们当前的存在取决于我们过去的持续行为和表征。在这一点上，埃里克森对儿童游戏进行了有趣观察，我们在此看到象征意义对进行重塑和延展。所以，此时我们通过心理发展的逐步追溯性整合而向真正的心理建构主义迈进。

6. 最后，我们需要提及受已故的拉帕波特启发的斯托克布里奇学派的研究，这些研究目的显然是对情感发展与认知发展进行整合。拉帕波特在1960年出版了依此思路的一项研究，名为《注意贯注》。凭借其物理和数学知识，拉帕波特批评了弗洛伊德的能量观——贯注不过是从一个客体到另一个客体的"电荷"的转移和投入。他还把自己的弗洛伊德主义观点同我们关于感知运动模式的"喂养"观点进行了有趣比较。他的学生沃尔夫继续对儿童的感知运动发展和"力比多"发展进行这类比较。[17]

总之，我们因而能够看到这样一种趋势：最初源于完全的还原论学派，然后逐渐认识到认知与情感、个人与社会、部分的心理因素与生物因素之间的相互作用，进而导致建构主义产生，这对把发展作为整体来理解至关重要。

七、行为特殊性与记忆结构

在寻求机体和社会之间具体观点的过程中，心理学特别转向对行为的研究，这令那些思想激进、怀疑内省和被间接重构的潜意识的人们感到满意。我们在第一部分已经提到行为与拒绝任何形式"解释"的实证主义趋势的关联。然而,行为可以从多种观点进行分析。尤其是美国存在许多学习理论,其中最著名的是与斯金纳观点相反的霍尔和托尔曼(Tolman)的理论,这些理论倾向于解释性,同时拒绝机体论还原,他们认为还原要么是不成熟,要么超出了心理学的范围,就像巴甫洛夫的条件发射。

有趣的是,为了在行为中确立心理现象的特殊性,一旦还原论取向被弃用,人们就会采用建构主义取向。也就是说,为了解释新的行为模式是如何形成的,人们最终会部分参考内在建构,因为行为模式并非包含或预成于前者。一旦发生这种建构主义过程,人们迟早会诉诸结构主义,即与原子论解释相反的包括其自我调节或算子的整体形式假设。

(一)在这方面,从霍尔理论到托尔曼理论的转变非常重要。霍尔的预设显然是经验主义,并非斯金纳的实证主义意义上的(因为霍尔不怕刺激 S 和反应 R 之间的中介变量,尽管他承认它们是推论性的),而是在这一意义上:在他看来,习得性行为模式的革新纯粹是由于经验,并因而是由于环境提供了这一联系,即 SR 联结构成了一种"功能复制"。但是,这些 SR 联结不只是通过累加,因为形成了霍尔所说的"习惯族系层级"的结构性整体。也就是说,本身已经形成的习惯可以成为一部分更为广泛的习惯,因此成为实现新目标的手段,或环环相扣最终构成一个新的整体。进而,主体的活动并非完全被忽视,因为主体不仅重复已经学会的并根据反应 R 或刺激 S 的概括化而泛化(霍尔预见到结合的刺激-反应泛化,但没有应用这些),而且对其反应进行拆分和重组,或者随着目标的接近而加速反应(目标梯度)。然而,原则上主体学到的所有东西已经包含在客体中,因此几乎不存在建构主义,因为仅涉及"复制"的建构。

托尔曼进行了两项令人瞩目的革新。环境不再以主体学会逐个"复制"的一系列独立顺序呈现:它直接被主体组织为意义整体,托尔曼称其为"符号-格式塔"。此术语本身就是有意义的。"格式塔"的意义是有结构的整体,例如从空间组织和掩蔽路线(这些学习理论的研究对象长期以来是驯化的白鼠,尽管这是相当程度上退化的动物,已经丧失了啮齿类动物的主要特征)的角度。这一名称同样有意义,它让我们超越了联想主义,并表明感知到的特征被同化,并不仅仅与主体的可能行为相关联。托尔曼进一步指出了主体在学习中的一种重要行为,即连续期望,该期望源于先前同化过程并证实了主动的持续泛化,而不只限于把相同的反应应用于相似的刺激,或者把密切相关的反应应用于相同刺激。

从解释的观点看,除去霍尔和菲奇提出的逻辑形式化[见二(三)],这些初级学习理论促成了三类研究,由于人们当前普遍对此感兴趣,因此值得提及。第一,布什(Bush)和莫斯特尔(Mosteller)已经提出一种学习概率格式,在以某些参数为特征的既定情境中,根据对某些规律的理解,可以推导出某一反应会以某种可计算的概率发生。这只是根据计算、实际情况以及观察到的规律而得出的表现,概率的原因还需要进一步解释。

第二,哈洛(H. Harlow)区分了对某一既定反应的学习与他称之为"学会学习"的一般行为,这是非常重要的一点。这是问题的真正关键所在,因为如果没有内部逻辑推动主体把外部事实同化到自己的格式并同时使格式适应事实的多样性,那么人们就无法得知革新的来源,并且如果我们不理解对新情境的适应是怎样发生的,那么任何对需要的满足或还原的论述都是决定性的解释。第三,阿波斯特尔(L. Apostel)对学习理论进行了综合性研究,并特别讨论了哈洛的"学习定势"观念——一种学习的代数,是引发主体的结构化活动问题的关键算子。

(二)实际上,这里存在一个先决问题,即我们在一开始就意识到的一个基本问题,因为人们之前并未意识到对退化的白鼠而不是成长中的儿童进行研究的含义。是学习构成了基本现象并解释了心理发展,还是发展服从自己的规律,并且学习在既定明确界定的情境中只是或多或少人为分离出的一个部分(至少在职业领域,生命的各个年龄阶段的发展会以不同速度持续到衰老)?大多学习理论暗含的假设当然符合第一种解决方法,这违背了所有当前的生物学思想(把表型反应看作是基因型或基因库"反应常模",并伴随基因型或基因库的动作组织与环境影响之间的相互作用)。另一方面,第二种解决方法受到越来越多的关注,深刻改变了问题的事实。

的确,如果发展先于学习并影响学习,那么这当然不意味着存在先天的甚或不用学习而习得的知识,而是指任何形式的学习,除了外部事实 S 和可观察的反应 R 以外,还包括一系列主动协调,其逐步平衡构成了实际上代表逻辑或代数的根本因素。

日内瓦的国际发生认识论中心据此提出了两个问题:逻辑结构的学习方式是怎样的,传统的抑或特殊的?是否每种形式的学习,甚至是偶然或任意材料的学习都需要逻辑?关于这两点,对不同已知阶段儿童的运算结构进行的实验结果十分明确。逻辑结构的学习(类别的包含等)没有因外部强化(由结果决定的成功或失败)而持续,这是霍尔一直提到的唯一因素,不过是基于先前逻辑或预逻辑结构的泛化和分化。例如,如果所有 A 属于 B,但并不是所有 B 都属于 A 的,那么 B 就比 A 多(包含的量化),人们发现这不单单是在既定反应后数数 AB 各有多少的过程。与之相反,如果我们从两个相交种类 C 和 D 的交叉部分开始,那么有些物体"同时"属于 C 和 D 这一事实会使我们认可 $A<B$ 源于 $AB<B$,这会促进人们的理解。

这种学习从属于发展的假设构成了一系列关于守恒概念习得等研究的基础,英海尔德(B. Inhelder)、辛克莱和博维以及蒙特利尔的洛朗多(M. Laurendeau)和皮纳德(A. Pinard)对此进行了研究。他们的方法是把发展分析似乎指向的那些因素作为决定性因素来研究,特别是在从一种运算结构到另一种运算结构的发展过程中(或由于不同内容而停滞于同一结构)。无疑,这种假设应当在行为的每个水平上(感知运动的、符号的或表征的等)进行单独检验,但很可能是普遍有效的。因此,在感知运动学习中,人们常常注意到某些组织"形式"的作用,其成熟与否取决于发展阶段(例如,一名学习骑三轮车的 3 岁儿童,在能够完成整个圆周运动前,他能够用腿完成像钟摆一样的半旋转运动)。

至于学习的逻辑,上述提到的阿波斯特尔·马特隆(Apostel Matalon)研究已经能够证明,即使是在随机学习中,选择不仅依赖于观察到的结果,还依赖于主体相继动作的组织,因此策略蕴含了在每一情况下均依赖于主体运算水平的一种逻辑。

当然,因为始终存在对新的结构主义协调的阐述,并且这种协调采用一种运算逻辑的形式,因此这种解释属于建构主义取向。了解传统学习理论付出怎样的代价才能与这些新趋势相调和,这是很有趣的。霍尔的一名弟子伯莱因(D. Berlyne)在一篇有趣的文章中已经发现了这一点,他先是证明顺序序列的学习要以"记录装置"为前提,即先前的顺序结构,这与先前的解释完全一致。其论据是:为了在上述意义上解释运算结构,有必要引入接下来的三个因素,其中后两个因素在相当程度上修正了霍尔的概念:(1)霍尔预见到却未使用的刺激-反应泛化;(2)转换反应和反应模式,相当于我们的"运算";(3)以一致性、非矛盾或意外元素等形式存在的内部强化,相当于逻辑平衡概念。

(三) 学习问题是生物学和心理学的共同领域,并且如果在产生心理内化和反射内化而构成普遍意义上的自然逻辑之前,根据动作的一般协调以及自我调节和自我校正来理解这一逻辑,那么与生物学精神相反的学习逻辑的干预就没有意义。

然而,学习涉及生物学家和心理学家都感兴趣的另一问题,即已"学会"内容的记忆或保持。例如,生物学家在极为广泛意义上谈论"记忆",其可以追溯到免疫问题。当细菌受到抗原的攻击时,就会产生对其免疫的抗体,这要么涉及选择的基因变异等,我们不提记忆,要么包含习得反应(通过抗原结构中的塑造),这种情况下的反应保留即被称为"记忆"。

在当前的研究阶段,我们应该区分三类记忆,更准确地说是记忆这一术语的三种不同含义,接下来的一个重要问题就是它们是如何关联的。(1)存在我们应该称之为的"生物学家所说的记忆",即个体一生中在行为水平上习得的所有事物的保持(条件作用、习惯、智慧等)。(2)存在只与行为有关的记忆,但会影响诸如习惯模式(因此习惯本身就是一种运动重复)等感知运动模式的保持,甚至"运算"模式(认同、序列等)的保持,以及被再认恰当标记的回忆等;我们应该在"广义上的心理记忆"的意义上来讨论。(3)有可能使用"严格意义上的心理记忆"这一术语来意指行为,包含对过去的明显指向,其可观察结果更为具体:对出现的曾经感知过的物体的再认或知觉,以及通过对未出现、但由于过去熟悉而(通过心理表象、口语叙述等)表征的物体或事件的记忆表象的回忆。

这就是说,对过去的(非遗传的)保持被在不同程度上归于上述三种意义,这实际上提出了两个完全不同的问题,这两个问题均关系到心理学,其中只有第一个问题涉及生物学,而第二个问题密切依赖于第一个问题。第一个问题可称之为模式保持,即对任何有组织的系列反应的保持,这些反应能够重复,或能够应用于重现的情境,甚至能够泛化到新出现的、但在某些方面与过去相似的情境中。第二个问题仅关注"严格意义上的心理记忆",是对记忆表象的保持,表象的固着和回忆或唤起是可观察的,但对其彼此之间知之甚少,所以像让内等赞同回忆实际上是重构,而不是以历史学的工作方式("回忆"),而弗洛伊德等其他学者假定保持阶段的所有记忆都储存于"潜意识"。

第一个问题独立于第二个,而后者在许多情况下有可能一直同前者有关。对于第一点,我们会想到模式是凭借泛化而重复的活动的表达(即使情境是相同的),而记忆涉及在实际或头脑中再次发现引人注目的物体或事件。因此,记忆的保持成为一个特殊问题,而模式保持与其存在密不可分,并且这一保持的长短完全取决于其功能发挥,通过自我保持或自我调节来持续,并不需要为了保持持续以特殊形式的记忆来再认或回忆。所以,诸如下楼梯等运动习惯固有的活动因其这种组织得以保存,并且每次需要演绎推理时不必通过再次应用特殊记忆来唤起共有智慧模式、三段论或蕴涵。

当然,这并不是说模式的存在没有任何问题,但这些问题与形成和组织有关,只要这些得以解决,就不会有关于其保持的独立问题,除非再次提到主导这种形成的反馈或调节,因为每一模式运算都能唤起其组织。因此,不存在模式的记忆,因为一个模式的记忆不过是模式自身。当生物学家在我们界定的第一种意义上使用"记忆"这一术语时,他们实际上提出了习得的内容是如何组织的这一重要问题,并且当提到非遗传信息的保持时,他们给予我们希望去发现那些只在表现型情境下类似于遗传信息编码的组织[因此,为了习得信息的保存,RNA(核糖核酸)必须完整,这一假设引起人们的关注]。

从心理学观点来看,习惯模式或者智慧模式的保持与其形成是一致的,我们已经在其与学习的关系上论及此点。另一方面,"严格意义上的心理记忆"问题出现了很多困难,且目前进展迅速。首先应当注意到,涉及再认的记忆(前面已经界定过)与涉及回忆的记忆之间存在很大水平差异:在无脊椎动物甚至更低等的生物身上可以发现前者(因为条件作用假定了对刺激的再认),而回忆似乎与符号功能有关(作为表征符号的心理表象和语言),因此只有在一岁半到两岁后的人类和类人猿身上才可能出现。但人们一般只考虑两个极端之间的状况,日内瓦中心进行的研究揭示了儿童身上的中介形式,即记忆重构(对同一材料进行结构重构),它包含对指标的某些再认,但也构成一种回忆,而且只发生于动作而非记忆表象。重构记忆最简单的表达是自我模仿,因此可以认为至少在鸟类身上就存在这种形式的记忆(可能蜜蜂也有)。

至于记忆是如何保持的,也许总有一定程度的重构(至少考虑到事件顺序)。例如,这可以通过以下来得以证明:直到被验证时主体仍认为正确的不准确记忆及一般认为最具可能的众所周知的证据的不准确性。然而,彭菲尔德在令人叹服的实验中证实了对颞叶进行电刺激从而恢复记忆的可能性,而且这表明某些保持与假定的重构部分是不矛盾的。

事实上,低级的记忆形式(严格意义上)总是与特定的模式保持有关:感知运动习惯和感知运动智慧始终包含对重要指标的再认,那么再认记忆显然与这种情况下构成象征的或可辨别的方面的模式有关。因而,重建记忆与动作有关,再次意味着某些特定模式。至于表现为表征或思维的更高水平的回忆记忆,它在很大程度上不受动作模式的限制,但人们可能质疑它在多大程度上和智慧模式有关。[18]

简而言之,记忆和学习的地位是一样的,这使得人们可能在此研究领域内辨识某些未来的发展。一方面,把记忆研究同发展研究分割开来是不可能的,因为回忆记忆不是先天的,它的"建立"与条件表征的符号功能有关。的确,许多心理学家把这一形式的记忆回溯至更早的阶段,但是并非大多儿童心理学家都这样认为。有些人坚持,如果我们对出生和生命中的第一年没有记忆,这很大程度上不是因为被压抑,而是因为不存在固定记忆表象的任何表征方式。另一方面,严格意义上的记忆问题不能与模式保持问题相分离。

八、关于动物和儿童发展的心理发生结构主义[19]与智慧理论

心理学的未来无疑会被比较方法和心理发生方法所主导,因为只有通过观察行为的形成及其在动物和儿童(在研究植物的前知觉和运动之前)身上的运作,才能够理解其本质及其在成人身上的运作方式。但是,过了一段时间,人们才理解当前这一共同趋势,因为长久以来,人们认为儿童学习的只不过是提前在一个有组织的外部世界中刻画的东西,特别是成人教授给他们的内容。然而,我们从儿童身上学到的两个重要教训:(1)只有组织被逐步改造,物体、空间、时间和因果关系成为符合逻辑形式的结构化的,经验领域才是有组织的;(2)除非儿童的思维发展过程坚持到底,他们才能从老师那里学到东西,否则其心理或记忆中无所保留(我们已经看到,两者密切相关)。简而言之,儿童心理学告诉我们,发展的确是一个超越天赋论和经验论的建构过程,是一种结构的建构,而非单个习得的累加。

(一)首先值得注意的是,习性学或动物心理学的发展是如何经历了与儿童心理学发展近似的阶段,其互相之间没有任何直接影响,因为习性学主要是动物学家的工作。在经过一段隔离观察时期后,人们按照严格的联想主义原则(学习理论)在实验室对动物心理进行研究。随后出现了所谓的"客体主义"学派,其客观性在于重新研究本质,即在机体与环境之间的密切相关中进行系统性分析。这使人们再次发现了本能,并有大量数据揭示其复杂性。最终,将习性学建立于天性之上的第一代学者之后的第二代学者怀疑纯粹的天赋,并寻求在本能和经验的结合上进行解释,他们更加强调结构的建立,而不是简单的预成观念。

儿童心理学经历了十分相似的时期。在一段时期的孤立的而且可以说基本上是生物的观察时期后,人们开始让儿童做所有形式的标准测验来进行定量观察,而不再是考虑发展的真正机制。在这之后出现了大量临床研究,将儿童重新置于生命和活动内容

中,并且首次出现对神经系统内部成熟的因素的强调[格赛尔(Gesell)和瓦隆(Wallon)],当然,还把对动物而言未知的一般社会因素纳入教育传播这一延长的过程形式中。最后,其还强调了超出机体因素和成人活动的结构的建立。

回到动物行为,但不是回到本能阶段,我们应该注意到客观主义者洛仑兹和廷伯根(Tinbergen)提出的一种重要思想。即有机体自发活动的概念,其不同于任何对外部刺激的"反应"。艾德里安(Adrian)已经证明了它的存在,并且我们在新生儿身上也发现了与此相当的东西。此外,长期以来,反射被认为[科吉尔(Coghill)、格雷厄姆(Graham)、布朗]是从有节律的动作中分化出的产物,但客观主义证明了至少某些反射的自发性。

客观主义对于本能的解释对人类心理学是有益的,因为其让人们能够更好地判断智慧和有机生命之间的关系。创始人廷伯根、洛仑兹和法国的格拉斯(Grassé)强调了本能与生俱来的性质,但并没有忽视环境所起到的重要作用。本能行为首先通过与机体激素改变相关联的欲望倾向(求偶、寻找筑巢地点等)识别出来,接下来就开始了完成性阶段,其特点是天生释放机制(IRM)。所以,有红腹的雄性棘鱼更能吸引雌性,但会给其他雄性释放出攻击性,这种攻击性与保卫自己的领地或巢穴有关。另一种释放机制是瞄定可以筑巢的物体。需要注意的是,这些机制并非总是按照不变的顺序释放行为,但是我们已经在这一水平上观察到一种特定的和外界环境有关的适应性的机动性。例如,格拉斯描述了白蚁类的"共识主动性"或机制:某种物质小球一旦达到特定大小,就会激发其向柱子、天花板等的转换,但白蚁窝的建造顺序依然是多样的,每一阶段的结束可以是很多阶段的开始,而不限于仅仅一种。而且,一旦天生释放机制让本能开始运行,随后的完成性行为会立即分化为不同形式的行为。接下来会出现暂时适应的空白,即会出现即兴创新或收获,而不再按照遗传性程序进行固定展开。

鉴于在特定时期后进一步的部分的适应和本能导向的混合,且鉴于当代生物学修订过的关于显型和基因型关系的思想,动物行为学即将到来的时代如今谨慎地谈论天赋,并乐于使用"过去被称为本能的"这样的表达。莱尔曼(Learmann)等人指出行动可能来自本能行为的最初阶段,因此成熟×经验的交互作用似乎比以往研究所假设的更为密切。维奥(Viaud)曾说,洛仑兹关于本能的概念是极端的,其从未在现实中得到体现。

所以,本能似乎有三种成分:一个为遗传提供条件的组织和调节机制,一个或多或少为详细的遗传程序以及每一个体获得的适应或调节。由于更高级的灵长类动物和人类的本能分化,中间的部分减弱或消失了,但依然存在组织机制及适应性调节这两种智慧的基本需要,它们直接指向对外部客体的控制及组织或行为的一般协调中天生条件的实现和重构。

(一)智慧结构的构建促使我们分析研究儿童的心理发生。目前许多国家正加强对这一课题的研究。我们现在要指出众多研究倾向中主要的几个。

第一，格赛尔和瓦隆强调了神经成熟的作用，毋庸置疑，该因素在最初感知运动水平上的影响是显著的（例如，锥体束的髓鞘化能够协调视觉和抓握）。但随着更进一步的发展，更多的神经成熟（至少持续到 15 或 16 岁）只局限于可能性的提高，且没有任何程序性可言，只有在其他因素干预的情况下，可能性才能够引起多种实现。瓦隆特别强调了姿势或强直系统成熟的作用，它和情绪（瓦隆视其为积极因素）功能密切相关，并预示了思维的象征方面（比喻等）。

我们所处社会所扮演的是第二个基本元素，这是一些明确或含蓄地认为心理活动简化为机体与社会因素相结合的同一群学者的立场。瓦隆、老维也纳学派（Ch. Bühler），特别是现在追随维果茨基传统的苏联心理学家们在这一点上揭示了大量重要事实。然而，这也强调了两个同样重要的观点：儿童只有同化了成人的影响，才能对其做出反应。尽管布鲁纳坚持认为，原则上可以教给任何年龄的儿童任何事情，但在关于这一问题的讨论中，一些反对这一观点的人提出质疑：教给一个既非物理学家亦非数学家的邻居相对论需要花费多长时间？当对方回答"3 到 4 年"时，他说"好吧，但如果我们从婴儿开始教，也许要多花一年或超过两年，甚至不谈此点，3 到 4 年已经把我们带回到阶段的问题上了"（阶段顺序可以提速但不能消除）。

第二，我们需指出除了成人和儿童之间的社交过程外，儿童之间也存在着社会关系，其发展是渐进的。虽然过去有关儿童言语的自我中心的研究没有得出一致认同，但依然存在思维非中心化的必要性观点，这一点可以在社会关系（联合活动、团队游戏等类似活动）和思维结构上得到证实。

通常引用的第三个元素是在智慧发展中经验所起的作用。人们普遍承认它是重要的部分，尽管必须对其加以区分。一方面，存在着或许在最广泛的意义上应被称为物理经验的经验，即包含与客体接触和通过客体抽象化获得知识的经验（颜色、重量等）。这是我们通常考虑到的经验，其本身亦是经验主义重视的一种经验。另一方面，还有应该称作逻辑-数学经验的存在，在演绎过程出现之前，它起着重要作用。它也包含同客体的接触，但是通过他们自身的行为获取知识，而非从客体本身。例如，当儿童通过变换物体顺序然后数数的方式检验交换性时，排序和计数都被归因于活动本身。这种区分是有争议的，原因之一是顺序和数量明确地蕴含在物体当中。然而，依然存在着这样一个问题：是谁把它们放在此处的——是主体的行为还是其物理特性本身？

这一区分与对言语之前感知运动智慧（因此它独立于言语）形成的直接研究随后会导致一种假设：心理、特别是逻辑-数学运算都从行为中来（例如联合行为），并由已经变得可逆的（同加法相对的是与其相反的减法）内化行为（可加）构成，因为内化行为表现了最一般的协调类型（通过联结建立联系），所以不仅适用于物体，也适用于任何形式的动作协调。但是，对运算过程的研究简要证明了它们从不单独出现，总是在完整系统中彼此直接联系，例如运算、排列、数列形式的运算经常成对或成矩阵出现。在逻辑上，这些聚集体被著名的结构控制，如"组""网""团体""圈"，精神分析证明这些结构实际上是

"天生的",即过程本身是由更多的成分结构自发构成的。

除了成熟因素外,学者们在解释发展时通常还会提到社会生活或社会经验,因此我们必须考虑动作协调的非先天因素,这种因素在主体真正的功能发展过程中起作用,可以称之为平衡化因素。它并不是格式塔意义上的力的平衡,而生物学和控制论意义上的自我调节,即这种因素体现了智慧和多种形式的动态平衡之间的重要联系,我们现在知道这些动态平衡是有机体生命所特有的。此外,据此构想出的平衡化是基于主体为应对外部改变而进行的积极的补偿性调节,由此我们能够把可逆性解释为偶然,否则的话,可逆性就只能是运算的一种严格逻辑化的特征。

平衡化因素进一步解释了我们所看到的在结构建立过程中阶段的顺序性,同时对阶段的顺序性提出了一种概率论的解释:在发展的开始达到特定的阶段 S 不太可能,只有在 S−1 阶段获得平衡之后,才很可能达到 S。首先因为在 S−1 阶段的平衡对于 S 阶段的建构是必要的,其次获得的平衡影响范围有限,因此平衡是不完全的,它为新的不平衡创造了机会,这就解释了从 S−1 到 S 阶段的过渡。

(三)以上发现似乎指向了有关智慧理论的一些不容忽视的结论。智慧比主体能够意识到的方面要丰富得多,因为除了在系统且追溯性的反省过程及逻辑和数学形成过程中外,个体只能意识到自己外部智慧的结果,但一般不会关心外部智慧的来源及结构(尽管智慧的来源和结构天生就扎根于智慧行为中)。对一般个体而言,他只从智慧的表面了解智慧,因为他不能理解运算结构,也不能理解几乎所有对他的行为甚至是有机体造成影响的机制。因此,需要研究者去寻找这些结构是否存在,并解释这些结构,但主体无法觉察到这些就是结构,并且只能识别出自己所使用的运算(甚至自己使用的也不能全部识别出来,比如个体经常使用"结合律"和"分配律",自己却意识不到,交换律也经常是这种情况)。

所以,结构主义的建立需要花如此长的时间也就不足为奇了,即便如此,构造主义作为一种趋势,其可能性远没有被充分探索。智慧的联想主义理论依然是原子论的。试误理论试图把每个事件解释为或多或少的偶然尝试,随后根据尝试的结果进行选择,如同在发现调节系统前,20 世纪初的生物学所做的那样。德国的思维心理学(Denkpsychologie)直接使用了某些逻辑法则,但没有从逻辑-数学及心理学的角度去理解整体结构的问题。斯皮尔曼(Spearman)的"认识发生"揭示出一些运算(对关系、"相关性"或双重关系的推断),但他没有发现结构。格式塔心理学发现了结构,但试图把结构还原为知觉和更低级的认知功能这种单一的类型,且没有把结构应用于智慧。我们必须等待心理发生和多种前运算和运算阶段的发现,在智慧结构的特异性得以建立以前,儿童和青少年会经历这两个阶段。

但是,这种结构主义只是心理发生带来的两种产物之一。另一个与建构主义有关,也同样重要。智慧的运算结构不是天生的,在最优越的社会环境中,也需要在生命的前十五年缓慢而艰难地发展出来。如果运算结构还没有在神经系统中形成,那么在外部环境中也不会形成,外部环境是发现运算的唯一途径。这也证实了按阶段推进的建构确实存在,前一阶段获得的结构必须经过重构,才能使运算过程扩展,并使建构重新开始。神经结构是感知运动智慧的媒介,但后者建立起了一系列新的结构(永久客体、转移群集、实践智能的模式等);思维过程起源于感知运动行为,并以之为基础,但在实践过程中,思维又重新构建为表征和概念,继而极大程度地拓展了最初结构的范围;自反和抽象的思维通过把具体事物置于假言命题或形式演绎中,从而重新建构了开始的心理运算。对于富有创造力的成人,这种持续建构的运动会一直以技术和科学思维的方式,在先前提到过的其他方面不断进行下去。

九、抽象模型

在前文中,我们对不同趋势提出的各种解释(或拒绝采纳的解释,如第二章的实证主义)进行了区分,并据此分析了当代心理学的主要趋势。现在我们需要进行更为基础性的考察来阐明前面的内容。但我们先要对迄今为止所有了解到的内容进行评价。

并不想过分推断,我认为提到的有着各种五花八门名称的这些趋势,早晚都需要考虑建构和结构的观点。我们常会遇到以前的解释要么考虑发生不考虑结构(如联想主义),要么考虑结构而不考虑发生(如思维心理学),但是每种趋势早晚都会遇到需要同时考虑两者的情况。斯金纳本人不重视理论,他在自己输入输出的游戏中让鸽子的活动性最大化,并观察到它们建立了功能性结构——也许结构是微弱的——但这已经不是简单的联结的情况了。机能主义者、物理主义者、社会心理学家、精神分析学家、"行为理论"的专家以及心理发生学家多少都在明确地用不同形式同时寻找着建构和结构。

现在来设想一下若干年后新的发展:前面提到近乎全部思想流派所证明的具体模型,迟早都会以抽象模型的方式进行表达,例如具有一种数学的、控制论的或逻辑的性质,这些模型普遍会倾向强调结构主义。对此我们找到的第一个证据和机能主义有关(第三章),最初,机能主义的模型在根本上是联想主义的具体模型,比如条件反射,后来则表述为"次级随机格",同时包含格的代数结构、概率序列和与相邻系统的联系。研究者常常自然而然地将格式塔理论特有的物理主义表述为关于场的方程式,但勒温和他的继承者们后来在向量模型中开创了拓扑结构,顺便说一句,这是一种主观而非数学化的处理。社会心理学用各种代数-概率模型或"图表"等来描述小群体的结构。精神分析学派本就存在着一位抽象理论学家——D. 拉帕波特,他本来要沿着依旧巧妙的热力学形式的方向(此前他已经参考了达朗贝尔的持续累加定理),继续自己的研究(如果不是因为英年早逝)。[20]学习理论引发了概率论及代数的阐述,对智慧的心理发生研究自然也借助了一般的代数和逻辑。

当然,这些心理学分支所使用的结构并不完全相同。这种多样化也预示着一种美好的愿景,因为不久之后就会出现这些结构的协调问题,到那时就必须考虑它们之间的区别及某些结构是否有可能转变为其他结构。在这种转换和替代的体系下,心理学也许将会建立一种基本的统一体,尽管这在今天还是一个遥远的梦想。

(一)每个心理学分支目前都或多或少地使用了抽象模型,对这些模型专门的心理学研究为专业期刊和频繁的研讨会提供了素材。因此有必要探寻这种趋势背后的力量,特别需要探究这种对所观察到的现象采用的,构成了心理科学基础的普遍性解释方法,将会去往何方。

起初,使用抽象模型仅仅是为了尽力对规律做出准确描述,这样就有可能做出精准的质和量的预测。费希纳的对数定律或霍尔关于学习的第一定律就依然处于抽象化的第一阶段。一旦需要对某些规律做出协调,就会进一步出现演绎的全部过程,就是在这一水平上,霍尔接下来提出了形式化的系统。如果经常无法恰当地使用模型这个词,甚至达到纳入心理学所使用的任一演绎过程的程度,那么只有出现了更为一般化的框架,而非研究的实验情境下仔细考虑的法则时,才能表现模型这个术语完整的含义,这个框架不仅能够提供构想和可能性预测,还要在模型的操作性变化与要解释的情境中真实变化相匹配时,解释变化的来源。例如,若主观感受性的算术性增长能够和记录下的进程(接触等)相匹配,且进程可能的连续性只能按照几何级数增长,这时韦伯-费希纳定律这种可能的模型就具有解释效力。

既然如此,那么当根本目的是整合有待理解的、具体的机制时,以及当解释有可能在每个方面采纳心理学时(机能主义、社会交互、行为序列等),我们为何会谈到抽象模型?为什么只是面对(似乎)非常具体的因素,我们却想通过方程的形式,试图做出因果解释?原因在于,我们实际上常常遇到需要从多个中间变量中进行选择的情况,这实际上是一个推断的问题,当进一步的研究需要精确的假设性理论来指导时,数据的缺乏使得这种选择变得困难或不可能。那么,抽象模型的重要优势是,它利用所采用的假设同时解释了必要和充分条件,并将其构建为一种足够普遍的形式——为了让抽象有可能应用于多种不同的具体目的。换句话说,抽象模型绝非和心理学需要的具体模型毫无关联,依然需要构建具体模型来推动研究的进步。抽象模型只是概括了一系列可能的具体模型,这也构成了各种过于普遍化的假设之间必要的中间阶段,因为这些假设的形式甚至形成太过拙劣,只能依靠后续的分析让这些假设得以提出,同时符合实验验证的结果。

(二)所以,考虑到抽象模型的实践效用及当下必须给心理学主要趋势的抽象模型以解释,十分重要的问题是决定抽象模型的客观程度,也可以说是与所研究的现实之间的本体等价性。当然,对于只考虑可观测量的实证主义而言,抽象模型并不能体现现实情况,因为没有了可观测量,现实性也就无从谈起。因此,抽象模型仅仅代表了一种简便的表达形式,就像任何逻辑-数学结构一样,其简便性表现对主体的简单化和适用于预测上。但之后的预测成功与否取决于模型所使用的实验定律,而非取决于对其他无法触及的，潜在现象特性的解释能力。另一方面，有些人相信有可能透过观测变量的表面找到因果解释，若抽象模型促进了解释，但只简要展现了现象并且隐藏了对可观测量的解释过程，这些人只会对抽象模型停留在兴趣层面。然而，除了上述解释性模型，在找到更好的解释之前，我们也许能够从第二种仅仅有助于表述简便的模型观点中得出构想性解释，因为在此情况下，临时的阐述具有启发价值，有助于引发更多恰当模型的产生。

现实与模型相协调不仅是理论上的认识问题，还是一个十分现实的因素。举一个很简单的例子，正态曲线或高斯分布曲线。不久之前心理学家假设，任何同质人口的智慧和能力都存在"正态"分布，而非水平全部一致。这是很实际的观点，而非停留在理论层面；但该观点还是未能摆脱以往的局限，没有意识到缺乏测量的客观统一性，研究者不免会（心理学实验只提供规则之间的关系）倾向于随意选用一种度量，然后总能够以某种方式证明预期中的"正态"分布假设。为了描述"可观测变量"，仅有"简便的表述"是不够的，证明这一点最好的例子是，为了确定分布究竟"在实际上"是否为正态，已经有人提出这样的疑问：有序观测量和有些随意的测量背后发生了什么。已经出现了许多类似的测量研究，但是在1963年伯特（Burt）[21]特意收集了心理学指标，以期证明在智慧分布水平上，低智慧一端比另一端延展程度更大。

至于能够提供解释的模型（"正态"曲线同样包含了对自己的解释范围，甚至解释例外的寻找），如果不是为了交流演讲，它的普遍走向当然不只是符合简洁模式，为了第二章给出的理由，模型要给出因果解释是大势所趋。

（三）若接下来，按照这一观点分析抽象模型扮演的角色，我们有必要看到，它一直包含了对构造主义的进一步推进，特别是在某种程度上试图让模型与行为背后心理现象的真实过程一致。然而还是存在一些本可以具有原子论特点的模型，例如因子模型及一些随机模型。

因子分析来自计算中的简单方法——关系的相关或四分体差异——最初它的目标仅仅是呈现"因子"，从而避免直接的质性分析。众所周知，开始人们不能总是立即理解给出的因素，就像著名的G因素或"一般智慧"因素，人们有时用它描述智慧本身，有时又把它作为人为计算出的现象。此外，很显然，因素的含义部分取决于所选择的检验方法。比如，如果空间因素和感知因素有关，和数字因素无关，这可能由于选取了直观的而非操作性检验，操作性检验并未让现象变得枯燥，并且还证明了其符合先前的分类。接下来要尝试构建包含整体类别的"层级因素"或系统，并验证之前的发现。这就表现出一定的结构主义形式倾向。

在所有形式的随机模型中，有些乍看上去甚至有些原子论。但我们想要从行为角度确定这些模型的含义，我们就必须转向一种概率认识论——先验概率、频率及主观概率，特别是概率和历史序列间的关系（序列检验、马尔可夫链等）。[22]因此很显然，一旦概率模型置于一般的理论背景下，就会产生一系列状态，不仅仅是对现象的分解，这也表现出一种特定形式的结构主义（认知、条件等）。

在这一点上，一般概率模型到更为具体的模型间存在着细微的过渡，具体的模型受到决定或信息理论的限制，这种限制不断添加到其概率论的基础上，使用的概念以及主体反应的系统化让阶段不断结构化。例如，当一种信息模型应用于感知时，需要明确相比于"好的形式"，这个模型有多"啰唆"，哪里重复了相同的元素，或相同的等价关系带来的应该是对称而不是简单的赘述，就像那些把同一件事说许多次的人。或者，博弈理论在认知恒常性上的应用的前提，我们在"超恒常性"中进行了描述［见四（二）］，决策其实包含了对错误的积极翻转，从而避免失误，主体积极的、特别是预期性的补偿，导致了平衡概念的产生，这意味着一个完整结构的形成。

可以把格式模型看作观察者头脑中的一种简单方便的方式，用以联结主体连续的反应。然而，一旦节点和箭头所代表的关系同主体本身建立的关系匹配，这种模型显然就呈现出另一种形式的含义。那么格式就描述了一个可以被研究的整体结构，例如开口、闭合、内部平衡、矢量法则等。

空间或几何模型导致了两种结果。在某种程度上，由此所描述的是主体的真实空间，通常意味着更高程度的结构主义。鲁尼伯格（Luneberg）因此想要在其研究中证明感知中的平行"通道"：平行的瞬时印象并不伴随相应的等距估计；他由此总结，基本的感知空间符合黎曼几何特征，而非欧几里得几何（Jonkheere已经验证了其真实性）。在其他研究中（场的浓度异质空间等），如果真的存在初始认知空间，它们似乎没有差异，既不是欧几里得也不是黎曼几何，正是这些次级认知的激活，让认知沿着欧几里得几何这种最经济的方式进行，因为该方式包含了更多的等价性（正如在平行的例子中）。

在其他情况下，几何模型意在描述主体的空间，而非主体活动的整个场的空间（整个场应该会对主体的反应造成部分影响）。一个有名的例子是勒温的"拓扑"，但不幸的是，这构成了更加难以解开的一个混合物，其中混杂了数学的拓扑和"活的"结构，后者的性能常常会影响前者，所以该解释几乎没有数学的成分。但它依然指向了一种明显的心理学结构主义形式，勒温在这一形式中所呈现的因果与空间相当。

但目前最普遍的趋势，当然是朝控制论或暗含规则的各种心理激活的"模拟"模型发展，特别是关于更高级的活动。从引入条件作用的格雷·沃尔特（Grey Walter）的"乌龟"诺拉、罗森布拉特（Rosenblatt）的"感知器"（其理论依然受到争议），到阿什比（Ashby）的自我平衡、S.巴贝尔（S. Papert）的"稳态"项目（朝向平衡的连续阶段推动该模型，如同儿童的发展），人们如今已经得出大量十分有益的、与学习和智慧结构有关的研究成果。

控制论模型总要包含对概率论以及几何逻辑因素的结合。因此，这种模型本身很自然地会用到逻辑过程，正如日内瓦学派已经做出的系统性工作，他们不是在一种已经建构好的意义上对思维进行静态的、理想的限定（德国的思维心理学便是这种倾向），而是一种能够指导心理研究寻找建构和关系的等级结构。这种模型的一大优势是，它能够分析建构过程，而不是像其他模型那样，仅仅只能分析行为或结果。心理学家常常反对这种模型，认为这种方法和逻辑有关，不再是纯粹的心理学。但是，就像一个实验主义者在某种程度上采用了概率论的微积分或代数函数，我们不能指责他涉猎了数学，那么，如果他采用了布尔代数或其他一般结构（顺序结构等），进入到了逻辑研究领域，我们也不能说他"涉猎了逻辑"。对逻辑学家的主要反对应该是，"主体的逻辑"对逻辑本身或逻辑学家的逻辑无任何帮助。尽管这不用说，这里还是存在一个问题，我们将简单看一下。

这一部分的基调也许是坚定且乐观的，因为我们不仅考虑到已经取得的成果，还考虑到了希望，然而我们必须意识到构造主义可能的局限，这些局限与那些关系到不同心理学的、普遍意义上的心理学相关。不同心理学的分支提出了理论问题，这些问题和那些应用心理学中的解释问题同样重要，目前已经能够对那些既不是因子分析，也不是类型多种检验（多种检验的成功如今还十分具有相对性）的问题进行限定。例如，问题之一关于天赋，这依然是一般心理学未曾解决的问题，科学或艺术创造力如何运转？是什么构成了个体创造力的神秘独特性？后者甚至更加难以理解。当我们触及并深入到此类问题时，我们便能很好地理解构造主义可能存在的局限：牛顿、巴赫（Bach）和伦布兰特（Rembrandt）在儿童时期可能经历了很多发展阶段，即我们形成一个观念的可能的结构才是对他们创造性的成果，现在或以后也许能够解释为他们同化了结构，并对其进行了新的组合，之后远远超越了组合的结构，但重组和超越的真正过程已经远远不是结构分析所能解释的，因为非基本的过程常常发生在特殊的个案身上。

十、心理学和其他科学的关系

我已经谈到心理学和与之密切相关的科学之间的关系：生物学和社会学。但现在依然要探讨心理学和与心理学相关度不大的科学之间的关系，例如逻辑学、数学等，或科学本身的认识论。心理学研究和人类科学（除了社会学）的关系已经在《主要趋势》的第五卷进行了阐述。

（一）逻辑是一种正式演绎和规范的科学，心理学则是具体的、实验的，毫无标准可言，乍看起来，逻辑学和心理学之间似乎并无联系。然而，出于以下考虑，建立起它们之间的联系十分必要：尽管任何一方都不想这样，但最新趋势让我们不得不仔细思考这些问题。这一点的重要性似乎更低一等：尽管数理逻辑（符号逻辑）被称为"没有主体的逻辑"，但不可能存在没有逻辑的主体，正如主体能够建构"自然数"（或正整数、负整数暗含在许多自发行为中），所以，主体也可能进一步去使用传递性和许多其他的推理形式，如三段论、分类和序列、对应和矩阵等，并让自己（有效地）一致而不矛盾地遵守这些规范。这种"天生的"逻辑给心理学家提出了一个问题，他们不得不去比较这种逻辑同逻辑学中的正式逻辑。正式的逻辑则对这种比较毫无兴趣,因为形式真理与事实陈述无关(哪怕主体百分百接受这种或那种推断),这种不感兴趣又是另外的问题,我们接下来将看到,这一问题如今正在重新被思考。

有必要进行比较的其他考虑不是来自逻辑技术,而是来自逻辑认识论。当认识论逻辑学声称,逻辑只是一种语言时(语法以及精简的概括性的语义),就意味着它们正越来越靠近心理学,即便当他们是柏拉图主义者,就像罗素开始那样,他们依然是朝心理学趋近的,因为柏拉图主义者依然要观察,人类如何能够在道德生活中理解永恒这一理念:出于该目的,罗素提出一种叫"概念"的特殊的心理功能,概念作为一种"感知"应用到对客体的理念中,因此这种逻辑认识论暗含了同心理学的比较。

综上,两种新的发展让人们重新开始研究这一问题,也让一些逻辑学家开始更为系统地研究可能存在的关系。第一是不同逻辑系统的倍增,这些系统具有一致性,但彼此之间缺乏直接联系的分支。逻辑倍增带来的一个现实是,不存在足够全面的、能够为整体提供子结构的系统,反而由于太过于多样以至于难以达到该目的。逻辑学家于是退求其次,想要知道自己的逻辑是如何建立起来的,这就意味着逻辑学家要研究自己的心理及他本人的建构历史。但像往常一样,在这种情况下,研究历史的前提是研究更为普遍的心理学,例如想要研究逻辑学家通过哪种抽象和建构的方法形成了自己的逻辑,要先进行最为直观的方法,然后逐渐进入到最系统化的方法。最终,他早晚都会碰到心理学中有关智慧的重要问题,即运算结构是意识水平的一个特点,是主体在活动过程中建立的,而非在意识水平上建立的,不要同基于现象的直觉假象相混淆。

第二个发展是发现了形式化的界限,该发现甚至预示了更为重要的结果。哥德尔(Gödel)定理表明,要想证明理论的不矛盾性,不能单单使用该理论的方法,构成该理论前提的理论就更加不具说服力:为了能够证明不矛盾性,我们必须依赖更"有力"的方法,换句话说,我们需要建立起更丰富的、能涵盖和超越先前理论的理论,以及采用其他方法。由此可知,一旦将人类智慧划分到柏拉图的理念领域,就意味着智慧是用来创建科学,而非促进科学发展的,这样的话,演绎推理的系统就不能再假定其多层的、自下而上逐级叠加的金字塔形状是基于稳定的、至少是完整的基础,而是要假定一种逐渐的结构,每一层的缺口都由上一层填充,这种过程不断循环。这样的话会导致两个十分重要的结果。

第一个是逻辑再不能构成一个闭合的回路。它是形式化的科学,但这种形式化有了限制条件:如果隐约超越了这个界限,现象将会表现得相当直观,这会让我们认为,在这些界限"之中",还存在着一个范围,在这个范围内的逻辑将是形式化和合理化的,这个范围不包含主体的意识思维,但包含其运算结构。这当然不意味着逻辑就止步于此,相反,逻辑由此开始(正如亚里士多德之于三段论),然后扩展其认为合适的公理体系。因此,第二个结果是逻辑结构主义不再是静态的,而是建构主义的,不断地填补更高水平的缺口构成了不断推进的建构,这和智慧在心理学中的发展出奇相似:一个又一个智慧结构的建立在不断地进行自我补充,但总要依赖接下来的结构去填补空缺,并在更广阔的范围内对结构进行再次补偿。

因此,近来许多年轻的逻辑学家开始关心心理学发展,并非为了从中发现正式的或逻辑的真理,而是为了更全面地理解自己学科的认识论。

(二)数学和心理学之间的关系具有类似的性质,但它们之间的联系更密切一些,因为数学家关心现代数学的小学教育,所以必须要考虑发展规律。

事实上,数学教育在很大程度上依赖于主体的概念及由此引出的认识论。一个数学家若想证明一个定理,他当然永远都不会向一个心理学家求助,或者说让心理学家在技术层面干预他专业的研究分支,但数学的"基础"问题完全不同,在这一认识论的领域——但它本身现在也构成了一部分数学问题——数学家们常常分为三个思想学派,尽管他们实际上可以缩减为两个:一个把逻辑看作数学的基础(柏拉图主义者可以算在其中,因为在他们的永恒概念里,逻辑是基本组成部分);另一个则采用操作性的或以主体为中心的手段,比如庞加莱、恩里克斯(Enriques)、布劳威尔(Brouwre)等[也包括波莱尔(E. Borel)的物理主义,因为只有物理学家使行为现象变得多样,直至具有数学结构特点,此时把行为作为参照的函数才是有意义的]。

现在,从这种认识论的观点来看,当代数学显然正朝着建构主义化的结构主义发展。布尔巴基(Bourbaki)学派的基本观念众所周知:数学大厦的基础包含了三种主要的"母体结构"(代数、序列和拓扑结构),通过分化和结合从中分出了数不清的特定结构(或集合)。如今,日内瓦的心理学研究揭示出,这三个母体结构以一种具体而有限的形式,与在7、8岁左右儿童身上所发现的三种基本运算结构相一致,这几种运算结构属于第一阶段的逻辑-数学心理过程。按照布尔巴基学派的理解,"类别"正逐渐补充甚至将取代"结构"概念,但巴贝尔指出,存在用"数学家的"操作来取代"数学的"操作的趋势,并且又一次,我们发现类别概念的心理学或"天生的"根基根深蒂固。利希内诺维茨(Lichnerowitz)指出,按照"本质"这个词的普通含义,甚至是形而上的含义,一些心理学家在建构格式中再次发现,从低级的行为或运算出发,在更高水平上不断重新构造"表达抽象",这是形成逻辑数学结构的共有先天的方法。按照建构的格式,数学的"本质"并不存在,那些所谓的本质不过是同构,之后会变成同构中的同构。形成可能是自发的,也可能受教育方法的指导,研究这种形成的心理学家总是或不自觉或有意地不断触及认识论和数学建立的问题。

我在一次主题为"行为的模型和形成"的研讨会上读到了苏佩斯(P. Suppes)最近的一篇文章,其题目是"数学的心理学基础",最近发表在了《数学学习》上[23],像克隆巴赫(Cronbach)、凯森(Kessen)、苏佩斯和布鲁纳这些心理学家都曾与数学家斯通(Stone)合作,对自发形成过程的引用不断出现,它涉及了数学认识论及心理学发展。日内瓦研究同时关注了这两个方面,我在下面的(四)中将会提到。

(三)至于物理学,乍听上去它似乎不存在与心理学的联系,除了在第四章提到的,与物理格式塔(沿着从物理学到心理学的方向)和信息理论(方向相反或为双向)有关的方法上的交流。实际上,至少出于两方面的原因,物理学的认识论会产生心理学的问题。第一个原因,认识论需要了解绝对时间、超距同时性、把物体看作质点等似乎基础且永久的直觉,是如何被相对论和粒子物理学理论轻易调整的。如果转变属于天生的直觉或康德哲学的先验形式,理解起来就会很困难;如果从心理发生的建构主义角度来看,认知手段的转换就相当自然,甚至波的节点和反节点、粒子物理学中的粒子都让人想到,构建4—5个月和12—18个月间的永久客体格式十分困难,也让人联想到明显的心理学现象:这种永久性最初和空间定位(以及"位移群组")的可能性联系十分密切。

把这两个学科联系起来的第二个原因是,物理学家发现实验人员的操作所造成的影响与现象之间的联系是相互依赖的。这一基本现象提出了一个问题,即客观的本质是什么,并使得布里奇曼(Bridgman)的操作主义得以被心理学理论补充,这个有关心理过程发展的理论表明,导致客观的去中心化不过是去除掉关于观察者自我的部分,去中心化还和逻辑-数学结构化有关,认识主体的活动带来了结构化,它产生于协调行为(从"群"等中产生),而非带来错觉的孤立的行为。因此,普朗克(Planck)回应马赫(Mach)中的悖论就消除了:尽管物理知识始于感觉(与孤立的行为有关),但客观主义在于不理会它,而非囿于其中。

物理学和心理学中的这些专有的和现实的联系,实际在一定程度上是合作的开始。能想到的例子有二。第一是著名物理历史学家库恩(Kuhn)的成果,他创立了物理理论的变革认识论及"范式"(或关于特定的基础直觉知识的一般概念,例如牛顿的引力)的变化;现如今库恩不断强调,与心理学感知及心理发展研究相结合的历史批判分析的作用。

另一个例子更为主观化,但同样意义非凡。众所周知,速度在经典力学中被认为是运行的空间和时间的关系,而空间和时间是两个绝对真理。在相对论中,时间变得与速度有关,而速度具有绝对性。另一方面,已经知道时间和速度存在着一种循环的关系,速度有时间作为参考系,持续时间则只能用速度测量。所以很久之前爱因斯坦便提出,要从心理学角度研究的这两种概念的形成(在感知和理论的层面去研究),以便找到是否存在一种直觉的,不依赖于时间的速度。我们不但在儿童身上发现了这种直觉——追击顺序的直觉(在不测量时间或距离的情况下,假定时间和空间顺序),并且我们能够发现,时间概念的建构和感知早晚都会以速度作为参照。此外,法国的物理学家和数学家阿伯莱(Abelé)和马尔沃(Malvaux)对相对论进行了解释,试图据此解决时间和速度关系循环的问题。依靠这些概念的心理发生,他们不再关心循环的来源,而是转向关注速度的构成原理。当然,这并非心理学对物理学家的方法的贡献,而是对其认识论的贡献,不过依然具有重要意义。

(四)在前面提到的,心理学和精确科学(逻辑学和数学)、自然科学(物理学)的每种关系都具有认识论的本质,而心理学和生物学、社会学以及其他包含人类的科学之间的关系还包含了技术上的交流。参考科学系统是循环或螺旋的这一假设,我们便能够理解这不仅仅是偶然,主体能够在相同的时间点制定研究目标的前提是整个科学界的合作及这些科学发展所需的知识源头。从这一观点出发,心理学和相邻学科的协作可能包含技术的交换,而与基础、规范或具体学科之间的关系只能是认识论的或有关知识的构建和形成。

但不严格遵照哲学本质的认识论是否就是超科学呢?其实不提这个问题,我们也能注意到:①如今,所有先进的科学在处理认识论的问题时,都没有经历哲学学派的考量;②无论是什么样的认识论,总会在特定方面去参考心理学内容,这种情况也包含在内——认识论想要阐述自己有可能或必须要摒弃心理学(的可能性或必然性)。然而,认识论常常提出一些争论,特别是在上面情况,这些争论关于反省及心理学判断的常识(因为即便不是心理学专业,每个人都会觉得自己是心理学家;但实际还是需要大量技术方面的知识,去理解所有心因性解释的困难性)。

心理和认知发展数据可以阐明学习的不同分支所包含的认识论问题,为了系统地研究认识论之间的关系,一批心理学家、逻辑学家、数学家和生物学家等,已经在日内瓦建立了国际发生认识论中心。中心已经出版了大概二十卷文献,其中探讨了逻辑、数学(数、代数结构及分支、函数和类别、空间等)、物理等认识论的问题,特别是本部分的(一)—(三)所讨论的那些问题。

十一、心理学的应用:基础研究和"应用"心理学

心理学着眼于人类的所有活动和情境,比如教育、病理状况与心理治疗、精神健康、几乎所有就业部门(尤其是工业单位)的工作与休闲、学校就业选择和指导等。从一开始,科学心理学就被自愿或非自愿地卷入应用问题中。甚至还有一些问题,如帮助决定原始实验取向[天文学家贝塞尔(Bessel)提出反应时问题,同时在与合作者的测量中注意到个体差异与反应时的联系。在马斯基林(Maskelyne)离开格林尼治后,一个观察员的计算结果和他的相比,系统平均慢了十分之一秒]。事实上,心理学已经和药物学处于相似的地位。比如,在实验之前必须在实践层面操作,并且它的应用要建立在一切理论知识之上,囊括所有确定性。从科学的角度和应用本身的角度来看,这是一个有利还是有弊的东西呢?

(一)从第一个角度看,对于应用的需要显然引起了一些新的问题,这些问题很可能从未被考虑过。如果比奈没有被要求为落后学生开设特殊课程,如果教育当局没有问他如何将这些学生区分为发展迟缓或者智力缺损,他不会在 1905 年和西蒙(Simon)精心打造并出版了《智力量表》,这是世界上第一个智力测验,在此之后受到了诸多追捧。如果精神病理学没有频繁提倡精神分析,心理学的全貌永远不会被完整记录(书写

完整），因为实际应用和理论紧密联系，就像里里博（Ribot）、让内和弗洛伊德的工作从严格意义上说归属于心理学而不是通常意义上（所谓）的应用心理学。当然在临床层面上应用心理学有很多这样的例子，心理学家参与精神科医生某一个特定部分的工作，同时这样的例子越来越频繁地出现。这些临床工作反过来为应用心理学的进一步发展开辟了道路，很大程度上帮助建立起它的理论框架，这也是它严重缺乏之处（就像所有学科一样），这也将成为一个人格整合理论。

但是毫无疑问，当一个问题连同一个寻求实际应用的主张被提出来，问题本身常常被曲解甚至仅仅被部分处理，只是因为寻找一个即时的解决特定的实际问题的方法，这里存在忽视其他方面的风险，有些方面是值得考虑理论重要性，有些方面甚至需要被研究以便了解其特异性问题。关于效用的考虑导致一些局限性，这是由设想的应用范围和对快速寻求最便捷解决方案的需求共同决定的。比奈在编制智力量表的时候萌生出一个杰出理念，他将这些方面的问题应用于多样化的功能中去，保证智力涵盖一切并形成一系列所有认知活动的整合。但是当他被问及智力是什么之后，他机智地回复道："这就是我的测验所测量的东西。"这个回复很富有智慧，但是当人们想到由这样构造的测量仪器获得理论知识时，这个回复又显得令人有点摸不着头脑。相反，一个物理学家对待测量的东西和测量仪器本身进行更加彻底的理论研究之前，不会测量一项能力的形成。

事实上，几乎所有的智力测验都是建立在假设之上，这个假设必然是有所限制只包括测量结果或者"表现"，而不是产生的这个结果的实际过程。当然在物理学中由过程的结果判断过程，但是因为它们是同质的和假定过程变量的结果，相反地，在精神活动中，相同的结果可以通过不同途径实现，并且一个操作结构是诸多可能的结果的来源，这些结果不能从观察到的性能中推导出来，而是建立在掌握潜在的操作机制的前提下。因此，后者是判断个人智力所要达到的目标，尤其重要的是不要太多地诊断被试在进行测试时可以做什么，而是诊断在许多其他情境中他能做的事情。因此，智力在被认识到由什么组成前就已经被"测量"过了，并且我们只是刚刚开始捕捉了一些关于其性质和功能的复杂性的迹象。但并不是这个"测验"和其他关于"应用心理学"的发现促成了这个过程，而是因为那些公正的研究，特别是关于理论和认识论方面的研究，如果我们只关注实践需求的话，这些很可能都会被完全忽视。

从应用心理学本身的观点来看，具有与基础研究诸多相同的缺点。众所周知，在物理化学领域一些纯粹的理论研究有时能够孕育出预想之外的实际应用。电磁学建立在麦克斯韦方程基础上并为人们广泛使用，这个例子经常被大家提出：这些方程是在纯粹理论且正式的研究工作中（对称性的需要等）发现的。当然，心理学家还没有达到那个层次，但是也没有事实证明心理学和逻辑学在操作结构上的结合不会在某一天在诊断和教学上比其他测验更有意义，尽管测验更易操作（因为心理过程的研究预设还是多年前形成的），但是也比较没有意义。

简而言之,就如先前在关于生理学部分讲过的,可以说应用心理学不是作为一门独立学科出现的,而是作为心理学的分支,但是心理学所有分支总会成为各种预期内或预期外的实际应用的来源。

(二)心理学最重要的应用可能是关于教育的。首先,应该回顾一下现代教育学革新者中有多少是专业的心理学家或者是从事过基于心理学研究的人:杜威与他感兴趣的概念、德克雷利(Decroly)、克拉帕雷德、蒙台梭利(她假装对儿童心理一无所知并且暗示自己能够对此提出改进版本,但后来她的想法改变了)、费里埃(Ferrière)、维果茨基(Vygotsky)的追随者们等;其次,应该提到实验教学法,从完整的发展过程来看,这是一门年轻的学科,它致力于用实验探明所有的教学假设及教育方法的收益率。由于它仅仅处理事实数据及法则,实验教学法仍然独立于心理学,但是当需要理解和解释这些数据和法则时又紧紧依赖于心理学(和医学如出一辙)。

心理学在教育学中的应用,最为大众所熟知的是在差异心理学领域中,或者说是体现在将个体与个体以人格和态度区分开来。在落后或临时危机的情况下,重新调整以适应学校生活的所有问题,需要区分情感和智力因素,后者包括一般因素和严格的教育抑制(数学、拼写等)。由于缺少时间和训练,教师常常无法解决这类问题,许多国家的教育部门增设了教育心理学的岗位。这被证实是一项非常成功的创新之举,特别是这些专家得到了心理学家和教师的双重训练。解决阅读障碍或者言语障碍等问题需要更高层次的专业化,"言语矫正"技术已经被引进;心理学家义不容辞地协助残疾、聋哑和失明儿童的教育。其他差异心理学在基本教育中的应用需要学校的指导,在很多学校管理系统中,教育心理学家的角色变得越来越重要,他们开设特殊课程甚至是学校指导的完整课程。在这些课程中,学生和家长有选择的自由,为了使其满意,这些选择必须是建立在每个案例有完整的诊断和预后的基础之上,这比以往仅仅依靠教师来得更加周全。

然而,这只是心理学应用到教育领域中的一个方面,最重要的方面——将教学方法适应思想发展的规律往往很少被强调,但在将来会变得越来越重要,那就是将教学方法适应思想发展的规律。杜威、克拉帕雷德和德克雷利已经着重强调了需要的兴趣和动机对活跃教育的重要性。总体上来讲,他们或多或少地让我们相信这个原则,尽管它的应用还(比较基础)处于很初步的阶段,儿童只通过指导活动掌握基础知识,这些指导活动能够帮助他们自己重新发现或者部分重建事实,而不是仅仅获得现成的或者预消化的知识。尽管科学心理学可能已经被认为是一门学科,并肯定会在教育科学技术发展中富有前景,但对于思维过程的发展和真实构建,现代教育仍旧坚持实证主义和机会主义,比今天更接近于17世纪的医学。然而,有一些迹象表明这个想法正在流行。苏联建立起心理教学的研究机构进行实验研究,探求行为在知识获取中的作用等。全世界的数学家们都致力于重组他们的教学使之符合现代数学,如果发生了用老方法进行教学的情况,某些国家将努力调和(协调)这与发展心理学的关系。在美国,许多物理学家走出他们的实验室,通过实验的方法启发学生,其中部分物理学家使用了当前心理数据(例如日内瓦的数据)。

(三)精神病学(医学学科)是心理学的另一个广泛应用领域,无论是当精神科专家主动转型为心理学家,还是寻求与心理学家的合作,均可说心理学在不断介入精神病理学。精神病理学对于心理学本身也有重要意义,伟大的精神病理学家弗洛伊德和让内同时也是伟大的心理学家。但在讨论当代心理学总体趋势时(第二至九章),发现很难用某一特定的趋势来定义精神病理学,甚至很难找到一个跨学科合作的例子。其中有两个原因。第一,疾病可以被比作自然进行的实验,其中某个因素被修改或消除(如失语症):自然实验的结果通过临床观察和测验加以检验,并根据趋势将其归入对普通心理学的贡献中;第二,病理解离通常以心理生理整合相反的顺序发生,因此伟大的精神病理学家几乎都会以增加发展观点来结束他们的教义,就如弗洛伊德和让内一样。这些调查再次落入前面讨论的趋势的框架内。

心理治疗医学实践越来越需要心理学家的合作,在某些国家,就如美国,没有一个精神病诊所(无论其特殊分支)不招聘专门的或临床心理学家。心理学家当然不会实施心理治疗,因为这是医生的职责,作为规则也不进行精神分析,他们的作用就是为诊断提供心理学数据。在这方面,已经进行了许多研究,涉及用于检查精神疾病的认知功能的测试或其他方法,或许最重要的是关于情感反应和人格。对于使用所谓的投射测验,如罗夏(Rorschach)墨迹测验、TAT(主题统觉测验)等,预先假设高级的专业化和相当多的个人经验,通过像莫瑞(Murray)这样纯粹的心理学家或是像罗夏那样的医学心理学家,精神病技术和许多其他技术在这种联结中得到了发展。此类研究迟早都会为人格理论的建构做出贡献,尽管它们还处于起步阶段。这些研究需要补充一系列实验工作,这与"临床心理学家"严格的义务常常很难调和,除此之外,这些研究也需要建立在神经学基础之上,这在今天仍旧十分欠缺。

(四)除了在教育和病理学领域的应用,心理学越来越多地应用于一般组织工作中。第一,根据他们的教育水平和能力指导个体,这是职业指导作为学校指导的延伸的任务;第二,在组织个人或集体劳动中,当合格者被录取并给予职位,制定出最经济的技术,广义上来讲,这是避免多余的或者不正确和不协调的努力,制定出在最佳动机水平上最富有人性的技术:故"人因工程学"成为近来越来越受欢迎的研究分支。此外,显然随着技术的进步,与工作心理学相关的新问题层出不穷,这在当今的"机器人"时代下,这个分支将扮演一个不小分量的角色,不仅是降低系统风险的工具,而且成为新的人力适应机制中所不可或缺的齿轮。

热衷应用心理学的心理学家在某种程度上高估一门仍旧十分年轻学科的现实可能性,这很自然也很好理解。但是当前情况下最有趣的是,实业家、贸易商和军队并不是天真的理想主义者,但是在不断倡导这些服务;为了这些领域的进一步研究深入,物质和经济援助在不断跟进。研究的呼吁愈加显著,因为他们经常受到类似于本部分开头所提到的观点的鼓舞。也就是说,对工业和军队等领域中应用心理学研究的需求,有时由那些积极的理论研究工作者来决定而不考虑对那些提供资金者的即时效用,并且好像他们比其他人能更好地理解:心理学上的任何一点进展都可能导致意想不到的应用。因此,在这些情况下已经进行了许多关于信息或通信理论、调节过程平衡的数学结构和条件等的研究。

职业指导满足实际需要,无论是从应聘工作的年轻人对自己的能力或某职业所需要的能力知之甚少的角度,还是从用人单位相比于纯粹的经验主义更加倾向定向选择的角度来看,这都是极易理解的。心理学的服务渗透到工业或是人际关系中,简单的常识似乎一眼就能解决所有问题,这令人惊喜并具有启发性。可以给出一些具体的例子,如瑞士的印刷机厂或巧克力工厂,通过组织工作甚至细到员工在每天劳动的过程中做出的动作而大大提高了产量。一个经验丰富的专家没有意识到可能的简化和协调,一个关于个体和个体间行为的客观研究可能提出最基本的修改,发现习得组的习惯很大程度上与他们的过去无法进行现代社会最需要的调整和适应有关。

(五)简而言之,目前无数的心理学应用,其中有些涉及特定的对国家和个人发展具有重大意义的社会活动,经常以最令人意想不到的方式出现,例如教育或精神疾病的研究或其他。如今,许多国家都出现了这样的问题:心理学是否建立在更加坚固的理论和实验心理学基础之上?这一问题涉及心理学家的训练过程和注册心理学家在法律保护下的现状。由于大学传统和政府冷漠以及某些情况下对于医学界竞争的担忧,这些问题仍旧棘手。教授或心理研究所与艺术学院哲学系之间的关系通常存在阻滞效应,心理学在科学院或社会科学学院受到了最大的欢迎(尽管它们和生物学的联系仍是最重要的)。倡导跨学科研究机构,由此科学、社会科学、医学和文艺学能够保持联系,只有这些研究机构能够授予具体文凭以外的学位和博士学位,并且能够享有与高校的学院同样的自主权,这才会是一个令人满意的方案。

注　　释

[1] 例如,没有人能说,科学本身"从未"关注过自由问题。只能说它目前并不关注,虽然有一些迹象表明这种情况可能改变。比如,我们知道在逻辑和数学领域,已有丰富的理论(如在初等算术中)不足以体现其非矛盾:只采用自己自身资源或者更少资源(逻辑),会不可避免地遭遇不可解决的命题,只有利用更丰富的资源(超限算术)才能阐述它,但是能够解决这问题还是得看其自己。哥德尔的著名定理最近被应用到机器中模拟思维过程,它表明一台所有要素都被精确确定的机器并不能在时间 T 时完全预测其在时间 T+1 时的状态(为此,它必须从属于一个更高等级的机器,也就是说它无法完全自我决定)。这些问题与偶然性和确定性的程度的类比是即时可辨的。

［2］米勒幽默地写道，他认为自己是一个"主观行为主义者"。

［3］E. Nagel, in B. B. Wolfman and E. Nagel (eds.), *Scientific Studies*, New York, 1965, pp. 26-27.

［4］R. Carnap, in *Minnesota Studies on the Philosophy of Sciences*, 1956.

［5］R. von Mises, Positivism, Cambridge (Mass.), 1951, p. 236.

［6］N. Chomsky, in *Language*, 35, 1959, pp. 26-58.

［7］比如，我们发现，当暴露时间1/10－2/10秒时，某些错觉的最大值定律效果最强。

［8］尤其要注意一些作家（伯特、科恩等）怀疑一个因果解释能否适用于所有认知过程。但是重要界限处于是寻求解释还是拒绝解释。这种拒绝可能不是建立在实证主义原因之上就是建立在区分"解释"和"理解"的基础上，但这种区分在一定程度上是人为的，因为这两者毫无疑问是密不可分的。从这个角度看，可以说任何解释都以这种或那种形式意味着因果关系、解释的两方面和重叠原理的因果关系。

［9］当然，不完全属于认知的问题仍然存在（例如，如何解释一首诗歌的形成）。当代结构主义设法在语感的最富情感区域（甚至于精神分析）"结构"中寻求答案，他们自己表明了一定程度的可能逻辑（我们知道逻辑可以从无数途径对其进行区分）。

［10］这些关系在一开始并没有卷入神经生理学领域，但现在甚至已经涉及人类基因学。

［11］K. Lorenz, "Über die Entstehung von Mannigfältigketi", *Die Naturwissenschaften*, 52, 1965, pp. 319-329.

［12］对当前知识的精彩总结，可见于约瑟夫·纳丁（Joseph Nuttin）关于动机的章节和保罗·弗瑞兹（Paul Fraise）关于情绪的章节：Fraise and Piaget, *Traite de psychologie experimentale*, 2nd ed., Paris, 1963, vol. v. pp. 1-82.

［13］"法则"这一术语近来多次被详细阐述，它被格式塔心理学家在当前可表示的关系下频繁使用，尽管格式塔心理学家还会区分不同程度的"完整倾向"。

［14］在日内瓦进行的研究通过对感知到的客体与记录器官之间"相遇"的概率模式，以及影响了被比较客体的这些"相遇"之间的配对或对应来解释主要知觉效应（例如格式塔心理学家的场效应）。这样的话，就可以解释各种光学几何错觉，特别是在短暂接触中达到最大值原则。知觉的渐进发展作为这些主要知觉效应的补充，我们一定要识别各种知觉活动形式，通过探究、远距离比较、目击（为了定位）等修正配对，这在不同程度上受到智慧本身的影响。

［15］为了确认一些阶段的整体有效性，开展了各式各样的研究活动，这些阶段关注数字形成、守恒概念、序列等。比如，邱吉尔（Churchill）在亚丁发现了数字构造的基本阶段。古迪纳夫（Goodenough）比较了在上海的中国和欧洲儿童，在同龄和相同序列情况下发现了守恒概念表征的阶段。莫希尼（Mohseni）在伊朗进行了同样的研究，在

德黑兰山区文盲群体中发现了同样的阶段。同一时间,博维在阿尔及利亚进行了比较。加拿大心理学家皮纳德、洛朗多、博伊斯奥莱尔(Boisolair)在马提尼克的小学生中考察了这一相同序列,但是发现有一个3到4年的惊人滞后,尽管他们的课程几乎和法国一样。佩卢福(Peluffo)在意大利南部热那亚的文盲儿童中发现了一个相似的序列,他还呈现了儿童在新环境中的恢复曲线等。

在类似这些例子中,比较研究引导我们得出恒定特性的结论(定性特征和阶段序列),恒定特性能够随着环境发展得或快或慢,尽管这里没有任何序列的反转。因此很有可能这些就是"总体"特性,所有正常人共同的心理有机组成,同样的"总体"社会化不是任何社会所特有的。然而,这个解释将"心理"阶段置于机体阶段和社会阶段之间(根据社会卷入程度区分差异特异性的观点),但并不能被所有人接受,因为还有一些苏联心理学家仍然坚持机体因素和社会因素的简单二元论观点。尽管强调主体动作在获取知识中的重要作用,他们[如科斯秋克(Kostyuk)在基辅的研究]仍然相信智慧极高者的发展主要依靠家庭和学校中成人进行的知识传递。这两种观点哪种才是正确的,这需要未来对其做出选择。

[16]需要注意的是除了对"自我自主性"的理论认识,许多的精神分析学家仍旧存在保持还原的趋势。或者这是因为他们更加倾向于通过情感冲突或者夸大去解释涉及明显的认知元素(甚至有时着眼低能者)的落后和干扰形式。就如美国的一名精神病医师所为,婴儿教育对神经元、心理、婚姻问题、犯罪及罪行,甚至战争的影响。

[17] P. Wolff, "The Developmental Psychology of Jean Piaget and Psychoanalysis", *Psychological Issues*, 1960.

[18]最近的调查在回答这些问题时似乎取得了一些进步。不同智慧水平的儿童(由他们的操作结构的阶层决定)被要求完成复杂的记忆测验,研究结果分为以下三个类别。第一,模型中保留的基本上是被对应模式同化的部分,而形象记忆可能仅仅用来记录感知到的东西。例如,10把刻度从10厘米到16厘米不等的小尺子,按长度从小到大排列,比起分为大、小两组或者大、中、小三组的火柴,在一星期后更能被记住。第二,也是更重要的一点,经常出现这样的现象,在没有出现新的模型演示情况下,相比于一周后的回忆,6个月之后回忆效果更好。[在巴拉德(Ballard)和沃德-霍夫兰(Wardhovland)的现象中存在类似的称为"追忆"的类似改善,但是分别在一到两天或者不到一分钟后出现]。一名5岁被试记忆了"大和小",在6个月之后记忆"中等大小"(被试通过画画来佐证他的描述)。另一名被试要回忆三组(小的、中等的和大的),在6个月后仍能记起。在这些案例中,记忆能力得到了提升,因为这与模式相关,进步与自身组织相符。第三,与赫尔姆霍兹提出的无意识推理相似的"记忆推理"是可观察的。例如,直线和虚线情况下的4根火柴都能在一周后被5到6岁的被试记住,仿佛它们是重合的,这假设至少有6根火柴在虚线里,但是根据这个年龄段的模式所隐含的顺序评估标准(顶点的顺序)是相等的。所有相关内容可见:Piaget and Inhelder, *mémoire et*

Intelligence, Paris, Presses Universitaires de France, 1968.

［19］我们用这个术语来形容寻求调和结构主义分析的趋势（从技术角度来看与转换系统相关的是可以进行自我调节的），严格意义上的个体分析或者结合系统发育考虑（如习性学）。

［20］拉康（J. Lacan）的功劳在于他提出了至关重要的问题——无意识象征与言语的关系，他还为语言学与数学结构主义铺平了道路。"非入门者"几乎不可能接受他提出的解决方案，尽管如此，他们为未来提出了一个好问题。

［21］C. Burt, "Is Intelligence Distributed Normally", *British Journal of Statistical Psychology* 16, 1963, pp. 175-190.

［22］这三种可能性互不关联。

［23］《儿童发展研究学会论文集》，1965。

［24］例如，在瑞士可能每个人都可以称自己为心理学家，进行私人咨询并收取费用。瑞士社会心理学会最终不得不建立多个领域专业化的跨州文凭，工业家和临床工作者等对此比较认可，但是并没有得到官方认证。

跨学科研究的主要趋势

〔瑞士〕让·皮亚杰 著
王云强 译
郭本禹 审校

跨学科研究的主要趋势
英文版 *Trends in Interdisciplinary Research*, New York, NY: Harper & Row, 1973.
作　者　Jean Piaget

王云强　译自英文
郭本禹　审校

内容提要

该书是联合国教科文组织主持出版的"社会科学的主要趋势"系列中的第五卷。皮亚杰由自然科学的跨学科研究谈及人文科学、人文科学与生物学之间的跨学科研究，进而基于产生、调节和交换等三个原则，以及结构、功能和意义三个基本概念，对人文科学的规则、价值和意义三个领域及其历时性和共时性问题进行了深入剖析。他最后总结指出，人文科学的跨学科合作在认识论上是可行的，并且可以通过融合来重塑或重组知识领域。

王云强

目　　录

导言/1519
　一、问题所在/1521
　二、结构与规则（或规范）/1530
　三、功能与价值/1541
　四、意义及其系统/1553
　五、结论：知识与人文科学的主题/1561

导　言

　　接下来的所述会不断由某种结构主义激发——自从(《结构论》,1970)被写出来我们就一直在改进,在我们看来,这对人文科学和那些经常被描述为"准确又自然"的科学来说很普遍。在逻辑数学和物理化学领域,实质上是运算结构的问题,而这与建构主义相互依存,否则就会失去解释意义。从生物学水平开始并在所有人文科学中,结构在控制论意义上具有自动调节的特征,我们已经习惯将自动调节结构的研究用"发生结构主义"来描述。在《马克思主义与人文科学》一书中,戈德曼(Goldmann)写道:"我们已经……定义了人文科学中的积极方法,更精确地说是马克思主义方法,这得益于术语……(从皮亚杰那里借鉴而来)发生结构主义的帮助。"在做此种连接时,我们应该注意到,如果建构辩证法和结构方法之间存在有效关系,只要不把结构与功能和起源分开,那么在辩证法的某种形式里可以发现的积极特征就依赖于构成形式发展的自动调节现象,并且这些调节本身就是自动调节(autoreglage)的前身,此自动调节是人类主体在其逻辑数学建构、解释或因果模型中的整个运算活动的特征。

　　当我们说到通常意义上(数学上)的"结构"时,我们的定义就很受限,因为它根本不包括任何静态的"形式"。确实我们应该赋予此种观念以下三种特征:首先,一种结构暗含所有总体有别于其元素的法则,甚至允许完全忽视元素;其次,与任何形式法则对比,其整体属性是转换法则;最后,每一种结构都暗含自动调节,在于其组成并未越过边界且对边界之外的任何都不做要求。然而,这并不能使结构免于被分解为子结构,子结构会继承总结构的特征同时也会显示自身的特质。因此在最终状态(与形式和建构的最后状态相对),结构会形成一个"封闭"系统,同时也会相应地能把自己当作子结构而整合进新的更大的结构中去。当拉扎斯菲尔德(Lazarsfeld, Main Trends, vol.1, p.58)说:"一个人有时会有这种印象,即皮亚杰认为无论数学模型被应用到哪里,它们都一定是结构运动的一部分"时,他理解错了我们的观念:在数学领域,我们认为自己还是忠于布尔巴基(Bourbaki)的精神的,他的结构主义很特别,也忠于麦克莱恩(MacLane)、艾伦伯格(Eilenberg)等后来对"范畴"的研究。

　　最后要说的是,在第一部分会发现有对这种观念的保护,即在人文科学里无等级之分,而在自然科学会有(化学次于物理学,生物学次于物理化学等)。雅各布森(R. Jakobson)持相反观点,在他自己的学科中,他很自然地看到了对由语言学主导的人文科学很关键的确定生物信息(编码 ADN)通道的科学。但是他很难使我们信服,其中有两个原因,其一,乔姆斯基(Chomsky)表明,语言从属于逻辑或逻辑结构,而不是反过来,像现在的积极主义经常相信的那样。然而,重要的心理语言学,尤其在它心理发生学方面,认知功能的心理学是不可能从属于语言的。其二,基因编码 ADN 是被指导的而不是指导性的系统(除了对生物学家来说是一门知识学科),并且它传递的信息属于这样的系统。① 要说在这种情况下信息系统形成了基本的跨学科工具(但并不像必要的帝国主义一样)是一回事,但是确实没有把这些力量归结为语言自身,因为信息和语言并不相同。因此,我们更应该把模型看成是循环的而不是线性的分类。

---

① 在霍尔姆斯列夫(Hjelmslev)对语言的基本原理(Ourkring sprogteoriens Grundlaeggelse, Copenhagen, 1943)的著名研究中,他就已经表明语言必定会有两种互不一致的情况出现[缺乏一一对应以及指导和被指导(能指和所指)本质的双重性];这会妨碍我们对语言的结构像代数、基因编码的结构那样进行分类。

两个领域的研究催生了跨学科研究,一个是关于一般结构或机制的研究,另一个是关于一般方法的研究,尽管这两种研究也可以均衡地交织在一起。关于前者我们可以举对语言结构主义的分析这样的例子:此语言结构主义引起了关于已发现的语言基本结构是否与逻辑或智慧结构有关联的问题,这个问题在 N. 乔姆斯基(N. Chomsky)的语言学著作①中出现过,与"积极主义者"认为逻辑可以简化成语言的观点相反,乔姆斯基倾向于认同传统主义观点——语法附属于"理性(逻辑)"。至于后者或是两者结合起来的研究,可援引源自计量经济学中的"博弈论"的众多应用:当这种数学方法被用于多种心理行为如问题解决、知觉阈限等的研究的时候,计量经济学家和心理学家自然就应该共同研究经济行为本身。这个案例出自 R. D. 卢斯(R. D. Luce)的研究(*Individual Choice Behavior*, N. Y., Wiley & Sons, 1959)以及 S. 西格尔(S. Siegel)和 L. E. 福雷克(L. E. Fouraker)的研究(*Bargining and Group Decision Making*, N. Y., McGraw Hill, 1960)。在本书,我们将会特别关注一般机制的研究。

一、问题所在

1. 自然科学中的跨学科合作研究

为了深入理解人文社会科学的真实情况,有必要先对自然科学的状况进行研究。从跨学科的视角来看,划分这两类学科领域是有意义的,不仅仅只是因为自然科学的发展水平领先人文社会科学几个世纪。

自然科学与研究人类行为的多种形式的通则论科学之间的差异一直存在,但是将来这种差异将慢慢消弭。一方面,在重要性、概念起源、普遍性与复杂性的增减上,自然科学存在等级制度;另一方面,正是它们的发展,引起了"高"程度向"低"程度现象的还原或非还原主义问题的各种方式。鉴于以上两点,各个领域的专家都应该不断将目光延伸到自己学科领域之外。

当然,自然科学也并非一直遵循线性的发展顺序,例如带有许多分支的天文学,或是位于主干脉络分支上的地理学。但是自然科学中存在一个始于数学,通向力学、物理学,再往化学、生物学和物理心理学的主干脉络,从这一脉络中我们会发现符合奥古斯特·孔德(Auguste Comte)其著名标准的一系列递减的普遍性和递增的复杂性。这种等级的划分引发多种多样的讨论,但有两点是毋庸置疑的:第一点是在人文学科中这样的顺序脉络是找不到的,迄今也没有人提议过。例如,人们很难想象将语言学排在经济

---

① 乔姆斯基:《笛卡尔语言学》,伦敦,1966。

学的前边,反之亦然。① 第二点是在顺序脉络中自然科学家们需要对在自己学科之前的各个学科有相当好的掌握,甚至经常会需要与那些学科的研究人员进行合作,这会使得后者对后续科学中出现的问题产生兴趣。

因此,一个物理学家经常需要数学和理论物理,但是引领它们进行实验的基本上是技术中的数学。反过来,数学家也需要经常关心物理学的问题,他们研究"数学物理学",这并不是实验性的,而是通过数学的推演解决物理学所提出的问题。与此相似,一个化学家也离不开物理学:理论化学经常被称作"物理化学"。同样,一个生物学家也需要化学、物理学和数学等等。因此,依据现象中的等级次序,在这些自然科学中跨学科研究逐渐成为必行之事。在整个学科中,如现代生物物理学和生物化学就是这种情况的必然产物。

在此,虽然我们呈现的是与人文科学截然不同的图景,但另一种对比甚至更鲜明。在一些社会科学中确实有一种还原,更准确地说是兼并的趋势,所期望的"还原"是授权者所代表的科学的方向。社会学家们将所有现象还原为社会学问题。然而,迄今为止,还没有经济学家声称经济现象可以还原为语言学问题(或者相反)。根据上文所提到的顺序,在自然科学中,还原问题正因为我们刚涉及的等级秩序而时时出现。因此,跨学科研究获得了持续的发展动力。

当然,这并不意味着每个人都有相同的观点,也并不是说任何还原问题实际上都有三种可能的解决方法。但正是因为这些可能性导致了对问题更深入的调查,从而这三者引发了跨学科讨论。这些解决方法为:①从"高"到"低"的还原;②"高"水平现象的不可还原性;③由"高"水平现象的部分还原以及从"低"到"高"的还原引起的相互同化。

以上三种解决方法有很多的例证。比如,奥古斯特·孔德认为化学必须从物理学中分离出来,因为在他看来,"吸引力"现象不能被还原为可知的机制。然而,历史证明,这种还原不仅是可能的,甚至还是必需的。在像生命和物理化学的关系这样的开放性问题上,生物学家们被划分为三种派别:一种观点主张生命只能被还原为现在可知的物理-化学现象,有关无机物和生命体研究的新结果证实了这一想法;一种观点主张关键的生命现象是不可还原的,为了证实这种生机论、反对前一种完全还原论,他们不得不研究化学或物理事实中的可能联系;另一种观点与物理学家 Ch. E. 盖伊(Ch. E. Guye)在他《生物学与物理化学前沿》一书中提出的观点一致,即:物理领域本身的还原几乎总是存在于从简单到复杂,及从复杂到简单的附属中。所以,从最终的相互作用的层面上来说,如果对生命现象进行物理-化学的解释是可能的,那么现今的物理-化学将获得新的可能性,也会变得越来越"普遍",而不是只专门应用于越来越具体的领域。

在解释发展中——这些解释已被证实是可接受的,也能被预料到的——分析思维

---

① 值得注意的是,尽管索绪尔在发现其共时性结构主义时,是从平衡状态的经济学教条中获得的灵感,但他也许只是基于其生物学上器官和功能之间道德区别。

过程对我们的目标很有帮助。一方面,此种分析在科学的分支上展示了跨学科合作的原因,在这些科学上,跨学科合作已成实践,其实用性无须进一步证明。但是在另一面,它从一开始就克服了可能有的偏见、消除了超越学科界限之后可能会导致夸大还原和弱化研究现象的具体特征的顾虑。尤其是当我们意识到正如 Ch. E. 盖伊所述,"是衡量标准引起了现象"时,就能理解基于不同衡量标准建立起的不同解释体系都能很好地解释并尊重具体的方面。20 世纪前半叶见证了两个人文社会科学之间的一系列部分无效的论证,最适合协调它们的是心理学与社会学。在这个特殊的问题上,我们将在第 16 点和其他地方看到通过建立二者相互关系的方法,如何使得消除大量假问题以及在某些方面取得的一些小合作成为可能。

在人文科学之间是否可以建立等级制度依然是一个悬而未决的问题,只要社会学的核心问题一直没有得到解决,即社会被看作是一个整体,以及子系统与整体系统之间的关系。同时,每个学科都会采用对其他学科而言是策略变量的参数,这就为跨学科合作开辟了广阔的研究领域。但是,整体系统向子系统没有一种线性的分类,这导致跨学科合作经常被还原为仅仅是并列的联合。另一方面,未来两种基础合成学科及其对基础的上层建筑问题的研究的进程很大可能会给现象的等级制度问题及相关研究带来新的曙光。具有明显多维特征的人类文化学和历史学不仅仅是过去事件的重构,而且也被当作处理人文科学各领域历时方面的跨学科研究。这些各个方面是相互联系的,当历史学最终达到研究普遍性的位置时,其与人类文化学、社会学的结合就有希望让我们更接近子系统间关系这一关键问题的解决。人文科学跨学科研究(有等级的或是没有等级的)的未来不仅取决于这些问题的解决,而且还关乎各个学科(宏观经济学和微观经济学等)内部特定问题的解决。

2. 人文科学中问题的融合及其与生命科学的密切关系

大量事实证明了为什么人文社会科学领域中的跨学科研究虽被看好但实际上却没有取得自然科学领域中那样的成就。对此有两个主要且基本的原因。在详述原因之前,必须加上至少两种偶然的情况,即使偶然,但也发挥了无可争议的历史作用。其中一个是大学院系课程的划分越来越细化,甚至院系部门之间的课程也有严重分化。虽然学科领域中任何专家的训练或多或少需要广泛的知识,但是现实情况却是这样的:一个心理学家可能完全不了解语言学、经济学甚至是社会学的知识。如果一个经济学家在法律学校受训,那么他将完全忽略语言学、心理学等的知识。然而有一些大学,例如阿姆斯特丹大学已经开始着手去解决学科分化的问题,已经将哲学设置为学院间的公共专业以此来重新建立它与自然科学和社会科学之间的联系,据我们所知,还没有类似学科的存在,将我们在此讨论的与各个学科统筹起来。

过去对人文科学有影响的第二个一般因素是:超越自己的学科边界意味着学科间

的整合,能称得上如此的(以这样的方式表达自己也就表明上述假说的劣势)只有哲学。哲学中确实包含了一种整合,然而与人类价值观的整合有关,与只整合各科知识无关。因此,如果学科像科学心理学或社会学因反对实验和数据方法、采取抽象推理方法,困难重重才获得其学科独立地位,那么其目的就不是为了重新使用这些方法,因为跨学科的联结由事实而非整合的意愿施加。

然而,如果我们想了解跨学科研究的未来,这些学科都有自己特定的学科研究方法,但不像传统那样,它们还没有适应自然科学现在的实践操作,最好的方法可能就是以比较各学科间的问题为开端。

有三个基本事实令人印象深刻:一是各个学科中都能发现共性问题的融合;二是这些共性问题和无机界没有什么关系,但却和生命科学中某些核心问题直接相关;三是为了解决这些共性问题,人类必须求助于一般机制上的主要思想观念。如果事实的确如此,我们很快就能发现一般机制需要多大程度上的研究,及其越来越多的需求,不仅是在人文科学领域内,有时人文科学与生物学之间也鼓励进行跨学科研究。

毫无疑问,如果将自己局限于最一般的问题,那么生物科学中有三个最核心最具体的问题(因物理化学水平最低):①渐进的生产意识的、不同阶段质变组织形式的发展或进化;②组织是平衡的或处于共时形式;③有机体和环境的交换(物理环境和其他有机体)。换而言之,三个基本问题表达的是三个主要事实:①新结构的产生;②基于调节和自调节的平衡(不仅仅是力的平衡);③交换,包括物质交换和信息交换(现代生物学家的术语)。①

有必要指出上述中心问题的研究或多或少都需要运用到人文科学领域或是人类活动中的三种方法,虽然在这些问题和方法之间还没有普遍意义上的语义学关联(每种方法都有助于解决问题),这些方法是游戏或决策理论[沃丁顿(Waddington)称之为"基因的策略"]、一般信息理论和涉及交流、指导、控制的控制论。

显而易见,转换问题(尤其是历时转换)、平衡问题和交换问题也是所有人文科学中的三个主要问题。它们不仅涉及人文科学研究的各种具体领域,并且共时维度和历时维度的关系也会因所研究现象种类的不同而发生变化:自 F. 德·索绪尔(F. de Saussure)以来,结构主义语言学指出特定历史下单词的含义更多地取决于共时平衡观下的整体语言系统,而非单词的词源或历史。与此相反,在个体的心理学发展中,心理结构的平衡更多地取决于先前历史发展的平衡过程。在经济学史研究中,当研究 13 世纪伦敦市场的羊毛价格或 16 世纪里斯本的胡椒价格时,并不是想以此研究来解释现今市场上这些商品的价格,而是通过共时的方法揭示历史的具体事实,这种思路支配了经济学

---

① 例如,施马拉豪森(Schmallhausen)。

史研究的价值。① 另一方面,与经济情境相对的经济结构,又取决于共时模式和历时模式之间的另一种关系。交换问题——不论是与物理环境的交换,还是心理产物的交换,或者是个体间的交换——在人文科学领域内也是一个普遍的问题。在不同的过程中,交换问题结合的方式是多种多样的——历时的或是进化的,共时的或是自控的。

问题的融合并不意味着人文科学一定可以被还原为生命科学。前者因社会文化传递的存在并涉及各种错综复杂的因素,因而始终是特殊的。但是,如果这种特殊性本身会产生问题,那就没有理由不从平常问题开始,更何况,我们可以看到,各个解决方法既不是统一的,可归于简单琐碎,每个学科也不是都均匀一致地不同于另一个,这就失去了对比的意义,但解决方法的结构或现象类型确实各不相同,这也从反面说明了跨学科研究合作的必要性。

3. 从问题到一般过程:结构、功能和意义

与上述刚提到的主要问题相关联的第一个要讨论的问题是选择的标准以及详细或任意的本质。这种关联性有一个很好的例证:数学领域里布尔巴基学派提出的基本结构(也称为"母结构")的确定。通过联合或分化的方式所有其他的一切都应源于这些基本结构,为了确定它们,这些知名专家虽然从事于精准性为人所熟知的纯演绎性科学领域,但还是声称他们所能遵循的唯一方法就是归纳法,而不是某种先验的东西。通过系统比较(心物同态)和回归分析的简单程序,他们得到三种不能被相互还原的基本结构,至于将来是否要添加新的结构仍是一个有待讨论的开放式问题。在这种特殊的情况下,一种结构更不可能有所不同。这仅仅意味着可能被附加到生产结构、平衡与交换之上的其他重要概念是可被还原的。例如,在情境被充分分析的基础上,"方向"的概念(其在生物学和发展心理学上是非常重要的)是生产结构和平衡之间的折衷。②

情况就是这样,我们来看看这三种观点代表着什么。首先,当我们比较自然科学和人文科学中的"结构"概念的使用时③,我们将会发现以下特点,即结构是一个拥有自己规则的转换系统,这使它和要素得以分开;其次,这些转换拥有自己的调节程序,从某种

---

① 这里参见 J. F. 伯杰尔,L. 索拉里:《经济科学方法论》,日内瓦大学图书馆,1965,第 15 页(J. F. Bergier & L. Solari, *Pour une methodologie des sciences economiques*, Geneva, Librarie de l'Universite,1965, p. 15)。当伯杰尔提到"价格形式机制的验证目前为止是永恒且必要的",第四章的观点显示经济学家的道德观点并不总是一致的。

② 相反,很清楚的是,指引方向的平衡或控制的不同程度和种类必须得到区分。苏联作者虽然强调追溯机制是结构组织更高程度的不可分割的部分,但也主张"数据结构的调节者"有必要伴随着"计划调节者"(见:Y. A. Levada. Knowledge and Direction in Social Progress. *Voprosy filosofi* 1956,5.)。

③ 这一比较参见皮亚杰:《结构论》,巴黎:法兰西大学出版社,1968。

意义上说系统的运行边界被破坏就不会产生新的要素(两个数字相加仍得出一个数字等),此外,系统的转换不需要系统之外的要素;最后,从整体系统中可以分化出子系统(例如,通过对转换进行限制,使其偏离这个或那个特征值),也存在从一个子系统向另一个子系统的转换。

然而,从多学科的视角来看,两种结构必须首先被甄别出来:第一种结构已经被发现,因为它是来源于真理性的演绎推理或是不证自明的公理(逻辑-数学结构)或者物理因果关系(力学中的"组团"概念)。还可能因为这些结构组成了前期心理发展(心理结构)或社会发展(司法结构)的最终或暂时稳定的平衡状态的形式。相反地,第二种结构来自建构或是再建构的过程;结构产生的方式源自关键过程(生物结构)或是自发"自然"的人类起源(与形式化相对应):处在形式阶段的心理或社会结构。

前面的定义可以立即应用于这两者中的前者,因为此处我们所关心的是已完成的结构,即内部自洽的结构。这种结构的"生产"过程是一种内部转化过程,无须区分形成和转换,因为一个已完成的结构既是结构化的同时又正在结构化的。另外,结构的自调节系统是用来说明其"平衡"状态的,结构的稳定性得益于控制结构的法则或一套"规范"。因此,没有必要区分结构和功能(在生物学意义上,而不是数学意义上),因为结构的功能被还原为其内部的转换过程。最后,除了内在本质会采用子系统间可能的(也是相互的)转化形式外,没有其他的交换形式了。

相反,处在形式阶段或是连续的再建构阶段(如生物上的新陈代谢)或是暂时的再建构阶段的结构,其三个特性——产生、平衡和交换出现在明显不同的方面。虽然上述所言形式可能会被当成我们应关注的极端情况,但是两种存在形式的本质差异是:前者对应稳定的完成状态,而后者对应过程或发展。

首先,结构的产生有两种形式,其中,第二种形式是第一种形式的结果:形式和转换。因此,有机体、理性主体或者社会群体是结构的建造者,他们只是功能(或是结构化)的中心,并不是因"预成形式"而包含各种可能结构的完成结构。① 换言之,必须对作为"结构化"活动的功能和作为结构化结果的结构的形成过程加以区分。

其次,处在形式阶段的结构,其自调节系统不可再被还原为一系列作为完成结构特征的法则或规范:它由调节或自调节系统组成,会在事后对错误进行修正,而不是在最终系统中进行"前修正"(最终系统的自调节标志着形式阶段中自调节发挥功能的极致)。

最后,在建构或再建构阶段的结构(类似生物学结构)中,交换不再限定为内部的相互作用,就像完成结构中子结构之间的交换那样,而是包含很大部分的与外部进行交

---

① 如果人类主体或社会群体不只是机能和中心,如果他们构建了一个"所有结构的结构"(这两者都是不可能的,因为已知的种类悖论以及形式化界限的法则),他们就会合并成先验唯心主义的先验主体。

换,这样有助于这些结构获得必要的支撑以维持其运行。形式阶段的结构也是如此,主体必须不断借助尝试和错误来发展智慧(甚至是在特别具有逻辑－数学性的实验中,信息不再是来自客体,而是来自施加其中的行为)。在生物学结构上更是如此,环境对有机体的同化和有机体对环境的适应的这些方式构成了有机生活向行为生活甚至是心理生活的转换,生物结构就是在这种与环境的不断交换中得以形成。

正如贝塔朗菲(Bertalanffy)所言,生命结构构成一种"开放"系统在于它通过与外部世界交换的不断流动而得以维持的。然而,这个系统自身有一个循环回路,其组成成分尽管需要外界的供养,但还是依靠相互作用来保持。此系统可描述为静态的因为它被保留着,尽管它具有永久的活动性,但是作为一个规则它是动态的,因为它或多或少进行了持续的转换。

因此,从活动的观点来看,"有组织"的结构有自己的运行方式,这种运行方式是对具有其特色的转换的表达。"运行"一词经常被用在(活动部分或是运行部分)整体结构的运行中子结构所扮演的角色上,再扩展一点说,是被用在整体运行活动对子结构运行活动之上。

所有的运行都包含产生、交换和平衡,即它是以决策或选择、信息和调节为先决条件的。结果就是,即使在生物学领域,结构和运行的概念也能派生出功能效用或价值及意义概念。

首先,任何的运行都包含对内外部元素的选择。当一个元素进入某个结构的循环中并成为其中的一个组成部分时,这个元素就是有用的;反之,当一个元素威胁到或是破坏了系统循环的连续性时,那么它就是有害的。但是有两种功能效用或价值必须被区别对待:

(1)基础价值,即与结构息息相关的内外部元素(生产或交换)的价值,只要这个元素对作为组织形式的结构的产生或维持具有质的影响。例如,食物的价值在于为骨骼生长提供钙,或是在基因重组时群体基因的作用在于维持传承。

(2)二级价值,来自于产生基础价值的元素的消耗或是获取,例如转换的消耗和交换的消耗。

因此,这种区分一方面指的是结构的相关或形式方面,也就是结构方面;另一方面是运行的活力方面。这两个方面是相互依存不可分割的,不存在没有运行的结构,反之亦然。但是它们仍是不同的,在任何的生产和交换中,必须区分:①什么必须被生产或者是什么必须被获得和交换,这涉及结构的保存和建立;②生产和交换消耗了什么获得了什么,这涉及能量的获取。

当我们以生物学为引例来分析人文科学中类似的基本原则、机制的时候,另外一个区分必须被提及,这一区分涉及信息所扮演的角色,它对于产生来说是必要的,正如对交换和控制一样。

(1)信息是直接的,一个刺激引起一个即时的反应,这意味着时空距离被消除了。

（2）相反地，信息也可以是间接的。当出现一个加码的刺激时，就需要解码的过程，解码发生在后（这就意味着时空距离不再是0）。储存在原始材料华生（Watson）和［克里克（Crick）1953年指出脱氧核糖核酸或DNA的编码是螺旋式的］中的遗传信息就是以这样的方式存在，必须特别注意揭示本能行为的"信号"（指数意义）［劳伦兹（Lorenz）、廷伯根（Tinbergen）、格拉斯（Grassé）及其他科学家］。

因此，除了结构和运行功能外，有必要考虑"交流"的概念，毕竟给定的元素可能无法，至少无法即刻被整合进已有的结构中，也可能没有直接的或及时的功能价值，但能够代表或宣布随后的结构或运行。那么就必须区分两种情况：①这种代表性不被机体认可，也就是说它并不影响行为，但会参与随后要被用到的信息的储存与保留，就好比我们所说的基因信息等；或者会参与信息的传递，该信息以与主能量过程相对的反馈为特点，而此过程的适应受到反馈的控制。②这种代表性被用到"行为"中去，变成信号刺激。这使我们得以触及影响人类行为的信息系统的阈限。

总之，我们已有三个主要的概念：结构，或称之为组织形式；功能，或称之为定性的或能量价值的源泉以及信息。这三个概念也引出了历时问题——进化和建构的问题，或共时问题——平衡和控制的问题，或与环境的交换问题。不论是依据结构、功能效用还是信息，历时维度和共时维度的关系都是不同的。

为了引入对人文科学中的普遍机制的分析，需将上述的一般理论运用到人类行为的研究当中去，在此就需要一个初步的评论。上述形式中的产生、调节或交换可认为同心理活动或内在生理活动一样是机体的，而机体是讨论中最初指涉的框架。虽然大多数人文科学是在未划分意识和潜意识界限的前提下去研究人类行为的，身心问题仍是一个显著的问题，当代心理学的解决方向是平行论和心物同态论。我们可以将"心理生理平行论"理解为因果关系上更一般化的同形。因果关系的应用领域仅限于事实层面，在更宽泛的意义上讲，它是整合针对意识状态的信息的特殊关系。此处的一般性概念不应被当作有意识含义。

4. 法则、价值和符号

虽然所有的人文科学在研究产生、调节和交换时，预料的结构、功能效用和意义概念会依次历时、共时出现，但这些概念形式会有所不同，因为研究者会采取理论或抽象的立场，或者再次把主体的行为考虑进去，甚至会考虑到行为对心理的影响方式。持第一种立场的学者寻求最客观的语言来描述结构，他会用各种术语，就像规则那样能使其形式化或使用数学表达。例如，列维-斯特劳斯（Levi-Strauss）使用代数描述亲属关系，乔姆斯基使用独异点来描述转换语法，使用偶然式或是控制论来描述微观经济学和宏观经济学。但是以上这些都没有直接影响到主体的心理。

但心理学研究中，我们关注儿童和成人的智慧发展过程，也试图将主体行为所反映的智慧运算的结构转换为抽象的语言。为此,我们使用了以"群""网络"和"群集"为首的各种逻辑-数学结构;我们也试着找出主体心理结构的形式①,毕竟他们的理性思考能通过语言表达出来,并伴随多种有意证明:最终所发现的并不是抽象的结构,而是一系列借助"逻辑必然性"表达出的智慧法则或规范。当一个社会学家开始探讨为什么一个法律系统[可以形式化的或类似于凯尔森(Kelsen)意义上的"纯粹"规范建构]会被法律主体承认是有效的时候,他就会面临双向或多向关系。例如,对有些人来说是"权利"的,对其他人来说却是义务,这些事实意味着什么会相应地通过特定的规则表达出来。当一个逻辑学家根据运算结果将一些运算公理化时,无须关注运算的主体。但他会极其关注所构建的联系的规范面,与齐姆宾斯基(Ziembinski)、温伯格(Weinberger)、佩克洛夫(Peklov)、普莱尔(Prior)及其他人合作建立一套"规范"逻辑②(甚至与温伯格一起将其运用于法律规范当中③)。与此相似,语言结构也被转化为一系列的语法规则,虽然这种转化是不充分的,但是仍有相当多的其他结构被转化为规则形式。

如今,跨学科研究的问题在这种联系中(参见第 5 点和第 9 点)日益显著:各式结构类型的对比,规则系统的对比(取决于这些系统是趋逻辑建构的方法,还是偏离它们而转向简单的约束或混杂的支配),结构向规则形式的转化或实现的对比(充分的和不充分的,以及理由)。

有关个体内心生活或集体关系中的真实体验的概念的另一个主要系统是价值系统,即第 3 点所述功能效用的实现系统。在这一系统中,最为引人关注的问题是区分基础价值——与生产或结构的保持的质性方面有关的价值和二阶价值——与运行能量有关的价值,也称终极价值或生产价值的划分,这一问题再次展现了所有社会生物体、人类和生态圈的深度统一。

终极价值尤其包含由规则决定的规范价值:比如说对规则系统很有必要的道德价值,用以区分人类社会中好的行为,坏的行为和冷漠行为。更不用说法律价值也是如此,在个体主义和集体主义两种范围内,判断分为真或假(二值价值),或者真、假、可真可假(三值价值或多值价值)等。概念的阐述、接受和拒绝依赖于多种价值判断的属性。而建构结构虽通常是有价值的,但也是在整体规范结构层面上。美学价值不像上述那样那么依赖规则,但仍或多或少的涉及规范化的结构。在更个人化的层面上来说,主体在混杂情境下对特定对象或具体工作的兴趣也许不取决于任何一种规范结构,而仅仅

---

① 正如所说,这并不意味着意识是因为它仍与心理伴随物平行,但它涉及相互关联的意义系统,与神经因果关系的顺序同构。

② B. 佩克洛夫:《关于标准推理》,《逻辑与分析》,1964,28,第 203—211 页(B. Peklov, Ueber Norminferenzen, *Logique et Analyse* 28,1964,pp.203-211)。

③ O. 温伯格:《法律形式的逻辑和语义学视角思考》,《逻辑与分析》,1964,28,第 212—232 页(O. Weinberger,Einige Betrachtungen uber die Rechtnorm vom Standpunkt des Logik und der Semantik,*Logique et Analyse* 28,1964,pp.212-232)。

是依赖于调节,但或多或少会受到稳定价值观的影响。

然而,现实中也存在与功能的消耗和获利有关的收益价值。经济学价值和行为学价值为法律规范所阻遏一直是一个争论的议题:欠债不还的人受到对抗,偷窃[萨格雷特(Sageret)开玩笑说这是最经济的行为,以最小消耗换取最大利益]的人受到法律制裁。什么是被允许的和什么是被禁止的,这两者之间界限的确定是一回事,由规范去决定价值又是另一回事。经济价值遵从自己的法则,哪些法律规范不能决定事物,哪些不能制定义务(义务能识别出规范,要么得到嘉奖要么被侵犯,这与因果决定论中虽有但不强制规范观念是不一样的)。经济价值与终极价值、规范价值等是不可分割的;与此相似,机体内部行为学或个体行为学(某些心理学家认为个体行为是基本情感的主体)都与结构的诸多问题相联系。正如现今被广泛运用的游戏理论所揭示的,消耗和获利问题与其他规范的评估所导致的问题是不一样的,这一问题只能放入跨学科研究的背景下来讨论。

人类行为领域中包含意义系统或者说信息系统,在语言的集体系统下,语言学研究其基本部分。语言通过口头和书面的形式传递价值和各种规则,因此在人类社会中扮演着最重要的角色,但它并不是唯一的符号系统,尤其不是隶属信息机制的象征的唯一系统。我们不提动物语言(比如蜜蜂等),这涉及很多比较的问题,应记住的是个体发展过程中表征的出现不仅仅是因为语言,还由于更多符号功能的出现,也包括象征性扮演、心理形象、绘画及延迟模仿和内化模仿(后者包含感知运动功能和象征功能的转换)。此外,语言的力量之一就是构成了信息系统,在集体生活中又伴随着第二种力量系统,如神话,它不仅具有象征意义,也具有用口头或图像表达符号的语义特征。这种广义符号学要求更广泛的跨学科研究。

二、结构与规则(或规范)

前4点已展现出问题的大致轮廓,接下来我们将仔细区分规则、价值和符号,并深入到一般机制的研究当中去。

5. 结构的概念

人文科学中先锋运动最一般的趋势之一,即是结构主义运动,它取代了原子论观点和"整体主义"解释思路(浮现出的整体)。

原子论方法试图掌握整体问题,最初被认为是最理性和最有益的方法,因为它和最基本的智慧运算(例如分类和加法)一致,利用简单的东西去解释复杂的东西,或者说将现象还原为原子元素,这些元素性质的总和能代表要解释的整体。这种原子论方法最终导致结构法则被遗忘和歪曲,但是这种方法不会从人文科学领域内消失,心理学中联想学习理论(赫尔学派)就有这种方法参与其中。一般而言,当研究者受到某种经验论的影响,或对他们认为尚未成熟的理论表示怀疑时,他们会被驱使着转向直接可观察到的事实的更好一面,这更容易退回到原子论这类的方法上来。

第二种运动趋势是整体主义,它在很多独立学科中也能被观察到。整体主义强调复杂系统的整体性特征,整体直接从元素的融合中"浮现"而来,是"整体"对元素的强加、构造这种约束的结果。通过这种整体主义的方法可以把握全局。整体主义方法有两个例证,一个与当前心理学趋势一致,一个与已经消失的社会学派有关。第一个就是格式塔心理学。格式塔心理学起初是知觉实验研究的产物,苛勒(W. Köhler)和韦特海默(M. Wertheimer)将其扩展到智慧研究中,勒温(K. Lewin)又扩展到社会心理学研究中。根据这些专家的论述,整体性优于元素的分析,整体性是因为"场"效应的存在,而"场"效应在准平衡原理(例如,最少行为)指导下决定着形式;整体不是部分的相加,格式塔心理学遵循定性导向的整合原则(最好的形式表现为规则性、简单性和对称性)。现今比较普遍的观点是如果有人想从感知或动机格式塔论前进到智慧形式时,那么格式塔心理学的方法只能提供描述而不能给出分析,因为智慧形式的组成系统具有可加性但又有完整系统的法则(这样的问题属于代数结构问题或是转换系统问题,而非格式塔问题)。

第二个例子是涂尔干的社会学理论。涂尔干认为有一个高于个人集合的社会整体,这个整体对处于其中的部分施加各类限制。此学派有两大优点:一是强调社会学不同于心理学的特殊活力,二是提供具体工作的主体。但有趣的是,涂尔干的社会学理论却因缺乏关系结构主义理论而迎来自然消亡,此关系结构主义或许提供了一些组成或建构法则,而不是坚持认为整体是既有的。

第三种理论立场是结构主义,但是是关系结构主义。也就是说断定交互作用或转换系统是基本的事实,因此从一开始就把元素附属在它们的关系中。相应地,整体就是形式交互作用成分的产物。有趣的是,从跨学科研究的视角来看这种在人文科学中越来越明显的趋势,发现其在数学和生物学中更具有普遍性和清晰性。在数学中,为了在不考虑内容的情况下确定一般性结构,并经由结合或分化,从三种母结构出发去描述具体结构的细节,布尔巴基运动打破了传统分支间的边界线。虽然这种融合的过程如今已被"范畴"(具备特定功能的概念集合)的分析所取代,但其仍是关系结构主义的一种形式,尽管更接近于数学家工作的有效建构特点。在生物学中,"机体论"是伪机械原子论与生机论的折衷,机体论中最为人所信服的一个成就是从跨学科研究的视角(尤其是在心理学领域中)开创了"系统的一般理论"运动(例如,贝塔朗菲受到了格式塔理论的影响,但又超越了格式塔理论本身)。

在三个方向上存在潜在"结构"的整体范围,我们首先得明白这三种方向之间的关系(第一种方向对应于第3点中所述的完成结构,另外两种结构正在形成的过程当中)。

(1) 代数和拓扑结构,包括逻辑模型。因为逻辑是代数的一种运用形式(例如,一般命题逻辑建立在布尔代数的基础上)。因此,在人种学中,列维-斯特劳斯将亲缘关系还原为群集或晶格结构等。在智慧理论中,专家们也试图通过定义基本的代数结构或"群集"的整体结构,而后在青少年前期、青少年期、晶格和群体四位一体水平上定义其整体结构,来描述个体发展过程中形成的智慧运算。结构主义语言学和经济学都寻求向代数结构(前者的特异点等;后者的线性和非线性设计)的回归。

(2) 控制论。控制论描述着系统的调节,已被运用到心理物理学和学习机制的研究当中。阿什比是著名"同态调节器"的设计者——"同态调节器"借助于平衡过程来解决问题,最近他在其《控制论导论》中介绍了一种调节模型,其反馈行为由游戏理论类型的归算表决定。他认为从生物性上来看,此模型是最普遍、最简便的制作之一,它显示了心理学与人类行为学甚至是经济学上的潜在的调节联系。

(3) 随机模型。随机模型运用于经济学、人口统计学和心理学。偶然性始终伴随人类的社会生活,因此需对其进行专门研究。人对偶然性的反应(不管是有利的还是不利的)总是千差万别的,这就涉及调节的问题。所以说,类型 3 源自类型 2 的一种复杂化,正如类型 2 之于类型 1(要记住的是运算是"完美的"调节,因为有对错误的前修正)。

结构主义研究提出至少三个主要的跨学科研究问题(三种结构类型没有语义关联,但是却处于一个整体之中):

① 应用领域的结构对比问题。例如,感知结构("好的形式",反应大小的知觉恒常性、"错觉")并不是偶然地指代与假设整体相近或可应用于其中的调节模型,各种平衡状态的智慧结构也并不是偶尔与代数模型有联系;原因在于后者具有逻辑性,而感知模型中除去与智慧模型同形的部分,还包含系统的变形(或是"错觉")。从代数学的角度来看,其组成了"非补偿性的转换"。这种优势在社会现象中也是毋庸置疑的,不论是否与具体的结构类型有关,这种结构最后会划分出界定了哪些是有逻辑的,哪些是猜测,哪些需要进行调整。

在这种关联中,可以试图建立"部分同形"来解决结构比较的问题(已在发生心理学中做出了这种尝试),尤其是在特定领域。这样的概念在纯形式的观点看来是没有意义的,因为纯形式观认为同形是全或无的,毕竟任何事物都是与其他任何事物部分同形的。但这样的研究具备两种前提条件的话,那此种方法就有具体和发生学意义:①需能决定从一种结构转向另一种临近结构的必要转换;②在发生学上或历史学上需能显示出在某些情境中能得到有效转换或很大可能的转换(通过直接联系或旁系亲属关系,一种能从其中细化出分支的主干)。

② 这就引出了跨学科研究的第二个问题,即:原子论方法导致无结构的遗传主义,整体论导致无起源的结构主义(这在格式塔理论和不可还原社会学观点来看是部分正确的)。生物学和人文科学中的结构主义的核心问题是调和结构和起源的关系,因为每

种结构都有其起源,每种起源都是起始结构向终极结构的(严格形式上的)转换。换而言之,基本问题就是结构的起源问题,三位一体的代数结构、控制论结构、随机结构引发了相互之间转换可能性的问题。

以上讨论的是控制论结构与代数结构之间的关系,发生心理学为这种探讨提供了大量内容。在以试误或直觉(在控制环路中此二者形成调节)发展认知行为的初级阶段和通过运算构建起代数结构(行为是直接的、可逆的,且与整体建构结构关联在一起)的7—8岁或12—15岁的阶段之间,人们发现前运算阶段的中间环节仍涉及简单的调节,但最终会指向形式运算。从中可以得出结论:运算建构了调节的有限阶段,调节首先是对错误的修正,进而是对可能分化的行为的矫正,最后成为错误的前矫正。这是运算的逻辑:反馈进入相应的运算当中,系统的构建保证了补偿性的可能。虽说这一发现的过程还不能运用到其他领域,但是我们仍确信在知识、法律、道德甚至是结构主义语言学的领域内是存在类似的过程的。

③ 第三个主要的问题是结构的本质,即它们是否构成了简单的理论"模型",还是应该把它们看作现实所固有的。换而言之,结构是被看作主体的结构还是主体本身。这个问题是基本的问题,因为专家们认为后者仅是一个语言的或者反应观察者逻辑而非主体自身的问题。甚至在心理学中也经常提到这个问题,心理学实验相对来说很简单,在某些情况下能相当确定结构达到了现象的潜在的解释原则,从某种意义上说,就是结构唤起了哲学家称之为"本质"的东西,但需要相当优秀的推理能力的加持。在难以进行实验的学科中(如经济学),专家们会强调数学"模型"和"实验设计"之间的分化,与实物没有充分关系的模型只是对数学关系的把玩,一个充分关注实验设计的模型可揭示"真实"结构的状态。不言而喻,大多数人文科学的模型,还有物理模型,甚至是生物学模型,都处在"模型"和"结构"之间。换而言之,都介于与观察者的决定部分相关的理论设计和待解释行为的真实组织之间。

最后需要提及与上一个问题有关的问题,有人建议应该将之包含在覆盖所有人文科学的话题列表中,那就是一些人称之为"因果性的经验分析"这一问题。在此,有两个问题需要被区分开来:一个是一般意义上的因果性解释,另一个是可被观察到的事实之间功能性依赖。这些事实要么是通过实验研究下因素的分离,要么是非实验中多变量的分析[例如经济学和社会学中布拉洛克(Blalock)、拉扎斯菲尔德(Lazarsfeld)等所做的工作]来被确定。第二个问题涉及人文科学的所有领域,但是从方法学的角度来看,发现普遍机制不仅仅是从简单关系中提炼功能性依赖的概念。此外,因果解释问题导致基于观察事实的积极主义者和超越观察事实、寻求"结构"的专家之间出现长久的冲突。如果结构存在,其内部转换和自适应调节也是存在的,那么因果性问题是可以被还原的这一点就是不言而喻的。如此看来,功能性依赖就仅仅是发现结构机制的一个阶段性过程,在没达到机制之前不能总是追着去分析功能。我们不能决定这两种基本的思路哪个最终会盛行,现在我们所能够确定的是在遗传结构主义的发展上,在语言学的

"普遍语法"研究上,在表面上不同实则有实质性关联的经济学与马克思主义社会学理论中都出现显著的融合趋向。

6. 规则系统

上述第三个问题可以通过以下途径得到解决:当追随结构的形式时,人们会发现主体行为的一些修正很难解释,除非是完整性其本身,也就是结构的"封闭性"可以去尝试解释。这些基本事实通过义务感、"规范性需要"转化进主体的意识中,通过对规则的遵从转化进其行为中。根据术语学专家对"规范性事实"的研究,规则被熟知,是因为它会强加义务,可能被尊重也可能被违反,这不同于那些法律规则以及不容许有例外除非因各种原因而出现合理异样的决定。

结构封闭性的例子:当一个 4、5 岁的小孩将 $A<B$ 和 $B<C$ 分开来认识的话,那么他一般不能推断出 $A<C$(即没有同时看到 A,C)。并且,他不能得出系统的连续推断 $A<B<C<D$…或者只能慢慢摸索得到。另一方面,当他理解了连续性的概念后(理解了 E 比其前的元素大,比其之后的元素小,即 E 大于 D、C 等,$E<F,G$ 等),他就可以开始解决传递性的问题。他就认为在 $A<B$ 和 $B<C$ 的前提下,$A<C$ 不仅是可能的,也是必要的。这种逻辑必要性问题难以以意识状态的形式进行考察,只能对主体使用和意识传递性的行为加以考察。

在个体发展的其他领域中也有很多例子。例如,在建立相互关系而非附属关系的年纪,作为具有高度必要性规范的正义感的出现就是延续了顺从道德感。从社会发展的历史来看,民主概念也是来自于结构的功能转变。

因此,当结构主义和主体行为之间的联系更多更清晰时,对规则或规范事实的研究构成了结构研究的重要部分。而且,这些规则分布于人文科学的所有领域。即使是在人口统计学中,企图将出生率问题从法律和道德规范中分离出来都是不可能的。涂尔干认为"约束"是最基本的社会现实,他指出多数的社会行为都必须伴随规范法则的约束。

这就导致了一系列未得到解决的跨学科研究问题的出现,但可以看到一种双重趋势:这些问题产生于每个领域,且受到双边联系的方式的对待。我们必须区分以下三个问题:

① 首要的问题是规范或义务对于社会本身来说是否是必要的。也就是说它们是否预先假定了至少两个个体之间存在相互联系,或者说它们是属于个人的还是固有的特质。问题就变成了对是否所有的"真实"或本质结构(仅与理论模型相对立)能转化为依据法则的行为这一更普遍问题的细分。

关于这个问题,人们一般会陷入悲观的态度,例如有人的知觉结构的社会成分仍是无或是很少,而且与法则的联系并不紧密。然而,他们被"优势"(好的形式赢过了不规则的形式)所转化。在某些专家看来,在优势和逻辑必要性之间存在中间阶段,这就导致了规范与"正常"之间关系的问题,并非关于简单优势频率而是在于平衡状态(通过自调节来达到,蕴含着"可调节的"和"规范"之间新的可能关系)。

问题至此开始变得复杂了。主导趋势如下:一方面,像逻辑或道德这种通过遗传方式而获得的"内在"法则是否存在受到的怀疑越来越多。逻辑运算一开始发展得非常缓慢(在7、8岁之前基本得不到发展),它是按照时间顺序而不是见证内在或神经成熟的年龄水平的固定调节性而来的。逻辑运算一定来自动作协调最普遍的形式,但这些行为是个体的也是集体的,因此远远不止是生物遗传,更是长期的心理-物理发展过程的结果(换而言之,当认为逻辑-数学行为是本能的一部分的时候,那么人类大脑就不涉及遗传程序,相反,它彰显了遗传运行,其运行既允许集体生活也允许结构能从中获得分离点的一般协作的设置)。正如鲍德温、博维和弗洛伊德所指出的那样,道德义务与人际相互作用紧密联系在一起。

如果每个平衡结构由于自身的调节影响了调节性和某种优先性,并且每个调节系统,不论成功还是失败,都包含对正常和不正常(只针对具备生命特征但无心理-化学意义的概念)的必要区分,那么会越来越有可能在调节和运算之间存在既具分离性又有融合性的限制点。这种转换点也存在于个体和人际间的情况。

② 第二个普遍性问题是义务或规则的类型。逻辑必然性被转化为能构成演绎结构的连续运算,但是仍出现了大量没有内在连续性的义务和规范,这种连续性基本上来自多少有些偶然或瞬间类型的限制,最极端的情形是受到由历史决定其本质的拼写规则的限制。虽然与问题 a 中讨论的内容不同,但不是每一种规范都可以延伸至在我们所采用的那个限定术语(第 5 点)意义上的可能的"运算"。然而,相当一部分的规则系统仍未超越调节的结构。

因此,第二个普遍问题是要通过跨学科比较的方式来建构多种结构的等级制度。这一等级始于多形式的运算结构,终于以调节为基础的运算,同样涉及多种形式以及更大或更少程度的偶然。

③ 第三个问题是各不同领域的规则的相互作用。我们会通过讨论一些例子来说明此问题的两种形式:首先这是一个结构间有效交叉导致规则的相互作用的问题。例如,法律系统是自成一体的规则系统,它不可被还原成道德规则或是逻辑规则,但客观上却与另外的两种规则体系有着各种各样的交叉,却不能与任何一个有冲突(在某些情况下可能会比在其他情况下更容易一些)。但是由于主体对结构的认识会导致有分歧,这种认识既可能是充分的,也可能在各种主观因素的影响下存在偏离或扭曲。因此,教师的一般语法就仅仅是对语言结构不完整且部分歪曲的认识,并通常伴随着准道德类型的规范。

7. 逻辑结构冲突的案例

逻辑结构很好地证明了如今不可能将一种很有区别性同时也具备完全脱离学科间联结的特征的研究形式分离出来。从论证的严格性来说形式逻辑是目前最为严谨的一门学科。它可以排在数学之前，有的人就会犹豫能否将之划为人类科学，那些负责组织现在顺序的人还没有将之归入要研究的学科之内。逻辑这种无须证明或"形式化"的方法，原则上忽略了心理学中的"主体"，已经成了"没有主体的逻辑"，它的贡献使它失去了质疑"没有逻辑的主体"是否存在的权利。

形式逻辑的内部演化及其领域之外的分支的外部演化使我们关注到大量离心趋势的存在，这些无疑都指向了跨学科研究问题。

第一个趋势来自哥德尔（K. Goedel）于1931年发现的形式化限制。他在一系列理论中指出具备某种丰富性（例如，与超限代数相反的元素系统）的理论不能凭借自身及更微弱的逻辑去论证自身的无矛盾性；这必定导致某种无法判定的局面，只有借助更强有力的方法（例如超限代数）才能去解决问题。换而言之，逻辑并非是已有根基的大厦，而是一个依赖更高水平的不间断建构的结构，每一水平都需要下一水平的支持。但是，只要有了建构，我们就要问：它建构了什么？是谁建构的？因此，如果说形式化具有限制，那么我们就会问为什么会有这种限制。拉德里埃（J. Ladrière）给出了一种可能的回答：主体无法完全掌握某具体领域的所有可能运算（心理学领域中也呼吁发展这种逻辑认识论）。

另外一个同等重要的趋势是逻辑学家们试图建立形式逻辑和主体使用的规范系统之间的联系。我们在第4点已经引述了温伯格所做出的工作——将形式逻辑运用于必要的规范中。此处，我们不得不提及比利时逻辑学家佩雷尔曼（Ch. Perelman）在论证领域所做出的杰出工作。他不是从情感的或外在的论证思路，或者说是披着"情感逻辑"（佩雷尔曼认为真正的情感逻辑恰恰是从自身开始出发的）外衣的诡辩术来解决众多的现实问题，而是使用直接的、有组织的、具有逻辑连贯性的论证以令人信服。对于此专题有大量的研究，其中阿波斯特尔（L. Apostel）的研究以这样的理论为前提，尤其认为逻辑运算和一般意义上的合作行为之间具有关联性（从这一点来看，阿波斯特尔的研究与佩雷尔曼的分析和作者自己对先于动作的逻辑结构的发展的研究之间具有密切关联性）。佩雷尔曼从论证理论研究出发，自然而然研究到法律结构的逻辑，实现了法学家和逻辑学家之间工作的联合，并产生了大量的研究及研究结果。

逻辑学家中出现的第三个趋势是对心理学越来越感兴趣，不是为了从心理学中找到逻辑的内在基础（这意味着从事实向规范或"心理主义"与反"逻辑主义"运动一样可信度比较低），而是关注一般认识论。如果逻辑的本质是一种建构的话，那么就很难从认识论上将之理解成一种简单的语言，以及逻辑积极主义者所宣称的同一反复。这就是为什么那些不再相信或不曾相信这一论点的逻辑学家们进而转向心理学或心理社会学的结构建构。然而,应该注意的是这不仅是"自然"思维或逻辑的简单形式化问题(它没那么吸引人,除非在这个领域发展出了像佩雷尔曼分析过的论证术那样的具体技术):首先是因为与丰富的公理相比,自然逻辑显得很贫乏,尤其是因为它仅包含了对潜在结构的高度不完善。相较于主体意识的分析,逻辑学家们更乐于研究结构关系和结构形式,这样就能够显示出从基本行为开始,个体达到了逻辑自身代数结构(如布尔代数和网络)的哪个阶段。这就是日内瓦发生认识论合作中心的逻辑学家们现在所研究的问题。

为什么逻辑认识论为逻辑和发生心理学之间搭建了桥梁?其中的一个原因在于后者已经长时间地探索过这类问题。在不探讨逻辑的前提下是无法对从出生第一年到青少年或者是成年的智慧发展做出任何研究的。第一个发现在于前语言阶段,就存在着感知运动图式水平的连续、秩序和对应等结构,并预示了逻辑性,展现了协调动作的关联性。接下来我们发现通过不断的平衡过程,等级、序列、对应或者交叉的一般运算构成了处在"群集"和我们称之为"组群"的"网络"之间的可形成结构(针对7—8岁儿童)。在第三个阶段(11—12岁),这些组群以四个为一组在命题间网络中同时运作。在分析其逻辑形式之前,早在1950年,逻辑学家们就开始广泛研究在发生心理学中发现的命题转换的这种"群集"。

依据博弈论,逻辑学和经济学具有双重关系。一方面,逻辑学家可能出于建立逻辑公理而像对其他逻辑-数学程序一样对博弈理论感兴趣;另一方面,归纳推理(换句话说,推理的范围区间应用于有偶然性的经验领域)是实验者和自然之间的"博弈",有可能构建出基于策略和决策的归纳推理理论。因为已有几个专家提出演绎推理是归纳推理的极端情况,我们因此可以看到逻辑和认识论之间的关系。我们没有必要重申在与控制论的关系中逻辑学的优先地位。这一点由论述逻辑学和控制论的专家格雷尼夫斯基(T. Greniewski)所证实。

至于逻辑学和语言学之间的交换,我们将在下面进行论述。

8. 非演绎的规范系统:法律社会学等、习俗和习惯模式

除了之前讨论过的法律逻辑问题,还有另外一个重要的问题——规范系统的普遍结构问题。从越来越占主导地位的整体结构视角来看,不可否认的是法律推理以逻辑的形式呈现,但这并没有改变这样的事实,即法律体系在凯尔森论述的总体形式上(从"基本的规范"和构成到个人规范,如法律判断、证书等来看)与逻辑系统非常相似但是又有很大不同。

在这两者的对比中,存在通过动作或运算方式达到的规范性规则的建构,这些结果取决于系列的可迁移影响。如果这些元素被接受了,那么根据等级秩序,紧随其后的理

论 T_1 就会衍生出理论 T_2 等。因此,如果这种建构被接受了,那么议会有权利根据建构性规范实施有效的法律 L,然后政府会依据法律 L 制定政策 D,最后各级行政部分就会依据政府政策 D 处理个人案例 C。这个连续的规范建构(每个规范同时是上一个的应用和下一个的创造)与含义系列有可比性,凯尔森也明确指出这些"归责"法则后的内隐关系(处于中心地位或是外围地位取决于其是否限制了法律主体或仅仅是内隐关系)。

然而,最大的不同在于如果一个人知道了元素的内容之后,他就可以推出接下来的原理,当然,它们不会和预成型的元素同一反复,因为这些元素之间彼此都是独立的,但是新的结合却是"必要的"(它们是被给定的操作)。另一方面,个人只知道在法律系统中议会不能违反宪法,但在该框架内可以任意投选出其喜好;换句话说,在有效范围内的宪法运作其实是一种可迁移的、必要的归责功能,但是其结果却是因情况而异的,因为他们不是由运作形式所决定的,他们的有效性很有决定性,以至于与上层范畴的规范没有冲突。

换句话说,存在着形式决定内容的规范结构,即形式的;另一种是其形式不能决定内容的结构。前者可称之为与所有人类行为有关的"纯"演绎推理科学(纯逻辑学和数学),因为要是每个人都不接受二乘二得四的事实,经济交换就不会超越物物交换的阶段。因此,从形式与内容的关系的视角来对比结构和规则系统是有好处的,我们将会发现只有在相邻学科的跨学科合作研究中才能进行对比分析。

关于道德事实的研究也显示了这一问题,它吸引了诸如社会学、心理学、逻辑学、法学和经济学的关注[关于道德事实的功利化解释就是出自盎格鲁-撒克逊(Anglo-Saxon)的经济学家们所建立的学派]并非纯属偶然。法国经济学家吕夫(J. Rueff)在类似研究中提出不同道德的形式化问题。他用术语"欧几里得式"和"非欧几里得式"来表明社会群体中广泛存在的道德的差异。通过追踪儿童和成人道德规则的心理发展,该作者指出两种明显不同的结构形式,取决于规范的源泉是来源于主体单方面的服从,还是来自双方相互的尊重(具体地,公正概念的来源是独立的,是对道德服从的抵制)。从这一观点来看,前一种道德形式属于那种形式不能决定其内容的结构,后一种则属于形式能决定其内容的结构。该作者试图对后一种系统进行形式化,在这一系统中很容易发现其与涉及人际间协作的逻辑运算的相似性。因此,这类问题的普遍性就显而易见了。

这些问题确实非常普遍,关于社会生活的诸多学科中都能找到类似的问题。涂尔干提出了"限制性"的概念,在其中我们必须区分出两极:由权威或习俗施加的规范在人们未参与其制定的前提下给人分配各种义务;人们参与规范的制定的情况下被分配义务。显然,后一种情形更符合形式决定内容的系统运作。

习俗或习惯和义务或规则之间的关系问题已经明朗化,并成为重要的问题。当图恩瓦尔德(Thurnwald)写下著名之句:"将习俗转换为法律"时就已经提出了比部落社会中法律之源普遍得多的问题,至今仍在研究:从简化平衡的结构向规则系统的转换是如何发生的？法律社会学的公式强调了只要还没被"认可"，就不足以称为习俗。正如在道德领域中，习惯或模范也是不充分的，只要人们对其的"敬重"或承认还没有被建立（亦如在法律领域，其也不再仅仅和超越个人的功能和服务相关联）。但是在智慧研究领域，规范的形式决定其内容，尽管逻辑确实是一种交流思想和认知操作的道德，但某种程度上是任何基于平衡运算结构的演绎推理的内在需求系数，似乎由行动向可还原操作的转换足以产生规范的结构，这种结构控制一般认知操作和个体化结构。最后，在个体习惯和知觉领域，尽管没有规范必要性的参与，但由于内部平衡依然存在主导现象，因为内部平衡中虽不再涉及规范问题，但需要面对主导更高平衡下的必要性的衰减形式。

因此，我们在此研究中强调的趋势会导致人们接受结构转换为规则需要两个前提条件的事实。首要条件就是平衡：如果平衡是由于调节，并且在内在必然性上是可操作的，那么当结构处在完全平衡的状态下并占主导地位时，结构才能转换为规则。第二个条件伴随个体关系，亦是另一种平衡。但是在这种情况下，形式与群体性情境相关联：来自它们的调节或操作被不同的意识形式所表达，这些意识形式来自超个人承认和对个体的尊重及各种义务形式。

9. 规范领域的历时问题和共时问题

众所周知，从索绪尔的研究开始，语言学中已经发展到从共时研究中分离出历时研究，即研究语言的历史和发展，而共时与语言的平衡有关，是相对独立于过去的存在系统。我们也知道经济危机能多大程度地调整价值，使其与过去的历史分离。相反地，是规则或规范的本质引进强制性保护，这也是这些功能为什么在社会生活和个人生活中如此重要的原因。规范的本质问题被转换为历时性和共时性的关联。

事实上，结构和规范一直在持续发展着，它们是一点一滴逐渐形成的，甚至在不断获得稳定性的进程中，新的结构或规范或多或少会修正之前的结构，但并不取代它们。因此，我们遭遇了一个跨学科研究的新问题，即依托于不同的结构或规范类型的历时性因素与共时性因素相互关系的一致性和多样性。

首先论及逻辑规范。逻辑规范一般呈现在对于不可更改的结构之原型的构建过程当中，自柏拉图至胡塞尔的众多哲学家将这些逻辑规范与思想（Ideas），一种先验形式或永恒基础，相关联。科学社会学的先驱孔德曾在其"三阶段法则"（在此不讨论其价值）中描述了基础概念的发展过程，他认为这种发展关乎人类推理的内容和形式。换而言之，理性或"自然逻辑"的实际运行过程是保持不变的。依据科学和技术的发展历史史实，此理论倾向现今是非常普遍的。然而，比较社会学和发生心理学的研究成果，特别是动物行为学和动物心理学中的进化主义观点给我们指出了另外一种完全相反的思考路径：人类推理是阶段性建立的，并且是持续进化的。这种建构的方式借助于基于阶段的逻辑证明和严密推理。

另一方面，推理的发展过程，或称为系统建构过程意味着将出现一种引人注意的发展类型，即先前的结构并非是被搁置或抛弃，而是作为次级的部分或近似的部分被整合进新的结构当中。但是在实验科学中，情况却并不是这样。起源于物理学的实验科学的理论被容许与另一理论相冲突，或者说只保留有限的真理水平。然而，在逻辑－数学结构中，没有某种结构只是在特定的历史阶段被接受，而后又被抛弃。此结构中允许出现的错误仅仅是出于某种原因相信某种结构是独特的，而后其又变为更具整合性的结构中的一个子结构。从以上对于历时性和共时性的关系的讨论中，我们发现了一种另外情况，即已有的平衡似乎来自持续平衡的历史发展过程（危机和短暂的不平衡仅仅是新问题的增长和突破）。

接着谈论法律规范。在法律规范中出现的对比将是惊人的。一个良好的法律规范系统具备自我修正的功能。只要体制存在，并提供或反映着规范建构的每一步，都有调整或修正的可能。因此，在某种意义上说，规范的建立具有连续性，从这方面来看，我们会发现只针对规范系统而不是非规范价值或标志系统的历时性和共时性之间的关系。然而此处的情形与理性规范中出现的情形大不相同。第一，此处不限制新的规范取代和与旧有的规范冲突，这样就不会打破有效"归责"的连续性。第二，上述所讨论之相对持续性相较于政治论题处于次级地位；在革命当中，整个系统都要被废除，因为新的系统要取代旧的系统。第三，在道德规范领域这种持续性更加明显。但是，历时性因素和共时性因素的关系问题出现在迥异于逻辑规范的其他领域。涂尔干试图将共时性从属于历史之下，他解释了发达社会中异族通婚的乱伦行为的禁忌。但是他忘了解释为什么其他的规范如图腾制度没有在发达社会延续下来。

无须列举更多的例子来论证跨学科研究的普遍重要性。最后的分析汇总到此问题：现代人的存在状态在多大程度上依赖其生命史？依据上述分析，一个稍肤浅的回答为：历史因素是极其重要的，因为它们是永恒的，就像理性规范一样，历史揭示了不变性，但是没有创设它或解释它。但是重大的历史变化介绍了某种规范系统和先前系统之间的连续性，经由这种理性形式突出了共时性平衡的重要性，而非持续的建构过程。事实上，存在着客观的可见的重大事件的历史，也存在着潜藏在动力论下的细化的复杂的发展历史。我们越来越意识到，机体的发展并不只是事件的历史或现象的持续过程，而是一种进步的建构，一种将自身的量化阶段整合进更大的整体中的组织过程。这就是为什么文明史的研究越来越称为一个跨学科的课题，科学技术史、经济史和历时性社会学等都不得不分析转换过程中的诸多不同方面。这也是为什么在出现永恒的不变性的情况下，历史仍具备解释力，因为它们仅仅是建构过程和再建构的平衡过程的结果，各个领域之间相互不同，需要对其差异和共同机制进行交互解释。

三、功能与价值

生命科学和人文科学领域中一直存在着功能主义倾向和结构主义倾向之间的对立。生物学家拉马克在很久之前提出"功能创造了机体"的观点,但是持偶发性变异和事后选择的新达尔文主义则倾向于反对拉马克的基本观点。这一观点认为,表型是基因组对环境张力的"反应"。心理学和社会性领域中功能主义和结构主义的冲突也很普遍。功能主义者认为"结构隐藏在观察结果之下",并非是理论家的抽象创造。而有些结构主义者则认为行为的功能方面是一个没有解释意义的次级特征。因此,跨学科研究的一个研究问题即在于探明整合人类行为的功能和结构的一般机制。这一问题自然地引向了实用性和价值性——功能的主客观指标的讨论和一般价值理论的可能性问题。这一理论不是基于先验反应,而是不同研究的相互关联的汇聚。

10. 运行和功能、情感和行为学

我们必须警惕功能主义和结构主义的矛盾冲突来源于结构概念的狭隘偏见,即结构概念只强调了整体性和相互间转化,却忽视了自适应的基本属性。因为这种属性被忽略,导致结构观念称为贬低功能的静止观点,其目标只在于建立一个人类精神和社会的不可变属性之上的永恒"实体"。对功能主义的这一批判导致了反功能主义。

但是如果有人要区分正式的或形式化的结构,其适应来自理论家所赋予的公理,与独立于理论本身的真正的结构,就有必要问一句:结构如何保存和运行? 这就不得不提其功能运行的问题。在某些情境下,自适应由法则和规范所保障,正如第 2 点所示,但是这些规范已经代表着一种功能,即通过一系列的限制和义务来保障结构的完整性。另一方面,结构也可能是不完整的,在其形式化阶段它的自适应并不意味着规则系统,而是涉及多种变量的一个自我调节。事实上,结构不具有"封闭性",它必须依赖与外界的持续交互作用(见第 3 点)。在这些情境下,功能和结构分离,功能主义的分析变得极为必要,因为有些论点已然忘记了功能不能离开机体或者是整体结构。

因此,结构和功能之间的关系问题是人文学科当中的普遍问题,这一问题需要跨学科研究来帮助解答。此时,我们不得不提及勒温,他的社会心理学是格式塔结构主义的产物。勒温描述了实际需要,而他的老师苛勒论及了"现实世界中价值的位置"。我们也可以来回顾一下帕森斯(T. Parsons)的"结构-功能"方法,他认为结构是社会系统的元素的稳定配置,不受外界因素的影响。功能发生于结构对外界环境的适应中。在经济学领域,廷伯根(J. Tinbergen)将结构描述为"关于经济应对改变的方式之非即时的显著特征的考量"。这些特征可以用经济系数来表明,并给出经济的宏观概图;另一方

面,它也对某些变量反应。因此,我们可以再一次发现,结构伴随着功能,因为其本身具有"应变"能力。

在不熟悉或遗忘过去史的情况下研究社会时,会忽略掉遗传和历史的因素,这就是为什么列维-施特劳斯的结构主义会贬抑功能主义的原因所在。另一方面,美国社会学家中的"新功能主义"学派的年轻的社会学家们,如古尔德纳(A. W. Gouldner)和伯劳(P. M. Blau)坚决反对靠近结构主义的观点。这些专家致力于澄清子系统和系统之间的关系以及重新检测社会分层问题。然而,他们的分析依据是"互惠"概念和"交换"概念,我们可以清晰地看出这种观点和上述第 5 点的关系结构主义观点之间绝不矛盾,它们的特定本质在于并没有从整体性中超越出来达至建构水平,而是从后者出发尝试去解释子系统的功能运作。

人们一般将功能运作理解成结构性的活动。在这种活动中,结构建构了结果或事件。一个完整的结构功能运行等同于所有可能性中的现实性的转换,正是这些塑造了一个系统。至于功能,此术语用来描述相对于整体转换的具体转换所扮演的特殊角色(两种意义,生物学意义和数学意义,"功能"一词倾向于变为可交互的)。但是在结构的形式化阶段(或称之为发展阶段、未"闭合"阶段),理性的自适应处于调节过程当中,且与外界的交换也在同时发生。功能运作是形式的,不仅是转换性的,功能对应着各式各样的实用性(或价值),这些实用性(或价值)依赖于保存、保持和摄动的角色,而这些角色是子系统如何在整体系统中发挥运作功能或者相反过程的体现。

据此来看,诸如"一般系统"理论之类的跨学科研究模型具备特定的价值(系统被定义为非偶然交互的元素的复杂集合)。在怀特海(A. N. Whitehead)讨论科学思想的专著中,他支持这样一种观点,即解释被公开指责为"机械性的",不能够完全解决对真实性的分析,并且他认为有机体或组织的概念具备应被使用的具体特质。从超越生物学的观点来看(也从格式塔取向的心理学视角),贝塔朗菲通过关注一般模式的"机体论"来研究此问题,他的理论兴趣不再局限于生物学("公开"系统理论及其具体的热力学特征),而且扩展到人文科学领域,并有可能扩展动态平衡(除需求理论之外)、分化、分层等概念。对此类结构的数学分析实验具备一种"组织好了的复杂性",有鉴于此,拉波波特(A. Rapoport)和其他研究者的分化研究显示出这些参与性要素和维纳(N. Wiener)的控制论的汇聚。这种汇聚在"等价"领域(最终状态相对独立于初始状态)发生的尤为明显。然而,核心问题在于当整体的建设不是累计的或线性的时候(意味着结构不可被还原为代数形式)子系统和整体系统之间的关系。

当我们回顾功能、实用或价值,明显可以看出,结构处于发展进程(或倒退)的哪个阶段,功能运作问题是核心问题。任何结构的发生进程毫无疑问地都涉及对不平衡因素的平衡过程以及再平衡过程(可能成功也可能失败),因为人类从来没有真正消极,而是不断地在调节过程中追求对由包含调节的积极补偿引起的摄动的反应。这就意味着,与整体系统联系为一体的需求推动着每一种行为,同样,依赖于整体系统的价值和每一种行为、每一种有利或不利于执行的情境相互联系。在认知结构领域,需求和价值都和理解活动及创新活动有关,这样一种模型使得解释心理发展阶段的心理过程和结构的逻辑本质(调节导致运算,平衡引向可逆性,见第 7 点)成为可能。因为个体运算过程和个体间合作过程已经出现交合(在词源学意义上),所以认知发展是一个社会学、心理学和生物学问题。因此,模型对作为整体的社会领域部分开放(我们将在部分 14 继续探讨这一问题),但是其前提是必须考虑需求和价值,而不仅仅是认知形式。

在此情况下,我们需要参考人类行为学的研究内容,人类行为学是一种涉及跨学科研究的行为理论,比如从产量和选择观来看方式和结果的关系。有些学者试图将所有的经济学问题还原到此问题上,如罗宾斯(L. Robbins)和冯·米塞斯(L. von Mises)曾说明"罕见(或限制性)结果与具备可替代性作用的方式之间的关系"(An Essay on the Significance of Economic Science,1932);然而,尽管经济学在某种程度上尊崇行为学研究,行为学研究本身仍是一个涉及众多其他因素的部分,是社会相互作用的复杂体,不能被还原为已知的个体主体(或有机主体)与其物质、社会环境的相互作用的简单关系。

为了理解行为学分析的范围领域及其对整体价值理论的影响作用,我们有必要回顾当前对于情感生活和认知功能的研究现状。

关于人文科学一个重大事实为我们所发现,即阐明情感生活和认知功能的关系,特别是在实际行为的功能运作中的相互关系,遇到了巨大的困难。这一事实提醒我们一个一般性的问题,即价值或某些价值是否为结构所决定,是在哪种程度上被决定;是否价值或某些价值(相反或反过来)修正了结构;如果是,修正了哪些结构;或者说,是否不论在何种行为中价值和结构都具有两个方面——既相互关联又相互独立。明显可以看出,问题已经超出了心理学的范围,然而对人类行为学而言,因为"有效行为的一般化理论"[早至 1926 年的斯拉奇(E. Slucki)和 1995 年的科塔宾斯基(T. Kotarbinski)等]激起了"理性原则"(以最小的代价换取最大的结果),这种原则同时关注情感价值和认知结构。

在心理学领域,现今的趋势是区分出行为当中对应认知方面的结构和对应情感方面的"能量的"元素。但是有着隐喻性的"能量"一词含义究竟为何?弗洛伊德,作为一直处在物理学家马赫(E. Mach)的"能量"学派(相对于原子主义)中的心理学家,他认为本能是储备在特定代表物上的"能量",这一能量具有欲求性和情感性。术语"贯注"或发泄成为这一连接的表现。勒温认为行为是格式塔意义上的主客观完整领域的功能,这一领域的结构与知觉、智慧运算等对应,然而,其动态性决定了功能运作和对客体的积极或消极归因(吸引、排斥和阻碍等)。但是问题在于一种运算机制无疑会包含一个动态系统,而且有必要甄别其中的转换结构,以及使它们在欲求、兴趣和速度方面得到可能性。同时将我们带回"能量的"一词,皮亚杰辨别了所有行为中对应于(认知)结构的主客体间的主要动作或关系,以及调节前者至其激活(兴趣、努力等积极方面和疲惫、抑郁等消极方面)和终结(混合了成功和失败后的悲伤)状态的二级动作。这表明基本的情感生活表达了行为的适应性,但具体是何种适应性仍不得而知(这些可能是结构性的或认知性的)。皮亚杰提出了生理学力量的保存观点,这种力量被储存、使用或者应对变化进行再建构,并表明这些力量遵照"行为经济学"的原理进行自我调节,以完成对能量的收支。在人际水平上,皮亚杰分析了共情和反感,感到共情的人具备能量的来源并情绪激昂,而感到反感的人则体验到疲惫和"代价感"。

以上带领我们回到了第一个问题,即情感是作为一种"贯注"和一种基于得失的调节能真正修正调节,还是它仅仅保证了一种能量的运行?一些专家信奉前者,他们论证道,对于不关心现实的精神分裂症患者的研究发现了此种"贯注"的特质,这种系统缺陷导致这些病人呈现出了病理性的思维模式,而对于"过度贯注"的偏执狂患者的研究表明他们出现了丧失理性的情况(妄想等)。别的专家(包括作者本人)则认为一个对算数有兴趣的儿童和一个对数字复杂性深感痛苦的儿童,都会承认2加2等于4,而不是3或者5,因为活动本身只是在加速或减速结构的运行,而不是去修改结构本身。精神分裂症患者和偏执狂患者的行为困难影响了其结构和情感运行,这两个方面处在一个动态过程当中。当然,我们仍有可能去区分出决定内容的结构(逻辑数学结构)和其内容依据于各种价值的结构,虽然在"价值判断"中,其形式(或判断)是结构性的,因此,认知和内容与作为价值的情感相关联。

然而,第二个问题更重要,对人文科学的影响范围更广,也就是价值的复杂性及只还原为"有能量的"经济(在行为学意义上)维度问题。当经济学家谈论生产、交换、消费、储存和投资时,我们可以清楚地看到这些术语也发生在每一个领域当中,包括婴儿在习得语言之前的情感问题上(对能量的支出和储存,对客体和人的"贯注")。但是我们需要清楚这些参与其中的意义之间是不是一直相容的。而且,在没有直接发现能将抽象结果应用到所有人文科学领域时[包括语言学,因为索绪尔是从经济学中寻找到其灵感,而且,提出"情感语言学"的巴利(Ch. Bally)赞扬了社会学家沃彻(G. Vaucher)的价值理论],是不可能得到分类的。

作为对此分类工作的介绍(见部分二),我们需首先回顾个人领域和人际领域内价值的普遍双重性,亦即终极价值(或者称为工具价值,如工具和结果)和生产价值(代价和利益),此二者不可分割又相互区别。在个人领域,这种区分建立在兴趣的双重意义上。一方面,所有的行为都是为一般的兴趣所驱动的,在这个过程中,行动追求有价值的被渴望的结果,这种结果可以是完全不令人感兴趣的(这一术语的第二层含义),虽然其在第一种意义上是有趣的;另一方面,兴趣是一种能量的调节,它可以释放可用的能量[克拉帕雷德(Claparède)和让内(Janet)],也就是说其增加了生产。从第二种含义上说,一种行为之所以被称为"感兴趣的",在于它能从主体自我的视角增加生产。通过利用此术语的两个含义,并同时拒绝区分二者差异,借助所有行为都是有趣的这一托词,实用主义尝试用自私去解释利他主义。然而,上述前提是错误的,因为行为总是在第一种意义下被判定为有趣的,但是正如我们已经看到的,实际结果是其同时兼具有趣和无趣。此时,诡辩对界定两种价值是有其效用的。而且,当皮亚杰在生产价值范畴内解释共情和反感时,他在大多数情况下都是正确的。例如,当一个人选择旅行伴侣或同桌时,他可能会喜欢一个极度疲乏的人,但是,一个人不会总是愿意和一个女人结婚只是因为对方是"节约的",在这种意义上说她不会证明是令人厌倦的。我们甚至可以这样考虑,爱情领域中情感能量的"贯注"是一种功能,或许是一般价值上的,或者在最广泛的意义上是两个生产项目上的,甚至是令人非常不感兴趣的价值上的,尽管在特殊程度上有一定兴趣(另外一种意义而言)。

11. 价值的分类

上述内容的主旨在于行为学存在于所有领域。我们不可能在没有能量消耗的情况下去完成一种道德行为或者逻辑运算。因为这是一个生产价值的问题,然而,经济学中对行为的研究没有触及内在终极价值,但是,生产和消费的概念本身是和其价值结构相互关联的。因此,明显可以看出,所有的人文科学研究问题最终都导向价值的分类研究。

(1) 我们首先证明了二分中的第一级是由情感心理学所标明的,其发生于任何领域。终极价值或工具性价值集合了那些关乎结构的性质的价值。换而言之,对应质性分化元素的需求,即结构的生产和保存。但是这并不意味着价值和结构是同一的。结构出自自我法则的力量,可以用代数(包括逻辑)或拓扑学的方式来表达,不涉及速度、力量或作为工作能力的能量。这种结构是欲求性的,其必然会引起主体的兴趣。这就预设了情感能量或"贯注"的介入作用。从第二个观点来看,还必须对被贯注的元素选择(终极价值)和卷入的数量进行更进一步的区分。生产价值与这种数量方面有关,如果我们从概念上承认经由质的生产和扩充,生产从质性结果分离出(人际"经济学"中或技术生产中的能量数量,商业交换中的传统的或解释性的数量)。

(2) 终极价值指向了二分中的第二极。与这些价值相关联的结构可使用规则转化为更多或更少程度上的逻辑表达,或者是保持在简单的调节阶段。当出现前一种情况,我们使用规范价值来描述这种被规范影响或决定的价值。反之,在相对应的自由交换的情况下存在的即为非规范价值。关于前者,我们可能会对价值、规范或结构是不是同一的感到疑惑。但是规范一方面包含认知结构,另一方面还包含价值,价值一般和情感联系在一起。我们(第8点)已看到道德规范只有作为尊重的具体情感功能才得到认可和接受,它是对个人问题和互惠人际关系的一种稳定态势。另一方面,法律规范是作为"再认知"态度的功能,其是习俗或人际间关系的稳定态势。

非规范的终极价值涉及更广的领域。首先,它们存在于个人兴趣到个体间共情和大量的社会生活交换当中,这些交换涉及信息,各种非量化经济服务,政治和礼仪等等。

另外,其也包括符号表达中的稳定态势,符号表达的方式包括手势、服饰语言等等。正如巴利在其"情感语言学"中所表述的那样,符号系统(除去严格意义上的语言符号法则)包含可能增强或削弱表达性的价值实体。

最后,生产价值的稳定态势以两种方式被表达,其一是行动的内在能量的人类行为学(见第10点中皮亚杰的概念);其二为经济学所研究的个体间的经济学。在两种情境下我们需发现终极价值中与质性相对的量的重要性。换而言之,当出现生产问题时,对于分化的需要(这种需要本身不是一种断裂,或结构暂时的不平衡,即这个结构需完成或再平衡)而言,对主体判断的质的方面已不再那么重要,但是与支出相应的结果的定量需要得到重视。

12. 关于终极稳定态势的调节和运算

终极性的概念存在于所有的人文科学领域,因为少有人类行为不涉及意图。我们已经充分意识到最终性概念导致了很多困难,并且在生物学领域引起了问题,直至现今才提出一些概念原则上的解决方法。此种连接分为三个阶段。

第一个阶段来自心理形态学,终极意味着把自身当作因果性原则来解释自身。亚里士多德将终极作为所有物理运动和生命过程的原因。他将"终极原因"从"有效原因"中分离出来,尽管目的实际上意味着获得目的的可能性,这就预设了一种意识(在其中目的相当于存在的表征)或是未来对现在的影响。

在第二阶段,终极原因不明晰的本质导致终极概念被肢解为各种组成成分,对于每种成分都需找到其因果性解释。因此,方向概念从达至平衡的过程中找到解释;预期概念从以往信息的使用中找到解释;功能效用从组织序列中找到解释等等。至于适应的核心概念,应努力将之还原为两个基础概念——偶然变异和事后选择,是用一系列有意图的努力(种族的和个人的水平)取代了终极概念,这些有意图的努力是经由外部成败因素来进行调节的。

人文科学诸流派认为目前的阶段来自三种影响的综合。其一,目的论从未提供满意的解释,它总是擅长指责过度简化机制的不充分性。当一个人有充足时间的时候,使用冒险和选择来解释眼力是非常恰当的,但是当要求更多的时候,例如需精确找出其偏好的基本原理的时候,应去寻求别的解释路径。其二,对于现象的分析——经常是在原子论的层面,出现在生命的所有领域,并指向对调节机制的揭示。在发现生理学原状稳定和胚胎发育调节之后,基因组是独立成分的集合这一观点被摒弃,取而代之的是建立再适应、调节基因和"反馈"等的存在。其三,也是尤其重要的一点,起源部分独立于数学模型的有机趋势与现今控制论的自我调节和自我指导机制的基本发现之一汇聚。接下来即是对最终过程进行因果解释的可能性的实现和对终极等效机制——或称为没有目的论的"目的"的发现。

无须赘言,在功能、价值和结构领域存在一定数目的趋势需卷入对调节机制的分析。但是需注意到,在人文科学或其他科学领域,特别是在生物学科内,首先也应当朝向两个极端的现象去努力,其提供了极端情况下的对比。这些极端情况提供了对于整体机制的深刻理解的契机。这种摇摆不定的情况在经济学领域尤为明显。经济学分为两个大的分支,一为微观经济学,其思路来源于魁奈(Quesnay);二为宏观经济学,主要由马克思开创,其中也包含凯恩斯(Keynes)的研究工作。然而,除去实证研究和计量经济学分析之外,现在还存在一种新的研究趋势在重新建构微观经济学。在社会学领域,因为所涉问题的复杂性的提高,精确性的等级在降低,从而显现出来的即为宏观社会学和微观社会学之间的摇摆不定。在终极价值领域,不用说也知道需要双重研究方法,因为总体的交换已显示出依赖于整体机制的不可还原的方面。只有在元素反应与交换的领域,我们才有希望见证稳态的产生,只有在某些情境下,才能决定它们与心理—生理功能的关联。

在规范价值领域,道德主要从心理学和微观社会学的层面来进行研究,特别是在目前仍未出现针对更高水平的完善的研究方法的情况下,当前的研究仍局限于部分维度,正如文化人类学所研究的主体那般。但是在一些视整体性为必要方面的学科领域,如法律社会学(因为即使在最个体意义的应用上,积极有效的法律也是与整个国家所有的生命联系在一起的)中已出现了研究微观司法程序的尝试。因此,在稍稍涉及成文法或其起始点时,彼得拉日茨基(Petrazycki)分析了归属的必要联系,例如一个人的权利对应他人的义务。这种联系是从道德联系当中分析出来的(虽然并非如彼得拉日茨基所相信的那样,正确的应当是主体 B 的道德义务不会授予"邻居"C 任何的权利,不论结果是出自 A 或 C 对其发出指导权利或与其进入互惠关系的权利),也是从法律规范的制定过程中分离出来的,以自发性或道义性的司法观点为特色,而这种观点从稳态机制的观点来看是非常有趣的。

在非规范的质性价值领域,作者试图分析决定稳定态势及其与规范总体关系的交换机制。我们称 A 和 B 之间的任何一种关系为 rA,它是被另外一种满意程度——积极或消极——sB 来评估的,其可以用心理学态度 tB 来保存,后者为 A 建构信用或稳态 vA(自然顺序是 rB, sA, tA 和 vB)。大量现实情景会阻碍以下等式中的平衡:$r = s = t = v$;这些因素包括过高或过低评估、遗忘、忘恩负义、信用用尽和通货膨胀等等,特别是暂时的或长久的个人价值标准的不一致。无论如何,这一计算式可以用来表达多种多样的情境:基于共同标准和利益交换的两个个体之间的共情;膨胀或无膨胀的个人名誉;影响微观政治学信用值的服务的真实或虚构的交换等等。尽管没有现实的参与,但是这种分析帮助我们建立了两个小的理论假设。

首先,质的交换过程与特定元素经济学或人类行为法则之间的类比。毋庸置疑的是,评估和信誉 s 和 v 受制于供求法则:同样的才能会在享有某种"稀缺价值"的小镇和更为密集的环境里引起完全不同的评估。更为深入的发现是尽管缺乏量化,等价于危机或失衡情境下的格雷欣法则（坏的钱将好的钱驱逐出去），在这些情境里新的价值标准取代别的价值标准，且个人信誉出现膨胀和脆弱的现象。

其次，当交换为非规范性的时候，虚拟价值 t 和 v（相对于实存价值 r 和 s）的保存仍具偶然性，任何对应于义务的行为都会使结构产生新的关系（仅仅是在经济交换中，现金销售涉及更少的法律关系，而信誉销售预设了更大程度上的自我保护）。因此，当出现遗忘或是忘恩负义时，价值 t 即被侵蚀，然而在互惠性的道德感介入之后，其又引向了保存（法语词汇 reconnaissance 意味着自发性的感激和承认债务或义务）。新的交换类型中出现从自发性到规范互惠性的转换，在新的交换形式中不再是简单的服务和满意度之间的对应，它还包括一系列的观点在其中，也就是说会存在着偏离中心的或不具利害关系的态度观念。

以上只是可能的分析的一小部分例证。更多的例证由美国新功能主义（古尔德纳和伯劳等）的研究工作所发现。因此，质性价值领域代表了对比研究的一个极大的潜在领域，其中包含由调节向可逆运算的转化。我们已在第 5 点看到了结构领域对这种转化进行了适当的研究（认知调节和运算）。当涉及情感能量的吸引或"贯注"、互惠和交换、已观察到的结构调整与运算的同形时，同一操作毫无疑问不能运用到不同的价值范围。在此连接中，令人印象深刻的事实在于价值标准所假定的逻辑形式——序列和系谱树等——以及诸如戈布洛（Goblot）等专家试图论证的"价值的逻辑"。

除上述之外，存在一种承接可获得力量的调节而非去承接结构知识的运算系统。博弈论将这种状态命名为"决策"：即为意志。对于意志的解释一直是心理学家们的困惑。自詹姆斯（W. James）以来，人们一般会同意意志不仅是孤立的能力趋向，还混杂了努力和意图。意志在次级的短时但更强的趋向（具体的欲望等）和上级的稍弱的趋向（责任等）之间出现矛盾时，起着干预的作用。意志行为包括加强后一种趋向直到克服前一种趋向。比奈（A. Binet）总结认为此时需要一种附加的力量，布隆德尔（Ch. Blondel）建议这种力量应来自集体意愿（问题在于如果强制性意愿能够决定行为时，那么就不需要意志了，如果意愿不能够决定行为，那么问题就依然存在）。解决措施可能如下：趋向不论自身强弱如何应与情境相关联，只要情境中功能适应和现存知觉情境相匹配，则低趋向是普遍的。如果意志被理解为可逆运算或规范能量适应的极端阶段，那么意志行为可被视为包含歪曲主体对于现实情境的注意（分心），从而使其稳定的价值判断标准回归。因此，意志意味着拥有一种价值标准，并足以抵制冲突。其与智慧运算（第 5 点）的类比明显可见。

13. 控制回路与经济调节

终极价值广泛出现于人文科学的所有领域，但是不幸的是，它们并非得到理性一贯的测证。另一方面，生产价值因其自身本质而易被观测到。自从经济学开始同时关注这两种价值,此领域内两种机制的研究才被广泛认可。

大体来说,每种价值都是结构功能运作的表达,每种功能运作亦受限于调节机制的过程。在广泛的意义上,此术语用以同时包含平衡过程和意图的系统的调节,比如源自诸如固定政策或增长政策的经济调节。此部分的问题是去定义用于所有价值领域的一般调节模型,为此要检测经济学家用控制回路去掌控复杂交互系统的方式。当然,这不是说控制回路(或反馈)是经济学家发现的结果。相反的是,经济学家们现在仅仅是开始对伺服机构理论的操作内容感兴趣。这不仅是因为智慧惯性,而且因为在适应理论的实证测量的复杂性时出现了问题。但是,经济学的实例都是有趣的。首先是因为这些模型和基本概念如经济学循环出现了聚敛;其次是因为经济学的一般机制正在逐渐变得明了,其中的一些核心内容已出现在生物学、心理学甚至是语言学当中。

循环系统的一个好处在于它们为众多的情境颁布了一个相对清晰的状况描述,在其中,交互概念、循环因果性概念都被整合进入线性因果序列。物理学中的行动和反应原则,允许多种等价努力来补偿平衡的众多系统的存在,以及沙特列原理(与初始混乱反方向中的平衡置换法则)都显示出将这些因果性形式还原为一个线性序列模式是不可能的。生物学中,通过持续的适应过程而建构和保存自身的有机体,在每种情境下均涉及一系列的得失,这就使得对于循环系统的考虑越来越必不可少。甚至是在环境对有机体的简单作用(借助基因作用进行表型的修正或选择)问题上,越来越多的人相信,有机体也在同样的程度上选择和修正着环境,表明了循环回路的关联性。在人文科学中,相互作用经常伴随自动化或多或少的意图调节,循环的概念更适用于此,甚至是在一般化的S—R模型中,这一点更加明显,主体仅仅在其感应到刺激的时候才对刺激做出反应,其对刺激的感应是决定反应的模式的功能,没有这种模式,就只能独立于习惯化刺激去解读后者。

经济学提供了大范围测量的优势条件,大量的概念已适用于控制论模型。例如,某一简便易懂、但对经济学思想却是必要的概念,或称"通过依赖于它的其他概念来进行自我影响的概念"。也就是"经济循环"概念,例如生产、消费和投资的关系构成了循环因果性的大量事实。这样的概念还有经济学家们所使用的多样化和加速化等概念,这些概念丰富了循环系统的内容。

考虑到具体性的要求,现举一具体例子来解释经济循环当中的反馈调节。首先,我们假设这一模型指代封闭系统中的国际经济(不与别国进行交换),只假定三个变量,分别如下:$Y(t)$=国民生产量,$C(t)$=全国消费量,$I(t)$=全国投资量。这些变量都是时间 t 的函数,它们代表了单位时间 t 内资金的流动,$t+\mathrm{d}t$。我们得到如下公式:

$$Y(t)=I(t)+C(t)$$

其由接下来介绍的两种行为法则来完善:

$$C(t)=c\times Y(t) \text{ 与 } I(t)=v\times \mathrm{d}Y(t)/\mathrm{d}t$$

c 和 v 分别对应消费系数和投资系数。

前一个是最普通的消费函数。第二个法则解释了经济主体在面临国民收入的变化时所采取的投资决策的反应:最简单的形式为,在投资时最广为人知的现象是加速器会"回弹",此即为国民收入中的变化性因素。这种元素动态模型可以还原为不同的方程等式:

$$(I-c)/v = I/Y(t) \times dY(t)/dt$$

考虑到初始条件,$Y(o)=Y_o$,为了加以简化,直接的解答是

$$Y(t) = Y_o O^{pt}$$
$$p = (I-c)/v = S/V$$

S 代表保存的边缘倾向。增长率 p 一般为正的,因此与保存倾向和相反的投资系数成比例。可以用下图表示这一模型,圆圈代表变量,平行四边形代表它们经历的转换关系(箭头的方向):

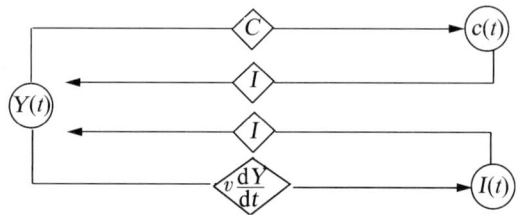

在图中的两个循环中可看到反馈调节。第一个解释了"多样化效应":$Y(t)$ 是通过主体 $C(t)$ 来自我影响的;第二个解释了"加速效应":$Y(t)$ 通过主体 $I(t)$ 来自我影响,两种效应均是可加的。

前面所述方法是提供两种便利性的具体例证,一种来自经济学本身,另一个代表了广泛运用在所有生命科学和人文科学中的普遍机制(不仅因为可以在这些领域中发现循环系统,还因为生产、消费和投资循环出现在终极价值领域和生产价值领域)。

以经济学的视角(如上所述,经济学可为我们提供例证,除此之外其还提供了测量的可能性)来看,我们已检测的模式可对卷入的相互作用进行逻辑和因果性分析。而且,没有什么可以阻止这种分析朝向更加复杂的程度,应用于更加新颖的反馈。它可以累加到上述展示的模型上去,其已和一般意义上的调节过程相联系。限制性经济学意义(政策的稳定即政策的发展)的调节反馈如下:引入新的变量 $G(t)$,如此一来,$Y(t) \to G(t) \to Y(t)$,使得依据转换本质修正增长指数 p 成为可能(此模型可扩展至延时变量,此变量在经济调节过程中起着动机驱动的作用)。

我们应注意这些模型的重要性,实际上,它们代表了价值领域,甚至是建构结构领域中最重要的一般机制之一。

至于价值,正如我们在第10点中所看到的那样,是一般意义上情感生活的一种角色。显然,循环把生产与出现在各个不同情境中的消费或投资连接起来:所有的生产,即所有的建设活动,为自己的结果所加强或巩固,即生产导致的消费活动。另一方面,出现了一种新的情感"投资",它使用别的东西强化最初活动或满足自身。因此,我们现

在拥有了一种更一般的机制,在这一机制当中,我们所检测的经济学模型因自身独特的社会特质和关乎自身的卓越量化标准而独立出来。

至于建立结构,这和上述一般意义上建设活动的生产环节密切关联。在所有领域中,结构(其最终要求完好的调节和逻辑数学的本质,例如,"群体"结构)都是从简单适应的环节开始,如从试误中进行建设,其正确性受类似上述的反馈调节的方式所影响。接下来,一旦结构达到充分平衡,可逆运算就代替了原始的调节(如在第 5 点所见):正确性作为单纯结果的一种功能被过程中行为的预期前修正所取代,循环系统成为直接与反向运算的系统。此系统的调节等同于其建构(最初卷入的价值因此被提升为规范性价值)。

14. 功能和价值领域的共时性和历时性问题

我们已经在第 9 点见证了规范结构达至了平衡状态(稳定性的变异程度取决于形式和内容的关系:见第 8 点),这种平衡状态是发展过程的一种功能,其在自我调节的所有阶段建构平衡。这种自我调节在不同程度上是结构的实际生产过程所固有的,一方面在于没有建构机制,另一方面或事后也没有改正机制,但是至于包含建构的进程中的组织,同时也是一种调节机制,由平衡机制所驱动前进。我们将在第 18 点看到与之相对的意义系统,其展示了历时性和共时性之间巨大的分歧。历时性中,现有意义部分依赖于过去的历史;共时性中,系统的平衡相对独立于历时分析。功能、效用或价值系统处于这两种极端情况之间。有趣的是,对于一般机制的研究发现,这种中间位置,从共时性和历时性的关系来看,出现于所有有重要功能主义维度的学科领域,从生物学到经济学,经历心理学和社会学,换句话说,是任何需要区分现存效用和历史渊源的领域。

例如,在经济学史领域,这种中间情形呈现以下两个特征。一方面,研究者们可能经常发现,在使用过去的历史来解释现在(或其他共时性方式),与相反的使用"不受时间影响的"一般机制和平衡法则去解释过去历史,二者之间存在两极现象;但是另一方面又能发现,在马克思及其追随者看来,有一种方法论开始辩证地解决历史和超历史的二重性,这种方法现今在社会学、心理学和生物学中被称之为发生结构主义。

非马克思主义学者也发现了这种二重性,他们认为应用历史来解释主要的经济结构,然而与现在情境相关联的事实(例如第 2 点中所述 13 世纪或 16 世纪的食物消费情况)为价格决定理论所解释,而怎么决定价格导致这些机制被认为绝不是"永恒且必要的",不是因为这些价格是变化的,而是因为它们的变化在无规则的历史曲线中依赖大量社会情境中的平衡理论。

与此相反的是,马克思主义方法的起源通过不把结构和基本法则当作"永恒的",并将它们处于完全动态力量之下的方法,来寻求解决它们之间的冲突。至于结构,马克思谈到了资本主义本质的现实性和历史性,传统的经济学家把资本主义的法则当作是永恒的。但是在论及功能法则时，马克思阐述了一种基本观点，指出这些法则开始于成熟系统的"纯正状态"，而在终结阶段对功能的研究引向对结构历史的理解，从历史中功能不断向前运作。因此，基本的观察（《政治经济学批判》书中）揭示出马克思方法论和生物学问题之间的关联："剖析人对剖析猿来说是至关重要的。"也就是说，最终状态说明了发展的过程，相应地，发展的过程对于形成最终状态也是极为必要的。

但这与生物学有关，生物学强调结构历时性和功能同时性之间关系问题的一般本质，指引我们调查涉及结构发展的功能、效用或价值概念的具体状态，最终，再一次反映为什么难以把历史当作一门研究普遍性规律的学科。

在生物学领域中，一个器官可以改变它的功能，并不需要这种改变来源于有关结构的过往历史：借用一个经典的例子，事实上，肺鱼亚纲的鱼鳔现在充当它们的肺并不是由于确保从无脊椎动物进化到鱼类的一般历史因素，而是因为环境不可预见的改变。因此就会怀疑是否可能创造出一个提供所有已知转变细节的生命史的演绎模型，然而我们可能被允许寄望于一个"器官变化论"的模型（见第 10 点），这个模型既可以解释生命结构独有的一般特点，又可以解释全部或者几乎全部的有机体的共同的主要功能，例如同化、呼吸作用（除了病毒之外）等。但是这些"功能性常量"是变量的内容，因此在他们的历史中存在分化，而这个历史，就像所有真实的历史那样，构成了一个由可推论的和偶然的结构化组成的不可分的混合物：而对偶然的反应组成了调节或在事后是可理解的再平衡，但生物演替的序列是无法预测的，而这使得子结构的当前功能相对独立于它之前的发展。

这同样部分地适用于人类历史领域，尽管这个修正隐含在人类双重特异性中，人类不仅创造了文化，它因是社会传播而不间断地丰富自身，人类还拥有反思的智慧，而这使得理性行为有了增加的可能性（尽管他们在共同意识方面有着明显的限制）。结果就是，尽管有一些历史学家想要给予他们学科以规律地位，通过借助学科融合的方法如科学技术历史、经济文化历史、政治历史以及历时性社会学等，不过发展规律或者可以被导出的功能由此可能相当的不同，取决于设想结构的类型以及一方面结构之间，另一方面功能、效用或价值之间的多种可能关系。

假设我们可以采取用发生结构主义的一种方法学上的理想状态，这对很多学科而言很常见，然而事实就是有能力"闭合"的结构与还未完成或注定要一直开放的结构之间的差异具有一系列的区别，这些区别在表达对识别价值多样性的需求上尤其迥异。诺文斯基（C. Nowinski）是马克思主义方法论的专家，他指出发生心理学和马克思主义之间方法上的裙带关系有时是令人惊讶的。然而，仍有很大差异。对皮亚杰而言，平衡这个概念作为核心机制以及发展进程的必要源泉仍具有特点，尽管每一个平衡状态都通过不平衡超越了前一个。对马克思而言，发展的核心机制却是平衡的持续不断的打破。这种差异的原因也很显而易见：智慧需要发展成为完全的结构，功能和价值完全依附于内部结构转换的规范法律，这就意味着这种发展由平衡化或自我调节来指导进而达到最终的平衡。但是生物学、经济学、政治学等结构一直是开放的,不涉及结构机制的这种功能的整合,此时不平衡的历史角色并不会导致结构的整合。

这种情形,特别是不可闭合的结构,解释了与共时性相关的价值为何相对独立于相应结构中的共时性构成。这一点可以在某些危机(假设它们既不是增长的意外事件,也不是持续性的瓦解)中被观察到,在其中,个体也许会发现经济、政治、社会价值(名誉、个人信用)或个人情感价值的急剧改变,这同样解释了社会方面连续表征阶段的困难,以及更难在罗斯托由经济增长进程(从起步到成熟)所发现之"阶段"中取得成功。这方面的普遍问题,主要是如何在缺乏有组织的内在发展的情况下,从一个涉及沃丁顿胚胎学所谓"同态碎片"(外力导致偏离时自动返回到必然轨迹)的连续阶段中区分出形态转换的序列。

这样的事实似乎能够证明,功能和价值更加依赖于历史和历时性描述,因为它们更适合从属于相应结构。另一方面,一套价值的系统,遵循着平衡法则或是现有规约的法则,这些法则越不依赖于先前的阶段,这套价值就越不是规范的。也就是说,它们越不受结构本身影响,并且越不取决于因外部条件而异的变化。换句话说,这些价值的平衡在这种情况下并不代表一个不断进步的历时性平衡作用的最终阶段,而仍然是对某种不依赖于发展的状态的共时性表达;如此,便只会发生一系列再平衡作用,其法则可能始终如一,但其内容则会发生变化,一部分是暂时的,一部分是周期性的。

四、意义及其系统

每一个结构或规则和每一个价值观都是有意义的,就像每一种信号系统有它的结构和价值。然而,能指与所指的关系在种类上不同于一个元素对其所属的整体的愿望或结构从属。并且这种意义关系在这一领域又是极其普遍的,所以跨学科问题在这一范围中和前者是一样重要的。

15. 生物信号及其符号学功能

由标记或信号触发的反应在动物行为的几乎所有水平上都能被发现,从单细胞细胞质的简单感觉到神经系统的感觉反应或其对有意义的信息的反应。而且这种关于信号和标记相联系的意义,只能在一个 12 到 16 个月(感知运动水平)的孩子身上被观察到,并且这种反应生在知觉和原生条件中影响一生。所以,我们从回顾原生系统的信号作用开始是有必要的。

标志是给予不与所指(signifié)(除了其信号功能)区别的能指(significant)的名称,因为它构成该所指的一部分,一个方面或偶然的结果:在墙壁上突出的支柱是树存在的标志,并且野兔的轨迹是其最近通过的标志。一个信号(像在巴甫洛夫的狗的实验里触发唾液反射的铃声)只是一个标志,除非它有一个常规的或社会的意义(电铃响),在那种情况下它是一个信号。

在一些高级灵长类动物和人类(从第二年)中出现了一系列能指(除了它本身的信号传输功能),和其他所指不同的是它们不再单纯属于指定的物体或事件,而是由主体(个体或集体)产生的,以便唤起或表示那些所指,即使在他们没有任何立即感知刺激的情况下;这些是符号和信号,符号学(经常称为信号学)功能术语是指使构建图像或思想成为可能的不同能指的唤起能力,但是在这些符号工具中仍然有两种层次需被区别,即使正常孩子他们都或多或少会在同一时间出现这样的问题(除了作为画画中的规则)。

第一个层级是符号,该术语由索绪尔在与信号的对比中使用:这些是通过与它们的所指相似或一些类比所激发的能指。它们用象征(或虚构)游戏、延迟模仿、心理形象(或内化的模仿)和图形图像以完全自发的方式出现在儿童中。这些符号的初始特征是个体可以自己构建自己,虽然它们的结构通常与语言一致(除了聋哑患者在前一系列中增添一种新的术语——表征手语)。他们的共同来源是模仿,这始于早期的感知运动水平,它已经构成一种表征,虽然只是在动作上,继而成为延迟的或内化的模仿,因此产生了上述符号。

第二种符号学功能(直到我们更多地了解它,才知道这似乎是人类特有的)的等级特征是清晰的语言,与前一个水平相比它有两种新特征。首先,它意味着社会或教育的传播,因此取决于整个社会,不再依赖个人的反应;其次,口头能指包括"信号",不再是符号,信号是常规的或"任意的",是其集体性质所要求的。

第一个重要的跨学科问题是确定共同的机制和符号学功能的各种表现形式内和彼此之间的对立,但是要回归到显著性指数水平和当前已知形式的动物语言。第二个重要的跨学科问题是,确定他们与一般的思想表达的发展的联系,而不管任何可能的或更明确的清晰语言和逻辑之间的联系。

这些首先需要动物心理学或动物行为学、发生心理学、失语、聋哑、盲人等和语言学之间的合作。神经学已经积累了大量关于先天释放机制材料和通过后天学习习得这些释放的机制的材料,而这些机制在本能水平上发挥作用。冯·弗里希(Von Frisch)非常出名的关于蜜蜂语言的研究已经得到了心理学家和语言学家的关注[本维尼斯特(Benveniste)]。然而,里夫斯(Revesz)已经着手在脊椎动物和人类之间的语言之间做系统的对比。研究发现的总体趋势是动物语言不基于符号系统,而是基于对信号的编码(本维尼斯特)。一方面,这既不是对话也不是元素间的自由组合;另一方面,信号的使用本质上是模仿(尽管它尚未确定是否已经有延迟模仿)。这样的模仿机制处于先天或者后天习得的感知运动中,并且还未概念化。然而在人类的语言中每个词汇不仅传达它本来的意思,还传递着语法使用的信息。

因此,正如许多心理学家和语言学家所相信的那样,在符号语言中寻找思想本源是诱人的。尽管符号系统无疑有一个特殊的优势，在于其建设性的流动性和能够传达的相当多的意义，但必须记住关于其影响的两种局限。

第一个局限是，语言是思想实现的必要辅助，因为后者构成内化的智慧，但它仍然被智慧激活，在感知运动形式方面智慧超过了思想。这将是一个我们再次考虑的问题，它与逻辑和语言之间的关系有关。但是必须记住，集体语言也许在其运作中与个体智慧联系在一起，其外部的智慧没有意义（在其结构，发现，惩罚等），并且其感知运动模式本身产生了考察语言语义的子结构的多种含义（空间－时间模式，永久对象，因果关系等）。

第二局限是，在图像或思想中的感知运动智慧的内化不仅是语言的问题，也是信号传输功能的问题。在这方面，心理病理数据非常感兴趣并且亟待语言学、心理学家和神经学家之间的合作。没有走进高度复杂的失语症问题，但是它有这么高的心理发病率，这是语言和思想因素并不孤军奋战的症状。有趣的是只注意到聋哑儿童或从出生就看不见但其他方面都正常的儿童的情况。与能够说话的儿童相比，前者存在智慧操作发展的一些延迟，但是分类、系列、通信等基本运算在某种复杂水平中并未完全丧失，这证明了这些行动的语言前组织。另一方面，在失明的儿童之中延迟似乎更为严重，因为缺乏在形成行动模式期间的感知运动控制，即使在一定程度上他们的语言中枢是完好的，但是仅由此取代总体协调和依赖后者是不够的，而它们的积累必然被阻碍。

16. 语言学结构和逻辑学结构

语言和逻辑的联系是无可争议且非常重要的，这种联系仍然在高度发展之中，特别是它们影响了心理学家和社会学家之间长期存在的争论。

这个不出意外的话应该会被首先注意到。即索绪尔的语言学学说和涂尔干的社会学理论之间的基础概念的交集是值得特别注意的：语言是一种外界和个体共同施加在它身上约定俗成的规范；任何后来创造的语言必须遵守之前早已确定的共同规则，并且它们的主动权取决于语言结构的认可。而语言结构可以接受也可以拒绝它们，但是如果选择接受，这仅是因为这种需求与系统整体的平衡等有关。现在涂尔干从他的社会总体思想中得出结论，即：逻辑的规则由群体施加给个体，尤其是通过语言这个智慧的塑造者兼结构的持有者，这些通过教育从童年就开始施加影响。

社会人类学和文化人类学当前趋势正在朝着相同的方向发展，我们都知道列维-斯特劳斯的结构主义受到了索绪尔语言学和语音学[鲁别茨科依（Troubetskoy）和雅各布森（Jakobson）]的影响，因为这个意义系统对他来说似乎给部落社会的经济交流和亲属关系带来一线生机，后者包括一个逻辑，同时是集体和个人操纵的来源[因此他反对列维-布留尔（Levy-Bruhl）前逻辑，涂尔干也因类似的原因而反对]。

但是语言社会学却发展出了一种完全不同的趋势。广义的逻辑实证主义（由"维也纳学派"发起)试图将实验真理简化为简单的感知事实,以允许知识的逻辑数学性安排,但没有从中看到严格意义上的真理之源:事实构想了真理,在传统的名义上,作为纯粹的语言,而更精确地描述这种语言状态。卡尔纳普(R. Carnap)开始提出,所有的逻辑应该简化为一种一般语法,自然语言将以不同程度的原貌反映出来,但是其标准的形式将由现代符号逻辑的形式化语言提供。塔斯基(Tarski),然后是卡尔纳普,表明对一般语义系统或为建立意义而设计的元语言的需要。最后,莫里斯(Morris)个人提出了"实用"系统的构成,虽然纯粹是在建立这种"语言"规则的意义上。

这些概念受到许多语言学家的欢迎,在《统一科学百科全书》中布卢姆菲尔德也大力赞扬了朴素的想法的消失,即概念仍然需要在逻辑或数学联络之下:没有什么要存在的,除了可观察的、感知的事实以及信号系统,无论用于描述或暗示它是自然的(当前语言)还是科学的。

然而,这种双重的社会学和语言运动(尽管涂尔干的规范现实主义与大多数传统的"经验主义者的名义主义"之间存在着巨大的差距,但是通过融合,其统一性仍然是显著的),事实上是有争议的,因为通过心理学家、语言学家和逻辑学家目前正在进行的大量研究,它们有融合但与之前相反。

在心理学层面上,作者多年来一直在努力(并且这些研究正在与语言学家的合作),以表明逻辑数学结构的来源处于比语言更高的水平,即在动作的一般协调水平。在感知运动智慧水平,人们确实发现了动作模式的组成,并且在这些模式的协调中,存在秩序对应、互锁元件等的结构,它们已经是逻辑性的,并且位于未来思想运算的开始。此外,运算本身与内化和调节机制比与纯粹的语言影响更紧密相关。直到我们达到更高的水平,"命题"逻辑才可能与处理口头说明的假设联系起来;而整个"具体"运算期间,即直接关于物体的运算,指向那些运算与物质行动之间持久的联系。

从语言学的角度来看,可以对儿童使用的语言表达的语言结构和后者的运算水平之间的相关性进行精确的实验;这些实验的结果倾向于证明所使用的语言是从属于运算结构,而不是可逆的。

社会学家和心理学家之间的"无声对话",即关于"普遍性"的意义是否适用于所有个体,是叠加在社会上还是仅仅是社会的产物,这两个相反的争论事实上已经过时。虽然逻辑关系到一般的协调动作,协调既是个体之间的同样也是个体内部的:事实上,发生在认知交换中的运算被发现是基于在个体结构中一样的分析上,因此前者是后者的来源,反之亦然,其余的是由于它们共同的生物根源而不可分割。

另一方面,语言学家在继续他们的结构主义分析的同时,也在试图尽可能精确地将它们形式化以便在基于代数有时甚至是物理方法的语言来表达结构联系,远不止是以一个简单的逻辑结束,而是发现了一系列自成一格的尤其是针对信号系统的结构。结果变得双倍有意思,首先是因为展示了信号系统如何不同于真理的知识规范系统,其次因为它带来了两者之间的关系问题。这种关系肯定存在,因为虽然符号有自己的规律,但它们也是在语言主体的活跃范围内表达具有不同程度的逻辑性质的意义的功能。以这种方式,语言学家霍尔姆斯列夫(Hjelmslev)开始深化"子逻辑"水平的理论,其中逻辑和语言协调之间形成了连接。这个子逻辑的分析似乎很可能将我们带回到动作协调的问题上。

然而,必须记住,特别是语言结构主义,在索绪尔那里基本是静态的,现已变成动态的,因为哈里斯(Z. Harris)强调语言的"创造性"方面,乔姆斯基发现他的"转换语法",有可能来自他认为的先天的"固定核心",一种根据转换的精确规则而来的用语的不定数字(并且符合"单一的序数和关联结构")。现在乔姆斯基将他的"先天固定内核"归因于推理本身,完全与语言学家(布卢姆菲尔德等)的实证主义立场相反。当然,一个人在没有以任何方式改变乔姆斯基哲学的纯粹语言方面的情况下,是可以质疑其推理的先天性的,因为语言之前的感知运动智慧是长期结构化的最终产物,其中遗传因素(其在各处起作用)远不是涉及的唯一因素;此外,辛克莱(H. Sinclair)目前试图证明"单一化"的方法可以解释为感知运动模式的协调。然而,真相却是在语言学领域,我们颠倒了逻辑结构的从属到语言,因此打开了一个非常广泛的实验研究领域针对研究迄今主要以投机方式处理问题的跨学科合作(心理语言学等)。

此外,那些超越纯粹形式化的问题的逻辑学家研究逻辑结构和主体的行为之间的关系的问题,自然地转向能够考虑适合逻辑机制的自我修正的自我调节系统的方向。现在,可以提供这种模型的控制论是信息或通信理论和指导或管理理论的综合。因此在这个具有双边理论的控制论上,一个比简单和直接的同化更自然的关系可以在语言学和逻辑之间建立。语言是信息,并且在编码的行为学方面和它们的逻辑结构之间可以构成各种关系。正是沿着这些线路,奥斯托斯特尔(A. Aostostel)把语言当作对错误的前修正的系统来研究。逻辑运算构成了思想调节的极端情况,并且在这种调节的最弱形式和最严格的或运算的形式之间,可以存在许多能够影响语言的中间阶段。因此,可以看出跨学科研究在这一领域是如何的有必要和有前景。

17. 更高水平的象征

正如在第 15 点我们所了解的,由索绪尔所倡导的一般符号学为符号系统和各种象征主义或本质上就次于清楚有力的语言的信号之间提供了系统的比较。但它也预先假设了称之为象征主义的与第二种力量,或次于语言的本质做对比,也就是说使用语言但构成"所指",其综合意义是意识形态上的,且位于口头语义学不同的范围:比如神话、民间故事等等,这些通过语言来传达内容,每一个都带有符合一般语义法则的宗教或情感意义符号,正如它们令人惊讶的频繁地在各大洲之间传播显示的那样。

然而,问题的掌握和设置并不是那么简单。在逻辑和数学的唯名论概念里,可以说任何概念或特定结构还是一种象征着应用于对象的标志,它们还要有指定词一起搭配。

因此数学"群"概念就仅仅是更有效的象征,它的含义就归纳为不同的位移、物理状态等,这将被问题所描述。从另一方面,在运算意义上,"群"或者任何其他逻辑和数学概念都是对实词有影响的一个动作系统,它们是真实的动作被内化了,因此它们本身没有任何象征意义。象征主义来自指定运算的任意标志不是尽可能多的运算。

如果后一种方法的解释可以接受的话,那么并非全部思想都必须是象征性的,而象征主义以各种形式的思想重新出现,它并没有与有效结构联系起来而是与其情感内容、有意识或无意识地联系着:在这样的解释中,尽管有巨大的人类生产领域,其中涵盖有或多或少的个人"象征思维",这是不同学派的心理学家、神话和民间故事符号、艺术符号和意识形态中的某种形式所研究的,因为它们表达的是短暂的集体价值不是理性结构(当然,每一种表现从某种程度上可以说是"理性化的")。可以看得出,对一般符号学而言,这些方面已经有了实质性的对比领域,由语言方法激发的后一种方法本质上更不是跨学科的。

弗洛伊德精神分析学派得到由布洛伊勒关于"孤僻"思维的作品促进和荣格的不同学派的跟随,它为个体的"象征思维"带来了希望,其"象征思维"在梦境中、在孩子的玩耍中和在病态显现中都能够看到。它的标准是理性思维寻求现实的适当,反之象征思维的运作是通过从属的表征到情感作用的一种直接的欲望满足。弗洛伊德的研究始于解释由于压抑出现的作为伪装机制的无意识的象征主义,但随后围绕布洛伊勒的更宽泛的概念用其"孤僻"概念解释以自我为中心的象征主义。弗洛伊德在艺术象征方向上追求着自己的研究。在另一方面,荣格也很快地看到了一种由情感语言所构成的象征主义,结果导致了大范围的与神学比较。他论证了更广泛的具有公平性的普遍自然本质的象征或他所认为的不需证明的时代相传的"原型",并且它使用很普遍,这是另外一回事。

精神分析师在个人身上发现的或多或少的潜意识象征主义和神学艺术象征主义之间的建立的连接证明了这种象征主义规则与心理现实一样跟集体性有关。因此,毫无疑问,在社会文化人类学领域神学表征的直接研究,给在语言水平之上的一般符号学提供了至关重要的可能性。比如,列维-斯特劳斯想到用索绪尔的术语来构想,因此他将一种必不可少但荣格和弗洛伊德的分析中恰恰缺少的方法论引进这巨大广阔、困难重重的领域。

尽管如此,这仅仅才是工作的开始,在某种文明范围内具有一般意义的规则一定会运用到与科学思维一致的社会领域。当马克思论述关于经济科学基础与意识形态上层建筑之间的反向问题时,他提到有大量的问题是有关于意识形态生产的各种可能类型的属性和运行。为了体现出这些问题是多么的重要,值得回忆的是马克思主义最坚决的反对者之一帕累托,他把社会学引入可观测出的不同情形:帕累托认为,社会行为模型由特定需要或情感寄托所支配,他称之为"剩余物";但这些——这唯一吸引我们的点——事实上不是以裸露的或直接的形式表现出来而是打包进各种形式的概念、主义等,帕累托称之为"派生",因此显而易见的是这些"派生"构成一种意识形态上层建筑,但是是本质上具有象征属性的那种,因为包含着隐藏在可变的次要的概念机制下面的必要且不变的情感意义。

本部分的目的是获得共同机制,着重强调来自方法论特别是可预期性观点的跨学科问题,必须要注意到它的高度内涵性,以及研究具有智慧形式和情感内容学说的象征意义,因为这样的研究在高层次象征系统的一般符号学的可能延伸和马克思主义灵感的社会甚至是经济分析之间形成一种明显的交汇点,该交汇点非常显著的一个例子是戈德曼对詹森主义的研究,选择这个例子是因为它在社会学领域的事例中有点罕见,社会学是通过理论研究断定迄今为止未知事实的存在,在这个例子中,发现了一个被历史所忽视的历史人物。戈德曼通过路易斯统治下贵族阶层社会经济的艰难来解释詹森主义:从教义宣扬的世界中撤退显示了象征主义的情感、集体情形。但是,就社会象征主义而言,通过这种方法分析又重新构建了纯粹詹森主义,这不会被已知历史的个体主义所完全认识到。因此,建立完整假设的詹森主义很有必要,这个在外界看来好像没什么的,实际在运行。已经"算到"了这种领军人物的存在,戈德曼继续发现他存在于阿贝·巴科斯(Abbé Barcos)的人物中,展现他在历史上有影响力的出人意料的作用。

看得出来文学、艺术和形而上学的生产数量源自这样的分析,这种分析法尽管区别起来很困难但是句法语义方面保持基本意义,它的社会学和经济学方面表现得很明显。

18. 与意义有关的历时和共时问题

孔德的社会学在静态问题(顺序)和动态问题(发展)之间划了明确界限,但是索绪尔或许才是第一个对人类科学中的共时和历时思维相对对立的情况给予重视的语言学家。语言和词汇的历史并不能解释一切,因为正如生物器官的功能会发生变化,词的意义也会为了满足某个时期语言平衡的需要而发生改变。

现在,就共时性的平衡和历时性的变化之间的关系而言,作为反映能指和所指之间联系的意义系统占据了一个特殊的位置。正如我们在前面已经讲过的那样,这两个方面关联性的最大值出现在规范结构的范围里,因为规则的演变——比如智慧的运算结构——是一个逐渐达到平衡的过程:结构离它最终的结论越近(需要指出的是,不能把它随后融入新结构的可能性排除在外),共时性平衡对这个相同的自我调整过程的依赖性就越大。前面(第14点)在关于价值的例子中,我们已经看到过一个中间状态:价值与结构(规范价值)之间的联系越紧密,越不迎合一个正在改变的功能的需求,它对自身的历史的依赖性就越大。至于在意义系统里发挥作用的"能指",很明显,它们越规矩或者随意,越适应当下的需求,它们对之前历史的依赖性就越强。所以,在这样的情况下,我们发现了当前平衡和历时之间关联性的最小值。这一点可以在一些人造的、技术性的符号系统中得以证明,比如数学语言。从根本上来说,对于比如 $A \times B$、$A \cdot B$、AB 这些表达乘法运算的符号或者表达其他意义的特定符号的选择只取决于当下的规范,而非这些符号的历史。这些符号的历史总是包含着一系列变化,这些变化虽然是可解释的,但它们通常和每个历史时期整个系统的平衡联系在一起。新的象征意义可以促进观点的重新组织,所以如果符号固守过去的意义妨碍了观点的重新组织,那么这种固守就是一种干扰因素。

正如索绪尔指出的[其实皮尔斯(Pierce)更早地指出了这一点,虽然他的分类方法逻辑性不那么强],"能指"可以分为动机性的"象征"和任意性的"符号",它们之间有一系列的过渡。叶斯帕森(Jespersen)和雅各布森都对符号的任意性特征的定义提出了质疑。但索绪尔似乎在这些质疑出现之前就给出了应对它们的答案——他将"相对任意"和"绝对任性"进行了区别。从广义上说,一个曾经指示某个概念的词与其发音和词义之间的联系不如这个概念与它的意义和内容之间的联系紧密。即使语言符号被赋予了象征意义,即使在人们意识到的情况下,某个词没有任何任意性(如本维尼斯特所指出的那样),语言的多样性见证了语言符号的传统性这一点也十分明显。而且,符号总是社会性的(遵循在使用中产生的明确或隐晦的规则),而象征可能有其独立的源头,就像小孩子玩的有象征意义的游戏或者梦中的场景。

语言学家们所提出在结构和意义的关系范围里的共时因素和历时因素的关系问题是一个涉及范围很广的问题,研究它能够帮助我们理解许多跨学科问题(可能是涉及语言学的,也可能是操作性和建构性很强的),比如帮助我们解读逻辑和数学结构。如果我们接受这个名义主义的猜想,根据这个猜想,这些结构都是用于表达数据的语言,那它们的句法和语义之间的关系应该遵守指导它们的共时和历时关系的一般准则。乍一看,这样的说法似乎是正确的:句法规则不随时间改变,而意义随时间改变。尽管意义已经改变,欧几里得的几何定理在今天仍被视为真理的原因主要有两个:一是因为,今天我们已经不再像康德那样把它视为对一种独特、必要的空间形式的表达;我们只把它视为众多测量方法中的一种,这当然会改变它的意义,丰富它的内涵,再说,还有那些从欧几里得结构到非欧几里得结构的可能的过渡。另一个原因更加的普遍,那就是那个空间形式对于今天的我们来说再也不是静止的数据,只是一个变化的结果,这样就造成了每个几何形式都从属于一个关于变化的基本集合的局面,这些集合互为源头,它们衍生出对方的方式和它们的子集合们互相区别的方式相同。虽然在每个历史时期,这些意义依赖于当下的知识的共时系统,但它们的发展并不是毫无章法的,并不是由偶然和外因造就的。以过去建构状态的抽象为前进基础,改变意义的新事物的发展过程是一个不断趋向平衡的过程,在这个过程里,共时性平衡是一个即时的结果,也是新的建构过程的起点。因此,从这个意义上说,这种情况与所谓自然语言的情况是截然不同的。对自然语言来说,共时性平衡是一个关于再平衡的问题,而再平衡是由许多外因和内因共同主导的。

共时性平衡和历时性演变的关系问题引发了另一个和它们密切相关的问题——那些在历史进程中改变人类行为并且使再平衡成为必要的创新的本质问题。在这里,我们把那些在现在和过去平衡进程之间的近似连续或者不连续的关系中起到重要作用的创新分为三类。第一类创新是"发现",这些发现把原本已经存在只是不为人知的东西带到阳光下(比如,对美洲大陆的发现)。很明显,在这种发现中,必要的再平衡不是单单由系统先前的状态所决定的。第二类,当我们提起"发明"时,我们是指人类把原有材料重新组合(这里要排除掉生物学家所说的器官发明,那是指器官为了适应新环境而发生巨大改变)。发明的特点是,不管人们对发明所用的材料多么熟知(所以发明就是对某些材料的第一次组合),发明物是超乎人们的想象的。比如,发明一个新的象征并不意味着其他象征就不能被发明出来。很明显的是,发明依然证明了现在的再平衡和过去的历史之间相对独立的关系。第三类创新存在于人类行为中,具有重大的社会意义。就其数学逻辑结构或者说智慧结构而言,它有时候被称为"发明",有时候被称为"发现"。数学"发明"不是一种发现(可能只有柏拉图学派的人不会认同这种说法),因为它是一种新组合。比如,想象数字 $\sqrt{-1}$ 就是卡当对负数和根的提取进行组合的成果。但数学发明也不是一种纯粹的发明,因为一旦这个发明得到验证,它就不可能还有其他组合方式,它将要求建立它自己的规则。在第三类创新中(关于第三类创新的例证可以在心理发展的范围中找到,比如逻辑结构的自然形成),共时性再平衡对过去演化过程的依赖非常强,因为历时性建构,即使在那个阶段,也依赖着进行中的平衡,而当下的平衡是那个过程暂时的终点。

五、结论:知识与人文科学的主题

社会科学和人文科学都有自己的一系列认知问题。但二者在研究上存在两种完全不同类型的问题:有关研究人员,或者换句话说,对所研究分支的认识是否能成为科学知识的特定形式有了解的那些人的问题以及那些关注研究自己主体的问题,因为他是人类,是知识的源泉,也确实是作为人文科学起源的社会可接触到的各种是否纯正、专业、科学等知识的出发点。对现实中的跨学科问题——结构或规则,价值和意义进行分组很常见,我们已经提及这一自然主题活动的三大表现;我们仍然可以看到人文科学如何把这一主题当成自己的主题,虽然还没有得到充分的分析,但也许是将来最有希望融合的一点。

19. 知识发展和人文主题的认识论

在历时演变中,社会人文科学都或多或少的和知识论存在着联系。如果没有技术史,人类社会的经济史也不会得以完成,而技术史对于科学发展是至关重要的。史前的人类学是这些研究的延伸,把行为包括工具的使用到技术的转变中存在的所有问题都引导到正确的意识中去(对于工具使用的研究和类人猿是紧密联系的)。社会和文化人类学的开发对于前逻辑或者逻辑的形成是至关重要的,也与社会、家庭组织、经济生活、神话、语言有关。部落文明的逻辑问题没有办法解决,的确,它不仅仅需要详细的心理实验,而这心理实验到目前还不存在于对比表之中,另外它还需要在每一个社会中,把实践或者技术智慧与话语思维或仅仅是口头思维做详细的对比。语言学给我们提供了关于认知系统的口头和书面表达的基本材料,例如记数系统、分类学、关系学等等。

与认知工具的形成有关的科学的两大主要分支——知识社会学和发生心理学是互补的。社会知识的起源向我们展示了其思想运动的进步和合作建设,因为在他们的传播和发展过程中,从一个时代到另一个时代,许多障碍的影响会减缓或转移思想的发展。例如,知识历史社会学越来越依赖于思想、科学和技术的历史,它应该涉及现象上,如同亚历山大时代希腊奇迹或希腊知识的衰败一样,并且可以立马看出的是,除了通过将经济和社会因素与初始必要性可能会造成它随后的停滞发展的概念和原则的内在演进相比较,人文科学应为其提供一些解决方案的最后一个问题不能得到解决。

发生心理学和比较心理学(包括语言学)不解决这样的重要事件,但它们的最大优点是关注的不那么不完整、但最重要的是可以随意再现的系列。一个例子就是整数或"自然"数的建构。通过上述知识分支收集的数据表明,这种数字的阐述在不同文明中是常见的,并且达到的水平差异很大,但是这些事实都没有告诉我们建构本身,我们只知道它的结果。虽然一个孩子被教他数数的成年人包围,他使用的表达形式也包括一个记数系统,但通过仔细计划的实验,可以很容易地回到术语"数字"还不能被使用的阶段,因为数字集合不是保守的(如果它们在空间中的排列被改变,5 就不是 5,等等),并且以这样的阶段开始,可以观察到通过纯粹的逻辑运算,以及包含和排列运算新的综合数字被构成的机制。因此,如果我们可以回到史前人的心理活动,这样的信息给过多的人类学和历史数据带来影响,但不幸的是,这是不可能的,如同数字的起源。这种信息产生了新的逻辑问题,不仅这种发生结构被形式化[格里兹(J. B. Grize)和格兰杰(G. Granger)],而且还隐晦但必然地表明,在逻辑学家关于从类或关系到数字的过渡的所有模型中发现其本质现象。将这些事实与关于动物学习数字的方式(由苛勒和其他人进行的实验)的动物心理学数据进行比较是有指导意义的。

另一个有启发性的例子是空间概念,我们有丰富的民族史和历史数据,但是关于它们是如何得到的信息又不足。但在这个领域,我们发现了一个关于历史和理论两者关系的一个矛盾。几何史表明,希腊开始以惊人的方式来系统化欧氏空间的性质。他们还对投影空间有一定的感知,但没有成功地建立类比或发展任何真正的拓扑理论。直到 17 世纪,投影几何学才成为一个独立的科学分支,直到 19 世纪,非欧几里得几何被发现的时候,拓扑结构才终于成为独立的学科。但是从理论构建的角度来看,拓扑是几何建筑的起点,一方面是投影几何,另一方面是一般指标(欧几里得和非欧几里得之间的差异)得以前进。现在,发生心理学和感知研究表明,自然发展实际上更接近理论,而不是历史,后者已经把遗传顺序从结果开始,随后追溯到源头(一个共同的进程,其本身证明了心理学成因与历史进化之间的比较价值)。一方面,对儿童空间结构的形成的研究表明,拓扑结构先于另外两个,是它们形成的先决条件,而后来的投影和欧几里得结构是同时出现的;另一方面,鲁尼伯格(Luneburg)认为他可以证明基本的感知空间是黎曼而不是欧几里得(对平行的感知等),这可能夸张了,但至少似乎表明有一个未分化的情况,其中欧几里得结构处于次级组织中。

有很多其他关于时间、速度、因果关系等概念的例子,物理学家甚至在与时间有关的速度概念的最初独立上会用到心理发生学的发现。因此和已经确定的事实结合在一起,表明跨学科合作在人文主题的认识论领域是可能的,并且自然思想的认识论是与科学知识的认识论的巨大问题联系在一起的。这是结构研究的一个特例,它具有非常广泛的意义。

20. 通过"杂交"实现重组

之前的思考表明,只要它们把知识主题——所依赖的逻辑和数学结构之源,包含进研究领域,人文科学确实不只保持学科与学科之间的单一关系,这点我们需要尝试进行说明,而是真正涵盖所有科学的关系网(由于他们与生物学的关系,这在任何情况下都是清楚的)。必须回顾这一点,以便能够塑造我们的结论,从而使他们能够成功地解释跨学科关系的真正意义。

若它们仅仅是用于对知识边界的共同探索,那它们的意义远远超过了促进工作的工具。如果我们承认很多的研究工作者仍然在不知不觉坚持的一个论点——即每个科学领域的边界是固定不变的,它们在将来也必定如此,那么这种观察不同知识分支的专家之间的合作方式将是唯一的可能。但是像这种工作的主要目的,是研究趋势而不是研究结果,是研究人类科学的前景和视野而不仅仅是它目前的状态,是清楚地表明,任何创新趋势的目的实际上是水平地推翻前沿并横向挑战它。因此,跨学科研究的真正目的实际上是通过结构重组来重塑或重组知识领域。

的确,近年来科学运动最引人注目的特征之一就是,新知识分支的诞生准确来源于相邻领域知识研究的整合,但是实际上采用新的目标会影响母学科并会丰富它们。我们可能会说两个原本就不同的研究领域的某种"杂交",但是这种隐喻是无意义的,除非术语"杂交"不被理解为它在50年前的古典生物学中的意义。当时杂交被认为是不育的或者至少是不纯的,但是当代生物学中的"基因重组"被证实比纯基因型有更多的平衡和适应能力,同时它们将逐渐取代我们进化机制中突变这一概念。自然科学领域有很多卓有成效的杂交,从拓扑代数到生物物理学、生物化学和量子生物物理学的年轻科学。一个范围小得多但气势相当的运动已经产生了人类科学领域的几个新的分支研究,我们可以通过结论的方式来描述这些"杂交产品",试图解释它们对所从中诞生的母科学的生产意义。

通过数学和统计学方法的精细以及与实验进行的更密切整合,已经变得简单的那些知识分支不应该被归类到这些重新组合的新知识分支中。例如,计量经济学被认为丰富了数学,但是仅是因为它为数学带来了要解决的问题。波莱尔所知的游戏理论与在经济学中的应用全然分开,数学家冯·诺依曼的一般理论(最小值,最大值)追溯到1928年,而他与经济学家摩根斯特恩的合作追溯到1937年。但是,正如我们所了解的,经济行为的研究已经与心理学和其他科学建立了有意义的联系,无须再提及游戏理论的很多其他的应用。

另一方面,一个具有重新组合的真正"杂交"是心理语言学,它明显丰富了心理学和语言学本身,因为只有这个新的科学分支引出了关于个人语言使用的系统研究,相反,语言却是制度化的。毫无疑问,心理语言学也来自"社会语言学",在其中,格林伯格和其他研究者将社会学与语言学组合在一起研究。

社会心理学对社会学和心理学同样有用,它赋予社会学一种新的维度,而且当社会心理学家展现出年轻科学标志的帝国主义时,它也是一种独立的标志,也是领域重组的来临。

习性学或者叫动物心理学,专业的动物学家目前确实要比心理学家在这方面有更多研究。毫无疑问,它丰富了生物学研究(尤其是关于物竞天择理论,在动物选择和改造环境的研究上,动物学家比心理学家研究的多)。然而与此同时,这些研究也给心理学做出了独一无二的贡献,尤其是认知功能的分析(知觉、学习和智慧)。

不得不原谅作者在过去十年左右发生认识论的实验研究或知识建立和形成的研究中所施加的同等压力。在逻辑学、数学、运动学和其他结构的学科发展的研究中,为此在日内瓦成立的国际中心一直鼓励心理学家与逻辑学家,数学家,控制论者,物理学家等合作。如今,发生认识论一方面是一个新的科学分支,它是由认识论(尤其是认识论中的历史批判方法论)和发生心理学结合的。并且发生认识论同时服务于认识论和发生心理学,为此,正如逻辑学家巴贝尔曾经说的,为了了解人类思想,我们必须了解认识论中的某些东西,为了理解认识论,我们必须对人类有所了解。

因此,在某种意义上,这些新的并且是本质上跨学科的科学分支的情况证实了(在第1点中讲的)关于一个"高级"领域(某种意义上更为复杂一些)和"低级"领域之间联系的情况的描述,这种联系既不会导致第一个减少影响到第二个,也不会导致第一个的异质化。而且在相互同化中,第二个可以解释第一个,还可以通过丰富自身以前没有察觉的属性,这提供了必要的联系。在人类科学的领域中,没有复杂性增加或一般性减少的问题,因为所有方面都是无处不在的,也因为对不同领域的界定是一个抽象的过程,而不是一个分层次的问题,相互同化仍然很有必要,并且不会造成现象特异性的变质。然而它是困难重重的。但是,除了大学培训的各种形式之间的差异,这无疑是要克服的主要障碍之外,逐渐普遍使用的逻辑数学技术是交叉的最好说明,它也是实现领域交汇的最佳方式。

人文科学的共同机制问题

〔瑞士〕让·皮亚杰 著
彭利平 译
郭本禹 审校

人文科学的共同机制问题
The Problem of Common Mechanisms in the Human Sciences

作　者　Jean Piaget

原载于 *The Human Context*，edited by J. Piaget, E. A. Lévy-Valensi, D. Cargnello, et al., Dordrecht：Springer，1969，pp. 163-185.

彭利平　译自英文
郭本禹　审校

内容提要

　　社会科学与人文科学领域内的跨学科研究与自然科学领域内相似的研究相比要逊色很多,主要原因在于人文科学研究本身并没有触及其他领域研究者的需求,人文科学中的研究人员也很少碰到将一个群体现象归纳为另外一个群体现象的问题。当然,学科的细分助长了这种研究的割裂现象,但人们也认为,跨越某人专业界限意味着一种综合,而哲学才是专攻综合的学科,而非其他人文科学。

　　但是,鉴于在我们巨量的各个分支学科里都存在着某些大规模问题的趋同现象,如历时转变、共时平衡和交换等问题,且这些大规模问题确实会或多或少地继续引领一些至关重要的人文科学问题;要想解决这个问题,我们必须求助于某些在事实上融合了共同机制的原则性概念。皮亚杰由此认为,要想研究这些共同机制问题,就要求我们做出协同一致的跨学科努力。

彭利平

人文科学的共同机制问题[①]

由于诸多条件限制,社会科学与人文科学领域内的跨学科研究与自然科学领域内相似的研究相比要逊色很多。尽管跨学科研究在未来具有巨大的潜力,但是,上述现象的存在人们是广为认同的。

事情之所以这样,是因为存在着两大主要原因:一方面,在诸如心理学、社会学、文化人类学、语言学、经济学、逻辑学等这样的学科之间并不存在等级制的隶属关系。这意味着任何从事研究的某个个人在其自身的专业领域内可以长时间地从事研究,而不会感到有接触其他领域研究者的需求。而在自然科学领域里,当某人经历从数学到力学、物理学、化学、生物学和精神生理学时,他会发现这些学科之间存在着一种复杂性不断增加、概括性逐渐减少的规律。

另外一方面——而这也是事情的关键所在——在人文科学中,人们很少会碰到将一个群体现象归纳为另外一个群体现象的问题,而自然科学则不断地向人们提出将"高级"学科简化为"低级"学科的要求。然而,除此之外,至少还存在两种情况,尽管偶尔发生,在这个问题的历史演变中发挥了确凿无疑的作用。

其中之一是源于将大学分割为各个学院、而学院则愈益分离的可悲的教学分裂现象。在许多情况下,尽管系是构成学院的基本部分,但是,它的创立使之变得密不透风。尽管在一个理科学院,任何一类专家的培训都要求或多或少更为宽阔的、基于多学科的文化,但是,一位心理学家则完全有可能对语言学、经济学甚或社会学一无所知。

在过往,束缚人文科学的第二种情况则是,人们认为,跨越专业界限意味着一种综合,而专攻综合的学科,如果我们可以这样表达的话(对此的系统阐述则透露出这个假设的缺陷),正是哲学本身。当然,哲学涉及一种综合性状况,它涉及协调所有人文的价值观念,而非纯粹的知识。但是,当诸如实验心理学和社会学等的分支学科在论述由事实而非系统思想所强加的跨学科联系的时候,它们并不愿将那些在更加古老的反思方法面前、通过寻求自己的实验证明或者统计证明而煞费苦心获取的自主权恢复成这些

[①] 我们受联合国教科文组织委托对人文科学中的共同机制和跨学科关系进行研究,以了解该领域的当今发展趋势。现在呈现的是我们将要在本报告中详细阐述的某些思想,以供社会学家们思考。本报告原文以法语出版,标题为"Les Actes du qeme Congres Mondial de sociologie"。英译文经国际社会学学会允许而得以出版。

更为古老的方法。

基于这些观点,我们现在也许可以开始针对科学之间的跨学科研究的未来展望做一个评估,这些科学已经确立了自己的路径和论证方法,因学科自身传统而仍然被禁止采纳自然科学领域里迄今流行的实践。但是,如果我们要这样做的话,最佳办法则是以对所涉及的问题进行比较作为开端。

但是,在这方面,人们的脑海里会马上出现三个基本因素:首先,在我们巨量的各个分支学科里都存在着某些大规模问题的趋同现象;其次,尽管这些大规模问题与人们在无机世界里所碰到的问题实际上并没有共通之处,但是,它们确实会或多或少地直接从一些对人文科学而言至关重要的问题的角度来继续引领;最后,如果我们要想解决这个问题,我们必须求助于某些在事实上融合了共同机制的原则性概念。果真如此,那么,显而易见的是对这些共同机制的研究要求,在不断增长的范围里也将要求做出协同一致的跨学科努力。无须再多说,这种努力必须在人文科学的常规领域内以及在某些情况下也连同生物学一起,以各种可能的方式加以推动。

但是,请允许我们暂且依然将之归咎于更加一般性的问题:这几乎没有异议。但是,在生物科学领域内有三个最为关键也最为独特的问题(因为这些问题几乎根本无法应用于物理和化学领域)是:(1)在逐渐形成有组织的形式这个意义上的发展或者进化问题,及其伴随在各个发展阶段所发生的质的转变;(2)在这些平衡的形式或共时的形式中的功能问题;(3)有机体与其环境(物理环境和其他有机物)间的交换问题。

换言之,涉及这些主要事实而需阐释的三大主要概念是:(1)新结构产品的概念;(2)平衡的概念,但是,这是就规范和自我规范(而非单单以力量平衡)的意义而言的;(3)材料交换意义上的交换概念,而非信息交换意义上的交换(这同样非常重要,因为这也是当代生物学所使用的语言①)。

我们发现,既然我们已经确定了这些更深层次的因素,历时转变、共时平衡和交换这三个问题也是我们在每个人文科学中发现的三个主要问题。我们不仅在这些学科的每个学科中都发现它们各自特定的形式,我们还发现,这些历时和共时的维度关系依据其所研究的现象类型显示出巨大的差异。

结构与功能

让我们继续我们的生物比较,因为在人文科学缺乏"一般理论"(这种理论在当今压根就没有到来的迹象)之时,生物学的参照为我们提供了最为清晰、现成可用的框架。而这种比较,只要心理学紧紧地依赖于生物学且在某种程度上也依赖于人口学,那就更

---

① 譬如,在施马尔豪森(Schmalhausen)的著作里就是如此。

具吸引力。在这方面,它的基本概念是结构和功能的概念。但是,在这一点上,我们发现我们自身也面临着某些让人胆怯的问题。原因在于,这些术语不管在单独使用还是在联合使用时,它们都不仅极其普通,而且其含义也同样常常极为不精确。

从数学的角度讲,我们可以将这个结构用同构过程来描述,它也借此可以在不同领域再次出现。因此,我们可以说,如果在忽略这些要素的本质时,我们能够在两个元素群之间以及在将它们联合起来的关系中——而人们在讲述其后者时是用结构成分特征来表述的,包括它们的方向(譬如,〈或〉)——建立起一种一对一的和交互的对应关系,那么,这两个要素群就具有相同的结构。

诸如这样的一种方法可以被应用于"有组织的"结构或者生物结构,但是,需要有如下的附带条件。如果一个有生命力的结构在与环境进行持续不断的交换过程中保护了自己的身份,那么,此意义上的这个有生命力的结构便成了一种"开放的"系统[贝塔朗菲(Bertalanffy)]。另外一方面,只要其各种要素在相互间的互动中能够维护自身,而同时又能够从外部获取食物,那么,它也就使一种反馈循环功能成为必要。只要一种结构在即便是永恒的活动中都能够维护自身,那么,尽管这种结构可以用静态的术语来加以描述,但是,原则上讲它就是有活力的。原因在于,这种结构构成了或多或少持续转变的形式。

鉴于"有组织的"结构系用行为的术语来看待的,因此,这种"有组织的"结构需要一种用以描述这种结构的转变的表达方式的功能性的变化过程。一般而言,人们会把一种"功能"视为由一种与整个结构的功能发挥有关,且——推而广之——与针对这个亚结构的功能的整个功能的行为有关的一个亚结构功能所发挥作用的那个部分(譬如,行为的那个部分或者正在发挥功能的那个部分)。

所有功能同时是产品、交换和平衡。亦即,它不断地预测决定或者机会、信息和规则。其结果是,即便结构和功能的概念也需要——在生物领域本身内——源于功能性效用或价值的概念和源于有效内容的概念。

所有的功能和功能发挥使得从整个内部或者外部要素中进行选择或者遴选成为必要。因此,我们可以说,当某个要素作为一个组成部分进入这个结构的循环之中且如果它对这个循环的持续性产生威胁或者干预就使之变得有害时,这个要素是有用的。但是,我们必须要对两类功能性效用或"价值观念"做出区分。

(1) 基础效用,亦即用于我们所探讨的这个结构的一个内部要素或者外部要素(产品或者交换)的这个效用。这种效用仅适用于如下情况,即只要作为有组织结构形式的这个要素以质的方式干预了产品的生产过程,或者干预了那个结构的保护的那种效用。譬如,为防止骨头腐败而包含钙在内的食物的这个效用,或者在新的、能够生存的基因组合中的一组基因群的效用。

(2) 次要效用,它与形成于第一类项下细述的要素具有难以分割的成本或收益有关:变化的成本、交换的成本等等,这些成本都进入功能发挥作用的进程之中。

这种区分,一方面指的是这些结构的亲缘关系方面或者正式的方面,亦即就其本身而言的结构性的诸方面;另外一方面指的是功能发挥过程中的积极的方面。毋庸置疑,这两个方面是不可分离的,原因在于,世界上本就不存在不发挥作用的结构,反之亦然。但是,它们依然是有差别的,因为在所有的生产和交换过程中,它必须对如下方面进行区分:①涉及被维护或者构建的各种结构,什么是必须要生产的、获取的或者是要交换的;②涉及所有现成的能力,那个产品或者交换花费了多少、产出了什么?

但是,由于这些普通的生物学概念能够让我们以一种框架的形式分析特定的各人文科学的共同机制,因此,在我们解释这些普通的生物学概念时,还要加上另外一种区分。这种区分与信息所发挥的作用有关,它对于产品、交换和规则当然是必不可少的。事实上,只要某个已经给定的要素以其自身难以融入进来,或者事实上存在于一个已经完成的结构、抑或难以构成一种直接的或最接近发挥作用的价值,或者只是随后的结构或者功能的代表或者信使,那么,除了正在发挥作用的结构和道德观念外,我们就无法避免地要引入意义的概念。因此,我们必须对两种情况做出区分:①这个代表本身并没有被生物体识别。或者,换言之,它在行为上并无任何关联,但是却构成了存储的一个部分,或者说成为在随后就会使用的信息储备:正是在这个意义上我们谈及了遗传信息等,或者谈及了信息传输。这种信息储备和信息传输与主要的能量变化过程相反,成为信息反馈具有区别性的特征,而这种信息反馈又将规则赋予主要的能量变化过程。②这个代表使用于"行为"之中,由此成为一个"富有意义的"促进因素等等。最后,我们发现我们自己进入了与人类行为相关的意义系统。

概言之,我们发现我们自己面临着三大主要的概念类型:组织的结构或者形式;功能,亦即质性的或者是能量的道德观念的源头以及意义。尽管显而易见的是,历时的维度和共时的维度之间的关系会根据我们是否在处理结构、功能效用和意义时会显示差异,但是,这三种概念自然地会导致如下结果,即它们要么是历时的问题,亦即进化或者构建的问题;要么是共时的问题,亦即平衡和规则问题;或者与自然进行交换的问题。

为了能对不同的人文科学所设想的共同机制展开分析,我们必须要把这个一般的框架转化成为人类行为的术语。但是在转化之前,我们还需要做一个更加深入的观察。在我们一直枚举的形式中显露出来的产品、规则或者交换要么是有机的、要么是精神上的、要么是精神间的。在我们一开始所指的术语这个框架内,我们将有机语言作为我们的出发点。迄今,尽管大部分人文科学在考虑人类行为时,对源于意识和并非是有意的诸多方面的问题之间并不试图细加区分,但是,如在意识与身体存在之间建立一种明晰的关系可能会引起持续不断的问题的心理学那样的这些学科,已经被引向了精神和物质的并行论或者心物同态(指心理感觉与生物过程的一致性)的原则这个方向。我们已经提议"精神—心理并行论"应该用接受其应用领域事实上只关注物质的因果关系的更加一般的心物同态术语来解释,也应该用接受最广泛意义上的这个术语的含义的一般的心物同态术语来解释。后者(指含义)作为自成一类的关系,将特定的意义与意识的心态联合起来。因此,我们现在必须要做的是将这一部分探讨的各种一般的概念转化成为自觉的含意。

规则、价值观念和记号

即便所有的人文科学都关注产品、规则和交换,即便它们之中的每一个都在此研究中使用被设想为历时的和共时的结构、功能性效用和意义的概念,但是,依据研究人员是采纳了理论观点还是抽象观点,或者他是否顾及处于研究之中的对象的行为在他们的意识中得到反映、符合曾经的生活经历的方式等因素,这些概念依然将以不同的形式出现。从上述两个观点中的第一个观点来看,专家会试图尽可能客观地描述各类结构,亦即用基本上——尽管他们的个体案例依然各有差异——能够正式表达,或者能够用数学方式进行表达。譬如,他会用"网络"(networks)的表述来描述家长身份的结构,就像列维-斯特劳斯(Levi-Strauss)那样做一样;用独异点(monoids)的表述来描述结构的语法,就像乔姆斯基(Chomsky)那样做一样;或者用偶发的系统或者是控制论的系统的表述来描述微观经济学和宏观经济学结构等等。但是,这其中没有任何一个与这个客体的意识有任何直接的关联。另外,我们也可以自由地尝试去发现在客体的知觉中推断这些结构的方式,直至发现他的推理找到了口头表达,并伴有一系列的与目的相关的辩解。而且,我们所发现的当然不再是一种抽象的结构,而是一个整体用"必然性"等逻辑印象加以解释的规则或者智慧规范。当一位研究法律的社会学家试图去发现为何一种司法体系[这个体系偶然地可以按照凯尔森(Kelsen)的方式以"纯粹"的规范法结构的形式被阐释或者编集成典]由那些受制于法律的人"承认"为合法,他发现自身面临着一系列双边的或者多边的关系。在这种关系之中,对一个人而言是"法律"的,对于另外一个人而言则是义务,等等。而这些事实的含意则被人们反过来用特定法规的术语予以解释。当逻辑学家将无数给定的活动连带它们的结果公理化之时,那很可能就是他自己压根就不关注实施这些活动的主体。但是,如果他也这样希望的话,他自己也许可以关注自己在操控的这些关系中的规范性的方面,甚至于会像齐姆宾斯基(Ziembinski)、温伯格(Weinberger)、佩克洛(Peklo)和其他人一样去构建"规范"的逻辑[乃至像温伯格那样运用于司法规范]。与此同时,即便这种结构像许多以规则的形式出现的其他结构(受到有意识行动的影响)一样是不充分的,但是,在主体的知觉中语言学的结构还是被人们用语法规则的术语予以解释了。

另外一个触及由个体在其精神生活或者其他集体关系中所经历过的体验的巨大概念系统是价值观念体系,或者是我们在前面所探讨过的功能性效用的有意识实现的问题。关于这一点,也包括在社会和人文的以及生物学的领域内对所有生命体的反应这个根深蒂固的统一提供进一步指征的这个方面,引人注目的一点是,在基础效用(亦即那些拥有产品的质性元素效用或者结构保护的质性元素效用)和次要效用(亦即那些拥有功能的能量关系效用)之间的区别,以在我们最后提议称之为终极价值观念和生产性价值观念之间做出区分的形式,重新出现在留存于人们记忆之中的价值观念里。由各类规则确定的规范性价值观念是最为重要的终极价值观念;诸如那些在所有人类社会中所实施的被人们认定为善的行为、对比于那些被人们认定为恶的或者是中立的道德价值观念,它必然指的是一套规则体系。这对于司法价值观念而言尤其如此。在个体或者集体表述领域,各种判断根据所接受的规则被评定为对或错(二阶标准),或者对、错和貌似真实的,或者甚至无法确定的,等等(三阶的或者是多阶的)。根据多元价值判断,观念得到阐释、接受或者被驳回;而且,尽管这些概念构成了结构,但是它们依然不断地得到评价,只是这个评价是因为涉及某个整体的规范性结构而被重新评价。尽管美学价值观念并不隶属于这样的绝对价值观念,但是它们依然被人们或多或少地与有组织的结构联系起来。在一个更加个体化的层面上,一个主体在一个给定的客体群体里或者一种给定的一类工作中所采纳的为特定目标服务的兴趣,即便仍然会在一个或多或少更加稳定的价值观念范围里组织起来,但是它也会从所有的规范性结构中退出,仅归属于各类规章制度。

但是,还依然存在与功能性成本和收益相联系的生产性价值观念。人们会在此认为,在更大或者更小的程度上,所有的经济价值观念都来自司法规范内的一般框架:没有支付债务的个人会被提起公诉等等。但是,在什么是允许的和什么是不允许的之间建立起边界的一个框架并非等同于规范性决定,甚至也不等同于一种价值:经济的价值观念服从于无法由司法裁定来决定的它们各自的法律,经济价值观念本身也压根不会强加任何义务(一种规范最具特色的特点是它构成了一种人们或以之为荣,或可以违反的义务,它具有约束性,但是就规范性意义上的这个词义而言它并不"强迫",因此,与因果性决定论形成对照)。尽管经济的价值观念与所有种类的终极价值观念和规范性价值观念无法分离这种说法绝对正确,犹如有机体和个体行为的内部组织系统(亦即某些心理学家想当然地将这个组织系统视为基本情感的原理)与结构的各种各样问题相关联一样,但是成本和收益的那些一般问题与其他评估形式所提出的问题差异巨大,这必然要求多种跨学科的研究,犹如博弈论的多元应用甚至更为广泛的应用所证实的那样。

进入人类行为所有领域的第三个因素是意义体系因素。在这些意义体系中,最为重要的是语言学所研究的语言的集合体系。但是,尽管这个体系在人类社会所有口头传递和书面传递所有种类的价值观念和规则中发挥了极为重要的作用,但是,它并非是记号(signs)的唯一体系,而且,更为重要的是,它也并非是源于意义机制的唯一象征(symbols)。即便我们忽略这类引起所有比较问题的方式的动物语言(蜜蜂等),但是我们必须记住,个体发展中表述的到来并非仅仅由于语言,而是由于更为广泛的也包含象征性活动、精神影像、图形和所有延缓的、内化了的模仿形式(这后者构成了感知运动和表现功能的过渡状态)的符号学(semiotic)功能之故。另外一方面,在某种程度上构成了第一能力的意义体系的集合生活中,语言将这种意义系统加倍增长为第二能力,犹如神话那样由文字或者图像的符号(signifier)同时揭示出它的象征和意义。从这里我们可以清楚地看到,符号学(semiotics)提出了大量的跨学科问题。

结构和规则(或者规范)

既然我们已经使用通用术语提出了各类问题,那么就让我们试着根据我们对规则、价值观念和记号之间所做区分的界限去考察一下我们的共同机制。

结构的概念

在人文科学先锋派运动中,最为普遍的趋势是意在取代原子论态度或者"全局性"阐述(突现出来了整体性)而得到发展的结构主义。

因为与最为基础的智慧变化过程(即再会合的变化过程和增加的变化过程)相一致,为了掌握全局性的问题而得以进化,第一眼看似最为理性、最富成果的方法存在于用简单的术语来解释复杂的现象,换言之,就是使用将各种现象简化为原子成分的术语来解释复杂现象,而其各类特性的总和会顾及用以去解释的整体。在终极分析中,原子论的提出问题的方法就其本身而言忽略或者扭曲了结构的法则。我们也发现,它们远没有从人文科学领域中消失,譬如,它们存在于心理学、存在于联想主义学习理论之中[赫尔学派(School of Hull)等等]。

已经在许多极不相干的学科中显现出来的第二种趋势是这样的,即当面对复杂的系统时它会坚持这些系统的"整体"特征,但同时将这个整体性视为简单地"突现于"组成要素的再会合的某种东西,与此同时,却凭借其自身的"整体特点"将它们构建起来;但是,这种趋势尤其坚持认为,给定的系统的整体性是无须解释的。换言之,它所被描述的这个唯一的事实说明了一切。对于这种态度,我们找到了两种例子。其中之一与目前依然流行的某种心理趋势有关,而另外一种则与目前已然消失的一种社会学流派相关联。这其中的第一种基本上是作为对知觉的实验研究的结果而使之得以诞生的格式塔心理学。但是,自此之后它被苛勒(W. Köhler)和韦特海默(M. Wertheimer)拓展到智慧领域,又被勒温(K. Lewin)拓展到情感作用和社会心理学领域。这些作者认为,在活着的人的每个活动范围里都存在着他的整体意识。这种意识先于对组成要素的任何分析而存在,是由依照准物理平衡(最低限度行为等等)原则来决定其形式的"领域"的行为造成的。

在一个完全不同的领域,涂尔干(Durkheim)的社会学通过将在更高层面突现出的个体的再会合、并将通过对这些个体强加各种"限制"而做出反应的整个社会视为一个全新的整体以相似的方式继续前进。有趣的是,由于以其特有的魄力坚持认为在社会学和心理学领域存在着特定的差异,而与此同时又创造出令人印象深刻的鸿篇巨制而变得加倍的值得称赞的这样一个流派,因为缺少一个本应为法律提供成分或者结构的、也因此可以避免不断提及被人们视为现成结构的整体之需要的这样一个理性的结构主义,而消亡得很完美。

第三种就是结构主义的状况。但是,这个结构主义是用关系术语来表述的,亦即把结构主义视为一种把相互影响的系统或者转变看作基本的现实,也因此从一开始就在包含各类元素的多种关系中将这些元素列于次要地位,并把整体视为这些形成性相互影响的成分的结果,反之亦然的一种学说。从跨学科观点来看,我们极为有趣地观察到,在人文科学内变得愈加明显的这种趋势由于在数学和生物中同样清晰地显现出来,而事实上具有更加广泛的应用性。在数学领域,由布尔巴基(Bourbaki)开创的运动使得将这个传统的学科分支割裂开来的障碍去除了,也因此使得其一般结构通过忽略其内容而得以获得自由。在生物学领域,"有机体论"也代表了一种伪机械原子论和正突现出来的生机论整体的第三类。而且,有机体论领域内最为令人信服的理论家创立了一个以跨学科为目的、志在心理学的、基于"一般的体系理论"的运动(贝塔朗菲也受到"格式塔理论"的影响,但是自此以后其研究远超越于此理论)。

在确立了结构主义原理之后,我们必须记住,事实上存在着一个整体可以分为三个类型的可能的"结构"。在这方面,首个向我们提出的问题就是理解它们之间关系的问题。三个结构类型如下:

(1) 包括逻辑模型在内的代数结构和拓扑结构。包括逻辑模型在内的原因在于,逻辑是一般代数的特例〔譬如,命题的传统逻辑是以布尔(Boole)代数为基础的〕。列维-斯特劳斯正是以这样的方式将文化人类学领域内的家长身份与人际网络(格子框架)结构的关系给缩小了。我们已经在智慧理论背景下试图去描述可以在个体的发展过程中通过以基础代数结构或者"群集"(广群)的形式、然后在青春前期和青春期层面从人际网络和相关联的四位一体的群体中挑选出群体结构以致力于其形成的智慧过程。正如计量经济学所做的那样(线性和非线性方案),结构主义的语言学也依赖代数结构(独异点等等)。

(2) 描述监管体系并被应用于精神生理学和学习机制的控制论线路图。在阿什比(Ashby)的《控制论导论》中,这位远近驰名的、通过"进入均衡状态"而使得解决问题成为可能的稳定器的构建者最近提供了一个规则模型,该模型显示反馈是由适用于博弈论通例的归因律决定的。这样一类被阿什比视为在生物学上最容易构建的、应用非常广泛的模型表明,在心理学和经济学规则之间存在着某种可能的关联性。

(3) 应用于计量经济学、人口统计学和经常应用于心理学的随机模型。即便机会经常影响人类的事件且因此要求人们将此作为一种借其自身原因的因素加以考虑,然而,由于人们对机会的反应,不管是赞同的还是反对的,在某种程度上永远都是"有效的反应",因此,机会永远都不是纯粹的。而这将我们带回到规则。

规则体系

在许多事例中,我们是有可能用下列方式解决我们所提出的问题的:如果我们观察一个结构的形成,那么我们就会发现,一旦该结构得以完成,我们就会发现我们会面临这样一种境况:除非我们用行为完成本身来表述,换言之,是因为结构的"闭合"所致,否则面临难以解释的主体行为内的改造的境况。这些就是那类基本的、通过义务感或者"规范必然性"的主体意识以及他在行为中所表现出的对"规则"的遵循而予以解释的事实。我们必须记住,根据研究"规范性事实"①(但并非人文科学家的一般动向)的专家所使用的术语,一条法则凭借其强加一种义务,或被侵犯,或被尊重的事实而得以区分。而一种因果关系规律或者一种决定论除了由于各种各样的原因导致偶然变异这样的偶然情况之外,压根就不容许任何例外存在。

因此,我们发现,确实存在着某些跨学科的问题。而这些跨学科的问题,即便远没有得到解决,但是在人文科学的每个单一领域,基于双边的合作正确实无疑地得到处理。我们提议只考虑这些问题中的三个问题:

(1)在这方面,首先要做的是确定规章和义务是否必定是社会的、合乎常情的。换言之,它们是否涉及至少两个人的相互影响,或者它们是否可以在一个个体内或者内生式的背景下得以存在。事实上,这个问题仅仅是一个更加一般问题的一个部分,亦即是否所有"真正的"或者自然的结构(相对于纯粹的理论"模型")由于规则的运用都可以被转化为人类行为的名称。

主要的趋势表现如下:一方面,研究人员愈加倾向于怀疑逻辑天赋或者经由遗传而传递的道德意识这个意义上的"天生"法则的存在。除了在其进化尚未确定的内心成熟或者神经成熟阶段之外,逻辑推理的过程仅只缓慢地(大体说来,在发达社会并非是在7岁或者8岁时)形成,并且经历了不断的发展。这些进程无疑在最为普通一类的身体协调上有其源头,但是源于这样协调的行为不仅是共有的,也属于个体。其结果则是它们表现为循序渐进的心理社会秩序的、而非生物遗传产品(换言之,尽管人脑会提供一种遗传性机能,且一旦人们使用这种机能,它不仅能够使得共有生活成为可能,而且也会使得作为这些进程起始点的一般协调成为可能,但是人脑并非是遗传性的安排,正如只有当逻辑－数学行为模式是本能的形式时才有可能是遗传性安排一样)平衡的结果。

---

① 对于这个观察者而言,由于他本人在这个过程之中根本没有发挥规范性的作用,也不对正接受观察的主体的规范予以评价,因此,尽管这种观察仅仅是事实陈述,但是,"规范性事实"是社会学家(譬如,处理法律问题的社会学家)所做的一种观察,大意是一个给定的主体承认一种规范具有强制性。

正如鲍德温(J. M. Baldwin)、博维(P. Bovet)和弗洛伊德(Freud)所表明的那样,道德义务的形成是与人际间的相互影响联系起来的等等。

另外一方面,所有平衡结构也只仅仅强制要求一般性规章遵守(和某类由其规章引起的"构思"),所有的规章体系仅凭借其成功或者失败而强制要求在什么是正常的、什么是不正常的(这个概念对于生命体而言是合适的,而对于物理化学则是毫无意义的)之间做出强制性的区分,但是看似更加可能的是,这里还是存在着所谓的分界线将规章和程序(活动)予以区分,而又同时加以结合。当然,在许多情况下,这种过渡时刻很可能发生在个人和人与人之间。

(2)成为延伸到我们刚才所探讨的问题的一般性的第二个问题是那些涉及不同类型的义务或规则的问题。逻辑的必然性是由能够构成演绎结构的协调一致的发展过程来表达的,但是,却存在着大量压根毫无协调一致的内部规则、基本上或多或少带有偶然性的或者极为短暂的、作为约束的产物的义务或者规则:极端的例子是在历史长河中使其任意的特点得到充分表露的正字法规则。

(3)由规则体系提出的第三大问题则是自然地属于不同领域的一系列规则之间的共同学术前沿问题。这个问题以两种明显不同的形式出现。首先,确实存在着真正的结构性交叉点的事实,并由此在不同系列的规则中导致共同领域的建立。譬如,尽管司法体系是一套独特的法律原则大全,亦即意味着它是不能够被降格为逻辑规则或者道德规则的,但是,事实上它与其他两个体系之间存在着大量的共同点,其原因恰恰是因为它无法自由地与这两者中的任何一方(也许在偶尔情况下,这种事例与比之于另外一种事例要更加容易处理)产生抵触。但是,也依然存在着由主体对一个给定的结构进行有意识吸收而造成的其他的交叉点。尽管具有足够的意识,但是,由于各种各样主观的原因,这种有意识的吸收也许依然是不完全的、甚至让人感觉是歪曲的。从这个角度看,教育学家的传统语法只不过是语言结构的有意识的实现,它远非完整,在某种程度上甚至是一种扭曲,侵蚀了准道德秩序的义务的一般领域。

功能和道德观念

既然道德观念是以愿望或者吸引力(在这方面,尽管这两者与个体结构或者集体结构的关系必然要发挥作用,但是它们与规范的联系根本就不会发挥作用)为特征的,那么我们是否要假设我们现在正走向一个一般的道德观念的理论,它不是基于一种先验或者后验的哲学思想,而是基于研究的诸种发现中所揭示出来的自然产生的相互联系?这个问题就是我们必须要关注我们自己的共同机制领域内的下一个问题。

情感、终极目的论和经济的心理学

我们之所以把内心反应的分析作为我们的出发点,并非因为个体也许已经到达了一切都是人性的和社会的门槛了,而是因为在当今兴趣点的中心的"相互联系"的范围内,每一个个体都构成了一种交汇点。这种交汇点不仅仅是因为有无数的集体的相互联系存在,也因为是生物的和社会的机制的缘故。当然,这并不意味着我们非要抛弃心理过程的特征。

在这方面,当今情感心理学的研究所追赶的趋势从如下两个观点来看都是非常富有启发性的:其一,当我们试图对道德观念和结构之间的关系进行界定时我们碰到了巨大困难;其二,也是我们无法回避的问题,即我们需要求助于某种一般的经济形式。这后者由经济科学所研究的人际间的过程为我们提供了一个尤其显著的、却也绝非是唯一的实例。因此,如果用更加具体的表述来说,我们可以说情感生活所提出的问题调查是一种区分不同道德观念类型的一种很好的方法,也是引出由它们的关系而造成的跨学科问题的一种很好的方法。

对于所有人文科学而言,还有一个应该是非常有趣的也是非常重要的一个特点:即当我们试图通过将情感生活与认知功能(只要这些关系与结构有关)进行比较而对情感生活进行特征描述时,尤其是当我们试图对在它们发生不同类型的行为表现时所产生的关系提供一种精确的解释时,它出乎意料的困难。这旋即提出了这样一个一般的问题,即在这些道德观念中,是所有的道德观念还是其中的某些道德观念由结构来确定,在何种意义上确定;改变这些结构的是所有的这些道德观念呢还是其中的一部分,如若如此,是哪些;在道德观念和结构之间是否存在相互改变的变化过程,或者道德观念和结构之间事实上是否是不可分割的,但是在某种程度上却是所有行为方式并存的不同方面。当然,很明显这个问题远超越了心理学领域。

在心理学领域内,行为分析中的当今一般趋势是区分跟认知方面相一致的结构因素与成为情感因素特征的"能量的"因素。但是,这个具有某些比喻意义的"能量关系"的概念到底是何意思?在由内科医生马赫(E. Mach)——偶尔也是心理学家——担任院长、富有"能量的"学校环境(相对于原子论)中长大的弗洛伊德认为,本能构成能量的蓄水池,也随后被应用于各类客体的表现,因为人们感到这些表现是值得拥有的,或者是吸引人的。这种能量投入的思想目前已经习惯上用于客体精力集中发泄这个概念。勒温将行为看作格式塔心理专家模式在某个整个领域(主体和客体)的机能。而这个领域的结构与思维的行为、智慧的行为等等相符,它的动力则决定了它的机能,也因此几乎与对于客体(吸引力和厌恶、障碍等等的品质)而言是负面的和正面的道德观念相一致。但是,这些思想还是给我们留下了一些问题,因为,既然"操作者"亦即一种变革型机制,无疑会涉及动力,那么我们必须依然要将就其本身而言转变的结构与那些按照愿望、兴趣和速率等等而使之成为可能的因素区分开来。而这第二个方面则将我们带回到能量关系之中。在与（认知）结构相符的主体和客体间，让内（P. Janet）将所有的行为区分为主要行动或者主要关系和在积极性（积极意义上的兴趣、努力等等和消极意义上的疲劳、抑郁）及其结果（成功导致喜悦，失败导致悲哀）方面都控制前者的次要行动。因此，行为规则能够代表主要的情感生活。但是，它们到底都是些什么样的规则（因为存在着结构性规则和认知规则）？让内创立了积聚、自我消耗或者根据可变节奏进行重构的生理力量蓄水池这个明晰的假设。而这些就是由情感依照"行为经济"使其中能量的损耗和获取得到协调而导致这个力量得到控制的生理力量蓄水池。基于此，让内继续建立了一种一般的人际行为格式作为分析同情和反感的基础，其中富有同情心的人显现为能量的来源或者催化剂，"天然不相容的"人则使人精疲力竭或者觉得是"昂贵的"。

但是，还有一个对于人文科学而言甚至是更为重要的、更有兴趣的问题：道德观念的多样性问题，或者是道德观念沦落为一个单一的能量的或者是经济特点的问题。如果经济学家在谈及与交换、消费、储备或者投资相关的产品时，尽管尚待揭晓的是这些术语是否总是以相似的意义在被大家使用，但是显而易见的是，这些术语会以相同的形式重新出现在每个领域，甚至包括尚未能说话的哺乳期婴儿的情感性领域（就支出或者能源的恢复、客体或者人的精神集中发泄等的意义而言）。但是，试图分类而与此同时却没有证实它是否可以应用于所有人类科学〔当然，包括语言学，即使仅仅因为索绪尔（F. de Saussure）是从经济学中发现灵感的，也即使仅仅因为巴利（Charles Bally）所提出的"情感语言"的描述促使社会学家沃彻（G. Vaucher）去系统阐述他的道德观念理论的〕，那是难以做到的。

为了引入这个分类，我们必须记住，在个人的和人际道德观念领域内，还存在着一种各个学科都能够发现的基本的两重性：这由不可分离而又具有明显差异的、为特定目标服务的道德观念（或者工具性的道德观念：手段和目的）和生产性道德观念（成本和收益）构成。在个体领域内，这种差别是基于"兴趣"一词的双重含义的。一方面，只要这个词追求一种因为期望而想获得的有价值的目标——即便令人极为感兴趣（就这个词的首要意义而言），但是对于这个目标（就这个单词的次要意义而言）本身全然漠不关心——那么，所有的行为都是被这个词的通用的量化意义上的兴趣所支配。另外一方面，兴趣又是一种积极的调节，能够释放现成的力量（克拉帕雷德和让内），从而增加产量。用这个次要的视角术语来表达的话就是，行为如果是从涉及的主体的观点进行推算以增加产量，那么，它就会被称为"感兴趣的"。功利主义正是玩弄了这个词的这两种含义且没有试图对之加以区分而去寻求使用利己主义的思想方法，以所有的行为都是有趣的为理由来解释利他主义。但是，这并非正确，因为行为总是受到第一意义上的兴趣的含义的控制，正如我们已经看到的，也因此能够同时既漠然无趣而又令人觉得有趣。这种似是而非的论点本身就足以证明两类道德观念的正当性。一方面，即便让内在相当多的事例中显然是正确的（譬如，当某人选择一个旅游伴侣或者用餐伙伴时），但是，当让内用生产道德观念的思想方法来解释同情和反感时，这个人还是可以像一个令人疲惫不堪的人一样；并非每个人都会因为某个妇女不是一个累人的陪伴这个意义上的非常经济而与之结婚。我们甚至思考，迫使他人承认自己正在热恋的情感的"精神集中发泄"是最广义上的交互作用的产品的投射的这样一种道德观念的一般功能，也许甚至会是这样一种道德观念的功能，亦即即便对于这种关注极度不感兴趣，但是仍然以超乎寻常的程度忙于这种兴趣（就这个词的其他含义而言）的道德观念的功能。

道德观念的分类

从这些观察中显露出来的是，尽管经济无所不在，但是，发挥作用的从来都并非仅仅只有经济。在执行一种道德行动，或者实施一种逻辑方法时，没有引起一种必定会触及生产道德观念的能量的消耗是不可能的。而在另外一方面，不管经济学科学所研究的行为类型本质上可能会如何的具有目的性，产品和消费的概念必然与结构有关，所以，也必然与它们所承担的道德观念和终极目的论有关。由此我们得出，作为一个整体的人文科学牵涉到道德观念分类的研究。

（1）我们必须要为由情感心理学所提议而出现、在各个领域都可以发现的首个二分法建立一个合法的领域。具有目的性的或者是工具性的道德观念的这个群体是那些凭借其固有的性质而与结构相关联的道德观念的群体。换言之，它是以结构的产品或者保护的表述解决了具有性质差异的要素需求的群体。这并非是在说道德观念与结构相混淆了：结构因其自身的规律而得以存在。它可以用代数（包括逻辑）表述，或者用拓扑学的表述而无须提及作为工作组件的速率、力或者能量重新再现。如果主体想要牵挂于这种结构，这当然意味着那个结构会受到情感的精神集中发泄，亦即能量的输入等的支配，那么，这种结构也许是值得拥有的，事实上必须是值得拥有的。在后者这一方面，我们也必须确定要集中发泄精神（有目的性的价值）的元素选择和所参与进来的数量。因此，如果我们承认，根据定义而言，产品依据所生产的或者消耗的数量而产生质量结果的差异——为了人际间的节俭，或者为了商品交换中技术产品或者技术数量在财务上可以评估的能量数——那么，产品的道德观念与这个数量方面就处于一种精确的关系之中。

（2）产品的道德观念会导致一种第二类的二分法。这些道德观念所附属的那些结构或许会由能够或多或少由更加富有逻辑性的术语进行系统阐述的规则来表达，也许不会。如若不然，它们也许会停留在简单的规章层面。前者，我们可以提及规范性标准。这其中的价值是由规范约束的，甚至是由规范决定的。而在自发的和自由的交换之中，我们可以提及非规范性道德观念。就第一个事例而言，人们还是会问及，价值和规范或者结构有没有被混淆。但是，这依然并非如此。原因在于规范一方面涉及它的

（认知的）结构，另一方面则涉及它的价值。而这个价值照例源于情感。譬如，道德规范只有在针对就某个发出命令的个人而言或者在一个互惠的关系中就所有的伙伴而言是作为一种评价的特定的敬重感情的功能时方可得到人们的接受。而在另外一方面，司法规范只有在它表达了对习俗或者人际关系的一种评价的"蒙恩"态度时才被人们认为是一种评价。

（3）最后，还存在着伴随此前的所有道德观念、但是引起特定评价的、在行动固有的能量经济（参阅皮亚杰的构想）和涉及经济学的人际经济中都是显而易见的产品道德观念。在这两个事例中，我们留意到了与前面的道德观念所具有的质量的特点形成对照的量化优先的引人注目的现象。换言之，非规范性的质性道德观念自它们合格之时起就变得"经济"：阅读物理的某个学生或许会很乐意、也很有兴趣与某位生物学的学生交换想法，而且，他们偶尔为之的对话无论如何也不会构成一种经济的交换。但是，如果他们相互间都同意在各自学科内相互指导，亦即一个小时的生物学指导交换一个小时的物理学指导，那么，这样的一种交换就会呈现一种经济的特点。再简单不过的原因就是，这种交换被量化了，因为在这样一种环境里，侧重点会放在生产上面。

与各类终极目的论评判相关的规则

由于世界上几乎不存在不涉及意图的任何一类人类举止的类型，因此，终极目的论的概念涉及作为一个整体的所有人文科学。但是，对于因这个终极目的论的概念而引起的困难到底有多大，我们依然有相当的了解。尽管就所涉及的实际上的生物学原理而言至少看似令人满意，但是，生物学领域已经提出了问题，在当今人们提出诸多解决方案时也依然如此。在这方面，我们可以区分三个发展阶段。

在源于心理形态的开始阶段，终极目的论表现得显而易见，至少作为一种因果原理是如此。将终极目的论归因于所有的物理运动和所有的生活发展过程的亚里士多德对"最终原因"和"直接原因"做出了区分，犹如一种目的之存在预料到了获得此种目的的可能性，而反过来又预料到或者是意识到（在此状态中，目的与实际的表述相符），或者是当今某种行为对未来状态产生影响一样。

在第二阶段，终极原因之晦涩难懂的特点说服哲学家将终极目的论之概念分解为它的组成部分，然后就各个组成部分去寻找一种因果性解释。这样，方向的概念便由平衡的术语来进行解释，期望的概念便由使用之前获得的信息的表述来解释，能性的效用概念则由组织机构的等级制特点来解释，等等。至于适应性变化这个核心概念，人们试图将此降级为偶然变异和事件之后的选择这两个概念，这意味着终极目的论的理论被一种由决定胜败的外部公共服务机构所控制的探索体系（既在种族层面，也在个体层面）所替代。

与人文科学领域内非常相似的思想倾向相符的当今阶段作为三类影响交汇的结果

而产生。首先,尽管中介原因的理论从来就没能成功地提供令人满意的解释,但是,在谴责对世界所持的过于简单的机械论观点的缺点时,它一直胜人一筹。其次,总是将原子论模式作为起始点的现象分析在每个生活领域都导致规则的发现:研究人员在发现生理学规则(体内平衡)和胚胎发生规则之后,他们放弃了基因组作为独立微粒的合成体的观点,以便使得他们能够离析协同适应、调控基因、"响应"等等,并给予他们一种独立的生存。最后,也是最为重要的,这些并非都是基于数学模式的机体论的趋势被视为与我们时代最为重要的一个发现,亦即控制论正在研究的自我调节和舵手机制融合起来。它很快就变得显而易见,现在有可能对最后的发展过程和发现"终极目的论的机械等价物",或者"没有目的论的"目的性提供一个因果解释。

  鉴于这样的形势,不难理解,现在确实应该有不同的群体去关注机能和道德观念领域内的规则分析以及结构内的规则分析。但是,还有下述现象不仅仅在人文科学领域内存在,同样也存在于其他所有学科领域内,尤其是在生物学领域内。即最早的探究理所当然地都指向指标现象的两个极端,原因是正是通过对它们的比较,我们才拥有了理解这个机制的全部互动关系的最佳机会。这种波动在经济学里显然是能够得到辨别的。经济学科在相当长的一段时间内被局限在有限的微观经济学领域〔瓦尔拉斯(Walras)等〕之后——循着魁奈(Quesnay)和马尔萨斯(Malthus)的直觉,尤其是马克思(Marx)的愿景——开始忙于由凯恩斯和受凯恩斯的影响而又并不完全赞同他的观点的其他相当多的专家阐述出繁复的方法论的宏观经济学。但是,操作论研究和计量经济学在修复好微观经济学方法之后,为我们提供了一个全新的发展轮廓。在由于所涉及的问题的复杂性而可能导致其方法远非那么精确的社会学领域内,我们发现自己正在见证宏观社会学和微观社会学之间具有启发性的交换。毋庸置言,这样一种双重的方法在有目的的道德观念领域内是难以避免的,因为集体交换等将依赖于群体机制的、难以复原的外观呈现出来。其结果是只有在反应和基本交换的背景内,我们才能够希望观察到评价的根源,在某些情况下去与心理功能建立联系。

  显然,在规范性道德观念领域里,人们基本上是从心理学的观点和微观社会学的观点来审查道德因素的。这在很大程度上是因为压根就没有足够多的方法使我们能够去调查更大的范围,除诸如文化人类学所研究的那类大小和复杂性都有限的社团之外。但是,即便在群体考虑居于主导地位,亦即司法社会学(由于实在法即便以最个体化的方式得以应用依然会与这个国家的全部生活联系起来的)领域依然存在着被称作为从事"微司法的"过程研究的运动。

  在非规范性质化标准领域,我们已经试图对决定评价和评价与规范性考虑的关系的交换机制进行分析。① 在不管何种类型的个体(A 与 B)之间的关系中,如果某人实施了某种行动(我们称之为 rA),那么,另外一个人就会按照积极的满意和消极的满意

---

  ① 参阅皮亚杰的《社会学研究》,第 110—142 页。

(sB)对此进行评估;这种满意然后会以某种心理蒙恩或者感激(tB)的形式被保留起来,从而为 A(能够正式在 rB、sA、tA 和 vB 等一连串序列中确定的变化过程)构成一种信誉或者评价(vA)。各种环境通过建立等价条件($r=s=t=v$)当然会搅乱这个序列的平衡:过高评价和过低评价、健忘、忘恩负义、信誉的耗竭、信用膨胀等等,尤其在临时道德观念和永久道德观念的个体规模之间它们是不一致的。

但是,这个格式使得我们能够描述极广范围的情形:只要是基于一个共同的范围和有益的交换的两个个体之间的同情、带有信誉膨胀或者不带有信誉膨胀的某个个人的声誉、在微观生物学里影响信誉的真实的或者虚构的服务的交换等等。而且,尽管它根本没有实际的利益,但是这类分析确实允许我们做出两类小小的理论观察:这些质化交换过程之间经常会惹人注目的类比以及某些极其重要的经济法则。

首先,显而易见的是,评价和声望(s 和 v)是受供需法则的公正程度所支配的:在一个小镇里,即便是一个普普通通的人才也会得到非常不同的评价,因为这种评价比之于人口更加稠密的环境享有了某种"稀缺价值"。另外一方面,尽管缺乏量化,但是对于陷于现有的道德观念范围被新的道德观念所替代、声望易得也易失这样的危机或者不平衡的现象,我们也找到了一种格勒善法则(Gresham's law,即劣币驱逐良币)的对应物。

其次,我们很容易看到,只要这个交换是非规范性的,那么虚拟道德观念(t 和 v)——相对于真正的道德观念或者实际上的道德观念(r 和 s)——的保留依然是偶然发生的,而所有最终会涉及义务的过程则巩固了这些道德观念(正如在经济学里面,现金销售几乎不要求法律控制,而信用销售则要求更多的保护性机制一样)。价值(t)正是以这样的方式,亦即由于健忘或者忘恩负义等而被消耗掉;而如果引入基于互惠的道德情操,那么这个价值就会得到保护(法语单词 reconnaissance 既含有不由自主的感谢,也含有承认恩义或者义务)。这样,从自发到规范性互惠的转型由一种全新的交换形式予以标示。这样一种交换并非简单的一个所提供的服务问题和或多或少基于互惠的被让与的满足,而是各种观点相互取代的问题。换言之,这是允许享用分权的观点和冷漠的观点的一种交换。

因此,我们会发现,这种质化道德观念的领域为比较研究构成了可能的和非常广泛的领域,甚至在规则向可回复的过程转换领域也是如此。人们正在严格的结构领域(认知规则和过程)研究这样一种转换。但是,为何在以"精神集中发泄"的情感吸引力来表述的、连同在结构规则和过程方面进行观察的道德观念领域不能够进行调查看似没有道理。在这方面,由价值的规模所呈现的逻辑形式是有教育意义的:顺序排列、系谱图等等。诸如戈布洛(Goblot)等作家已经在"道德观念的逻辑"方面试过身手了。①

---

① 我们甚至可以根据道德观念的保护和应用来考虑意志力本身。

意义及意义体系

所有的机构或者规章和所有的道德观念都涉及意义,正如所有的符号系统呈现出一种结构并涉及道德观念一样。但是,符号及其意义之间的关系与有利条件(价值)的顺序相比是不同的,或者说跟某个要素与这个要素所归属的整体的结构上的(或者规范性的)隶属顺序相比是不同的,这依然是对的。而这种意义的关系再一次具有相当广的应用范围。在这种应用之中,它还是遵循这样的认识,即这个领域的共同机制的重要性不亚于前面那些领域的共同机制的重要性。

作为符号学功能的生物学符号传送

在几乎每一个层面的动物行为中,我们都发现由指征或者信号(signals)所释放出来的反应,我们也发现从单细胞有机体内的细胞质的简单敏感性,或者是神经系统对有意义的指征的反应这一整个的分阶段变化。但是,在 12 至 16 个月的婴儿(感知运动层次)中,只有这一级的意义与信号或者指征成对时才能够被观察到。而且,只要涉及运动知觉和条件反射作用,它才会在整个生命中持续运转。正是基于此,我们首先把关注点转到这个基本的符号传送(signalling)系统上来。

在此,对于某种处于指征之下,人们的理解是它是与其含义(除凭借其符号传送功能之外)没有区别的一个符号(signifier)。一个指征构成了这个意义的一个部分、一个方面或者因果性结果:穿过围墙看到一家分支机构是一棵树存在的指征,而兔子的踪迹是该兔子最近经过这里的指征。除非一种信号伴有作为"记号"(sign)的传统的意义或者社会的意义(电话的信号),要不然它[诸如钟声使得巴甫洛夫(Pavlov)的狗产出唾腺反射]也依然是一种指征。

在某些高等灵长目动物和人(3 岁及以上年龄)之中,就以它们不再与辩论中的这个客体或者事件相关联、但又是由这个(个人的或者集体的)主体产生以唤起或者表征这些意义,甚或就它们而言压根就不存在实际上的知觉刺激这个意义上而言的,我们能够观察一批与其意义构成差别的符号。诸如此类的就是象征和记号,而我们所称的符号学的[或者常说的象征的]功能就是构成差异的,唤起也因此而形成表述和思想的符号的力量。尽管符号学的动因在正常儿童中或多或少是同时(但并非是以相同的模式作为一种规则的现象)出现的,但是我们必须仍然要对两类符号学的动因做出区分。

这些层面上的第一个动因是被理解为由索绪尔所创立的、将之置于记号的对立面的象征这个意义而言的象征动因:这些象征就是受到任何一类与其意义所具有的相似之处或者类推作用所构成的各种符号。它们在婴儿阶段作为具有象征性的玩耍(或者假装)、迟缓的模仿、精神意象(内化了的模仿)和图形图像的伴随物以最自发的方式出现。尽管这些象征的形成在正常情况下确实会与言语的形成(除了聋哑人之外,他们对于上述系列增加了一个新的概念:手势语言)同时发生,但是它们在第一个例子中的特点是由作为个体的主体能够自己建构这些伴随物而形成的。它们的共同根源都是始于感知运动层面的模仿,在这个阶段表述方式早已构成,但是仅仅以行动的方式表现出来。然而,继之而来的,它延伸到把迟缓的模仿或者内化的模仿也包括进来。而在这个领域,这个象征然后就出现了。

第二个符号学的功能(鉴于我们目前的知识局限,这个功能对于人类物种而言是特殊的)的典型层面是善于表达的言语层面。与前面的那个层面相比,这个层面显现出两大特点:首先,它以社会交流或者具有教育意义的交流为先决条件,也因此以整个社会为基础,而非仅仅以个体的孤立行为反应为基础;其次,文字符号不再构成象征,而是构成了"记号",这种记号因其集合的本质是常见的,或者是"反复无常的"。

由这样的场面提出的首个大规模跨学科问题首先是确定在这些符号学功能的各类表现中的共同机制和分歧点。为了完成这个任务,我们必须回到有意义的指征阶段和目前我们所了解的动物语言形式方面。其次,是确定对这些表现和表现的形成或者笼而统之的思想的形成之间关系进行界定的问题。而这种界定的确定必须独立于偶然事件、独立于善于表达的言语与逻辑之间的更加特殊的关系来完成。

在这方面,我们会体验到有在手势语言中去寻找思想本身的根源的诱惑感。而事实上,这种做法早就被无数心理学家和语言学家所采纳了。但是,尽管记号体系由于其结构性的运动表象性和它能够传输的大量意义而享有相当大的优势,这一点是无可否认的,但是它还存在着在其中受到限制而我们现在必须回忆的两种方式。

第一个需要记住的考虑是,尽管只要思想构成内化了的智慧,语言对于思想的形成就是一种必要的帮助,但是,语言本身在借助于感知运动源头而受到比之更为重要的智慧的驱使下达到了不可能再低的程度。

但是,感知运动智慧以表征思维的形式所进行的内化并非单单依赖于语言,而是依赖于作为一个整体的符号学的功能。在这方面,早已由精神病理学所提供的资料证明,语言学家、心理学家和神经科学家之间表现出极大的兴趣和进一步合作的意愿,承诺在未来提供更多的信息。我们暂且搁置依然在发展进程中的、因其神经分布极为多样而使得人们将语言和思想隔离开来非常不易的失语症这个问题。让我们先论述一下我们对自出生之日起就聋哑或者失明而在其他方面都正常的儿童所做的观察。在聋哑人事例中,如果与能够讲话的儿童相比,他们肯定存在着某些智慧发育不良的过程。但是,最基本的分类过程、顺序排列、协调等在他们身上都是存在的,并达到了某种水平的复杂程度。而这恰恰是用以证明获得语言能力前的行为组织确实存在这个事实。① 在自出生之日起就失明的人的事例中，由于在行为图标的形成中缺乏感知运动的控制而导致发育不良现象更加严重，而且，尽管语言可以部分地弥补这种不足，但是它依然无法足以替代一般协调性的缺失现象。这当然意味着是它本身难以添加这样的协调。

符号体系的更高形式

索绪尔追求的普通符号学（semiology）涉及低于善于表达的语言的记号体系和各类象征作用（symbolism）形式或者符号传送形式的系统比较。但是，它也要求与高于语言的、可能被称之为象征作用的二次方进行比较。换言之，它也要求与使用语言的、但是作为符号功能以及其集合意义具有思想体系特点的，并表现为与文字语义学的应用不在同一个范畴的象征作用进行比较：它们包括神话、民间故事等等。原因在于，它们各自所使用的语言都是作为载体、但各自本身又是一种遵守一套非常一般性的语义规则的、具有宗教的或者情感意义的象征，这从它们令人惊讶而又常常在洲际间传播的现象中可以明显看出来。

但是，要系统阐述这个问题并非容易，更别说要掌握它了。在逻辑和数学的唯名论思想中，我们也许可以说，所有的概念或者某些特殊的结构依然是记号，象征这些记号所用的言辞却又超出下列表述范围来表达适用的客体：在这个意义上，一个数学"群"的概念就只是一套优秀的象征，其意义可以分类为能够让我们描述的各种各样的趋势、物理状态等。另外一方面，在一个基于变化过程的构想中，这个"群"或者任何其他逻辑的或者数学的概念都会构成一套指向现实的行为体系。而这，即便已经被内化，依然可能会是真实的行为，它本身也压根就没有任何象征性的方面。因为，即便象征作用能够进入用以描述这些变化过程的反复无常的记号里，但是它就其本身而言不会进入这个变化过程。

如果我们赞同这后者的解释，那么随之而来的便是，尽管象征作用不管有无意识，在其价值并不依赖于发展进程中的结构，而是情感内容的所有这些思想形式中都会出现，并非所有的思想都具有语义学符号。即便这个解释也依然留下了由各个精神分析流派、神话的和民俗的象征、艺术象征，也许也包括那些只要表达了极为短暂的集体价值观念的以及并非是理性的结构（尽管所有这些表现当然会在某些程度上被"合理化"）的某些思想体系所做的研究的涉及或多或少的个体"象征思想"的一大片人类生产的领域。我们看到，在这些层面，普通符号学领域愿意参与比较的程度会是相当大的。而且，如果这样的探究是按照语言学领域内所采纳的方法而展开的话，那么，在实质上它

---

① 由于一群年轻的聋哑人会形成一套符号语言，因此，获得语言能力前在此处既是在集合意义上，也是个体意义上而言的。

们不会是太缺少跨学科的了。

受助于布洛伊勒（Bleuler）有关"自闭症"的思想以及随后出现的荣格学派的脱离，弗洛伊德的精神分析已经证实"象征性思想"个体形式存在于梦境中、儿童玩耍和各类病理学的显示之中。此处使用的准则是，尽管理性思想寻求遵从现实，但是，象征性思想却通过使表述服从于行为的方式对欲求给予迅速的满足。一开始，弗洛伊德借由因压抑而启动的伪装机制来解释这种无意识的象征作用，但是，随后，他赞同由借助于他的"自闭症"用自我中心的表述来解释象征作用的布洛伊勒所提出的一个更为宽泛的思想。布洛伊勒其实也同时将其研究延伸到艺术象征的领域。对荣格而言，他很快意识到这种象征作用构成了某类情感语言，而且在与神话资料展开了大量的比较之后，成功地证实了这种大量象征或者"典型"的或多或少的普世特点。无须证明，他将之视为是遗传的，但是也认为（这点是相当不同的）肯定具有相当广泛的应用性。

从精神分析学家由个体中发现的或多或少的无意识象征作用与神话的象征作用或者艺术的象征作用（俄狄浦斯神话和"情结"是一个典型的事例）紧密结合的方式尚可以清晰看出，决定着这样的象征作用的规则既关注集体现实，也同样多地关注心理现实。因此，无疑在文化人类学领域，人们对神话表述的直接研究为我们一直在讨论的、在高于语言层面发生的这个普通符号学做出了极为重要的贡献。同样无疑的是，列维-施特劳斯采纳了索绪尔的方法，将一种必不可少的方法论引入这个巨大而困难重重的领域。而在荣格和弗洛伊德的分析中令人悲伤地感受到了这种方法的缺失。

但是，这还仅仅是个开始。因为，显而易见的是，在这种文明程度上具有一般应用性的规则必须同时也能适用于熟识科学思想的社会。当卡尔·马克思提出了经济和技术的基础结构和意识形态的上层建筑相对立的问题时，他也同时提出了相当多的涉及各类可能存在的意识形态产品的本质和功能的问题。有趣的是，为了展示一下这些问题是如何无可避免地形成的，我们可以回想一下马克思主义最为坚定的反对者之一的帕累托（V. Pareto）在其社会学中采纳了一种由它们激起的可证实的一种特征：在帕累托看来，社会行为是由某些情感需求或者他称之为"遗留物"的不变量来决定的。但是，这些遗留物——这也是唯一引起我们兴趣的一个观点——并不独立地或者直接地自我显现，而是与帕累托称之为"派生物"的所有的形形色色的观念和主义交织在一起的，等等。当然，显而易见的是，这些"派生物"构成了一种意识形态的上层建筑，但是，这种上层建筑在本质上是象征性的。因为，它在一个反复无常的、次要的概念框架里涉及情感的、本质上的和持久不变的意义。

如果以这样的努力去引出这个共同机制，并从方法论的观点，尤其是从展望的观点引起人们对跨学科问题的关注，我们不得不指出正引起人们注意的象征意义的这个研究具有极大的重要性。该研究就其形式而言是理智的，就其内容而言则具有情感性。原因在于这个研究在论述高层的象征体系的普通符号学可能延伸的领域与由马克思主义思想所激发的社会学分析、甚至于经济学分析之间建立了一种接触的意图，很可能导致印象深刻的结果。戈德曼(L. Goldmann)在其詹森主义的研究中所提供的便是这样一种汇合点的绝佳例子。我们被推动去选择这个事例,原因是它为我们呈现了社会学中非常罕见的一个案例。在这中间,理论研究会导致一种对迄今未知的事实的预知,而已经被历史遗忘了的真实的大人物首次被人们发现。戈德曼用路易十四统治下穿袍贵族(noblesse de robe)在社会和经济方面的困境来解释詹森主义:从这个角度看,这个教义所竭力劝说的人们从这个世界完全撤退会对实际上的情感境遇和集体境遇等,构成一种象征性的证明。但是,纯粹的詹森主义由社会象征作用所做的这种分析而得以修复,当然并没有在其完全的意义上经由历史所知晓的大人物(阿诺德等等)去实现。因此,戈德曼构建了他的基于假言的、地道的、由于完完全全的一贯性且在指导这个运动时没有向外界显露自己的这个原因而一直默默无闻的詹森主义人物。戈德曼在某种程度上已经对这样的大人物的存在做了"推测",然后他在巴科斯(Abbé Barcos)这个人身上找到了原型,从而成功地向人们证实了他到那时为止未被料想到的实际上的历史作用。

因此,我们理解,能够从这样的分析中涌现出来的文学的、艺术的和神话的作品数量同样也是最难逐步形成的,它们的社会学的、甚至是经济学的外观也是显而易见的。

采访皮亚杰

〔瑞士〕吉尔伯特·瓦扬 著
陈 巍 译
王云强 王晓梅 审校

采访皮亚杰

英文版 *Interview with Jean Piaget*, Translation, appendix, notes and references by Leslie Smith, Retrieved from: www.fondationjeanpiaget.ch.

作　者　Gilbert Voyat

陈　巍　译自英文
王云强　王晓梅　审校

内容提要

　　1980年2月,吉尔伯特·瓦扬(Gilbert Voyat)就发生认识论的问题对皮亚杰及其学术助手巴蓓尔·英海尔德(Bärbel Inhelder)进行了采访。在此次访谈中,皮亚杰以浅显易懂的语言解释了其结构主义研究过程中的几个核心概念及对这些概念的相关应用。访谈主要围绕以下几个关键词进行:平衡、必然性、拟表型、因果关系和推理。在访谈过程中,皮亚杰向我们展示了其作为一个心理学家,不仅对知识在儿童心灵中的结构性特征感兴趣,更强调考察知识的发生史,研究和理解认识的发生和概念的形成。

　　皮亚杰在对推理概念的阐述中引出了其结构主义的观点。在他看来,推理与结构有很深的联系,结构总是伴随着推理而产生。这就意味着,一切智慧运算的过程都具有一定的结构。他用认识的内在结构的变化来说明认识阶段的发展,把认识发展视为内在结构的组织和再组织的过程。前一个阶段是后一个阶段结构的基础和必要条件。每一个发展阶段的结构也有其特殊性,在发展到下一阶段时,以前结构中的各种成分就有了新的融合,形成了新的结构。

　　值得一提的是,此次访谈是皮亚杰生前的最后一次访谈,可以说是他对其一生研究的一次简短回顾和总结。虽然他坦言,在这次访谈中仍然充满纰漏之处,但这主要是因为他对这些概念的探索一直持续到了生命的尽头。因此无论如何,此次访谈都可以被视为皮亚杰一生思想的浓缩和精华。

陈　巍

采访皮亚杰

在巴蓓尔·英海尔德的协助下开展,并受惠于他的一篇文章。本文的翻译、附录、注释及参考书目由莱斯利·史密斯完成。详见网址:www.les-smith.net。这项工作,即翻译、附录、注释与参考书目,仅供个人研究参考使用,不允许商业获利与独立发表。

2011 年 11 月

致　　谢

感谢让·布朗凯(Jean Blanquet)、卡塔林·艾莫(Katalin Haymoz)、芭芭拉·普雷希森和阿纳斯塔·特里蓬(Anastasia Tryphon)的协助,特别是他们对林恩·利本西娅(首先证实该访谈是在1980年的让·皮亚杰协会年会上)和让-杰奎斯·迪克雷(Jean-Jacques Ducret),他核查了访谈的关键之处的法文脚本和法语录像。当然,任何存在的错误或缺陷都是我的。

序

莱斯利·史密斯(Leslie Smith)

1980年2月[1],(注1),吉尔伯特·瓦扬(Gilbert Voyat)在巴蓓尔·英海尔德(Bärbel Inhelder)的帮助下采访了皮亚杰。这段法语采访分别以文字和电影的方式记录了下来。

文字稿被保存在日内瓦大学的皮亚杰档案馆内。因研究需要,我在2010年10月造访该档案馆的时候意外发现了它。我不清楚其录音文本是来自当时的采访还是随后的电影。那里只有一册副本,我不清楚它是最初还是最终的稿件,它还尚未被校订。

电影以DVD的形式收录在日内瓦大学的图书馆内(Voyat,1980)。我在2011年通过在线图书馆搜索找到了它。它由大学视听中心制作,可能是来源于原始录影带。该电影配有英文字幕,字幕是由马萨诸塞州大学的克劳斯·舒尔茨(Klaus Schultz)(1935-2000)制作的。我不知道该字幕是根据法语稿件的录音文本还是重新独立制作的。图书馆目录显示,这部电影将用于英海尔德在皮亚杰协会第十次会议上做的报告。林恩·利本(Lynn Liben)确认说,节目表显示,在1980年5月30日的星期五晚上有一个"特殊事件",主题为"皮亚杰和巴蓓尔·英海尔德的采访"(Lynn Liben,2011)。节目表还显示,这段采访是由芭芭拉·普雷希森(Barbara Presseisen)(2011)引进的,他本人也确认说"引进了这段1980年的录像"。据同年芭芭拉写给英海尔德的一封信上说,事实上,日内瓦大学的人并未出席这场反响颇好的报告:"200余个会员出席了这场报告,每个人都被这段采访中讨论的问题深深吸引。我们认为你们三个人都表现得非常好。(Liben,2011)。"对于日内瓦大学的人的缺席,一个可能性的解释是皮亚杰的身体健康状况较差,他于1980年9月去世。

这段采访有两个重要意义。第一个是传记意义:这是皮亚杰生前的最后一次采访,是对他的其他采访(皮亚杰,1968a,1970,1972,1972/1981,1973,1973/1981,1977/1980)及他的最后一篇文章(1980/2006)的一个补充。第二个是理论意义:它集中探讨了皮亚杰结构主义研究中(尤其在其工作的最后十年)的中心概念及其应用之间的关系。然而这些概念并未引起足够的重视。这可能是因为这样两个原因。第一,这些概念及其应用之间的关系很复杂,因而对它们的解释也很困难。而这段采访的一个贡献之处就在于,它能够帮助我们明晰和加深对这些概念的理解。在采访中,瓦扬的问题很有洞察力,这使皮亚杰对其许多主要概念之间的联系给出了浅显易懂的回答。第二,皮亚杰对这些概念的分析一直持续到了他生命的尽头。在后记中皮亚杰曾写道,他多少已经对这些概念进行了明晰的概括,但其中仍然充满了纰漏之处(1976,p.223)。毫无疑问,这也是为什么他一直视自己为一名"皮亚杰主义的主要修正者"的原因(1970/1983,p.103)。像往常一样,当他在1976年组织的论坛上签署从日内瓦大学正式退休的协议时,他的主要同事关注的是其工作方法的一个关键特征。会议讨论的皮亚杰的这本书(1975/1985)已由作者修订,作者认为,"皮亚杰显示了自己至少是皮亚杰主义的正统。总是提前提出一个想法,在会议讨论他的其他文章之前,他已经安排好了这篇文章的发行"。(Inhelder,1976,第6页)

DVD共分为三个部分,时长一个小时左右:吉尔伯特·瓦扬(1937—1983)的英文介绍,巴蓓尔·英海尔德(1913—1997)的英文文章,吉尔伯特·瓦扬对皮亚杰(1896—1960)的法文采访,以及由英海尔德制作的英文字幕。

制作名单显示日期为1980年3月。文稿日期为1980年2月。对于日期的差异,一个令人信服的解释是这段时间内需要在DVD内加入英文字幕和制作名单。

文稿和DVD在某些方面的不同及我的翻译与两者的不同表现在以下方面:

(1)我纠正了一些文稿中的拼写错误,并将其列在附录中,在文中以字符"±"标识。我也加入了尾注,在文中以字符"1"标识。我使用的所有的参考文献都是为了澄清那些隐藏在皮亚杰简洁而有洞察力的回答的背后内容的相关著作。这意味着在附录、尾注和参考文献的背后是我自己的想法。由于皮亚杰是一个多产的作家,每年都出版许多作品,因此参考文献同时标注了法文和英文文本的出版日期,以方便确认年表和参考文献。我对标准(出版)翻译的修订在英文出版物相关页码的后面用"∗"号进行了标记。(例如,Piaget,1936/1953,第12页)

(2)DVD中有瓦扬的英文介绍,但文稿中没有。我针对他的口头文本做了一个录音文本。虽然他的英语说得很好,但他的发音和录音质量还是使我无法理解某些特殊的单词。这些是第二条注解。

(3)DVD和文稿中都有英海尔德的英文文章。我在附录中列举了其中存在的拼写错误。

(4)法文文稿和法文版DVD(其中有英文字幕)中都有皮亚杰的采访。后者使得听清法语所言之物十分困难。但读者可以对比我的翻译和英文字幕。我用该字幕检查了两件事。第一是文稿的可靠性,即是否真的存在这个采访;第二是我在文稿中发现的相关错误。

(5)DVD中没有囊括文稿中两个人的所有交流。在翻译文稿的过程中,我将这些交流标记为Q1—Q35。DVD没有收录Q33—Q35。

(6)DVD和文稿中存在一些细微差别,除了那些方括号中显示的,我略去了DVD中重新表述的内容[29]。以注29为例。DVD中记录了皮亚杰对Q23有关"特曼与巴尔的摩"工作的回答,而文稿中只涉及前者,并且其名字存在拼写错误——参见注29。亦见注19、28、31。

引　言

吉尔伯特·瓦扬

我十分荣幸介绍让·皮亚杰和巴蓓尔·英海尔德,他们代表了发生认识论(genetic epistemology)的重要方向和中心思想。发生认识论是今年皮亚杰协会会议[2]的主题。我并不打算逐一介绍皮亚杰和英海尔德的诸多贡献,而是打算说明皮亚杰的主要兴趣在认识论上。在认知理论上,皮亚杰对智慧运算(intellectual operations)如何结构感兴趣。它们是如何形成的,如何稳定于儿童的心灵当中,它们又从何而来。他对心理学的这一方面感兴趣是因为,他的主要意图是认识论上的——对知识结构的理解以及科学史中其个体发生[3]方面的理解。因此,如果说皮亚杰主要对认知感兴趣,那是因为,他的意图并非像他经常强调的那样是心理学上的,而是哲学上的。举例来说,在他看来,从几何学史的观点上来说,儿童的几何概念结构的研究已经在其评价上做好了准备,因为几何学的发展已有数百年的历史。在这种背景下,皮亚杰开始同时提取与这一领域相关的发展数据,并将其与动植物种类史关联起来。他发现它们是平行发展的,这不仅揭示了这一范式[3]领域的发展基础,还揭示了其认识论基础。

因此,皮亚杰的意图是双重的。一方面,他想要了解儿童的各种概念是如何建构的,另一方面,他分析了这些概念的历史分支。简言之,皮亚杰是一个派生的心理学家,说他是派生的是因为其事业的核心之处是理解知识的本质。

今天的访谈主题有关皮亚杰当前正在关注的兴趣点,也就是以下几个问题:

平衡化(equilibration)

必然性(necessity)

拟表型(phenocopy)

因果关系(causality)

推理(reason)

那些正在发展中的概念最近出现在了皮亚杰的理论当中,但其中最有意义的可能是推理的概念。推理是今年发生认识论国际中心关注的核心问题[4]。

从这一点上看,在开始采访之前,澄清推理是什么或许是有趣的。这一工作的一般目的是判定一个断言的推理,换言之,"为何"与"如何"。这就要去分析动作和运算的意义,并在总体上去分析运算结构(operatory structures)和推理的关系的结构性特征。

总之,总体的假设是在推理、"为何"以及结构之间存在很深的联系,这意味着每当我们发现推理时,我们就能找到结构。这至少是皮亚杰正在进行的基本假设。

现在请巴蓓尔·英海尔德就今天的讨论发表讲话。

发生认识论的当前观点

巴蓓尔·英海尔德

就像皮亚杰在他70岁生日时所说的那样[5],在其职业生涯的尾端,最好是转变视角,而非被指责是自我重复。在83岁高龄的时候,皮亚杰仍满怀热情与活力,领导着一群年轻的研究团队,孜孜不倦地探究心理数据、分析模型的新领域,寻找更为完善的认识论概念。我们将通过三个例子,去证明其科学工作中蕴含的创造性的辩证法(creative dialectics)。

(1) 第一个例子有关因果性。在前70年间,大量的研究都致力于研究因果性,其中大部分还尚待出版[6]。皮亚杰感兴趣于儿童对物理现象的自发解释,因为他早年出版的一本书《儿童的数概念》——我有幸参与了写作的副标题就是"守恒与原子论"(conservation and atomism)。我们习惯于将原子论视作一种对物理现象及其发展的解释模型。现在皮亚杰表明,在解释某一事实时,人们会将某种运算模式(operatory model)运用于对该事实的解释当中,而这种模式往往形成于主体认知发展过程中[7]。如果说这些模式适于解释该物理事实,那是由于它们形成于主体与该事实互动的过程中。这是对知识的互动概念的一个有力论证。物理学家加西亚(R. Garcia)表明,类比法是至少从牛顿时代以来的科学思考的历史发展中就业已具有的机制,它存在于儿童的认知发展过程中[8]。

(2) 第二个例子有关儿童的逻辑思考——这个问题一直为皮亚杰所关注,并比第一个问题有更丰富的内容。

皮亚杰始终坚持认为,研究只能表明,人们所期待的往往是没有价值的,而成功的研究来自对不可预料的困难和新问题的解决。例如,当皮亚杰开始研究儿童逻辑时,他认为他只能找到一些逻辑学家的逻辑的苍白反射。而事实上,在分析7—10岁的儿童的推理能力时,皮亚杰和他的同事却发现了基本结构的法则,这些结构已经得到生物学家的广泛运用,他将之称作运算群集的逻辑(the logic of operatory groupings)。在一开始,职业逻辑学家嘲笑这种"天真"的想法,但现在其中一些人已经参与到改善和规范这些结构的工作中了。近些年来,皮亚杰已经开始意识到,这一研究仍与逻辑的外延方面有紧密联系,而那个时候已经开始研究内涵方面了。换言之,意义的逻辑[9]。这些意义总体上并非彼此孤立,而是相互联系在一起,这使得皮亚杰开始假设不同动作之间存在着联系,就像在形式逻辑中不同状态之间存在着联系一样。

(3) 第三个例子,我们可以提及当前有关可能性的工作[10]。事实上,从《智慧的起源》(Piaget，1936/1953)一书开始，皮亚杰已经开始强调思考的功能方面了。可能性在思考过程中的普遍作用是十分明显的。它为建构主义认识论提供了最好例证。它指的是主体设想诸多可能性的能力，这使主体能够突破当前现实，并产生新的结构。举一个十分基本的例子，如果您让一个小孩在一张矩形纸片上尽可能以不同方式放置3个筹码(counter)，3岁的小孩只能找到一种摆放方式，例如放在3个角落上。如果您让他再用另一种摆放方式，他所能做的只能是重新摆放到3个不同的角落上。随着年龄的增长，儿童能够找到不同的方式了，但只有到12－13岁时他们才会说有无限的可能方式[11]。现在无限的可能性并不对应于可观察到的事实。皮亚杰认为逐渐发展的无限可能性的思路是一种不同于经验论者和先天论者有关知识论的观点。

在对近期工作进行了简短的回顾后，我希望你们可以相信，皮亚杰主义理论并不是一个封闭的系统，而是处在不停地完善和发展的过程中。为了了解皮亚杰当前的思想，吉尔伯特·瓦扬将与皮亚杰就这一主题进行一次交谈[12]。

对让·皮亚杰的访谈

吉尔伯特·瓦扬

问题 1

瓦扬[13]：我想要问您的第一个问题是平衡化（equilibration）和运算结构的关系[14]。在您看来，它们该如何区分，又有哪些区分的标准？

皮亚杰：很容易将两者区别开来，至少对我来说如此。平衡化是一个完全连续的过程，它揭示了问题的所有答案。例如，当您问了我一个问题，而我却在想着其他事的时候，就产生了一个不平衡，也就是说出现了一个新的需求等待满足，这个需求就是对您问我的问题给出一个合适的回答。因此我就处于不平衡的状态中，直到我对您的问题给出了回答，我希望这个回答能够让我重新回到平衡的状态。另一方面，结构相当于认知工作的一种稳定产物。平衡化是一个过程，结构是一系列稳定协调物，例如与待分类的物品同样无关的分类法则。关键之处就在于，在更具特定性的类别中加入更具普遍性的类别，这些普遍性被嵌套进更普遍的类别当中。结构就是这一系列的嵌套。稳定的结构并不否认其随后的完善，这就是说，在新结构中进行综合的同时也保留着其本身固有的特征。以一个十分基本的早期结构为例，自然数数列 1，2，3 等。这一串自然数作为一个稳定的结构被嵌入一个更大的结构（即包含正数和负数的整个数列），这时自然数的结构就成为这个新结构的一个部分，但并不是说这整个数列毫无变化，它由于被嵌入一串稳定的自然数列而变得更为丰富。平衡化就是导致这一结果的过程。所以说，结构不仅是一个永恒的稳定系列，也始终处在待整合的状态中。

问题 2

瓦扬：运用这些标准的话，您认为主体发展到何种程度可以形成那些稳定结构？

皮亚杰：稳定结构形成于感知运动阶段。对永久客体（object permanence）的发现形成了一个稳定结构。一旦明白藏在客体背后的东西始终在其最后看到的位置，婴儿就能将客体搜索和位移群集（displacement group）综合在一起。从那时起，位移群集就或多或少成为一个稳定的结构，并经历不同程度的发展水平。对婴儿来说，位移是微小的，而对几何学家来说，这终究是位移[15]。

问题 3

瓦扬：没有天赋的结构？结构都是被建构而成的？

皮亚杰：天赋的问题是一个珍贵的问题。我并不完全相信天赋。然而,天赋还是无处不在。我现在回答您问我的这个问题。我的回答是我自己建构的。现在我以当前的情境为例,我的神经系统必须保持一致,正常运行,这样才能对您的问题做出回应。神经系统明显是先天的,不是由个体建构的产物。它是在蛋白质综合物、基因综合物等的普遍法则的基础上建构而来的。

问题 4

英海尔德：您说在有些地方结构是位于神经系统和意识思考之间的(这意味着结构是不可观察的)。您能就位于神经系统和主题化(thematisation)之间的这些结构的媒介地位再谈一谈吗？

皮亚杰：结构的媒介地位是不言而喻的,它包括逐渐的意识化过程,并且在这种意识化发生之前,结构就已经起作用了[16]。例如,系列化(seriation)的例子中,儿童的意识化过程很早就已经出现：当您给儿童一些小棍子,并让他们将之排列起来时,儿童会立即说他们做了一个梯子。梯子相当于系列化的意识化过程,虽然它们仅仅只是这种特定的样子[17]。

问题 5

英海尔德：是儿童知道该怎么做,而不是儿童在想什么。

皮亚杰：确实如此。儿童知道如何去做一个梯子,却不一定能告诉您它究竟是什么。例如,在最近一个绝妙的研究中,儿童被问到一个结构序列的中间物在哪里,也就是说,在 11 件物品中应该是第 6 个。然后,又问儿童是否能够将中间物变得比其他都大,或比其他都小。只有年长儿童会说："太简单了。您所要做的只是拿走那些比它大的或比它小的。"年幼儿童则远非如此。他们拿出中间物,并将它放到序列之首。这打破了序列的顺序,但这是通过改变位置而非大小来使中间物变大的。并且在那之后,他们只是简单地将其余物品拿走。

问题 6

瓦扬：您可以再谈一谈结构和推理之间的关系问题吗？

皮亚杰：我们有关推理的研究已经在进展中了。您问的问题预设了这个问题已经得到了解决，或者至少研究已经能够充分提供给您一个解决方式，但事实上，我们对解决方式的研究才刚刚开始。推理可以表现为两个类别：第一，哲学家所谓的认识根据（ratio cognoscendi）和存在根据（ratio essendi）；第二，真理的推理和主体外部现象的推理[18]。在这两个类别中，推理是由推理（inference）联结的意义系统，这些推理均是蕴涵（implication）[19]。这些含义和推理取决于结构。推理总是潜在的结构，或结构的一个部分。

问题 7

瓦扬：您说在所有这种结构和推理之间都有紧密的联系，但另一方面，还有区别亟待澄清。假设您还处于研究的开始阶段，您认为这两者之间亟待澄清的区别是什么？

皮亚杰：推理取决于结构，而结构有其本质的理由。推理是对结构的一种使用，或是结构的一个组成部分，而不是整个结构。

问题 8

瓦扬：在那个例子中，您如何辨别证明和推理的问题？

皮亚杰：这不容易。推理只有通过证明才能得到区分。我认为斯宾诺莎给出了一个精彩的例子：如果将圆定义为这样一种图形，它从圆心到周长的所有线段都是相等的，那么您只是赋予了圆一种属性，而非推理。半径的相等是一个结果，而非推理本身。但如果这样对圆进行定义，当一条线段绕着它的一个端点在平面内旋转一周时，它的另一个端点的轨迹就是圆。您根据旋转操作赋予了圆一个定义，因此就是赋予了它一种推理，而不仅仅是某个特定的属性[20]。

问题 9

瓦扬：什么叫一个不完全的推理？

皮亚杰：所有的推理都是不完全的。一旦科学中出现对某个现象的推理，就会出现对那个推理本身进行推理的问题。拿化学中的推理来说，在分子和原子的问题上，虽然没有对原子属性的推理，但当前所有核物理学都显示了推理的问题，并且是在更深的层次上去探讨这个问题的。

问题 10

瓦扬：另一个重要的问题是结构和程序（procedure）的关系问题。

皮亚杰：程序是一连串的渐进式的序列过程、行动等，它直接指向一个欲达到的目标。程序作为一个序列只是在研究有一个终点的意义上来说的——您完全有权利遗忘或忽略这个程序的开始部分。您所看到的是欲达到的目标，一个序列就是这样，遗忘了开端，将您的注意力集中到序列的当前状态就足够了。相反，结构是一个稳定的东西，属性的稳定集合。您可以说程序的集合包含了结构。

问题 11

英海尔德：我认为在程序中还有其他东西，因为它假定了计划，就像您说的，它假定了有一个目标，为了达成这个目标，主体需要完成一步步的动作集合：目标表征、子目标表征以及主体的不同步骤的潜在表征，这些潜在表征规定着个体解决问题的路径——这非常重要。

皮亚杰：您说得对，这里是一个序列，而不是一个横向的集合。

英海尔德：时间方面很重要。

皮亚杰：结构是超时间的。

问题 12

英海尔德：结构有其内在的目的。就像英语中说的那样[21]：
——知道如何，那是程序。
——知道那样，那在某种程度上是结构。
——知道为何，那是推理。

问题 13

瓦扬：在可观察的层面上，如何区分程序和结构？您之前说过，结构本身是不可观察的，但程序当然可以被观察到，因为它有一个时间性的方面。我希望您能从可观察的方面上去澄清结构和程序的关系问题。

皮亚杰：我们只能从主体做的事情中看到程序，因此它能够被观察到。在结构方面，我们也看得到主体正在做的事情：当主体在分类或制作一个序列时，仍有可观察的动作去负载不同的内容。在程序上有一个过程，在结构上则有一个贯穿整体的组织。

问题 14

瓦扬：您如何区分作为一个过程的平衡化和作为一个过程的程序？

皮亚杰：一个程序总是平衡化的一种形式。平衡化总是一个程序，任何程序都是平衡化的过程。可见事物中的一切都驱使心理学家做出解释。一个大的问题是，如何知道心理学家的解释是正确的。如果解释不当，对您来说，主体的结构就容易与实验者的结构相混淆。如果对主体所为的解释得当，我们就都能看到一个非常一致的结构。同逆互关组（The INRC group）是一个十分容易观察的结构。12岁的主体当然没有明显意识到这样一个小组（由加西亚发明）的存在。即便如此，主体还是表现出了一些问题，例如动作的平衡和面对同逆互关组时的反应，也就是说，您能够增加或减少压力或反应——增加或减少两者间的相互关系。在对主体的反应的分析中，您可以看到同逆互关组上的所有成分。对观察者来说，这是一个著名的数学结构。对主体来说，这是一个因观察关系而带来的发现。

问题 15

瓦扬：您是否接受这样一种观点，策略（strategy）与程序是一组同义词？

皮亚杰：这个问题您必须问我的同事英海尔德。

英海尔德：不是同义词。它们在发现过程中是互补的。或者在持续进行的思考中，或者是一组包括组合原则的成分。然而，它们是不同的，互补的。

问题 16

瓦扬：换句话说，这两者都无法脱离对方而被单独考虑。

英海尔德：如果没有将结构考虑在内，程序就无法被分析。另一方面，我相信，现在已经比过去更加容易找出结构中的程序部分。但这并不意味着这两者是同义词，我认为一个关键的区分在模式的选择上。在结构分析中依赖于代数模型是可能的，而在程序分析中就只能依赖于其他模型，例如控制论模型[22]。

问题 17

瓦扬：在四年前发表于《哈佛教育评论》的一篇论文中，逻辑必然性的问题产生了如下疑问：您似乎并没有清晰地区分主体体验到的必然性和逻辑必然性[23]。您能谈谈这一点吗？

皮亚杰：逻辑必然性是主体和观察者所共有的，如果说逻辑的是真实的，那么主体体验到的必然性则并不总是真实的。十分有趣的是，我们已经发现了"伪必然性"（pseudo-necessities）的存在，也就是说，那些被儿童相信并判断为必然的性质，仅仅是由于它们是普遍的。举一个伪必然性的例子：正方形总是以底边水平的方式呈现。如果以某个角而非底边为基点放置正方形,儿童就会说:"这不是正方形,这是一个双三角形(double-triangle)。"儿童也会进而认为,上端的斜边要长于下端的斜边。这就是一种"伪必然性"[24]。

问题 18

瓦扬:这篇论文提出的问题是一个经验必然性的问题。您的批评建立在您需要经验必然性的基础之上,但您却是通过逻辑必然性对此进行证明的。反之,当您需要逻辑必然性的时候,您却是通过经验必然性进行证明的。对这篇论文来说,找到区分两者的标准是一个中心问题。也许您能够提供一个区分经验必然性和逻辑必然性的标准。

皮亚杰:但您说的经验必然性是什么意思?

瓦扬:这样说吧,不是主体必然经验到的必然性感受,而是逻辑必然性的经验必然性。也就是说,主体在经验的层面上体验到的必然性。以守恒为例,对主体来说,那些东西是同一的(identical),因为它们是相同的(same)。换句话说,与现实经验有关的经验必然性的感受同时能被逻辑必然性所证明。

皮亚杰:两者有紧密的联系。如果说主体发现的经验必然性是正确的,那么它就是一种逻辑必然性。

英海尔德:在儿童面前呈现两个小烧杯,其中一个里面放了三粒珠子,另一个里面是空的。让儿童每天分别向两个杯子里面放一粒珠子。然后问他们是否有一个时刻两个杯子的珠子数量相等。对较小的儿童来说答案是肯定的,而5岁以上的孩子会告诉你,那不可能。"你一旦知道了,就总是知道了。"它们的数量不相等,总有一个会更多一些。

皮亚杰:我清晰地记得5岁左右儿童说的话:你一旦知道了,就总是知道了[25]。

问题 19

瓦扬:换句话说,来自不可能性的推理导致必然推理。

皮亚杰:必然性随处可见,当然在某些情况下这些必然性是真实的,但在另一些情况下则是伪必然性。

问题 20

瓦扬:那您区分必然性和伪必然性的标准,是来自主体经验中的外部成分,还是主体内部的成分?

皮亚杰:听着,如果你认为是实验者创造了这些并将其投射到主体的头脑中,那么对此有一个简单的回答:你只需要以年长者为被试,那么你就会发现他们已经从伪必然性走向了真正的必然性。有人批评我,说我将自己的想法替代了被试的想法,但那并非我的想法——应该说是被试两三年以后的自己的想法。在比较这些不同年龄的被试时,你应该区分哪些来自被试,哪些来自实验者。区分哪些属于被试,哪些属于实验者并没有一个固定的标准。仔细的实验者只会说那些他们所确定的东西已经进入了被试的脑海中[26]。

问题 21

这就说明了发生认识论依赖于主体、依赖于儿童的经验以及他所处的发展阶段。

皮亚杰:是的,当然,是儿童的发展向我们显示了什么在起主导作用,而非实验者。

问题 22

瓦扬:我记得您在一本哲学著作中的观点,认为在发生认识论的水平上,没有经验就无法产生一致的推论[27]。

皮亚杰:是的,当然。

瓦扬:我想要谈论另一个与生物学有关的主题。如何理解主体建构的知识和生物学之间的关系。你知道,当今的观点认为,选择与机会是生物进化的决定机制。我想要知道您是如何协调这样的两极化的观点的。一方面是心理建构主义,另一方面是新达尔文主义的选择进化论。

皮亚杰:我以一种激进的方式去协调这两者。我毫不相信进化论对主体出生后的机会和选择的解释。因为如果你进而认为知识也是如此,那就意味着数学完全是机会和选择的结果。换句话说,任何人在数学上的第一反应,或者你以希腊数学作为源头,都会被归结于机会:有效的被保留下来了,而无效的都被淘汰了。将科学归结于机会是在破坏科学真理。

问题 23

瓦扬:既然如此,您认为什么是拟表型(phenocopy)?

皮亚杰:我还是想说,今日的生物学存在很深的危机,因此当我的某些主张遭到新达尔文主义者的反对时,他们的生物论观点是十分脆弱和矛盾的。比较莫诺(J. Monod)的那本讨论机会和必然性的著作以及随后的研究会是很好的例子。在莫诺的书中,你发现他在说:RNA 在 DNA 上的活动不仅是不可能的,而且是无法想象的,因为我们所能设想的情况只能是 DNA 在 RNA 上的活动,而不是相反[28]。正如格拉斯

(Grassé)所言,莫诺写字时墨迹未干,不久后的某一天,特曼(H. M. Temin)就发表了他的发现,他向我们展示了 RNA 在 DNA 上以其他方式活动着[29]。这明显与莫诺的观点相反。直到特曼的发现发表后,我们才认识到了莫诺的那种绝对的教条主义论断。两星期后,它又被一些新的发现所推翻[30]。我相信生物学和生物学家离他们所认为的已经找到进化论的关键还相距甚远。

问题 24

瓦扬:在您看来,进化论既不是新达尔文主义,也不是拉马克主义?您是如何看待胚胎形成(embryogenesis)的?

皮亚杰:我认为在达尔文主义和拉马克主义之间存在一种内部选择的现象,也就是说选择发生在机体内部。因此机体由拟表型改造而来,并表现在拉马克所说的那种环境的外部行为上。因为主体出生时其内部结构是几乎未被修改的。一开始这种修改可能很微弱,并且不会得到遗传,但它会逐渐产生失衡。那不是一个讯息,毋宁说是连续的失衡(successive disequilibria)行为[31]。直到后来,它们就会控制基因,进而产生大范围的随机突变。但这不是众多突变的随机特征,而是因新的内部环境选择而来的突变,也就是说,它们对应于来自环境的新的拟表型。这种因内部环境而发生的选择会使新的特征得到遗传。

问题 25

瓦扬:换句话说,拟表型实际上是内因环境对外因压力的一种替代。它是使外因变为内因的一种结构替代。

皮亚杰:替代,而不是固定。几年前一些生物学家,例如乔特(F. Chodat),一位伟大的植物学家,他坚持固定论[32]。乔特曾经说进化的奥秘在于,在新的自我繁殖式的表型中,其中一些固定了下来,虽然并不清楚它们是如何固定下来的。主要问题是固定。在我看来,不是固定,而是替代。

问题 26

瓦扬:关于这点,您的立场与沃丁顿(C. H. Waddington)的观点是完全一致的。他在生物学层面上确立起这一现象[33]。

皮亚杰:我认为我所说的拟表型与沃丁顿所说的遗传同化(genetic assimilation)是等值的。沃丁顿用了整整一章内容讨论了我在《椎实螺》(*Limnaea*)一书中对新湖泊繁殖的发生的解释,这让我很高兴。他认为这是他所知道的遗传同化的最好例子,拟表型在本质上亦如此。在实验室中,你可以创造任何你想要的,而我创造的塘螺似乎令他信服了。

问题 27

瓦扬:除了塘螺您还证明过什么?

皮亚杰:在我最近研究的景天属植物(Sedum)中我也发现了相同的东西。例如,玉米石(Sedum album)是我们所知道的最普通的一种景天属植物,它生长在海拔 2000 多米之处,它的叶子很小。如果你将其中一些移植下来,它就会恢复正常大小,然而在萨瓦(Savoy)的某些地方[靠近勒莫尔(Le Môle)山顶],及在阿尔卑斯山脉,你仍能看到有些植物遗传了其移植后的形态大小[34]。

问题 28

瓦扬:您说发展阶段顺序是自明的,可以用两种方式来理解这一观点,第一种方式来自您的系统的内部特征,第二种来自事实。对此您可以再谈一谈吗?

皮亚杰:首先我想说,你说"我的系统",但我并没有系统[35]。我从没有建构过某个抽象系统,再随后证明这个系统的真实性。所谓的系统是我对研究中发现的新事实的连续性解释。

那将会怎样呢?瓦扬重问了问题 28。

各阶段演替的顺序是自明的,因为你在任何给定的水平上都能看到为下一阶段做好准备的当前之物,特别是因为演替的顺序是独立于主体的年龄的[36]。当你比较不同环境中成长的主体时,就像英海尔德和她的同事研究的非洲巴乌莱(Baule)儿童那样,完全不同的教化下也会出现同样的阶段,虽然并不总是在同一个年龄下出现[37]。也就是说,在接受教育的环境中某些 7 岁左右的主体所达到的阶段,可能是那些没有接受教育的主体到了十一二岁才能达到的。因此这也就是说,年龄随着生活背景的不同而呈现出差异,但却遵循着相同的顺序——无论早晚,在非守恒阶段之后你总能看到守恒阶段等。在业已研究的不同环境中的阶段恒定性——非洲环境,你在南美印第安的研究环境,我已经记不得名字的上海的心理学家对中国人和欧洲人的比较,对伊朗的城市和乡村儿童的比较等——在这些不同环境中生长的儿童都会经历这些阶段[38]。这些资料让我无比欣慰,甚至可以说让我感到惊讶,因为我一直期待着存在某些例外。一名澳大利亚西格里姆(Seagrim)的学生发现了一个例外:在年幼儿童中,她发现重量守恒先于数量守恒出现,这与我们在别处获得的情况是相反的。达森(P. R. Dasen)对这一结果重新进行了调查,他发现那名学生只是以入学儿童作为实验对象,却没有对未入学的儿童进行调查,并且,她是用英语与那些儿童进行交谈的,而忽略了去学习那些年幼儿童的语言。于是达森在弥补了这些缺陷以后——未入学儿童和儿童自己的语言——在他们身上发现了我所说的常规发展顺序[39]。

问题 29

瓦扬:在您看来,美国在文化层面上的真正根本重要的问题是这样——先天智慧和文化的关系是什么,以及智慧发展中文化因素对先天因素有什么影响[40]?

皮亚杰:我认为文化因素可以提前或滞后,但却无法修改结构。我也相信结构总有生物性的方面。

问题 30

瓦扬:也就是说智商(IQ)是遗传的。
皮亚杰:不,完全不是。

问题 31

瓦扬:当然可以这样认为,因为您有一个独立于文化以及其他社会因素的演替顺序,并且能在主体身上反映出内在的先天组织。您如何对此回应?

皮亚杰:我不认为智商是个有趣的问题。那种从遗传的角度去分析智商的做法太过草率。我并不太了解生物学中的遗传法则,但讨论这个问题时必须审慎。

问题 32

瓦扬:您如何区分作为行为的内隐方面的辩证法及外显方面的因果关系?

皮亚杰:作为行为内隐方面的辩证法,所有的行为都是辩证的,并且基于辩证法的蕴涵是相当重要的蕴涵。虽然还没有对此引起关注,但是在动作之间,而不是在陈述(statement)之间,存在着内在蕴涵(implication):一个动作暗示着另一个动作,也就是说这一动作的意义与其他动作的意义有内在蕴涵。辩证法是行为中固有的。一个孤立的动作是不可能的,不存在这种孤立的意义,它们都充满着内在蕴涵[41]。如果你现在关注的是现象中的因果关系,那么我们只能通过建构一个演绎的模型去得知因果关系的存在。这个模型用以与经验性事实相比较[42]。

问题 33

瓦扬:辩证因果关系与平衡化有关,因为辩证是一个新过程,而平衡化也是一个过程,正如您在这段采访的开头所指出的。

皮亚杰:平衡化总是辩证的——这一点必须弄清楚,那些批评我的人常常忘记了这一点——必须清楚的是,在不平衡(disequilibrium)阶段之后,简单平衡化(simple equilibration)仅仅包括对前一阶段的回归,这与优化平衡化(optimising equilibration)相反,优化平衡化是对前一阶段的一个进步。在任何这种进步中,你都能同时看到辩证法和优化平衡化。

问题 34

瓦扬:换句话说,辩证法是平衡化的补充还是其相反?
皮亚杰:它们是不可分离的。

问题 35

瓦扬:因此所有的个案都表明,优化平衡化必然伴随着辩证法?
皮亚杰:就一切情况而论,如果说辩证法是真实而有创造性的,那就意味着它能带来相较于前一阶段的进步,也就意味着,只要有这种进步的时候,就会有优化平衡化[43]。

瓦扬:谢谢您。

注　释

[1] 2月。文字稿上标注的日期是1980年2月,DVD字母上用英文标注的日期是1980年3月。原始记录是录像带(可能随后被拷贝成DVD),以供在美国的英语母语者使用。上述日期上的差异很可能是由于添加英文转译需要时间,因为皮亚杰在接受采访时使用的是法语,为了便于公共使用需要在采访的开头与结尾添加字母。

[2] 协会。指的是位于美国的让·皮亚杰协会(Jean Piaget Society)(www.piaget.org),而不是位于瑞士的让·皮亚杰档案馆(Archives Jean Piaget)(http://archivespiaget.ch/)。

[3] 引言。瓦扬在采访中以一种独特的口音流利地使用英语,这加重了我理解这段话中某几处文字的负荷。

[4] 中心。这是指位于日内瓦大学的皮亚杰研究部门的英文名称:国际发生认识论中心(International Centre for Genetic Epistemology)。有关该部门的1968－1980的年度计划,可参见皮亚杰(1980/2006)。

[5] 70岁的寿辰。这里指的是一本"并非由皮亚杰所著"的书(正如英海尔德讽刺的那样)(Inhelder,1966,第Ⅺ页)。

[6] 付梓中。这里指的是20世纪60年代皮亚杰关于因果关系的年度研究计划及随后由皮亚杰中心(参见注释4,皮亚杰档案,1989)组织发起并以法语出版的6卷本的《发生认识论研究》(Etudes d'Epistémologie Génétique, Studies in Genetic Epistemology)(第25—30卷)。其中与因果关系有关的第26卷可以找到英文版(Piaget,1971/1974)。

[7] 群集(Groupings)。这里指皮亚杰的逻辑模型(1942,也可参见1949)。这些模型最初被同时用来解释20世纪40年代获得的实验发现(Piaget & Szeminska,1941/1952;Piaget & Inhelder,1941/1974)。随后,许多研究者对这些模型进行了评论与推进(Bradmetz,2008;Grize,1987;Papert,1963;Mays,1953;Wittman,1973)。也可参见注释14。

[8] 加西亚。这里指皮亚杰和加西亚(Piaget & Garcia,1983/1989)的研究。

[9] 逻辑的内涵维度(Intensional aspect of logic)。这里指皮亚杰和加西亚(Piaget & Garcia,1989/1991)的研究,也可以参见皮亚杰(1980/2006)。

[10] 可能性。这里指与可能性与必然性模式概念相关的工作(Piaget,1977/1986,1981/1987,1983/1987;Piaget & Voyat,1976/1979)。

[11] 无限的(Infinite)。这里指皮亚杰(1981/1987,第1章)。

[12] 瓦扬。在吉尔伯特·瓦扬的引导下,巴蓓尔·英海尔德也协助了这次访谈。考虑到他自己对于日内瓦学派工作的贡献,瓦扬具备开展这次访谈的理想条件(Cellérier, Papert & Voyat, 1968; Piaget & Voyat, 1968, Piaget & Voyat, 1976/1979; Rieber, 1983; Voyat, 1981, 1983; Voyat, Silk & Twiss, 1983)。

[13] 问题1。我对每一次交流(一问一答)进行了编号以便参考。其中部分交流形式是陈述与回答。在某些情况下,受访者做出的答复并不只有一个。

[14] 运算。在皮亚杰的发生认识论中,任何认知行为(动作、活动)都具有两个属性。①任何行为具有一个结构,该结构的组织是多种多样的,在一端可以被很贫乏的组织起来,而在另一端却可以得到很好的组织。②一个随后的行为改变了先前行为的组织(结构),不是作为最小化的增加(新内容),而是作为最大化的改进(新形式)。①的一个范式实例是一种格式:婴儿的动作格式(action schèmes)(1936/1953),青少年的操作化格式(operational schèmes)(Inhelder & Piaget, 1955/1958)。格式的属性是逻辑数学的并且非常规范。在这里,这些属性改变了其用途以符合②,即其属性是运算。尽管所有的格式都是运算的,非运算的格式则在儿童早期有所使用,即运算格式。皮亚杰认为操作格式出现在儿童中期之前。运动格式具有一种朝向群集或群的同构组织,参见注释7。因此,用于一个成功行为的运算格式并不需要有意识地识别主体的组织,而一个操作化的行为需要以某种合适的方式来获取对其组织的确认,从而最终使得主体可

以获取更为丰富的有意识的知识。参见针对皮亚杰格式的规范特征(Smith,2006b,2009a,b)以及有关运算操作化特性的评论(Furth,1981,第55—58页)。

[15] 完全位移(Displacement at all)。这个例子精巧地解释了两件事。第一点是瓦扬在引言中提到的关于皮亚杰的兴趣,即通过双生子追踪研究、儿童期(Piaget,1936/1953)以及科学史的研究来发现和分析结构(例如,位移群)(Poincaré,1905)。也可参见皮亚杰对于问题14的回答。另一个关注点是普遍性(universalisation)的进步。在他的第一本书中,皮亚杰反复提出了:"普遍性可知吗?"(1918,p. 46)他的回答是有条件的肯定。在这个例子中,始于位移群的进步在特殊的背景中被充分掌握以产生无限的普遍性:"从对最初的此时此刻的依赖中摆脱出来。"(Piaget,1947/1950,第9页)

[16] 媒介(Intermediaries)。在皮亚杰的发生认识论中,多次出现"媒介"一词(1967/1971,第244页)。这是指在"先天的与通过外界获取的之间"过渡水平(第190页)。这就是为什么"最初的知识问题将是对这些媒介的建构"(1970/1972,第20页)。有关结构定位的讨论可参见皮亚杰(1968/1971,第138页)。与此相关的主题化可参见皮亚杰(1977/2001,第303—305页),可以与坎贝尔(Campbell,2001,第31页,注7)进行比较。

[17] 系列化(Seriation)。这里指一项于1978年至1979年之间开展的研究(Piaget,1980/2006),大约于10年后发表出来(Piaget & Garcia,1987/1991,第8章)。也可参见皮亚杰和A.斯泽明斯卡(Piaget & Szeminska,1941/1952,第6章)、皮亚杰(Piaget,1977/2001,第8章)。

[18] 认识根据(*ratio cognoscendi*)和存在根据(*ratio essendi*)。拉丁语"ratio"的词义之一是推理,类似于英语中的"论据"(rationale)或者法语中的"存在的理由"(raison d'être)。严格意义上,这在将知道某物作为一种必要条件的理由与将某物为什么如其所是之间进行比较。因此,在同一句话中,皮亚杰的注释似乎并不完备。在随后指明不同类型理由的一句话中,皮亚杰对此做出了修正(1980/2006,第7—8页)。皮亚杰所握有的一个解释可以归功于莱布尼茨(Leibniz):"任何一件事如果是真实的或实在的,任何一个陈述如果是真的,就必须有一个为什么这样而不那样的充足理由,虽然这些理由常常总是不能为我们所知道的。"(1957,Monadology,第32页)也可参见注释19与20。

[19] 推理(Inferences)。在本文字稿中阅读输入是作为基于访谈法语记录的推理(Ducret,2011)。皮亚杰非常留意区分如下两种立场。立场一:认识具有因果先导(causal antecedents)和逻辑蕴涵(logical implications)。"神经生理学仅是因果性的,而心理学则考察蕴涵功能"(Piaget,1961/1969,第XXIII页)。立场二:因果性只有借助理由的逻辑才是可理解的:"脱离逻辑数学演绎,不存在客观的或因果性的时空结构。"(1936/1953,第12页)任何这样的逻辑包括理由的三个变量:预期(anticipatory)、推论结果(consequential)与周延完整(over-arching)(1980/2006,第9页)。皮亚杰的论证需

要一种理由的逻辑,因为输入神经元作为颜色侦测的因果性预期在作为结果的行为上是不确定的。例如,在"今晚红色的天空"与"前方红绿灯"中红色。在不同标准的形成中,因果性预期是必要条件,但是却不是充分条件。在前一种情况下,是允许(你明天或许想要去户外享受好天气);而在后一种情况下,则是禁止(你必须停下来)。在因果性和规范性之间的差异参见史密斯(Smith,2006a,2009a),也可以参考注释18。

[20] 是圆的一个属性,但并非推理本身。皮亚杰的灵感很可能来自斯宾诺莎。"如果一个圆被定义为一个图形,这些从圆心延伸出来到圆周的所有直线都是相等的。所有人都可以看到这样的定义一点儿也没有解释圆的存在,而仅仅是圆的属性之一……依据这一规则,一个圆应该遵循如下定义:由所有那些一端被固定而另一端自由的线段(旋转一周)构成的图像《知性改进论》(*Treatise on the Emendation of the Intellect*,95—96 in Spinoza,1994,第52页)"。在他最后的一封书信中,斯宾诺莎补充道:"如果我仅仅考虑到圆的周长,那么除了随处可见的圆周本身或者统一性之外,我将无法从中推理出任何东西。事实上,这是由于这一属性,使得圆周不同于任何其他曲线。我也将永远无法演绎出有关圆的任何其他属性。但是如果我将圆周与其他东西发生关联,例如与从圆心出发到圆周的半径,或者两条线段的交叉(在圆内部),又或者其他线段发生关联,那么我一定可以从这些关联中演绎出更多属性。"(Letter 82 to Tschirnhau in Spinoza 1994,第275页)同见注释18。

[21] 英语。英海尔德在这里使用了英文"知道如何""知道那样""知道为何"。在问题5中,她用法语表达了自己的立场。也可参阅英海尔德和皮亚杰(Inhelder & Piaget,1979/1980)。

[22] 控制论模型。有关日内瓦学派对控制论模型的研究可参见塞莱里耶、巴贝尔和瓦扬(Cellérier,Papert,& Voyat,1968)及皮亚杰(1967/1971,第61页)。虽然控制论模型可以在某种意义上被理解成与逻辑模型背道而驰,但是英海尔德和塞勒里尔认为,皮亚杰在对心理结构进行分析时所使用的逻辑模型对于心理功能的分析程序而言是不充分的。他们发现了一条以人工智能(artificial intelligence,AI)的控制论模型作为前进方向的道路。但是,他们也看到两个备选的方案:"(a)作为计算机程序而被应用的人工智能本身足以建构一种关于心理功能的理论吗?(b)人工智能本质上是否只能被视为一种工具,而不能代替心理学,因此心理功能的特异性及其特殊模型可以保留下来?"(Inhelder & Cellérier,1992,第49页)考虑到(a)是一种还原论的初级版本,他们更倾向于接纳(b)。然而,考虑到心理功能的逻辑模型,英海尔德与皮亚杰给出了备选的承诺。他们提出了如下问题:通过逻辑模型(a)刻画的结构是否存在于儿童中,或者(b)仅仅是作为成人研究者搭建的模型产物而已。考虑到结构是一种类似胃与肺的器官,他们承诺的是(a)。这是因为承诺(b)就相当于说"虽然儿童觉知到了吃饭和呼吸,但他们的胃和肺只存在生理学家的头脑中"(1979/1980,第23页)。

[23] 必然性。文字稿中所指的《哈佛教育评论》缺少日期,DVD中指的是"四年

前"的同一家期刊。瓦扬是最有资格询问这一问题的人,因为他最近翻译了皮亚杰有关必然性论文中的一篇(Piaget & Voyat, 1976/1979;参见 Piaget 1977/1986, 1981/1987, 1983/1987)。但是,我们对于他所指的是《哈佛教育评论》中的哪篇文章却并不清楚。在这一时期,我们需要从几个方面应对皮亚杰的立场,但是其中没有任何一个与问题17一致,是关于必然性的。在这个问题中的关键点或许受到四年前已经发表在别处的两篇文章的启发。其中的一篇文章总结认为:"有趣的可能性是,某些非守恒者(nonconservers)真的会感觉到他们的非守恒结论是守恒者感觉到他们守恒结论的必要条件。"(Murray & Armstrong, 1976,第484页)另一篇文章将演绎逻辑视为一种研究者用来研究批判性视为的规范原则,但是对它的质疑是皮亚杰关于儿童命题推理的立场是存在缺陷的。"它同时包括规范性和描述性的维度,但我认为皮亚杰有规范性维度的主张(即,皮亚杰的逻辑)是错误的"(Ennis, 1975,第38页)。

[24] 正方形,这是双三角形。括号中的文本来自 DVD。这里指皮亚杰和英海尔德(Piaget & Inhelder, 1948/1956,第12页)或者辛克莱和皮亚杰(Sinclair & Piaget, 1968)。

[25] 你一旦知道了。这位儿童名叫斯蒂翁(Stion),5.75周岁,他多次参与了皮亚杰等开展的推理研究。即,数学归纳(Inhelder & Piaget, 1963,第66页;quoted in Smith, 2002,第25页)。皮亚杰热衷于斯蒂翁的评价(1970/1972,第72页;1971,第5页;1972,第223);也可参见英海尔德和皮亚杰(Inhelder, Piaget 1979/1980,第23页)。

[26] 在被试的脑海中。皮亚杰意识到了"实验者效应"(experimenter effects)的问题,认为只要满足五个标准就可以将其排除出去(1926/1929,第32页)。随后,他又借助"批判性方法"(critical method)论证了进一步的标准。即,实验者"只能在被试直接操作物体产生行为之后或其过程中,才允许有限地导入问题与讨论"(1947,第7页;参见 Smith, 2002,第5章)。因此,皮亚杰没有接受菲利普(Phillips, 1969)对其研究易受"实验者效应"危害的批评(Piaget, 1973/1981)。在经典的霍桑实验中,针对皮亚杰立场的讨论可参见薛(Hsueh, 2002)。

[27] 哲学著作。皮亚杰的哲学立场可以用如下一段话来概括:"在关注事实的领域内,脱离公共可证实的测验方法与逻辑性的正式领域而做出断言就是一种智慧欺诈。"(1968/1972,第12页)针对哲学家"追求真理"的旨趣(第21页),皮亚杰对此提出了异议,他认为真理的充分标准仅仅在实验或正式的科学才是可见的。然而,即便新达尔文主义生物学是实验科学,它也将提供足够的证据这一标准排除在外,因为"生物学还没有解决其主要问题,因此它目前仍处于类似牛顿诞生前的物理学阶段"(第177—178页)。

[28] 莫诺。在文字稿与原带配音翻译中存在一处明显错误,在我的翻译稿中已经将它修改过来了。回忆一下新达尔文主义的基因状态中所谓的中心法则(central

dogman)：①所有的基因信息都是从 DNA 向 RNA 传递的，并且是不可逆的。这与如下第二个方面不相容；②某些基因信息是从 RNA 向 DNA 传递的。在访谈中，涉及如下错误：(a)文字稿中写道："l'action de l'adn sur l'arn n'est pas seulement impossible, elle est impensable et on ne peut penser légitimement qu'à des actions de l'arn sur l'adn et pas l'inverse."这段话用英文表述即："DNA 在 RNA 上作用（或效用）不仅是不可能的，而且是无法想象的。我们只能合理地设想 RNA 在 DNA 上的作用，而不是相反。"类似的错误才出现在 DVD 的字幕翻译上。因此，在法语文字稿和 DVD 字幕翻译中误将基因序列的标记方向搞错了（标成了①）。所以，要么是皮亚杰说错了，要么就是录音誊写稿中出现了笔误。(b)将听到皮亚杰说的法语词归因于英文翻译后配到录音原带上时出现这个错误是不可能的（即，Voyat，1980）。但是在唯一的法语版本中，文字稿中所记录的皮亚杰的表述是正确的（Ducret，2011）。显然，在这种情景中，事实上，皮亚杰援引新达尔文主义基因学中的中心法则时出现的错误应该只是一个口误而已。他指的是莫诺书中对①的明确承诺：基因信息从 DNA 到 RNA 的顺序进行传递是"严格不可逆的"（Monod，1970，第 124 页；参见莫诺对这种观点进行了补充，即基因信息的传递顺序"既应该也不可能被改变"，第 127 页）。在皮亚杰关于生物学的著作中，他总是将①视为新达尔文主义的标准立场——例如："基因信息是从 DNA 传递到 RNA，以控制将氨基酸从合成其的蛋白质中一开始就被选择出来。"（Piaget，1974/1980，第 22 页；也见 1967/1971，第 165－168 页；1976/1978，第 68、125 页）。这种交换至关重要，皮亚杰在回应问题 23 时的观点认为，莫诺对①的承诺是无效的，因为随后很快就出现了新的证据支持②。因此，这里的错误应该是来自录用誊写稿。(c)在莫诺专著的英文译本中添加了一个脚注。其意在与近期证据的解释展开争辩："特曼的重要发现事实上并不违反基因信息从 DNA（或从 RNA）传递到蛋白质的转码是不可逆的。"（Monod，1971，第 110 页；也见 Beljanski，1972）在皮亚杰的解释中，某些生物序列是可逆的，这与②是相兼容的，因此，不兼容于①。在带有赞许地提到特曼关于"逆转录酶"（inverse transcriptase）的工作时，皮亚杰补充道："这一概念的优势毋宁说是开启了新的基因构成的可能性，这种基因是根据 DNA 到 RNA 再到 DNA 的顺序传递的，这种转录产生了原病毒（protoviruses）。"（1976/1978，第 124 页；也见 1967/1971，第 288－289 页；1974/1980，第 65 页）关于皮亚杰的生物学思想，参见 Bickhard（1988）and Messerly（2009），也可参见注 29。

[29] 特曼。1975 年，特曼被授予诺贝尔生理学奖。随后，他总结了自己的立场："在绝大多数真核生物（动物、植物与真菌）中发现了逆转录酶的基因……在生物系统中信息转录的一般模型是从 DNA 到 RNA 再到蛋白质——即著名的'生物学中心法则'。差不多 20 年之前，研究者确认了特定的病毒使用了一种由酶催化产生的从 RNA 到 DNA 的信息转录，即逆转录酶。这种病毒也被称之为逆转录酶病毒。"（1989，第 254 页）皮亚杰指的是格拉塞（1972）回顾了从 RNA 到 DNA 转录的证据，值得注意的还有

特曼和巴尔的摩(1970；Temin & Mizutani,1970)。也可以参见注释28。

[30] 毁坏。文字稿读取时出现：已被毁坏。

[31] 连续失衡。文字稿读取的是："une action successive de deux équilibres."这句话翻译成英文是"一个行为的连续两次失衡"，这从DVD转录中得到确认。但是这仍是存疑的。这是武断的：为什么只是两次？在上下文中，这种观点不仅违反了前一句中所要求的渐进论(gradualism)("逐步的")，而且违反了下一句中提到的随机性。回想一下，文字稿是通过录音誊写稿获取的，因此有关这句话的表述可能有另一种版本："une action successive de déséquilibres."翻译成英文是："连续失衡的行为。"这种表述对失衡的次数给予了较大的空间，并且与注释28(c)中基因序列所暗示的复杂性之间相呼应。即，一系列针对环境的行为返回到调控基因(regulatory genes)，这些基因不应受限于"两次失衡"。

[32] 乔特。参见肖达和格雷潘(Chodat & Greppin,1963)；皮亚杰(1967/1971，第12—13页)。

[33] 沃丁顿。参见沃丁顿(1957，1975)及皮亚杰在渐成论视角下有关基因同化(genetic assimilation)的讨论(1967/1971，第14、174—175、300页；1974/1980，第18、68—69、79页)。

[34] 勒莫尔、滕纳韦尔格。在上萨瓦(Haute-Savoie, Upper Savoy)，勒莫尔(Le Môle)是一座靠近法国博纳维尔镇(Bonneville)的高山(海拔1863米)。滕纳韦尔格(Tenne verge)山海拔2989米，靠近锡斯-费尔-阿-舍瓦勒(Sixt-Fer-A-Cheval)，有关其对景天属植物的综述，参见Piaget(1967/1971，第198—201页；1974/1980，第31页后)。

[35] 没有系统。"在一定程度上我们可以称之为'皮亚杰的系统'(Piaget's system)"。这将是证明我失败的决定性证据(1968/1972，第29页)。也可参见皮亚杰评价他是"皮亚杰理论的主要修正者"(1970/1983，第103页)，他的主要思想来源是一篇名为"从皮亚杰的观点看"的早期论文(Piaget,1968b)。

[36] 年龄。皮亚杰的两个主要阶段标准为连续性的不变顺序及普遍结构。即，稳定地组织一个认识框架以批判科学史中的结构，同时实际年龄不再作为标准(Piaget,1960，第13—14页；1971，第13—15页)。

[37] 巴乌莱儿童。这里指达森、英海尔德、拉瓦莱和雷奇茨基(Dasen, Inhelder, Lavallée & Retschitzki,1978)对科特迪瓦儿童的研究。

[38] 北美印第安人。这里指瓦扬、西尔克和特威斯(Voyat, Silk & Twiss,1983)对居住在美国南达科塔州青松岭印第安人保护区(Pine Ridge Indian Reservation in South Dakota)的美国土著民开展的研究。

[39] 澳大利亚。这里指达森(Dasen,1972)对当地土著儿童的研究。

[40] 基因的。这个形容词是模棱两可的(法语是"génétique")。在问题29中，这

意味着先天的。在问题31中，与本次访谈的标题中意义一样，指发展的、显著的差异(Smith，2009a，第64页)。

[41] 孤立的。这里的问题焦点是将"可逆性"和"从未孤立的"给予操作化的定义(Piaget & Inhelder，1966/1969，第96页)。因此，这就是为什么"人类的知识本质上是集体的"(Piaget，1977/1995，第30页)。实际上，皮亚杰在这里提醒人们注意他的认识论与"孤独的认识者"(solitary knower)并不相容(Smith，1993，第125页后)。

[42] 模型。在皮亚杰的认识论中，一个模型可以被多样化地刻画成系统、结构或组织的层次、框架(基本架构)。这具有三重意义。第一，从出生开始，因此"从一开始，即便是在我们最年幼的主体之间，一个物理事实只能在一个逻辑数学框架中被记录下来，无论这个事实本质上是什么"(Piaget，1977/2001，第320页)；第二，即便模型或结构具有规范的属性，他们的发现也是真实的，并且确立起"对于研究者而言，存在怎样的结构是可以确认和分析的"(1970/1973，第46页)；第三，在所有对皮亚杰证据的评价中的分析单元都是(或至少应该是)在儿童或成人模型中的组织层次。通常在皮亚杰式的研究中，这三个要求经常受到侵犯而不是被尊重。

[43] 辩证法与平衡化。皮亚杰的观点可以通过一些例子得到解释。例如，哺乳动物是一类"有心脏的生物"和"有肾脏的生物"指的是外延属性(co-extensive properties)(译者注：上述这两个集合在外延上指称完全相同的对象，但内涵上两个表达式显然具有不同的意义)。即，事实上，这两者之间存在紧密的关联(Quine，1961，第2章)。欧几里得三角形是一类有"内角"和"两个直角"的三角形指的是内涵属性(co-intensive properties)。即，一个属性蕴含另一个属性(Leibniz，1990，Ⅳ-Ⅰ-1)。但是，在任何情况下，没有任何一个属性相同于另一个属性。相似的，Piaget(1980)，创造性的辩证法与优化的平衡化既是外延属性又是内涵属性，但不是知识形成的非同一方面。关于辩证法与平衡化的讨论，参见Boom(2009)和Campbell(2009)。

文献总汇

Archives Piaget (1989). *Jean Piaget bibliography*. Geneva：Jean Piaget Foundation Archives.

Baltimore，D. (1970). "RNA-dependent DNA polymerase in virions of RNA tumour viruses," *Nature*. 226 (5252)，1209-1211.

Beljanski，M. (1972). "DNA synthesis in vitro on an RNA template by an Escherichia coli transcriptase," *Comptes Rendus des Seances de l'Academie des Sciences，Serie D：Sciences Naturelles*，274(20)，2801-2804.

Bickhard，M. (1988). "Piaget on variation and selection models：structuralism， logical necessity, and interactivism," *Human Development*, 31, 274-312.

Boom, J. (2009). Piaget on equilibration. In U. Müller, J. Carpendale, & L. Smith (eds.). *Cambridge companion to Piaget* (pp. 132-149). Cambridge: Cambridge University Press.

Bradmetz, J. (2008). "Les groupements piagétiens: des tableaux et les arbres," *Archives de Psychologie*, 73, 267-306.

Campbell, R. L. (2001). Reflecting abstraction in context. In J. Piaget, *Studies in reflective abstraction* (pp. 1-28). Hove, UK: Psychology Press.

Campbell, R. L. (2009). Constructive processes: abstraction, generalization, and dialectics. In U. Müller, J. Carpendale, & L. Smith (eds.). *Cambridge companion to Piaget* (pp. 150-170). Cambridge: Cambridge University Press.

Cellérier, G., Papert, S., Voyat, G. (1968). *Cybernétique et épistémologie*. Paris: Presses Universitaires de France.

Chodat, F. & Greppin, H. (1963). "Principe généralisé de la photophysiologie et histoire de la vie," *Scientia*, 6ème, Octobre-Novembre, 1-7.

Dasen, P. R. (1972). "The development of conservation in Aboriginal children: a replication study," *International Journal of Psychology*, 7, 75-85.

Dasen, P. R, Inhelder, B., Lavallée M., & Retschitzki J. (1978). *Naissance de l'intelligence chez l'enfant Baoulé de Côte d'Ivoire*. Berne: H. Huber Ducret, J-J. (2011). Personal email.

Ennis, R. H. (1975). "Children's Ability to Handle Piaget's Propositional Logic: A Conceptual Critique," *Review of Educational Research*, 45, 1-41.

Evans, R. I. (1973). *Jean Piaget, the man and his ideas*. New York: Dutton.

Furth, R. M. (1981). *Piaget and knowledge* 2nd edition. Chicago: University of Chicago Press.

Grassé, P-P. (1972). "Une question toujours ouverte: l'hérédité des caractères acquis," *Savoir et Action*, November, 13-24.

Grize, J-B. (1987). Operatory logic. In B. Inhelder, D. de Caprona, & A. Cornu-Wells (eds.). *Piaget today* (pp. 77-86). Hove, UK: Erlbaum Associates Ltd.

Hsueh, Y. (2002). "The Hawthorne experiments and the introduction of Jean Piaget in American industrial psychology, 1929-1932," *History of Psychology*, 5, 163-189.

Inhelder, B. (1966). A Jean Piaget. In F. Bresson & M de Montmollin (eds.) *Psychologie et épistémologie génétique*, pp. xi-xiv. Paris: Dunod.

Inhelder, B. (1976). Introduction. In B. Inhelder, R. Garcia, J. Vonèche (eds.). *Epistémologie génétique et equilibration* (pp. 5-17). Neuchâtel: Delachaux et Niestlé.

Inhelder, B. & Cellérier, G. (1992). *Le cheminement des découvertes d l'enfant: recherché sur les microgenèses cognitives.* Lausanne: Delachaux et Niestlé.

Inhelder, B. & Piaget, J. (1963). Itération et récurrence. In P. Gréco, B. Inhelder, B. Matalon, J. Piaget. *La formation des raisonnements récurrentiels* (pp. 47-120) Paris: Presses Universitaires de France.

Inhelder, B. & Piaget, J. (1964). *The growth of logical thinking.* London: Routledge & Kegan Paul.

Inhelder, B. & Piaget, J. (1979/1980). Procedures and structures. In D. Olson (ed). *The social foundations of language* (pp. 19-27). New York: Norton.

Leibniz, G. (1957). Monadology. In G. R. Montgomery (ed.). *Leibniz* (pp. 249-272). LaSalle, IL: Open Court Publishing Company.

Liben, L. (2011). Personal email.

Mays, W. (1953). An elementary introduction to Piaget's logic. In J. Piaget (1953). *Logic and psychology.* Manchester: Manchester University Press.

Monod, J. (1970). *Le hasard et la nécessité.* Paris: Editions du Seuil.

Monod, J. (1971). *Chance and necessity.* New York: Knopf.

Murray, F. & Armstrong, S. (1976). "Necessity in conservation and non-conservation," *Developmental Psychology*, 12, 483-484.

Papert, S. (1963). Sur la logique piagetétienne. In L. Apostel, J-B Grize, S. Papert. & J. Piaget (eds.). *La filiation des structures.* Paris: Presses Universitarires de France.

Phillips, J. L. (1975). *The origins of intellect: Piaget's theory.* 2nd edition. San Francisco: W. H. Freeman.

Piaget, J. (1918). *Recherche.* Lausanne: La Concorde.

Piaget, J. (1926/1929). *The child's conception of the world.* London: Routledge & Kegan Paul.

Piaget, J. (1936/1953). *The origins of intelligence in the child.* London: Routledge & Kegan Paul.

Piaget, J. (1941). "Le mécanisme du développement mental et les lois du groupement des opérations," *Archives de Psychologie*, 28, 215-285.

Piaget, J. (1942). *Classes, relations, et nombres.* Paris: Vrin.

Piaget, J. (1947). Avant-Propos de la troisième édition. *Le jugement et le raisonnement chez l'enfant*. Neuchatel: Delachaux et Niestlé.

Piaget, J. (1947/1950). *The psychology of intelligence*. London: Routledge & Kegan Paul.

Piaget, J. (1977/1995). *Sociological studies*. London: Routledge & Kegan Paul.

Piaget, J. (1960). The general problems of the psychobiological development of the child. In J. Tanner & B. Inhelder (eds.). *Discussions on child development*. Vol. 4 (pp. 3-83). London: Tavistock.

Piaget, J. (1967/1971). *Biology and knowledge*. Edinburgh: Edinburgh University Press.

Piaget, J. (1968a). "L'Express va plus loin avec Jean Piaget," *L'Express*, 23-29 Décembre, 1968.

Piaget, J. (1968b). "Le point de vue de Piaget," *International Journal of Psychology*, 3, 281-299.

Piaget, J. (1968/1971). *Structuralism*. London: Routledge & Kegan Paul.

Piaget, J. (1968/1972). *Insights and illusions in philosophy*. 2nd edition. London: Routledge & Kegan Paul.

Piaget, J. (1970). "Conversation with Elisabeth Hall," *Psychology Today*, 3, 25-32.

Piaget, J. (1970/1972). *Principles of genetic epistemology*. London: Routledge & Kegan Paul.

Piaget, J. (1970/1973). *Main trends in psychology*. London: George Allen & Unwin.

Piaget, J. (1970/1983). Piaget's theory. In P. Mussen (Ed.). *Handbook of child psychology*. 4th ed. (pp. 103-128). New York: Wiley.

Piaget, J. (1971). The theory of stages in cognitive development. In D. R. Green, M. P. Ford, & G. B Flamer (eds.). *Measurement and Piaget* (pp. 1-11). New York: McGraw-Hill.

Piaget, J. (1971/1974). *Understanding causality*. New York: W. W. Norton.

Piaget, J. (1972). "Piaget with Barry Hill," *Times Educational Supplement*, 18th March, p. 21.

Piaget, J. (1972/1981). Creativity. In J. M. Gallagher & J. M. Reid (1981). *The learning theory of Piaget & Inhelder*. Monterey, CA: Brooks/Cole.

Piaget, J. (1973). "Piaget's takes a teacher's look with Eleanor Duckworth," *Learning: the magazine for creative teaching*, October, pp. 22-27.

Piaget, J. (1973/1981). Dialogue with Richard Evans. In R. I. Evans (1981). *Dialogue with Jean Piaget*. New York: Praeger.

Piaget, J. (1974/1980). *Adaptation and intelligence: organic selection and phenocopy*. Chicago: University of Chicago Press.

Piaget, J. (1975/1985). *Equilibration of cognitive structures*. Chicago: University of Chicago Press.

Piaget, J. (1976). "Postface," *Archives de Psychologie*, 44, 223-228.

Piaget, J. (1976/1978). *Behavior and evolution*. New York: Pantheon Books.

Piaget, J. (1977). "Some recent research and its link with a new theory of groupings and conservations based on commutability," *Annals of the New York Academy of Sciences*, 291, 350-358.

Piaget, J. (1977/1980). Conversations. In J-C Bringuier (1980). *Conversations with Jean Piaget*. Chicago: University of Chicago Press.

Piaget, J. (1977/1986). "Essay on necessity," *Human Development*, 29, 301-314.

Piaget, J. (1977/2001). *Studies in reflective abstraction*. Hove, UK: Psychology Press.

Piaget, J. (1980/2006). "Reason," *New Ideas in Psychology*, 24, 1-29.

Piaget, J. (1981/1987). *Possibility and necessity: the role of possibility in cognitive development*. Vol. 1. Minneapolis: University of Minnesota Press.

Piaget, J. (1983/1987). *Possibility and necessity: the role of necessity in cognitive development*. Vol. 2. Minneapolis: University of Minnesota Press.

Piaget, J., & Garcia, R. (1983/1989). *Psychogenesis and the history of science*. New York: Columbia University Press.

Piaget, J. & Garcia, J. (1987/1991). *Toward a logic of meanings*. Hillsdale, NJ: Erlbaum Associates.

Piaget, J. & Inhelder, B. (1941/1974). *The child's construction of quantities: conservation and atomism*. London: Routledge & Kegan Paul.

Piaget, J. & Inhelder, B. (1948/1956). *The child's conception of space*. London: Routledge & Kegan Paul.

Piaget, J. & Inhelder, B. (1966/1969). *The psychology of the child*. London: Routledge & Kegan Paul.

Piaget, J., Sinclair, H. & Vinh Bang (1968). *Epistémologie et psychologie de l'identité*. Paris: Presses Universitaires de France.

Piaget, J. & Szeminska, A. (1941/1952). *The child's conception of number*.

London: Routledge & Kegan Paul.

Piaget, J. & Voyat, G. (1968). Recherche sur l'identité d'un corps en développement et sur celle du movement transitif. In J. Piaget, H. Sinclair & Vinh Bang (eds.). *Epistémologie et psychologie de l'identité* (pp. 1-82). Paris: Presses Universitaires de France.

Piaget, J. & Voyat, G. (1976/1979). The possible, the impossible, and the necessary. In F. B. Murray (1979). *The impact of Piagetian theory on education, philosophy, psychiatry, and psychology* (pp. 65-85). Baltimore: University Park Press.

Phillips, J. L. (1969). *The origins of intellect: Piaget's theory*. San Francisco: W. H. Freeman.

Poincaré, H. (1905). *Science and hypothesis*. London: The Walter Scott Publishing Co.

Presseisen, B. (2011). Personal email. Quine, W. V. (1961). *From a logical point of view*. 2nd edition. New York: Harper & Row.

Rieber, R. (1983). *Dialogues on the psychology of language and thought*. In collaboration with Gilbert Voyat. New York: Plenum Press.

Smith, L. (1993). *Necessary knowledge*. Hove, UK: Erlbaum Associates Ltd.

Smith, L. (2002). *Reasoning by mathematical induction in children's arithmetic*. Oxford: Elsevier Pergamon Press.

Smith, L. (2006a). Norms in human development: Introduction. In L. Smith & J. Vonèche (Eds.), *Norms in human development* (pp. 1-31). Cambridge: Cambridge University Press.

Smith, L. (2006b). Norms and normative facts in human development. In L. Smith & J. Vonèche (eds.). *Norms in human development* (pp. 103-137). Cambridge: Cambridge University Press.

Smith, L. (2009a). Piaget's developmental epistemology. In U. Müller, J. Carpendale, & L. Smith (eds.). *Cambridge companion to Piaget* (pp. 64-93). Cambridge: Cambridge University Press.

Smith, L. (2009b): "Wittgenstein's rule-following paradox: how to resolve it with lessons for psychology," *New Ideas in Psychology* 27, 228-242.

Spinoza, B. (1994). *A Spinoza reader*. Princeton, NJ: Princeton University Press.

Temin, H. M. (1989). "Retrons in bacteria," *Nature*, 339, 254-255.

Temin, H. M. & Mizutani, S. (1970). "Viral RNA-dependent DNA polymerase: RNA-dependent DNA polymerase in virions of RNA tumour viruses," *Nature*, 226:1209-1213.

Voyat, G. (1980). *Jean Piaget: current views on genetic epistemology: Interview made for the tenth meeting of the Jean Piaget Society*. Présenté par Bärbel Inhelder; interview conducted by Gilbert Voyat. Enregistrement video.

Voyat, G. (1981). "Jean Piaget 1896-1980," *The American Journal of Psychology*, 94, 645-648.

Voyat, G. (1983). *Piaget systematized*. Hillsdale, NJ: Erlbaum Associates.

Voyat, G., Silk S. R., & Twiss, G. (1983). *Cognitive development among Sioux children*. New York: Plenum Press.

Waddington, C. H. (1957). *The Strategy of the Genes*. London: George Allen & Unwin.

Waddington, C. H. (1975). *The evolution of an evolutionist*. Ithaca, NY: Cornell University Press.

Wermus, H. (1971). "Formalisation de quelques structures initials de la psychogenèse," *Archives de Psychologie*, 41, 271-288.

Wittman, E. (1973). "The concept of groupings in Jean Piaget's psychology: formalization and applications," *Educational Studies in Mathematics*, 5, 125-146.

附 录

皮亚杰的发展认识论

〔英〕莱斯利·史密斯 著
朱 楠 译
王云强 审校

皮亚杰的发展认识论
Piaget's Developmental Epistemology

作　者　Lesile Smith

原载于 *The Cambridge Companion to Piaget*, edited by U. Müller, J. I. M. Carpendale & L. Smith, Cambridge, UK: Cambridge University Press, 2009, pp. 64-93.

朱　楠　译自英文
王云强　审校

皮亚杰的发展认识论

> 发展认识论不应与发展心理学混为一谈,后者也不等同于儿童心理学。它是发展心理学与一般的认识论之间的桥梁,它也有助于丰富认识论本身……因此,发展认识论本质上是一种跨学科的研究,发展心理学在其中扮演着一个必要但非充分的角色。
>
> 引自让·皮亚杰(1966/1973)①

引　言

知识指向从学科内与学科间产生的问题。当科学和宗教发生激烈冲突,就像"两个教派彼此相杀"(Piaget,1918,第41页),真理会站在哪一方?皮亚杰想要探究的是在人类认知中起作用、为理性认同/异议负责的智慧工具的本质——智慧本身(ipse intellectus)(Piaget,2004/2006,注30)。假如不存在这种工具,理性的沟通将是不可能的。也就是说,合乎现实的知识,或哪怕是误解的知识也是完全不可能存在的。皮亚杰(1918,第152页)提出的观点是科学定理(lois)是以不同类型(genres)的认知理解的。

可以说,这是将会支配他一生研究激情的"研究规划"(第118页)。它在科学和哲学间绘制出一条全新的路径,与两者均是互相依存的关系(1925,第131页)。皮亚杰(1950,第13页)后来将他的理论观点称为发生认识论,或对"不同类型的知识的成长机制"(1957,第14页)的研究。这一微妙的定义将在后面予以详述。在此需要指出两点:第一,发生认识论研究关注的是人类发展中的顺序和机制的变化;第二,发生认识论研究关注的是作为事实和规范的变化。发生认识论研究从其经验主义,也即基于证据的角度是事实性的。发生认识论研究从两个相互依存的方面来说,也是规范性的。首先,它聚焦于认知者如何区分对的与错的——不仅仅是道德上的对错,也包括数学上的对错,从一般的人类经验的角度的一切对错;其次,它同时聚焦于这类知识经由较差到较好状态的一步步形成,在其中重点关注从认知者的视角如何理解这些状态。我

---

① 对皮亚杰的著作的参考文献中列出了双重出版年,分别对应于法文和英文出版物;使用的页码是后者的,星号(﹡)表示我校勘后的翻译。从无英文来源的著作做的翻译都是我本人的翻译。

(Smith,2006b,第115页)将皮亚杰的理论观点称为发展认识论(DE)。①

一个结论已是很明显了。皮亚杰反复重述发展认识论致力于对"一个圈子"(1918)、"一个螺旋"(1950)或"一个家族"(1979)的科学做出贡献。这意味着发展认识论是"必然跨学科的"(1965/1972,第29页)——跨学科在于结合了规范认识论和实证心理学,跨学科的必然性则在于其将这两者融为一体但又不混淆事实与规范的界线。

本文分为四部分。前两部分分别是对心理学和认识论的批评。我的论点是,尽管两者都是发展认识论的必要组成部分,它们各自都存在需要被矫正的缺陷。具体而言,发展认识论的心理学将是一门关于规范性事实的心理学,它的认识论将是一种辨证建构主义。第三部分是对发展认识论的各条原则的分析。他们的核心在于皮亚杰所关注的中心问题,即揭示人类知识如何既具有经验根源又具有符合规范性的构造。它的核心概念是动作,以及由一套规范的网络构成的动作体系。动作的推理构成了从内隐的使用到有意识的实现的桥头。起源于动作的人类知识,鉴于其与人类历史上的科学体系的匹配程度,具有合适的构造。尽管这一匹配通常不会被认知者意识到,认知者的专长的体现提供了合乎现实的知识的主体间的共同基础。本文最后一部分做出对此论点的概括及重要引申,同时也列出对其的众多挑战。

心 理 学

本部分的重点在于心理学如何以及为何对发展认识论具有必要的、但不是充分的贡献。说心理学的贡献是必要的,是因为用来了解世界的智慧工具之存在需要证据来证明。说心理学的贡献不是充分的,是因为心理学作为一门因果科学,具有原则性的局限,使其不足以解释人类知识中的关键概念,特别是它的构造、真理和必然性。

证据

发展认识论的"首要原则(是)严肃地对待心理学"(Piaget,1970,第9页)。这一原则似乎是在明确指出,发生认识论致力于对人类发展的心理学做出贡献。毫无疑问,这是皮亚杰的著作在心理学领域颇有影响力的一个原因。然而,这一原则同时也有实质性的条件。

对人类认知的解释需要一种关于认知者的心理学,因为没有认知主体,就没有知识

---

① *Genetic* 一词可能会有误导性——皮亚杰的重点不会是在DNA,而是在发生(genesis),即起源。心理发生和社会发生研究的是个体和公共的起源。这一重点使皮亚杰远超出了儿童心理学的范畴(Kitchener,1986,第1;参见 Piaget,2004/2006,p.10)。

可言,这一点在心理发生和社会发生中都是同理(Piaget,1967a,第 38 页;1967c,第 395 页)。但是在哲学中运用的心理学大多是"扶手椅上的心理学",其特点是依赖于内省,缺乏证据的支持。无论是陈腐的还是富有洞见的内省,都不能在没有具备适当的变量控制的实证检验的情况下被等同于定理。作为一门经验科学,心理学致力于确保施加这些控制(Piaget,1963/1968,第 153—156 页)。这即是为何发展认识论需要心理学。

问题在于发展认识论的心理学是何种心理学。皮亚杰的论点指向实验证据,但皮亚杰对因果变量的实验研究毫无兴趣(见 Piaget,1941/1952,第 149 页)。在发展认识论中,因果变量不在参考体系中,因为心理功能的作用乃是通过推断、而非因果——是通过规范、而非原因。很早就有人提出,皮亚杰的著作相当于"规范性事实的心理学"(Isaacs,1951)。"2+2=4 这一真理并不像大炮造成炮弹的运动那样,是 4-2=2 这一真理的'原因'。经由 2+2=4(这一真理)可以'推断出'4-2=2,这是一个完全不同的事情。"(Piaget,1963/1968,第 187 页)在发展认识论中,对因果性与规范性的区分从根本上决定了被讨论的是哪一种心理学。

起源与构造

作为一门经验科学,心理学能够描述人类心智工作的任何表现。发展心理学特别的贡献在于描述起源,例如儿童期的数的发展(Carey,2008;Sophian,2007)。但还需要有第二步:心智的工作并不是没有瑕疵的。康德(Kant,1787/1933,第 368 页)认为,伪理性概念具有一个未被适当地构造的起源——他以命运这一概念为例。这类概念来源于经验,虽然它们因其空虚性或违背常理性是无效的。例如,在《爱丽丝镜中奇遇记》中,王后同意以如下的奖励条件雇佣爱丽丝:"所有的今天都没有果酱,除此之外的每一天都有果酱。"(Carroll,1871)——这是认真的,还是戏谑?康托尔的集合论同时指向超越数以及罗素的(Russell,1919)悖论——智力的胜利与灾难。描绘人类知识的起源固然很好,但明确其构造同样是一个必要工作。不同文化中充斥着类似的伪理性概念,从占星术到燃素、再到活力论。正因如此,人类认知的理论解释应该同时解决知识的构造,也即其有效性这一问题(Kant,1787/1933,第 116 页)。有效的知识如何与无效的假货相区分?为何其操作原则是有效的、不可辩驳的?它的功能是理性的还是任意的?

康德认为,他已揭示出一系列在所有人类知识中都有效的先验范畴。[①] 对于康德(1787/1933,第 1 页)而言,这些范畴在个人经验中首次出现,但并非起源于个人经验。

---

① 先验一词是在独立于经验的意义上使用,而非在先天的意义上(Kitcher,1990,第 15—60 页)。比较康德:"理解的范畴并非起到先天概念的功能。"

在发展认识论中,人类知识的形成既包括事实源头也包括规范构造(Piaget,1970/1972,第92页)。与康德相同,皮亚杰认为心理学解决的是关于起源但不是关于构造的问题,因为"心理学无法区分事实和规范"(Piaget,1925,第197页)。这就是为什么说心理学本身还不够,它必须与一个规范理论相结合。在发展认识论中,构造既是事实性的又是规范性的,它是一个贯穿人类发展过程的、历时性的、"连续建构"的过程(Piaget,1970,第77页)。①

真理

人类知识是客观的,因为知识暗含已知的真理,这是一个两千多年来不断被证明的原则(Moser,1995)。在发展认识论中,婴儿的活动局限于"成功或实用性的适应,而言语或概念思维的功能则是去了解和陈述真理"(Piaget,1937/1954,第360页)。因此,真理的概念是在婴儿期后才形成的,其源头可以被心理学加以研究(Piaget,1928/1995,第184页)。但因果心理学如何解释它的构造就不甚明了了(Piaget,1923,第57页)。

真理概念的形成不仅仅是一个因果问题。在风中转动的风向标并不知道风的来向——没有任何一个风向标懂得其自身的因果性的意义(Pierce,1910/1955)。鹦鹉学舌而不知其意——它们会说"这是红色的"而未必意识到"这是有颜色的"(Brandom,2000)。人类思维可以在因果层面上被操纵——就像一场名副其实的《楚门的世界》——使任何人处于某种心理状态而不自知;也就是说,在可靠地产生某种信念的因果条件下,被产生的信念可以是错的,却被认知者自己的理解伪装成了知识(Plato,1935)。确实,任何人的想法可以是真的而无从意识到其为真,更无论其为何为真。而知识,则明显不只是如此(Gettier,1963)。

关键的区分点可认为有以下几点(Frege,1977,第7页):
(1) 产生想法,即抓住一个念头;
(2) 做出判断,即认识到其真理性;
(3) 表达判断。

举例而言,弗雷格的论点是(1),而我的关于毕达哥拉斯定理的想法不同于(2)。我认识到毕达哥拉斯定理是对的,也就是说判断其为真。我所想的可能为真,可能为伪,或是无真伪可言的一厢情愿、假定、问题或命令。但即使一个想法可判断真伪,我也不需要先理解这一想法才能够去想它。做出判断即是去认识到一个想法的真理性,也就是说认为这个想法是真的。因此,如果我做出一个判断,我必须以某种方式认识到我的想法的真伪,也就是说,我必须以有所控制的方式使用真理这一概念。前述的(1)和(2)

---

① 皮亚杰在此也与康德观点不一。

两点均不同于(3),我说出毕达哥拉斯定理为真这一论断,因为我可以想或做出判断而不一定表达出来。对于弗雷格(Frege,1979,第2—4页)而言,因果心理学解决的是隶属于(1)的思维的起源,而与隶属于(2)的判断的核心逻辑无关。这是因为人类谬误具有一个因果的病因,而真理概念则是逻辑的——而非心理学的——概念。判断的能力是通过理性逻辑实现的,而非通过关于原因的心理学。如果假定是别的情况,就会出现一种"迄今未知的疯病"(Frege,引自 Smith,2006b,第106页)。①

由于他致力于跨学科的贡献,皮亚杰并未采纳这一对心理学的彻底拒斥的态度。心理学能够跨文化地研究儿童和成人的思维,而无论其真伪。但他认识到因果心理学是不够的,这也是为什么伊萨克斯的评论是敏锐的。发展心理学所需要的是关于真理的概念如何在童年形成,也就是说,真理的规范如何被正确运用的特定证据。

必然性

真的就是真的,但未必所有真相都必然是真理。两块卵石与另两块卵石加在一起会有四块卵石,这是真的;但两滴水加入另两滴水会变成一个小水池(Piaget,1967d,第582页)。这意味着将实际物体加在一起的动作可能具有不同的结果;二加二的结果可能不是四——这是真实的可能性,不存在矛盾之处。然而在数学上,加法运算 $2+2=4$ 具有不变的结果,绝不可能出现别的结果。社会情景提供了无处不在的相同例子:如果1瓶酒的单价是1元,6瓶酒价值6元,然而一个6瓶包装可能标价5元。即使如此,$6\times1=6$ 不仅为真而且必然为真。对于亚里士多德,必然性是指任何绝无其他可能的情况;对于莱布尼茨,一个必然性推论的反面意味着矛盾(Piaget,1977/1986)。必然性的典型例子是数学真理,例如 $2+2=4$,以及逻辑推理,例如:

这瓶酒是勃朗克葡萄酒(红葡萄酒或白葡萄酒)

它不是勃朗克红葡萄酒

因此

它是勃朗克白葡萄酒

鉴于这些前提,结论即是必然的——它的反面是不可能的,从而会带来矛盾。当然,前提可能是错的——酒可能是罗夏葡萄酒;或结论可能表达的是一种偏好——菜单上有鳟鱼;它甚至可以是一种因果规律——在莫尔伯勒,我们总是喝白葡萄酒,尽管我们也有红葡萄酒。但这些"也许"都和前提与结论之间的连接——即蕴含关系的必然性——无关。关键点在于人类知识包含必然性知识。

皮亚杰将必然性知识视为发展认识论的核心问题:

必然的事物与既定的事物之间,或必然的事物与约定俗成的事物之间的区分,比康

---

① 关于弗雷格和皮亚杰,见 Smith(1999a,1999b,2006b)。

德所假定的更难(Piaget,1925,第 125 页)。

任何认识论的主要问题实际上就在于理解心智如何成功地建构必然关系。这一关系看起来是独立于时间的,如果思维的工具只是取决于进化并随时间逐渐构造而成的心理运算(Piaget,1950,第 23 页)。

逻辑必然性的出现是逻辑结构的心理发生的核心问题(Piaget,1967c,第 391 页)。

必然性不是基于对客体的解读的可观察物……由此我们对研究其心理发生上的形成过程产生了兴趣(Piaget,1977/1986,第 302 页)。

(当前问题在于如何解释)从一种历时性的建构进展到一种不依赖时间的必然性。

必然性的形成之所以是发展认识论的一个重要问题,是因为人类知识起源于真实世界,也就是说,所有的一切如实呈现的世界(Wittgenstein,1972)。任何如实呈现的事物因而也就是真的。但从一个真相推断出必然性就会引出一个模态谬论。地球只有一个月亮是真的——但不是必然如此,因为事实本可能是其他情况。确实,这就是为什么需要经验研究来检验事实。尽管必然真理取自经验,它们的真正源头来自别处,正如康德(1787/1933,第 1 页)对休谟经验主义的令人信服的反驳。皮亚杰在这一争论中站在康德一边,但他又加上了两个额外论点来增强对心理发生这一问题的探讨。其一是伪必然性的早期发展;其二是必然性的检验和体现之间的区别(Piaget,2004/2006,注释 12、25)。我在下面将涉及这两个问题。

认　识　论

本部分的重点在于认识论为何以及如何对发展认识论产生必要但非充分的贡献。这一贡献对于分析用于认知世界的智慧工具是必要的,但说其不充分主要是因为认识论在传统上无法解决关于这一智慧工具是否是包括儿童在内的所有认知者都在使用的这一问题。发展认识论致力于辨证建构主义的认识论。

知识理论

作为哲学的一个分支,认识论是关于知识的理论,一般被视为一门研究关于知识和现实问题的规范性学科(Piaget,1961/1966,第 149 页)。这些问题需要"规范,因为如果我们要想研究原则和根基的问题,我们需要探讨规范"(Piaget,1965/1972,第 165 页*)。知识具有规范性的特征,需要一个具有适当有效性的组织形式——这就是为何因果心理学是不够的。因此,对知识的分析必须揭示如何达到这些规范性的要求。认识论的必要贡献在于其作为一种原则来源,将皮亚杰所有的问题在其研究规划中重塑出来(Piaget,1918,第 118 页;1952,第 240 页)。但规范性认识论对发展认识论是不充分的,这有几点原因。

在发展认识论中,所有的认识论都被两条原则进行归类:人类知识暗含着一个认知的主体和被认知的客体以及人类知识具有结构和发生。每一条原则均产生一个三分法,最终形成一个九分归类(Piaget,1967e,第 1240 页;见下表)。① 前两列中的认识论面对两个主要异议,因此发展认识论倾向于辨证建构主义。

皮亚杰的认识论归类

	结构	发生	建构主义
O 客体	现实主义柏拉图	经验主义洛克	自然辩证法马克思
S 主体	先验主义康德	习俗主义庞加莱	历史相对主义布伦茨威格
S-O 交互	现象主义胡塞尔	认同论莱布尼茨	辩证法皮亚杰

简而言之,发展认识论反对第一列中的认识论的论点是,这些理论拒斥独立于认知主体的预成的知识结构。从这种结构产生的真理会是相互独立的,而在发展认识论中"任何真理(都是)相对于特定水平的发展中的思维,包括根本性的逻辑真理"(Piaget,1950,第 46 页)。发展认识论反对第二列中的认识论的论点是,这些理论拒斥无组织化的知识形成。在发展认识论中,同样的事实,例如苹果掉落到地面,可以有多种阐释,其作为"事实"取决于询问正确的问题——对于牛顿,这是一回事;对于亚当/夏娃又是另一回事(Piaget,1965/1972,第 126 页)。一般来说,在历史上某一时刻被认为是正确或必然之事——比如亚里士多德的逻辑学和欧几里得几何学——到了后世未必仍被认为是正确或必然的(Piaget,1925,第 196 页;1962/2000,第 243 页;1967e,第 1267页)。发展认识论的首要理论贡献在于提供了一个在理论中协调统一了前述两大原则的认识论。这是因为一切知识的形成都取决于它的规范构造和它的经验源头。更进一步的,发展认识论是辨证的,这是鉴于被认知的客体和认知主体之间的协调,这包括个体进化(心理发生)和社会历史(社会发生)。

可得性

在发展认识论中,非经验的认识论被认为无法解释其自身分析的事实推论,甚至完全否认经验证据的相关性(Piaget,1965/1972,第 11—19 页)。"柏拉图的、理性主义的或先验主义的认识论者假定必须找到一些根本性的知识工具,这些工具是外在于、超越或先于经验的。(但这种教条)忽略了去检验这样的工具是否为主体所使用。我们是

---

① 这一分类法是早先对各行的分类解读(Piaget,1947/1950)和对各列的分类解读(Piaget,1964/1968)的进一步产物。

否喜欢(这种观点)是一个事实问题"(Piaget，1952/1977，第5页)。① 每一种认识论都提供对获取知识的智慧工具的一种分析。一个关键问题在于这个工具是否对所有的认知主体都是可得的。在规范性——也即非经验的——认识论中不存在对这一问题的回答，无论是单独的还是共同的。但是为了正确化解发展认识论的核心问题——即不同类型的知识事实上是如何发展出来的——需要这样一个回答。

发展认识论

这一部分是对发展认识论关于研究知识形成的主要原则的分析，包括知识的起源以及在发展过程中的构造。社会发生的知识体系可以作为心理发生的认知体系的比较模板，尽管后者可以在后世对新的社会发生体系的形成产生贡献。这一策略符合发展认识论内在的"科学螺旋说"。一个重要的推论是必然性的推理可被作为规范性事实加以研究，用以阐释平衡化作为一种发展机制，后者是一个颇有争议的构念。

定义

发展认识论是一门研究知识的形成的科学认识论。② 知识的形成包含两个过程。其一是社会发生，它涉及不同类型的知识相对于它们在不同社会中的历史发展和它们的代际文化传递(Piaget, 1967c，第397页)；其二是心理发生，它涉及个体发展过程中突现的基础概念(Piaget, 1967b，第65页)。在这两个过程中，分析的单元都是一种体系(cadre)。就社会发生而言(Piaget & Garcia, 1983/1989，第248页)，知识体系包括正式的结构和知识体系。就心理发生而言(Piaget, 1936/1953，第6页；1977/2001，第320页)，认知体系包括动作-格式和认知结构。作为对其在第一部分中的定义的补充，发展认识论的目标是：

掌握发展中的知识[因为(知识的)形成本身就是一种发展的机制，且没有一个绝对的起点]并假定这一发展总是同时带来关于事实和规范的问题。发展认识论试图整合仅有的适合回答这些问题的方法。(Piaget, 1965/1972，第76页*；又见1950，第13页；1970，第1页；1970/1972，第15页)

这一定义是复杂的，因此我在此分析其主要特征。

---

① 无证据的理论解释仍有很多(Dummett, 1981，第678页；Husserl, 1965，第101/111页；Wittgenstein, 1972，第1121页)。

② "不同的阐释是'生物认识论'"(1967/1971，第64页)"建构认识论"(1981/1987，第3页)。

发展顺序

在发展认识论中,一切知识都是在建构和重新建构的顺序下形成的。建构发生在从一个水平(niveau)向下一个水平以不可变的顺序递进的过程中。然而,发展认识论不否认知识在一个水平内的差异性;也就是说,从一个水平到下一个水平存在多条发展路径。可以类比地图上的等高线的多少取决于比例尺和地图大小的要求,等高线/水平并不决定路线(Smith,2002b)。建构是没有尽头的;也就是说,既没有初始水平也没有最终水平(1977/1986,第302页)。① 关键在于,建构是无限连续的,形成一系列的大小不一的步骤(étapes),没有一个步骤是完全的。典型例子包括儿童对于类比关系的推理缺乏泛化,而局限于"邻近"步骤(Piaget,1977/2001,第147-148页)和/或关于"有限共必然性"的模态推理(Piaget,1977/1986,第302页)。

一个阶段(stade)是一个特定的水平,通过三条准则加以定义——该水平是建立在先前的水平的准备基础上,并整合在随后的水平内;这一(先前水平-当前水平-随后水平)三重关系的顺序是不变的,且独立于年龄;在该水平上所有的动作都具有相同的认知组织(Piaget,1967/1971,第17页)。第三条准则并不是指行动者所有的动作都在该水平,而仅仅是说如果这些动作是在该水平上的,则它们具有相同的认知组织。同时,对应于一个个体发展阶段的认知体系与科学史上的公共知识体系具有相同的组织。一个阶段类似于一个在地图上加粗标示出来的250米等高线,也就是说,强调某一阶段是出于实用目的,(实际上)没有具体哪一级等高线/水平(的重要性)不同于别的等高线/水平。确实,在发展认识论中,认知成就的产生速度不同,这尤其取决于教育方法。②

如此阐释之下,建构和建构新颖知识——"新的关系和新的思维工具"(Piaget,1975/1985,第67页)——的人类创造力是兼容的。在发展认识论中,新颖性等同于未包含在先前步骤中的新步骤。这是一个重要的结论,因为发展认识论的核心目标在于揭示从儿童的知识到科学知识的步骤和水平(Piaget,1967a,第15页)。

机 制

发展认识论的核心假设是一些"共同机制"在一切知识的形成中起作用(Piaget &

---

① 1967d,第577、587页。
② 见Chapman,1988,第340-368页。

Garcia,1983/1989,第 26—28 页)。① 这些机制运作于认知主体的动作中——没有认知主体,就没有知识。因此,一切知识的源头都是在动作中。知识构造中的机制包含动作的推理。我们现在探讨动作,下一部分将探讨推理及其通过规范的共同联结。

动作是有意图的、有意义的和规范性的。它们是知识的源头,知识相当于使行动者知道如何去做的能力。

首先,意图性。在发展认识论中,"一个动作不是某种运动而是一个借助于一个结果或一个意图而协调形成的运动系统"(Piaget,1960/1974,第 63 页*)。一个范畴性的错误是将动作的意图性与躯体动作的因果性混为一谈。② 因此,吕西安娜抓住她母亲手指的反射运动(Piaget,1936/1953,第 89 页)不是一个动作,而她取出一块藏在盒子底下的手表是一个动作(Piaget,1936/1953,第 287 页)。一个动作是目标导向的,也就是说,行动者"在动作中"意识到目标,而不需要预先的意识层面上的意图。③

其次,意义。"一个同化格式(即,原始知识体系)对被同化的客体赋予意义,同时对被组织的动作授以目标"(Piaget,1975/1985,第 16 页;参见 1977/1986,第 305 页)。当吕西安娜"右手抓住她的床单"(Piaget,1936/1953,第 99 页),这一动作具有意义——对于吕西安娜而言,当时当地的意义。在发展认识论中,婴儿的动作的意义是皮尔斯意义上的符号学的结果。皮亚杰(1936/1953,第 191 页)采纳了皮尔斯的(Pierce,1910/1955,第 102 页)三种示意者——指标(indice)、符号、记号。因此,吕西安娜的动作可以具有指标性的意义。但是皮亚杰同时采纳了皮尔斯的解释。对于皮尔斯(Pierce,1910/1955,第 99—100 页)而言,意义永远是三重的,并且基于两种关系:其一是示意者 S 和目标客体 O 之间的关系,其二是该客体 O 和一个阐释者 I(通常是一个人)之间的关系。④ 在发展认识论中,认知体系即是一个阐释者,而人类发展出随时间变化的认知体系而构成,包含示意的、符号的以及基于记号的意义。因此,动作,也即知道如何做什么,是理解某事物是什么的先导(Piaget,2004/2006,注释 3)。

最后,规范。一个格式是用来决定做什么或不做什么的原始知识体系。例如,吕西安娜一开始没有吮吸她的手指,尽管她随后把手指伸进了嘴里(Piaget,1936/1953,第 54 页)。皮亚杰的评论是她的手指伸向了"正确的"(bonne)方向——对于吕西安娜而言,这一动作-格式决定了她在做什么。对此的控制是规范性的,因为人类智慧是一个"由被智慧运用于其自身方向的,控制规范的总和所构成的"(Piaget,1932/1932,第

---

① 这些机制既与概念的内容无关,与其表征装置无关,与实验操纵的自变量速度无关(Carey,1987;Case,1992;Fodor,1975;Siegler,2007)。

② 一个躯体运动(举起手臂)和一个动作(举起我的手臂)不是同一回事(Wittgenstein,1958,第 621 页)。

③ 这一"意图性的地平线"是有差异的(von Wright,1983)。

④ 一个系统的阐释者是一个既能表征最初的客体也能表征其他客体的系统,由此扩大了生成新意义的示意范围(参见:Atkin,2006)。又见 Bickhard(2009)对表征的批评。

405页)控制系统。

控制不是指生物心理学中的因果控制,而是智慧动作中的规范调节。人类智慧等同于一个系统中的活动和行为;该系统是一个由规范组织而成的认知体系。这一组织具有规范性的特征,也即有意义的推论(正方形是矩形)和规范(看到红灯要停下)。对于一切有意图的活动都是如此。"每一种智慧行为都暗示着一个相互推论,意义相互联结的系统"(Piaget,1936/1953,第7页)。

总的来说,"规范的进化提出了一个问题,其根基直达动作的源头以及有意识的有效性判定(conscience)和有机体之间的原始关系"(Piaget,1950,第30页)。① 所有的动作都是富有规范的;也就是说,人类行动者"总是'富有规范的'(toujours normé)"(Piaget,1965,第159页)。从人出生起就是如此:"从最开始,即使在我们最年轻的被试中,一个物理事实,无论多么基础,只会被记录在一个逻辑数学体系内"(Piaget,1977/2001,第320页)。最初在婴儿期起作用的规范是关于成功的适应的(Piaget,1936/1953,第240),随后才变成关于"连贯一致的规范和逻辑思维的统一"(第11页)。人类主体不排除心理-生物因果性的独立作用,但也不能被简化成这些因果性。一个动作的意义不在于躯体运动的因果性,也不是在研究身体动作的因果过程——例如,在神经科学中——获得的,因为这些运动本身没有意义。规范也不能被简化为原因。关键在于,一个动作是由行动者自己发起的,行动者具有重新行动——重复该动作或改变它——的能力。在发展认识论中,对这一能力的系列实行就是调节,也就是强化或纠正(Piaget,1975/1985,第16页)。被强化或纠正的是认知体系中的规范,认知体系最初是无意识的,是行动者的意图性和意义的附带产物。

规范和规范性事实

在20世纪的心理学中,有三种关于规范的立场(Smith,2006a,第9—15页):
(1)规范的否认——规范就像燃素,是不存在的;
(2)简化为因果性的规范——规范是心理测量的平均结果或是社会规范;
(3)规范或富有规范性作为一个独特的概念。

发展认识论和(1)、(2)两种立场互不兼容,因为它坚持(3);这意味着什么?发展认识论的立场可以优雅地概述为数的生成的因果性与数的推理的规范性之间的差别:"2不能'生成'4,它的意义'暗含着'2+2=4。"(Piaget,1967/1971,第49页)总的来说,规范性的能力在三个方面不同于因果能力。其一是规范的识别:在识别规范的同时就已假定了规范性——一个路标缺少一个阐释者就无法识别它所示意的方向(Brandom,

---

① 对于这一翻译参见 Brouwer,1912,第79页。法文 conscience 的双重意义对应于英文 consciousness 和 conscience。

2000);其二是对规范的承诺：一条规范因为"规范性的压力"而被接受之后,可以被一个行动者的自主承诺所确认或拒斥(von Wright,1983);其三是规范的创造：无论因果事实是什么,任何规范都可以被创造出来,然后修改、拒斥或由别的规范替代(Piaget,1975/1985)。

我对立场(3)的分析取决于关于规范的双重体现的两个条件,即一条规范,借助于其对规范使用者的约束力,体现于一种动作或理解的模式中(Smith,2006b,第116页)。这一模式公开体现在规范使用中,可被第三者进行研究。对规范使用者的约束力等同于"不得不"的情况,在这一情况下,对应的模式对于做出了第一人称承诺的规范使用者是必需的或必要的。在学习一个游戏的规范的过程中,"我们尚不知道为何一个游戏者会应用所学到的规范,并视其为有效的——从纯粹习俗的角度,[或]作为一种义务"(Piaget,1961/1966,第143页)。规范常常是通过社会传递的,规范的训练可能是完美且成功的。即使如此,服从于一个规范以及自主承诺遵守一个规范并非同一件事。

规范包含多种变式(例如在儿童的数学中,见附录一;更多地在玩游戏中的例子见Smith,2006a)。第一,规范不局限于道德方面；数学规范也是有效的规范,实际上在任何经验领域的原则都是规范。第二,规范可以归入许多不同的列表(Brandom,2000);冯·赖特(von Wright,1963)提出的六重规范列表包括法则、命令、指令、习俗、道德原则和理想典范。第三,规范有其历史,甚至有其未来。新的规范可以被产生——这是可被检验的创造行为——旧的规范可以被废除(von Wright,1983)。第四,人类发展包括伪规范的形成和"伪绝对性"(Piaget,1962/2000,2004/2006)。简而言之,任何规范使用者既是一个创造性的行动者又是一个规范迷宫中的自主承诺的接纳者。道德两难处境提醒我们,没有什么规范是单独存在的,都可以推广到一切规范的变式——例如,在算术中,加法原则是一个规范,它可以影响别的规范,如减法、乘法和除法。

在皮亚杰的理论中,一个运算即是一次规范使用,所以"任何运算都不是孤立的。它总是与别的运算联结在一起,并且总是总体结构的一部分"(Piaget,1964,第177页)。

规范不能废除因果,但它们可以指向能够强化或纠正原因的动作。规范以不同的方式发挥作用(Smith,2006a):

- 下定义,即确定某事某物是什么。例如,以手拿球在足球中是犯规,但在橄榄球中就是运动竞技的一部分。
- 有效性判断,即判定对错。例如,从加法到乘法$[(3+4)=7\rightarrow(3\times4)=12]$的结果推论。
- 必然性判断或"不得不"作为一种动作的必然性。例如,路德的"我别无他法",或理解中的必然结果；再如,斯宾诺莎的"1,2,3,因此下一个同比例递增的数字不得不是6"。

规范不能被从事实中推导出来,否则就会产生心理主义。但规范的使用是一个规范性事实,在这个过程中一个规范被使用者有意无意地触发。而一个规范性事实不是一个因果事实,否则规范-原因就无从区分了。规范性事实是"经验中的事实,即观察到一个特定的行动者认为他/她自己被一条规范所约束,无论其从观察者视角来看是否有效"(Piaget,1950/1995,第30页)。规范性事实的例子见附录二。

从第三人称的视角来看,其他行动者的规范性事实可被公开研究。但其中有两个限制条件:其一即是规范性事实可被第三者观察到,对应的规范却不能;其二则是规范性事实是依赖于由社会发生提供的规范性理论的阐释的事实。

再论起源和构造

现在需要的是对两座"桥梁"的理论解释:其一是对个体而言,从行动的成功进展到理解的桥梁;其二是个体认知体系和公共知识体系之间相匹配的桥梁。

心理发生的桥梁。这一桥梁从动作指向理解。这里的动作不具有真伪,而基于知识的理解则是在现实中为真的。因此,从动作到思维的进展需要这一桥梁。

从格式角度来说,这一转换是作为垂直滞差(décalage),或从使用(practique)到意识(conscience)的时间落后体现出来的,也就是说,从使用一条规范到意识到其有效性。① 使用一条规范不一定要认识到:

- 该规范对动作的调节;
- 该规范对认知体系中其他规范的影响;
- 该规范对动作的约束性;
- 该规范对理解(这一动作)的必要性。

"主体无从获得关于他自身动作的清晰知识,除非是通过动作对客体造成的结果。(同时,)主体只有通过与该动作的协调相联结的推断才能成功地理解客体"(Piaget,1975/1985,第43页)。这便是所谓的认知无意识,因为规范能在无意识觉察的情况下被使用。意识觉察最初是不存在的,随后是不缺陷的和扭曲的,并且总是不完整的(Piaget,1971/1974,第35页)。这就是为什么发展认识论引出了许多机制——这一多重性在前面已被提及——包括平衡化、自我中心化和抽象化。

在发展认识论中,没有什么规范是理想客体,没有预先准备好的"参考答案"。"(不存在)从我们内在或外在永久性给出的理想客体,它们不再具有本体论的意义"(Piaget,1970/1972,第70页)。同样也不存在意识的捷径,因为规范的突现是一个缓慢的过程。发展认识论的立场是,认知即是"探求真理"(Piaget,1965/1972,第21页),因为认知者致力于"获得真相"(Piaget,1967/1971,第361页*)。这一立场意味

---

① *Practique*,通常被译为 *Practice*(1932/1932,第19页),被翻译成使用,来突出与维特根斯坦的循规(rule-following)的联结(Smith,2009)——见注释15。

着这一探求的成功与否是未知的(Piaget,1975/1985,第6页),但它严格限定探求真理的主体是认知者——否则个体就不得不完全依赖于外在权威。然而,不存在最终原因的目的论——认知者探求的不是预先已知为真的真理(Piaget,1965/1972,第42页;1975/1985,第139页)。

规范从婴儿期的早期就开始发挥作用,但具体是哪些规范以及它们如何被使用则是一个开放问题。例如(Piaget,1932/1932;cf. Smith,2006b):

- 学步幼儿在无视游戏规范的情况下玩弹珠(第25页)。
- 儿童开始学习按规范玩弹珠(第28—30页)。
- 少年成功地根据规范玩弹珠(第35—40页)。

因此,规范的使用是部分地、逐步地被掌握的。总的来说,一个认知者应具备足以化解"我认为我懂得 X"和"我懂得 X"之间的致命的模糊性的认识力。也就是说,弗雷格对思维和判断的区分。① 在发展认识论中,任何认识主体都具有两个方面(Piaget,1961/1966,第238页)。一方面是以个体差异彼此相区别的,即心理上的主体(Piaget,1965/1972,第48—49页);另一方面则是以主体间的身份认同——也即构成不同主体之间的共同点的自我相同原则——相区分的,即认识论上的主体。这就是为什么在发展认识论中,公共的方法,例如实验法和形式证明(1963/1968),在"对所有人都有效"(Piaget,1924/1928,第24页)这一意义上是主体间的。② 这两方面的区分是非常关键的。一方面是指向一门关于个体间差异的因果事实的心理学;另一方面则指向一门关于相同的规范是如何建构出来的规范性事实的心理学,从而使得理性的认同或理性的异议成为可能。

规范是通过提供推理,即行动者的动作体系中的推论和义务,来得以具化的(Piaget,2004/2006,注释3)。最初,推理是内隐的。但延续鲍德温的观点,发展认识论不等同于"内隐的诡辩"(Piaget,1928/1995,第189页)。这是鉴于其对规范在实际推理中起作用的严格要求。隐含在行动者的认知体系中的规范会被外显化为推论或义务,并成为行动者的推理。所需要的是承认,至少在该认知体系下,"不得不如此,而别无他法"。这就是为何发展认识论的主要问题在于必然性知识的形成。没有规范,知识将是不可能的;没有必然性和义务,规范将是不可能的。

推理有很多不同类型(见附录一)。它们的多样性强化了发展认识论作为一门科学的性质,以及发觉一个行动者的富有规范性的推理强化了发展认识论作为一门认识论的性质。模态逻辑的语言——必须、不能、不得不、必然——经常在儿童表述他们的推理时出现。即使如此,这是不充分的——用模态语言表述的推理可以是谬误的。这也

---

① 合并(1)和(2)就等于未能洞察到一个"致命的模糊性"(Frege,引自 Smith,2006,第3页,106页)。

② 见 Frege(引自 Smith,1999b,第96页)"能够作为多位思考者的共同特征"。

是不必要的——健全的推理可以不用模态语言来表述。健全的推理是必然性的,包括作为前提、后果或联结的推理(见附录三)。

推理在三个方面是构造出来的。第一,推理是关于知识如何被认知者构造出来的准则。没有推理,没有人能知道一个反应的真伪,因此就无法消除(1)和(2)之间的致命的模糊性。这也是为什么在发展认识论中"需要分析的关键问题在于对主体视为支持其视为真理的东西的证据或'推理'的考察"(Piaget,2004/2006,第 7 页)。第二,被用于检验真相的推理不同于被用于展示的推理(Piaget,2004/2006,第 7 页;见附录三)。推理是可习得的,相当于一种"惰性知识"(Whitehand,1932);它们也可以是生成性的,产生出新颖的知识。第三,推理在行动或理解中可以是必然性的,它发挥三个功能。第一个功能是将认知体系中的内隐规范外显化。"推理的作用是在系统中,从仅仅是内隐的或未被认识到的地方,引入新的必然性"(Piaget,2004/2006,第 8 页);第二个功能是整合同一认知体系内的规范,也就是说,"必然性整合的规范性特征"(1977/1986,第 313 页)——见前面对发展顺序的论述;第三个功能是展示,并提出为何某事物是如此或不得不如此的基本原理。

对这一论点的一个重要推论是,如果推理是规范性事实,它们是可以被实证研究的。如果推理是机制,它们将对发展认识论的核心构念即平衡化(Piaget,1975/1985,第 3 页)做出贡献,甚至是这一构念的一部分。这意味着发展认识论的核心构念既是可理解的(Smith,2002b),也是可检验的(Smith,2006b)。

社会发生的桥梁。这一桥梁在个体认知体系和公共体系之间建立联系。真理是重要的,因为科学定理是合乎现实真相的定理。发展认识论的目标在于解释关于这些定理的知识是如何发展的。但真理不可能是一个纯粹个人的事务。如果我能够发展出真的知识,你也能够,我们如果发生异议会怎样?一个只对任何单个的人有效的知识体系将不得不面对弥合知识体系内和知识体系间的矛盾的问题。如此说来,发展认识论又是如何避免"无可无不可"的混乱状态呢?

在这个问题背后是皮亚杰的(1936/1953,第 8 页)一致性问题。① 这一问题分为两个部分,即"思维与自身的一致性",也即连贯性(Piaget,1975/1985,第 13 页),以及"思维与事物的一致性",即客观性(cf. Piaget,1967/1971,第 65 页)。

发展认识论提出应通过辨证建构主义来考察心理发生与社会发生的体系之间的互动。这一提议不应理解为简单的相加,因为"社会不比个人更知道如何创造推理"(Piaget,1933/1995,第 227 页)。这一提议是指研究者的重点应该放在个人体系和公共体系之间的关系上,致力于确定规范和规范性事实之间的共同点和分歧。例如,可以

---

① 法文 accord;也被译为 harmony(Piaget,1967/1971,第 344 页),correspondence/agreement (1975/1985,第 19 页)。又见 Piaget(2004/2006,第 16 页)关于 adequation as adequacy;"知晓现实意味着建构或多或少完满地对应于现实的转换系统"(1970,第 15 页;参见 Chapman,1988)。

对照范畴理论的数学体系检查儿童对数的推理;反过来也应该对照个体发生的证据来检查社会发生的规范(见 Piaget & Garcia,1983/1989)。

发展认识论未为这个一致性问题提供一个对一切知识永久有效的总括性解决方案。尽管有些哲学家——特别是康德——声称借助其先验范畴提供了一个这样的基本原理,这类立场在公开坚持"没有尽头的"建构过程的发展认识论中都是站不住脚的。这也是为何发展认识论中不包含先验地从何处来:规范不是在生命开始的那一刻就已预先形成供人使用的;而包含先验地到何处去的原则:社会发生的规范构成心理发生的序列的一个限制(Piaget,1961/1966,第282页;1965/1972,第57页)。在心理发生和社会发生的不同体系之间的互动在以下几方面是辨证的。这一互动不是一个因果关联,而是一个对规范性事实和规范的理性协调。新的规范性体系会引导人发现新的规范性事实。新的规范性事实反过来会对新的规范体系的形成做出贡献。这一轮流的顺序发展过程可以无限进行,即使被认为是一致、完备的体系在后世也会被重塑——例如,亚里士多德的逻辑学、欧几里得的几何学、牛顿的物理学。①

发展认识论提供的是一个可证伪的解决方案,也即直到在后世基于事实和规范的根据被修改、拒斥或重塑之前始终有效的解决方案。这一解决方案是方法论的,因为它是作为对事实和规范之间,以及案例和原则之间的交互关系进行的递归分析。对其适当性的控制应满足三个条件(Piaget,1963/1968,第159—161页):

- 规范性事实是定理性的。
- 一条定理可在一套规范体系中进行演绎。
- 整个(规范)系统具有实际的体现。

这些条件蕴含着在统一的解释框架内经验检验(规范性事实)和展示(规范性理论)之间的互动。需要注意的是,发展认识论并未暗示所有的规范使用都是"优化的"(Piaget,1975/1985,第3—6页)。满足以上这些条件的运用可能相当于一种退行,或停滞,或进步。

启示与挑战

我主张皮亚杰的发展认识论必然是一门对知识的形成——不同类型的知识的实际源头和构造——的跨学科研究。对源头的研究需要来自一门经验心理学的证据;对构造的研究需要一门规范性认识论的规范。发展认识论坚持在统一的理论框架下同时关注这两个学科之间的联系,特别是规范性事实和规范之间的协调。与这一双重关注点互补的是个体身上形成的认知体系与科学史上形成的知识系统之间的交互。在发展认

---

① 一个可比较的立场,可见:Goodman,1979;参见:Smith,2008。

识论中,不存在总括性的基本原理来作为客观性和人类知识的连贯性的根据。规范和规范性事实——或曰原则和案例——之间的一致性是一个无限互相调整的系列过程,贯穿人类的生命。

启示

我的论点具有四个主要结论:

(1) 发展认识论必然是跨学科的。对发展认识论的批判很容易在没有充分考虑这一跨学科整体的情况下过早地下结论。一种表现在于将一门学科单独分割开来加以审查,另一种表现则是"从外部"调查这一整体。在皮亚杰(1963)看来,这两种表现都十分普遍,已成了一个除了少数例外之外连续的趋势。

(2) 在发展认识论中,规范性问题"知识何以成为可能"被转化为一个经验性的问题"知识是如何发展的",以便在一门关于规范性事实的心理学中研究知识实际上是如何在其发展过程中被组织起来的。因为规范无法被简化为原因,纯粹研究因果事实的心理学是严重不完备的。当前这代表了大部分的心理学。

(3) 发展认识论是一个指向规范性事实和规范之间的关系的辨证建构主义理论,这些关系暗示认知的起源和构造是一种认知主体和被认知的客体之间的协调——而不仅仅是相关。

(4) 在发展认识论中,知识的形成是顺序性的,经由无限多的水平的建构,建构的进展机制是动作和推理,既是在心理发生中又是在社会发生中。动作通过规范性体系加以阻止,也即义务和推论在动作体系中内隐地起作用,并在行动者的推理中外显地表现出来。在这种阐释下,平衡化成为一个关于必然性的推理的形成的、可被检验的过程。确保知识的客观性的总括性的基本原理是不存在的,但有一种方法论可以促进人们迈向理性的认同/异议。

挑战

由于篇幅限制,我的论点有两个局限。一个局限是其主要聚焦于心理发生而基本上排除了社会发生;另一点是其主要聚焦于对发展认识论的注解而不是对它的评价。然而,一些关键挑战如下:

发展认识论是否暗示心理主义,并从本质上就是有缺陷的吗?并非如此。心理主义是完全从事实角度解释规范性定理,这是一个谬论(Kusch, 2007)。发展认识论并未犯下这一谬误(Smith, 2006b)。相反,它指向一个开放问题,来解释成熟的规范是如何从原始的规范中形成的(参见 Bickhard, 2009; Brandom, 2000)。

皮亚杰的阶段论——这不是已被科学证伪了?并非如此。发展认识论暗示发展水平而非阶段。几乎所有的对皮亚杰的阶段的研究(Case, 1992)都混淆了按年岁排序的年龄——一个伪准则——和发展认识论的官方准则。类似"皮亚杰提出共有四个阶段分别出现在某某岁……"或"儿童能够在 4 岁获得守恒"的说法是不正确的或不完全的,通常两者都是。

考虑到心理理论对错误信念的研究的成功,难道因果心理学还不够吗? 不够。心理理论的研究的一个核心结论是儿童对错误信念的理解(Wellman, 2002)。然而这一结论是不确定的,因为它混淆了弗雷格所提出的思维和判断的区分,这一区分要求儿童对信念的规范性的理解。但规范性不是因果性的,因此也是无法被当前在心理理论研究中所用到的因果模型所阐释。

关于知识的起源而无视其构造的心理学难道还不够吗? 不够。心理学家将"他们的"知识归结给实验条件下的儿童,这是不充分的。如果作为成年人的心理学家具有构造的能力,他们是如何获得这种能力的? 没有人完全依赖于心理学中的因果原理就能彻底区分真理与虚谬。

推理就其本身而言很重要,但也不见得是必不可少的吧? 并非如此。必然性的推理所构成的准则,相当于修改和重塑在动作体系中发挥作用的规范的机制。对人类发展过程中反应频率的统计分析(Lewis, 2005; Siegler, 2007)只是知识构造过程中提供理由的行为的辅助性指标。

结论

皮亚杰的发展认识论是对一门科学认识论的新颖的研究规划。因此,对它的评价理应取决于它在多大程度上带来了倒退或进步的问题转换(Lakatos, 1974)。我想以皮亚杰对此的裁断结束本文:"我是心理学史上最受批判的作者,(然而)我还是幸存下来了。"(引自 Smith, 2002b, 第 515 页)。①

附录一　各种推理

非必然性——矛盾

7 个盘子 A-G 分别成对呈现,看上去完全相同但每一个都比下一个略微小一些,其大小差异肉眼很难看出来。这些盘子被依次成对呈现,因此其大小差异只有通过最后

---

① 幸存? 不仅幸存而且肯定活得很好(Smith,编写中)。

的 A 和 G 的比较才能被发现。当被问到盘子的相对大小时,被试 ALA 无视关系的传递性(Piaget,1974/1980,第 7 页)。

皮亚杰:那么他们在一起会怎么样?
ALA:A,B,C,D,E,F 是一样的,G 大一些,G 和 F 一样大。

伪必然性

一个三维的盒状物体可见的五个面都是白色的。被试 PHI 被问及不可见的那一面的颜色。他犯了将必然性与偶然性相混淆的错误(Piaget,1981/1987,第 31 页)。

PHI:白色。
皮亚杰:可能是别的颜色吗?
PHI:不可能。
皮亚杰:为什么?
PHI:整个盒子都是白色的,因此背面不可能是别的颜色。

事前必然性

这一类必然性是受普遍的偶然性、情境或文化所限制。

在一个类比任务中,以杂乱的顺序呈现一些图画。儿童需要做两件事,其一是把成对的图画放到一起,其二是把两对同类的图画放到一起(Piaget,1977/2001,第 142 页)。

CAN:(按常规方式构建了他的配对:真空吸尘器和插座)否则你没法吸尘;(鸟的羽毛)否则它不能飞;(和狗的皮毛)否则它会感到冷。[然而,被试 CAN 未能完成任何要求(分析)关系中的关系的题目。]

有限必然性

乘法在逻辑上等同于反复相加。向会加法的儿童呈现两套别针 A 套和 B 套。他们的任务是每次从 A 套拿 2 个别针,从 B 套拿 3 个别针,最终形成两堆同样数量的别针(Piaget,1977/2001,第 61 页)。

MIL:(试了从 A 套取了 2 次 2 个别针,从 B 套取了 1 次 3 个别针,然后意识到)不,这不对。你仍然需要从 B 套取 3 个别针然后再从 A 套取 2 个,这样两堆别针都会有 6 个。

无限必然性

任务对应的是系统归类。以三种方式向儿童呈现要被归类的物体:方形与圆形,大的和小的,红的和绿的。随后要求他们根据特定的特征组合选出物体(Piaget,1978,第 24 页)。

皮亚杰:请你举出所有不是大的绿的方的物体。

BLA:(正确地列举出了这些物体)

皮亚杰:与此相对立的呢?

BLA:(他指向了小的红色方形)。啊,不对——正确的回答是小的红的圆的。(被要求解释什么是对立面)你需要用正确的方法来做:红的——不是这个颜色,小的——不是这个大小,圆的——不是这个形状。

附录二 规范和规范性事实

在守恒任务中,在通常的两个条件下会向 5—7 岁的儿童呈现两排蓝色或白色的纽扣,最初是在空间上一一对应的排列(见下图),随后则是延长白色纽扣的那一排(见下图)。

儿童被问及每一排是否同样多,还是某一列比另一列更多。他们同时被要求给出解释。

数量守恒。转换前(a)、后(b)纽扣的排列。×代表蓝色,+代表白色。

非守恒的规范

一些儿童(10%)回答说有"更多蓝色的纽扣"。

- 蓝色纽扣更多,因为你拿走了 2 个。
- 白色纽扣更少,因为有 2 粒不在那儿了。

这些推理很能说明问题——排列在头尾的 2 粒白色纽扣仍在那里，可以清晰地看到它们在桌上被移动了 1 厘米。这些儿童相信这 2 粒纽扣不再对应于蓝色的那一排，因此，只剩 4 粒纽扣在那一列。"6 粒蓝色的，4 粒白色的，因此有更多蓝色的纽扣。"这相当于一个规范性的误解，而不是数错了数：将一粒纽扣移动 1 厘米意味着它们被排除出了那一排的行列。一条关于端点空间对应的规范被用来决定哪些纽扣仍在那排而哪些不在。一种类比（未被儿童使用）是一名足球运动员被裁判罚出场后仍可以站在边线上——在边线上但不是在场内。

守恒的规范

四分之三的儿童正确地答道："两排纽扣一样多。"更有趣的是他们的推理中的两个方面：

（1）一些儿童特别强调：（一样多）"是因为那些纽扣没有被排除出去"；也就是说，空间上的变化并没有改变数量相等的关系。

（2）一些儿童使用了必然性的规范，因为"永远会是同样数量的，因为只不过是延伸出去了变得更长了，但如果你将蓝色的纽扣也延伸开来排列它们仍然会是相同数量的"。

这些相当于外显地使用模态概念来对为何空间变换不影响数量相等给出健全的理由。关键点在于这些推理揭示了哪些规范在心理功能中发挥作用，发现这些规范需要将它们理解成规范性事实。

来源：Smith，2002a，第 67—78 页。

附录三　必然性推理

伪推理、验证和证明

儿童被要求用相同规格的积木建造 3 根柱子 A，B，C，使得一条木轨道可以以一条连续斜坡从 A 下降到 B 再下降到 C——例如，分别由 3 块、2 块、1 块积木建成的 3 座积木塔。一个弹珠被放在顶端，任其自由下滑。这里考察的是儿童在不同的情况下如何确保这些柱子组成一个高度逐渐降低的序列。值得注意的 3 个现象是最初呈现的，不健全的伪推理，随后呈现的程序性的，确保成功的条件；最终呈现的是对这一成功所做的推理的内涵（意义）中的必然性（1983/1987，第 37、42*、45 页）。

伪推理

San:(3,2,1。如果我在 A,B,C 各加上一块积木,即 4,3,2)这不行的,它太高了。(从 3,2,1 开始:如果我从 A,B,C 各取走一块积木)这不行的:这样就没有下坡了。

验证

Dom:(对于 3,2,2 的情况,开始先加了一块积木到 A 然后意识到变成了 4,2,2)这样弹珠不会滚动……(他立刻下了结论)需要再在 A 加上一块以及[犹豫]在这里加上一块(很有自信地指向 B 上。为什么?)因为有 4 块 A、3 块 B、2 块 C,我就始终能让弹珠滑下来。

证明

Lau:(面对 2,2,1 的情况,从 B 和 C 分别拿走了一块积木,由此形成了 2,1,0 的情况。弹珠下滑的速度会和先前呈现的 3,2,1 的情况一样吗?)应该是一样的,因为只是拿走了一块积木。(对于 3,3,1 的情况)我们需要或者在那里(A 处)加上一块或者在那里(B 处)拿走一块。(对于 4,3,3 的情况)我们需要在那里(A 处)增加一块,以及那里(指向第二处,即 B 处。那么如果你只能改变一处呢?),从那里拿掉一块(C:3)。

文献总汇

Atkin, A. (2006). *Peirce's theory of signs*. Retrieved March 23, 2009, from http://plato.stanford.edu/entries/peirce-semiotics/.

Bickhard, M. (2009). Interactivism. In J. Symons & P. Calvo (Eds.), *The Routledge companion to philosophy of psychology* (pp. 346-359). London: Routledge.

Brandom, R. (2000). *Articulating reasons: An introduction to inferentialism*. Cambridge, MA: Harvard University Press.

Brouwer, L. E. J. (1983). Intuitionism and formalism. In P. Benacarraf & H. Putnam (Eds.), *Philosophy of mathematics: Selected readings* (2nd ed., pp. 77-89). Cambridge: Cambridge University Press. (Original work published in 1912)

Carey, S. (1987). Theory changes in childhood. In B. Inhelder, D. Caprona, &

A. Cornu-Wells (Eds.), *Piaget today* (pp. 141-163). Hillsdale, NJ: Erlbaum.

Carey, S. (2008). *The origin of concepts*. New York: Oxford University Press.

Carroll, L. (1871). *Through the looking-glass and what Alice found there*. London: Macmillan.

Case, R. (1992). *The mind's staircase*. Hillsdale, NJ: Erlbaum.

Chapman, M. (1988). *Constructive evolution*. Cambridge: Cambridge University Press.

Dummett, M. (1981). *Frege: Philosophy of language* (2nd ed.). London: Duck-worth.

Fodor, J. (1975). *The language of thought*. Cambridge, MA: Harvard University Press.

Frege, G. (1977). *Logical investigations*. Oxford: Blackwell.

Frege, G. (1979). *Posthumous papers*. Oxford: Blackwell.

Gettier, E. P. (1963). "Is justified true belief knowledge?" *Analysis*, 23, 121-123.

Goodman, N. (1979). *Fact, fiction, and forecast* (3rd ed.). Hassocks, UK: Harvester Press.

Husserl, E. (1965). Philosophy as rigorous science. In E. Husserl, *Phenomenology and the crisis of philosophy* (pp. 71-148). New York: Harper & Row. (Original work published in 1910)

Isaacs, N. (1951). "Critical notice: Jean Piaget, Traité de logique," *British Journal of Psychology*, 42, 185-188.

Kant, I. (1933). *Critique of pure reason* (2nd ed.). London: Macmillan. (Original work published in 1787)

Kitchener, R. F. (1986). *Piaget's theory of knowledge: Genetic epistemology and scientific reason*. New Haven, CT: Yale University Press.

Kitcher, P. (1990). *Kant's transcendental psychology*. New York: Oxford University Press.

Kusch, M. (2007). *Psychologism*. Retrieved March 23, 2009, from http://plato.stanford.edu/entries/psychologism/.

Lakatos, I. (1974). Falsification and the logic of scientific research programmes. In I. Lakatos & A. Musgrave (Eds.), *Criticism and the growth of knowledge* (pp. 91-196). Cambridge: Cambridge University Press.

Lewis, C. (2005). Cross-sectional and longitudinal designs. In B. Hopkins (Ed.), *The Cambridge encyclopedia of child development* (pp. 129-132).

Cambridge: Cambridge University Press.

Moser, P. (1995). Epistemology. In R. Audi (Ed.), *The Cambridge dictionary of philosophy* (pp. 233-238). Cambridge: Cambridge University Press.

Peirce, C. S. (1955). Logic as semiotic: The theory of signs. In J. Buchler (Ed.), *Philosophical writings of Peirce* (pp. 98-119). New York: Dover Publications. (Original work published in 1910)

Piaget, J. (1918). *Recherche*. Lausanne: La Concorde.

Piaget, J. (1923). La psychologie des valeurs religieuses. *Sainte-Croix* 1922 (pp. 38-82). In Association Chrétienne d'Etudiants de la Suisse Romande, Lausanne: La Concorde.

Piaget, J. (1925). "Psychologie et critique de la connaissance". *Archives de Psychologie*, 19, 193-210.

Piaget, J. (1928). *Judgment and reasoning in the child*. London: Routledge & Kegan Paul. (Original work published in 1924)

Piaget, J. (1931). "Le développement intellectuel chez les jeunes enfants". *Mind*, 40, 137-160.

Piaget, J. (1932). *The moral judgment of the child*. London: Routledge & Kegan Paul. (Original work published in 1932)

Piaget, J. (1941). "Le mécanisme du développement mental et les lois du groupement des opérations". *Archives de Psychologie*, 28, 215-285.

Piaget, J. (1950). *Introduction à l'épistémologie génétique*. Vol. 1. *La pensée mathématique*. Paris: Presses Universitaires de France.

Piaget, J. (1952). *The child's conception of number*. London: Routledge & Kegan Paul. (Original work published in 1941)

Piaget, J. (1952). Autobiography. In C. Murchison (Ed.), *History of psychology in autobiography*, Vol. 4 (pp. 237-256). New York: Russell & Russell.

Piaget, J. (1953). *The origins of intelligence in the child*. London: Routledge & Kegan Paul. (Original work published in 1936)

Piaget, J. (1954). *The construction of reality in the child*. London: Routledge & Kegan Paul. (Original work published in 1937)

Piaget, J. (1957). Epistémologie génétique, programme et méthodes. In W. Beth, W. Mays, & J. Piaget (Eds.), *Epistémologie génétique et recherche psychologique* (pp. 13-84). Paris: Presses Universitaires de France.

Piaget, J. (1963). Foreword. In J. Flavell, *The developmental psychology of Jean Piaget* (pp. vii-ix). New York: Van Nostrand.

Piaget, J. (1964). "Development and learning". *Journal of Research in Science Teaching*, 2, 176-186.

Piaget, J. (1965). Discussion: Genèse et structure en psychologie. In M. de Gandillac & L. Goldman (Eds.), *Entretiens sur les notions de genèse et de structure* (pp. 156-159). Paris: Mouton & Co.

Piaget, J. (1966). Part II. In E. Beth & J. Piaget, *Mathematical epistemology and psychology* (pp. 131-304). Dordrecht: Reidel. (Original work published in 1961)

Piaget, J. (1967a). Introduction et variétés de l'épistémologie. In J. Piaget (Ed.), *Logique et connaissance scientifique* (pp. 3-61). Paris: Gallimard.

Piaget, J. (1967b). Les méthodes de l'épistémologie. In J. Piaget (Ed.), *Logique et connaissance scientifique* (pp. 62-134). Paris: Gallimard.

Piaget, J. (1967c). Epistémologie de la logique. In J. Piaget (Ed.), *Logique et connaissance scientifique* (pp. 375-402). Paris: Gallimard.

Piaget, J. (1967d). Les problèmes principaux de l'épistémologie des mathématiques. In J. Piaget (Ed.), *Logique et connaissance scientifique* (pp. 554-598). Paris: Gallimard.

Piaget, J. (1967e). Les courants de l'épistémologie scientifique contemporaine. In J. Piaget (Ed.), *Logique et connaissance scientifique* (pp. 1225-1274). Paris: Gallimard.

Piaget, J. (1968). Explanation in psychology and psycho-physiological parallelism. In J. Piaget & P. Fraisse (Eds.), *Experimental psychology: Its scope and method*. Vol. 1: *History and method* (pp. 153-192). London: Routledge & Kegan Paul. (Original work published in 1963)

Piaget, J. (1968). Genesis and structure in the psychology of intelligence. In J. Piaget, *Six psychological studies* (pp. 143-159). London: University of London Press. (Original work published in 1964)

Piaget, J. (1970). *Genetic epistemology*. New York: Columbia University Press.

Piaget, J. (1971). *Biology and knowledge*. Edinburgh: Edinburgh University Press. (Original work published in 1967)

Piaget, J. (1971). *Structuralism*. London: Routledge & Kegan Paul. (Original work published in 1968)

Piaget, J. (1972). *Insights and illusions in philosophy*. London: Routledge & Kegan Paul. (Original work published in 1965)

Piaget, J. (1972). *Principles of genetic epistemology*. London: Routledge &

Kegan Paul. (Original work published in 1970)

Piaget, J. (1973). Preface. In A. Battro (Ed.), *Piaget: Dictionary of terms* (p. 2). New York: Pergamon Press. (Original work published in 1966)

Piaget, J. (1973). *Main trends in psychology*. London: George Allen & Unwin. (Original work published in 1970)

Piaget, J. (1974). Child praxis. In J. Piaget, *The child and reality* (pp. 63-92). London: Frederick Muller Ltd. (Original work published in 1960)

Piaget, J. (1974). Affective unconscious and cognitive unconscious. In J. Piaget, *The child and reality* (pp. 31-48). London: Frederick Muller Ltd. (Original work published in 1971)

Piaget, J. (1977). Genetic epistemology. In J. Piaget, *Psychology and epistemology* (pp. 1-22). London: Penguin. (Original work published in 1952)

Piaget, J. (1977). *Epistemology and psychology of functions*. Dordrecht: Reidel. (Original work published in 1968)

Piaget, J. (1978). *Success and understanding*. London: Routledge & Kegan Paul. (Original work published in 1974)

Piaget, J. (1979). "Relations between psychology and other sciences". *Annual Review of Psychology*, 30, 1-8.

Piaget, J. (1980). *Experiments in contradiction*. Chicago: University of Chicago Press. (Original work published in 1974)

Piaget, J. (1983). Piaget's theory. In P. Mussen (Ed.), *Handbook of child psychology* (4th ed., pp. 103-128). New York: Wiley. (Original work published in 1970)

Piaget, J. (1985). *Equilibration of cognitive structures*. Chicago: University of Chicago Press. (Original work published in 1975)

Piaget, J. (1986). "Essay on necessity". *Human Development*, 29, 301-314. (Original work published in 1977)

Piaget, J. (1987). *Possibility and necessity: The role of possibility in cognitive development* (Vol. 1). Minneapolis: University of Minnesota Press. (Original work published in 1981)

Piaget, J. (1987). *Possibility and necessity: The role of necessity in cognitive development* (Vol. 2). Minneapolis: University of Minnesota Press. (Original work published in 1983)

Piaget, J. (1992). *Morphisms and categories*. Hillsdale, NJ: Erlbaum. (Original work published in 1990)

Piaget, J. (1995). Genetic logic and sociology. In J. Piaget, *Sociological studies* (pp. 184-214). London: Routledge. (Original work published in 1928)

Piaget, J. (1995). Individuality in history. In J. Piaget, *Sociological studies* (pp. 215-247). London: Routledge. (Original work published in 1933)

Piaget, J. (1995). Explanation in sociology. In J. Piaget, *Sociological studies* (pp. 30-96). London: Routledge. (Original work published in 1950)

Piaget, J. (2000). "Commentary on Vygotsky's criticisms". *New Ideas in Psychology*, 18, 241-259. (Original work published in 1962)

Piaget, J. (2001). *Studies in reflective abstraction*. Hove: Psychology Press. (Original work published in 1977)

Piaget, J. (2006). "Reason". *New Ideas in Psychology*, 24, 1-29. (Original work published in 2004)

Piaget, J., & Garcia, R. (1989). *Psychogenesis and the history of science*. New York: Columbia University Press. (Original work published in 1983)

Piaget, J., & Garcia, R. (1991). *Toward a logic of meanings*. Hillsdale, NJ: Erlbaum. (Original work published in 1987)

Plato (1935 367 BCE). Theaetetus. In F. M. Cornford (Ed.), *Plato's theory of knowledge* (pp. 15-164). London: Routledge & Kegan Paul. (Original work published 367 BCE)

Russell, B. (1919). *Introduction to mathematical philosophy*. London: George Allen & Unwin Ltd.

Siegler, R. S. (2007). "Cognitive variability". *Developmental Science*, 10, 104-109.

Smith, L. (1999a). "What Piaget learned from Frege". *Developmental Review*, 19, 133-153.

Smith, L. (1999b). "Epistemological principles for developmental psychology in Frege and Piaget". *New Ideas in Psychology*, 17, 83-117, 137-147.

Smith, L. (2002a). *Reasoning by mathematical induction in children's arithmetic*. Oxford: Elsevier Pergamon Press.

Smith, L. (2002b). Piaget's model. In U. Goswami (Ed.), *Blackwell handbook of childhood cognitive development* (pp. 515-537). Oxford: Blackwell.

Smith, L. (2006a). Norms in human development: Introduction. In L. Smith & J. Vonèche (Eds.), *Norms in human development* (pp. 1-31). Cambridge: Cambridge University Press.

Smith, L. (2006b). Norms and normative facts in human development. In L.

Smith & J. Vonèche (Eds.), *Norms in human development* (pp. 103-137). Cambridge: Cambridge University Press.

Smith, L. (2009). "Wittgenstein's rule-following paradox: How to resolve it with lessons for psychology". *New Ideas in Psychology*, 27, 228-242.

Smith, L. (in preparation). *Piaget's developmental epistemology*. Cambridge: Cambridge University Press.

Sophian, C. (2007). *The origins of mathematical knowledge in childhood*. New York: Erlbaum.

Spinoza, B. (1994). Treatise on the emendation of the intellect. In B. Spinoza (Ed.), *A Spinoza reader* (pp. 48-55). Princeton, NJ: Princeton University Press. (Original work published in 1662)

von Wright, G. H. (1963). *Norm and action*. London: Routledge & Kegan Paul.

von Wright, G. H. (1983). *Practical reason*. Oxford: Blackwell.

Wellman, H. M. (2002). Understanding the psychological world: Developing a theory of mind. In U. Goswami (Ed.), *Blackwell handbook of childhood cognitive development* (pp. 167-187). Oxford: Blackwell.

Whitehead, A. N. (1932). *The aims of education*. London: Williams & Norgate Ltd.

Wittgenstein, L. (1958). *Philosophical investigations* (2nd ed.). Oxford: Blackwell.

Wittgenstein, L. (1972). *Tractatus logico-philosophicus* (2nd ed.). London: Routledge & Kegan Paul.

皮亚杰思想的历史渊源

〔瑞士〕玛丽莲·本诺尔 〔比利时〕雅克·弗内歇 著
胡林成 译
郭本禹 审校

皮亚杰思想的历史渊源
The Historical Context of Piaget's Ideas

作　者　Marylène Bennour, Jacques Vonèche

原载于 *The Cambridge Companion to Piaget*, edited by U. Müller, J. I. M. Carpendale & L. Smith, Cambridge, UK：Cambridge University Press, 2009, pp. 45-63.

胡林成　译自英文
郭本禹　审校

皮亚杰思想的历史渊源

序　言

　　本部分的目的既非追溯皮亚杰的知识谱系,也非勾勒他那个时代的学术思潮,因为这些方法属于传记范畴和思想史,我们不需要这样的方法,原因有很多:验证起来比较困难,重建事实又会产生各种问题,描述皮亚杰思想的产生又显得很机械刻板。

　　所以我们打算只讨论一些精选的例子,它们有明确的文献记录,在皮亚杰一生的成长过程中产生了值得纪念的重要影响,这些例子发生在不同的地方:纳沙泰尔、苏黎世、巴黎以及日内瓦。

纳沙泰尔(1896—1919)

　　在童年和青春期,皮亚杰在科学与哲学方面的社会化过程主要发生在两个不同的群体中:自然之友,它是一个对自然史感兴趣的年轻人的社团;另一个是瑞士基督教青年会。自然之友是由皮埃尔·博维(Pierre Bovet)(卢梭研究院未来的负责人)发起的一场运动。博维想让青少年忙于科学思想,而不是沉湎于德国大学传统的饮酒狂欢和击剑比赛。皮亚杰的教父塞缪尔·科纳特(Samuel Cornut)是一位有学问的绅士,他支持博维的想法,他在去萨伏依的安纳西湖旅行途中给了年轻的皮亚杰一本柏格森(Bergson,1907/1911)的《创造性进化》。

　　对于皮亚杰而言,这本书是一个启蒙,在此之前,他更多地研究软体动物而非哲学。在11岁时,他通过观察家乡的白化麻雀而决定将自己的观察结果发表在当地的业余《生物学家》杂志上,通过这篇文章(只有几行字),这个男孩决定为纳沙泰尔自然历史博物馆的负责人保罗·戈代(Paul Godet)提供服务。这位负责人是皮亚杰父亲的朋友,他决定聘请皮亚杰在校外时间对软体动物进行分类。尽管戈代已经退休,但他还负责博物馆。在那些年(1913—1915),戈代对达尔文的进化论思想和孟德尔的遗传学发现全然不知,因为他接受的是拉马克式的自然史教育。作为拉马克主义者,他相信物种的先验秩序(即,无法改变的层级结构),相信物种产生偶然变化是因为外界刺激产生的适应性反应,而这种反应可以通过重复与学习而得以继承。因此,戈代想通过完美分类来获得物种的理想先验秩序。他的方法是基于视觉特征,如形状、颜色、厚度、大小等,以此作为建立物种的决定因素。达尔文和孟德尔则认为一个物种的决定因素本质上是有性繁殖。

戈代对于交叉繁殖是否可能及遗传分配问题要么一无所知,要么完全不赞成。皮亚杰作为自然之友的成员,他在观察鸟类、蝇类、花朵以及软体动物的过程中长大,没有接触过性、酗酒以及佩剑搏击,所以他不可能对达尔文的泛性论感兴趣。

皮亚杰曾经读过柏格森的(1907/1911)《创造性进化》,这是他与达尔文的唯一一次接触。创造性进化(与随机变异及连续性选择这两个达尔文因素不同,它是无方向的)是有意义和有目的的,它指向形而上学所谓"富足生活"的目标。柏格森和拉马克都认为进化是有意义的,物种从低级到高级,直到最终的有精神的生命。这使得科学与信仰得以和解,形而上学优于物理学,因为所有的科学命名法都是唯名论,即理想的分界线"就像地理学家的子午线一样"(Piaget,1912/1984,第106页)。它们有用,但不真实。

皮亚杰接触柏格森理论时,他正在接受宗教教育,为他施新教的坚信礼做准备,这段时间他阅读了新教神学家奥古斯特·萨巴捷(Auguste Sabatier)的文章,萨巴捷对于宗教的看法与柏格森相似。皮亚杰还专门对二者的相似性撰文论述。皮亚杰发现二者的共同点,即植根于权威(教会、圣经或教条)的宗教信仰与基于解释的精神自由以及进一步产生的感觉上帝在人间和宇宙无处不在的内在启示之间的矛盾。柏格森和萨巴捷之间的相同之处在于他们认为,可以用生活及生活是富足的来等同于上帝,正如柏格森的"生命的冲动"。这两种情况下,推动力是相同的。因此,皮亚杰将自己遇到《创造性进化》描述为纯粹的启示,因为他把科学与信仰、生活和上帝、传福音(权威)和自由主义结合到了基督教,将达尔文主义和拉马克主义结合到了生物学,将实用主义、传统主义和唯名论合并为一个哲学方面,而将现实主义、康德主义、行为方式和活力论合并为另一个哲学方面。

正如其哲学老师阿诺德·雷蒙(Arnold Reymond)所指出的,皮亚杰有一种错觉,以为他已经了解了世界的完整系统。这一点在小说《求索》(Piaget,1918)中表现得尤为明显。这是一本教育小说,其主人公塞巴斯蒂安是一个处于典型的青春期认同危机的年轻人,他发现了自己对科学和宗教的启示,并且嘲笑他见到的所有思想家。"显然,作者已经阅读了科学、哲学和神学领域所有作者的全部著作。作者列表连篇累牍。甚至柏格森不理解柏格森!布特鲁不得布特鲁之要义等等"(A. Reymond,个人档案)。这些作者在今天已经大部分被遗忘。所以,纠缠本书的这些内容实在没有意义。相反,倒是非常有必要指出在《求索》中包含了皮亚杰的第一个平衡化理论(Vonèche,1993),提到了动作的核心作用,并预示着与格式塔理论的趋近(但是与格式塔理论相比,更为重视主体的活动)。

在讨论皮亚杰影响力的章节中,一直讨论他自己思想的原创性及洞见的水平,特别是在他本人在各种自传中已经精彩总结的情况下,我们这样的讨论就显得多少有点离题。相反,即使每个人不需要知道这件事,报告一下雷蒙的批评倒是一件重要的事情,因为他是皮亚杰几乎天天见到的人,显然对年轻的皮亚杰产生了显著影响。事实上,《求索》成书之后,皮亚杰将其仔细地藏匿起来并且在其自传之中隐去了50年之久。在他1952年出版的自传中,皮亚杰以他典型的间接方式予以暗示:"我的策略是正确的:除了一两个愤怒的哲学家,没有人提到它(《求索》)"(Piaget,1952a,第243页)。

它还反映了当时进化理论及进化学家之间的冲突与矛盾,在冲突的两大阵营中,其中一派的进化学家相信一句古老的谚语:大自然不会跳着走路,这些进化学家汇聚在皮尔逊和威尔顿,以《今日问题之辩论》为思想阵地,讨论具有重要统计意义的物种细微变化;另一派是孟德尔学派,他们相信基因的作用,团结在 W. 贝特森(W. Bateson)周围,以贝特森的刊物《英国皇家学会进化委员会报告》为大本营。提到这本期刊就足以说明在当时的辩论中官方的立场。当时,年轻的皮亚杰反对在洛桑的一位波兰研究者 W. 罗什科夫斯基(W. Roszkowski)的工作,他是孟德尔学派的忠实支持者。

对于皮亚杰而言,一个人的生殖腺与人体细胞是没有什么不同的。另外,像大多数自然主义者一样,皮亚杰拒绝接受超越可见的现实水平。因此,他认为变化就是变异,它们不受任何形式的限制,如遗传变异或个人的(波动)。在皮亚杰的对手看来,只有遗传变异可以看作是一种类型,而波动变化则不能看作一种类型。

皮亚杰用反证法回答了罗什科夫斯基的论点。他首先承认遗传和波动之间的区别;然后他列出的证据显示,一些显然是遗传性的物种可以看作是波动;最终,这种思路会得出荒谬的结论,即所有的物种都可以看作是波动的结果,这就反过来证明了他的观点:界限清楚的、稳定的物种是逐渐出现的,如果首先产生波动(可逆的)变化的适应过程持续发生的话,就会产生遗传物种。有意思的是,皮亚杰作为一个拉马克主义者,他并没有考虑拉马克本人提出的另一种结论,即物种的概念确实是完全人工的。这场争论结束了皮亚杰作为博物学家的职业生涯。

苏 黎 世

当皮亚杰动身去苏黎世的时候,他对一般的心理学和实验心理学都知之甚少。但是,在自传中(Piaget,1952a,第243页)声称,是怀着"在实验室工作的意图"去了苏黎世。这听起来很奇怪,因为日内瓦就有西奥多·弗卢努瓦(Théodore Flournoy)创设和指导的非常优秀的实验室,而且在法国、德国和大不列颠都有一些非常优秀的心理实验室,所以选择去苏黎世似乎很奇怪。事实上,从1918年10月至1919年3月他在苏黎世度过的一个学期中,他大部分时间都是在尤金·布鲁勒(Eugen Bleuler)的指导下从事精神病学学习,并参加荣格、菲斯特(O. Pfister)举办的讲座。菲斯特和皮亚杰一样,他们都对科学(特别是心理分析)与宗教(菲斯特是经过训练的新教徒牧师)之间的关系感兴趣。

事实上,菲斯特在巴黎参加了皮亚杰的三讲精神分析(部分翻译在皮亚杰的作品中,1977),并在《意象》(1920)这一报告中予以描述。这些讲座分别涉及精神分析的弗洛伊德、阿德勒和苏黎世学派。这些讲座表明皮亚杰谙熟精神分析的三个方向,皮亚杰在讲座中将三个方向中弗洛伊德的泛性论与阿德勒的成就需要整合为一个辩证系统,而苏黎世学派则"发挥了调和精神分析中这两个同样有趣的倾向的作用"(Piaget,1920/1977,第59页)。鉴于弗洛伊德专注于过去,而阿德勒着眼于当前,荣格就只能调和过去和现在。但是,皮亚杰超越这一点,他首次提出了自己的发展理论,该理论认为,心理成长意味着走出自我中心并获得社会化思维能力。所以,从1920年代开始,皮亚杰就一直认为心理发展就是理性的成长。

巴　　黎

在博维的热情推荐下,皮亚杰去了巴黎,在那里他任西蒙博士的助手,对著名的比奈-西蒙量表进行标准化。年轻的皮亚杰在下午给孩子们做测试。下午与孩子会谈这种工作方式一直延续在皮亚杰的后半生:上午研究逻辑、认识论和科学史,其余时间进行心理实验。在巴黎对皮亚杰产生最直接的、个人化的影响的肯定是 P. 让内(P. Janet)。让内是当时法国心理学之星,现在我们很难相信他居然如此默默无闻甚至被遗忘。作为一个训练有素的医生和哲学家,让内一生都在认真研究精神病患者,他甚至邀请一些患者居住在自己的房子中。让内的人脉甚广,詹姆斯·马克·鲍德温(James Mark Baldwin)也在他的朋友圈,鲍德温被迫从巴尔的摩的约翰霍普金斯大学辞职,当时正流亡在法国。皮亚杰虽然从未见过鲍德温(Piaget,1982),但是,显然受到让内的影响,他对鲍德温的工作深感兴趣。皮亚杰在他的理论中引入了鲍德温的一些概念,如非二无论、心理学中的循环反应、生物学中的表型复制,并且最重要的是,他将鲍德温的一些想法还引入到自己那些被人知之甚少的社会心理学和社会学理论中。皮亚杰也受到让内思想的影响,认为心理学是行为的科学,儿童的内部表征表现为从外部到内部的可逆性,思维是内在的讨论,而情感是动作与思维的原动力。此外,皮亚杰的动作源于感知运动系统的思想也源于让内。当然,最后一点使得皮亚杰与著名的数学家和物理学家庞加莱(Henri Poincaré)联系了起来。庞加莱的几何以运动概念为基础,他将运动分为定位与置换,通过视觉与本体感觉之间的关系将二者协调到数学群之中。皮亚杰(1937/1954)运用庞加莱的置换群概念来描述客体永久性及空间概念,他认为在2岁时,二者促成了空间置换群的建构。

皮亚杰思想中置换群的起源在此值得叙述,因为它可以说明皮亚杰的工作方式。在巴黎他母亲的家中,皮亚杰曾经观察他的一个小表弟玩球。有一次,球滚到了沙发下面。球刚刚从视线中消失,那孩子就停止了追球。年轻的皮亚杰困惑不解,于是他把球从沙发底下拿出来扔给孩子。过了一会儿,球又滚到沙发下了,与上次一样,孩子立即改变自己的注意焦点,不去找球,这让皮亚杰感到很困惑。这里就体现出了皮亚杰的创造性:他将眼前的事情与庞加莱的几何联系了起来。皮亚杰当时正在阅读庞加莱的两本最著名的书,《科学与假设》(1909)和《科学的价值》(1912)。在1920年代中期至1930年代早期,皮亚杰和他的妻子瓦伦丁对他们的三个孩子进行研究时,他们又用到了这个置换群概念。必须指出的是,皮亚杰的置换群与庞加莱的构想非常不同。例如,它没有真正的数学特质。

在巴黎的一段时间也是皮亚杰广泛阅读逻辑学,尤其是数理逻辑的时期。阿诺德·雷蒙曾经把逻辑作为一个与哲学不同的学科介绍给皮亚杰。在巴黎,皮亚杰读了当时法国著名的逻辑学家戈布洛(Goblot,1918)以及怀特海和罗素(1910)的《数学原理》[他已经在纳沙泰尔读过罗素的《数学原理》(1903)]及库蒂拉(Couturat,1896)的《逻辑研究》。目前还不清楚皮亚杰对这一切是怎么理解的。也许在戈布洛的作品中最让皮亚杰印象深刻的是心理学与逻辑学的融合以及他将认识论看作是一种有益的科学。也许,皮亚杰从库蒂拉(1896)那里得到的是一种相反的观点,"关于智力的真正科学不是心理学而是形而上学"(第580页),而且认识论是对理性的批判与进步。我们在这里又一次发现,皮亚杰一生所使用的一般策略:在两种对立的观点之间找到中间物。在表型复制概念中,皮亚杰找到了拉马克主义和达尔文主义之间的第三条出路,这与鲍德温的有机选择概念相当。皮亚杰以类似的方式将涂尔干和塔尔德在社会学方面的观点进行了协调(即将社会与个人的对立作为社会进步的最终解释)。在数学中也是一样,罗素的柏拉图主义(永恒的理念)与庞加莱的传统主义得以协调。凡此种种,不一而足。

将相互对立的两个阵营的观点进行重新发现与解释,这种策略使得皮亚杰能够重新定义解释范式并重构研究框架。皮亚杰还运用此种策略来解决柏格森与布伦茨威格之间的不同。在皮亚杰看来,柏格森属于反理性主义,而布伦茨威格则是批判理性主义。两种对立的观点使皮亚杰第一次对自己未来的认识论进行了阐述,他用第三种立场将生活与理性进行协调并超越了原来的对立。

总体而言,皮亚杰保留了布伦茨威格对实证论与经验主义的拒绝。皮亚杰认同人类理性的立法作用,但没有康德的先验条件,因为他已经有了比布伦茨威格更多的相对论观点。这就提出了康德哲学在皮亚杰思想中的作用问题。在与我们的许多讨论中,有一个涉及这个问题,皮亚杰否认了任何影响,"也许,除了一点非常间接的影响……波林(Boring)所谓的时代精神,我们都知道,时代精神是处处都在,是无处不在"(个人通信)。然而,我们知道另一个例子,皮亚杰倾向于谨慎地隐藏他借鉴他人思想的痕迹(见

Piaget,1982)。鉴于此,我们很难深究这一问题,譬如皮亚杰理论系统的核心概念格式显然是通过康德而来自莱布尼茨以及其他一些可能借用来的概念。但在目前的情况下,讨论它们就意味着违背了我们最初的规则。

在某种意义上,布伦茨威格(1912)对皮亚杰产生了方法论意义的影响,因为布伦茨威格认为,相对和互动的认识论依赖于两个不同而互补的方法:历史与心理学。布伦茨威格认为,科学史是知识学家的实验室,对知识起源所进行的心理学研究是在共时层面进行的补充。从此刻开始,任何认识论的这种双重特性成为发生认识论的信条之一,皮亚杰没有吸纳布伦茨威格的理想主义,因为他将自己的认识论植根于生物学和进化论,如他所认为的,介于达尔文主义和拉马克主义之间的富有创造性的第三条路线。在这个意义上而言,皮亚杰的认识论更接近鲍德温的认识论,但是皮亚杰仍对其进行了很多限制:皮亚杰在道德领域的研究限于道德推理以及论证"道德是动作的逻辑以及逻辑是思维的道德"(1932/1968,第13页)。

比奈在许多方面影响了皮亚杰。例如,在他的知觉机制的研究中(1961/1969),皮亚杰是第一个重新使用比奈的初级和次级视几何错觉的人。皮亚杰将第一类错觉称之为初级的(比奈称之为天生的),原因是它们随着强度的发展而逐渐减弱。后者的功能随着发展而增加(比奈称之为获得性的)。我们已经发现,从初级错觉发展到次级错觉这一阶段与时间整合相联系(Vonèche,1970),这是典型的认知发展,它从永恒的此时此地发展到越来越复杂的空间和时间。

比奈对皮亚杰的另一个更深刻的影响是作为机体的智力和认知的概念(Binet & Simon,1909)。比奈的概念至少以两种方式影响了皮亚杰:一个是将认知发展研究植根于生物学中,另一个是认为行为的基础取决于身体与环境的交流,这意味着认知的自动调节是身体所有的遗传、形态、生理和神经控制的整体的一部分。而且,它们似乎从身体的其他有机系统出发,以一种新的功能关系——比单个结构更加完整、稳定和灵活——将它们重组(见Piaget,1967/1971)。就认知植根于生物学而言,皮亚杰与比奈的主张一样。两者都认为认知过程是通过同化和顺化(适应性行为的两极)具有适应性的(像任何其他器官的适应一样)。皮亚杰与比奈的思想之间非常相似:将智慧比作人体的器官,其成分(记忆、注意、判断等)对应于有机体的细胞,这种思想从比奈和西蒙(1909)之后逐渐深入人心,他们写道"适应原则并非寓于任何一个心智官能中(这是当时的心理学对智力成分的称呼方式,M. B. & J. V.),思维超越了智力的具体成分……心理的功能迫使我们将思维看作是动作。"比奈在离世前两年做出了这一纲领性的表述,皮亚杰则将这一思想变成现实。

比奈对皮亚杰的影响也具有方法论意义。由于精神分析方法的帮助,皮亚杰剥离了测验方法。比奈的方法包含标准化问卷。弗洛伊德的方法是自由联想。皮亚杰再次对这两种方法进行了整合,并走出了一条中间路线。他的心中有特定的目标:测试发展过程中的心理能力(用今天的说法,它的能力),但是这不可以用严格的标准化的问卷来测试;这种方法沿着孩子思维发展的迂回路径进行测量。这正是比奈想要的,他写道:"我们需要的不是个体思考的内容,而是她做的,所以,需要的是她的能力,而非她的意识。"(Binet & Simon,1909,第107页)此外,在比奈的方法中,问卷是由大杂烩的问题组成的;而在皮亚杰测试中,问题是根据一些逻辑运算进行组织的。用马克思关于黑格尔的那句著名的话来说,皮亚杰所做的就是站在比奈的角度来看问题。

来到日内瓦

小屋子是由博维和克拉帕雷德(Claparède)在卢梭研究院创设的一个学校,其出发点是我们不能教授孩子任何东西,因为孩子们可以自己发现世界。在任何情况下,教育的任务只是给孩子们提供机会,通过儿童与成人之间进行的苏格拉底式对话而鼓励孩子们独立思考。这种思路适合皮亚杰自己的研究。

此外,皮亚杰发现了各种各样关于儿童及学习设备的丰富信息。皮亚杰从德克雷利(Decroly)和克拉帕雷德从比利时和瑞士引入的兴趣中心的教学法获益良多,当时杜威将它介绍到美国。这三个人都反对比奈主张的矫正教育方法,因为他们的教学法是功能性和实验性的。这又引发了皮亚杰内心新的冲突与纠结。他应该跟随比奈并将自己的研究局限在医疗心理领域(智力测验正是为这一目的而开发的),还是该加入机能心理学呢?

皮亚杰在认识论基础上迅速做出了自己的选择。比奈和西蒙从事的鉴别和治疗心理学对皮亚杰而言只是一种特别的兴趣,这种兴趣诱导他成为渐进主义者。但是,真正的知识学家只能被普遍的、抽象的东西所吸引。所以,皮亚杰站在了克拉帕雷德一边。此外,还有一个很好的沟通通道:生物学和植根于生物学中的智慧(认知)。这是比奈和克拉帕雷德之间的一致之处。因此,由于兴趣的发生概念——在克拉帕雷德看来,这一概念是生物性质的——皮亚杰可以从比奈的矫正教育心理学转向克拉帕雷德的机能心理学。在克拉帕雷德看来,兴趣是生理需要的心理等价物。那么,问题就来了:我们可以将对食物的需要与对真相的理解与解释的需要同化吗?对于克拉帕雷德而言,这种同化是完全合法的:食物需要和智慧需要是两种不同的维持生命的适应方式。如果是这样的话,应该如何看待和解释食物需求(在整个生命过程中它保持不变)和智慧需要(在儿童期随年龄而变化)之间的不同呢?因为克拉帕雷德是实用主义者(哲学意义上)和机能主义者(在医学和心理层面),所以,问题就变得相当简单了:"蝌蚪还不是青蛙,但就功能而言,它并不是不完善的。事实上,与成年蛙相比,它缺少很多东西(结构),例如腿和肺。但它完全适合在淡水中生活。如果它有腿,那么它会在陆地行走,却没有肺。"(Claparède,1946,第22页)克拉帕雷德(1946,第22页)写道:"如果年幼的儿童是不理性的,那只是在他目前的状态他不需要理性。"这段话清楚地表达出实用主义者所具有的古老的乐观主义者的典型特质，读者无须担心儿童的发展。

从《求索》开始，皮亚杰就了解实用主义的缺点，"戴绿帽子的哲学"（个人通信）。然而，他在自己的系统中采用了这个功能维度，因为它有一个强大的优势。如果我们把认知发展看作有组织的变化，我们就需要一个不变的变量来衡量变化，否则我们就永远注意不到变化。功能可以非常好地扮演这个角色，因为即使依靠它的结构千变万化，而它却不变！

皮亚杰意识到，改变看法需要进一步解释智慧的特殊性：功能和结构必须是逻辑的和生物学的。因此，逻辑通过其他方法变成了生物学。比奈和克拉帕雷德的思想之间的连续性不仅得以保留，它还被重新组织到一个转换系统中，这一系统可以按照逻辑结构的层级来进行分析和评估，而这些逻辑结构在心理发展过程中会按序出现，其出现顺序取决于连续出现的新逻辑结构的相对作用。通过这种方法，皮亚杰保持了生物功能的不变性，同时也保留了心智成长过程中的结构转换。因此，皮亚杰兑现了他早期"毕生从事对知识的生物学解释"（个人通信）的承诺。

然而，实施这个计划需要一些时间，原因有二：第一，这个计划是皮亚杰（1952a）在其自传中事后确定的；第二原因源于第一个：由于没有明确自己的研究计划，他探索着开始寻找其他解释知识的途径。起初，他以一种非常传统的思路来看待语言，将它看作理解逻辑和智慧发展的一种方式。我们知道，在当时（20世纪20年代初）的智力量表中，语言因素权重很大，并且，许多当时的哲学和心理学的重要人物都在某种程度上将语言和思维融合。

将二者纠缠的关系区分开的确是皮亚杰做出的重要贡献。他用根本上不同于当时主流的方法来研究语言发展。当时的大多数发展心理学家认为，研究幼儿掌握语言的正确方法只是简单地对特定年龄儿童使用的词汇进行计数，然后在时间坐标中绘制曲线，仅此而已。

皮亚杰深受鲍德温和让内的影响，他认为语言本质上是人与人之间的一种交流手段。所以他观察孩子们的相互交流，发现到了7岁左右，他们就开始练习他所谓的集体独白（孩子们互相向对方说话而不顾及对方的反馈，不是互相交谈与倾听），这种语言行为的作用是陪伴动作而非替代动作。所以，他们的语言是自我为中心性质的，而非真正社会性的。皮亚杰据此认为，发展是从婴儿的唯我论到孩子的自我中心主义，最后达到成人的去中心化的一个发展过程。这就是知识增长的逻辑——本质上是一个社会化的过程——皮亚杰决定用这种思想去研究他自己的第一个孩子杰奎琳（出生于1925年）。

皮亚杰对道德判断的研究（1932/1968）遵循相同的方向，他深受博维的影响，认为服从概念是由对权威人物的崇拜感与通过模仿与内化而渴望赶上他们的想法所促成的。皮亚杰由此提出了他的两种道德形式：他律与自律，他律对应于博维的理论，自律则是新水平的运算思维，它对应于整个社会化过程。

在这一点上，皮亚杰受到一次研讨深刻而持久的影响。当时是在法国哲学学会年会上,著名的法国发展心理学家与精神病学家亨利·瓦隆(Henri Wallon)对皮亚杰的一篇论文进行了讨论,瓦隆(1928,第133—134页)提出如下建议:"我认为不是动因和关系思维(relative thinking)本身促成了儿童的社会化,我要将术语颠倒一下,我认为,由于认知与生理方面的发展,当孩子能够同时记住两种不同的观点时……那么其社会性就会转换为关系思维。"皮亚杰可以接受这种观点,因为它超越了对先天与后天的无休止讨论而关注第三者,即心理结构。

克拉帕雷德的《假说的起源》(1933)的研究对皮亚杰的智慧理论产生了最为重要的影响。1917年,克拉帕雷德在重评桑代克尝试错误理论的基础上发表了《智慧心理学》,提出了一种智慧理论。克拉帕雷德区分了两种试误形式:非系统与系统试误。非系统试误以经验智慧为特征。它是随意的,没有任何方向,几乎是在达尔文进化论自然选择的工作方式之后进行的选择。系统性试误则恰恰相反,它是系统的、有方向的、受思维控制,尤其是在对客体与主体之间关系的某种形式的觉知与把握的基础上发生的。因此,人类在新奇事物面前的一般反应既不是本能的(在先天的反应系统这一意义上),也不是习得性的(在条件反射或学习意义上),而是尝试错误性的。对于克拉帕雷德而言,这种试误行为,无论是系统性的还是非系统性的,它们都是智慧行为的标志。

在1917年到1933年之间,克拉帕雷德改进了他的理论。与比奈一样,他认为智慧与本能或习惯不同,它是适应新环境的一种卓越形式。与比奈一样,克拉帕雷德区分了这一适应过程的三个阶段:(1)提问,(2)假设,(3)控制。提问意味着寻找适应的方向。假设由实际试误或者内心试误组成。控制要么是实际地面对事实(经验智慧),要么是使用先前建立的表征关系来验证假设(系统智慧)。在这一观点中,两种类型的试误不再被看作是完全不同的,而是作为智能行为链的两端。理论重构使得克拉帕雷德认识到,智慧的基本机制是把握动作与目标之间的某种蕴涵(逻辑意义上的)。换句话说,就是掌握行为与目的之间必然性联系,恰如方法-结果的关系一样。

因此,克拉帕雷德(1933)并不是将学习与智慧看作是长长的刺激——反应链,而是将有机体看作"蕴涵的机器"(第106页),并且,他用蕴涵来解释条件反射:"[巴甫洛夫的]狗对A做出反应[条件反射]就像B[无条件反射]包含在A中一样"(第106页)。克拉帕雷德(1933)甚至说:"你可以说,生活包含蕴涵"(第107页)。但问题依然没有解决:如何让狗将铃声当作食物,用克拉帕雷德的功能主义术语来说,铃声为什么具有了食物的功能呢?克拉帕雷德认为,这是一个来自尝试的必然性联系。不幸的是,克拉帕雷德并没有解释这个必然性。皮亚杰解决这一难题的方法相当简单:他假设心理是由相互蕴涵的内在成分(格式)以及格式与它们的互蕴涵所固有的运算(他称之为同化)所构成的。因此,格式不断地相互同化,这就是为什么只要在铃声响起时出现食物,狗就会将铃声当作食物的原因。如果铃声出现而没有食物,这样的次数足够多,那么铃声就不再同化进食物中。

皮亚杰的意识的把握概念也来自克拉帕雷德。克拉帕雷德的意识的把握概念表现为一种定律,这一定律认为,对动作的觉察水平与动作的习惯性成反比。克拉帕雷德在这里重新发现了古老的亚里士多德定律,即最后分析的却是最早发生的。

皮亚杰(1928,第106页)主要保留了这一定律的认识论维度:理性试图在理解对象的构成方式之前通过理解对象而把握经验。所以,这种对心理事实基本的实在论所产生的矛盾促使理性从经验的最外部特征向构建经验必需的智慧活动的起点推进。1974年,皮亚杰(1974/1976)重新阐述了他的意识的把握概念。他认为,这是一个从动作(成功的)到理解的过程(Piaget,1974/1978)。他认为理解是对动作内化和外化的双重过程的结果。内化的最高形式是逻辑数学结构,而外化的最高形式是因果关系(即心理、逻辑和数学结构的现实归因)。

定居日内瓦

1933年至二战结束这段时间,皮亚杰对研究所进行了改造。当时,课程已经相当松散,学生的学期包括几个星期到几年不等,他们获得各种不同的学历,有时他们的学籍也不清楚。此外,学习气氛也非常民主、温馨、非正式。学院的个人生活与学术方面互不分离。学院在日内瓦城的声誉很差。"他们"在政治上非常进步;认为同性恋关系应该公开;"他们"是赞成自由恋爱的裸体主义者;"他们的"孩子们非常散漫。

随着皮亚杰的接管,这一切都改变了。从第一学期一直到课程学习结束,学生们的学习与研究息息相关,首先采用的是儿童访谈报告的形式,然后是实验研究。此方案具有双重效果:学生们不得不对皮亚杰所做的事感兴趣(对许多人来说这是一个很难的约束),但是相应地,他们可能会以自己都不太清楚的方式影响到皮亚杰的思想和研究方向。当然,这种影响无法用文字表达,甚至不可追溯,因为这一切都发生在自由而热情的讨论的瞬间。皮亚杰每天都在为一小群人读他写的东西,向他们征求意见、批评和评论。有些影响可以在皮亚杰的各种传记中找到踪迹(见 Vonèche,2001),但是那些最重要的有影响力的思想却被皮亚杰非常彻底地加以同化,他自己也真心认为他们的想法就是他的。

二战期间,皮亚杰生活在与世隔绝的瑞士,他与外国同事的接触受到限制。但在20世纪50年代,孤独的情形发生了剧变。美国的研究者重新与日内瓦取得了联系,美国政府邀请皮亚杰在美国大学演讲,因为与美国的人类发展研究水平相比,欧洲人类发展研究的质量给美国政府留下了深刻的印象。皮亚杰拒绝了邀请,派巴蓓尔·英海尔德(Bärbel Inhelder)前往。在哈佛她发现三个年轻的美国人的工作很有趣,他们是杰罗姆·布鲁纳(Jerome Bruner)、罗杰·布朗(Roger Brown)和乔治·米勒(George Miller)。由于 H. E.格鲁伯(H. E. Gruber)的开创性工作,他们的认知取向似乎符合日内瓦心理学的口味,尤其是"在当时美国行为主义盛行的无趣背景下"(Bärbel

Inhelder,个人通讯,1983)。与布鲁纳讨论后,皮亚杰发现他们之间有重大分歧,布鲁纳批评日内瓦的研究方法不严谨,尤其是对守恒概念提出批评。所以,皮亚杰激烈地抨击(Piaget & McNeill,1967)了布鲁纳(Bruner, Oliver, & Greenfield, 1966)的著作《认知发展研究》以及他开展的知觉、心象记忆与语言方面的研究。这与布鲁纳将认知过程划分为动作表征、映像表征和符号表征的观点是对立的。同样,皮亚杰认为米勒(Miller)与普利布拉姆(Pribram)和加兰特(Galanter)的书《计划与结构》(1960)是全美国与他自己的研究最接近的事情。信息论和学习的随机模型,以及马尔克夫链的使用,这些都对皮亚杰在1950年代构建自己的平衡理论(很快被放弃了)以及物理量守恒模型产生了影响。

盎格鲁-撒克逊世界的分析哲学促使皮亚杰提出了一系列反对经验主义、逻辑与非理性的论文。欧洲大陆的现象学对皮亚杰的影响不大,因为他在许多方面已经更接近德国的思想,而不是哲学的其他趋势。他确实受到布伦塔诺的意动概念(有指向的紧张而非意向)的影响,这一点通过他与克拉帕雷德的蕴涵、同化和格式概念体现了出来。皮亚杰甚至认为自己(理所当然地)是主观的完形心理学家,也是主观的行为主义者(保持平衡)。

1955年,由于洛克菲勒基金会的赞助,发生认识论国际中心成立,这改变了皮亚杰的研究方法和路径。因为在战前洛克菲勒和福特基金会已经资助了克拉帕雷德和皮亚杰,所以他们再支持皮亚杰的研究是顺理成章的事情。他可以聘请大量的助手并邀请数学、物理学、逻辑学、科学史、生物学、心理学等领域的国际著名学者从事几天到一年时间不等的合作研究。所有这些人都对皮亚杰产生了影响,因为有了这样一个团体,皮亚杰就有机会广泛地讨论他自己的所有思想以及他们的想法。但是这种影响很难被发现。英海尔德的角色重要但不明显,因为在对一个特定研究课题或一般性想法经过激烈讨论后(我们中有人曾经在很长一段时间观察到这种情况)英海尔德和皮亚杰最终以双方达成的共同立场——他们以相同的论据和决心捍卫观点——结束,双方达成完美谅解。

《从儿童到青少年逻辑思维的发展》一书(Inhelder & Piaget,1955/1958)中的实验为我们提供了研究小组如何改变皮亚杰态度的一个好例子。最初,这些实验的目的是研究儿童的归纳推理。很快,团队的实验发现,大多数孩子在12岁或13岁之前尚不能清楚地说明实验材料的组织原则或规律。而且,成功解决问题的被试不是通过经验归纳——如研究者期望的那样,而是通过假设——演绎推理,使用组合系统(或多或少复杂一点),将现实看作是所有可能情况中的一种特殊情况。

这种状况困扰着大家。经过一年的热烈讨论,皮亚杰后来得出结论认为,结果可能符合他早期的一篇关于逻辑的文章(他曾经为了让赴巴西跨大西洋航行愉快一点而写的文章):《论逻辑运算的转换》(1952b)。实验结果与逻辑的结合产生了形式运算阶段,它是心理发展的最后一个阶段,归纳推理部分仍然是一个草稿。

皮亚杰对形式运算的研究经常遭到质疑，尤其是那些相信证伪的逻辑实证主义者。皮亚杰并不接受证伪，因为尽管可以主张其对立面，但它在很大程度上依赖于经验证实（注意这最后一个词），因为一个黑天鹅的个例可以推翻所有天鹅都是白的这一论断。

对于皮亚杰这样的反实证主义者而言，证伪的唯一价值在于其意义，也就是说，证伪这一行为本身以及通过寻找反例的行为使得推理成为可能。注意用词的重要变化：反例仅存于格式系统中，它们将自己整合在整个系统之中，并与整体本身协调一致。因此，证伪不再是一个对象（例如，黑天鹅，甚至是一个行为，如寻找黑天鹅），而是行为或对象所揭示的隐藏的含义（即，寻找黑天鹅对于主张所有天鹅是白色的人意味着什么）。

在相互协调的蕴涵系统中，这种情况才有可能发生，在蕴涵系统中，真值随蕴涵系统的域而变化。皮亚杰毕生努力的目标是针对心理成长和科学史开发出一种真值胚胎学。只有在个人和社会中增加动作与运算的协调才有可能实现这一点。这也意味着心灵的居所不再是令人讨厌的唯物主义者所主张的大脑，而是人类，正如我们在下一个例子中说明的。

研究团队如何影响皮亚杰的思想，这里还有一个例子，即皮亚杰关于因果关系的研究。皮亚杰曾在年轻时研究物理因果关系（1926/1972，1927/1972），但后来由于他对自己的工作很不满意，认为这太天真了。因此，在发生认识论中心所有研究人员的帮助下，他在1966年研究了这个问题。三年来，他对小组提出的解决方案都不满意。有一天，给其中一个孩子呈现了经典的物理设备——牛顿球，它包含5个球，每个球悬挂在一个独立的绳子上。与单纯的预期相反，当推动第一个球时，这排球中的最后一个动了。在观察到最后一个球动了，这个孩子告诉实验者："我让球动的，它通过看不见的运动让最后一个球动起来了，因为它必须动。"这样的回答让皮亚杰非常高兴，因为，据他说，这证明了曼恩·德·比朗（Maine de Biran）的因果关系理论，该理论认为因果关系是人类力量向客体的扩展。受过基础心理学训练的年轻心理学家告诉他归因理论。逻辑学家分析了运动传输与传递性之间可能的相似之处。经过长时间讨论后，皮亚杰提出了他的因果关系理论，认为因果关系是将主体的一些操作归因于客体（Piaget，1971/1974）。这些例子说明，我们应该将日内瓦学派看作大师的聚居地，是中世纪或文艺复兴时期的一个研究会，而不是只有唯一一个大师的亚里士多德式的那种团体。

结　　论

本部分内容试图证明，皮亚杰的创造性依赖于两个阵营之间对立的辩证过程，他同时关注观点与反观点，通过重新定义整个领域而提出新的综合的解决方案。在此提供了这种研究策略的大量例子，如达尔文和拉马克的对立、贝特森和皮尔逊，或者比奈和克拉帕雷德。其他一些例子，如社会学领域涂尔干与塔尔德的对立，或者罗素与庞加莱之间在数学方面的对立,这些都说明皮亚杰在广泛使用这种策略。用这种方式解决重要的科学问题的认识论,其针对性和实效性可能会有不同的看法。不过,事实仍然是,皮亚杰在普林斯顿告诉爱因斯坦关于物理量守恒的著名实验时,爱因斯坦惊呼:"天才,这么简洁的想法!"

文献总汇

Bergson, H. (1911). *Creative evolution*. New York: Henri Holt. (Original work published in 1907)

Binet, A., & Simon, T. (1909). "L'intelligence des imbeciles". *Ann ée Psychologique*, 15, 1-147.

Bruner, J., Oliver, R. O., & Greenfield, P. M. (1966). *Studies in cognitive growth*. New York: Wiley.

Brunschvicg, L. (1912). *Les etapes de la philosophie math ematique*. Paris: Alcan.

Claparède, E. (1917). "La psychologie de l'intelligence". *Scientia*, 11, 353-368.

Claparède, E. (1933). "La genèse de l'hypothèse". *Archives de Psychologie*, 24, 1-155.

Claparède, E. (1946). *L'education fonctionnelle ou psychologie de l'enfant et pedagogie experimentale*. Neuch atel: Delachaux & Niestl e.

Couturat, E. (1896). *L'infini mathematique*. Paris: Alcan.

Goblot, E. (1918). *Traite de logique*. Paris: Alcan.

Inhelder, B., & Piaget, J. (1958). *The growth of logical thinking from childhood to adolescence*. New York: Basic Books. (Original work published in 1955)

Miller, G. A., Galanter, E., & Pribram, K. H. (1960). *Plans and the structure of behaviour*. New York: Holt.

Pfister, O. (1920). "Jean Piaget, la psychoanalyse et la pèdadogie". *Imago*, 6, 294-295.

Piaget, J. (1918). *Recherche*. Lausanne: La Concorde.

Piaget, J. (1928). "Les trios systèmes de la pensee de l'enfant: Etude sur les rapports de la pensee rationnelle et de l'intelligence motrice". *Bulletin de la Societe Francaise de Philosophie*, 28, 97-141.

Piaget, J. (1952a). "Autobiography". In E. G. Boring, H. S. Langfeld, H.

Werner, & R. M. Yerkes (Eds.), *A history of psychology in autobiography* (Vol. 4, pp. 237-256). New York: Russell & Russell.

Piaget, J. (1952b). *Essai sur les transformations des operations logiques.* Paris: Presses Universitaires de France.

Piaget, J. (1954). *The construction of reality in the child.* New York: Basic Books. (Original work published in 1937)

Piaget, J. (1968). *The moral judgement of the child.* London: Routledge & Kegan Paul. (Original work published in 1932)

Piaget, J. (1969). *The mechanisms of perception.* London: Routledge & Kegan Paul. (Original work published in 1961)

Piaget, J. (1971). *Biology and knowledge.* Chicago: University of Chicago Press. (Original work published in 1967)

Piaget, J. (1972). *The child's conception of the world.* Totowa, NJ: Littlefield Adams. (Original work published in 1926)

Piaget, J. (1972). *The child's conception of physical causality.* Totowa, NJ: Littlefield Adams. (Original work published in 1927)

Piaget, J. (1974). *Understanding causality.* New York: Norton. (Original work published in 1971)

Piaget, J. (1976). *The grasp of consciousness.* Cambridge, MA: Harvard University Press. (Original work published in 1974)

Piaget, J. (1977). *Psychoanalysis in its relations with child psychology.* In H. E. Gruber & J. J. Voneche (Eds.), The essential Piaget (pp. 55-59). New York: Basic Books. (Original work published in 1920)

Piaget, J. (1978). *Success and understanding.* London: Routledge & Kegan Paul. (Original work published in 1974)

Piaget, J. (1982). "Reflections on Baldwin, an interview conducted and presented by J. Jacques Vonèche". In J. M. Broughton & D. J. Freeman-Moir (Eds.), *The cognitive-developmental psychology of James Mark Baldwin: Current theory and research in genetic epistemology* (pp. 80-86). Englewood Cliffs, NJ: Ablex.

皮亚杰的发生和发展观念的起源

〔比利时〕雅克·弗内歇 著
熊哲宏 译
李其维 审校

皮亚杰的发生和发展观念的起源
The Origin of Piaget's Ideas about Genesis and Development
作　者　Jacues Vonèche

原载于 *Conceptual Development：Piaget's Legacy*，edited by E. K. Scholnick et al.，New Jersey：Lawrence Erlbaum Associates，1999，pp. 248-249.

熊哲宏　译自英文
李其维　审校

皮亚杰的发生和发展观念的起源

在本文中,我的目的是描述皮亚杰思想的某些起源以及从这些起源所涌现的某些问题。我将表明皮亚杰是怎样使发展的儿童成为认识论经验研究的工具,怎样使用儿童作为他自己独特的认识论——发生认识论——之有效性的证据。我将通过在其他思想传统中追溯其发生和发展观念的起源、描述它们随后由皮亚杰所提出的同化和转换而做到这一点。对皮亚杰发生认识论的提炼逐步为未来心理学家提出了需论及的理论和经验问题。

萨巴捷

当皮亚杰开始思考哲学问题时(大约 15 岁),他有幸阅读萨巴捷(Sabatier)的《宗教哲学与历史心理学》(1897),从中他保留了这一观念:宗教信条能被归结为随时间而变化的纯粹象征——正如他在 1952 年的自传中所写的那样。这本书以如下观念为基础:由于处于世纪之交,年轻的基督徒能面临和解决科学与信仰之间的冲突的唯一方式是凭借独立于信条和教会机构而培养他意识中的上帝存在的情感。这样,从那时起,皮亚杰的哲学就总是胡塞尔(Edmund Husserl)的现象学传统中的意识之一(对胡塞尔来说,任何意识的目的都是知识)。胡塞尔的先验主体是未来认识主体的远亲,因为后者也是一种先验的抽象。

柏格森

解释皮亚杰对进化和知识的双重关注的另一个影响,当然是他 1912 年左右阅读柏格森(Bergson)的《创造进化论》——大约与他阅读萨巴捷同时——这一著名事件。皮亚杰从中所保留的东西,是根据亚里士多德的类(genera)科学与法则科学之间的对立。标准科学是法则科学,它导致允许数学概括的重复的几何序。与这种标准方法相对立,柏格森提出了恢复亚里士多德的旧的类科学。这种类科学不是基于僵死的数学序,而是基于依赖于"生命冲动"(elan vital)——源自生命本身、并赋有转换和变化(一句话即发展)的特征的生命冲动——的生活序。在柏格森看来,这种生命冲动导致人类特有的一种道德冲动。

布伦塔诺

以上著作家对皮亚杰思想发展的影响是已得到确认的,但是还有其他人没有得到确认甚至被否认,诸如达尔文的适应观念,以及布伦塔诺(Franz Brentano)的意向的非存在、心理学和逻辑的概念——它们出现在他的《从经验观点看心理学》(1874)一书中,这本书——与冯特的《生理心理学基本原理》出版于同一年——代表一种完全不同的心理学方法。冯特、费希纳、赫尔姆霍兹和缪勒相信"内容心理学"和严格的实验方法,而布伦塔诺则是符合自然科学观察方法的"意动心理学"——当它们同时存在时——的来源。

这种观察的方法论对于理解皮亚杰的历史和发展是重要的,因为它是皮亚杰毕生所转向的方法。它是以凝视(the gaze)的认识论为基础的。观察的主要工具是眼睛:通过考察事物,人们发现真理。换言之,人们直接阅读"自然"这本大书。这种预先假定就解释了"皮亚杰式的"临床法的某种古典风格的方面,以及它与美国心理学传统——与自然的观察相反而集中于控制的观察——的困难。

布伦塔诺的思想对他的学生弗洛伊德的影响,也解释了这种临床法的另一方面:它依赖于儿童所说的东西。这种方法对于精神分析的启发常常被人们指出,但却没有指出在布伦塔诺的认识论中有这种方法的起源,也没有指出这种方法对胡塞尔的影响。这里,主观性在认识论上是有效的。与此对照,实验家却不相信直接的自我报告。

在概念层次上,皮亚杰对布伦塔诺的"意向的非存在"(intentional inexistence)概念——即存在于意识所指向的外部客体与其内部的意向(正如被拉紧的弓)或心理现象之间的关系——印象深刻。布伦塔诺专注于意义和指称的性质:在外部的一个客体对心理领域的内在客体(即表征)起外部所指的作用。例如,一个声音既是一个外部噪声,又是对一个声音的内部体验。正如我们能看到的那样,这个概念预示了皮亚杰的一些观念,像格式、同化、顺化或内化。它也是以取自笛卡尔和英国经验论二者的观念的组合——没有观念就没有内容——为基础的,并适合皮亚杰的意义逻辑——从中反省抽象并允许内部知识映射到客观知识的各个领域。

鲍德温

另一个人即鲍德温(J. M. Baldwin)——其对皮亚杰的影响几乎没有被承认——同

样把对立面综合起来。鲍德温把两种对立的取向——由清教徒、自然实在论、折衷的唯灵论、科学实在论、实证主义、功利主义所代表的实用主义取向；反清教主义、先验主义、德国唯心论、黑格尔主义、绝对唯心论的理性主义取向——统一成他的认识论进化主义或泛神论(pancalism)。鲍德温的著作极大地影响了皮亚杰，因为它表明，把握心智的性质的一种好方式就是通过研究它的发生，或鲍德温所称的——在黑格尔的《精神现象学》之后——"发生认识论"的东西。这里再次正如在布伦塔诺的心理学中一样，心智不是一种一成不变的、固定的实体，而是一种"成长着和发展着"的活动。心理学与进化有联系。现象的真正分解随鲍德温从根本上发生变化，尽管英国经验论通过简单感觉的联想而付诸一种发生的形式，但鲍德温想要表明，心理过程怎样分解成相对未分化的原始经验的形式，以便构造出能被排列成一种发展序列的分化了的结构。

与达尔文或斯宾塞的有机体相反，鲍德温的有机体就这个世界而言不是中性的。从解剖学、生理学以及行为学上说，鲍德温的有机体显示某种倾向——关于世界的"假说""信念"和"理论"[他称之为成长(orthoplasia)]。正如他在《儿童和种族的心理进化》(1894)中写的那样："我们最终得出这样的考虑：从一代到下一代的进化最有可能在自然选择和器官选择的联合作用下——以种族变异的方向与个体适应的方向相一致的方式——发生。于是我们达到了在所有动物系列中将个体发生和系统发生相统一的假设：有助于动物适应和顺化的所有影响以一种富有结果的效应被结合起来而导致对进化过程的决定性趋向。我们称这些趋向性影响为成长。"

这段文字表明了在鲍德温发生认识论的经济论中心理学研究的地位。心理学应该解释进化中个体的作用。"个体顺化"(正如他所称的那样)被假定是对未来"天赋变异"（用后孟德尔术语说是基因变异)——这种变异是在某一时期的个体行为适应之后发生的——暂时替代(用现今的术语说是在表现型水平上)。他把这种区分设想为是对当被应用于像本能那样的复杂实体时反驳自然选择的一种回答。

在由鲍德温提出的器官选择的假设中，本能不必以全然固定的和已经起作用的方式出现。恰恰相反，个体顺化——正如他所设想的——允许用个体的、行为的、局部的和累积的自然倾向的适应形式对新情境进行或长或短期的修补。这些顺化的作用是，用不着必须等待一种突变(用后孟德尔术语)就产生一种有效的复杂器官或行为(这种突变通过仅仅选择以低频率已经出现在正常群体中的基因——用现代生物学术语说是二倍体群体——来刚好"急造"一种所需要的基因)。

在这样一种观点中，心理学在该系统中占据中心地位。作为行为的研究，心理学具有描述和分析从自然选择的一种形式过渡到另一种形式这一任务。这一观察被认为是为科学家提供了在系统发生中实际失去了的联系。当代儿童是过去原始人的幸存者。儿童本身是活化石。

海克尔、布伦茨威格、克拉帕雷德和达尔文

在个体发生和系统发生之间的这种联系在鲍德温的生物学和皮亚杰的表型复制中呈现出非常相似的形式。在皮亚杰的思想中,这种联系被海克尔(Haeckel)的复演观所影响。心理学家常常以霍尔(Stanley Hall)所认为的那种简单的方式考虑复演论。事实上,海克尔在胚胎发展中寻找进化的证据。对他来说,支持进化的证据将在生命的新形式的创造中得到发现,因为每一新形式是对发展的阶段的活生生的记忆。对他来说,个体的身体是种族的记忆。每一简单的身体靠本身保存着进化阶段的痕迹,可以按系统发生中的每一进步被保存在个体发生中这样一种逐渐上升的序列来安排。

在海克尔的观点与霍尔的看法之间的差别在于,当霍尔考虑内容时,海克尔想到的是过程。皮亚杰对这种差别是敏感的,于是形成了与海克尔相似的方案。皮亚杰创立一种心理胚胎学来研究发展着的心智在征服现实中进化和发展的机制。他的认识论是一种适应现实的理论。但是现实(reality)对皮亚杰来说总是有一种"贝克莱的唯心论"之环——正如他的导师雷蒙(A. Reymond)提出的那样。正因如此,当皮亚杰遇到法国哲学家布伦茨威格(L. Brunschvicg)的著作时,他同意布伦茨威格的这一观点:关于存在(being)的断定,是以作为已知的存在之决定为基础的,而不是存在本身,正如实在论所认为的那样。这种知识是通过对实证科学(其历史和变迁)的逻辑分析——它向心智显示其统一性和无限的自发性——而获得的,因而历史是发生认识论的实验室。但是,如果我们从历史那里探究形成知识的机制的秘密,那么也应该能重构史前人类最基本的认知进展以及人性化的特定过程。因而要填补我们对系统发生水平上这一过程的知识的裂隙,其不可避免的解决办法就是求助于胚胎发生和心理的个体发生。

所以,发生认识论必定凭心理对现实的适应而成为一门关于思维运算和进化理论的比较解剖学,其结果是集中于智慧和智慧的机制,因为智慧——在这种实用的理想的观点中——不过是对适应的需要,这种适应是个体无论何时面临环境的障碍或在自我和世界之间的不平衡而出现的。这样,智慧就成为像呼吸或消化那样的一种机能,正如克拉帕雷德(Claparède)指出的那样,如果小孩不是合理性的,那是因为在他们当下的条件下没有成为如此必要或优势,正如蝌蚪觉得长着腿和肺生活在水里没有优势一样。这一陈述恰到好处地表明了机能主义立场。皮亚杰从中得出两个结论:机能的不变性原理——这就是生命本身或生存的特定行动;对于发展是必要的器官和结构的转换的原理。例如,不矛盾的逻辑原则的机能在心理发展过程中仍然是不变的,但逻辑连贯性的结构在儿童发展和人类历史过程中却发生变化。

这种关于发生的性质的认识论中心立场在皮亚杰思想中产生了直接的后果。在生物学水平上,它因一些理由而假定拒绝达尔文主义。在皮亚杰著作的开始,这种拒绝本

质上是道德上的:为生存而斗争的观念是关于战争、冲突和死亡的意识形态。它支持坏孩子反对好孩子、富有和贪婪反对贫穷和匮乏,后来拒绝成为事实上的:皮亚杰认为,他对一种蜗牛(Limnea lacustris)移植到它们所适应的具有湍流的水的湖泊中,并把这种适应传递给它们的后代研究,是表型复制(phenocopy)的证明。再后来,拒绝则成为逻辑上的。最适者生存的论证被考虑为循环:谁是最适者? 生存者! 谁生存? 最适者。最后,自然选择却使得思维成为随机的过程,使得科学成为非常机遇性的。而生命成为偶然的,这是荒谬的。

知识与社会

在社会学水平上,皮亚杰的立场导致了拒绝涂尔干所谓认知和动作的社会发生的假设。根据这一假设,在社会结构——更准确说是力量结构——与心理结构之间存在着必然的对应。这种对应被认为是以像语言、艺术、宗教等等那样的符号系统的结构为中介。这一拒绝在皮亚杰一生中出现较晚。起初,在 20 年代他认为,社会压力是从自我中心主义过渡到社会的去中心化的来源。正是瓦隆——他在法国哲学社会学所 1928 年的一个研讨期间——通过表明没有神经系统就全然没有什么会发生而改变了皮亚杰的思想。当我采访皮亚杰有关鲍德温时,他记得 1979 年 5 月的那次讨论(51 年以后)。他忘记了瓦隆,但他记得这一点,因为神经系统不是社会的产物,涂尔干的假设必须被拒绝。为什么? 在社会水平上,对皮亚杰来说仍然留下的东西是协同运算在自我中心主义之上逐渐出现。因为协同运算可以被写成"协同-运算(co-operation)",因为运算是心理上的,这个问题被解决了! 在这里,机能再次仍然是同样的,而社会关系却采取许多连续的形式:唯我论、自我中心主义、社会矛盾中的互反性、在与协同-主体进行逻辑运算的意义上的协同-运算。

发生认识论:机能的连续性与结构的变化

在心理学水平上,结构的非连续性中的机能的连续性导致既拒绝行为主义又拒绝格式塔心理学,因为前者是没有结构的发生,后者是被剥夺了任何发生的结构。这一同样的推论思路也能被应用于各种科学领域。在数学中,它否认共相实在论(作为没有发生的存在)以及约定论(作为唯一由社会所决定的存在),而有利于一种相对主义形式的建构论。它因与行为主义和格式塔心理学同样的理由而拒绝先验论和经验论。在物理学中,它表明,所有进步归功于物理学的数学化和数学的物理学化这一双重过程。

这样,儿童就成为活生生的实验室——从中用来解决出现在不同科学理论中的悖论,其方式与对布伦茨威格来说科学史是认识论者的实验室一样。但是,如果要知道靠科学史所意味的东西是相对容易的话,那么要知道哪一种儿童是认识主体则是更复杂的。毕竟,儿童期——作为一种独立的生命时期——主要依赖于文化及其特殊的需要,甚至在西方社会,它在历史上被记有日期。历史学家们常常对准确的日期意见不一致,但他们对如下事实是一致的:作为保护儿童的一种社会制度的儿童期连续地在扩展:(布永的)戈德弗鲁瓦(Godefroid de bouillon)12岁成为爵士,蒂雷纳(Turenne)在16岁成为将军,拿破仑是在20岁,而施瓦茨科普夫(Schwarzkopf)是在50岁。这一事实在《韦氏智力量表》的续版中也是明显的:智慧能力的最高点是从16到21岁——反映了在测验被再次标准化期间普通学校教育的扩展。

皮亚杰所说的儿童根据西方科学史而发展,以至于非西方人相对于西方人发展的平均水平显得某些延迟;有时在任何场合,人们在其智慧和道德发展方面存在退化。然而发展序列在整个世界和整个时间仍然是同样的,这一事实从认识论观点看是重要的。当然,可以指出,这种序列总是从简单到复杂,这本身是陈词滥调。但是,正如皮亚杰本人1955年在日内瓦的一次讨论中对福维尔(Fauville)指出的那样,这是支持建构论的一例证据。因为,如果天赋论是正确的,那么对于渐进论就全然没有理由:如果经验论是对的,那么对于发展的逻辑顺序来说就没有必要。这样,唯一可经得起检验的立场的确是发生的理性主义建构论。

儿童的自发性在皮亚杰的临床法中是根本性的。这一假设是自然主义的,似乎与作为社会构造物的儿童这一假设相矛盾——能在历史中历史性地被记上日期并在地理学上被定位。自发性反对把儿童期作为由西方社会所想象的通过一种适当的训练期而重复产生劳动力的制度这样一种观点。自发性的发展假定儿童的天性绝对相似于所称的人性(human nature)。自发的力量(平衡过程)推动发展,这是种族所固有的。

这样一种自发的力量得出的推论的确是把一种"天性"归属于儿童,就以人性的归属导致普遍的自然法则一样的方式而导致一种普遍的发展法则。但是这种必然结果的遗憾的推论,却是这样的可能性:对于自然的人犯制度化事实的错误,而对规范却犯观察到的事实的错误。当皮亚杰说到内在的法则时,他绝非是这样一种逻辑错误。

规范与天性

规范的事实具有将制度化的现象自然化这一特权,按这种做法,他们便通过把制度化的实践和偏见归因于生物学而将其合法化。这里恰当的例子是成熟概念的地位。从这一概念在生物学中具有的描述性的、客观的地位——作为某种东西的成熟性——来看,它将会离开家系或交配,在心理学和社会科学中,它获得在观察者眼中是作为完善的地位。成熟是有机体的本质的成就。该描述性概念就偷偷成为规范性概念。除作为在"自然"这本大书中直接阅读的一种纯粹事实观察之外,发生(genesis)是一个靠假设而得来的概念,需要一种内在的法则来解释它。这种法则依次假定分化和部分整合成整体、因而整体逻辑上先于部分以及上一级不可还原为下一级这样的一般原则。这样一种系统使我们避免把时间过程或累积与发展混淆起来。最老的形式并不必然是最原始的。历史不再是英雄人物的仆人。时间不是进步之父。新近也不意味着合理。从逻辑的观点看,这些形式被安排成有意义的序列。现在的问题是,这种逻辑是天赋的还是获得的?这种逻辑是神经潜能的纯粹展开还是社会压力的结果?

这里,我们再次感到拉马克对皮亚杰观点的强烈影响。拉马克在其进化体系中包含两个解释性因素:一个在本质上是形而上的,另一个是环境的。形而上的因素是有机体的不可改变的尺度:不能被改变,并形成自然的种族秩序。环境因素被拉马克称为"境况"(circumstances),它使读者回到"法国大革命"的观点。那一时代的自然主义者拥有作为由中世纪基督教神学家所想象的等级性的"天性"之对立物的"天性"观点。他们想要一种平等主义的"天性"——所有种族是同样的而且某些种族比其他种族更有活力。对于这些自然主义者正如皮亚杰一样,"行为"(behavior)是进化的动力。为什么是行为而不是其他候选者——像自然选择——如此适合断头台的发明?因为对他们来说,行为是处于天赋有机体与环境之间的中心地带。行为是身体逐渐把握外部世界的方式。行为是动作(action)。这样,动作是逻辑的:逻辑是动作的德性(the morality),德性是动作的逻辑。由克拉帕雷德和皮亚杰在这些特定词语中所表达的这一概念解释了皮亚杰思想中这样一个奇异的方面:动作——在具体运算水平上——突然获得与动作附加在一起的真的价值。这一观点对于动作和逻辑都是不同寻常的;逻辑更经常地与话语、论证活动或者与一般的语言相联系。对皮亚杰来说,价值——包括道德价值——在动作中找到其来源。这样,皮亚杰对实践问题(practical issues)没有特别的兴趣——他设想为纯粹是执行象征性机能。在皮亚杰的体系中动作不是实践(praxis)。

最后,这种发生学的方法把科学的某些表征假定为统一的,把科学史的某些表征假定为发生的。这种表征提出了学科的多重性问题,而皮亚杰只确认了逻辑、数学、物理学、生物学、心理学和社会学。那么矿物学提出了认识论问题还是没有?如果是这样,那么它们是特殊的吗?地理学在科学之环中有地位吗?所有这些都是悬而未决的问题。

在关系到科学史的范围内,皮亚杰有没有像在几何学和布尔巴基结构的情况一样为他的理论选择好例子?这一情况对于进一步研究来说是可争议的和悬而未决的。然而,在儿童的观念和古代科学理论之间的关系似乎是惊人的。它是肤浅的吗?这一问题可以通过表明当成人在像儿童一样思考时儿童所思维的东西——从许多角度来看是一个困难的问题——这样的仔细的历史研究得到解决。我们足够了解过去儿童的思维方式吗?从孩子气到职业水平上的成人思维的历史过渡从科学上被权威化了吗?这可以提出各种怀疑。

尽管存在这些悬而未决的问题，事实仍然是，发生认识论是一种关于自我（the self）的认识论——这种自我是儿童认真呈现的、能表达创造性和人格的自我。的确，这一观点仍然还没有取得重大进展。

《皮亚杰精华文选》：前言、序言、导论、回首

〔瑞士〕让·皮亚杰
〔美〕霍华德·E.格鲁伯　著
〔比利时〕雅克·弗内歇
张恩涛　庄会彬　梁如娥　译
梁利娟　李继燕　王云强　**审校**

《皮亚杰精华文选》：前言、序言、导论、回首

英文版　*The Essential Piaget：An Interpretive Reference and Guide*，Jason Aronson Inc.，1995.

作　者　Jean Piaget(前言)，Howard E. Gruber & Jacques Vonèche(序言、导论、回首)

张恩涛　庄会彬　梁如娥　译自英文
梁利娟　李继燕　王云强　审校

《皮亚杰精华文选》:前言、序言、导论、回首

前　　言

　　于我而言,这部由霍华德.E.格鲁伯和雅克·弗内歇起草的精编卷似乎是我所有的作品选集中最好和最完善的。

　　除此之外,这个版本还是一个很好的范例,因为它并不是局限于从文章或书籍中选取文段提取合并,留给读者去区分它们的意义及它们之间的联系,而合作者对每一个选定的内容都提供了一个非常精彩的评论。这些评论不仅阐释了某一特定内容的具体意义,而且也说明了选择这一内容的思考过程。因此,我可以说,在阅读这些解释性文本中我可以更好地理解我曾想要做的事情。此外,尤为特别的是,格鲁伯和沃尼切对我早期作品的重新发现和理解的方式深深吸引了我。

　　对于他们所编制的选集我感到很高兴,因为这意味着我不仅仅是作为一个儿童心理学家的身份出现。文集的作者对于这些选集的理解程度非常深刻,而且使这些选集对读者而言更浅显易懂,我针对知识的心理发生学说所做的努力对我而言是作为一种桥梁而存在的,这个桥梁连接了两个急需解决的问题:对生物适应性机制的探索和对更高级的适应形式(即科学思维)的分析,这些认识论的解释一直是我工作的重心。

　　由于一个人不能做完所有的事情,很遗憾我必须放弃生物学的实验研究,而采用一些较少的工作来阐明我的观点。但是我一直坚持认识论作为一种资源的重要性,就像我最近的新书《行为:进化的原动力》,再一次证实了这个观点。

　　对于认识论,从另一个方面来讲,我很高兴我对此有所涉猎,尽管我很清楚,在这一方面仍然有很多的空缺需要我努力填补,这正是我们正在国际认识发生研究中心努力做的事情,这一中心目前是我幸福感的主要来源。除了使认识论作为一种理论学科,让认识论也成为一种实验学科一直是我的目标,而且非常希望我们的努力能够创造一些永恒的东西。

　　对于这套书的整个内容,儿童心理学仅仅是其中的一个方面。H.E.格鲁伯和J.弗内歇对此理解的很好,我想对他们表达感谢,也对他们完成的高难度的成绩表达我的钦佩之情。

1976年11月22日于潘沙(Pinchat)家中

让·皮亚杰于1980年9月16日在日内瓦去世,他度过了丰富而又有创造性的一生。我们辞别了一位非常值得钦佩的朋友。

H.E.格鲁伯和J.弗内歇
1981年9月16日

第二版前言

在准备这个新版本时,我们没有试图对皮亚杰最近的著作提供一个完整的解释。这些著作中有一些是作者去世之后才出版的。不管是从它们的长度还是从其中的艺术技巧来讲,这些成果组成了一个非常好的目录。

相反,我们的主要关注点在于阐明皮亚杰作品的连贯性,尤其是他通过新的理论文章和新的实证研究去努力阐明的核心概念。当旧的主题再次出现,新发展总有方法去同化过去的经验。

尽管在此我们的关注点是一个人,但是我们始终记得,是他创造性的事业领导和参与了世界范围内发展思想的进步。皮亚杰实现这些成就,不仅是通过他的理论体系和国际舞台上的活动,而且还通过他在日内瓦组建和管理的团队的工作。

为了起草《皮亚杰的精华》这套书,我们最大程度地利用了这个团队的优势。在此,我们非常感谢他们所做的努力。对于我们先前已经表示过感谢的人,在此我们要加上两个名字,阿纳斯塔西娅·特里丰(Anastasia Tryphon),她慷慨大方地参加了编辑工作处理加工的所有阶段;玛丽安妮·瓦艾尔(Marianne Vial),感谢她的技能和坚持,她坚持不断地完成了两份手稿,并在起草手稿时非常用心。更不用说,我们仍然非常感谢巴蓓尔·英海尔德(Bärbel Inhelder),我们亲爱的战友,感谢他的帮助和鼓励。

J. 弗内歇和 H. E. 格鲁伯

序　言

在这本选集中,我们努力把皮亚杰一生的工作压缩到一卷书中。这不是件容易的工作,因为皮亚杰的毕生之作的发表周期有70年之长,涵盖50多本著作和专题论文,几百篇文章。这样的时间范围造成了一些复杂的问题。因为皮亚杰曾对一些问题修订数次,如果仅仅从简洁的角度出发,我们的选集只应包含皮亚杰在每个主题上的最后观点。但是,这样我们就犯了两个错误:第一个是我们剥夺了读者阅读皮亚杰早期作品的机会,而这些早期作品包括一些并不广为人知的实例,这些实例对展现皮亚杰观点成长成熟的过程非常有必要性;第二个是,我们可能让读者误以为,当一个人花费毕生精力来深化自己对一个领域的理解时,任何问题都会有一个"最终的"答案。

该选集在筛选方面更深一层的困难来自皮亚杰毕生工作具有多种学科的特征,其工作关注所有知识的发展本质,不仅包含儿童的智慧发展,而且还有人类智慧发展的历史。皮亚杰的意图范围展现在《发生认识论导论》中。卷一涉及数学思维,卷二涉及物理学思维,卷三涉及生物学、心理学和社会学思维。皮亚杰在生物学、哲学、心理学和逻辑学等方面都有很深的研究,同时在社会学、神学和科学历史等方面也略有涉及。此外,他在儿童思想发展方面的研究促使他去思考一些物理学和数学方面的问题。至少在某些情况下,这些研究是必要的,因为它可以帮助理解儿童和青少年思考问题的方式。皮亚杰对于他所研究的每一个领域都有特殊的贡献,而其中最令人满意的是呈现一种混合的选择,这种选择将同时呈现给读者一些必要的基础知识和皮亚杰的个人贡献。

在所有的科学调查中,着重研究自己感兴趣的变量是一个好的策略。皮亚杰通过研究儿童的思维来探索认识论问题的策略,可能被认为是一种通过关注认知获得的条件去研究认知发展的一种尝试。这也造成了我们编选文集的另一个困难。如果我们把注意力集中在儿童思维发展这一个方面,我们可能会错失更广泛意识上的发生认识论目标。如果我们重心放在后者上面,我们就会占用一些原本对于佐证观点很有必要的具体发现和论证细节的篇幅。

为了使本书能够展现出皮亚杰思想的发展变化、皮亚杰思想的多学科性质以及实证研究和认识论目标的联系,我们做了很多努力。在不过度简化的情况下,我们力图将皮亚杰的工作以一种更容易让读者阅读和理解的方式呈现出来。

为了达到这些目标,我们使用了多种方法。读者将会发现大量之前未曾出现过的皮亚杰作品。这些作品之前都没有英译本，而这些主要但也不仅限于皮亚杰早期的工作。从先前的翻译材料中选择的文集组成了这本书的大部分内容。我们尽最大的努力省略了一些不恰当的文章，但同时保留了皮亚杰观点的连续性。我们自己的简介，不管是对于这本书的整体而言还是对各个部分而言，都提供了历史背景，特别是对于一些有难度的章节进行了解释，或者填充了一些即使是最完整的选集中也不可避免的空缺。

正如本书的重量所清晰表明的，我们并没有收集皮亚杰智慧的所谓"金砖"部分。除极少情况下，我们努力将皮亚杰的工作作为一个连贯的整体来呈现，主要是采用皮亚杰自己的话，当然有时也会通过我们自己的总结来补充一些原文中遗漏的部分。当然，这种处理方法导致了一些重复，但我们尽可能不采用编辑的那种方法去消除所有的错漏，这里有两种不同的原因。一方面，这些重复的材料对于皮亚杰的论点来说是必要的；另一方面，更加根本的是在最初的阅读中这些思想并不显得十分重复。如果说皮亚杰的研究教会了我们一件事，那就是经常审视儿童的思维方式是有益的，因为这是一个非常集中、复杂缜密结构的运行方式。同样地，不多也不少，这是皮亚杰个人思维的真谛。我们相信读者将会从这本书中得到益处，并在不同的理论背景下遇到相同的思想，而这些思想出现在不同的内容中或者皮亚杰发展阶段的不同时期。

没有自白的序言对于文集来讲是不完整的，但出于节省篇幅的原因，一些工作清单在此省略。以当前情况为例，我们希望读者关注皮亚杰少量的神学作品①和几乎缺失的社会学作品（比如《儿童的道德判断》一书）。我们不翻译任何发生认识论序言的决定似乎不大严肃，但是这些序言的内容已经在本书中以这样的或那样的形式多处存在。国际发生认识论中心（1957—1975）的 30 卷内容没有入选此次文集也是出于同样的原因，我们认为这些卷的内容只适合作者对皮亚杰早期研究问题的深化。尽管皮亚杰工作的多学科性质已经反映在这本选集的目录和结构中，但是我们仍然为遗漏了皮亚杰关于不同知识分支之间关联性的著作感到抱歉。

皮亚杰研究方法的特点之一是产生了一个特定词语，即"认识主体"。通常情况下，皮亚杰使用一组儿童去调查一个主题，例如儿童关于概率的思想，用另一个儿童小组去调查另一个主题，如运动。由于皮亚杰的主要兴趣不在于个体的变化而在于一般性的规律，他必须把不同研究的结果进行整合才能得到一个关于知识发展的综合性情景。因此，这一合成并不适用于任何真实的儿童，而只能表明多少有点理想化的发展进程，即认识论。

皮亚杰还有一个称呼是认识论的皮亚杰，在此卷中我们使用这个称谓描述日内瓦学派的工作。皮亚杰不可能也不愿意一个人完成所有的工作。在皮亚杰发表的大部分文章开头都会列上曾在某项研究中与其合作者的名字。另外，在他的研究工作中总是

---

① 尽管我们对《思想之使命》（*La Mission de l'Idée*）一书做了全文翻译，但是另一些工作却完全缺失了。

有不止一个作者被写在扉页上。到目前为止,他的合作者中出现最频繁的、又经常在其重要著作中被列为第一个作者的人,是与他合作了将近四十年的巴蓓尔·英海尔德教授。如果没有英海尔德教授,我们很难想象认识论的皮亚杰会变成什么样子。

我们要把这本书编著成功大部分归功于英海尔德教授,因为他给了我们很大的鼓励,给我们提供了很有价值的建议,而且在这本选集起草的每个阶段都给予我们以实际帮助。

我们同时也感谢玛丽-宝拉·米奇尔(Marie-Paule Michiels)、皮耶尔·尼科尔(Pierre Nicole)、拉斯洛·佩齐(Laszlo Peczi)、西尔维·赖欣巴哈(Sylvie Reichenbach)和安妮-西尔维·沃克莱尔(Anne-Sylvie Vauclair),他们都曾是皮亚杰档案馆的成员。卡罗尔·多伊尔(Carol Doyle)帮助我们做了一些翻译工作。当我们完全迷失在自我创作的谜团中时,罗伯特·科恩曼(Robert Cornman)准备了一个有价值的概念地图集帮助我们重新找到自己的方向。西蒙·格鲁伯(Simon Gruber)在复印文件方面做了很多的工作。珍妮特·德米埃尔(Janet Demierre)是一位超级秘书,不仅仅处理我们手稿的打印工作,而且也负责了一些版权问题。在这种背景下,劳拉·沃尼切-卡迪娅(Laura Vonèche-Cardia)陪我们度过了很多困难的时光。我们也感谢雅各布·乔普(Jakob Tschopp)给我们提供的书目帮助及吉尔伯特·沃亚特(Gilbert Voyat)给我们提出的许多宝贵建议。

我们要特别感谢克里斯蒂娜·吉里隆(Christiane Gillièron)博士给本书做了很多的插图,还有对一部分手稿的阅读评论。

我们的编辑,赫布·瑞奇(Herb Reich)为这部著作做了大量的工作,其工作甚至超出了一个普通的编辑应该做的事。我们感谢他和他的团队。我们团队成员之一 H. 格鲁伯特别感谢约翰西蒙·古根海姆纪念基金会和罗格斯大学的研究委员提供的帮助。没有这些,许多日内瓦之行将没有可能。

我们两个都非常感谢我们在罗格斯大学的认知研究所和日内瓦大学心理研究所的同事。他们创造的氛围帮助我们完成了富有成效的工作。同时,我们感谢各自学校的图书管理员为我们提供了很多的服务。

最后,我们要感谢皮亚杰。他为我们的工作提供了很多支持与鼓励,他允许我们出版这些著作和一些未经发表的作品,这些作品本来我们是无法看到的。就在我们排版这些文章的时候,皮亚杰迎来了他 81 岁的生日,我们为皮亚杰精彩的、高产的生涯致敬。

书目注解

当一本书是由皮亚杰和其他人合著时,我们会在目录制表中利用一个圆括号表示出来,例如(与英海尔德)。在每个选集的开始部分都会注明来源,在出版物的原件中整理过的参考书目中作者名字是按一定顺序出现的。其他合作者的名字,例如学生和研究助手,会在参考书目中出现,但是不会在目录中出现。

这一综合书目包含了本卷、编辑的评论、皮亚杰的研究文本中以及这些选摘中引用的皮亚杰及其与合作者的所有研究。可以说,这些不仅是关于皮亚杰著作的一个完整的书目,而且本身就是一本书。①

---

① 在正文中,我们省略了皮亚杰对其他著者原文的参考文献,例如脚注常常是不完整的。我们自己对其他著者的参考似乎也仅仅是脚注,而不是综合的文献。考虑到人称代词,我们先前已经使翻译工作完美无缺。在我们自己的评论中,我们选择性地使用她和他,在某一既定情境中使用这个或那个(而不是都使用)。

导　论

"一个能够使自我的两面性达到统一的人可以说几乎是一个天才,在任何场合下都是一个非凡和有趣的人。然而,事实上,处在一个多样的世界中,一个复杂的星空下,遗传、发育和时间因素的混杂变化下,远没有达到统一的每个自我却不是一个已经完成的创作,而是一个对精神的挑战。"①

我们需要知道,当婴儿第一次惊奇地发现他自己的手时,或者婴儿召唤父母而父母来到他身边时,或者是从他手中掉落的东西重新回到他手中仍然保持一样时,他们内心产生的快乐是上天赐予人类的一个礼物。另外一个需要知道的礼物是在所有学科上科学理论会不断得到公众广泛的关注。

心理学理论触动的一个特别琴弦是,我们对于自身和彼此关系有着与生俱来的兴趣。在试图以最佳的方式来整合心理学知识上,尽管许多理论都被视作有力的竞争者,但是它们也可被看作反映了自我和社会兴趣复杂体的不同方面。

在我们这个世纪只有很少的心理学家达到了这种家喻户晓的地位:弗洛伊德和他的直系继承者埃里克森,巴甫洛夫和他的直系继承者斯金纳及皮亚杰。想了解皮亚杰的特别影响,思考一下这些观点的不同之处是非常有必要的。精神分析学派专注于人类经验和行为中的动物性的、非理性的、无意识的方面。他们认为通过新的技术在不能否认的理性与他们宣称的非理性之间建立更加健康的关系来改善人类的疾病。行为主义否认意识在科学心理学的地位,而坚信通过管理外部的刺激和奖赏可以控制人的行为,这一理论挑战了19世纪的简明的唯理论。无论他们这些流派存在的理论依据及其优势是什么,精神分析和行为主义都没有深入思考我们作为智人物种的某些人类本质特征:我们思考,我们知道,我们更加有目的地行动,我们为获得更丰富的知识与深刻的领悟而苦苦求索。

皮亚杰整个科研精力都集中在人类需要懂得的上述基本特质上。1969年,在他获得来自美国心理学会颁发的最卓越的科学家奖时,颁奖词中有这样段话:"他用一种绝对的经验主义的方式去探究一些迄今哲学中特有的问题,并使认识论从哲学中分离成一个学科,一切与人类相关的科学他都有涉及。"尽管其他人为了各种目的早已关注他的研究,但是在将自己的想法付诸应用实践方面,他并没有直接提供过任何东西。他只

---

① 赫斯(H. Hesse)《草原狼》。

是提供了一个起点,让我们每个人心中都有一种无法抑制的好奇心去知道更多,去理解我们知识的来源,去通过把握他人行动时的思维方式来理解他人。

但是他没有通过提供一个简单易懂的概括性的公式去令大家满意。这是他的一个最大的优点和能力,但恰好也是他的读者绝望的来源。他的观点和发现出版成了50本书和数以百计的文章。在他的研究工作中最为大家熟知的是作为一位心理学家,他试图从几乎各个方展示人类知识的儿童起源:逻辑、空间、时间、概率、道德、游戏、语言、数学。他已经研究了心理过程的很多问题,如推理、知觉、想象、记忆、模仿、行为等。除了这些,交织着这些巨大努力的是他重点阐述了发生认识论的观点,与此同时很大程度上探索了认识发生的生物方面和心理方面的问题。

我们现在的工作是试图将皮亚杰的全部作品精简到一个合集中。然而我们是否还能保留下皮亚杰的精髓?在所有精简合集中,是否存在一个在不破坏原著生命力的情况下就可以总结得出的固定不变的思想主题?这是我们不能忽视的问题。皮亚杰的作品能够被理解意味着他的系统或者精华仍然在持续的建构中。他曾经说过,如果没有笔,他将无法思考,对他来说思考就是写作。他笔下的作品并不是一成不变的观念、"发现"或精华,因为这些是其思想的流动。

为与此观点保持一致,我们的序言将不是尝试着提供一个简要的概述。相反,我们将通过对一些存在的矛盾和没有回答问题的关注,对一些主要思想之间持续地相互影响关系给出一些理解。我们的目的是鼓励读者一起去思考皮亚杰的知识建构的下一步将往哪里发展。对于我们来说,这才是皮亚杰理论精髓中的精髓。

无论皮亚杰的工作被认为是哲学的、生物学的还是心理学的,他工作的主旨一直都是详细地阐述关于个体如何逐渐认识世界的理论。在这些可能的理论中,一端是康德的观点,该观点认为幼儿生而具有一系列天生的或者是说已经存在观念,这些观念思想构成了人类知识的基本构架。(皮亚杰思想与先验论的关系,我们后面将会提到)另一端(这里不止有两种相反的观点,因为知识理论不只包含一个简单的线性排列)是经验主义,该观点认为婴儿并没有与生俱来的天生观念,他们所有的知识来自经验的积累,所以知识是来自他们所面对的各种现实的直接的拷贝。因此在这一意义上说,经验是感觉的或者是知觉的。但是经验可以通过以下几种方法来思考,如我们可以说经验是外部现实的直接知觉吗?他们可以告诉我们外在世界的样子吗?或者我们说,我们有了经验就能更好地与世界相互作用吗?在这两者任一情景下,作为被意识到的世界的经验或者来自你自己行为中的经验,它们如何被你先前得到任何经验所影响和整合?这些问题是皮亚杰的理论乃至任何知识理论体系都要面对的。

我们从皮亚杰在不同时期做的几个关于知觉、行为和知识之间关系的观察研究开始说起。

现实与知觉:行为和知识

皮亚杰询问孩子关于天体运动的问题:

  皮亚杰:月亮在运动了吗?
  孩子(7岁):当我们走的时候,月亮也在走。
  皮亚杰:什么使月亮在运动?
  孩子:我们。
  皮亚杰:怎样做到的?
  孩子:当我们走的时候,它自己走。①

  当然,皮亚杰和他的年轻的被试都不是第一次注意到当我们走的时候月亮似乎也在走。每一个孩子都看到过月亮走,当然大人们也一样,如果记得去看的话。皮亚杰不是唯一一个注意到孩子们实际上相信是他们自己的行为导致月亮和云的运动的心理学家。②

  皮亚杰取向的特殊之处在于他在这种基于简单观察所提出的问题上有着竭尽所能的坚持。在20世纪20年代,皮亚杰的研究进入了对儿童自我中心阶段的描述,这一阶段以像上面的观察一样的大量的案例为典型代表。最终,这些努力使他探寻婴儿特有的唯我论阶段自我中心思维的来源,在这一时期婴儿无法将他自己与这个世界区别开,随之而来的是他们产生有区别的和永久存在的物体的观念,在他们的心中认为除了物体出现的变化,其他的都没有区别。在皮亚杰做完婴儿期的研究之后,他将这些问题继续推向年龄更大点的孩子身上。随着具体运算逻辑的出现,孩子们获得了区分表面与现实,或者区分知觉与其他形式知识的必要工具。

  差不多50年后,皮亚杰的一位合作者考察了儿童对来自自己视觉错觉与他已知的现实情景形成冲突时产生的矛盾的处理方式。例如,在这个调查中,儿童起先从一堆看起来同样长的火柴中选出两根火柴,它们是一样长的。接着实验操作者将一根火柴水平放置,另一根火柴垂直放置,形成一个倒置的T;这就是众所周知的水平垂直错觉,在这个错觉中垂直的火柴看起来的确比水平的更长,已经确认儿童和成人都会被这一种错觉所影响。

---

  ① 皮亚杰:《儿童的世界观念》,第 146—147 页(J. Piaget, The Child's Conception of the World, pp. 146-147)。
  ② 皮亚杰在这一效应上引用了另一位作者拉斯穆森(Rasmussen)的观点。安妮·罗伊(Anne Roe)描述了一位此后成长为一名杰出科学家的幼儿。作为一项实验,他把自己的弟弟带到花园尽头去探究,该儿童在 A 点产生的月亮的运动是否可以被 B 点的另一名儿童感知到。因此,这是一个严肃的问题。见罗伊:《科学家的生成》,纽约:多德米德出版公司,1952,第 95 页[Anne Roe, The Making of a Scientist (New York: Dodd Mead and Co., 1952), p.95]。

当中间火柴二等分最下面的火柴时,中间的火柴看起来更长。当它被更上面的火柴二等分时,它看上去要短一些(你可以在同一个平面上用三根火柴做这个实验。)因为我们知道这三根火柴是一样长的,所以这一错觉阐述了一个来自知识和知觉之间的矛盾。

实验者:(将火柴摆成倒 T 的位置)

儿童(6 岁 6 个月):他们一样长。

实验者:但是当你看着他们的时候,他们一样长吗?

儿童:是的。

实验者:你是看到它们一样长,还是知道它们一样长? 当你看着它们的时候,不感觉它们一个长一个短吗?

儿童:我看到它们是一样的。

实验者:你做了什么?

儿童:我刚才看到它们是一样大小的。

实验者:你什么时候这样做的? 在你选择之前还是在你看的时候?

儿童:一直。①

另一个儿童给了一个不同寻常的回答。当这些火柴以容易造成错觉的结构呈现时,她产生了这种错觉,但是她改变了自己关于物体长度的信念:如果看起来更长,它就更长。尽管这两个儿童的情况似乎是不同的,但是他们都没有意识到存在的矛盾,也无法去解决它。一个通过否认这一错觉的存在去消除这个问题,一个通过牺牲她之前认为火柴是等长的判断。等他们 8—10 岁,他们两个都能够接受这一个显而易见的矛盾,并且能在一个更稳定的逻辑结构下处理该问题。在这后续的研究中,倒不是儿童掌握了对知觉、行为和知识的分辨吸引了皮亚杰,而是矛盾意识的发展,在短暂的逻辑发展中儿童寻求解决矛盾的方式的意愿更让他感兴趣。

通过这些观察,即月亮的运动和视觉错觉中客观事物大小的改变,我们可以得到知觉不是一个可以信赖的通向知识的向导。如果我们允许自己被我们对于这个世界的直接的知觉所引导,那么我们将陷入严重的错误中。这些似乎足够去否定经验主义关于知识起源于我们对于世界的知觉这一观点。但是不是这样的,经验主义可以而且确实就这样轻易地回应道:当然,知觉是不值得相信的,知识也难免会出错,所以只有通过经验的累积才能帮助减少错误。

皮亚杰对经验主义的批评达到了一个较为深入的层次。仅仅将知觉与其他形式的

---

① 皮亚杰、古列龙:《长度和错觉的守恒》,见《矛盾性研究Ⅱ:肯定与否定关系》,《发生认识论研究》,1974,32,第 73—85 页,法兰西大学出版社。译自 H. E. 格鲁伯和 J. 弗内歇(J. Piaget and C. Gillièron, "Conservation des longeurs et illusions perceptives," in *Recherches sur la contradiction*:Ⅱ, *Les Relations entre affirmations et negations*, Etudes d'épistémologie génétique, vol. 32, pp. 73-85, Presses Universitaires de France, 1974. Translated by H. E. G. and J. J. V)。

知识区别开是不够的。在某种意义上,在让我们认识到世界的样子方面,知觉并没有直接的用途。正是我们之前所阐述的理解能让我们明白我们到底知觉到了什么。请看下面的例子,即皮亚杰进行的关于物质守恒的实验。

给一名儿童两个相同高度的容器 A 和 L,其中 A 比较粗而 L 比较细。A 被注入液体达到一定的高度(四分之一或者五分之一)之后,要求这名儿童向 L 容器中注入同 A 容器一样质量的液体。如果要想达到和 A 一样的质量的液体,需要向 L 注入同 A 容器内的液体高度的四倍的液体。尽管有如此显著的差异,在这一阶段的儿童显然不能掌握更小直径的 L 容器需要注入更高水平的液体。这些认为 L 和 A 中液体质量一样,并且为喝到的饮料一样多而感到满足的儿童则表明其仍然停在这一阶段。①

现在儿童可以轻易地看到没有任何东西被加入或者是拿走,但是,他不能看懂通过什么样的方式物质达到守恒,直到他们能在自己做决定前实施一系列的心理操作。因此,我们了解这个世界不是通过直接的知觉,而是在知觉上我们采取的动作,而这些动作不是身体动作,而是心理操作。不只是关于世界的知识,更重要的是这种对心理操作的掌握都必须在认知发展的过程中被建构。

即使经过长时间的学习反思和思考这一研究主题,大家还是很容易想当然地认为显然处于某个发展水平上事情也显然处于另一个水平。为了去了解到这一问题多么根深蒂固和令人费解,来看另一个事例。

皮亚杰写道:"在物理转换这样一个封闭的系统中,没有物质生成也没有物质消失……"物质守恒是这样一个原理吗? 我们用这样一个问题去询问皮亚杰之前的学生和合作者,得到了肯定的答复。下面是完整的引用语:"显而易见的是,一个观察到的事实是在一个封闭的物理转换系统中没有物质的产生也没有物质的湮灭,然而从守恒原则中推理出的完全是另一回事。"②皮亚杰的意思在他的文本中足够简洁易懂。这同一运算(没有什么物质产生,也没有什么物质消失)不足以建立一个完整的物质守恒原则,因为改变事物的形状(例如,将一个泥球压成一个"煎饼")可能改变他的量。更甚至,进行反向操作(再将它的形状改变回来,我们发现它的初始量也恢复了)也没有完全解决这一问题,因为当形状被改变时,量可能也已经不同了。只有将两种操作与补偿操作(改变形状时,直径的增加弥补了高度的降低等)相结合才能找到解决守恒问题的稳定的解

---

① 皮亚杰、A. 斯泽明斯卡:《儿童的数概念》,第 146—147 页、第 11—12 页(J. Piaget and A. Szeminska, *The Child's Conception of Number*, pp. 146-147, pp. 11-12)。

② 皮亚杰:《皮亚杰的理论》,见《卡迈克尔儿童心理学手册》(第三版),第 715 页(J. Piaget, "Piaget's Theory", in *Carmichael's Manual of Child Psychology*, 3rd ed. p. 715)。

决方法。①

因此,单凭观察不能打开正确推理的大门,或者就此而言根本无法得到任何的推理。在观察中必须实行心理操作,而这些操作是在生活中自行发展得来。

一个存在论的问题

在所有这些中,皮亚杰真地说存在一个外在于正在行为和体验的个体的现实,个体逐步却无法完全达到这一现实,并且该现实的稳定出现调节和校正适应性认知发展的进程吗?这是对皮亚杰观点的貌似正确的理解,看上去这似乎是通过皮亚杰作为一个科学家的活动强烈暗示的。对于皮亚杰工作的一些阐释导致辩证唯物主义者将皮亚杰视作同一阵营者。但当皮亚杰被问起这一影响时,他很可能回答道:"我毫不在乎现实。"对于已经写过一本名为《儿童"现实"的建构》的人来讲,这似乎是一个很奇怪的回答。

他讲话的意思是什么?下面是一个可能的解释。个体和社会团体都处于一种不断的建构和重建他们的世界观的过程中。在特定的时刻,追求知识的进程中已经形成的最先进(复杂的、灵活的、适应性的)的知识对还在发展中的知识发挥着调控的作用。但是这一说法并没有将最先进的知识或者最原始的知识指定为"终极的事实"。发生认识论的主要成果是发现了我们获得知识的唯一途径是通过持续的建构,并且不通过主动的维持我们将不能得到持久的知识。因此,另外一些事情将必定被构建,而一些即将来临的事情将取代现实主义者现在推崇的事情,这样无限循环下去。

此时此刻,读者可能想说:"这并不是我关心的讨论,这是哲学问题,而与心理学毫不相关。"我们不打算就这样简单地回答上面提出的存在主义问题,但是我们确实希望强调皮亚杰耐心地将困难的哲学问题转换为可控制的心理学问题的这一行为的重要性。这种情形下,他的终身策略似乎是将无法控制的本体论问题(现实是什么?存在是什么?)转化为可控制的认识论问题(我们怎么知道?我们怎么得到知识?)。

皮亚杰理论中阶段概念存在的一些问题

这些通常按照固定的顺序发生的绝对发展阶段,可能是大家对皮亚杰的观点最熟知的部分,而且被认为是他的中心理论。但是,这里存在着一些你读完皮亚杰的书之后仍无法回答的重要的问题,因为,虽然他提出这一理论很长时间,但是事实上他并没有

---

① 对此的另一表述是:同一性操作指过去的状态,因为没有东西增加或减少;补充性操作指连续的当前状态,在这个过程中一种东西的改变对应另一种东西的改变;逆反性操作指假定的或预期的未来,在这里面预存的情境得到复原。总之这些操作提供了守恒的解释。

写很多关于阶段概念的著作。

适用范围

阶段概念是只适用于发展的三个主要时期（感知运动、具体运算、形式运算），还是说也适用于某一阶段内认知结构达成的系列步骤或子阶段？在阶段概念被皮亚杰多次简短的探讨中，一个重复出现的主题是早期阶段的东西被纳入后期阶段的结构中，先出现的阶段不是被丢弃、取代或者是"长大了渐渐穿不下"，而是后期的阶段"长大能穿进去"，并依赖于早先阶段中重要的成就，因此，这是必需的发展顺序。如果思考这三个主要阶段之间的关系，那么这似乎是一个很容易令人信服的观点。它似乎是不证自明的，例如物质守恒思想（在6—10岁时获得）建立在物体永久性（1—2岁时获得）之上，并且将其包含在内。但是，它不是不证自明的，《智慧的起源》（1—2岁）这一本书中描述的子阶段必定按描述的顺序出现，或者最早的子阶段的成就保存在后面的子阶段中。5—11岁这一阶段是对儿童的教育特别重要的时期，在这一阶段儿童正在获得具体运算。了解到一个6岁的儿童在几年前他会说话的时候就已经形成了符号功能，或者几年以后的青少年时期，如果一切进展顺利的话，他可能发展到形式运算阶段。这些都是没有帮助的。有帮助的是了解具体运算阶段内的发展大概是遵从一定的规则、表现出特定的子阶段，而且建立这样一个必要的顺序是很重要的。皮亚杰在日内瓦的工作确定了这个尚在讨论中的基本层次的存在；一二十年后众多跟随者的研究证明了这些相似的序列在多样化文化中确实普遍存在；证明这个序列逻辑的必要性还有待完成。这里可以补充一点，无论试图去加快儿童以众所周知的顺序发展的实验成功与否，都无法触及序列自身不变的问题。

在青少年期，当他们已经达到形式运算的阶段，阶段性的发展就停止了吗？如果是这样，是不是意味着所有的发展都停滞了？或者是说，那些后期的认知发展是个体化的或是存在一些不能依照普遍的顺序阶段来描述的其他性质？没有一个解释是令人满意的。一种观点认为发展贯穿生命的更大范围，另一个观点认为发展不一定是阶段性的。我们的生命可以不通过发展而存在或者我们的发展没有阶段性，这两者中的任意一个都不同于皮亚杰的理论。

阶段的证据

皮亚杰一直非常坚持的一点是发展阶段总是按照固定顺序发生。在研究证据上，证明这一观点的主要证据是大量儿童随着年龄增长总是表现一个特定思维方式或者是行为方式。为了表明这一序列是普遍的，同样的实验观察必须在大量不同的情景下被重复。当进行跨文化研究，并且发现基本上是支持皮亚杰关于认知阶段的普遍性这一观点时,皮亚杰没有觉得满意。为了表明这一序列是有序的,需要一种尚未在任何重要方面完成的工作;为了表明任何序列是有序,意味着表明观察到的序列在某种程度上与另外一个被认为是有序的序列是一致的。因此,身高的生长是有序的,意味着观察到的高度序列与持续增长的数字序列,如年龄等是对应的。如果儿童按照雪堆生长的方式——长大、缩小、再长大,这样生长的话,我们将不得不在他处寻找一个顺序标准。为了以顺序的方式展示思维发展的内在逻辑结构,我们需要有一个能有序地排列逻辑结构的方法。这一结构独立于我们对儿童成长的任何观察。皮亚杰的大量工作表明,一定年龄儿童的思维与一定的逻辑模型相对应;这不过是表明了儿童发展的顺序性。

完全支持阶段概念的经验证据需要对任何假定阶段的稳定性和一致性进行考察。为了证明稳定性,我们将必须表明同一名儿童展现出与特定阶段相对应的特质。皮亚杰对此所做的工作令人印象深刻。尽管这些工作的研究被试并不多,特别是在《智慧的起源》和《儿童"现实"的建构》著作中,皮亚杰仅仅使用了他自己的三个孩子作为被试。但是在他众多的后期作品中,因为同一个儿童在同一个研究中不会出现第二次,所以重测信度无从建立。同时,稳定性的估计建立在皮亚杰及其团队创立的验证程序上。儿童对于一个任务的原初反应并不是列出的唯一证据,儿童对反暗示的抗拒同样被常规考察。另外,对某一儿童处于某一概念发展的某一阶段的判断常常并不是基于一个单一的情景任务,而是基于他在一组相互关联任务中的表现。因此,尽管在一段时间内(例如一周或者一个月)不存在稳定性的证据,但是存在表现一致性的证据。

在1950年代后期的日内瓦出现了另一个支持阶段内行为稳定性的论据,这产生于一系列关于认知结构的学习的实验。皮亚杰的合作者们精心设计了一系列的实验,这些实验通常很具独创性,旨在表明:如果儿童能够参加某些精心设计的训练项目,那么他们的某些认知结构的发展进程会更快。结果确令人失望:几乎或根本没有监测到这样快速的改变。但是皮亚杰没有感到失望。这些结果支持了他的观点,即结构发展缓慢,且主要依赖内部建构过程,而不是直接表征和复制环境事件。

为了证明连贯性,我们必须在不同的任务中展现,同样的潜在的逻辑模型构成了儿童行为的基础。这就需要在不同的环境中反复测量同一儿童,而这些还没有普遍完成。由于不同组的儿童被用做不同的研究,这种比较显得不可能。这留给我们一个看上去可以完成,但是实际上还没有被证明的推论:如果我们通过一系列广泛多变的任务去测查同一名儿童,那么他将呈现出某一种逻辑模型控制的行为。如果所有的儿童以同样的速度发展,那么我们可以将同样年龄的儿童进行相互取代,这样可以避免测查同一儿童太多次。但是正如大部分人都认同的那样,如果儿童以不同的速度发展,或者每一儿童在发展中表现出很多不均衡,那么这种取代是无效的。

作为一种事实和理论,水平滞差隐含的儿童发展的不均衡已经进入皮亚杰理论的视野。在事实角度,尽管还没有系统的工作去界定一个阶段为有资格成为阶段所需要的一致性的量,也没有大量的实证努力去研究这种利益关联,但是不断有证据表明发展是局部的、不稳定的和不均衡的。一个概念可能以一种方式呈现，但是需要花一年或更久的时间拓展其可能的范围。在理论方面，这种不均衡或滞差已经被皮亚杰用作一种对于发展的解释原则：高水平和低水平发展结构的共存产生了不均衡和冲突，进而导致了发展。但是，究竟在多大程度上，不均衡能被一个阶段理论所接受而不至于损毁阶段概念呢？

理论中的功能

阶段概念是皮亚杰理论的关键部分吗？如果它是关键的，我们预测他已经在50年间有时使用它，在与其他观念相同的长度和关注上对之进行阐明，但是他没有这样做。我们有理由去问，如果放弃关于独立的、有序的以及普遍的阶段发展假设，那么皮亚杰的理论仍未论及什么？当然，除了阶段概念之外，皮亚杰理论还有大量的其他内容，但是不通过主要的理论努力，就很难弄清楚理论的其他组成成分如何被影响。皮亚杰的交互理论、同化和顺化、平衡模型、去自我中心、智慧运算，这些理论可能在没有阶段概念的情况下似乎仍然可信。另外，他对不同发展阶段思维内不同逻辑模型发展过程的探究，尤其是后期对认知结构层级发展的探究，与阶段概念的关联更为紧密。

另一个值得考虑的可能是，丢弃普遍性这一观点将削弱阶段的定义。智慧的发展是有序的，并且在没有遵从普遍发展途径的情况下，与一系列的逻辑模型相符合。皮亚杰本人非常明白在观察过程中保持发展需要一个复杂系统的努力；他借用沃丁顿①的动态平衡理论去表达这一观点。只要考虑这一步，就可以认识到发展是极其多样的，当用以某种方式发展的力量不够强大时，机体将会以另一种方式。不用承认发展是螺旋上升的和对机会敏感的，你就可以有上述考虑。这种不止一种可能的发展途径的思想没有削弱有序发展的中心观点。

如果皮亚杰的阶段概念不是他理论的本质，那它将扮演什么角色？我们提出两个主要的功能。第一，它是一个描述工具。在提出问题之前，生物学家必须首先描述和说明生命的主要形式，一种形式怎样发展成另一种？皮亚杰正是用这种方式开始他作为生物学家的事业。当他踏入心理学的领域，他一直坚持这种策略。以类似的方式对发展阶段进行描述给了他提出动态和发生性问题的起点：机体如何保持现有的结构及结构如何变化？

第二，皮亚杰将阶段概念用作他彻底的反经验主义的一种表达。在一个特定的阶

---

① 概述可参见沃丁顿的某些观念：沃丁顿：《当代的进化理论》，见《超越还原主义：生命科学新视野》（亚瑟·克斯特勒、J. R. 斯迈西斯主编），波士顿：灯塔出版社，1969[C. H. Waddington, "The theory of Evolution Today" In *Beyond Reductionism: New Perspectives in the Life Sciences*, ed Arthur Koestler and J. R. Smythies (Boston: Beacon Press, 1969)]。

段中,一个人按照一定规律做事。为了不成为环境压力下的被动反应者,个体需要改变当前发展阶段下的完整的结构。改变是一个很严肃的问题,为了完成它,个体需要重新建构自己。

当我们质疑普遍的有序阶段概念在皮亚杰理论中的中心作用时,不是想质疑这个观点在皮亚杰的工作中的重要性。从皮亚杰1955年以前的论著来看,想从中获得阶段概念的拓展性讨论都是徒劳的。甚至这本书对此问题的讨论也是简要的,且没有深入到一些细节。但是皮亚杰把阶段思想当作理所当然的,而且频繁将它作为自己研究发现的工作框架,时间范围可以从1923年的《儿童的语言和思维》到1959年的《儿童逻辑的早期发展》的36年间。在《智慧的起源》一书中,开篇一章就是对皮亚杰观点理论框架的概述,这些观点在《儿童"现实"的建构》一书的相似章节中也有论述。皮亚杰没有在任何地方将阶段概念作为理论观点来详细论述,但在皮亚杰伟大而又影响深远的两本书中,其所有的实验观察都是以系列的阶段思想的形式来呈现的。我们应该怎样下结论:理论就像理论家口中所说的,还是如同实验科学家所做的?

在科学发展的长河中,我们可能找到一个坚固的基础,这一基础决定:是否存在固定的和普遍的认知发展阶段,是否存在突然的或者是渐进的开始和结束,在发展中智慧是作为一个整体具备统一的属性还是因不连贯而具备不均衡的属性,是否他们会因经验的变化而变化,并且是什么决定个体是保持在一个稳定的阶段还是经历一个时期的变化?与此同时,在我们没有对这些问题形成确定的答案时,皮亚杰的成果已经成为获得知识的历史进程中的主要里程碑。因为在这个没有经过检验的概念框架里,他对儿童智慧发展进行了一个接一个的精彩描述。

皮亚杰的智慧加工理论

直到现在读者可能相信我们正认为皮亚杰的理论不重要,而他的观察才重要。[①]根本不是这样。我们只是认为,皮亚杰理论的其他组成部分比阶段概念更重要,而且我们希望将读者的注意力吸引到这些理论上来。皮亚杰提出了智慧如何发展的理论,即在发展的任何时间点,智慧都被描述为一套有组织的结构或格式;当个体与其世界相互作用时,将客体和事件都同化到这些结构中(在没有结构变化的前提下它们发挥作用并扩展);当由于现存的结构不足而不可能如此时,它们必须修正自身或者顺化(它们因而经历结构的改变)。起先,儿童意识不到他自己、这个世界或者是它们之间的区别,但是他很快就意识到了这些,而且很快拥有对自己智慧加工的反思能力;因此,通过他的思考和发展,他达到了新的能力水平。这一理论还有很多内容,但是我们在这里就不做过

---

① 在皮亚杰看来,这种理解犯了致命的错误,因为他本人花费了大量精力去反对这种关于儿童和科学家的知识发展的经验主义观点。

多介绍。在整本书中有太多这种理论性内容,而这些都是我们在编选时不能忽视的。

此处我们只希望强调一点,对于皮亚杰而言,智慧发展而非发生在儿童身上的外部事情,才是一个自我建构的过程,这一过程受认知结构的现存形态的限制。可以确定的说,它的发生与外部世界有关,而且它是一个生物学的和社会学适应的发展过程。外部世界起着调节作用,但是这不是刺激与反应或者推和拉的问题,而是环境事件被同化,进入现有结构,经过咀嚼消化,最终只是偶尔的导致结构上的根本变化。①

在科学发展史中,将大量理论兴趣集中于对诸如物种或阶段等固定实体的描述和变化过程之间相互影响关系的,皮亚杰不是唯一一个。达尔文在形成进化论时,他必须使用一个世纪前伟大先驱者林奈(linnaeus)众所周知的、精湛的组织物种的方式作为其理论的出发点。马克思创立的社会变革和资本主义功能理论,同样借用了经济形式变革的主要阶段理论。马克思和达尔文都不得不反对早期的变革理论。这些早期的理论认为,变革的形而上的规律是固定顺序。在达尔文之前已经存在有关进化方面的理论家,他们相信进化中的变异只是自然秩序中的固有的发展趋势(而且可能是上帝的创造)。而达尔文认为变异来自生物系统的运转。②

相似的是,在19世纪社会学家都倾向于将历史解释成一连串必需的且注定的经济阶段(例如食物采摘、游牧、奴隶、封建制度、中产阶级、社会主义者等)。马克思像他敬佩的达尔文一样认为,社会变革来自现有社会阶段的内在斗争,即"历史没有做过任何事情,它不占有财富,它不发动战争。是人,活着的人,做了这一切,拥有财富和发动战争;'历史'不是将人作为工具实现自己特定目的的单纯个体,历史只是人类追求他的目标时的活动"③。

弗洛伊德在构建他的人格发展理论时,假设了一系列的心理性欲阶段(口唇期、肛门期、生殖器期、潜伏期、青春期),并通过心理动力学的原则进行了解释。研究者将他的心理性欲阶段论从心理动力学分离出来是有益的。我们已经指出过,这对于皮亚杰来说同样适用。但是两者仍有不同。弗洛伊德的心理性欲阶段是基于他对成年病人的研究而对儿童的相当远程的推论。皮亚杰的认知阶段理论基于对所涉及的儿童的数年研究。我们也指出,达尔文没有拿出物种存在的证据或者构建一个新的分类方式,马克思也没有证明不同社会形式和等级的存在。因此,皮亚杰有一个困难的工作去完成,即

---

① 皮亚杰在《智慧的起源》中对同化和顺化做了区分,并且认为同化更加基本。
② 参见格鲁伯:《达尔文论人:科学创造的心理学研究及达尔文早期未发表的笔记》,巴莱特译注,纽约:达顿出版社,1974[Howard E. Gruber, *Darwin on man: A psychological study of scientific creativity together with Darwin's Early and unpublished notebooks*, transcribed and annotated by Paul H. Barrett(New York: E. P. Dutton, 1974)]。
③ 马克思:《神圣家族》,引自《马克思自话》(费舍尔主编),哈蒙德沃斯、米德尔塞克斯:企鹅出版社,1970,第87页[Karl Marx, *The Holy Family Marx in His Own Words*, ed. Ernst Fischer (Harmondsworth, Middlesex, England: Penguin Books, 1970), p.87]。

他在形成理论去解释认知发展进程的同时,必须去发现和描述它的基本原理。

必须将皮亚杰与其他类似人物比较,才能明白还需要做多少工作。皮亚杰成功地将康德的每个知识范畴从基本原理转化为可以进行科学调查的主题,由此形成了他第一本有重要意义的著作。旺盛的精力、韧性和大学教授的优越地位这些都是非常重要的条件,但这不足以去解释他的成就。对哲学和生物学长期的关注给了皮亚杰完成任务不可或缺的条件。

结构和运算

为阐明多样化的自然界的明显差异隐含的相似性,去寻找一个统一性的描述和解释是科学的重大任务。探索的三大策略是:找寻规律、元素或结构。我们了解的物理规律、化学元素和生物结构代表着我们这种努力的成果。当然,这三个策略是不能分开的,而是按照需要组合使用。当我们开始去探索一个自然领域,我们不知道期待什么和怎样去做,什么样的策略或联合策略会有帮助。甚至,策略之间存在着一个持续的交互作用。例如,气体定律(与压力、容积和温度有关)是描述在密闭容器中一定的气体的状态的一般定律,但是这些数量的气体由基本的微粒或原子组成,而当我们了解了这些元素的性质,我们就理解为什么气体定律需要在某些重要的方面被修订。但是通过一个元素的性质我们能知道什么?我们赞成它是内部构造这种说法。①

在社会科学中,没有什么比亚当·斯密的供需定律更被人熟知。该定律描述了决定一个复杂事件的形式——货品的价格波动——的各变量之间的相互关系。这与气体定律类似。但这一过程的元素是买方和卖方及他们的社会的、心理的特质,而且如果我们想知道在这种供需定律运转下的情况,我们必须要去测查这些特质。此外,这些个体并不是分散的人体微粒,恰好被放到一个叫做市场的容器中。相反,他们是复杂社会结构的一部分,不同财产、剥削、教育机构和法律保障分布构成的阶级体系,确保了他们在体系中的不同角色。没有这些市场就不能正常运转。因此,规律、元素和结构是不可分割的。

然而,在某一个特定时期内的某一个或一群科学家的工作中,我们可能会发现他们对某个策略的偏好。皮亚杰是一位被熟知的结构主义者,但是他的结构主义采用了一个特别而且有趣的形式。考察心理的理论场景,并区分皮亚杰关注的结构与他人的不同,对理解他的结构主义是非常有帮助的。

---

① 这种我们称之为内省元素主义的研究取向有时也称为结构主义:莱比锡的冯特和康奈尔的铁钦纳是这种主义的领导人物。这种结构主义不能与我们当前的结构主义弄混。后者兴盛于20世纪早期,包括语言学家索绪尔(Ferdinand de Saussure)、数学家布尔巴基(Nicolai Bourbaki)、人类学家列维-施特劳斯(Claude Levi-Strauss)。

心理学作为一门系统科学始于19世纪中期,从1921年皮亚杰在法国开始心理学研究时,它还不足一百年的历史。在1875—1925年间,主流思想是元素主义的内省。他们首先发现了组成经验的基本感觉元素,然后观察这些元素如何构成更加复杂的结构。

大概从1912年开始,格式塔学派对感觉基本元素的存在提出了质疑,认为经验以整体结构出现,而心理学的任务是研究这一整体性。要探究的这些性能就是那些潜在的不变量,这有助于解释为什么经验不是一片混杂而是有组织、统一、稳定的存在。考虑一下空间定向的问题:为什么一个事物看起来是稳定和向上的?在任何一瞬间,依据头的位置,物体刺激一系列视网膜受体或者元素,这可能或者不能与身体的轴对准。然而,物体不能随着头的移动而改变它的方向。在视野的主线中,恒定不变的是物体与背景的关系。这种不变量是整个知觉结构中的一部分,而不是任何元素或者一系列的元素。不需要从建构的经验结构中发现一些元素;经验首先是结构化的。

在皮亚杰感兴趣的心理结构方面,皮亚杰与格式塔理论有很多共同性。他对格式塔理论的总结是赞同的、充分的和精确的。但是他对格式塔也有批评,即格式塔缺少对结构发生的关注。所以,在上面的例子中,皮亚杰已经开始关注儿童思维中出现的协调系统的运算或关于事物方位不变的框架。如果这些感知觉的不变量没有随着年龄而改变,在上面的两种取向之间就不会存在矛盾。我们可能就这样拥有两个独立知识系统:概念和知觉。但是,皮亚杰已经做了大量的工作去表明发展中的概念的确控制着空间知觉。因此,皮亚杰不仅只关注结构,他是一位结构主义者:他想去说明结构的一般调节功能、其控制经验和动作的普遍性,以及作为一些非常一般的结构的表现的个体的心理连贯性。

为了概括这一观念的历史运动,元素主义的回答是:"结构来自元素",格式塔学派的回答是:"没有元素,只有结构",而皮亚杰的回答是:"打破旧结构,产生新结构。"

除了皮亚杰与格式塔的密切关系,他们也存在着一些重要的不同之处。皮亚杰的结构不是一些事物或信念,而是一系列心理运算,这些运算可以被用到个体心理空间的一些事物、信念或任何其他事情。例如,当事物的形状改变时,物质守恒的信念不是一种结构。信念达成所依赖的心理运算才是结构。皮亚杰没有声称全世界的8岁儿童都能自然地发现物质守恒,而是说,他们形成了一套心理操作,当他们遇到一个需要解决的问题时,他们这样做,就能发现这种守恒。重要的不是一套特定的信念而是一套通用的操作。

皮亚杰结构学说的第二个特点是关注变化。他的兴趣不仅在于表明在每个发展阶段大量的行为表现出相同的结构,他也对结构从一个阶段到另一个阶段转变的方式感兴趣。他对此已经给予充分关注,并且在这些任务的开始取得了成功。毫无疑问,他的目的在于发展的或发生的结构主义。在这一方面,他的意图区别于当代的结构主义运动,后者明显避免发生的或历史的解释,而因其处于特定时刻或时期对结构做非历史性分析。

如果内省的元素主义学家被前面的格式塔心理学家所批判，他们同时也会受到行为主义学家的批判。行为主义学派本身是元素主义一个杰出代表，他们希望将复杂的行为解释成简单习惯行为的集合。内省的元素主义学家在很大程度上是心理主义者：心理学的任务就是去解释心理生活，并且方法就是通过采用训练过的内省方法来直接测查心理。格式塔学家也对心理生活感兴趣，而且也用内省手段，或者是将直接考察经验当做研究工作。但是，他们也准备通过观察行为来研究智慧的功能。格式塔心理学的一个经典之处是对不能向心理学家报告它们内心世界的灵长类动物的问题解决行为的研究。①

众所周知，行为主义学家是不会做这些的。对于他们来说，对内在经验的描述是不科学的：科学研究处理可观察的事件，所有我们能做的就是观察和研究外在的行为，因此科学的心理学必须将自己限定在研究行为上。"内隐的经验""意识"和所有其他主观的现象在科学中不占有一席之地。

皮亚杰很少费心去批判内省的元素主义者。他在心理目的上与元素主义者没有纷争，而且除此之外，在他心理学事业起步时，格式塔理论的重要性正大量减退。那为什么他会常驻足批判行为主义的一些理论呢？这不是为他的研究精神生活的兴趣而辩护。当实用主义在美国非常流行时，在欧洲却对它不那么热衷。我们认为有两个原因让皮亚杰对行为主义感兴趣：一是行为主义与皮亚杰同样关注动作，二是皮亚杰很讨厌的经验主义。

皮亚杰学派和行为主义学派都开始于对动作的兴趣。理论上讲，两家都起步于对新生儿简单反射的研究，并致力于通过研究这些反射结果的发展去解释发展。从这一点来看，理论的分歧是深刻的。行为主义致力将所有的行为解释为由习惯形成的简单反射的修正的结果，而且关联在一起的元素形成了更复杂的行为单元。因此，说行为主义对结构不感兴趣是不正确的，因为链接和简单层级肯定是结构；但是他们是如此原始的结构，实际上避开了有组织的、复杂行为的问题。②

在皮亚杰的取向中，行为的单位或者动作的格式总是被看作进化中的结构。因此，复杂的行为不是建立在那些保持它们特性的简单的元素之上，而是来自结构的生长和改变。在它们按等级系统被组织起来时，低级结构被高级管理，而不是原始的支配高度

---

① 苛勒：《人猿的智慧》，伦敦，劳特利奇-科根保罗出版社，1925（W. Kohler, *The mentality of Apes*, London: Routledge and Kegan Paul, 1925）。

② 这对行为主义的描述多少有点简单化，并且对现代心理学的发展潮流也有失公正。例如，对行为主义和皮亚杰理论整合的尝试可参阅：D. Berlyne. *Structure and Direction in Thinking*, New York: Wiley, 1965。也可见皮亚杰对博林（Berlyne）的评论：D. Berlyne and J. Piaget, Études d'Épistémologie Génétique XII: *Théorie du comportement et operations*. Paris: Presses Universitaires de France, 1960.

进化的,反过来才是正确的。最后,皮亚杰的工作中心一直是动作怎样被内化转化为心理生活,而且他坚持转化后的动作与原先的动作有明显的不同。随着动作变成运算,他们形成了结构群。这些结构群赋予思维以灵活性、全面性、能够应对新奇性、创造性。

在某种意义来说,所有的东西都有一个结构。如果你想去创立一种从属于唯一结构的理论,则需要去分析组成结构的元素或者解释结构内变量的定律。第三个选择是,比较特定的结构与某些理想的结构,并有必要承认不只存在一种结构。皮亚杰的方法是结构主义者的方法,通过对结构进行互相比较,说明了在看似不同的智慧活动之间潜在的相似性,并从长远来看希望发现控制结构之间关系的转换规律。

阶段概念有必要与结构观点相关联。无论我们对任何发展中的阶段做任何解释,它必定是某一时刻普遍存在的一系列关系。但是这不足以将阶段从变化中分离出来。这些关系必须是稳定的。①

由于我们在讨论心理运算或者一个不断变化的机体活动,因此我们指的是普遍的事情而非单一的、结构刻板的动作。我们指的是不同动作之间的相似性或者一致性。这是为什么我们能说这些结构是潜在的,或者调节了相关的动作。

我们正在讨论的这些结构的一个关键特性是其一致性和连贯性。这里存在着一系列状态传递规律,任何遵从这种规律的转换或系列转换都是结构的一种表达。除非智慧作为一个整体在发展的任何阶段都是连贯的,否则我们无法在不限定结构应用领域的情况下,预期发现一系列简明阶段(结构系列)。

这些直接导致了另一种思考:结构和系统之间的区别。假定我们发现存在大量不同的结构共存于发展的任何时期,它们共存于一个个体,所以它们相互之间一定存在着某些关系。一个可能性是寻找一个更普遍的结构,然后每一个看似不同的结构都只不过是这个更普遍结构的一种表现。迄今,对这个策略的尽可能使用正是结构主义运动的核心。

备择策略之一是接受结构存在不同,进而去寻找不同结构之间的关联。这个方式是系统理论学的典型做法。正如我们在另一篇讨论的一样,科学的理论很少纯粹使用一种策略。另外,很多对于某一问题的不同取向不是对立的而是相互补充的。我们可以预期科学家不断使用多种策略。但是,将皮亚杰描述为一位建构学家而不是一名系统学家是公平的。只举一个例子,当皮亚杰把他的注意力转向心理表象和记忆时,他并不愿意表现这些与逻辑思维的不同,而是去寻找它们功能之间的联系。他试图去证明在每一个阶段儿童的表象和记忆表达的逻辑结构,与之前他在儿童思维研究中发现

---

① 可以毫无保留地说,如果我们将自身限制在长期持续进程中的一系列阶段,那么一个简洁的阶段概念(简洁性的测量取决于我们使用的时间刻度,这种刻度对一个亚原子颗粒和一个儿童而言并不相同)的确依赖于我们去显示它似乎可靠存在于一系列更稳定的结构中的能力。

的逻辑结构相同。①

在此对皮亚杰的反对是合理的,即皮亚杰没有试图去证明,只是客观地批判了一个问题,而且这都是他的实证发现。这一批评对皮亚杰来说是无用的,因为他已经坚决地批评了科学的经验主义的观点。当然,某些相似的结果和某些不同的结果并没有冲突。这些相似性是真实的发现,也是皮亚杰取向的众多成果中的一个代表。同时,我们必须知道,皮亚杰并没有找到这些明确的功能之间存在的不同,毕竟他只是一位结构主义者而不是一名系统学家。

该建议与讨论的每一取向都是一致的:结构主义或系统理论等每一个一般观点都可能是影响科学家工作的因果动因。更简单点说,两者之间有一个重要的共同点,即自我调节观念。这种调节像影响科学家的思想那样影响任何其他生命系统的行为。②

交互作用、建构和逻辑决定论

没有什么问题比个体与世界的关系更能触动思考者了。对此的讨论可以有很多形式,也引出了大量的问题,而且对这些问题的回答层出不穷。个体在历史中扮演的角色、在家庭中的地位、遗传和环境在智慧中的相对贡献,所有这些问题都与一个更一般性的问题相关,即机体与环境之间的关系。

皮亚杰对这个问题的研究取向面临一些误解。他关于基础概念和运算缓慢发展上的坚持,被一些人认为他的观点是儿童学习这些事情基本上是通过与环境进行交易,即刺激引起反应,而且根据反应结果,接下来的反应倾向被改变,习惯也由此形成,但是这一切都是缓慢进行的。皮亚杰因此被贴上了"经验主义学者"的标签,但他完全不认同。回到物质守恒的例子上来,儿童为什么知道当物质形状改变时数量是不变的呢?没有人说到它或者告诉他,或者问他关于这个问题,或者当他答案正确时给予奖励。更加不可思议的是,儿童知道捍卫他自己答案的原因。如果我们相信儿童已经学到了正确的答案,那我们该如何解释仅仅几个月前儿童却得到了错误答案和理由?如皮亚杰喜欢做的一样,我们转向科学发展史,我们可以找到很多反对的证据,因为它与之前的思维建构理论不相符。接着,为什么带有轻率经验主义的儿童很容易将思维调整到与经历相适应的地步?

如果皮亚杰对经验主义存在固执和不间断的批评,那他如何面临这些误解?如他所承认的那样,简单的事实就是,他没有对新异反应的产生给出一个令人满意的解释。

---

① 格式塔心理学家持有类似的观点。这些心理学家强调不同心理功能之间的相似性,如知觉、记忆、思维。例如,他们强调知觉在隐喻中扮演着中心作用。对皮亚杰而言,逻辑才具有这样的作用。

② 正如我们在本书末尾特别证明的那样,皮亚杰非常强调自我调节系统,但是系统理论的目的远不止这些。

这为一种古老的且几乎很难应对的思维形式的应用留下了空间:如果某一反应模式缓慢改变,一定是因为学习。

皮亚杰不仅坚持发展的缓慢性,而且坚持发展主要阶段的普遍性。由于儿童生活在多变的环境中,问题出现了,除非他们不受环境的影响,他们如何都能以同一种方式发展? 换句话说,难道是遗传因素决定了发展? 当涉及一般生物学时,皮亚杰被贴上了预成论的标签,而当涉及智慧发展时,他被贴上先验论的标签。

皮亚杰做的每一个关于儿童概念及心理运算的研究都表明,儿童与成年人的思维方式存在很大不同,他们必须在自己一生中重塑这些思维方式。儿童为这个世界带来的一切使发展成为可能,但是儿童自身必须通过他自己的活动去完成。然而,如果每个地方的儿童的活动方式是一样的,那是否支持这样一种观点:发展是早期出现在胚胎时期的结构的展开。这还不是一种随着时间而延展的先验论吗?①

由于坚持阶段普遍性,皮亚杰容易受到这些错误地解读的攻击。交互作用论者似乎有责任去证明儿童与环境接触影响儿童的发展进程。由于这个原因,19世纪50年代关于皮亚杰的学习概念和运算的研究开始在理论探讨中占据重要地位。我们已经提到了第一组这样的研究。至少说,他们证明很难找到一种加速儿童在认知阶段进步的方法,现存的结构抵制改变,儿童的心智也不是对来自实验者和老师呈现给他们的外部事实的直接复制。

当这个结果支持了皮亚杰的反经验主义立场时,这似乎还挺令人满意。但是,它的确为"展开"解释留下了余地。最近几年,许多研究表明,皮亚杰的概念和运算的确易于通过学习实验而变化,而且也已经得到适度的研究结果。只要实验是建立在尊重儿童现存的建构并激发儿童自己智慧活动的情况下,就可以实现某种程度的加速成长。② 由于没有人相信一夜之间能将一名儿童转变为一个大人,所以适度的效应理论上是符合要求的。然而,需要再说一句,人们接纳了这一观点意味着同样认同了结构主义取向。

与经验主义论和先验论相反,皮亚杰有时将自己放在一个交互作用论的位置上。但是这个术语好像不太适合用在皮亚杰身上。考虑这个问题的人几乎没人会走向任一极端。最为广泛接受的是,儿童的心智既不是完全由遗传也不是完全由环境决定的,似乎需要一个折中的回答,而且问题转化为:遗传和环境以什么样的比例决定智慧?③ 用

---

① 18、19 世纪的其他学科存在一种对类似问题的解释演变,具体参见李约瑟:《胚胎学史》(第 2 版),剑桥:剑桥大学出版社,1959[J. Needham, with the assistance of A. Hughes, *History of Embryology* (2nd ed). Cambridge: Cambrige University Press, 1959]。

② 在这个方面可以参阅日内瓦学派的解释,具体参见英海尔德、辛克莱、博维:《学习与认知发展》,剑桥:哈佛大学出版社,1974(B. Inhelder, H. Sinclair, and M. Bovet. *Learning and the Development of Cognition*. Cambridge: Harvard University Press, 1974)。

③ 更准确地讲,智慧与环境变异在智慧变异中的贡献率。

这种方式思考问题的人可能称自己为交互作用主义者。

这个构思至少有两个方面不被皮亚杰接受。第一，认为智慧是一种可以被测量的东西，而不是一种必须被描述以及功能必须被理解的结构；第二，对每一个个体来说，遗传和环境是不变成分，二者在互不影响的情况下决定了智慧结果，而不是依赖于已有的结构、发展意义不断变化的矢量。皮亚杰的理论对于环境有两个认识，尽管这并不是皮亚杰独有的，但仍然值得指出来。环境不能被理解为"发生"在儿童身上的事情，也不是一个引发反应的刺激物，而是儿童通过将其同化到已有的结构及顺化这些结构以使持续的同化成为可能的方式，去探寻对其有意义反应的那些环境特征。而这一自主性属于儿童。

普通的观点认为环境决定行为而不是行为决定环境，这是一个成人司空见惯的极端表达，这一严重的后天性麻痹可概述为："我只是遵循顺序而已。"我们必须承认这是我们可以达到的状态，而这不是儿童的典型特征。

更甚，对于皮亚杰来说，环境是"非特异性的"。儿童并不需要陶土罐或者花瓶的水去学习物质守恒。这些材料是随处可见且不可避免；握紧和打开拳头与压平黏土球有一样的功能。但是即使如此简单的事情，如此丰富、对变化的逻辑结构如此开放，以至于儿童在每一经验中发现，他必定在某一时刻能够将这些结构用于他自身的发展。

皮亚杰有时将他自己定位为建构主义，在这个意义上儿童必须生成和重塑构成智慧的基本概念和逻辑思维形式。皮亚杰更偏向于认为儿童是发明了而不是发现了他的观念。这一点将他和经验主义以及先验论区别开，即观念预存于世界，等待儿童去发现。每一个儿童必须为自己发明这些观念。出于同样的原因，既然观念并没有一个先验的外部存在，那么它们就不能只通过一个简单的暴露就被发现；因而，它们需要被儿童建构或者发明。所以，皮亚杰关于 1 岁儿童的物体、空间、时间、因果关系等概念的发展的著作未被称作《现实的发现》，而是《儿童"现实"的建构》。

但是我们不认为，"建构"一词能够充分说明皮亚杰的观点。可以相信的是，儿童可以在没有任何预先存在的前提下通过自己的活动建构自己的心理，同时这一过程伴随心智活动的逻辑结构的发展。的确，这描绘了许多进步主义教育家的浪漫理想。在皮亚杰的建构主义中，存在着更为朴实的东西。它超越了单纯的逻辑主义，或者通过逻辑模型去描述每一阶段特征的尝试。他提出，每一个阶段的逻辑功能决定着下一个阶段的结构。不想忙于新词语的制造，我们认为"逻辑决定论"一词抓住了皮亚杰思想的核心要义。交互作用论、建构主义、逻辑决定论——为了概括自己的整个观点，皮亚杰已经开始称之为发生认识论。

如果学习是很快速的，并且我们对这个世界的印象来自一个明确事实的精确复制，那么我们都将变成经验主义者。如果根本不存在学习，我们拥有什么样的智慧都是构建的结果，这样我们将都是先验论者。因此，学习的概念在生物与环境关系的讨论中扮演了一个战略性的角色，而且它对于理解皮亚杰用它做了什么很重要。第一，他认为学习在结构的功能发挥和发展这样一个更大的过程中仅具有有限作用;第二,他坚持认为,具体的行为或内容的学习只能发生在现有的结构上:个体对世界的行为本身就是结构运算,在这一过程中他将新的信息同化到那些结构中去,其中有些信息要求改变已有结构;第三,结构按照规律发展,这一规律在刺激反应心理学的行为主义联想,或者在描述对有组织的世界的直接知觉的格式塔定律中均未出现。认知发展的功能不是去产生一个直观复制世界的格式,而是产生一个让个体以更为灵活和复杂的方式行动的更为强大的逻辑结构。

说了这么多,让我们重新审视一下混淆和困扰整个讨论的一个问题。用一个更舒服的方式来说一下先验论说,真的有必要在实证上证明皮亚杰的阶段理论会受环境变量的影响吗?为了证明血液向全身输送氧气,以及血液形成和氧吸收的复杂机制对于正常发展是必不可少的,生物学家不必在缺氧的环境下抚养儿童。

同样,智慧发展的某些方面对于正常功能是不可缺少的,并且依赖地球上无处不在的环境属性。很难想象,一个可以养育生命的星球没有其他物体,同样也很难想象,没有物体守恒观念①,会产生高水平的智慧功能(例如哺乳类动物)。

一般而言,如果你是一位对思维发展感兴趣的科学家,去研究那些基础观念而非琐碎的观念更有意义。什么是基础观念?不可或缺性是它最显著的特征之一。在选择自己认为的基础概念和运算方面,皮亚杰开辟了一条与众不同的路径,超越了心理学的范围,并高度依赖某些哲学传统的指导。② 在一定程度上,他的选择是成功的,但很难证明他选择的发展变量对于环境操作是可行的。

这并不是说在那些交互作用论的支持者中,皮亚杰并没有最终面对这个详细说明环境影响发展的任务。但是一个人可以想象两个完全不同的策略去评价这一问题。在科学发展的最初阶段,测量的技术是粗糙的,很难去测查感官、概念和运算方面的变化:发展的基本需求使这些变化很小。如果我们坚持在这些基础变量中寻找微小的影响,我们必须面临许多失败。

一个可以选择的策略是,选择那些明显变化的事情作为研究的目标,即使它们并不是很基础。乍一看,这种研究取向看起来并不重要(就像醉酒者在有光的路灯的下面去找钥匙,而不是20尺外他掉落钥匙的黑暗地方去找),但是在生物学上这会产生高回报。对基因变异感兴趣的基因学家不会放过任何检测到基因变异的机会。通过任意的环境操作产生突变是基因学家的梦想(可能不会陷入环境和遗传的争论),无论是否会影响血液自身的形成或者仅仅是最无关紧要的形态学特征。

考虑到智慧的基本特征,任何称职的心理学家都不会用前述的评论去为完全放弃

---

① 见本书第20章皮亚杰对客体永久性的考察。
② 不了解康德的思想,没人能读懂皮亚杰。当然,在解决问题的方法上,皮亚杰并不是康德主义,但是皮亚杰的大量工作都是研究那些康德已经确立并声称先验存在的基本观念。

机体和与环境之间的交互作用研究来辩护。皮亚杰肯定没有这样做。只有在科学知识的当前阶段,此类研究最应该在理论水平上进行。无论如何,必须承认的是,描述经验努力的变量分析方法并不奏效,至少在最近20年没有产生有意义的结论,也没有什么大成就来炫耀。

从尽量保护基本特征来看,如果从生物学家的笔记本中取出最后一页,我们希望采取什么样的取向去研究机体与环境的关系呢?能够产生一些易察觉效应、同时又不扰乱正常功能和发展的方法是理想的方法。同位素追踪的应用逐渐被认作是一种可行的类比。目前为止,心理学家还没有应用这种方法去研究问题,而且也没有同样精密的仪器可供使用。

在引言即将结束时,我返回到序言中提出的一个要点,即皮亚杰著作中的合作性。在很早、甚至在创立"大自然界朋友俱乐部"的青少年时期,他表现出两面性:以自己的方式独立从事研究,和社会性——寻求他人进行真正合作。他的第一本心理学著作——《儿童的语言与思维》是在6位合作者的帮助下完成的。对讨论的追寻常导致他与其他科学家的公开论战。一些名人的名字逐渐在脑中浮现,如维果茨基、瓦隆、米肖特和布鲁纳,他们分别是俄国人、法国人、比利时人和美国人。

随着皮亚杰事业的发展,或者说随着其事业的建构,他逐渐形成了一个与助手与合作者工作的独特方式。这点在建于1955年的国际发生认识论研究中心的运行方式上非常明显。每年皮亚杰选择要考察的主题,通过讨论和平等交换意见,制定出多达20多个具体试验的细节。当实施这些实验时,中心的常驻人员仍然会在一年中对此不间断地讨论。小组中的工作会经常在大组中报告,甚至频繁地呈送给大老板。在这一年结束的研讨会上,同样的工作将以一个完成的形式向大会介绍,并与受邀的人一起讨论。大多数来访者都是定期回日内瓦的常客,他们来这里不仅为了研讨会,还有他们自己的目的——有助于理清他们各自在生物学、哲学、教育学、物理学、心理学、逻辑学、数学和科学史等领域的知识问题。

正是这个复杂的、多层次的、社会化的反思和解释过程,赋予这个我们称作皮亚杰研究的工作以巨大的复杂性、些许的纷乱性以及非凡的多样性。在研讨会之后,皮亚杰会到山中静修完成暑期写作。皮亚杰将会议中所有的讨论和实验发现进行总结。总结采取两种形式:一方面,它是对研究的一个事实描述;另一方面,这是观念的探究。正如皮亚杰所见,它也是"问题意识"的重构。这种研究不需要给出任何确定的回答,但是它肯定已经改变了这些问题。

总结

这里至少存在着三个让·皮亚杰:苦行僧一样的理论家,将儿童的思维转化为逻辑的形式建构;幽默的实验科学家,带领整整一代心理学家以一种新方式倾听儿童;怀疑论者,由于感觉他自己还没有解释清楚对思维发展的任何描述的核心部分——新奇性的出现,因而开展新的研究。

只知道三者其一,不算是了解皮亚杰。一个人必须通过克服逻辑学的和其他理论上的困难来聆听儿童的心理,才能理解相同问题中的一部分。在解读皮亚杰著作时,非常重要的是,需要经常停下来思考并力求产生自己的一些想法"对一个观念或理论的真正理解意味着主体对该理论的再创造"。

注:在引用皮亚杰的作品时,我们采用了简短引用形式。想要读到完整的引文的读者,请自行翻阅本书结尾的皮亚杰著作的参考书目。

回　　首

通向平衡化的万里长征

如果深入思考创作者的作品,有时免不了会考虑创作者及其与作品之间的关系。但在本选集里这已不是我们的目标。我们希望这里的声音是属于皮亚杰的,而不是我们译者的。尽管如此,在本章开始,我们还是忍不住要介绍关于皮亚杰的两个新观点,这有助于把皮亚杰终生所倡导的抽象化、形式化和逻辑化更形象地呈现出来。

首先,还在青少年时期,皮亚杰就不仅创作并出版了散文诗《思想之使命》(La Mission de l'Idée),这首诗我们已经在本书中翻译过了,还至少创作并出版了两首十四行诗。它们共同承载了他的一系列心绪情感。《初雪》(Première neige)清凉而高远,它描述了一个白雪皑皑的山谷,高山仰止,诗人心向往之。第二首十四行诗《我会》(Je voudrais)温婉情长,是一首爱情诗。年轻的诗人执起爱人之手,带领她安全地飞向高处。他们要"飞向远方,远离人烟的地方",他们彼此相望,忘却尘世,那个他们出发的地方。

其次,在 1922 年,26 岁的皮亚杰接受了萨宾娜·斯皮尔林(Sabina Spielrein)的精神分析疗法。斯皮尔林曾经被称作精神分析运动的流浪妖精(femme fatale),这或许并不公正。据皮亚杰后来回忆,斯皮尔林住在日内瓦的那段时间,他"非常乐意当个小白鼠"(Bringuier 1980, p.123),去帮助她验证和宣传新的学说。他声称这是一种教导式分析(didactic analysis),可能并没有做到像精神分析者所希望的那样主动联系自身经验进行自我剖析。然而,这是一场长达 8 个月的每日一次的疗程。皮亚杰总是把自己描述成"完全不是视觉型的",却表示在斯皮尔林的躺椅上"那么多的视觉形象随着童年的记忆一起重现在眼前,真是太奇妙了"(Bringuier 1980,p. 123)。他被童年时期历历在目的场景所震惊,尤其是与他父母有关的场景。皮亚杰的描述给人一个明显的印象:很大程度上,他是一位置身事外的参与者,是一个观察者而不是病人。

这就好比当他面对最为私人的经历时,他感到有必要去抗争,以防被其吞噬,有必要在最为私人的方面和最抽象的方面之间维持某种平衡。那么,平衡化不仅仅是皮亚杰倾其一生所宣称和阐明的抽象概念;它的个人色彩也非常明显。

如果说有一个概念贯穿于所有作品,那就是平衡。在皮亚杰1918年的《求索》中,它指的是整体与部分的相互维持。整体定位并决定这些部分的作用和性质,同时,整体是这些部分的合体。这是一种逻辑形式,它有助于解释皮亚杰1919年于巴黎比奈学校(the Binet school)所展现的对逻辑的关注。年轻的皮亚杰认为思维的渐进可逆性(progressive reversibility)是由主体和环境间的相互补偿系统引起的,它会造成一个双重理想形式:对客体的操作和主体间的合作。理性的目的是引向越来越高的平衡形式,正如《儿童的判断与推理》(1924)和《儿童的道德判断》(1932)所证实的那样。对于皮亚杰而言,逻辑一直是思维的道德规范。在这一框架下,也可以说道德规范是动作的逻辑。运用到人类行为,第一平衡形式使得他猛烈抨击非理性战争,包括最疯狂的战争:"因此,对抗战争就是按照生命逻辑对抗事物逻辑来行事,这就是整个道德规范。"(1917—1918,第一次世界大战依然在进行中)

沿着这种早期的社会和逻辑视野,皮亚杰的思想在20世纪30年代回到生物和心理起源上,他的著作如《智慧的起源》(1936/1952)从同化与顺化之间的生物适应和平衡方面解释发展。这标志着对早期标准和逻辑关注点的弃离。

逻辑化和生物化认识论

20世纪40年代,皮亚杰试图通过两个核心概念来协调逻辑和生物维度:群集——逻辑维度,调节——生物维度。

20世纪50年代,一方面由于受到信息论、博弈论和控制论的影响,另一方面由于他对感知机制的理解,皮亚杰在《逻辑与平衡》(1957)一书中构建了平衡化的概率模型。平衡化本质上是环境引起紊乱时对主体心理结构的一种补偿机制。实现平衡的过程可描述成实现守恒所必要的去中心化的归纳过程:首先是实验场景单一维度的中心化,接下来是被忽视维度的中心化,两个维度之间的耦合,然后二者整合为一个新的综合体。中心化/去中心化的辩证性对皮亚杰来说非常具有因果性,而没有确定性,因为这是一个随机的过程。皮亚杰正是这样从最初的目的论模式转向目的性模式。

皮亚杰50年代所提出的模型的统计特点很快让他失望,因为它不够"生物性"。为了理解皮亚杰的发展理论中"生物"的核心作用,我们有必要回顾一下他的青年时期。

皮亚杰一方面因其研究软体动物自然史而被归为原始生物学（proto-biology），另一方面又因其研读柏格森的《创造性进化》（1907）而被归入到生物哲学。柏格森在这本书中把生命看作是绝对，是生命力趋向之处。这一观点是亚里士多德的"通种（genera）"科学的复兴，依据这一观点每个物体都趋向于它的自然归宿，例如地面是石头的自然归宿。同样，对于皮亚杰来说，道德（绝对道德）是人类的自然归宿。

这就是皮亚杰终其一生所创立的思想的哲学和生物学背景。1975年，皮亚杰在《认知结构的平衡化》（1975/1985）中最后一次修订平衡化。他很大程度上依赖于总体结构的概念，这一概念是指种属最后转化为各种关系总体，后者被看作是组织的基本形式。对皮亚杰而言，自组织的概念围绕开辟系统的新可能性这一观点展开。它之所以区别于自组织，是因为在控制论中，它通常被应用于封闭系统。

皮亚杰把发展看作是主体大脑的内部结构对外部扰动的同化。与达尔文的选择理论不同，皮亚杰的发展理论是同化：没有淘汰，有的是不断地开辟新的可能性。没有达尔文的不规则分支树，有的是门捷列夫的元素周期表，在这里每一个新属都要占据一个新单元格。在这个隐喻中，有两种进化或创新原则：不确定原则（创新的随机性，即创新发生的时间地点不可预测）与预适应原则，即总有为新发现预备好的空隙。这一模型是无菌拼图模型。在这一情景背后存在着智慧，就像儿童排列赛金（Seguin）模型用板的木块时其后存在着智慧一样。这一模型完全是理性的，是启蒙哲学的典型。

这是皮亚杰模型被后达尔文主义者拒绝和误解的第一个原因。第二个原因与皮亚杰理论中知识的可预期性有关。

人们可以通过两种不同的方式从经验中学习：外部扰动或者预期。大部分后达尔文主义理论先假设错误，然后进行调节或者反馈。皮亚杰强调预期。在他看来，每个活体物种都会试图预测未来的冲击，然后通过适当的动作对其做好准备。

误解的第三个原因在于皮亚杰的自组织概念的双重本质：它既是生物的又是机械的。在功能层面，它是生物的。在结构层面，它是机械的。

这是个很难理解的观点：作为辩证的演化组织，整体里面的子系统联合发起共同行为，不同动作相互协调引起差异。由于它的同化本质，任何扰动都会改善并完成系统，所以这种复杂的补偿机制必然意味着进步。系统中的矛盾以各种形式引起再平衡：否定、矛盾、抽象、概括和整合——所有这些都有助于系统的巩固。我们处在最好的情况下，它受到具有良好意图、自上而下的智慧统治，这如同拥有开明君主的国家一样！

此外，人们能够发现1975年的模型与1957年的有些不同。表型复制拓展了一般的同化-顺化模型并将其生物化。连续可能性被否定和肯定间的对应所替代。认定（cognizance）、矛盾、补偿和可交换性（commutability）得到了更好的阐释和定义。逻辑维度、心理维度和生物维度相互交织，而且由于某些概念的出现如矛盾和否定，社会维度甚至也出现在平衡化理论的最后修订中。

与1918年的模型相比，本书中的1975年模型用三种平衡形式替换了四个平衡法则(见《求索》,1918):(1)内部格式与外部客体间的平衡化;(2)格式本身间的平衡化;(3)个体格式与它们所归属的总体结构之间的平衡化。

但是,在出版的《可能性与必然性》(1987)一书中,皮亚杰指出 1975 年的平衡化模型对于思维发展的建构主义理论的阐释并不充分:发生的调节机制或者是先天的或者是后天习得的。因此,开启新的可能似乎为这一困境提供了出路。

在平衡化的最终修正中缺失了最后一个维度:符号功能。皮亚杰总是低估这个最后的知识维度,把它看成一种为操作性(operativity)而做的准备。操作性,是生物适应和心理适应的最终形式,可能已经通过皮亚杰对矛盾的良好处理来实现。矛盾本质上在争论的情景中出现,而且争论和矛盾都假定了一个矛盾体。此外,正如他所观察到的,对立论点在支持或反对某个给定主旨时的相对权重可以看作是肯定和否定之间平衡化的一种形式。因此,在皮亚杰的作品中隐含着一个人类交流的理论,它值得人们去探索,去公之于众。

意义

皮亚杰的最后两本书不是在解决上述问题,而是在解决一个双重互惠的问题。在《走向一种意义的逻辑》(1987/1991,他去世后出版)中,他追问人类是如何认识到内容约束的新意义,这些独特的意义是如何通过反身抽象的类比工具自发地引起一般逻辑形式的(例如运算、关系、联结词)。《态射与范畴:比较与转换》(1987/1992)描述了人类如何按照一般逻辑形式来组织知识,这些逻辑形式如何通过类比工具把一个知识域映射到另一个知识域中,从而创造出内容明确的新意义(例如物理概念或生物概念)。

《走向一种意义的逻辑》通过儿童与物质现实的互动分析了这一逻辑的心理发生。这种相关的、语境化互动中的语义基础使得皮亚杰的逻辑能够解释创造性活动,包括复杂的解释形式。它构成了一种量化谓词逻辑,而不是英海尔德和皮亚杰在《从儿童到青少年逻辑思维的发展》(1958)一书中所暗示的命题逻辑。

《走向一种意义的逻辑》还讲述了来自手段-目标活动的新意义的抽象。在这个过程中,初始基础动作逐渐符号化为(因此被替代为)动作格式,动作格式作为能够用于其他情况的稳定意义一直隐身于其后。例如,用手抓这种物质动作逐渐被抓的心理格式所替代,抓的心理格式又可以与其他格式组合,例如伸、拉、取回、放开等等,进而创造出越来越多的推理和交互模式。

从手段-目标活动中抽象出新意义的第一个创造过程与第二个创造过程平行,即从不同的心理表征中出现的类比中抽象出新意义。这一过程在《态射与范畴:比较与转换》(1987/1992,是于 70 年代完成的经验研究)中有所描述。

在《走向一种意义的逻辑》中,皮亚杰与加西亚想要证实运算(或者自然)逻辑,它和形式逻辑不同,不能依赖真值(真/假论述),这些真值可以由专家以机械(技术)的方式设定。后者暗含在客观检验的概念里,这种客观检验本质上是经验性的,与皮亚杰的反经验主义、反理想主义的建构主义立场背道而驰。在本书中,这一疏忽仅在必要时纠正为显性的知识基础,而不是把它附属在真值和经验检验的概念之下。

可以说皮亚杰的认识论最终依赖三个不同时间框架中的可能世界语义(possible-world semantics):(1)生物的系统发生活动;(2)心理的本体活动;(3)文化的历史活动(本质上是科学解释)。在皮亚杰理论中,不管是在这三个系统中的任何一个,还是在这三元时间框架中的任何时刻,动作都起着核心作用,因为对他来讲意义起源自动作,我们接下来就会看到。

动作

在皮亚杰的一生中,动作这一概念的历史作用都非常奇特。首先,受柏格森的影响,动作与思维是对立的。后来,在某个转折点上,动作变成了思维的起点和原理。

这种改变也与纳沙泰尔大学所教授的拉马克观点一致,在这个观点中,动作起着核心作用。物种通过运动发生变化,通过个体为了在不利环境中存活而做出的努力发生变化。动作同样也是皮亚杰不断提高的社会主义愿望的核心:世界可以通过具体的社会行动而改变。这与自由派新教一致,也与大自然的民主图像一致,大自然不存在命定的阶层结构,而是生存时的平等运动(egalitarian exercise)。

这种改变也有其他影响。正如我们已经看到的,他对象征活动没有兴趣。对他而言,语言并不重要。语言不能塑造思维,而是一种或多或少专为智慧目的而制定的外衣。甚至他的早期作品《儿童的语言与思维》(1923)也并非真正关乎语言本身,而是关乎社会关系,这些社会关系只是有时以语言的形式来表达。这也影响了皮亚杰对符号和人类交流世界的认识。但是,回到动作本身,正如在皮亚杰后期作品所展现的那样,它占据了器官逻辑和概念逻辑之间的中间位置。

在《行为与进化》(1976/1978,应该翻译为《行为:进化的动力》)一书中,皮亚杰区分了有机系统的三个层级:器官逻辑(本能行为)、动作逻辑、预期的概念逻辑。在所有系统里的这一体系中,行为不仅是进化的产物,也是进化的发动机,因为它让拥有者改变并且/或者选择环境,进而改变它所面临的选择压力。

此外,在个体发生期间,个体的行为可以通过基因组和环境间的表观遗传互动这一方式,量体裁衣从而满足环境的适应性需求。非完全适应性行为会造成有机体功能运作的失衡,如果不能通过内部的体内平衡机制来消除,这最终会让自己处于调节基因层面,或者在基因组的总体调节机制里。而基因组没有对失衡的来源或者确切性能方面的信息,因此它的反应是尝试变异。

通过变异,皮亚杰显然想到了一种负反馈模式,在这个模式下,基因组的修正左右了发展,先是在一个方向,然后在另一个方向,直到失衡被消除。再平衡化受到选择的影响，这种选择根据内外环境影响着"基因变异"。这些观点也出现在一部早期作品《生命的适应》(1974/1980)中。故而皮亚杰堪称先驱，最早背离预成主义(pre-formist)关于分子生物学的"中心法则"——信息流是单向的，从 DNA 到 RNA。

皮亚杰谈到对于内部环境动作的内部选择说。按照他的说法，内部选择被一种比外部选择更精确的适应机制所支配，因为它具体体现了依赖表观遗传调节进行的连续调整（内源性重建），蕴含了新的基因形式和负责变化的表型行为特征之间的趋同。这一过程的作用是向行为的遗传格式提供它们运作时所需的外部环境信息。

意识

在《意识的把握》(1974/1976)一书中，觉知归结为各种各样的同化，即将自己的动作同化为概念格式。这种同化不是直接同化，而是通过"推理协调"进行动作重建的结果。因此，成功或失败是相对独立于意识的。当初始意识与概念格式冲突时，可能会面临几种可能的解决方案：压抑（以弗洛伊德式的方式）、妥协，或者真实性(veridicality)。压抑出现在动作的初始意识与最新获得的概念格式矛盾时，例如任何背离守恒的东西，一经获得，就被儿童立刻压抑住了。

换句话说，儿童不断增长的逻辑能力让他们不会做出与逻辑能力相悖的真实判断。逻辑推理先于本能意识。因此，意识不仅仅是动作对于意识的直接体现，也是自身动作按照成长中的有机体达到的层面进行的概念重构。例如，画画时，儿童意识到或者画出他们所理解的东西，而不是复制出他们所感知（感觉或看到）的东西。每个动作会引出两种形式的抽象：经验抽象和反省抽象。

矛盾

这引出了矛盾意识。在《关于"矛盾"的研究》(1974/1980)一书中，皮亚杰重点提出了儿童不断增长的矛盾意识，并且要努力超越它。对皮亚杰来讲，矛盾包含肯定和否定之间的不完全补偿。

超越矛盾可以通过一个双重过程来实现：扩大参考系与概念相对化。在标准守恒任务中，当儿童意识到长和短（多和少）是相对概念而且人们必须同时考虑转换的初始和最终阶段时，这个补偿过程就发生了。因此，理解一旦实现，它就要承担所涉维度的协调。平衡化进而成为逻辑过程，通过这个过程，每个肯定都被等价否定补偿。因此，发展的矛盾与阶段之间的关系如下：在前运算层面上是对肯定的完全中心化和对否定的完全忽略（某些可能同时多或少）。在前运算和运算的过渡层面上，矛盾是转换失误，因而要试图补偿，因为对于前运算期的儿童来说，任何改变都会改变一切。运算主体充分补偿，而且采用的是非矛盾原则。总之，对皮亚杰而言，矛盾是推理中的错误，是内部再平衡化的一部分,而不是社会交往的结果。它只是一个内部再平衡化的问题。

有意思的是,皮亚杰把大脑中同时出现对立面的能力看作是一种常规普遍的发展特征。这一观点不同于罗滕伯格,他把"雅努斯式思维(Janusian thinking)"看作是创造性思维的特征和绝对必要条件(Rothenberg,1979)。

因果性

正如我们所看到的,动作也是理解客体和客体间关系的源泉,在这些关系中,最重要的是因果性。

皮亚杰早已多次研究了因果性。对于儿童对世界的表征,在他晚期作品中对因果性的看法与他在早期作品中的看法并不相同。在早期作品的描述中,儿童大概经历了人类伟大的因果形式,如同人类学家呈现的那样:主要是万物有灵论和人为主义。

早在《发生认识论导论》(1950)第二卷中,皮亚杰就把粒子物理学当作一个研究领域,在这一领域,科学家应该如同婴儿一般,必须构建没有物体稳定性的前提也足够用的范畴。语境和内容并没有彼此分离。对于儿童和科学家这两种情况都存在矛盾。对科学家而言,光在某些情况下可能是粒子而在其他情况下光可能是波。这对皮亚杰而言并不矛盾,因为是波的命题和是粒子的命题分别属于两个不同的运算系统。

因此,在所有的知识层面,因果性仍旧都是一个协调动作的问题,这些动作顺化了主体归因于物理客体的具体属性。逻辑-数学运算包含主体对客体的动作;在这些运算上,因果性增加了归因于客体本身的类比动作。最初,动因和因果性没有区别。故而,就有了自然现象的超现象论(magico-phenomenalistic)、万物有灵论或者人为主义解释。后来,客体的转换变成运算,这些运算包含在主体运算的组合中。

此外,因果性还涉及将观察到的数据同化进运算系统里;这个系统定义了一系列可能性领域,在这里观察到的数据构成具体实例。在因果性中,可观察量包含客体与事件间的动态关系。如果此类观察到的关系完整同化到运算系统,那么这些运算就会呈现必要的特征:只有一种可能结果来自既定的前提(决定论)。

故排除原则是因果必要性的基础。这一特征对于区别因果性和纯粹的时间邻近性是很有必要的。时间邻近性不足以解释因果性。解释因果性需要时间邻近事件同化到运算系统。如果这个同化不完全,那么该关系仅仅是可能的(不确定性)。反过来说,如果物理学中的已知现实可以看作是观察结果同化到一种运算系统中去,那么该运算系统就会顺化现实,导致的平衡化就是唯一已知现实。

在20世纪60年代进行的特定研究中——运动、传导、事件状态的改变、力、功、力的合成、能量、光、热、矢量等等(1971/1974,1972,1973)——皮亚杰证实了因果性的一般归因理论。逻辑是"任何物体"(所有的任何物体)的物理现象,但是因果性保留了客体的大部分具体属性,使它比逻辑更具有内容具体性,因此是一个极其丰富的研究领域。但是《发生认识论研究》(1971—1973,26—30卷)相关的5卷中给出每个例子,大方向上都没有什么变化:儿童通过发明(或者发现)新的逻辑-数学结构理解因果性。例如,在研究球打到墙上的方向变化时(和琼·布利斯一起),由于发现了入射角和反射角的相等定律(这是一种几何构图),再加上作用和反作用相等的一般性观念,人们的理解进一步加深。

就主观运算和现实之间的和谐性与适合性而言,皮亚杰的解答也不是很新奇。两者的一致是由于一个简单的事实,主体的躯体就像其他物体一样都属于物理世界,而心理运算的建构是通过从感知运动动作获取的反省抽象来进行的。

但是这一过程并不像乍看上去那般简单。在一个既定层面上,可观察量不是仅仅从前一层面的协调中获得,而是一个层面上的可观察量与协调共同使得新的可观察量在下一个更高层面得以发现。

当主体开始理解因果关系的某些层面时,先前被忽略的维度也开始变得相关了。这会引起新扰动补偿的细化。这些补偿的渐进构建在三个不同反应步骤或者类型中产生:α、β、γ,范围从完全遗忘、到扰动、再到彻底细化补偿系统,包括对可能变化的预期反应。

对皮亚杰而言,α、β、γ反应不是认知发展的阶段而是随处可见的相位(phase)。

反省抽象和概括

《反省抽象研究》(1977)第一卷包含了关于逻辑算术关系的抽象研究,例如基础算术运算、公倍数的构建、算术运算的反演。第二卷主要关注秩序与空间关系的抽象,例如加法序列、局部动作的顺序、表面积和周长的关系、旋转。

这两卷使用的一般方法是给儿童两个任务,这两个任务共有一些形式特征,然后观察儿童对这两个任务之间共通性的理解。这一方法超越了常用的通过单一任务中的表现来观察发展阶段的方法。

在第Ⅰ阶段(7岁以下),儿童看不到两个任务的相同点,因为他们往往只比较所涉物体的物理属性(计数器方而积木圆,计数器扁而积木高,等等)。

在第ⅡA阶段,儿童关注所涉及的动作,但是只是把动作目标看成相似的,而不把它们的结构看成是相似的。他们坚持结果的相同性(计数器的数量相同,塔楼高度的相同等等)。

在第ⅡB阶段(9—10岁),他们理解了任务的形式相似性,因为他们能够立刻解决每个任务。

在第Ⅲ阶段(11—12岁),他们能立刻理解形式相似性,因为该年龄段的儿童可以在形式层面上理解问题。他们能够看到像结构相似这样的问题在逻辑上是乘法问题而不是加法问题(从发展上看加法更加低级)。乘法是一个二阶运算,它包括把加法运算应用其中。同样，它要求反省抽象。反省抽象是种运算，通过这个运算，一个动作或者运算变成了某个高阶运算的客体。在前运算层面上没有此类反省抽象。儿童只是单纯操作动作而不考虑他们做了多少次。在中间阶段，儿童形成了一种定性抽象。例如，他们认识到当运算加 2 时，运算的次数要比加 3 的次数多，但是他们并不计算其中的差别。在第二阶段的下半阶段，他们能够意识到这种差别并量化它。当儿童能够把相同模式运用到两个任务中时，我们认定他已经达到了第三阶段。

这使得皮亚杰得出一个一般性结论，即存在三种类型的抽象：(1)经验抽象：直接从可观察量(主体本身动作的客体或者物质层面)中获得。经验抽象有助于物理知识的发展。(2)反省抽象：从动作的协调中获得。它有助于逻辑数学知识的发展。(3)伪经验抽象：从临时属性和客体关系中获得，源于主体动作的协调，就像当且仅当客体被真正分类时才会发现类别。

从发展的角度看，经验抽象需要反省抽象，因为它们始于把物理内容同化为一种形式或结构的动作，这个形式或结构已经被反省抽象所构建，并且相互顺化到具体内容中。反省抽象建立在伪经验抽象上，因为这种抽象是对已经经历某种动作协调的客体属性的反省。例如，我的贝雷帽的颜色是一种独立于任何动作的经验抽象，但是意识到我的贝雷帽在我的手套的左边是一种伪经验抽象，因为它来自当我从寒冷地方进来时脱衣帽这类动作的协调。当反省这套动作时，我会得出结论，我也可以把贝雷帽放到手套的右边，随意改变客体的顺序，以不同的方式协调我的动作来调整顺序。它不依赖客体的自然属性，而是依赖我能以某种方式组织自己的动作，从而对客体世界的顺序施以影响。

既然我能把继发性抽象应用到这种初始顺序中，因此它们的发展就是无限的，对经验抽象和反省抽象来说都是如此。远离日常现实的抽象形式，如数学结构，突然就可以适用于最精妙的物理现实，正如爱因斯坦在创立相对论时把非欧几何应用到宇宙中一样。

概括

正如我们刚刚所见，概括的过程与抽象的过程紧密相连。在皮亚杰看来，存在两种概括形式：归纳和建构。归纳性概括表示现有心理结构的应用领域的外延，可观察量是其出发点。建构性概括涉及新的结构和内容的生成，它来自主体的动作或运算的协调。正如我们所看到的，归纳性概括和经验抽象之间、建构性概括和反省抽象之间有着强烈的相似性。《概括化研究》(1978)一书研究了建构性概括。皮亚杰认为建构性概括要比归纳性概括更有趣。当皮亚杰开始研究概括时，他想要探索"知识的两个巨大秘密"：新奇事物的发明及其事后的必要性。

根据皮亚杰，这一问题只有两种可行的解决方法：

要么(1)运算一直预先存在独立于认识主体的"可能性的世界"里,个体主体在不断试误中发现该运算,要么(2)这一世界本身是运动的,存在于一系列引向新的可能性的开口……第二个解释似乎很有必要,原因有两个:一方面,主体作为认知活动和新奇连接的源泉而存在;另一方面,"所有可能性的集合"是一个自相矛盾的概念,因为这个"所有"的逻辑存在只是一种可能性,在组合可预测性的界限之外。

如果这些观点是合理的,很难理解静止的一劳永逸的特征如何能够被赋予一个可能性的集合,因为运算建构的独特性不仅是生成真实的当前关系,而且要使得从它们中产生一系列其他的关系成为可能。对这一点的测定依然是个问题。(《概括化研究》第239页)

因此,运算的递归特征解释了概括的过程。但是,它们的必要性特征依然有待解释。皮亚杰的解决方法很有独创性:肯定和它们各自的否定的平衡化引发了闭合原则,据此,所有的可能性最终都得以解释。

就此而言,最佳平衡化的独特性描绘了每个成功的建构性概括,是系统内部必要性的提高。总之,这个必要性依赖结构的闭合程度,而且恰恰来自否定和肯定的平衡:获得 a 的可能性就是确立非 a 的不可能性。因此,闭合可以看作是系统里固有的可能性和不可能性的合奏。(《概括化研究》第246页)

通往新的概括性这种过程永无止境,随后跟着的是闭合结构通过逐步平衡化的演变,它确保了主体的建构的"前摄的概括性(proactive generality)"不会与它们的"倒摄的严苛性(retroactive rigor)"相矛盾。

社会学、社会互动和交流

许多发展心理学家批评皮亚杰忽略了儿童发展中的社会因素,从个人主义出发,缺乏历史视角,而且对社会交流的功能理解不当。很明显,这些批评家们并没有阅读皮亚杰社会学方面的文章,这些文章主要发表于1928年到1963年,收集在1965年的《社会学研究》(英文版由 Leslie Smith 主编,1995)中。在这些文章中,皮亚杰介绍了社会交流的一般模式,这个模式在本质上是结构性的。他首先提出人们交换不同类型的价值。反过来,价值的交换依赖一种观点,这种观点认为所有社会主体拥有共同的价值尺度,据此他们可以根据不同的标准对客体和经验进行排序。这些价值大部分是定性的,与定量的经济价值和交换不同。

这些交换构成了一个一般性系统,这个系统本质上具有循环性,引起周期性平衡和失衡。假设个体 A 为个体 B 服务。服务可以描述为从 A 到 B 的价值转移,对 A 来讲付出了某些代价(时间、努力、所含材料),对 B 来讲获得某些益处(时间、努力、所含材料)。这里有三种可能情况。付出和获益要么彼此互相弥补,要么不能互相弥补。如果不能互相弥补,那么要么获益比付出大,要么付出比获益大。在第一种情况下(平等),

双方保持平衡,而在另外两种情况,人们期望能有个补偿让双方实现平衡。

但是补偿绝不是彻底的,因此欠债方会给债权方某些额外价值,由此出现尊重的某些形式。这里也会引起过于平衡或者失衡,因为尊重可能会比应得的尊重多、少或者一样。这就开启了实现社会价值的循环。这又会有三种情况:(1)相互获益,集体满意度大于集体成本;(2)相互贬值,集体满意度低于集体成本;(3)准确平衡,系统处于平衡状态,但是没有累积额外利益。在第一种情况下,同伴会获得对他人的同情资本。在第二种情况下,集体在外部义务和束缚的压力下继续存在。(皮亚杰举婚姻为例!)在第三种情况下,系统运作却没有耐受性。系统的失衡会导致社会危机。

皮亚杰探讨了三种类型的危机:(1)两个阶级之间不平等的价值交换,这会导致一个阶级被另一个阶级剥削;(2)一个社会阶层的社会地位与其社会对其他阶层的社会地位不匹配,这会导致社会秩序问题;(3)上述(1)(2)的结合,这会导致严重的社会动乱,其主要特征是现有价值尺度断裂。

总之,"社会价值的循环依赖不断维持的巨大信用,或者说是通过摩擦和遗忘不断瓦解,然后又不断重建"(《社会学研究》,1995 年,第 105 页)。

这不仅仅是社会交换的功利主义模型,因为它不仅关注内容,还关注交换的动态。我们可以从皮亚杰把交际看作是智慧交流中看到这一点。皮亚杰反对涂尔干以及"社会主义者",支持"个人主义者"。在涂尔干看来,社会现实比个人现实更基本。在他人看来,正好相反。皮亚杰试图用辩证综合来超越这种对立。在这种辩证综合中,最重要的因素既不是个体也不是群体,而是它们的关系。跟塔尔德一样,皮亚杰认为当个体之间的社会关系被当作一个整体时,它遵循某个类似于个体思维逻辑的"社会逻辑",由此进入合作的社会群集构成另外一个运算"群集",因此它可以由群集规则来界定。

群的可逆性可以由个体间的相互关系来说明。当个体 A 做出的陈述被个体 B 接受或者拒绝时,他们发起一系列交换,这些交换为他们之间将来的交换赋予了价值。因此,私人语言没有有效性,社会化的语言才有。社会化的语言是所有运算系统所必需的客观性和一致性的重要保障。

从发展的角度看,相互性是价值平衡交换的主要特征,它的出现是缓慢的。首先,儿童受到单方面尊重(unilateral respect)父母的影响,这导致儿童高估了父母而父母低估儿童。但是,通过父母与儿童之间善意举止的互动,儿童与父母学会了克服这些相等物(quid pro quo)的有限交换,学会了通过评价一个人,如身处友谊之中的一个人,来超越这种有限的交换,这是彼此相互善意的最好例证。友谊是一种关系,在这个关系中同伴们认识到对两个人而言,密切关系的益处都大于成本。因此,在同伴中出现了同情或相互尊重。维持个体之间交换方法的行为对于所有参与其中的人都有益处。对于皮亚杰来说,似乎又一次说明,社会和个体交换受到相同逻辑的管辖。这只在一定程度上是正确的,因为皮亚杰认识到历史与逻辑-数学结构不同,它不是可以完全推论的。他把这个归因于生物结构、社会结构和经济结构的闭合缺失。在他看来这些是"开放系统",

不同于闭合的数学群。

此外,皮亚杰发现在不同的文化中认知有着不同的形式,发展也不尽相同。因此,为了实现最大的解释力,西方心理学必须协调它的视角来整合那些非西方文化。人类学家不断指出非西方文化中社会交换(例如冬季赠礼节)的重要性。皮亚杰的价值交换理论能很好地应用于人类学家做出的观察,不应该被忽略掉。

再者,皮亚杰的社会理论有个尚未利用的发展维度,它能够极大地改进心理-社会理论。比方说,它表明了迈向互惠的过程是双重平衡化机制的结果:一个平衡化是在个体中,根据闭合原则引起操作性;一个平衡化是在社会中,导致社会关系的最优化,解决了一些发展心理学家认为的皮亚杰和维果茨基就儿童发展中社会的作用的对立观点。

结论:解释变化

在皮亚杰的一生中,从 20 世纪 30 年代到 20 世纪 50 年代这个时期,他的观点作为阶段式发展的使者得到了广泛传播。他甚至用阶段理论的术语为数千年来人类文明史中的数学思维史建构出了框架。坚持认为有必要解释变化的呼声越来越大,大到足以在新的领域煽动起一场缓慢却强有力的运动。

在他生命的最后 20 年里,皮亚杰和他的合作者创作了一系列专题著作,解决了发展变化的多边特征。从他为了概念完整性而进行的不断努力奋斗中,可以看到波动、连续和直接的成长。只追溯发展的变化并不足够,还有必要提供变化的一般性解释原则以及引起变化的具体机制。

我们已经讨论了这个过渡过程的某些方面,例如反省抽象和概括。其他一些主要的过渡在皮亚杰的后期著作中包括:

——因果性:先是把它看作主观经验,后又把它看作此类经验在事件上的投射,即客观化。

——矛盾:先是没有注意到或者没有意识到,后又为努力去意识并理解它。

——从探索可能性,到构建必要性。

——从单纯形式、无特定内容的逻辑,到意义的逻辑。

为了充实、完备平衡化的中心主旨,这种多方面的努力是很有必要的。

他的思想的核心是可逆性观点。可逆性是指能够立刻考虑某些事情以及它的相反面的能力。在这里,它是辩证的、革新性的,因为它用相反的合成体简要地概述了成长和发展的动态性。但是也有概念的广度(逻辑上讲是它的意图),它不仅应用到了逻辑-数学概念里,也应用到了社会变化中。

另一个重要的一般性观点是皮亚杰探索或者尝试错误的处理方式。这既不是学习也不是成熟过程。这是智慧预期问题,它本身与负强化学习不同,后者主要以其他心理和生物方法为特征。外部世界并不认可只有适者生存——皮亚杰的平衡化既不是学习也不是演变；它超越二者，在认识论上处于更深层的解释层面。

皮亚杰著作的主题是要努力弄清楚不同层面的变化。同化和顺化的持续过程产生了适应性变化和非平衡化。后者在运动中设立了众多特定的再调整机制——例如组合和再组合、转位(transposition)和转换(transformation)、分类(categorizing)和选择——所有一切都受到自调节有机体的监控，一直寻求再平衡化，却永远不能确切地找到。这一过程在发展的既定动机或路径中不断重复，因而这种循环和再循环促进了发展。

当然，在某些方面，这些观点也在其他作者的预料中，如詹姆斯·马克·鲍德温(James Mark Baldwin)和奥古斯特·萨巴捷(Auguste Sabatier)。甚至是查尔斯·达尔文在《物种起源》一书中也有一节他所称之为"成长的相关性"。在此，他指的是一个变化不仅为其他变化开启道路，还使得其他变化成为必需这样一种方式，整个过程有助于在一个变化过程中维持有机体的连贯性。

另外一位思想家以不同的方式表述了类似观点。路德维希·维特根斯坦(Ludwig Wittgenstein)在其文章《论必然性》中写道："当我们开始相信某事，我们所相信的并不是单一的命题，它是一个完整的命题系统(光慢慢照耀世界)。"(1969年，第21页)。对此，我们有必要补充一下，皮亚杰的毕生事业展现了这种照耀是如何产生的，它不是自动产生的，而是通过成长中的大脑的稳定活动，有时是工作，有时是游乐，而不断产生的。

如欲成其事，理论需先行

〔英〕安妮特·卡米洛夫-史密斯 著
〔瑞士〕巴蓓尔·英海尔德

张　勇　译
王云强　审校

如欲成其事，理论需先行

If You Want to Get Ahead, Get a Theory

作　者　Annette Karmiloff-Smith, Bärbel Inhelder

原载于 *Cognition*, 1975, 3(3), pp. 195-212.

张　勇　译自英文
王云强　审校

如欲成其事,理论需先行[1]

摘要:尽管日内瓦研究已经对认知结构做了非常详细的分析,但我们对认知过程的了解仍然很不完整。目前的研究焦点不仅关注宏观发展,也关注儿童的自发动作序列在微观层面的变化过程。很多研究者正在设计一系列的实验,来探讨儿童的以目标为导向的行为。本文描述了 67 名被试(年龄介于 4 岁 6 个月到 9 岁 5 个月之间)在积木平衡任务中的动作序列。这项研究并不是探讨儿童对特定物理概念的理解,而是尝试着为我们理解认知行为的更加一般性的过程做铺垫。本文着重分析了儿童的动作序列与内在理论之间的相互作用。其中,儿童的内在理论是由观察者从儿童的动作序列而非言语信息中所推知的。本研究十分强调反例的作用及儿童的注意力从目标向手段转移的过程。"从动作中产生理论"的建构过程和过度概括化过程,看起来是一个动态的一般化过程,并未表现出阶段性。本研究还表明,儿童在获得物理知识与获得语言能力之间是一种功能上的类似,而非结构上的类似。

引 言

我们如何理解儿童在动作中的发现过程,是简单地假设"动态过程直接反映了潜在的认知结构",还是在动态过程与认知结构的相互作用中探寻儿童的创造性发现活动?对日内瓦研究而言,这其实并不是一个全新的主题。在《逻辑思维的发展》(Inhelder & Piaget, 1958)一书的序言中,作者曾经隐约地提到,"……从功能的立场(而非当前主流的结构立场)来分析实验推导中的具体问题,将是第一作者接下来的主要研究主题"。转眼之间,20 年已经过去了。回过头来看,我们不难发现,大多数实验研究和理论思考仍然采用了结构分析的思路。很明显,运算结构仍然是研究的重头戏。运算结构提供了一套必要的解释框架,让我们推知儿童在执行某个任务时对相关概念的掌握程度,即概念的上限和下限。但是,它们显然不足以解释认知行为的所有方面。

我们的第一组实验直接关注儿童的探索过程,这是我们近期关于儿童学习的研究中的一部分成果(Inhelder, Sinclair, & Bovet, 1974)。研究结果不仅阐明了各个阶段之间逐步过渡的动态过程,还揭示出儿童位于不同发展阶段的各个子系统之间的相互作用。尽管这些关于学习的实验是以过程为导向,但它们未能回答我们的全部疑问

(Cellérier,1972；Inhelder,1972)。目前,非常需要下面这样的实验研究：探讨儿童在以目标为导向的任务中的自发组织活动。在整个实验过程中,主试的干预应该相对较少。研究的焦点并不在于儿童是否成功完成任务,而是探究儿童的动作序列与他们"从动作中产生的理论"之间的相互作用。这里所谓的"从动作中产生理论",是指儿童的动作序列背后潜藏的内在观念或者不断变化的表征模式。显然,半个小时的实验内所发生的事情,并不能被简单地视为儿童认知发展的缩影。但是,这种对微观过程的分析,将有助于我们重新审视宏观发展理论。

在近期的研究中,我们主要探讨儿童的以目标为导向的行为[2]。这些任务通常要求儿童构思漫长而复杂的动作计划,但这并非本研究的做法。本文采用的积木平衡实验只是我们目前研究工作中的第一个范本。这个实验任务非常简单,它可以清晰地描绘出儿童的动作序列和"从动作中产生理论"之间的相互作用过程。

实验程序

实验任务要求被试把各式各样的积木横放在一根细杆上,并且"让积木保持平衡,不掉落下来"。细杆是一根 1cm×25cm 的金属杆,被固定在一块木板上。积木共有 7 种,每一种都各不相同。有些积木是木质的,有些是由金属制成。有些积木长 15cm,有些长 30cm。下图列出了 7 种积木的范例。积木 A 的重量分布很均匀；积木 B 是由两块一模一样的积木黏合而成,每块积木的重量也是均匀分布的。所以,对积木 A 和 B 而言,重心和平衡点就是积木长度的几何中心点。正因为这一点,我们把积木 A 和 B 称为"长度积木"。儿童可以顺利地完成这两项任务,并未意识到重量也牵涉其中。积木 C 由一片薄板和一块小积木黏合而成；积木 D 与之类似,只是薄板更厚一些,这使得黏在它上面的小积木对整体重心的影响有所下降。由于积木 C 和 D 的重量并不是均匀分布,而且很容易被发现,所以我们把 C 和 D 称为"显性重量积木"。积木 E 的一端由金属物填充,肉眼看不到。而积木 F 的一端是中空的,可以填入各种重量的小积木。积木 E 和 F 被称为"隐性重量积木"。实验还用到一种"不可能"的积木 G,假如没有外力的支撑,G 无法在金属杆上获得平衡。

实验分为两个阶段。在第一阶段,被试自由选择积木,将积木一一置于金属细杆上,使之达到平衡状态。研究者希望通过这种方式,大致了解儿童自发地理解各种积木的特征的过程。比如,儿童是否把相似的积木归为一类？儿童如何把成功的动作序列从一块积木迁移到另一块积木？儿童如何根据成功或失败来调节自己的动作？在这个实验阶段,先由被试按照自己选定的顺序把每块积木依次放置平衡,然后主试再指定一套新的顺序,要求被试按照这个顺序重新将积木一一置于金属细杆上,并使之平衡。为了确保心理动作的难度不会干扰实验结果,出于谨慎的考虑,主试在实验开始之前,先让被试用两个一模一样的圆柱(直径 2cm)进行练习,要求他们把一个圆柱放在另一个上面,并使之保持平衡。

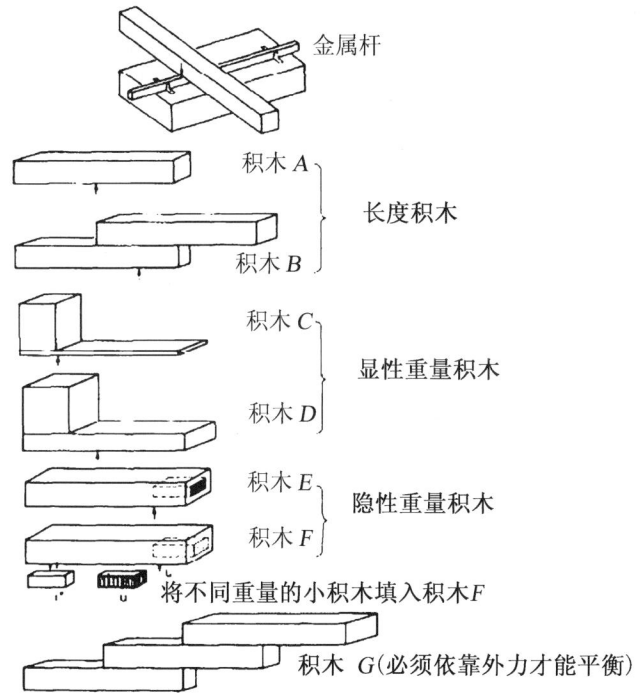

每块积木下的小箭头是指当积木处于平衡状态时,积木与金属细杆的接触点。在积木 F 中,这个接触点的位置取决于中空处填入的小积木的重量。

在分析第一阶段的研究结果时,我们假定儿童是以两种截然不同的方式来解释他们在操作各种积木时的结果。第一种方式主要关注积木是否取得平衡,可以被称为正面或负面的动作反应。第二种方式主要关注"从动作中产生的理论"是否得到证实,可以被称为正面或负面的理论反应。比如说,负面的理论反应是指被试的操作结果驳倒了他心中的理论,譬如他心中的理论认为积木可以达到平衡,但实际上却失败了;或者他心中的理论认为积木不会达到平衡,但积木却恰恰处于平衡状态。换句话说,儿童既可以把一项结果解释为正面的动作反应,也可以把它解释为负面的理论反应;反之亦然。

第二阶段的实验主要探讨这个问题。在第一阶段的实验结束一年之后,主试把其中一半被试(每个年龄段各选一半)重新找回来进行后续实验。这有两个目的。其一,对各年龄段进行分析,检验上一阶段中我们关于儿童的假设,并确定每个被试所取得的进步;其二,既然我们已经详细地掌握了第一阶段的发展趋势,那么在第二阶段,我们希望对儿童进行更加系统的干预。具体做法是,提供更多的机会让儿童产生正面和负面的动作反应或理论反应,以便于我们探究这些反应在某个时间段内的相互作用。在这个阶段的实验中,被试不仅要把每一块积木单独放置在金属细杆上并使之平衡,同时还要并排放置另一块看起来十分相似、实则在重量上完全不同的积木(比如积木 A 和积木 E),并使之亦平衡。或者,让被试在已经处于平衡态的积木上增加几块大小不一、重量不等的小积木等等。

在两个阶段的实验中,均配有两名观察者。其中一名观察者进行书面记录,另一名则进行口头评论(全程录音)。记录和评论的内容包括儿童的所有动作,比如纠正、犹豫、长时间的暂停、分心、总体的眼动轨迹、口头评论[3]。

与很多其他的问题解决研究不同,这组新实验并没有刻意让实验任务纯粹到不受概念的"污染"。实际上,我们故意选取了这样的实验任务。虽然它们涉及物理、空间和逻辑的推理,但我们已经从结构的观点上对之做了分析,这也为我们解释实验数据提供了一些额外的思路。毕竟,先前的很多研究(比如 Inhelder & Piaget, 1958; Vinh Bang, 1968; Piaget & Garcia, 1971; Piaget et al., 1973)也采用了积木平衡任务,意在探索儿童的潜在智慧运算及儿童对重量和长度问题的解释方式。这些研究不仅使用了类似的实验素材,还对实验结果做过详尽的分析。

在实验之前,我们并没有对项目的呈现顺序和问题集的类型做标准化处理。儿童在努力使积木达到平衡的过程中,不停地在建构一种"从动作中产生的理论"。其实,和儿童一样,我们的实验过程也是如此:我们不停地提出各种临时的理论假设,然后提供各种机会使儿童做出正面和负面的反应,以此来检验我们之前的理论假设是否正确。

被　　　试

来自日内瓦一所中等水平的公立学校的 67 名儿童参与了实验,年龄介于 4 岁 6 个月到 9 岁 5 个月之间,均为单独施测[4]。参与第一阶段实验的被试共 44 名,其中 23 名被试再次参与了第二阶段的实验。在正式实验之前,5 名更加年幼(18—39 个月大)的被试参与了"激发积木游戏兴趣"的环节,整个过程也被观测和记录下来。

在呈现研究结果时,虽然我们有时会大致描述不同的动作序列和"从动作中产生的理论"所对应的年龄,但这并非意味着,上述发展过程具有明确的阶段性。本实验中的 22 名被试还要完成另一项截然不同的任务,即搭建出各种不同形状的玩具铁轨线路。研究结果清楚地表明,以理论反应来解释自己在一个任务中的成败的儿童,很可能会以动作反应去解释他在另一个任务中的成败。此外,在积木平衡任务中,相似的动作序列不仅出现在同一年龄段的儿童身上,也出现在整个实验所涉及的不同年龄段的儿童身上。根据儿童对相关物理定律的口头解释,儿童的发展趋势可以被清楚地分成不同的阶段。但是,如果以儿童的以目标为导向的动作为基础来做分析,结果很可能是另一番景象。不过,我们在研究结果中所描述的动作序列的特征和顺序,不仅已经被儿童在整个实验期间的发展变化所证实,也得到了第二阶段的纵向研究结果的强力佐证。

观察数据

多大年龄的儿童才能完成积木平衡任务？我们认为，先了解一下这方面的大致情况是非常有用的。因此，我们选取 5 名被试（年龄介于 18—39 个月），激发他们对实验材料的兴趣，并观察他们的操作。这项安排有助于我们弄清楚，年龄更大的儿童在面对冲突情境时所表现出的看似不协调的行为是否属于明显地退化到更早期的模式。我们采用两个圆柱来检查心理动作的难度，结果显示，5 个被试全部通过了两个圆柱的平衡任务。只要儿童一注意到积木，我们就顺势哄劝他尝试积木平衡任务，不过时间都不会太长。然而，他们的动作通常具有组织性，基本模式如下：把积木放置在细杆上，接触点很随意（比如端点、中心、边沿、面等）；然后放手；重复之前的过程。他们的注意力经常被积木掉落的声音干扰，其中，年龄最小的两个被试转眼就忘了他们的任务，而是以制造更大的噪音为乐。但是，当 3 个年龄较大的被试（32—39 个月）首次将 15 厘米长度积木（比 30 厘米更简单）成功地放置在细杆上之后，他们的动作序列逐渐以系统化的方式慢慢延长。具体如下：先把积木放置在细杆上，接触点随意；然后用手指使劲按压积木和细杆的接触点；放手；马上重复之前的过程。但是，他们并没有在放手前就尝试其他的接触点。然而，在两个圆柱的平衡任务中、在用正方形积木搭建塔楼或房屋的任务中，他们却会尝试其他接触点。看起来，他们只会搭建平面平行的物体，换句话说，寻找两个形状不同的物体之间的合适接触点的问题，还未在他们身上出现。不过，尽管被试只是随意地将积木放置在细杆上，但是通过使劲按压积木和接触点，他们的动作序列得到了进一步的发展：(1)这意味着儿童更加了解积木平衡需要"空间-物理"的接触，而他的手指动作就像一颗钉子，可以简化平衡问题；(2)这给儿童提供了一些分散的本体感受信息，使他明白积木具有一些属性，可以抵消他的动作。

事实上，我们设计这样的实验材料，就是为了提供本体感受信息。在前人对固定支点的平衡状态的研究（比如，Inhelder & Piaget, 1958；Vinh Bang, 1968）中，被试仅能获得视觉信息，这些信息必须通过其他的表征方式才能得以表达。

实验数据

日内瓦研究的习惯做法是，在论文中大段地呈现儿童在实验操作过程中的口语报告内容。与之相反，本研究将详细地描述儿童的动作。不过，我们偶尔也会提及儿童的自发性的评论，尤其是当这些评论极具深意时。在本文中，我们将描述在某个年龄段的大多数儿童身上都出现的动作序列及每个儿童在不同的积木任务中反复出现的动作序列。

参与实验的很多被试,在实验的初始阶段的表现,与我们在观察数据中考察的年幼被试十分相似。然而,年幼被试在 18 至 39 个月之间所发生的变化,也出现在 4－6 岁儿童的某个时间段。通常,最初的动作大致如下:把积木放在任意一个接触点,然后松手;随即,被试用同一块积木再次进行尝试;接着,把积木放在任意一个接触点,用力按压那个点,然后松手。随着积木不停掉落,儿童通过按压动作逐渐发现,积木具有一些独立的属性,这些属性与他们对积木的操作无关。上述负面反应引发了转变,使儿童从一个动作计划(纯粹指向平衡)转向一个子目标(为了平衡积木,去发现积木的属性)。接下来,这些儿童经历了一个非常细致的探索过程,他们试着从每一个维度对积木进行摆放,比如将积木横着放、竖着放、倒着放,反复尝试。对每个积木,这样的动作序列都会被重复多次。尽管每个儿童所尝试的动作的顺序有所不同,但是他们对积木在各个维度上进行的探索活动却变得越来越系统化。在每个维度,儿童只尝试一个接触点——在相当长的一段时间里,儿童从未尝试在任何维度上调整接触点的位置。通常,即使儿童成功地将积木在某个维度上摆放平衡(比如,位于长积木的几何中心,或者沿着金属杆的长度),他们还是会继续探索每个积木的其他维度,看起来好像他们的注意力马上从平衡目标转向了一个子目标(比如,寻找中点)。可以观察到,儿童一直在"达到平衡目标"和"理解积木的属性"之间摇摆。儿童在探索积木的特征时,他们当然会记住成功的平衡事件,并且在后来的平衡任务中更多地使用该维度的解决方案。接着,他们继续探索,似乎要找到其他的成功方案。尽管这些行为似乎表明,儿童已经开始区分他自己的动作和积木的属性,但是,寻找其他解决方案的行为也可以被解释为:儿童尚未理解控制积木运动的是物理定律,而不是他的动作。我们假设,在儿童的探索过程中,他一直在做某种"编目"工作,将他施加在积木上的各种动作进行归类;一旦他设定了这些动作的限制条件,他就能缩小动作的范围,只关注与他的目标更加相关的动作。

相比之下,更高水平的被试并没有忽略自己的目标。一旦他们找到某种解决方案,他们会记住正面反应,不再尝试以其他方式摆放积木。随着长积木的平衡变得越来越容易,儿童试着在最长的、扁平的维度上平衡所有的积木。只有在努力解决困难任务 G 时,他们才会退回到"探索阶段",甚至"用力按压接触点"。

在选定了最长的维度,并保留了之前已经在该维度上获得平衡的积木的某种表征形式之后,儿童第一次真正开始搜索有效的平衡点。比如空间对称点,这是年幼儿童在解决其他问题时比较主流的行为,现在被儿童用来解决类似的问题,以期获得成功。具体的动作序列如下:先将积木近似对称地放置在支撑杆上,比如靠近几何中心点的地方;然而由倾斜感或跌落感引导,沿着正确的方向对积木做修正(这些调整很少沿着错误的方向);按照反方向继续调整(因为修正通常会矫枉过正)。这个修正过程持续多次,逐渐变得更加谨慎细致,最终使积木达到平衡。

实验还表明,儿童有时把积木平衡问题看作一个不受物理定律支配的问题。相反,在下一个发展水平或者这个时间段的后期,一个特别明显的现象是,所有的积木最初都被放置于几何中心点。几乎所有 6 岁到 7 岁 5 个月的儿童(包括一些更小的儿童)都是这么做的。这里,我们见证了"从动作中产生理论"的重要开端(比如空间对称点,或者儿童在摆放积木时,说"我先试试中点""一半的位置")。这个理论被推广到所有的积木,并成为下一个水平的主流行为。动作序列具体如下:把积木放在几何中心点,微微松手,观察结果,做细微的修正,或者更多的修正,小心翼翼地回到几何中心点,反复多次直至达到平衡。当面对其他类型的积木时,儿童必须将积木的位置偏离几何中心点。偏离得越远,儿童在进行后续调整之前,就会越频繁地回放到几何中心位置。这种向几何中心点反复回归的现象似乎表明,儿童正在使用一种空间概念来解释当前的位置,并以此来引导他做修正。这将对"几何中心理论"的后续发展构成明显的阻碍。

在这个水平,儿童还发生了另一个重要的变化。他们不再看起来像是仅仅记住了平衡的事实,而且还超越了积木的平衡位置这一事实。新的动作序列与我们之前描述的不同,具体如下:先将积木放在几何中心点,然后放在之前成功过的接触点(无论两个积木是否相同;通常离可能的成功相距甚远——见下图),再回到几何中心点,继续之前的动作序列。在这里,儿童有时做出的修正会远离积木的重心,这一动作特征我们将在后面来讨论。在这些儿童的各种动作序列中,最引人瞩目的是,一方面,儿童努力运用从之前的动作中所获得的信息;另一方面,他们逐步对所有积木采用一种一致的、类似的操作方法。显然,这两类行为正在产生相互影响。

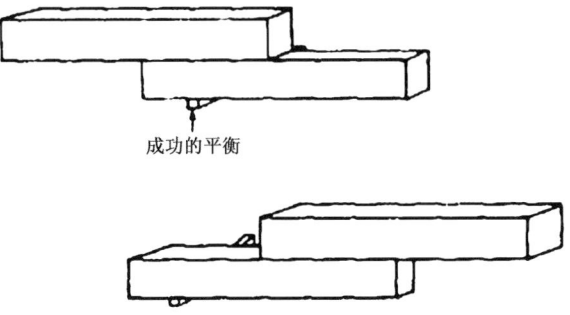

成功的平衡

不成功的尝试:从之前成功平衡的接触点转移到其他位置

之前,有些被试因为一直专注于目标,最终成功地平衡了显性重量积木和隐性重量积木。非常有趣的是,在这个实验阶段,随着他们的注意力从目标转移到手段,他们中的大多数人在重复成功的动作上经历了非常严重的困难。此时,他们越来越系统地将每一个积木都放置在几何中心点,仅需在几何中心点附近微调即可。所以,当无法再次将积木放平衡时("咦?这次出了什么问题?之前都可以啊"),他们表现出十足的惊奇。事实上,这一行为模式在接下来的相当长时间内都非常主流,不管是在这个时间段,还是在后续时期。于是,动作序列逐步简化为:将积木小心地放置在几何中心点上,围绕中心点进行微调,放弃所有的尝试,宣称这个积木"不可能"被放置平衡。非常有趣而且值得注意的是,儿童坚定地将积木置于几何中心点,完全忽略了之前已经被证明有用的本体感受信息。然而，令人瞩目的是，当主试要求这些被试闭上眼睛，摸索着将隐性重量积木放平衡时，他们很快就取得了成功。但是，一旦睁开眼睛，他们仍然坚信应该将积木放在几何中心点，并且对自己在闭眼时所取得的平衡感到意外。事实上，我们在5岁6个月到7岁5个月的儿童身上观察到比4岁5个月到5岁5个月的儿童更多的平衡失败。如何解释这个结果呢？看起来，一种强烈的"从动作中产生的理论"——即一个物体的重心必须与它的几何中心点相一致（或者就像一个儿童说的，"物体总是在中心位置获得平衡"；尽管其他儿童并没有明确这么说，但他们的动作表现得非常明显）——开始在更年长的儿童的动作模式中成为主流。这些儿童不仅将所有的积木都放置于几何中心点，不对放置点做较大的调整，而且当主试要求他们增添一些形状和尺寸各异的小积木放到已经平衡的积木上面时，他们叠放了10块积木上去，全都放在几何中心点位置，而不是像更年幼的被试和更年长的被试那样，将小积木分散地置于底层积木的两端。更年幼的被试的常见反应是，"它看起来像个跷跷板，你把小积木放在两头"；而8—9岁大的被试则是将小积木置于接触点两侧的等距位置。

假如这个"几何中心点理论"如此普遍而且牢固，即使出现负面的理论反应（比如积木从几何中心点掉落，或者在其他位置点获得平衡），儿童又会如何调整它呢？我们推测，有三种相互作用的原因：(1)儿童不断增长的对反例的调节能力；(2)儿童的一般概念能力发生了变化；(3)儿童将早期的本体感受信息整合到"从动作中产生的理论"中。下面，我们对这三种观点逐一进行分析。

仅靠频繁出现的反例，还不足以引起儿童行为的变化。假如反例有效，我们仅需提供大量的反例，就足以促使儿童取得进步。但是，儿童必须先以他观察到的常规模式为基础，形成一套统一的规则。事实上，几何中心点理论不仅足以解释本研究中的很多积木平衡现象，也能解释儿童在日常生活中遇到的很多情况。只有当这个理论真正变得固定化和概括化时，儿童才开始认识到一些统一的原理。这些原理也能对反例做解释，但儿童之前只把反例作为纯粹的例外（"不可能平衡"）。

儿童放弃几何中心理论的一个显而易见的原因是，他不再只单纯地考虑长度，也开始考虑重量。之前的研究表明，直到7岁左右，儿童才开始把重量作为解决平衡问题的一项重要属性。而且直到更晚，儿童才开始区分重量既是一种独立的属性，同时也是一种力。这是否意味着，更年幼的儿童还没有意识到物体有轻重之分，重量会造成不平衡？并非如此！更年幼的儿童只是还不能理解重量在平衡现象中的作用。随着儿童获得重量守恒，认识到重量与其他因素相关联，最终，他通过引入除了长度之外的其他因素，比如重量（"噢，它总是跟我预期的相反……可能是这块积木黏在这头了"），开始对反例进行调节。在显性重量积木（类型 D）任务中，儿童首次将积木朝着远离几何中心点的方向做修正，而在隐性重量积木任务中，他仍然坚定地将积木放在几何中心点。

尽管儿童可能并没有从概念上真正理解重量在平衡任务中的作用，但是我们知道，更年幼的儿童已经能对本体感受信息所提供的重量感做出反应。所以，这可能是说得通的:一旦儿童认识到重量与平衡有关,他们就会逐步将本体感受信息整合到"从动作中产生的理论"中。非常有趣的是,儿童在这个水平的很多修正行为,都表现为远离重心。这意味着,儿童的修正行为不是源于本体感受信息,而是源自对调整位置的概念化需求。仅靠本体感受信息的年幼儿童,很少做出方向错误的修正或调整。

我们已经看到,三种相互关联的因素似乎引发了对重量积木的修正,这与长度积木很不一样。一旦发生这种情形,儿童会轻易地改变他们的几何中心点理论,并采用一种全新的、更加宽泛的理论吗?我们假设,儿童有时会倾向于坚持更早期的理论。比如,在显性重量积木任务中,对这些被试而言,D 型积木(厚的夹板)明显比 C 型积木(薄的夹板,黏在它上面的积木的重量具有更大的影响)更加容易,因为与积木 C 相比,积木 D 的重心更加靠近它的几何中心点。所以,儿童在修正积木 D 时,将积木 D 从几何中心点调整到平衡点所遇到的挑战明显小于积木 C,因为积木 C 的平衡点更加靠近两端。

此外,即使在调整所有的显性重量积木时,儿童仍然坚持将隐性重量积木置于中点。看起来,当儿童开始考虑负面反应和重量时,他们并没有抛弃几何中心点理论;只要该理论仍然起作用,它在大多数情况下都会被保留;同时,儿童发展出一个独立于几何中心点理论的新理论,用来处理最明显的例外情况。于是,儿童开始独立考虑长度和重量。显然,这个变化不仅源于儿童的动作,也来自儿童在这个实验阶段结束时所给出的解释。在长度积木中,儿童认为重量没有扮演任何作用,长度的对称点是唯一被考虑的属性;而在显性重量积木中,儿童使用重量来做解释(对积木 A:它的每条边都一样长,没有重量;对积木 C:它一头很重,另一头很长……不像这个 D,沿着金属杆的所有地方都有重量,在这个 C 中,只有积木所在的地方才有重量)。

慢慢地,7-8 岁的儿童也开始对隐性重量积木做修正,尽管经常不太情愿。值得一提的是,4-5 岁的儿童马上就这么做了,但是原因不同。年幼的被试总是单纯地依靠本体感受信息,但更大的被试(7 岁 5 个月至 8 岁 6 个月)对于所有在几何中心点取得平衡的积木(类型 A 和 B),不仅明确提到了两边的长度相等,同时还明确提到了重量相等。之前,仅靠长度就足以解释平衡。但在这里,我们观察到,当儿童在平衡隐性重量积木时,其动作序列出现了多次暂停:先放置在几何中心点,稍做修正,暂停,拿起积木,旋转积木,暂停,放在几何中心点,对接触点做少许修正,稍微松开手指,仔细地重新调整位置,暂停更长时间,瞥一眼显性重量积木,暂停,再次慢慢地放在几何中心点,摇头,再瞥一眼显性重量积木,然后突然沿着正确的方向进行连续而快速地修正,直到积木达到平衡。自此之后,儿童在此类任务中很快就能取得成功,即使积木被旋转了方向。现在,儿童真正地开始质疑几何中心理论的普遍性。在这个过程中,只要出现几何中心点理论的负面反应,就足以使儿童迅速地朝着平衡点的方向做出修正。显然,我们并不是说儿童已经对重量和距离之间的反向关系具备完整而明确的理解。我们仅仅是说,儿童现在内在地理解了长度和重量之间的重要性。

至于更高水平的动作序列,8 岁 7 个月的儿童在每一个积木平衡任务中都出现了暂停。他们先拎一拎积木("你必须很小心,有时它两头一样重,有时却是一头重一头轻"),大致估计积木的重量分布,推断出可能的平衡点,然后马上把积木放在非常靠近平衡点的位置。而且,如果积木一开始在几何中心点达到平衡,他们就不再做任何尝试。这些被试的行为表明,当在一个已经平衡的积木上增加额外的积木时,平衡点对他们而言不再是一个固定点,而是一个相对点,因为他们可以通过同时调整支点和额外积木的位置,来改变平衡点。不管是负面反应还是正面反应,都会马上产生效果。7—8岁的儿童已经可以在下列任务中取得成功:要求儿童在已经处于平衡状态的隐性重量积木之上增加两个相同的积木,他们并没有将积木分别放在隐性重量积木的两端,而是放在重心点两侧的等距位置。此时,力矩定律的原理在儿童的动作中表现得非常明显。

儿童行为中的很多细微之处,看来似乎也很重要,比如儿童拿积木的方式。初始实验中的最年幼的儿童和许多其他儿童,都倾向于用一只手从上方捏着积木,试图让积木平衡。然后,他们用同一只手将积木按在接触点上。后来,儿童倾向于用两只手分别握着积木的两端,该方法显然可以提供更多的本体感受信息。因此,用一只手将积木按在接触点上所获得的非常分散的本体感受信息变成了一种很明显的重量感。重量感出现在儿童的一只手上,这预示着积木将朝着这个方向掉落(见下图)。然而,儿童似乎逐渐认识到,他的其中一只手其实是多余的。当儿童的注意力从自己施加在积木上的动作转移到积木的属性时,他尝试着(并非毫无困难地)在积木上方增加一个小立方体作为平衡物,以此替代他的一只手;或者在积木下方垫一个小立方体作为第二个支撑,以此替代他的另一只手。第二种方法并不能让儿童满意,因为主试有意挑选的所有小立方体,要么比桌子和接触点之间的垂直距离更矮,要么更高。所以,积木无论如何都是倾斜的。这再次增强了儿童的需求,他们要么使用平衡物(除了年龄更大的被试,其他儿童很少自发地使用),要么按照某个维度不断地修正接触点。

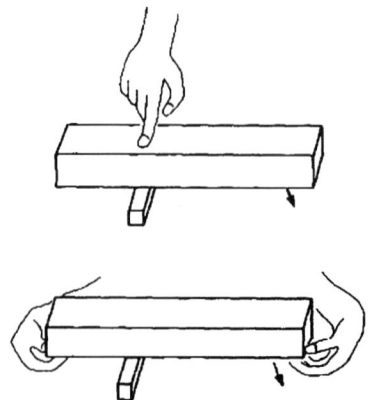

儿童行为中的第二个细微之处是顺序,即被试选择处理积木的顺序。在阶段Ⅰ,主试将顺序的选择权留给了儿童。很多儿童(包括所有最年幼的儿童,还有7岁以下各个年龄段中的部分儿童)都会优先选择桌子上离自己最近的那些积木,他们的选择顺序比较随性,也没有花心思将相同或相似的积木归为一类。对这些儿童而言,似乎每个积木都是一个独立的问题。而且，他们既没有预见每个积木在复杂性上存在区别，也没有在最初的尝试中有意地转移已经获得的信息。此外，在自由选择的实验阶段结束之后，我们特意安排了一个更加具有"信息量"的顺序（比如，把 D 排在 C 之后）。最终，儿童的选择开始在一个个积木之间转移。在一段时期内，这样的变化非常缓慢。直到在年龄更大的儿童（7 岁左右的儿童及所有超过 8 岁 7 个月的被试）身上，选择顺序才变得更加系统化。这个年龄的儿童从一开始将手伸向积木时，就已经以某种组织方式对积木做了归类。当儿童在处理两个外表相似的积木时，他们要么自发地决定顺序，要么依照主试要求的顺序，但这中间仍然存在很多错误的信息，从一个积木到另一个积木之间转移。

讨　　论

在历史上、在个体发生中以及在实验任务中，发现的过程是什么样呢？格鲁伯（Gruber，1974）曾写过一本非常有趣的书，探讨了达尔文的创造力，他谈到，"我们并不能从一个人所拥有的每个原始想法中，立刻解析出他的创造力"。其实，在我们探讨的这个特殊领域，认知发现的过程远不止分离出重量和长度的属性这么简单。我们已经看到，动作序列不仅仅是儿童内在理论的外在反映。动作本身的组织化和再组织化、动作序列的延长、动作的重复及其在新情境中的推广应用也都会带来发现。这些发现对理论有调节作用，正如理论对动作序列也具有调节作用。那么，经验的作用到底是什么？物体的"反应"对于儿童产生改变又有何作用？

有个现象看起来跟积木掉落一样明显，但它并不总是被明确地评估为负面的理论反应，而仅仅被看作为负面的动作反应。这一点颇令人惊奇。当儿童纯粹以成功为导向，所有的平衡——不管哪一种积木——都将被解读为"正面"信息，而所有的积木掉落都被解读为"负面"信息。然而，如果站在"从动作中产生理论"的立场来考虑，儿童对物体"反应"的解释将取决于积木的类型。比如，对一个拥有几何中心点理论的儿童来说，显性重量积木和隐性重量积木的平衡（如果未被当作纯粹的例外）将被解读为负面的理论反应，因为这样的平衡实际上抵消了儿童的"从动作中产生的理论"。反过来，长度积木的平衡和任何积木的掉落（当被放在几何中心点以外的接触点时）都将被儿童解读为正面信息（对他的理论是正面的，尽管不会立即达成目标）。而且随着儿童对其理论的修正，他们对相同事件的解读能够从正面变为负面，或者从负面变为正面。

在不同的时期，正面和负面的动作反应和理论反应似乎具有不同的作用。当儿童纯粹以成功为导向时，比如聚焦于平衡时，正面的动作反应是至关重要的，它激励儿童自然地倾向于重复之前成功过的动作。随后，负面的动作反应逐步将儿童的注意力转移到了手段上，比如"如何取得平衡"。在这个时间点，我们看到儿童为了实验而实验；

儿童将注意力集中于手段，表示他们正在搜寻关于积木的可能动作的大致范围的知识。科斯洛夫斯基和布鲁纳（Koslowski & Bruner，1972）在年幼婴儿身上发现了类似的现象，他们的实验表明，年幼婴儿通过旋转杠杆①来获取远处的物体。两位研究者指出，在某个阶段，婴儿运用各种不同的杠杆运动来反复实验，逐渐"陷入手段中"，而忘了自己已经在现有范围内转移了目标。要知道，他们之前完全是以目标为导向的。

当儿童逐步开始建构一个理论来解释正面动作反应的规律时，正面动作反应就变成了正面理论反应。在儿童的理论变得概括化和固定化之前，负面反应仍只是动作反应；一旦儿童开始意识到负面动作反应的规律，它们才演变成负面理论反应。一个更重要的事实是，对较年幼的被试而言，由于他们还未发展出一个统一的理论，他们以一种"未受污染"的方式使用本体感受信息。而对更高阶的被试而言，他们能对物体的"行为"进行概念化地评估；如果闭上眼睛，他们就只能使用本体感受信息。

只要儿童以成功为主要导向，他的动作序列中就很少出现暂停。然而，当他的注意力转移到手段时，暂停在动作序列中就变得越来越频繁。只有当目标和手段被同时加以考虑时，暂停才优先于动作。对观察者而言，暂停的这些差异具有重要的潜在意义。

尽管负面反应对于儿童获得进步是必要条件，但它们显然不是充分条件；为了切实有效，负面反应必须抵消某个强大的"从动作中产生的理论"，比如几何中心点理论。需要说明的是，我们有意选取"理论"一词而非"假设"，是因为"假设"隐含着有意寻求验证的含义。前人的研究（Inhelder & Piaget，1958）表明，形式运算阶段的儿童能够通过有意地搜寻反例，频繁地尝试去检验假设和验证理论。然而，在那些实验中，任务的难度常常超出了具体运算阶段儿童的能力；因此，在对具体运算阶段儿童所采用的实验法进行界定时，通常将他们与形式运算阶段的儿童作比较，看他们的相对欠缺之处。本研究采用更简单的情境，更加贴近地观察更年幼的儿童解决实验任务的方式，试图阐明他们行为的积极方面。我们的观察表明，更年幼的儿童并不会有意地搜寻反例；相反，本研究中的儿童，不论他们"从动作中产生的理论"（从最根本的物理接触，到更复杂的几何中心点理论）是什么，他们都在建构理论、概括理论，并且逐步识别出反例。"从动作中产生的理论"绝不只是对即时经验现实的观察，本研究中的儿童在这个强大理论的引导下，做出了极具倾向性的动作。因此，先前的观点——"在具体运算水平，儿童还没有形成任何假设（Inhelder & Piaget，1958）"——需要重新加以考虑。不过，这些年幼儿童的理论仍然是内隐的，因为他们显然还不能对那些足以证实或者驳斥他们理论的假设情境进行认真思考。事实上，尽管儿童的动作序列极具说服力地表明他的行为中隐含着"从动作中产生的理论"，但这不应该被视为儿童能够对他的行为及其原因进行外显地概念化。近期的研究工作（Piaget et al.，1974a，1974b）已经证实，在儿童成功地完成任务和儿童能够对成功进行解释之间，存在着一条发展的鸿沟。

---

① 原文是 rotating level，疑为 rotating lever 之笔误。——译者注

我们当前的分析较少提及特殊的、外在的概念，而是更多地聚焦于在动作序列中观察到的各种观念的逐步统合。毫无疑问，理论的推广应用最终会带来发现，而发现又反过来有助于创造出全新的，或者更广泛的理论。除非儿童所做的预测发源于一个已经很强大的理论，并且体现在他的动作中，否则他可能会感到惊奇，并对自己的理论提出疑问。我们的观察表明，只要情况允许，儿童就会一直持有最初形成的理论。直到他们最终对反例加以考虑，在尝试着将所有事例统合在某个更广泛的理论框架内之前，他们才愿意创建一个与前面那个理论完全独立的新理论。

倾向于用一个统合的理论（可能是最概括化的、最简单化的理论）去解释现象，似乎是创造性过程的一个天然特点。这对儿童和科学家来说皆是如此。错误理论的建构过程与有局限的理论的过度概括化过程，实际上都是创造性的过程。人们有时把过度概括化当作一个贬义词，但它可以被视为对问题的创造性简化，帮助我们忽略一些复杂的因素（比如本研究中的重量）。它隐含地存在于年幼儿童的行为中，但在科学家身上却是有意为之。过度概括化不仅是一种简化手段，还是一种统合手段；因此，我们对儿童和科学家经常拒绝反例并不奇怪，因为他们都将统合过程复杂化了。不过，如果一个人能够统合正面的例子，这通常意味着他也能够找到可以涵盖反例的统合性理论。

物理学史上充满了类似的例子，这与我们在儿童身上的观察结果很像。杜加斯（Dugas, 950）曾谈到，真正有创造力的科学家，是那些不仅研究成熟理论的正面例子，还致力于将这些理论拓展到其他现象的人。正是通过这种方式，科学家和儿童能够发现新的属性，而这些属性又反过来有助于建构出新的理论。对成年人的心理学实验（Claparède, 1934; Miller, Galanter & Pribam, 1960; Wason and Johnson-Laird, 1972）表明，成年人通常喜欢建构一些很强的但往往又不合适的假设，而且还总是试图证实这些假设，而不是去证伪。这暂时蒙蔽了成年人的眼睛，使之看不到反例。殊不知，反例恰恰是非常有效的，它足以让成年被试马上否决他们的假设。我们对年幼儿童的研究结果指出了这一事实：建构和拓展一个强大的"从动作中产生的理论"是发现活动的一个非常一般化的方面，它具有根深蒂固的功能。

本研究的观察结果表明，获得物理知识和获得语言的过程存在某些相似之处，这对我们很有启发。维尔关于婴儿床语言①的精彩记录（Weir, 1962）显示，年幼儿童不仅是为了符号表征和直接沟通而使用语言，他们还在"探索"语言，在睡前的自言自语中尝试各种词汇组合，似乎在寻找最合适的表达方式。在本研究中，儿童对每一种积木维度的探索，都展现出非常相似的过程。此外，很多研究者（比如 Ervin, 1964; Klima & Bellugi, 1966）已经观察到，特定的形态标记（比如复数、过去时、否定等）最初进入儿童的语料库时，是以一种未经分析的、疏离的形式，而不是一个统合系统的一部分。年幼

---

① 婴儿床语言（crib talk or crib speech），是指年幼儿童临睡前躺在床上时的自言自语。它一般始于一岁半，到两岁半左右消失。它由会话语篇构成，包含连贯的问答序列。——译者注

儿童能够同化他们所听到的不规则形式,比如"feet"和"went",并且首次以正确的形式,单独使用或者与其他单词相结合的形式使用它们。看起来,这样的说话方式还未被规则"污染",或者未被所谓的"从语言中产生的内在理论"所污染,因此,我们完全可以将之与如下现象作比较:即本研究中的年幼被试能够使用本体感受输入信息,还未被"从动作中产生的理论"所污染。本研究中的被试逐步认识到客体反应的规则模式,建构出一种"从动作中产生的理论";与之类似,儿童不断进步,慢慢认识到他们语言环境中的模式,并且建构出"从语言中产生的理论"。儿童将这些内在理论一般化的倾向,使正确的不规则形式暂时消失,而代之以遵循理论的错误形式(比如"foots""goes"等),这就好比重量积木的成功平衡暂时停止,代之以几何中心点理论。显然,经常向儿童提供反例,并不足以引导儿童马上放弃他的理论。语言中关于这个现象的典型例子是,当一个儿童反复地出错,抵抗成人的纠正,直到他自发地认识到,他的内在的"从语言中产生的理论"存在少量例外情况。当正确的语言形式重新出现时,它们不再是第一阶段那样未经分析的存在,而是一个统合系统的例外,这就好似,重量积木后来获得平衡,其实是一个更广泛的内在理论所引发的结果。

最初将语言和认知进行比较的人,是那些将句法结构和具体运算结构作比较的学者。最近的进展是,已经有人从理论层面和实验层面分析了语言和思维的感知运动基础(比如 Sinclair,1971;Inhelder et al.,1972;Brown,1973;Sinclair,1973)。如果将日内瓦心理语言学研究团队的实验结果和我们以目标为导向的行为的新数据作比较,可能具有启发价值,引导我们更加接近潜藏在认知和语言活动背后的一般过程。

注　释

[1] 本研究受到瑞士国家科学研究基金 No. 16610.72 的资助。感谢塞勒里尔(G. Cellérier)、加西亚(R. Garcia)和辛克莱(H. Sinclair)对包含本研究在内的研究手稿所给予的重要评论。特别感谢莫里斯·辛克莱(Morris Sinclair)对本文的最终英文版本所做的编辑工作。

[2] 可参考内部研究手稿,其详单附在参考文献后面。这些实验结果即将公开发表。

[3] 本研究小组已经完成了这个水平的实验分析。目前,我们正在对两个被试的视频资料进行非常详细的分析。这两个被试经历了本研究中所有类型的实验任务。

[4] 还要感谢日内瓦潘沙(Pinchat)幼儿园和小学的老师和学生。感谢大学生拉万奇(M. H. Lavanchy)、迈纳尔(C. Mainardi)、梅尔古列(M. Mergulies)、米利茨(C. Mulliez)、施奈德(P. A. Schneider)和齐歇尔(J. Zürcher)在数据采集中所提供的帮助。

文献总汇

Brown, R. (1973) *A first language: The early stages*. Harvard University Press, Cambridge, Mass.

Cellérier, Guy (1972) Information processing tendencies in recent experiments in cognitive learning-Theoretical implications. In S. Farnham-Diggory (ed.), *Information Processing in Children*. Academic Press, New York, pp. 115-123.

Claparède, E. (1934) *La genèse de l'hypothèse*. Kundig, Genève, Switzerland.

Dugas, René (1950) *Histoire de la Mécanique*. Editions du Griffon, Neuchâtel, Switzerland.

Ervin, S. (1964) Imitations and structural changes in children's language. In Lenneberg, *New directions in the study of language*. MIT Press, Cambridge, Mass., pp. 163-189.

Gruber, H. E. (1974) *Darwin on Man: A psychological study of scientific creativity*. Dutton & Co., New York.

Inhelder, B. (1972) Information processing tendencies in recent experiments in cognitive learning-Empirical studies. In S. Farnham-Diggory (ed.), *Information Processing in Children*. Academic Press, New York, pp. 103-114.

Inhelder, B., Lézine, I., Sinclair, H. & Stambak, M. (1972) Les débuts de la function sybolique, *Arch. Psychol.*, 41, pp. 187-243.

Inhelder, B. & Piaget, J. (1958, French edition 1955) *The Growth of Logical Thinking from Childhood to Adolescence*. Basic Books Inc., New York.

Inhelder, B., Sinclair, H. & Bovet, M. (1974) *Learning and the Development of Cognition*. Harvard University Press, Cambridge, Mass. (French Edition PUF France, 1974).

Klima, E. S. & Bellugi, U. (1966) Syntactic Regularities in the Speech of Children. In J. Lyons and R. J. Wales (eds.), *Psycholinguistic Papers*. Edinburgh University Press, pp. 183-208.

Koslowski, B. & Bruner, J. S. (1972) Learning to use a lever. *Child Develop.*, 43, 790-799.

Miller, G., Gallanter, F. & Pribam, K. (1960) *Plans and the Structure of Behavior*. Holt, New York.

Piaget, J. (1951) Play, dreams and imitation in childhood. Heinemann,

Melbourne-London. (French edition, 1946).

Piaget, J. et al. (1973) *La formation de la notion de force*. EEG EEIX, PUF, Paris.

Piaget, J. & Garcia, R. (1974) *Understanding Causality*. Norton, New York. (French edition, 1971).

Piaget, J. (1974a) *La Prise de Conscience*. PUF, Paris.

Piaget, J. (1974b) *Réussir et Comprendre*, PUF, Paris.

Sinclair, H. (1971) Sensorimotor action patterns as a condition for the acquisition of syntax. In R. Huxley & E. Ingram (eds.), *Language Acquisition, Models and Methods*. Academic Press, New York, pp. 121-135.

Sinclair, H. (1973) Language acquisition and cognitive development. In T. E. Moore, *Cognitive Development and the Acquisition of Language*. Academic Press, New York, pp. 9-25.

Vinh Bang (1968) Le rapport inversément proportionnel entre le poids P et la distance D dans l'équilibre de la balance. In Piaget, J., Grize, J. B., Szeminska, A. and Vinh Bang, *Epistémologie et Psychologie de la Fonction*. PUF, Paris, pp. 151-163.

Wason, P. & Johnson-Laird, P. N. (1972) *Psychology of Reasoning*. London, Batsford.

Weir, R. H. (1962) *Language in the Crib*. The Hague, Mouton.

关于儿童的目标指向性的策略的内部研究手稿
（仅为临时标题，被翻译为英文，并标明了研究领域）

Blanchet, A. (1973/1974) Constructing multi-stage mobiles.

Coll, C. (1974) Discovering maximum number of routes for loading lorries.

Karmiloff-Smith, A. (1973) Building closed railway circuits of varying shapes and sizes.

—(1973/1974) Balancing of blocks of varying physical properties.

Kilcher, H. (1973) Building bridges with materials of varying physical properties.

(1974) Constructing instruments to move objects.

de Marcellus, O. (1973) Skittles.

—(1974) Modifying order of locomotives and carriages in a closed circuit.

Montangero, J. (1973/1974) Controlling water levels by immersion of combinations of objects with varying properties.

Robert, M. (1973) Spontaneous exploratory activities in observed play with Russian Matriona dolls.

—(1974) Building staircases with various sized blocks.

Valladao-Ackerman, E. (1973) Simplified chess situations.

—(1973/1974) Combing serial orders of boxes and ladder rungs.

—(1974) Path puzzle leading to combined destinations.

Wagner, S. (1974) Constructing resisting chains for hauling weights.

对皮亚杰从发生取向研究认知的某些思考

〔瑞士〕巴蓓尔·英海尔德　著
潘发达　译
王云强　审校

对皮亚杰从发生取向研究认知的某些思考
Some Aspects of Piaget's Genetic Approach to Cognition
作　者　Bärbel Inhelder

原载于 *Monographs of the Society for Research in Child Development*，1962，27(2)，pp.19-40.

潘发达　译自英文
王云强　审校

对皮亚杰从发生取向研究认知的某些思考

观点、研究方法和模型

对于大多数英美心理学家，特别是对那些在刺激-反应理论和逻辑经验主义浸润中成长起来的年青一代心理学家来说，皮亚杰的研究既令他们感到困惑又使他们为之着迷。事实上，皮亚杰的研究不仅仅局限于实验心理学，他从精神分析与知识论的角度提出了他的问题。在认知领域，他所采用的研究方法具有探索性和灵活性，他对问题采用逻辑象征主义的方法进行分析，但是这些学科的专家们却都倾向于认为皮亚杰太过于折中，并把他当作该学科领域的"入侵者"的角色看待。然而，日内瓦学派的研究者们所表现出的研究兴趣又似乎表明了这样一个事实：采用皮亚杰所创立的这一特殊研究方法，的确让人们对儿童智慧发展有了一种新的认识。

作为介绍，我想简要地概述如下三个方面的内容：首先是对我们众多研究起导向作用的有关发生认识论的观点，其次是发生认识论的研究方法，最后是研究所采用的模型。

发生认识论的观点

皮亚杰在他研究生涯的最早期就不断提出了发生认识论的问题。一个不争的事实是，在皮亚杰最广为人知的众多术语中，仅"什么是知识"这一问题就引发了研究者们许多争议，但是，当皮亚杰用更严谨的、发生论的术语进行表达时，一些问题，如"知识发展与变化的原理是什么"，就能用科学的思维得到确定性的回答。发生认识论的研究一直致力于寻求用最符合科学思维的方法来分析个体知识增长的机制，以期发现个体知识由低级掌握状态到最高级掌握状态的变化途径。通过这些途径，伴随儿童自身的发展，他们已经能够对建立科学的概念与分类，如空间、时间、因果、数量和逻辑类别等，进行学习。

在进行正式的学习之前，幼儿会把他们初步掌握的逻辑与数量恒常性，如逻辑分类、数量一致、空间维度与物质守恒等原理逐步精细化。正是这些恒常性使得儿童能够应对他们在现实生活与思维中发生的各种物理世界的转换。这种精细化的原理，一方面让我们了解了各类发生认识论的问题，同时也让我们更合理地分析，在儿童外部世界知识的发展过程中到底哪一部分知识处于激活状态，即儿童已经掌握了哪些知识。人们通常认为，在发展过程中儿童所掌握知识的增加只是由于他们所接受的信息积累所致，或是只源于他们不依赖于先前发展的准备状态而突然出现的"顿悟"。尽管我也急切地想知道事实的真相，但事实上情况并非如此。相反，知识的发展似乎是一个精细化过程的结果，这一精细化过程在本质上是以儿童的活动为基础展开的。实际上，这些活动可以分为两种类型：一类是逻辑数学类活动，这类活动包括让孩子做加法运算、减法运算、排序、计数等，在所有这些活动的过程中儿童所使用的物体只起到辅助的作用。另一类是物理类活动，这类活动具有探索性，旨在通过活动让儿童从物体本身提取出信息，如物体的颜色、形状、重量等。皮亚杰认为，正是在对外部世界的动作过程中，儿童才对越来越丰富的现实世界知识进行了精细化，也正是儿童发展过程中的这种活动的连续形式决定了儿童的知识模式。

　　如果皮亚杰的理论解释了儿童的知识是如何增长的，那么该把这种认识论的解释归于思想理论的哪一类别或部分呢？这个问题经常让人们感到困惑。我有幸连续几年与康拉德·劳伦兹（Konrad Lorenz）、皮亚杰一同参加有关儿童心理发展的研讨会，在第三年年底的时候，康拉德说他突然发现应该把皮亚杰的认识论解释放在意识谱系的什么地方了。他说："一直以来，我都以为皮亚杰只是一个烦人的经验主义者，但直到今天，在研究了他有关思维类别起源的著作后我才慢慢认识到，他的思想与方法与康德的十分接近。"而另一方面，一些俄罗斯的同行认为皮亚杰是一个理想主义者，因为他不承认关于外部世界的知识只是外部世界中事物的一个简单反映。他们向皮亚杰提出了一个核心问题："你认为物体是先于知识存在的吗？"皮亚杰回答："作为一个心理学家，我并不知道知识和事物谁先存在；我只知道在一定程度上我了解我的动作所作用过的那个物体，而且我可以确信，在实施这个动作之前对于该物体我是一无所知的。"其后，有人就这一问题提出了一个较为温和的假设："既然物体是外部世界的一部分，那么外部世界可以独立并先于我们对它的了解（知识）而存在吗？"对此，皮亚杰的回答是："我们获取知识的手段和方式已构成了我们机体的一部分，而它又成为外部世界的一个组成部分。"后来皮亚杰听到了这些同行们之间的一些对话，这些对话透露出这样一个信息："皮亚杰并不是一个理想主义者。"实际上，从可知论的角度来说，皮亚杰非常愿意把自己标称为一个相对主义者，因为在他看来，凡是可知的和在知识发生过程中变化的（信息）正好反映了认知主体和被认知客体之间的关系。一些评论家进一步把皮亚杰看作一个"激进分子"，这也正好应验了德国诗人歌德的断言：始物于行（In the beginning was the deed）。

方法

在概念与智慧运算形成过程的研究中,我们利用的一些实验材料和方法,与以往研究儿童心理时所使用的经典材料与方法并不完全相同。在联结派或格式塔学派的研究中,他们给儿童呈现的是一些元素或结构,而我们的研究设计是要揭示一种思维运算的机制,通过这些运算儿童逐渐能够理解和领悟物质在物理形态或空间上的转换。例如,研究中要求儿童去解决关于液体从一个容器流向另一个容器(但总量不变)的问题,或者是木棍的空间位移问题。在他们解决这些问题的过程中,我们观察了儿童处理这类问题的方式,发现在整个发展过程中,儿童能够克服由呈现材料的变异性与恒常性所导致的冲突。

由于不希望有任何事先已经存在的观念影响到研究的数据,我们在儿童思维的研究中总是在最开始的时候采用一种探索性的方法。这种方法不但与儿童的理解水平相适应,而且也考虑到了所要解决问题的本质和这些问题呈现的顺序。实验者不仅记录儿童的反应,还要求儿童对他们所做出的反应进行解释。除此之外,研究者还通过改变问题和实验条件来进一步检验儿童在先前实验中反应的真实性和一致性。我们的研究之所以采用如此谨慎的程序,是力图避免两个致命的错误:一个是可能给儿童灌输了一种他们本身还没有的观念,另一个是我们可能会接受和认可儿童所做出的一个纯属偶然的反应。与传统的标准测验法相比,借助于这种探索性的方法,我们相信我们已获得了有关儿童思维方式更真实的情况。因为探索法要求研究者具备一定的想象力和批判意识,而标准测验法在考察儿童思维问题时可能遗漏一些不可预期但往往又是相当关键的信息。

但是,采用这种灵活的研究程序所获得的结果本身并不适合统计处理,这是不言而喻的。正因为如此,我们已开始着手对我们的部分研究程序进行标准化处理,以便用这些标准化的程序对儿童的推理过程进行辨别和诊断。一旦探索出不同年龄阶段儿童所表现出来的整体推理范围,我们就可以对所有的研究程序进行标准化处理。当然,尽管标准化的研究程序可以提高研究结果的准确性,但它同时也使探索技术失去了本身具有的一些灵活性。在采用标准化程序后,我们将对观测数据按照如下的步骤进行分析:(1)对不同类型的推理做出定性分类;(2)分析不同推理的逻辑模式;(3)分析不同推理模式的反应频次和年龄分布;(4)采用等级量表对不同推理的层次级别进行分析。值得一提和再次肯定的是,这种对不同推理阶段的连续性采用层级分析与统计分析的方法,其合理性已经得到了广泛的证实,而对不同推理阶段的连续性而言,之前已有研究者通过定性与逻辑分析的方法确定了其最初的形式。

模型

为了对思维过程的运算进行分析,皮亚杰借鉴了现代数学模型,比如克莱因(Klein)的四元群(四面辐射式)和布尔巴基(Bourbaki)的点阵结构(代数结构、顺序结构和拓扑结构)。相对于半格结构(semi-lattices),皮亚杰自己建立了一个相对较弱的结构,叫做群集(结构)(groupements)。使用这个模型并不是说心理学家屈服于逻辑主义,而是说该模型的建立已经提前确定了儿童真正的思维过程应该是符合逻辑学和数学结构原理的。然而,唯有事实才能决定模型是否与儿童真实的思维过程相一致,就像通过事实来决定统计分布是否只遵从一个特定原理还是服从其他原理一样。这些模型表征了所有可能的思维运算在理想状况下的运行系统,但真实思维却只是所有可能的运算中的一种。20多年的研究表明,在没有获得完整模型的情况下,儿童认知的发展规律基本与这些模型相符合。

对于儿童具体思维与青少年形式思维的有效运算而言,它们本身就构成了一个封闭的运行系统,这个系统最重要的一个特征就是可逆性。在心理学上,一种思维运算可以被定义为一个已经内化并且可逆的行为,即该思维运算在行为的两个方向上都会发生。皮亚杰对可逆性的两种形式,即反演(否定)与互反性做了区分。在具体逻辑思维阶段时,否定思维用来进行分类运算,互反性思维则用来进行那些具有包含关系的运算。尽管6岁前儿童的思维仍然表现出不具备可逆性的特征(至少在瑞士情况是这样),但在特定条件下,6—11岁的儿童就已经能获得可逆性思维的一种形式,但不能同时获得两种。然而,对于那些能力更强(他们能够解决形式运算和命题方面的问题)的青少年来说,他们能同时运用可逆思维的两种形式。这两种运算形成了一个统一的体系,这与皮亚杰所描述的"四个转化(IRNC)"的模型相一致。可逆性思维的两种形式使得形式思维的灵活性和连贯性程度更高。

认知发展

定义、阶段标准与研究假设

和许多作者一样,皮亚杰依据阶段来划分认知发展。躯体和感知的发展似乎是连续的,但智慧发展却像是阶段性的,这些阶段划分的标准界定如下:

1. 每一阶段包含一个形成(发生)期和一个获得期,获得期的特征表现为一个不断向前发展的、复合的心理运算结构。

2. 每一个结构同时由三部分组成,即每一阶段的获得、下一个阶段的开始和一个新的变革性进步。

3. 阶段序列的顺序是不变的,但由于动机、练习、文化等因素的作用所限,获得的年龄可能会发生变化。

4. 从前一个阶段到后一个阶段的转变遵循一个类似于整合加工的卷入原则,先前的结构成为后面结构的一部分。

我们先前所提出的部分假设,目前已在我们开展的一项为期两年的纵向研究中得到了验证。正如我们之前所概述的那样,结合对每一个儿童的偶尔观察和发展过程中固定时刻的观察,我们发现,不同类型的推理似乎以一个稳定的发展阶段顺序反复出现。

在其他方面,我们注意到,当前纵向研究的结果与用先前的方法研究所得到的结果之间存在一定差异。我们发现,相对于控制组(横断研究)的被试,纵向研究中的儿童在某些观念和推理方法的精细化发展方面存在微弱的加速现象,但这种可能由于练习而引起的发展加速似乎并没有同时出现在所有的发展水平上。当给儿童呈现一系列推理过程时,我们注意到在他的推理行为中存在同质化和泛化的倾向,尽管这一行为倾向在结构形成的过程中很微弱,但这种结构一旦获得,这一倾向就会更加明显地表现出来。

在某些领域,把一些相对恒常的发展过程做阶段性划分似乎是可以实现的。例如,实验者让儿童以固定的时间间隔去解决既定物理数量守恒的问题,比如把一种液体从一个容器里倒入另一个不同尺寸的容器里。一开始,儿童只关注液体的一个维度的变化,而忽略了其他维度。儿童天真地坚持自己的立场,所以他们不承认液体在数量上的任何守恒。然而,几个月之后,在还没有理解补偿或反演的含义的情况下,同一个孩子开始怀疑自己之前的立场,并试着关注其他方面的变化。研究者经常观察到儿童尝试建立某些关系的整个过程,这一过程通常是从最简单到最复杂的。后来,儿童终于确信液体数量是恒常的,认为:"可以喝的水,总量是相同的。"而他们的回答在逻辑上也变得越来越一致。研究者们认为儿童开始理解了液体的变化是一个可逆的运算过程,变化是互补的。令人奇怪的是,儿童似乎忘记了他们先前做过的实验和所犯的错误,他们觉得自己竟然会犯那样的错误,这十分荒唐。这一结果似乎表明,一系列连续的尝试为儿童心理结构的形成做好了准备,但同时也表明,这种心理结构一旦建立,便相对独立于它的加工过程。

然而,阶段理论也尚不完善。对于阶段理论而言,它也并不能澄清有关发展的两种观点之间的矛盾(一个强调发展是完全连续性的,另一个则认为发展不可能是连续的),即发展的阶段是连续的还是非连续的之间的矛盾。尽管阶段理论仍然是一个不完整的理论,但在我们看来这一矛盾更多是表面上的,而不是实际的。我们第一个纵向研究让我们产生了有别于上述两种观点的第三种观点(可以作为一个假设):即在智慧运算发展过程中,发展阶段的连续性与不连续性是交替存在的。(发展的)连续和不连续必须根据新的行为与之前已经获得的旧的行为之间的相对独立性或依赖性来定义。事实上，在一个推理结构(阶段 A 的特征)的形成过程中，每一个新的推理过程是否产生取决于儿童新近掌握的(知识)。推理结构一旦获得,将作为获取新知识的起始点(阶段 B 的特征)。后者相对独立于前一结构的形成过程。只有从这层意义上说,从一个阶段到另一个阶段才会存在不连续性。

如果这一假设被证实,发展阶段理论将会呈现新的意义。我们倾向于不只是把它当作一个方法论的工具,它似乎向大家展示了儿童智慧加工形成的真实情况。

基于发生与结构的认知发展阶段

儿童认知发展可以区分为三种运算结构,每种结构都以一个主要发展阶段的获得为特征,在每一种运算结构里还可以对发展的亚阶段进行区分。

第一阶段:感知-运动运算(Sensor-motor Operations)

第一个主要阶段大约会持续 18 个月。这一阶段以客体永久性格式的逐渐形成和个体即时空间环境感知运动的结构化为特点。皮亚杰对自己的孩子进行了观察和纵向研究,结果表明这一发展源于反射性机制的功能练习,它使个体逐渐形成运动和位移系统。通过这样的方式,儿童就会获得有关客体永久性的观念。这一感知运动系统是由物体的移位构成的,尽管物体的位移从数学的角度来说是不可逆的,但还是可以进行反演的。物体从一个方向到另一个方向的移动可以倒转成相反方向的移动,即儿童在感知上可以让物体回到开始的地点,儿童可以通过不同的路线实现同一个目标,一旦儿童把这些运动纳入到他们的感知运动系统,他们就逐渐认识到客体具有永久性这一属性。此时,儿童相信物体不管移到什么地方,它们都可以重新被找到(即使是被移到了超出视线范围的地方)。皮亚杰将这一具有群体结构特征的系统和几何学中的庞加莱"置换群"模型进行了比较。

人们可以将第一个主要发展阶段划分为六个亚阶段,动作格式保证了这些亚阶段之间的连续性。格式是可以变换的或者可以概括的动作。儿童将相似的或者逐渐不一样的物体之间建立一种联系,这其中也包括物体和他自身之间的联系(比如容易理解的物体格式和那些看不见的物体之间的联系)。因此,格式可以被定义为所有相似行为(从行为主体的角度来说)所共有的结构。

感知-运动格式的发展可以从习惯群层级中区分出来,区分的依据是这样一个事实:新近获得的感知不仅仅存在于新格式或者新动作的连接中,同时也是对已经存在的刺激或动作的反应。相反,每一个新获得的感知存在于对新客体或情景(相对于已存在的格式)的同化中,因此也扩大了原有格式并与其他格式协调一致。另一方面,一个格式不仅仅是一个格式塔,因为它既源于主体对客体的行为,也来自个体先前对客体顺化的经验。因此,格式是同化过程的结果,在心理行为水平上,这一过程是一种生物同化的延续。

第二阶段:具体思维运算(Concrete Thinking Operations)

第二个发展阶段从1.5岁一直延续到11—12岁。这一阶段的特点是有一个较长的心理运算的精细化过程。这一过程大约在7岁的时候结束,接下来是同样的长时间的结构化过程。在他们精细化的过程中,具体思维加工是不可逆的。那让我们来观察一下具体思维加工是怎样逐渐变得可逆的。随着可逆性的产生,一个具体运算系统就会随之形成。例如,我们可以确信,尽管一个5岁的孩子很早就掌握了客体永久性,但对于物质守恒这一基本的物理学原理而言,在概念上他们是不可能掌握的。

让我们来思考一个例子:拿两个一模一样的球形橡皮泥,要求孩子将其中一个揉成长的香肠状,然后压扁成薄饼状,或将它撕烂成一小块一小块的。然后用某种他们能理解的方式问:"这个物体的数量是增加了、减少了,还是保持原样不变?"这个实验以及其他类似的实验结果表明,5—6岁的孩子会毫不犹豫地认为,每一次橡皮泥在形状上发生变化时它们的数量也会发生改变。由于受到维度增加或减少的影响,儿童似乎不假思索地接受他们感知到的物体的任何方面的变化。但随着年龄的增长,儿童变得越来越倾向于将物体的不同方面或维度建立相互联系,因此,他回答问题时的错误逐渐减少,最终我们渐渐明白这正是恒常性原理。这一原理可以这样表达:"橡皮泥的数量在任何时候都肯定没有发生变化,你只需要将香肠状的橡皮泥再捏回原来的球状,那样你立刻就可以看到什么都没增加,什么也没减少。"

经过一个逐步建构阶段之后,在大概7岁的时候,儿童形成了一种思维结构,但这一思维结构还不能独立于具体内容。和感知运动阶段(这一阶段是唯一不具有连续性的阶段)相比,在第二阶段,不同的思维运算是同时进行的,从而形成了运算系统。然而,这些运算系统仍然是不完整的,其主要特征是两种形式的可逆性思维:一种是否认,正如橡皮泥实验中所反映的那样,儿童感知到的物体形状上的变化会被相应的否定思维运算所消除;另一种是互反性,比如儿童意识中的"作为一个外国人"就是一种互反性关系,而左与右、前与后等空间关系是相关性关系。在具体思维水平阶段,这些可逆性(思维)形式是相互独立的,而在形式思维阶段,它们才形成了一个统一的运算系统。

互反性关系系统的逐渐形成可以从知觉系统中观点相对性实验中很容易观察到。皮亚杰和梅耶·泰勒(Meyer-Taylor)曾经就做过"观点相对性"的实验。他们的实验材料是由硬纸板做成的三座山和一系列从不同角度绘制的三座山的图片,实验中儿童的位置保持在一个既定的地方不变,而实验者可以在不同的地方移动。实验者到某一个选定的位置上,要求儿童从一系列图片中选出一张,在实验者所在位置能看到的风景的图片。对于一个5岁的儿童来说,他们很难认识到别人和自己看到的东西是不一样的。然而,在接下来的几年中由于儿童思维运算性的不断增强,他们在图片选择任务中的成绩有明显的进步,最终他们成功地解决了(观点相对性的)问题。

因此,在儿童第二个发展阶段,我们能够跟踪到儿童思维进步的发生过程,即大概在7岁时,儿童表现出了基本的逻辑数理思维结构。但是要使这一思维结构对所有可能的具体内容产生影响依然还需要数年的时间。这一点可以通过一个例子来说明。比如,就不变性(包括恒常和守恒)原理而言,儿童把这一原理应用于解决数量问题的时间就早于用在解决重量问题上的时间,而用于解决有关体积(容积)方面问题的时间则又更晚一些。由于儿童早期所获得的格式需要与新近获得的格式进行整合,因此同一原理在解决不同问题上的应用就表现出了发展进程上的不一致。因此,这一发展进程似乎的确属于遗传结构中的一种,即在具体运算的局部系统内,个体思维发展的进程是一个渐进的平衡过程。这一局部系统内的平衡在11—12岁才能获得。这一运算结构反过来又成为形式思维运算发展的基础。

第三阶段:形式思维运算(Formal Thinking Operations)

一般来说,智慧发展的第三个阶段在11—12岁,其特点是个体的形式与抽象思维运算得到发展。在一个丰富的文化环境中,这些思维运算在14—15岁的时候开始形成一个稳定的思维结构系统。

处在第二发展阶段的儿童,其思维仍然受制于特定情境中的具体内容,与此形成对比的是,青少年能够形成假设并且能从具体感知的内容中推断出可能的结果。这种假设-演绎水平的思维本身又能通过包含命题和逻辑建构(暗含、析取等)的语言形式体现出来。这一特征在实验者操作实验和提供证据的方式中体现的很明显。比如,在实验中,青少年正是以一种能反映出新的思维结构的方式来组织他们的实验程序的。

下面是形式运算思维中的两种情况,一个涉及组合逻辑或形式逻辑问题,另一个是比例问题。在组合逻辑实验中,研究者给孩子呈现五瓶无色液体。将第一、第三和第五瓶的液体组合在一起,组合后的液体将呈现出褐色;第四瓶液体其颜色会随着时间变长而逐渐减退;第二瓶液体其颜色始终保持不变。儿童需要解决的问题是,怎样才能制作一瓶带颜色的液体。处于第三发展阶段的孩子能逐渐发现用组合的方法来解决这个问题。这一方法的一个组成部分需要儿童能够建构一个表格,表格中不仅能显示出所有液体(因素)可能的组合方式,还能确定哪些因素组合能有效地产生有颜色的溶液,哪些组合又是无效的。

在有关比例问题的系列实验中,研究者给青少年被试一支蜡烛、一个投影屏幕和一系列不同直径的铃铛。每个铃铛单独挂在一根小棍子上,这些棍子又可以插在一个带有许多小孔的板上(小孔间的距离均匀分布)。实验要求被试将所有的铃铛都放在蜡烛和投射屏幕之间,但必须使所有的铃铛都投射一个完整的影子(铃铛的影子)在屏幕上。青少年被试逐渐发现"蜡烛、铃铛和屏幕之间一定有一些关系",他们通过不断的、系统的尝试试图找到这三者之间的关联。最后他们开始意识到这是一个有关比例的问题。正如一个聪明的、15岁的孩子所说:"铃铛的大小与它到蜡烛之间的距离的比例(值)是保持不变的,而这个比例与铃铛和蜡烛之间的绝对距离无关。"

在日内瓦,对于处在14—15岁的青少年(被试)而言,学校是不"教"这些程序性的实验方法的。而在形式思维结构尚处于萌芽阶段的时候,我们的被试无须缴纳任何专门的学费就已自己发现了这些程序。

在对这些思维结构进行分析的过程中,皮亚杰发现,随着实验程序越来越有效,思维结构也变得越来越接近形式思维模式。以前面实验中分别采用的组合法与比例法为例,前者相当于一种点阵或网络式(思维)结构,后者则类似于一种聚合式(思维)结构。最重要的是,与具体思维结构相比,形式思维结构的最大特征是思维的可逆性程度更高。在这种情况下,可逆性的两种形式——否定和互反——现在可以在一个完整的运算系统中得到统一。因此,我们认为儿童在第三阶段获得了一种新的运算能力,正是这种能力使青少年不断地、建设性地获取新的科学知识成为可能,但前提条件是能给他们提供一个合适的实践场地和适宜的智慧氛围。

关于认知发展因素的假设

皮亚杰认为,传统发展理论的任何一个要素(观点)都不能解释儿童知识增长的发生机制。具体来说,儿童知识的增长并不仅仅是由于个体的机体成熟所致(我们所观察到的机体成熟只是一种现象层面的表象,并非基因层面的实质),也不仅仅是由于(知识的)社会传递(即当儿童在吸收他们所接受的知识的同时又对它们进行了转化)所致。那么,是什么导致了儿童知识的增长呢?皮亚杰提出了这样一个假设:必然存在另外一个因素参与到了上述提到的所有因素当中,共同作用于儿童知识的增长。这个因素就是"平衡化"。依据生物学家贝塔朗菲一般系统论的观点(Tanner & Inhelder,1960),"平衡化"是指"一个开放系统的稳定状态"①。

皮亚杰假定,如果每个有机体都是一个开放的、积极的、自我调节的系统,那么心理发展的特征就是个体在积极主动适应(环境)的过程中发生的前进式渐变。对于在我们的文化中健康成长的儿童和青少年而言,他们这种连续性的心理变化趋势总体上是有序而非混乱的。依据皮亚杰的假设,这一事实也就表明了自我调节过程(如那些需要涉及平衡原理的过程)在个体心理发展过程中产生了影响。而心理运算结构,无论是具体运算还是形式运算都只是这种平衡原理的一个特例。比如,感知觉发生的某一变化可以看作是对平衡状态的一种干扰,而心理运算可以通过补偿或取消这种变化的方式得到恢复。

因此,智慧发展的状态代表了从不完全平衡到完全平衡的持续渐进过程,并且这种状态会在有机体稳定的动态整合倾向中表现出来。这种平衡状态既不是一个静止的状态,也不是一个最后终结性的状态,而是一个有代偿的动态系统,也是一个通向更高级

---

① 显然,平衡化并不是心理学的术语,皮亚杰借用该词试图从生物学的系统论角度来解释儿童知识增长的机制。

心理发展形式的起点。

其他实验例证

儿童空间运算的形成

根据最近的观点,空间概念——尤其是欧几里得度量(Euclidean metrics)的常数(关于大小、距离以及坐标系统的守恒)——是知觉的直接延伸,就像空间表征能力(通常被称为几何直观)不仅仅是对知觉信息的认知一样。但是,一系列关于儿童空间表征能力和自然几何能力的研究发现,空间概念不是直接来源于知觉。相反,他们隐含着真正的运算建构。但是,这种建构的发生顺序和几何学的发现历史并不同步;它的出现和公理系统的复杂性更为相关。然而在投射几何学、拓扑学近来变成一门独立的数学学科之前,欧式几何已经发展了好几个世纪。儿童空间关系的概念始于某些抽象的拓扑关系(例如异物同形),然后被整合成欧式几何和投射几何学中的具体运算和概念。

这里有几个从拓扑学到欧几里得的"空间"转换的例证:

1. 异物同形:当儿童度过涂鸦期后(大约 3.5 岁),在绘画和触觉辨认中,他能够区分开放式和封闭式图形。在这个年龄阶段,十字和半圆形通常代表着开放图形,正方形、长方形和菱形仍是封闭的、不易区分的图形。在儿童能够区分不同的几何图形之前,他就能画一个和封闭图形相连的或独立的图形。

2. 欧几里得不变量的形成:拓扑表征阶段(从 3 岁到 7 岁)一个最显著的特征是:不变性原理或恒常性的缺失。对于固定物体间的距离和坐标系统的使用,在涉及物体的尺寸时后者将会被替代。对于前运算阶段的儿童而言,封闭空间和开发空间一样,都拥有弹性特征。他的运算能力得到了发展,渐渐地能够将空间概念纳入欧式结构中去。

(1)对于幼儿来说,随着位置的调换,物体及其维度也会跟着改变。两根相等长度的木棒被放在一起,其中一根沿平行方向移动,这样它们的端点就不在一条直线上了。我们发现 5 岁被试中 75% 的人认为移动过的木棒在长度上发生了变化。而 85% 的 8 岁儿童认为,虽然物体移动了,但它的长度没变,思维的可逆性帮助他们认识到位置上的变化对长度是没有影响的。他们的观点大抵如下:木棒还是这么长,我们只是移动了他们;木棒在一端增加的和在另一端减少的一样长。但是值得注意的是,在位置改变问题上的长度守恒或不守恒现象好像与长度的知觉估计无关。根据皮亚杰和塔波尼耶(Taponier)(1956)的观点,对两个长度相等但位置偏离的物体进行长度知觉估计时,5 岁孩子的表现是优于 8 岁孩子的,这表明知觉估计和概念判断的机制似乎是不同的。

(2)对于幼儿来说,当两个固定物体间插入第三个物体时,他们之间的距离好像会发生改变。和著名的错觉理论相反,在两个木偶中间插入一个屏风时,它们之间的距离会被估计的更靠近点,因为"屏风占用了一些空间";如果屏风上有个缺口,那么这两个木偶间的距离就又和原来一样。因此,距离概念最先似乎只被应用在封闭空间中,前运算阶段的儿童在将部分开放空间和部分封闭空间整合进一个完整的空间时会感到困难。首先,空间的各个维度会表现出优先性,但并非同向性。前运算阶段儿童会轻易地声称电梯上升比下降通过的距离会更大:"仰望和爬升要比下降花费更多的努力。"由于距离关系中存在初始不对等性,所以空间表征更多的是建立在主观运动经验之上而非知觉。相反,到了7岁阶段,空间关系逐渐转变成对称和可逆的关系,这确保了距离的不变性,这种不变性表现在孩子的语言中是这样的:"木偶没有移动,它们相隔的距离总是一样",或是"屏风占有的空间和封闭空间一样多"。

（3）当水平和垂直坐标与其他指标不一致时,如果儿童无法对水平和垂直坐标进行抽象,那么就会阻碍他们对坐标系统的运用——尽管很小的孩子就已经在空间运动中拥有足够的肌肉运动知觉知识。如果让4至7岁的儿童从不同的角度描述或者画出容器中水的容量,他首先会描述平行于容器底部的部分,不管它在什么位置,甚至是在容器的哪个角落。只有到8岁以后,儿童才会发现水面是一直保持水平的。他有这样的认识是因为他使用了坐标系统,这使得他能认识到物体与其倾角之间的相互关系。一旦空间表征达到欧几里得（和笛卡尔）式的要求,测量的运算就成为可能。

概念形成中的分类运算

一般公认的假设认为,社会语言学的传播是概念形成的主要机制,但我们的研究发现却让我们不得不承认,语言是概念形成的必要非充分条件。当然,毋庸置疑的是,语言在涉及符号操作的概念系统获得中至关重要。然而,仅有语言仍然显得不够,这一观点是基于这样一个事实:构成逻辑分类的成分运算,通过诸如"组合""拆分"等基本行为,为"预测性、回顾性发展先于和优于语言关联或连接的使用"提供了一个显著的、连续性的发展证据。

我们研究了3—11岁儿童的分类行为,使用了多种技术手段,鼓励他们参加图片和物体分类任务。通过分析2000多个儿童的报告,我们得出了以下结论:

1. 分类运算从本质上来说源于积极行为。在新生儿阶段,他们受到有关相似性和差异性的感知运动格式的限制。早在能够处理与语言匹配的概念之前,2岁或3岁的儿童就能根据物体的相似性将它们放一起,有时还高兴地喊着,"同一个！同一个！"当小孩子尝试对物体进行分类时,他们会倾向于建构空间或图形集合。这些图形集合似乎展示了儿童在物体及其分类概念之间寻找平衡点的思考。

2. 儿童无法区分所有逻辑分类中都有的两个分类标准——内涵和外延。内涵可以这样定义:某个分类或类属中的任何一个个体都必须具备的本质性的、可区分性的特征。内涵由一般特征和特定特征所组成。外延是指某类事物所有特征的总和。换句话说,外延就是某个分类中的所有个体。儿童最初对内涵的理解源于同化相似元素和差异元素(物体、图片等)的过程。儿童关于外延的概念最初源于他们对物体做独特的空间排列的活动中。

这里有个例子。当我们要求3至4岁的儿童对不同形状、颜色和尺寸的筹码或硬币进行分类时(将相似的放在一起),他们倾向于按照物体的相似性,将它们一个一个放到一起。他们似乎无法马上把握这些相像的硬币或物体的整体特征,在分类的时候只能说着硬币的形状或颜色或大小。儿童将物体连续地归入一个组似乎会受到空间邻近性的影响,并且以此为基础。相似的物体一个接一个地放在一条直线或者一个二维空间上。但是他们对这种相似关系的认识仍然是非常不稳定的。在分类过程的初期水平,儿童会失去判断准则,他不会管开始的那个,反之会以复杂的"目标"结束,他可能称它为"火车"或者"房屋"。但是,连续同化组成的整个空间元素似乎预示着儿童对类概念外延的最终理解。

3. 儿童对"内涵"和"外延"的协调、理解取决于他对逻辑数词"一""一些""全部"的掌握情况。这样的能力取决于不断进步的对逻辑活动类型的精细理解:所有 A 都是 B,但所有 B 不是 A。换句话说:$A+A'=B$,那么 A' 不是空集。

接下来的例子用来说明这种行为是怎样发展的。一排筹码放在儿童面前,这些筹码由一系列蓝色和红色方块组成,中间夹杂着一些蓝色圆块。给儿童仔细陈述问题,避免使用模糊词"一些"。我们要求他思考一些别的孩子,比如 Tony 的观点——:"Tony 认为所有圆块都是蓝色的。你认为呢? Tony 是对的吗?"5岁儿童在这个问题上经常犯的一个错误是这样的:"不,Tony 是错的,因为还有蓝色的方块。"事实上,儿童会这样思考问题:"所有是 A 的同样是 B 的吗?"在所有正确答案中,出现争论代表着儿童对这样一个事实的理解:一些 B 是 A。"对,Tony 是对的。所有的圆块都是蓝色的,但不是所有的蓝色都是圆块;还有一些蓝色方块。"

4. 类包含逻辑概念的定量方面,例如所有的 A 都是 B,那么 B 包含 $A(B>A)$,取决于先前的、类的层级系统的形成。此外,包含逻辑的获得来源于两种类型运算:(1)逻辑加法和减法(和传统算术运算概念相反)之间的相反关系表述如下:如果 $A+A'=B$,那么 $A=B-A'$;(2)关于 A 和 A' 是 B 的补充:所有的 A 都是 B,B 包含 A'。

尽管儿童早期语言理解力能预示分类中包含关系的概念,并且这种概念也会随着语言学习而进步,但儿童在掌握逻辑包含运算之前还需要学习更多东西。在我们的实验中经常会出现这样的现象,6岁左右的儿童虽然已经理解所有的鸭子都是鸟,但他们仍会坚持认为,你带走所有的鸟之后,还有鸭子。此外,尽管有的儿童认为并不是所有的鸟都是鸭子,但他们还会这样说:"你不能说世界上哪一种东西更多,有些数量多的难以计算。"

当类 A 和类 B 被认为有着共同的外延时,一些儿童表现出了更高的信号转换水平:"鸭子是鸟,他们是一样的,"儿童说,"所以两者数量相同。"所有方面似乎都表明,幼儿只有在忽略 B 时才能比较 A 和 A′。又或者,只有当他忽略 A 和 A′ 的互补性时才能对 A 和 B 进行比较。最终(好多年后),儿童会理解 $B>A$。他会这样表达他的逻辑推理:"鸟肯定比鸭子多。那些不是鸭子的都是鸟,他们必须放在一起计算。"上述实验及很多其他研究都证实了我们的假设,运算行为和活动可以实现,并且可以超越语言和其他符号操作形式的最终使用。

5. 这些概念系统和类的逻辑加法和乘法在心理发展上是同步的并且共同进步。就在同一时期,其他两种发展的信号也会出现。一方面,儿童克服了阻碍他理解"分类可以纳入层级结构系统"这一事实的障碍;另一方面,他渐渐地学会了根据曾经的标准来分类。并且在实验中可以观察到他能用这些策略解决矩阵或分类交叉问题——在指定的行和列中发现共同因素。

6. "转换(shift)"标准的能力一旦获得,个体就能理解相继或同时出现的多个观点中包含的对象合集。这是一种典型的概念活动,而非知觉活动。预期和反思过程的早期交互作用奠定了后来的"转换"的基础。当儿童能够预想多种可能的分类方式时(7—8岁或更大一点),他表达预期的方式为他的反思过程提供了证据。例如,他会说:"我必须首先根据它们的颜色分类,然后再根据形状或尺寸分类吗?"这反映了儿童重新思考的倾向(重新回顾),然后确定一种他以前曾思考过的标准作为选择。像我们前面指出的那样,这种预期和反思过程有其感知运动活动的根源,并且会产生运算活动。运算行为的灵活性(包括心理和生理方面)使得每一次转换都能通过其可逆性得到或被取消。我们认为后一种特征是形成逻辑分类系统的主要潜在机制之一。

皮亚杰的社会学理论

〔英〕沃尔夫·梅斯 著
彭利平 译
郭本禹 审校

皮亚杰的社会学理论
Piaget's Sociological Theory
作　者　Wolfe Mays

原载于 *Jean Piaget*: *Consensus and Controversy*, edited by S. Modgil & C. Modgil, London: Holt, Rinehart & Winston, 1982, pp. 31-50.

彭利平　译自英文
郭本禹　审校

皮亚杰的社会学理论

引　言

　　人们经常批评皮亚杰在其阐述知识的发展中没有对社会因素给予足够的关注。然而,这类批评却忽视了皮亚杰发生认识论的社会学根源。尽管皮亚杰并没有为我们提供有关知识的社会学研究,但是,他似乎间或非常接近地论述到这个问题。对他而言,情感体验的发展、逻辑、道德和法律的思考依赖于我们与他人的关系:社会合作在理智的发展中发挥着重要的作用。更何况,皮亚杰拒绝接受涂尔干(Durkheim)所提出的将社会角色以强制的方式强加给个体的这样一种社会整体观。相反的,皮亚杰将社会视为由从事共同活动的个体组成:加工和使用的技术活动,生产和劳动分工的经济活动,道德和法律的合作、强制和压迫的行为,共同研究和相互批评。

　　皮亚杰认为,人们的行为既有心理学的一面,也有社会学的一面。据此,他告诉我们,不断改变我们意识的既非每个个体,亦非全部个体,而是个体与个体之间的各种关系,这是肯定的事实。多萝西·埃美特(Dorothy Emmet)(第139页)指出,皮亚杰似乎信奉的社会体系作为各类关系核心的这个概念与各种各类内部关系的理想化体系具有相当大的相似性。也许,这就是皮亚杰的"相对论的结构主义"体系与之最具相似性的地方。①

　　皮亚杰用个体间交流的概念详细阐述了本我与他人所具有的社会关系。这个概念并非如其听起来那样新颖。它涵盖了人们日常行为的大多数形式——我们与邻居交流时间的方式,我们与所爱的人及所爱的朋友交流情感的方式,我们与专业同事交流思想和信息的方式以及在市场上交换商品的方式。

　　作为阐述人类行为的社会交换理论的首批成员之一,乔治·齐美尔(George

---

①　它也与仍然受到黑格尔影响的马克思早期持有的观点相同。正如约瑟夫·奥马利(Joseph O'Malley)所说的,"社会的存在并非是为了与其成员的存在做区分,也不是为了现实存在的人类本质与其所聚焦的、所隶属的社会关系的总和做出区分……在其个体的存在中,他体现了他的社会"。(《卡尔·马克思:黑格尔法哲学批判》,第495页,剑桥:剑桥大学出版社,1970)。

Simmel)指出,人类之间的绝大多数关系都可以被视为这个范畴。"这适用于每一次对话、每一种爱(即便是并不适宜的单相思)、每一次玩耍、相互间每一次细看的行为……日常生活的普通变迁兴衰产生了损益的持续变化"(第43—44页)。当齐美尔谈论到"人类之间的所有接触都依赖于等价的给予和回报这样的模式"(Blau,1964,第1页)时,他指出了涉及社会交换的互惠要素。但是,他继续道,一旦这样的等效无法合法实施,感激便随之而入。如此,人类之间的行为,不管是由爱而产生,还是因为贪婪或者为了获取,因某种未知原因以他们所产生的社会环境而持续存在。换言之,某些东西——感激之情和导致我们对所接受的东西给予等价回报的义务,在交换发生之后依然存在于人们的大脑。

彼得·伯劳(Peter M. Blau)在更近的时间阐述了一个有点相似的社会交换理论。他在此理论中说明了互惠与义务(obligation)相关联的唯一方式。"为另外一个个体提供有偿服务的一个个体",他告诉我们,"使得提供这种有偿服务的个体在法律或者道德上负有义务。要免除这种义务,第二个个体必须对第一个个体相应地提供利益"(1964,第89页)。他继续说,"只有社会交换才倾向于引起个人义务、感激和信任的感受;纯粹的经济交换本身并不会引起这种感受"(同上,第94页)。然而,伯劳对社会交换的阐述有点功利主义的光环。如此,他谈及了接受诸种利益服务的这个人必须要偿还诸种利益。

尽管伯劳试图将社会交换和经济交换区分开来,但是,他对这两者之间所做出的区分更多的是虚有其表,而非真实。这个现象在他获准引用霍曼斯(Homans)的社会交换的定义时显现出来。霍曼斯认为,社会交换是"一种有形的或无形的行为交换,这种交换至少在两个个体之间或多或少地是有偿的或者是高代价的"①。皮亚杰论及了相似的态度。他告诉我们,"依据定义,交换的价值标准包括能够导致一种交换产生的所有东西,包括我们实际行为中所使用的客观事物,我们的知识交换中所涉及的理念和说明,以及个体之间的情感价值观念"(1965,第33页)。

既然是那样,那么,义务、感激和信任的感受在个体之间的社会交流中就发挥了重要的作用。但是,在商品和服务用于交换金钱的经济交换中,交易结束之时,感激的感受就不复存在,因为届时债务可以说被相互抵消了。而在社会交换中,用以进行交换的内容或许是无形的,譬如思想、承诺或者对忠诚的誓言,因之而产生的义务的感受被认定为大量地等同于所提供的服务。

皮亚杰最早、也是最全面地论述这个问题的论文"试论(共时)静态社会学的质性价

---

① 乔治·C.霍曼斯,《社会行为:其基本形式》,第13页。霍曼斯指出,即便是最寻常的行为也能够用以阐释交换原理,如当,譬如,我们说,"'我发现某某事值得';或者'我跟他做了笔好买卖';或者,甚至'跟他谈话导致跟我做了笔好买卖'"就是如此。(霍曼斯,《情绪与活动》,第279页。)这些取自日常生活的例子会被视为用以阐释社会交换的过程,暗示某种像能量传输经济学的东西。

值理论"〔Essai sur la théorie des valurs qualitatives en sociologie statique (synchronique)〕(1965,第100—142页)先于伯劳和霍曼斯的社会交换理论出现,至少就发表时间而言是如此。我们知道,皮亚杰授课社会学多年。我们也知道,如果他不熟悉齐美尔的著作,那他肯定熟悉马塞尔·莫斯(Marcel Mauss)的著作。他肯定提及了由莫斯撰写的、在相似的社会里涉及礼品交换的著作《礼物》(*Le Don*)。皮亚杰阐述的核心特征是他对社会交换价值观念的假设,相对于经济交换中的量性本质,具有质性特征。

皮亚杰借由下述实例阐明了他所谓的质性交换价值标准的含义:科学家、政治家或者某种事业的倡导者的"成功",他为自己所赢得的"荣誉",公众对他的著作的"赞赏"(同上,第101页)。如此,它就涵盖了我们对他人基于他们所提供的或者能够为我们提供的服务的评价了。皮亚杰主张,不管经济交换的价值观念有多重要,也许它可以用货币术语进行测量,但是,它们仅仅构成了组成我们特定历史时刻的社会生活的每一种价值之巨量流通的一个小小的部分。

皮亚杰论文的第一部分大都专注于个体之间交换对他人的情感形成的方式。我们在此关心的是因交换而产生的(积极的和消极的)满意度在形成过程中的损益。然而,皮亚杰也指出,对于礼物而言,这些情感部分是无私的,不会导致发财致富或者收获,而是牺牲。他告诉我们,人们可以在年幼孩子身上找到这种自然产生的无私情感。并非所有的社会交换形式因此都可以被归类为产生利润和遭受损失的企业。这是皮亚杰在探讨有关道德和法律准则进入、涉及规范性交换时在其论文的第二部分所提出的全部观点。

皮亚杰认为,每一个社会都存在着一系列的价值观念,这是一个基本事实(同上,第102页)。他所谓的价值观念,指的是跟我们以往获得的满意度进行比较或者管理。如此,譬如,我们可以根据口味给苹果进行分级,考克斯的橙色点心苹果比伍斯特的红皮苹果更有坚果味。我们可以在一个更具审美意义的层面上评价,比之于门德尔松的交响乐,贝多芬的交响乐更加深刻。在此,我们处理的是两类不同的价值观念。在第一类中,我们关注的是让人愉悦的感官能力的比较,而另一类我们关注的则是美感的体验。皮亚杰告诉我们,这些价值观念源于多种根源、利益和个人趣味、社会地位和声誉,也来自道德和法律规范。它们也包括与安全的需求、个人的自由、相互的信任等相一致的价值观念,因为没有这些价值观念,没有一个社会能够独立生存。皮亚杰继续谈到,我们能够在一个明确的时刻对这些价值观念进行分析,正如在经济学中,我们可以在一个明确的时刻能够对某一个商品的平均价格进行探讨一样(同上,第102页)。

个体间的价值观念交换

为了简单起见,皮亚杰以两个个体 A 和 B 进行交换作为开端。在这个交换之中,交换中的每一方都对交换的另一方以各自的价值观念为尺度:他们根据对己有用、有害或无关紧要来进行评价和鉴赏。就个体而言,每一个这样的行为,都往往会导致一个回报性的行为。这种行为也许会是一种物质性的行为(实际的价值),诸如用以交换所接受的服务的某种物体的转换,也许会是他所谓的潜在的行为(或者价值),譬如某人对一个早些时候所接受的服务的感激,这本身可以表明为以后在某个时期会有一种回报性服务(同上,第 104 页)。皮亚杰指出,作为对回报自然产生的一种倾向——用作交换的手势、微笑、模拟伪装和模仿——这种现象可以在每个年幼孩子的行为中看到。他认为,鲍德温(Baldwin)在论述儿童形成自己和他人的理解的方式中显然很大程度上关注到了这种互惠的基本事实。

皮亚杰现在继续给社会交换过程做出公理化的阐释。他宣称,这种公理化的阐释能够让他对诸如个体之间的同情、经济、道德、法律和逻辑行为等这类社会中存在的最富变化的社会情景进行描述。他发现,在质性交换和某些经济法之间存在着显著的相似性。譬如,人的声誉就像经济商品一样也受制于供需规律的约束。如此,完全一样的属于平均水平的文学能力在小城镇与大城市相比,评价就完全不同。在小城镇,这种能力享有一定程度的稀缺价值,而在大城市这种能力则会被忽略掉(同上,第 113 页)。而且,在某些政治和社会危急时刻,当新的价值尺度取代旧的价值尺度,声望早已存在或者未及出现时,我们也可以发现与格勒善法则(Gresham's law,即劣币驱逐良币规律)相同的现象(1973,第 45 页)。

皮亚杰对出现于交换过程中的实际价值和潜在价值用符号表现如下(假定个体 A 和个体 B 享有共同的价值标准尺度):

rA = 个体 A 对个体 B 的这种行为(或反应)
sB = 由个体 A 的行为而导致的个体 B 的满足
tB = 源于个体 B 的满足而产生的个体 B 对个体 A 的债务(义务或者感激)
vA = 源于个体 B 对个体 A 的义务而产生的个体 B 对个体 A 的评价

当由个体 A 针对个体 B 所做出的行为而产生的满足等同于个体 A 在其行为中所付出的努力、时间的牺牲等时,我们就有了如下的等式:

等式一① $(rA = sB)+(sB = tB)+(tB = vA)=(vA = rA)$

换言之,个体 A 的行为(rA)在个体 B 中产生了一个相等的满足(sB)。其结果是,个体 B 变得对个体 A 负有义务(tB),以至于他的评价也即他对他的尊敬(vA)相应地增加。

皮亚杰指出,个体 A 为个体 B 所提供的服务,能够被视为个体 A 的一种牺牲,因为他放弃了他所拥有的某些东西,也能够被视为对个体 B 的一种恩惠,因为个体 B 接受

---

① 皮亚杰:《社会学研究》,日内瓦:德罗兹出版社,1965,第 106 页。我对皮亚杰的符号体系稍稍做了修改。

了某些他原先并没有拥有的东西。这个过程可以用一系列的事例来说明：①个体 A 在将书借给个体 B 阅读时，暂时做了放弃，而个体 B 则享受了阅读过程；②政客支持自己的选民反对不受欢迎的政府措施是在冒险，即便他的选民会因此支持而得益；③科学家或者小说家牺牲自己的时间和精力去工作，他人则从其工作中获取智慧的或者美感的满足。

另外一方面，如果个体 B 因为个体 A 将其书借给他而对之拥有感激之情，那么个体 A 则知道他能够在未来的某个场合可以从个体 B 那里获得相似的恩惠。相类似的，在社会中已经获得声誉或者一种道德地位的政客知道，他的声望在未来的某一天会对其富有价值。皮亚杰指出，当我们谈及某个个体的道德的（或者社会的）信用，或者对一种感激的债务时，我们是用普通语言表达了这些事实的。

在上述事例中，我们处理的情况是，作为交换的结果，没有一方遭受损失或者得到益处。但是，其他情况也是可能的。如此，①个体 A 的行为因为没能满足个体 B，也许会涉及某种损失；②比之于自身在其行为中所投入的努力，个体 A 的行为也许会在个体 B 中产生一种与之所投入的行为并不相称的更大的满足；③个体 A 的行为也许会产生对己而言的一种损失，但是这次个体 B 并没有感激去偿还自己之前所获得的恩惠；④个体 A 的行为也许被个体 B 过高评价了，亦即其行为被给予事实上并不那么值得过高的功德。

潜在价值观念的效用

皮亚杰现在考虑的是交换关系的另外一面应该如何来表述：某一个体一旦获得社会信用（或者价值）就能够——作为他人对他产生感激（或者负有义务）而导致的结果——实现这种信用的方式。他也许会这样做，即要求他人提供服务作为他早先提供服务的回报；他也可以使用他的权威和声望，使得他人顺从他的意愿。在个体 B 认识到他对个体 A 所负有的义务的案例中，我们获得了阐释个体 A 实现他的社会信用方式的如下等式：

等式二① $(vA = tB)+(tB = rB)+(rB = sA)+(sA = vA)$

换言之，①如果个体 B 认识到负有等同于个体 A 所拥有的信用的债务或者义务，②他如果以某种相当的服务形式支付了他的债务（完成了他的义务），③如果这种服务以一种等价的方式让个体 A 得到满足，那么，④个体 A 的满足会等同于他的信用。

等式二表达了个体 B 所给予回报的服务等同于他原来从个体 A 那里所接受到的服务。如此，我们来引用皮亚杰的一个事例：个体 A 也许给个体 B 提供了有关其科研

---

① 皮亚杰：《社会学研究》，日内瓦：德罗兹出版社，1965，第 109 页。

工作和技术的信息,而个体 B 则给个体 A 提供有关自身工作相似的信息作为回报。但是,出现其他情况也是可能的。因此,个体 B 并不会承认他对个体 A 负有债务,也不会为一项服务提供回报。或者,如果他并不承认这个债务,因而他所提供的回报服务比之于个体 A 原来提供给他的服务也许会更大或者更小。我们会观察到,如果把等式一和等式二放在一起,它们说明了分配上的公正和互惠这样的概念。

皮亚杰告诉我们,经济交换的规律如果符合所涉及的价值观念,可以被推论为社会交换的一种特殊案例(1965,第 110—113 页)。因此,我们可以用三英担的小麦来交换两百升的红酒。但是,他继续指出,除经济交换中的商品数量和诸如礼节和正式的议定书等社会交换中的某些特定案例之外,人们永远都不会去索要应有的权益,也永远不会去全额支付自己的债务。因此,皮亚杰评论道,社会价值观念的流通是以持续增加的并被挥霍掉的大量的社会信用为基础的。它只有在作为社会革命或者急剧变革的结果时才会消失(同上,第 110 页)。

皮亚杰现在考虑的是同情问题,将之设想为几个个体之间或相互间或多人之间相互得益的一种社会交换:在这种交换之中,他们的行为比之于各自所投入的实际努力,会为彼此产生更大的利益(或满足)。正如他所说的,一方伙伴所做的一切比之于自己所花费的成本和相互间的成本都能满足(有益于)另外一方(同上,第 110 页)。但是,为了让同情出现,这些个体也必须要共享一个共同的价值观念尺度。他认为,这就是指当某人谈及两个人时所说的两人相互间的理解、他们赞同或者拥有同样的趣味的含义。但是,正如我们要看到的,比之于从简单的等式会出现的情况,后一条件的引入确实会使同情变为一种更加复杂的关系。在这种情况之中,他会用交换中合伙方相互间的自身利益来进行解释。

在皮亚杰按社会交换的措辞对同情加以解释之中,自身利益发挥了很大的作用。尽管每一方都在交换过程之中得益了,但是没有一方是遭受损失的。让人疑惑的是,这样一种在某种程度上是孤傲冷漠的态度是否就是人们通常所谓的我们与他人热情打成一片的同情心抑或是友情。无私肯定是友情的一部分。正如马克斯·舍勒(Max Scheler)所评论的,"正是在表现友情的行动过程之中,自爱、自私自利的选择、唯我论和自我中心首先被全部制服了(第 98 页)"。皮亚杰在此对同情的解释有别于他早先在《儿童的道德判断》(The Moral Judgement of the Child)的解释。在《儿童的道德判断》之中,他直接将之与无私的行为相互联系起来。如此,当他提及年幼儿童的嫉妒时,他告诉我们,"另外一方面,连同模仿和接踵而来的同情,我们可以观察到无私的反应和共享的倾向,这些同样都是早期的现象(第 317 页)"。比之于皮亚杰自己所提供的关注深谋远虑的自身利益的交换理论,皮亚杰在这里对同情的解释与舍勒的理论更加相似。

皮亚杰试图用他的社会交换理论的表述来正式确定同情,但这仅仅适用于价值观念是审慎的特定事例,即每一方都关注尽自己所能能够达成各自的自身利益。它也因此类似于尼采用其最基本的形式对正义所做的解释,因为"善良的意志会在权力大致相同的群体中来相互表述、通过和解来达成相互理解"(第 70 页)。他对这种相互理解的本质做了如下详细的说明:"由于大家各自都认为自己接受的要比对方所做的要多,因此,都对另一方表示满意。一方给予另外一方他所想要的,以使之成为他自己的。作为交换,一方也收到了他自己所想要的东西。"(同上,第 168 页)

然而,价值观念的个人尺度是如此之大,以至于个体 A 在未及思考他自己的自身利益时便为个体 B 做出牺牲。而在这种情况下,我们应该有某种更加接近舍勒的友情。舍勒指出,在真正的友情之中根本不会提及某人自己的情感状态。在对个体 B 表示同情时,后者的情感状态位于个体 B 自己内心,不会缓缓流入个体 A 这位同情者之中。因此,我们在没有感受到他人的痛苦时就跟他们一起遭受苦难,在自己没有需要进入到欢乐的情绪状态时就体验他们的欢乐(第 41—42 页)。如果这里存在交换,它必定不是涉及交换物的一种交换。如果它确实涉及一种交换物的交换,那它就会蜕化为皮亚杰等式中所描述的那一类同情。尽管作为友情的同情出现于感情层面,而非道德层面,但是它早已具有道德情感的某些特征,因为在这种同情之中,一方将自己置于伙伴的观点之中,并且在某种程度上与之一起感受。而这似乎就是皮亚杰在《儿童的道德判断》中所探讨的那种同情行为。他说,"儿童对他人的行为从一开始的这类同情倾向和感情反应中就显示出迹象。人们可以从这种迹象中轻易地观察到所有随之而来的道德行为的原始材料"(第 405 页)。

皮亚杰在其后来的著作中就让内(Janet)对同情的解释进行探讨时详尽地提出了这个观点。让内持有这样的观点,我们对那些并没有在时间和情感精力上对我们提出过度要求的人表示同情。在这种情况下,伙伴之间在某种程度上存在着情感精力的平衡。皮亚杰的评论是,尽管这是许许多多日复一日的情景的清晰描述,但是譬如当我们选择旅伴或者就餐伙伴时,我们不会仅仅因为一位妇女对我们的时间和精力相当节俭以及因为我们没有发现她令人厌倦而与之结婚。诚然,两位热恋中的人有可能发现对方极为令人疲惫不堪!(1973,第 39—41 页)。

价值标准和社会关系

为了预先阻止人们对其试图对社会交换的过程进行公理化的尝试可能存在的反对声,皮亚杰强调,他的等式并不代表量性关系,而是质性关系。"每一个人",他告诉我们,"都可以考虑他的行为是否或多或少以与自己为之努力而付出的代价多少、他的行为结果与为之而付出的努力是否等价来予以评价"。他继续道,不管有多大的等价性,这些主观性的评价没有客观的(精神生理学的)基础,它们是关于社会行为的基本事实。我们可以完全按照经济学家研究交换规律的方法对它们进行分析,而无须询问。譬如,一颗宝石的价格是否与其真实的精神生理学的功效相符,而对于购买者而言,他则认为其价格是一种主观功效(1965年,第108—109页)。

关于这个观点,我们马上意识到知名人物的魅力,譬如政治家或者影星,犹如我们马上意识到他的头发的颜色或者他的头型一样。但是,与知名人物的物理特征不同的是,社会价值观念无须任何与之相同的客观的东西,犹如金子的交换价值与其物理特性可能几乎没有联系一样。皮亚杰指出,对于一位痛楚不依赖于客观医疗特性而得到缓解的个人而言,具有错觉效力的专利药品可能具有真实的交换价值。相似地,非洲部落中的法术实践对之可能具有真实的交换价值:在一个日食之时,敲打手鼓被人们假定为具有吓退吞噬太阳的怪兽的效果,这犹如科学预言对我们具有价值一样(同上,第117页)。

皮亚杰告诉我们,他的社会价值的构想与帕累托(Pareto)的"最适享用度"(ophelimity)的概念完全一致(同上,第62页)。帕累托使用最适享用度这个概念来称呼能够满足一种不计正当与否的需求或者欲望的事物的抽象本质。"金子",帕累托评论道,"对于加勒比海的印第安人而言具有某种最适享用度。它对他们是否实用令人怀疑,且无疑——在于金子引起了西班牙人的贪婪——它变得对他们非常有害"(第99页)。世上存在着这样的事情,他指出,它们只对一个人具有最适享用度,也有其他事情,它们几乎对所有的人都具有最适享用度。在最后一个事例中,最适享用度接近于客观的特性。对帕累托而言,最适享用度不仅仅适用于经济商品,也适用于我们的行为。如此,他告诉我们,"对古希腊的部队而言,预卜的艺术在很大程度上具有最适享用度,它对于华伦斯坦(Wallenstein)而言依然如此。但是,它对于当今的部队而言已不再如此"(同上,第100页)。

在皮亚杰看来,既然是那样,我们对人和事的评价在很大程度上与我们对诸如小麦、葡萄酒,或者宝石等商品的评价的方法是一样的。社会交换过程中所引起的价值观念的质性变化,犹如某个商品的价格在抵达市场时一样,都有这样一种准客观的特性。如此,我们可以根据我们的政治家的成功或者受民众欢迎的程度来对他们进行评价。而这种评价依赖于他们所提供的服务在民众中的评价。这样一种在民意测验中所使用的偏好评分能够成为预测选举活动中投票行为的一种重要手段。

皮亚杰将之视为经验性原始人的是我们能够依据直觉对这样的社会价值观念进行比较和安排的能力。一些事例〔基于科恩(Cohen)和纳格尔(Nagel)所提供的事例(第289页)〕能够进一步阐明皮亚杰此时此刻他的脑海中所拥有的想法。如此,我们可以建议人们"去听A教授的课,因为他的课比B教授的课简单";"早上十点后坐地铁,那时人不会那么拥挤";"购买X品牌的咖啡,因为这种咖啡比Y品牌的咖啡更新鲜"。在这些事例中,我们会马上掌握"简单"和"困难"、"拥挤"和"不拥挤"、"新鲜"和"不新鲜"的差异。我们根据恰当的价值尺度,在安排自身偏好时没有丝毫的困难。

长久以来,人们反对霍曼斯和伯劳所提出的如下社会交换理论,即交换需要一个共同的流通(货币)计量单位或者比较单位,以使得用其他的交换项目——尤其是当它们是诸如情感或者思想等的无形之物时——对一个交换项目的评价变得有效。用这种流通（货币）的术语来讲，不同经历的价值观念（考试中得 B+，被心上人亲吻，听贝多芬的四重奏，送来一份冰啤）①应该得到协调，以便这样的行为的价值能够与其他价值相关联。但是，有人主张，这样一种价值的共同流通（货币）还没有被大家认定。有人问，比较的单位到底是什么？是"亲吻""四重奏"，还是"冰啤酒"？

这一类的异议并不适用于皮亚杰的态度。无论如何，它是针对一个粗野的快乐论者这样一个假想对手的。其价值概念，无异于边沁（Bentham）的声明"等同于儿戏的快乐与诗歌几乎一样"。皮亚杰并不认为价值等同于主观效用（快乐）。更何况，他认为，人们并不必然用以普通货币作为标准来测量经济商品的数量这样一种相同的方法来测量交换项目的社会价值。这样的观点假定，在质性价值观念之中只存在一种测量的尺度或者单位。但是，皮亚杰的观点是，我们的社会中存在着一系列非规范的和规范的价值尺度；存在着政治的、宗教的、文学的和科学的尺度。甚而至于，他的观点预先假设诸如价值观念级系这样的看法，认为规范性价值观念要比非规范性价值观念更加高级。

为了使得我们的价值判断相互之间协调一致，我们需要在具有同一性的范围里对相似的经历进行比较。我们必须要对因亲吻自己的心上人而获得的愉悦感与亲吻他人而获得的愉悦感进行比较，对因为倾听贝多芬的弦乐四重奏而获得的美感享受与因倾听莫扎特的弦乐四重奏的美感享受进行比较，也要对因为饮用冰啤酒而获得的愉悦与因为饮用温啤酒而获得的愉悦进行比较。只有在我们接受一种不加掩饰的功利主义形式之时，我们才能够希望以完全相同的享乐主义的标准对每一个价值进行分级。因此，皮亚杰的信条是"宁成为得满足之人，也勿成为心满意足之猪"。

皮亚杰也探讨集体的价值观念或者说群体的价值观念。他认为，这样的价值观念是由构成社会群体的个体的评价而形成的。政治家所享有的声望和声誉就是这样一种集体价值的一个例证。皮亚杰将之认为是诸个个体摇摆不定的观点的综合：这些观点有感激，也有恶意批判，不一而足。然而，总体的共识或许会是如此，即政治家会对声望和支持做出较好的权衡。皮亚杰将这类摇摆不定的社会评价比作商品的价格源于供需之间统计学的平衡这样的自由贸易经济体内经济价值观念的波动（1965，第 52—53 页）。如此，譬如在销售小麦之时，个体购买者与销售者达成的不同交易，以及由之而达成的价格会呈现出围绕某个平均数而出现的变动。而这个价格对于这个商品而言，会在某个特定的时间内以一种标准价格的形式稳定下来。

皮亚杰此处对社会的想法与帕累托将之视为诸种交互作用的力量的一个体系的观

---

① 多伊奇、克劳斯：《社会心理学理论》，纽约：基础书籍出版社，1965，第 114—115 页［Deutsch, M., & Krauss, R. M. (1965). *Theories in Social Psychology*. New York: Basic Books, pp. 114-115.］；艾克：《社会交换理论：两类传统》，伦敦：海尼曼出版社，1974，第 203 页［Ekeh, P. P. (1974). *Social Exchange Theory: The Two Traditions*. London: Heinemann, p. 203.］

点相似(同上,第42页)。皮亚杰指出,对帕累托而言,这些力量并非是由标准或者社会观念构成的,而是由遗留物或者永恒的本能构成。好,即便皮亚杰对帕累托将遗留物视为我们行为的发动机的观点持批评的态度,因为皮亚杰认为这些在很大程度上并非真实,但是在共时层面用均势结构术语描述社会交换时,皮亚杰沿用了帕累托的观点。但是,皮亚杰用社会的统计学模式替换了帕累托的社会的机械模式。在他的统计学模式之中,摇摆不定的个体评价的多样性呈现出集体价值观念的特点。

然而,在皮亚杰与帕累托之间依然存在着这样的差异。尽管对帕累托而言,道德的价值观念被认为是所谓的无意义的喋喋不休,其作用在于强化行为①,但是对于皮亚杰而言,道德规范和法律准则是富有意义的概念,在我们的生活中发挥重要的作用。皮亚杰为了解释这样的规范和准则的构造,他沿用涂尔干的观点、求助于历史的(历时的)维度,即在当代的逻辑、道德、法律和宗教概念与在以往的和更加原始的社会中发现的这些概念看出一种连续性。但是,皮亚杰可能赞同帕累托的观点,即结构的社会进化并不能够解释它们的作用。如此,即便我们的法律体系根植于早期的社会,但是我们的法律准则的合法性也独立于它们的历史。譬如,我们可以说明,涉及偷盗罪的特定法规是如何包含在与当代社会保护私有财产相关的一般法律原则之中的。

道德规范和交换理论

对于皮亚杰而言,我们对他人的行为,不仅受到涉及审慎的自身利益的情感的驱使;我们在与他们交往时,也同样受到道德的价值观念的驱使。譬如,在某一段时间间隔之后,我们对他人所提供的服务表示感谢具有一种道德的态度,并由之而导致一种合乎规范的交换。因为,我们应该回报这种服务(同上,第121—131页)。关于这一点,皮亚杰分析了最为简单的道德行为的形式。这种形式可以在年幼儿童对父母表示出的尊重中可以看出,皮亚杰称之为单向尊重。如此,假如 A 是父母,B 为儿童,那么 A 的行为,比之于 B 的行为在 A 看来,会受到 B 更多的重视。父母所具有的权力和权威儿童尚没有获得。儿童感觉他像一位优胜者——像一个喜爱和恐惧(即尊重)的对象。

这种道德关系,一种不平等的关系,可以用如下形式来正式表达(同上,第128页):

① $(rA < sB) + (sB = tB) + (tB = vA) = (rA < vA)$

② $(rB > sA) + (sA = tA) + (tA = vB) = (rB > vB)$

①代表 B 对 A 的过度评价,以至于他将他视为更加聪明、更加有智慧和更加强大。②则代表 A 对 B 的低估,A 将 B 视为更加弱小,需要身体和道德的保护。

这样,我们就有了一种道德态度的不平等,或者说道德态度的不平衡。儿童采纳了

---

① 《儿童的道德判断》,第110页。

这个受人尊重的父母的价值观念尺度,但是相反的并非相同。儿童对其父母所表现的尊重(即 vA)被他解释为对父母权威的承认的一种形式,并因为承认这种权威而产生要遵照父母树立的榜样的义务。皮亚杰指出,精神分析学家已经在他们的超我(super-ego)理论中论及这点(同上,第 129 页)。他们宣称,这个超我以意识的形式将我们早先对父母的尊重予以概括。

皮亚杰所描述的第二种尊重的形式是相互尊重。它出现于儿童发展到青春期阶段,至少在我们这个社会里,被认为是一种更加成熟的道德行为形式。在这个事例中,A 和 B 都接受一种由互惠发挥主要作用的共同的价值观念尺度。尽管单一尊重源于两个个体互相评价对方时的一种不平等,另外一方面他告诉我们,相互尊重源于相等。每一方都将对方认为等同于自己,把他作为目标,而非仅仅手段。因此,与简单交换的单一目标相反,道德交换具有公正的特征(同上,第 129—130 页)。

但是,皮亚杰问道,我们如何解释社会交换中出现的规范性特点?他发现,用利己主义——剥夺他人的认可而获得满足——这种实用主义的尝试去解释良心是不可接受的。他告诉我们,一位出色的人宁可听从自己的良心,也不愿听从公众的舆论。但是,他指出,听从自己的良心也许是基于我们父母和朋友在过往施恩惠于我们的道德观(同上,第 126 页)。这样,在社会交换中具有强制性特点的准则的引入,对皮亚杰而言仅仅是在把它们的历史当作一个功能看待时才是可以解释的。然而,皮亚杰也许会否认他正在散布自然主义者的谬论——在此试图从"事实的"陈述推断出"本该的"陈述。为了坚持他的逻辑观点,他会坚信人们可以将道德准则的正当性视为完全独立于它们高贵的祖先。

法律准则和交换理论

接下来,皮亚杰将自己的交换理论应用于个体之间或者由个体组成的群体之间的法律事务。他说明了编撰成典的(国家的)法律和未编撰成典的(涉及承诺和契约的)法规都是如何用交换理论来予以表达的。法律交换比之于自发的交换或者道德交换更具全局性质,因为我们在此关注的是法人和一般化的权利和责任——其相关的法律关系存在于任何个体之间或者由个体组成的群体之间(同上,第 131—141 页和第 172—202 页)。

法律交换一个很好的例证可以从个体或者交换私人财产,或者承诺承担某种责任以换取金钱或者服务的契约法中可以看到。譬如,在婚姻仪式中,婚礼中的配偶承诺相互敬爱、相互敬重、相互听从。在这类事例中,他们被想当然地认为是负责任的个体。他们出于自愿进入这样的关系之中。在此,我们具有一种合乎规范的交换行为的形式,这其中契约的条件对于进入这样关系的任何人都具有约束力。况且,有关国家起源的所有社会契约理论似乎都有交换的特征。在《理想国》第二卷中,格劳孔(Glaucon)用最简洁的形式、用人们一起同意不相互伤害以避免落入他们同伴之手而受到伤害的方式对此予以说明。

皮亚杰在他的解释中更多的是关注法的社会学,也即社会是以怎样的方式来构建被社会群体视为是正当的和具有强制性的法律的。① 在探讨法律的社会起源时,他引用了佩特拉吉茨基(Petrajitsky)(波兰的法社会学家)和乔治·古尔维奇(Georges Gurvitsch)的著作:在他们看来,合法的法规是基于所谓的合法的情感——合法的信仰(同上,第187页)。皮亚杰本人对这类态度是同情的。他说到,在法律编撰成典之前,人们无法在没有认同他人的权利之时与他人共同生活。而这样一种承认也因此构成了基本的属于法律范畴的情感(同上,第190页)。他继续说,从发展的观点来看,人们对权威的承认是法律的条件,犹如在道德观上敬重先于责任一样(同上,第191页)。如此,儿童在对具体责任感到负有道义之前就认识到成人的权威是正当的。

皮亚杰发现道德观与法律之间存在着一种关系,并试图通过对存在于道德观的敬重感的分析与存在于法律的对权力和权威的承认将这种关系说出来。他告诉我们,但是由于后者的感受比之于前者更加抽象、更具智慧,因此后者无法先于前者而发展(同上,第191页)。更何况,由于尊重是一人对另外一人的一种情感表现,因此它在本质上是个人情感,而对权威或者对法律的承认则是皮亚杰称之为的超越个人的一种情感。在后者的事例中,只要某人不同于他人,我们就不会对这个人进行评价。但这种情况仅指这个人在这个社会群体内所发挥的作用或者提供的服务。皮亚杰说到,我们能够由于某个人的权威而遵从这个人。在此情况下,我们讨论的是对道德秩序的尊重和义务。但是,如果我们因为他是首领而遵从他的命令,那我们只单单承认了一种职务,这是一种有别于道德观中所出现的义务(同上,第192页)。

皮亚杰列举了个人关系和道德关系是如何有异于超越个人关系或者法律关系的如下事例。一个特定的儿童 B 尊重他的父亲 A,并因此遵从他。这其中所表现出来的遵从方式本身会因为父亲和儿童的个性而显现差别。在以后的某一天,这个儿子会不再对其父亲表现敬重,也因之对他不再怀有道德义务。然而,他会承认他的父亲对他拥有律法权利,他本人对其父亲也需承担责任(同上,第194—195页)。因此,皮亚杰对道德关系和法律关系做出了区分。在前一类中,个体 A 和个体 B 无法相互替代——我们探讨的是与众不同的人。在后者中,我们探讨的则是属于法律范畴的人 X 和 Y:他们可

---

① 皮亚杰认为,我们不能在所谓的并不拥有书面法律的原始社会里对道德和法律做出明显的区分。因此,他指出,如果我们要顾及诸如炫财冬宴(北美原住民之一的海岸印第安人的一种传统,向邻里赠送财产,得到馈赠的人回报一种"承认",馈赠者由此改变社会地位。——译者注)、赠礼、报复行为以及涉及性的规则等这些已经仪式化了的习俗,那么将难以知悉它们到底是法律秩序还是道德秩序。他继续说,即便是在我们的社会里,尽管在实践中容易对此做出区分,但是在理论上对此进行系统阐述存在巨大困难(《社会学研究》,第201页)。

以被任何父亲和儿子所替代,相互间拥有相同的权利和责任。因此,皮亚杰采用术语的可替代性界定了超越个人的或者是法律的关系,也采用了非替代性界定了个人的(道德的)关系(同上,第195—196页)。换言之,匿名的或者是虚构的人进入法律的关系之中,而只有真实的个人进入到了道德关系之中。

交换的个人主义理论和集体主义理论

皮亚杰的社会学著作很容易与他在发展领域所做的某些研究联系起来,原因在于在这其中他关注情感经历和逻辑的、道德的和法律的思想和行为。但是,他的社会交换理论与由社会学家们详尽阐述的其他各类交换理论到底是什么关系并非即刻显而易见。由于皮亚杰很少提及他们的理论,即便他本应该意识到马塞尔·莫斯在这个领域的著作,但是他的理论似乎都是由他本人苦思冥想而得。因此,将皮亚杰的理论与其他这样的理论进行比较是非常有趣的,尤其是因为他们当中的一些理论是在他自己的理论之后进行详细阐述的,且没有明显地提及他的著作。

在此详细阐述了两种社会交换理论。这两种理论被称之为:个人主义理论和集体主义理论。[①] 前者,很大程度上与霍曼斯和伯劳的名字相联系,它关注成对的个体面对面时的社会交换关系。这种理论强调社会交换过程中的心理和经济方面,因此它与皮亚杰自己的理论在很多方面一样。譬如,伯劳将经济和社会交换视为交换之一般现象的一个组成部分:经济交换则被视为是这种交换的一个特例。因此,他告诉我们,提供帮助产生回报的期望成为经济和社会交易的特征(1968,第454—455页)。

集体主义的立场涵盖了接受涂尔干的观点的那些社会交换理论,即社会是一个除其个体成员之外的独立存在体,它以约束的形式将自己的法律准则强加于其个体成员身上。马塞尔·莫斯在此接受涂尔干的立场,以社会优先于个体为假设详细阐述了他的社会交换理论。他以更加简单的社会为起点,坚决主张在这样的社会里我们并没有发现个体间一例简单的商品交换。是群体,或者说是代表群体的人们参与交换,并在相互间达成一致。当各个个体参与交换交易时,他们代表了一个家庭、一个家族或者一个部落,而非仅仅关注他们自我利益的诸个体(1974,第32页)。

集体主义的立场在其思想基于莫斯的某些观察资料的列维-斯特劳斯(Levi-Strauss)的著作中最能清晰地看到。列维-斯特劳斯原来关注的是更加原始的社会里的婚姻交换,关注婚姻伴侣根据特定社会规则进行遴选的方法。因此,婚姻伴侣或者礼品

---

① 要了解对这两类社会交换理论间的区别所做的完整而非常有用的探讨,请参阅艾克(P. P. Ekeh)的著作《社会交换理论:两类传统》(*Social Exchange Theory: The Two Traditions*)。我深深受惠于此书。

交换的选择并非根据这些个体的愿望,在根本上具有象征的含义或者文化的含义。在婚姻伴侣的选择这个事例中,选择可能会受限于与异族结婚和乱伦相关的惯例。这样,社会通过排除某些阶层的妇女的资格来增加适婚妇女的稀缺现象。

列维-斯特劳斯对个人主义理论是持批判态度的,因为这个理论通过强调自身利益倾向于把社会交换比作经济交换。马林诺夫斯基(Malinowski)因为强调交换中的心理因素,几乎难以被描述为集体主义者,但是他也做过相似的批判。他强烈主张,通过礼品的交换人的内心存在着分享这样一种根深蒂固的冲动和创造社会纽带这样一种深层的倾向:"礼品的赠予似乎是所有原始社会普遍的原则。"(第175页)而这,正如我们所看到的,正是皮亚杰本人从年幼儿童的无私行为中所观察到的现象。马林诺夫斯基似乎含蓄地在说,理性地平衡收益和损失的经济人这个概念,就主观效用而言是经济学家的一种想象。

但是,社会交换在很大程度上与经济交换无关这个集体主义的观点并非没有经受挑战。人们认为,其经济因素在赠予的礼品作为一个整体而被说成具有象征性的或者文化的价值的这些交换事例中并非缺损。人们认为,这种礼品的赠与行为的实用主义特点被戴上了时间因素——偿还礼品的延后性——的面罩。伯劳指出(1964,第99页),圣诞节期间赠送礼品的习俗使得我们无法去交换一件不期而遇的圣诞礼物,直至一年以后,或者直至另外一个合适的场合出现为止。这个事例中的习俗似乎具有规范交换发生的时间间隔的作用,而又无须摧毁其实用的特征。

萨特(Sartre)在他撰写的《辨证理性批判》(*Critique of Dialectical Reason*)中提出了相似的观点:他援引列维-斯特劳斯的企图,意在说明炫财冬宴与自身特征相符,是超经济的。列维-斯特劳斯坚持认为:"最佳的证明……就是……更大的声望源于财富的毁灭,而非财富的分配。原因在于财富分配不管有多自由总需要一个相似的回报。"(第106页)对于这一点,萨特回复说:"礼品以其毁灭性的形式(犹如在炫财冬宴礼物中所看到的),并非像用一物抵一物的抵押借贷一样是一个基本的交换形态。将两种惯例分割开来的特定时间段……把它们的可逆转性给掩盖起来了。"(同上,第106—107页)换言之,第一个捐赠者如果可能会向第二个捐赠者发起一种挑战,让他去超越自己的表现、奉献他更多的物品,以此在部落人的眼里获得更大的声望。皮亚杰在思考炫财冬宴礼物作为一种交换,获取的回报是声望而非物质财富时似乎持有相似的立场。

这些实践并非仅仅局限于美国西北部的印第安人之中,也存在于当代社会之中。摆阔式的挥霍的整个作用,"炫耀攀比"似乎是在更加高雅的范围里呈现炫财冬宴礼物。显然,在竞争因素发挥重要作用的摆阔式挥霍中,既有经济的含义,也有文化的含义。如果没有电视和报刊这些大众广告的激励,许多生产奢侈品的产业会遭遇困境。伯劳还指出,向穷人给予施舍品、给孩子以礼物和诸如捐助建立牛津大学和剑桥大学诸学院等的笼而统之的提供慈善性捐赠等都具有相似的含义。

与萨特和伯劳相比,皮亚杰对自身利益和道德行为做出了更加严格的区分,并指出道德行为如何可以与自身利益等同起来。他指出,道德价值经常被人们普遍地认为是某种类似于经济交换价值的东西。如此,我们已经被告诫要表现出好的行为,因为好的行为终究会有回报,如果不是在这个世界,就会是在另外一个世界里。皮亚杰评论到,这一类的道德思考也同样假定,这类行为的价值会因为它们的报答的延后而得到增加。他继续说道,而这提醒我们想起被视为真实价值与未来价值之间的价格差的利息这个经济概念。真实的快乐所构成的满足感比预想的要少得多(1965,第126页)。皮亚杰在此的观点是,在这一类的道德思考中存在着一种经济的成分。正是在这个意义上,它是一种"道德观的腐化"。

分配公平和平等的观念

支持皮亚杰一整套交换理论的基本假设是个体之间的平等是社会的基本要旨,均衡的交换比之于不均衡的交换和不稳定的交换要更好、更加持久。皮亚杰假设,社会合作是平等和互惠这些由平等主义公正理论所预先假设的概念在其形成中的重要的因素。

这种立场是在《儿童的道德判断》一书中形成的。在该书中,皮亚杰认为,匹敌者之间的合作构成了最为深层的、具有最为确定的心理学基础的社会现象。现在,即便皮亚杰相信"平等或者分配公平的思想拥有个体的或者生物的根源",但是他指出,"为了真正的平等、为了获得互惠的真实愿望,个体之间的行为和反应导致人们意识到必须要有均衡来约束和限制'另一面'和'本我'"(第317页)。这样,皮亚杰将社会均衡和伙伴间建立平等的概念结合起来作为他们合作的一个结果。此外,他假设这种关系源于一种基本的社会经历——一种自发的倾向互惠的意识。

即便皮亚杰相信分配公平具有社会心理根源的看法,但是他依然拒绝相信它是基于任何由假设出发的自然法则理论的。他强调,在这种联系中绝大多数社会学家都会赞同,任何一个人类社会都相信公正高于由国家权力机关制定或者认可的实在法。他继续说,这种信仰并非是先于社会进化(也即由于自然法则)的一个因素的表达,而是源于内在于社会的均衡规则。皮亚杰在做如下表达时对这个主题做了进一步的阐述,即在一个既定的社会里,不管实际遵守什么样的法律法规,社会中必然存在着倾向于更大的公平、更多的互惠和更多的公正的永恒趋势。这是因为这些倾向是更好均衡的诸种形式(1965,第176页)。

皮亚杰把他所称的"内在于所有人类社会的对公平的渴望"等同于这种倾向,以达到更佳的社会平衡状态。为此,他会看似将平衡的观念等同于一个更加和谐的、更加平衡的事态;据推测,在这种事态之中社会中的所有个体均有平等的权利和义务。尽管上述论证带有同义反复的味道,但是皮亚杰假设随着政治平等和社会平等在民主国家中出现，这些政治平等和社会平等比之于不平等（或者失调）状态在道德上是更佳的一种事态。他在此的立场接近于古希腊的观点，即和谐与均衡的观念作为有形的原则和道德原则不偏不倚地适用着。欧里庇德斯（Euripides）将这个观点梗概如下（1951，第25—26页）：

　　平等，将朋友紧密地结合在一起，
　　将城市紧密地结合在一起，将同盟国紧密地结合在一起。
　　人类的自然法则是平等。

然而，存在着这样的区别：皮亚杰把均衡或者平等视为一个有限的概念。我们的社会形式朝着这个概念而奋斗，而不是像希腊人那样在和谐的事例中以先验的原则不偏不倚地应用于有形的王国和道德王国。

皮亚杰对公平概念之社会起源的信奉来自他本人的陈述，即"两个或者三个个体一直居住在与世隔绝的沙漠荒岛上，他们必然会形成一个并不隐含事先就已经享有的公平这一概念"（1965，第176页）。这个观点与他的断言即人的本质是社会化的本质，所谓的卢梭（Rousseau）将人的本质归因于他所谓的具有道德美德和理性观的高贵的野蛮人相一致，这样的看法是纯粹的想象。对于皮亚杰而言，公平的原始根源可以在儿童所显现出来的互惠的社会情绪中得以窥见。因此，他告诉我们，公平的意识形成于"儿童们所表现出来的相互敬重和团结一致"（1932，第196页）。

但是令人烦恼之处在于，皮亚杰所提到的沙漠荒岛的事例，如果他是在论述鲁滨逊·克鲁索（Robinson Crusoe）和星期五，那么他们之间的关系则更像黑格尔（Hegel）的主仆关系——一种基本的不平等关系。而这样一种关系，犹如在柏拉图（Plato）的《理想国》（Republic）中一样被视为一种完美的关系，因为鲁滨逊·克鲁索和他的星期五都以各自恰当的身份各司其职。当然，皮亚杰会依然主张他们之间不管是什么关系，他们旨在达到的理想的关系是平等关系。

皮亚杰假设，他的基本等价关系——等式一和等式二（他将之等同于社会均衡的成就）——不管是不合乎规范还是合乎规范，都应该成为社会交换过程旨在达到的终极目的。① 我们早已指出，在这样的交换中有可能存在着不平等或不平衡。譬如，合作伙伴在讨论过程中描述思想（或者提议）的智慧交换，他对他称之为真实的均衡和不真实的均衡之间做了区分。在前者之中，接受一个提议（或论点）为正确源于探讨者愿意合作——达成智慧一致。在后者之中，提议或论点由一位探讨者接受为正确，仅仅是因为另一位探讨者的权威使然，即灌输之意义所在。因此，在这样的智慧交换之中存在着一

---

①　皮亚杰将平等的意识形态准则视为我们在儿童的道德教育中需要达成目的的某种东西。因此，他告诉我们，"诚如在我们的自由讨论中所详细阐述的那样，我们的现代思想是合作——个体的尊严和对大众意见的敬重"（《儿童的道德判断》，第372页）。他认为，这会导致作为民主社会特征之一的公民和人道的精神。皮亚杰然后相信，民主国家比之也许更加有效，但是在其中个体本身或许并没有当作终极来对待的精英管理的社会在道德上更好。

个基本的不平等。皮亚杰将因合伙人由源于理性的辩论而赞同某个叙述为正确这样的情形视为道德上的劣势(1965,第145—171页)。

然而,并非所有的分配公平都是主张人人平等的。我们只要想一下奥威尔(Orwell)的口号:"所有动物都是平等的,但是有些动物比其他动物更加平等"就会明白。对于柏拉图而言,正如我们已经看到的,一个公平的社会是不平等盛行的一个社会,在这样一个社会里,某个人所做的事是最适合他做的:看护人在做保安、士兵在保卫国家、工人在劳动。换言之,每个人都在完成他生而享有的社会角色。对柏拉图而言,公平就是给予每个人他应得的那部分。如我们今天所知的平等权利的观念(除了妇女的权利之外)在柏拉图的《理想国》里似乎并没有一席之地。

在自由竞争的制度里,正如现代资本主义社会中所出现的那样,个体的服务对于供求法则而言变成了经济交换项目。古尔德纳(Gouldner)指出,中产阶级的实用标准意味着回报跟某个人在自己的工作中所展示的能力和投入的努力相称。因此,代之以贵族式的回报理想的是根据自身的社会地位的个体,以及根据自身的社会有用性的资产阶级的回报理想(第62—63页)。皮亚杰的分配公平的概念似乎类似于资产阶级的理想。他确实倾向于将平等的观念建立在"实用最大化"的基础上,至少当他在讨论个体之间的自发交换时是如此。在皮亚杰看来,就所涉及的非规范性交换关系而言,稳定的社会以实用的平衡为基础,而不稳定的社会则以实用的失衡为基础。

那么,皮亚杰的等式一和等式二就将参与交换的合作伙伴的联合优势最大化了,以使之以互惠利益而结束。当他说"根据帕累托的看法,我们在等式一和等式二中系统阐述的均衡在原则上恰恰与社会均衡一致,原因在于在帕累托之后当某人选择作为参照体系的个体 a 的某个无论什么'目标'(亦即价值观念的范围)时,因遗留物 A、B、C 而产生的 X、Y 等代表了'对社会的最大实用性'"(1965,第116页)之时,他提出了这个观点。但是在皮亚杰看来,因之而产生的 X、Y 等或者社会价值观念源于交换本身的过程,而非如帕累托事例中那样,源于本能或者遗留物。因此而达成的社会均衡会显示帕累托的"最大限度的福利功能":它会将任何个体 a 在社会中无论是谁的利益最大化。而这就是作为交换的结果在这个社会中的每一个人都会更加富有、没有人会更加贫穷的另外一种表述。

尼采(Nietzsche)在探讨公平的起源时试图将公平的概念与某种像"最大限度的福利功能"联系起来,尽管他倾向将其功能限定在精英范围之内。他坚持认为,最原始的个人关系就是购买者和销售者、债权人和债务人之间的关系。他继续说,犯罪感、先于就其本身而言的社会群集的个人责任感即源于此(第70页)。他坚持认为,道德上对公正公平的关切是在权力相等的、能够相互间用这样的术语进行交流的人的初级层面发展起来的。公正具有交易的特点,它源于对自我保存的审慎关切(同上,第168页)。

正如我们早已看到的,尽管尼采在此的态度与皮亚杰社会交换理论中对同情的阐述具有很多共同之处,但是,他的看法与皮亚杰的观点即规范的公正概念从起源的角度看与人类本质的无私成分相关联的想法却是相左的。比之于买卖交易,皮亚杰本人愿意将这样的成分看得更加原始。一个公平的经济交易这一整个观念早已预先假定某种如本能的公正感的东西了。皮亚杰对此事的看法在他解释于自发的社会交换中所出现的诸个体中的功利主义感受时往往会变得模糊不清。然而,他显然相信,公正感根植于我们的无私情感,而非利己主义的情感,根植于将他人视为他们自身的尽头——视为匹敌者的冷漠态度。皮亚杰认识到,社会中并非所有的价值观念都是实用的:存在着一系列的规范的价值观念,期间"爱你的邻居犹如爱你自己"便是其中之一。尽管在社会交换的等式中互惠互利的观念被视为得失的一种平衡,但是如果没有道德规范的干预,且这样的道德规范是基于我们早先的无私表现的,那么互惠互利除了最初的交易之外便无法持久。

合乎规范的互惠互利和社会作用

皮亚杰在解释其社会交换时强调自我的面对面关系及其变化,然后将此关系延伸到存在于个体与群体间的关系。但是,正如我们已经看到的,在这样的交换之中,人们根本无法担保这些价值观念会持久存在——人们会忘却或者会忘恩负义——以至互惠互利无法保留。另外,任何一种在其后具有规范或者义务的行为会导致一种全新的关系。这种关系中的规范以及因之而产生的冷漠态度会激发诸个体参与这个交换的兴趣。而这种现象主要在相互敬重的关系中可以发现。在这种相互敬重关系之中,平等和公正的准则以其最发达的形式得到见证。

皮亚杰使用了其中涉及人在其所居住的群体内的社会功能这个超越个人关系的概念,以便去论述法律规范成为一个部分的制度化的社会行为。在这样一个功能性的关系之中,人们仅仅考虑了这个真实的人的一个方面:我们讨论法律意义上的人或者是抽象的人。另外一方面,在皮亚杰看来,在道德关系中,我们基本上只关注被视为是自身尽头的独特的个体。

萨特揭示了作为真实存在的个体与他可能扮演的社会的、更加一般意义上的角色的个体之间的差异。他在他知名的评论中强调了社会角色扮演这个老一套的煞有介事的特点,"食品杂货商在跳动、裁缝在摇晃、拍卖商在闪动,他们借此去竭力说服他们的主顾,他们只不过就是一个食品杂货商、一个拍卖商、一个裁缝而已"(1957,第59页)。从一个真实的人到因为获得了一个社会角色或者职业而因此转化为他所扮演的一个理想化的社会角色的这样一个转变,也许是无意之中由一个苏格兰墓地的墓志铭显示出来的,"此处躺着的是塔马斯·琼斯(Tammas Jones)的躯体。他生为男人,死为食品杂货商"①。

　　萨特对社会角色的解释似乎确实太过有限,正如多萝西·埃美特(第154页)强调的,"一个人在他的工作时间竭尽了许多职责"。换言之,他有很多职业:儿子、父亲、公司行政官、堂区俗人委员和高尔夫俱乐部成员。与因为他所拥有的不同社会职责从而影响他性格的不同方面相一致的是,他拥有不同的社会责任和法律责任。在皮亚杰看来,当我们谈到社会公共机构、甚至国家之时,我们也许是在谈论抽象的、理想化角色的复杂模式的集合体。在某种程度上,这种集合体是由法律规范支持的。

　　在皮亚杰看来,某一个体因此卷入两类交换关系之中:出现于自发的和道德交换中的私人的当面交换关系,以及涉及个体与公共机构及群体关系的超个人的诸种交换关系。皮亚杰强调了这种群体行为的客观的特性,尤其是因为它会在公共舆论中显露出来。譬如,某一个体会因为公众舆论而被迫遵从部落酋长或者国家首脑。正如他所讲的,"即便任何个体无论怎样都不愿顺从酋长的支配地位,但是他会被迫依从群体中其他个体遵从酋长的这个跨个人关系的集体意愿……正是借此,形成了与私人关系相反的这种关系的某个公众舆论的优势"(1965,第197页)。

　　与现代社会相比,也许是集体主义的交换形式、而非个人的交换形式,在更加简单的社会中显得更加明显。原因在于社会法规对个体在这个社会中所扮演的角色做出了更多的限制。此外,我们也可以从常常受到一些限制的约束、几乎没有一点主动权的年幼儿童的行为上找到某些相似的情形。皮亚杰解释,在如我们所看到的年幼儿童的社会行为中,游戏规则一代又一代地传下去。他留意到这样的法规让儿童感到有束缚,对他们而言几乎包含着神秘的敬畏。

　　如皮亚杰所指出的,在更加原始的社会里,由于社会法规和清规戒律对个体产生的压力以及遵守传统的需要而导致的结果,与现代社会截然不同的是,"个人主义和个性在真正意义上发挥作用"几乎不存在空间。这也许就是为何集体主义的理论通常是从更加简单的社会中援引其交换事例的原因,也因此能够说明决定交换业务的在很大程度上是文化因素,或者说是象征因素,而非经济因素。另外一方面,正如在功利主义动机很强烈的现代西方社会所出现的那样,个人主义理论通常诉诸交换。

　　皮亚杰在其解释跨人际关系时并没有详细探讨这样一类公共机构的关系。但是,他完全意识到,正如我们已经看到的那样,法律法规在社会中所发挥的作用,即便是在早期也是如此,正如儿童在游戏玩耍中所表明的那样。在他的社会学著作中,不管法律法规是编辑成典的还是没有编辑成典的,他主要关注的是这些法律法规在我们社会中

---

① 斯佩里:《医学实践的伦理学基础》,伦敦:卡塞尔有限公司,1951,第41页[Sperry, W. L. (1951). *The Ethical Basis of Medical Practice*. London: Cassell and Company Ltd., p.41]。参阅埃美特:《规则、角色与关系》,伦敦:麦克米伦出版公司,1966,第154页[Emmet, D. (1966). *Rules, Roles and Relations*. London: Macmillan, p.154]。

所发挥作用的那部分。与原始社会相对立的是,在现代社会中法律法规通常明显有别于道德准则。因此,当我们谈及法律交换时,我们并不关注本我及另一面的个人的面对面的关系,而是合法的个人及他们与他人以及这个群体的关系。

附录一

在本文中,我们主要探讨了皮亚杰所提出的适用于情感经历和规范性经历的交换理论。皮亚杰将思维的成长和理性的论证归咎于社会因素。皮亚杰的这个看法,在我们讨论皮亚杰的概念形成理论中经常被人们忽略。皮亚杰告诉我们,论证中提供证明的需求源于"我们跟他人思想进行接触而引起的能够产生疑问、导致证明的渴望的思想冲击"。他说,这种现象源自共享他人思想、成功地与我们的思想进行沟通的社会需求。因此,他把证明视为论证的结果,将逻辑推理视为我们与自身辩论的一个论据,也视为"能内在地再现真实辩论的这些特点"的一个论据(1964,第204页)。

皮亚杰相信,理性的辩论根植于某次对话中伙伴间的智慧交换。这个看法让人联想起海德格尔(Heidegger)所强调的日常对话暂时先于逻辑思考的观点。皮亚杰继续假设,这样的理性论证在其后会以一种论据的形式与自身内化。他也因此能够将伙伴间的一次对话视为社会交换的一种形式。在这个事例中,我们论述了一种智慧交换,而这个交换的这些项目就是其真假由我们自己鉴定的诸种提议。皮亚杰从这个观点告诉我们,诸种提议的一次交换会被视为类似于任何其他体系的一种评估体系[1965,《逻辑运算与社会生活》(*Les operations logiques et la vie sociale*)]。

皮亚杰认为,为了使得思想的智慧交换成为一种规范性交换,亦即在交换项目中涉及逻辑规则的运用,那么探讨者需要共享普通的智慧价值观念的衡量标准。如果他们要以一种模糊不清的方式,用普通的习惯用法来表达自己的思想,那么共享普通的智慧价值观念的衡量标准就是必然的。其中发挥作用的真理的价值观念在整个探讨中还要必须保持持久不变,以使探讨者们能够在万一发生争论的情况下予以引证。他说,这需要具备沟通或者交换规则特点的两种规则的法规。它们是:①能够在探讨过程中使某个议题的含义保持不变的同一性原则;②排除可以对确认议题和否认议题进行取舍的可能性的对立性原则。年幼儿童的思想中正是因为缺乏这样一种规则,从而使得他能够接受相互对立的说法。

必须指出,皮亚杰在此关注的是我们在普通讨论中使用这些规则的方法,而非正式逻辑体系中使用这些规则的方法。他的基本观点是,一种理性的辩论源于两个合作伙伴的对话结果,且是通过他们接受如下想法,即双方沟通中所使用的共同标准能够判断这个议题是合乎正确原则的。当这样一种智慧交换或者对话正式形成时,皮亚杰声称它具有一种结构体系(亦即一种复杂的类别体系)的形式。其结构即便没有将之假定为起始点,也因此往往会与一种纯粹理想体系的议题的正规逻辑结构相一致。

附录二

  本文中我们未及回答的一个问题是:皮亚杰对社会学的兴趣是否如其对情感研究产生影响一样也对其认知发展研究产生了影响?我们知道,皮亚杰在相当长的时间里讲授社会学课程。他对社会学课程的备课准备肯定是在其从事认知发展研究的相同时间里进行的。在其早期著作中,人们发现他不断地论及社会因素在思想和语言的形成中的重要性。因此,在他撰写的社会学的著作和发生心理学的著作中具有某种相互得益的假设似乎是合理的。譬如,平衡的概念似乎用于其对认知发展的研究,与其在社会学研究中的使用方法相似。

  除了其早期论及社会学与逻辑学关系的一篇论文以及他在《儿童的道德判断》中所做的社会学探讨之外,他撰写的有关社会学的首篇论文直至1941年才出现。在此论文中,他将平衡的概念使用于其交换理论中,来表明包含在"行动－满足－责任－回报－行动"这个交换周期中社会价值观念的一种均衡。他也将这样的交换业务与平等的形成以及通过社会合作而达成分配公平的概念联系起来。

  帕累托在其社会学中首次使用了平衡的概念以描述一个社会体系的正常运转。他将社会视为由相互之间发生互动的社会原子,亦即人类个体(仿照机械系统中的粒子模型)组成。他使用了平衡的概念来描述社会中形成规律性或者法律的这种方式,其方法在很大程度上与开普勒(Kepler)将他的星系法的形成视为源于相互间产生影响的太阳与行星所产生的力量平衡一样。帕累托相信,这种机械模式"仅允许理解社会现象中非常复杂的举止和反应能力……以此方法为我们提供了一种社会和经济平衡的精确概念"(第31－32页)。他告诉我们,社会科学家必须要将社会视为在一个持续不断的系列中从一个静态的平衡向另一个静态平衡的动态发展。

  即便皮亚杰所采用的模式是以统计方式出现,而非以机械学形式出现,但是他在其交换理论中所使用的平衡概念的方法在某种程度上类似于帕累托在其理论中所使用的方法。如果有人要将社会视为由个体组成的、相互间互动的一个群体的形式,而非涂尔干社会学理论中将法律强加于个体成员之上的整个系统,那么持有若干这样的观点是必要的。在皮亚杰看来,社会规则或者社会法律会因此具有源于这一交换业务的结果的平衡结构的特点。正是在这个意义上,他的设想可以被描述为一种结构主义的形式。他试图阐释,可以不言自明地用等式(非等式)关系予以表达的平衡结构可应用于逻辑、道德和法律行为的领域。

  此外,当皮亚杰谈及作为平衡结构的儿童的认知发展阶段时,他是以共时的方式在考虑这种发展。从这个观点来看,它是由一系列的平衡阶段构成的,而非由持续不断的发展进程构成。而且，即便皮亚杰将其认识论描述为一种发生认识论，但是这种描述可能会引入歧途。他并非是在说出现于儿童发展各个连续阶段的认知结构只能用历史的表述或者发生的表述来予以描述。他会认为，这样的关系在共时层面还必须满足某些正式的正当性标准。

文献总汇

Blau, P. M. (1964). *Exchange and Power in Social Life*. New York and London: John Wiley.

Blau, P. M. (1968). Interaction: Social exchange. In Sills, D. L. (Ed.) *International Encyclopedia of the Social Sciences*. Vol. 7. New York: Macmillan, Free Press.

Cohen, M. R. and Nagel, E. (1966). *An Introduction to Logic and Scientific Method*. London: Routledge and Kegan Paul.

Ekeh, P. P. (1974). *Social Exchange Theory: The Two Traditions*. London: Heinemann.

Emmet, D. (1966). *Rules, Roles and Relations*. London: Macmillan.

Gouldner, A. W. (1970). *The Coming Crisis of Western Sociology*. New York: Basic Books.

Homans, G. C. (1961). *Social Behavior: Its Elementary Forms*. New York: Harcourt Brace and World.

Homans, G. C. (1962). *Sentiments and Activities*. London: Routledge and Kegan Paul.

Malinowski, B. (1922). *Argonauts of the Western Pacific*. London: Routledge and Kegan Paul.

Nietzsche, F. (1969). *On the Genealogy of Morals and Ecce Homo*. New York: Vintage Books. Tr. by Walter Kaufmann and R. D. Hollingdale.

O'Malley, J. (Ed.) (1970). *Karl Marx: Critique of Hegel's Philosophy of Right*. Cambridge: Cambridge University Press.

Pareto, V. (1966). *Sociological Writings*. London: Paul Mall Press. Tr. by Derick Mifin.

Piaget, J. (1932). *The Moral Judgement of the Child*. London: Routledge and Kagan Paul. Tr. by Marjorie Gabain.

Piaget, J. (1964). *Judgement and Reasoning in the Child*. New York:

Littlefield, Adams and Co. Tr. by Marjorie Worden.

Piaget, J. (1965). *Etudes Sociologiques*. Geneva: Droz.

Piaget, J. (1973). *Main Trends in Interdisciplinary Research*. London: George Allen and Unwin.

Sabine, G. H. (1951). *A History of Political Theory*. London: Harrap.

Satre, J. P. (1957). *Being and Nothingness*. London: Methuen. Tr. by Hazel Barnes.

Satre, J. P. (1976). *Critique of Dialectical Reason*. London: N. L. B. Tr. by Alan Sheridan-Smith.

Scheler, M. (1954). *The Nature of Sympathy*. London: Routledge and Kagan Paul. Tr. by Peter Heath.

Simmel, G. (Ed.) (1971). *On Individuality and Social Forms: Selected Writings*. Chicago and London: University of Chicago Press.

论皮亚杰的社会观

〔美〕理查德·F.基奇纳 著
张 坤 译
王云强 审校

论皮亚杰的社会观

On the Concept(s) of the Social in Piaget

作　者　Richard F. Kitchener

原载于 *The Cambridge Companion to Piaget*，edited by U. Müller, J. I. M. Carpendale & L. Smith，Cambridge，UK：Cambridge University Press，2009，pp. 110-131.

张　坤　译自英文
王云强　审校

论皮亚杰的社会观

问　　题

在这一部分我想提出如下问题:皮亚杰的认知发展理论包括社会理论吗？如果包括,那么这一理论是合乎逻辑和(或者)恰当的吗？

目前对皮亚杰的认知发展理论普遍存在如下一系列的批判（Boden,1980; Hamlyn,1971,1978; Meacham & Riegel,1978; Rotman,1977; Russell,1979; Tripp,1978; Vygotsky,1934/1986; Wallon,1928,1942,1951; Wilden,1977）：(1)皮亚杰没有提出对认知发展有作用的社会理论；(2)他曾提出了这样的理论,但是其不够充分,因为他并未完全且充分地强调社会；(3)他或许曾经有过一个足够复杂的社会理论,但却是不真实或错误的理论。我想追问的问题是:这些评论合理吗？

皮亚杰派学者对上述一系列评论做出过回应（Apostel,1986;Chapman,1986; Kitchener,1981,1991;Mays,1982;Smith,1982,1995）,即这些评论家显然没有读过皮亚杰,特别是他新近翻译出版的《社会学研究》(Piaget,1977/1995)。这本书就包括了社会理论。因此,第一条评论是错误的。这些学者对于问题(2)不太乐观,尽管有一些人争论道,这一理论貌似有理(尽管或许需要这儿那儿的一些调整)。不管怎样,很难发现很多人对问题(3)的争论,即问题本身是错误的并且皮亚杰有一个非常好的不需要修订的理由。所以,真正的问题涉及皮亚杰的著作中是否真的存在或者有足够的所谓的社会学论述。

评论家们对皮亚杰的著作做何评价呢？他们只是没有阅读过皮亚杰吗？当然,这只是针对其中部分评论家。还是他们阅读过皮亚杰但是可能给出了不正确或者不充分的解释？如果是这样,那么原因是什么？

解决方案

在这一章中,我将会证明批评者与皮亚杰的捍卫者是正确或部分正确的。皮亚杰确实提出过一个认知发展的社会学维度理论。事实上,他提出过几个——至少是三个:(1)早期的社会认识论。该理论认为,社会在其中发挥了关键性的认知作用。(2)斯宾诺莎主义者(Spinozist)(或逻辑学家)的双面论。该理论认为,存在一个表现在不同领域的单一的潜在平衡状态。(3)内在理性主义观。这种观点认为,任何外部影响、社会或其他,取决和衍生于纯粹的个人化的认知机制。我认为皮亚杰本人还不清楚这三种描述,他似乎常常同时表示赞成。最适当的描述是第一个,第二个应该被拒绝或大幅修正,第三个描述可能是可靠的(如果能得到充分修正)。这样一个修正版本可能要与第一和第二相结合,但这种结合需要等待未来完成。我勾勒出了一个可能的发展路线。

认识论的理论

皮亚杰最早的研究集中在他所谓的"童年期逻辑的研究"(Studies in Childhood Logic)。获得博士学位后,皮亚杰去苏黎世研究精神分析(见 Ducret,1984;Vidal,1986)。他在那里了解并熟悉了荣格(Jung)、菲斯特(Pfister)、布洛伊勒(Bleuler)、弗洛伊德(Freud)、阿德勒(Adler)和西尔贝雷(Silberer)的观点。布洛伊勒的我向思维(autistic thinking)是皮亚杰社会认识论的标志性主题。[1]

布洛伊勒和自我中心思维

布洛伊勒对自闭症做了许多密切相关的定义,但核心的思想是:这是一种与丰富幻想生活相关的脱离现实。

精神分裂症最重要的症状之一是与主动远离外部世界相伴随的内在活动占主导。最严重的情况是完全撤离现实世界,并且生活在一个梦想的世界;患者状况越轻,撤离的程度越小。我将该症状称之为"自闭症"。(1912/1951,p.399)

布洛伊勒强调有两种思维方式:我向思维与逻辑或现实思维(logical or realistic thinking)。然而,自闭症并不能确定为我向思维,它可能是非常正常的。(如在游戏或梦境中)(Bleuler,1911/1950,p.374)

我向思维的观念早就被皮亚杰纳入其思考中(皮亚杰,1920,1923a)。正如布洛伊勒所说,童年思维可以看作是我向思维的特征,而不是普通成年人生活中的理性思维。皮亚杰的主要假设是,在我向思维和逻辑思维之间存在另一种思维方式,即自我中心思维。

弗洛伊德的象征性思维(symbolic thought)的特点是缺乏逻辑推论的、一种超越概念的占主导地位的想象,以及缺乏一种与自己有关的连续想象相连接的意识(Piaget,1923a,p.275)。在本质上几乎总是我向性的——自我中心主义的、不可传达、独立于社会生活的。皮亚杰认为,"儿童的思维"是"介于象征性思维和逻辑思维之间"的(Piaget,1923a,p.285)。此时没有必要讨论逻辑推理和验证,这种逻辑推理和验证具有逻辑分析上的融合性或视觉图式的优势。在象征性思维与我向思维中,并没有自我的意识,是因为没有意识到他人。

皮亚杰说儿童的思维基本上是以自我为中心的。尽管儿童试图适应现实,但他的想法在很大程度上以自我为中心,因为它没有逻辑性、合理性,或客观上没有意图(或能力)证明其陈述或信念是合理的。儿童只是不与另一个儿童或成人沟通。

适应性知识(adapted information)是与他人的一种思想交换,试图把信念传递给另一个人。在两个人谈论相同事物但没有达成一致的时候,适应性知识可以引起对话。这种情况在童年期是罕见的,因为在该时期,人们发现的主要是原始论证(primitive argument),即那些未经逻辑辩解就得出的互相冲突的断言,而不是单纯的观点合成。

儿童在这个阶段还没有意识到其他人的观点,也没有意识到自己的观点。自我中心主义就是"无法将自己的观点与他人的观点加以区分"(Piaget,1924/1928,p.272)。由于不了解自己的观点,孩子会一直混淆在所有的观点中。这是一种无意识的唯我论。当其他人不同意他的观点时,一切就开始改变了。

只有通过与其他人心理的摩擦,通过交流和对抗,意识才能认识到自己的目标和倾向,只有这样,意识才能将在此之前一直并存的东西联系起来。(Piaget,1924/1928,p.11)

只为自己考虑的人会处于一种永恒的信念状态,即对自己思想的自信,自然不会因引导他推理过程的理由和动机而出现自我困扰。只有在争论和反对的压力下,他才会寻求通过别人的视角为自己辩护,从而养成自我观察思考的习惯,即不断发现引导其向追求的方向前进的动机。(Piaget,1924/1928,p.137)

遇到这种冲击,这是一个障碍或困境[克拉帕雷德定律(Claparède's Law)],儿童被迫试图向另一人提供正当的理由。这种理由必须是以信念为理由的形式。如果儿童要说服别人,他必须提供另一个令人接受的理由。但要做到这一点,儿童必须了解自己的观点与他人的观点之间的差异,从而形成一个不同的认知观点的多样性意识。

在此区分一些认识论间的差别很重要。首先,存在几种知识:命题性知识(knowledge-that)、程序性知识(knowledge-how)、直接认识等。皮亚杰关注的主要是命题性知识或理解;这种知识他也称作逻辑、概念或不同于程序性知识(如何成功的知识)的认知(Piaget,1974/1978)。它借助于某些概念能力和形式运算结构,推动了命题知识的发展。这是他早期的自我中心主义理论的焦点,也是其发生认识论的核心。

社会互动对认知性知识(命题性知识)来说必不可少,因为没有社会交往,认知主体就不会看到一种辩解的必要性。因此,辩解总是给别人正当理由。一个社会学概念从属于一群其他社会学概念:责任、借口、指责等。给予对方理由考虑到他正在要求的正当理由。自我中心的阶段、社会化和客观性"是由年龄决定的,而这正与儿童社会生活发生重大变化的年龄相一致,即 7—8 岁以及 11—12 岁"(Piaget,1924/1928,pp. 112-113)。

皮亚杰后来表示,我向思维是先于自我中心主义的一个童年期早期阶段,又相应地成为概念-逻辑思维的前兆。通过观察自己的孩子,皮亚杰看到了第一阶段观察结果的不同,最终把它称为"运动智慧"(感知运动智慧),并将它归于某一种低级的理性——一种动作的逻辑(Piaget,1928b)。0 至 2 岁的儿童并非完全带有我向性。尽管他们在反思、概念层面上可能具有我向性,但在动作中却表现出某种理性。它是自我中心主义的、处于运动智慧和认知智慧之间的阶段,这被视为一种非理性思维的阶段,运动智慧具有实践理性,而认知智慧具有理论理性。

如果这个早期(运动)智慧和知识阶段是理性的,虽然不同于后来的认知理性但是它却在呼吁一种什么使它合理的解释;对此社会维度不能做出解释,因为它在这期间是缺席的。因此,需要另一个合理的解释。

童年期理性的研究

在职业生涯早期(1921 年),皮亚杰曾计划出版一系列主题为"童年期逻辑研究"的书籍,其中包括两部关于童年期推理的作品(Piaget,1923/1926,1924/1928),以及从未出现过的第三卷《儿童逻辑的新研究》。但为什么第三卷从未出现?什么事情改变了皮亚杰的早期社会自我中心理论呢?

有几件事可以简略地提到:首先,皮亚杰对幼儿(0—2 岁)的研究,产生了他的运动智慧新理论;其次,在著名的 1928 年会议上(Piaget 1928b),出现了一套批评反对他的理论(Isaacs,1930;Wallon,1928,1942,及其他)。这在某种程度上使皮亚杰转向群集理论的发展,他认为这是对批判言论做出了回应,并提出了一个更加综合的理性理论。

皮亚杰对自己孩子的研究开始于 1925 年,产生了一些不朽的成果(1936/1952;1937/1954),这促使他走向了感知运动智慧(或运动智慧)方向,并且改变了他对社会认识论的观点。

皮亚杰认为,智慧是人特有的、与适应世界以及形成对事物的充分表征有关的能力(1923a,p.276)。现在如果有所谓的运动智慧,那么它关注的就是适应世界,并形成对世界的充分表征。因此,它关注的是认识世界,但它似乎是一种不同的知识。如果是这样,它是如何与他的早期社会认识论产生联系的?

皮亚杰可能是正确的,社会对理性知识(conceptual knowledge)(理论理性)来说是必要的,但社会似乎对动作知识(motor knowledge)(实践理性)是不必要的。机体必须适应它所处的环境,但这意味着要适应物理客体,为认知者提供抵抗力。普通的物理对象为人的动作提供抵抗,这构成了验证感知运动智慧的机制。的确,苛勒(Köhler)的猿(1917/1925)可以进行一种理性行为,甚至老鼠也可以做出托尔曼(Tolman)的"替代性尝试错误",思考在迷宫里遵循哪条路径。现在,所有这些都达成了观点一致,对于从低层次到更高层次社会是必要的。那么,到底是什么促使皮亚杰认为社会对理性的解释是必要的呢?最多的是认知理性的真实性,但认知理性与实践理性有一些共同之处,这种共同点正是皮亚杰的群集理论重点强调的,即两者都存在理性的一种解释。

斯宾诺莎主义者:双面的解释

在早期阶段,皮亚杰就开始在知识的发展中走向一个不同的社会本质概念——社会和逻辑平行论(theory of social and logical parallelism)(同构论),或者我称之的"双面观"。根据这个观点,断言社会是必要的、本质的,或是一个他早期假设的知识增长的方式已经不再正确了。现在,我们知道社会和逻辑(或个体的)是同一硬币的两面:社会和个人之间存在着相关性、并行性或同一性(Piaget, 1977/1995, pp. 82, 84, 87-88, 89, 94, 145-146, 148, 244, 278, 280, 307, 310),他们是一个潜在事实或过程的两方面(Piaget, 1977/1995, pp. 145, 294, 309),是从两个不同的立场来看一个事实(Piaget, 1977/1995, p. 89),两者之间存在相关性或并行性(Piaget, 1977/1995, p. 244),这两个方面是相互依存的(Piaget, 1945/1951, p. 239),他们是彼此同构的(Piaget, 1954/1981, p. 9),等等。人们认为,社会与个人是分不开的,并且因为这种并行性,想了解哪个是先来的或哪一个导致另一个的出现都是徒劳的。这是17世纪的哲学家斯宾诺莎的形而上学的联想:谁维护(1677/2000)现实(上帝)由自然构成,这就是所有(泛神论)及自然界表现出的两个方面:身体方面和精神方面。这些方面相互之间都处于一种完美的平行或相互对应,以至于笛卡尔的心身二元论和互动论只能回避。我相信,这个标签通过修订可能成为皮亚杰第二个社会理论的一个合适的术语。

这种发展的刺激,至少部分地成为皮亚杰关于儿童的空间和几何概念的工作,这引导他走向庞加莱(Poincaré)(1905/1958)和后来的位移群(group of displacements)。这显然导致了皮亚杰对儿童空间结构和几何的解释,但也促成了他更为综合的群集理论。因此,他的早期社会认识论实际上直接促成了他的群集理论。例如,皮亚杰询问左-右、兄弟们-姐妹们等等幼稚想法的非关系性特征是否可以追溯到自我中心主义,答案是肯定的:

左和右的发展有三个非常明确的阶段。第一个阶段的孩子以自己的观点来看待自己,第二个阶段是以他人的观点,而在第三个阶段是一个完全以自己为客体的关系观。因此,这个过程正是思维的逐步社会化—自我中心主义、社会化以及最终的完全客体化。奇怪的是,这三个阶段是由年龄决定的,这一年龄恰好符合儿童社会生活中发生重要变化的年龄,即7—8岁自我中心化的减少,到11—12岁,从所有给定的观点来看,规则和思维已达到充分的形式推理的阶段(Piaget, 1924/1928, pp. 112-113)。

显然,群和群集理论从发展历史来看,是与自己和他人的观点以及他们的运算转化之间的关系相联系。[2]但比这更重要的是，这样的理论也可以解释那种感知运动智慧理性和概念理性的最高形式。因此，皮亚杰早期的理论直接促成了他的群集理论。

皮亚杰最早的群集理论发表在1937(Piaget，1937)和1938(Piaget，1938)[3]年两篇简短的论文上，然后才是专著(Piaget，1942)。从一开始(即1937年)，他对群的思考受限于逻辑代数(Piaget，1953)——作为庞加莱位移群的一个分支。这样一种方法是基于19世纪的布尔(Boole)逻辑；在20世纪，主导逻辑是与弗雷格(Frege)、怀特海(Whitehead)以及罗素(Russell)有关的符号逻辑或逻辑学。

《类、关系与数》(Glass，Relations and Numbers)(1942)是皮亚杰在群集方面第一项主要成果，副标题为"记逻辑的群集和思维的可逆性"。在那项成果中，皮亚杰声称，"实际上，我们正在研究逻辑学"(1942，p.1)，"现在工作的目的是构建一个逻辑学的、类与数的运算，即一种结构上与心理结构平行的、而非异质的逻辑学"(Piaget，1942a，p.2)。这里的关键理论概念是数学群模型基础之上的群集。如同逻辑学一样，群与群集是形式主义的概念，并且构成了一个密切相关的概念模型：一种平衡状态以及这种状态的潜在结构。虽然这方面存在一些争议，但我相信组的概念必须以形式主义的方式来解释。这种方法使我们清楚地了解了什么是结构，并构成了对皮亚杰双面模型的一个解释。

结构同构

皮亚杰早期对罗素(1919)和卡尔纳普(Carnap)(1929年)著作的阅读，进一步推动了他对结构和关系理论的早期兴趣(例如1942年)。假设我们有两个系统或主题，每一个都涉及一种关系或一系列关系，例如"丈夫的"(H)和"妻子的"(W)两组关系(不包括最近重新定义的"婚姻")。假设在H中有一组元素(人)$\{E\}$，W中有一组元素$\{E'\}$，$\{E\}$中的某些人存在H关系(例如比尔和希拉里)，而有些则没有这种关系；$\{E'\}$的某些人有W关系(例如，希拉里和比尔)，有些则没有。假设我们把$\{E\}$中的元素映射(一对一)到$\{E'\}$中，这使得每当$\{E\}$的两个项有H时，它们的映射就有W(反之亦然)。具有H的所有元素的集合都是H的结构，并且具有W的所有元素的集合都是W的结构。这里，两个结构是相同的：它们是彼此同构的。当两种关系具有相同的结构时，它们的所有逻辑属性都是相同的。

现在假设有两个系统，例如个人认知和社会互动系统，它们处于各自平衡的状态E_1和E_2。E_1是一个潜在的结构，E_2也是如此。这个结构由一种特定类型的群集结构G组成，它是由一系列关系$\{R = R_1, R_2, \cdots R_n\}$组成的。如果$G$存在于两者中，则它们具有相同的结构，并且可以被认为是彼此同构的。

纵观皮亚杰的著作，人们常常会发现一个共同的主题。环境中的个体相互作用可以被表征为达到一定的平衡状态E_1，并且与他人的个体相互作用也可以被表征为达到

一定的平衡状态 E_2。平衡状态 E_1 和 E_2 可以在不同程度上变化,这与相应的发展阶段相匹配。每个平衡状态 E_1 都是一个潜在结构,它可以通过一组群集结构(即群、群集、格)塑造而成,每一组都由系列关系(例如运算)组成。个人的平衡可以等同于社会的平衡状态,在这种情况下,一个结构与另一个结构是同构的,因为两者的群集结构 G 是相同的。当这种情况发生时,可以说两种系统都有共同的结构。如果是这样,人们不能问哪个更重要或哪个存在时间或因果关系的先后,因为它们是相互同构的;不能再问是哪个系统引发的,也不能问丈夫与妻子哪种关系是首位的,或者是哪一个导致另外一个。因此,人的个体方面与人的社会方面是一个潜在过程的两个不可分割的方面,从这个意义上来说,它们具有相同的潜在形式结构,并且彼此是同构的(Piaget, 1977/1995, pp. 35, 43, 87-89, 94, 145-146)。"总之,平衡为合作的社会关系构成了运算的群集,就像个人作用于外部世界的逻辑行为,群集的定律明确了社会和个人行动共同的理想的平衡状态的形式"(Piaget, 1977/1995, p. 146)。

对逻辑形式主义批评

虽然这种语言(也许)体现了一种斯宾诺莎主义的双重观点,被解释为一种纯粹的形式术语(斯宾诺莎并未声称),但是皮亚杰的群集结构理论在具体化这个观点的内容方面经历了一个困难时期,因为群集结构是一个单纯的形式概念。皮亚杰清楚的是:他的群集理论是一种逻辑取向的,其中人们构建了一个形式化的平衡化模型(Piaget, 1949/1996, pp. 3, 271)。

毫无疑问,皮亚杰认为,平衡状态是形式与物质(内容)两方面兼而有之的。形式结构之所以为形式在于没有因果关系。因此,"逻辑群集不仅构成结果,而且恰恰是构成运算形成的起因"(Piaget, 1941, p. 217),这样说也是意义不大的。这是因为作为形式结构的群集是不存在因果关系的,尽管作为物质结构的群集是有的。但是后来我们需要说明后一种观念。遗留下来没有回答的重要问题是:平衡系统是什么引发的?人们怎么解释这个系统的构造?这里不是平衡状态的概念问题,而是平衡的过程至关重要。

在一篇很有趣的文章中,德伯特(2004)认为,与先前的思想背道而驰(其中声称皮亚杰从他的第一个社会理论转向他的第二个理论是错误的),这一转变从结构主义观点来看是不断进步的。这样的视角促成了皮亚杰的群集理论,其中的社会学因素被低估了,并且这是一个进步。这是因为理性需要秩序和协调,这就需要群集结构此类的东西。

我反对这样的主张。的确逻辑结构对于理性是必要的,但是这还不够充分。这也是因为皮亚杰关注的理性和认识论——比形式句法模型更广泛。当然,人们想要一个适当的理性和智慧的形式模型,群集结构可能是这样一个模型。但是去争辩这是你所需要的全部是不适当的。

一个因果解释

现在,皮亚杰可能不会试图以这种纯粹的形式的方式来解释这个"双面"观。也许他的意思是说(Piaget,1977/1995,pp. 88,145,641),的确真实存在一个同时运行着个人因果机制和社会因果机制(以及生物因果机制)的实际过程。事实上,他的观点可能是所有的社会互动同时皆为个人的心理智慧,而且与之相反,个体内智慧的每一种情况也是某种社会互动(Piaget,1977/1995,第 33 页)。即使存在双重的内容,我们仍然需要知道每一个的原因(Piaget,1977/1995,pp. 143,215)。

这样的观点将更符合斯宾诺莎模式,因为斯宾诺莎在他的双面观中并没有声称在两个不同领域中实际存在了一个潜在的形式机制。斯宾诺莎声称在精神和身体之间有完美的对应或平行,(当然)包括两者的所有因果特性,这在某种意义上是相同的。他们是硬币的两个面。

皮亚杰有时候会提出这样的想法:

……并非存在三种人性,即身体的人、精神的人和社会的人,彼此叠加或相互继承……但是存在一方面是由遗传特征以及个体发生机制决定的有机体,另一方面是人类行为的集合,其中每一种都是天生的并且拥有不同程度的精神面和社会面。(Piaget,1977/1995,p. 33)

不过,我不认为这样的观点可以得到支持。首先,这与他早期的社会认识论格格不入,他声称人们可以解开智慧的社会和个人方面,因为个人发展的第一阶段是自闭性/自我中心主义(以精神分析为模型),其中社会是缺席的,仅在 7－8 岁之后才出现(Piaget,1924/ 1928,p. 209)![4] 这是皮亚杰和瓦隆(Wallon)之间争论的主要节点之一,瓦隆坚持认为孩子从出生就是社会性的。

其次,即使作为事实,人类真的一直是社会性的,这也是一个依情况而定的观点。这个问题并不是对几乎所有的人来说都是真实的,而是社会对于认知发展来说是否是绝对必要的。这是思维实验的观点,例如鲁滨逊漂流记(Robinson Crusoe):如果一个人能够在完全没有社会接触的情况下生存下去,那他在智慧方面能发展多远?[5] 我们能够分离出个人和社会的各自贡献吗? 能! 皮亚杰说,如果我们想知道什么时候社会变得有影响力,那么我们就得做到。(1977/1995,p. 194)。正如皮亚杰似乎认为的那样(1977/1995,p. 94),仅仅这样一个鲁滨逊是无法超越感知运动智慧的(1977/1995, pp. 38,94,135,154,195,221,278; 1949/1966, p. 158)。

根据皮亚杰的观点,优化平衡的规范性原则是从出生一直作用到成年的原则。虽然他有时候不清楚这一点,但我们可以提出,它在整个发展历程中的功能是持续不变的,随着时间的推移导致不同的结构。

除此之外,还有社会对认知发展的影响。在此,社会原则的运作不是一成不变的。

在第一阶段,社会方面没有重大的认识上的输入。在下一个阶段和后续阶段逐渐发生变化,因为社会影响力呈现几何增加。因此,越往前发展,社会影响力越大(Piaget, 1977/1995,p.38)。在第二和第三阶段,受到社会因素的冲击,而后来则是语言的影响等等。这些精确的社会影响是需要解决的事情,而皮亚杰从未做过。但很明显,一些社会影响在认识上是积极的(例如讨论),另一些则在认识上是消极的(例如意识形态)。

认知内在论

最后,我想提及一个可以在皮亚杰的论著中发现的有关社会的第三种解释:社会因素是依赖于心理的。从涂尔干的社会学观点来看,(也许是错误地)认为决定认识论结构和逻辑推理的是社会压力,人们可能会问:这是如何发生的?社会压力和社会同一性如何运作?皮亚杰的观点是社会不会也不能直接对行为或被动的心智行事。相反,任何社会影响将由解释外部社会影响的心理过程或机制所调节(Piaget,1977/1995, pp.33,37,295)。

作为认知学家,皮亚杰认为,每一种环境影响必须由内部的解释、选择、判断等认知过程进行调解。这是同化中心性的推力。[6]但是如果情况如此,那么很容易就会产生一种观点,即个人也就是自主的个体掌控发展以及负责嵌入和解释社会影响(Piaget, 1977/1995,p.36)。

如果果真如此,那么心理领域是首要的,社会因素是次要的。在这种观点之下,推动发展的是个人、心理过程,而不是社会因素。这似乎是声称皮亚杰真的是一个卢梭式人物的基础(例如,Wallon)。

在皮亚杰后来的著述(Inhelder&Piaget,1955/1958,pp.243-244;1959/1969)中,明确阐述了平衡的首要性和自主性。

……运算行为的发展是一个依赖感知或语言发展的自主过程,而非第二位的结果……当我们谈到这种发展的自主性时,我们希望从非常精确的意义上理解,即发展可以被解释为无须参考各种无疑与具体实现有关的一些因素,例如成熟、学习和社会教育,包括语言。这种解释的关键在于平衡的概念,这是比任何这些概念更广泛的概念,并且全要理解它们。(Inhelder&Piaget,1959/1969,p.292)

不对称原则

根据一个有影响力的观点(Laudan,1977),在认知变化的情况下,一种不对称原则在起作用:当认知变化是一种理性变化时,理性的事实是对这种变化的充分解释,没有什么额外的理性是可能或需要的。但是当认知变化是不合理的变化时,就需要一个特殊的、非理性的解释,例如涉及外部社会因素,如阶级利益或资金优先次序。因此,社会学可以解释为什么出现非理性变化,但不能解释为什么它是理性的,那就陷入了逻辑问题。

就皮亚杰而言,在认知变化中有时候似乎运行着非对称性原则。当存在朝向最优化平衡的认知变化时(Piaget,1975/1985,p.3),其原因很简单,只是因为这样做是合理的:它更加平衡。但是不合理的认知变化是什么呢?在这方面,社会学的因素(如意识形态)似乎是相关的。因此,在这个问题上,社会因素解释了与平衡最优化的偏离。皮亚杰说,"虽然情感在思维功能中不断发挥作用",但它并没有产生平衡定律(1954/1981,p.7)。的确,我们认为,"情感只会使理性思维偏离各种谬论;它不会像与原因那样形成一致的系统"(p.60)。其他社会因素也可以说是类似的,比如传统的课堂教学、自发(自然)的概念以及不允许自然发展的理论;相反,"正确"的成人概念和理论才对孩子的心理产生深刻印象(Piaget,1977/1995,p.203)。[7]

在这个纯粹的认知主义解释中,认知变化涉及内在论的解释,而社会和经济因素的调用是外部论的解释。在科学史上,这两个术语被用来描述历史变迁的两种方式:内在因素在本质上是带有逻辑性的、讲求事件的证据、确认和理由等,而外部因素基本上是非理性的,调用了外部因素,如阶级利益、经济动机和心理因素,如赢得诺贝尔奖的动力。像此类的东西可以在皮亚杰的思想中找到。

认知内在性

在皮亚杰最早的著作中,他对亨利·柏格森(Henri Bergson)(1907/1911)的生命活力论(élan vital)表达了一种敬畏。然而,他代之以平衡定律:在智慧发展的历程中,存在一种推动力、压力或趋向于日益增长的平衡程度的趋势,可以说是一种向量。这是一种理性变化规律,即一种控制理性如何随着时间的推移而运行的原则。

皮亚杰重复道,平衡定律不是强加于从无开始的智慧变化的某些外在的东西,它不是超然的柏拉图式原则。相反,很像康德关于道德定律不是个人内在的观念一样,平衡定律是一种内在的经验原则(Piaget,1977/1995,pp.94,154,190,216,227,243)。这种内在对超然的概念可以追溯到皮亚杰的早年和他对神学的早期猜测。[8]

在某些经验中有一个内在的规范性原则,皮亚杰称之为"逻辑经验"(Piaget,1923b 1977/1995,p.185)。它有一种"给予性",它将自身呈现给个体(Piaget,1977/1995,第170—171页,p.185),导致规范感-必然性的感觉。但是,这与普通的心理过程和经验是有区别的。因此,在某种意义上,心理过程对这种规范性来说是"外在的"。因此,规范不是个体的外部指示。他们本身就在这些特殊的逻辑体验中。这是平衡化和可逆性原则的源泉——这是内生在我们的某些经验中的规范性原则。从这个意义上来说,逻辑并不从外部的观点出发来指定规范(Piaget,1977/1995,p.94)。逻辑法则是由个人在经验的基础上构建的。那么外部因素的作用呢?而且,他们对于认知发展是必要的吗?[9]

提到 17 世纪的哲学流派,可以说,诸如主体间性讨论等环境因素不是理性和理性变化的原因。相反,他们是这种变化的场合。诸如感知到的不平衡等潜在的因果因素,是个体存在的内部因素。皮亚杰说:"个体思维是一个旨在达到平衡(……),但从来没有达到(……)的系统。那么,因此问题就是不知道什么创造性的因果关系将使推理从外部渗入到个体,而仅仅是在什么情况下才允许个体内在的理性平衡进一步地自我实现。"(1977/1995,p.227;see also Piaget,1977/1995,pp.227,289)

如果我们使用那个术语,理性变化的原因根本就不是外在的,而是内在的。

这个解释似乎是一种卢梭式的解释,个体自己自然地、理性地进行认知的提高。这就是瓦隆所说的皮亚杰的个体主义。皮亚杰当然否认了这一点,但是我认为有理由相信,像我已经解释过的,我们会发现这样的一种解释贯穿了皮亚杰的著作。

结　　论

我曾提出过,有关社会本质的描述及其在个人认知发展中的作用,皮亚杰至少有三种不同的解释。皮亚杰的社会认识论在他早期的著作中已经明确阐述,也可以在他后来的著作中找到。他从来没有真正放弃这一点,只是(后来)有些被抑制了。这是他最有名的社会学理论,也是皮亚杰主义学者用来引证、捍卫皮亚杰、反对他的评论者的理论。

皮亚杰在 1928 年左右开始了一些不同的历程。虽然他没有放弃早期的理论,但是被另一种社会理论,他的斯宾诺莎主义理论所替代。他对两岁以内儿童进行了研究,提出其运动智慧理论,并根据研究结果修正了早已招致各种批评的第一个观点。这导致(最初)产生了认知的两级理论:感知-运动知识和认知知识。为了解释从感知-运动层面到概念层面发展的连续性,皮亚杰诉诸他的主要理论建构——他的平衡理论。这伴随着他对平衡结构的兴趣越来越大——他的群集理论。这个理论是他声称个人理性和社会互动是单一过程的两个方面的基础。鉴于皮亚杰的群集理论的优势,这个解释在他后来的著作中得到了极大的关注。

皮亚杰的第三个理论从早期就出现在皮亚杰的著作中(1918,1923b,1928a)。它一直是皮亚杰整个职业生涯中的一个主题,但是是与他的其他阐述一起呈现的。这是一个基于理性主义(内在主义)模型的个体主义解释。

由于这三个模型从未成功整合到一个整体解释中,所以皮亚杰的维护者与批评者都有文本证据支持他们的观点。因此,从某种意义上说,两个阵营都是正确的,但只是部分地正确,因为他们忽视了皮亚杰著作中提出另外观点的其他段落。我认为他们争议的根源在于他们正专注于皮亚杰著作的不同段落。

最后，关于这三种模式之间的关系还有什么可说的？它们可以被整合到一个整体解释中吗？如果是这样，哪些方面必须排除？必须增加什么？我只能提供一个可能综合的最粗略的解释。

我曾经认为，模型Ⅰ是绝对必要的，必须保留（Kitchener，2004）。但其他的呢？双面理论可以用至少两种不同的方式来解释。作为一种严格形式主义的逻辑主义理论它是不够的。当然，对于逻辑和推理的纯粹形式（依照句法）解释是毫无问题的。但是，如果对逻辑学来说，逻辑和推理被认为是简化的，那么这个解释是不充分的。简单地说，推理与形式逻辑不一样，而皮亚杰对推理感兴趣，试图将推理与逻辑等同并以纯粹的形式主义来解释逻辑是诱人的。但是这个构想是不充分的，它忽略了很多人认为的逻辑理论不能狭义的依据句法；相反，它必须包含语义学和语用学。我不认为皮亚杰会否认这一点，但是他经常以误导性的方式论述逻辑理论。

如果第二种模式的形式主义解释不起作用，那么它的因果解释呢？在这里，事情要好得多，因为这种方法会强调平衡的重要性，达到和修正特定平衡状态（形式化建模）的潜在过程。

但是对平衡的充分解释是什么？它如何解释从一种状态到下一种状态的过渡？皮亚杰关于平衡的著作（1975/1985）没有什么帮助。因为这里的重要问题涉及真正的因果过程（与蕴含的规范性原则相对）及其关系（Mischel，1971；Smith，1993，2006）。这就把我们带入第三个理论。

根据这个理论，平衡的概念是一种内在的、内生的、规范性的原则或经验的内在演化规律。因此，这种规范性原则是处于个人的经验"里面"的，而不是超然于它的，而像康德所谓"没有确定性的约束"的道德定律。这样一种观点是否充分？这提出了"起因与理由"，事实与规范的区别这一重要的问题。

不对称性原则声称理性与非理性之间有一个根本的解释性差异。理性解释要求的原则与非理性不同。理性背后的解释原则几乎总是规范的、隶属于理性理论的自发原则。这几乎都是没有例外的非因果原则。非理性的解释原则属于不同的类别：在此人们想解释为什么个体形成了一种非理性信念。这些是外在因素——自主的理性思维以外的因素——使头脑"偏离航向"的因素，导致偏离理性。因此，原因与理由在类别上是不同的。

这种观点受到来自社会科学家、心理学家和哲学家许多阵营的挑战，我不能在这里阐述（Kitchener，即将出版）。其缺点如下：这样的二元论与世界的自然主义观点是对立的。原因显然是在时空运行的自然世界的一部分。但理性的规范性原则似乎超越了自然世界，是柏拉图式超自然境界的实体。如果我们从科学史上学到了什么，就是以我不会进入这里为由拒绝这样的不可思议实体。问题是建立一个与科学自然主义规范与理由相一致的理论。我建议这样一种解释将是一种因果解释。

假设以更简单为理由选择理论 T_2 而不是 T_1，这是合理的。相信这一点可能是理性的,但是为了解释一个人的真实信念(而不是说,他可能的信念),似乎有必要给主体带来有关这种变化的认知意识或更高水平的理性信念。无疑,这似乎足以解释信念的改变,实际上足以说明一切信念的理性或非理性的改变。如果是这样,那么心理信念理论在这里所做的是解释工作,而不是规范性原则。

此外,(并且这是更值得商榷的)认知变化是一个因果过程,例如我的今天是星期一的信念使我起床并且准备一个课堂演讲。如果情况如此,那么心理原因解释一切——这是心理因果性万能的话题。理由是否合理或不合理重要吗?不是为了解释的目的!

那关于平衡模型呢?先前的解释提到这不是不平衡本身(即认知元素的不平衡状态)所诱发的。而不平衡的需求、感觉或厌恶才是驱动力。无论是真正的不平衡或只是感觉不平衡这不重要。如果有人不关心自相矛盾,他就不会有动机去改变(Piaget,1954/1981, pp. 3,5,18;1975/1985, pp. 3,10-11,68,129)。最重要的是起激励作用的内在心理状况。[10]同样对平衡来说:如果个体觉得一系列认知运算是平衡的,那么对他来说那不是足以让他停止对形式运算结构的建构。[11]

如果是这样的话,那么社会的第三种模型似乎是不充分的,因为它假设了某些如同不对称原则之类的东西。为了改善这种模型,人们需要一个对称的原则,而理性和非理性的信念以及信念的变化都是由这一组相同的潜在的因果关系原则来解释。这种解释也允许我们包含第一个模型。在那个模型中,社会对认知发展起到至关重要的部分,因为(简而言之)其他人通过质疑你的支撑理由来挑战你信念的说服力。

在此,你可以说,这种打击或分歧是带有动力的,只有当你认为你应该给别人好的、有说服力的理由并且你有这样做的愿望时,这种动力才驱使你修订你信念的理由。此时,社会的影响通过信念+欲望的内部认知状态来运行。因此(按理说)模型Ⅲ和模型Ⅰ可以兼容。

模型Ⅱ双面模型如何呢?首先,通过群集理论进行纯形式的解释,一个人的信念系列可能有一个群集结构,甚至人们可以相信它具有这样的结构。因此,它是形式逻辑的。同样地,如同在交换理论中随着一系列人际关系发现的。两个系列都是平衡的。但是,为什么人们又来建构一个形式群集?人们如何解释呢?平衡法则声称,人们这样做是把它作为某些经验的理想结果。但是,个体必须再一次有动机这样做,而且看起来似乎这个动机是这个过程(以及关于理想平衡的信念)的一个真正的解释。

皮亚杰的计划是展示规范如何(可以)由因果事实发展而来(Smith,2006)。但这似乎承认了一种自然与规范的二元论,并且皮亚杰自己(有时)也表达出对这种表述方式的怀疑,有时(至少)支持对这个过程的一个因果解释(Piaget,1954/1981,1975/1985)。相反,这项工作最好表述为是展现在这样一个自然主义的视角下规范是如何成为可能的,规范是如何从经验事实中产生的(Kitchener,2006)。

布鲁尔(Bloor)(1974)认为,任何解释原则必须具有因果关系,并且补充说必须完全回避规范(理性、真理)。但人们不必采取这样极端的路线。人们可以否认原因与理由的二元论,并辩解说两者是自然的。人们可以通过成为一个非还原论者(就和杜威一样)或是成为一个还原论者做到这一点,认为规范仅仅是复杂的因果关系(Kitchener,即将出版)。后者是更艰巨的任务,但是它更值得深思。

注　释

1. 布洛伊勒(1911/1950)的一本重要的、但是很少被读到的有关自闭症的专著中包含了一个简短的自闭症的论述(1912/1951),这本著作曾经由维果茨基严肃地讨论过(1934)。布洛伊勒(1919/1970)并不只是论及临床自闭症,而是阐明医学诊断的不足。

2. 参见他的评论:"……纯粹的感知观是完全以自我为中心的。这意味着它既没有意识到自己又不完整,扭曲现实保持如此的程度。与此相反,发现自己的观点是将它与其他观点联系起来,加以区别并与之协调。现在,感知非常不适应这一工作,因为意识到自己的观点是真正地将自己从中解放出来。这样做需要一个真正的心理运算系统,即运算是可逆的,并且能够联系在一起。"(Piaget&Inhelder,1948/1967,p.193)显然,皮亚杰认为,这必须有点像他的群集理论。

3. 哪一个是第一个值得商榷的。

4. 皮亚杰声称在最早期阶段是没有社会影响的(例如,1977/1995,pp.84,221,290),并且存在从出生就有的社会影响(例如,1977/1995,pp.216-217,278)。后者的让步涉及皮亚杰"社会"意义的转变。

5. 存在完全缺乏社会交往的个体这样一个实际情况吗? 自然想起关于狼孩的故事(see,e.g.,Yousef,2001)。我知道没有人对这个问题做过彻底的调查。然而,证据确实表明在认知发展方面存在重大损伤。

6. 当然,也有必要适应社会环境。

7. 然而,就这个解释而言,社会因素确实是一个次要的角色。(1)外部的社会因素可以解释这种平衡增加的确切实例和精确表现,因为这些特征都涉及环境因素;(2)外部社会因素可能被用来解释时间因素,例如为什么它是如此缓慢地发生,以及它如何加速进程(Piaget,1977/1995,p.37)。

8. 在皮亚杰早期的论文中,关于两种宗教的态度——内在与超越,他曾说道:"存在主观控制意识之外,这种主体性外,比服从集体性表象更重要的东西——一种规范性的和理性的现实,因此形成一种理性的自主性指标(1928a,p.15)。"

9. 这就提出了一个问题,即规范是自主的还是心理上可解释的问题(Piaget,1923,1977/1995,p.170)。我认为皮亚杰在这个问题上摇摆不定。

10. 这是道德理论里动机的内在论与外在性问题。一种有关道德规范的理性信念必定以激励一个人以某种方式(内在论)行事呢,还是除此之外,动机需要愿望、情感,或情绪(外在性)？内在主义通常与理性主义并行(例如,康德),而形式主义通常与经验主义(休谟)和/或机能主义(杜威、詹姆斯、克拉帕雷德)并行。虽然这是有争议的,但我相信皮亚杰是一个外在论者。如果是这样的话,那么把他的道德理论看作是理性主义的一个例子是有误导性的。

11. 现在,对于实用主义者和机能主义来说,存在一个有关问题是什么的客观衡量:它是一个(外部)的障碍物阻碍你达到一个目标,一个孩子或动物想象的水不能解渴。但这一思路并不适用于高阶的纯粹的认知需求。

文献总汇

Apostel, L. (1986). "The unknown Piaget: From the theory of exchange and cooperation toward the theory of knowledge." *New Ideas in Psychology*, 4, 3-22.

Bergson, H. (1911). *Creative evolution*. New York: Henry Holt. (Original work published 1907)

Bleuler, E. (1950). *Dementia Praecox or the group of schizophrenias*. New York: International Universities Press. (Original work published 1911)

Bleuler, E. (1951). "Autistic thinking." In D. Rapaport (Ed.), *Organization and pathology of thought* (pp. 399-437). New York: Columbia University Press. (Original work published 1912) Bleuler, E. (1970). *Autistic undisciplined thinking in medicine and how to overcome it*. Darien, CT: Hafner. (Original work published 1919)

Bloor, D. (1974). *Knowledge and social imagery*. London: Routledge.

Boden, M. (1980). *Jean Piaget*. New York: Viking.

Carnap, R. (1929). *Abriss der Logistik*. Vienna: Julius Springer.

Chapman, M. (1986). "The structure of exchange: Piaget's sociological theory." *Human Development*, 29, 181-194.

Döbert, R. (2004). "The development and overcoming of universal pragmatics in Piaget's thinking." In J. Carpendale & U. Müller (Eds.), *Social interaction and the development of knowledge* (pp. 133-154). Mahwah, NJ: Erlbaum.

Ducret, J.-J. (1984). Jean Piaget: *savant et philosophe* (Vol. 2, pp. 495-507). Geneva: Droz.

Hamlyn, D. (1971). "Epistemology and conceptual development." In T. Mischel (Ed.), *Cognitive development and epistemology* (pp. 3-24). New York: Academic.

Hamlyn, D. (1978). *Experience and the growth of understanding*. London: Routledge & Kegan Paul.

Inhelder, B., & Piaget, J. (1958). *The growth of logical thinking from childhood to adolescence: An essay on the construction of formal operational structures*. London: Routledge & Kegan. (Original work published 1955)

Inhelder, B., & Piaget, J. (1969). *The early growth of logic in the child*. New York: Norton. (Original work published 1959)

Isaacs, S. (1930). *The intellectual growth of young children*. New York: Harcourt Brace.

Kitchener, R. F. (1981). "Piaget's social psychology." *Journal for the Theory of Social Behavior*, 11, 253-277.

Kitchener, R. F. (1991). "Jean Piaget: The unknown sociologist." *British Journal of Sociology*, 42, 421-442.

Kitchener, R. F. (2004). "Piaget's social epistemology." In J. Carpenter & U. Müller (Eds.), *Piaget's sociological studies* (pp. 45-66). Mahwah, NJ: Erlbaum.

Kitchener, R. F. (2006). "Genetic epistemology: Naturalistic epistemology vs. normative epistemology." In L. Smith & J. Vonèche (Eds.), *Norms in human development* (pp. 77-102). Cambridge: Cambridge University Press.

Kitchener, R. F. (forthcoming). *Developmental epistemology: Cognitive development and naturalistic epistemology*. Book manuscript.

Köhler, W. (1925). *The mentality of apes*. London: Routledge & Kegan Paul. (Original work published 1917)

Laudan, L. (1977). *Progress and its problems*. Berkeley: University of California Press.

Mays, W. (1982). "Piaget's sociological theory." In S. Modgil & C. Modgil (Eds.), *Jean Piaget: Consensus and controversy* (pp. 31-50). New York: Praeger.

Meacham, J. A., & Riegel, K. F. (1978). "DialektischePerspektiven in PiagetsTheorie." In G. Steiner (Ed.), *Die Psychologie des 20. Jahrhunderts, Vol. 8: Piaget und die Folgen* (pp. 172-183). Zurich: Kindler.

Mischel, T. (1971). "Cognitive conflict and the motivation of thought." In T. Mischel (Ed.), *Cognitive development and epistemology* (pp. 311-356). New York: Academic Press.

Piaget, J. (1918). *Recherche*. Lausanne: La Concorde.

Piaget, J. (1920). "La psychanalyse dans ses rapports avec la psychologie de l'enfant." *Bulletin mensuel: Sociétè Alfred Binet*, 20, 18-34, 4158.

Piaget, J. (1923 a). "La pensée symbolique et la pensée de l'enfant." *Archives de Psychologie*, 18, 275-304.

Piaget, J. (1923 b). "La psychologie et les valeurs religieuses." In Association chrétienne d'étudiants de la Suiss romande (Eds.), *Sainte-Croix* 1922 (pp. 38-82). Lausanne: La Concorde.

Piaget, J. (1926). *Language and thought of the child*. London: K. Paul, Trench, Trubner. (Original work published 1923)

Piaget, J. (1928a). *Deux types d'atitudes religieuses: Immanence et transcendance*. Geneva: Association chrétienned'etudiants de Suisse romande.

Piaget, J. (1928b). "Les trios systèmes de la pensée de l'enfant: Etude sur les rapports de la pensée rationnelle et de l'intelligence motrice." *Bulletin de la Société Française de Philosophie*, 28, 97-141.

Piaget, J. (1928). *Judgment and reasoning in the child*. London: K. Paul, Trench, Trubner. (Original work published 1924)

Piaget, J. (1937). "Les relations d'égalité résultant de l'addition et de l soustraction logiques constituent-elles un groupe?" *L'Enseignement Mathématique*, 36, 99-108.

Piaget, J. (1938). "Les groupes de la logistique et la réversibilité de la pensée." *Revue de Théologique et de Philosophie*, 27, 291-292.

Piaget, J. (1941). "Le méchanisme du développement mental et les lois du groupements des opérations." *Archives de Psychologie*, 28, 215-285.

Piaget, J. (1942). *Classes, relations et nombres: Essai sur les groupements de la logistique et sur la réversibilité de la pensée*. Paris: J. Vrin.

Piaget, J. (1951). *Plays, dreams, and imitation in childhood*. London: W. Heinemann. (Original work published 1945)

Piaget, J. (1952). *The origins of intelligence in children*. New York: W. W. Norton. (Original work published 1936)

Piaget, J. (1953). *Logic and psychology*. Manchester: Manchester University Press.

Piaget, J. (1954). *The construction of reality in the child*. New York: Basic Books. (Original work published 1937)

Piaget, J. (1966). *The psychology of intelligence* (2nd ed.). Totowa, NJ: Littlefield & Adams. (Original work published 1949)

Piaget, J. (1978). *Success and understanding*. London: Routledge & Kegan Paul. (Original work published 1974)

Piaget, J. (1981). *Intelligence and affectivity: Their relationships during child developmemt.* Palo Alto, CA: Annual Reviews. (Original work published 1954)

Piaget, J. (1985). *The equilibration of cognitive structures: The central problem of intellectual development.* Chicago: University of Chicago Press. (Original work published 1975)

Piaget, J. (1995). *Sociological studies.* New York/London: Routledge. (Original work published 1977)

Piaget, J., & Inhelder, B. (1967). *The child's conception of space.* New York: Norton. (Original work published 1948)

Poincaré, H. (1958). *The value of science.* New York: Dover. (Original work published 1905)

Rotman, B. (1977). *Jean Piaget: Psychologist of the real.* Ithaca, NY: Cornell University Press.

Russell, B. (1919). *Introduction to mathematical philosophy.* London: George Allen & Unwin.

Russell, J. (1979). *The development of knowledge.* New York: St. Martin's.

Smith, L. (1982). "Piaget and the solitary knower." *Philosophy of the Social Sciences*, 12, 173-182.

Smith, L. (1993). *Necessary knowledge: Piagetian perspectives on constructivism.* Hillsdale, NJ: Erlbaum.

Smith, L. (1995). "Introduction to Piaget's Sociological studies." In J. Piaget, *Sociological studies* (pp. 1-22). London: Routledge.

Smith, L. (2006). "Norms and normative facts in human development." In L. Smith & J. Von`eche (Eds.), *Norms in human development* (pp. 103-137). Cambridge: Cambridge University Press.

Spinoza, B. (2000). *Ethics.* New York: Oxford University Press. (Original work published 1677)

Tripp, G. M. (1978). *Betr. Piaget. Philosophieoderpsychologie.* Köln: Paul-Rugenstein.

Vidal, F. (1986). "Jean Piaget et la psychanalyse: Premières rencontres." *Le Bloc-Notes de la Psychoanalyse*, 6, 171-189.

Vygotsky, L. (1986). *Thought and language.* Cambridge, MA: MIT Press. (Original work published 1934)

Wallon, H. (1928). "L'autisme du malade et l'égocentrisme enfantin:

Intervention aux discussions de la these de Piaget." *Bulletin de la Societe Française de Philosophie*, 28, 131-136.

Wallon, H. (1942). *De l'acte à la pensée*. Paris: Flammarion.

Wallon, H. (1951). "Post scriptum en réponse à M. Piaget." *Cahiers Internationaux de Sociologie*, 10, 175-177.

Wilden, A. (1977). *System and structure: Essays in communication and exchange*. London: Tavistock.

Yousef, N. (2001). "Savage or solitary? The wild child and Rousseau's Man of Nature." *Journal of the History of Ideas*, 62, 245-263.

为皮亚杰理论而辩
——对十种批评的回答

〔葡〕奥兰多·洛伦索
〔葡〕阿曼多·马查多　著

贾远娥　韦斯林　译

王云强　审校

为皮亚杰理论而辩——对十种批评的回答

In Defense of Piaget's Theory: A Reply to 10 Common Criticisms

作　者　Orlando Lourenco，Armando Machado

原载于 *Psychological Review*，1996，103(1)，pp. 143-164.

贾远娥　韦斯林　译自英文
王云强　审校

为皮亚杰理论而辩
——对十种批评的回答

不变的误解其力量强大;但幸运的是,自然科学史表明这种力量并不持久。(Darwin,1872/1962,第 421 页)。

理解即发明,或通过再发明而再次建构。(Piaget,1972b,第 24 页)

直至今日,没有任何理论对发展心理学的影响大过皮亚杰理论(参阅 Beilin & Pufall, 1992; Gruber & Voneche, 1977; Halford, 1989; Modgil & Modgil, 1982)。正如一位评审专家在对最近一篇有关皮亚杰的评论文章匿名评审时所说,"评价皮亚杰对发展心理学的影响犹如评价莎士比亚对于英语文学或亚里士多德对于哲学的影响——是不可能的"(引自 Beilin,1992a,第 191 页)。不难理解,皮亚杰理论也因此成为许多批评者的靶子。概括而言,这些批评集中在认为皮亚杰理论存在实证上的错误、认识论上的薄弱和哲学上的天真(Brainerd, 1978a; Siegel & Brainerd,1978a; Modgil & Modgil,1982; Siegal,1991)。批评者们提出的具体理由有许多:皮亚杰的阶段理论在概念上存在缺陷(如 Brown & Desforges,1977);皮亚杰只是开发任务而非创建理论(如 Wallace, Klahr, & Bluff, 1987);皮亚杰以一种"整体的、普遍的和内源的"过程,并不能很好地描绘儿童的认知发展(Case,1992a,第 10 页);皮亚杰关注的只是描述而没有解释(如 Brinerd,1978b);皮亚杰理论所提供的解释是有误的(Fischer,1978)。

皮亚杰本人认为,不管从心理学抑或认识论视角来评估知识的增长,必须同时考虑原有较少知识的阶段和接下来较多知识的阶段(Piaget, 1950/1973b)。因此,当谈及他自己的科学贡献时,皮亚杰(如 1976c)强调说,他只是提出了人类认知发展的一个粗略的梗概,后续研究一定会找出此梗概所缺失的部分、需要修正的部分以及需要舍弃的部分。

但是对于某些心理学家而言,只是把皮亚杰仅仅看作一位过时的人物,认为他在我们共同的历史上曾经很重要但与今天不相干(如 Cohen, 1983; Johnson-Laird, 1983)。例如,哈尔福德(Halford,1989)就说过,"去考查一个已经广为人知存在不足的理论将会一无所获,倒不如投入更多努力去考查其他可选的理论(第 351 页)"。布劳顿(Broughton,1984)更进一步得出结论:当讨论到关于后形式运算阶段假设时,问题不在于某个阶段"超出了形式运算(formal operations)"而是"超出了皮亚杰理论"(第 411 页)。

本研究有三个主要目标：第一个目标是描述 10 个针对皮亚杰理论的主要批评、它们在概念上的理由以及它们所使用的实证材料。基于我们马上可看到的理由，我们称这种批评方式为无皮亚杰理论的方式。

与其他发展学家(Beilin，1992a；Chapman，1988a；Smith，1993)一样，第二个目标也是为了展示那些看似令人信服的批评，这些批评从皮亚杰理论内部(即考虑皮亚杰本人的目标、方法与概念)来看，其形成时并未抛弃皮亚杰理论的诸多优点。这一"判断的倒退"的发生有几个原因。他们中有些人的观点源于广被误解的皮亚杰理论，而这一不幸的情形正是我们将要加以证明并纠正的。其中另外一些人则忽视了一个事实，那就是许多发展问题主要是概念上的而非实证的。一个很好但却被批评者们所忽视的例证，就是知识的形态与知识的真值的区别(Piaget，1918，1924，1983a，1986；Piaget & Garcia，1987；Ricco，1993；Smith，1993)。少数批评者还指出皮亚杰与现代主流心理学用于研究科学的方法存在严重的分歧。例如，对于如今广受欢迎用于假设检验与构建理论的统计方法，皮亚杰必然会做出与 75 年前相同的评论。

尤其是当一群科学家把他们的研究结果变为数学术语时，心理学家过度推广他们的方法，因一些不足为道的结论便沾沾自喜。心理学家们通过复杂的曲线和运算，证实了最为简单和自然的结论……但也仅仅是这些结论而已(Piaget，1918，第 63 页)。

60 年后，新皮亚杰主义者保罗·米尔(Paul Meehl)表达了相同的顾虑。正如爱因斯坦之前所声称，自然(nature)是敏感的，但不是有敌意的。米尔(1978)公开指责已侵入心理学许多领域的"严格量化的幻想"(第 284 页)。一面是理论严密性或概念清晰性的缺失，另一面是表格里星号的滥用(如显著的 $p<0.05$)，这两者之间存在着分歧。用米尔的话说，这一分歧恰好解释了软心理学(soft psychology)的缓慢发展。我们将会看到，一些皮亚杰理论的批评者过度依赖表格里的星号，他们是以牺牲理论上的进取严谨性为代价的，尤其是当所涉及的问题是概念上的问题时。

第三个更为一般的目标是试图阐明皮亚杰理论内部与外部解读的相互作用对于深入理解皮亚杰理论及其多重角色和丰富内涵具有怎样的贡献。尽管我们并未宣称可以发现"真正"的皮亚杰，或者说皮亚杰理论是正确的而批评者们是错误的，但是我们认同查普曼(Chapman，1992)的评价："皮亚杰研究的许多方面仍未得到充分理解、吸收或应用于发展心理学。"因此，如果我们想超越皮亚杰并提出更好的理论，则必须要从其理论内部更好地了解皮亚杰其人。

一、皮亚杰理论低估了儿童的能力

针对皮亚杰理论最为常见的批评之一就是认为它对于儿童(尤其是处于前运算水平的儿童)的能力评价极度保守。自 1970 年以来，数百项心理学研究试图显示"标准"

皮亚杰式任务常会导致虚假的否定错误(false negative error)(参见以下评论,Donaldson,1987;German & Baillargeon,1983;Halford,1989;Siegal,1991)。也就是说,这些研究者们并不把这些否定的错误归因于儿童已具有的能力,而是归因于当适当的行为因素卷入其中时很容易显示出来的能力。这些行为因素包括语言(Siegel, McCabe, Brand, & Matthews,1978)、情境变量(如 Rose & Blank,1974)、记忆要求(如 Bryant & Trabasso,1971)、材料(如 Levin, Israeli, & Darom,1978)、任务性质(如 Baillargeon,1987)、呈现客体的数量(如 Gelman, 1972)、所问问题和所要求的反应的类型(如 Winer, Hemphill, & Craig,1988)以及许多其他因素(如 Au, Sidle, & Rollins, 1993;Gelman & Kremer,1991;Markman,1983;Stiles-Davis,1988)。

心理学家们因而简化了问题、说明、评分标准和其他程序细节,并在此过程中开发了名义上与皮亚杰任务相同的新任务(如 Brainerd,1978a;Bullinger & Chatillon, 1983;Donaldson,1987;Gelman & Baillargeon,1983;Halford,1989;Siegal,1991)。从积极层面上来说,这些新任务揭示了早期儿童的一系列非常丰富、复杂且迄今毋庸置疑的认知能力。就消极层面而言,他们并没有提供任何证据表明这些认知能力等同于皮亚杰(1983b)所感兴趣的逻辑数学能力与运算能力(Chapman,1988a)。

再看客体概念的建构(Baillargeon, 1987, 1991;Baillargeon & Graber, 1988; Bower,1971;Miller & Baillargeon,1990)。与皮亚杰(1937)最初所做的研究一样,研究者们使用惊讶反应而不是积极搜寻被隐藏物体作为衡量客体永久性的标准,然后得出结论:3—4 个月婴儿已经存在这样的建构。这一研究结果引发人们严重质疑皮亚杰所声称的关于儿童获得客体永久性及其相应习得过程的年龄(Baillargeon,1987,第 655 页)。尽管巴亚尔容(Baillargeon)的实验可能是有价值的,但她的结论显然是草率的。其一,皮亚杰理论所涉及的关键概念不是习得年龄而是各个阶段转变的顺序(Montangero,1991;Smith,1991),这一区别将在下一批评中有详尽的阐述。其二,巴亚尔容(1987,1991)的实验所涉及的能力与皮亚杰(1936,1937)原先研究所涉及的能力可能并不相同。原因是,那些依赖于习惯-去习惯化机制的实验设计仅仅表明某样东西的感知序列改变而并未提供决定性的证据,即婴儿的概念性能力(如客体永久性)是其惊奇反应的成因。研究者要非常明确地推断概念性能力,首先需要排除其他的备选的基于感知的解释(Mandler,1992)。其三,对皮亚杰而言(如 Piaget & Garcia,1987),知识总是涉及蕴涵和逻辑推理的,因此,它的出现不能仅从统计意义上的星号和以牺牲理论为代价来推断(即误把感知能力当作概念性能力,见 Furth,1992;Langer,1980)。附带应说明的是,考虑到巴亚尔容最早的研究发现是基于平均年龄 17 周大的婴儿,而皮亚杰的研究中关于现实概念的建构会让许多批评者们感到惊讶,皮亚杰(1937,观察 2)的研究称他的儿子洛朗(Laurent)早在 2 个月 27 天时,就已经能够对于客体(比如他的妈妈)所消失的地方有所期待。但是,根据皮亚杰的观点,这类模糊的情感永久性不应该与客体永久性的明确表现形式相混淆。①

对皮亚杰理论最广为人知的批评是认为皮亚杰低估了早期儿童的运算能力。对于具体运算,与皮亚杰的研究数据相比,研究者们得出的结论是 5 至 6 岁或者更小的儿童已经能够掌握传递推理(Brainerd & Kingma,1984;Bryant & Trabasso,1971)、数量推理(Gelman & Gallistel,1978;Sophian,1988)、因果推理(Bullock & Gelman,1979;Leslie & Keeble,1987)、守恒(Acredolo & Acredolo,1979;McGarrigle & Donaldson,1974)、类包含(Markman,1973;McGarrigle,Grieve,& Hughes,1978)、距离表征(Bartsch & Wellman,1988;Fabricius & Wellman,1993)、空间与时间(Levin et al.,1978;Stiles-Davis,1988)以及其他许多具体运算思维的情形。②有些研究者试图展示皮亚杰如何低估前运算儿童的能力的热情是如此的强烈,这使他们竟然质疑前运算思维的存在:"前运算思维真的是前运算吗?"(Gelman & Baillargeon,1983,第 172 页)。

至于形式运算,研究者们声称皮亚杰研究中的被试比后来研究中的被试的能力更强(Kuhn,1979;Neimark,1979),因为皮亚杰的形式运算任务(如 Inhelder & Piaget,1955)被证实甚至对于青少年后期和成人也是困难的(参阅 Keating,1980;Moshman,1979)。还有些研究者与皮亚杰的分歧是认为 5 至 6 岁的儿童已经能够掌握条件和演绎推理,并因此具备归纳或形式思维(English,1993;Ennis,1982;Girotto,Gilly,Blaye,& Light,1989;Hawkins,Pea,Click,& Scribner,1984),后面我们还会回到这一问题上来。

尽管上述研究在技术上很精巧,但他们中的许多人误解了皮亚杰理论。当我们分析这些研究所使用的程序及其关于儿童能力的推论的逻辑严密性时,就很容易发现这些误解。接下来,我们主要采用关于前运算和运算阶段研究中的例子来证实上述论断,尽管许多其他的研究也可以做类似的分析(Chapman,1988a)。

关于典型的传递性任务。让儿童看到棍子 A 短于棍子 B,在另外一个独立的情形下,让儿童看到棍子 B 短于棍子 C。需要回答的问题是让儿童给出棍子 A 和棍子 C 两者相对大小的结论。在最初的皮亚杰任务中(Piaget,1964,第 63 页),3 根棍子从来没有同时出现——在前两个阶段儿童每次只可以看到和比较 2 根棍子,即 A 与 B,B 与 C,且第 3 根棍子是不在眼前的。这一表面上很小的程序上的细节是非常关键的,因为它保证了在最后的测试中儿童的正确回答是真实的操作运算的解答。尽管 A 仍然被藏起来,当儿童推论出 A 比 C 短,儿童明确地表现出他形成了前提条件 $A<B$ 和 $B<C$ 而不是依赖于任何图像的或感知的线索。

---

① 为了急于表明皮亚杰对于某些能力发展的估计是如何的错误,有些婴儿研究者们开始提供关于婴儿是如何"聪明"的荒唐观点。一个典型的例子就是凯和鲍尔(Kaye & Bower,1994)最近提出新生儿可能也具备类似语言的表征系统。

② 1983 年,两位广为人知的批评者(Gelman & Baillargeon,1983)指出"证据一再表明前运算阶段的儿童具备比皮亚杰理论所期望的更多能力"(第 214 页)。

但是有些研究修改了这一标准的程序(如 Brainerd，1974；Brainerd & Fraser，1975；Brainerd & Kingma，1984；Brainerd & Reyna，1990，1992，1993；Bryant & Trabasso，1971；Hooper，Toniolo，& Sipple，1978)。例如，有些研究在任务开始时，把所有的棍子按照从小到大的顺序摆放在桌子边上，但是使之分离开来而不让儿童直接感知到棍子长度的区别。然后实验者并排放置 A 和 B，接着并排放置 B 和 C，使得儿童可以看到 A<B 和 B<C。在让儿童比较 A 和 C 之前，实验者先把这些棍子放回原初的位置。考虑到这些研究里的右边的棍子总是长于左边的棍子，最终的 A<C 的"推论"并不一定是运算。儿童要回答正确，只需要知道所有棍子大小增加的方向(向右或向左)，显然在最初的两相比较中已经提供了这一空间信息。因此，我们不能严格排除儿童的正确表现可能是基于前运算的具象的能力(Chapman，1988a)的解释。

毕格罗(Bigelow，1981)在关于传递推理发展的文献综述中很有力地说明特拉巴索(Trabasso)及其同事收集的广为引用的数据未能有力地展示出 4 岁儿童能够解决皮亚杰的排序任务，因为特拉巴索实验程序中基于空间临近或者时间临近所呈现的客体之间的联系可能会使儿童解决"传递"任务是非推论的、非逻辑的，因此是前运算的(相似的论证见 Chapman & Lindenberger，1992a，1992b；Markovits，Dumas，& Malfait，1995)。

这里普遍存在的问题是，尽管许多批评者声称他们的新任务要求运算思维，但强有力的证据表明这些任务可能采用皮亚杰的前运算结构如函数、对应和态射来解决的。例如，查普曼和林登贝格尔(Chapman & Lindenberger，1988；Chapman & McBride，1992)研究了 6—9 岁儿童在两类传递任务中的表现。按照皮亚杰所描述的程序(1964，第63页)，标准任务的实验避免了棍子长度和空间位置的任何关联，因此，满足了运算推理所必需的实验条件的要求。在另外的实验任务中，实验者采用了批评者开发的早前描述过的程序。如所期望的那样，儿童在新任务中表现得更好，但他们的"正确"表现主要是用函数解释来判断的(如"这根棍子 C 比 A 大，因为它放在右边")，而在标准任务中，正确的答案主要与运算性的解释联系起来(如"这根棍子 C 更长，因为它比 B 长，且 B 比 A 长")。这一结果及其他结果(如，只有在标准的实验任务中，客体的数量影响儿童的成绩)导致查普曼和林登贝格尔(1988)得出了"这两个任务包含不同的逻辑结构[前运算能力和运算能力]"的结论(Chapman，1988a，第546页)。

传递任务也指明了皮亚杰与其批评者在方法论上的不同。对批评者而言，去掉那些可能降低儿童推理的任务要求是至关重要的；而对皮亚杰而言，保持这些要求以防止误把真实信念(true beliefs)当作必然性知识(necessary knowledge)是非常关键的。随后我们在更为详尽地讨论必然性知识时，会回到这一问题。

关于皮亚杰低估儿童能力的批评引发了其他概念性的问题。批评者通常假定皮亚杰对评估儿童在特定时间点的能力更有兴趣而不是分析儿童的能力在发展过程中是如何出现并演变的。这些批评者错误理解皮亚杰的目标，势必走向贬低或简单地忽视皮亚杰理论中一些关键的区分。守恒与伪守恒(Piaget & Inhelder,1966)、必然性和伪必然性(Piaget,1981)、构成的函数和构成性函数(Piaget,1968a)、运算思维与形象思维(Piaget & Inhelder,1968b),以及归纳推理与演绎推理(Piaget,1924)就是例证。当核心的区别变成次要的问题时,我们很可能只是采用了那些只需要感知即可解答的任务,因此更可能把批评者们提到的皮亚杰所否认的能力归于儿童的能力。顺便提一下,以运算能力为例,如果皮亚杰对它尝试使用那些模糊指标的话,他将能够在比其批评者们研究中的儿童更小的儿童身上发现这些能力。

有些批评者误把概念问题看成实证问题,如当他们在简化的皮亚杰任务中把正确判断的次数作为充分条件来归因于儿童的运算能力(如 Braine,1959;Brainerd,1973a;Gelman,1972;McGarrigle et al.,1978)。但是这一结论过于依赖表格星号——在核心任务上"成功"儿童的数量——而以牺牲理论为代价——即前述的关于前运算与运算能力的区别(Chandler & Chapman,1991)。

对皮亚杰而言,前运算能力与运算能力的区分主要是在概念上的,因为一种运算能力不仅是由真值标准(truth-value criteria)而且是由逻辑必然性来定义的。事实上,皮亚杰的具体运算思维的三个水平——前运算的、中间的和运算的——对应于模态理解(modal understanding)的三个不同认知阶段——它们分别是错误信念(false belief)、真实信念(true belief)与必然性知识(necessary knowledge)(Smith,1993)。准确地说,皮亚杰正是为了区分这些不同的认知阶段,因而没有把所有使运算行为得以进行的条件从其任务中去掉,而是采用判断加解释(而不光是判断)作为运算能力的标准,且把反暗示(counter suggestions)视作临床方法的必须(Piaget,1926)。

综上所述,不可否认的是儿童可能比皮亚杰所认为的更有能力,大多数针对皮亚杰关于分类(Piaget & Inhelder,1959)、数字(Piaget & Szeminska,1941/1980)、数量守恒(Piaget & Inhelder,1961/1968a)、空间表征(Piaget & Inhelder,1948)、时间表征(Piaget,1946)以及其他领域的研究成果所提出的挑战并没有说服力——至少前运算阶段儿童的运算思维的证据是如此——因为他们存在基本的方法论误差和概念混淆(Chapman,1988a;Tomlinson-Keasey,1982;Voneche & Bovet,1982)。此外,皮亚杰的批评者们得出结论指出皮亚杰低估了儿童的能力,他们却未能意识到他们经常犯相反的错误:虚假的肯定(即归于儿童具备操作运算能力,但进一步分析,结果只是前运算能力)。从社会学视角而言,尤其是当皮亚杰超越以往任何人改变了我们对于儿童认知潜能的理解的时候,"若干本该明智的研究者以目光短浅的视角看待我们的历史,指责皮亚杰低估了儿童的认知能力,是极具讽刺的"意味(Beilin,1992a,第202页)。

二、皮亚杰理论建立的年龄常模并未得到数据的证实

皮亚杰式的实验报告常把儿童认知发展水平和具体的年龄界限联系起来。例如,

前运算阶段对应 5—6 岁,中间阶段对应 6—7 岁,(具体)运算阶段对应 7—8 岁(如 Piaget & Inhelder,1966/1973);形式运算出现得更晚,一般在青少年阶段(如 Piaget & Inhelder,1955)。根据一些心理学家的观点,生理年龄和运算水平之间的相关是皮亚杰理论最重要和最直接的预言之一。他们由此推理,如果有人可以证明小学儿童已经具备形式思维或命题逻辑,那么皮亚杰理论就将严重受损(如 Ennis,1978)。类似地,"如果 8 岁的儿童不能完成对话任务,这也会对皮亚杰理论产生不利影响"(Flanagan,1978;Donalson,1987;Siegal,1991)。一些研究(有些研究在前文中已做概述)发现,儿童能够解决以新方式呈现的皮亚杰任务的时间要比皮亚杰所预测的更早。用唐纳森(Donaldson)的话说,"强有力的证据证明,在这方面(也就是年龄界限),他(皮亚杰)是错的"(第 19 页)。

那些由于"他的"年龄常模没有被数据证实而认为皮亚杰错了的批评显示出对皮亚杰理论的另一普遍误解,即将皮亚杰理论与能力习得的年龄顺序等同。接下来我们将以这种年龄习得的思考路线来描述一个简单的代表性例子,然后在皮亚杰理论框架内讨论该思考路线的主要缺陷(Chapman,1988a;Smith,1991)。

将皮亚杰理论解读为儿童智慧获得所对应的年龄,最为常见的作者是罗伯特·恩尼斯(Robert Ennis)。在研究了小学儿童面对"命题逻辑"问题是如何推理之后,恩尼斯(1982)得出结论:"皮亚杰认为 11—12 岁或者以下年龄的儿童不能解决'命题逻辑'问题是不可证实或是存在缺陷的。"(第 102 页)为了证实他的结论,恩尼斯指出一些研究显示了小学儿童已经能够处理条件推理中的肯定前件推理(modus ponens)和否定后件推理(modus tollens)①问题。例如,孩子们能从下面的逻辑论证中得出"玛丽在学校"的正确结论:"如果约翰在学校,那么玛丽也在学校。(现在)约翰在学校,那么我们可以说玛丽在哪儿呢?"(综述见 Braine & umain,1983;Overton,1990b)。

其他的研究似乎也支持恩尼斯的结论(如 Dias & Harris,1998;English,1993;Girotto et al.,1989;Hawkins et al.,1984)。与皮亚杰的 11—12 岁以下的孩子不能进行假设推理的结论相反,这些研究认为 5—6 岁儿童就已拥有演绎推理技能,因为当这些孩子面对以下相似演绎推理问题时——"熊有大牙齿,有大牙齿的动物不能阅读书

---

① 肯定前件推理原则规定,如果别人提供一个真的条件陈述及其前件(antecedent),那么它的后件(consequent)也可能被认为是有效的。例如,假设"如果天气晴朗,约翰就在海滩上"和"天气晴朗"是真的,我们可以得出有效的结论:"约翰在海滩上。"然而,如果别人提供真的条件陈述及其后果——肯定后件(affirmation of consequent),那么我们无法有效推断任何前件。从"如果天气晴朗,约翰就在海滩上"和"约翰在海滩上",我们不能推断天气晴朗与否。否定后件推理原则规定,如果别人提供一个真的条件陈述及其后件否定,那么可以有效推断前件否定。假使"如果天气晴朗,约翰就在海滩上"和"约翰不在海滩上",那么我们可以有效推出结论:"天气不晴朗。"然而,如果别人提供一个真的条件陈述及其前件否定——否定前件(negation of antecedent),那么我们无法有效推出任何后果。从"如果天气晴朗,约翰就在海滩上"和"天气不晴朗",我们不能从逻辑上推断出约翰是否在海滩上。

籍,熊会阅读书籍吗?"(Hawkins et al.,1984,第587页)——孩子们能正确得出结论"熊不能阅读书籍"。

然而基于以上这些以及相似的研究结果就认为小学生能进行"命题逻辑"或者"形式思维"是荒谬的。首先,对英海尔德(Inhelder)和皮亚杰(1955)而言,在命题逻辑基础上清楚地解决一个问题的能力本身并不能证明孩子们在使用形式运算,因为形式运算是组合性的。也就是说,形式运算意味着主体已具有运用或想象所有可能性的能力,"命题逻辑的特性并非它是一个语词逻辑,而是一个所有可能思维之组合的逻辑"(Inhelder & Piaget,1955,第220页)。因而,在还没有揭示出儿童已具备思维组合特性的情况下,就认为年幼儿童能进行命题逻辑这一主张是没有事实根据的(Byrnes,1988;Monnier & Wells,1980;Ward & Overton,1990)。

其次,就像许多作者所指出的一样,像恩尼斯所使用的问题(即肯定前件假言推理和否定后件推理)是可能运用前运算能力,即运用转换推理(Knifong,1974)、形象或直观策略(Matalon,1990),或者简单匹配偏好(Overton,1990a)加以解决的。例如,在前面列举的最后一种情况中,对前提的肯定或否定就会导致对结果的肯定或否定,并且反之亦然,无论这些结论是否会违反逻辑规则。

在评论与恩尼斯(1982)类似的实验时,皮亚杰(1967e,第279—280页)常说到,如果实验者所遇到的儿童是使用匹配策略的,那么这些结果就是远不能令人信服的,且会产生错误的推论。这在所谓肯定后件的逻辑思辨中也会发生。例如,"如果约翰在学校,那么玛丽也在学校;(现在)玛丽在学校。我们可以说约翰在哪儿呢?"当孩子们面对这一问题时,他们会得出这样的结论:"约翰也在学校。"很显然从逻辑前提是推不出任何结果的。

近期的一些研究(Overton,Byrnes,& O'Brien,1985;Overton,Ward,Noveck,Black,& O'Brien,1987)支持皮亚杰的观察,因为他们发现尽管7至8岁的小孩容易解决肯定前件假言推理问题,但是他们较少成功解决否定后件推理问题(在这类问题中匹配策略也能保证成功),而且他们完全不能解决否定前件(negation of antecedent)和肯定后件(affirmation of consequent)问题,即那些使用匹配策略只会导致失败的问题(Braine & Rumain,1983)。甚至有研究显示,6岁儿童能使用相似类型的判断就能对逻辑和非逻辑三段论问题给出相似的回答。例如,当儿童面对两组相配的演绎推理问题时,其中一组其前提之间有逻辑关联[即以 $A \to B$、$B \to C$ 形式出现,如"每个小牛(Zobole)都是黄色的,所有黄色的东西都有鼻子,小牛有鼻子吗?"];另一组其前提之间没有这样的关联(即以 $A \to B$、$C \to D$ 形式出现,如"每个小牛都是黄色的,所有红色的东西都有鼻子,小牛有鼻子吗?"),孩子们对于逻辑和非逻辑两组问题都以同样的方式回答——"是的,小牛有鼻子,这是真的"(Markovits,Schleifer,& Fortier,1989)。这个结果表明儿童在逻辑三段论问题上的正确表现可以用低水平匹配策略来解释,而不必用演绎推理来解释。①

从概念角度讲,我们发现这些声称"皮亚杰的年龄常模是错误的"批评其推理中的两个缺陷。首先,他们假定皮亚杰把年龄看作发展水平的标准,然而对于皮亚杰而言,关键的因素是认知转换的顺序——从感觉、运动、前运算、运算到形式思维(Beilin, 1990;Chapman,1988a;Mantango,1991;Strauss,1989),而不是年龄本身。在皮亚杰理论中,年龄最多是发展阶段的一个指示器,而不是标准。

按照时间顺序,在给定人群中划分阶段、描述发展阶段的特征是可行的,但是这个时间顺序极具差异性。它完全依赖于个体的先前经验……以及社会环境,社会环境可以加速、减慢或者甚至阻碍它的显现。我考虑的仅仅是与我所研究群体相对应的年龄;因而它们具有相对性。(Piaget in Osterrieth et al.,1956,第34页;也见Piaget, 1924,1972c)

其次,这些批评者们假设如果数据无法证实皮亚杰实验报告中所提出的年龄常模,那么皮亚杰理论必定是错误的。但是如果认知转换的顺序而非能力习得年龄是皮亚杰理论的核心,那么如果一个比皮亚杰实验中所报告的年龄更小的儿童完成相应任务,就不能把严重的概念错误强加到皮亚杰理论上(P. Miller,1989;Strauss,1989)。再者,从皮亚杰理论内部看,期望得到某一特定能力出现的准确年龄,这没有什么意义,因为发展中没有什么东西是突然出现的(Piaget,1936,1950/1973b,1967a)。

总而言之,本部分所讨论的批评针对的是皮亚杰理论中的年龄习得问题,尽管皮亚杰主要对认知转换的顺序感兴趣。作为一位辩证的、发展的和建构主义的心理学家,皮亚杰被他的批评者们视为一名另类心理学家,认为他更多关注的是儿童在特定年龄对于孤立的认知任务是如何表现的问题,而不是儿童如何发展新的能力的问题。

三、皮亚杰否定式地描述发展

皮亚杰在其早期著作(1923,1924)中,他把年幼儿童的思维描述成前逻辑的和自我中心的,并且强调社会互动在认知发展中的作用。随后,在他职业生涯的结构主义时期,皮亚杰认为认知结构的出现源于个体行为的自我调节,并用前运算思维概念代替前逻辑和自我中心思维的概念(Berlin,1992a;Bidell & Fischer,1992;Montangero, 1985)。然而,皮亚杰继而把前运算思维描述成没有能力进行排序(Piaget & Inhelder, 1959)、类包含(Piaget & Szeminska,1941/1980)、守恒(Piaget & Inhelder,1961/ 1968a)任务中,也就是说,他是根据儿童相对于下一阶段所缺乏的东西来进行描述的。

---

① 令人好奇的是,一些作者提出:当使用与皮亚杰相似的技术进行测验,儿童认知技能出现在所报道的年龄附近(Bidell & Pischel,1989,第364页)。

可能正是基于这些历史事实,许多心理学家声称皮亚杰是以否定的方式来描述发展的。学前儿童似乎特别被描述成是无逻辑的和无能力的(Donaldson, 1987; Donaldson, Grieve, & Pratt,1983;Siegal,1991)。从一个阶段到下一个阶段的发展被糟糕地描绘成从无(负性阶段)到有(正性阶段)的过渡。例如,弗拉维尔(Flavell)和沃尔威尔(Wohlwill)(1969)就是把过渡阶段描述成"从无能力到开始有能力"的过渡(第80页)。对某些作者而言,他们认为由这些描述而生成的贫乏的发展概念是皮亚杰理论的一大严重缺陷(如 Bruner,1966;Flavell,1963;German,1978;Siegel,1978)。

当前的批评还源自另一些对皮亚杰理论有异议的解读。第一,在皮亚杰的描述中,发展并非在从无到有的某一时刻发生,而是以逐步转换、分化、整合的过程出现的(Smith, 1993)。皮亚杰坚持认为不仅在生物与心理功能之间(Piaget, 1967a),而且在心理功能内部(Piaget,1975)都存在一个基本的连续体。因此,对皮亚杰而言,在发展中没有绝对的开始,或者说,在某种特定能力出现之前,也不存在任何无能力的阶段;发展从未停止,其间没有任何东西是突然出现的:"在行为层面,一个格式从来没有绝对的开始,因为它是通过一个逐步分化的过程,从先前的知识中产生出来的。这种分化之源必须从很早的感知运动协调中去寻找。"(Piaget,1967a,第 26 页;也见 Piaget, 1936, 1950/1973b)

第二,当心理学家们说皮亚杰把发展与一种特定能力从无到有的过渡画等号时,他们没有认识到皮亚杰并非为儿童的认知无能的证据而辩,而是为一种认知能力的证据缺乏而辩(Montangero, 1991; Smith, 1991)。因此,当皮亚杰和英海尔德(1961/1968a)谈及"数量守恒的缺失",他们是指年幼儿童缺乏一种逻辑的能力(守恒)而不是儿童完全不具备任何逻辑能力。由于思维总是包含逻辑,因此,皮亚杰所提出的问题并非关于思维是否有逻辑,而是关于儿童在发展中显示何种逻辑。

第三,若认为皮亚杰根据儿童某种认知能力的缺失来定义某一特定阶段的,并由此而说皮亚杰的发展观是否定式的,这种看法是不完全正确的。皮亚杰也曾基于儿童发展的前期阶段以肯定的形式定义下一个阶段。比如,当与年长儿童做比较时,学前儿童不会排序、守恒及逆运算;而当与年幼儿童做对比时,年长儿童表现出多种表征智慧,比如延迟模仿和象征性游戏(Dadison,1992a)。因此,说皮亚杰的理论是一种以前瞻性为特征的理论(即一种通过前一初始阶段向前移动的距离来测量发展进程的理论,Chapman,1988b)与把它视为以回溯性或目的性为特征的一种理论(即根据到预定最终状态的距离的逐渐减少来定义发展进程),同样都是合理的(Greet,1987)。

如果将皮亚杰说成是否定式地描述儿童发展的说法是正确的话,批评者们则是忽略了 1960 年后皮亚杰回到前运算思维研究的事实。在此研究中,皮亚杰将前运算思维归为三类基本的积极特性:一是前运算的结构能力,比如态射(Piaget, Henriques, & Ascher, 1990)、函数(Piaget, 1968a)、同一性(Piaget, 1968b)及对应(Piaget, 1980c);二是一种不断突现的区分现实、可能性及必然性的能力(Piaget, 1981,

1983a),缺少这些能力儿童就很少有机会形成新的认知结构;三是一种借助能指蕴涵(signifying implications)将意义赋予客体和动作的能力(Piaget & Garcia,1987;Beilin,1992a,1992b;Chapman,1988a;1992;Davidson,1988,1992a;Ricco,1990,1993)。在这种认知发展的理论分类模式下(在19世纪70年代进一步扩展;MacLane,1971),皮亚杰强调的是儿童能力的系列化本质,而不是强调儿童与运算思维相比所显现出的不足。比如,处于前运算期的儿童被视为能够理解:(1)当把一个容器里的水倒到另一个容器中时,水的质量不变(量的同一性);(2)在玩球时,扔球的力气越大则球跑得越远(函数);(3)给他们5个大小型号递增的布娃娃和5套大小型号递增的服饰,他们能够将前者和后者中的每一相应大小的物品对应起来(态射或结构对应),这些就构成了一种与转换和运算同样必然的认识论上的独特系统(参阅 Davidson,1988)。

综上所述,本部分所探讨的批评者们的观点是基于非常宽泛的儿童发展概念,即从无到有(即从不具备能力到开始有能力)的过渡,该概念与皮亚杰研究人类发展的结构主义和发展的本质是完全相左的。

四、皮亚杰理论是极端的能力理论

许多研究者批评皮亚杰理论,因为他们认为皮亚杰忽略了在完成运算任务的过程中行为因素所起到的作用。其中有两位著名的批评者如此总结了这一问题:

当一个儿童未能通过某一假设其中内含某种特定概念的皮亚杰测验任务时,这意味着什么?当然,可能意味着这个儿童没有具备这个概念。这种解释被称为"能力解释"(competence explanation),也是皮亚杰所提倡的理解方式……一项皮亚杰测验任务几乎总是会测量比其本身应该测量的东西多出许多的其他东西,因此,很有可能皮亚杰测验任务的失败源于这些多出来的因素而不是其所内含概念的缺失。这第二种理解被称为"行为解释"(performance explanation)(Siegel & Brainerd,1978b,第 xii 页)。

批评者们坚称,由于皮亚杰一方面过分强调逻辑结构的心理意义,另一方面又对内容和语境的影响不够重视,因而他的理论是"极端能力理论(extreme competence theory)的一个例子"(Fischer,Bullock,Rotenburg,Raya & 1993,第94页;Broughton,1981;Bruner,1982;Hoffmann,1982)。

以上所述之批评为一些研究者们所共同持有(此外他们则鲜有共同之处)。最正统的经验主义传统学者指责皮亚杰低估了学习在认知结构形成中的重要性(Brainerd,1977a;Gelman,1969);而秉持社会文化研究方法的学者们则责备他在一般意义上忽视了文化背景,在特殊意义上就是忽视了语言的作用(Vygostky,1934/1981;Werstch & Kanner,1992);信息加工理论家批评皮亚杰研究的是非常一般的能力而不是更局部和更特定的能力(Kail,Bisanz,1992;Siegler,1978);新皮亚杰主义者则指责皮亚杰没能解决不同阶段之间过渡的过程和个体差异的问题(Case,1992b;Rieben,Ribaupierre,& Lautrey,1983)。我们稍后会看到,尽管这些批评初看起来很合理,但是它们显示出这些研究者们不从皮亚杰理论内部来理解皮亚杰所容易出现的误解(Chapman,1988a)。

什么是能力理论? 如果理论是:(1)关注个体认知组织模式而不是关于内容和特定知识的问题,(2)强调行为及其组织的形式原因而不是功能前提,(3)建立一套思维的个体与某些形式系统之间的类比关系(如逻辑),那么皮亚杰理论确实是能力理论(Ricco,1993)。可是皮亚杰理论是否如一些批评者所说的那样,是一套极端或纯粹的能力理论呢(如 Fischer et al.,1993)? 如果批评者们所指的这种纯粹能力理论是把认知结构看作完全独立于其所适用环境的话,那么这种批评对皮亚杰理论来说,是属于批评不当的。

很明显,每项任务中都会穿插着多种异质因素,例如我们所使用的词语、所说的句子长度……所涉及的物体数目等等,因此……我们从未获得一种在纯态中的对理解的测量方式,而是一种对与特定问题和特定材料相关之理解的测量。(Piaget & Szeminska,1941/1980,第 193 页)

皮亚杰从来不认为其实验任务上的表现仅仅依赖于认知能力。如查普曼(1988a)所观察的:

在操作定义上,皮亚杰任务的"逻辑结构"是指被试实际所采用的用以解决实验任务的行为方式,而不是指任务的任何抽象特征,这些特征是与如何操纵它们无关而总是保持不变的(第 350 页)。

如果皮亚杰不否认行为因素的重要性,那他为什么不更细致地研究这些因素呢? 皮亚杰认为科学是从描述而不是从解释开始的。因此,当心理学家对发展过程中出现的新形式的思维、知识和推理尚未确定,更不要说描述或分类的时候,此时研究行为因素对于认知能力的影响,将会是战略上草率、战术上徒劳的。皮亚杰的生物学训练也支持这一观点。如同生物学家曾做过的,发生认识论者应该从最广泛的思考形式的分类法着手,然后才是试图解释这些分类。所以,即便皮亚杰曾考虑过做功能分析,研究行为因素在认知评估和发展中的作用,他也首先必须成为一名结构主义者并找出知识和思维的一般形式。① 这一常被批评者们忽视的洞见有可能正好解释了皮亚杰在 1970 年之后突出强调辩证过程,如平衡化(Piaget,1975)、矛盾(Piaget,1974a)、反省抽象(Piaget,1977)和接受各种新可能性(Piaget,1981,1983a)的功能-结构主义阶段之前,皮亚杰从最初某种程度上的功能主义阶段(1920—1940;Piaget,1923,1932,1936,1937)转为坚定的结构主义者(1940—1960;Piaget & Inhelder,1961/1968a;Piaget & Szeminska,1941/1980)的原因。

---

① "我对个人的任何东西都不感兴趣。我对普遍的机制、智慧、认知功能十分感兴趣,那些造成个体差异的东西……对我而言极少有指导性"(Piaget,1971,第 211 页)。

皮亚杰也同时认识到,在"逻辑形式和物理内容不可分离"的情况下,将能力与行为对立是一种虚无的二分法(Piaget & Inhelder,1961/1968a,第217页)。只考虑纯粹的能力和只考虑纯粹的行为一样都是不合逻辑的,因为行为因素一直受个体运算水平的影响(Inhelder, Sinclai & Bovet, 1974)。从这一观点我们就不难看出,越是到了皮亚杰职业生涯的后期,他就越承认内容和语境的重要性,对发展过程中的意义问题就越敏感(Piaget & Garcia,1987;Beilin,1992b)。例如关于形式思维,皮亚杰(1972a)就明确承认个体可能在某一领域可以达到形式运算阶段,但在另一领域就未必。同样在他和加西亚合著的关于意义逻辑的书中(Piaget & Garcia,1987),皮亚杰也明确避免将意义问题简化为形式真值(formal truth)问题。我们将在第十点批评中更细致地探讨这一观点。

从上述分析可以明显看到,皮亚杰理论远非极端能力理论;皮亚杰对行为因素方面兴趣不大,这来源于其金字塔式的哲学思考,位于其顶端需要优先考虑的就是关于知识发生这一最大秘密,即确立发展过程中新形式思维的出现;皮亚杰对行为变量缺乏兴趣可以从其理论内部加以克服(即无须改变其理论的基础:发展的、建构的、结构的及辩证的假设)。

五、皮亚杰理论忽视社会因素在发展中的作用

相较于那些加速、减缓甚至阻碍认知阶段出现的因素,皮亚杰对认知阶段的形成和序列更感兴趣。当皮亚杰试图解释必然性知识的建构——他称之为"运算结构的心理发生的中心问题"(Piaget,1967d,第391页)时,他诉求于平衡化过程而非发展的传统因素:成熟、实际经验和社会因素。此外,皮亚杰(1952,1967e)总试图用数学逻辑术语将人类主体认知活动形式化。

许多研究者批评皮亚杰忽视社会因素在人发展中的作用(Winegar & Valsiner,1992)可能是基于以下三方面的认识,即认为皮亚杰沦为了发生的个体主义的牺牲品(Forman, 1992)、在社会真空中构想发展(Broughton, 1981)、将其研究中所发现的思维的形式扩展到了所有领域、学科和文化(Buck-Morss, 1982)。莫瑞(Murray)(1983)很好地总结了这些批评:皮亚杰的认识论主体没有社会阶层、性别、国籍、文化或个性的区别(第231页)。类似地,布洛顿(1981)认为皮亚杰的结构主义理论中所指的知识是"没有历史与自我的知识"(第320页)。这些批评十分普遍(如 Baltes, 1987; Bidell, 1992; Bruner, 1966; Cohen, 1983; Dasen, 1972; Light, 1986; Sigel,1981; Suarez, 1980; Wertsch & Tulviste, 1992)。按照一些心理学家的观点,这些批评强调了皮亚杰的研究方式的固有局限(如 Broughton, 1981; Forman, 1992; M. Miller, 1987; Cole, 1992; Vygotsky, 1981; Walton, 1947)。

这些批评看似合理，却与皮亚杰的诸多主张相矛盾。皮亚杰认为，"如果个体不与他人交换思想进行合作，就不能把他/她的运算组织成为一个连贯的整体"(Piaget，1947/1967b，第174页)；"社会是一个最大的单元，唯有个体处于集体互动之中，且互动的水平和价值明显依赖于社会整体，他才能获得创造力和智慧结构"(Piaget，1967a，第508页；Piaget，1947/1967b)。皮亚杰还反复强调，尽管社会因素不是充分条件，但对于认知发展来说是必要的(Piaget & Inhelder, 1966/1973)。

为了理解皮亚杰及其批评者关于社会因素的作用的相互对立的观点，这里有必要简要叙述一下相关历史。在皮亚杰研究的最初的机能主义阶段，皮亚杰(1923，1932)考虑过社会互动是个体从自我中心过渡到社会化思维的一个主要因素，并对认知结构做出了纯粹社会化的解释。随后，当他发现在口头语言形成之前存在着感知运动能力和逻辑时(1936，1937)，皮亚杰(1976a)承认他在最初时期曾高估了语言和社会互动在知识建构中的作用，并毅然转向结构主义，坚信认知结构和运算来自主体自己对他/她自身行为的协调和自我调控(Beilin, 1992a；Bidell & Fischer, 1992；Chapman, 1988a)。但是，即使当皮亚杰从互动中的交流成分(主体-主体关系)转向运算成分(主体-客体关系)，他仍强调社会因素在知识发展中的作用，正如他所说，"个体只通过自身是永远不可能获得完整的守恒和可逆(概念)的"(Piaget，1950/1973a，第271页)。皮亚杰关于儿童社会学问题(Piaget，1965)和道德发展(Piaget，1932)的研究也与假定其理论是个人主义的观点相冲突的。

从上述历史可以清晰看出皮亚杰理论的社会维度，但它不能解释为什么皮亚杰从未将这一社会维度变为实证性研究项目。我们提出两个理由：其一，皮亚杰强烈反对功能主义解释，即将社会因素简化为能加速或减缓发展的独立变量，或者将社会互动等同于仅仅暴露自己于他人以及将知识的获得仅仅等同于知识的传递。"社会事实是一个亟待解释的事实，而非一个仅仅作为解释因素被援引的事实"(Piaget，1946/1976b，第10页)。

其二，就像我们之前所述，皮亚杰不仅对认知发展阶段顺序也对必然性知识的建构深感兴趣。但是，从必然性知识的起源中寻找社会因素，对皮亚杰而言，是认识论上的失败之举，因为与简单的事实性知识相比，必然性知识超出了经验概括和社会规则(Ricco，1993；Smith，1993)。这也可以解释为什么皮亚杰在他后来的功能—结构主义阶段极为强调平衡和反省抽象在发展中的作用。为了理清人类知识产生的过程，皮亚杰提出物理抽象和反省抽象作为物理和逻辑数学知识各自的主要来源。物理知识主要来源于主体作用于客体的动作或经验。相反，逻辑数学知识则源于动作自身的协调。在皮亚杰的晚年(如 Piaget，1977)，反省抽象成为他理论的奠基石之一，因为它解释了认知发展的过渡和新知识结构建构的原因。类似地，皮亚杰(1975)曾将平衡过程——用于同化、整合和调节所有由于外在矛盾或内在局限造成的认知干扰的主体活动——看作知识建构的一个重要成分，因为它的主要功能是协调一个连贯整体中的传统发展因素、成熟、物理经验和社会因素。

作为一名发展学家而非社会理论家，皮亚杰相信社会互动是人的发展的有机组成部分；在某种意义上，认知结构本身体现了社会互动。他在后来的文章中清晰详尽地阐述了这一思想。该文敏感地回应了对他的批评，他承认他的认识的主体不是像他迄今所假定的那样，是如此一般的和脱离情境的（参阅 Piaget, 1972a）。尤其是，皮亚杰不仅承认形式思维可以存在于某些领域而不存在于另外领域，他还承认，发展也可以遵循与他所提出的不同的心理形成路径。下面这段话显露了他的这一思想：

我对中国科学感兴趣是由于我们与加西亚合著这本书[Piaget & Garcia, 1983]。问题是知识发展中的进化是否仅存在唯一的可能路线，或者是否可能存在不同的路径……深谙中国科学的加西亚认为，他们走过了一条和我们自己极为不同的道路。因此，我决定去考察是否有可能想象一个与我们自己不同的心理发生……我认为这是极有可能的。（Piaget in Bringuier, 1977/1980，第 100 页）

前述论证表明，所谓皮亚杰理论对社会因素的忽视：(1)事实与指控不符（Chapman, 1988a; Davidson, 1992b; Furth, 1986; Parrat-Dayan, 1993; Smith, 1993）；(2)并未导致发生的个体主义；(3)批评之所以发生乃是因为皮亚杰拒绝社会经验主义，更为重要的是因为他关注的是他的批评者通常不去探究的认识论问题。例如，查普曼（Chapman, 1988a）声称"社会因素的影响可以在理论内部加以研究而无须实质性的修正"（第 373 页）。就此而言，将皮亚杰在不同场合所采用的（社会）交往成分和运算成分整合到一个模型中就足够了。这种整合，即查普曼（1991）的认识论三角形，将知识（主体—客体）和社会互动（主体—其他主体）的二元结构转变为三元结构，即"包含积极主体、知识客体和（真实或隐含的）参与者及其相互关系"（第 211 页）。该模型中的主体将与客体发生操作性地互动以及主体之间交往互动。

六、皮亚杰理论所预测的发展同步性并未得到数据的证实

正如我们早前提到的，皮亚杰式的研究报告经常把特定年龄与发展水平联系在一起。皮亚杰在描述其认知阶段时，他进而认为这些阶段构成了一个整体结构（如 Piaget, 1960，第 12—13 页；1972c，第 26—27 页）。某些情况下，皮亚杰称这种整体结构（structures of the whole）为主体头脑中的"因果的活动"（Piaget, 1941，第 217 页）。他同时也指出，"每个认知阶段以某种特定的整体结构为其特征，并可以把各个阶段典型的（认知）行为解释为它的一种功能"（Piaget & Inhelder, 1966/1973，第 121 页）。

有些研究者由前述评论推断皮亚杰理论能够很好地预测不同的运算任务中同质的和同步的行为表现。因此，当儿童进入具体运算阶段，在类包含、排序、分类、守恒等各

种不同任务中,其发展水平应该是高度相关的(如 Bruner,1983;Case,1992a;Demetrio,Efklides,Papadaki,Papantoniou,& Economou,1993;Fischer,1983;Flavell,1982a,1982b)。用科里根(Corrigan)(1979)的话说,"皮亚杰及其追随者所采取的结构主义取向的立场认为不同任务领域的同步性是最基本的发展原则,因为总体结构能够解释许多不同具体领域的功能"(第620页)。与此相似的是,布雷恩(Braine)(1959)指出"皮亚杰关于推理过程是呈群集发展的观念明确暗示了这样的假设,即运算、推理等是相互依赖的……其相应的推理过程的发展与儿童思维的发展联系在一起"(第29页)。

用于检验皮亚杰理论所预测的发展同步性的研究设计,在具体运算和形式运算任务中通常都发现了非同步性和异质性(Brainerd,1973b;Hooper et al.,1978;Tomlinson-Keasey,Eisert,Kahle,Hardy-Brown,& Keasey,1979;Wason,1977)。发展滞差存在于不同的内容或领域(如数量和重量的守恒,见 Piaget & Inhelder,1961/1968a)、同一阶段的特定内容领域的不同结构(如分类与排序,见 Piaget & Inhelder,1959)以及名义上同一任务的不同版本(如长度传递任务的原始和替换版本;Chapman & Linderberger,1988)。其他形式的发展滞差文献中也多有记载(Chapman,1988a;Hofmann,1982)。

发展滞差的含义和它们的理论意义是皮亚杰批评者们争论的主题(Brainerd,1978b;Bullinger & Chatillon,1983;Fischer,1983;Flavell,1963;Gelman & Baillargeon,1983)。有些作者把它们看做严重的"皮亚杰理论的异常"(Demetriou et al.,1993,第481页);有人把它们描述成障碍,因为他们认为这些障碍驳斥了皮亚杰理论最为人们接受的预测之一(Fischer,1978);也有研究者认为它们危及结构主义的理论基础。最后,还有些研究者指出皮亚杰关于阶段和整体结构的概念显然会注定失败的,应该在未来的发展研究中摒弃之(Flavell,1977,1982b)。

尽管有实证的支持,但采纳先前的结论仍需谨慎,因为在其背后是对皮亚杰整体结构的一种机能主义解释。也就是说,整体结构或者逻辑数学结构,比如具体逻辑运算的八个群集(Piaget,1952)被批评者们看作更高层次的功能实体,这些功能实体类似于独立的变量决定着特定阶段的典型行为。换句话说,行为是由这些功能前提引起的(如 Braine,1959;Corrigan,1979;Fischer,1983)。接下来我们会展示这种机能主义的解释,尽管其理论本身已被广为接受,但与皮亚杰理论仍然存在很大的不同(Chapman,1988a,关于这一问题可以参考其更详细的分析)。

将皮亚杰理论的机能主义解读混淆为其理论本身为何成为老生常谈呢?在这部分的开始,我们指出了内在于皮亚杰理论的四个事实,这四个事实可能导致了批评者们将"整体结构"同化为负责某一阶段所有认知表现的功能实体。但是,美国与加拿大心理学界对功能性或前因-后果分析的偏好也应被视为对这一混淆负有责任的外在因素。正如查普曼所言(1988a),"也许,发展心理学家不可避免地将皮亚杰的结构-阶段理论同化到他们自己的机能主义方法之中"(第363页)。

当皮亚杰谈及涉及整体中的相同结构的行为如分类或排序时,他并不是说群集决定了这一行为(机能主义的解释),而是说这些行为可以描述为一系列共同的形式属性即群集。也就是说,就形式组织的水平而言(即形式主义的或结构主义的解释),这两类行为是相同的。这并不一定意味着这样的形式属性都是同一时间、同一速率获取的,或者他们同等地出现在所有的守恒任务中(见 Piaget & Inhelder,1959,第 5 章)。更切中这一点的是,皮亚杰的"整体结构说"是用于区分心理发生过程中的思维或知识的类型所采用的形态学或形式的标准,要是皮亚杰考虑过把整体结构作为调节行为的某种类型的超功能整体,他必然会建议采用单一的任务分别评估具体运算思维和形式思维。但是他从来没有这么做。

另一个关于皮亚杰理论的误解(它也支持皮亚杰理论与发展中表现出的非同步性不一致的观点),是认为皮亚杰的阶段论是时序上的和普遍的发展阶段(Braine,1959;Brainerd,1978b)。但是,正如我们前面已经提到的,根据发展所获取的年龄而不是认知转变的先后顺序来阐释皮亚杰理论与皮亚杰的发展的、辩证的和结构主义的兴趣是有分歧的(Montangero,1991;Smith,1991)。皮亚杰如是说,"发生心理学关注的是建构中的心理过程,这些[发展的]阶段是分析心理过程的基本工具;阶段本身不是目标"(Osterrieth et al.,1956,第 56—57 页)。关于发展阶段所假定的普遍特性,皮亚杰如是说:

并不存在普遍的阶段……我们所看见的混在一起的发展过程显然是相互关联的,但是这种关联是不同程度的或者是根据多重时间规律而关联的。我们并没有理由说,这些发展过程应该在每个发展水平建立唯一的结构的整体(Piaget,1960,第 14—15 页)。

上述分析表明,只有当我们从功能上来解释整体结构时,才能看到皮亚杰理论的结构主义本质与发展非同步性的不一致。然而,如果我们把皮亚杰的整体结构看作组织化的水平或形式原因,并把皮亚杰所声称的(如 Piaget & Szeminska,1941/1980,第 193 页)在每个实验任务中总是能发现多种异质性的干扰因素考虑在内,如此就没有不一致了。① 如查普曼(1988a)观察到的,"整体结构的概念意味跨领域发展同步性的观点,乃是源于混淆了形式类比和功能整体"(第 346 页)。尽管同质-异质和同步-非同步的问题本身很重要,但与考查皮亚杰理论的经验意义并不相干,因为皮亚杰其理论本身容许发展的非同步性。

---

① 皮亚杰批评者(如 Brainerd,1974;McGarrigle et al.,1978)所发现的同一阶段中的水平滞差很可能是垂直的滞差或者是阶段之间的滞差。正如我们在本文第一点批评中所论及的,那些使用不同版本的"同一"皮亚杰任务的作者评估的不是早期发展点上相同的运算结构(水平滞差),而是不同的能力(垂直滞差)。

七、皮亚杰理论只是描述而未做解释

对皮亚杰理论的另一种批评,比较温和的说法是认为皮亚杰理论对认知发展的解释是模糊不清的,更为尖锐的说法是认为其理论描述多而解释少(Boden,1979;Campbell & Bickhard,1986;Cohen,1983;Flanagan,1992;Halford,1989)。比如说,有批评者指出皮亚杰的阶段理论很好地描述了与年龄相关的认知改变但没有解释力(Brainerd,1978b);或者说,被皮亚杰视为最为基本的认知发展原则即平衡化,往好里说是一个隐喻(Ferreira da Silva,1982),往坏里说是一个多余的概念(Bruner,1959;Zazzo,1962)。

心理学家们常常拿布雷纳德(Brainerd)(1978b)的一篇关于发展理论阶段概念的重要文章来批评皮亚杰只是做描述。概括而言,布雷纳德主张,为了解释一个事实,我们需要:(1)描述事实,(2)找出前因,(3)独立地测量用于解释事实的前因。布雷纳德声称,皮亚杰理论的阶段概念满足了要求(1),因为每一阶段只描述了与年龄相关的改变;但皮亚杰理论关于阶段的概念没有很好地满足要求(2),尽管平衡化可看作一个可能的选项;皮亚杰理论的阶段概念完全没能满足要求(3),因为特定阶段的典型行为是根据相应阶段的特性来定义的,而事实上这些特性是最初(及不断循环地)从行为本身中推论出来的。布雷纳德总结说:"虽然皮亚杰的阶段论作为行为描述已被广泛接受,但是作为解释性的结构它们没有发言权。"(第 173 页)

无论说皮亚杰理论是解释的抑或是简单描述性的,这都要比让我们相信布雷纳德(1978b)的结论更为复杂。为了探究这一问题,我们从以下几点加以分析(Chapman,1988a;Ricco,1993):皮亚杰理论试图想解释什么?为什么平衡化作为解释结构在皮亚杰理论中占据主要地位?这些批评在寻找怎样的解释水平以及这些解释水平是如何与皮亚杰的目标相符合的?

批评者们在批评皮亚杰理论主要是描述的时候,他们并没有指出任何皮亚杰所不承认的方面。如我们之前所论,皮亚杰主要的任务是辨别和描述个体发生期间出现、发展以及达到充分平衡化及可逆的新思维形式。他坚信,只有当达到这一纯粹的描述性研究阶段,我们才能有益地尝试解释思维从一种形式到下一形式的转变(Piaget,1947/1967b;Sugarman,1987)。此外,皮亚杰着力于研究认知的逻辑数学特性和阶段的组织水平(即它们的结构或形式);他对发展速度、加速、减速、甚至阻碍(即它的功能特性)没有直接兴趣。皮亚杰起初是关注功能性解释——即作为生理功能也作为心理功能的同化、顺化、组织等概念以及他在生涯后期转向功能主义——因而,他关注过程(Inhelder & Piaget,1979)、学习和发展(Inhelder,Sinclair,& Bovet,1974)、矛盾(Piaget,1974a)、辩证法(Piaget,1980a)、个体行为的认知(Piaget,1974b,1974c)以及对新的可能性的开放(Piaget,1981,1983a)。然而事实上,皮亚杰功能主义的关注点总是在结构主义框架中概念化的。例如,按照皮亚杰的观点,一个新的运算概念的学习严重依赖于儿童先前认知发展水平(Inhelder et al.,1974)。最后,皮亚杰对阶段的顺序而非对它们所关联的年龄、物理经验或社会条件感兴趣。因而,尽管布雷纳德(1978b)关于皮亚杰的阶段没有解释(功能)力的说法是对的,但是当我们了解到皮亚杰最关注的问题对于布雷纳德而言却是次要问题;反过来,对于布雷纳德是中心问题,而对于皮亚杰却是不重要的,这时候布雷纳德的结论就显得不够有力了。

皮亚杰对必然性知识的发展也很感兴趣:对于一个7岁儿童而言,一定量的水被倒入另一个容器中其水的总量保持不变,这不仅是事实,而且也一定是如此。这就是说,一种必然性的感觉渗透在儿童的运算判断里。因此,皮亚杰把必然性知识与简单事实知识(simple-true knowledge)加以区分。后者(即简单事实知识),如科学定律,可借助于归纳、可观察的事实、可能性以及事件之间的偶然关系而建构;而必然性知识,如数字守恒,则需借助演绎、普遍性、确定性以及事件状态之间的必然关系而建构。①

必然性知识给功能性解释提出了一个难题,因为它不能仅仅从社会和物质世界可观察的事实中得出来。事实是,某事是这样(即真实的)并不意味着它一定是这样(即必然性)。因此,完全基于成熟、物理经验和社会环境的解释,肯定能找出必然性知识发展的必要条件,但是同样可以肯定的是定会丢失其充分条件(Ricco,1993;Smith,1993)。

皮亚杰从主体根据平衡化原则来协调和调节其行为的角度解释了必然性知识(皮亚杰,1967c,1973c,1975)。这里就涉及平衡化原则的起源(不要把它与均衡原则相混淆;Maurice & Montango,1992)和它在皮亚杰理论中具有重要角色的合理性的问题(皮亚杰,1918,1960,1975)。皮亚杰如此评价平衡化原则和它对于发展心理学的意义:

我们不能高兴于一个精湛的演绎理论或者不同研究结果呈现的数据的一致性。然而,我相信我们在多个领域(现在有可能援引作"原因",有些是功能性……其他是结构性的)已经超出了描述性水平(Piaget,1975,第179—180页)。

至于皮亚杰所探索的解释水平和他的批评者双方之间的差异,我们注意到由布雷纳德提倡的典型解释范式[1978b;即前提-结果(antecedent-consequent)关系的发现]被皮亚杰认定为是最弱的解释水平(1950/1973b,1967c,1973c)。因为前提-结果关系只能说明事实关系的普遍性、暂时的连续性或者所涉及因素之间的关联性,而不能衍推必然性的任何成分。因此,根据皮亚杰(1967c),前提-结果关系只是一个真实解释的第一层次。在解释的第二层次,两个或者更多的法则在一个演绎系统里协同运作。这个演绎系统增加了以前没有的必然性因素。然而,只有当法则的演绎系统被"植入到一个提供它的真实的和经验的基础且容许(被解释)现象重构的模型中",解释才能成为一个真

---

① 史密斯(1993)同时还描述必然性知识的特征为普遍性和自我同一性,普遍性是因为原则上任何人可以获得它,自我同一性是因为所有获得它的人都具备相同的知识。

正的原因解释(皮亚杰的第三层次)(Piaget,1967c,第 160 页)。

具有讽刺意义的是,如查普曼(1988a,第 339 页)所说,如果有他的科学解释的三个层次,皮亚杰就会像布雷纳德评价皮亚杰理论那样评价布雷纳德的功能性解释,即它"介于纯粹描述和真实解释之间"(Brainerd,1978b,第 175 页)。

总而言之,认为皮亚杰理论仅为描述的批评很显然是把问题简单化了。再者,研究者在并未从其理论内部深层次理解皮亚杰之前就从理论外部批评他。在这个过程中,皮亚杰一些最深层的见解和观点被遗漏而没有被系统地挖掘(参阅 Murray,1990)。我们相信一般的心理学家特别是皮亚杰的批评者理应接受皮亚杰(1978)关于知识的两大奥秘的挑战——在发展中新的思维形式是如何出现以及它们如何成为心理学上的必然性——此挑战不能简单地在功能主义框架内解决。

八、皮亚杰理论因其通过语言来评价思维而是悖论

正是基于其所质疑的理论,该批评可能是最为切题甚至是直接针对皮亚杰的批评之一。批评者们特别指出,皮亚杰为了评估认知发展过于依赖临床法和相关口语技术,然而他却没把语言纳入运算思维的理论定义中,这正是他自相矛盾所在。因为如果思维主要是来自动作的协调和逐渐内化(Piaget,1947/1967b,1954,1964;Sinclair,1969),那么,正如拉森(Larsen)(1977,第 1164 页)所尖锐指出的,用语言去解释和推断认知就等于用一个"因"所带来的"果"来解释"因"本身。

为试图解决这个矛盾,一些作者建议:在研究者评估儿童的运算能力时应用非语言方法(如 Braine,1959;Siegel,1978;Siegel & Hodkin,1982)或者干脆忽略儿童对自身行为正当性的证明和判断(如 Brainerd,1973b,1977b)。他们声称,当要求孩子证明他们在皮亚杰任务中所做的判断时,他们"真正的"运算能力是没有被揭示出来的,原因是这一过程还需要语言能力,这能力可能会降低儿童的运算能力(如 Kalil,Youssef,& Lerner,1974;Siegel et al.,1978)。取消语言证明后,认知能力就显示出"纯粹的"状态,因而使研究者不太可能低估儿童的认知能力。

在一个广被引用的关于语言因素负面影响的例子中,麦加里格尔(McGarrigle)等人(1978)比较了 5 至 6 岁儿童在两个类包含任务中的表现。在标准任务中,上位类一般是这样定义的:"这群中有 4 头奶牛,3 头是黑色,1 头是白色,是黑色的奶牛多还是奶牛多?"在修改后的任务中,上位类的语言描述为"这群中有 4 头站着的奶牛,3 头是黑色的,1 头是白色的,是黑色的奶牛多还是站着的奶牛多?"作者发现,在修改后的任务中,做出正确判断的频率明显高很多。这一发现与假设一致,即凸显定义上位类的语言提示将提高儿童的"运算"能力。他们得出结论,当研究者把包裹在认知能力这一内核上的语言能力外壳剥掉,他们更有可能把握住儿童"真正的"能力。

然而这个结论可能有些草率。也就是,即便当把语言表现这一外壳从认知能力剥掉,排除把儿童的证明作为"具体运算"的标准,或者在皮亚杰任务中引入具有促进作用的语言提示,这两种策略可能留给我们的不是一个纯的认知能力形式而仅仅只是其一小部分(另参阅 Chapman,1991)。例如,当查普曼和麦克布莱德(McBride)(1992)重复麦加里格尔等(1978)的研究,也发现"正确"判断比例在语言修饰的任务中明显变高,但是当根据儿童的判断和证明(也就是用运算性解释即按照包含逻辑证明他们正确的判断)评估他们的认知能力时,却没有发现显著区别。这一发现显示,"唯判断"(judgments-only)标准很可能误将前运算能力或者非逻辑性的形象能力当作真正的运算能力了。正如弗拉维尔(1963)所指出的,"存在着某个点,超越这个点,就会剥去概念的外在语言符号修饰而使之变成不同的、低位概念"(第 436 页)。因此,并非如很多批评者(如 Braine,1962;Brainerd,1973a)所声称的,新的方法以较小误差评估儿童认知能力,而是它仅仅评估了不同的和低水平的能力(Chandler & Chapman,1991)。

倘若语言解释对运算评估至关重要,那么这种假设的独立性在皮亚杰关于思维来自语言的理论中,并不是像大多数批评者所设想的那么清晰。但是皮亚杰为什么不在他的运算思维的理论定义里包含语言这个因素呢?为了理解这个"悖论"的范围和一些研究者提出的方法建议的恰当性,我们需要一些历史性的视角。如前所述,皮亚杰从最初相信交流互动是认知发展的主要因素,转变到新阶段即认为互动中的运算成分是认知发展的主要因素。发生这样的理论转变是因为皮亚杰发现在语言实质不存在的感知运动阶段出现了"动作逻辑"(Piaget,1936,1937)。在皮亚杰(1976a)的一本自传中,他提到"为了理解智慧运算的发展,我需要研究主体作用于客体的动作。但是只有在我开始研究儿童早期的智慧行为时,我才意识到这一点"(第 12 页)。对于我们现在所关注的问题更为重要的是,从那以后,皮亚杰在他的大多数任务中,他从临床方法过渡到了临床-批评方法(clinical-critical)。在临床-批评方法中,"动作问题"补充了言语问题。例如,10 根棍排列任务(Piaget & Szeminska,1941/1980)和交通工具分类任务(Piaget & Inhelder,1959)对儿童的非言语行为有强烈吸引力。上述这些以及类似的研究,与感知运动智慧的分析一起,进一步支持了皮亚杰的观点,即从发生学上讲思维是先于语言。这些研究和分析还表明,运算评估并不决然依赖于语言,这与批评者们的观点相反。

然而,"发生学上先于"并不意味着"独立于"。事实上,皮亚杰明确指出语言不仅对于形式思维的定义是不可或缺的(Inhelder & Piaget,1955),而且对于具体运算思维的发展也是很重要的,"没有我们称之为符号表达系统的语言,运算永远不可能超越连续的、不连贯的动作(即动作不可能整合到协调的和同步变化的系统中)"(Piaget,1964,第 113 页)。因此,尽管语言在皮亚杰运算能力的理论定义中没有明确的位置,但语言无论如何仍被认为是发展的一个必要因素。

前面的分析已经辨明了为什么皮亚杰认为证明是运算评估的精髓。运算任务不仅评价儿童判断的真—假值和知识,而且评价他们对于逻辑必然性的意识。皮亚杰通过多种方式来评价必然性知识——儿童的证明以及他们对于一系列反问干扰或者知觉诱惑的抵抗性就是例证。如果批评者只是无视证明并且不提出其他等同的方法来评价必然性知识,那么他们要么会高估所研究的认知能力,要么就是在评估出一个完全不同的能力(参阅 Chapman & McBride,1992;Chapman & Lindenberger,1992b)。

总而言之,皮亚杰理论由于其通过语言评估思维而被认为是悖论的,这一批评尽管从细节方面考查是不正确的,但它既是切题的,也是恰当的:说它切题是因为它来自皮亚杰理论内部;说它恰当是因为皮亚杰没有成功整合互动的交流成分与互动的运算成分,前者是他在早期生涯中所研究的,后者是他在后期的结构主义阶段所探究的。然而,"证明"在运算任务中远非是一个令人讨厌的东西,而是极其关键的成分,这些成分有待进一步探索而不应被抛弃。

九、皮亚杰理论忽视后青少年时期的成年认知发展

直到1970年,皮亚杰经常提到,形式思维阶段开始于11—12岁或14—15岁之间,这一阶段人的认知达到了一个最终平衡状态(参见 Inhelder & Piaget,1955)。新近的一个反对皮亚杰理论的批评就是以这两句话主张为基础的,即批评他的理论忽视了青少年之后的认知发展,而所有有效证据业已表明这些发展的存在(Alexander & Langer,1990;Basseches,1984;Commons,Richards,& Armon,1984;Commons,Sinnott,Richards,& Armon,1989)。

里格尔(Riegel,1975)是首批明确阐述这一批评并提出另一发展阶段的作者之一,这一阶段即第五发展阶段,或曰"后形式运算阶段"(postformal stage of development)。他称之为"辩证阶段"(dialectical stage),其特征是个体"能够接受矛盾作为所有思考的基础,以及在所有情形下能够容忍冲突的运算(conflicting operations)而不是将它们加以平衡化"(第61页)。步随里格尔之后,其他发展学家对后形式运算阶段予以认识论阶段(epistemological stage)(Broughton,1978)、辩证阶段(dialectical stage)(Basseches,1984)、相对论阶段(relativistic stage)(Sinnott,1984)、整体运算阶段(stage of unitary operations)(Koplowitz,1990)及发现问题而非解决问题阶段(stage of discovery, not solution, of problems)(Arlin,1977)等各种命名。有些作者还进一步提出并非一个而是有三个后形式思维阶段(即系统思维阶段,systematic;元系统思维阶段,metasystematic;跨范式思维阶段,cross-paradigmatic;Commons,Richards,& Kuhn,1982)。

根据后形式思维的拥护者,后形式思维阶段去除了皮亚杰形式思维阶段的缺陷即忽视青少年之后的认知发展,以及过分强调认知特征和发展的结构成分而损害它的建

构主义和辩证维度(Basseches，1984)。相反,后形式阶段能够让我们处理知识的相对性、接受矛盾,并将矛盾整合于一个全覆盖的整体(Kramer，1983)。为评估这一批评的充分性、新颖性和启示性,让我们考虑如下三个问题:(1)在何种意义上皮亚杰形式阶段结束了? (2)随着时间推移皮亚杰是怎样修正他的形式运算概念的? (3)新的后形式阶段的特征是什么? 下面我们将依次回答这三个问题。

尽管批评者这样说,但皮亚杰从未曾说认知发展在青少年之后就停止。他所说的是,形式运算结构是平衡的一种终极形式,这里存在两个互补的意义:

形式运算整合为单一系统,直到各群集(groupings)彼此之间相互协调;(以及)形式运算结构在个体一生将不会改变,尽管它可能被整合到更大的系统之中[如多价逻辑](polyvalent logics)。(Inhelder & Piaget，1955，第 294—295 页)

换句话说,皮亚杰形式阶段的"最终"指的是该阶段的结构而非内容。其特点是,它是人解决物理、逻辑和数学问题的运算方式;它既不阻碍也不排斥人类任何经验领域中的广博知识基础;它是情感的、感性的、艺术的(Kohlberg & Ryncarz,1990)。如皮亚杰(1972a)所提到的:

特定行为模式形成极具普遍性的阶段。这种现象是个体发展达到一定水平才发生的。但自此之后,个体的取向比这些普遍特征变得更加重要,它造成主体间越来越大的差异。(第 8 页)

仍需说明的是,后形式阶段的拥护者没有操作性地概括新阶段的特征,因为按照林(Linn)和西格尔(Siegel)(1984)的话说,"顺着皮亚杰,如果阶段可以设想为逻辑结构,那么形式运算推理是该阶段的顶点"(第 244 页)。另外,两种具有截然不同发展路径的不同认知形式的存在已经被学生具有成人认知这一事实所辩护(如 Dittmann-Kohli & Baltes,1990)。这两种路径其中一种基于运算(如智能机制,mechanics of intelligence),而另一种更基于内容(如智能应用,pragmatics of intelligence)。最后,尽管批评往往只指向一个单一的形式阶段,皮亚杰自己曾报告他的形式阶段存在着不同的形式思维水平(如早期形式思维和成熟的运算形式推理)。

关于皮亚杰怎样修正形式阶段概念的问题,我们考查发现,他将该阶段的起始周期从 11 岁或 12—14 岁或 15 岁改为 15—20 岁(Piaget，1972a)。他强调该认知阶段的情境依赖性,因而导致认识论成分减少。同时,皮亚杰在他关于其可能性和必然性的论著中(Piaget，1981,1983a,1986),他将发展描述为新可能性的永远开放、永无止境的过程(见 Beilin,1992a)。皮亚杰的这些思想直至其晚年生涯才得以表达的事实,部分地解释了为什么仍有人批评皮亚杰理论忽视了青少年之后的发展。

关于多种形式的后形式阶段的性质,同样的争论依然存在,因为这些阶段未曾在发展心理学家中得到足够清晰地界定并最终达成共识(Commons et al.,1990;Kohlberg,1990)。然而,有证据显示,这个阶段结构上并不优于形式阶段:"如果后形式思维构成了一个基本阶段,它逻辑上不优于形式-运算思维。"(Linn& Siegel,1984,第 244 页)而该后形式阶段可能构成一种与形式思维相当的认知方式,尽管它带有实践性、情境性、元反身性(meta-reflexive)特征(Chandler & Boutilier,1992)。比如,最近一项研究用不同的形式和后形式任务对大学生进行测试,之后作者得出结论,"展现出充分的形式运算推理的主体并不比显示出早期形式运算推理的主体更可能被评定为后形式阶段"(见 Chandler & Boutilier,1992)。相似地,一项研究用于分析形式思维与基奇纳(Kitchener)和金(King)(1981)的所谓反思性判断(reflective judgments)(即名义上的一个后形式能力指标)水平有着怎样的关系,发现"形式运算不能解释认识论假设[反思性判断]中的差异"(Kitchener & Brenner,1990,第 225 页)。综上所述,这些研究结果显示后形式"阶段"可能不比形式阶段更强。

另外的证据对是否需要一个后形式阶段来解释成人的成就提出质疑,如智慧(Sternberg,1990)、专长(Baltes,1987),尤其是该阶段与众不同的明显特征——接受知识的相对性、接受矛盾和整合矛盾为新的整体。例如,法科里(Fakouri)(1976)和克雷默(Kramer,1983)主张,这些特性可能源自形式运算,并可以形式运算作为基础加以解释。柯尔伯格(Kohlberg,1984)的关于后习俗道德发展的广泛研究也支持这个结论,因为按照认知发展理论,只有形式阶段是达到柯尔伯格的后习俗阶段所必需的。

综上所述,皮亚杰并非如他的批评者们所说,忽视后青少年时期的认知发展。实证研究并未清楚无误地显示:基于运算的观点,后形式阶段应比它前一阶段更高级。但具有讽刺意味的是,新阶段的绝大部分拥护者曾坦白,他们批评的靶子即皮亚杰的形式阶段为他们提供了一个很好的模型用来构建他们的后形式"阶段"。

十、皮亚杰理论借助于不恰当的逻辑模型

众所周知,皮亚杰(1952,1953,1967d)运用逻辑来概括发展及其结构性组织中形成的多种智慧的特征。他同时还探索存在于认知活动之间的形式类比,这些活动乍看没有什么共同之处。这让我们想到皮亚杰的 8 个具体运算群集(Piaget,1952)、16 个二元运算以及形式运算的 INCR 群(即同一性,Identity;否定/反演,Negation/inversion;对射,Correlative;互反,Reciprocal;Inhelder & Piaget,1952)。

然而,皮亚杰的这种依赖于逻辑的做法不乏人们对它的批评。在一些心理学家看来,皮亚杰过度运用逻辑和真值表,远离了自己主要的探究主题——自然思维(natural thinking)(Basseches,1984,Broughton,1984;Bruner,1992;Bynum,Thomas,& Weitz,1972;Halford,1990,1992;Wason,1977)。在一些逻辑学家(Ennis,1978;Osherson,1975;Parsons,1960)看来,皮亚杰违反了逻辑准则而提出的命题逻辑造成了"极为古怪的结果"(Ennis,1982,第 128 页)。换句话说,对心理学家而言,皮亚杰使用了太多逻辑;对逻辑学家而言,他使用了太多心理学。在下面的内容中,我们将更详尽

地考查这些批评。

逻辑学家声称,皮亚杰提出的逻辑结构与逻辑本身毫不相干。例如,皮亚杰提出的非常规的群集是代数群结构与格的混合。与标准群相似的是,皮亚杰的群集所涉运算具有组合性、结合性、一般同一性、可逆性等性质。与标准群不同的是,皮亚杰群集又具有特殊同一性,如冗余性、吸收性。与格结构相同,皮亚杰群集有上确界,即最低上限;而与格不同,它没有下确界或最低下限(Piaget,1967d;Flavell,1963)。

人们还在实证基础上提出批评。心理学中关于命题逻辑发展的研究所得出的结果与皮亚杰理论明显矛盾。其中两项对立的研究结果经常被使用,故特别值得一说。它们是:年龄小到 5 至 6 岁的儿童可以解决肯定前件假言推理逻辑论证问题,然而聪明的成人却普遍不能解决华生的(Watson,1968)经典"四卡片"问题。皮亚杰理论错误预测儿童不能完成前一种任务而成人能成功完成后一种任务。因此,皮亚杰形式运算理论是错误的,因为它在某些情况下过于乐观而在另一些情况下则过于悲观(Braine & Rumain,1983)。

为了评估这些研究发现及其解读是否中肯,我们将从以下三个问题加以分析。第一,当皮亚杰形式化儿童和青少年的运算活动时,他试图达到什么目的?第二,对于皮亚杰来说,具备形式思维意味着什么?第三,皮亚杰是怎样改变他原初之逻辑模型的?

按皮亚杰的意思,他运用逻辑模型是因为心理学解释应超越亚里士多德的"动力因";他们应该描述、协调和最终整合心理现象形成一个一致的理论。皮亚杰相信,逻辑提供了一种语言,可以帮助心理学家实现这些目标,尤其是他们决定研究贯穿他一生的同一类问题:个体发生过程中所形成的不同思维模式的形式组织、儿童不同认识阶段模态理解的水平(如偶然性对于必然性),以及这些思维方式和认识论阶段的普适性。因此,与逻辑学家不同,皮亚杰对纯粹形式问题或逻辑的内在问题(如逻辑的公理基础)不感兴趣。他试图提出一个行为的运算逻辑,它在某种程度上是心理学与公理逻辑之间的第三者,即如他说的真正的"心理逻辑"(Piaget,1953,第 23—26 页)。当我们忽略皮亚杰的兴趣和目标,他的群集看起来确实有些奇怪。

最近的研究开始严重质疑儿童肯定前件假言推理逻辑论证(Ennis,1975)、三段论推理研究中所获得的令人惊讶的研究结果(Hawkins et al., 1984),以及迄今被认为违背甚至拒绝皮亚杰理论的研究结果。如本文前面部分所讨论的,马格威特斯(Markovits)等(1989)的研究提出,关键时刻的推理性问题可以通过前运算能力如皮亚杰早先提出的转换推理或其他的非逻辑的图像方式(1967a)加以解决。我们依然重申,对于皮亚杰来说,形式思维的显著特征并非是孤立地解决某一特定问题,而是它的组合能力(也就是主体对各种可能性的想象能力)。正如巴贝尔(Papert,1961)所说,主要的误解源自皮亚杰是从主体的思维过程而不是从情境或问题中寻找(用于描述的数学工具)代数的这一事实(也可参阅 Monnier & Wells,1980)。

研究者也相信,儿童在华生(1968)最初的选择性任务中表现不佳,更多与他们缺乏理解有关而非不具备形式思维。两个证据可以支持这个结论：当任务的内容对主体而言更为熟悉（Johnson-Laird，Legrenzi，& Legrenzi，1972），他们在任务中的表现就会显著提高；或者当主体能够对任务进行初步的练习（Ward，Byrnes，& Overton，1990），"在多项研究之后我们发现，对选择任务中的机械进行一些初步练习，必然会大大提高他们的表现水平"。（第 834 页）

皮亚杰晚年实质性修改了他的逻辑模型（Piaget，1986；Piaget & Garcia，1987）。他考虑到了如下普遍批评，即认为他的"心理逻辑"过分依赖亚里士多德逻辑的"真值表"了，未能解决著名的实质蕴涵悖论，即这种蕴涵在逻辑上和形式上是正确的陈述，但却是没有意义的："如果皮亚杰是瑞士人，日内瓦是瑞士的首都；他是瑞士人，因此日内瓦是瑞士的首都。"（Pieraut-Le Bonniec，1990；Ricco，1990）皮亚杰和加西亚意识到原初形式运算模型过于依赖外延的或真值函项逻辑，他们在《走向一种意义的逻辑》（1987）一书中，试图提出另一种逻辑即内涵逻辑的解释。该逻辑没有将意义问题简化为真值问题而假设在形式和内容之间有着很强烈的相互依赖（另见 Ricco，1993）。在这个新的内涵逻辑中，"核心运算就是我们所说的意义/能指蕴涵（meaning/signifying implication）"（Piaget & Garcia，1987，第 11 页），而非实质蕴涵。

意义蕴涵是这样一种蕴涵，即在该蕴涵中，"当且仅当 q 的含义包含在 p 的含义之中且这一含义是可传递的"（Piaget，1980b，第 5 页）。在模态逻辑（Anderson & Belnap，1975）中，意义蕴涵也就是人们所知的衍推逻辑。皮亚杰意识到一个包含着衍推关系的蕴涵比没有包含着衍推关系的蕴涵更有意义、组织更好。比较"如果我是男的，那么我是人类"和"如果我是人类，那么我是男的"这两句话。前一种情况中，否定结果——"我不是人类"就是错误和不可能的。后一种情况中，"我不是男的"是错的但是有可能的。因此，意义蕴涵和实质蕴涵是两种截然不同的推理方式，它们反映了对可能和必然进行组织的两种不同形式。在这些前提和结果之间有着必然而非条件关系的例子中，存在的是一种衍推或意义蕴涵。相反，实质蕴涵主张两事件之间只有条件关系。按照这种思路，有人会认为真值函项逻辑和实质蕴涵是用于假设检验，而衍推和意义蕴涵是用于科学中因果解释的建构主义表述的（Piaget & Garcia，1974，1983；Ricco，1993）。

有些研究者认为可将皮亚杰的新逻辑视为一种本质上新的形式运算理论（如 Beilin，1992b；Byrnes，1992；Garcia，1992；Inhelder & Caprona，1990；Matalon，1990；Ricco，1990，1993）。有些研究者也相信一旦心理学家真把这一理论当成青少年和成年的一个思维模型，它将会产生重要的影响。例如，洛伦索（Lourenco，1995）曾研究青少年和成人怎样处理条件推理的问题，这些问题按照前面列举的蕴涵的类型（意义的还是实质的）以及熟悉性（比较"如果我是个男人，那么我是人类"与"如果这是一只始祖鸟，那么这是一只鸟"）而有所变换。具体的项目包含四个经典的逻辑论证：肯定前件假言推理、否定后件假言推理、肯定后件、否定前件。与衍推逻辑和皮亚杰的意义逻辑相一致,实验参与者在衍推问题中显著比在相应的非衍推问题中要表现得好,这一结果既出现在熟悉项目中,也出现在不熟悉的项目中。令人惊奇的是,如果不包含意义蕴涵,参与者对不熟悉内容的表现更好。按照作者的观点,如果不存在衍推关系,项目越是不熟悉,参与者就会越少表现出混乱和不合逻辑。这些结果表明,皮亚杰所主张的:只靠事实性知识不能导致主体在实验中正确的表现以及在某种程度上"理解就是发明"这些观点,很可能是对的。它们也暗示皮亚杰新的意义逻辑既对于基础心理学,也对于教育心理学,都具有潜在的探究价值。概言之,那种认为皮亚杰使用不恰当逻辑模型的批评忽视了以下事实:皮亚杰主要关注的是运算的而非公理的逻辑;皮亚杰在晚年的著作中已较多修改了他的形式运算模型;皮亚杰已转向了一种意义逻辑——这种逻辑强调知识从一开始就要涉及组织、推理和意义。对于皮亚杰的心理逻辑过于形式化和抽象化的批评到此应该止步了。

结　　论

1983年,英国心理学家大卫·科恩(David Cohen)说:"心理学家们是时候该停止痴迷于皮亚杰了……他值得以伟大的心理学家的身份被纪念和尊敬,但只是作为过去的心理学家。"(Cohen,1983,第152页)他也曾预言他的书将是最后一本把皮亚杰看作当代心理学家的书。12年已经过去了,很显然,作为一种实证发现的实质蕴涵,科恩的观点言过其实;作为一种近期概念性突破或者更强的理论方法的发展的意义蕴涵,他的说法应受质疑。超越皮亚杰的时代还未到来。

若进一步思考,科恩的建议成为现实的可能性很小,一个主要的原因在于:皮亚杰非常严肃地看待当年柏拉图在雅典开始其学术生涯时曾写下的话:"不让任何忽视几何学的人进入这里。"皮亚杰对其所称的"知识的两大秘密"怀有极大的兴趣——新的思维方式在个体发生中是如何发展的以及它们是如何在心理上成为必然的——揭示了发展心理学中崭新而深刻的问题。皮亚杰(1918,1932,1965)通过他对于知识与价值的关系以及逻辑必然性与道德义务的关系的持久关注,并将好的与真的这两个维度置于发展心理学的核心位置,这有助于我们进入柏拉图学院并能有助于理解我们日常生活中的问题(Habermas,1979;Kohlberg,1984;Rawls,1971)[①]。

虽然我们没有明确讨论其他一些针对皮亚杰理论的批评(如运算能力的学习),但是我们相信上述分析足以说明当前大多数的批评是如何误解了皮亚杰工作的核心主题和目标;如何忽视了皮亚杰对其理论的多次改进和修订,有些理论的修改甚至是实质性

[①] 转述爱因斯坦关于欧几里得的话,"如果皮亚杰没能点燃你的青春热情,那么你生来就不是一个发展心理学家"。

的;如何过于依赖统计显著性的星号而以牺牲理论上的风险为代价;以及他们如何未能充分把握皮亚杰辩证的、建构的和发展的假设之力量。

为何皮亚杰理论经常被歪曲和受到不公正的批评?以下这些理由尽管有些试探性和带有推测性的,但可以为这一问题提供一些线索。首先,因为皮亚杰撰写过大量的专著、论文,收集了大量的实证数据,并随着时间的推移改变了他的核心假设,所以对其理论和研究工作出现片面的、多样的、迥然不同的甚至矛盾的解读就是不可避免的。此外,原因可能在于皮亚杰过于热衷于他未曾料想的发现,他经常不顾如何准确地表达他的发现(许多读者理所当然地抱怨皮亚杰的写作风格)。其次,他的研究具有非实验与"临床"的特性、非统计式的数据分析、对抽象概念的关注和通过综合工作来研究科学过程的兴趣,所有这些都与心理学主流的趋势相背,这些也有助于解释他的理论为何频繁被扭曲和误解。在皮亚杰为弗拉维尔(1963)广为人知的书所写的序言中,他说"我和他之间的区别在于他(Flavel)的研究方法可能太过于心理学而不是认识论的,我的研究正好与此相反"(第 viii 页)。更不用说,研究认知发展的一般意义上的后现代主义(Kvale,1992)和特别是某些信息加工取向(如 Kail & Bisanz,1992)更容易被元素论和局部知识而不是被宏大理论或普遍的认知结构所吸引。最后,用成人的术语来看待婴儿心理的现代趋势(Kaye,1982),或者把婴儿的想法视为如同觉得在天堂之中(Bradley,1991),二者都与皮亚杰关于儿童在逻辑上与成人不同的观点不符,这些都是对皮亚杰理论不满和扭曲的来源。从更为具体的层面看,我们认为日益增长的行为与认知的分离将某些主导的方法渗透到智慧发展研究中(Sternberg & Berg,1992),这也造成了对皮亚杰思想广泛的误解。

但是我们坚信,皮亚杰理论被误解主要是因为发展学家们忘记了皮亚杰的主要目标是研究个体发生过程中新的思维方式的出现和必然性知识的建构。发展学家们坚持认为发展心理学应该研究特定年龄的儿童、青少年和成人而不是研究他们是如何随着时间而发展的;他们坚持应研究认知的事实而不是逻辑的必然性。

我们完全可以像大多数的批评者们所做的那样,在无视皮亚杰的理论的情况下来分析皮亚杰的贡献。但是,当我们牢记那些激发皮亚杰的科学研究的目的、问题和概念的时候,在其理论内部来理解这些贡献也很重要。我们希望一般的心理学学生尤其是研究发展心理学的学生在未来的岁月里会继续讨论皮亚杰理论。毕竟,这才是真正能够超越皮亚杰的必要条件。

文献总汇

Acredolo, C, & Acredolo, L. (1979). "Identity, compensation, and conservation". *Child Development*, 50, 524-535.

Alexander C., & Langer, E. (Eds.). (1990). *Higher stages of human development*. New York: Oxford University Press.

Anderson, A., & Belnap, N. (1975). *Entailment: The logic of relevance and necessity*. Princeton, NJ: Princeton University Press.

Arlin, P. (1977). "Piagetian operations in problem finding". *Developmental Psychology*, 13. 247-298.

Au, T., Sidle, A., & Rollins, K. (1993). "Developing an intuitive understanding of conservation and contamination: Invisible particles as a plausible mechanism". *Developmental Psychology*, 29, 286-299.

Baillargeon, R. (1987). "Object permanence in 3.5 and 4.5-month-old infants". *Developmental Psychology*, 23, 655-664.

Baillargeon, R. (1991). "Reasoning about the height and location of a hidden object in 4.5-and 6.5-month-old infants". *Cognition*, 38, 13-42.

Baillargeon, R., & Graber, M. (1988). "Evidence of location memory in 8-month-old infants on a nonsearch AB task". *Developmental Psychology*, 24, 502-511.

Baltes, P. (1987). "Theoretical propositions of life-span developmental psychology: On the dynamics between growth and decline". *Developmental Psychology*, 23. 611-626.

Bartsch, K., & Wellman, H. (1988). "Young Children's conception of distance". *Developmental Psychology*, 24, 532-541.

Basseches, M. (1984). *Dialectical thinking and adult development*. New Jersey: Norwood.

Beilin, H. (1990). "Piaget's theory: Alive and more vigorous than ever". *Human Development*, 33, 362-365.

Beilin, H. (1992a). "Piaget's enduring contribution to developmental psychology". *Developmental Psychology*, 28, 191-204.

Beilin, H. (1992b). "Piaget's new theory". In H. Beilin & P. Pufall (Eds.), *Piaget's theory* (pp. 1-17). Hillsdale, NJ: Erlbaum.

Beilin, H., & Pufall, P. (Eds.). (1992). *Piaget's: theory*. Hillsdale, NJ: Erlbaum.

Bidell, X (1992). "Beyond interactionism in contextualist models of development". *Human Development*, 35, 306-315.

Bidell, T, & Fischer, K. (1989). "Commentary". *Human Development*, 32, 363-368.

Bidell, T., & Fischer, K. (1992). "Beyond the stage debate: Action, structure, and variability in Piagetian theory and research". In R. Sternberg & C. Berg (Eds.), *Intellectual development* (pp. 100-140). Cambridge, England: Cambridge University Press.

Bigelow, L. (1981). "Reevaluation of the literature on the development of transitive inferences". *Psychological Bulletin*, 89, 325-351.

Boden, M. (1979). *Piaget Brighton*, England: Harvester Press.

Borke, H. (1978). "Piaget's view of social interaction and the theoretical construct of empathy". In L. Siegel & C. Rrmnerci (Eds.), *Alternatives to Piaget* (pp. 29-42). New York: Academic Press.

Bower, T. (1971). "The object in the world of the infant". *Scientific American*, 225, 30-38.

Bradley, B. (1991). "Infancy as paradise". *Human Development*, 34, 35-54.

Braine, M. (1959). "The ontogeny of certain logical operations: Piaget's formulations examined by nonverbal methods". *Psychological Monographs: General and Applied*, 73, 1-43.

Braine, M. (1962). "Piaget on reasoning: A methodological critique for the presence of cognitive structures". *Psychological Bulletin*, 79, 172-179.

Braine, M., & Rumain, B. (1983). Logical reasoning. In P. Mussen (Ed.). *Handbook of Child psychology* (Vol. 3, pp. 266-340). New York: Wiley.

Brainerd, C. (1973a). "Judgments and explanations as criteria for the presence of cognitive structures". *Psychological Bulletin*, 79, 172-179.

Brainerd, C. (1973b). "Order and acquisition of transitivity, conservation, and class-inclusion of length and weight". *Developmental Psychology*, 105-116.

Brainerd, C. (1974). "Training and transfer of transitivity, conservation, and class inclusion of length". *Child Development*, 45, 324-334.

Brainerd, C. (1977a). "Cognitive development and concept learning: An interpretative review". *Psychological Bulletin*, 84, 919-939.

Brainerd, C. (1977b). "Response criteria in concept development". *Child Development*, 48, 360-366.

Brainerd, C. (1978a). *Piaget's theory of intelligence*. Englewood Cliffs, NJ: Prentice-Hall.

Brainerd, C. (1978b). "The stage question in cognitive-developmental theory". *The Behavioral and Brain Sciences*, 2, 173-213.

Brainerd, C, & Fraser, M. (1975). "A further test of the cardinal theory of number development". *Journal of Genetic Psychology*, 127, 21-33.

Brainerd, C, & Kingma, J. (1984). "Do Children have to remember to reason? A fuzzy-trace theory of transitivity development". *Developmental Review*, 4, 311-377.

Brainerd, C, & Reyna, V. (1990). "Gist is the grist: Fuzzy-trace theory and the new intuitionism". *Developmental Review*, 10, 3-47.

Brainerd, C., & Reyna, V. (1992). "The memory independence effect: What do the data show? What do the theories claim?" *Developmental Review*, 12, 164-186.

Brainerd, C., & Reyna, V. (1993). "Memory independence and memory interference in cognitive development". *Psychological Review*, 100, 42-67.

Bringuier, J. (1980). *Conversations with Piaget*. University of Chicago Press. (Original work published 1977)

Broughton, J. (1978). "Development of concepts of self, mind, reality, and knowledge". In W. Damon (Ed.), *Social cognition: New directions for Child development: Vol. 1. Social cognition* (pp. 75-100). San Francisco: Jossey-Bass.

Broughton, J. (1981). "Piaget's structural developmental psychology: 4. Knowledge without a self and without history". *Human Development*, 24, 320-346.

Broughton, J. (1984). "Not beyond formal operations but beyond Piaget". In M. Commons, F. Richards, & C. Armon (Eds.), *Beyond formal operations* (pp. 395-411). New York: Praeger.

Brown, G., & Desforges, C. (1977). "Piagetian theory and education: Time for revision". *British Journal of Educational Psychology*, 47, 1-17.

Bruner, J. (1959). "Inhelder & Piaget's The growth of logical thinking: I. A psychologist's viewpoint". *British Journal of Psychology*, 50, 363-370.

Bruner, J. (1966). "On the conservation of liquids". In J. Bruner, R. Olver, & P. Greenfield (Eds.), *Studies in cognitive growth* (pp. 183-207). New York: Wiley.

Bruner, J. (1982). "The organization of action and the nature of adult-infant transaction". In M. Cranach & R. Harre (Eds.), *The analysis of action* (pp. 280-296). New York: Cambridge University Press.

Bruner, J. (1983). "State of the Child". *New York Review of Books*, 10, 83-89.

Bruner, J. (1992). "The narrative construction of reality". In H. Beilin & P. Pufall (Eds.), *Piaget's theory* (pp. 229-248). Hillsdale, NJ: Erlbaum.

Bryant, P., & Trabasso, T. (1971). "Transitive inferences and memory in young Children". *Nature*, 232, 456-458.

Buck-Morss, S. (1982). "Socio-economic bias in Piaget's theory and its implication for cross-cultural studies". In S. Modgit & C. Modgil (Eds.), *Jean Piaget: Consensus and controversy* (pp. 261-272). New York: Holt, Rinehart and Winston.

Bullinger, A., & Chatillon, J. (1983). "Recent theory and research of the Genevan school". In P. Mussen (Ed.), *Handbook of Child psychology* (Vol. 3, pp. 231-262). New York: Wiley.

Bullock, M., & Gelman, R. (1979). "Preschool Children's assumptions about cause and effect: Temporal ordering effect". *Child Development*, 50, 89-96.

Bynum, T., Thomas, J., & Weitz, L. (1972). "Truth functional logic in formal operational thinking". *Developmental Psychology*, 7, 129-132.

Byrnes, J. (1988). "Formal operations: A systematic reformulation". *Developmental Review*, 8, 66-87.

Byrnes, J. (1992). "Meaningful logic: Developmental perspectives". In H. Beilin & P. Pufall (Eds.), *Piaget's theory* (pp. 163-183). Hillsdale, NJ: Erlbaum.

Campbell, R., & Bickhard, M. (1986). *Knowing levels and developmental stages*. Basel, Switzerland: Karger.

Case, R. (1992a). *The mind's staircase*. Hillsdale, NJ: Erlbaum.

Case, R. (1992b). "Neo-Piagetian theories of intellectual development". In H. Beilin & P. Pufall (Eds.), *Piaget's theory* (pp. 61-104). Hillsdale, NJ: Erlbaum.

Chandler, M., & Boutilier, R. (1992). "The development of dynamic system reasoning". *Human Development*, 35, 121-137.

Chandler, M., & Chapman, M. (Eds.). (1991). *Criteria for competence*. Hillsdale, NJ: Erlbaum.

Chapman, M. (1988a). *Constructive evolution*. Cambridge, England: Cambridge University Press.

Chapman, M. (1988b). "Contextuality and directionality of cognitive development". *Human Development*, 31, 137-159.

Chapman, M. (1991). "The epistemic triangle: Operative and communicative components of cognitive competence". In M. Chandler & M. Chapman (Eds.), *Criteria for competence* (pp. 209-228). Hillsdale, NJ: Erlbaum.

Chapman, M. (1992). "Equilibration and the dialectics of organization". In H. Beilin & P. Pufall(Eds.), *Piaget's theory* (pp. 39-59). Hillsdale, NJ: Erlbaum.

Chapman, M., & Lindenberger, U. (1988). "Functions, operations, and decalage in the development of transitivity". *Developmental Psychology*, 24, 542-551.

Chapman, M., & Lindenberger, U. (1992a). "How to detect reasoning remembering dependence (and how not to)". *Developmental Review*, 12, 187-198.

Chapman, M., & Lindenberger, U. (1992b). "Transitivity judgements, memory for premises, and modes of Children reasoning". *Developmental Review*, 12, 124-163.

Chapman, M., & McBride, M. (1992). "Beyond competence and performance: Children's class inclusion strategies, superordinate class cues, and verbal justifications". *Developmental Psychology*, 28, 319-327.

Cohen, D. (1983). *Piaget: Critique and assessment*. London: Croom Helm.

Cole, M. (1992). "Context, modularity, and the cultural constitution of development". In L. Winegar & J. Valsiner (Eds.), *Children's development within social context* (Vol. 1, pp. 5-31). Hillsdale, NJ: Erlbaum.

Commons, M., Armon, C, Kohlberg, L., Richards, F., Grotzer, T., & Sinnott, J. (Eds.). (1990). *Adult development: Vol. 2. Models and methods in the study of adolescent and adult thought*. New York: Praeger.

Commons, M., Richards, F., & Armon, C. (Eds.). (1984). *Beyond formal operations*. New York: Praeger.

Commons, M., Richards, F., & Kuhn, D. (1982). "Systematic and metasystematic reasoning: A case for levels of reasoning beyond Piaget's stage of formal operations". *Child Development*, 53, 1058-1069.

Commons, M., Sinnott, J., Richards, F., & Armon, C. (Eds.) (1989). *Adult development: Vol. 1. Comparisons and applications of adolescent and adult developmental models*. New York: Praeger.

Corrigan, R. (1979). "Cognitive correlates of language: Differential criteria yield differential results". *Child Development*, 50, 617-631.

Darwin, C. (1962). *On the origins of species* (6th ed.). New York: Collier Books. (Original work published 1872)

Dasen, P. (1972). "Cross-cultural Piagetian research: A summary". *Journal of Cross Cultural Psychology*, 3. 23-39.

Davidson, P. (1988). "Piaget's category-theoretic interpretation of cognitive development: A neglected contribution". *Human Development*, 31, 225-244.

Davidson, P. (1992a). "Genevan contributions to characterizing the age 4 transition". *Human Development*, 35, 165-171.

Davidson, P. (1992b). "The role of social interaction in cognitive development: A propaedeutic". In L. Winegar & J. Valsiner (Eds.), *Children's development within social context*: Vol. 1 (pp. 19-37). Hillsdale, NJ: Erlbaum.

Demetriou, A., Eiklides, A., Papadaki, M., Papantoniou, G., & Economou, A. (1993). "Structure and development of causal-experimental thought: From early adolescence to youth". *Developmental Psychology*, 29. 480-497.

Dias, M., & Harris, P. (1988). "The effect of make-believe play on deductive reasoning". *British Journal of Developmental Psychology*. 6, 207-221.

Dittmann-Kohli, F., & Baltes, P. (1990). "Toward a neofunctionalist conception of adult intellectual development: Wisdom as a prototypical case of intellectual growth". In C. Alexander & E. Langer (Eds.), *Higher stages of human development* (pp. 54-789). New York: Oxford University Press.

Donaldson, M. (1987). *Children's minds*. London: Fontana Press.

Donaldson, M., Grieve, R., & Pratt, C. (1983). *Early childhood development and education*. Oxford, England: Blackwell.

English, L. (1993). "Evidence for deductive reasoning: Implicit versus explicit recognition of syllogistic structure". *British Journal of Developmental Psychology*, 11, 391-409.

Ennis, R. (1975). "Children's ability to handle Piaget's propositional logic. Review of Educational Research", 45, 1-14.

Ennis, R. (1978). "Conceptualization of Children's logical competence: Piaget's propositional logic and an alternative proposal". In L. Siegel & C. Brainero(Eds.). *Alternatives to Piaget* (pp. 201-260). New York: Academic Press.

Ennis, R. (1982). "Children's ability to handle Piaget's propositional logic: A conceptual critique". In S. Modgil & C. Modgil (Eds.), *Jean Piaget: Consensus and controversy* (pp. 101-130). London: Holt, Rinehart and Winston.

Fabricius, W., & Wellman, H. (1993). "Two roads diverged: Young Children's ability to judge distance". *Child Development*, 64, 399-414.

Fakouri, M. (1976). "Cognitive development in adulthood: A fifth stage? A critique". *Developmental Psychology*, 12, 472.

Ferreira da Silva, J. (1982). *Estudos de psicologia (Psychological studies)*, Coimbra, Portugal: Almedina.

Fischer, K. (1978). "Structural explanation of developmental change". *The Behavioral and Brain Sciences*, 2, 186-187.

Fischer, K. (1983). "Developmental levels as periods of discontinuity". In K. Fischer (Ed.), *Levels and transitions in Children's development* (pp. 5-20). San Francisco: Jossey-Bass.

Fischer, K., Bullock, D., Rotenberg, E., & Raya, P. (1993). "The dynamics of competence: How context contributes directly to skill". In R. Wozniak & K. Fischer (Eds.), *Development in context* (pp. 93-117). Hillsdale, NJ: Erlbaum.

Flanagan, Q (1992). *The science of the mind*. Cambridge, MA: MIT Press.

Flavell, J. (1963). *The developmental psychology of Jean Piaget*. Princeton, NJ: Van Nostrand.

Flavell, J. (1977). *Cognitive development*. Englewood Cliffs, NJ: Prentice-Hall.

Flavell, J. (1982a). "On cognitive development". *Child Development*, 53, 1-10.

Flavell, J. (1982b). "Structures, stages, and sequences in cognitive development". In W. Collins (Ed.), *The concept of development* (pp. 1-28). Hillsdale, NJ: Erlbaum.

Flavell, J., & Wohlwill, J. (1969). "Formal and functional aspects of cognitive development". In D. Elkind & J. Flavell (Eds.), *Studies in cognitive development: Essays in honor of Jean Piaget* (pp. 67-120). Oxford, England: Oxford University Press.

Forman, E. (1992). "Discourse, intersubjectivity, and the development of peer collaboration: A Vygotskian approach". In L. Winegar & J. Valsiner (Eds.), *Children's development within social context* (Vol. I, pp. 143-159). Hillsdale, NJ: Erlbaum.

Furth, H. (1986). "The social function of Piaget's theory: A response to Apostel". *New Ideas in Psychology*, 3, 23-29.

Furth, H. (1992). "Commentary". *Human Development*, 35, 241-245.

Garcia, R. (1992). "The structure of knowledge and the knowledge of structure". In H. Beilin & P. Puffal (Eds.), *Piaget's theory* (pp. 21-38). Hillsdale, NJ: Erlbaum.

Geert, P. (1987). "The structure of developmental theories: A generative approach". *Human Development*, 30, 160-177.

German, R. (1969). "Conservation acquisition: A problem of learning to attend to relevant attributes". *Journal of Experimental Child Psychology*, 7, 167-187.

Gelman, R. (1972). "Logical capacity of very Young Children: Number invariance rules". *Child Development*, 43. 75-90.

Gelman, R. (1978). "Cognitive development". *Annual Review of Psychology*, 29, 297-322.

Gelman, R., & Baillargeon, R. (1983). "A review of some Piagetian concepts". In P. Mussen (Ed.), *Handbook of Child psychology* (Vol. 4, pp. 167-230). New York: Wiley.

Gelman, R., & Gallistel, C. (1978). *The Child's understanding of number*. Cambridge, MA: Harvard University Press.

Gelman, S., & Kremer, E. (1991). "Understanding natural cause: Children's explanations of how objects and their properties originate". *Child Development*, 62, 396-414.

Girotto, V, Gilly, M., Blaye, A., & Light, P. (1989). "Children's performance in the selection task: Plausibility and familiarity". *British Journal of Psychology*, 80, 79-85.

Glassman, M. (1994). "All things being equal: The two roads of Piaget and Vigotsky". *Developmental Review*, 14, 186-214.

Gruber, H., & Voneche, J. (Eds.). (1977). *The essential Piaget*. New York: Basic Books.

Habermas, J. (1979). *Communication and the evolution of society*. Boston: Beacon Press.

Halford, G. (1989). "Reflections on 25 years of Piagetian cognitive developmental psychology", 1963-1988. *Human Development*, 32, 325-357.

Halford, G. (1990). "Is Children's reasoning logical or analogical?" *Human Development*, 33, 356-361.

Halford, G. (1992). "Analogical reasoning and conceptual complexity in cognitive development". *Human Development*, 35, 193-217.

Hawkins, J., Pea, R., Glick, J., & Scribner, S. (1984). "Merds that don't like mushrooms: Evidence for deductive reasoning by preschoolers". *Developmental Psychology*, 20, 584-594.

Hofmann, R. (1982). "Potential sources of structural invalidity in Piagetian and Neo-Piagetian assessment". In S. Modgil & C. Modgil (Eds.), *Jean Piaget: Consensus and controversy* (pp. 223-239). London: Holt, Rinehart and Winston.

Hooper, E, Toniolo, T., & Sipple, T. (1978). "A longitudinal analysis of logical reasoning relationships: Conservation and transitive inference". *Developmental Psychology*, 14, 674-682.

Inhelder, B., & Caprona, D. (1990). "The role of meaning of structures in genetic epistemology". In W. Overton (Eds.), *Reasoning, necessity, and logic: Developmental perspectives* (pp. 33-44). Hillsdale, NJ: Erlbaum.

Inhelder, B., & Piaget, J. (1955). *De la logique de l'enfant à la logique de l'adolescent* (*The growth of logical thinking from childhood to adolescence*). Paris: Presses Universitaires de France.

Inhelder, B., & Piaget, J. (1979). "Procedures et structures (Procedures and structures)". *Archives de Psychologie*, 47, 165-176.

Inhelder, B., Sinclair, H., & Bovet, M. (1974). *Apprenlissage et structures de la connaissance* (*Learning and knowledge structures*). Paris: Presses Universitaires de France.

Johnson-Laird, P. (1983). *Mental models: Towards a cognitive science of language, inference and consciousness*. Cambridge, MA: Harvard University Press.

Johnson-Laird, P., Legrenzi, P., & Legrenzi, M. (1972). "Reasoning and a sense of reality". *British Journal of Psychology*, 63, 395-400.

Kail, R., & Bisanz, J. (1992). "The information-processing perspective on cognitive development in childhood and adolescence". In R. Sternberg & C. Berg (Eds.), *Intellectual development* (pp. 229-260). Cambridge, England: Cambridge University Press.

Kalil, K., Youssef, Z., & Lerner, R. (1974). "Class-inclusion failure: Cognitive deficit or misleading reference". *Child Development*, 45, 1122-1125.

Kallio, E., & Helkama, K. (1991). "Formal operations and postformal reasoning: A replication". *Scandinavian Journal of Psychology*, 32, 18-21.

Kaye, K. (1982). *The mental and social life of babies: How parents create persons*. Chicago: University of Chicago Press.

Kaye, K., & Bower, T. G. R. (1994). "Learning and intermodal transfer of information in newborns". *Psychological Science*, 5, 286-288.

Keating, D. (1980). "Thinking processes in adolescence". In J. Abelson (Ed.), *Handbook of adolescent psychology* (pp. 211-246). New York: Wiley.

Kitchener, K., & Brenner, H. (1990). "Wisdom and reflective judgment: Knowing in the face of uncertainty". In R. Sternberg (Ed.), *Wisdom: Its nature, origins and development* (pp. 212-229). Cambridge, England: Cambridge University Press.

Kitchener, K., & King, P. (1981). "Reflective judgment: Concepts of justification and their relation to age and education". *Journal of Applied Developmental Psychology*, 2, 89-116.

Knifong, D. (1974). "Logical abilities of young Children: Two styles of approach". *Child Development*, 45, 78-83.

Kohlberg, L. (1984). *Essays in moral development*: Vol. 2. New York: Harper & Row.

Kohlberg, L. (1990). "Which postformal levels are stages?" In M. Commons, C. Armon, L. Kohlberg, F. Richards, T. Grotzer, & J. Sinnott (Eds.), *Adult development* (Vol. 2, pp. 263-268). New York: Praeger.

Kohlberg, L., & Ryncarz, R. (1990). "Beyond justice reasoning: Development and consideration of a seventh stage". In C. Alexander & E. Langer (Eds.), *Higher stages of human development* (pp. 191-207). New York: Oxford University Press.

Koplowitz, H. (1990). "Unitary consciousness and the highest development of mind: The relation between spiritual development and cognitive development". In M. Commons, C. Armon, L. Kohlberg, F. Richards, T. Grotzer, & J. Sinnott (Eds.), *Adult development* (Vol. 2, pp. 105-111). New York: Praeger.

Kramer, D. (1983). "Post-formal operations? A need for further conceptualization". *Human Development*, 26, 91-105.

Kuhn, D. (1979). "The application of Piaget's theory of cognitive development to education". *Harvard Educational Review*. 49, 340-360.

Kvale, S. (Ed.). (1992). *Psychology and postmodernism*. London: Sage.

Langer, J. (1980). *The origins of logic: Six to twelve months*. New york: Academic Press.

Larsen, G. (1977). "Methodology in developmental psychology: An examination of research on Piagetian theory". *Child Development*, 48, 1160-1166.

Leslie, A., & Keeble, S. (1987). "Do six-month-old infants perceive causality"? *Cognition*, 25, 265-288.

Levin, L, Israeli, E., & Darom. E. (1978). "The development of time concepts in Young Children: The relation between duration and succession". *Child Development*, 49, 755-764.

Light, P. (1986). "Context, conservation and conservation". In M. Richards & P. Light (Eds.), *Children of social worlds*. Cambridge, England: Polity Press.

Linn, M., & Siegel, H. (1984). "Postformal reasoning: A philosophical model". In M. Commons, F. Richards, & C. Armon (Eds.), *Beyond formal operations* (pp. 239-257). New York: Praeger.

Louren ço, O. (1995). "Piaget's logic of meanings and conditional reasoning in adolescents and adults". *Archives de Psychologie*, 63, 187-203.

MacLane, L. (1971). *Categories for the working mathematician*. New York: Springer-Verlag.

Mandler, J. (1992). "Commentary". *Human Development*, 35, 246-253.

Markman, E. (1973). "Facilitation of part-whole comparisons by use of the collective noun 'family'". *Child Development*, 44, 837-840.

Markman, E. (1983). "Two different kinds of hierarchical organization". In E. Scholnick (Ed.), *New trends in conceptual representation: Challenges to Piaget's theory* (pp. 165-184). Hillsdale, NJ: Erlbaum.

Markovits, H., Dumas, C., & Malfait, N. (1995). "Understanding transitivity of a spatial relationship: A developmental analysis". *Journal of Experimental Child Psychology*. 59, 124-141.

Markovits, H., Schleifer, M., & Fortier, L. (1989). "Development of elementary deductive reasoning in young Children". *Developmental Psychology*, 25, 787-793.

Matalon, B. (1990). "A genetic study of implication". In W. Overton (Ed.), *Reasoning, necessity, and logic: Developmental perspectives* (pp. 87-110). Hillsdale, NJ: Erlbaum.

Maurice, D., & Montangero, J. (1992). "Équilibre ét equilibration dans l'oeuvre de Jean Piaget et au regard de courants actuels". (Equilibrium and equilibration in the work of Jean Piaget and at the light of current approaches). *Cahiers de la Fondation Archives Jean Piaget* (Number 12). Geneva: Fondation Archives Jean Piaget.

McGarrigle, J., & Donaldson, M. (1974). "Conservation accidents". *Cognition*, 3, 341-350.

McGarrigle, J., Grieve, R., & Hughes, M. (1978). "Interpreting inclusion: A contribution to the study of the Child's cognitive and linguistic development". *Journal of Experimental Child Psychology*, 25, 528-550.

Meehl, P. (1978). "Theoretical risks and tabular asterisks: Sir Karl, Sir Ronald, and the slow progress of soft psychology". *Journal of Consulting and Clinical Psychology*, 46, 806-834.

Miller, K., & Baillargeon, R. (1990). "Length and distance: Do preschoolers think that occlusion brings things together"? *Developmental Psychology*, 26, 103-114.

Miller, M. (1987). "Argumentation and cognition". In M. Hickmann (Ed.), *Social and functional approaches to language and thought* (pp. 225-249). San Diego: Academic Press.

Miller, P. (1989). *Theories of developmental psychology*. New York:

Freeman.

Modgil, S., & Modgil, C. (1982). *Jean Piaget: Consensus and controversy*. London: Holt, Rinehart and Winston.

Monnier, C., & Wells, A. (1980). "Discussion of recent research on the formal operational stage". *In Cahiers de la Fondation Archives Jean Piaget*, Number 1, 203-242.

Montangero, J. (1985). *Genetic epistemology: Yesterday and today*. New York: The Graduate School and University Center, City University of New York.

Montangero, J. (1991). "A constructivist framework for understanding early and late developing psychological competencies". In M. Chandler & M. Chapman (Eds.), *Criteria for competence* (pp. 111-129). Hillsdale, NJ: Erlbaum.

Moshman, D. (1979). "Development of formal hypothesis-testing ability". *Developmental Psychology*, 15. 104-112.

Murray, F. (1983). "Learning and development through social interaction and conflict: A challenge to social learning theory". In L. Liben (Ed.), *Piaget and the foundations of knowledge* (pp. 231-247). Hillsdale, NJ: Erlbaum.

Murray, F. (1990). "The conversion of truth into necessity". In W. Overton (Ed.), *Reasoning, necessity, and logic: Developmental perspectives* (pp. 183-203). Hillsdale, NJ: Erlbaum.

Neimark, E. (1979). "Current status of formal operations thought research". *Human Development*, 22, 60-67.

Osherson, D. (1975). *Logical abilities in Children: Vol. 3. Reasoning in adolescence: Deductive inference*. Hillsdale, NJ: Erlbaum.

Osterrieth, P., Piaget, J., Saussure, R., Tanner, J., Wallon, H., Zazzo, R., Inhelder, B., & Rey, A. (1956). *Le problème des stades en psychologie de l'enfant* (The problem of stages in Child psychology). Paris: Presses Universitaires de France.

Overton, W. (1990a). "Competence and procedures: Constraints on the development of logical reasoning". In W. Overton (Ed.), *Reasoning, necessity, and logic: Developmental perspectives* (pp. 1-32). Hillsdale, NJ: Erlbaum.

Overton, W. (1990b). (Ed.). *Reasoning, necessity, and logic: Developmental perspectives*. Hillsdale, NJ: Erlbaum.

Overton, W., Byrnes, J., & O'Brien, D. (1985). "Developmental and individual differences in conditional reasoning: The role of contradiction training and cognitive style". *Developmental Psychology*, 21, 692-701.

Overton, W., Ward, S., Noveck, I., Black, J., & O'Brien, D. (1987). "Form and content in the development of deductive reasoning". *Developmental Psychology*, 23, 22-30.

Papert, S. (1961). *The growth of logical thinking: A Piagetian viewpoint*. Unpublished manuscript.

Parrat-Dayan, S. (1993). "Le texte et ses voix: Piaget lu par ses pairs dans le millieu psychologique des annees 1920-1930 (The text and its voices: Piaget read by his peers in psychology from 1920 to 1930)". *Archives de Psychologic*, 61, 127-152.

Parsons, C. (1960). "Inhelder and Piaget's 'The growth of logical thinking': A logician's point of view". *British Journal of Psychology*, 51, 75-84.

Piaget, J. (1918). *Recherche (Research)*. Lausanne, Switzerland: La Concorde.

Piaget, J. (1923). *Le langage et la pensée chez l'enfant (The language and thought of the Child)*, Neuchâtel, Switzerlland: Delachaux et Niestle.

Piaget, J. (1924). *Le jugement et le raisonnement chez l'enfant (Judgment and reasoning in the Child)*. Neuchatel, Switzerland: Delachaux et Niestle.

Piaget, J. (1926). *La représentation du monde chez l'enfant (The Child's conception of the world)*. Paris: Alcan.

Piaget, J. (1932). *Le jugement moral chez l'enfant (The moral judgment of the Child)*. Paris: Alcan.

Piaget, J. (1936). *La naissance de intelligence chez L'enfant (The origins of intelligence in Children)*. Neuchâtel, Switzerland: Delachaux et Niestlé.

Piaget, J. (1937). *La construction du réel chez L'enfant (The construction of reality in the Child)*, Neuchâtel, Switzerland: Delachaux et Niestle.

Piaget, J. (1941). "Le mécanisme du développement mental et les lois du groupement des opérations (The mechanism of mental development and the laws of grouping of operations)". *Archives de Psychologie*, 28, 215-285.

Piaget, J. (1946). *Le développement de la notion de temps chez l'enfant (The Child's conception of time)*. Paris: Presses Universitaires de France.

Piaget, J. (1952). *Essai sur les transformations de les opérations logiques (On the transformations of the logical operations)*. Paris: Presses Universitaires de France.

Piaget, J. (1953). *Logic and psychology*. Manchester, England: Manchester University Press.

Piaget, J. (1954). Le langage et les opérations intellectuelles (Language and intellectual operations). *Problèmes de psycho-linguistique. Symposium de* l'Association de Psychologie Scientifique de Langue Francaise. Paris: Presses Universitaires de France.

Piaget, J. (1960). The general problems of the psychobiological development of the Child. In J. Tanner & B. Inhelder (Eds.), *Discussions on Child development*: Vol. 4 (pp. 3-27) London: Tavistock.

Piaget, J. (1964). *Six études de psychologie* (*Six psychological studies*). Paris: Gonthier.

Piaget, J. (1965). *Études sociologiques* (*Sociological studies*). Geneva: Ed. Droz.

Piaget, J. (1967a). *Biologie et connaissance* (*Biology and knowledge*). Saint Amand, France: Gallimard.

Piaget, J. (1967b). *La psychologie de L'intelligence* (*The psychology of intelligence*). Paris: Armand Colin. (Original work published 1947)

Piaget, J. (1967c). "L'explication en psychologie et le parallélisme psychophysiologique (Explanation in psychology and the psychophysiological parallelism)". In P. Fraisse & J. Piaget (Eds.), *Traité de psychologie expérimental* (Vol. 1, pp. 123-162). Paris: Presses Universitaires de France.

Piaget, J. (1967d). *Logique et connaissance scientifique* (*Logic and scientific knowledge*). Dijon, France: Gallimard.

Piaget, J. (1967e). "Logique formelle et psychologie génétique (Formal logic and genetic psychology)". *In Actes du collogue international surles modèles et la formalisation du componement* (*Proceedings of the international congress on formal models of behavior*) (pp. 269-283). Paris: Centre National de la Recherche Scientifique.

Piaget, J. (1968a). *Epistémologie et psychologie de la function* (*Epistemology and the psychology of functions*). Paris: Presses Universitaires de France.

Piaget, J. (1968b). *Epistémologie el psychologie de l'identité* (*Epistemology and the psychology of identities*). Paris: Presses Universitaires de France.

Piaget, J. (1971). The theory of stages in cognitive development. In D. Green (Ed.), *Measurement and Piaget* (pp. 1-11). New York: McGraw-Hill.

Piaget, J. (1972a). "Intellectual evolution from adolescence to adulthood". *Human Development*, 15, 1-12.

Piaget, J. (1972b). *Où va l'éducation* (*The future of education*). Paris: Gonthier.

Piaget, J. (1972c). *Problèmes de psychologie génétique* (*Problems of genetic* psychology). Paris: Gonthier.

Piaget, J. (1973a). *Introduction à L'épistémologie génétique: La pensée biologique, la pensée psychologique, et la pensée sociologique* (*Introduction to genetic epistemology: Biological thinking, psychological thinking, and sociological thinking*). Paris: Presses Universitaires de France. (Original work published 1950)

Piaget, J. (1973b). *Introduction à L'épistémologie génétique: La pensée mathématique* (*Introduction to genetic epistemology: Mathematical thinking*). Paris: Presses Universitaires de France. (Original work published 1950)

Piaget, J. (1973c). *Main trends in psychology*. London: Allen & Unwin.

Piaget, J. (1974a). *Recherches sur la contradiction* (*Experiments on contradiction*) (2 vols.) Paris: Presses Universitaires de France.

Piaget, J. (1974b). *La prise de conscience* (*The grasp of consciousness*). Paris: Presses Universitaires de France.

Piaget, J. (1974c). *Réussir et comprendre* (*Success and understanding*). Paris: Presses Universitaires de France.

Piaget, J. (1975). *L'équilibration des structures cognitive!* (*The equilibration of cognitive structures*). Paris: Presses Universitaires de France.

Piaget, J. (1976a). "Autobiographic (Autobiography)". *Revue Europeénne des Sciences Sociales*, 14, 1-43.

Piaget, J. (1976b). *La formation du symbole chez l'enfant* (*Play, dreams, and imitation*). Neuchâtel, Switzerland: Delachaux et Niestlé. (Original work published 1946)

Piaget, J. (1976c). "Postface". *Archives de Psychologic*, 44, 223-228.

Piaget, J. (1977). *Recherches sur abstraction réfléchissante* (*Experiments on reflective abstraction*) (2 vols.). Paris: Presses Universitaires de France.

Piaget, J. (1978). *Recherches sur la généralisation* (*Experiments on generalization*). Paris: Presses Universitaires de France.

Piaget, J. (1980a). *Les formes élémentaires de la dialectique* (*The elementary forms of dialectics*). Saint Amand, France: Gallimard.

Piaget, J. (1980b). "Recent studies in genetic epistemology". *Cahiers de la Fondation Archives Jean Piaget*, No. 1, 3-7.

Piaget, J. (1980c). *Recherches sur les correspondances* (*Experiments on correspondances*), Paris: Presses Universitaires de France.

Piaget, J. (1981). *Le possible et le nécessaire: l'évolution des possibles chez L'enfant* (*Possibility and necessity: The role of possibility in cognitive development). Paris: Presses Universitaires de France.

Piaget, J. (1983a). *Le possible et le nécessaire: L'évolution du nécessaire chez L'enfant* (*Possibility and necessity: The role of necessity in cognitive development*). Paris: Presses Universitaires de France.

Piaget, J. (1983b). "Piaget's theory". In P. Mussen (Ed.), *Handbook of Child psychology* (Vol. 1, pp. 103-128). New York: Wiley.

Piaget, J. (1986). "Essay on necessity". *Human Development*, 29, 301-314.

Piaget, J., & Garcia, R. (1974). *Understanding causality*. New York: Norton.

Piaget, J., & Garcia, R. (1983). *Psychogenèse et histoire des sciences* (*Psychogenesis and the history of science*). Paris: Flammarion.

Piaget, J., & Garcia, R. (1987). *Vers une logique des significations* (*Toward a logic of meanings*). Geneva: Murionde.

Piaget, J., Henriques, G., & Ascher, E. (1990). *Morphismes et catégories* (*Morphisms and categories*). Neuchâtel, Switzerland: Delachaux et Niestlé.

Piaget, J., & Inhelder. B. (1948). *La représentation de l'espace chez l'enfant* (*The Child's conception of space*). Paris: Presses Universitaires de France.

Piaget, J., & Inhelder, B. (1959). *La genèse des structures logiques élémentaires* (*The early growth of logic in Children*). Neuchâtel, Switzerland: Delachaux et Niestlé.

Piaget, J., & Inhelder, B. (1966). *L'image mentale chez l'enfant* (*Mental imagery in the Child*). Paris: Presses Universitaires de France.

Piaget, J., & Inhelder, B. (1968a). *Le développement des quantités physiques chez l'enfant* (*The Child's construction of quantities*). Neuchâtel, Switzerland: Delachaux et Niestlé. (Original work published 1961)

Piaget, J., & Inhelder. B. (1968b). *Mémoire et intelligence* (*Memory and intelligence*). Paris: Presses Universitaires de France.

Piaget, J., & Inhelder, B. (1973). *La psychologie de l'enfant* (*The psychology of the Child*). Paris: Presses Universitaires de France. (Original work published 1966)

Piaget, J., & Szeminska, A. (1980). *La genèse du nombre chez l'enfant* (*The Child's conception of number*). Neuchâtel, Switzerland: Delachaux et Niestlé. (Original work published 1941)

Pieraut-Le Bonniec, G. (1990). "Logic of meaning and meaningful implication". In W. Overton (Ed.), *Reasoning, necessity, and logic: Developmental perspectives* (pp. 67-85). Hillsdale, NJ: Erlbaum.

Rawls, J. (1971). *A theory of justice*. Cambridge, MA: Harvard University Press.

Ricco, R. (1990). "Necessity and the logic of entailment". In W. Overton (Ed.), *Reasoning, necessity, and logic: Developmental perspectives* (pp. 45-65). Hillsdale, NJ: Erlbaum.

Ricco, R. (1993). "Revising the logic of operations as a relevance logic: From hypothesis testing to explanation". *Human Development*, 36, 125-146.

Rieben, L., Ribaupierre, A., & Lautrey, J. (1983). *Le développement opératoire de l'enfant entre 6 et 12 ans (The operational development of the Child from 6 to 12 years of age)*. Paris: Centre National de la Recherche Scientifique.

Riegel, K. (1975). "Toward a dialectical theory of human development". *Human Development*, 18, 50-64.

Rose, S., & Blank, M. (1974). "The potency of context in Children's cognition: An illustration through conservation". *Child Development*, 45, 499-502.

Siegal, M. (1991). *Knowing Children*. Hillsdale, NJ: Erlbaum.

Siegel, L. (1978). "The relationship of language and thought in the preoperational Child: A reconsideration of nonverbal alternatives to Piagetian tasks". In L. Siegel & C. Brainerd (Eds.), *Alternatives to Piaget* (pp. 43-67). New York: Academic Press.

Siegel, L., & Brainerd, C. (Eds.). (1978a). *Alternatives to Piaget*. New York: Academic Press.

Siegel, L., & Brainerd, C. (1978b). Preface. In L. Siegel & C. Brainerd (Eds.), *Alternatives to Piaget*. New York: Academic Press.

Siegel, L., & Hodkin, B. (1982). "The garden path to the understanding of cognitive development: Has Piaget led us into the poison ivy?" In S. Modgil & C. Modgil (Eds.), *Jean Piaget: Consensus and controversy* (pp. 57-82). London: Holt, Rinehart & Winston.

Siegel, L., McCabe, A., Brand, J., & Matthews, J. (1978). "Evidence for the understanding of class inclusion in preschool Children: Linguistic factors and training effects". *Child Development*, 49, 688-693.

Siegler, R. (1978). "The origins of scientific reasoning". In R. Siegler (Ed.), *Children's thinking: What develops?* (pp. 109-149). Hillsdale, NJ: Erlbaum.

Sigel, I. (1981). "Social experience in the development of representational thought: Distancing theory". In I. Sigel, M. Brodzinsky, & R. Golinkoff (Eds.),

New directions in Piagetian theory and practice (pp. 202-228). Hillsdale, NJ: Erlbaum.

Sinclair, H. (1969). "Developmental psycholinguistics". In D. Elkind & J. Flavell (Eds.), *Studies in cognitive development: Essays in honor of Jean Piaget*. Oxford, England: Oxford University Press.

Sinnott, J. (1984). "Postformal reasoning: The relativistic stage". In M. Commons, F. Richards, & C. Armon (Eds.), *Beyond formal operations* (pp. 298-325). New York: Praeger.

Smith, L. (1991). "Age, ability, and intellectual development in Piagetian theory". In M. Chandler & M. Chapman (Eds.), *Criteria for competence* (pp. 69-91). Hillsdale, NJ: Erlbaum.

Smith, L. (1993). *Necessary knowledge: Piagetian perspectives on constructivism*. Hillsdale, NJ: Erlbaum.

Sophian, C. (1988). "Early developments in Children's understanding of number: Inferences about numerosity and one-to-one correspondence". *Child Development*, 59, 1397-1414.

Steinberg, R. (Ed.). (1990). *Wisdom: Its nature, origins and development*. Cambridge, England: Cambridge University Press.

Sternberg, R., & Berg, C. (Eds.). (1992). *Intellectual development*. Cambridge, England: Cambridge University Press.

Stiles-Davis, J. (1988). "Developmental change in young Children's spatial grouping activity". *Developmental Psychology*, 24, 522-531.

Strauss, S. (1989). "Commentary". *Human Development*, 32, 379-382.

Suarez, A. (1980). "Connaissance et action (Knowledge and action)". *Revue Suisse de Psychologic*, 39, 177-199.

Sugarman, S. (1987). "The priority of description in developmental psychology". *International Journal of Behavioral Development*, 10, 391-414.

Tomlinson-Keasey, C. (1982). "Structures, functions and stages: A trio of unresolved issues in formal operations". In S. Modgil & C. Modgil (Eds.), *Jean Piaget: Consensus and controversy* (pp. 131-153). London: Holt, Rinehart and Winston.

Tomlinson-Keasey, C., Eisert, D., Kahle, L., Hardy-Brown, K., & Keasey, B. (1979). "The structure of concrete operational thought". *Child Development*, 50,

1153-1163.

Trabasso, T. (1977). "The role of memory as a system in making transitive inferences". In R. Kail & J. Hagen (Eds.), *Perspectives on the development of memory and cognition* (pp. 333-366). Hillsdale. NJ: Erlbaum.

Voneche, J., & Bovet, M. (1982). "Training research and cognitive development: What do Piagetians want to accomplish"? In S. Modgil & C. Modgil (Eds.), *Jean Piaget: Consensus and controversy* (pp. 83-94). London: Holt, Rinehart and Winston.

Vygotsky, L. (1981). *Thought and language*. Cambridge, MA: MIT Press. (Original work published 1934)

Wallace, I., Klahr, D., & Bluff, K. (1987). "A self-modifying production model of cognitive development". In D. Klahr, P. Langley, & R. Neches (Eds.), *Production system models of learning and development* (pp. 359-435). Cambridge, MA: MIT Press.

Walton, H. (1947). "L'étude psychologique et sociologique de l'enfant (The psychological and sociological study of the Child)". *Cahiers Internationaux de Sociologie*, 3, 3-23.

Ward, S., Byrnes, J., & Overton, W. (1990). "Organization of knowledge and conditional reasoning". *Journal of Educational Psychology*, 82, 832-837.

Ward, S., & Overton, W. (1990). "Semantic familiarity, relevance, and the development of deductive reasoning". *Developmental Psychology*, 26, 488-493.

Wason, P. (1968). "Reasoning about a rule". *Quarterly Journal of Experimental Psychology*, 20, 273-281.

Wason, P. (1977). "Self contradictions". In P. Johnson-Laird & P. Wason (Eds.), *Thinking: Readings in cognitive science*. Cambridge, England: Cambridge University Press.

Wertsch, J., & Kanner, B. (1992). "A sociocultural approach to intellectual development". In R. Sternberg & C. Berg (Eds.), *Intellectual development* (pp. 328-349). Cambridge, England: Cambridge University Press.

Wertsch, J., & Tulviste, P. (1992). "L. S. Vygotsky and developmental psychology". *Developmental Psychology*, 28, 548-557.

Winegar, L., & Valsiner, J. (Eds.). (1992). *Children's development within the social context* (2 vols.). Hillsdale, NJ: Erlbaum.

Winer, G., Hemphill, J., & Craig, R. (1988). "The effect of misleading questions in promoting nonconservation responses in Children and adults". *Developmental Psychology*, 24, 197-202.

Zazzo, R. (1962). *Conduites et conscience*: I. *Psychologic de l'enfant et méthode génétigue* (*Behavior and consciousness*: 1. *The psychology of the Child and the genetic method*), Neuchâtel, Switzerland: Delachaux et Niestlé.

动态的发展
——一种新皮亚杰的研究路径

L.托德·罗斯　库尔特·W.费舍尔　著
胡林成　译
王云强　审校

动态的发展——一种新皮亚杰的研究路径
Dynamic Development: A Neo-Piagetian Approach
作　者　L. Todd Rose, Kurt W. Fischer

原载于 *The Cambridge Companion to Piaget*, edited by U. Müller, J. I. M. Carpendale & L. Smith, Cambridge, UK: Cambridge University Press, 2009, pp. 400-422.

胡林成　译自英文
王云强　审校

动态的发展
——一种新皮亚杰的研究路径

皮亚杰提出的问题以及解决这些问题所使用的概念和观察方法，几乎影响了过去50年来所有认知发展的研究和理论。即使是那些拒绝皮亚杰结论的人，他们的工作也完全是在皮亚杰提出问题的框架中开展。有些研究直接以皮亚杰的工作为基础，而另一些则试图反对他的研究。本文的重点主要放在前一个方面，即直接以皮亚杰的研究和理论为出发点，研究解决新的、修订的和拓展性的问题。新皮亚杰主义提出的首要问题是差异性：人的动作出现差异与变化的动态方式。在所有年龄段和不同文化背景下，人们的行为在不同的情境、任务和情绪状态下都会发生显著的变化。例如，克莉丝汀是一个五年级学生，在课堂上她可以阅读和解释一段关于眼睛如何工作的文字，但是在家里她不能独立地解释眼睛的工作原理。塞思是一名高中新生，他能在母亲的支持下解决图书费用的数学问题，但第二天上课时他无法解决同样的问题。然而，对于类似的新牛仔裤成本问题，他在所有情况下都能够轻易解决。这种变化可能会让人沮丧，但这是正常的，而且每个人每天都会发生。现代的新皮亚杰理论研究很重视这种差异性，用它来创造性地更好地解释人类知识和行为的复杂性和多样性。

在本文中，我们认为，现代新皮亚杰理论通过分析动作与思维组织的动态性而提供了解决差异性这一老大难问题的方案。对发展与学习的经典解释经常按照静态形式而非动态的变化的结构来分析动作与思维。克莉丝汀按照自己对眼睛工作机制的逻辑理解解释眼睛如何运作，经典皮亚杰理论解释了克莉丝汀的这种描述，但他们并没有解释这种理解在课堂之外是如何消失的。他们解释了塞思用代数变量方程式知识来计算图书和牛仔裤成本方面变化的数学技巧，但他们并没有解释这种技能在不同的对象和背景中是如何变化的。

通过直接分析人的知识和动作的这种差异，现代新皮亚杰理论解释了人类知识的稳定性与差异性。通过关注差异性与稳定性之间的动态性，新皮亚杰理论及研究已经为解释发展与学习的丰富性提供了令人信服的解释，并且帮助协调了相关领域中长期的紧张关系，如阶段、发展范围以及差异出现年龄等。新皮亚杰主义者已经构建了一套强大的概念、方法和工具，为发展科学未来的研究和理论奠定了基础。数学建模是新皮亚杰动态结构主义最新又重要的一个工具，它为发展现象的研究打开了一个新的窗口。

新皮亚杰理论：动态心理结构

新皮亚杰理论的基本目标是解释皮亚杰曾如此优雅地描述的发展与认识论的一般性问题，并解释发展与学习基础的无处不在的变化性。本文重点是新皮亚杰理论的基本假设——心理结构是动态的组织。我们先要阐明这一论点，并将它与植入在传统发展与变化理论中的静态形式假设进行对比。在发展和认知科学中，静态结构观一直处于统治地位，没有例外——思维的静态性与其组织的行为独立存在（Chomsky, 1957, 1965; Fodor, 1983）。在后面的部分中，我们说明了动态观对于解释变化性的重要意义。

如果说对普遍结构的探索给我们带来了什么的话，那就是：结构（知识、动作、情感）是有组织的和可变的，它们不断地系统地变化，结构是人和环境多种特征的函数。体育运动很好地说明了这一原则。举个例子，即使是比较简单的投掷球的动作，也不是每次都是一样的固定动作，背景是重要的。在棒球比赛中，投手投出不同的球，取决于一系列共同作用的因素：温度、人群噪声、疲劳、垒上有奔跑者及灯光（仅仅列举了一些因素）。理解投手的表现，包括它的自然变化，取决于分析这些因素是如何在即时环境中起作用的，当然包括抛球的人。这种动态过程是所有动作和知识的特征（Rose & Fischer, 出版中）。

在经典解释中，结构与形式被混淆了。皮亚杰（1968/1970）明确指出，结构指的是关系系统，诸如心理活动和生物有机体等复杂实体皆由这种关系系统组成。例如，在人体内，神经系统、骨骼系统和心血管系统都是通过不断的相互连接的活动而共同工作的，每一个系统动态地适应其他系统及整个身体的机能。在身体结构中可以检测到固定的模式，例如当一个人体验到压力时神经系统引发心血管系统变化的方式。

皮亚杰认识到心理结构的动态性，认为活动是学习与发展的基础，但阶段理论的核心隐喻（定义每个人发展轨迹的一般逻辑）是静态的。由于阶段理论把结构（心理活动的动态组织）等同于静态形式（形式逻辑），它没有说明心理发展差异性与变化复杂机制的基础（Fischer & Bidell, 2006）。如果皮亚杰有机会在 21 世纪设计他的认知和发展理论，我们猜想他会强调知识与成长的动态性。

经典的结构概念的问题在于他们把结构看作是一种形式——一种存在于自身的抽象——而不是一种动态的组织，这种动态组织源于对成分本身组织为整体的过程。譬如，一个橙子——它是一种水果，它有自己的细胞和组织结构，自我组织成球形。从作为一棵树的生长发展史开始，橘子就有一个动态的结构，它保持平衡，作为一个稳定的水果块，并腐烂（如果没有食用或用作他用）。与橙色本身相反，球体的概念是一种抽象的形式，它描述了动态结构的一个特征——它的形状——它适用于许多情况。希腊哲学家柏拉图（1941）认为，这些抽象的、理想化的形式实际上存在于物质世界之外的场所中。形式球概念的统一性使得它可以用来描述许多物体，如球、桃、大理石和行星。

经典的结构概念使用抽象的描述来描述现实，就好像它是静态的，就像球体的概念一样。这种形式的谬误并不局限于科学；人们通常以这种理想化的方式使用类别，期望对象、事件和人能够适应这种抽象概念，而非表现出所有生物的自然动态变化这一核心特征。例如，在社会交往中，人们可能期望他人符合某一类刻板印象，如妻子、科学家、外出的人或少数民族成员（Greenwald et al., 2002; Rosch & Lloyd, 1978）。同样，仅关注球体形式的科学家将对棒球、篮球、橘子、桃子之间的差异感到惊讶。橘子的球形描述的是一个抽象属性，它适用于不同的对象，而非描述对象性质的理想形式。同样，强调先天形式在数知识中作用的研究人员将特别关注婴儿能够区分一个、两个或三个圆点构成阵列的能力（Dehaene, 1997; Spelke, 2005），他们也会惊奇地发现，3岁儿童不理解1、2、3作为有序集合的性质。孩子必须建构数字线才能理解数字是如何在数学中起作用的。形式谬误广泛出现在人类行为中，从刻板印象到对数字的先天论解释。

新皮亚杰运动的学者们致力于保存皮亚杰的许多认识论核心假设（即建构知识、分层发展、知识水平间的结构性关系），同时超越皮亚杰理论中问题最大的一些概念——形式逻辑一般结构的假设。这些学者用一种更加动态的、领域特殊的、任务依赖的、文化嵌入的心理结构观取代了思维的逻辑模型。在20世纪80年代，一些学者提出了对发展的解释理论，这奠定了现代新皮亚杰研究的概念基础（e.g., Biggs & Collis, 1982; Case, 1985; Fischer, 1980; Halford, 1982; Pascual-Leone, 1987; Shayer, Demetriou, & Pervez, 1988）。在过去25年里，新皮亚杰理论已经扩展到发展科学的所有领域。它的影响真是无处不在，我们确实无法在本文中对它的发展说清楚。因此，我们没有按照时间顺序描述新皮亚杰思想的进化史或细数各种理论之间的分歧，而是以变异性与稳定性这些关键问题作为研究的焦点。

为了同时解释变异性和稳定性，新皮亚杰理论用动态的结构观代替了传统的静态结构观。心理结构并不存在于活动之外——如球体的概念——而是来自人们日常活动的动作系统中。通过对心理结构的动态分析，新皮亚杰主义的学者们已经能够确定和解释发展差异性的特定模式，并且他们已经解决了一些领域，如阶段与同步性、发展范围以及知识获得年龄的变化——中长期存在的有冲突的问题。

阶段与同步：超越变化的危机

皮亚杰（1970/1983）假设了一系列的认知发展阶段，他把这些阶段描述为塑造心智的特定逻辑结构，包括童年期的具体运算和青春期的形式运算。儿童发展中不同步现象的压倒性证据一直是对他的阶段理论强有力的批评（Fischer, 1980）。皮亚杰预言，当一种新的逻辑出现在头脑时,它将促使整个头脑进入一种新的智慧水平。然而,研究结果一直发现心理发展的不平衡(unevenness)而非整体转换,即使在逻辑等价任务中也是如此。例如,像石头或洋娃娃这些物品的守恒通常是在 5 岁或 6 岁左右获得的;然而,如水或橙汁等液体量的守恒则一直到 7 岁或 8 岁才能获得(Piaget & Inhelder, 1968/1973)。不同类型的守恒技能沿着不同的路径发展。这种不平衡(unevenness)很难与一般性的阶段理论一致:如果思维由基本的逻辑结构支配,那么为什么它们会在某个年龄出现在某些情景中,而在另一些情景中却要等几年之后才出现?

皮亚杰承认这种变异性(Piaget,1972)——他称之为"滞差"(d'ecalage)——他区分了两种具体形式:他把特定逻辑形式在年龄方面的变化称之为"水平滞差"(horizontal d'ecalage),将平行的跨阶段(逻辑上的不同形式,彼此有相同的重要特征)的变化称之为"垂直滞差"(vertical d'ecalage)(Piaget,1941)。然而,虽然这些滞差类别可能是变异研究的出发点,但是它们不是对滞差本身的解释。确定变化的形式不同于解释它们。解释需要说明逻辑阶段的结构与环境影响或"阻力"相互作用的过程,这一过程使得一种任务比另一种任务发展得更晚。同样重要的是,解释需要说明个体之间在发展道路、时间节点以及与任务、背景、社会支持和经验有关的技能方面的普遍差异。简言之,虽然阶段理论对认知发展的一般形态提供了重要的洞见,但它并不能解释多种变异性(Fischer & Bidell,2006)。

在 20 世纪六七十年代,越来越多的研究结果显示认知发展的每一个方面存在巨大的变异性,这揭露了皮亚杰对阶段背后统一逻辑假设的局限性。随着 80 年代重复研究的继续增加,研究人员继续在皮亚杰的任务和程序中引入新的变化,由阶段理论预测的偏离稳定性被证明是正常的,而不是例外。虽然这些证据并没有损害皮亚杰理论中的建构主义,但却无法再让人相信心理逻辑的一般形式创造发展阶段这一假设。由于可变性的证据日益强大,一般性结构的失败显而易见,发展科学领域被推入了解释性危机,我们称之为变异性危机(Fischer & Bidell,2006)。

大量研究结果显示不平衡意味着放弃阶段概念,许多科学家和教育家声称没有阶段,只有特定领域内的学习序列,如数量守恒领域的学习序列与液体守恒的学习序列是分开的。然而,从变异性的动态解释及基于组织的结构观出发,新皮亚杰理论的研究人员已经能够阐明长久以来关于阶段理论的争论。争论往往过于简单:"正如皮亚杰所描述的那样,儿童的发展有清晰的阶段,"反驳说:"不,他们没有。发展是不平衡的,没有阶段。"但这些争论集中在结构的静态形式这一假设上。当变化被系统地嵌入评估中并进行直接分析时,发展过程的一般特征与变化的类阶段性其实是一枚硬币的两面。换句话说,新皮亚杰理论将问题转化为,确定在发展过程中分别表现出阶段性质和连续性发展性质的环境因素。

动态系统的一个重要特征是,它们普遍表现出突变,这种变化有多种叫法:"重组""突发特性"或"灾难"(Abraham & Shaw,1992;van der Maas & Molenaar,1992)。

人类的动作和知识是从动态系统中发展出来的，大脑运作、认知发展和学习的动态模型都显示出快速、不连续变化的可能性（Fischer & Rose, 1996; van der Maas, Verschure, & Molenaar, 1990）。换句话说，新皮亚杰理论对动态发展与变化的分析表明，发展和常规学习表现出类阶段的跨越以及动作与思维的改组。重要的是，这些不连续性现象常常出现在人们最高技能水平上的表现中，即他们的最佳水平。也就是说，对于最佳水平的人来说，他们能完成一项特定任务中最复杂的技能，并设计了一种叫做"高支持"的方法来评估最佳水平的绩效。

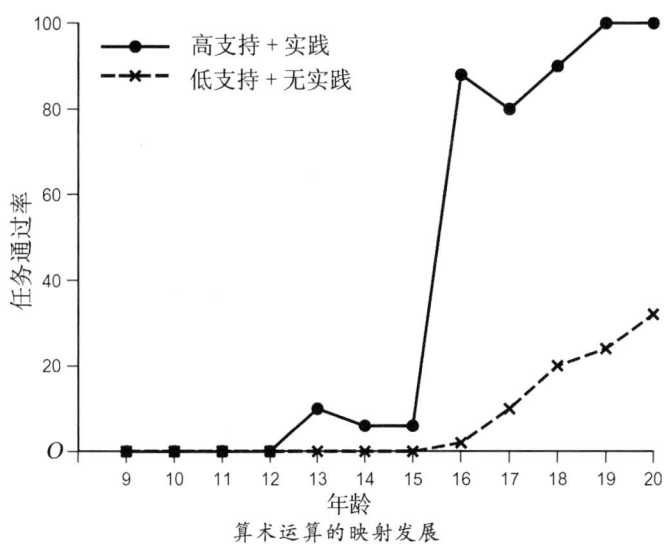

算术运算的映射发展

一项针对 9 至 20 岁被试开展的算术运算（加、减、乘、除）理解研究为我们提供了一个快速、跳跃性变化的例子（Fischer & Kenny, 1986）。学生在两种情况下做算术任务，即低支持，简单地执行任务及高支持，其中任务所需的关键思想进行事前指导以产生最佳水平的表现。问题是解释算术运算以及它们之间的关系。在低支持条件下，研究者要求学生解释运算及其关系。在高支持条件下，研究者提供了每个问题的原型答案。为了提供足够的练习时间并确保最佳的水平表现，这些条件在 2 周后予以重复。对于上图所示的任务，正确的表现是要求学生对算术关系给出真正抽象的回答，而不是具体答案。并不是这样的解释"加法和减法有关系，因为 $4+6=10$，而 $10-4=6$"，他们必须用一般性术语来解释二者之间的关系，并能够应用到一个具体的问题中："加减法是相互关联的，因为在加法中你把数字加起来，而在减法中你把数字分开——它们是相反的运算。"

在这项研究中，对高和低支持条件的分析导致了对发展与变化形态的深刻认识。在低支持条件（功能水平）下，被试的表现逐渐提高，没有达到很高的水平（见上图），而在高支持条件（最佳水平）下，在 16 岁时就产生了连续的、明显的跳跃。在高支持条件下，15 岁时没有学生表现出对一种以上抽象关系的理解，但所有学生在 16 岁时都能理解大部分的关系。这一点并没有在低支持条件下发生，所有学生都表现出差的理解力。

类似的井喷性跨越出现在不同文化不同年龄的多个领域中,包括反省判断(Kitchener, Lynch, Fischer, & Wood, 1993)、道德推理(Dawson, 2000)、自我理解(Fischer & Kennedy, 1997)和词汇(Ruhland & van Geert, 1998)。在熟悉的任务中,最优水平的表现一跃达到知识结构过程中特定点的更高水平。重要的是,这些跨越发生的典型年龄通常对应于皮亚杰假定的四个主要阶段(及附加的阶段),但是年龄在不同个体、文化和领域中有所不同。学习序列中出现跨越的地方保持不变。

一旦动态变异性能被考虑在内,这些不连续性就形成一个似乎一般性的普通发展级别。下表显示了这一级别十个层次的序列,所有这些都有广泛的研究证据,在其他地方对这些不连续性进行完整的描述(Fischer & Bidell, 2006)。注意,对发展曲线变化的分析使得阶段问题得以重构,并且解决了阶段之争。皮亚杰的阶段分析理论被证明是部分正确的,但只有在一个动态的新皮亚杰框架中,我们才可以看出它正确的程度。

社会支持与发展范围

变异性分析远远超出了确定阶段性变化何时发生和何时不发生这样的问题。就一般意义而言,它是分析学习和发展过程的基础。研究表明,人们永远不会在单一的发展水平上发挥作用,而是根据环境、身体状态、目标和其他因素,在很大范围内改变他们的行为水平。人类调整他们的技能水平以适应环境的需要,而不会固着在一个水平上。

技能水平的发展量表

层级	水平	最佳水平出现的年龄
抽象	Ab4. 原理	23–25 岁
	Ab3. 系统	18–20 岁
	Ab2. 映射	14–16 岁
	Rp4/Ab1. 单一抽象	10–12 岁
表征	Rp3. 系统	6–7 岁
	Rp2. 映射	$3\frac{1}{2}$–$4\frac{1}{2}$ 岁
	Sm4/Rp1. 单一表征	2 岁
动作	Sm3. 系统	11–13 个月
	Sm2. 映射	7–8 个月
	Sm1. 单一动作	3–4 个月

这个变化的区间有时被称为"发展的范围"(Fischer & Bidell, 2006),有时称为"最近发展区",这是维果茨基的一个术语(1978)。这种变化常常受其他人的影响,例如父母、教师和兄弟姐妹以及书籍和电脑等文化工具。人们从他们的文化中学习行为和思考的方法,而且他人支持和文化工具帮助他们成为自己文化环境中的专家级成员。

发展范围的变化主要有两种,它们向我们说明了学习、发展和文化适应是如何发生的。人们(尤其是儿童)经常与那些更专业的人一起活动,从而参与到他们自己无法独自完成的一些复杂活动中去(Rogoff, 2003)。一个 3 岁的孩子在他母亲的帮助下用拼图积木来建造金字塔。没有他母亲的帮助,他建造金字塔会失败得很惨。但他的母亲悄悄地给他暗示和支持(隐蔽的),他花了 40 分钟并成功地建成了整个金字塔(Wood & Middleton, 1975)。同样,一个 14 岁的孩子需要写一篇关于全球变暖的 500 字的文章,她的父亲跟她讨论她的论点可能是什么,她能用什么样的例子及她如何开始她的讨论。他支持她写这篇文章,尽管实际上她自己几乎写了所有的文章。通过这种支持,知识渊博的人与学习者密切接触,帮助他们建立技能和知识(Fischer & Rose, 2001)。

发展范围的第二种变化集中在新奇的任务或情况上。当人们遇到一些他们不理解的新奇事物时,应对它的最富有成效的策略似乎是降低到一个较低的技能水平——表现得像个孩子——探索新的情境以了解其组成部分。例如,在一项研究中,研究生们在乐高机器人上市之前见到了这些小玩意儿,当时他们刚刚在麻省理工学院的媒体实验室被发明出来(Fischer & Granott, 1995; Granott, Fischer, & Parziale, 2002)。面对这些新奇的移动物体,学生们通过感知运动来探索它们——在许多方面像小孩子一样探索,他们逐渐建立起机器人如何工作的知识。同样,在学习一种新语言时,如果人们像婴儿和幼儿那样,咿呀地用语音和文字做游戏,人们似乎能够更有效地学习并掌握语言的最基本的元素。

领域、序列与知识建构

从 20 世纪 70 年代开始,许多寻求解决变化性危机的研究者都放弃了阶段性解释,选择了一个强调知识领域特殊性的框架。他们转向原子论,构思出思维的模块化理论,认为行为可以划分为几个核心领域,这些领域本身建立在一般心理结构之上(Fodor, 1983; Gardner, 1983)。这个领域特殊性假设在发展科学中产生了一定的影响,并帮助该领域超越了整体性的普遍阶段概念。然而,许多领域的模型仍然以静态的结构概念为基础,试图为每一个领域寻找一个逻辑结构。例如,将空间推理和音乐思维分别视为一个自我封装的结构,并且相互彻底分离。技能并不是这样运作的。知识与行动以生活中的行为为基础,而各个领域的行动没有明确界限,除非文化设定了此界限。例如,婴儿对拨浪鼓做各种各样的动作。他们抓住它、咀嚼它、看它、摇它、听它、闻它、敲它、扔它,他们试图把所有这些活动的结果联系起来。同时,文化往往建立了各种社会领域或学科之间的界限,如建筑、音乐、历史等(Gardner, 1999)。

许多研究表明,大量的可能的领域并不作为独立的认知实体而存在。各种领域并不聚类而形成关系密切的技能。例如,教育工作者往往把批判性思维作为一个重要的领域,并且想当然地认为批判性思维技能在教育中起着重要的作用。但是,描述一种技能并不能使它成为一个实际的领域。对于批判性思维而言,技能并不能联合起来成为一个领域。例如,批判性地看待国际政治,似乎并不涉及批判性地思考能量物理学的技能。

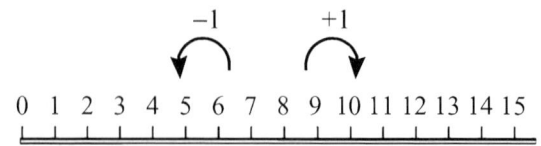

数字线隐喻构成了数字核心概念结构的基础。在这个简单的版本中,添加1将数字移动到更高和右边,减去1将它移动到更低和左边。

数字线:核心概念结构的基础

然而,新皮亚杰理论的研究已经开始揭示知识是如何在某些领域建构的,包括数学和读写能力的发展。我们将着眼于早期的算术发展,研究人员和教育工作者已经发现了建构数学知识的学习序列,并且发现教育者如何通过这些序列来系统地促进学习。

凯斯、格里芬和他们的同事确定了儿童早期关于数的核心概念结构,这一结构表现出强大的跨任务适应性(Case et al., 1996;Griffin & Case, 1997)。婴儿表现出两种简单的数字知识,一种用于枚举(一个、两个或三个),另一种用于相对大小(对对象集进行比较,如多对少)。这些基本的数字系统构成了理解算术的基础,但它们本身还不够。儿童需要特定的数字经验才能为理解数字和算术建立复杂的知识基础。

他们要建立的核心概念结构是一个基本的数字线(见上图),数字沿直线变化,沿着一个方向一次增加一个单元(从二到三,或六到七),沿着另一个方向则数字在减少。数字线的形成是结构的一个根本变化(超越了两个婴儿系统),孩子们可以运用这一结构来解决数量问题,孩子们必须在数月内运用数字经验来完善数字线这一心理结构。当他们成功地形成了数字线的技能时,这种知识有助于完成广泛领域中的推理任务,除了关注数字之外这些任务之间存在许多巨大的差异,例如在学校里做算术题和用钟表报时。

许多孩子的成长环境支持数字学习,比如他们的家庭或学前班,他们在2至4岁之间逐渐构建了数字线。在一项研究中,研究人员使用简单的任务来评估孩子对数字的理解,要求他们选择特定数量的物体,例如"三个恐龙"或"一个恐龙"(Le Corre, Van de Walle, Brannon, & Carey, 2006)。孩子们一次一位数地构建了数字线。首先,他们把数字1理解为一个(一个且只有一个恐龙),但把其他数字看作是"许多"恐龙的意思。几个月后,他们将2又增加为一个数字,把3和4看作是"很多"。又过了几个月,他们增加3作为一个数字,然后又是4,直到3.5至4岁,他们才明白1,2,3,4一起形成一条数字线,而物体的数目可以通过计数来确定。这是数字线框架的开始,它成为算术和数学的基础。

凯斯、格里芬和他们的同事设计了一个课程教孩子们数字线,重点是玩包含数字线的游戏。这种游戏在孩子们中间流行了几个世纪,如滑坡与梯子(其经典形式叫做蛇与梯子)。在这些游戏中,儿童沿着数字线向前或者向后移动物体,这项活动是快速有效学习数字线的关键部分。值得注意的是,仅仅10周的训练就大大改善了所学的数字任务成绩,同时还改善了课程以外的多项任务(如在生日派对上数礼物和理解音阶)。相比之下,培训并没有提高诸如社会叙述之类的非数字任务的表现。数字线结构的作用不仅明显(可以解释随时间推移而出现的近50%的绩效变化,这是一个巨大的效果,比大多数课程都要大得多),而且在于其课程已经在弱势群体和多个国家的儿童中获得成功(Case et al.,1996)。

那么为什么凯斯和格里芬成功地找到了这一结构而别人失败了呢?首先,他们的结构概念超越了抽象形式的静态概念,同时也超越了逻辑概念:儿童在概念框架组织的活动中加工对象,如数字线。在游戏中,他们不经意地思考这些概念之间的语义关系,所有这些都与他们的日常活动联系在一起。其次,凯斯和格里芬利用了孩子们在数数和处理数字时所做的事情,并在设置数字任务时以孩子们对数字的知识为基础。最后,一个重要的优点可能是,数字线是作为数字的基本隐喻建立在日常语言中,这意味着孩子们已经掌握了他们通过语言所内隐习得概念的关键要素。

回顾:年龄变异与早熟婴儿

对皮亚杰理论的一个重要批评是,它低估了婴幼儿的能力(Carey & Gelman,1991;Spelke,Breinlinger,Macomber,& Jacobson,1992)。作为对这种批评的回应,新先天论者运动作为一种理论取向替代了皮亚杰的阶段论,在20世纪70年代他们研究了一些在早期发展领域中前所未闻的能力,如语言、数字、空间和对象的概念。采用这种发展观的研究人员通过不懈的努力表明,皮亚杰的任务可以掩盖孩子真正的能力(例如,Halford,1989)。新先天论者的目标是找到"必要的"知识,尽可能多的去掉那些限制能力发挥的因素,以便发挥潜在的能力。在过去几十年中,研究人员简化了评估任务中的问题、指导语、评分标准和程序细节,并开发出了新版的皮亚杰任务。

例如,客体永久性概念、客体持续存在概念超出了儿童的感知能力。皮亚杰成功地运用找回隐藏客体作为客体永久性出现的标准,据此他发现客体永久性在婴儿大约8个月时出现(Piaget,1937/1954)。与此相反,其他人利用惊讶反应作为标准(而不是主动寻找隐藏的物体),并得出结论,婴儿早在3至4个月就具备这种能力(Spelke et al.,1992)。一些研究人员利用这个证据反驳皮亚杰关于知识发展的主要主张(Baillargeon,1987)。

显然,这种差异引发了一个问题:我们如何解释这种早期知识的起源?先天论者认为知识是先天的,它表明了与生俱来的、基因决定的能力模块的存在。他们说,感知运动限制阻止了婴儿在大多数实验范式中表现出他们所知道的东西。他们从这种早熟论得出结论,认为许多先天决定的能力已经不仅仅是客体永久性,还包括空间、数、语言与心理理论(Carey & Spelke, 1994; Saxe, Carey, & Kanwisher, 2004; Spelke et al., 1992)。

该论点之所以失败,是因为其基础是以结构作为形式的:以看到婴儿的一些细小行为与诸如客体永久性领域有关来说明婴儿的一般能力——关于客体永久性的知识。然而,婴儿在客体永久性知识的每一个方面几乎都是失败的。细小行为只是一个小小的开始。

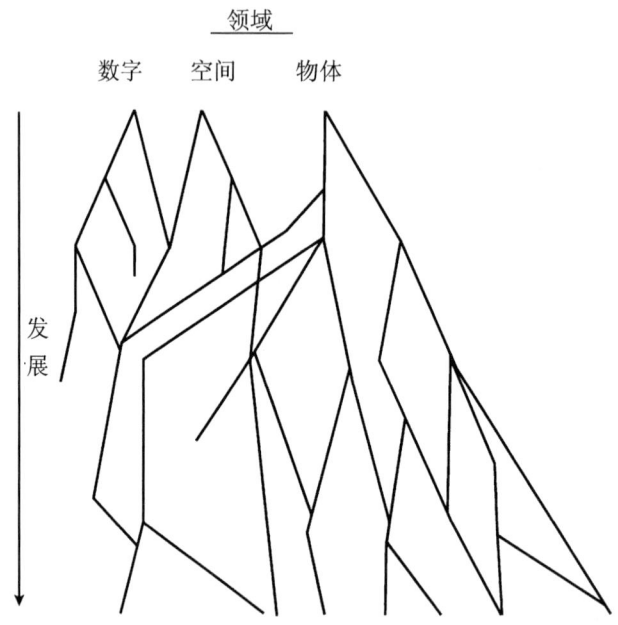

皮亚杰知识领域的发展网络

新皮亚杰的动态观提出的解释强大而全面:由于不同任务的复杂度、儿童的熟悉度及其他因素的影响,导致儿童的知识存在跨任务的变化,并且在某一领域之内,儿童按照一个学习顺序,即沿发展路径的任务序列来发展技能。先天论的研究选择性地关注某些概念(如,客体永久性)开始出现的年龄向下的变化,而忽视了在其他任务和条件下观察到的互补的、大量的年龄向上的变化(Pinard, 1981)。对于一个有用的发展理论来说,它不能简单地选择不去解释改变,而解释是必需的!新皮亚杰理论的学习序列描述了客体永久性如何涉及众多的技能,这些技能分布在发展网络的某个部分,该网络始于新先天论者揭示的婴儿的各种能力,并且这个发展网络朝向同一领域中日益复杂多样的知识与动作发展。如下图所示,发展始于对象、空间和数字的基本知识,随着时间的推移,孩子们沿着多种路径逐步为每个领域构建复杂的知识。以数字为例,孩子们构建了数字线作为发展工具,特别是他们在接受经验与指导以促进理解的时候。

幸运的是,研究往往有助于解决诸如先天论与皮亚杰之间的理论之争一样:前述的理解数字的学习序列源于对先天论与新皮亚杰理论的结合。先天论预测,对数字线的理解会自发地发生在2岁儿童身上。然而,当先天论的研究者测试年幼儿童理解数字的方式,他们的研究结果反而正好与凯斯和格里芬的新皮亚杰研究相吻合:在学龄前期儿童一次一个数字地逐渐建立了数字线(Le Corre et al.,2006)。数字知识的学习顺序始于幼儿简单计数和相对大小的能力,但是,从构建数字线到对数学的理解需要经过若干年的发展。

展望未来:模型发展

新皮亚杰动态结构的概念影响了发展领域的研究与理论。然而,概念是不够的。为了超越关于模糊隐喻的没完没了的(通常是无效的)争论,比如阶段是否存在,理论概念必须以明确的模型为基础,这样就能够把握住发展变化的动态性。令人高兴的是,由于动态系统理论和建模在过去50年中取得了显著进展,我们现在已经有了这样的工具(Abraham & Shaw,1992)。这些数学工具为了解发展和学习过程提供了强有力的方法,由此产生了一个新的实验理论心理学类型(van Geert,1996),在这一心理学类型中,任何严格定义的理论可以用数学术语来表达,并可以分析它实际出现了什么类型的发展并生成了另外哪些模式。研究人员直接对模型中的理论进行实验的能力使这个领域更加复杂和精确。在本部分我们简述动态模型在当前发展研究的情况(Fischer & Bidell,2006;Thelen & Smith,2006;van Geert,2000)并讨论模型帮助推进未来发展科学领域的方式。

在对模型进行研究的早期阶段,已经清楚地表明,发展过程表现出相当大的可变性和可预测的稳定性。例如,在分层发展中较为复杂的结构(或技能)来自更为简单结构的协调与分化,这一点是绝大多数皮亚杰和新皮亚杰模型的共同主题。图a是一个四类不同领域的发展模型,每类发展为五个层次的系列技能,后续技能都是建立在前面的领域之上(Fischer & Bidell,2006)。每一种技能都表现为一种发展函数(基于数理逻辑的一般发展方程)。在每一个领域,技能都是层次化的,这样,只有技能达到特定水平,以后的技能才能开始发展(就像站立是行走的基本前提)。在每个领域,各种技能以不同方式(如支持性对竞争性)不同强度相互连接(从没有连接到弱连接到适度连接)。所有连接都可以影响特定发展长函数的形状,就像每个成分的初始值和发展速率可以影响特定发展函数的形状一样。因此,就像在现实生活中一样,模型中的发展常常表现出复杂的模式。

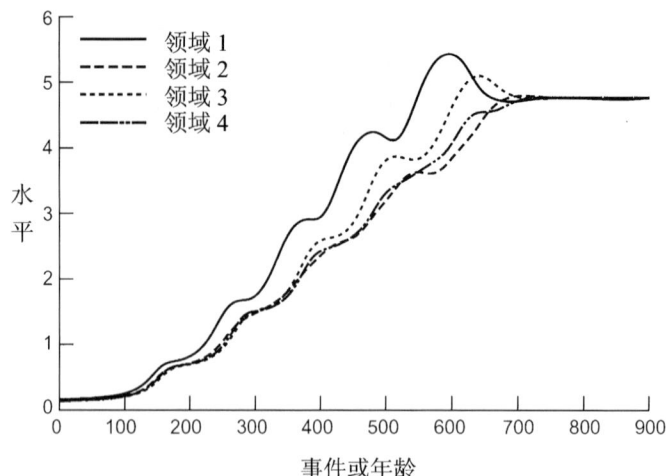

图 a　分层成长模型的吸引子模式

图 a 表现出明显的阶段性特征,各领域朝一个共同的值运动,这是动态的"吸引子模式"(attractor pattern)。成长的动力创造了这种吸引模式,它在几个领域中产生如图中所示的阶段性变化。有趣的是,模型中一个值的微小变化可以极大地改变增长模式,例如产生图 b 中的扩展图轨迹。这种发展模式被称为"皮亚杰效应",因为它表明皮亚杰反对通过非自然努力来加速早期发展的观点,如按照马戏团驯兽师教熊骑自行车的方式训练孩子们执行复杂的任务(例如,Piaget,1936/1952,1975/1985)。对正常发

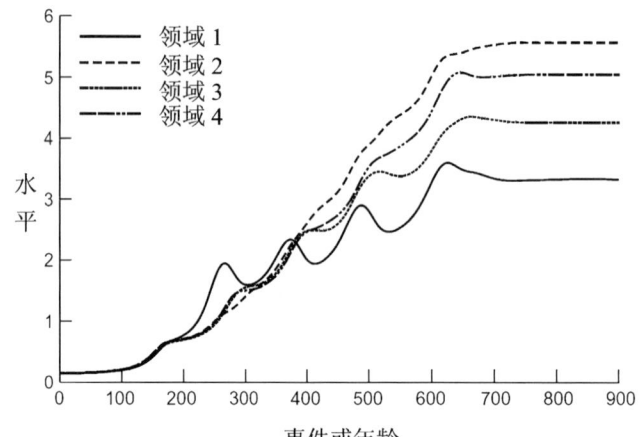

图 b　分层发展的扩展模式:皮亚杰效应

展的这种扰动会产生扰乱自然发展模式的意外后果。该模型说明了动态建模如何协调看似完全不同的发展(不同类型能力的不同轨迹),同时它揭示的意想不到的结果(皮亚杰效应)又激发了实证研究。简言之,该模型表明从完全相同的基本发展模型中可以产生出不同的模式。

重要的是,分层发展模型只描述了许多发展形态系列中的一种。与发展相关的其他模型包括捕食者-被捕食者模型,该模型指定了成分之间支持和竞争的动态关系,但

并没有说明层次之间的整合关系(Thatcher,1998)。例如,猫和老鼠表现出一种稳定的捕食-被捕食关系:一次可获得的老鼠数量将部分决定存活下来的猫的数量。如果有很多老鼠,更多的猫会在特定的季节存活下来。然而,过多的猫会导致下一季的老鼠数量减少,而这反过来又限制了下一季存活下来的猫的数量。研究发现,相似的捕食-被捕食关系存在于认知和神经过程中,如皮质区之间连接的发展(Fischer & Rose, 1996)。

发展过程是高度非线性的、异质的,并且依赖于多种因素。因此,动态模型非常适合认知发展的研究,它将许多相互作用的因素汇集在一起,以严格、精确的方式描述发展与学习的模式。简而言之,动态建模提供了一个非常好的工具,它可以帮助我们更好地理解在复杂的,整合了人、环境与文化等影响因素中的发展与学习。

结论:稳定性源于变化的动态发展

从稳定、整体发展的大理论到聚焦领域特殊性变化的原子理论,新皮亚杰在发展领域的研究已经创造了一个动态结构主义的平衡模型。很清楚,稳定性和可变性是发展的相互补充的特点,而不是相互分离的问题。解释发展的丰富性与复杂性需要能够同时分析这两种情况的模型。动态结构主义使得结构的理解超越了静态形式而向动态组织形式变化,动态组织形式并不依赖于先天的预设的表征,而取决于人、环境与文化之间连续的、实时的交互作用。当通过动态结构主义的观点来看待发展时,许多经典的争论,例如阶段是否存在,都变成了错误观念的产物。正如皮亚杰所描述的,行为组织的系统发展非常清晰,而且它时时在变化。这些事实只与过于简单的阶段和变化概念相矛盾。

我们人类通过自己独特的身体和独特的社会文化关系来构建知识,从而产生高度变化的行为模式。如果这种变化被忽视或被边缘化,它就只能起到掩盖发展过程本质的作用,因此也会常常误导研究人员和教育工作者。然而,如果使用各种各样的方法、工具和概念来研究行为的动态与复杂性质,那么就可以揭示出变化的模式并阐明知识与行为发展的本质。

文献总汇

Abraham, R. H., & Shaw, C. D. (1992). *Dynamics: The geometry of behavior* (2nd ed.). New York: Addison-Wesley.

Baillargeon, R. (1987). "Object permanence in 3.5-and 4.5-month-old infants".

Developmental Psychology, 23, 655-664.

Biggs, J., & Collis, K. (1982). *Evaluating the quality of learning: The SOLO taxonomy (structure of the observed learning outcome)*. New York: Academic Press.

Carey, S., & Gelman, R. (Eds.). (1991). *The epigenesis of mind: Essays on biology and knowledge*. Hillsdale, NJ: Erlbaum.

Carey, S., & Spelke, E. (1994). "Domain-specific knowledge and conceptual change". In L. A. Hirschfeld & S. A. Gelman (Eds.), *Mapping the mind: Domain speci. city in cognition and culture* (pp. 169-200). Cambridge, UK: Cambridge University Press.

Case, R. (1985). *Intellectual development: Birth to adulthood*. New York: Aca-demic Press.

Case, R., Okamoto, Y., Griffin, S., McKeough, A., Bleiker, C., Henderson, B., et al. (1996). "The role of central conceptual structures in the development of children's thought". *Monographs of the Society for Research in Child Development*, 61(5-6, Serial No. 246).

Chomsky, N. (1957). *Syntactic structures*. The Hague: Mouton.

Chomsky, N. (1965). *Aspects of the theory of syntax*. Cambridge, MA: MIT Press.

Dawson, T. L. (2000). "Moral reasoning and evaluation reasoning about the good life". *Journal of Applied Measurement*, 1, 372-397.

Dehaene, S. (1997). *The number sense: How the mind creates mathematics*. New York: Oxford.

Fischer, K. W. (1980). "A theory of cognitive development: The control and con-struction of hierarchies of skills". *Psychological Review*, 87, 477-531.

Fischer, K. W., & Bidell, T. R. (2006). "Dynamic development of action and thought". In W. Damon & R. M. Lerner (Eds.), *Theoretical models of human development. Handbook of child psychology* (6th ed., Vol. 1, pp. 313-399). New York: Wiley.

Fischer, K. W., & Granott, N. (1995). "Beyond one-dimensional change: Paral-lel, concurrent, socially distributed processes in learning and development". *Human Development*, 38, 302-314.

Fischer, K. W., & Kennedy, B. (1997). "Tools for analyzing the many shapes of development: The case of self-in-relationships in Korea". In E. Amsel & K. A. Renninger (Eds.), *Change and development: Issues of theory, method, and* application (pp. 117-152). Mahwah, NJ: Erlbaum.

Fischer, K. W., & Kenny, S. L. (1986). "The environmental conditions for disconti-nuities in the development of abstractions". In R. Mines & K. Kitchener (Eds.), *Adult cognitive development: Methods and models* (pp. 57-75). New York: Praeger.

Fischer, K. W., & Rose, L. T. (2001). "Webs of skill: How students learn". *Educa-tional Leadership*, 59, 6-12.

Fischer, K. W., & Rose, S. P. (1996). "Dynamic growth cycles of brain and cognitive development". In R. Thatcher, G. R. Lyon, J. Rumsey, & N. Krasnegor (Eds.), *Developmental neuroimaging: Mapping the development of brain and behavior* (pp. 263-279). New York: Academic Press.

Fodor, J. (1983). "The modularity of mind: An essay on faculty psychology". Cam-bridge, MA: MIT Press.

Gardner, H. (1983). "Frames of mind: The theory of multiple intelligences". New York: Basic Books.

Gardner, H. (1999). "The disciplined mind". New York: Simon & Schuster.

Granott, N., Fischer, K. W., & Parziale, J. (2002). "Bridging to the unknown: A transition mechanism in learning and problem-solving". In N. Granott & J. Parziale (Eds.), *Microdevelopment: Transition processes in development and learning* (pp. 131-156). Cambridge, UK: Cambridge University Press.

Greenwald, A. G., Banaji, M. R., Rudman, L., Farnham, S., Nosek, B. A., & Mellott, D. (2002). "A unified theory of implicit attitudes, stereotypes, self-esteem, and self-concept". *Psychological Review*, 109, 3-25.

Griffin, S., & Case, R. (1997). "Rethinking the primary school math curriculum". *Issues in Education: Contributions from Educational Psychology*, 3, 1-49.

Halford, G. S. (1982). *The development of thought*. Hillsdale, NJ: Erlbaum.

Halford, G. S. (1989). "Reflections on 25 years of Piagetian cognitive developmen-tal psychology", 1963-1988. *Human Development*, 32, 325-357.

Kitchener, K. S., Lynch, C. L., Fischer, K. W., & Wood, P. K. (1993). "Developmental range of reflective judgment: The effect of contextual support and practice on developmental stage". *Developmental Psychology*, 29, 893-906.

Le Corre, M., Van de Walle, G., Brannon, E. M., & Carey, S. (2006). "Re-visiting the competence/performance debate in the acquisition of counting as a repre-sentation of the positive integers". *Cognitive Psychology*, 52, 130-169.

Pascual-Leone, J. (1987). "Organismic processes for neo-Piagetian theories: A dialectical causal account of cognitive development". *International Journal of Psychology*, 22, 531-570.

Piaget, J. (1941). "Le mécanisme du développement mental et les lois du groupement des opérations". *Archives de Psychologie*, 28, 215-285.

Piaget, J. (1952). *The origins of intelligence in children*. New York: International Universities Press. (Original work published in 1936)

Piaget, J. (1954). *The construction of reality in the child*. New York: Basic Books. (Original work published in 1937)

Piaget, J. (1970). *Structuralism*. New York: Basic Books. (Original work published in 1968)

Piaget, J. (1972). "Intellectual evolution from adolescence to adulthood". *Human Development*, 15, 1-12.

Piaget, J. (1983). "Piaget's theory". In W. Kessen (Ed.), *History, theory, and methods* (Vol. 1, pp. 103-126). New York: Wiley. (Original work published in 1970)

Piaget, J. (1985). *The equilibration of cognitive structures: The central problem of cognitive development*. Chicago: University of Chicago Press. (Original work published in 1975)

Piaget, J., & Inhelder, B. (1973). *Memory and intelligence*. New York: Basic Books. (Original work published in 1968)

Pinard, A. (1981). *The concept of conservation*. Chicago: University of Chicago Press.

Plato. (1941). *The republic*. London: Oxford University Press.

Rogoff, B. (2003). *The cultural nature of human development*. Oxford: Oxford University Press.

Rosch, E., & Lloyd, B. (1978). *Cognition and categorization*. Hillsdale, NJ: Erlbaum.

Rose, L. T., & Fischer, K. W. (in press). "Dynamic systems theory". In R. Shweder, T. Bidell, A. Dailey, S. Dixon, P. J. Miller, & J. Modell (Eds.), *Chicago companion to the child*. Chicago: University of Chicago Press.

Ruhland, R., & van Geert, P. (1998). "Jumping into syntax: Transitions in the development of closed class words". *British Journal of Developmental Psychology*, 16, 65-95.

Saxe, R., Carey, S., & Kanwisher, N. (2004). "Understanding other minds:

Linking developmental psychology and functional neuroimaging". *Annual Review of Psychology*, 55, 87-124.

Shayer, M., Demetriou, A., & Pervez, M. (1988). "The structure and scaling of concrete operational thought: Three studies in four countries". *Genetic, Social, and General Psychology Monographs*, 114, 308-375.

Spelke, E. S. (2005). "Big answers from little people". *Scientific American*, 16(3), 38-43.

Spelke, E. S., Breinlinger, K., Macomber, J., & Jacobson, K. (1992). "Origins of knowledge". *Psychological Review*, 99, 605-632.

Thatcher, R. W. (1998). "A predator-prey model of human cerebral development". In K. Newell & P. Molenaar (Eds.), *Applications of nonlinear dynamics to developmental process modeling* (pp. 87-128). Mahwah, NJ: Erlbaum.

Thelen, E., & Smith, L. B. (2006). "Dynamic systems theories". In W. Damon & R. M. Lerner (Eds.), *Theoretical models of human development. Handbook of child psychology* (Vol. 1, 6th ed., pp. 258-312). New York: Wiley.

van der Maas, H., & Molenaar, P. (1992). "A catastrophe-theoretical approach to cognitive development". *Psychological Review*, 99, 395-417.

van der Maas, H., Verschure, P. F. M. J., & Molenaar, P. C. M. (1990). "A note on chaotic behavior in simple neural networks". *Neural Networks*, 3, 119-122.

van Geert, P. (1996). "The dynamics of Father Brown: Essay review of book A dynamic systems approach to the development of action and thought by E. Thelen and B. Smith". *Human Development*, 39, 57-66.

van Geert, P. (2000). "The dynamics of general developmental mechanisms: From Piaget and Vygotsky to dynamic systems models". *Current Directions in Psychological Science*, 9, 64-68.

Vygotsky, L. (1978). *Mind in society: The development of higher psychological processes*. Cambridge, MA: Harvard University Press.

Willingham, D. T. (2007). "Critical thinking: Why is it so hard to teach?" *American Educator*, 31, 8-19.

Wood, D., & Middleton, D. (1975). "A study of assisted problem-solving". *British Journal of Psychology*, 66, 181-191.

译者简介

曹淑娟　山东师范大学外国语学院副教授
陈　巍　绍兴文理学院教师教育学院教授
邓赐平　华东师范大学心理与认知科学学院教授
傅统先　山东师范大学教育系教授
郭本禹　南京师范大学心理学院教授
贺林欣(陈思艾)　德国马克思普朗克研究所研究员/博士后
胡林成　泰州学院教育科学学院教授
黄梦龙　青海省人民政府外事办公室处长
贾远娥　美国罗格斯大学助理教授
姜志辉　复旦大学社会发展与公共政策学院副教授
蒋　柯　温州医科大学精神医学学院教授
李继燕　燕山大学外国语学院副教授
李其维　华东师范大学心理与认知科学学院终身教授
梁利娟　广东外语外贸大学英语教育学院副教授
梁如娥　郑州航空工业管理学院外国语学院讲师
林琼磊　开封市人民对外友好协会中级翻译
刘爱萍　河南大学外语学院教授
刘振前　齐鲁工业大学外国语(国际教育)学院特聘教授
马　莎　巴黎第三大学比较文学研究中心在读博士生
潘发达　南通大学教育科学学院教授
庞培培　武汉理工大学马克思主义学院副教授
彭利平　华东师范大学国际教师教育中心副译审
秦　丽　滨州学院外国语学院讲师
王　蕾　上海教育出版社编辑
王　茹　华东师范大学国际教师教育中心
王晓梅　浙江大学马克思主义学院副教授
王云强　南京师范大学心理学院教授
韦斯林　杭州师范大学材料与化学化工学院副教授

熊哲宏　华东师范大学心理与认知科学学院教授
杨　璟　河南大学外语学院讲师
袁　晖　山东大学哲学系教授
张恩涛　河南大学教育科学学院副教授
张　坤　华东政法大学社会发展学院副教授
张　勇　西南民族大学教育学与心理学学院讲师
郑卫民　中共江苏省委党校教授
朱　楠　澳门大学社会科学学院博士后
庄会彬　山东大学(威海)文化传播学院教授
左任侠　华东师范大学心理学系教授